# Apparate und Armaturen der Chemischen Hochdrucktechnik

# Apparate und Armaturen der Chemischen Hochdrucktechnik

## Konstruktion, Berechnung und Herstellung

Von

H. Hugo Buchter, Technologe

Central Engineering Department Monsanto Company
St. Louis, Mo. (USA)

Mit 313 Abbildungen

Springer-Verlag Berlin Heidelberg GmbH
1967

Ursprünglich erschienen bei Springer-Verlag, Berlin/Heidelberg 1967
Softcover reprint of the hardcover 1st edition 1967

Library of Congress Catalog Card Number 66-27976

ISBN 978-3-662-11166-6 ISBN 978-3-662-11165-9 (eBook)
DOI 10.1007/978-3-662-11165-9

Titelnummer 1341

Meiner Frau Käthe Lore gewidmet

# Vorwort

Im Rahmen der chemischen und allgemeinen Verfahrensindustrie nimmt die Hochdruckindustrie einen beachtlichen Platz ein, den sie vornehmlich im Zuge des zweiten Weltkrieges und in der darauf folgenden Wiederaufbauperiode noch wesentlich gefestigt hat. Die Hochdrucktechnik hat wichtige Voraussetzungen zur Entwicklung von Apparaten und Armaturen für die Kernphysik geschaffen, woraus besonders die Raketen- und Weltraumtechnologie bedeutenden Nutzen gezogen hat. Die heutige Kenntnis des Hochdruckapparatebaues ist das Ergebnis von Gemeinschaftsentwicklungen, an denen gleichermaßen Ingenieure, Physiker, Metallurgen und nicht zuletzt Chemiker beteiligt sind.

Geschichtlich gesehen nahm die Hochdrucksynthese mit den ersten Großanlagen ihren Ausgang in den Werken der BASF in Ludwigshafen und Oppau, wo die großartigen technischen Leistungen auf diesem Gebiete mit der Verleihung des Nobelpreises an Carl Bosch gekrönt wurden. Dies führte dazu, daß die BASF Jahrzehnte hindurch in der Hochdruckentwicklung an der Spitze stand. An dieser Stelle hat auch der Verfasser seine wesentliche Ausbildung als Hochdrucktechniker erhalten.

Dem Wachstum und der Bedeutung dieses Gebietes ist die einschlägige Fachliteratur in keiner Weise gerecht geworden. Die große Zahl der Einzelveröffentlichungen verteilt sich auf sehr viele Zeitschriften in mehreren Sprachgebieten. Es ist deshalb für den Techniker schwierig, sich hinreichend über den Stand der jeweiligen Entwicklung informiert zu halten. Diese Tatsache veranlaßte den Verfasser zur Abfassung des vorliegenden Werkes. Es soll eine merkliche Lücke schließen mit der Absicht, die Erkenntnisse der modernen Hochdrucktechnologie der gesamten Verfahrenstechnik zugänglich zu machen. Sehr viele dieser Erkenntnisse lassen sich ohne Schwierigkeiten auch auf das drucklose Gebiet sowie auf die an Bedeutung rasch zunehmende Hochvakuumtechnik übertragen.

Der Stoff ist so gewählt, daß Berechnung, Konstruktion, Herstellung und Werkstoffauswahl ihrer Bedeutung entsprechend berücksichtigt werden. Die vorgeschlagenen Festigkeitshypothesen werden in der Form dargeboten, wie sie der Techniker anzuwenden pflegt. Auf die jeweilige Übereinstimmung mit dem Werkstoffverhalten aus der Praxis wird für jeden Belastungszustand hingewiesen.

Hinsichtlich der Werkstoffauswahl sind auch die Hochtemperaturmetalle berücksichtigt, die sich einen hervorragenden Platz in der Kern- und Raketentechnik erobert haben. Es wird nach Zulässigkeit für Druck, und Temperatur sowie Druck, Temperatur und Gaskorrosion unter Beibeziehung der Luftoxydation unterschieden.

Auf die wichtigsten Veröffentlichungen im englisch-deutschen Sprachgebiet ist in jedem Kapitel jeweils hingewiesen.

Es ist dem Verfasser ein besonderes Bedürfnis, der Monsanto Company für die Freigabe der Veröffentlichung zu danken. Ganz besonders aber gilt der Dank Herrn Dr. Richard S. Gordon, Director of Central Research Department, für seine tatkräftige Unterstützung in der Erreichung der Freigabe zur Veröffentlichung.

St. Louis, Mo., USA im Herbst 1966

**H. Hugo Buchter**

# Inhaltsverzeichnis

## Kapitel I

## Vollwandzylinder, betrieben unter statischem Innendruck, bei Temperaturen unterhalb des Kriechgebietes

## Kapitel II

### Vollwandzylinder, betrieben unter statischem Innendruck, bei Temperaturen im Kriechgebiete



## Kapitel III

### Vollwandzylinder, betrieben unter statischem Innendruck, versehen mit Eigenspannungen, erzeugt durch Autofrettage

Kapitel IV

**Mehrlagenzylinder, betrieben unter statischem Innendruck, bei Temperaturen unterhalb des Kriechgebietes**

Kapitel V

**Gestaltung und Berechnung von Flanschverbindungen in Rohrleitungen und Zylinderverschlüssen**

Kapitel VI

## Die Konstruktion von Hochdruckapparaten für Betrieb und Laboratorium

## Kapitel VII

## Maschinen und Vorrichtungen zur Erzeugung hoher Drücke

## Kapitel VIII

## Die Herstellung von Hochdruckapparaten für Betrieb und Laboratorium

Kapitel IX

## Zubehörteile von Hochdruckanlagen; Rohre, Formstücke, Ventile

## Kapitel X

## Zusatzgeräte für Betriebskontrolle und Sicherheit von Hochdruckanlagen

Kapitel XI

**Die Abdichtungen in Hochdruckanlagen**

Kapitel XII

**Die Auswahl der wichtigsten Werkstoffe für den Bau von Hochdruckanlagen**

Kapitel I

# Vollwandzylinder, betrieben unter statischem Innendruck, bei Temperaturen unterhalb des Kriechgebietes

## Einleitung

Auf keinem Gebiete der chemischen Industrie sind die Bemessungen der Wanddicken und die Methoden der Festigkeitsrechnung von so ausschlaggebender Bedeutung, wie dies für die chemische Hochdrucktechnik zutrifft. Im Hinblick auf die Größe der Apparate und den Umfang der in der Praxis vorhandenen Produktionsanlagen auf dem Hochdruckgebiete kann man sich leicht vorstellen, daß geringe Änderungen in der Wanddicke von Zylindern, Hochdruckmänteln, Deckeln, Flanschen und Schrauben beträchtliche Gewichtsmengen bedeuten können. Dieser Faktor kann die Wirtschaftlichkeit eines Projektes von verschiedenen Seiten her wesentlich benachteiligen, was um so entscheidender ins Gewicht fallen wird, je hochwertiger der Werkstoff sein muß. Höhere Apparategewichte aber verteuern den Anschaffungspreis einer Gesamtanlage nicht nur von der Werkstoffseite her. Für schwerere Apparate sind die Bearbeitungskosten höher, ihr Transport wird schwieriger, für ihre Aufstellung sind stärkere Bühnen notwendig, und außerdem müssen Krananlagen mit höherer Tragfähigkeit bereitgestellt werden. Dies kann unter gewissen Umständen dazu führen, daß die Rentabilität einer Anlage infolge zu hoher Investitionskosten in Frage gestellt wird.

Die Bemessung der Wanddicken von Hochdruckhohlkörpern kann sich nach zwei Seiten hin kritisch auswirken. Sind die Wanddicken nämlich zu niedrig gehalten, d.h. sind sie kleiner, als es nach Maßgabe der angewandten Festigkeitshypothese erforderlich wäre, um ein Versagen des Werkstoffes durch Beanspruchung über die zulässige Belastungsgrenze hinaus zu verhindern, so können ernsthafte Gefahren entstehen. Dies könnte zur Folge haben, daß entweder die Produktion auf längere Sicht hinaus zum Stillstand kommt, oder daß unter Umständen das Leben des Bedienungspersonals und die Anlage selbst bedroht sind. Wird diese Gefahr rechtzeitig erkannt, so lassen sich entsprechende Verhinderungsmaßnahmen anwenden. Eine Möglichkeit in dieser Richtung wäre beispielsweise die entsprechende Herabsetzung des Betriebsdruckes. Wo dies aus verfahrenstechnischen Gründen nicht möglich ist, ohne die Reaktionsbedingungen zu gefährden, so kann es vorkommen, daß die Anlage für den erwarteten Betriebszweck für ungeeignet erkannt werden muß, weil das ursprüngliche Planungsziel nicht erreicht werden kann.

Wenn aber die Wanddicke über das erforderliche Mindestmaß hinausgeht, so liegt entweder Unkenntnis oder mangelndes technisches Beurteilungsvermögen vor. Der einzige Fall, wo die Wahl übertrieben starker Wände von Hochdruckzylindern technisch gerechtfertigt erscheint, liegt dann vor, wenn zu einem späteren Zeitpunkte mit Drucksteigerungen zu rechnen ist, denen der Behälter mit Sicherheit gewachsen sein muß. Eine bewußte Überdimensionierung der Wand zum Zwecke der Erhöhung des Sicherheitsabstandes für normale Betriebsverhältnisse ist in keiner Weise wirtschaftlich zu rechtfertigen. Vom technischen Standpunkte her gesehen liegen heute so viele Erfahrungswerte über das Werkstoffverhalten bei vorgegebenen Beanspruchungen vor, daß der zulässige Mindestsicherheitsabstand innerhalb vertretbarer Grenzen leicht definiert werden kann. Eine gefühlsmäßige Erhöhung der Sicherheitsfaktoren ohne technisch bedingte Notwendigkeit muß als unwissenschaftlich angesehen werden.

Für die Berechnung von Hochdruckhohlkörpern, die extremen Druckbedingungen bei erhöhten Temperaturen in Gegenwart stark korrodeirend wirkender Gase ausgesetzt sind, ist die Kenntnis der maßgebenden Werkstoffkennwerte von entscheidender Bedeutung. Neben den Festigkeitseigenschaften muß der Konstrukteur die Hauptregeln der Bearbeitbarkeit beherrschen. Er sollte ferner wissen, wie diese Werkstoffeigenschaften zustande kommen und wie man sie durch Methoden der Wärmebehandlung merklich beeinflussen und in gewünschter Richtung verändern kann. Im Zusammenhange mit den bestehenden Festigkeitshypothesen hat der Konstrukteur von heute genügend Hilfsmittel, um die zulässigen Sicherheitsgrenzen für den wirtschaftlichsten Bau und Betrieb von Hochdruckanlagen innerhalb enger Bereiche zuverlässig zu ermitteln.

Wie zu einem späteren Zeitpunkte gezeigt werden wird, gibt es nicht eine bestimmte, sondern eine Anzahl von Festigkeitshypothesen, die für die Verschiedenartigkeit der möglichen Betriebszustände jeweils zur Anwendung gelangen. Der Konstrukteur muß daher in der Lage sein, nach Auswertung der verfahrenstechnischen Forderungen sich für die geeignetste Hypothese zu entscheiden. Dieser Schritt ist mit Rücksicht auf die Vielzahl der in der einschlägigen Literatur veröffentlichten Vorschläge sehr schwierig und verlangt daher grundlegende Betriebs- bzw. Konstruktionserfahrung. Dieses Buch wird wesentlich dazu beitragen, diese Entscheidung zu erleichtern und den notwendigen Zeitaufwand beträchtlich abzukürzen.

Hinsichtlich der Genauigkeit einer Festigkeitshypothese sei kurz bemerkt, daß darunter in den folgenden Ausführungen diejenige Genauigkeit zu verstehen ist, mit der die Hypothese mit Werten der Wirklichkeit übereinstimmt. In diesem Zusammenhange möge darauf hingewiesen werden, daß in solchen Fällen Abweichungen von $\pm 10\%$ vom theoretischen Sollwert als technisch vertretbar angesehen werden. Gibt demnach eine Berechnungsmethode eine Möglichkeit, das Versagen eines Zylinders vorauszubestimmen mit maximalen Abweichungen von $\pm 10\%$ vom später durch Test zu ermittelnden tatsächlichen Wert, so soll das Verfahren als tragbar angenommen werden. Als Voraussetzung soll dabei weiterhin gelten, daß die Hypothese einfache Berechnungsformeln vorschlägt, die ohne besonderen Zeitaufwand eine zuverlässige Auswertung ermöglicht. Ein Verfahren, das nur um wenige Prozente innerhalb des 10-%-Bereiches Werte liefert, die um diesen Betrag dem Sollwert näherkommen, dafür aber auf sehr umständlichem Wege ermittelt werden, hat keinen Vorzug im Vergleich zu dem, das die geringere Genauigkeit ergibt (innerhalb $\pm 10\%$), dafür aber einfach in der Anwendung ist.

Die verwirrende Vielzahl der in der Literatur bekannt gewordenen Berechnungsmethoden hat nicht dazu beigetragen, die Lösung der Entwurfsprobleme für den Konstrukteur zumindest von der Berechnungsseite aus gesehen zu erleichtern. Die Entscheidung wird um so schwieriger sein, je weniger sich der Konstrukteur auf eigene Erfahrung stützen kann. Die nachfolgenden Ausführungen wurden daher zusammengestellt mit dem Bewußtsein, klare Linien zu schaffen und die Rechnungsmethoden in unkomplizierter Darstellung aufzuzeigen. Die wichtigsten Festigkeitshypothesen werden definiert und kurz beschrieben unter Aufzeigung der jeweiligen Gültigkeitsgrenzen, verglichen mit den Versuchsergebnissen aus der Praxis. Der Verfasser stützt sich dabei auf eine 25jährige Praxis auf dem Gebiete der Hochdruckforschung, Verfahrensentwicklung und Anwendung im Produktionsbetriebe in Deutschland und in den Vereinigten Staaten von Nordamerika.

## I. Dünnwandige Hohlzylinder

In der einschlägigen Literatur ist häufig der Ausdruck dünnwandige Rohre zu finden, ohne gleichzeitig dabei zu definieren, was man darunter eigentlich zu verstehen hat. Diese Frage ist nicht nur rein sachlicher Natur, sondern sie enthält technische Folgerungen, die in der Betriebspraxis große Bedeutung haben. H. VON JÜRGENSONN [*1*] wies schon 1938 auf die Notwendigkeit einer klaren Unterscheidung hin in seiner Mitteilung an den Verein Deutscher Großkesselbesitzer (VGB).

## A. Definition

Der Begriff für dünnwandige Rohre oder Zylinder ist besonders im Rohrleitungsbau geläufig, wo hinsichtlich der Festigkeitsrechnung in bezug auf den Innendruck keine vorgeschriebenen Sicherheitsgrenzen eingehalten werden müssen, solange unter atmosphärischen Betriebsbedingungen gefahren wird. In diesem Falle rechnet man mit Mittelwerten für die drei Hauptspannungen, bezogen auf die mittlere Faser der Zylinderwand. Diese Feststellung besagt mit anderen Worten, daß die Größe der jeweils in Betracht gezogenen Hauptspannung konstant ist und sich nicht als Funktion der Wanddicke verändert. Wie später gezeigt werden wird, trifft dies in keinem Falle zu. Konstante Werte der Hauptspannungen sind hypothetische Werte, die sich nur für relativ kleine Grenzbereiche hinsichtlich der Wanddicke ohne merklichen Fehler rechtfertigen lassen. Wie groß dieser Rechenfehler werden kann, läßt sich an einem Beispiel der tangentialen Hauptspannungen zeigen, die sich zwischen der Innenfaser und dem Außenrand um den Betrag des Innendruckes unterscheiden. Der gleiche Unterschied trifft auch für die Radialspannung zu. Hier ist der Fehler jedoch nicht so entscheidend, da es sich hier um eine Druckspannung handelt, die für die Sicherheit des Zylinders nicht entscheidend ist. Eine Reihe von Festigkeitshypothesen bezeichnet die tangentiale Hauptspannung aber als die gefährlichste der Einzelspannungen, und es wird somit verständlich, daß eine Grenze gelegt werden muß, um den möglichen Fehler unter Kontrolle zu haben.

Nach H. von Jürgensonn liegt die Grenze zwischen dünn- und dickwandigen Zylindern bei einer Wanddicke von $s \leqslant 0{,}05\, d_i$. Demnach sind alle Zylinder als dünnwandig zu bezeichnen, deren Wanddicke 1/20 des Wertes ihres Innendurchmessers nicht überschreitet.

Es gilt also:

$$s \leqslant 0{,}05\, d_i \leqslant 1/20\, d_i$$

oder

$$s/d_i \leqslant 0{,}05\,. \tag{1}$$

Diese Definition besagt also, daß für alle Zylinder mit dem Verhältnis $s/d_i \leqslant 0{,}05$ die Hauptspannungen als konstante Werte angesehen werden können, die sich also mit der Wanddicke nicht verändern. Für dickere Wände ist der begangene Fehler von einer Größenordnung, daß er für Ingenieurrechnungen nicht mehr vernachlässigt werden darf.

## B. Spannungen bei Innendruck

Hochdruckhohlkörper können entweder durch Innendruck, Außendruck oder durch beide Druckarten gleichzeitig beansprucht werden. In der chemischen Industrie wird jedoch die Beanspruchung durch Innendruck weitaus vorherrschen, während Zylinder mit Außendruck im Vergleich dazu in relativ seltenen Fällen vorkommen. Wenn daher in der Folge von der Belastung der Zylinderwände gesprochen wird, so sei darunter stets diejenige Beanspruchung verstanden, die durch den Innendruck hervorgerufen wird. Beanspruchung durch Außendruck wird in einem besonderen Abschnitt am Ende dieses Kapitels berücksichtigt und behandelt werden.

Sobald der Innendurchmesser festliegt, der die verfahrenstechnischen Forderungen erfüllt, muß die Wanddicke ermittelt werden, die dem zu erwartenden Innendruck innerhalb der zulässigen Sicherheitsgrenzen standhält. Der Innendruck erzeugt einen dreiachsigen Spannungszustand in der Zylinderwand, wobei die drei Hauptspannungen in der Richtung mit den drei Hauptachsen des Systems übereinstimmen. Da hier von dünnwandigen Zylindern die Rede ist, wird nach Definition angenommen, daß die Spannungsverteilung gleichmäßig ist, d.h., die tangentialen, radialen und axialen Hauptspannungen sind konstant und mit den Spannungen der mittleren Wandfaser identisch. Mit dieser vereinfachenden Annahme ergeben sich für die Berechnung der Hauptspannungen in der Zylinderwand folgende Beziehungen:

## 1. Tangentiale Spannungen

Zur Betrachtung der Tangentialspannung sei die Darstellung der Abb. 1 als Grundlage benützt. Demnach habe ein Zylinderelement den Innendurchmesser $d_i$, den Außendurchmesser $d_a$ und die Länge $L$. Denkt man sich das Zylinderelement unter Innendruck gesetzt, der als $p_i$ bezeichnet sei, so bildet sich in der Wand ein dreidimensionaler Spannungszustand aus mit den Hauptspannungen $\sigma_t$, $\sigma_{ax}$, $\sigma_r$. Denkt man sich ferner das Zylinderelement, unter Innendruck stehend, in axialer Richtung in zwei gleiche Teile durchschnitten, so muß man, soll Gleichgewicht erhalten bleiben, in der Schnittfläche eine Hilfskraft $\sigma_t$ wirkend anbringen, die die durch den Schnitt getrennt gedachten Zylinderhälften zusammenhält.

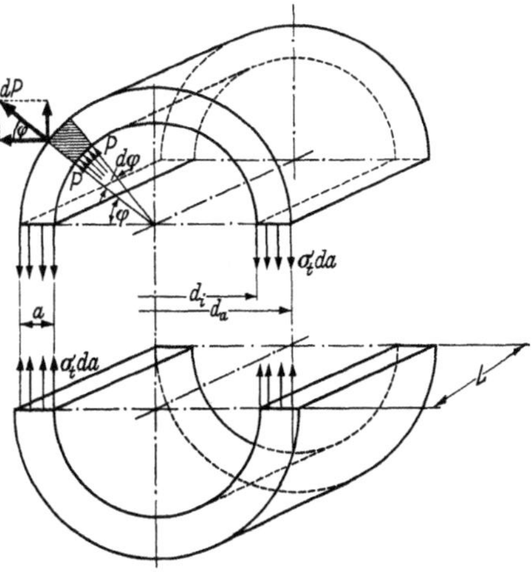


Abb. 1. Schema zur Ableitung der Tangentialspannung in der Zylinderwand

Gemäß Abb. 1 wirkt auf das Flächenteilchen $L(d_i/2)\,d\varphi$ die Kraft

$$dP = p_i \frac{d_i}{2} L\, d\varphi .$$

Senkrecht zur Schnittfläche wirkt die Komponente von $dP$ als Kraft von der Größe $dP \sin\varphi$. Also läßt sich die Gesamtkraft $P$, die als Resultierende auf die untere Zylinderhälfte wirkt, ermitteln als

$$P = \int_0^\pi dP \sin\varphi = \int_0^\pi p_i \frac{d_i}{2}\, d\varphi\, L \sin\varphi = p_i \frac{d_i}{2} L \int_0^\pi \sin\varphi\, d\varphi$$

$$= p_i \frac{d_i}{2} L\,[-\cos\varphi]_0^\pi = p_i d_i L$$

Diese Kraft $P$ muß von dem Querschnitt der Schnittfläche, hier also dem Querschnitt der Zylinderwand in axialer Richtung, aufgenommen werden. Die Kraft $P$ wirkt somit auf den Querschnitt von der Größe $L(d_a - d_i)$. Aus der Beziehung, daß Spannung gleich Kraft durch den Querschnitt bedeutet, ergibt sich der Wert der tangentialen Hauptspannung zu

$$\sigma_t = \frac{p_i d_i L}{(d_a - d_i)L} = \frac{p_i d_i}{2s}, \tag{2}$$

da die Differenz $(d_a - d_i)$ gleich der doppelten Wanddicke ist: $(d_a - d_i) = 2s$.

Da man die Zylindermaße in mm, den Innendruck in atü und die Wandspannungen in kg/mm² auszudrücken pflegt, läßt sich Gl. (2) auch in der Form

$$\sigma_t = \frac{p_i d_i}{200\, s} \quad (\text{kg/mm}^2) \tag{3}$$

benützen. Hierin bedeuten:

$p_i$ = Innendruck im Zylinder (kg/cm²),
$d_i$ = Innendurchmesser des Zylinders (mm),
$s$ = Rohrwanddicke (mm).

Die tangentiale Hauptspannung darf natürlich den kritischen Kennwert des Zylinderwerkstoffes an keiner Stelle erreichen oder gar überschreiten. Bei Innendruck ist als kritischer Festigkeitskennwert die 0,2-%-Zugstreckgrenze zu verwenden, die im Kurzversuch bei Raumtemperatur am Zugstab ermittelt wird.

Dünnwandige Rohre sind schwierig herzustellen, vor allem wenn enge Toleranzgrenzen eingehalten werden müssen. Es läßt sich daher nicht vermeiden, daß Zuschläge zu den errechneten Wanddicken gemacht werden müssen, um Unregelmäßigkeiten aus der Herstellung auszugleichen. Eine andere Möglichkeit besteht auch in der Festlegung eines geeigneten Sicherheitsabstandes, der diesem Umstand Rechnung trägt. Man schreibt dann Gl. (3) in der Form

$$s = \frac{p_i d_i S}{200 K_s} . \tag{4}$$

Hierin bedeuten:

$s$ = Wanddicke in mm,
$S$ = Sicherheitsabstand,
$K_s$ = 0,2-%-Zugstreckgrenze (kg/mm²).

Sicherheitsabstand $S$ wechselt mit dem Innendruck, und zwar gilt die Regel,

$S_1$ = 2,1 für Drücke bis ND – 25,
$S_2$ = 1,8 für Drücke über ND – 25.

Bei dem Wert $S_1$ wird allgemein auf die Berücksichtigung eines Zuschlages verzichtet. Für Einzelheiten auf dem Niederdruckgebiete gibt Norm DIN 2413 eingehend Auskunft.

## 2. Axiale Hauptspannungen

Für die Ableitung der Hauptspannung in axialer Richtung denke man sich den Zylinder wiederum mit Innendruck beansprucht. Schneidet man den Zylinder durch, wobei die Schnittebene diesmal senkrecht zur Zylinderachse verlaufe, so hat man sich in der Schnittfläche wiederum Kräfte wirkend vorzustellen, die den Werkstoffzusammenhang gewährleisten, solange der Innendruck herrscht.

In einem geschlossenen Zylinder übt der Innendruck $p_i$ eine Kraft aus auf die beiden Deckel, die von der Zylinderwand aufgenommen werden muß. Diese Kraft ergibt sich aus der Beziehung

$$P_{p_i} = p_i \frac{\pi}{4} d_i^2 \quad \text{(kg)} .$$

Die Fläche, die diese Kraft aufzunehmen hat, ist der Querschnitt der Zylinderwand und beträgt

$$F_{Zyl} = \frac{\pi}{4} (d_a^2 - d_i^2) .$$

Also ist die Beanspruchung der Zylinderwand in Achsenrichtung unter Benutzung der Abb. 2

$$\sigma_{ax} = \frac{\pi d_i^2 p_i \cdot 4}{4 \pi (d_a^2 - d_i^2)} = p_i \frac{d_i^2}{d_a^2 - d_i^2} .$$

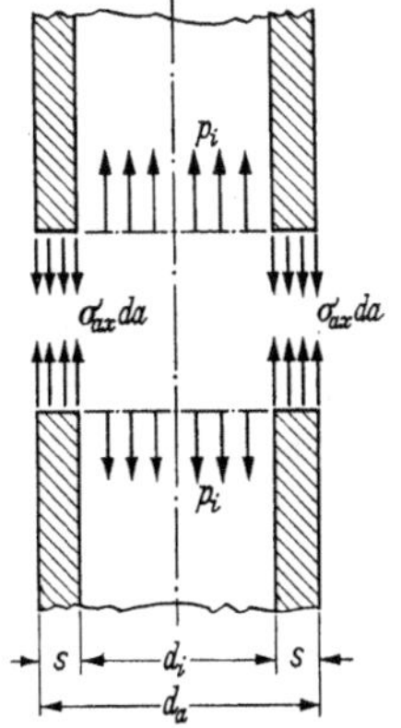

Abb. 2. Schema zur Ableitung der Axialspannung in Hohlzylindern

Durch Substitution von $(d_a^2 - d_i^2)$ durch die Umwandlung

$$d_a^2 - d_i^2 = (d_a + d_i)(d_a - d_i) = (2 d_i + 2 s) 2 s$$

erhält man

$$\sigma_{ax} = p_i \frac{d_i^2}{d_a^2 - d_i^2} = p_i \frac{d_i^2}{4(d_i + s)s} \tag{5}$$

oder

$$\sigma_{ax} = p_i \frac{d_i^2}{400(d_i + s)s} \quad (\text{kg/mm}^2)\,, \tag{6}$$

wobei

$p_i$ = Innendruck in atü (kg/cm²),
$d_i$ = Innendurchmesser in mm,
$s$ = Wanddicke in mm,
$\sigma_{ax}$ = Axialspannung in kg/mm²

bedeuten.

Bei großen Durchmessern wird das Verhältnis $(s/d_i)$ sehr klein, und es läßt sich Gl. (6) näherungsweise schreiben in der Form

$$\sigma_{ax} \approx \frac{p_i d_i^2}{4 d_i s} \approx \frac{p_i d_i}{4s}\,.$$

Dieser Ausdruck zeigt, daß die Hauptspannungen in Achsenrichtung nur etwa halb so groß sind wie die Werte der Tangentialspannungen. Für dünnwandige Zylinder hat demnach die Axialspannung im Vergleich zur Tangentialspannung wenig Einfluß auf das Festigkeitsverhalten des Zylinders unter Innendruck. Die Festlegung der Wanddicke des Behälters hat daher nach Maßgabe der Größe der Tangentialspannung als der wichtigsten Einflußgröße zu erfolgen. Dies bedeutet jedoch in keiner Weise, daß man jene Spannungen vernachlässigt, die merklich unterhalb der Höchstwerte der Tangentialspannungen liegen. Für die volle Beurteilung des Kräftespieles innerhalb eines Systems hat der Ingenieur jede Einzelkraft zu berücksichtigen, auch wenn es nur Vergleichszwecken dienen sollte.

### 3. Radiale Hauptspannungen

Da bei Hohlzylindern der Innendruck die Wände stets auch in Richtung der Normalen zur Bezugsfläche beansprucht, muß die Radialspannung eine Druckspannung sein. Dies wird durch ein Minuszeichen angedeutet im Gegensatz zu den positiven Zugspannungen. Die Radialspannung entspricht in ihrer Größe dem Innendruck und wird angeschrieben in der Form

$$\sigma_r = -p_i \quad (\text{kg/cm}^2) \tag{7}$$

oder

$$\sigma_r = \frac{p_i}{100} \quad (\text{kg/mm}^2)\,. \tag{8}$$

Als Mittelspannung gilt

$$(\sigma_r)_m = -\frac{1}{2} p_i\,.$$

## C. Zusammenfassung

Bei der Berechnung von Hohlzylindern muß eine grundsätzliche Unterscheidung hinsichtlich der Wanddicke getroffen werden. Man spricht in der Praxis von dünnwandigen und dickwandigen Hohlzylindern. Obwohl theoretisch in der Ungleichförmigkeit der Spannungsverteilung in beiden Zylinderarten kein Unterschied besteht, hat man sich dahin geeinigt, bei dünnwandigen Zylindern von der Ungleichförmigkeit abzusehen und für die Hauptspannungen Mittelwerte zu verwenden, die sich über die Wanddicke nicht ändern. Dieser Mittelwert bezieht sich dann auf den Wert der mittleren Wandfaser, der für einen gegebenen Zylinder konstant bleibt.

Zusammenfassend lassen sich über dünnwandige Zylinder folgende Festlegungen treffen:

1. Zylinder werden als dünnwandig bezeichnet, wenn ihre Wanddicke den Wert von 1/20 ihres Innendurchmessers $d_i$ nicht überschreitet, d.h. solange die Beziehung zutrifft, daß

$$s \leqslant 0{,}05\, d_i \leqslant \frac{1}{20}\, d_i$$

oder

$$\frac{s}{d_i} \leqslant 0{,}05\,.$$

2. In dünnwandigen Zylindern ist die Verteilung der drei Hauptspannungen ebenfalls sehr ungleichförmig und unterscheidet sich nicht von der in dickwandigen.

3. Die geringe Wanddicke macht es möglich, die Hauptspannungen durch konstante Mittelwerte zu ersetzen, die dem Spannungswert der mittleren Wandfaser entsprechen. Der Fehler, der dabei gegenüber dem theoretischen Verhalten begangen wird, ist vernachlässigbar klein, solange die Wanddicke ein Zwanzigstel des Innendurchmessers nicht überschreitet.

4. Die drei Hauptspannungen lassen sich aus folgenden Beziehungen errechnen:

Tangentialspannung:

$$\sigma_t = \frac{p_i\, d_i}{2\, s} = \frac{p_i\, r_i}{s}\;;$$

Axialspannung:

$$\sigma_{ax} \sim \frac{p_i\, d_i}{4\, s} \sim \frac{p_i\, r_i}{2\, s}\;;$$

Radialspannung:

$$\sigma_r = -\,p_i\,,$$

$$\sigma_{r_m} = -\,\frac{1}{2}\,p_i\,.$$

## II. Dickwandige Hohlzylinder beansprucht bis zur Fließgrenze

Gemäß Definition in Abschn. I müssen alle Zylinder als dickwandig angesehen werden, bei denen eine gleichmäßige Spannungsverteilung nicht mehr als gerechtfertigt angenommen werden kann. Wie bald gezeigt werden wird, weichen die Hauptspannungen ganz beträchtlich von der Mittelspannung ab. Für dickwandige Hochdruckhohlzylinder ist die genaue Ermittlung der Einzelspannungen von großer Bedeutung.

### A. Berechnung der Hauptspannungen

Für die Berechnung der Hauptspannungen dickwandiger Hohlzylinder sind in der einschlägigen Literatur eine Reihe von Ableitungen bekannt geworden, die alle zu dem gleichen Ergebnis führen. Die erste Lösung dieser Art wurde schon im Jahre 1833 [2] veröffentlicht und wird seither als „Lamé-Funktionen" benützt. Da die mathematischen Ableitungen jedem Lehrbuch zu entnehmen sind, soll hier auf eine eingehende Wiedergabe verzichtet werden. Es handelt sich dabei um Differentialgleichungen, die auf die Form homogener Gleichungen zweiter Ordnung hinauslaufen. Ihre Aufstellung ergibt sich kurz aus folgenden Überlegungen:

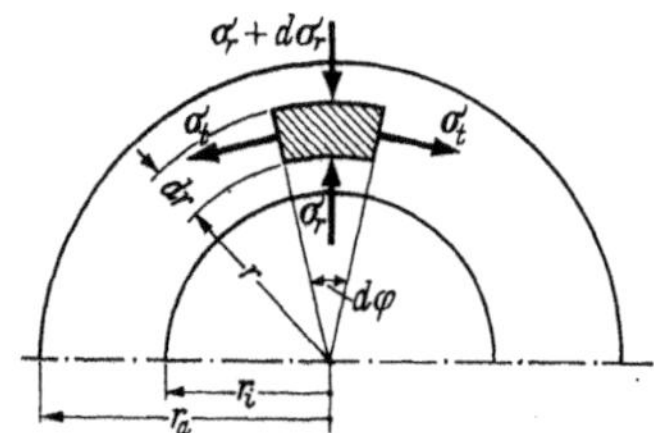

Abb. 3. Schema zur Ableitung der Radialspannung in der Zylinderwand

Abb. 3 zeigt die Darstellung eines Teils eines dickwandigen Hohlzylinders, aus dem ein Wandteilchen mit dem beliebigen Radius $r$, der Stärke $dr$ und der Länge $dl$ in seinem Verhalten betrachtet werden soll, wenn der Innendruck wirksam wird. Das Teilchen sei seitlich von zwei Radialebenen mit dem Einschlußwinkel $d\varphi$ begrenzt. Setzt man den Zylinder unter Innendruck $p_i$, so bilden sich tangentiale und radiale Spannungen $\sigma_t$ und $\sigma_r$ aus, wenn man zunächst von axialen Spannungen absieht. Dies ist insofern gerechtfertigt, als man das Teilchen genügend weit von den Enden entfernt betrachtet, oder man setzt einen Zylinder mit offenen Enden voraus.

Zur Erhaltung des Gleichgewichtes bei Innendruck muß die Summe aller Kräfte in einem Punkte der gleichen Ebene Null sein. Es läßt sich somit folgende Beziehung aufstellen:

$$\sigma_r r\, d\varphi\, dl - (\sigma_r + d\sigma_r)(r + dr)\, d\varphi\, dl + 2\,\sigma_t\, dr\, dl \sin\frac{d\varphi}{2} = 0\,.$$

Die Größe $2 \sin\frac{d\varphi}{2}$ kann durch $d\varphi$ ersetzt werden, da der Winkel $\varphi$ unendlich klein ist. Es kann ferner der winzig kleine Wert $d\sigma_r$ vernachlässigt werden, so daß die Gleichung in der vereinfachten Form

$$\frac{d\sigma_r}{dr} r + \sigma_r - \sigma_t = 0 \tag{9}$$

geschrieben werden kann.

Eine zweite Gleichung läßt sich aufstellen an Hand der Dehnungsbeziehungen. Bekanntlich gilt im Zusammenhange mit dem Elastizitätsmodul $E$ und der Poissonischen Zahl, der sog. Querdehnzahl, folgende Beziehung:

$$\frac{\sigma_t}{E} - \frac{\sigma_r}{\mu E} = \varepsilon_t\,,$$

$$\frac{\sigma_r}{E} - \frac{\sigma_t}{\mu E} = \varepsilon_r\,.$$

Da $(\sigma_t - \sigma_r)$ eine Konstante ist, läßt sich aus diesen Beziehungen eine Differentialgleichung aufstellen, die in Verbindung mit Gl. (9) Lösungen für die tangentiale und radiale Hauptspannung bietet. Die resultierenden Lamé-Funktionen heißen dann

tangential:

$$\sigma_t = p_i \left[\frac{r_i^2}{r_a^2 - r_i^2} + \frac{r_a^2 r_i^2}{r_a^2 - r_i^2}\,\frac{1}{r^2}\right]; \tag{10}$$

radial:

$$\sigma_r = p_i \left[\frac{r_i^2}{r_a^2 - r_i^2} - \frac{r_a^2 r_i^2}{r_a^2 - r_i^2}\,\frac{1}{r^2}\right]; \tag{11}$$

axial:

Für die axiale Spannung muß eine weitere Annahme gemacht werden, nämlich, welche Enden der Hohlzylinder haben soll. Für einen kurzen Zylinder, der als Zylinder mit geschlossenen Enden bezeichnet wird, gilt der Ausdruck

$$\sigma_{ax} = \frac{r_i^2\, p_i}{r_a^2 - r_i^2} = p_i\,\frac{r_i^2}{r_a^2 - r_i^2}\,. \tag{12}$$

Man sieht, daß von den drei Hauptspannungen $\sigma_t$ und $\sigma_r$ die Veränderliche $r$ enthalten, während $\sigma_{ax}$ ohne die Variable konstante Werte liefert. Die Wanddicke hat demnach keinen Einfluß auf die Verteilung der Axialspannung.

Variiert man nun die Veränderliche $r$ vom Werte $r = r_i$ bis zu $r = r_a$, so erhält man die Verteilung der drei Hauptspannungen über den ganzen Wandquerschnitt. Für $r = r_i$ und $r = r_a$ erhält man die Spannungen, die an der Innen- bzw. Außenfaser herrschen. Es ist also für $r = r_i$ *für die Innenfaser:*

tangential:

$$\sigma_{t_i} = p_i\,\frac{r_a^2 + r_i^2}{r_a^2 - r_i^2} \quad (\mathrm{kg/cm^2})\,; \tag{13}$$

radial:

$$\sigma_{r_i} = -p_i \quad (\mathrm{kg/cm^2})\,; \tag{14}$$

axial:

$$\sigma_{ax_i} = p_i \frac{r_i^2}{r_a^2 - r_i^2} = \text{konst.} \quad (\mathrm{kg/cm^2})\,. \tag{12}$$

Für $r = r_a$ *für die Außenfaser:*

tangential:

$$\sigma_{t_a} = p_i \frac{2\,r_i^2}{r_a^2 - r_i^2} \quad (\mathrm{kg/cm^2})\,; \tag{15}$$

radial:

$$\sigma_{r_a} = 0\,; \tag{16}$$

axial:

$$\sigma_{ax_a} = \sigma_{ax_i} = \text{konst.} = p_i \frac{r_i^2}{r_a^2 - r_i^2} \quad (\mathrm{kg/cm^2})\,. \tag{12}$$

Die Tangentialspannungen bleiben hiermit für beide Randfasern positiv, d.h., an der Innen- wie an der Außenfaser bleibt die Umfangsspannung eine Zugspannung. Die Differenz zwischen den beiden ist

$$\sigma_{t_i} - \sigma_{t_a} = p_i \frac{r_a^2 + r_i^2 - 2\,r_i^2}{r_a^2 - r_i^2} = p_i\,. \tag{17}$$

Für jeden dickwandigen Zylinder ist also die Differenz der Tangentialspannungen zwischen den beiden Grenzfasern gleich dem Innendruck. Man ersieht daraus die starke Ungleichmäßigkeit der gefährlichen Zugspannungen in der Zylinderwand.

Für die Radialspannung wird die Differenz der Randfaserspannungen ebenfalls gleich dem Innendruck. Da es sich hier aber um eine Druckspannung handelt, ist der Zylinder durch die Radialspannung wenig gefährdet.

Die Beurteilung an den Randfasern läßt die Schlußfolgerung zu, daß die Innenfaser bei Zylindern, die durch Innendruck beansprucht werden, diejenige Zone der Wand darstellt, in der die maximalen Spannungen auftreten. Es muß jedoch betont werden, daß von Spannungen die Rede ist, die im elastischen Gebiete liegen, d.h. daß alle Formänderungen, die durch diese Spannungen erzeugt werden, dem Hookeschen Gesetz folgen.

Aus dieser Tatsache läßt sich die Nichtigkeit der Definition für dünnwandige Zylinder erklären. Die gefährlichen Spannungen sind so ungleichmäßig, daß sie nicht durch konstante Mittelspannungen ohne Gefahr für den Zylinder ersetzt werden können. Bildet man beispielsweise das Verhältnis der Umgangsspannungen $\sigma_{t_i}$ an der Innenfaser und der mittleren Tangentialspannung $\sigma_{t_m}$, als $\sigma_{t_i}/\sigma_{t_m}$ und trägt dieses als Funktion der Verhältniswerte $s/d_i$ auf, so ergibt sich eine Kurve, die in Abb. 4

als Linie $a$ eingetragen wurde. Dasselbe wurde für $\sigma_{t_a}/\sigma_{t_m}$ gemacht, woraus Kurve $b$ entstand. Man ersieht daraus, daß mit wachsender Wanddicke $s$ im Vergleich zum Innendurchmesser $d_i$ die Ungenauigkeit der Gl. (2, 3) zunimmt. Die Werte der tangentialen Mittelspannungen für Kurven $a$ und $b$ wurden aus Gl. (2, 3) ermittelt.

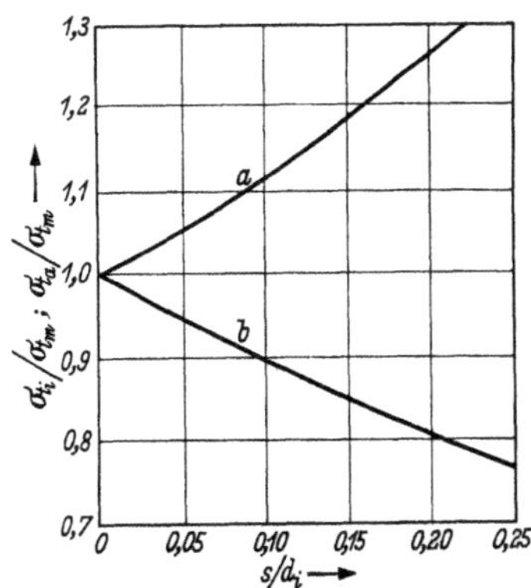


Abb. 4. Verhältnis der Tangentialspannungen an der Innenfaser u. an der Außenfaser zur mittleren tangentialen Wandspannung

Bei der Außenrandspannung ist die Abweichung des Fehlers nicht so schwerwiegend, da die Außenspannungen ohnedies bedeutend niedriger sind als die Spannungen an der Innenfaser. Die Verhältnisse der Abb. 4 zeigen deutlich die Notwendigkeit klarer Unterscheidungsmaßnahmen zwischen dünn- bzw. dickwandigen Zylindern.

## B. Spannungsverteilung

Für eine Beurteilung einer Zylinderkonstruktion für Innendruck ist die Kenntnis der tatsächlichen Spannungsverteilung über den Wandquerschnitt von großer Bedeutung. Im Hinblick auf die Veränderung des Innendruckes lassen sich vielerlei Spannungszustände erzeugen. Es ist daher notwendig, den jeweils herrschenden Vorgang genau zu definieren, dessen Spannungszustand man zu beschreiben wünscht.

Wird in einem dickwandigen Zylinder der Innendruck, von Null beginnend, allmählich gesteigert, so wird der Zylinderwerkstoff zunächst rein elastisch beansprucht. Dies bedeutet, daß die Formänderungen in der Wand dem Hookeschen Gesetz folgen. Es bedeutet außerdem, daß die Formänderungen wieder verschwinden, sobald der Innendruck auf Null entspannt wird, womit der Zylinder wieder seine ursprüngliche Gestalt annimmt.

Steigert man nun den Innendruck immer weiter, so wird schließlich ein Zustand erreicht, bei dem die Faser mit der höchsten Beanspruchung – hier die plastische Innenfaser – zu fließen beginnt. Bei zusätzlicher Drucksteigerung breitet sich die Formänderung von der Faser zu einer Zone aus, die sich mit fortgesetzter Druckerhöhung konzentrisch über den Wandquerschnitt verbreitert, bis die Außenfaser ebenfalls ins Fließen gerät. Wie man erkennt, durchläuft der Zylinderwerkstoff nacheinander eine Reihe von Spannungszuständen, die durch genau zu definierende Bedingungen zu erzeugen sind, und die man rechnerisch bei Vorhandensein von homogenem Zylinderwerkstoff mit hinreichender Genauigkeit vorausbestimmen kann.

Beginnt also die Innenwand, sich gerade plastisch zu verformen, so liegt ein Spannungszustand vor, den man häufig als Fließen an der Innenfaser kennzeichnet. Gerät die Wand teilweise ins Fließen, so spricht man von teilplastischer Verformung. Hat sich das Fließen über die gesamte Wand ausgebreitet, wobei auch die Außenfaser die elastische Grenze überschreitet oder zumindest erreicht, so ist der vollplastische Zustand gegeben. Bei weiterer Steigerung des Innendruckes wird der Zylinder gelegentlich durch Trennbruch versagen.

Diese eben beschriebenen Zustände gelten für einen Temperaturbereich, innerhalb dessen jede Belastung als von der Zeit unabhängig angesehen werden kann. Rein theoretisch betrachtet tritt bei jeder Belastung eine zeitabhängige Formänderung ein. Diese Formänderungen sind jedoch innerhalb eines bestimmten Temperaturgebietes so klein, daß sie für die Praxis keinerlei Bedeutung haben. Dieses Temperaturgebiet ist nach oben hin durch eine Zone begrenzt, deren Niveau und Breite von Werkstoff zu Werkstoff verschieden, jedoch charakteristisch ist. Diese Zone nennt man die Kriechgrenze, und jede Formänderung oberhalb dieser Grenzzone wird mit Kriechen bezeichnet. Fließen findet demnach bei Raumtemperatur statt oder zumindest in einem Temperaturbereich, der selbst auf den Fließvorgang keinen Einfluß hat. Kriechen schließt immer zwei Begriffe ein, nämlich erhöhte Temperatur über lange Belastungszeiträume. Bei der Beschreibung bzw. Charakterisierung irgendwelcher Spannungsverteilung in der Wand von Hochdruckhohlkörpern unter statischem Innen- oder Außendruck oder beides muß unterschieden werden, ob es sich um elastische, teilplastische, vollplastische oder Berstspannungen handelt. Es muß ferner klar unterschieden werden, ob Fließen oder Kriechen vorliegt. Jede Belastungsart hat ihre typische Spannungsverteilung, die im folgenden eingehend behandelt wird mit genauen Definitionen aller Bedingungen, die den entsprechenden Spannungszustand jeweils herbeiführen.

## 1. Spannungen im elastischen Gebiete

Die drei charakteristischen Hauptspannungen, die in Zylinderwänden unter Innendruck wirksam sind, solange die Formänderungen im elastischen Gebiet verlaufen, wurden im vorhergehenden Abschn. A und B beschrieben und als Lamé-Funktionen gekennzeichnet. Sie haben seither allgemeine Anerkennung in der gesamten Welt gefunden und werden ausschließlich benutzt für die Ermittlung von Spannungen elastischer Natur. Wählt man an Stelle

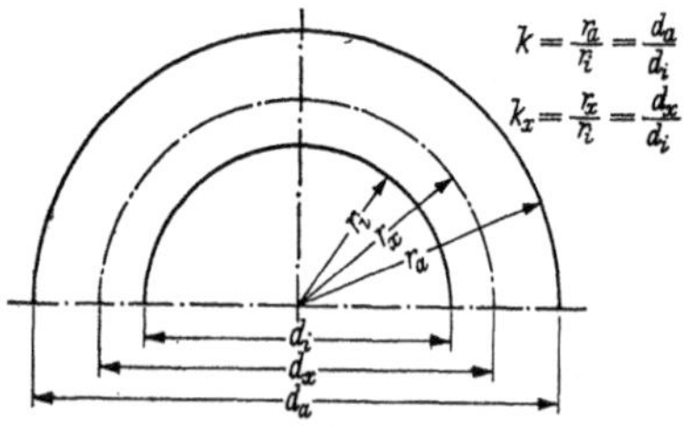


Abb. 5. Definition des Durchmesserverhältnisses $k$

der Radien oder der Durchmesser das Verhältnis $r_a/r_i = d_a/d_i = k$, das in der Folge mit $k$ bezeichnet werden möge, so lassen sich die Lamé-Funktionen in verschiedenen Formen anschreiben bzw. ausdrücken. Unter Benützung von Abb. 5 gilt:

**a) Tangentialspannungen**

$$\left.\begin{aligned}\sigma_{t-el} &= p_i\left(\frac{1}{k^2-1}\,\frac{k^2+k_x^2}{k_x^2}\right) = p_i\left[\frac{r_i^2}{r_a^2-r_i^2}\left(\frac{r_a^2}{r^2}+1\right)\right] \\ &= p_i\left(1+\frac{r_a^2}{r^2}\right)\frac{1}{k^2-1} = p_i\left[\frac{(r_a^2/x^2)+1}{k^2-1}\right];\end{aligned}\right\} \tag{18}$$

hierbei ist $r_i \leqslant x \leqslant r_a$.
Mittlere Tangentialspannung:

$$\sigma_{t_m} = \frac{1}{r_a - r_i}\int_{r_i}^{r_a} \sigma_t\, d\,x = \frac{p_i}{k-1} \quad \text{(Membranformel)}. \tag{19}$$

Nur für dünnwandige Behälter zulässig.

**b) Axialspannungen**

$$\sigma_{ax-el} = p_i\left(\frac{1}{k^2-1}\right) = p_i\left(\frac{r_i^2}{r_a^2-r_i^2}\right) = \text{konst.} \tag{20}$$

**c) Radialspannungen**

$$\sigma_{r-el} = p_i\left[\frac{1}{k^2-1}\,\frac{k_x^2-k^2}{k_x^2}\right] = -\frac{p_i}{k^2-1}\left(1-\frac{r_a^2}{r^2}\right) = p_i\left[\frac{(r_a^2/x^2-1}{k^2-1}\right] \tag{21}$$

wobei $r_i \leqslant x \leqslant r_a$.

Stellt man die Gln. (18, 20, 21) graphisch dar als Funktion des Durchmesserverhältnisses $k = r_a/r_i$, so erhält man Kurven, wie sie in Abb. 6 für $k = 1{,}50$–$2{,}00$–$2{,}50$ wiedergegeben sind. Wie bereits betont, liegen die Spannungsspitzen an der Innenfaser, während die Außenfaser im Vergleich hierzu wesentlich niedriger beansprucht ist. Die Ungleichmäßigkeit der Spannungsverteilung ändert sich mit größerer Wanddicke nicht.

Im Schaubild ist ferner die Gesamtanstrengung $\sigma_v$ eingetragen, deren Bedeutung im nächsten Abschnitt eingehender behandelt werden wird.

Die Werte der Spannungen in den Randfasern lassen sich aus folgenden Beziehungen ermitteln:

Innenfaser — Außenfaser

*Tangential:*

$$\sigma_{t_{i-el}} = p_i\left(\frac{k^2+1}{k^2-1}\right) = p_i\left(\frac{r_a^2+r_i^2}{r_a^2-r_i^2}\right); \tag{22}$$

$$\sigma_{t_{a-el}} = p_i\left(\frac{2}{k^2-1}\right) = p_i\left(\frac{2\,r_i^2}{r_a^2-r_i^2}\right). \tag{23}$$

Innenfaser — Außenfaser

*Axial:*

$$\sigma_{ax_{i-el}} = \sigma_{ax_{a-el}} = p_i\left(\frac{1}{k^2-1}\right) = p_i\left(\frac{r_i^2}{r_a^2-r_i^2}\right) = \text{konst.} \tag{24}$$

*Radial:*

$$\sigma_{r_{i-el}} = -p_i; \tag{25}$$

$$\sigma_{r_{a-el}} = 0\,. \tag{26}$$

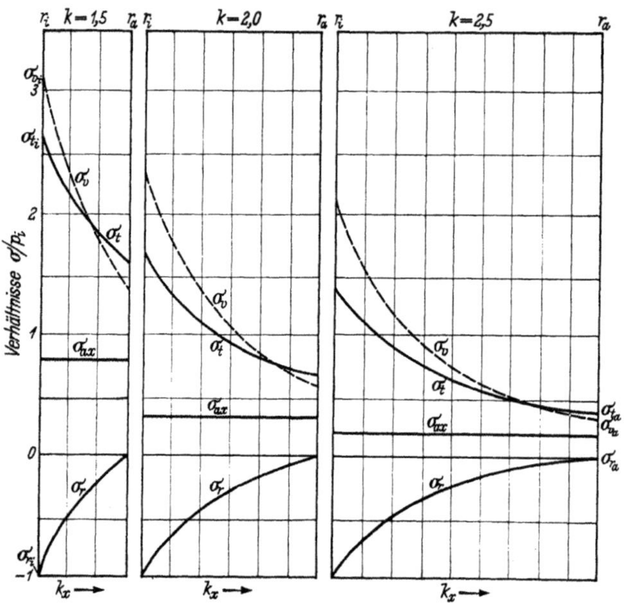


**Abb. 6. Elastische Spannungsverteilung der drei Hauptspannungen und der Vergleichsspannung in der Wand von Hochdruckhohlzylindern mit den Durchmesserverhältnissen $k$ = 1,50–2–2,50 unter statischem Innendruck in Abhängigkeit von der Wanddicke**

Wie man erkennt, liefert die tangentiale Hauptspannung für den Zylinder die gefährlichste der drei wirksamen Hauptspannungen. Inwiefern diese Spannung nun als Maßstab für die Festigkeitsrechnung herangezogen werden kann, wird in einem späteren Abschnitt diskutiert. Beispielsweise möge darauf hingewiesen werden, daß für einen Zylinder mit $k = 3{,}0$ die Tangentialspannung an der Innenfaser den Wert $1{,}25\,p_i$ und für die Außenfaser $0{,}25\,p_i$ erreicht. Im Vergleich zur mittleren Spannung $\sigma_{t_m} = 0{,}50\,p_i$ wird die Innenfaser in Wirklichkeit 2,5mal höher beansprucht, während die Belastung der Außenfaser nur halb so groß ist. Man erkennt deutlich, wie gefährlich der Fehler werden kann, wenn man den tatsächlichen Spannungszustand durch die mittlere Wandspannung in Umfangsrichtung substituiert.

Wie schon eingangs erwähnt, hängt die Größe der Axialspannung davon ab, wie die Konstruktionsart bezeichnet wird. Durch Unterscheidung nach Zylindern mit geschlossenen Enden, offenen oder eingespannten Enden, ergeben sich Spannungswerte, die wesentlich voneinander abweichen. Die Beziehungen für die axialen Hauptspannungen für variierende Endkonstruktionen lauten dann:

*Geschlossene Zylinder:*

$$\sigma_{ax-el} = p_i\left(\frac{1}{k^2-1}\right) = p_i\left(\frac{r_i^2}{r_a^2-r_i^2}\right). \tag{24}$$

*Offene Zylinder:*

$$\sigma_{ax-el} = 0. \tag{27}$$

Dieser Fall ist gegeben für Rohrleitungen mit sehr großer Länge.

*Zylinder mit eingespannten Enden:*

$$\sigma_{ax-el} = 2p_i\left(\frac{\mu}{k^2-1}\right). \tag{28}$$

Hierin bedeutet $\mu$ die Poissonsche Querzahl.

Von Interesse dürften ferner noch folgende Beziehungen für den elastischen Bereich sein:

$$\frac{\sigma_{t_m}}{\sigma_{ax-el}} = k+1, \tag{29}$$

$$\sigma_{t_i-el} = \sigma_{ax-el}(1+k^2), \tag{30}$$

$$\sigma_{r_i-el} = \sigma_{ax-el}(1-k^2) = -p_i, \tag{31}$$

$$\frac{\sigma_{t_i-el}}{\sigma_{t_m}} = \frac{k^2+1}{k+1}. \tag{32}$$

Die Bezeichnung (*el*) als Index dient nur dem Zweck der Unterscheidung in dem Abschnitt für elastische Spannungen. Wenn in den späteren Ausführungen dieser Index fallen gelassen wird zur Vereinfachung der Schreibweise, so wird darunter stets die entsprechende Spannung im elastischen Gebiete verstanden. Wenn andere Bereiche zu verstehen sind, wird das durch besonderen Index gekennzeichnet werden.

## 2. Spannungen bei Fließbeginn

Im praktischen Betriebe als auch im Laboratorium pflegt man Hochdruckanlagen so zu betreiben, daß die entstehenden Spannungen im elastischen Bereiche liegen. Nur in wenigen Fällen wird die Fließgrenze an der Innenfaser absichtlich betriebsmäßig überschritten. Es ist natürlich von wissenschaftlichem als auch betrieblichem Interesse, das Verhalten der metallischen Werkstoffe zu kennen, besonders wenn die Zylinder Drücken ausgesetzt sind, die plastische Verformungen oder gar Trennbruch herbeiführen. Für die Aufstellung betrieblicher Sicherheitsmaßnahmen muß man diese Belastungsgrenzen kennen. Der Ingenieur muß in der Lage sein, diese Betriebszustände rechnerisch vorauszusagen.

Für die allgemeine Festigkeitsrechnung benutzt man gewisse Werkstoffkennwerte als Kriterien für die Voraussage des Versagens. Nimmt man Fließen als Modus des Versagens an, so kann der Werkstoff durch Zug-, Druck- oder Torsion bzw. Scherbeanspruchung zum Fließen gebracht werden. Die diesbezügliche Fließgrenze bezeichnet man dann als zug-druck-torsions- bzw. schubelastische Fließgrenze. Diese Unterscheidungen sind von großer Wichtigkeit, da alle diese Begriffe verschiedene Werte für jeden Werkstoff bedeuten. Als Festigkeitskennwerte strebt man solche Kriterien zu verwenden, die am leichtesten durch einfache Versuche zu ermitteln sind. Man hat sich daher geeinigt, dem Fließbeginn die zugelastische 0,2-%-Streckgrenze zugrunde zu legen, bezeichnet als 0,2% $\sigma_F$. Der Trennbruch erfolgt normalerweise bei wesentlich veränderten Bedingungen, wobei man die Bruchfestigkeit mit $\sigma_B$, ermittelt im Zugversuch, bezeichnet. Beide Eigenschaften können durch den Zugversuch bei Raumtemperatur in wenigen Minuten zuverlässig ermittelt werden, indem man eine Zerreißmaschine benützt, die den Versuchsstab unter eindimensionaler Zugbelastung testet. Beim Hochdruckhohlkörper, der unter Innendruck steht, bildet sich jedoch ein dreidimensionaler Spannungszustand aus. Es ergibt sich somit die Frage: Kann der Werkstoffkennwert, erhalten im eindimensionalen Zugversuch, ohne Bedenken auf dreidimensionale Spannungszustände angewandt werden oder muß ein diesbezüglicher Umrechnungsfaktor mit einbezogen werden? Um diese Frage eindeutig zu beantworten, mögen die Vorgänge beim Zugversuch nochmals kurz behandelt werden.

Wird ein Stab aus zähem Stahl einer allmählich wachsenden axialen Zugkraft unterworfen, die in transversaler Richtung nur eine Hauptspannung erzeugt, so wird der Werkstoff zu fließen beginnen, sobald eine ganz bestimmte Belastungsgrenze erreicht wird. Der Fließbeginn sei definiert als das Erreichen des Zustandes im Zugstabe, bei dem ein endlicher Wert einer meßbaren jedoch bleibenden Verformung nachgewiesen wird. Fließen ist damit zu erklären, daß Metalle aus Kristallgefügen bestehen, deren Einzelkristalle Gleitebenen besitzen, auf denen der Widerstand gegen Schubspannungen verhältnismäßig klein ist. Sobald Gleiten eintritt, verschiebt sich ein Kristallteil relativ zu einem anderen vorzugsweise entlang dieser Gleitebenen. Nun weiß man, daß die Gleitbewegungen des Fließvorganges im wesentlichen die Folge von Schubspannungen sind, wobei also der Fließvorgang nach Maßgabe des Formänderungswiderstandes gekennzeichnet werden kann, d.h. Fließen wird eintreten, sobald die Schubspannungen den Wert der schubelastischen Fließgrenze erreichen. Man weiß aber außerdem, daß zumindest noch fünf andere Werkstoffkenngrößen als Fließkriterium angesprochen werden können, die, sobald ihr Grenzwert erreicht ist, als Ursache des Fließbeginns betrachtet werden können.

Aus der Elastizitätslehre weiß man, daß beim einachsigen Zugversuch im Augenblick des Fließbeginns gleichzeitig sechs andere Kenngrößen erreicht werden, die wie folgt beschrieben werden können:

1. Die axiale Zughauptspannung erreicht die zugelastische Fließgrenze 0,20% $\sigma_F$ des Stabwerkstoffes ($\sigma_F = P/F_{\text{Stab}}$).

2. Die maximale Schubspannung $\left(\tau = \frac{1}{2} P/F\right)$ erreicht die schubelastische Grenze des Werkstoffes $\left(\tau_F = \frac{P/F}{2}\right)$.

3. Die axiale Zugdehnung $\varepsilon_Z$ erreicht den Höchstwert $\varepsilon_F$ an der Fließgrenze.

4. Die gesamte Dehnungsenergie $(DE)$, die je Volumeneinheit des Werkstoffes absorbiert werden kann, erreicht ihren Höchstwert an der Fließgrenze $(DE)_F = 1/2\ (\sigma_F^2/E)$.

5. Die Gestaltänderungsenergie $(GE)$, die der Werkstoff je Volumeneinheit aufzunehmen vermag, erreicht den Höchstwert $(GE)_F = [(1 + \mu)/3\ E]\ \sigma_F^2$.

6. Die oktahedrale Schubspannung $(\tau_0)$ erreicht ihren Höchstwert und wird ausgedrückt in der Form $(\tau_0)_F = \left(\sqrt{2}/3\right) \sigma_F = 0{,}47\ \sigma_F$.

Diese sechs Kenngrößen treten im einachsigen Zugversuch gleichzeitig auf, wodurch es unmöglich ist, festzustellen, welche von den sechs Eigenschaften den Fließbeginn verursacht hat. Liegt aber ein zwei- oder gar dreiachsiger Spannungszustand vor, so treten diese sechs Eigenschaften nicht mehr gleichzeitig auf. Nun wird es entscheidend zu erkennen, welche der sechs Eigenschaften für die mehrachsigen Spannungszustände das Versagen durch Fließen tatsächlich auslöst. Da der Konstrukteur in der Lage sein muß, diejenigen Bedingungen festzulegen, die eine Vorhersage des Fließbeginns gestatten, ist es wichtig, jede dieser Größen mit einer Theorie zu verbinden, die diejenige Spannung definiert, die Fließen herbeiführt.

Jeder der sechs Kenngrößen liegt somit eine bestimmte Festigkeitshypothese zugrunde, und es ist vom wirtschaftlichen wie auch vom Betriebssicherheitsstandpunkte aus gesehen, von großer Bedeutung, für die Festigkeitsrechnung dann diejenige Hypothese zu wählen, die mit dem tatsächlichen Verhalten des Werkstoffes in der Praxis am besten übereinstimmt.

Im Zusammenhange mit dem Versagen des Werkstoffes sei nochmals darauf hingewiesen, daß man in der Praxis Fließen an irgendeiner Stelle schon als Versagen definiert. Der Trennbruch repräsentiert eine spezielle Art des Versagens. Die Einbeziehung des Fließens in die Kategorie des technischen Versagens eines Werkstoffes ist darauf zurückzuführen, daß im Betriebe der Innendruck stets so gewählt werden muß, daß die auftretenden Spannungen stets unterhalb der Streckgrenze des Werkstoffes bleiben. Diese Festlegung erfolgte aus allgemein anerkannten Gründen der Betriebssicherheit, obwohl die Stabilitätsgrenze des Zylinderwerkstoffes noch lange nicht überschritten wird, sobald Fließen an der Innenfaser eintreten sollte. Beabsichtigte plastische Verformung der Zylinderwand, wie sie durch Autofrettage angestrebt wird, liegt außerhalb dieser Betrachtung und wird in einem späteren Kapitel eingehender behandelt werden.

### a) Grundzüge der wesentlichsten Hypothesen

Mit der Annahme, daß Fließen als Modus des Versagens festgelegt wird, sagen die sechs Festigkeitskriterien über den Fließbeginn im wesentlichen folgendes aus:

*α) Theorie der maximalen Hauptspannung*

Betrachtet man einen beliebigen Punkt eines Werkstoffes, in welchem ein Spannungszustand besteht, so tritt nach der maximalen Hauptspannungstheorie Fließen in diesem Punkte nur auf, sobald die größte Hauptspannung in diesem Punkte den Wert der zugelastischen Fließgrenze des Werkstoffes erreicht, wie sie aus dem einachsigen Zugversuch ermittelt wird. Dabei hat die Gegenwart von Schubspannungen an anderen Ebenen durch diesen Punkt keinen Einfluß.

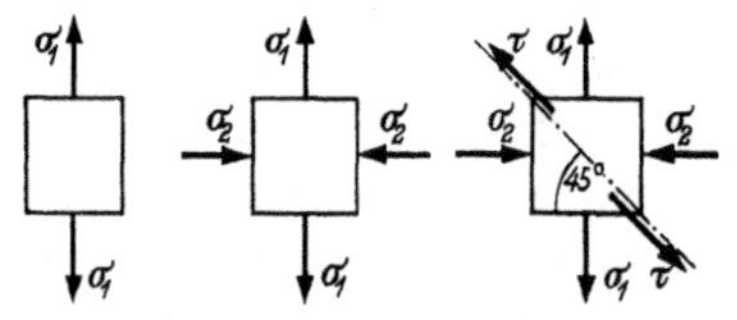


Dieser Feststellung zufolge muß in einem Würfel nach nebenstehender Skizze Fließen eintreten, sobald $\sigma_1 = \sigma_F$ ist, unabhängig davon, ob eine Spannung $\sigma_2$ vorhanden ist oder nicht. Tritt aber $\sigma_2$ in einer Ebene senkrecht zu $\sigma_1$ auf, jedoch mit entgegengesetztem Vorzeichen, so bildet sich im Winkel von 45° eine Schubspannung aus, was an Zylindern zu beobachten ist, die reiner Torsion unterworfen sind. Wäre diese Hypothese hundert Prozent zutreffend, so müßte $\sigma = \tau$, d.h. $\sigma_F = \tau_F$ sein, oder mit anderen Worten die Schubelastizitätsgrenze müßte mit der Zugstreckgrenze übereinstimmen. Die Erfahrung zeigt jedoch, daß für alle zähen Werkstoffe $\sigma_F$ weitaus höhere Werte annimmt als $\tau_F$, also die Zugstreckgrenze liegt wesentlich über der Torsionsfließgrenze. Die Gegenwart großer Schubspannungen an irgendeinem Massenpunkte trägt dazu bei, daß die Zugspannung den Fließbeginn nicht veranlassen kann.

Im Falle der Verwendung spröder Werkstoffe trifft die maximale Hauptzugspannungstheorie eher zu. Da aber für Hochdruckapparate ausschließlich zähe Werkstoffe gewählt werden, bleibt die Anwendung der maximalen Zughauptspannung für die Festigkeitsrechnung absolut unbefriedigend.

*β) Maximale Schubspannungshypothese*

Die maximale Schubspannungshypothese ist in der Literatur bekannt als Theorie nach GUEST. Nach dieser Theorie tritt Fließen ein, wenn die größte Schubspannung in irgendeiner Ebene durch einen Punkt unter Spannungszustand einen Wert erreicht, den die maximale Schubspannung im Zugstab im Augenblick des Fließbeginns hat. Dies wiederum besagt, daß die schubelastische Fließgrenze bestenfalls die Hälfte der zugelastischen Streckgrenze annehmen kann. Denn es ist ja bekannt, daß im einachsig belasteten Zugstab auf der 45°-Ebene die maximale Schubspannung nur halb so groß ist wie die maximale Zugspannung.

Diese Theorie ist für zähe Werkstoffe besonders dann geeignet, wenn relativ hohe Schubkräfte auftreten. Die praktische Erfahrung zeigt jedoch, daß für zähe Werkstoffe $\tau_F$ nicht 0,5 $\sigma_F$ ist, sondern 0,57 $\sigma_F$. Damit erhält man den wichtigen Umrechnungsfaktor zwischen der schubelastischen Grenze $\tau_F$ und der Zugstreckgrenze $\sigma_F$ in der Form

$$\tau_F = 0{,}57\,\sigma_F = \left(\frac{1}{\sqrt{3}}\right)\sigma_F\,.$$

Wie man erkennt, ist die größtmögliche Abweichung der maximalen Schubspannungshypothese nur höchstens 15%.

Aus der Festigkeitslehre ist bekannt, daß maximale und kleinste Hauptspannungen aufgelöst werden können in einen Zustand reiner Schubspannungen im Zusammenhange mit gleichgroßen Zugspannungen in allen Richtungen der Ebene dieser beiden Hauptspannungen. Demnach ist nach dieser Theorie Fließen eine Folge der größten Schubspannungen, und die Gegenwart gleichgroßer Zugspannungen hat auf den Fließbeginn keinen Einfluß.

*γ) Maximale Dehnungstheorie*

Die Größtdehnungshypothese wurde von ST. VENANT entwickelt und besagt, daß in einem Punkte, der unter Spannung steht, Fließen eintritt, wenn die größte auftretende Dehnung einen Wert erreicht, der gleich dem Wert ist, den man mißt, wenn beim einachsigen Zugversuch Fließen beginnt. Mit anderen Worten also, wenn $\varepsilon_F = \sigma_F/E$. Dieser Wert tritt gleichzeitig auf, sobald $\sigma_F$ beobachtet wird.

*δ) Gesamtenergiehypothese*

Diese Theorie ist bekannt als Haigh- bzw. Beltramie-Hypothese. Nach dieser Theorie tritt in einem Punkte, der unter Spannung steht, Fließen ein, wenn die je Volumeneinheit absorbierte Energie in dem Punkte gleich ist der Energie, die auch beim einachsigen Zugstabe gemessen wurde. Diese Energie errechnet sich gemäß der Festigkeitslehre zu $[DE_F = 1/2\,(\sigma_F^2/E)]$.

*ε) Gestaltänderungsenergiehypothese*

Diese Theorie, der Einfachheit halber auch GEH-Hypothese genannt, wurde bekannt als von Mises-Theorie [*3*]. Die Arbeiten von HUBER [*4*], HENKY [*5*] und BRIDGMAN [*6*] haben wesentlich zur Entwicklung dieser Theorie beigetragen.

Nach der „GEH“ tritt an einem Punkte, an dem ein Spannungszustand herrscht, dann Fließen ein, wenn die Gestaltänderungsenergie, die der Körper an diesem Punkt je Volumeneinheit absorbiert, gleich ist der Gestaltänderung, die der Werkstoff beim einachsigen Zugstab bei Fließbeginn je Volumeneinheit absorbiert. Im Augenblick des Fließbeginns ist die Gestaltänderungsenergie $\mathrm{GE}_F = [(1 + \mu)\, \sigma_F^2]/3\, E$, errechnet aus dem Zugversuch.

*ζ) Oktahedrale Schubspannungstheorie*

Diese Hypothese liefert die gleichen Ergebnisse wie die GEH. Durch mathematische Modifikationen erhält man $(\tau_o)_F = \left(\sqrt{2/3}\right) \sigma_F = 0{,}47\, \sigma_F$.

**b) Vergleich der Hypothesen**

Jede der besprochenen Festigkeitshypothesen definiert einen charakteristischen Festigkeitskennwert. Jede Hypothese sagt aus, daß Fließen dann eintritt, sobald die Beanspruchung die Höhe dieses Festigkeitskennwertes erreicht. Dies ließe sich in einfacher Weise zeigen, wenn es möglich wäre, einen Versuch auszuführen, bei dem die Spannungszustände genau die gleichen wären, als sie von der Theorie vorausgesetzt werden. Damit aber ließe sich der kritische Kennwert direkt durch Versuch ermitteln und eine Theorie wäre überflüssig. Jede der Theorien wird daher nur Annäherungswerte liefern, die mehr oder weniger von den Idealwerten abweichen. Inwieweit diese sechs Theorien mit den Erfahrungswerten aus der Praxis übereinstimmen, soll im folgenden gezeigt werden.

Betrachtet man den maximalen Formänderungswiderstand des Werkstoffes, bei dessen Überschreitung Fließen beginnt, wie er aus den Formulierungen der verschiedenen Hypothesen berechnet wird, so erhält man für den Fließbeginn am einachsigen Zugstab Werte, die in Reihe *3* der Tab. 1 wiedergegeben sind. Ermittelt man auf die gleiche Weise Werte, die sich auf den zweiachsigen Torsionsversuch beziehen, so erhält man die Kenngrößen der Reihe *4* von Tab. 1. Nimmt man jetzt an, daß alle Theorien korrekt sind, so müßten die Werte der Reihe *3* mit denen der Reihe *4* identisch sein, was jedoch nicht der Fall ist. Durch Gleichsetzung der Werte von Reihe *3* mit denen der Reihe *4* ergeben sich die Werte der Reihe *5*.

Tab. 1 zeigt folgende Ergebnisse:

Nach der Lamé-Hypothese wäre die zugelastische Fließgrenze $\sigma_F$ mit der schubelastischen Fließgrenze $\tau_F$ identisch, d.h. $\tau_F = \sigma_F$. Für die

St.-Venant-Hypothese lautet diese Beziehung $\tau_F = 0{,}80\,\sigma_F$. Nach der Guest-Hypothese ist $\tau_F = 0{,}50\,\sigma_F$, während die von-Mises- und die oktahedrale Schubspannungshypothesen mit $\tau_F = 0{,}577\,\sigma_F$ gleiche Werte liefern. Aus sehr vielen Versuchsergebnissen hat sich statistisch gezeigt, daß für zähe Werkstoffe die Werte 0,55–0,60 $\sigma_F$ gelten, wobei die überwiegende Mehrheit mit 0,57 $\sigma_F$ bezeichnet werden kann. Man kann daher den zuverlässigen Schluß ziehen, daß die von-Mises-Hypothese diejenigen Werte liefert, die mit der Wirklichkeit am besten übereinstimmen. Die Guest-Hypothese weicht im ungünstigsten Falle nur 15%, dies aber stets nach der sicheren Seite hin, ab, Die Theorien von Lamé und St. Venant haben so starke Abweichungen, daß sie für die Vorhersage des Fließbeginns keine Bedeutung haben. Sie sind nur gerechtfertigt, wenn die Hauptspannung im Vergleich zur vorhandenen Schubspannung extrem groß ist. Dies bedeutet, daß dies nur für spröde Werkstoffe zulässig ist, die durch Trennbruch und nicht durch vorherige plastische Deformation versagen. Da Trennbruch bei allen metallischen Werkstoffen erst dann erfolgt, wenn das Absorptionsvermögen für plastische Verformung völlig aufgebraucht ist, kann jeder Trennbruch als Sprödbruch angesehen werden, was auch im Schrifttum eindeutig zum Ausdruck gebracht wird.

Tabelle 1

| Hypothese | | Fließspannung, ermittelt aus einachsigem Zugversuch | Fließspannung, ermittelt aus zweiachsigem Torsionsversuch | Werte für $\tau_F$, wenn *3* = *4* gesetzt wird |
|---|---|---|---|---|
| Bekannt unter der Bezeichnung | Name des Verfassers | | | |
| *1* | *2* | *3* | *4* | *5* |
| Maximale Hauptspannungs-hypothese | Lamé | $\sigma_F$ | $\tau_F$ | $\tau_F = 1{,}00\,\sigma_F$ |
| Maximale Schubspannungs-hypothese | Guest | $\tau_F = \frac{1}{2}\sigma_F$ | $\tau_F$ | $\tau_F = 0{,}50\,\sigma_F$ |
| Größtdehnungs-hypothese | St. Venant | $\frac{\sigma_F}{E}$ | $\frac{5}{4}\,\frac{\tau_F}{E}$ | $\tau_F = 0{,}80\,\sigma_F$ |
| Gesamtdehnungs-hypothese | Haigh (Beltrami) | $\frac{1}{2E}\sigma_F^2$ | – | – |
| Gestaltänderungs-energiehypothese | von Mises (Huber, Henky) | $\frac{1+\mu}{3}\,\frac{\sigma_F^2}{E}$ | $(1+\mu)\frac{\tau_F^2}{E}$ | $\sigma_F = 0{,}577\,\sigma_F$ |
| Oktahedrale Schubspannungs-hypothese | – | $\sqrt{2}\,\frac{\sigma_F}{3}$ | $\frac{\sqrt{2}}{\sqrt{3}}\,\tau_F$ | $\tau_F = 0{,}577\,\sigma_F$ |

Mit der Definition von $\tau_F = 0{,}57\,\sigma_F = \left(1/\sqrt{3}\right)\sigma_F$, die hinreichend durch Versuche bestätigt ist, hat man eine wesentliche Bedingung, die zugelastische Streckgrenze $\sigma_F$ als fundamentales Festigkeitskriterium auch für mehrachsige Spannungszustände zu verwenden, obwohl der Wert aus dem einachsigen Zugversuch stammt. Mit der Vorausbestimmung der Fließkriterien ist also zwangsläufig die Wahl einer der bestehenden Festigkeitshypothesen verknüpft. Es ist daher erforderlich, mit den Fließbedingungen gleichzeitig die Hypothese anzugeben, nach der sie ermittelt wurden.

### 3. Hypothesen zur Vorhersage des Fließbeginns an der Innenfaser

Solange für die Konstruktion von Hochdruckhohlbehältern keine zwingenden Bau- bzw. Berechnungsvorschriften hinsichtlich der zutreffenden Festigkeitshypothesen bestehen, bleibt es dem Konstrukteur überlassen, sich für die geeignete Berechnungsmethode zu entscheiden. Vom wissenschaftlichen Standpunkte aus betrachtet sollen möglichst viele Verfahren untersucht werden, um somit die Wahl des Optimumverfahrens zu erleichtern. Es soll damit vor allem eine Vergleichsbasis geschaffen werden, die es ermöglicht, die charakteristischen Unterscheidungsmerkmale herauszuheben.

Die auf S. 22/23 gemachten Ausführungen über die Zuverlässigkeit der einzelnen Hypothesen zur Vorhersage des Fließbeginns haben allgemeine Bedeutung und beziehen sich auf jeden mehrachsigen Spannungszustand in einem beliebigen Punkte eines Systems. Die mathematischen Formulierungen der Tab. 1 sind wegen ihrer Allgemeingültigkeit für die Anwendung in dieser Form zur Vorhersage des Fließbeginns an Hohlzylindern weniger geeignet. Für diesen Zweck ist eine Umformung erforderlich.

#### a) Lamé-Hypothese

Die Hypothese der maximalen Hauptspannung nach LAMÉ sagt aus, daß Fließen in einem Punkte dann eintreten muß, sobald die größte Hauptspannung in diesem Punkte den Wert der zugelastischen Streckgrenze erreicht. Wie bereits erwähnt, ist beim Hohlzylinder die tangentiale Zugspannung die größte der drei Hauptspannungen. Demnach steht Fließen nach dieser Theorie zu erwarten, sobald die Tangentialspannung $\sigma_{t_i}$ den Wert der Streckgrenze des Zylinderwerkstoffes $\sigma_F$ an der Innenfaser annimmt. $\sigma_F$ entspricht hierbei der 0,2-%-Streckgrenze, wie sie aus dem einachsigen Zugversuch ermittelt wird. Also folgt die Fließspannung der Beziehung

$$\sigma_{t_{i-el}} = \sigma_F = p_i\left(\frac{k^2+1}{k^2-1}\right). \tag{34}$$

Der Innendruck, der aufgewandt werden muß, um Fließen an der Innenfaser zu erzielen, errechnet sich nach der Beziehung

$$\frac{p_F}{\sigma_F} = \frac{k^2 - 1}{k^2 + 1} = \frac{r_a^2 - r_i^2}{r_a^2 + r_i^2} . \qquad (35)$$

Um den Vergleich zwischen den einzelnen Hypothesen zu erleichtern, pflegt man die Wandstärke als Maß zu benützen. Unter Einführung der zulässigen Hauptspannung $\sigma_{\text{zul}}$ benützt man das Verhältnis der Wanddicke $s$ und dem Innenradius $r_i$, also $s/r_i$. Es ergibt sich

$$\frac{p_i}{\sigma_{\text{zul}}} = \frac{k^2 - 1}{k^2 + 1} = \frac{r_a^2 - r_i^2}{r_a^2 + r_i^2} , \qquad (36)$$

womit man erhält:

$$\frac{r_a}{r_i} = \sqrt{\frac{\sigma_{\text{zul}} + p_i}{\sigma_{\text{zul}} - p_i}} . \qquad (37)$$

Somit ergibt sich für die Wanddicke

$$s = r_i \left[ \sqrt{\frac{\sigma_{\text{zul}} + p_i}{\sigma_{\text{zul}} - p_i}} - 1 \right] . \qquad (38)$$

**b) Von-Mises-Hypothese**

Die Gestaltänderungsenergiehypothese nach v. Mises benutzt alle drei Hauptspannungen zur Formulierung einer Vergleichsspannung als verantwortliche Bezugsgröße für den Fließvorgang. Fließen tritt somit an der Innenfaser ein, sobald die Vergleichsspannung $\sigma_{v_i}$ an der Innenfaser den Wert der zugelastischen Streckgrenze erreicht. Nach der Festigkeitslehre ist $\sigma_v$ zu errechnen aus der Beziehung

$$\sigma_v = \frac{1}{\sqrt{2}} [(\sigma_t - \sigma_{ax})^2 + (\sigma_{ax} - \sigma_r)^2 + (\sigma_r - \sigma_t)^2]^{1/2} . \qquad (39)$$

Ferner besteht

$$\sigma_v = \frac{\sqrt{3}}{2} (\sigma_t - \sigma_r) = 0{,}87\,(\sigma_t - \sigma_r) . \qquad (40)$$

Demnach muß Fließen erwartet werden, sobald

$$\sigma_{v_i} = \sigma_F = 0{,}87\,(\sigma_{t_i} - \sigma_{r_i}) \qquad (41)$$

wird. Und als Allgemeinbeziehung für Hohlzylinder gibt die von-Mises-Hypothese als Vergleichsspannung die Beziehung an:

$$\sigma_v = p_i \left( \frac{\sqrt{3}}{k^2 - 1} \frac{k^2}{k_x^2} \right) . \qquad (42)$$

Bezogen auf die Innenfaser geht Gl. (42) über in die Form

$$\sigma_{v_i} = p_i \left( \frac{\sqrt{3}}{k^2 - 1} \frac{k^2}{(x^2/r_i^2)} \right) = p_i \left( \frac{\sqrt{3}\,k^2}{k^2 - 1} \right) . \qquad (43)$$

Fließen wird also stattfinden, wenn $\sigma_{v_i}$ den Wert der 0,2-%-Streckgrenze des Zylinderwerkstoffes erreicht. Die Fließbedingung heißt dann

$$(\sigma_{v_i})_{F-i} = \sigma_F = p_i\left(\frac{\sqrt{3}\,k^2}{k^2-1}\right) = 0{,}87\,(\sigma_{t_i} - \sigma_{r_i})\,. \tag{44}$$

Der Innendruck, der aufzuwenden ist, um Fließen an der Innenfaser zu veranlassen, ergibt sich aus der Beziehung

$$(p_i)_{F-i} = \frac{\sigma_F}{\sqrt{3}}\left(\frac{k^2-1}{k^2}\right) = 0{,}577\,\sigma_F\left(\frac{k^2-1}{k^2}\right). \tag{45}$$

Der Index $F-i$ für den Innendruck bringt symbolisch zum Ausdruck, daß es sich um den Druck handelt, der Fließen an der Innenfaser erzeugt.

Der Verlauf von $\sigma_v$ ist im Schaubild der Abb. 6 eingetragen. Die Spannungsspitze wird an der Innenfaser erreicht und liegt über dem Wert der tangentialen Hauptspannung $\sigma_{t_i}$. An der Außenfaser ist der Wert von $\sigma_{t_a}$ größer als die Vergleichsspannung $\sigma_{v_a}$.

Für Zylinder mit offenen Enden (Lange Rohrsysteme) ist der Fließdruck

$$\frac{(p_i)_{F-i}}{\sigma_F} = \left(\frac{k^2-1}{\sqrt{3k^4-1}}\right). \tag{46}$$

Für die von-Mises-Hypothese errechnet sich die Wanddicke aus der Beziehung

$$\frac{s}{r_i} = \frac{1}{\sqrt{1-\sqrt{3}\,(p_i/\sigma_{\text{zul}})}} - 1\,. \tag{47}$$

Die Formel für die Wanddicke ist geeignet, eine schnelle Überschlagsrechnung anzustellen. Bekanntlich ist $\sigma_{\text{zul}}$ zu berechnen aus der Beziehung mit dem Sicherheitsabstand. Es gilt

$$\sigma_{\text{zul}} = \frac{\sigma_F}{S_F}\,, \tag{48}$$

worin $S_F$ den Sicherheitsabstand gegen Erreichen der Fließgrenze an der Innenfaser bedeutet. Unzulässige Annahmen führen rasch zu imaginären Wurzelwerten.

### c) Guest-Hypothese

Die maximale Schubspannungshypothese nach Guest benutzt die Schubspannung als Fließkriterium. Bekanntlich ist nach der Elastizitätstheorie der Größtwert der Schubspannung in einem Punkte eines unter Spannung sich befindlichen Körpers gleich der Hälfte der graphischen Differenz aus der Größt- bzw. Mindesthauptspannung in diesem Punkte. Die bedeutet, es ist

$$\tau_{\max} = \frac{1}{2}\,(\sigma_{\max} - \sigma_{\min})\,. \tag{49}$$

Die maximale Schubspannung herrscht in jeder der beiden Ebenen, die die Winkel halbieren zwischen diesen Ebenen, in denen $\sigma_{\max}$ und $\sigma_{\min}$ wirken. Auf den Hohlzylinder angewandt besagt dies, daß

$$\tau_{\max} = \frac{1}{2}(\sigma_t - \sigma_r) \tag{50}$$

ist. In dieser Gleichung ist $\sigma_r$ negativ einzusetzen, wodurch $\tau_{\max}$ zur halben Summe der beiden Hauptspannungen wird.

Gl. (50) läßt sich einfach überführen in die Form

$$\tau_{\max} = p_i\left(\frac{r_a^2}{r_a^2 - r_i^2}\right). \tag{51}$$

Zur Berechnung der Wanddicke wird Gl. (51) umgewandelt in die Form

$$\left(\frac{r_a}{r_i}\right)^2 = \frac{\tau_{zul}}{\tau_{zul} - p_i}. \tag{52}$$

Hierin darf $\tau_{zul}$ die schubelastische Fließgrenze $\tau_F$ nie überschreiten. Durch weitere Umformung entsteht

$$\frac{r_a}{r_i} = 1 + \frac{s}{r_i} = \sqrt{\frac{\tau_{zul}}{\tau_{zul} - p_i}} \tag{53}$$

oder

$$s = r_i\left[\sqrt{\frac{\tau_{zul}}{\tau_{zul} - p_i}} - 1\right]. \tag{54}$$

Da nach der Schubspannungshypothese $\tau_F = 0{,}50\,\sigma_F$ ist bzw. $\tau_{zul} = 1/2\ \sigma_{zul}$, so wird die Wanddicke

$$\frac{s}{r_i} = \sqrt{\frac{1}{1 - 2\,(p_i/\sigma_{zul})}} - 1. \tag{55}$$

Benützt man in Annäherung an Gl. (33) den Wert $\tau_F = 0{,}60\,\sigma_F$, der nicht wesentlich von $0{,}57\,\sigma_F$ abweicht, so erhält man an Stelle von Gl. (55) die Beziehung

$$\frac{s}{r_i} = \sqrt{\frac{1}{1 - 1{,}67\,(p_i/\sigma_{zul})}} - 1. \tag{56}$$

Der Innendruck, der die Fließspannung herbeiführt, läßt sich ermitteln aus

$$\frac{(p_i)_{F-i}}{\sigma_F} = \frac{1}{2}\left(\frac{r_a^2 - r_i^2}{r_a^2}\right) = \frac{k^2 - 1}{2\,k^2} = \frac{1}{2}\left(\frac{k^2 - 1}{k^2}\right). \tag{57}$$

Für die Fließspannung gilt entsprechend:

$$(\sigma_{vi})_{F-i} = (p_i)_{F-i}\left(\frac{2\,k^2}{k^2 - 1}\right). \tag{58}$$

### d) Haigh-Hypothese

Nach der Gesamtdehnungshypothese von HAIGH erhält man die Fließspannung nach der Beziehung

$$\frac{\sigma_{F-i}}{p_{F-i}} = \frac{\sqrt{6 + 10\,k^4}}{2\,(k^2 - 1)}\,. \qquad (59)$$

Entsprechend ergibt sich für den Fließdruck

$$\frac{p_{F-i}}{\sigma_{F-i}} = \frac{2\,(k^2 - 1)}{\sqrt{6 + 10\,k^4}}\,. \qquad (60)$$

### e) Saint-Venant-Hypothese

Nach der Größtdehnungshypothese von SAINT VENANT lautet die Formel für die Fließspannung an der Innenfaser

$$\frac{\sigma_{F-i}}{p_{F-i}} = \frac{5\,k^2 + 2}{4\,(k^2 + 1)}\,. \qquad (61)$$

Der Fließdruck ist

$$\frac{p_{F-i}}{\sigma_{F-i}} = \frac{4\,(k^2 + 1)}{5\,k^2 + 2}\,. \qquad (62)$$

Die Wanddicke ist

$$\frac{s}{r_i} = \sqrt{\frac{1 + (1 - 2\,\mu)(p_i/\sigma_{\text{zul}})}{1 - (1 + \mu)\,(p_i/\sigma_{\text{zul}})}} - 1\,. \qquad (63)$$

### f) Zusammenfassung

Zur rechnerischen Ermittlung der Fließspannungen bzw. der erforderlichen Innendrücke zur Erzeugung der Fließspannungen steht eine Reihe von Festigkeitshypothesen zur Verfügung. Da Fließen durch sechs verschiedene Eigenschaften oder Kenngrößen definiert werden kann, wovon jede die Grundlage einer entsprechenden Hypothese bildet, muß die Entscheidung über die zutreffendste Methode erst von Versuchsergebnissen ermittelt bzw. bestätigt werden. Vergleicht man also die zug- bzw. schubelastischen Fließgrenzen $\sigma_F$ und $\tau_F$ mit den Ergebnissen aus zahlreichen Versuchen, so findet man, daß die Beziehung $\tau_F = 0{,}57\,\sigma_F$ von Gl. (33) am ehesten praktisch bestätigt wird. Demzufolge gibt Tab. 1 Aufschluß darüber, welche der Hypothesen dem Wert $0{,}57\,\sigma_F$ am nächsten kommt. Wie man erkennt, stimmt die von-Mises-Hypothese mit dem eigentlichen Werkstoffverhalten am besten überein. Die Guest-Hypothese liegt im Maximum um 15% unterhalb der von-Mises-Kurve, während die Haigh-Kurve um maximal 10% über der von-Mises-Kurve zu liegen kommt. Die Verfahren von ST. VENANT und LAMÉ sind wenig dazu geeignet, das Fließverhalten zäher Werkstoffe durch Rechnung vorauszubestimmen. Was für allgemeine Spannungszustände gilt, sollte auch für den Fall des dreiachsig beanspruchten Hohlzylinders unter Innendruck zutreffen. Inwiefern dies von jeder dieser Hypothesen gesagt werden kann, soll an Hand praktischer Versuchsergebnisse gezeigt werden.

## 4. Zuverlässigkeit der Hypothesen für Vorhersage des Fließbeginns

### a) Vergleich mit Versuchsergebnissen

Der Verfasser hat sich der Mühe unterzogen, aus einer sehr großen Zahl von Veröffentlichungen aus mehreren Ländern eine statistische Kurve aufzustellen, um diejenige Hypothese zu finden, die am ehesten mit den praktischen Versuchswerten übereinstimmt. Von den vielen Arbeiten seien nur wenige genannt, vor allem solche, die ein umfangreiches und vor allem vielseitiges Versuchsmaterial bieten. In diesem Zusammenhange mögen angeführt werden Arbeiten von J. A. FAUPEL [*7*], FAUPEL und FURBECK [*8*], CROSSLAND-JORGENSEN and BONES [*9*], J. S. BLAIR [*10*], D. M. NEWITT [*11*], A. E. MACRAE [*12*], W. D. R. MANNING [*13*], MARIN und RIMROTT [*14*], BROWNELL and YOUNG [*15*] und viele andere mehr. Es sei ferner darauf hingewiesen, daß der Verfasser ebenfalls über eine große Serie eigener Versuchsergebnisse verfügt, die hier angeführt werden könnten. Die Vielzahl aller dem Verfasser verfügbaren Einzelergebnisse wurden zu einem Schaubild zusammengefaßt, das in Abb. 7 wiedergegeben

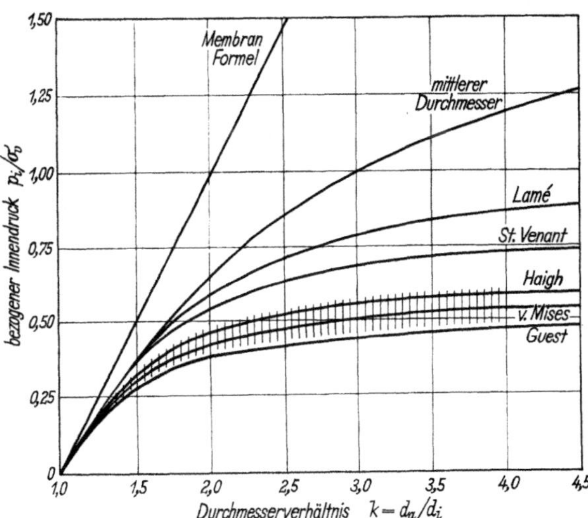


Abb. 7. Vergleich bezogener Innendrücke, berechnet nach verschiedenen Festigkeitshypothesen

ist. Die Abbildung zeigt die bezogenen Drücke $p_F/\sigma_F$ als Funktion des Durchmesserverhältnisses $k$, wie sie nach den bestehenden Festigkeitshypothesen errechnet sind. Diese Drücke stellen somit jene Innendrücke dar, bei denen nach Maßgabe der Hypothesen Fließen an der Innenfaser erwartet werden muß. Man ersieht daraus, wie weit die Berechnungsverfahren voneinander abweichen. Da aus Mangel an Raum und geeigneten Unterscheidungsmöglichkeiten die Vielzahl der Versuchsergebnisse nicht eingetragen werden konnte, zog es der Verfasser vor, den Flächenbereich anzudeuten, in welchem die Mehrzahl von weit über 90% zu liegen kommt. Der Flächenbereich ist durch senkrechte Schraffierung gekennzeichnet und umfaßt eine Zone von $\pm 10\%$ unter bzw. über der von-Mises-Kurve, die darin als Mittelwertkurve angesehen werden kann. Dies ist ein weiterer überwältigender Beweis für die Richtigkeit der Gestaltänderungsenergiehypothese zur Ermittlung der Fließbedingungen für die Innenfaser an Hochdruckhohlkörpern. Stellt man die Verschiedenartigkeit von Quelle, Material, Zustand und Versuchsbedingungen in Rücksicht, so kommt man zu dem Schluß, daß eine solche Übereinstimmung für technische Zwecke als hervorragend bezeichnet werden muß.

Was die Versuchsergebnisse anbetrifft, so zeigt Abb. 7, daß die Lamé-Hypothese für die Ermittlung der Fließbedingungen zäher Werkstoffe ungeeignet ist. Sie hat für spröde Werkstoffe gewisse Berechtigung, solange es sich um Versagen durch Trennbruch handelt, was in einem anderen Kapitel behandelt werden soll. Da spröde Werkstoffe im Hochdruckwesen nicht zu empfehlen sind, hat die Lamé-Hypothese als Berechnungsgrundlage für Fließbedingungen keinerlei Bedeutung.

Die Größtdehnungshypothese nach St. Venant wird nach Abb. 7 auch nicht durch Versuch bestätigt. Solange man von relativ kleinen $k$-Verhältnissen absieht, trifft für die St.-Venant-Hypothese das gleiche zu, was bereits über die Lamé-Methode hinsichtlich des Fließbeginns zum Ausdruck gebracht wurde.

J. S. Blair [*10*] fand, daß seine Versuchszylinder, besonders solche mit $k > 2{,}0$, mehr die Haigh-Hypothese bestätigen, wenn man auf kleinere Schwankungsgrenzen als 10% achtet. Die Übereinstimmung mit der von-Mises-Kurve liegt trotzdem innerhalb der 10-%-Grenze. Blairs Ergebnisse bestätigen somit beide Hypothesen innerhalb sehr enger Schwankungsbereiche. Allgemein kann man feststellen, daß Zylinder aus Werkstoffen mit relativ niedrigen Festigkeitskennwerten ein Fließverhalten zeigen, das mehr der Haigh-Hypothese folgt und trotzdem noch innerhalb 10% zur von-Mises-Kurve liegt. Dies wird auch von Newitt [*11*] bestätigt, der Zylinder mit $k = 1{,}65$–$3{,}65$ untersuchte. Die Ergebnisse Newitts weichen maximal 5% von Haigh und maximal 7% von von Mises ab.

Ebenso läßt sich für Stähle mit sehr hohen Festigkeitswerten sagen, daß ihr Fließverhalten mehr von der Guest-Hypothese vorausbestimmt werden kann. Die Ergebnisse von A. E. Macrae [*12*] bestätigen das hinreichend. Immerhin ist auch hier die maximale Abweichung von der von-Mises-Kurve innerhalb der 10-%-Grenze erkenntlich.

Sieht man von einzelnen Differenzierungen ab und betrachtet die Versuchsergebnisse als ein Ganzes, so findet man in FAUPELS aufschlußreichen Versuchen die von-Mises-Hypothese mit besser als 10% Abweichungen für die Mehrheit aller Versuche bestätigt.

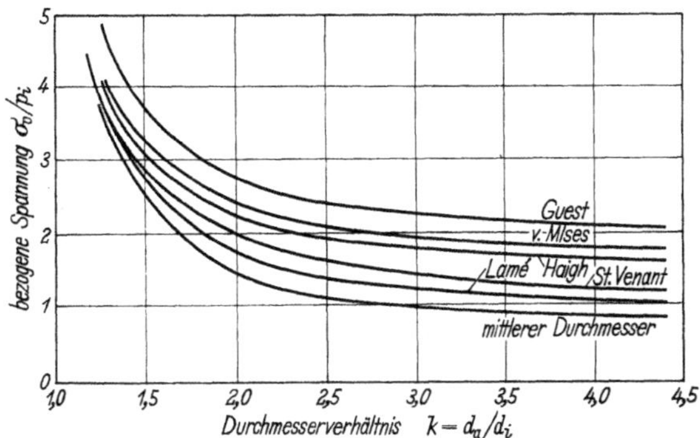


Abb. 8. Vergleich bezogener Spannungen, berechnet nach verschiedenen Festigkeitshypothesen

In Anpassung an Abb. 7 sind in Abb. 8 die bezogenen Vergleichsspannungen veranschaulicht, die sich bei Anwendung der Innendrücke von Abb. 7 ergeben.

### b) Bestehende Bauvorschriften

Für die Herstellung und die Abnahme von Hochdruckhohlzylindern bestehen in verschiedenen Ländern Bau- bzw. Abnahmevorschriften, die besagen, welche Festigkeitshypothesen zu verwenden sind. Für Deutschland ist beispielsweise für die Berechnungsmethode das Normblatt DIN 2413 [*16*] maßgebend, das jedoch hinreichenden Spielraum läßt. Immerhin sind solche Vorschriften als Richtlinien interessant, besonders wenn sie starke Abweichungen untereinander aufweisen. Solche Normen enthalten meist Grundsätze für die Berechnung, Geltungsbereich, Werkstoffauswahl, Kennwerte und wertvolle Definitionen von allgemeingültigen Grundbegriffen.

Nach DIN 2413 wird in Deutschland für die Festigkeitsrechnung die Guestsche Schubspannungshypothese vorgeschlagen. Dieses Berechnungsverfahren berücksichtigt als Festigkeitskriterium die Differenz zwischen der Tangential- und der Radialspannung und läßt freien Spielraum für Schwankungen der Axialspannung, die sich zwischen $\sigma_{t_i}$ und $\sigma_{r_i}$ bewegen können, um einen Ausgleich zu schaffen für Rohrbeanspruchungen infolge Wärmedehnung, Zug- oder Biegebelastungen infolge von Eigengewicht usw. Diese Einflüsse resultieren in veränderlichen Axialspannungen, denen die von-Mises-Hypothese jedoch keinen Schwankungsbereich beläßt. Mit der Wahl der Guest-Hypothese kann diesen Schwankungen Rechnung getragen werden, und man liegt, vom Standpunkte der Festigkeit gesehen, stets auf der sicheren Seite.

In den Vereinigten Staaten von Nordamerika unterliegt der Bau von Hochdruckapparaten sehr unterschiedlichen Bestimmungen. Zwar hat der ASME[1] einen Code aufgestellt, der von vielen, aber nicht allen Staaten des Landes angenommen bzw. voll anerkannt wird. In einer Anzahl von Staaten besteht überhaupt keine Vorschrift, während wiederum andere Staaten in Abweichung vom ASME-Code ihre eigenen Bauvorschriften haben, so daß von einer einheitlichen Regelung in keiner Weise gesprochen werden kann. Im ASME-Code wird nach Wanddicke unterschieden, und zwar gilt

für $k < 1{,}5$

$$\frac{p_i}{\sigma_{zul}} = \frac{k-1}{0{,}6\,k + 0{,}4}\,. \tag{64}$$

Und für $k \geqslant 1{,}50$

$$\frac{p_i}{\sigma_{zul}} = \frac{k^2-1}{k^2+1}\,, \tag{65}$$

was wiederum der Lamé-Hypothese von Gl. (35) entspricht.

Der ASME-Code ist verhältnismäßig älteren Datums und nimmt daher auf den Fließvorgang keine Rücksicht. Die Abstellung der Festigkeitsrechnung auf den Trennbruch mit sehr hohem Sicherheitsfaktor ist überholt und heute als vollkommen irrational erkannt, solange keine klare Unterscheidung zwischen zähen und spröden Werkstoffen getroffen wird. Wählt man Fließen an der Innenfaser als Modus des Versagens und wählt die Lamé-Hypothese als Festigkeitsrechnung, so ergeben sich daraus Innendrücke, die bereits merkliche Teile der Wand plastisch verformen. Gl. (65) unterscheidet sich von der von-Mises-Formel der Gl. (43) durch den Faktor

$$f = \frac{k^2+1}{\sqrt{3}}\left(\frac{1}{k^2}\right),$$

der für hohe $k$-Werte sich $\left(1/\sqrt{3}\right)$ nähert.

### c) Schlußfolgerungen

Der Vergleich einer großen Anzahl von praktischen Versuchsergebnissen mit den Festigkeitshypothesen hat gezeigt, daß die allgemeinen Fließkriterien auch auf Hohlzylinder anwendbar sind. Eine statistische Kurve beweist, daß die Mittelkurve aus einigen Tausend Versuchspunkten mit der von-Mises-Kurve identisch ist. Der Streubereich schwankt praktisch zwischen der Haigh-Kurve nach oben (maximal 10%) und der Guest-Kurve nach unten (maximal 12-15%). Nimmt man eine Schwan-

[1] American Society of Mech. Engineers, eine Ingenieurorganisation ähnlich dem VDI.

kung von $\pm 10\%$ in Kauf, so ist die von-Mises-Hypothese diejenige Festigkeitsrechnung, die die beste Übereinstimmung mit der Wirklichkeit erwarten läßt, ohne Rücksicht auf Art der Werkstoffe. Will man jedoch größere Genauigkeit, so kann man nach den Festigkeitskennwerten der Werkstoffe unterscheiden. Für Werkstoffe mit relativ niedrigen Kennwerten ergibt die Haigh-Hypothese genauere Werte, während für ausgesprochen hohe Festigkeitskennwerte die Guest-Hypothese bessere Übereinstimmung liefert.

Wie wenig die Lamé-Hypothese geeignet ist, das Fließverhalten zäher Werkstoffe durch Rechnung zu ermitteln, soll im folgenden näher gezeigt werden. Betrachtet man beispielsweise Hohlzylinder unter Innendruck mit einem Durchmesserverhältnis von $k = 1{,}5$–$2{,}0$–$2{,}5$ und errechnet nach der Gestaltänderungsenergiehypothese den Fließzustand für die Innenfaser, so ergeben sich Fließspannungen, wie sie in Abb. 9 dargestellt

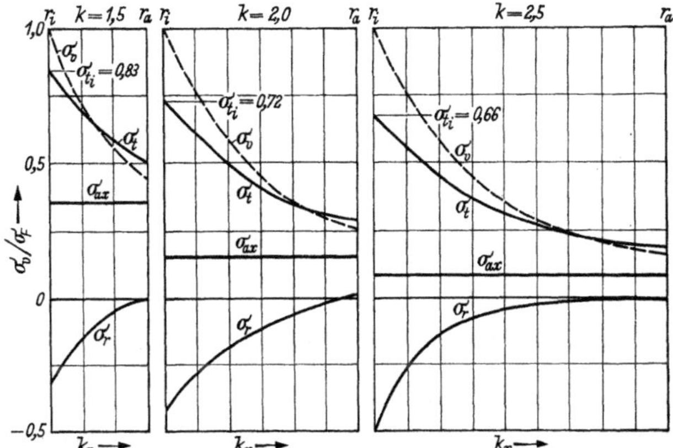

Abb. 9. Spannungsverteilung in der Zylinderwand, wenn der Innendruck gerade Fließen an der Innenfaser hervorruft

sind. Im Augenblick des Fließbeginns an der Innenfaser ist die bezogene Spannung $\sigma_{v_i}/\sigma_F = 1{,}0$, was für alle $k$-Werte gilt. Die übrigen Hauptspannungen ergeben sich nach den bekannten Lamé-Funktionen für das elastische Gebiet. Bekanntlich gilt für die Fließbedingung die Beziehung

$$\sigma_{v_i} = \frac{\sqrt{3}}{2}(\sigma_{t_i} - \sigma_{r_i}) = 0{,}87(\sigma_{t_i} - \sigma_{r_i}) = \sigma_F .$$

Ob nun Fließen oder Trennbruch infolge spröden Verhaltens eintritt, wird von dem Verhältnis der Trennfestigkeit $\sigma_T$ zur Zugstreckgrenze $\sigma_F$ abhängen. Für Werkstoffe, die beim Zugversuch durch spröden Trennbruch versagen, ist das $\sigma_T/\sigma_F$ stets kleiner als 1,0. Das heißt, daß dieser Werkstoff durch spröden Bruch im Zugversuch plötzlich und ohne vorausgehende permanente Formänderung versagen wird. Im Augenblick des Fließbeginns aber erreicht die Hauptspannungsdifferenz $(\sigma_{t_i} - \sigma_{r_i})$ an der Innenfaser den Wert $1/0{,}87 = 1{,}15\,\sigma_F$, was das Verhältnis $\sigma_{v_i}/\sigma_F$ zu 1,0 macht. Trägt man das Verhältnis $(\sigma_{t_i})_{\max}/\sigma_F$, also die maximale Umfangsspannung an der Innenfaser zur Anstrengung an der gleichen Stelle $\sigma_{v_i} = \sigma_F$ für die Innenfaser aller Zylinder als Funktion des Durchmesserverhältnisses $k$ auf, so ergibt sich die Darstellung der Abb. 10. Die für den Trennbruch maßgebende Tangentialspannung $(\sigma_{t_i})_{\max}$ ist für den Zylinder mit $k = 1{,}5$ von $1{,}15\,\sigma_F$ für $k = 1{,}0$ auf $0{,}83\,\sigma_F$ abgesunken und fällt stets weiter ab, bis für $k = \infty$ der Grenzwert $0{,}577\,\sigma_F$ erreicht ist. Für dünnwandige Zylinder würde sich der theoretische Wert 1,15 ($k = 1{,}0$) ergeben. Dies bedeutet aber, daß für dickwandige Zylinder aus zähen Werkstoffen die Gefahr eines Trennbruches gegenüber der Fließgefahr mit steigendem $k$-Wert sich zunehmend vermindert. Nun weiß man aber an Hand vorliegender Versuche, daß für zähe Werkstoffe das Verhältnis $\sigma_T/\sigma_F$ stets größer als 1,0 sein muß. Daher kann für zähen und homogenen Zylinderwerkstoff an der Innenfaser niemals ein Trennbruch, sondern nur Fließen stattfinden. Da aber die Lamé-Hypothese nur Trennbruch berücksichtigt, muß sie für die Betrachtung von Fließbedingungen an der Innenfaser praktisch ausscheiden. Man kommt daher zu dem Schluß, daß die maximale Hauptspannung nicht für die Vorausbestimmung des Fließvorganges benützt werden kann.

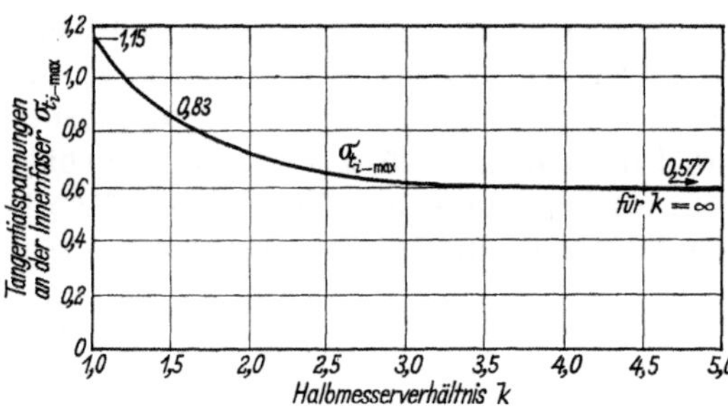


Abb. 10. Tangentiale Höchstspannungen an der Innenfaser für steigende Halbmesserverhältnisse $k$, wenn die Vergleichsspannung an der Innenfaser Fließen erzeugt

## III. Dickwandige Hohlzylinder – beansprucht im plastischen Gebiet

Die genaue Kenntnis der Plastizitätsbedingungen für dickwandige Hohlzylinder hat nicht nur rein wissenschaftliches Interesse. Plastische Verformung wird in der Technik in vielen Fällen bewußt erzeugt, wie dies beispielsweise bei der Autofrettage und bei der Herstellung gewisser Schrumpfkonstruktionen der Fall ist. Man muß sich Klarheit darüber verschaffen, was in dem Werkstoff vor sich geht, während die plastische

Verformung vonstatten geht, wobei man die einzelnen Stufen, die hierbei durchlaufen werden, genau definieren muß.

Vergegenwärtigt man sich den Fließvorgang in der Zylinderwand, so muß man sich vorstellen, daß mit steigendem Innendruck die Fließzone sich von der Innenfaser aus weiter nach außen hin ausbreitet, bis auch die Außenfaser ins Fließen kommt. Aus Symmetriegründen muß die Ausbreitung der Fließzone konzentrisch erfolgen, wobei man von zwei Grenzzuständen spricht, nämlich Fließen an der Innenfaser und das Fließen an der Außenfaser, das man allgemein als vollplastischen Zustand bezeichnet. Innerhalb dieser beiden Grenzen liegt das teilplastische Gebiet, bei dem die Innenzone plastisch und die Außenzone elastisch verformt sind. Um die weitere methematische Behandlung zu vereinfachen, möge zuerst der vollplastische Zustand betrachtet werden. Damit läßt sich auch der teilplastische Zustand leichter verstehen.

Zur Beurteilung des Vorganges der plastischen Verformung im Werkstoff mögen einige metallurgische Betrachtungen herangezogen werden. Mit Hilfe der Plastizitätstheorie kann man die Verformungsvorgänge durch mathematische Beziehungen beschreiben und auch definieren. Da die Verformung einer Reihe von verschiedenen Gesetzen folgen kann, die von der Struktur des Werkstoffes abhängen, wird es einleuchtend, daß das Verständnis, wie der Verformungsvorgang sich abspielt, von grundlegender Wichtigkeit ist.

Wie im Zusammenhange mit der Ermittlung der Fließbedingungen schon ausgeführt wurde, ist das Fließen die Folge von Gleitbewegungen, die ganze Atomgruppen des Metallgefüges in bevorzugten Gleitebenen unter der Beanspruchung ausführen. Da diese Gleitebenen unregelmäßig sich über das ganze Metallgitter ausbreiten, besteht die Möglichkeit, daß die sich verschiebenden Atomblöcke ineinander geraten und sich so immer mehr verriegeln. Dadurch erhöht sich der Gleitwiderstand mit zunehmender Verformung. Dies bedeutet, daß mit steigendem Verformungsgrad schrittweise die Verriegelung sich verstärkt, und eine größere Beanspruchung muß aufgewandt werden, um eine weitere Verformung zu erzielen. Wenn der höchste Verformungsgrad erreicht wird, ist eine weitere Atomgleitbewegung nicht mehr möglich, d.h. der Werkstoff wird spröde und muß zu Bruch gehen, wenn die Beanspruchung weiter gesteigert wird. In diesem Augenblick ist das Absorptionsvermögen des Werkstoffes für Verformungsenergie aufgebraucht, und ein Trennbruch ist die Folge. Tritt also eine Verriegelung der Gleitbewegung auf, so muß für die Steigerung der Verformung eine zusätzliche Kraft aufgewandt werden. Der Werkstoff verfestigt sich damit während der plastischen Verformung. Bei Werkstoffen ohne Verfestigungsvermögen setzt sich die Gleitbewegung mit konstantem Verformungswiderstand fort. Dieser Verfestigungsvorgang findet seinen praktischen Niederschlag in dem Anstieg der Spannungs-Dehnungs-Kurve des einachsigen Zugversuches nach Überschreitung der Fließgrenze. Ist die Fließkurve horizontal, d.h. geht die Hookesche Gerade nach Überschreiten der elastischen Grenze in eine Gerade über, die horizontal und parallel zur Dehnungsachse verläuft, so ist der Werkstoff nicht verfestigungsfähig. Solche Werkstoffe sind für Hochdruckapparate nicht geeignet, da der Werkstoff bei konstanter Belastung zu fließen vermag und keine Möglichkeit offenläßt, an Hand des Verformungsgrades den Eintritt des zu erwartenden Trennbruches vorauszubestimmen. Hier stimmt die Zugstreckgrenze $\sigma_F$ mit der Zerreißgrenze $\sigma_B$ überein, d.h. $\sigma_F = \sigma_B$ oder $\sigma_F \sim \sigma_B$. Bei verfestigungsfähigen Werkstoffen ist, wie dies für die meisten hochwertigen Stähle der Fall ist, die Fließkurve eine Potenzkurve, die nach Überschreitung der Streckgrenze entweder geradlinig oder parabolisch ansteigt, was für Hochdruckstähle gewünscht wird.

Fließcharakteristiken dieser Art sind in Abb. 11 dargestellt. Die Fläche zwischen der Parallelen zur Dehnungsachse $\varepsilon$ durch $\sigma_F$ und der Dehnungskurve selbst ist ein Maß für die Fähigkeit des Werkstoffes,

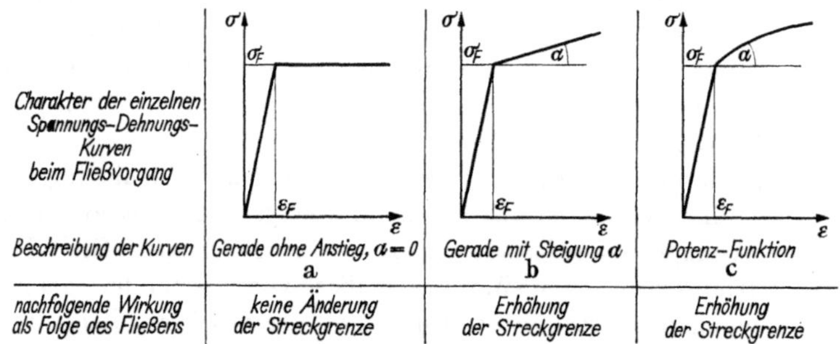

Abb. 11. Formen der Fließkurve verschiedener Werkstoffe (Bildsame Werkstoffe)

Dehnungsenergie während des Verformungsvorganges zu absorbieren. Je höher sich das Maximum der Fließkurve über die Horizontale erhebt, um so verformungsfähiger ist der Werkstoff. Es wird damit außerdem mehr Spielraum für die Kontrolle des Verformungsvorganges belassen, die somit die Möglichkeit bietet, an Hand des Steigungsverlaufes die Annäherung an das Maximum mit ziemlicher Sicherheit vorauszusagen. Mathematisch findet das Gesagte seinen Ausdruck in dem bekannten Streckgrenzenverhältnis $\sigma_F/\sigma_B$. Der für Hochdruckbehälter anzustrebende Wert des Streckgrenzenverhältnisses wird an anderer Stelle am Ende dieses Kapitels näher behandelt.

## A. Verformung bis zum vollplastischen Zustande

Die rechnerische Ermittlung der Bedingungen, die den vollplastischen Zustand in der Wandung eines dickwandigen Hohlzylinders herbeiführen, hängt wiederum wie beim Fließbeginn von der Wahl der diesbezüglichen Hypothese ab. In allen mathematischen Beziehungen ist die Verfestigung des Werkstoffes während der plastischen Verformung nicht berücksichtigt. Von den vielen Hypothesen sind praktisch nur zwei geeignet, auf die Fälle der plastischen Verformung angewandt zu werden. Wenn die Lamé-Hypothese in dieser Betrachtung mit einbezogen wird, so geschieht das einmal zum Zwecke des Vergleiches und zum anderen für den Zweck, den Beweis zu führen, wie wenig dieses Verfahren für plastische Vorgänge geeignet ist.

## 1. Von-Mises-Hypothese

Die Gestaltänderungsenergiehypothese nach von Mises sagt aus, daß für dickwandige Zylinder der vollplastische Zustand dann gegeben ist, sobald der Innendruck den Wert

$$(p_i)_{\text{v.pl}} = \frac{2}{\sqrt{3}} \sigma_F \ln k \tag{64}$$

erreicht. Hierin bedeuten

$(p_i)_{\text{v.pl.}}$ = den Innendruck in atm,
$\sigma_F$ = die 0,2% Zugstreckgrenze des Werkstoffes (kg/mm²),
$k$ = das Durchmesserverhältnis $d_a/d_i$.

Gl. (64) hat Gültigkeit für alle Werkstoffe mit einem Fließverhalten, wie es nach Abb. 11a definiert ist, also ist keine Werkstoffverfestigung bei der Verformung berücksichtigt. Demnach ist $\sigma_F \cong \sigma_B$ und Gl. (64) hat auch die Form

$$(p_i)_{\text{v.pl}} = \frac{2}{\sqrt{3}} \sigma_B \ln k \tag{65}$$

Die drei Hauptspannungen im vollplastischen Zustande lassen sich aus folgenden Beziehungen ermitteln:

*Tangentialspannungen*

Allgemein:

$$(\sigma_t)_{\text{v.pl}} = \frac{2}{\sqrt{3}} \sigma_F \left(1 - \ln \frac{k}{k_x}\right) = \frac{2}{\sqrt{3}} \sigma_F \left(1 + \ln \frac{r}{r_a}\right). \tag{66a}$$

*Axialspannungen*

Allgemein:

$$(\sigma_{ax})_{\text{v.pl}} = \frac{2}{\sqrt{3}} \sigma_F \left(0{,}5 - \ln \frac{k}{k_x}\right) = \frac{2}{\sqrt{3}} \sigma_F \left(0{,}5 + \ln \frac{r}{r_a}\right). \tag{67a}$$

*Radialspannungen*

Allgemein:

$$(\sigma_r)_{\text{v.pl}} = \frac{-2}{\sqrt{3}} \sigma_F \ln \frac{k}{k_x} = \frac{2}{\sqrt{3}} \sigma_F \ln \frac{r}{r_a}. \tag{68a}$$

Für die Wandgrenzen an der Innen- bzw. Außenfaser lauten die Beziehungen:

| | *Innenfaser* | | *Außenfaser* | |
|---|---|---|---|---|
| Tangential: | $(\sigma_{t_i})_{\mathrm{v.pl}} = \frac{2}{\sqrt{3}}\,\sigma_F\,(1 - \ln k)$; | (66b) | $(\sigma_{t_a})_{\mathrm{v.pl}} = \frac{2}{\sqrt{3}}\,\sigma_F$. | (66c) |
| Axial: | $(\sigma_{ax_i})_{\mathrm{v.pl}} = \frac{2}{\sqrt{3}}\,\sigma_F\,(0{,}5 - \ln k)$; | (67b) | $(\sigma_{ax_a})_{\mathrm{v.pl}} = \frac{1}{\sqrt{3}}\,\sigma_F$. | (67c) |
| Radial: | $(\sigma_{r_i})_{\mathrm{v.pl}} = -\frac{2}{\sqrt{3}}\,\sigma_F \ln k$; | (68b) | $(\sigma_{r_a})_{\mathrm{v.pl}} = 0$. | (68c) |

Für die Berechnung der Hauptspannungen und des erforderlichen Innendruckes zur Erzeugung des vollplastischen Zustandes hat die von-Mises-Hypothese allgemeine Anerkennung gefunden. Wie die eigentliche Spannungsverteilung in der Zylinderwandung praktisch aussieht, wenn die gesamte Wand plastisch verformt ist, zeigt Abb. 12 für drei ver-

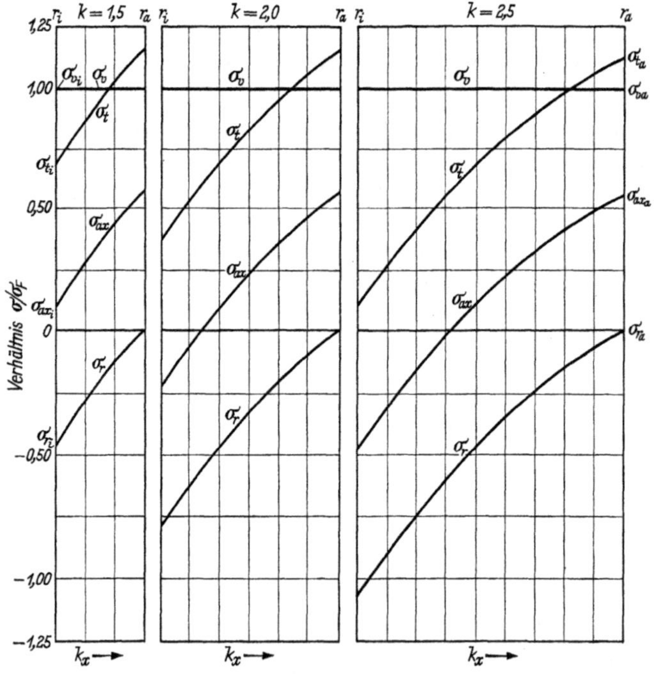


Abb. 12. Spannungsverteilung in der Zylinderwand bei vollplastischem Zustande für Halbmesserverhältnisse $k$ = 1,50–2–2,50

schiedene Zylinder mit $k = 1{,}5$–$2$ und $2{,}50$. Wie man leicht erkennt, sind die Spannungsverteilungen gegenüber dem rein elastischen Verlauf völlig umgekehrt. Alle drei Hauptspannungen verlaufen in der gleichen Richtung, jedoch erreichen die Spannungen ihre Höchstwerte an der Außenfaser, wobei die Umfangsspannung $\sigma_t$ jeweils den Wert $\frac{2}{\sqrt{3}}\sigma_F = 1{,}15\,\sigma_F$ am Außenrande erreicht. Mit zunehmender Wanddicke verschieben sich $\sigma_{t_i}$ und $\sigma_{r_i}$ immer mehr gegen minus unendlich, womit angedeutet wird, daß die Verformbarkeit des Werkstoffes an dieser Stelle immer mehr zunimmt. Da die Tangentialspannungen an der Außenfaser $\sigma_{t_a}$ jeweils den Wert $1{,}15\,\sigma_F$ erreichen, ist angedeutet, daß mit Annäherung an den vollplastischen Zustand die Trennbruchgefahr wächst. Der Trennbruch wird somit an der Außenfaser zuerst auftreten und nicht an der Innenfaser, wie oft irrtümlicherweise behauptet wird. Sobald der erste Schaden an der Außenfaser eingetreten ist, wird sich der Bruch durch die Wand zur Innenfaser fortpflanzen und den Trennbruch des ganzen Zylinders vervollständigen.

Die gesamte Anstrengung beim vollplastischen Zustande ist über die ganze Zylinderwand konstant und erreicht den Wert der 0,2-%-Zugstreckgrenze $\sigma_F$. Die Beziehung heißt somit

$$(\sigma_v)_{\text{v.pl}} = \sigma_F = \text{konst.} \tag{69}$$

## 2. Guest-Hypothese

Wählt man die Schubspannungshypothese als Plastizitätsbedingung, so läßt sich der Innendruck zur Herbeiführung des vollplastischen Zustandes berechnen aus der Beziehung

$$(p_i)_{\text{v.pl}} = \sigma_F \ln k\,. \tag{70}$$

Diese Gleichung liefert für den Innendruck geringere Werte, als sie von der von-Mises-Hypothese erhalten werden, und zwar wiederum nach der konservativen Seite.

## 3. Lamé-Hypothese

Obwohl die Lamé-Hypothese hinsichtlich der Zähigkeit der Werkstoffe keinerlei Einschränkungen macht und ferner keine Unterscheidungen trifft zwischen Fließen und Trennbruch, sei das Verfahren rein theoretisch angeführt zum Zwecke des Vergleiches mit anderen Verfahren. Da diejenigen bezogenen Drücke, die nach Maßgabe der verschiedenen Hypothesen den vollplastischen Zustand herstellen, in Abb. 13 veranschaulicht sind, läßt sich schließen, wie unrealistisch die Lamé-Hypothese für die Vorausbestimmung der Plastizitätsbedingungen wäre.

Nimmt man wieder an, daß die Hypothesen nach VON MISES bzw. GUEST die beste Übereinstimmung mit der Wirklichkeit erwarten lassen – was die überwiegende Mehrzahl der vorliegenden Versuchsergebnisse auch bestätigt, so ergeben sich für die beiden Grenzzustände des Fließbeginns an der Innenfaser und des vollplastischen Zustandes die bezogenen Innendrücke, wie sie in Abb. 13 gezeigt sind. Kurven $a$ veranschaulichen die Drücke zur Erzeugung des Fließens an der Innenfaser, und Kurven $b$ zeigen die Drücke für das Fließen an der Außenfaser.

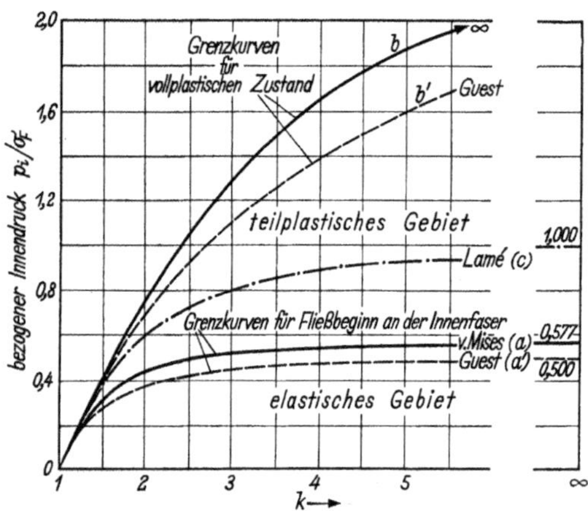


Abb. 13. Grenzbedingungen für Fließen an der Innenfaser und vollplastischen Zustand, ermittelt nach verschiedenen Hypothesen in Abghänigkeit vom Halbmesserverhältnis $k$

Die Kurven $a$ begrenzen den elastischen Bereich nach oben. Die Fläche zwischen Kurven $a$ und $b$ spiegeln den teilplastischen Bereich wider.

Wie man erkennt, nähert sich die Kurve $a$ asymptotisch dem Grenzwert 0,577 für ein Durchmesserverhältnis von $k = \infty$. Dies bedeutet, daß man Fließen an der Innenfaser durch Vergrößerung der Wanddicke nicht verhindern kann. Anders verhält sich dagegen die Bedingung für den vollplastischen Zustand, für welchen die Druckkurve immer weiter steigt. Hier macht sich also die Stützwirkung der verstärkten Wand deutlich bemerkbar.

## B. Verformungen im teilplastischen Gebiete

Den Verformungen im teilplastischen Gebiete kommt bei Autofrettage und Schrumpfung technische Bedeutung zu, wovon in relativ großem Maßstabe Gebrauch gemacht wird. Die Spannungsverteilung muß in der plastischen Zone den Kurven der Abb. 12 folgen. Im elastischen Gebiet entsprechen die Spannungen dem Kurvenverlauf der Abb. 6.

Für die Berechnung des Spannungsverlaufes sind in der Literatur zwei Verfahren bekannt, die beide zu identischen Ergebnissen führen. Ein Verfahren wurde von H. v. JÜRGENSONN [*1*] veröffentlicht und benutzt als Festigkeitskennwert die zugelastische Streckgrenze $\sigma_F$. Das zweite Verfahren wurde von PRAGER und HODGE [*18*] entwickelt und benutzt als Kennwert die Schubelastizitätsgrenze $\tau_F$ als einziges Unterscheidungsmerkmal. Die Jürgensonn-Werte braucht man lediglich durch den Faktor $1/\sqrt{3}$ zu dividieren, um die Prager- und Hodge-Werte zu erhalten.

## 1. Verfahren nach H. v. Jürgensonn

In den nachfolgenden Abhandlungen möge zwischen der plastischen und der elastisch verformten Zone unterschieden werden. Die Grenzfaser zwischen den beiden Zonen sei mit dem Index $k_1$ bezeichnet.

### a) Spannungen in der plastischen Zone

*Tangentiale Spannungen*

Allgemeine Form:

$$(\sigma_t)_{\text{pl}} = \frac{2}{\sqrt{3}}\,\sigma_F \left[\left(1 - \ln\frac{k_1}{k_x}\right) - \frac{k^2 - k_1^2}{2\,k^2}\right]; \qquad (71\,\text{a})$$

an der Innenfaser:

$$(\sigma_{t_i})_{\text{pl}} = \frac{2}{\sqrt{3}}\,\sigma_F \left[(1 - \ln k_1) - \frac{k^2 - k_1^2}{2\,k^2}\right]; \qquad (71\,\text{b})$$

an der Grenzfaser $k_1$:

$$(\sigma_{t_{k_1}})_{\text{pl}} = \frac{2}{\sqrt{3}}\,\sigma_F \left[\left(1 - \frac{k^2 - k_1^2}{2\,k^2}\right)\right]. \qquad (71\,\text{c})$$

*Axiale Spannungen*

Allgemeine Form:

$$(\sigma_{ax})_{\text{pl}} = \frac{2}{\sqrt{3}}\,\sigma_F \left[0{,}5\left(1 - \frac{k^2 - k_1^2}{k^2}\right) - \ln\frac{k_1}{k_x}\right]; \qquad (72\,\text{a})$$

an der Innenfaser:

$$(\sigma_{ax_i})_{\text{pl}} = \frac{2}{\sqrt{3}}\,\sigma_F \left[0{,}5\left(1 - \frac{k^2 - k_1^2}{k^2}\right) - \ln k_1\right]; \qquad (72\,\text{b})$$

an der Grenzfaser $k_1$:

$$(\sigma_{ax_{k_1}})_{\text{pl}} = \frac{2}{\sqrt{3}}\,\sigma_F \left[0{,}5\left(1 - \frac{k^2 - k_1^2}{k^2}\right)\right]. \qquad (72\,\text{c})$$

*Radiale Spannungen*

Allgemeine Form:

$$(\sigma_r)_{\text{pl}} = -\frac{2}{\sqrt{3}}\,\sigma_F \left[\ln\frac{k_1}{k_x} + \frac{k^2 - k_1^2}{2\,k^2}\right]; \qquad (73\,\text{a})$$

an der Innenfaser:

$$(\sigma_{r_i})_{\text{pl}} = -\frac{2}{\sqrt{3}}\,\sigma_F \left[\ln k_1 + \frac{k^2 - k_1^2}{2\,k^2}\right]; \qquad (73\,\text{b})$$

an der Grenzfaser $k_1$:

$$(\sigma_{r_{k_1}})_{\mathrm{pl}} = -\frac{2}{\sqrt{3}}\,\sigma_F\left[\frac{k^2 - k_1^2}{2\,k^2}\right]. \tag{73c}$$

In diesen Gleichungen schwankt $k_x$ von $k_x = 1$ an der Innenfaser bis $k_x = k_1$ an der Grenzfaser, also

$$1 \leqslant k_x \leqslant k_1 .$$

### b) Spannungen in der elastischen Außenzone

*Tangentiale Spannungen*

Allgemeine Form:

$$(\sigma_t)_{\mathrm{el}} = \sigma_F\left[\frac{(k^2 + k_x^2)\,k_1^2}{\sqrt{3}\,k^2\,k_x^2}\right]; \tag{74a}$$

an der Grenzfaser $k_1$:

$$(\sigma_{t_{k_1}})_{\mathrm{el}} = \sigma_F\left[\frac{k^2 + k_1^2}{\sqrt{3}\,k^2}\right]; \tag{74b}$$

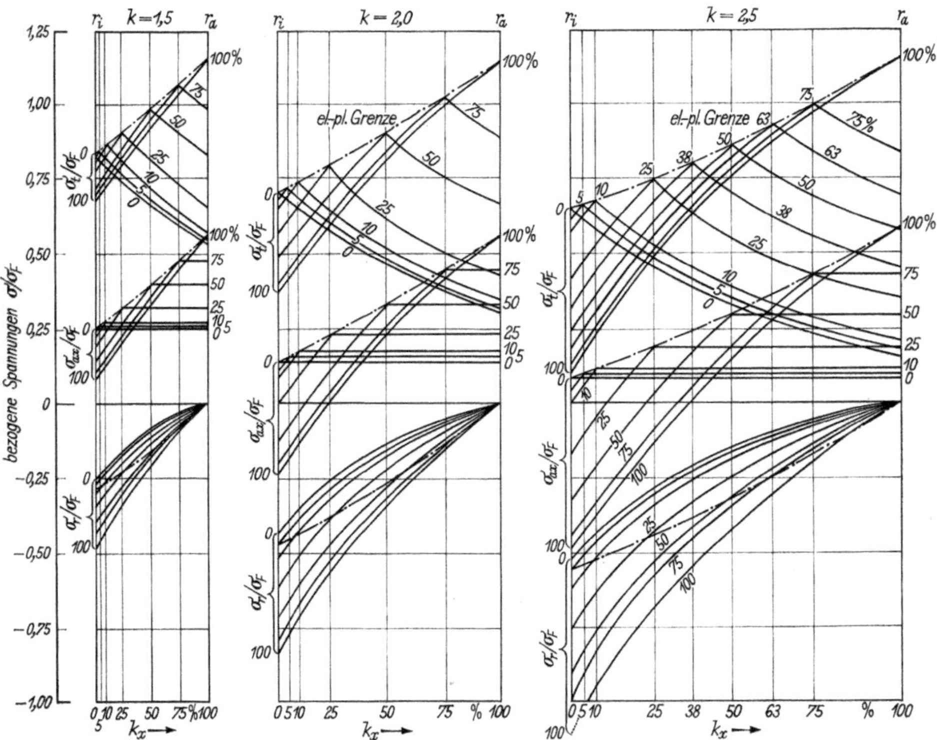


Abb. 14. Spannungsverteilung der drei Hauptspannungen für Zylinder mit $k$ = 1,5–2–2,50 unter Innendruck für Fließbeginn an der Innenfaser bis zum vollplastischen Zustande

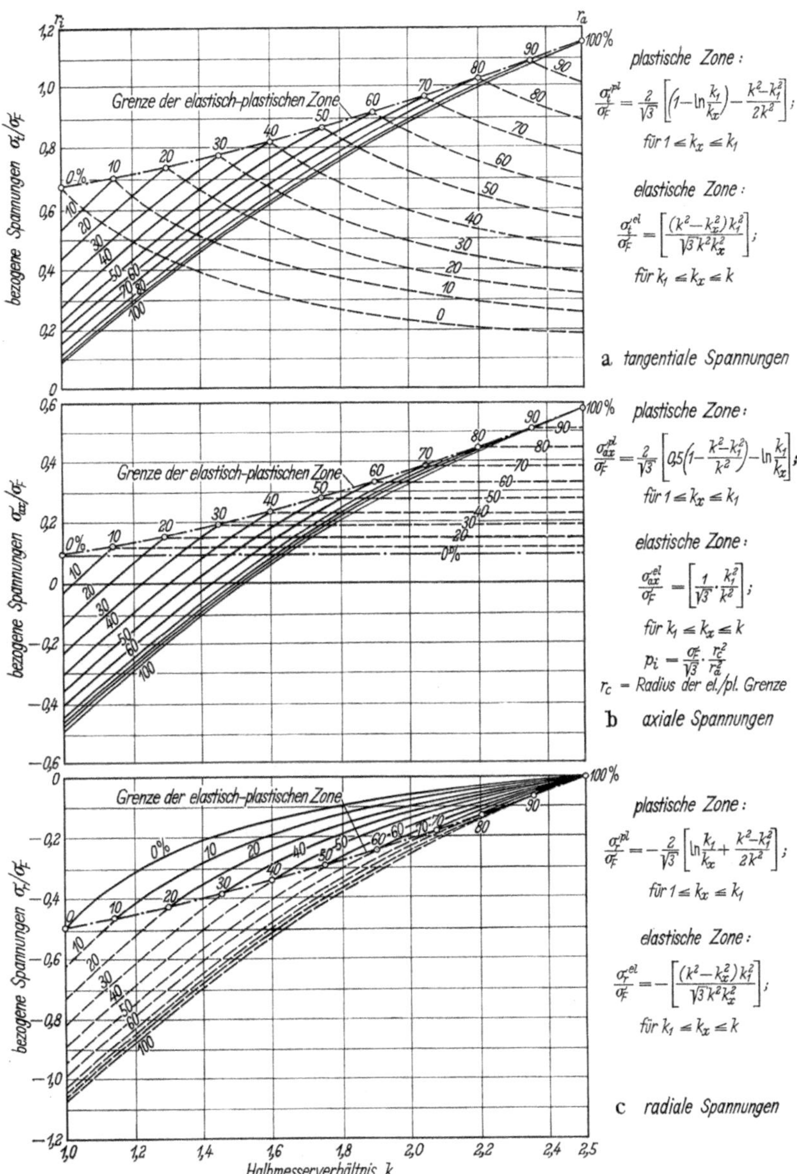


**Abb. 15. Spannungsverteilung eines Hohlzylinders mit $k = 2{,}50$ bei variierender teilplastischer Verformung von 0–100% der Wanddicke nach H. v. Jürgensonn**

an der Außenfaser:

$$(\sigma_{t_a})_{\text{el}} = \sigma_F \left[\frac{2\,k_1^2}{\sqrt{3}\,k^2}\right]. \tag{74c}$$

*Axiale Spannungen*

Allgemeine Form:

$$(\sigma_{ax})_{\text{el}} = \sigma_F \left[\frac{1}{\sqrt{3}}\,\frac{k_1^2}{k^2}\right] = \text{konst.} \tag{75}$$

*Radiale Spannungen*

Allgemeine Form:

$$(\sigma_r)_{\text{el}} = -\,\sigma_F \left[\frac{(k^2 - k_x^2)\,k_1^2}{\sqrt{3}\,k^2\,k_x^2}\right]; \tag{76a}$$

an der Grenzfaser $k_1$:

$$(\sigma_{r k_1})_{\text{el}} = -\,\sigma_F \left[\frac{k^2 - k_1^2}{\sqrt{3}\,k^2}\right]; \tag{76b}$$

an der Außenfaser:

$$(\sigma_{r_a})_{\text{el}} = 0\,. \tag{76c}$$

Für die elastische Zone schwankt $k_x$ von $k_1$ bis $k$, also $k_1 \leqslant k_x < k$.

Unter der Annahme, daß während der plastischen Verformung keine Verfestigung des Werkstoffes eintritt, ergibt sich für diese Art Belastung eine Spannungsverteilung für die drei Hauptspannungen, wie sie in Abb. 14 gezeigt wird für Zylinder mit einem Durchmesserverhältnis von $k = 1{,}50$–$2$–$2{,}50$. Die Zahlen an den Kurven geben an, wieviel Prozent der Zylinderwand plastisch verformt sind.

In Abb. 15 sind die gleichen Verhältnisse wie in Abb. 14 veranschaulicht, lediglich mit dem Unterschiede, daß die Intervalle der plastischen Verformung sich um 10% schrittweise erhöhen, mit Fließen an der Innenfaser als Null beginnend und abschließend mit der jeweiligen Kurve des vollplastischen Zustandes mit 100% Verformung der Wand. Diese Darstellung wurde bewußt im Hinblick auf die später zu zeigende Behandlung der Autofrettage gewählt, wofür Abb. 15/16 praktisch direkte Anwendung für die Betrachtung eines Berechnungsbeispieles finden werden.

## 2. Verfahren nach Prager und Hodge

Prager und Hodge [*18*] entwickelten ebenfalls ein Berechnungsverfahren zur Ermittlung der Spannungsverteilung bei teilplastischer Verformung dickwandiger Zylinder mittels statischen Innendruckes. Als Festigkeitskriterien wird jedoch die schubelastische Fließgrenze $\tau_F$ gewählt. Die Auswertung der Prager- und Hodge-Beziehungen liefert Ergebnisse, die sich von denen nach Jürgensonn lediglich um den Faktor

$1/\sqrt{3}$ unterscheiden. Die Beziehungen sind sehr einfach und den Jürgensonn-Kurven parallel. Die Prager- und Hodge-Beziehungen nehmen für die drei Hauptspannungen im einzelnen folgende Form an:

**a) Spannungen in der plastischen Zone**

*Tangentiale Spannungen*

Allgemeine Form:

$$(\sigma_t)_{\mathrm{pl}} = \tau_F \left(1 + \frac{r_{k_1}^2}{r_a^2} + 2 \ln \frac{r}{r_{k_1}}\right); \tag{77a}$$

an der Innenfaser:

$$(\sigma_{t_i})_{\mathrm{pl}} = \tau_F \left(1 + \frac{r_{k_1}^2}{r_a^2} + 2 \ln \frac{r_i}{r_{k_1}}\right); \tag{77b}$$

an der Grenzfaser $k_1$:

$$(\sigma_{t_{k_1}})_{\mathrm{pl}} = \tau_F \left(1 + \frac{r_{k_1}^2}{r_a^2}\right). \tag{77c}$$

*Axiale Spannungen*

Allgemeine Form:

$$(\sigma_{ax})_{\mathrm{pl}} = \tau_F \left(\frac{r_{k_1}^2}{r_a^2} + 2 \ln \frac{r}{r_{k_1}}\right); \tag{78a}$$

an der Innenfaser:

$$(\sigma_{ax_i})_{\mathrm{pl}} = \tau_F \left(\frac{r_{k_1}^2}{r_a^2} + 2 \ln \frac{r_i}{r_{k_1}}\right); \tag{78b}$$

an der Grenzfaser $k_1$:

$$(\sigma_{ax_{k_1}})_{\mathrm{pl}} = \tau_F \left(\frac{r_{k_1}^2}{r_a^2}\right). \tag{78c}$$

*Radiale Spannungen*

Allgemeine Form:

$$(\sigma_r)_{\mathrm{pl}} = -\tau_F \left(1 - \frac{r_{k_1}^2}{r_a^2} - 2 \ln \frac{r}{r_{k_1}}\right); \tag{79a}$$

an der Innenfaser:

$$(\sigma_{r_i})_{\mathrm{pl}} = -\tau_F \left(1 - \frac{r_{k_1}^2}{r_a^2} - 2 \ln \frac{r_i}{r_{k_1}}\right); \tag{79b}$$

an der Grenzfaser $k_1$:

$$(\sigma_{r_{k_1}})_{\mathrm{pl}} = -\tau_F \left(1 - \frac{r_{k_1}^2}{r_a^2}\right). \tag{79c}$$

Hierin bedeuten:

$\tau_F = \frac{1}{\sqrt{3}} \sigma_F$ als schubelastische Fließgrenze,

$r$ = Radius für die Grenzfaser zwischen plastischer und elastischer Zone,

$r_i \leqslant r \leqslant r_{k_1}$.

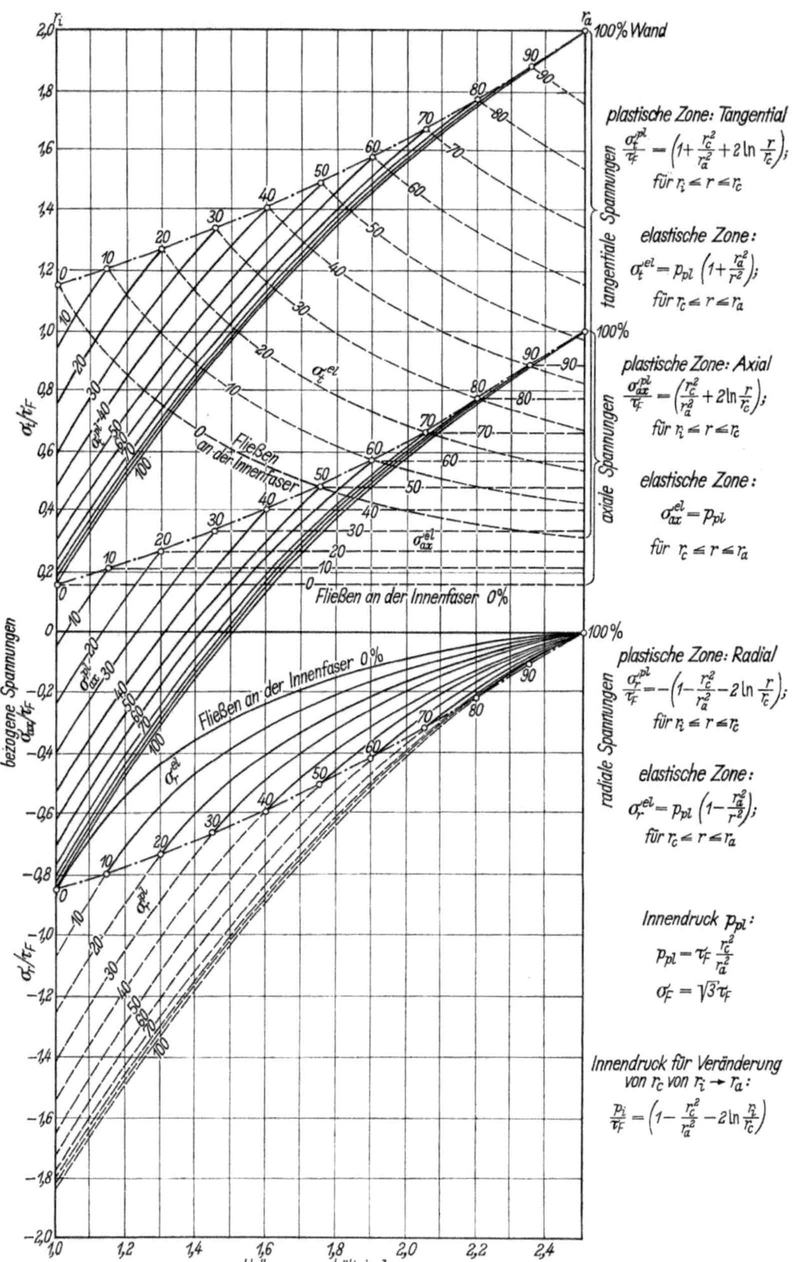


Abb. 16. Spannungsverteilung eines Hohlzylinders mit $k = 2{,}50$ bei variierender teilplastischer Verformung von 0–100% der Wanddicke nach PRAGER und HODGE

### b) Spannungen in der elastischen Außenzone

*Tangentiale Spannungen*

Allgemeine Form:

$$(\sigma_t)_{\mathrm{el}} = (p_i)_{\mathrm{pl}} \left(1 + \frac{r_a^2}{r^2}\right) ; \tag{80a}$$

an der Grenzfaser $k_1$:

$$(\sigma_{t_{k_1}})_{\mathrm{el}} = (p_i)_{\mathrm{pl}} \left(1 + \frac{r_a^2}{r_{k_1}^2}\right) ; \tag{80b}$$

an der Außenfaser:

$$(\sigma_{t_a})_{\mathrm{el}} = 2\,(p_i)_{\mathrm{pl}} \,. \tag{80c}$$

*Axiale Spannungen*

Allgemeine Form:

$$(\sigma_{ax})_{\mathrm{el}} = (p_i)_{\mathrm{pl}} = \text{konst.} \tag{81}$$

*Radiale Spannungen*

Allgemeine Form:

$$(\sigma_r)_{\mathrm{el}} = (p_i)_{\mathrm{pl}} \left(1 - \frac{r_a^2}{r^2}\right) ; \tag{82a}$$

an der Grenzfaser $k_1$:

$$(\sigma_{r_{k_1}})_{\mathrm{el}} = (p_i)_{\mathrm{pl}} \left(1 - \frac{r_a^2}{r_{k_1}^2}\right); \tag{82b}$$

an der Außenfaser:

$$(\sigma_{r_a})_{\mathrm{el}} = (p_i)_{\mathrm{pl}} \,. \tag{82c}$$

*Verformungsdruck*

Der Innendruck zur Erzeugung der plastischen Verformung ergibt sich aus der Beziehung

$$(p_i)_{\mathrm{pl}} = \tau_F \left(\frac{r_{k_1}^2}{r_a^2}\right) . \tag{83}$$

Die graphische Veranschaulichung der Spannungsverteilungen nach PRAGER und HODGE für die drei Hauptspannungen ist in Abb. 16 gezeigt für einen Zylinder mit $k = 2{,}50$. Abb. 15 und 16 unterscheiden sich lediglich durch den Umrechnungsfaktor $1/\sqrt{3}$ zwischen $\sigma_F$ und $\tau_F$.

Die Prager- und Hodge-Beziehungen werden im Kapitel „Autofrettage" noch näher behandelt werden.

## C. Bedingungen für Bersten von Hohlzylindern

Die Kenntnis der Bedingungen, die erfüllt sein müssen, um einen dickwandigen Hohlzylinder zum Bersten zu bringen, ist sowohl für den Entwurf als auch für den Betrieb von größter Bedeutung. Im Augenblick des Berstens ist die Verformungsfähigkeit des Werkstoffes vollständig aufgebraucht. Der Vergleich zwischen den Fließgrenzen, der plastischen Verformung und dem Bersten gibt dem Konstrukteur die Möglichkeit, ein Maß für den Wert der für jeden Zustand zulässigen Sicherheitsgrenzen zu erhalten, und die Anwendungsbereiche der verschiedenen Werkstoffgruppen gegenseitig abzuschätzen. Das Bersten wird somit ausschließlich zu einer Frage der Werkstoffe und deren Beschaffenheit und gibt Aufschluß darüber, wie weit die Grenzen des Fließbeginns von der völligen Unbrauchbarkeit des Zylinders durch Trennbruch entfernt sind.

Bei der plastischen Verformung des Werkstoffes über weite Gebiete hinweg bis zum Trennbruch muß man sich darüber im klaren sein, daß bei verfestigungsfähigen Werkstoffen lediglich der Wert der Streckgrenze erhöht wird, nicht aber der Zerreißwiderstand. Steigert man den Grad der plastischen Verformung schrittweise, wobei man nach jedem Schritt den Druck wieder auf Null entspannt, so hebt man bei jedem Schritt die elastische Grenze entsprechend, bis mit der Erreichung der Zerreißfestigkeit das Verformungsvermögen des Werkstoffs verbraucht ist. Das heißt demnach, daß Zylinder, die bis zum vollplastischen Zustand verformt waren, nach der Druckentspannung wieder vollelastisch sind, aber nun durch Sprödbruch versagen können. Die Verfestigung vollzieht sich also auf Kosten der Zähigkeit des Werkstoffes. Es muß bei geeigneter Drucksteigerung ein Sprödbruch erwartet werden, obwohl der Werkstoff ursprünglich ein hohes Verformungsvermögen gehabt haben mag.

## 1. Berstbedingungen nach der von-Mises-Hypothese

Unter Zugrundelegung von Werkstoffen mit $\sigma_F = \sigma_B$ ergibt sich nach der von-Mises-Hypothese ein Berstdruck, der praktisch genommen gleich ist dem Druck, der vollplastischen Zustand bewirkt. Die Beziehung lautet

$$p_b = \frac{2}{\sqrt{3}} \sigma_F \ln k = \frac{2}{\sqrt{3}} \sigma_B \ln k \,. \tag{84}$$

Da aber von Werkstoffen dieser Art für den Bau von Hochdruckapparaten nicht Gebrauch gemacht werden soll, hat FAUPEL [7] eine Lösung vorgeschlagen, die dieser Verfestigung innerhalb der von-Mises-Hypothese Rechnung trägt. Gl. (84) wird durch einen Korrekturfaktor von der Größe $\left(2 - \frac{\sigma_F}{\sigma_B}\right)$ übergeführt in die Form

$$p_b = \frac{2}{\sqrt{3}} \sigma_F \ln k \left[2 - \frac{\sigma_F}{\sigma_B}\right] . \tag{85}$$

## 2. Guest-Hypothese

Nach der Guest-Hypothese steht Bersten zu erwarten bei einem Innendruck von der Größe

$$p_b = \sigma_F \ln k = \sigma_B \ln k \,, \tag{86}$$

wobei wiederum $\sigma_F = \sigma_B$ gesetzt werden muß. Gl. (86) unterscheidet sich von Gl. (84) um den Faktor $(2/\sqrt{3})$. Der Berstdruck liegt also gegenüber der Gestaltänderungsenergiehypothese niedriger und die Werte der Guest-Hypothese liegen damit wieder auf der sicheren Seite.

### 3. Lamé-Hypothese

Berechnet man den Berstdruck nach Maßgabe der Hauptspannungshypothese, so hat man für $\sigma_F = \sigma_B$ die folgende Beziehung

$$p_b = \sigma_F \left[\frac{k^2 - 1}{k^2 + 1}\right] = \sigma_F \left[\frac{r_a^2 - r_i^2}{r_a^2 + r_i^2}\right] \tag{87}$$

zugrunde zu legen.

Dieser Ausdruck ist jedoch der gleiche wie für den Fließbeginn. In beiden Fällen muß dieser Vorschlag als irrational angesehen werden. Setzt man aber einen wenig elastischen Werkstoff voraus und ersetzt $\sigma_F$ durch $\sigma_B$ in der Annahme, daß $\sigma_F \neq \sigma_B$, also $\sigma_F$ von $\sigma_B$ verschieden ist, so stellt man fest, daß der Lamé-Ausdruck relativ brauchbare Werte für den Berstdruck liefert. Die Beziehung heißt dann

$$p_b = \sigma_B \left[\frac{k^2 - 1}{k^2 + 1}\right] = \sigma_B \left[\frac{r_a^2 - r_i^2}{r_a^2 + r_i^2}\right]. \tag{88}$$

In dieser Form und nur in dieser Form ist die Lamé-Hypothese gerechtfertigt. Sie muß somit für die Ermittlung des Fließverhaltens durchweg ausscheiden und auf die Berechnung des Berstdruckes allein beschränkt bleiben, solange sich $\sigma_F$ und $\sigma_B$ voneinander unterscheiden. Für sehr spröde Werkstoffe liefert die Lamé-Hypothese Werte, die mit der Wirklichkeit recht gut übereinstimmen. Allein spröde Werkstoffe kommen für den Bau von Hochdruckapparaten ohnedies nicht in Betracht.

## D. Zuverlässigkeit der Hypothesen zur Vorhersage der Berstbedingungen

Für die Beurteilung der Zuverlässigkeit einer Methode, das Berstverhalten rechnerisch zu ermitteln, soll wiederum ein Vergleich angestellt werden, der zeigen soll, inwieweit die Berechnungswerte mit Ergebnissen aus praktischen Berstversuchen übereinstimmen. In ähnlicher Weise, wie schon für den Fließbeginn gezeigt wurde, hat der Verfasser eine sehr große Anzahl von Versuchswerten gesammelt und zu einer statistischen Kurve zusammengestellt. Als Schlußfolgerung ergab sich wieder ein Flächenbereich, dessen Mittelwertkurve wieder die von-Mises-Funktion darstellt. Ganz allgemein kann die Feststellung getroffen werden, daß auch die Berstbedingung mit der von-Mises-Beziehung am besten rechnungsmäßig ermittelt werden kann. Bei verfestigungsfähigen Werkstoffen, deren plastische Verformung sich in einer wesentlichen Steigerung der Zugstreckgrenze äußert, gibt die Korrektur der von-Mises-Hypothese nach FAUPEL zuverlässigste Werte, indem sie dem vorhandenen Streckgrenzenverhältnis $\sigma_F/\sigma_B$ Rechnung trägt.

### 1. Vergleich mit Versuchsergebnissen

Die Guest-Hypothese weicht von dem Faupel-von-Mises-Vorschlag in Richtung zur konservativeren Seite hin ab, wobei sie wieder die Schwankungen der Axialspannungen durch einen großen Spielraum zwischen $(\sigma_t)_{\max}$ und $(\sigma_r)_{\min}$ berücksichtigt. Bei Vorhandensein von Unsicherheiten wie Biegespannungen aus Wärmedehnungen, die sich in der Rechnung nicht genau ermitteln lassen, ist die Guest-Hypothese vorzuziehen.

Die Lamé-Hypothese kann für Fließerscheinungen nicht verwendet werden. Betrachtet man verfestigungsfähige Werkstoffe, so muß in der Lamé-Formel $\sigma_B$ als Werkstoffkennwert eingesetzt werden. Die Zuverlässigkeit der Lamé-Methode wächst mit zunehmendem Sprödigkeitsverhalten des Werkstoffes. Das wird besonders von J. CLASS [*19*] gezeigt, dessen Versuchskörper eine ganze Anzahl charakteristischer Merkmale aufwiesen, die einen mehr oder weniger starken Sprödigkeitsgrad erkennen lassen.

FAUPELS Versuchsergebnisse [*7*, 8] beweisen eindeutig die Gültigkeit der von-Mises-Hypothese im allgemeinen und die Zutrefflichkeit der von ihm vorgeschlagenen Korrekturformel im besonderen. Die von-Mises-Hypothese wird ferner bestätigt durch Versuche von CROSSLAND-JORGENSEN und BONES [*9*], die übrigens von BROWNELL und YOUNG [*15*] in sehr übersichtlicher Weise geschildert sind. Auch MANNINGS Versuche [*13*] zeigen eindeutig die Richtigkeit der von-Mises-Hypothese mit hoher Genauigkeit, wenn man die Torsionswerte in geeigneter Weise mit dem Faktor $1/\sqrt{3}$ in Zugversuchswerte umwandelt. Es sei jedoch darauf hingewiesen, daß für das Manning-Verfahren eine graphische Integration der Spannung-Dehnungs-Kurve für Torsion erforderlich ist, was sich mathematisch nicht in einfacher Weise ausdrücken läßt. Die Faupel-von-Mises-Formel bedient sich einfacher Festigkeitskriterien aus dem einachsigen Zugversuch, die als Minimum jeder Rechnung ohnedies zur Verfügung stehen müssen.

In der Arbeit von MARIN und RIMROTT [*14*] wird ein verfeinertes Verfahren vorgeschlagen, das eine Genauigkeit verspricht, die von keiner anderen Hypothese erreicht werden soll. Die Formulierung ist jedoch umständlich und kompliziert, und der erzielbare Genauigkeitsgrad liegt kaum über dem, der mit der von-Mises-Hypothese erreicht wird.

Die bezogenen Berstdrücke für Werkstoffe mit und ohne Verfestigungsvermögen während der plastischen Verformung sind in Abb. 17

graphisch veranschaulicht in Abhängigkeit vom Durchmesserverhältnis $k$. Zum Vergleich sind ebenfalls die Verhältnisse für den Fließbeginn an der Innenfaser eingetragen. Die Kurven für Werkstoffe mit $\sigma_F/\sigma_B = 0{,}75$ und 0,50 sind angedeutet. Man ersieht aus der Lage der Lamé-Kurve eindeutig die Notwendigkeit, die Lamé-Funktion nicht mit dem Fließverhalten in Verbindung zu bringen.

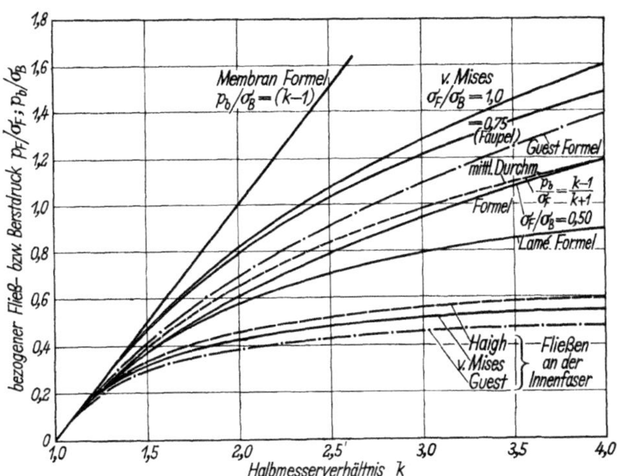


Abb. 17. Vergleich der Fließ- und Berstdrücke, errechnet nach verschiedenen Festigkeitshypothesen in Abhängigkeit vom Durchmesserverhältnis $k$

Die Berstdrücke nach der Faupel-von-Mises-Hypothese sind in Abb. 18 für eine ganze Reihe von $\sigma_F/\sigma_B$-Streckgrenzenverhältnissen dar-

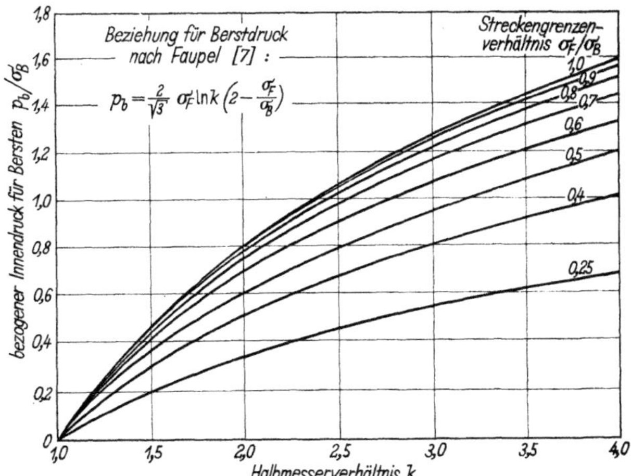


Abb. 18. Berstdrücke für dickwandige Hohlzylinder, deren Verformung mit Verfestigung verläuft nach Faupel

gestellt. Benötigte Zwischenwerte lassen sich in einfacher Weise durch Interpolation ermitteln.

## 2. Vergleich mit Normvorschlag DIN 2413

Die Berechnung der Berstdrücke für dickwandige Hohlzylinder ist im Normblatt DIN 2413 durch einen Ausdruck gegeben, dessen Kurve

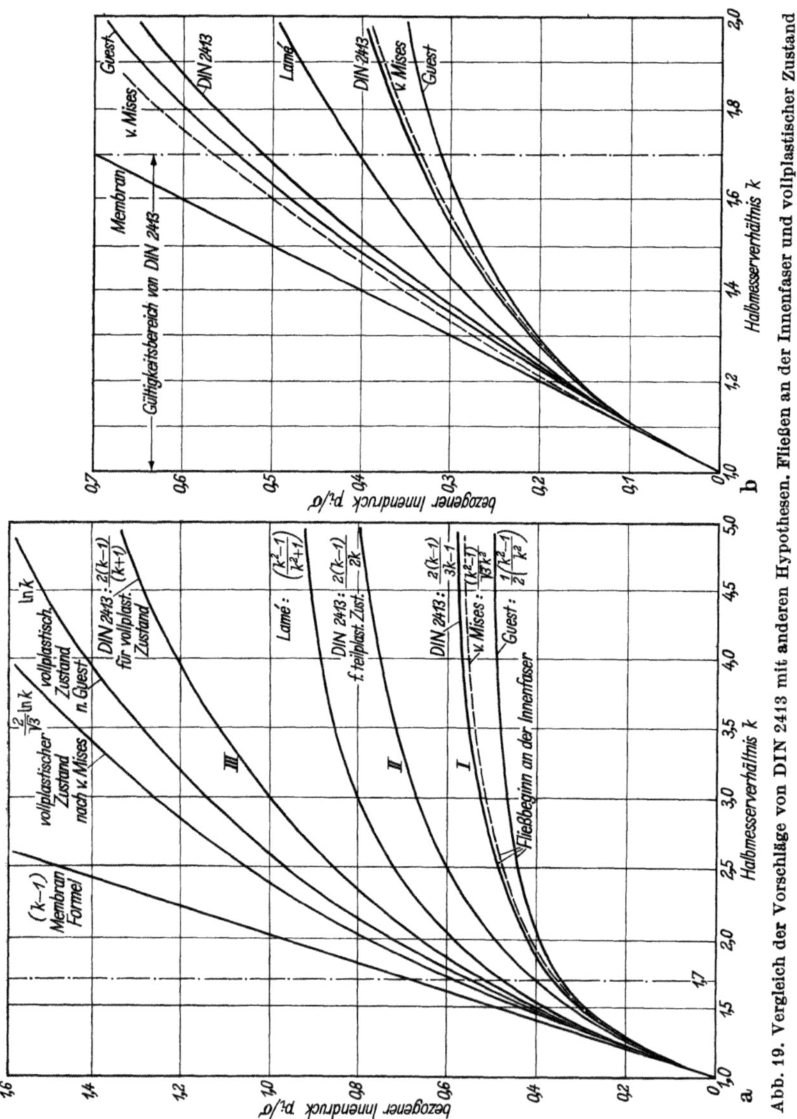


**Abb. 19. Vergleich der Vorschläge von DIN 2413 mit anderen Hypothesen. Fließen an der Innenfaser und vollplastischer Zustand**

in Abb. 19 ebenfalls angedeutet ist. Diese Kurve liegt unterhalb der Guest-Kurve und somit noch deutlicher von der von-Mises-Kurve entfernt. DIN-Blatt 2413 gibt ferner die möglichen Betriebszustände bei Innendruck durch drei Kurven wieder, womit die Fließgrenze, der teilplastische Zustand und die Berstbedingungen gekennzeichnet werden sollen, und zwar zutreffend für einen Geltungsbereich, der durch $k_{max} = 1{,}70$ nach oben begrenzt wird. Der Einfachheit halber sind diese drei Berechnungsvorschläge in Abb. 19 graphisch wiedergegeben.

Nach Abb. 19 ist die Grenze der elastischen Zone, nach deren Überschreitung mit Fließen zu rechnen ist, durch Kurve *I* gekennzeichnet. Wie man erkennt, unterscheidet sich Kurve *I* von der von-Mises-Hypothese praktisch nicht. Kurve *II* gibt den plastischen Zustand wieder für schwellende Belastung. Kurve *III* gilt für Berstbedingungen, sie ist wesentlich konservativer als die Guest- oder gar die von-Mises-Hypothese, Die mathematischen Formulierungen sind für jede der drei Kurven in der Abbildung angedeutet. Es handelt sich durchweg um Annäherungslösungen, die jedoch technisch gesehen vertretbare Werte liefern.

### 3. Zusammenfassung

An Hand von Vergleichen mit einer großen Zahl vorliegender Ergebnisse über praktische Berstversuche kann die Folgerung geschlossen werden, daß die von-Mises-Hypothese für die rechnerische Ermittlung des Berstdruckes mit Zuverlässigkeit benützt werden kann. Von den bekanntesten Theorien stimmt die von-Mises-Methode mit der Praxis am besten überein. In der mathematischen Formulierung wird das Verfestigungsvermögen gewisser Werkstoffe während der plastischen Verformung nicht berücksichtigt. Für Werkstoffe dieser Art hat Faupel einen Korrekturfaktor für die von-Mises-Formel vorgeschlagen. Seine Versuchsergebnisse beweisen, daß damit eine noch größere Annäherung an die Wirklichkeit ermöglicht wird. Die Schubspannungshypothese nach Guest ist etwas konservativer nach der sicheren Seite hin.. Die DIN-2413-Vorschrift zeigt eine noch stärkere Abweichung von der von-Mises-Hypothese, ohne jedoch auf das Verfestigungsvermögen näher einzugehen. Die Lamé-Hypothese hat nur Gültigkeit, wenn die Zugstreckgrenze durch die Zugfestigkeit ersetzt wird. Die Lamé-Formel liefert um so zuverlässigere Werte, je weniger zäh die Zylinderwerkstoffe sind.

## IV. Zylinder unter statischem Außendruck

Die Fälle sind relativ selten, in denen Hochdruckhohlzylinder zu gleicher Zeit hohem Innen- und Außendruck unterworfen sind; in der Mehrzahl handelt es sich entweder um Belastung bei Innendruck oder, was sehr wenig der Fall ist, um reinen Außendruck. Wenn beide Seiten Drücken unterworfen werden, so ist es meist so, daß einer dieser Drücke vernachlässigt werden kann.

Der Vollständigkeit halber mögen die Spannungen für solche Fälle aufgezeichnet werden, in denen Innen- und Außendrücke gleichzeitig wirken.

## A. Hohlzylinder unter Innen- und Außendruck

Steht ein Zylinder gleichzeitig unter innerer und äußerer Druckbelastung, wobei $p_i$ von $p_a$ verschieden ist, beide Drücke aber in der Rechnung zu berücksichtigen sind, so lassen sich die Hauptspannungen aus folgenden Beziehungen ermitteln:

*Tangentiale Spannungen*

$$(\sigma_{t-\mathrm{el}})_{p_i, p_a} = \frac{1}{r_a^2 - r_i^2}\left[p_i r_i^2 - p_a r_a^2 + (p_i - p_a)\frac{r_i^2 r_a^2}{r^2}\right]. \tag{89}$$

*Radiale Spannungen*

$$(\sigma_{r-\mathrm{el}})_{p_i, p_a} = \frac{1}{r_a^2 - r_i^2}\left[p_a r_a^2 - p_i r_i^2 + (p_i - p_a)\frac{r_i^2 r_a^2}{r^2}\right]. \tag{90}$$

Für axiale Spannungen, in Querschnittsrichtung wirkend, parallel zur Zylinderachse, kann angenommen werden, daß auch diese Hauptspannung gleichmäßig ist, sofern man weit genug von den Zylinderenden entfernt bleibt, um den Einfluß des Verschlusses auf die Wand auszuschließen. Die axiale Spannung ist dann

$$(\sigma_{ax-\mathrm{el}})_{p_i, p_a} = \frac{1}{r_a^2 - r_i^2}[p_i r_i^2 - p_a r_a^2]. \tag{91}$$

Die Spannungsspitzen sind:

*Maximale Tangentialspannungen*

$$(\sigma_{t_i-\max})_{p_i, p_a} = \frac{1}{r_a^2 - r_i^2}[p_i (r_i^2 + r_a^2) - 2 p_a r_a^2). \tag{92}$$

*Maximale Radialspannungen*

$$\sigma_r = p_i \quad \text{für} \quad p_i > p_a. \tag{93}$$

## B. Hohlzylinder, die nur unter Außendruck stehen

Die Beziehungen für die Berechnungen von Zylindern, die unter Außendruck stehen, lassen sich in einfacher Weise aus Gln. (89–91) ableiten, indem man den Innendruck $p_i$ gleich Null setzt.

*Tangentiale Spannungen*

$$(\sigma_{t-\mathrm{el}})_{p_a} = -p_a \frac{r_a^2}{r_a^2 - r_i^2}\left(1 + \frac{r_i^2}{r^2}\right). \tag{94}$$

*Radiale Spannungen*

$$(\sigma_{r-\mathrm{el}})_{p_a} = -p_a \frac{r_a^2}{r_a^2 - r_i^2}\left(1 - \frac{r_i^2}{r^2}\right). \tag{95}$$

Die Längsspannung wirkt sich hier lediglich auf den Verschluß aus und hat für den Zylinder selbst praktisch keine Bedeutung.

Nach entsprechender Umwandlung ergeben sich die Spannungsspitzen aus den folgenden Beziehungen:

*Maximale Tangentialspannung*

$$(\sigma_{t-\mathrm{el-max}})_{p_a} = -2\,p_a \frac{r_a^2}{r_a^2 - r_i^2}. \tag{96}$$

*Maximale Radialspannung*

$$(\sigma_{r-\mathrm{el-max}})_{p_a} = \sigma_{r_a} = -p_a, \tag{97}$$

$$(\sigma_{r_i})_{p_a} = (\sigma_{r-\mathrm{el-min}})_{r_a} = 0. \tag{98}$$

Ist an dem Hohlzylinder nur Außendruck wirksam, so hat die tangentiale Hauptspannung ihr Maximum an der Innenfaser, während bei der Radialspannung an dieser Faser ein Minimum herrscht. Die Spannungsspitze der Radialspannung tritt an der Außenfaser auf.

Die Spannungsverteilungen bei Hohlzylindern mit Außendruck, die den Gln. (94–98) folgen, sind in Abb. 20 graphisch wiedergegeben, und zwar für Zylinder mit Durchmesserverhältnissen von $k = 1{,}5$–$2{,}0$–$2{,}50$.

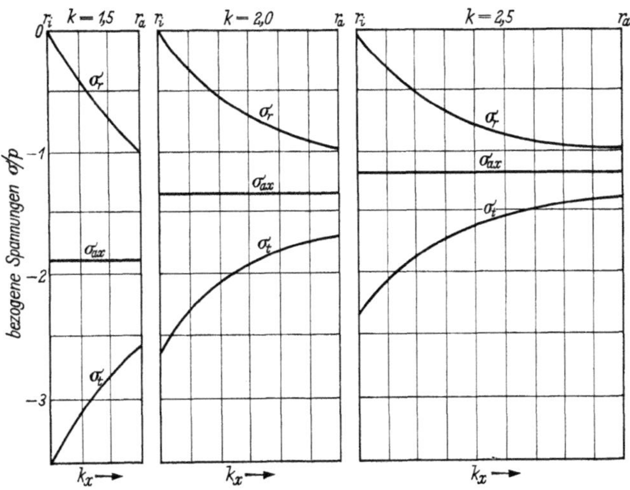


Abb. 20. Spannungsverteilung der Hauptspannungen bei Außendruck und $k = 1{,}5$–$2$–$2{,}5$

# V. Verformungen an dickwandigen Zylindern durch statischen Innendruck

An Hand der Elastizitäts- bzw. Plastizitätslehre lassen sich alle Verformungen, die durch Innendruck hervorgerufen werden, durch rechnerische Beziehungen zuverlässig ermitteln. Für Belastungen bis zum Fließbeginn an der Innenfaser gibt das Hookesche Gesetz Auskunft. Für die plastische Verformung isotroper Werkstoffe lassen sich grundsätzliche Regeln aufstellen, die im wesentlichen besagen, daß die Richtungen der Hauptdehnungen mit den Richtungen der Hauptspannungen übereinstimmen müssen, wobei das Volumen des verformten Werkstoffes in jedem Verformungsfalle konstant bleiben muß. Ferner gilt, daß die Hauptschubdehnungen den Hauptschubspannungen proportional sein müssen. Es wird dabei vorausgesetzt, daß der Fließbeginn durch die maximale Gestaltänderungsenergie verursacht wird.

Im Zusammenhange mit diesen Grundregeln kann man für die Berechnung der zu erwartenden Verformungen von folgenden Hauptbeziehungen ausgehen:

$$\frac{\varepsilon_t - \varepsilon_{ax}}{\sigma_t - \sigma_{ax}} = \frac{\varepsilon_{ax} - \varepsilon_r}{\sigma_{ax} - \sigma_r} = \frac{\varepsilon_r - \varepsilon_t}{\sigma_r - \sigma_t} = \text{konst.} \tag{99}$$

Als Gleichgewichtsbedingung muß gelten

$$\varepsilon_t + \varepsilon_{ax} + \varepsilon_r = 0\,. \tag{100}$$

Nach der von-Mises-Hypothese ist die Vergleichsdehnung $\varepsilon_v$

$$\varepsilon_v = \frac{\sqrt{2}}{3}\,[(\varepsilon_t - \varepsilon_{ax})^2 + (\varepsilon_{ax} - \varepsilon_r)^2 + (\varepsilon_r - \varepsilon_t)^2]^{1/2}\,. \tag{101}$$

Außerdem gilt:

$$\varepsilon_{t_{\max}} = \frac{\sigma_t}{E} - \mu\,\frac{\sigma_r}{E} - \mu\,\frac{\sigma_{ax}}{E}\,. \tag{102}$$

Mit diesen Standardbeziehungen gelangt Birnie zu der Folgerung, daß für Zylinder mit offenen Enden, also lange Rohrleitungen beispielsweise, die maximale Dehnung an der Innenfaser in Umfangsrichtung ermittelt werden kann aus der Beziehung

$$\varepsilon_{t_{i-\max}} = \frac{p_i}{E}\left[\frac{r_a^2 + r_i^2}{r_a^2 - r_i^2} + \mu\right] \quad \text{(Birnie-Formel)}\,. \tag{103}$$

Für Zylinder mit geschlossenen Enden, für die $\sigma_{ax}$ nicht gleich Null ist, gibt Clavarino den Ausdruck

$$\varepsilon_{t_{i-\max}} = \frac{p_i}{E}\left[\frac{r_a^2 + (1-\mu)\,r_i^2}{r_a^2 - r_i^2} + \mu\right]. \tag{104}$$

## A. In dem elastischen Gebiet

Ähnlich wie für die Hauptspannungen gelten auch entsprechende Beziehungen für die Hauptdehnungen.

*Tangential*

$$\varepsilon_t = \frac{1}{E}(\sigma_t - \mu\,\sigma_r)\,. \tag{105}$$

*Axial*

$$\varepsilon_{ax} = \frac{1}{E}(\sigma_{ax} - \mu\,\sigma_t)\,. \tag{106}$$

*Radial*

$$\varepsilon_r = \frac{1}{E}(\sigma_t + \mu\,\sigma_{ax})\,. \tag{107}$$

*Vergleichsdehnung*

$$\varepsilon_v = \frac{2}{\sqrt{3}}\,\varepsilon_t\,. \tag{108}$$

Folglich

$$\varepsilon_{t_a} = \frac{\sqrt{3}}{2}\,\varepsilon_{v_a} = 0{,}87\,\varepsilon_{v_a}\,. \tag{109}$$

## B. Bei Fließen an der Innenfaser

Im Augenblick des Fließbeginns an der Innenfaser läßt sich die Dehnung an der Außenfaser in Umfangrichtung ermitteln zu

$$(\varepsilon_{t_a})_{\mathrm{Fl}_i} = \frac{1}{E}\left[\sigma_{t_a} - \mu\,(\sigma_r + \sigma_{ax})\right]. \tag{110}$$

Unter Beachtung der Randbedingung, daß die Radialspannung an der Außenfaser Null ist, wird die tangentiale Dehnung an der Außenfaser bei Fließbeginn an der Innenfaser zu

$$(\varepsilon_{t_a})_{\mathrm{Fl}_i} = p_{\mathrm{Fl}_i}\left[\frac{2-\mu}{E\,(k^2-1)}\right]. \tag{111}$$

Mit der Randbedingung, daß $\sigma_{r_i} = -\,p_i$ ist, wird bei Fließbeginn die tangentiale Dehnung an der Innenfaser

$$(\varepsilon_{t_i})_{\mathrm{Fl}_i} = p_{\mathrm{Fl}_i}\left[\frac{(k^2+1) + \mu\,(k^2-2)}{E\,(k^2-1)}\right]. \tag{112}$$

## C. Bei vollplastischem Zustande

Beim vollplastischen Zustande erreicht die Querzahl $\mu$ den Wert 0,50, und die Vergleichsdehnung $\varepsilon_v$ geht über in $\varepsilon_F$. Damit läßt sich die Beziehung aufstellen

$$\varepsilon_v = \varepsilon_F = \frac{\sigma_F}{E}\,. \tag{113}$$

Die tangentiale Dehnung an der Außenfaser wird dann

$$(\varepsilon_{t_a})_{\text{v.pl}} = (\varepsilon_{t_a})_{\text{Fl}_a} = \frac{\sqrt{3}}{2}\,\varepsilon_v = \frac{\sqrt{3}}{2}\,\varepsilon_F = 0{,}87\,\varepsilon_F\,. \tag{114}$$

Die tangentiale Dehnung an der Innenfaser ergibt sich zu

$$(\varepsilon_{t_i})_{\text{v.pl}} = k^2\,(\varepsilon_{t_a})_{\text{Fl}_a} = k^2\,(\varepsilon_{t_a})_{\text{v.pl}} \tag{115}$$

oder

$$(\varepsilon_{t_i})_{\text{v.pl}} = (\varepsilon_{t_a})_{\text{v.pl}}(k^2) = 0{,}87\,k^2\,(\varepsilon_F)\,. \tag{116}$$

Strenggenommen gilt diese Gleichung nur für die 0,01-%-Streckgrenze, d.h. das Ende der elastischen Grenze, wo die Hookesche Gerade zur Kurve übergeht. Dieser Wert steht in den seltensten Fällen zur Verfügung. Muß er aus dem Verformungsschaubild entnommen werden, so besteht bei vielen Werkstoffen die Gefahr, daß dieser Übergang praktisch nicht feststellbar ist. Aus diesem Grunde schreibt man Gl. (116) günstiger mit Hilfe der 0,2-%-Streckgrenze in der Form

$$(\varepsilon_{t_i})_{\text{v.pl}} = (\varepsilon_{t_i})_{\text{Fl}_a} = k^2\,(\varepsilon_{t_a}) = k^{\cdot}\,(\varepsilon_{0{,}2\,\%})\,. \tag{117}$$

Diese Gleichung gewinnt große Bedeutung beim Aufbau der Berechnungsmethode für Hohlzylinder, die im Kriechgebiet betrieben werden, was in Kap. II behandelt wird.

Die Wichtigkeit der Gl. (117) möge an einem Beispiel gezeigt werden:

Ein Zylinder mit $k = 3{,}16$, der unter einem Innendruck steht, der vollplastischen Zustand erzeugt, erleide an der Außenfaser eine Dehnung von $\varepsilon_{F_a} = \varepsilon_{0{,}2\%} = 0{,}10$–$0{,}20\,\%$. Nach Gl. (117) ergibt sich daher die Dehnung an der Innenfaser zu

$$(\varepsilon_{t_i})_{\text{v.pl}} = (3{,}16)^2\,(0{,}2) = 1 \div 2\,\%\,.$$

Gl. (117) gestattet somit die rechnungsmäßige Ermittlung der Dehnungsverteilung über die gesamte Wand, wenn der Dehnungwert an einer der Grenz- bzw. Randfasern und das Durchmesserverhältnis $k$ bekannt sind. Man hat damit ein mathematisches Mittel, für den vollplastischen Zustand die Dehnung an der Innenfaser zu berechnen und festzustellen, ob man diese Verformung technisch zulassen kann. Mit andern Worten kann man rechnerisch voraussagen, ob der vollplastische Zustand für einen gegebenen Zylinder überhaupt tragbar ist. Geht man von der Annahme aus, daß auf Grund praktischer Erfahrung die höchstzulässige Dehnung $\varepsilon_{t_i}$ den Wert von maximal 1,5–2 $\varepsilon_F$ der Verformung bei Fließdruck erreichen darf, also 0,25–0,30%, so erkennt man, daß für einen Zylinder mit $k = 3{,}16$ der vollplastische Zustand untragbar wäre, da er eine Dehnung von 2% an der Innenfaser erzeugen würde.

Faupel und Furbeck [*8*] haben die Richtigkeit der in diesem Abschnitt aufgezeigten Verformungsbeziehungen experimentell nachgewiesen, wobei sie eine recht gute Übereinstimmung feststellen konnten. Die Verfasser stellten sogar theoretische Kraftdehnungsdiagramme auf, die sie später durch praktischen Versuch selbst bestätigten.

## VI. Spannungen infolge von Temperaturgefällen in der Wandung

Es ist bekannt, daß bei Bestehen eines Temperaturgefälles in der Zylinderwand sich Eigenspannungen ausbilden, die sich den bestehenden Betriebsspannungen überlagern. Die Eigenspannungen lassen sich in allen drei Hauptspannungsrichtungen nachweisen, jedoch sind lediglich die Eigenspannungen in Umfangsrichtung von Bedeutung. Nach LORENZ [20] kann man diese Eigenspannungen für die beiden Grenzfasern nach folgenden Beziehungen ermitteln:

An der Innenfaser:

$$(\sigma_{t_i-\mathrm{el}})_{\mathrm{Tp}} = \frac{1}{100}\,\frac{\mu+1}{\mu-1}\,\alpha G\,(t_a - t_i)\left[\frac{2k^2}{k^2-1} - \frac{1}{\ln k}\right] \text{ kg/mm}^2; \quad (118)$$

An der Außenfaser:

$$(\sigma_{t_a-\mathrm{el}})_{\mathrm{Tp}} = \frac{1}{100}\,\frac{\mu+1}{\mu-1}\,\alpha G\,(t_a - t_i)\left[\frac{2}{k^2-1} - \frac{1}{\ln k}\right] \text{ kg/mm}^2. \quad (119)$$

Hierin bedeuten:

$\mu$ = Poissonsche Zahl, Querzahl,
$\alpha$ = Lineare Wärmedehnzahl 1/°C,
$G$ = Gleitmaß kg/cm².

Die Größen $\alpha$, $\mu$, $G$ stellen Konstanten dar. Das Gleitmaß $G$ fällt mit steigender Temperatur, während die Dehnzahl $\alpha$ ansteigt, womit zum Teil ein Ausgleich entsteht. Für die Querzahl $\mu$ liegen in Abhängigkeit der Temperatur keine Unterlagen vor. Man kann jedoch soviel sagen, daß die Wärmespannungen bei gleicher Temperaturdifferenz mit steigender Temperatur geringer werden. Da man jedoch diese Temperaturdifferenzen meist nicht messen sondern nur schätzen kann, und der Berechnungsvorschlag nach LORENZ außerdem eine Annäherung darstellt, so wird es praktisch richtig sein, die Materialkonstanten alle für die Werte bei Raumtemperatur von 20 °C in die Rechnung einzusetzen.

Für einen gegebenen Wärmefluß in Zylinderwänden läßt sich das Temperaturgefälle $\Delta t$ als logarithmische Funktion berechnen zu

$$\Delta t = \frac{Q}{1000}\,c \quad (^\circ\mathrm{C}), \quad (120)$$

$$c = \frac{\ln k \cdot 1000}{2\pi\lambda}. \quad (121)$$

Hierin bedeuten:

$Q$ = Wärmefluß durch die Wand je m Zylinderlänge, kcal/h,
$k = d_a/d_i$,
$\lambda$ = Wärmeleitzahl kcal/mh °C.

Der Wert von $\lambda$ ist veränderlich und hängt sowohl vom Werkstoff als auch vom Temperaturbereich ab. So gilt beispielsweise

$\lambda$ = 40 kcal/mh °C für C-Stähle
30 kcal/mh °C für Cr-Stähle (2–2,5% Cr)
20 kcal/mh °C für Cr-Stähle (14–17% Cr)
15 kcal/mh °C für V2A-Stähle.

Eine Auswertung der Gln. (118–121) zeigt, daß man hinsichtlich der Eigenspannungen infolge von Temperaturgefällen zwischen zwei Grenzfällen zu unterschieden hat, und zwar in welcher Richtung der Wärmefluß strömt, wenn er durch die Wand hindurchgeht. Ist nämlich die Temperatur an der Innenfaser höher als an der Außenfaser, d.h. strömt Wärme von innen nach außen, also $t_i > t_a$, so wird die Wärmeeigenspannung in Umfangsrichtung an der Innenfaser negativ und positiv an der Außenfaser. Dies aber hat zur Folge, daß bei Innendruck die Eigenspannung sich der Betriebszugspannung überlagert, wodurch der Endwert der Zugspannung an der Randfaser kleiner wird als beim Zustande ohne Wärmefluß. Die Spannungsspitze an der gefährdeten Stelle der Innen-

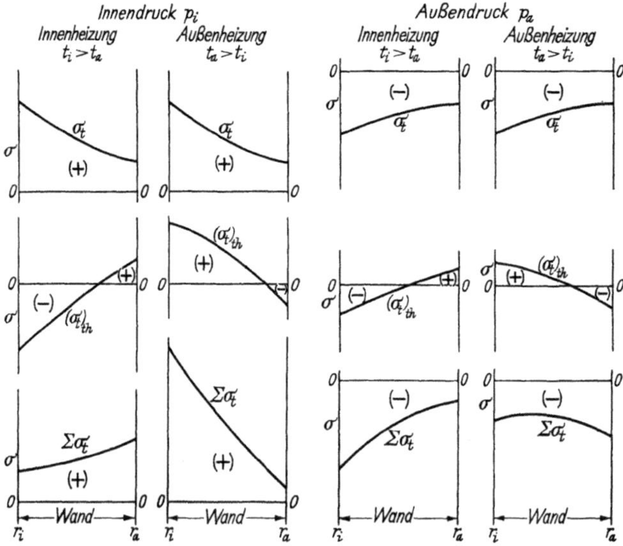


Abb. 21. Schematische Spannungsverteilungen (Tangential) bei Innen- bzw. Außendruck in Gegenwart von Wärmeströmungen als Ursache für die Ausbildung von Wärmeeigenspannungen

faser wird um den Betrag der Eigenspannung abgebaut. An der Außenfaser tritt das Gegenteil ein. Die Eigenspannung ist hier positiv und erhöht den Endwert der Zughauptspannung in Umfangsrichtung. Im Falle von Wärmefluß von innen nach außen, der der Kühlung entspricht, wird die starke Ungleichmäßigkeit in der Verteilung der tangentialen Hauptspannung durch die Überlagerung der Wärmeeigenspannung ausgeglichener und damit weniger kritisch, je höher das Temperaturgefälle ist.

Ist dagegen die Temperatur an der Außenfaser höher als an der Innenfaser, und fließt die Wärme von außen nach innen, was bei Außenheizung praktisch der Fall ist, so wird die resultierende Wärmeeigenspannung an der Innenfaser eine positive Zugspannung, die für die Außenfaser negativ wird. Bei Überlagerung zur vorhandenen Betriebsspannung erhöht sich die Spannungsspitze an der Innenfaser, während die Beanspruchung der Außenfaser sich um den Wert der Eigenspannung verringert. Die Spannungsverteilungen der Zughauptspannungen in Umfangsrichtung werden bei Wärmefluß von außen nach innen noch viel ungünstiger, als es ohnedies schon ohne das Bestehen des Wärmegefälles der Fall ist. Man ersieht daraus, daß man diese Wärmeeinflüsse bei der Berechnung berücksichtigen muß.

Eine Übersicht über die Wärmespannungen bei Innen- und Außendruck ist in Abb. 21 schematisch wiedergegeben.

## VII. Wahl der geeigneten Berechnungsverfahren

Die bisherige Behandlung der Festigkeitshypothesen für den Entwurf dickwandiger Hohlzylinder und ihre Zuverlässigkeit nach Maßgabe verschiedener Betriebszustände hat eindeutig gezeigt, daß es kein universell anwendbares Berechnungsverfahren gibt, das mit der gleichen Genauigkeit das Festigkeitsverhalten der Werkstoffe vorausbestimmen läßt. Für jede der praktisch zu erwartenden Bedingungen ist eine entsprechende Hypothese mehr oder weniger besser geeignet, und es bleibt der Verantwortung des Konstrukteurs überlassen, diese Wahl sinnvoll zu treffen. Um diese Aufgabe zu erleichtern, soll gezeigt werden, welchen Verfahren man den Vorzug geben soll und für welche Geltungsbereiche diese dann zutreffen.

### A. Verfahrensauswahl

Vom Gesichtspunkte der Berechnung für Konstruktionsaufgaben hängt die Wahl des Berechnungsverfahrens von der Art der Belastung ab, der der Hohlkörper im Betriebe unterworfen wird. Dabei unterscheidet man:

### 1. Für den elastischen Bereich

Solange es sich um Vollwandzylinder handelt, die für den Fabrikationsbetrieb bestimmt sind, wo sie meist konstanten Betriebsbedingungen unterliegen, kommt lediglich der elastische Bereich in Betracht. Beanspruchungen über den elastischen Bereich hinaus sind nur in Ausnahmefällen tragbar und hier auch nur in geringfügigen Überschreitungen der Fließgrenze gerechtfertigt. Es muß ferner die Einschränkung gemacht werden, daß alle Berechnungen so ausgelegt sind, daß die zeitunabhängigen Festigkeitskennwerte, die sog. Kurzzeitkennwerte, Gültigkeit haben.

Bekanntlich sind die Kurzzeitfestigkeitskenngrößen durchweg temperaturabhängig. Es ist daher zu beachten, ob die Kalt- bzw. die Warmstreckgrenze einzusetzen sind. Der Einfachheit halber wird im folgenden angenommen, daß die Berechnung auf Raumtemperatur abzustellen ist. Über die Temperaturbereiche, innerhalb deren die Abweichungen der Streckgrenzenwerte zu berücksichtigen sind, geben die einschlägigen Norm- bzw. AD-Merkblätter hinreichend Auskunft.

Ganz allgemein kann die Feststellung getroffen werden, daß die von-Mises-Hypothese, bei der die Gestaltänderung die entscheidende Variable ist, die zuverlässigsten Werte liefert. Damit soll zum Ausdruck gebracht werden, daß man nach diesem Verfahren Wanddicken erhält, die die wirtschaftlichste Werkstoffausnützung erwarten lassen, ohne die Betriebssicherheit zu gefährden. Differenziert man aber nach Maßgabe der Höhe der Festigkeitskennwerte, so trifft man besser folgende Unterscheidung:

Für Werkstoffe mit sehr hoher Festigkeit liefert die Schubspannungshypothese nach GUEST die zuverlässigeren Werte. Zylinder aus Werkstoffen mit relativ mittleren oder niedrigen Kennwerten lassen ihr Betriebsverhalten zuverlässiger nach der Haigh-Methode ermitteln.

Diese Unterscheidung hat jedoch nur wissenschaftlichen Charakter und wird aus diesem Grunde auch besonders hervorgehoben. Sieht man von Spitzenwerten ab und berücksichtigt Kennwerte, die nicht ausgesprochen in Grenzgebieten liegen, so liefert die von-Mises-Hypothese zuverlässige Unterlagen bei wirtschaftlich optimalen Dimensionen.

### 2. Für den vollplastischen Zustand

Für die Berechnung des vollplastischen Zustandes liefert die von-Mises-Hypothese wiederum die zuverlässigsten Werte. Die Bestimmung der Drücke für den vollplastischen Zustand und die Berechnung der Hauptspannungen hat jedoch nicht nur theoretischen Charakter, wie später bei der Autofrettage gezeigt werden wird. Die Ergebnisse der Guest-Hypothese weichen von denen der von-Mises-Hypothese nicht sehr wesentlich ab, sind aber auf der konservativeren Seite.

Besonders bei Rohrleitungen, die Wärmeschwankungen unterliegen, und für die die Ermittlung der Axialkräfte infolge der auftretenden Biegespannungen mit Schwierigkeiten verbunden ist, macht man besser von der Guest-Methode Gebrauch.

### 3. Für Bersten

Für die Ermittlung des Berstverhaltens läßt sich nahezu die gleiche Aussage machen wie für den vollplastischen Zustand. Zieht man jedoch in Betracht, daß für Hochdruckapparate nur verfestigungsfähige Werkstoffe verwendet werden sollen, so liefert die von FAUPEL vorgeschlagene Korrekturformel der von-Mises-Hypothese die zuverlässigsten Werte.

Die Lamé-Funktion hat nur für die Ermittlung des Berstverhaltens Bedeutung; es ist jedoch die Bedingung zu stellen, daß es sich um wenig zähe Werkstoffe handelt. Ferner muß die Zugstreckgrenze durch die Zerreißfestigkeit ersetzt werden. Die Lamé-Hypothese läßt vor allem dort die besten Voraussagen zu, wo mit einer Art Sprödbruch gerechnet werden muß.

## B. Sicherheitsbeiwerte und zulässige Spannungen

Da kein Werkstoff vollständig homogen ist, und die Oberflächenbeschaffenheit oft großen Schwankungen unterliegt, und da ferner keine Kontrollmaßnahme Fehlerfreiheit zu garantieren vermag, muß man mit Sicherheitsbeiwerten rechnen. Der Sicherheitsbeiwert darf in keiner Weise als Kompensation für unvollkommene Rechnungsanalysen benützt werden. Er läßt sich sogar mit ziemlicher Genauigkeit schrittweise rechnerisch ermitteln, meist noch unterstützt durch praktische Erfahrungswerte.

### 1. Sicherheit gegen Erreichen der Streckgrenze

Um den Belastungszustand eines Hohlzylinders unter Innendruck unter allen Umständen im elastischen Bereich zu halten, darf der Innendruck eine gewisse Höchstgrenze nicht überschreiten. Durch Erfahrung hat sich gezeigt, daß diese Grenze eingehalten wird, wenn der Sicherheitsabstand mit $S_F = 1{,}50$ gewählt wird. Wie bereits ausgeführt, wird dabei die Werkstoffausnützung bei steigendem Innendruck und zunehmendem Wanddickenverhältnis $k$ immer ungünstiger. Mit der Kenntnis der Zugstreckgrenze $\sigma_F$ und dem Sicherheitsbeiwert gegen Fließen $S_F$ läßt sich die zulässige Wandspannung $\sigma_{v_{\text{zul}}}$ ermitteln aus der Beziehung

$$\sigma_{v_i\text{-zul}} = \sigma_F/S_F = \sigma_F/1{,}50\,. \tag{122}$$

Aus der Beziehung für die Vergleichsspannung $\sigma_{v_i}$ ergibt sich dann der zulässige Innendruck zu

$$\left.\begin{aligned} p_{i-\text{zul}} &= \frac{\sigma_{v_i-\text{zul}}}{\sqrt{3}\,k^2}\,(k^2-1) \\ p_{i-\text{zul}} &= \frac{\sigma_F}{1{,}5}\left[\frac{k^2-1}{\sqrt{3}\,k^2}\right]. \end{aligned}\right\} \tag{123}$$

## 2. Gegen Erreichen des vollplastischen Zustandes

Gegen Erreichen des vollplastischen Zustandes schlägt E. Siebel [*21*] einen Beiwert von 1,8 vor. Der gleiche Wert wird auch beim DIN-Blatt 2413 zugrunde gelegt. Daraus ergibt sich dann der zulässige Innendruck zu

$$(p_i)_{\text{zul}} = \frac{(p_i)_{\text{v.pl}}}{1{,}80}\,. \tag{124}$$

Legt man der Festigkeitsrechnung den vollplastischen Zustand zugrunde, so will man damit eine optimale Werkstoffausnützung erreichen, ohne dabei die Sicherheit zu gefährden. Es ist jedoch ratsam, beide Rechnungsmethoden anzuwenden. Es kann dann derjenige Betriebsdruck gewählt werden, der die niedrigste Dehnung an der Innenfaser erzeugt.

## 3. Sicherheit gegen Bersten

Stellt man die Rechnung auf Sicherheit gegen Bersten ab, so muß der Sicherheitsbeiwert zu $S_B = 2{,}0$ angesetzt werden. Der maximal zulässige Innendruck ergibt sich dann zu

$$(p_{i-\text{zul}})_{\text{B}} = \frac{p_{\text{v.pl}}}{2{,}0}\,. \tag{125}$$

Zur Nachprüfung ist es jedoch ratsam, die Sicherheit gegen Trennbruch zu berechnen in der Form

$$(S_{\text{Tr.Br.}}) = \frac{\sigma_B}{(\sigma_{t_i})_{\max}} \geqslant 2{,}0\,. \tag{126}$$

# C. Berechnungsrichtlinien

Zur Abfassung und Festlegung von Berechnungs- bzw. Konstruktionsrichtlinien benötigt man in erster Linie die Werkstoffeigenschaften, die in Kap. XII eingehend behandelt werden. An dieser Stelle sollen jedoch diejenigen Eigenschaften aufgeführt werden, die man zur Berechnung benötigt im Zusammenhang mit der Größe, die man anzustreben wünscht.

## 1. Werkstoffkennwerte

Als entscheidende Werkstoffeigenschaften für Hochdruckapparate treten die 0,2-%-Streckgrenze und die Zähigkeit auf, die beide möglichst hoch angestrebt werden sollen, um Mindestwanddicken zu erhalten. Da aber die Höhe der Streckgrenze nur auf Kosten der Zähigkeit gesteigert werden kann, sollte in Rücksicht gestellt werden, daß die Dehnung in keinem Falle unterhalb 10 % fallen sollte. Mit Rücksicht auf ein optimales Streckgrenzenverhältnis strebt man eine Dehnung von 14–20 % an, wobei zu beachten ist, daß der Werkstoff verfestigt wird, sofern er einer plastischen Verformung unterworfen wird.

Die Streckgrenze sollte $\sigma_{0,2\%} > 50$ kg/mm², 
das Streckgrenzenverhältnis $\sigma_F/\sigma_B = 0{,}70$–$0{,}85$, 
die Dehnung $\varepsilon = 14$–$20\,\%$, jedoch nicht unter 10 %, 
die Einschnürung $\psi = 40$–$50\,\%$, 
die Kerbschlagzähigkeit möglichst hoch sein.

Alle Festigkeitskennwerte müssen garantiert und durch Abnahmepapiere bestätigt sein. Es ist wichtig, daß alle Werkstoffe im gewünschten Festigkeits- und Oberflächenzustande geliefert werden, und zwar ohne Wärme- bzw. Bearbeitungseigenspannungen. Die Zerreißproben sollten aus allen drei Hauptrichtungen vorliegen, wobei dann der Kleinstwert der jeweiligen Berechnung zugrunde gelegt wird. Man sollte anstreben, solche Werkstoffe zu wählen, die hohen Widerstand gegen Schubspannungen aufweisen bzw. ein möglichst hohes $\tau/\sigma_F$-Verhältnis aufweisen.

Abgesehen von Rohrleitungen sollen alle Hochdruckteile aus Schmiedestücken bestehen, was dem normalen Walzzustande vorzuziehen ist. Durch das Schmieden wird der Werkstoff homogenisiert und eventuell vorhandene Werkstoffehler können entdeckt werden.

## 2. Zulässige Innendrücke

Für die Wahl der zulässigen Innendrücke mögen folgende Grundsätze gelten:

a) Der zulässige Innendruck ergibt sich aus der maximalen Wandspannung $(\sigma_{v_i})_{\max}$ in Verbindung mit dem Sicherheitsabstand.

b) Unabhängig von der Basis, von der aus der zulässige Innendruck abgeleitet wird – sei es die Spannung, der Fließdruck oder der vollplastische Zustand – die Höchstgrenze für den zulässigen Innendruck wird durch die maximal zulässige Dehnung bestimmt, die bei diesem Druck an der Innenfaser zu erwarten steht. Diese Dehnung soll das 1,50–2fache von $\varepsilon_F$ nicht überschreiten.

### 3. Sicherheitsbeiwerte

Der Innendruck muß so gehalten werden, daß der Sicherheitsabstand gegen Fließen an der Innenfaser 1,50 beträgt. Gegenüber dem vollplastischen Zustande soll $S_{\text{v.pl}} = 1{,}80$ sein. Es ist jedoch ratsam, diesen Wert auf 2,0 zu erhöhen unter Nachprüfung der zulässigen Dehnung an der Innenfaser.

## VIII. Berechnungsbeispiele

Die Anwendung der aufgezeigten Berechnungsverfahren soll an einigen praktischen Beispielen gezeigt werden. Die Aufgabe, einen Hochdruckhohlkörper zu berechnen, kann von zwei Seiten aus gesehen und gestellt werden. Es können entweder die Betriebsbedingungen gegeben sein, für die der Zylinder zu entwerfen ist, oder es kann ein fertiger Zylinder vorliegen, und man soll rechnerisch die Betriebsgrenzen ermitteln.

### A. Aufgabenstellung

Die Aufgaben sollen so gestellt werden, wie sie tatsächlich im Betriebe vorkommen, wobei der Fall, bei dem der Zylinder zu entwerfen ist, als Fall I bezeichnet werden möge.

*Fall I*

Ermittle die Wanddicke eines Hohlzylinders, der bei Raumtemperatur mit 1350 atü betrieben werden soll. Der Innendurchmesser sei 100 mm.

*Lösung*

Gewählt werde ein Werkstoff mit folgenden Festigkeitseigenschaften:

$$\begin{aligned}
\sigma_{0,2\%} &= 70\ \text{kg/mm}^2 && \text{(Streckgrenze)},\\
\sigma_B &= 93\ \text{kg/mm}^2 && \text{(Zerreißfestigkeit)},\\
\sigma_F/\sigma_B &= 0{,}753 && \text{(Streckgrenzenverhältnis)},\\
\varepsilon &= 15\,\% && \text{(Dehnung)},\\
S_F &= 1{,}50\,.
\end{aligned}$$

Mit einem Sicherheitsabstand von $S_F = 1{,}50$ gegen Erreichen des Fließens an der Innenfaser ergibt sich die zulässige Betriebsspannung aus Gl. (48)

$$\sigma_{v_i} = \sigma_{v_{\text{zul}}} = \sigma_F/1{,}50 = 46{,}6 \quad \text{kg/mm}^2\,.$$

Für die Errechnung der Wanddicke ist

$$p_i/\sigma_{v_{\text{zul}}} = 1350/4660 = 0{,}289\,.$$

Dann ergibt sich die Wanddicke aus Gl. (47)

$$\frac{s}{r_i} = \frac{1}{\sqrt{1 - \sqrt{3}\,(0{,}289)}} - 1 = 0{,}415\,.$$

Daraus

$$s = r_i\,(0{,}415) = 50\,(0{,}415) = 20{,}75\,\text{mm}\,.$$

Folglich ist

$$r_a = r_i + s = 50 + 20{,}75 = 70{,}75\,\text{mm}$$

und

$$k = r_a/r_i = 1{,}40$$

$$k^2 = 1{,}96\,.$$

Damit läßt sich die zulässige Spannung $\sigma_{v_{\text{zul}}}$ mit Hilfe von Gl. (43) nachprüfen:

$$\sigma_{v_i} = \sigma_{v_{\text{zul}}} = 1350\,\frac{\sqrt{3}\cdot 1{,}96}{0{,}96} \approx 47\,\text{kg/mm}^2\,.$$

Mit dieser Übereinstimmung ist die Richtigkeit der Wanddickenberechnung bewiesen.

Aus rein wissenschaftlichem Interesse heraus mögen ferner einige andere wichtige Daten für diesen Zylinder rechnerisch ermittelt werden.

Fließen an der Innenfaser steht zu erwarten, wenn unter Anwendung der von-Mises-Hypothese, Gl. (45), der Innendruck den Wert

$$(p_i)_{\text{Fl}_i} = 0{,}577\,\sigma_F\,\frac{k^2 - 1}{k^2} = 1980\,\text{atü}$$

erreicht.

Um den vollplastischen Zustand zu erzeugen, müßte der Innendruck nach VON MISES aus Gl. (64) ansteigen auf

$$(p_i)_{\text{v.pl}} = \frac{2}{\sqrt{3}}\,\sigma_F \ln k = 1{,}15\cdot 70\,(0{,}3365) \approx 2700\,\text{atü}\,.$$

Dieser Zylinder würde bersten, wenn der Innendruck gemäß FAUPEL–VON MISES nach Gl. (85) den Wert

$$p_b = \frac{2}{\sqrt{3}}\,\sigma_F \ln k\left(2 - \frac{\sigma_F}{\sigma_B}\right) = 3360\,\text{atü}$$

erreicht.

Nachprüfung der Rechnung, wenn man den zulässigen Innendruck nach Maßgabe des vollplastischen Zustandes ermittelt: Da $(p_i)_{\text{v.pl}}$ sich zu 2700 atü ergibt, wird der zulässige Innendruck mit einem Sicherheitsabstande von $S_{\text{v.pl}} = 2{,}0$ zu

$$(p_{i-\text{zul}})_{\text{v.pl}} = \frac{(p_i)_{\text{v.pl}}}{2} = 1350\,\text{atü}\,.$$

Man erzielt damit den gleichen Wert, den man als Ausgangsbasis für die Konstruktion bereits festgelegt hat. Wie man ersieht, ist die Zugrundelegung des vollplastischen Zustandes zur Bestimmung des zulässigen Betriebsdruckes eine durchaus gerechtfertigte Maßnahme, wenn sie auch auf den ersten Blick als ein starkes Wagnis zunächst erscheinen mag. Es ist natürlich Bedingung, daß man den Sicherheitsbeiwert von 1,80 auf 2,0 erhöht.

*Fall II*

Für diesen Berechnungsfall sei ein Zylinder als vorhanden angenommen. Man kennt seine Abmessungen und seine Werkstoffkennwerte. Welches sind die zulässigen Drücke bzw. Wandspannungen, wenn man zunächst Betrieb bei Raumtemperatur voraussetzt?

Die Abmessungen sind:

$$d_i = 50\,\text{mm},$$

$$d_a = 85\,\text{mm},$$

$$k = d_a/d_i = 1{,}70,$$

$$s = 17{,}5\,\text{mm},$$

$$s/r_i = 0{,}35.$$

Werkstoffeigenschaften:

$$\sigma_F = 53{,}5\,\text{kg/mm}^2\,,$$

$$\sigma_B = 71{,}5\,\text{kg/mm}^2\,,$$

$$\sigma_F/\sigma_B = 0{,}75\,,$$

$$\varepsilon = 20\,\%\,,$$

$$\psi = 45\,\%\,.$$

*Lösung*

Die hohe Dehnung läßt ohne weiteres einen Sicherheitsfaktor von 1,50 zu, um Fließen an der Innenfaser auszuschließen. Damit lassen sich die zulässigen Spannungen und der Innendruck ermitteln zu:

$$\sigma_{v_i} = \sigma_{v_{\text{zul}}} = 53{,}5/1{,}50 = 35{,}7\,\text{kg/mm}^2\,.$$

Folglich ist nach Gl. (43) der Innendruck, der diese Spannung erzeugt, gleich

$$\sigma_{v_i} = p_i \frac{\sqrt{3}\,k^2}{k^2 - 1} = 2{,}65\,p_i\,,$$

$$p_i = \frac{35{,}7}{2{,}65} = 1350\ \text{atü}\,.$$

Demnach ist

$$\frac{p_i}{\sigma_{v_{zul}}} = \frac{1350}{3570} \approx 0{,}378 .$$

Zur Nachprüfung, ob die Wanddicke dem Druck genügt, ergibt sich

$$\frac{s}{r_i} = \frac{1}{\sqrt{1 - \sqrt{3}\,(0{,}378)}} - 1 = 0{,}70 ,$$

$$s = r_i\,(0{,}70) = 17{,}5\,\text{mm} .$$

$$r_a = r_i + s = 42{,}5\,\text{mm} ,$$

$$k = r_a/r_i = 1{,}70 .$$

Damit ist die obige Rechnung als richtig bestätigt.
Der Innendruck, der Fließen an der Innenfaser erzeugt, ist

$$(p_i)_{F_i} = 0{,}577\,\sigma_F\,\frac{k^2 - 1}{k^2} = 2020\,\text{atü} .$$

Der vollplastische Zustand ist erreicht, wenn der Innendruck auf den Wert

$$(p_i)_{\text{v.pl}} = \frac{2}{\sqrt{3}}\,\sigma_F \ln k = 1{,}15 \cdot 53{,}5 \cdot 0{,}5306 = 3260\,\text{atü}$$

ansteigt.
Bersten steht zu erwarten beim Druck von

$$p_b = 1{,}15\,\sigma_F \ln k \left(2 - \frac{\sigma_F}{\sigma_B}\right) = 4070\,\text{atü} .$$

Nachrechnung gegen Versagen durch Trennbruch:

$$(\sigma_{t_i})_{\max} = p_i \left[\frac{k^2 + 1}{k^2 - 1}\right] = 27{,}80\,\text{kg/mm}^2 .$$

Sicherheit gegen maximale Zughauptspannung in Umfangsrichtung:

$$S_{t_i} = \frac{\sigma_B}{(\sigma_{t_i})_{\max}} = 2{,}57 .$$

Solange also homogener Werkstoff zur Verfügung steht, der durch keinerlei Einflüsse verformungsbehindert ist, ist mit einem Sprödbruch bei 1350 atü Innendruck unter Raumtemperatur unter keinen Umständen zu rechnen.

## B. Grenzbedingungen, errechnet aus anderen Hypothesen

*Fließen an der Innenfaser*

Haigh-Hypothese:

$$(p_F)_i = \frac{2\,(k^2 - 1)}{\sqrt{6 + 10\,k^4}}\,\sigma_F \sim 2140\,\text{atü} .$$

Guest-Hypothese:

$$(p_F)_i = \frac{k^2 - 1}{2\,k^2}\,\sigma_F \approx 1750\,\text{atü} .$$

Lamé-Hypothese:

$$(p_F)_i = \frac{k^2-1}{k^2+1}\sigma_F \approx 2600 \text{ atü}.$$

Verglichen mit der von-Mises-Hypothese, bei der der Fließdruck 2020 atü sein muß, treten immerhin merkliche Schwankungen auf. Bei den Hypothesen nach Guest und Haigh sind diese Abweichungen mit rund 10% vertretbar. Gegenüber der Lamé-Hypothese muß gesagt werden, daß ein solcher Unterschied in keiner Weise gerechtfertigt werden könnte, ein weiterer Beweis für die Untauglichkeit des Verfahrens, Fließbedingungen rechnerisch im voraus zu bestimmen.

*Vollplastischer Zustand*

Für die Berechnung der Bedingungen für vollplastischen Zustand sind eigentlich nur die Gestaltänderungsenergiehypothese und die Schubspannungshypothese bekannt. Wie oben bereits erwähnt, liefert die von-Mises-Hypothese den Wert

$$(p_i)_{\text{v.pl}} = \frac{2}{\sqrt{3}}\sigma_F \ln k = 1{,}15 \cdot 5350 \cdot 0{,}5306 = 3260 \text{ atü}.$$

Nach der Guest-Hypothese wird der Druck

$$(p_i)_{\text{v.pl}} = \sigma_F \ln k = 5350 \cdot 0{,}5306 = 2840 \text{ atü}$$

sein müssen, bis der vollplastische Zustand hergestellt ist.

*Bersten*

Für die Ermittlung des Berstdruckes tritt neben der Guest-Hypothese auch die Zughauptspannungshypothese nach Lamé in Erscheinung. Im einzelnen ergeben sich dann folgende Berstdrücke:

Guest-Hypothese:

$$(p_i)_b = \sigma_B \ln k = 7150 \cdot 0{,}5306 = 3780 \text{ atü}.$$

Lamé-Hypothese:

$$(p_i)_b = \sigma_B \frac{k^2-1}{k^2+1} = 7150\,\frac{1{,}89}{3{,}89} = 3480 \text{ atü}.$$

Verglichen mit dem Berstdruck, der sich aus der von-Mises-Faupel-Formel mit $(p_i)_b = 4070$ atü ergibt, treten immerhin noch merkliche Unterschiede zwischen den einzelnen Rechenverfahren zutage. Man kann aber erkennen, daß die Lamé-Hypothese einen Wert liefert, der zumindest größenordnungsmäßig vertretbar ist, wenn er auch viel zu sehr auf der sicheren Seite zu liegen kommt. Die Übereinstimmung mit der von-Mises-Hypothese wächst mit zunehmender Sprödigkeit des Werkstoffes.

Die Werte der Guest-Hypothese liegen für alle behandelten Betriebsbedingungen auf der konservativen Seite.

## C. Schlußbetrachtungen

Für die Beurteilung der Festigkeitsrechnung im Hinblick auf die Möglichkeit der Anwendung verschiedener Rechnungsmethoden können kurz folgende Schlußfolgerungen gezogen werden:

1. Bei Verwendung homogener Werkstoffe ohne merkliche Eigenspannungen ist ein Sicherheitsbeiwert von 1,50 gegen Fließbeginn an der Innenfaser durchaus gerechtfertigt. Dieser Wert läßt genügend Spielraum für Unregelmäßigkeiten aller Art, vorausgesetzt, daß der Innendruck statisch und konstant bleibt. Diese Aussage gilt für die von-Mises-Hypothese, wo die beste Werkstoffausnützung zu erwarten steht. In bezug auf die Guest-Hypothese ist bei Annahme eines Sicherheitsbeiwertes von 1,50 tatsächlich eine größere Sicherheit vorhanden.

2. Die Rechnung läßt sich auch auf den vollplastischen Zustand abstellen, wobei man den Sicherheitsbeiwert auf 1,80 zu erhöhen hat. Wie die Erfahrung zeigt, ist es angebracht, den Sicherheitswert mit 2,0 in die Rechnung einzubeziehen. Auch hier ist die von-Mises-Hypothese als Berechnungsverfahren angenommen. Bei anderen Verfahren bestehen für $S = 2{,}0$ entsprechend höhere Sicherheiten, die um so höher sind, je weiter sie von der von-Mises-Hypothese abweichen.

3. Bei der Abnahmeprüfung, wo ein Innendruck von (1,3) mal Betriebsdruck angewandt wird, steigt die Belastung bzw. der Probedruck auf 1755 atü. Der Sicherheitsbeiwert fiele somit von 1,50 auf 1,155. Da der Probedruck nur relativ kurze Zeit einwirkt, erhebt sich die Frage, ob der Zylinder für den Probe- oder für den Betriebsdruck mit $S_F = 1{,}50$ ausgelegt werden soll. Die Erfahrung beweist, daß die Auslegung des Zylinders auf den ruhenden Probedruck ($= 1{,}3\, p_i$) einer Materialverschwendung gleichkommt. Wie Siebel ausführt, wäre eine kurzzeitige Beanspruchung der Innenfaser bis zum Fließdruck durchaus tragbar und damit ungefährlich. Die Erfahrung des Verfassers, der solche Dehnungen mit Dehnmeßstreifen in vielen Beispielen gemessen hat, deckt sich mit Siebels Aussage.

4. Werkstoffe mit sehr hohen Festigkeitswerten lassen eine beträchtliche Verminderung der Wanddicke zu. Es bleibt jedoch die Hauptforderung zu beachten, daß die Dehnung einen Mindestwert von 10% nicht unterschreiten soll.

5. Ein entscheidender Faktor für die zuverlässige Wahl eines geeigneten Werkstoffes für den Bau von Hochdruckapparaten ist sein Streckgrenzenverhältnis $\sigma_F/\sigma_B$. Ausgezeichnete Erfahrungen liegen vor von Werkstoffen, die ein Streckgrenzenverhältnis aufweisen, das zwischen 0,70 und 0,85 liegt. Solche Werkstoffe absorbieren ausreichend Verformungsenergie bei plastischer Verformung, ehe ein plötzlicher Trennbruch zu erwarten steht, ohne zu sehr verformbar zu sein.

6. Da Wärmefluß Eigenspannungen erzeugt, die die Spannungsspitzen entweder wesentlich erhöhen oder auch abbauen können, ist eine Kontrollrechnung unerläßlich. Strömt Wärme von außen nach innen (Heizung), dann wird die Eigenspannung an der Innenfaser positiv und außen negativ, und umgekehrt bei Wärmefluß von innen nach außen.

## Literatur zu Kapitel I

[1] JÜRGENSONN, H. VON: Elastizität und Festigkeit im Rohrleitungsbau. 2. Aufl. Berlin/Göttingen/Heidelberg: Springer 1953.
[2] LAMÉ et CLAPEYRON: Mémoires sur l'equilibre intérieur des corps solides homogènes. Mémoires présentés par divers savants. Heft 4. Paris 1833.
[3] MISES, R. VON: Göttinger Nachrichten. Math. Phys. Kl. S. 562, 1913.
–, Mechanik der festen Körper im plastisch deformablen Zustand. Nachrichten Göttinger Wissensch., Göttingen, Math. Phys. Kl. 1913
[4] HUBER, M.: Statement in: Proceedings of the First International Congress for Applied Mechanics. Delft, 1924.
–, Probleme der Statik techn. wichtiger orthotroper Platten. Warszawa 1929.
[5] HENKY, H.: Über das Wesen der plastischen Verformung. Z. d. VDI, Bd. 69. S. 695, 1253, 1925.
[6] BRIDGMAN, P. W.: The Physics of High Pressures. London: G. Belland Sons 1949.
[7] FAUPEL, J. H.: Yield and Bursting Characteristics of Heavy Wall Cylinders. ASME, Paper No. 55, PET-1, Jan. 1955.
[8] – u. A. R. FURBECK: Influence of Residual Stress on Behavior of Thick-Wall Closed-End Cylinder. ASME, Paper No. 52, II RD–9, Juni 1952.
[9] CROSSLAND, B, S. M. JORGENSEN and J. A. BONES: The Strength of Thick-Walled Cylinders. ASME, Paper No. 58, PET-20, 1958.
[10] BLAIR, J. S.: Stresses in Tubes due to Internal Pressure. Engg. London. S. 218. Sept. 1950.
[11] NEWITT, D. M.: The Design of High Pressure Plant and the Properties of Fluids at High Pressure. Oxford, Engl. Clarendon Press.
[12] MACRAE, A. E.: Overstrain of Metals. London: H. M. Stationary Office 1930.
[13] MANNING, W. R. D.: Strength of Cylinders. Ind. Engg. Chem. Bd. 49, No. 12, 1969 (1951).
[14] MARIN, J., and F. P. I. RIMROTT: Design of Thick-Walled Pressure Vessels, Based upon the Plastic Range. Report No. 41, Juli 1958, veröffentlicht vom Welding Research Council of the Engineering Foundation, New York.
[15] BROWNELL, L. E., and E. H. YOUNG: Process Equipment Design. New York: Y. Wiley and Sons, Ind. 1959.
[16] DIN-Blatt 2413: Veröffentlicht im Mai 1954, Düsseldorf.
[17] ASME-Code: Rules for Construction of „Unfired Pressure Vessels", Section VIII. 1955. Veröffentlicht von der Industrial Commission of Ohio.
[18] PRAGER, W., and R. G. HODGE: Theory of Perfectly Plastic Solids. New York: J. Wiley and Sons, 1951.
[19] CLASS, J.: Werkstoff-Fragen bei Hochdruckapparaturen der chemischen Industrie. Z. d. VDI, Bd. 92, No. 2. (1955) 33.
[20] LORENZ, R.: Technische Elastizitätslehre. München 1913 und Z. d. VDI, Bd. 51 (1907) 743.
[21] SIEBEL, E., u. S. SCHWAIGERER: Festigkeit dickwandiger Hohlzylinder. Z. Konstruktion, Bd. 3, No. 5, 1951.

Kapitel II

# Vollwandzylinder, betrieben unter statischem Innendruck, bei Temperaturen im Kriechgebiete

## Einleitung

Alle Hochdruckhohlkörper, für deren Berechnung und Entwurf besondere Angaben über Betriebstemperaturen nicht vorliegen, werden für den Betrieb bei Raumtemperatur ausgelegt. Bekanntlich sind die meisten und zugleich wichtigsten Festigkeitsgrößen temperaturabhängig, und zwar in der Form, daß sie mit steigender Temperatur absinken, während die Verformbarkeit zunimmt. Die meisten Festigkeitseigenschaften – von den sog. Dauereigenschaften abgesehen – werden in Kurzzeitversuchen ermittelt, wobei der zeitliche Ablauf praktisch keine Bedeutung hat. Unterhalb einer gewissen Temperaturgrenze ist der zeitliche Einfluß auf die Kenngrößen vernachlässigbar gering. Bei erhöhter Temperatur stellt sich zu einer gegebenen Belastung nicht sofort eine bestimmte bleibende Formänderung ein, sondern diese nimmt sogar zu mit der Zeitdauer der Belastung. Diesen Vorgang bezeichnet man als „Kriechen" im Gegensatz zum „Fließen" unterhalb dieser kritischen Temperaturgrenze. Der Einfluß der Temperatur kann sogar so bedeutend werden, daß Bruch unter konstanter Belastung eintritt, solange man genügende Belastungsdauer annimmt.

Der Kriechvorgang spielt sich viel langsamer ab als das Fließen. Die Formänderungsgeschwindigkeit ist merklich geringer, weshalb auch der Einfluß der Belastungsdauer so lange Zeit nicht erkannt wurde.

Die kritische Temperaturgrenze, nach deren Überschreiten Kriechen eintritt, stellt keine genaue Grenzlinie, sondern vielmehr einen Grenzbereich dar, dessen Breite schwankt und für jeden Stahl verschieden, aber charakteristisch ist. Im Kriechgebiet darf die Belastungsdauer in der Rechnung nicht mehr vernachlässigt werden. Damit ergibt sich, daß alle Kurzzeiteigenschaften bei erhöhten Temperaturen mit Kriechverformungen automatisch für die Berechnung ihren Sinn verlieren, und es müssen für Belastungen im Kriechgebiete neue Rechnungsmethoden gefunden werden.

Ganz allgemein gesprochen beginnt Kriechen der Stähle schon bei Erreichen der 300-°C-Temperaturgrenze, und es ist oft feststellbar, daß dieser Bereich für gewisse Stähle bis zu einer oberen Grenze von 400 °C und höher ansteigt. Es ist zu empfehlen, die Kriecheigenschaften schon bei einer Betriebstemperatur von 350 °C in Rechnung zu stellen. Unterhalb der 350-°C-Grenze läßt sich für nahezu alle bekannten Hochdruckstähle die Warmstreckgrenze als zuverlässiges Festigkeitskriterium einsetzen.

Im Kriechbereich wachsen die Dehnungen mit der Belastungsdauer, selbst bei konstant bleibender Belastung. Vergleicht man die Spannungsverteilungen bei elastischer, teil- oder vollplastischer Verformung mit dem Verformungsverhalten im Bereich des zeitabhängigen Kriechens, so stellt man fest, daß beim Kriechen die Spannungszustände zwischen dem Zeitpunkte der Lastaufbringung und einem späteren Zeitpunkt sich stets ändern. Die Ermittlung der Spannungsverteilung im Kriechgebiete muß durch Dauerversuche erfolgen, und die Stahlwerke sind heute durchweg in der Lage, für jedes ihrer Produkte die Belastungsstandzeitkurven zur Verfügung zu haben. Es muß jedoch streng darauf hingewiesen werden, daß Werte, die aus Extrapolation von Kurven erhalten werden, mit größter Vorsicht betrachtet werden müssen, solange keine wirklichen Versuchswerte zum Vergleich bestehen.

Bei erhöhter Temperatur wird der Fließwiderstand gegen statische Belastung stark vermindert, hervorgerufen durch eine gesteigerte Atombewegung. Die zunehmende Atombewegung erleichtert die Gleitvorgänge in den Kristalliten, aus denen sich das Werkstoffgefüge zusammensetzt. Mit der erhöhten Temperatur werden die atomaren Gleitvorgänge außerdem zeitabhängig, sobald die Kriechzone überschritten wird. Dies hängt damit zusammen, daß die Schwingweite der Atome für bestimmte Temperaturen statischen Gesetzen folgt und nicht als gegebener Wert bekannt ist. So genügt beispielsweise in der Wärme – genügend große Belastungsdauer vorausgesetzt – schon eine relativ niedrige Schubspannung oder Hauptspannungsdifferenz, einen Atomplatzwechsel zu veranlassen, der dann den Gleitvorgang auslöst. Somit beginnt dann der Werkstoff im geeigneten Temperaturbereich bereits unter verhältnismäßig niedrigen Belastungen zu kriechen. Bleibt die Temperatur weit genug unterhalb der Rekristallisationstemperatur des Werkstoffes, d.h. niedriger als diejenige Temperatur, bei welcher verformte Körner sich in den Ausgangszustand zurückbilden, so ist der Werkstoff zu einer Verformungsverfestigung fähig, und die Kriechgeschwindigkeit nimmt rasch ab. Liegt die Betriebstemperatur jedoch über der Rekristallisationstemperatur, so kann eine Verfestigung während der Verformung nicht eintreten, und der Werkstoff kriecht bei konstanter Belastung in diesem Temperaturgebiet mit konstanter Dehngeschwindigkeit weiter.

Im Kriechgebiet wird auch die Trennfestigkeit zeitabhängig. Innerhalb der Kristallite besteht die Gefahr, daß die Bindungen zwischen den Atomen sich langsam lösen, wenn Gleitvorgänge unter Querzug stehen. Hierbei wird die Lockerung des strukturellen Zusammenhaltes und damit die Auslösung des Trennbruches um so mehr beschleunigt, je höher die bestehenden Zugspannungen sind.

## A. Verformungswiderstände unter Kriechbedingungen

Aus der Erkenntnis heraus, daß nach Überschreiten der Kriechgrenze die Kurzzeitfestigkeitskennwerte ihre Bedeutung verlieren, muß die Festigkeitsrechnung für Belastungen im Kriechgebiete auf neue Kenngrößen abgestellt werden. Die Werkstoffprüfung hat dieser Notwendigkeit dahingehend Rechnung getragen, daß das Werkstoffverhalten durch entsprechende Dauerversuche erfaßt wird, bei welchen die Probekörper bei der betreffenden Temperatur unter konstanter Last beansprucht sind, und die auftretenden Dehnungen bzw. der Trennbruch in Abhängigkeit von der Belastungsdauer beobachtet werden. Als Ergebnis hat man sich auf Festigkeitskenngrößen geeinigt, die man als ,,Zeitdehngrenze“ und ,,Zeitstandfestigkeit“ definiert hat. Gemäß DIN 50119 werden diese Eigenschaften definiert:

> Zeitdehngrenze ist diejenige Beanspruchung, bei der ein Probestab eine definierte Dehnung nach einer gegebenen Belastungsdauer für eine bestimmte Versuchstemperatur erreicht.

Man hat durch praktische Erfahrung gefunden, daß eine Dehnung von 1 % in einem Zeitraum von $10^4$ oder $10^5$ Stunden als tragbar bezeichnet werden kann. Folglich gibt man der Zeitdehngrenze die Symbole $\sigma_{1\%-10^4\,\mathrm{h}}$ bzw. $\sigma_{1\%-10^5\,\mathrm{h}}$ und versteht darunter:

$\sigma_{1\%-10^4\,\mathrm{h}}$ = diejenige Belastung, bei der sich der Probestab in $10^4$ Stunden um 1 % Dehnung bleibend verformt.

$\sigma_{1\%-10^5\,\mathrm{h}}$ = diejenige Belastung, bei der der Stab die 1 %ige bleibende Verformung bei $10^5$ Stunden Belastungsdauer erfährt.

Die Wahl der Zeitdehngrenze für $10^4$ oder $10^5$ Stunden bleibt dem Konstrukteur überlassen, der sich je nach Art des Bauteils, der Belastung und der Temperatur für den einen oder den anderen Zeitraum zu entscheiden hat. Im Rohrleitungsbau ist man ganz allgemein in Deutschland dazu übergegangen, die Zeitdehngrenze für $10^5$ Stunden zu wählen.

Hinsichtlich des Trennwiderstandes im Kriechteil ist die Definition ähnlich und gemäß DIN 50119 wiederum wie folgt:

Zeitstandfestigkeit ist diejenige Beanspruchung, bei der das Probestück nach gegebener Belastungsdauer und Temperatur durch Trennbruch versagt. Verbindet man wiederum mit der Zeitdauer, so ergeben sich die Kenngrößen $\sigma_{B-10^4\,h}$ oder $\sigma_{B-10^5\,h}$. Es ist dabei mit Sicherheit zu erwarten, daß der Bruch des Werkstückes nicht vor Ablauf der angegebenen Zeitdauer zu erwarten ist.

Vergleicht man das Kriechverhalten metallischer Werkstoffe mit dem Fließverhalten, d.h. vergleicht man die diesbezüglichen Kenngrößen, so findet man, daß man die 0,2-%-Fließgrenze mit der $\sigma_{1\%}$-Zeitdehngrenze zumindest sinngemäß vergleichen kann. Ähnlich ist der Fall der Zerreißfestigkeit $\sigma_B$ und der Zeitstandfestigkeit $\sigma_{B/10^x\,h}$.

Dieser Vergleich ist in Tab. 1 wiedergegeben:

Tabelle 1

| Beschreibung der Verformung bzw. Verformungsverhalten | Bezeichnung und Symbol | | Versagen durch |
|---|---|---|---|
| | Unterhalb Kriechzone Kurzzeitwerte | Oberhalb Kriechzone Kriechwerte | |
| Elastische Verformung 0,02% | El. Grenze $\sigma_{0,02\%}$ | — | — |
| Grenze der elast. Verformung 0,2% | Fließgrenze $\sigma_{0,2\%}$ | $\sigma_{1\%-10^3}$ $\sigma_{1\%-10^4}$ $\sigma_{1\%-10^5\,h}$ | 0,2–1% bleibende Verformung |
| Trennbruch | Zerreißfestigkeit $\sigma_B$ | $\sigma_{B-10^3}$ $\sigma_{B-10^4}$ $\sigma_{B-10^5\,h}$ | Bruch |

## B. Definition des Kriechverhaltens

Das Kriechverhalten der Stähle im Bereiche erhöhter Temperaturen läßt sich in einfacher Weise veranschaulichen, wenn man den Einfluß der Temperatur auf den Festigkeitsabfall betrachtet. Zu diesem Zwecke sei ein niedrig legierter Cr-Ni-Mo-Stahl zugrunde gelegt, dessen Temperaturverhalten von Thum [*1*] untersucht wurde. Wird dieser Stahl einer ruhenden Zugbelastung bei steigenden Temperaturen ausgesetzt, so ergeben sich Kurven, wie sie in Abb. 1 wiedergegeben sind. Wird bei einer Versuchstemperatur von 300 °C eine Belastung von etwa 82 kg/mm² aufgegeben, so erträgt dieser Stahl diese Belastung für eine Zeitdauer von 8000 Stunden, wobei in dem vollen Zeitintervall die Last nicht unter 80 kg/mm² absinkt. Wird die Temperatur auf 400 °C gesteigert, so ist ein steter Lastabfall zu beobachten; nach 6000 Stunden scheint der Lastabfall zum Stillstand zu kommen. Bei 500 °C fällt die Belastbarkeit sofort ab, erreicht bei 1800 Stunden nur noch 30 kg/mm², um bei 8000 Stunden auf unterhalb 25 kg/mm² abzusinken mit weiterhin abfallender Tendenz. Für 600 °C Temperatur ist praktisch keine zuverlässige Dauerbelastung dieses Stahles zu erwarten.

Die Verwendung metrischer Maßstäbe für die Belastungs-Standzeitkurven der Abb. 1 könnte leicht Anlaß zu falschen Schlußfolgerungen geben, daß nach bestimmter Belastungsdauer der Verformungswiderstand einen asymptotischen Grenzwert erreicht, der wahrscheinlich nach Vergrößerung der Belastungsdauer kaum noch unterschritten werden wird. Die Praxis zeigt aber eindeutig, daß diese Folgerung unzutreffend ist. Benützt man nämlich an Stelle der metrischen Doppel-log-Koordinaten, so

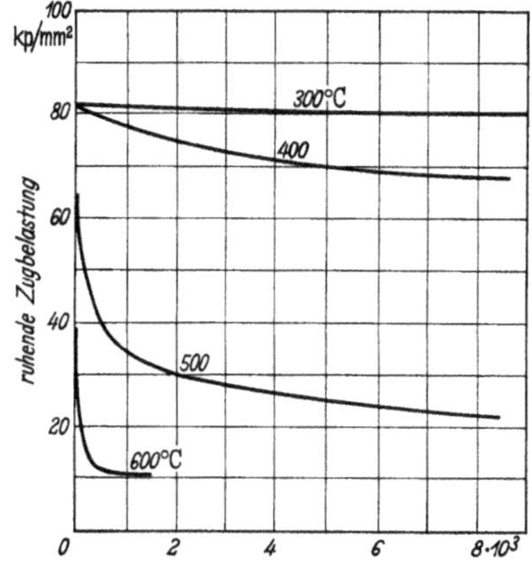


Abb. 1. Zeitstandfestigkeiten eines Stahles bei verschiedenen Temperaturen in Abhängigkeit von der Belastungsdauer. Nach THUM und RICHARD [1]. Metrische Koordinaten

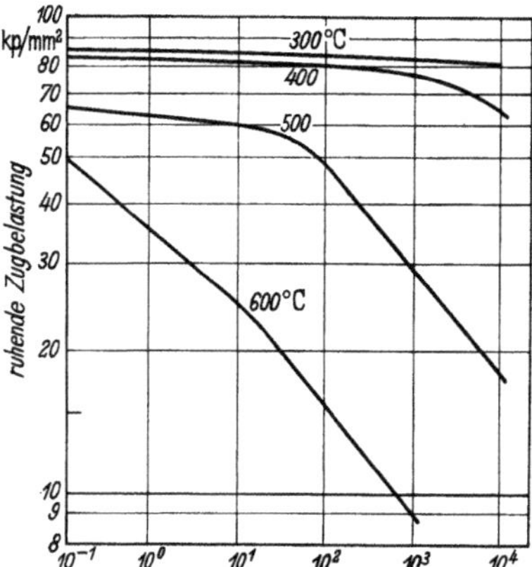


Abb. 2. Zeitstandfestigkeiten von Abb. 1 im Log-Log-System

erscheinen die Kurven in der Form der Abb. 2, die sich, wie man erkennt, wesentlich von denen der Abb. 1 unterscheiden. Bei 300 °C bleibt der Verformungswiderstand mit der Belastungsdauerzunahme konstant, fällt erst bei 400 °C nach 7000 Stunden ab, was bei 500 °C noch deutlicher in Erscheinung tritt. Bei 600 °C ist der sofortige Lastabfall deutlich zu erkennen.

Die Doppel-log-Darstellung hat den Vorteil, daß die Schnittpunkte der Belastungszeitstandlinien mit der Zeitachse die Lebensdauer der Werkprobe angibt, d.h. in diesem Punkte ist der Verformungswiderstand auf Null abgesunken. Praktisch genommen zeigen alle Kurven der Abb. 2 mit Ausnahme derjenigen für 300 °C die fallende Tendenz, sobald genügend Belastungsdauer zur Verfügung steht. Ein ähnliches Verhalten kann auch bei den meisten übrigen niedriglegierten Baustählen hoher Festigkeit beobachtet werden.

Neben der Temperatur spielt, wie mehrfach betont, der Zeitfaktor für die Belastungsdauer eine entscheidende Rolle. Die Haltbarkeitsdauer ist dabei um so größer, je niedriger die Dauerbelastung unterhalb dem Trennbruchkennwert des Werkstoffes liegt. Kombiniert man die Belastungszeitstandlinien über einen genügend langen Zeitraum hinweg, so läßt sich ein mittleres Verformungsdiagramm als Schema zur Charakterisierung des zeitabhängigen Kriechvorganges aufzeichnen, wie es in Abb. 3 geschehen ist. Man unterscheidet demnach drei verschiedene Verformungsstufen, die nacheinander durchlaufen werden. Die erste Verformungsstufe ist dadurch gekennzeichnet, daß zunächst eine starke Verformung mit hoher Kriechgeschwindigkeit auftritt, die stets ihre Steigung $d\varepsilon/dt$ ändert, bis sie in die Stufe konstanter Verformungsgeschwindigkeit übergeht. Die stete Änderung der Verformung in Stufe *I* hängt mit der Werkstoffverfestigung während der plastischen Verformung zusammen. In Stufe *II* halten sich Werkstoffverfestigung und Verformungsgeschwindigkeit das Gleichgewicht, wobei die Geschwindigkeit konstant bleibt und die Kriechkurve in diesem Abschnitt nahezu geradlinig verläuft. Zu Beginn der Stufe III ist die Querschnittsschwächung bereits soweit fortgeschritten, daß die Verformungsgeschwindigkeit größer wird als der Verfestigungsgrad. Die Kriechkurve muß somit ansteigen und mit zunehmendem $d\varepsilon/dt$ schließlich einen Wert erreichen, der zum Bruch der Probe führt.

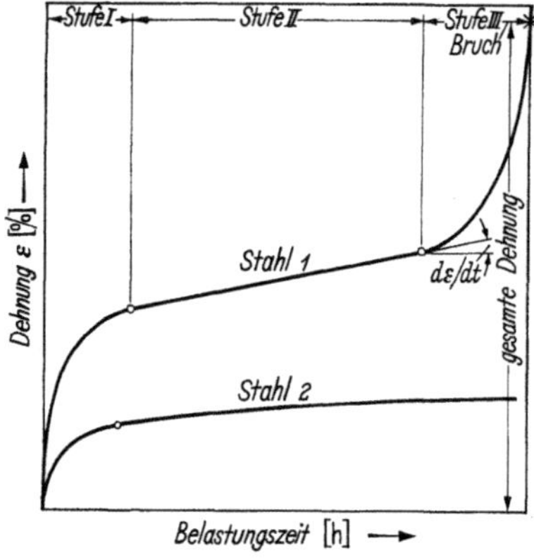

Abb. 3. Schematische Darstellung typischer Verformungen im Kriechbereich

## C. Wahl des Sicherheitsabstandes

Mit dem Ausfall der Kurzzeitfestigkeitskenngrößen zur Berechnung von Hohlzylindern, die im Kriechtemperaturbereich betrieben werden, verliert auch die ursprüngliche Handhabung des Sicherheitsbeiwertes ihren Sinn. Zur Beurteilung des Sicherheitsbeiwertes mögen einige Belastungszeitstandlinien bekannter Stähle einer kritischen Betrachtung unterzogen werden, um den Begriff der Sicherheit zu verstehen.

Für den Konstrukteur ist es zweckmäßig, das Verformungsverhalten eines Stahles unter Last im erhöhten Temperaturbereich genau zu kennen. Zu diesem Zwecke ist es oft notwendig, eine Reihe von Kurven für eine bestimmte Temperatur zur Verfügung zu haben, die verschiedene Verformungsgrade darstellen, wie beispielsweise 0,1–0,2–0,5–1 %–2 %–5 % oder gar 10 %, wobei zu jeder Kurvenschar je Temperaturstufe auch die Trennbruchkurve aufgezeigt sein muß. Die Abstände der einzelnen Kurven untereinander lassen einen wertvollen Schluß über das allgemeine Dehnverhalten des Stahles zu. Ganz besonders wichtig ist jedoch die Lage der Kurve für 1 % bleibender Dehnung im Verhältnis zur Trennbruchkurve, das als Grundlage für den Sicherheitsabstand gewählt wird. Die 1-%-Zeitdehngrenze allein gibt keinen Aufschluß, wie weit man von der Möglichkeit eines etwaigen Trennbruches entfernt ist. Wenn man jedoch berücksichtigt, daß das Bruchdehnungsvermögen mit zunehmender Belastungsdauer absinkt, so wird es einleuchtend, daß die Lagenverhältnisse der beiden Kurven eine entscheidende Rolle spielen.

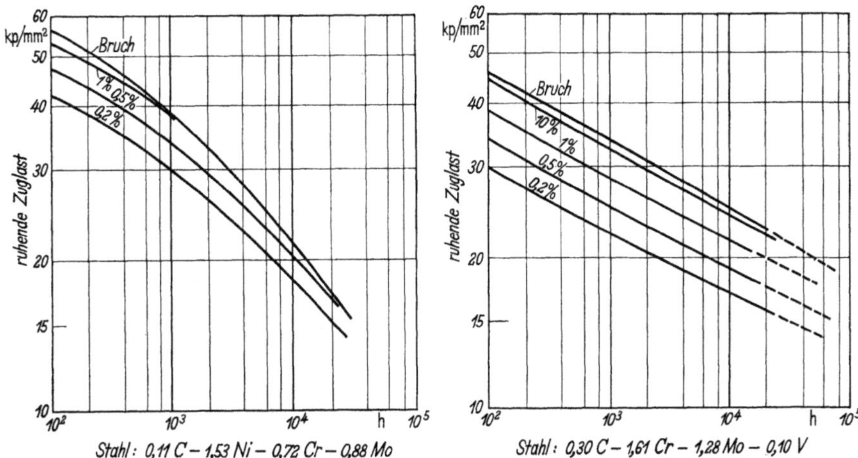


Abb. 4. Zeitdehngrenzen und Zeitstandfestigkeit eines niedrig legierten Stahles bei einer Temperatur von 500 °C
Stahl: 0,11 C – 1,53 Ni – 0,72 Cr – 0,88 Mo

Abb. 5. Zeitdehngrenzen und Zeitstandfestigkeit eines niedrig legierten Stahles bei einer Temperatur von 500 °C
Stahl: 0,30 C – 1,61 Cr – 1,28 Mo – 0,10 V

In Abb. 4, 5, 6 sind Verformungsverhältnisse von drei verschiedenen Stählen bei erhöhter Temperatur wiedergegeben. Die Stähle von Abb. 4 und 5 wurden von Thum [1] auf ihr Langzeitverhalten untersucht, und bei dem Werkstoff der Abb. 6 handelt es sich um den Stahl Marvedur

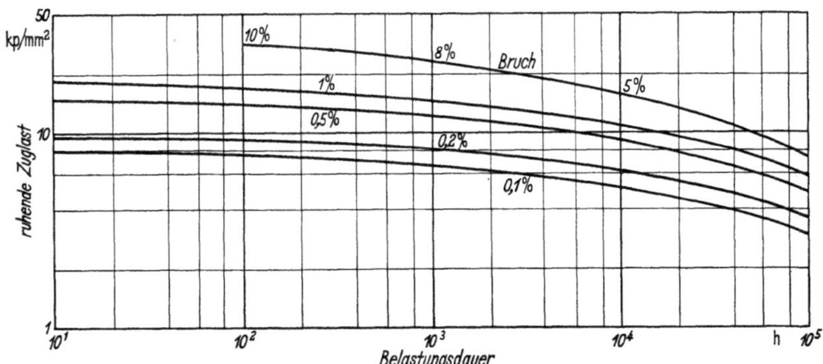


Abb. 6. Zeitdehngrenzen und Zeitstandfestigkeit von Marvedur-Stahl AN-11 bei 600 °C Betriebstemperatur

AN-11. In allen drei Abbildungen spiegeln sich typische Zeitdehnlinien wieder, die in tatsächlichen Langzeitversuchen ermittelt wurden. Wie man erkennen kann, schwankt die Lage der 1-%-Zeitdehngrenze ganz beträchtlich im Vergleich zur Trennbruchlinie. Abb. 6 zeigt ein typisches Beispiel, wie stark die Bruchdehnungen als Funktion der Belastungsdauer absinken können. Bei 100 Stunden weist dieser Stahl bei einer Temperatur von 600 °C eine Bruchdehnung von 10% auf, die bei 1000 Stunden auf 8% und bei 10000 Stunden gar auf 5% zurückgeht. Man ersieht daraus, daß sich die Spanne zur 1-%-Zeitdehngrenze laufend verringert, was besonders auf die $10^4$- bzw. $10^5$-Stunden-Belastungsdauer ungünstig sich auswirken kann. Bei Abb. 4 ist dieser Punkt bereits kurz nach $10^3$ Stunden erreicht. Für den Stahl der Abb. 4 ist die 1-%-Zeitdehngrenze mit etwa 1000 Stunden erschöpft, so daß nach Ablauf dieser Zeit Trennbruch zu erwarten steht. Gemäß Abb. 5 liegen die Verhältnisse wesentlich günstiger. Die Kurve für 10% bleibende Formänderung verläuft nahezu parallel mit der Kurve für Trennbruch, während die 1-%-Zeitdehngrenze mit hinreichendem Abstand ähnlich zur Trennbruchkurve verläuft. Man kann daraus folgern, daß die 1-%-Zeitdehngrenze allein keine Gewähr dafür bietet, daß nach entsprechender Belastungsdauer von ausreichender Länge ein Trennbruch nicht eintreten wird. Aus diesem Zusammenhang heraus erklärt sich auch die Notwendigkeit von mehreren Verformungsgraden bis zum Trennbruch selbst, um sich ein wahres Bild von dem Verhalten des betreffenden Werkstoffes hinsichtlich Belastungshöhe, Belastungsdauer und Verformungsgrad zu verschaffen. Als Sicherheitsabstand wird für die Praxis ein Wert gewählt, der zum Ausdruck bringt, daß die 1-%-Zeitdehngrenze in $10^4$ oder $10^5$ Stunden nicht größer sein darf als zwei Drittel der zugeordneten Zeitstandfestigkeit. Die 1-%-Zeitdehngrenze kann also solange ohne Bedenken eingesetzt werden, als der Wert der zugehörigen Zeitstandfestigkeit für den gleichen Zeitraum der Belastungsdauer um den 1,5fachen Betrag über dieser Zeitdehngrenze bleibt, entsprechend der Beziehung

$$\sigma_{\text{zul}} \leqslant \sigma_{1\%-10^5\,\text{h}} \leqslant \frac{2}{3}\,\sigma_{B/10^5\,\text{h}}\,. \tag{1}$$

Da die experimentelle Ermittlung aller Zeitstandfestigkeitswerte für ein relativ großes Temperaturgebiet ein umständliches und sehr zeitraubendes Verfahren ist, wird in vielen Ländern gerne von der Tatsache Gebrauch gemacht, die Kenngrößen im 100- bzw. 1000-Stundenversuch empirisch zu ermitteln und die Werte für $10^4$ oder $10^5$ Stunden durch Extrapolieren zu finden. Diese Art von Rechnungsgrundlagen kann nur mit äußerster Vorsicht behandelt werden, und eine Beratung mit dem Werkstoffhersteller ist unerläßlich. Man kann nie wissen, ob die Steigungstendenz der Kurve bei höheren Belastungszeiten die gleiche bleibt, oder ob sie starken Änderungen unterliegt. Ist man aber auf Extrapolationswerte sowohl für die Zeitdehngrenzen als auch für die Zeitstandfestigkeit angewiesen, so sollten diese Werte ausdrücklich nur in Übereinstimmung mit dem Metallurgen des Herstellerwerkes in der Rechnung angewandt werden.

## D. Berechnungsmethode für Zylinder, beansprucht bei erhöhten Temperaturen

Mit dem Wegfall der kurzzeitigen Festigkeitskennwerte für die Berechnung von Zylindern, die im Kriechgebiet betrieben werden sollen, muß diese auf Kriechbedingungen umgestellt werden, was praktisch darauf hinausläuft, daß man den Zylinder jetzt für eine bestimmte Lebensdauer dimensioniert. Nach Maßgabe der Definition der 1-%-Zeitdehngrenze könnte man die Dimensionierung so wählen, daß die Dehnung der mittleren Faser der Zylinderwand beim Innendruck $p_i$ im Laufe einer Belastungsdauer von $10^4$ bzw. $10^5$ Stunden den Grenzwert von 1 % nicht überschreitet, wobei man unter $10^5$ Stunden einen Zeitraum von etwa 12 Betriebsjahren zu verstehen hat. Solange man die mittlere Dehnung der Wand von 1 % zugrunde legt, sollte man das Durchmesserverhältnis $k$ in keinem Falle über den Wert 1,50 ansteigen lassen. Um die Rechnung auf eine allgemeine Grundlage zu stellen, empfiehlt es sich, die 1 % bleibende Dehnung auf die Innenfaser zu beziehen.

Hinsichtlich einer zulässigen Formänderung von 1 % bleibender Verformung an der Innenfaser in einem Zeitraum von $10^4$ oder $10^5$ Stunden haben E. Siebel und S. Schwaigerer [2] ein Berechnungsverfahren entwickelt, das in seinen wesentlichen Zügen folgenden Richtlinien folgt:

Auf S. 58 ist mit Gl. (117) eine Beziehung angegeben, die Aufschluß zu geben vermag über die Dehnungsverteilung in Abhängigkeit von der Wanddicke, wenn man an einer gegebenen Stelle in der Wand die Formänderung kennt. Gl. (117) ist bekanntlich

$$\varepsilon_x = \varepsilon_i \left(\frac{r_i}{x}\right)^2 = \frac{\varepsilon_i}{k_x^2}\,. \tag{2}$$

Diese Beziehung bringt zum Ausdruck, daß die Formänderung an jeder beliebigen Stelle ermittelt werden kann, wenn man eine bestimmte Formänderung kennt, und zwar verlaufen die Formänderungen dem Quadrat des Durchmesserverhältnisses $k_x$ umgekehrt proportional. Nimmt man demnach beispielsweise einen Zylinder mit $k = d_a/d_i = r_a/r_i = 2$ an und setzt an der Innenfaser eine Formänderung von 1 % voraus, so ergibt sich die Dehnung an der Außenfaser zu

$$\varepsilon_a = \frac{\varepsilon_i}{k^2} = \frac{\varepsilon_i}{2^2} = \frac{1}{4}\,\varepsilon_i\,,$$

einem Viertel des Wertes der Dehnung, die an der Innenfaser besteht.

Wählt man nun für die mittlere Faser eine Dehnung von 1 %, so wird die Dehnung an der Innenfaser zu

$$\varepsilon_m = \frac{\varepsilon_i}{k^2}.$$

Mit $\varepsilon_m = 1$

$$1 = \frac{\varepsilon_i}{1{,}5^2}.$$

$$\varepsilon_i = 2{,}25\,\%.$$

Das besagt, daß bei $k = 2$ und 1 % Dehnung an der Faser $k_m = k_x = 1{,}5$ (mittlere Wandfaser) die Formänderung an der Innenfaser 2,25 % wird.

Setzt man jetzt eine Dehnung von 1 % an der Außenfaser voraus, so ergibt sich als Dehnung an der Innenfaser

$$\varepsilon_a = \frac{\varepsilon_i}{k^2} = \frac{\varepsilon_i}{4}.$$

Mit $\varepsilon_a = 1$ wird $\varepsilon_i = 4\,\%$.

Wie man erkennt, läßt sich mit dieser Beziehung jede beliebige Dehnungsverteilung in der Wand berechnen.

Die geometrische Veranschaulichung der Gl. (2) ist in Abb. 7 wiedergegeben. Man ersieht daraus den Dehnungsverlauf in der Wand für alle Zylinder bis $k = 3$, wenn die Dehnung an der Innenfaser 1 % ist. Nun wird man einsehen, daß jedem Dehnungswert der Kurve in Abb. 7 ein bestimmter Beanspruchungswert entspricht, der diese Dehnung eigentlich erzeugt. Es müßte also möglich sein, mit Hilfe der Kenntnis der Formänderungsverteilung in der Wand und den Zeitdehnkenngrößen des Werkstoffes ein Rechnungsverfahren zu entwickeln, das zu geeigneten Wanddicken und den notwendigen Angaben über Lebenserwartung führt, wenn die Wahl des zu verwendenden Werkstoffes getroffen ist.

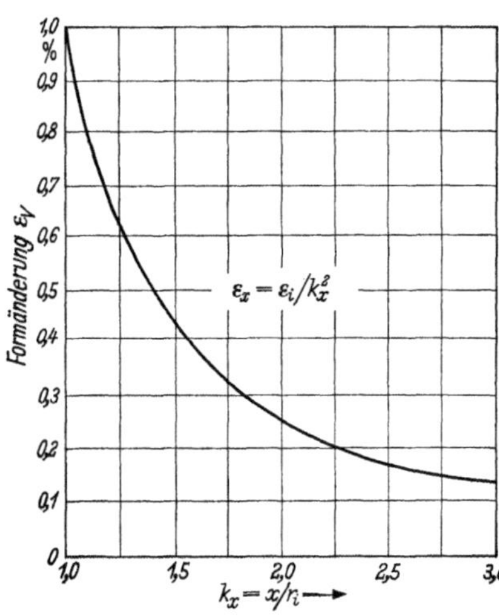


Abb. 7. Dehnungsverteilung in der Zylinderwand beliebiger Dicke, wenn an der Innenfaser $\varepsilon_v = 1\,\%$ herrscht

Um den Gedankengang von E. Siebel und S. Schwaigerer in einfacher Weise zu beschreiben, möge ein Konstruktionsbeispiel gewählt werden, das die schrittweise Entwicklung des Verfahrens wiedergibt.

*Aufgabenstellung*

Konstruiere einen Hohlzylinder, der bei 600-°C-Temperatur mit statischem Innendruck betrieben werden soll. Als Werkstoff soll Marvedur-Stahl AN-11 gewählt werden.

Welche Wanddicken sind vorzusehen, und welche Drücke können zugelassen werden?

*Lösung*

Um eine generelle Lösung dieser Aufgabe zu ermöglichen, soll angestrebt werden, eine Serie von Lösungen zu ermitteln in Abhängigkeit vom Durchmesserverhältnis. Dies führt zu ganzen Kurven anstatt Einzelwerten im Hinblick auf die Belastungsdauer. Und zwar sollen alle Zylinder bis zum $k$-Wert von 3,0 erfaßt werden. Eine Randbedingung laute dahingehend, daß die Innendrücke so zu begrenzen sind, daß die maximal auftretende Formänderung nach $10^3$–$10^4$ und $10^5$ Stunden Belastungsdauer den Wert von 1 % an der Innenfaser nicht überschreite.

Betrachtet man Abb. 6, so erkennt man, daß die Diagramme diejenigen Beanspruchungen kennzeichnen, die in Abhängigkeit von der Belastungsdauer bleibende Formänderungen von 0,1–0,2–0,5–1,0 % und bei Grenzlast den Trennbruch verursachen, bezogen auf 600 °C Betriebstemperatur. Umgekehrt läßt sich aber auch aussagen, daß der Werkstoff diese Formänderungswiderstände aufweist, die erst erreicht bzw. aufgebracht werden müssen, um diese Art von Verformungen zu ermöglichen. Greift man aus Abb. 6 die Formänderungswiderstände ab, die zu denjenigen Dehnungen führen, die auf einer Zeitordinate zu erkennen sind und trägt diese Formänderungen in Abhängigkeit von der Dehnung auf, so gelangt man zu Kurven, wie in Abb. 8 gezeigt, mit der Belastungsdauer als Parameter. Mit Abb. 6 und den Formänderungswiderständen der Abb. 8 sind somit hinreichende Unterlagen für die weitere Dimensionierung der Zylinder gegeben. Sie bilden jetzt die Grundlage für die Berechnung.

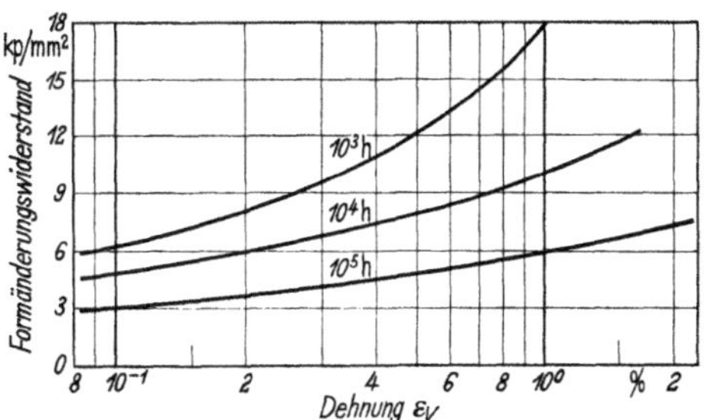

Abb. 8. Formänderungswiderstand von Marvedur-Stahl AN-11, entwickelt aus Zeitdehnlinien der Abb. 6

Greift man aus der Verteilungskurve (Abb. 7) die Formänderungswerte in Abhängigkeit vom Durchmesserverhältnis $k$ ab und sucht in Abb. 8 für diese Dehnungen die zugehörigen Formänderungswiderstände, so hat man eine Beziehung zwischen der Anstrengung $\sigma$ , den Dehnungen $\varepsilon_v$ und dem Durchmesserverhältnis $k_x$. Trägt man so die erhaltenen $\sigma_v$-

Werte in Abhängigkeit vom Durchmesserverhältnis auf, gelangt man zu den Kurven der Abb. 9 auf rein graphischem Wege.

Die Kurven der Abb. 9 zeigen wiederum eindeutig, daß die Spannungsspitzen auch im Gebiete erhöhter Betriebstemperaturen bei Innendruckbeanspruchung an der Innenfaser auftreten. Entsprechend der Verformungsverteilung in Abb. 7 läßt sich schließen, daß auch im Kriechgebiet mit bleibenden Formänderungen die Spannungsverteilung sehr ungleichmäßig ist im Hinblick auf den Zylinderquerschnitt.

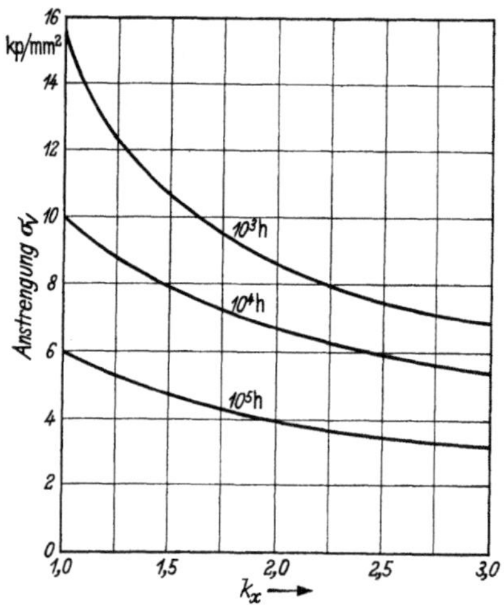


Abb. 9. Anstrengung in der Wand beliebiger Dicke für $10^3$–$10^4$–$10^5$ Stunden Belastungsdauer bei 600 °C

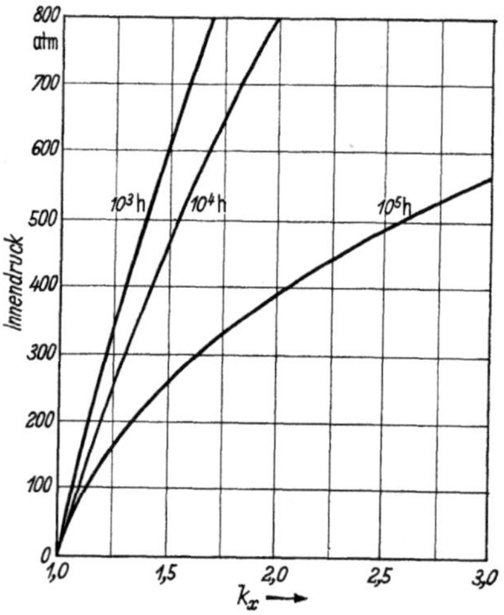

Abb. 10. Zulässige Innendrücke, die bei 600 °C 1 % Dehnung an der Innenfaser in $10^3$–$10^4$–$10^5$ Stunden Belastungsdauer erzeugen

Ist aber die Anstrengung in der Zylinderwand bekannt, so läßt sich der Innendruck, der diese Anstrengung hervorruft, in einfacher Weise berechnen. Zwischen der Anstrengung und dem Innendruck besteht aus Gleichgewichtsgründen nach dem Plastizitätsprinzip folgender Zusammenhang

$$\left.\begin{aligned} p_i &= \frac{2}{\sqrt{3}} \int\limits_{r_i}^{r_a} (\sigma_t - \sigma_r) \frac{d\,x}{x} = \frac{2}{\sqrt{3}} \int\limits_{r_i}^{r_a} \sigma_v \frac{d\,x}{x} = \frac{2}{\sqrt{3}} \int\limits_{1}^{k} \sigma_v \frac{d\,k_x}{x} \\ &= \frac{2}{\sqrt{3}} \sigma_v \int\limits_{1}^{k} \frac{d\,k_x}{x} = \frac{2}{\sqrt{3}} \sigma_v \ln k\,. \end{aligned}\right\} \quad (3)$$

Man braucht demnach nur für jeden $k_x$-Wert der Abb. 9 den zugehörigen $\sigma_v$-Wert abzulesen und kann dann nach Gl. (3) den zugeordneten Innendruck berechnen. Abb. 10 zeigt die zulässigen Innendrücke, die nach diesem Verfahren errechnet wurden bis zu einem Durchmesserverhältnis $k_x = 3$.

Abb. 10 läßt nun folgende Aussagen zu:

Die generelle Lösung der gestellten Konstruktionsaufgabe hat den Vorteil, daß man sich nicht von vornherein auf einen bestimmten Durchmesser festzulegen braucht. Die Kurven geben einen eindeutigen Überblick für alle Zylinder bis zum Durchmesserverhältnis $k = 3$. Man kann daher eine umfassende Auswertung machen, welche Dimensionierung die beste technologische Lösung darstellt, die auch zugleich die wirtschaftlichste sein soll. Der Einfachheit halber sei für die zulässigen Betriebsbedingungen der folgende tabellarische Überblick gezeigt:

Tabelle 2

| Durchmesserverhältnis $k = d_a/d_i = r_a/r_i$ | Zulässiger Innendruck atü (kg/cm²) | Belastungsdauer (Stunden) | Max. Formänderung an der Innenfaser |
|---|---|---|---|
| $k = 1{,}5$ | $\sim 230$ | $10^5$ | $\varepsilon_i = 1\%$ |
| | $\sim 405$ | $10^4$ | 1% |
| | $\sim 600$ | $10^3$ | 1% |
| $k = 2{,}0$ | $\sim 400$ | $10^5$ | $\varepsilon_i = 1\%$ |
| | $\sim 670$ | $10^4$ | 1% |
| | $> 900$ | $10^3$ | 1% |
| $k = 2{,}5$ | $\sim 490$ | $10^5$ | $\varepsilon_i = 1\%$ |
| | $\sim 830$ | $10^4$ | 1% |
| $k = 3{,}0$ | $\sim 560$ | $10^5$ | $\varepsilon_i = 1\%$ |

Man erkennt hieraus eindeutig den Vorteil der generellen Lösung der Aufgabe, was die Beurteilung der Entscheidung wesentlich erleichtert.

Das Verfahren von E. Siebel und S. Schwaigerer läßt sich auch dann anwenden, wenn innerhalb der Zylinderwand die Temperatur nicht überall gleichmäßig hoch sein sollte. Solange das Durchmesserverhältnis $k$ unterhalb 1,5 bleibt, kann man mit einem Formänderungswiderstand rechnen, der der mittleren Wandtemperatur entspricht. Ist dabei das Temperaturgefälle hoch, so muß neben der Dehnungsverteilung auch die Temperaturverteilung bei der Festlegung des Formänderungswiderstandes berücksichtigt werden, der an jeder Stelle mit vermindertem Temperaturgefälle wirksam ist.

Eine besondere Regel zur Ermittlung der Temperatursicherheit ist nicht gegeben. Es sei unter Temperatursicherheit hier diejenige Sicherheit verstanden, die Apparatur gegen zeitweise Überschreitung der vorgeschriebenen Betriebstemperatur zu schützen. Genaue Unterlagen für die Beurteilung von Temperaturüberschreitungen, die die Stabilität und Festigkeit der Anlagen im Hinblick auf die hohe Belastungsdauer gefährden können, sind praktisch nicht verfügbar. Man ist daher auf die Erfahrungen im Betriebe ausschließlich angewiesen. Dabei läßt sich sagen, daß kurzzeitige Temperaturüberschreitungen in der Anlage von der

Größenordnung von 20–30 °C sich nicht negativ auf die Zylinderfestigkeit auswirken. Sollten solche Überschreitungen aber zur regelmäßigen Erscheinung werden, so bleibt lediglich der Weg der genauen Berücksichtigung dieser Vorgänge in der Festigkeitsrechnung übrig, indem man die maßgebenden Zeitdehngrenzen bzw. die Zeitstandfestigkeiten bei der jeweils herrschenden Temperatur einsetzt.

## E. Zusammenfassung

Im Kriechbereich werden die Festigkeitskennwerte ausgesprochen zeitabhängig. Die Abhängigkeit von der Belastungsdauer bei Beanspruchung durch statischen Innendruck zeigt sich um so ausgeprägter, je höher die Betriebstemperatur wird. Wenn man auf eine scharfe Grenzlinie zwischen Kriechbereich und niedrigeren Temperaturzonen verzichtet, so läßt sich aussagen, daß als Richtwert für den Übergang in das Gebiet starker Zeitabhängigkeit eine Temperatur von etwa 400 °C angesprochen werden kann. Unterhalb dieser Grenztemperatur benutzt man Festigkeitskriterien, die man im Kurzversuch ermittelte, während oberhalb dieser Grenze, also im Kriechbereich, die zeitabhängigen Eigenschaften, wie Zeitdehngrenzen und Zeitstandfestigkeit alleinige Gültigkeit für jede Art von Festigkeitsrechnung in dieser Zone besitzen.

Als Belastungsdauer pflegt man einen Zeitraum von $10^4$ bzw. $10^5$ Stunden zu wählen, und zwar richtet sich die Wahl der Zeitdauer nach der Natur und dem Verwendungszweck des Apparates, der bestimmte technologische Forderungen unter den gegebenen Betriebsbedingungen zu erfüllen hat. Im Rohrleitungsbau ist eine Belastungsdauer von $10^5$ Stunden als Berechnungsgrundlage üblich, was in der Praxis einer kontinuierlichen Betriebszeit von etwa 12 Jahren entspricht.

Eine Extrapolation von Kurven für Zeitdehngrenzen und Zeitstandfestigkeit sollte nur mit großer Vorsicht angewandt werden. Eine Anwendung von Extrapolationswerten für die Berechnung sollte nur nach ausdrücklicher Übereinstimmung mit dem Hersteller des Werkstoffes getroffen werden.

Die von E. Siebel und S. Schwaigerer entwickelte Berechnungsmethode für Betrieb im zeitabhängigen Kriechgebiet trifft zwei Unterscheidungen, nämlich für Durchmesserverhältnisse unterhalb bzw. oberhalb $k = 1{,}5$. Solange das Durchmesserverhältnis unterhalb $k \leqslant 1{,}5$ bleibt, kann die Dimensionierung so vorgenommen werden, daß die mittlere Formänderung der Rohrwand während der gesamten Belastungsdauer den Höchstwert von 1 % nicht überschreitet. Hierbei können die üblichen für den vollplastischen Zustand angewandten Formeln eingesetzt werden mit der 1-%-Zeitdehngrenze als Festigkeitskennwert mit den üblichen Sicherheitsregeln.

Geht aber das Durchmesserverhältnis $k$ über den Wert $k > 1{,}5$ hinaus, so wird es notwendig, die Formänderungsverteilung in der Zylinderwand zu berücksichtigen, um mit Hilfe dieser Formänderungswerte $\varepsilon_v$ die zugehörigen Anstrengungen $\sigma_v$ und damit die zulässigen Innendrücke $p_i$ zu ermitteln. Es muß dabei berücksichtigt werden, daß die Verformung an der Innenfaser den Wert von 1% nach Ablauf der Belastungsdauer nicht überschreitet.

Hinsichtlich des Sicherheitsabstandes ist in Rechnung zu stellen, daß die 1-%-Zeitdehngrenze allein keine Gewähr dafür bietet, daß je ein Trennbruch innerhalb der Betriebszeit ausgeschlossen ist. Die Gewähr der Sicherheit hängt von der Lage der Kurve für die 1-%-Zeitdehngrenze im Vergleich zur zugeordneten Trennbruchkurve ab, was für jeden Werkstoff charakteristisch, aber oft stark verschieden ist. Es kann vorkommen, daß eine 1%ige Formänderung in $10^5$ Stunden gleichbedeutend ist mit der Bruchdehnung für diesen Belastungszeitraum, wie in Abb. 4 gezeigt wird. Die 1-%-Zeitdehngrenze muß im Verhältnis zur Zeitstandfestigkeit, d.h. zur Trennbruchkurve beurteilt werden. Für einwandfreien Dauerbetrieb über $10^4$ bzw. $10^5$ Stunden muß der Sicherheitsabstand mindestens 1,50 betragen. Dies bedeutet, daß $\sigma_{B/10^5\,\mathrm{h}}$ gleich $1{,}5\,\sigma_{1\%-10^5\,\mathrm{h}}$ sein muß.

Es muß aber darauf hingewiesen werden, daß eine dauernde Kontrolle der Formänderungen während des Dauerbetriebes über den vollen Zeitraum hinweg unerläßlich ist. Auf diese Kontrolle kann der Betrieb nicht verzichten, will er sich vor gefährlichen Überraschungen schützen. Die Möglichkeit des Auftretens verborgener Werkstoffehler nach so langer Betriebsdauer ist nie von der Hand zu weisen.

## F. Schlußbetrachtungen

Das Siebel-Schwaigerer-Verfahren ist in Deutschland seit vielen Jahren erfolgreich in Gebrauch. F. H. Faupel [*3*] benützt das Verfahren, um eine Reihe von Formänderungskurven für das Kriechgebiet theoretisch zu entwickeln. Diese Kurven wurden von Faupel sogar praktisch durch Versuch in ihrer Richtigkeit bestätigt. Faupel benutzt weiterhin das Siebel-Schwaigerer-Verfahren zur Modifikation der Berstbeziehungen nach Bailey [*4*]. Auch die Berstbedingungen nach Faupel sind durch Versuch bestätigt. Dies läßt den praktischen Schluß zu, daß das Siebel-Schwaigerer-Verfahren absolut zuverlässige Werte liefert.

Es erhebt sich lediglich noch die Frage, was mit den Apparaten und Rohrleitungen geschehen soll, die nach Ablauf ihrer theoretischen Lebensdauer noch in einem Zustande sind, der eine weitere Verwendung unter gleichen, oder wenn notwendig, unter weniger strengen Anforderungen rechtfertigt. Nach Ablauf der regulären Belastungsdauer von beispielsweise $10^5$ Stunden, wird die Innenfaser eine bleibende Formänderung von 1 % aufweisen, die im Laufe der Beanspruchungsdauer wahrscheinlich ganz allmählich eingetreten ist. Nach Ablauf dieser Zeitspanne hat der Sicherheitsfaktor den Wert 1,50, der erst bei weiterer Benutzung des Apparates auf einen niedrigeren Wert absinken wird. Aus Erfahrung weiß man ferner, daß der Werkstoff, wenn eine 1 %ige bleibende Formänderung an der Innenfaser gemessen wird, in seinem Formänderungsvermögen bei weitem nicht erschöpft zu sein braucht. Erschöpfung tritt erfahrungsgemäß meist bei einigen Prozent auf. Diese Frage wurde auch von J. Class [*5*] aufgegriffen, der einige wichtige Vorschläge unterbreitet, wie man einer möglichen Lösung näherkommen könnte. Solange keine umfassenden Formänderungsmessungen über Apparate vorliegen, die nach Erreichung der theoretischen Lebenserwartung im Betrieb belassen wurden, läßt sich diese Frage kaum praktisch lösen. Soviel dem Verfasser bekannt ist, sind im In- und Auslande an verschiedenen Stellen in Industrie und Forschung Versuche hierüber im Gange; und es ist zu erwarten, daß die Vorschläge von Class zumindest die Grundlage für wertvolle Diskussionen des wichtigen Themas bilden.

## Literatur zu Kapitel II

[*1*] Thum, A., u. K. Richard: Zeitfestigkeit von Stählen bei ruhender Beanspruchung. Mitteilungen des VGB, Heft 85, 31. Dezember 1941.

[*2*] Siebel, E., u. S. Schwaigerer: Festigkeit von Rohren unter Innendruck bei sehr hohen Temperaturen. Z. BWK, Bd. 3, Heft 5 (1951), 141.

[*3*] Faupel, F. H.: Proven Pressure Vessel Design Methods. Petroleum Refiner, Sept. (1959), S. 247.

[*4*] Bailey, R. W.: Creep Relationship and Their Application to Pipes, Tubes and Cylindrical Parts under Internal Pressure. London: Proc. Inst. Mech. Engrs (1951), 164 (4)–425.

[*5*] Class, J.: Neuere Betrachtungen über die Festigkeit von Druckbehältern in Wärme und Kälte. Z. Chemie-Ingenieur-Technik, Bd. 34 (1962), Nr. 3, 242.

Kapitel III

# Vollwandzylinder, betrieben unter statischem Innendruck, versehen mit Eigenspannungen, erzeugt durch Autofrettage

## A. Einleitung

Die Behandlung der Berechnungsverfahren für dickwandige Hohlzylinder in Kap. I hat klar gezeigt, daß die Hauptspannungen bzw. die Anstrengungen über den ganzen Wandquerschnitt sehr ungleichmäßig verteilt sind. So erreichen unter Belastung durch statischen Innendruck innerhalb des elastischen Bereiches die gefährlichen Spannungen ihr Maximum durchweg an der Innenfaser, und zwar unabhängig vom angewandten Berechnungsverfahren. Die maßgebenden Spannungen fallen gegen den Außenrand des Hohlzylinders zu stark ab. Setzt man für die Berechnung voraus, daß an der höchstbeanspruchten Innenfaser die Vergleichsspannung bzw. Anstrengung $\sigma_{v_i}$ mit Sicherheit den Wert der zugelastischen Streckgrenze des Werkstoffes $\sigma_F$ bzw. die 0,2-%-Dehngrenze $\sigma_{0,2}$ an keiner Stelle erreicht, so tritt elastizitätstheoretisch das Fließen an der Innenfaser dann ein, sobald der statische Innendruck den Wert

$$(p_i)_F = 0{,}577\,\sigma_F\,\frac{k^2-1}{k^2}$$

erreicht. Diese Gleichung folgt der von-Mises-Hypothese, die die Spannungsdehnungsverhältnisse von Hohlzylindern unter statischem Innendruck gegenüber allen andern bekannten Verfahren mit der bestmöglichen Genauigkeit beschreibt bzw. vorauszubestimmen gestattet. Nach dieser Gleichung nähert sich der maximal erreichbare Innendruck $p_i$, der den Fließzustand an der Innenfaser gerade erzeugt, mit wachsendem Durchmesserverhältnis $k$ in asymptotischer Form dem Grenzwert $0{,}577\,\sigma_F$ für $k = \infty$. Dies besagt, daß eine unbegrenzte Verstärkung der Wanddicke den Fließbeginn an der Innenfaser nicht verhindern kann. Die Kurven zeigen eindeutig, daß für $k$-Werte über 3,0 nur noch geringe Drucksteigerungen möglich sind, die jedoch dem zusätzlichen Werkstoffaufwand in keiner Weise entsprechen.

Die Kurven der Spannungsverteilung zeigen ferner, daß für Durchmesserverhältnisse bis zu $k = 2{,}5$–$3{,}0$ der Kurvenverlauf ziemlich steil ist, wobei die Wanddicke praktisch keinen Einfluß auf den Unterschied der Spannungen zwischen der Innen- und der Außenfaser ausübt. Diese Ungleichmäßigkeit wird sogar noch wesentlich ungünstiger, wenn die Zylinder von außen beheizt werden, wobei ein Wärmegefälle von außen nach innen besteht. Wie für diesen Fall in Kap. I gezeigt wird, treten bei Wärmefluß Eigenspannungen auf. Diese Eigenspannungen werden an der Innenfaser zu Druckspannungen, wenn die Innentemperatur höher liegt als die Temperatur an der Außenfaser. Am Außenrande dagegen werden die Eigenspannungen für diesen Fall zu positiven Zugspannungen. Wird der Zylinder aber mit Außenheizung betrieben, wo die Wärme zum Rohrinnern fließt, werden die Eigenspannungen an der Innenfaser zu positiven Zugspannungen und zu negativen Druckspannungen an der Außenfaser. Wird jetzt der Zylinder unter Innendruck gesetzt, so überlagern sich die Betriebsspannungen den auftretenden Wärmespannungen mit ihrem vollen Betrag. Diese Überlagerung führt zu einer Vergrößerung der Ungleichmäßigkeit der Spannungsverteilung, denn die Anstrengung an der Innefasern wird um den Betrag der positiven Eigenspannungen größer, an der Außerfaser aber durch die Gegenwart der Druckspannungen kleiner. Dieser Fall ist in Abb. 1 durch das Beispiel zweier Zylinder mit Außenheizung veranschaulicht. Die Zylinder haben verschiedene Wanddicken und werden mit unterschiedlichen Innendrücken und verschiedenen Temperatureinflüssen belastet. Der Einfluß der Überlagerung der Eigenspannungen ist in beiden Fällen sehr deutlich zu erkennen.

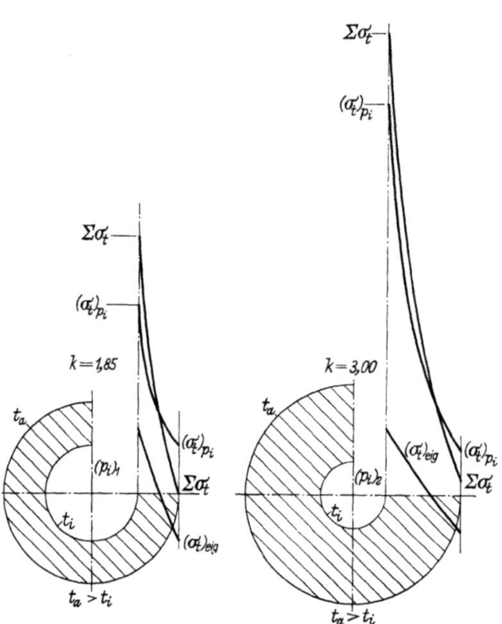


Abb. 1. Spannungsverteilung der Tangentialspannung, wenn Wärmefluß von außen nach innen besteht. $(p_i)_1 > (p_i)_2$; $t_a > t_i$

Aus Erfahrung weiß man, daß man an geschmiedeten oder gezogenen Vollwandzylindern die Ungleichmäßigkeit in der Spannungsverteilung ohne äußere Einflüsse nicht beseitigen kann. Man muß daher die Spannungsunterschiede zwischen der Innen- und Außerfaser als eine gegebene Tatsache in Kauf nehmen. Ein Ausweg läßt sich nur erreichen, indem man durch künstliche Voraussetzungen für den drucklosen Zustand die Spannungszustände in der Wandung bewußt und in bestimmter Richtung beeinflußt. Dies läßt sich an Hand einer Reihe von Verfahren ermöglichen, von denen die technisch wichtigsten im folgenden näher beschrieben werden sollen.

## B. Spannungsverhältnisse in Zylindern mit Vorspannung

Ehe auf die Art der Vorspannungsverfahren als solche näher eingegangen wird, möge der Einfluß der Vorspannung auf die Spannungsverteilung in der Zylinderwand einer ganz allgemeinen Betrachtung unterzogen werden. Eine Spannungsverteilung wird dann als ideal angesehen, wenn sich die für die Bemessung des Zylinders maßgebende Anstrengung oder Spannung über die gesamte Wanddicke hinweg, also von der Innen- zur Außenfaser als Konstante ergibt und zugleich den Wert der höchstzulässigen Spannung $\sigma_{v_{\text{zul}}}$ erreicht. Angewandt auf den tatsächlich im Zylinder herrschenden Spannungszustand, würde dies bedeuten, daß man die Spannungsspitze an der Innenfaser abbaut und außerdem den Wert der Anstrengung an der Außenfaser um den entsprechenden Betrag sinngemäß erhöht. Gelingt es, die Vorspannung so zu gestalten, daß nach der Überlagerung die auftretende konstante Mittelspannung den Wert von $\sigma_{v_{\text{zul}}}$ erreicht, so erzielt man damit eine optimale Werkstoffausnützung.

Rein analytisch gesehen ließe sich die Spannungsspitze an der höchstbeanspruchten Stelle dadurch vermindern, daß an dieser Stelle bereits im drucklosen Zustande negative Druckspannungen vorhanden sind. Wird jetzt der Zylinder unter statischen Innendruck gesetzt, so wirkt die Druckspannung der Zugspannung solange entgegen, bis sie völlig aufgebraucht ist. Tritt dann Druck- und Spannungsgleichgewicht ein, ist die verbleibende Spannung um den Betrag der ursprünglichen Druckspannung vermindert. Das gleiche mit umgekehrtem Vorzeichen trifft für die Außenfaser zu.

Unter Benützung der Lamé-Funktionen gilt für den elastischen Bereich für die tangentiale Hauptspannung an der Innenfaser

$$\sigma_{t_i} = p_i \frac{k^2 + 1}{k^2 - 1} .$$

Für die Außenfaser wird die Spannung zu

$$\sigma_{t_a} = p_i \frac{2}{k^2 - 1} = 2 p_i \frac{1}{k^2 - 1} .$$

Für die mittlere Wandfaser ist

$$\sigma_{t_m} = \frac{1}{r_a - r_i} \int_{r_i}^{r_a} \sigma_t \, d\,x = p_i \frac{1}{k-1}\,.$$

Bildet man das Verhältnis der Tangentialspannung an der Innenfaser $\sigma_{t_i}$ zur mittleren Spannung $\sigma_{t_m}$, so ergibt sich

$$\frac{\sigma_{t_i}}{\sigma_{t_m}} = \frac{p_i \frac{k^2+1}{k^2-1}}{p_i \frac{1}{k-1}} = \frac{k^2+1}{k+1}\,. \qquad (1)$$

Gl. (1) bringt zum Ausdruck, daß die Werkstoffausnützung mit wachsendem Durchmesserverhältnis $k$ immer ungünstiger wird.

Zu ähnlichen Schlußfolgerungen wird man gelangen, wenn man an Stelle der tangentialen Hauptspannung die Vergleichsspannung $\sigma_v$ zugrunde legt.

Es wird dann

$$\frac{\sigma_{v_i}}{\sigma_{t_m}} = \frac{p_i \frac{k^2\sqrt{3}}{k^2-1}}{p_i \frac{1}{k-1}} = \frac{k^2\sqrt{3}}{k+1}\,. \qquad (2)$$

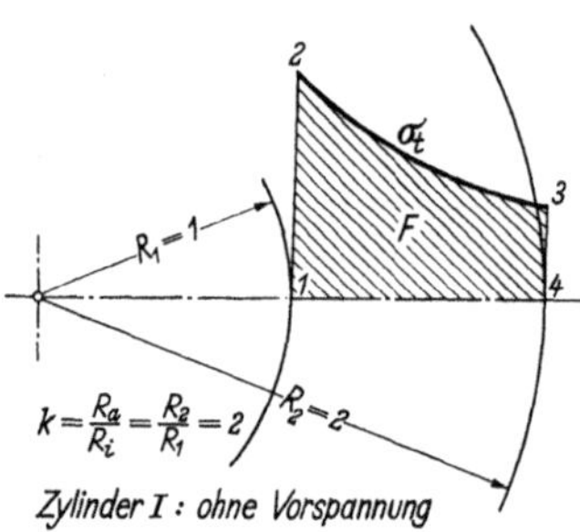


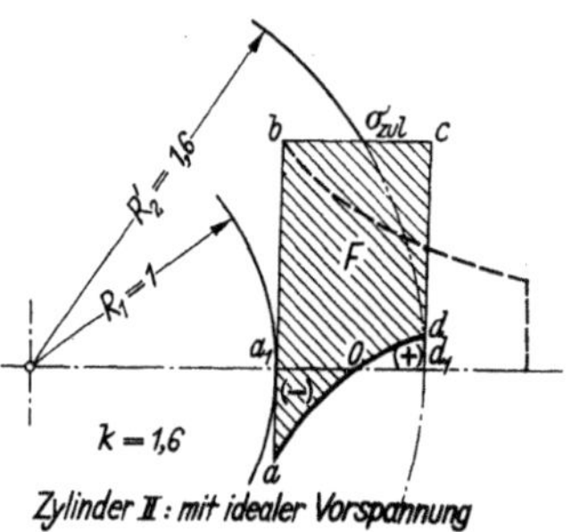


Abb. 2 u. 3. Vergleich der Tangentialspannung zweier Zylinder mit und ohne Vorspannung. Bei idealer Vorspannung geht für diese Zylinder $k$ von 2 auf 1,6 zurück

Man ersieht wiederum, daß mit steigendem $k$-Wert die Werkstoffausnützung sich zusehends verschlechtert.

Bekanntlich stellt die Fläche zwischen der Spannungskurve und der $k$-Achse ein Maß für die betreffende Spannung dar. So zeigt Abb. 2 den schematischen Spannungsverlauf der tangentialen Hauptspannung $\sigma_t$ in Abhängigkeit von der Wanddicke. Fläche $F = 1234$ läßt sich ermitteln durch Integration der Fläche zwischen den Grenzen $R_a$ und $R_i$, oder $R_2$ und $R_1$,

Es gilt

$$F = \int_{R_i}^{R_a} \sigma_t \, d\,x\,,$$

worin $\sigma_t$ der Beziehung folgt

$$\sigma_t = p_i \left[\frac{R_i^2}{R_a^2 - R_i^2}\left(\frac{R_a^2}{R^2} + 1\right)\right],$$

wie auf S. 15 beschrieben.

Die gleiche Fläche läßt sich aber auch ausdrücken als das Produkt von der Wanddicke $s$ und dem Wert der mittleren Tangentialspannung $\sigma_{t_m}$. Es gilt also

$$F = \sigma_{t_m} s = p_i r_i . \tag{3}$$

Wie bereits erwähnt, sollte für optimale Werkstoffausnützung der Spannungsmittelwert $\sigma_{t_m}$ den Wert der höchstzulässigen Vergleichsspannung $\sigma_{v_{zul}}$ erreichen, und zwar soll

$$\sigma_{t_m} = \sigma_{v_i} = \sigma_{v_{zul}}$$

werden. Dies bedeutet aber, daß $\sigma_{t_m}$ mit Vorspannung, in der Folge abgekürzt als m.V. – gleich dem Wert $\sigma_{t_i}$ sein soll, wenn man sich auf die Tangentialspannung allein beziehen will.

Folglich ist

$$(\sigma_{t_m})_{\text{m.V.}} = p_i \left(\frac{k^2 + 1}{k + 1}\right) . \tag{4}$$

Bildet man jetzt das Verhältnis $\sigma_{t_i}/\sigma_{t_m}$, so wird es zum Verhältnis der mittleren Spannungen, und zwar mit und ohne Vorspannung.

Es gilt dann

$$\frac{(\sigma_{t_m})_{\text{m.V.}}}{(\sigma_{t_m})_{\text{o.V.}}} = \frac{k^2 + 1}{k + 1} , \tag{5}$$

was identisch mit Gl. (1) ist.

Wählt man nun an Stelle der Spannungen die Wanddicken, so ergibt sich die wichtige Beziehung

$$s_{\text{m.V.}} = s_{\text{o.V.}} \left(\frac{k + 1}{k^2 + 1}\right) . \tag{6}$$

Gl. (6) drückt aus, daß ideal vorgespannte Zylinder Wanddicken haben können, die um das Verhältnis $(k + 1)/(k^2 + 1)$ kleiner sind als die Wanddicke gleicher Zylinder, jedoch ohne Vorspannung.

Wie stark sich die Gegenwart der idealen Vorspannung zur Erzeugung der gewünschten Eigenspannungen im drucklosen Zustande zugunsten einer Verminderung der Wanddicke auswirkt, möge an Hand eines Rechenbeispieles gezeigt werden. Wählt man einen Zylinder mit $k = 2$ mit den Radien $R_a = 2$, $R_i = 1$, also $s = 1$, so ergibt sich aus Gl. (6)

$$s_{\text{m.V.}} = s_{\text{o.V.}} \frac{k + 1}{k^2 + 1} = 1\,(0{,}6) = 0{,}6 .$$

Damit wird das Wanddickenverhältnis $k$ zu 1,6. Dies bedeutet, daß ein Zylinder mit idealer Vorspannung für $k = 1{,}6$ dem gleichen Druck ausgesetzt werden kann wie ein entsprechender Zylinder ohne Vorspannung mit $k = 2$ bei $R_a = 2$ und $R_i = 1$. Die dabei erzielte Werkstoffersparnis ist also ganz beträchtlich. Natürlich handelt es sich hier um einen rein theoretischen Fall. Die Vorspannungsverhältnisse in der Praxis weichen vom Idealfall unter anderem oft beträchtlich ab.

Unter Bezugnahme auf dieses Berechnungsbeispiel kann man aussagen, daß in beiden Fällen die Flächen unterhalb der Spannungskurven gleich sein müssen, wobei sie sich lediglich in der Form unterscheiden. Die Fläche für ideale Vorspannung, bezogen auf das Beispiel, ist in Abb. 3 veranschaulicht. Kurvenzug *bc* stellt die tangentiale Mittelspannung vom Werte $\sigma_{t_i} = \sigma_{v_{zul}}$ dar. Linie *a–o–d* mit negativen und positiven Anteilen folgt praktisch den Lamé-Funktionen. Es muß jedoch darauf hingewiesen werden, daß es gleichgültig ist, ob man zum Vergleich der Verhältnisse die Tangentialspannungen oder die Anstrengungen für die Betrachtungen wählt.

## C. Arten der Vorspannungsverfahren

In den vorstehenden Betrachtungen kam nirgends zum Ausdruck, nach welchem Verfahren die Vorspannung in der Zylinderwand erzeugt wurde. In der Industrie sind eine ganze Reihe von Verfahren bekannt geworden, mit Hilfe deren der Versuch gemacht wurde, die Ungleichmäßigkeit in der Spannungsverteilung zu vermeiden bzw. zu beseitigen. Was immer auch die Natur jedes einzelnen Verfahrens sein mag, jeder dieser Methoden liegt die Idee zugrunde, an der höchstbeanspruchten Innenzone negative Druckspannungen und an der Außenzone positive Zugspannungen zu erzeugen. Der Grad der Verbesserungen des Spannungszustandes hängt – neben werkstattlichen Anforderungen – fast ausschließlich von der Natur des Vorspannungsverfahrens ab.

Von der Vielzahl der Verfahren sind wenige bekannt geworden, die großtechnische Bedeutung erlangt haben und auch heute noch allgemein angewandt werden. Solche Verfahren kennt man technisch unter dem Namen Autofrettage, Schrumpfverfahren mit einem oder mehreren Schichten, Laminar-Verfahren und das Wickelverfahren. Die drei letztgenannten Verfahren wenden grundsätzlich das Mehrlagenprinzip für Zylinderbauweise an und beruhen in ihrer Wirkung auf dem Schrumpfeffekt.

Beim Schrumpfverfahren wird eine dickwandige oder mehrere dünnwandige zylindrische Schichten übereinandergeschrumpft. Werden die Dimensionen der einzelnen Bauelemente richtig gewählt, so können die äußeren Schichten nach ihrer Abkühlung ihre ursprüngliche Abmessung nicht mehr erreichen und bleiben in einem künstlichen Spannungszustande, wobei sich die gewünschten Druck- bzw. Zugeigenspannungen ausbilden können.

Bei der Laminar- oder Schalenbauweise werden Bleche zu Halbschalen zylindrisch gerollt und dann die Enden über ein Kernrohr zusammengeschweißt. Die Schweißnähte für jede nachfolgende Lage werden jeweils versetzt. Bei der Abkühlung ziehen sich die Nähte stark zusammen und erzielen so einen Schrumpfeffekt auf die darunter liegende Schicht, wobei die Schrumpfspannung jeweils von dem Spalt und der Schichtdicke abhängt. Die Schrumpfspannungen wirken auf die darunter liegenden Schichten als Außendruck und erzeugen auf diese Weise entsprechende Eigenspannungen, deren Größenordnung und Verteilung im Wandquerschnitt ganz vom Konstrukteur und natürlich von der Werkstätte abhängen.

Beim Wickelverfahren wird ein profiliertes Stahlband auf ein spezielles Kernrohr aufgewickelt. Das Band wird vor der Berührung mit dem darunter liegenden Verband elektrisch aufgeheizt und dann unter Spannung auf eine ebenfalls profilierte Kernrohroberfläche während der Rotation aufgedrückt. Beim Abkühlen wirken sich Schrumpfspannungen aus, die dann wiederum die gewünschten Eigenspannungen in der Zylinderwand bewirken.

Die drei letztgenannten Verfahren zur Herstellung von Mehrlagenbehältern unter Ausnützung des Schrumpfprinzips werden in Kap. IV behandelt werden.

Was die Autofrettage anbetrifft, handelt es sich um einen Vollwandzylinder, der auch nach der Autofrettage noch Vollwandkörper ist. Er wird lediglich einer beabsichtigten plastischen Verformung durch statischen Innendruck unterzogen mit anschließender leichter Wärmebehandlung bei relativ niedrigen Temperaturen, um die Eigenspannungen in der Wand zu stabilisieren. Bei der Druckentspannung vom Autofrettagedruck auf drucklosen Zustand federn die äußeren Schichten, je nach Verformungsgrad, mehr oder weniger stark zurück, wodurch Eigenspannungen entstehen, und zwar Druckspannungen in der Innenzone und Zugspannungen in der Außenzone.

Die Autofrettage stellt das einfachste Verfahren dar, einen gegebenen dickwandigen Hohlzylinder mit Eigenspannungen zu versehen. Außer der Druckerzeugungsanlage, die als hydraulische Anlage ohnehin sehr einfach sein kann, bedarf es keiner besonderen Werkstatteinrichtungen. Der praktische Erfolg der Autofrettage gilt mehr beabsichtigten Sonderzwecken als einer allgemeinen Drucksteigerung über das Maß eines äquivalenten Vollwandzylinders hinaus. Auf diese Sonderzwecke wird später noch eingegangen werden, besonders bei Zylindern, die starken Wechselbeanspruchungen unterworfen sind. Autofrettage ist auch vorteilhaft bei Beanspruchungen, wenn die Zylinderhomogenität durch seitliche Bohrungen unterbrochen ist.

## D. Vorspannung durch Autofrettage

Beim Autofrettageverfahren nützt man den Vorteil verfestigungsfähiger Werkstoffe aus, ihre Zugstreckgrenze infolge der plastischen Verformung zu erhöhen. Wählt man beispielsweise den Innendruck, bei dem der Werkstoff an der Innenfaser zu fließen beginnt und steigert diesen Druck allmählich aber stetig, so breitet sich die Fließzone konzentrisch, von der Innenfaser beginnend, nach außen hin aus. Entspannt man jetzt den Innendruck auf Null, so bleibt die plastische Verformung in der Wand bestehen, während die elastisch verbliebene Außenzone zurückfedert und die verformte Zone in einen künstlichen Spannungszustand versetzt, der sich in Eigenspannungen über die ganze Wanddicke hinweg äußert. Die Rückstellkräfte wirken als Außendruck auf die plastisch verformte Zone, wobei die entstehenden Eigenspannungen Druckspannungen sind. Andererseits verhindert die plastische Zone einen Rückgang der elastischen Zone auf ihren ursprünglich neutralen Zustand. Die plastische Zone wirkt als Innendruck auf die elastisch noch gespannte Außenzone und erzeugt daher Zugeigenspannungen. Diesen Vorgang bezeichnet man in der Technik als Autofrettage. Das Prinzip als solches ist schon lange bekannt [*1*] und wurde praktisch im Geschützrohrbau schon früh angewandt.

Da sich ein Zylinder aus verfestigungsfähigem Werkstoff beliebig bis zur Erreichung des vollplastischen Zustandes verformen läßt, wird man verschiedene Stufen der Autofrettage zu unterscheiden haben. Man spricht daher von Teilautofrettage und Vollautofrettage. Teilautofrettage ist dann gegeben, wenn nicht die gesamte Wand plastisch verformt wurde. Bei Vollautofrettage ist der Innendruck so zu steigern, daß der vollplastische Zustand erreicht wird, ehe die notwendige Druckentspannung erfolgt. Obwohl bei der Vollautofrettage das Verformungsvermögen des Werkstoffes voll aufgebraucht ist, ist der Zylinder – theoretisch gesehen – noch voll elastisch.

Welcher Grad von plastischer Verformung den optimalen Autofrettageeffekt erzielt, läßt sich für keinen Werkstoff auf den ersten Blick vorhersagen. Es muß stets von Fall zu Fall eine Berechnung angestellt werden, um dann stufenweise den Verformungsgrad zu untersuchen. Die graphische Darstellung der Spannungsverteilung zeigt dann eindeutig, in welchem Gebiet die niedrigste Belastung erwartet werden kann. Wie das Spannungsoptimum dann ermittelt wird, soll später an einem praktischen Berechnungsbeispiel gezeigt werden.

Ganz allgemein läßt sich schon jetzt, auch ohne mathematische Spannungsbeziehungen im einzelnen zu kennen, aussagen, daß durch die Anwendung von Autofrettage für die Erzeugung von günstigen Eigenspannungen in der Wandung dickwandiger Hohlzylinder Vorteile zu erwarten sind, die man wie folgt zusammenfassen könnte:

1. Die Spannungsspitze an der Innenfaser, die sich bei Betrieb mit Innendruck bildet, wird durch die Gegenwart von Druckeigenspannungen an dieser Stelle entsprechend abgebaut.

2. Durch die Erhöhung des Zugstreckgrenzenwertes des Zylinderwerkstoffes bei der teilplastischen Verformung läßt sich eine gewisse Druck-

steigerung gegenüber dem nichtautofrettierten Zylinder erzielen. Allerdings muß man in Rücksicht stellen, daß die Erhöhung der Streckgrenze auf Kosten des Verformungsvermögens erkauft werden muß.

3. Für Pumpen- und Kompressorenzylinder, die mit höheren Spannungsamplituten im Wechselbetrieb gefahren werden und ferner Abriebbelastungen unterliegen und vielfach noch Seitenbohrung besitzen, ist das Vorhandensein der Druckspannungen an der höchstbeanspruchten Faser ein wesentliches Mittel zur Erhöhung der Lebenserwartung. In diesem Falle ist Autofrettage praktisch das einzige Mittel, dem frühen Versagen wirksam zu begegnen.

## E. Spannungsverhältnisse bei Autofrettage

Für die mathematische Erfassung der Spannungen in autofrettierten Zylindern ist es notwendig, jede Spannungsart zuerst getrennt für sich zu ermitteln, d.h. die Spannungsanalyse nach Eigenspannungen, Betriebsspannungen usw. durchzuführen. Die Ermittlung der resultierenden Gesamtspannungen läßt sich dann sowohl analytisch als auch rein graphisch durchführen. Diese Methode wird ganz allgemein bei der Berechnung der Mehrlagenbehälter vorteilhaft angewandt.

Für die rechnerische Erfassung der Spannungen bzw. der Anstrengungen in der Wandung von durch Autofrettage vorbehandelten Zylindern sind in der einschlägigen Literatur eine Anzahl von Rechenverfahren bekannt geworden. Alle Verfahren beschränken sich allerdings darauf, lediglich die drei Hauptspannungen zu berechnen und nicht die Anstrengung. Dies liegt praktisch daran, daß die Verfasser sich ausschließlich auf die Lamé-Hypothese stützen für die Dimensionierung. In keinem Verfahren wurde bisher der Bedeutung der Anstrengung gebührend Rechnung getragen. Bei Verwendung der Anstrengung $\sigma_v$, errechnet aus der von-Mises-Hypothese, ergibt sich nur eine an Stelle von drei Kurven, und das Verfahren wäre wesentlich einfacher.

### 1. Spannungen bei Vollautofrettage

Zur Erzeugung von Vollautofrettage muß der Zylinder vollplastischem Druck unterworfen werden, verfestigungsfähiger Werkstoff vorausgesetzt. Zur Ermittlung der vollplastischen Verhältnisse dient die Gestaltänderungsenergie-Hypothese nach von Mises. Liegen die drei Hauptspannungen ihrem Verlauf nach in der Wand fest, so trägt man sie zweckmäßig graphisch in Abhängigkeit vom Durchmesserverhältnis $k$ auf. Dann macht man die Annahme, daß eine fiktive elastische Hauptspannung für jede der drei Hauptrichtungen wirksam sei, die als eine Art Rückstellkraft der tatsächlichen Hauptspannung entgegenwirkt. Die hypothetische Spannung ermittelt man als elastische Spannungskurve nach den Lamé-Funktionen, jedoch mit dem vollplastischen Druck als Innendruck $p_i$. Diese Kurven besagen, daß der Zylinder theoretisch mit dem vollplastischen Druck über die ganze Wanddicke elastisch sei. Mit dieser Hypothese erleichtert man sich außerdem das Verständnis der Rückfederung im vollplastischen Zustande, wo eigentlich keine elastische Außenzone verbleibt. Bildet man dann die algebraische Differenz zwischen den Spannungswerten der plastischen Verformung und denen der hypothetisch-elastischen Rückstellspannungen, so erhält man die nach der Autofrettage in der Zylinderwand wirksamen Eigenspannungen.

### a) Berechnung der Eigenspannungen

Für die Berechnung der Hauptspannung, die im Falle des vollplastischen Zustandes ermittelt werden müssen, lassen sich die diesbezüglichen Beziehungen (s. S. 37ff.) anwenden. Der Einfachheit halber seien sie hier wiedergegeben.

*Tangentialspannungen*

$$(\sigma_t)_{\text{v.pl.}} = \frac{2}{\sqrt{3}}\,\sigma_F\left(1 - \ln\frac{k}{k_x}\right) = \frac{2}{\sqrt{3}}\,\sigma_F\left(1 + \frac{r}{r_a}\right).$$

*Axialspannungen*

$$(\sigma_{ax})_{\text{v.pl.}} = \frac{2}{\sqrt{3}}\,\sigma_F\left(0{,}5 - \ln\frac{k}{k_x}\right) = \frac{2}{\sqrt{3}}\,\sigma_F\left(0{,}5 + \ln\frac{r}{r_a}\right).$$

*Radialspannungen*

$$(\sigma_r)_{\text{v.pl.}} = \frac{-2}{\sqrt{3}}\,\sigma_F\ln\frac{k}{k_x} = \frac{2}{\sqrt{3}}\,\sigma_F\ln\frac{r}{r_a}.$$

*Vollplastischer Druck*

$$p_{\text{v.pl}} = \frac{2}{\sqrt{3}}\,\sigma_F\ln k.$$

Für die hypothetisch-elastischen Fiktivspannungen benützt man die bekannten Lamé-Funktionen wie folgt:

*Tangentialspannungen*

$$(\sigma_t)_{\text{el}} = \left[\frac{1}{k^2-1}\,\frac{k^2+k_x^2}{k_x^2}\right]p_i.$$

*Axialspannungen*

$$(\sigma_{ax})_{\text{el}} = \left(\frac{1}{k^2-1}\right)p_i.$$

*Radialspannungen*

$$(\sigma_r)_{\text{el}} = -\left[\frac{1}{k^2-1}\,\frac{k^2-k_x^2}{k_x^2}\right]p_i.$$

*Mit dem Innendruck* $p_i$

$$p_i = p_{\text{v.pl}} = \frac{2}{\sqrt{3}} \sigma_F \ln k \,.$$

Durch Bildung der Differenzen erhält man die Eigenspannungen zu:

*Tangentiale Eigenspannungen*

$$(\sigma_{t-\text{eig}})_{\text{v.pl}} = \left[\frac{2}{\sqrt{3}} \sigma_F \left(1 - \ln \frac{k}{k_x}\right)\right] - \left[\frac{1}{k^2 - 1} \frac{k^2 + k_x^2}{k_x^2} (p_i)_{\text{v.pl}}\right]_{\text{hyp}} . \tag{7}$$

*Axiale Eigenspannung*

$$(\sigma_{ax-\text{eig}})_{\text{v.pl}} = \left[\frac{2}{\sqrt{3}} \sigma_F \left(0{,}5 - \ln \frac{k}{k_x}\right)\right] - \left[\frac{1}{k^2 - 1} (p_i)_{\text{v.pl}}\right]_{\text{hyp}} . \tag{8}$$

*Radiale Eigenspannung*

$$(\sigma_{r-\text{eig}})_{\text{v.pl}} = -\left[\frac{2}{\sqrt{3}} \sigma_F \ln \frac{k}{k_x}\right] - \left[(-p_i)_{\text{v.pl}} \left\{\frac{1}{k^2 - 1} \frac{k^2 - k_x^2}{k_x^2}\right\}\right]_{\text{hyp}} . \tag{9}$$

In diesen Beziehungen ist eigentlich die Verfestigung des Werkstoffes während der plastischen Verformung nicht berücksichtigt. In Wirklichkeit liegen infolge der Verfestigung die Spannungs- bzw. Belastbarkeitsverhältnisse etwas günstiger.

Gemäß Prager und Hodge [*2*] muß eine Einschränkung der obigen Beziehungen insofern getroffen werden, daß Gln. (7–9) nur Gültigkeit haben, solange die Druckeigenspannungen in der Zylinderwand bei der Autofrettageentspannung kein Fließen des Werkstoffes an der Innenfaser verursachen. Prager und Hodge zeigen, daß die Eigenspannungen im elastischen Bereich bleiben, solange die Bedingung

$$k = \frac{r_a}{r_i} \leqslant 2{,}22 \tag{10}$$

erfüllt ist. Ferner muß der Fließdruck für Fließen an der Innenfaser der Bedingung genügen:

$$(p_F)_i \leqslant \Delta p < p_{\text{v.pl}} \,. \tag{11}$$

Ist jedoch das Durchmesserverhältnis $k > 2{,}22$, dann sollte

$$\Delta p \leqslant 2 p_{\text{v.pl}} \tag{12}$$

sein. Hierbei ist $\Delta p$ der Entspannungsdruck nach der Autofrettage.

Die Entspannung vom Autofrettagedruck auf drucklosen Zustand bewirkt eine Veränderung der Autofrettagespannungen, die sich aus folgenden Beziehungen errechnen lassen:

Tangentialspannungen:

$$\Delta \sigma_t = -\Delta p' \left(1 + \frac{r_a^2}{r^2}\right) ; \tag{13}$$

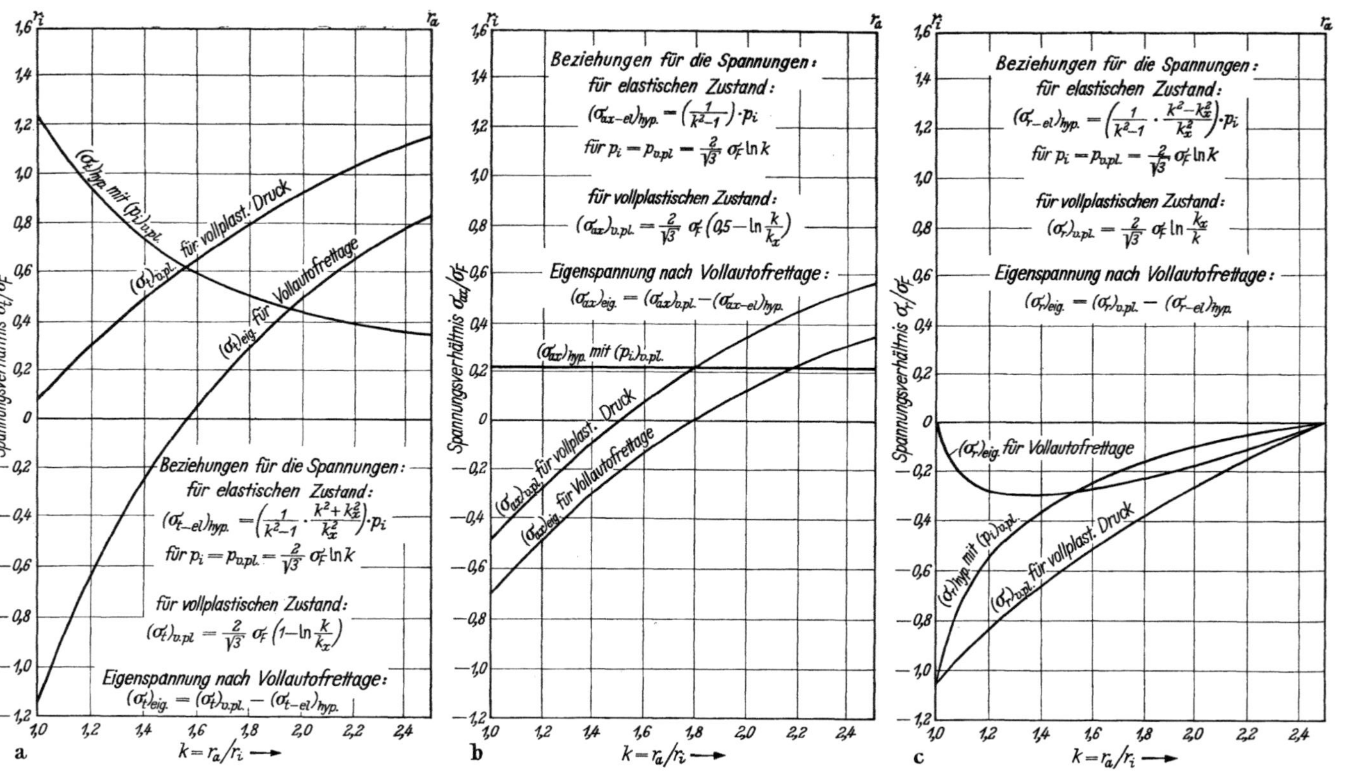


Abb. 4. Ermittlung der Eigenspannungen eines dickwandigen Hohlzylinders mit $k = 2{,}5$ in den drei Hauptrichtungen, tangential, axial und radial, nach vorausgegangener Vollautofrettage

Axialspannungen:

$$\Delta\,\sigma_{ax} = -\Delta\,p'\,; \tag{14}$$

Radialspannungen:

$$\Delta\,\sigma_r = -\Delta\,p'\left(1 - \frac{r_a^2}{r^2}\right). \tag{15}$$

Nach diesen Beziehungen ergeben sich:

$$\Delta p = p_1 - p_2\,, \tag{16}$$

wobei

$p_1$ = Autofrettagedruck,
$p_2$ = Entspannungsdruck, meist Null.

Faupel und Furbeck [*3*] zeigen an Hand zahlreicher Versuche den praktischen Nachweis vorhandener Eigenspannungen, die sich aus Vollautofrettage ergaben. Die Versuchsergebnisse bestätigen mit guter Übereinstimmung die Richtigkeit der Gleichungen über die Eigenspannungen, einschließlich (12–15). Die Verfasser benützten zum Nachweis die bewährte Sachs-Methode [*4*], die eine experimentelle Bestimmung von Eigenspannungen gestattet.

### b) Reine Betriebsspannungen

Die Berechnung der Spannungen, die von dem Innendruck erzeugt werden, folgt den gleichen Regeln, wie sie vorgenommen wird für Vollwandzylinder ohne Vorspannung. Da der Betriebsdruck stets so gewählt wird, daß die Beanspruchung innerhalb der elastischen Zone bleibt, werden die Lamé-Funktionen für die Ermittlung der drei Hauptspannungen angewandt.

### c) Resultierende Endspannungen

Sind die Betriebsspannungen und die Eigenspannungen in den drei Hauptrichtungen bekannt, so ergeben sich die resultierenden Endspannungen durch Überlagerung beider Arten. Es ist empfehlenswert, dies geometrisch und analytisch vorzunehmen.

Als Anwendung wurde ein Beispiel für einen Zylinder mit $k = 2{,}5$ gewählt, der durch Autofrettage mit Eigenspannungen versehen wird. Die Tangentialspannungen sind in Abb. 4a, die Radialspannungen in Abb. 4b und die Axialspannungen in Abb. 4c wiedergegeben.

## 2. Teilautofrettage

Bei der Teilautofrettage, oder vielfach auch partielle Autofrettage genannt, beläßt man eine Zone, und zwar die Außenzone, im elastischen Zustand. Für die Berechnung gelten wiederum die gleichen Grundsätze, wie sie bei der Vollautofrettage gezeigt wurden. Die Übergangszone, wo die plastische Verformung in die elastische übergeht, sei als Grenzzone bezeichnet, die sich theoretisch als eine Kreislinie ergibt, konzentrisch zur Zylinderbohrung.

Die Innendrücke, die zur Erzeugung partieller Autofrettage zu verwenden sind, liegen zwischen den Grenzkurven *a* und *b* der Abb. 13, S. 40, also für Fließbeginn an der Innenfaser und unterhalb des vollplastischen Zustandes. Die genaue Lage läßt sich eindeutig ermitteln und hängt ausschließlich vom Grad der gewünschten Verformung ab, die man für einen Hohlzylinder mit gegebener Wanddicke zu erzielen vor hat.

### a) Autofrettagespannungen

In Kap. I sind Beziehungen aufgezeigt, die für die Berechnung der Spannungsverhältnisse bei teilweiser plastischer Verformung Gültigkeit haben. Es handelt sich um zwei Verfahren, eines nach H. VON JÜRGENSONN und das andere nach PRAGER und HODGE. Bekanntlich führen beide Verfahren zu gleichen Ergebnissen. Da Teilautofrettage nichts anderes als partielle plastische Verformung darstellt, lassen sich beide Verfahren hier ohne Einschränkung anwenden, was in der Folge gezeigt werden soll.

#### *α) Verfahren nach H. von Jürgensonn*

In Wiederholung der Formulierungen von S. 41 ff. lauten die Jürgensonn-Beziehungen für Spannungen bei teilplastischer Verformung: (T.A. = teilplastisch durch Autofrettage).

**Für die plastische Zone**

*Tangentialspannungen*

$$(\sigma_t)^{\mathrm{pl}}_{\mathrm{T.A.}} = \frac{2}{\sqrt{3}}\,\sigma_F\left[\left(1 - \ln\frac{k_1}{k_x}\right) - \frac{k^2 - k_1^2}{2\,k^2}\right];$$

*Axialspannungen*

$$(\sigma_{ax})^{\mathrm{pl}}_{\mathrm{T.A.}} = \frac{2}{\sqrt{3}}\,\sigma_F\left[0{,}5\left(1 - \frac{k^2 - k_1^2}{k^2}\right) - \ln\frac{k_1}{k_x}\right];$$

*Radialspannungen*

$$(\sigma_r)^{\mathrm{pl}}_{\mathrm{T.A.}} = -\frac{2}{\sqrt{3}}\,\sigma_F\left[\ln\frac{k_1}{k_x} + \frac{k^2 - k_1^2}{2\,k^2}\right]$$

für die Grenzen $1 \leqslant k_x \leqslant k_1$.

**Für die elastische Zone**

*Tangentialspannungen*

$$(\sigma_t)^{\mathrm{el}}_{\mathrm{T.A.}} = \sigma_F\left[\frac{(k^2 + k_x^2)\,k_1^2}{\sqrt{3}\,k^2\,k_x^2}\right];$$

*Axialspannungen*

$$(\sigma_{ax})^{\mathrm{el}}_{\mathrm{T.A.}} = \sigma_F \left[\frac{1}{\sqrt{3}} \frac{k_1^2}{k^2}\right];$$

*Radialspannungen*

$$(\sigma_r)^{\mathrm{el}}_{\mathrm{T.A.}} = -\sigma_F \left[\frac{(k^2 - k_x^2)\, k_1^2}{\sqrt{3}\, k\, k_x^2}\right]$$

für die Grenzen $k_1 \leqslant k_x \leqslant k$.

*β) Verfahren nach Prager und Hodge*

Hinsichtlich des Prager- und Hodge-Verfahrens sind in Kap. I folgende Spannungsbeziehungen aufgezeichnet:

**Für die plastische Zone**

mit $r_i \leqslant r \leqslant r_c$ und $r_c = r_{k_1}$ = Grenzlinie zwischen elastischer und plastischer Verformung.

*Tangentialspannungen*

$$(\sigma_t)^{\mathrm{pl}}_{\mathrm{T.A.}} = \tau_F \left(1 + \frac{r_c^2}{r_a^2} + 2 \ln \frac{r}{r_c}\right);$$

*Axialspannungen*

$$(\sigma_{ax})^{\mathrm{pl}}_{\mathrm{T.A.}} = \tau_F \left(\frac{r_c^2}{r_a^2} + 2 \ln \frac{r}{r_c}\right);$$

*Radialspannungen*

$$(\sigma_r)^{\mathrm{pl}}_{\mathrm{T.A.}} = -\tau_F \left(1 - \frac{r_c^2}{r_a^2} - 2 \ln \frac{r}{r_c}\right),$$

wobei

$\tau_F$ = schubelastische Grenze = $\frac{1}{\sqrt{3}} \sigma_F = \frac{1}{\sqrt{3}} \sigma_{0,2\%}$,
$r_c$ = Grenzzone,
T.A. = Teilautofrettage,
pl = plastisch

bedeuten.

**Für die elastische Zone**

*Tangentialspannung*

$$(\sigma_t)^{\mathrm{el}}_{\mathrm{T.A.}} = p_{\mathrm{Autofr}} \left(1 + \frac{r_a^2}{r^2}\right);$$

*Axialspannung*

$$(\sigma_{ax})^{\mathrm{el}}_{\mathrm{T.A.}} = p_{\mathrm{Autofr}};$$

*Radialspannung*

$$(\sigma_r)^{\mathrm{el}}_{\mathrm{T.A.}} = p_{\mathrm{Autofr}} \left(1 - \frac{r_a^2}{r^2}\right);$$

*Autofrettagedruck*

$$p_{\text{Autofr}} = \tau_F \left(\frac{r_c^2}{r_a^2}\right) \tag{16 a}$$

für die Grenzen $r_c \leqslant r \leqslant r_a$.

Der Autofrettagedruck für Teilautofrettage liegt wiederum zwischen den Grenzdrücken für Fließen an der Innenfaser und dem Druck zur Erzeugung des vollplastischen Zustandes. Nach PRAGER und HODGE erhält man diese Grenzdrücke aus den Beziehungen:

*Für Fließen an der Innenfaser:*

$$(p_F)_i = \tau_F \left(1 - \frac{1}{k^2}\right). \tag{17}$$

*Für vollplastischen Zustand*

$$(p_F)_a = p_{\text{v.pl}} = 2\,\tau_F \ln k\,. \tag{18}$$

Beide Gleichungen stimmen mit den von-Mises-Kriterien für die beiden Zustände überein. Es ist jedoch zu berücksichtigen, daß $\tau_F = \dfrac{1}{\sqrt{3}}\,\sigma_F$ ist.

**b) Berechnung der Eigenspannungen**

Die Eigenspannung für Teilautofrettage ergeben sich wiederum aus der Differenz zwischen den Autofrettagespannungen, vermindert um die hypothetisch-elastischen Spannungen für jede betreffende Zone.

Wiederum nach den beiden angeführten Verfahren getrennt, gelten für:

*α) Verfahren nach H. von Jürgensonn:*

**Für die plastische Zone**

*Tangentialspannungen*

$$(\sigma_{t-\text{eig}})^{\text{pl}}_{\text{T.A.}} = \left[\frac{2}{\sqrt{3}}\,\sigma_F \left\{\left(1 - \ln\frac{k_1}{k_x}\right) - \frac{k^2 - k_1^2}{2\,k^2}\right\}\right] - \left[p_i\left(\frac{1}{k^2-1}\,\frac{k^2 + k_x^2}{k_x^2}\right)\right]_{\text{hyp}}. \tag{19}$$

*Axialspannungen*

$$(\sigma_{ax-\text{eig}})^{\text{pl}}_{\text{T.A.}} = \left[\frac{2}{\sqrt{3}}\,\sigma_F \left\{0{,}5\left(1 - \frac{k^2 - k_1^2}{k^2}\right) - \ln\frac{k_1}{k_x}\right\}\right] - \left[p_i\left(\frac{1}{k^2-1}\right)\right]_{\text{hyp}}. \tag{20}$$

*Radialspannungen*

$$(\sigma_{r-\text{eig}})^{\text{pl}}_{\text{T.A.}} = \left[-\frac{2}{\sqrt{3}}\,\sigma_F \left\{\ln\frac{k_1}{k_x} + \frac{k^2 - k_1^2}{2\,k^2}\right\}\right] - \left[-p_i\left(\frac{1}{k^2-1}\,\frac{k^2 - k_x^2}{k_x^2}\right)\right]_{\text{hyp}}. \tag{21}$$

**Für die elastische Zone**

*Tangentialspannungen*

$$(\sigma_{t-\mathrm{eig}})^{\mathrm{el}}_{\mathrm{T.A.}} = \left[\sigma_F \left\{\frac{(k^2 + k_x^2)\, k_1^2}{\sqrt{3}\, k^2 k_x^2}\right\}\right] - \left[p_i \left(\frac{1}{k^2 - 1}\, \frac{k^2 + k_x^2}{k_x^2}\right)\right]_{\mathrm{hyp}}. \tag{22}$$

*Axialspannungen*

$$(\sigma_{ax-\mathrm{eig}})^{\mathrm{el}}_{\mathrm{T.A.}} = \left[\sigma_F \left(\frac{1}{\sqrt{3}}\, \frac{k_1^2}{k^2}\right)\right] - \left[p_i \left(\frac{1}{k^2 - 1}\right)\right]_{\mathrm{hyp}}. \tag{23}$$

*Radialspannungen*

$$(\sigma_{r-\mathrm{eig}})^{\mathrm{el}}_{\mathrm{T.A.}} = \left[-\sigma_F \left\{\frac{(k^2 - k_x^2)\, k_1^2}{\sqrt{3}\, k^2 k_x^2}\right\}\right] - \left[-p_i \left(\frac{1}{k^2 - 1}\, \frac{k^2 - k_x^2}{k_x^2}\right)\right]_{\mathrm{hyp}}. \tag{24}$$

*β) Eigenspannungen nach dem Prager- und Hodge-Verfahren*

Sobald die Autofrettagespannungen und die Spannungen festliegen, die sich aus der Druckentspannung ergeben, bestimmt man die Eigenspannungen aus folgenden Beziehungen mit $r_c = r_{k_1}$:

*Tangentialspannungen*

$$\left.\begin{aligned}(\sigma_{t-\mathrm{eig}})_{\mathrm{T.A.}} &= (\sigma_t)_{\mathrm{Autofr}} + (\Delta\, \sigma_t)_{\mathrm{Autofr}} \\ &= \left[\tau_F \left(1 + \frac{r_c^2}{r_a^2} + 2 \ln \frac{r}{r_c}\right)\right] - \left[-\Delta p' \left(+\frac{r_c^2}{r^2}\right)\right].\end{aligned}\right\} \tag{25}$$

*Axialspannungen*

$$\left.\begin{aligned}(\sigma_{ax-\mathrm{eig}})_{\mathrm{T.A.}} &= (\sigma_{ax})_{\mathrm{Autofr}} + (\Delta\, \sigma_{ax})_{\mathrm{Autofr}} \\ &= \left[\tau_F \left(\frac{r_c^2}{r_a^2} + 2 \ln \frac{r}{r_c}\right)\right] - [-\Delta p'].\end{aligned}\right\} \tag{26}$$

*Radialspannungen*

$$\left.\begin{aligned}(\sigma_{r-\mathrm{eig}})_{\mathrm{T.A.}} &= (\sigma_r)_{\mathrm{Autofr}} + (\Delta\, \sigma_r)_{\mathrm{Autofr}} \\ &= \left[-\tau_F \left(1 - \frac{r_c^2}{r_a^2} - 2 \ln \frac{r}{r_c}\right)\right] - \left[-\Delta p' \left(1 - \frac{r_a^2}{r^2}\right)\right].\end{aligned}\right\} \tag{27}$$

### c) Spannungen infolge des Innendruckes

Die Ausbildung von Betriebsspannungen bei Inbetriebsetzung des Hohlzylinders unter dem gewünschten Innendruck $p_i$ wird durch die Gegenwart der Autofrettageeigenspannungen in der Zylinderwand nicht beeinflußt. Die Berechnung erfolgt wieder nach den bekannten Lamé-Funktionen, zumal der Zylinder als regulärer Vollwandzylinder anzusprechen ist.

### d) Resultierende Gesamtspannungen

Die resultierenden Gesamtspannungen erhält man wiederum durch Überlagerung der Betriebsspannungen und der Autofrettageeigenspannungen. Die Lösungen wird man zweckmäßigerweise wieder algebraisch als auch geometrisch zu erreichen versuchen.

### e) Autofrettagedrücke

Zur Berechnung der Drücke, die zur Erzielung der angestrebten Autofrettage notwendig sind, braucht man lediglich eine Umwandlung der angewandten Spannungen vorzunehmen. In der Literatur sind zwei Verfahren bekannt geworden, nach denen sich die Autofrettagedrücke in recht einfacher Weise ermitteln lassen. Beide Verfahren sollen im folgenden wiedergegeben werden, da sie den Vorteil haben, zu vollkommen identischen Ergebnissen zu führen, wenn man die Beziehung $\tau_F = \frac{1}{\sqrt{3}}\,(\sigma_F)$ benützt.

*α) Verfahren nach Siebel und Schwaigerer*

Für die Berechnung der Fließdrücke gibt E. Siebel [5] folgende Beziehung an:

$$(p_F)_{\text{T.A.}} = 0{,}577\,\sigma_F\left[1 + \ln\frac{\varepsilon_i}{\varepsilon_F} - \frac{(\varepsilon_i/\varepsilon_F)}{k^2}\right]. \tag{28}$$

Hierin bedeuten:

$(p_F)_{\text{T.A.}}$ = Fließdruck zur Erzeugung der Teilautofrettage,
$\sigma_F$ = 0,2-%-Streckgrenze des Zylinderwerkstoffes,
$\varepsilon_i$ = bleibende Verformung an der Innenfaser,
$\varepsilon_F = \sigma_F/E$ = Verformung bei Fließbeginn,
$E$ = Elastizitätsmodul,
$k = r_a/r_i$ = Durchmesserverhältnis.

Nimmt man nun für die Innenfaser verschiedene Verformungen an, und zwar so, daß $\varepsilon_i = x\varepsilon_F$ ist, worin $x$ die Werte 1,0–1,25–1,50–1,75–2,0 bis 3,0 bis $x = 10$ durchlaufen möge, und man trägt dann die so erhaltenen Formänderungswerte in Abhängigkeit vom Durchmesserverhältnis $k$ auf, so ergeben sich die zugehörigen Verformungsdrücke, wie sie in Abb. 5 wiedergegeben sind. Aus diesen Kurven lassen sich in einfacher Weise diejenigen Innendrücke ablesen, die für ein gebenenes Durchmesserverhältnis $k$ angewandt werden müssen, um jegliche Stufe von partieller Autofrettage zu erreichen. Zur weiteren Vereinfachung der Rechnung sind gestrichelt diejenigen Kurven eingetragen, die prozentual den Formänderungsgrad angeben, d.h. wieviel Prozent der Wand durch diesen Druck plastisch verformt sind. Betrachtet man beispielsweise einen Zylinder mit einem Durchmesserverhältnis $k = 2{,}50$, der so durch Autofrettage behandelt werden soll, daß 50% seiner Wanddicke plastisch verformt sind, so erhält man nach Abb. 5 den erforderlichen Autofrettagedruck auf folgende Weise:

a) Folge der Ordinate von $k = 2{,}50$ bis zum Schnitt mit der Verformungskurve für 50%.

b) Gehe von diesem Schnittpunkt zur Ordinatenachse und lies den Wert 0,955 ab.

c) Multipliziere 0,955 mit dem Wert der zugelastischen Streckgrenze des Zylinderwerkstoffes, um den gesuchten Autofrettagedruck $p_F$ zu erhalten.

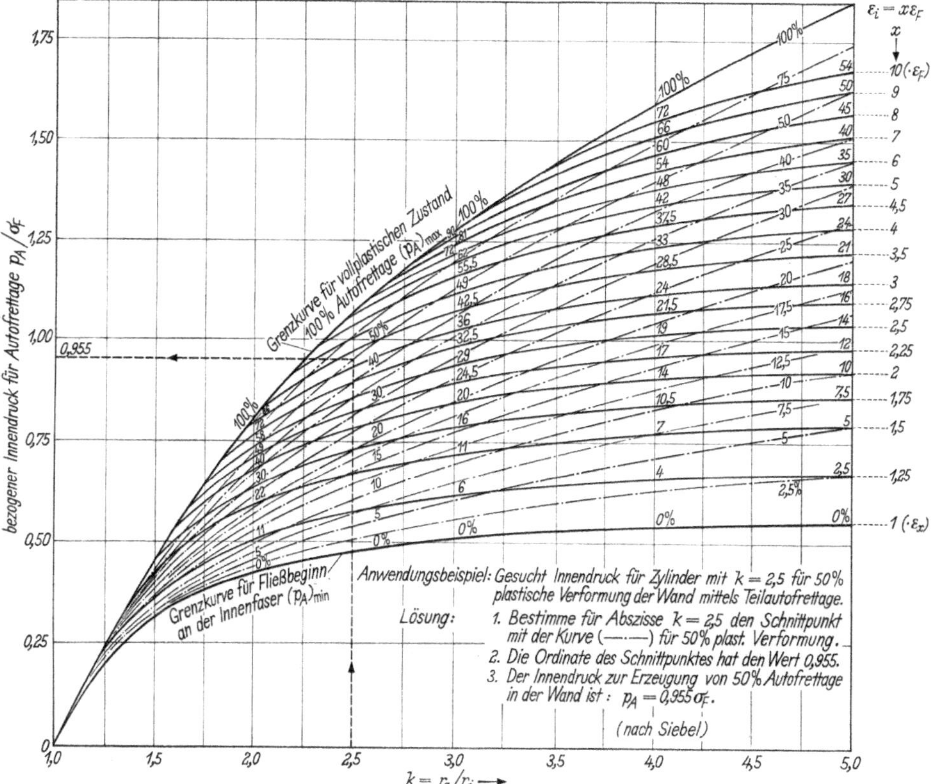


**Abb. 5. Autofrettagedrücke für 0–100% plastische Verformung der Wand in Abhängigkeit vom Halbmesserverhältnis *k*. (Nach E. Siebel und S. Schwaigerer)**

Die Kurven der Abb. 5 sind sehr handlich und tragen wesentlich zur Vereinfachung des Berechnungsverfahrens bei, um den Autofrettagedruck zu erhalten. Wie man erkennt, lassen sich alle Zwischenwerte ohne Schwierigkeit durch einfache Interpolation ermitteln.

### β) *Verfahren nach Prager und Hodge*

Prager und Hodge [2] haben ebenfalls ein praktisches Verfahren zur Berechnung der notwendigen Autofrettagedrücke entwickelt, das sich sowohl für Teil- als auch Vollautofrettage bequem anwenden läßt. Für die Ableitung der Endformeln, die im einzelnen hier nicht wiedergegeben werden möge, gehen die Verfasser von der klassischen Differentialgleichung

$$d\sigma_r = \frac{2}{\sqrt{3}}\,\sigma_F\left(\frac{d\,r}{r}\right)$$

oder

$$d\,\sigma_r = 2\,\tau_F\left(\frac{d\,r}{r}\right)$$

aus. Durch Integration und sinngemäße Umformung kommt man zu folgenden Endergebnissen:

(1) Verformungsdruck

$$p_{\text{pl}} = \tau_F\left(1 - \frac{r_c^2}{r_a^2} - 2\ln\frac{r_i}{r_c}\right), \tag{29}$$

worin $\tau_F$ wiederum durch $\frac{1}{\sqrt{3}}\,\sigma_F$ gegeben ist.

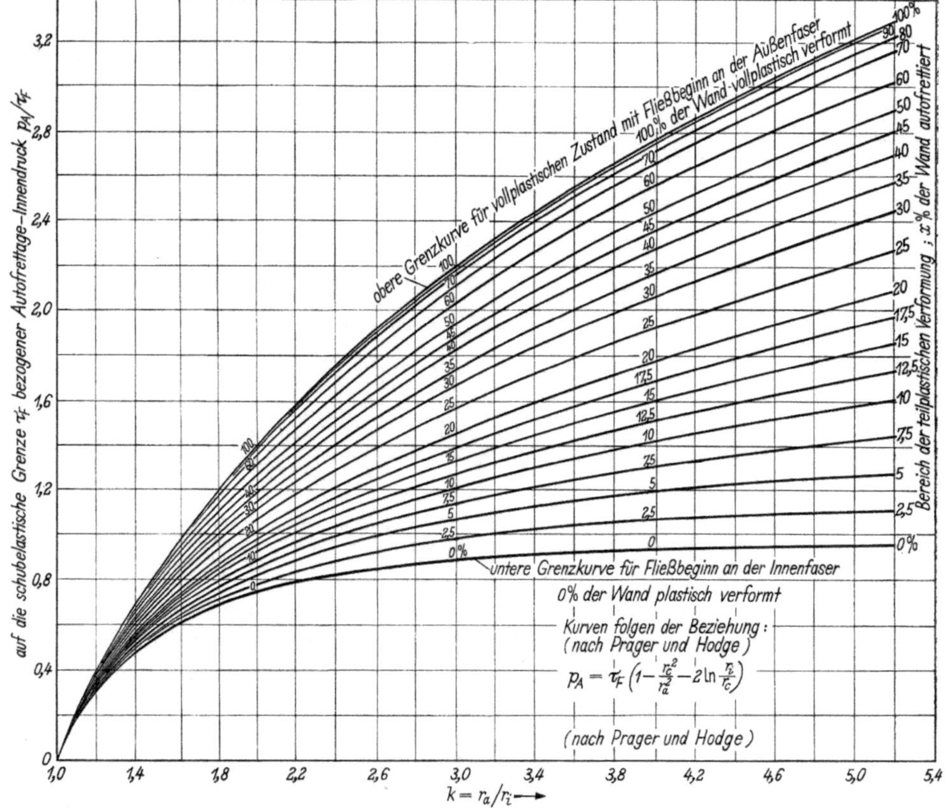


Abb. 6. Autofrettagedrücke für 0 bis 100 % plastische Verformung der Wand in Abhängigkeit vom Halbmesserverhältnis $k$. (Nach PRAGER und HODGE)

Gl. (29) liefert, wenn man für die Grenzfasern $r_i$ und $r_a$ verschiedene Werte einsetzt, die Beziehungen für Fließen an der Innenfaser und für den vollplastischen Zustand. Mit $r_i = r_{k_1}$ wird

$$(p_F)_i = \tau_F \left(1 - \frac{1}{k^2}\right)$$

für den Fließbeginn an der Innenfaser, was früher als Gl. (17) angegeben wurde. Ferner ist mit $r_a = r_c = k_1$

$$(p_F)_a = 2\,\tau_F \ln k$$

für den vollplastischen Zustand, früher Gl. (18) dieses Abschnittes. Beide Gleichungen führen zu Ergebnissen, die mit den entsprechenden von-Mises-Funktionen vollkommen identisch sind.

Wertet man Gl. (29) aus und trägt die Ergebnisse wiederum in Abhängigkeit vom Durchmesserverhältnis auf, so ergeben sich die Kurven der Darstellung von Abb. 6. Diese Kurven gestatten, jeglichen Autofrettagedruck für jeden beliebigen Grad von Autofrettage von 0–100% Wandverformung abzulesen als Funktion vom Durchmesserverhältnis $k$. Die Kurven liefern die gleichen Ergebnisse wie die Siebel-Kurven in Abb. 5. Durch die Zuhilfenahme der Kurven läßt sich der Gang der Berechnung von Autofrettageverhältnissen bzw. jeder Stufe von plastischer Verformung wesentlich vereinfachen.

## F. Berechnungsbeispiele

Die in diesem Kapitel behandelten Beziehungen über Autofrettage mögen an Hand einiger praktischer Berechnungsbeispiele näher erläutert werden.

*Aufgabenstellung*

Gegeben sei ein Hohlzylinder mit einem Innenradius von 150 mm. Wie groß ist die Wanddicke zu gestalten, wenn die Belastung durch Innendruck auf 1400 at gehen soll?

a) Behandle das Beispiel zunächst ohne Autofrettage.

b) Mit Autofrettage:

1. Vollautofrettage mit 100% der Wand plastisch verformt.

2. Teilautofrettage. Suche durch stufenweise Steigerung der plastischen Verformung von 0–100% in Stufenabständen gleicher Verformungszunahme, an welcher Stelle der Formänderung die günstigsten Spannungsverhältnisse zu erwarten sind.

*Lösung der Aufgaben*

Zunächst sei der Zylinder als Vollwandzylinder behandelt und ohne Vorspannungsbedingungen betrachtet. Als Werkstoffeigenschaften seien folgende Werte gegeben:

Streckgrenze (zugelastisch) $\sigma_F = 100000$ psi $\sim 68$ kg/mm²,

(schubelastisch) $\tau_F = \frac{1}{\sqrt{3}}\sigma_F$ $\sim 39{,}4$ kg/mm².

Der Zylinder sei auf statischen Innendruck von 1400 at zu berechnen.

*Vollautofrettage*

Für Belastung auf vollplastischen Innendruck ist nach den Ausführungen von Kap. I der erforderliche Sicherheitsabstand mit $S_{\text{v.pl}} = 2{,}0$ anzunehmen. Damit wird die zulässige Spannung

$$\sigma_{v_{\text{zul}}} = \sigma_F / S_{\text{v.pl}} = 68/2 = 34\,\text{kg/mm}^2\,.$$

Hiernach wird

$$p_{\text{zul}}/\sigma_{v_{\text{zul}}} \approx 0{,}41\,.$$

Daraus ergibt sich

$$\frac{s}{r_i} = \frac{1}{\sqrt{1-\sqrt{3}\,(0{,}41)}} - 1 = 0{,}80$$

mit $r_i = d_i/2 = 6$ Zoll $\approx 150$ mm wird die Wanddicke

$$s = r_i(0{,}80) = 120\,\text{mm}\,.$$

Folglich ist

$$r_a = r_i + s = 150 + 120 = 270\,\text{mm}\,,$$

und das Durchmesserverhältnis

$$k = r_a/r_i = 1{,}80$$

$$k^2 = 3{,}24\,.$$

*Nachrechnung auf $\sigma_{v_{\text{zul}}}$*

$$\sigma_{v_i} = \sigma_{v_{\text{zul}}} = p_i \frac{\sqrt{3}\,k^2}{k^2-1} \approx 34\,\text{kg/mm}^2\,.$$

Also ist die Wanddicke als richtig bestätigt.

Die Maximumgrenzdrücke sind:

*An der Innenfaser*

$$(p_F)_i = \tau_F\left(1 - \frac{1}{k^2}\right) = 2720\,\text{at}$$

$$= 0{,}577\,\sigma_F\left(\frac{k^2-1}{k^2}\right) = 2720\,\text{at}\,.$$

*An der Außenfaser*

$$p_{\text{v.pl}} = 2\,\tau_F \ln k = 4630\,\text{at}$$

$$= \frac{2}{\sqrt{3}}\,\sigma_F \ln k = 4630\,\text{at}\,.$$

Man erkennt somit die Übereinstimmung zwischen von Mises und Prager und Hodge.

Die erhaltenen Autofrettagespannungen sind in Abb. 7 dargestellt, und zwar getrennt nach Tangential-, Axial- und Radialspannungen. Bei den Tangentialspannungen bedeutet Kurve *1* diejenige Hauptspannung, die sich durch vollplastischen Innendruck einstellt. Kurve *2* zeigt die hypothetisch-elastische Spannung, errechnet aus der Lamé-Funktion mit vollplastischem Innendruck. Kurve *3* stellt die resultierende Eigenspan-

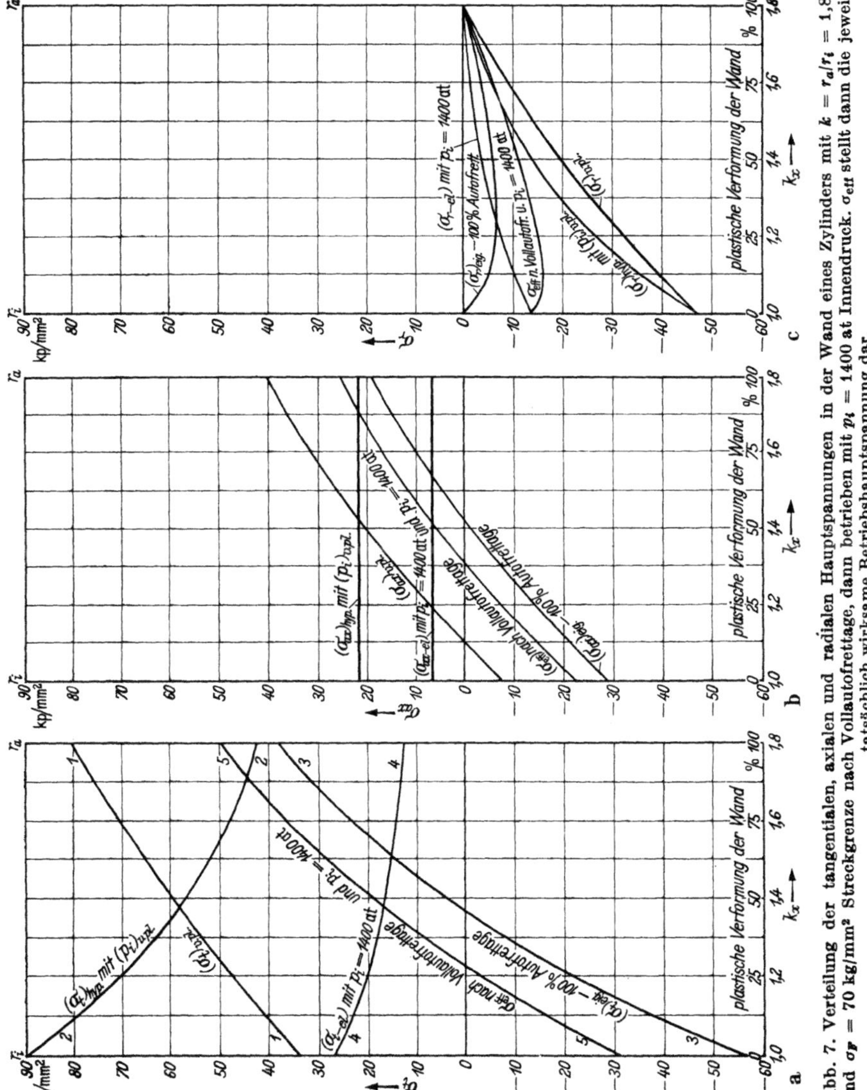


**Abb. 7.** Verteilung der tangentialen, axialen und radialen Hauptspannungen in der Wand eines Zylinders mit $k = r_a/r_i = 1{,}80$ und $\sigma_F = 70$ kg/mm² Streckgrenze nach Vollautofrettage, dann betrieben mit $p_i = 1400$ at Innendruck. $\sigma_{eff}$ stellt dann die jeweils tatsächlich wirksame Betriebshauptspannung dar.

nung dar, die man aus der Differenzbildung von *1* und *2* erhält. Kurve *4* ist die Wiedergabe der reinen Betriebsspannung bei Innendruck $p_i$, im Falle unseres Beispieles 1400 at. Nach Überlagerung von Kurve *3* über Kurve *4* ergibt sich die resultierende Endspannung Kurve *5*, die in Abb. 7a als $\sigma_{\text{eff}}$ bezeichnet ist.

Sieht man von den unbedeutenden Hauptspannungen $\sigma_{cx}$ und $\sigma_r$ ab, so ist bei der Umfangsspannung $\sigma_t$ deutlich zu erkennen, daß im Betriebszustande mit 1400 at Innendruck in keiner Weise von einer idealen Spannungsverteilung über die Wanddicke gesprochen werden kann. Zwar werden die Spannungen an den Grenzfasern abgebaut, doch die Form der Ungleichmäßigkeit bleibt nach wie vor mit verminderten Höchstwerten bestehen. Der praktische Vorteil liegt in dem besagten Abbau der Spitzen an der höchstbeanspruchten Außenfaser. Man kann also schon jetzt ohne Schwierigkeit erkennen, daß eine Vorspannung durch Vollautofrettage keinen bedeutenden Vorteil bringen kann.

*Partielle Autofrettage*

Es bleibt also zu erwarten, daß das Optimum der Autofrettagebelastung in der partiellen Autofrettage liegt. Wo es tatsächlich zu liegen kommt, muß ausschließlich durch Berechnung ermittelt werden. Man wird also die Berechnung schrittweise entwickeln, die Wand in eine Anzahl gleicher Zonen einteilen und dann prüfen, bei wieviel Prozent plastischer Verformung der Wand ein Optimum der Spannungsspitzen entsteht. Man wird mit Fließbeginn an der Innenfaser als Grenzbedingung beginnen bei der 0% der Wand plastisch verformt sind.

Es bleibt hier zu bemerken, daß aus Gründen der Einfachheit der Verfasser das Beispiel aus der englischen Ausgabe übernommen hat, und die Dimensionen daher in Zoll (= inch) erscheinen. Drücke und Spannungen erscheinen als psi (*p*ounds per *s*quare *i*nch). Da die Umrechnung mit 1 at = 14,7 oder 15 psi sehr einfach ist, kann der Leser dem Beispiel in einfacher Weise folgen.

Die weitere Rechnung stütze sich auf folgende Angaben:

| | | |
|---|---|---|
| $\sigma_F = 100000\,\text{psi}$ | $r_i = 6''$ | $k = r_a/r_i = 1{,}8$ |
| $\tau_F = 57750\,\text{psi}$ | $r_a = 10{,}80''$ | $k^2 = 3{,}24$. |
| $p_i = 20000\,\text{psi}$ | $s = 4{,}80''$ | |

Fließdruck für die Innenfaser

$$(p_F)_i = 40000\,\text{psi}.$$

Fließdruck für die Außenfaser

$$(p_F)_a = 68000\,\text{psi}.$$

Die Wanddicke sei mit $r_i = 6''$ in Zonen von $1''$ Breite aufgeteilt, also $7''$–$8''$–$9''$–$10''$ mit der Außenfaser bei $10{,}80''$. Die Autofrettagedrücke mögen die Grenzzone $r_c$ von $r_i = r_c = r_{k_1}$, also $6''$ auf $7''$–$8''$ usw. verschieben.

Nach der Beziehung

$$p_{\text{Autofr}} = \tau_F \left(1 - \frac{r_c^2}{r_a^2} - 2 \ln \frac{r_i}{r_c}\right)$$

sind dann für diese Verschiebung folgende Autofrettagedrücke aufzuwenden:

$$\begin{array}{rlrl} r_{k_1} = r_c = r_i = 6 & \text{inch} & p_i = p_{6''} & \approx 40000\,\text{psi} \\ 7 & \text{inch} & p_{7''} & \approx 51400\,\text{psi} \\ 8 & \text{inch} & p_{8''} & \approx 59200\,\text{psi} \\ 9 & \text{inch} & p_{9''} & \approx 64500\,\text{psi} \\ 10 & \text{inch} & p_{10''} & \approx 67200\,\text{psi} \\ 10{,}8 & \text{inch} & p_{10,8''} & \approx 68000\,\text{psi} \end{array}$$

Da im Hinblick auf die Dimensionierung die axialen und radialen Hauptspannungen keinen entscheidenden Einfluß haben, möge die Fortsetzung der Rechnung auf die tangentialen Hauptspannungen beschränkt bleiben.

Die Autofrettagespannungen nach Anwendung dieser Autofrettagedrücke ergeben sich dann nach den Beziehungen:

*Plastische Zone*

$$(\sigma_t)^{\text{pl}}_{\text{T.A.}} = \tau_F \left(1 + \frac{r_c^2}{r_a^2} + 2 \ln \frac{r}{r_c}\right).$$

*Elastische Zone*

$$(\sigma_t)^{\text{el}}_{\text{T.A.}} = p_{\text{pl}} \left(1 - \frac{r_a^2}{r^2}\right).$$

Die hieraus erhaltenen Werte sind in Tab. 1 für Verformungsstufen von 1″ Abstand zusammengestellt.

Tabelle 1

| $r_c$ bei | Tangentiale Autofrettage, Spannungen in 1000 psi | | | | | |
|---|---|---|---|---|---|---|
| $r = \rightarrow$ | 6″ | 7″ | 8″ | 9″ | 10″ | 10,8″ |
| ↓ | *Spannungen in der elastischen Zone* | | | | | |
| 6″ | 75,5 | 60,4 | 50,4 | 43,6 | 38,7 | 35,7 |
| 7″ | 64,0 | 82,0 | 68,7 | 59,3 | 52,6 | 48,6 |
| 8″ | 56,3 | 73,0 | 89,5 | 76,7 | 68,0 | 63,2 |
| 9″ | 51,1 | 69,0 | 84,5 | 98,0 | 86,6 | 80,0 |
| 10″ | 48,3 | 66,2 | 81,5 | 95,0 | 107,2 | 99,0 |
| 10,8″ | 46,8 | 65,5 | 81,0 | 94,5 | 106,2 | 115,5 |
| | *Spannungen in der plastischen Zone* | | | | | |

Diese Spannungen sind in Abb. 8, und zwar in der oberen Hälfte des Diagramms eingetragen. Jede Spannungskurve besteht naturgemäß aus einem plastischen und einem elastischen Anteil. Die Grenzzonen $r_c$ sind so gewählt, daß sie mit $r_c = 6''–7''–8''–9''–10''–10{,}8''$ zusammenfallen.

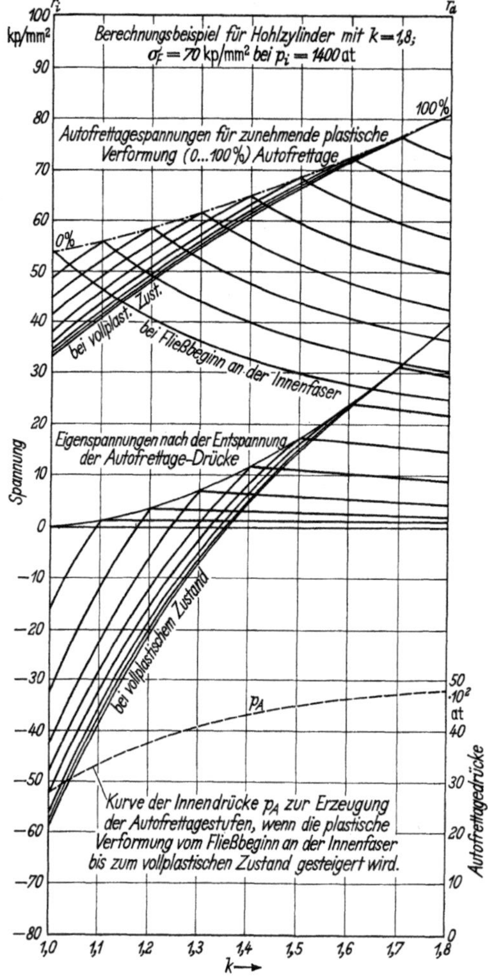


Abb. 8. Autofrettagespannungen und resultierende Eigenspannungen, erhalten an einem Zylinder mit $k = 1{,}80$, der stufenweise von 0–100% der Wand autofrettiert ist. Die Grenzzone $r_G$ verschiebt sich in Abständen von ½ Zoll von der Innen- zur Außenfaser. Nur Tangentialhauptspannungen dargestellt.

*Spannungen infolge der Entspannung*

Für die Ermittlung der Veränderungen der Spannungen infolge der Entspannung muß der Wert von $\Delta p'$ aus Gl. (13) zuerst bekannt sein. Es gilt

$$\Delta p' = \Delta p\left(\frac{r_i^2}{r_a^2 - r_i^2}\right) = (p_1 - p_2)\left[\frac{r_i^2}{r_a^2 - r_i^2}\right].$$

Da $p_2$ gewöhnlich gleich Null ist, wird

$$\Delta p' = p_1\left(\frac{r_i^2}{r_a^2 - r_i^2}\right) = p_{\text{Autofr}}\left[\frac{r_i^2}{r_a^2 - r_i^2}\right] = 0{,}446\,(p_{\text{Autofr}}).$$

Setzt man jetzt die bekannten Autofrettagedrücke ein, so ergeben sich folgende $\Delta p'$-Werte:

$$\begin{aligned}\Delta p' = 0{,}446\,(p_{\text{Autofr}}) = (0{,}446)\ 40000 &= 17840\,\text{psi}\\ 51400 &= 22900\,\text{psi}\\ 59200 &= 26400\,\text{psi}\\ 64500 &= 28800\,\text{psi}\\ 67200 &= 30000\,\text{psi}\\ 68000 &= 30300\,\text{psi}\end{aligned}$$

Mit der Kenntnis der $\Delta p'$-Werte lassen sich die Veränderungen der Autofrettagespannungen $\Delta \sigma_t$ ermitteln, wie in Gl. (13) angegeben. Diese lautet nämlich

$$\Delta \sigma_t = -\Delta p' \left(1 + \frac{r_a^2}{r^2}\right).$$

Ausgewertet liefert diese Gleichung Spannungen $\Delta \sigma_t$, wie sie in Tab. 2 aufgezeichnet sind:

Tabelle 2. *$\Delta \sigma_t$-Werte in 1000 psi für verschiedene $r_e$*

| $r_e$ = (inch) = | 6″ = $r_i$ | 7″ | 8″ | 9″ | 10″ | 10,8″ = $r_a$ |
|---|---|---|---|---|---|---|
| 6″ | − 75,8 | − 60,5 | − 50,5 | − 43,0 | − 38,7 | − 35,7 |
| 7″ | − 97,5 | − 77,6 | − 64,8 | − 55,5 | − 49,8 | − 46,0 |
| 8″ | − 112,0 | − 89,2 | − 74,5 | − 63,6 | − 57,2 | − 52,8 |
| 9″ | − 122,0 | − 97,2 | − 81,2 | − 69,5 | − 62,3 | − 57,6 |
| 10″ | − 127,2 | − 101,4 | − 84,6 | − 72,3 | − 65,0 | − 60,0 |
| 10,8″ | − 128,2 | − 102,4 | − 85,5 | − 73,0 | − 65,6 | − 60,6 |

Damit lassen sich die Eigenspannungen errechnen, die sich aus der Autofrettagevorspannung ergeben. Gemäß Gl. (27) ist:

$$(\sigma_{t-\text{eig}})_{\text{T.A.}} = (\sigma_t)_{\text{Autofr}} + (\Delta \sigma_t)_{\text{Autofr}}.$$

Die Auswertung dieser Gleichung ergibt für $(\sigma_{t-\text{eig}})_{\text{Autofr}}$:

Tabelle 3

| $r_e$ = (inch) = | 6″ = $r_i$ | 7″ | 8″ | 9″ | 10″ | 10,8″ = $r_a$ |
|---|---|---|---|---|---|---|
| 6″ | 0 | | | | | |
| 7″ | − 33,5 | + 4,4 | + 3,9 | + 3,8 | + 2,8 | + 2,6 |
| 8″ | − 55,7 | − 16,2 | + 15,0 | + 13,1 | + 10,8 | + 10,2 |
| 9″ | − 70,9 | − 28,2 | + 3,3 | + 28,5 | + 24,3 | + 22,4 |
| 10″ | − 78,95 | − 35,2 | − 3,1 | + 22,7 | + 42,2 | + 39,0 |
| 10,8″ | − 81,4 | − 36,9 | − 4,5 | + 21,5 | + 40,6 | + 55,2 |

*Reine Belastungsbeanspruchung infolge des Innendruckes $p_i$*

Bei einem Innendruck $p_i = 20\,000$ psi ergeben sich die Tangentialspannungen gemäß der Lamé-Funktion

$$(\sigma_{t-\text{el}})_{p_i} = p_i \left[\frac{1}{k^2 - 1} \; \frac{k^2 + k_x^2}{k_x^2}\right]$$

zu:

$r = r_i =$ 6″ → 41 000 psi
7″ 32 800 psi
8″ 27 400 psi
9″ 23 800 psi
10″ 21 000 psi
$r = r_a =$ 10,8″ 19 400 psi

Daraus ergeben sich nach Überlagerung der Druckbeanspruchung mit den Eigenspannungen die resultierenden Endspannungen nach der Beziehung

$$(\sigma_{t_{\text{eff}}}) = (\sigma_t)_{p_i} + (\sigma_{t-\text{eig}})_{\text{Autofr}}.$$

Die numerische Auswertung dieser Gleichung liefert folgende $\sigma_{t_{eff}}$-Werte in 1000 psi für 20000 psi Innendruck nach stufenweiser Partialautofrettage:

Tabelle 4

| $r_e = (r_i =)$ | 6″ | 7″ | 8″ | 9″ | 10″ | 10,8″ = $r_a$ |
|---|---|---|---|---|---|---|
| 6″ | +41,0 | +32,8 | +27,4 | +23,8 | +21,0 | +19,4 |
| 7″ | + 7,5 | +37,2 | +31,3 | +27,6 | +23,8 | +22,0 |
| 8″ | −14,5 | +16,6 | +42,4 | +36,9 | +31,8 | +29,6 |
| 9″ | −29,9 | + 4,6 | +30,7 | +52,3 | +45,3 | +41,8 |
| 10″ | −37,95 | − 2,4 | +24,3 | +46,3 | +63,2 | +54,8 |
| $r_e = r_a = 10{,}8''$ | −40,4 | − 4,1 | +22,9 | +45,3 | +61,6 | +74,6 |

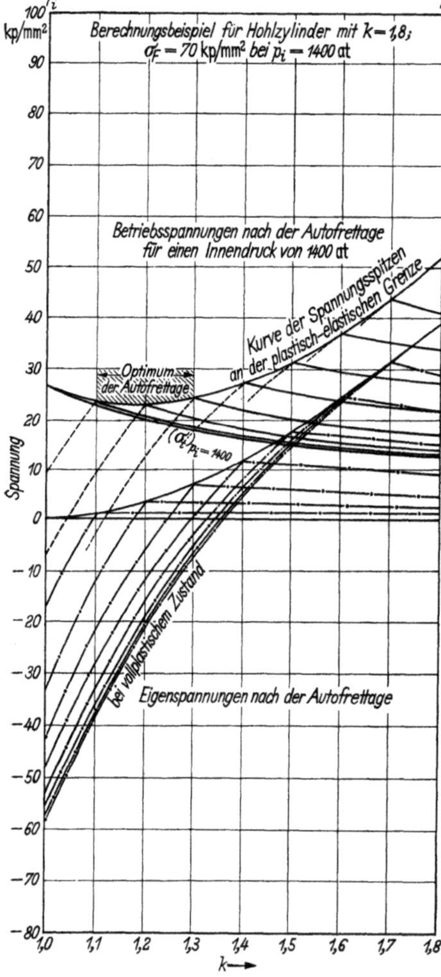


Abb. 9. Eigenspannungen und resultierende Endspannungen in tangentialer Richtung für einen Zylinder mit $k = 1{,}8$ mit stufenweiser Vorspannung durch Autofrettage von 0–100% der Wand plastisch verformt, und zwar betrieben mit $p_i$ = 20000 psi

Trägt man diese Tangentialspannungen über $r_c = 6''$–$7''$–$8''$–$9''$–$10''$ bis $10{,}8''$ als Wanddicke auf, so ergeben sich die Kurven der Abb. 9. Diese Spannungen zeigen den oberen Teil der Abbildung, während im unteren Teil wieder die Eigenspannungen von Abb. 8 zu erkennen sind.

Verbindet man jetzt wieder die Spannungsoptima zu einem Kurvenzug von der Innen- zur Außenfaser, so läßt sich deutlich ein Minimum erkennen zwischen $r_c = r_i$ und $r_c = 8''$. Mit anderen Worten, die niedrigsten Spitzen der Tangentialspannungen sind dann gegeben, wenn der Zylinder bis zu maximal 20–25% der Wand durch Teilautofrettage vorgespannt wird.

Legt man andere Innendrücke für den gleichen Zylinder fest, so muß eine neue Serie von Berechnungen angestellt werden, die zu neuen Spannungsdiagrammen führen. Es bleibt jedoch zu bemerken, daß das Spannungsoptimum meist innerhalb der 0–30-%-Verformungszone bleibt.

## G. Schlußbetrachtungen

Vollwandzylinder können, wie an Hand praktischer Berechnungsbeispiele gezeigt wird, durch Autofrettage unter Vorspannung gesetzt werden. Dabei bilden sich an der Innenzone, mit der Innenfaser beginnend, Druckspannungen aus, die an der Außenzone zu Zugspannungen werden. Die Berechnung der Beanspruchung unter Innendruck wird nach den Lamé-Beziehungen ermittelt nach dem Muster für Vollwandzylinder, und zwar ohne Rücksicht auf die bestehende Vorspannung. Die resultierenden Gesamtspannungen ergeben sich aus der Überlagerung der Druckbeanspruchungen über den vorhandenen Eigenspannungen durch Autofrettage.

Die plastische Verformung der Zylinderwand kann jeden beliebigen Grad erreichen, und zwar von 0–100%. Solange nur Teile der Wand plastisch verformt sind, spricht man von Teilautofrettage. Bei Verformung der gesamten Wand, wo auch die Außenfaser zu fließen beginnt, liegt Vollautofrettage vor.

Wie die Berechnungsbeispiele zeigen, ist die Verteilung der resultierenden Gesamtspannungen bei Innendruck keinesfalls ideal, für jeden Grad plastischer Verformung tritt eine bestimmte Spannungsspitze bei $r_c$ auf. Autofrettage trägt dazu bei, diese Spannungsspitze entsprechend abzubauen.

Zusammenfassend lassen sich kurz folgende Feststellungen treffen:

1. Für Autofrettage von dickwandigen Hohlzylindern sollten ausschließlich Werkstoffe benützt werden, die bei der plastischen Verformung eine Verfestigung erfahren.

2. Der Vorteil der Vollautofrettage ist verhältnismäßig gering, wenn man die Absolutgröße der verbleibenden Spannungsspitze betrachtet. Die mögliche Druckerhöhung als Folge der Streckgrenzenerhöhung wird durch den Verlust der Zähigkeit vermindert.

3. Wie die Erfahrung zeigt, wirkt sich die Teilautofrettage günstiger auf das Betriebsverhalten aus als Vollautofrettage.

4. Eine Aussage, welcher Grad von Autofrettage die günstigste Spannungsverteilung erwarten läßt, ist ohne eine Serie von Einzelberechnungen nicht möglich. Allein die umhüllende Kurve der Spannungsspitzen gibt hinreichenden Aufschluß.

5. Die Erfahrung zeigt, daß die niedrigsten Spannungsspitzen erwartet werden können, wenn Teilautofrettage mit maximal 25–30% plastischer Verformung der Wand zur Erzielung der Vorspannung angewandt wird.

6. Der wesentliche Vorteil der Autofrettage von Hohlzylindern besteht weniger in einer Steigerung des Innendruckes oder Verminderung der Wand, als eher darin, daß die Innenzone mit Druckspannungen versehen wird. Dies ist besonders günstig für Zylinder von Pumpen, Kompressoren und Multiplikatoren. Hier wirken die Druckeigenspannungen dem Abrieb, den hohen Wechselbeanspruchungen und den Spannungskonzentrationen an seitlichen Zylinderbohrungen entgegen. Die Lebensdauer wird dadurch oft um ein Vielfaches erhöht.

Die Vorteile in Zylindern, deren innere Oberfläche mit Druckeigenspannungen durch Autofrettage versehen ist, werden in einer Veröffentlichung von Morrison, Crossland und Parry [*6*] bestätigt. An Hand umfangreichen Versuchsmaterials zeigen die Verfasser eindeutig, wie Autofrettage die Wechselfestigkeit des Werkstoffes trotz hoher Spannungsamplituden verbessert. Die Druckeigenspannungen erhöhen die Abriebfestigkeit der Gleitoberflächen und bewirkt ferner eine Verminderung der Bruchgefahr an Zylindern mit seitlichen Bohrungen, wo gewaltige Spannungskonzentrationen bestehen können.

Die in diesem Kapitel behandelten Berechnungsverfahren lassen sich rein analytisch und auch kombiniert auf graphische Weise anwenden. W. R. D. Manning [*7*] und S. M. Jorgensen [*8*] entwickelten graphische Verfahren, die sich auf besondere Hilfstafeln bzw. Diagramme stützen, die man aus dem Verformungsverhalten des Werkstoffes erhält. Beide Verfahren sind besonders anschaulich und lassen sich auf einfache Weise anwenden. Leider liegen außer den Arbeiten von Faupel und Furbeck [*3*] keine Veröffentlichungen vor, die die technisch angewandten Berechnungsverfahren durch praktische Versuchsergebnisse untermauern.

## Literatur zu Kapitel III

[*1*] Schwinning, W.: Konstruktion und Werkstoff der Geschützrohre und Gewehrläufe. Berlin 1934.

[*2*] Prager, W., and R. G. Hodge: Theory of Perfectly Plastic Solids. New York: J. Wiley & Sons, 1951.

[*3*] Faupel, J. H., and A. R. Furbeck: Influence of Residual Stress on Behavior of Thick-Wall Closed-end Cylinder. ASME-NR. 52, IIRD-9, Juni 1952.

[*4*] Sachs, G.: Residual Stresses, Their Measurement and Their Effects on Structural Parts. Symposium on Failure of Metals by Fatigue. Melbourne Australia: Melbourne University Press, 1947.

[*5*] Siebel, E., u. S. Schwaigerer: Festigkeit dickwandiger Hohlzylinder. Z. Konstruktion 3, NR. 5, 137, 1951.

[*6*] Morrison, J. L. M., B. Crossland and J. S. C. Parry: The Strength of Thick-Walled Cylinders, Subjected to Repeated Internal Pressure. J. of Engineering for Industry. Trans. ASME, Series B, May 1960.

[*7*] Manning, W. R. D.: Design of Cylinders by Autofrettage. Engineering, London, April 28, May 5, 19 – 1950.

[*8*] Torgensen, S. M.: Overstrain and Bursting Strength of Thick-Walled Cylinders. ASME, Nr. 57, PET-4, March 30, 1956.

Kapitel IV

# Mehrlagenzylinder, betrieben unter statischem Innendruck, bei Temperaturen unterhalb des Kriechgebietes

## I. Einleitung

In Kap. III ist gezeigt, daß Vorspannung eines Zylinders zur Erzeugung von Eigenspannungen ein Weg ist, die Spannungsspitzen abzubauen, eine gleichmäßige Spannungsverteilung in der Zylinderwand anzustreben und demzufolge die Wanddicke entsprechend zu vermindern. In den nachfolgenden Ausführungen sollen weitere Verfahren zur Behandlung kommen, die eine bessere Werkstoffausnützung zulassen, um schließlich zu einer praktisch als ideal zu bezeichnenden Lösung zu gelangen.

Die Anwendung von Vorspannung mit dem Ziele einer Verminderung der Wanddicke ist nicht allein für den Techniker von Interesse. Sobald es sich um Verfahren für die Anwendung in der Großtechnik handelt, treten gleichzeitig entscheidende wirtschaftliche Interessen in die Diskussion ein. Von einer bestimmten Größe an aufwärts werden Vollwandzylinder unwirtschaftlich und unterliegen ferner einer merklichen Beschränkung in der Festlegung der oberen Druckgrenzen bzw. der maximal zulässigen Beanspruchung. Als entscheidende Faktoren sind Werkstattherstellung, Maschinenpark, Einrichtungen für Wärmebehandlungen, Transport und Aufstellung zu nennen, die unter Umständen ein ganzes Projekt von Anbeginn gefährden können.

Sobald die Konstruktion sich mit dem Entwurf großer Behälter zu befassen hat, die trotz ihrer Größe noch relativ hohen Drücken unterworfen werden sollen, wird die Gleichmäßigkeit in der Spannungsverteilung zur Erzielung optimaler Werkstoffausnützung zum kritischen Kriterium.

Neben dem betrieblich-wirtschaftlichen Interesse sollte die konstruktive Entwicklung von Großanlagen für die Zukunft nicht aus dem Auge gelassen werden. Denn für Drücke, die weit über den heute angewandten Maßstab hinausgehen, müssen neue Apparaturen zur Verfügung gestellt werden, die weitaus höheren Anforderungen genügen, als wir sie heute im wirtschaftlichen Sinne befriedigen können. Die Entwicklung kann aber nur auf dem Wege der Vorspannung, zumindest aber nicht ohne Vorspannung Fortschritte erzielen, die Druckeigenspannungen an jene Zonen zu legen hat, wo die maximal auftretende Beanspruchung zu erwarten ist. Bei einer Überlagerung der Eigenspannungen mit den Betriebsbeanspruchungen wird die Spannungsspitze um das Maß der vorhandenen Druckeigenspannung abgebaut oder bei Zugeigenspannungen erhöht. Mit der Erhöhung der zulässigen Beanspruchung läßt sich infolge optimaler Werkstoffausnützung entweder eine Drucksteigerung oder aber eine Verminderung der Wanddicke erzielen. Welche Richtung hierbei einzuschlagen ist, hängt jeweils von den betrieblichen Voraussetzungen ab und muß von Fall zu Fall von dem Konstrukteur individuell entschieden werden.

Bei allen heute in der Technik üblichen Verfahren zur Herstellung von Mehrlagenzylindern wird zur Erzeugung der gewünschten Eigenspannungen das sog. Schrumpfprinzip angewandt. Dieses Prinzip läßt sich auf verschiedenartige Weise zur Anwendung bringen, sei es bei dickwandigen Zylindermänteln, dünnen zylindrischen Halbschalen oder beim Aufwikkeln von Bändern, Drähten usw. auf Zylinderoberflächen. Schrumpft man einen relativ dickwandigen Zylindermantel auf einen ebenfalls verhältnismäßig dickwandigen Kernzylinder, so spricht man von einer Schrumpfkonstruktion. Schweißt man dünnwandige zylindrische Halbschalen mehrschichtig über ein gegebenes Kernrohr, so erhält man den laminierten Zylinder. Und wickelt man ein praktisch endloses Profilband heiß in mehreren Schichten auf einen Kernzylinder, so entsteht ein Mehrlagenverbundzylinder, der als Wickelbehälter in der Hochdrucktechnik der chemischen Industrie weite Verbreitung gefunden hat.

In diesem Kapitel werden die hier kurz angedeuteten Verfahren im einzelnen behandelt und deren Berechnungsweise gezeigt. Die einzelnen Konstruktionsverfahren werden dann – wie dies in den vorausgehenden Kapiteln geschehen ist – durch praktische Berechnungsbeispiele demonstriert. Der Verfasser verfügt über umfangreiche Erfahrung aus der Industrie und Forschung in allen drei Arten von Mehrlagenbauweise, die in genügender Zahl innerhalb seines Verantwortungsbereiches im Betrieb sind bzw. waren.

## II. Schrumpfkonstruktionen für dickwandige Hohlzylinder

Ein Verfahren zur Erzeugung von gewünschten Eigenspannungen in einem dickwandigen Hohlzylinder, das sich ganz wesentlich von der Autofrettage unterscheidet, ist die Herstellung von Schrumpfkonstruktionen. Wenn man in der chemischen Hochdrucktechnik ganz allgemein von Schrumpfkonstruktionen spricht, so versteht man darunter einen relativ dickwandigen Kernzylinder, über den ein ebenfalls dickwandiger Mantel aufgeschrumpft wird. Der Begriff dickwandig ist hier relativ im Vergleich mit den dünnwandigen Halbschalen der Laminarzylinder oder gar der Banddicke bei den Wickelbehältern.

## A. Festlegung der Abmessungsbegriffe

Für die Schrumpfung werden zwei nahezu gleichwertige Zylinderwanddicken gewählt, die sich im Durchmesser ihrer Berührungsflächen lediglich um den Wert des Schrumpfmaßes unterscheiden. Zur Vereinfachung der weiteren Betrachtungen sei der innere Zylinder als das Kernrohr bzw. Kernzylinder und der äußere als Außen- bzw. Schrumpfmantel bezeichnet.

Zur Herstellung von Zylinderschrumpfkonstruktionen nützt man die geometrische Veränderung von Apparaten aus, die diese bei Erwärmung auf gewünschte Temperaturstufen erfahren. Man versieht den Kernzylinder mit bestimmten Abmessungen, wobei der Innendurchmesser durch verfahrenstechnische Faktoren bestimmt wird, während der Außendurchmesser auf ein Sollmaß mit genau festgelegten Toleranzen gebracht werden muß. Ähnliche Überlegungen treffen für den Außenmantel zu, jedoch in umgekehrter Weise. Hier ist der Außendurchmesser lediglich durch Festigkeitsfragen bestimmt, während der Innendurchmesser den hohen Toleranzforderungen unterliegt. Bei Raumtemperatur liegen die Verhältnisse so, daß man den Außenmantel nicht über den Kernzylinder gleiten kann, da der Außendurchmesser des Kernrohres größer sein muß als der Innendurchmesser des Außenmantels, wenn ein Schrumpfdruck erreicht werden soll. Durch Aufheizung des Schrumpfmantels dehnt sich dieser aus, und der Innendurchmesser weitet sich auf ein Maß, das es ermöglicht, den Mantel über den Kernzylinder zu gleiten. Bei Abkühlung hat der Außenmantel die Tendenz, seine ursprünglichen Maße wieder einzunehmen, wird jetzt aber daran durch den größeren Kernzylinder gehindert. Die gehinderte Rückstellkraft des Außenmantels übt einen Druck auf den Kernzylinder aus, der als Außendruck anzusprechen ist, der gleichmäßig auf die Oberfläche des Kernrohres wirkt. Gleichzeitig setzt sich der Widerstand des größeren Kernrohres in Innendruck gegen den Schrumpfmantel um. Maß und Größenordnung dieser Schrumpfdrücke hängen von der Festlegung der Schrumpfmaße bzw. der Toleranzen ab, die ausschließlich in der Hand des Konstrukteurs liegen, wenn man fehlerfreie Bearbeitung als gegeben voraussetzt.

Der vom Außenmantel auf den Kernzylinder ausgeübte Schrumpfdruck bewirkt Druckeigenspannungen im ganzen Kernrohrquerschnitt. Der vom Kernrohr auf den Außenmantel ausgeübte Innendruck, verursacht Zugeigenspannungen im Außenmantel. Man hat es somit in der Hand, die Größe der Eigenspannungen in beiden Richtungen zu beherrschen bzw. beliebig zu beeinflussen und somit eine günstige Wirkung auf die Spannungsverteilung in der Verbundwand auszuüben.

## B. Spannungsverteilung

Hinsichtlich der Spannungsverteilung kann man sich in einfacher Weise eine Vorstellung machen, ohne das tatsächlich vorhandene Spannungsverhältnis zu kennen. Nach dem Prinzip der Ausbildung von Eigenspannungen infolge Außendruckes steht zu erwarten, daß im Kernzylinder sich nur Druckeigenspannungen ausbilden werden, die ihren Höchstwert an der Innenfaser erreichen müssen, da hier infolge der größeren Krümmung der stärkste Gewölbedruck erwartet wird. Demgegenüber klingt die Spannungskurve nach der Außenfaser zu ab.

Im Außenmantel dagegen, der infolge des Schrumpfmaßes vom Kernzylinder unter Innendruck gesetzt wird, müssen sich Zugeigenspannungen ausbilden, die nach den Lamé-Funktionen ihr Maximum an der Innenfaser erreichen und ebenfalls nach außen hin abklingen.

Diese Verhältnisse sind in Abb. 1 schematisch dargestellt. Die Unterscheidung zwischen den negativen Druckeigenspannungen im Kernzylinder, sowie den positiven Zugeigenspannungen im Außenmantel ist deutlich zu erkennen. Abb. 1a spiegelt nur die Eigenspannungen wider, wie sie im drucklosen Zustande in der Zylinderwand bestehen. Die Darstellung zeigt lediglich die Eigenspannungen in Umfangsrichtung.

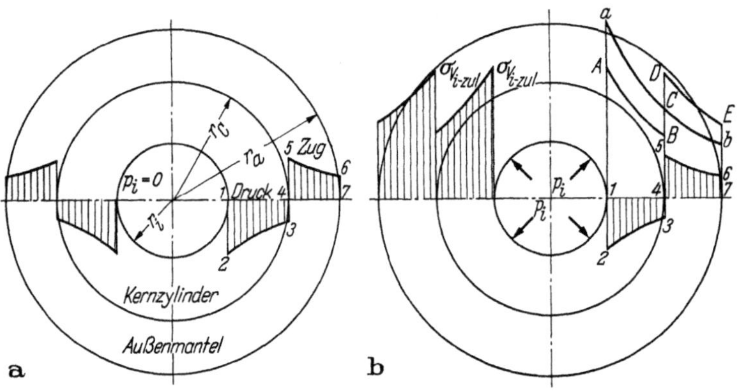


Abb. 1a. Schrumpfkonstruktion aus Kernrohr und Außenmantel, beide dickwandig. Eigenspannungen (Zug, Druck) durch Schrumpfung

Abb. 1b. Schrumpfkonstruktion dickwandiger Hohlzylinder. Resultierende Spannungen

Sobald der Zylinder unter Innendruck $p_i$ gesetzt wird, bilden sich die Betriebsspannungen aus, wie sie sich aus den Lamé-Funktionen für den elastischen Bereich ergeben. Da auch der Verbundzylinder für die Berechnung dieser Betriebsspannungen wie ein Vollwandzylinder behandelt wird, läßt sich das Wesentliche des Spannungsverlaufes leicht vorstellen, was in Abb. 1b gezeigt wird. Kurve *ab* stellt die tangentiale Hauptspannung dar, die sich nach Maßgabe der Dicke der Verbundwand durch den Innendruck aus den Lamé-Gleichungen über die gesamte Wand ausbildet. Durch die Gegenwart der Druckeigenspannungen im Kernrohr von der Größe der Fläche (*1 2 3 4*) vermindert sich bei der Überlagerung durch die Betriebsspannung die Gesamtspannung im Kernrohr um diesen Betrag, so daß der resultierende Spannungsverlauf bei Innendruck durch Kurve *AB* bzw. Fläche (*1A B4*) gekennzeichnet ist.

Für den Außenmantel wirkt sich die Überlagerung als volle Addition der Absolutbeträge der Eigenspannungen und der Betriebsspannungen aus, und die resultierende Eigenspannung wird durch Kurve *DE* gegeben. Mit andern Worten, Fläche (*4 5 6 7*) addiert sich zu Fläche (*4 C b 7*) zur Gesamtfläche (*4 D E 7*).

Der tatsächliche Verlauf der wirksamen Endspannung in Umfangsrichtung folgt dem Kurvenzug *ABDE*. Man erkennt, daß die Spannungsspitze an der Innenfaser des Verbundzylinders wesentlich niedriger ist als ohne Vorspannung. In der Grenzzone der Berührungsflächen zwischen Kernrohr und Außenmantel besteht eine Unstetigkeit im Kurvenverlauf. Es entsteht ein Sprung nach oben mit einer neuen Höchstspannung, diesmal in der Wandmitte. Die Schrumpfung hat also dazu beigetragen, die Beanspruchungen im Kernzylinder herabzusetzen, im Außenmantel aber zu steigern.

Bei richtiger Wahl der Zylinderwanddickenverhältnisse zwischen den beiden Schrumpfelementen und der Festlegung der Schrumpfmaße kann man erreichen, daß die Spannung $\overline{1A}$ gleich wird der Spannung $\overline{4D}$, beide aber den Wert der höchstzulässigen Beanspruchung des Konstruktionswerkstoffes erreichen. Wie das praktisch zu erzielen ist, soll in den nachfolgenden Ausführungen näher gezeigt werden.

Aus den Darstellungen ist zu ersehen, daß mit der Schrumpfkonstruktion dieser Art noch keine gleichmäßige Spannungsverteilung erreicht wird. Es läßt sich der wesentliche Schluß ziehen, daß diese Verteilung gegenüber der Autofrettagevorspannung ein Fortschritt ist. Diese Konstruktion bringt eine bessere Werkstoffausnützung, indem sie die Außenzone merklich stärker zum Tragen heranzieht. Die maximal zulässige Spannung, die der Werkstoff auszuhalten vermag, wird sogar an zwei Stellen der Wand erreicht.

Aus Abb. 1b erkennt man, daß man es an der Stelle der Berührung, die den Radius $r_c$ hat, mit zwei verschieden großen Spannungen zu tun hat, einmal die Spannung, die im Kernzylinder herrscht und mit der Linie $\overline{4B}$ identisch ist, und zum andern unterscheidet man die Spannung im äußeren Schrumpfmantel, die als Linie $\overline{4D}$ gekennzeichnet ist.

## C. Abmessungen der Zylinder an der Berührungsstelle mit Radius $r_c$

Die Abmessungen der Zylinder in den Berührungsflächen stellen kritische Komponenten für den Entwurf dar. Der Erfolg der Konstruktion zur Erreichung der gewünschten Vorspannungen hängt ab von der Sicherheit des Konstrukteurs, diese Wahl richtig zu treffen. Die Größe des Druckes, den die beiden Zylinder nach der Abkühlung aufeinander ausüben, wird von den Abmessungen bestimmt. Das Problem muß daher vom Gesichtswinkel der radialen Verschiebung von Zylinderwandungen gesehen werden, wenn die Zylinder Innen- und Außendrücken unterworfen werden. Strenggenommen stellt die Aufgabe zur Berechnung der Eigenspannungen im Falle der Schrumpfung einen statisch unbestimmten Fall dar.

Man betrachte beispielsweise Punkt $P$ in Abb. 2, der aus der Wand eines Zylinders gegriffen sei. Man erhält die radiale Verschiebung des Punktes $P$ durch Ermittlung der Längenänderung des Umfanges des Kreises, den man durch Punkt $P$ legt. Der Halbmesser des Kreises sei $r_c$.

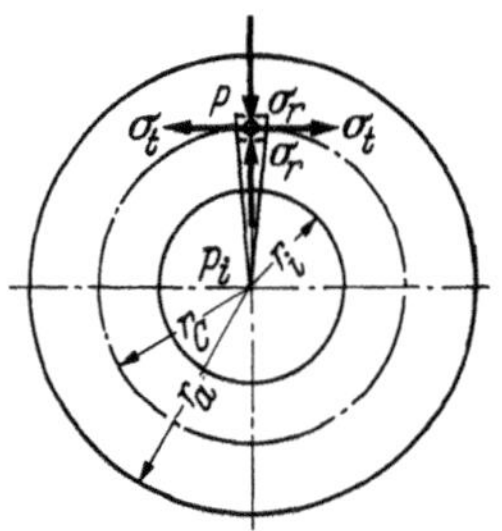

Abb. 2. Schema zur Darstellung der Radialverschiebung

Wird der Zylinder mit Innen- oder Außendruck beansprucht, $p_i$ bzw. $p_a$, so bilden sich die Hauptspannungen $\sigma_t$ und $\sigma_r$ in diesem Punkte in der Wand aus. Die Umfangsdehnung $\varepsilon_t$ in Punkt $P$ läßt sich dann als eine Funktion von $\sigma_t$ und $\sigma_r$ ausdrücken. Nach Kap. I ist

$$\varepsilon_t = \frac{1}{E}(\sigma_t - \mu\sigma_r),$$

wobei $E$ den Elastizitätsmodul und $\mu$ die Poissonsche Zahl oder Querzahl bedeuten.

Der Umfang des Kreises mit dem Radius $r_c$ durch Punkt $P$ ist $U = 2\pi r_c$. Die Längenänderung dieses Umfanges durch den Einfluß von $\sigma_t$ und $\sigma_r$ sei $2\pi r_c\,\varepsilon_t$. Die Änderung des Umfanges hat zwangsläufig eine Änderung des Halbmessers $r$ zur Folge. Die Radialverschiebung möge kurz mit $\delta_R$ bezeichnet werden.

Für $\delta_R$ gilt die Beziehung

$$\delta_R = 2\pi r_c \varepsilon_t / 2\pi = r\varepsilon_t. \tag{1}$$

Setzt man in Gl. (1) den Wert für die Umfangsdehnung $\varepsilon_t$ ein, so entsteht

$$\delta_R = \frac{r_c}{E}(\sigma_t - \mu\sigma_r). \tag{2}$$

Für einen Zylinder mit gegebenen Abmessungen lassen sich die Hauptspannungen für den elastischen Bereich $\sigma_t - \sigma_r$ aus den Lamé-Funktionen berechnen. Betrachtet man nun einen Punkt an der Innenfaser, für den

Innendruck $p_i$, die bekannten Werte für $\sigma_{t_i}$ bzw. $\sigma_{r_i}$ und setzt sie in Gl. (2) ein, so ergibt sich

$$\delta_{R_i} = \frac{r_i}{E}\left[p_i \frac{r_a^2 + r_i^2}{r_a^2 - r_i^2} - (\mu\,[-p_i])\right] = \frac{p_i r_i}{E}\left[\frac{r_a^2 + r_i^2}{r_a^2 - r_i^2} + \mu\right]. \tag{3}$$

Setzt man jetzt an Stelle des Innendruckes den Zylinder unter Außendruck, $p_a$, dann ergibt sich die radiale Verschiebung für den Außenradius

$$\delta_{R_a} = -\frac{p_a r_a}{E}\left[\frac{r_a^2 + r_i^2}{r_a^2 - r_i^2} - \mu\right]. \tag{4}$$

Das negative Vorzeichen deutet an, daß der Außenradius infolge der Verschiebung kleiner werden muß.

Die geometrischen Veränderungen, wie sie durch Gln. (1–4) zum Ausdruck kommen, sind aus der Abb. 3 zu ersehen.

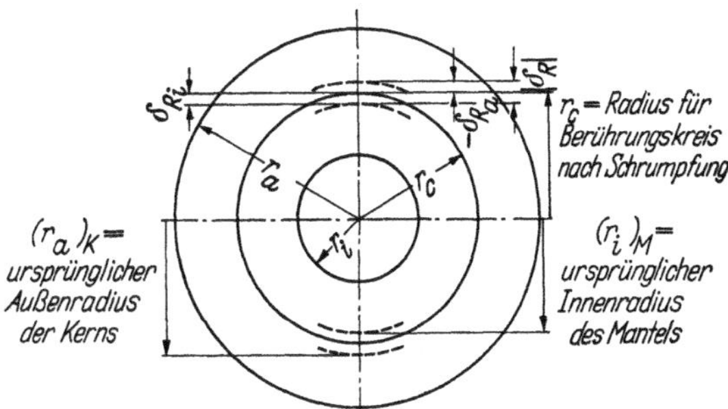


Abb. 3. Bezeichnung der Schrumpfabmessungen für die Zylinder

Nach der Schrumpfung sind folgende Veränderungen in den Abmessungen festzustellen.

1. Der Innendurchmesser des Außenmantels, der vor der Schrumpfung den Wert $r_{i-M}$ hatte, wird aufgeweitet auf das Maß $r_c$.

2. Der Außendurchmesser des Kernrohres mit dem ursprünglichen Wert $r_{a-K}$ wird auf den Wert $r_c$ eingedrückt.

3. In beiden Zylindern muß der Wert der Radialverschiebung gleich groß sein, damit für beide Zylinder der gemeinsame Berührungsradius $r_c$ werden kann. Die Differenz ist

$$|\delta_{R_i}| = |-\delta_{R_a}|,$$

d.h. die Absolutwerte müssen gleich sein.

Aus diesen Definitionen läßt sich dann der numerische Wert von $\delta$ ermitteln.

Die radiale Verschiebung des Halbmessers des Außenmantels sei als $\delta_M$ bezeichnet. Der Wert für $\delta_M$ nach Gl. (3) ist

$$\delta_M = \frac{p_s r_c}{E}\left[\frac{r_a^2 + r_c^2}{r_a^2 - r_c^2} + \mu\right]. \tag{5}$$

Hinsichtlich der radialen Verschiebung des Kernzylinders infolge der Schrumpfung, die als $\delta_K$ bezeichnet sei, ergibt sich aus Gl. (4)

$$\delta_K = -\frac{p_s r_e}{E}\left[\frac{r_e^2 + r_i^2}{r_e^2 - r_i^2} - \mu\right]. \tag{6}$$

Die Summe der beiden Radialverschiebungen muß Null sein; die Summe der Absolutwerte jedoch muß den Wert $\delta$ ergeben. Also

$$|\delta_K| - |\delta_M| = \delta. \tag{7}$$

Daraus folgt:

$$\delta = \frac{p_s r_e}{E}\left[\frac{r_a^2 + r_e^2}{r_a^2 - r_e^2} + \frac{r_e^2 + r_i^2}{r_e^2 - r_i^2}\right]. \tag{8}$$

In Gln. (1–8) ist stillschweigend die Voraussetzung getroffen, daß beide Zylinder aus dem gleichen Werkstoff bestehen, d.h. gleiche $E$- bzw. $\mu$-Werte besitzen.

Mit der Kenntnis von $\delta$ läßt sich der Schrumpfdruck berechnen. Aus Gl. (8) ergibt sich

$$p_s = \frac{\delta_E}{2 r_e^2}\left[\frac{(r_a^2 - r_e^2)(r_e^2 - r_i^2)}{r_a^2 - r_i^2}\right]. \tag{9}$$

## D. Berechnung der einzelnen Spannungen

Für die Berechnung der verschiedenen Spannungsarten hinsichtlich Eigenspannungen, Betriebsspannungen sowie resultierende Endspannungen sollen wieder die diesbezüglichen Unterscheidungen getroffen werden, wie es bei der Behandlung der Autofrettage geschehen ist. Da man nicht weiß, in welcher Form sich durch die Gegenwart der Eigenspannungen eine Vergleichsspannung ausbilden wird, soll die Berechnung wieder auf die Behandlung der Hauptspannungen beschränkt bleiben. Da ferner mit Rücksicht auf die Festigkeitsverhältnisse bzw. die Dimensionierung nur die tangentialen Spannungen von Bedeutung sind, sollen nur die Hauptspannungen in Umfangsrichtung gezeigt werden.

### 1. Eigenspannungen infolge der Schrumpfwirkung

Bei der Behandlung aller Spannungsarten muß jedes Element der Verbundwand getrennt betrachtet werden.

#### a) Für das Kernrohr

Die Schrumpfspannungen, die der Außenmantel bei der Abkühlung im Kernrohr erzeugt, kommen zustande, als stünde der Kernzylinder unter Außendruck. Für Zylinder unter Außendruck tritt die Spannungsspitze der gefährlichsten Hauptspannung ebenfalls – wie bei Innendruck – an der Innenfaser auf. Also ist das Maximum der Eigenspannungen im

Kernrohr ebenfalls an dieser Stelle zu erwarten. Für Außendruck ergibt sich aus den Lamé-Beziehungen für den Radius $r_i$

$$(\sigma_{t-\mathrm{eig}})^K_{ri} = -2\,p_s \left[\frac{r_c^2}{r_a^2 - r_i^2}\right]. \tag{10}$$

Unter Zuhilfenahme von Abb. 4 entspricht der Wert der Gl. (10) der Strecke $\overline{P_i A}$ an der Innenfaser.

Für die Außenfaser des Kernrohres gilt:

$$(\sigma_{t-\mathrm{eig}})^K_{ra} = -p_s \frac{r_c^2}{r_c^2 - r_i^2}\left[1 + \frac{r_i^2}{r_c^2}\right]. \tag{11}$$

Die Auswertung von Gl. (11) liefert die Strecke $\overline{P_c B}$ in Abb. 4. Der Verlauf der Spannungsverteilung in der Wandung folgt der allgemeinen Gleichung für die Tangentialspannungen nach LAMÉ für Außendruck

$$(\sigma_{t-\mathrm{el}})_{pa} = -p_a \frac{r_c^2}{r_c^2 - r_i^2}\left[1 + \frac{r_i^2}{r^2}\right], \tag{12}$$

wobei $p_a$ den Schrumpfdruck $p_s$ zu bedeuten hat.

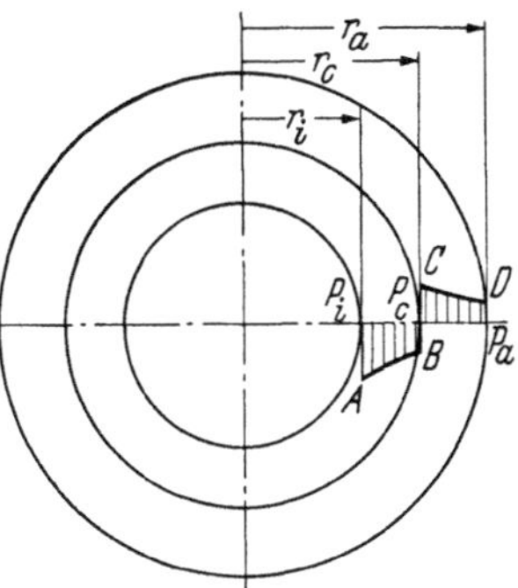


Abb. 4. Eigenspannungen in den Wänden nach der Schrumpfung (nur Umfangsrichtung)

**b) Für den Außenmantel**

Der Außenmantel unterliegt dem Innendruck, der vom Kernrohr erzeugt wird. Für die Umfangsrichtung ergibt sich an der Innenfaser $r_c$:

$$(\sigma_{t-\mathrm{eig}})^M_{rc} = p_s \left[\frac{r_a^2 + r_c^2}{r_a^2 - r_c^2}\right]. \tag{13}$$

Gl. (13) liefert den Wert der Strecke $\overline{P_c C}$ in Abb. 4.

An der Außenfaser $r_a$:

$$(\sigma_{t-\mathrm{eig}})^M_{ra} = p_s \frac{r_c^2}{r_a^2 - r_i^2}\left[1 + \frac{r_a^2}{r_a^2}\right] = p_s \left[\frac{2\,r_c^2}{r_a^2 - r_c^2}\right]. \tag{14}$$

Diese Gleichung liefert sinngemäß die Strecke $\overline{P_a D}$ in Abb. 4.

Die Spannungsverteilung folgt wieder dem Lamé-Gesetz.

Die Fläche $P_i ABP_c$ gibt ein Maß für die Größe der Druckeigenspannungen im Kernrohr. Fläche $P_c CDP_a$ liefert ein Maß für die Zugeigenspannungen im Außenmantel.

## 2. Reine Betriebsbeanspruchungen infolge Innendruckes

Zur Berechnung der Spannungen, die durch die Wirksamkeit des Innendruckes allein zustande kommen, behandelt man die Verbundwand wieder als Vollwandzylinder. Damit gilt wieder die Lamé-Beziehung.

Allgemeine Spannungsverteilung:

$$\sigma_{t-\mathrm{el}} = p_i \frac{r_i^2}{r_a^2 - r_i^2} \left[1 + \frac{r_a^2}{r^2}\right]. \quad (15)$$

Damit ergibt sich für die Innenfaser $r_i$:

$$(\sigma_{t_i})_{r_i}^K = p_i \left[\frac{r_a^2 + r_i^2}{r_a^2 - r_i^2}\right]. \quad (16)$$

Die Auswertung von Gl. (16) liefert die Strecke $\overline{P_i E}$ in Abb. 5, wo lediglich die reinen Betriebsspannungen in Umfangsrichtung dargestellt sind.

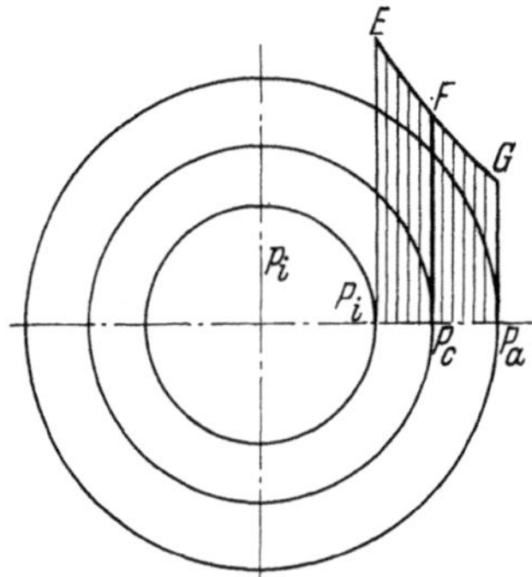


Abb. 5. Reine Betriebsspannungen durch Innendruck $p_i$

Bei der Berührungsfläche mit $r_c$:

$$(\sigma_t)_{r_c} = p_i \frac{r_i^2}{r_a^2 - r_i^2} \left[1 + \frac{r_a^2}{r_c^2}\right], \quad (17)$$

dargestellt durch Strecke $\overline{P_c F}$ in Abb. 5.

An der Außenfaser mit $r_a$:

$$(\sigma_t)_{r_a} = p_i \left[\frac{2 r_i^2}{r_a^2 - r_i^2}\right]. \quad (18)$$

Die Auswertung von Gl. (18) entspricht der Strecke $\overline{P_a G}$ in Abb. 5.

Damit lassen sich die resultierenden Endspannungen ermitteln, und zwar wie folgt:

## 3. Resultierende Endspannungen

Nimmt man wieder die Überlagerung der Betriebsspannungen und der Eigenspannungen vor, so ergeben sich die resultierenden Gesamtspannungen in Umfangsrichtung. Legt man Abb. 6 zugrunde, so lauten die Beziehungen im einzelnen:

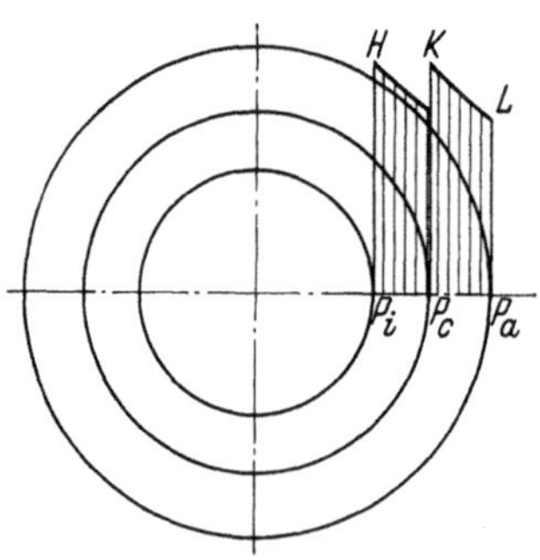


Abb. 6. Resultierende Endspannungen nach Überlagerung

*An der Innenfaser Strecke* $\overline{P_i H}$

$$(\sigma_{t_i})_{r_i}^{p_i} = p_i \left[\frac{r_a^2 + r_i^2}{r_a^2 - r_i^2}\right] - \left[\frac{r_c^2}{r_c^2 - r_i^2}\right] 2 p_s. \quad (19)$$

An der Berührungsfläche mit Radius $r_c$ müssen zwei Spannungen ermittelt werden, und zwar am Außenrand des Kernzylinders und am Innenrande des Außenmantels.

*An Außenfaser des Kernrohres*

$$\overline{P_c I} = \overline{P_c F} - \overline{P_c B}$$

$$(\sigma_{t_a})_{r_c - K}^{p_i} - (\sigma_{t-\mathrm{eig}})_{r_c}^{K} = \left[p_i \frac{r_i^2}{r_a^2 - r_i^2}\left(1 + \frac{r_a^2}{r_c^2}\right)\right] - \left[p_s \frac{r_c^2}{r_c^2 - r_i^2}\left(1 + \frac{r_i^2}{r_c^2}\right)\right]. \quad (20)$$

Entsprechend gilt für den Außenmantel:

*An der Berührung –* $r_c$

$$\overline{P_c F} + \overline{P_c C} = \overline{P_c K} = (\sigma_{t_c})_{r_c - M}^{p_i} + (\sigma_{t-\mathrm{eig}})_{r_c}^{M}$$

$$P_c K = \left[p_i \frac{r_i^2}{r_a^2 - r_i^2}\left(1 + \frac{r_a^2}{r_c^2}\right)\right] + \left[p_s \frac{r_a^2 + r_c^2}{r_a^2 - r_c^2}\right]. \quad (21)$$

*Am Außenrande –* $r_a$

$$\overline{P_a L} = \overline{P_a G} + \overline{P_a D} = (\sigma_t)_{r_a}^{M} + (\sigma_{t-\mathrm{eig}})_{r_a}^{M}$$

$$\overline{P_a L} = \left[p_i \frac{2\, r_i^2}{r_a^2 - r_i^2}\right] + \left[p_s \frac{r_c^2}{r_a^2 - r_c^2}\left(1 + \frac{r_c^2}{r_a^2}\right)\right]. \quad (22)$$

Im Vergleich zur Spannungsverteilung mit einem gleichwertigen Vollwandzylinder hat die Schrumpfkonstruktion zwar noch nicht den idealen Zustand erreicht. Man erkennt jedoch, daß die äußere Zone der Verbundwand wesentlich stärker zum Tragen herangezogen ist, als es beim Vollwandzylinder ohne Vorspannung der Fall wäre.

## E. Optimale Abmessungen der Zylinder

Die optimale Spannungsverteilung, die von einer Schrumpfkonstruktion mit zwei dickwandigen Zylindern am besten erwartet werden kann, ist dann erreicht, wenn die beiden Spannungsspitzen an der Innenfaser und in der Berührungsfläche gleich groß sind und ferner den Wert der höchstzulässigen Beanspruchung des Werkstoffes erreichen. Damit erhebt sich die Frage, wie die Abmessungen der beiden Zylinder gewählt werden müssen, um die optimal mögliche Spannungsverteilung zu erhalten. Setzt man beispielsweise die resultierenden Endspannungen an der Innenfaser und bei $r_c$ gleich dem Wert $\sigma_{\mathrm{zul}}$, so ergeben sich folgende Beziehungen (Abb. 6):

$$\overline{P_i H} = \overline{P_i E} - \overline{P_i A} = \left[p_i \frac{r_a^2 + r_i^2}{r_a^2 - r_i^2}\right] - \left[2\, p_s \frac{r_a^2}{r_a^2 - r_i^2}\right] = \sigma_{\mathrm{zul}}. \quad (23)$$

Ferner

$$\overline{P_c K} = \overline{P_c I} + \overline{P_c C} = \left[p_i \frac{r_i^2\,(r_a^2 + r_c^2)}{r_c^2\,(r_a^2 - r_i)}\right] + \left[p_s \frac{r_a^2 + r_c^2}{r_a^2 - r_c^2}\right] = \sigma_{\mathrm{zul}}. \quad (24)$$

Hat man einen Hohlzylinder nach Schrumpfbauweise mit zwei Zylindern zu entwerfen, so wird man zunächst den Innenradius $r_i$, den Innendruck

$p_i$ und den Werkstoff gemäß $\sigma_{zul}$ als Ausgangsfaktoren festlegen. Demnach verbleiben für den Konstrukteur folgende Unbekannten bestehen:

| | |
|---|---|
| Außendurchmesser | $r_a$, |
| Berührungsradius | $r_c$, |
| Schrumpfdruck | $p_s$. |

Um drei Unbekannte zu ermitteln, ist ein System von mindestens drei Gleichungen erforderlich. Zwei von diesen drei Gleichungen sind bereits durch Gln. (23 und 24) vorhanden. Für den Druck, der infolge der Schrumpfwirkung entsteht und der hier mit $p_s$ bezeichnet ist, wird durch Gl. (9) eine Beziehung geliefert, die zwar solange keine Bedeutung hat, als $\delta$ eine Unbekannte bleibt. Diese Größe wird ausschließlich dadurch bestimmt, daß bei der Schrumpfung die elastische Grenze des betreffenden Zylinderwerkstoffes an keiner Stelle überschritten werden darf. Dies bedeutet, daß für jeden $\delta$- bzw. $p_s$-Wert ein entsprechendes Wertepaar $r_c$ und $r_a$ bestehen muß, das die Gln. (23, 24) befriedigt. Das Spannungsoptimum kann dann erreicht werden, wenn $r_c$ und $r_a$ so definiert werden, daß der Außenradius des Verbundzylinders ein Minimum wird.

Eine Rechnung dieser Art wird von SEELY und SMITH [*1*] gezeigt. Die resultierenden Beziehungen sind äußerst einfach und führen zu optimalen Spannungsverhältnissen.

Für den Schrumpfdruck ergibt sich die Beziehung:

$$p_s = \frac{r_c^2 - r_i^2}{2\,r_c^2}\left[p_i \frac{r_a^2 + r_i^2}{r_a^2 - r_i^2} - \sigma_{zul}\right]. \tag{25}$$

Der Radius $r_c$ an der Berührung wird:

$$r_c = C\,r_i \quad \text{mit } C \text{ als Konstante.} \tag{26}$$

Für den Außenradius $r_a$ gilt:

$$r_a = C^2\,r_i \quad \text{mit } C \text{ als Konstante.} \tag{27}$$

In beiden Gleichungen bedeutet $C$ die gleiche Konstante. Ihr Wert läßt sich aus der Beziehung ermitteln:

$$C = \left[\frac{1 + (p_i/\sigma_{zul}) + 2\sqrt{1 + p_i/\sigma_{zul}}}{3 - (p_i/\sigma_{zul})}\right]^{1/2}. \tag{28}$$

Die Wanddicke $s$ für den Verbundzylinder folgt der Gleichung:

$$s = r_i(C^2 - 1). \tag{29}$$

Man sollte eigentlich jetzt erwarten können, daß eine Schrumpfung mehrerer dickwandiger Schalen über ein Kernrohr eine noch bessere Werkstoffausnützung gewährleistet und die Spannungsverteilung dem Idealzustand näherbringt. Praktische Erfahrungen beweisen jedoch, daß dies nicht zutrifft. Wenn schon zu einer Verbundwand mit geschrumpften Zylindern geschritten wird, dann steht in der Laminarbauweise eine Lösung zu Verfügung, die einer idealen Spannungsverteilung Rechnung trägt und optimale Werkstoffausnutzung ermöglicht.

## F. Berechnung der Aufheiztemperatur für den Außenmantel

Die Temperatur, bis zu der der Schrumpfmantel erwärmt werden muß, um über das Kernrohr zu gleiten, hängt von der linearen Wärmedehnzahl $\alpha$ des Werkstoffes ab sowie natürlich vom Schrumpfmaß $\delta$. Es gilt

$$\delta = r_c \alpha \Delta t, \tag{30}$$

folglich

$$\Delta t = \frac{\delta}{\alpha r_c}. \tag{31}$$

Hierin ist $\alpha$ der lineare Wärmedehnungskoeffizient des Schrumpfmantels in °C$^{-1}$.

## G. Berechnungsbeispiele

Für die Durchrechnung eines Anwendungsbeispieles sei wiederum die englische Ausgabe herangezogen, damit die gleichen Abbildungen gemeinsam benützt werden können. Die Veranschaulichung des Rechnungsvorganges wird dabei in keiner Weise gestört, und der Leser wird durch Nachsicht entschuldigen.

*Aufgabenstellung*

Entwurf einer Mehrlagen-Hohlzylinderschrumpfkonstruktion:

| | | |
|---|---|---|
| Innenhalbmesser | $r_i = 5''$ | $= 127$ mm |
| Innendruck | $p_i = 30000$ psi | $= 2000$ at |
| Betriebstemperatur | $t =$ Raumtemperatur | $\sim 20$ °C |

Werkstoff mit den Eigenschaften:

| | | |
|---|---|---|
| 0,2 % Streckgrenze | $\sigma_{0,2} = 120000$ psi | $= 80$ kg/mm$^2$ |
| Dehnung | $\varepsilon = 15$ % | $= 15$ % |
| Sicherheit gegen Fl. | $S_F = 1{,}5$ | $= 1{,}5$ |
| Lin. Wärmekoeffizient | $\alpha = 6{,}6 \cdot 10^{-6}\,(F^{-1})$ | $= 6{,}6 \cdot 10^{-6}$/°F. |

Vergleiche mit Vollwandzylinder.

*Lösung*

Mit $\sigma_F$, $p_i$ und $S_F$ ergibt sich die zulässige Beanspruchung

$$\sigma_{v_{t-\text{zul}}} = \frac{\sigma_F}{S_F} = 80000 \text{ psi} \quad \sim 53{,}3 \text{ kg/mm}^2.$$

Das Verhältnis

$$p_i/\sigma_{\text{zul}} = 30000/80000 = 0{,}375.$$
$$2000/53{,}5$$

Betrachtung als Vollwandzylinder:

Zunächst ermittelt man die Wanddicke aus der von-Mises-Beziehung

$$\frac{s}{r_i} = \frac{1}{\sqrt{1-\sqrt{3}\,(p_i/\sigma_{v_{i-\text{zul}}})}} - 1 = 0{,}70$$

$$s = r_i(0{,}70)$$

| | |
|---|---|
| $r_i = 5''$ | $r_i = 127\,\text{mm}$ |
| $s = 0{,}70\cdot(5) = 3{,}50''$ | $s = 0{,}70\,(r_i) = 89\,\text{mm}$ |
| $r_a = s + r_i = 8{,}50''$ | $r_a = 217\,\text{mm}$ |
| $k = r_a/r_i = 1{,}70$ | $k = 217/127 = 1{,}70$ |
| $k^2 = 2{,}89$ | $k^2 = 2{,}89$ |

Kontrollnachrechnung für $\sigma_{v_{i-\text{zul}}}$:

$$\sigma_{v_i} = \sigma_{v_{i-\text{zul}}} = p_i\frac{\sqrt{3}\,k^2}{k^2-1} \approx 79500\,\text{psi} \sim 53{,}2\,\text{kg/mm}^2.$$

Bei dieser Übereinstimmung mit den obigen Werten kann die Wanddicke als zuverlässig erachtet werden.

Fließen an der Innenfaser tritt ein bei einem Druck von

$$(p_i)_{F_i} = 0{,}577\,\sigma_{F_i}\frac{k^2-1}{k^2} = 45500\,\text{psi}$$
$$= 3050\,\text{at}.$$

*Betrachtung als Schrumpfzylinder*

Für Verbundwand mit Schrumpfung zweier dickwandiger Zylinder wird erst die Konstante $C$ aus Gl. (28) ermittelt:

$$C^2 = \frac{1+0{,}375+2\sqrt{1+0{,}375}}{3-0{,}375} = 1{,}42$$

$$C^2 = 1{,}42$$

$$C = 1{,}19.$$

Theoretischer Radius $r_c$ [Gl. (26)]:

$$r_c = C(r_i) = 1{,}19\cdot 5 = 5{,}95'' \qquad 1{,}19\,(127) = 151\,\text{mm}.$$

Wanddicke des Kernrohres $s_K$:

$$s_K = r_c - r_i = 5{,}59 - 5 = 0{,}95'' \qquad 151 - 127 = 24\,\text{mm}$$

Außenradius des Verbundzylinders $r_a$:

$$r_a = C^2\,r_i = 1{,}42\cdot 5 = 7{,}10 \qquad 1{,}42\cdot 127 = 180\,\text{mm}.$$

Wanddicke des Außenmantels $s_M$:

$$s_M = r_a - r_c = 7{,}10 - 5{,}95 = 1{,}15'' \qquad 180 - 151 = 29\,\text{mm}.$$

Verbundwand:

Wanddicke:

$$r_a - r_i = 7{,}10'' - 5'' = 2{,}10'' \qquad 180 - 127 = 53\,\text{mm}.$$

Verhältnis:

$$k = r_a/r_i = 710/5 = 1{,}42 \qquad 180/127 = 1{,}42.$$

Vergleich der Hauptabmessungen:

| | Vollwandzylinder | | Schrumpfzylinder | |
|---|---|---|---|---|
| | inch | mm | inch | mm |
| $r_i$ | 5″ | 127 | 5″ | 127 |
| $r_a$ | 8,5″ | 217 | 7,10″ | 180 |
| Wand | 3,5″ | 89 | 2,10″ | 53,5 |
| $k$ | 1,7 | | 1,42 | |
| $k^2$ | 2,89 | | 2,02 | |

Schrumpfdruck in der Berührungsebene [Gl. (25)]:

$$p_s = \frac{r_c^2 - r_i^2}{2\,r_c^2}\left[\frac{p_i(r_a^2 + r_i^2)}{r_a^2 - r_i^2} - \sigma_{v_{i-\text{zul}}}\right]$$

$$= \frac{5{,}95^2 - 5^2}{2(5{,}95^2)}\left[30\cdot 10^3\,\frac{7{,}10^2 + 5^2}{7{,}10^2 - 5^2} - 80\cdot 10^3\right]$$

$$p_s = 1310\,\text{psi} \approx 87{,}5\,\text{kg/cm}^2.$$

*Eigenspannungen infolge der Schrumpfung*

Unter Benützung von Abb. 4, deren Bezeichnungen hier übernommen werden mögen, erhält man:

An der Innenfaser [Gl. (10)]:

$$\overline{P_i A} = -2(1310)\frac{5{,}95^2}{5{,}95^2 - 5^2} = -8900\,\text{psi} \quad \text{oder} \quad -5{,}95\,\text{kg/mm}^2.$$

Bei $r_c$ für Kernzylinder – Gl. (11):

$$\overline{P_c B} = -(1310)\left[\frac{5{,}95^2}{5{,}95^2 - 5^2}\left(1 + \frac{5^2}{5{,}95^2}\right)\right]$$

$$= -7550\,\text{psi} \quad \text{oder} \quad -5{,}03\,\text{kg/mm}^2.$$

Bei $r_c$ für Mantel [Gl. (12)]:

$$\overline{P_c C} = (1310)\left[\frac{7{,}10^2 + 5{,}95^2}{7{,}10^2 - 5{,}95^2}\right] = +7450\,\text{psi} \quad \text{oder} \quad +4{,}97\,\text{kg/mm}^2.$$

An der Außenfaser – Mantel [Gl. (13)]: $r_a$:

$$\overline{P_a D} = (1310)\left[\frac{5{,}95^2}{5{,}95^2 - 5^2}\left(1 + \frac{7{,}10^2}{7{,}10^2}\right)\right]$$
$$= +6{,}160\,\text{psi} \quad \text{oder} \quad +4{,}12\,\text{kg/mm}^2.$$

*Reine Betriebsbeanspruchungen infolge Innendruckes $p_i$*

Die folgenden Bezeichnungen beziehen sich auf Abb. 5.

An der Innenfaser $r_i$ [Gl. (16)]:

$$\overline{P_i E} = 30 \cdot 10^3 \left(\frac{7{,}10^2 + 5^2}{7{,}10^2 - 5^2}\right) = 89\,000\,\text{psi} \quad \text{oder} \quad 59{,}5\,\text{kg/mm}^2$$

An der Berührungsfläche mit $r_c$ [Gl. (17)]:

$$\overline{P_c F} = 30 \cdot 10^3 \left[\frac{5^2}{7{,}10^2 - 5^2}\left(1 + \frac{7{,}10^2}{5{,}95^2}\right)\right] = 72\,500\,\text{psi} \quad 48{,}5\,\text{kg/mm}^2.$$

An der Außenfaser mit $r_a$ [Gl. (18)]:

$$\overline{P_a G} = 30 \cdot 10^3 \left(\frac{2 \cdot 5^2}{7{,}10^2 - 5^2}\right) = 59\,000\,\text{psi} \quad 39{,}4\,\text{kg/mm}^2.$$

*Resultierende Gesamtspannungen aus Schrumpfung und Innendruck*

Durch Überlagerung der Eigenspannungen und der Betriebsspannungen erhält man die folgenden Ergebnisse:

An der Innenfaser des Kernrohres $r_i$ [Gl. (19)]:

$$\overline{P_i H} = \overline{P_i E} - \overline{P_i A} = 80\,100\,\text{psi} \quad \text{oder} \quad 53{,}5\,\text{kg/mm}^2.$$

An der Berührungsfläche mit $r_c$ [Gl. (20)]:

Kernrohr:

$$\overline{P_i I} = \overline{P_c F} - \overline{P_c B} = 64\,950\,\text{psi} \qquad 43{,}3\,\text{kg/mm}^2.$$

An der Berührungsfläche mit $r_c$ [Gl. (21)]:

Außenmantel:

$$\overline{P_c K} = \overline{P_c F} + \overline{P_c C} = 79\,950\,\text{psi} \qquad 53{,}3\,\text{kg/mm}^2.$$

An der Außenfaser $r_a$ [Gl. (22)]:

$$\overline{P_a L} = \overline{P_a G} + \overline{P_a D} = 65\,160\,\text{psi} \qquad 43{,}5\,\text{kg/mm}^2.$$

*Als Vollwandzylinder ohne Vorspannung*

Der der Schrumpfkonstruktion gleichwertige Vollwandzylinder mit $k = 1{,}70$ hätte folgende Betriebsbeanspruchungen:

An der Innenfaser:

$$\sigma_{t_i - \text{el}} = 30 \cdot 10^3 \left[\frac{5^2}{8{,}5^2 - 5^2}\left(1 + \frac{8{,}5^2}{5^2}\right)\right] = 61\,800\,\text{psi} \sim 41{,}4\,\text{kg/mm}^2.$$

An der Außenfaser:

$$\sigma_{t_{a-el}} = 30 \cdot 10^3 \left[\frac{5^2}{8{,}5^2 - 5^2}\left(1 + \frac{8{,}5^2}{8{,}5^2}\right)\right] = 31\,800\,\text{psi} \sim 21{,}2\,\text{kg/mm}^2.$$

*Ermittlung der genauen Schrumpfmaße*

Das Maß, um welches der Kernzylinder größer sein muß als der Schrumpfmantel, ist $\delta$. Es wird errechnet aus Gl. (8):

$$\delta = \frac{1310 \cdot 5{,}95^2}{30 \cdot 10^6}\left[\frac{7{,}10^2 + 5{,}95^2}{7{,}10^2 - 5{,}95^2} + \frac{5{,}95^2 + 5^2}{5{,}95^2 - 5^2}\right]$$

$$\delta = 0{,}0178'' \sim 0{,}451\,\text{mm}\,.$$

Um sicher zu sein, daß der Außenmantel auch einwandfrei über den Kernzylinder gleitet, muß ein geeignetes Spiel zugelassen werden. Für den vorliegenden Fall dürfte ein Spiel von 0,004″ oder 0,120 mm als ausreichend erachtet werden. Damit wird

$$\delta = \text{Spiel} + 0{,}0178 = 0{,}004 + 0{,}0178 = 0{,}0218''$$

$$\delta = 0{,}554\,\text{mm}\,.$$

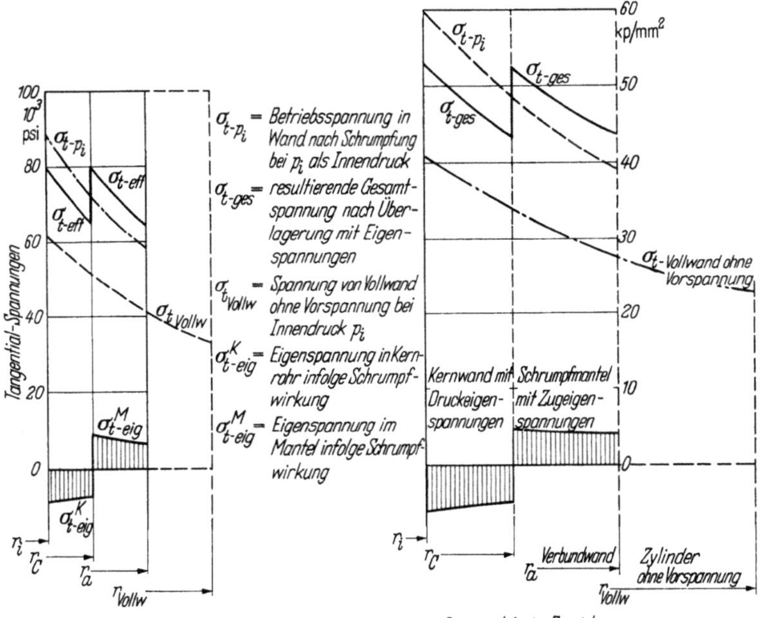


Abb. 7. Umfangsspannungen in der Wand eines Schrumpfzylinders mit $r = 5''$, $p_i = 30\,000$ psi, $\sigma_F = 120\,000$ psi mit englischer und metrischer Dimensionierung

*Berechnung der notwendigen Schrumpftemperatur*

Die aufzubringende Temperaturdifferenz ergibt sich aus Gl. (31)

$$\Delta t = \frac{\delta}{\alpha r_e}.$$

Mit $\alpha = 6{,}6 \cdot 10^{-6}$ wird

$$\Delta t = \frac{0{,}0218}{6{,}6 \cdot 10^{6} \cdot 5{,}95} = 555\ ^\circ\mathrm{F} \sim 290\ ^\circ\mathrm{C}.$$

Es ist jedoch ratsam, die Temperatur auf mindestens 350 °C zu bringen, um eine einwandfreie Dehnung des Schrumpfmantels zu gewährleisten.

Die Ergebnisse des Berechnungsbeispieles sind in Abb. 7 graphisch veranschaulicht; die Vorteile der Vorspannung durch Schrumpfung sind eindeutig. Das Durchmesserverhältnis $k$ kann als Folge der Vorspannung von 1,70 auf 1,42 herabgesetzt werden, d.h., die Wand kann um nahezu 40% schwächer gemacht werden und wird trotzdem dem gleichen Innendruck mit gleicher Sicherheit standhalten, als es für den Vollwandzylinder der Fall wäre.

Die Nachteile von Schrumpfzylindern liegen auf dem Gebiete der Werkstattherstellung und der Verfahrenstechnik und sollen am Ende des Kapitels erläutert werden.

## H. Einfluß der Festigkeitswerte der Zylinderwerkstoffe

Wie man aus der Festigkeitsrechnung in einfacher Weise schließen kann, läßt sich die Wandung der einzelnen Zylinder der Verbundwand durch die Wahl der Werkstoffeigenschaften merklich beeinflussen. Ein Beispiel soll diesen Einfluß zeigen:

Wählt man wieder einen Zylinder mit $r_i = 5''$, $\sigma_F = 70000$ psi und $S_F = 2{,}0$ so erhält man:

| | |
|---|---|
| $\sigma_F = 75000$ psi | 50 kg/mm² |
| $S_F = 2$ | 2 |
| $\sigma_{v_i-\mathrm{zul}} = 35000$ psi | 23,4 kg/mm² |
| $p_i/\sigma_{v_i-\mathrm{zul}} = 0{,}856$ | 0,856 |

*Für Vollwandverhältnisse wäre*

| | |
|---|---|
| $s/r_i = 2{,}58$ | 2,58 |
| $s = r_i(2{,}58) = 12{,}9''$ | 327 mm |
| $r_a = 17{,}90''$ | 454 mm |
| $k = 3{,}58$ | 3,58 |

*Schrumpfzylinder*

| | |
|---|---|
| $C = 1{,}46$ | 1,46 |
| $C^2 = 2{,}13$ | 2,13 |
| $r_c = 7{,}30''$ | 185 mm |

Wand des Kernrohres:

$s_K = 2{,}30''$ 58,5 mm

Radius des Außenmantels $r_a$:

$(r_a)_M = 10{,}65''$ 270 mm

Wand des Außenmantels:

$s_M = r_a - r_c = 3{,}35''$ 85 mm

Dicke der Verbundwand:

$s_V = 5{,}65''$ 142,5 mm
$k = 2{,}13$ 2,13
$k^2 = 4{,}53$ 4,53

Diese Ergebnisse sind in Tab. 1 zur Übersicht im Vergleich zum Vollwandzylinder zusammengestellt.

Tabelle 1

| | Werkstoff hoher Festigkeit $\sigma_F = 120\,000$ psi $= 80$ kg/mm² $S_F = 1{,}50$ | | Werkstoff mittlerer Festigkeit $\sigma_F = 75\,000$ psi $= 50$ kg/mm² $S_F = 2{,}0$ | |
|---|---|---|---|---|
| Radius $r_i$ | 5″ Vollwand | Schr. Zyl. | 5″ Vollwand | Schr. Zyl. |
| Radius $r_a$ | 8,5″ | 7,10″ | 17,9″ | 10,65 |
| Wanddicke $s$ | 3,5″ | 2,10″ | 12,9″ | 5,65 |
| Verhältnis $k$ | 1,70 | 1,42 | 3,58 | 2,13 |

Die Tabelle bringt eindeutig die Überlegenheit des hochwertigen Werkstoffes zum Ausdruck. Der höhere Anschaffungspreis wird durch verminderte Wanddicke mehr als ausgeglichen, so daß sich mit niedriglegierten aber hochfesten Stählen viel wirtschaftlicher bauen läßt.

## I. Zusammenfassung

Die Erzeugung von Eigenspannungen durch Schrumpfung der Verbundwand ermöglicht eine bessere Werkstoffausnützung, als es bei Vollwandzylindern gleicher Tragfähigkeit möglich ist. Bei optimalen Abmessungen läßt es sich erreichen, daß an der Innenfaser sowie an der Berührungsfläche der Einzelzylinder die Spannungen in Umfangsrichtung den Wert $\sigma_{v_{zul}}$ des Zylinderwerkstoffes erreichen, wodurch eine beträchtliche Verminderung der Wanddicke erzielt werden kann. Mit $r_c = C r_i$ und $r_a = C^2 r_i$ folgen die Halbmesser $r_i - r_c - r_a$ einer geometrischen Reihe. Der Wert der Konstanten $C$ ist vom Halbmesser $r_i$ des Verbundzylinders unabhängig. Gl. (29) zeigt lediglich eine Abhängigkeit der Konstanten $C$ vom Verhältnis $p_i/\sigma_{v_{i-zul}}$.

Hohe Festigkeitswerte führen zu kleinen Verbundwänden, da solche Stähle niedrige $p_i/\sigma_{v_{i-zul}}$-Werte haben. Im Zusammenhange mit der Konstanten $C$ werden damit die Werte von $r_c$ und $r_a$ niedrig. Die Maximalstreckgrenze $\sigma_F$ wird durch die Dehnung $\varepsilon$ bestimmt, die 10% nicht unterschreiten soll.

Bei Betrieb mit Temperatur ist zu beachten, daß die Differenz zwischen der Innen- und der Außenfaser stets so gehalten wird, daß die Schrumpfspannung keine Einbuße erleidet. Eine Lockerung der Schrumpfspannung durch zu hohe Temperatur des Schrumpfmantels hebt die Eigenspannungen restlos auf und gefährdet damit die Wand des Kernzylinders, die jetzt vom Außenmantel keine Stützwirkung mehr erfährt.

## III. Schalenbauweise – Laminarzylinder

### A. Einleitung

Bei der kritischen Betrachtung des Berechnungsbeispieles für Schrumpfzylinder erhält man einen Begriff davon, daß die Einhaltung der Schrumpfmaße werkstatt-technisch nicht nur schwierig, sondern für große Abmessungen sehr unwirtschaftlich sein kann. Theoretisch gesehen ist die besprochene Schrumpfkonstruktion mit zwei dickwandigen Zylindern sehr einfach und in der Wirkung sehr eindrucksvoll. Stellt man sich aber vor, daß Zylinder mit großen Abmessungen bzw. Längen und Durchmessern über die ganze Länge sehr kleinen Toleranzen genügen sollen, so kommt man zu dem Schluß, daß der Vorteil der Vorspannung sehr teuer erkauft werden muß. Werden solche Zylinder nicht mit höchster Präzision hergestellt, so ist die Erzielung der zu erwartenden Vorspannung weder nach Größe noch in der Verteilung in der Wand sehr fraglich, und man hat keinerlei Sicherheit dafür, wie bzw. wo sich die Schrumpfspannung in der Verbundwand auswirken wird.

Demgegenüber ist die Anwendung dünnwandiger Schalen ein Schritt logischer Entwicklung. Es läßt sich voraussehen, daß die Spannungskurve für Umfangsspannungen eine Art Sägekurve wird, die um so gleichmäßiger gestaltet ist, je kleiner man die Wanddicke der einzelnen Schale wählt. Diese Konstruktion hat den großen Vorteil, daß man beliebig viele Schichten auflegen kann, wobei die Anzahl der Schichten das Optimum der Spannungsverteilung von einer bestimmten Grenze nicht mehr beeinflußt. Die Spannungsverteilung verbessert sich mit steigender Zahl möglichst dünner Schalen unterhalb dieser Grenze.

Bei der Schalenbauweise mit relativ dünnen Schichten geht man von Blechen aus, die zu zylindrischen Halbschalen gewalzt werden. Ihre Abmessungen sind so gewählt, daß der Schweißspalt ein definiertes Volumen einnimmt, das von der Schalendicke abhängt. Bei der Abkühlung der Schweißnaht wird eine transversale Schrumpfspannung erzeugt, die auf die darunterliegende Schicht als Außendruck wirkt und dann Eigenspannungen auslöst. Zur Ausbildung gleichmäßiger Schrumpfspannungen werden die Schweißnähte jeweils um 90° versetzt. Die bei der Kühlung eintretende Radialverschiebung der Schalenteile läßt sich dann errechnen aus den Angaben der Flächen der Schweißnähte, der Dicke der Schalenwände und der Breite des Spaltes, der bei der Schweißung auszufüllen ist.

Die Schalenbauweise für Laminarzylinder wurde von der Firma A. O. Smith [*2*] entwickelt, die als erste die Mehrlagenkonstruktion entwickelt, ausgewertet und technisch für die Herstellung von Großbehältern für hohe Drücke angewandt hat.

## B. Berechnungsverfahren

Für die Behandlung der rechnerischen Ermittlung der Spannungsverteilung in Laminarzylindern seien zwei Verfahren gezeigt, die relativ einfach sind und von denen Ergebnisse erwartet werden können, die durch Versuche tatsächlich bestätigt wurden. Diese Verfahren sind in der Literatur benannt nach ihren Verfassern. Es handelt sich um das Verfahren nach Spraragen und Ettinger [*3*] sowie das Verfahren nach Seely und Smith [*1*].

### 1. Verfahren nach Spraragen und Ettinger

Zur Erleichterung der Rechnung sei wiederum nach Eigenspannungen, reinen Betriebsspannungen und resultierenden Gesamtspannungen unterschieden.

#### a) Eigenspannungen

Dieses Verfahren erfaßt praktisch genommen die Berechnung der Schrumpfspannungen, die von Längsnähten von Schweißungen erzeugt werden, sobald die Abkühlung erfolgt ist. Es handelt sich hierbei um transversal wirkende Schrumpfspannungen, die Eigenspannungen auf den darunterliegenden Schichten auslösen. Die Beziehung für die Errechnung transversaler Verformungen nach Spraragen und Ettinger lautet

$$(\varepsilon_t)_s = 0{,}1716\left(\frac{F}{s}\right) + 0{,}0121\,b\,. \tag{32}$$

Hierin bedeuten:

$(\varepsilon_t)_s$ = transversale Schrumpfdehnung (inch; cm),
$F$ = Querschnittsfläche der Schweißnaht ($\text{inch}^2$; $\text{cm}^2$),
$s$ = Dicke der Halbschale (inch; cm),
$b$ = mittlerer Spalt für die Schweißnaht (inch; cm).

Spraragen und Ettinger geben an, daß für eine V-Schweißnaht für eine Schalendicke von 0,25 Zoll die resultierende Schrumpfung größenordnungsmäßig etwa 0,125 Zoll beträgt.

Der Hersteller technischer Großbehälter nach der Schalenbauweise, die A. O. Smith Corporation in Milwaukee, USA, hat eine große Serie von Versuchen durchgeführt, um Unterlagen für zuverlässige Berechnungen solcher Zylinder zu bekommen. Die Behälter wurden ausnahmslos zum Platzen gebracht, um die Belastungsgrenzen voll auszunutzen. Abb. 8 gibt eine Darstellung wieder, in der nach A. O. Smith Druckeigenspannungen in Abhängigkeit von der Anzahl der Schrumpfschichten veranschaulicht sind, und zwar in Umfangsrichtung, gemessen an der Innenfaser des Kernrohres. Die Spannungen sind mittels Dehnungsmeßstreifen am inneren Umfang während der Aufschweißung ermittelt worden. Als Versuchszylinder diente ein Kernrohr von 48 Zoll Innendurchmesser, das mit 32 Schalenschichten bespannt war auf einer Kernrohrwanddicke von 0,50 Zoll. Jede Schale war 0,25 Zoll dick und alle Schalen bestanden aus dem gleichen Werkstoff. Für jede Schweißnaht bestand ein Spiel von $^1/_{16}$ Zoll. Wie man aus dem Kurvenbild ablesen kann, weicht die theoretische Kurve nur sehr wenig von der Kurve ab, die aus den Meßwerten ermittelt wurde.

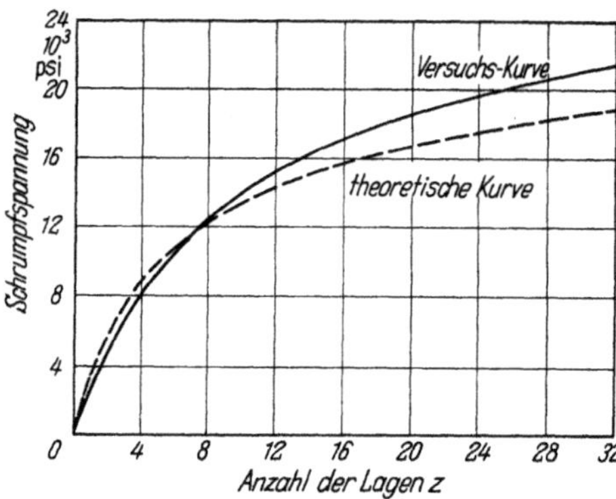


Abb. 8. Eigenspannungen an der Innenfaser des Kernrohres, erzeugt bei der Schrumpfung geschweißter Halbschalen in Abhängigkeit von der Anzahl der Lagen. Versuche nach A. O. Smith Corp.

Aus Gleichgewichtsgründen sei angenommen, daß das Kernrohr nur vorerst mit einer Lage bewickelt sei. In der gemeinsamen Berührungsfläche herrscht ein Druck, der in gleicher Höhe sowohl auf den Kernzylinder als auch auf den Außenmantel wirkt. Der Kernzylinder muß daher auf Außendruck, der Außenmantel aber auf Innendruck berechnet werden. Da man es gemäß Definition mit relativ dünnwandigen Zylindern zu tun hat, läßt sich für die Berechnung die Membranformel verwenden.

Nach Beendigung der Schrumpfung herrschen folgende Kräfte:

| Im Kernzylinder | In der ersten Schicht |
|---|---|
| $-P_K = -\sigma_{t_K} l s_K\,.$ | $+P_1 = \sigma_{t_1} l s_1\,.$ |

Da beide Kräfte gleich sind, wird

$$(\sigma_{t_K})_{n-1} = -\sigma_{t_1}\left(\frac{s_1}{s_K}\right). \tag{33}$$

Gl. (33) stellt diejenige Spannung dar, die im Kernzylinder herrscht als Folge der Schrumpfung der ersten Schicht auf den Kern.

Da ursprünglich im Kern keine Spannung bestand, also $(\sigma_{t_K})_{n=0} = 0$, wird der Unterschied durch Aufbringung einer Schrumpfschicht gleich

$$\Delta\,\sigma_{t_K} = (\sigma_{t_K})_{n=1} - (\sigma_{t_K})_{n=0} = -\,\sigma_{t_K}\left(\frac{s_1}{s_K}\right). \tag{34}$$

Gute Werkstattarbeit vorausgesetzt, kann angenommen werden, daß nach Abkühlung der Schweißnaht die Wand des Kernrohres und der ersten Lage so dicht aufeinanderliegen, daß sie eine kompakte Verbundwand bilden.

Schweißt man jetzt eine zweite Schicht auf die Verbundwand auf, so wird die Veränderung der Spannung wiederum

$$(\Delta\,\sigma_{t_K})_{n=2} = -\,\sigma_{t_2}\left(\frac{s_2}{s_K + s_1}\right). \tag{35}$$

Außerdem gilt:

$$(\Delta\,\sigma_{t_K})_{n=3} = -\,\sigma_{t_3}\left(\frac{s_3}{s_K + s_1 + s_2}\right) \tag{36}$$

und für $n$ Schichten – gleiche Schichtdicke $s_1 = s_2 = s_3 \cdots s_n$ angenommen

$$(\Delta\,\sigma_{t_K})_n = -\,\sigma_{t_n}\left(\frac{s_n}{s_K + (n-1)\,s_n}\right). \tag{37}$$

Bezogen auf das Versuchsbeispiel, das in Abb. 8 dargestellt ist,

$$(\Delta\,\sigma_{t_K})_n = -\,\sigma_{t_n}\left(\frac{0{,}25}{0{,}5 + (n-1)\,0{,}25}\right) = -\,\sigma_{t_n}\left(\frac{1}{n-1}\right), \tag{38}$$

wobei $s_K = 0{,}5$ Zoll, $s_1 = s_2 = s_3 \cdots s_n = 0{,}25$ Zoll ist.

Gemäß Gl. (32) läßt sich die Verformung, die durch die Spannung der $n$-ten Schicht erzeugt wird, berechnen zu

$$(\varepsilon_t)_s = 0{,}1716\left(\frac{F}{s}\right) + 0{,}0121\,b$$
$$= 0{,}041 + 0{,}004 = 0{,}045\ \text{Zoll},$$

da $F = 0{,}06\ \text{inch}^2$, $s = 0{,}25$ inch und $b = 0{,}30$ inch ist.

Verglichen mit Abb. 8 für den Versuchszylinder, der der Rechnung zugrunde gelegt ist, kann man erkennen, daß die erste Schicht eine Spannung von rund 2000 psi erzeugt, ergibt sich aus Gl. (38)

$$2000 = \sigma_{t_2}\left(\frac{0{,}25}{0{,}50 + 0{,}25}\right) = 0{,}334\,\sigma_{t_2},$$
$$\sigma_{t_2} = 6000\ \text{psi},$$
$$\varepsilon_{t_2} = \sigma_{t_2}/E = 0{,}0002\ \text{inch/inch}.$$

Die gesamte Umfangsdehnung ergibt sich aus der Beziehung

$$\left.\begin{aligned}\varepsilon_{\text{ges}} &= \varepsilon_t \pi d\\ &= 0{,}0002\,(\pi)\,49{,}25 = 0{,}031\ \text{Zoll}.\end{aligned}\right\} \tag{39}$$

Nach Gl. (32) ergibt sich für $(\varepsilon_t)_s = 0{,}045$ Zoll. Verglichen mit 0,031 Zoll, kommt man zu der Schlußfolgerung, daß nur etwa $0{,}031–0{,}045 \approx 70\%$ der Schrumpfspannung wirksam sein müssen. Dies bedeutet, die Schrumpfung ist unvollständig, und maximal 70% der theoretisch möglichen Eigenspannungen kommen zur Wirkung.

### b) Reine Betriebsspannungen

Hinsichtlich der Spannungen, die durch den Innendruck erzeugt werden, bedient man sich wiederum der Lamé-Funktionen und behandelt die Verbundwand wie einen Vollwandzylinder.

### c) Resultierende Gesamtspannungen

Die resultierenden Gesamtspannungen ergeben sich wie bei den übrigen Verfahren durch Überlagerung der Eigenspannungen über den Betriebsspannungen.

## 2. Verfahren nach Seely und Smith

Das Verfahren von Seely und Smith folgt ähnlichen Grundsätzen, lediglich der mathematische Gang ist verschieden, indem die verschiedenen Spannungen in eine einzelne Summenformel zusammengefaßt werden. Man zieht praktisch stufenweise eine Bilanz von Schicht zu Schicht.

Das Schema des Laminarzylinders mit dünnen Schichten ist in Abb. 9 gezeigt. Die Spannungsverteilung ist nur für die Umfangsspannungen eingetragen. In den Innenzonen liegen die Druckeigenspannungen, und

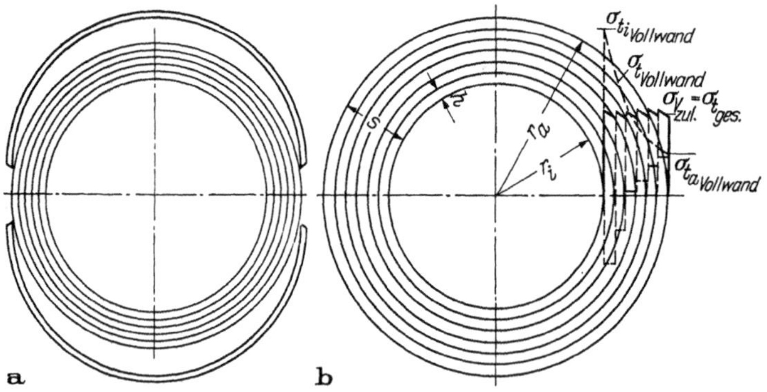


Abb. 9. Verbundzylinder nach Schalenbauweise

a) Schema für die Anordnung der Halbschalen zur Erzeugung der Verbundwand; b) Schema der Spannungsverteilung in Umfangsrichtung

die Außenzonen weisen wieder die Zugeigenspannungen auf. Die reinen Betriebsspannungen zufolge des Innendruckes $p_i$ sind durch den Kurvenzug $\sigma_t$ gegeben, deren tatsächlicher Verlauf aus den Lamé-Funktionen ermittelt wird. Dabei behandelt man die Verbundwand wieder wie die Wand eines nichtvorgespannten Vollwandzylinders. Die resultierenden Gesamtspannungen sind dann durch das bekannte Verfahren der Überlagerung erhältlich. Die tatsächlich resultierende Sägelinie nähert sich sehr stark dem Idealbild einer konstanten Gesamtspannung über die ganze Wanddicke hinweg.

### a) Berechnungsmethode

Zur Vereinfachung der Berechnung sei angenommen, daß die Verbundwand aus Schalen besteht, die alle aus dem gleichen Werkstoff hergestellt seien und außerdem alle die gleiche Wanddicke aufweisen, die mit $h$ bezeichnet sei. Aus der Praxis heraus hat es sich gezeigt, daß mit einer Wanddicke von 0,25 Zoll (~6,35 mm) sehr gute Erfahrungen gemacht werden. Um für jede Schicht die größtmögliche Werkstoffausnutzung zu erzielen, muß folgende Bedingung gelten

$$\sigma_{v_{zul}} = p_i r_i \left(\frac{1}{s}\right), \tag{40}$$

was der alten Kesselformel (Membranformel) für dünnwandige Zylinder entspricht.

Gl. (4) umgeformt, führt zu

$$\frac{p_i}{\sigma_{v_{zul}}} = \frac{s}{r_i}.$$

Bezeichnet man mit $n$ die Anzahl der Schichten der Verbundwand, so muß das Verhältnis der Gesamtdicke der Wand $s$ zur Schalendicke $h$, also $s/h$, stets eine ganze Zahl sein.

Die Schichten *1, 2, 3* ... $n$ mögen die Außenhalbmesser $r_1, r_2, r_3 \ldots r_n$ haben. Der Halbmesser der mittleren Faser jeder Schicht sei mit $x_1$, $x_2$, $x_3 \ldots x_n$ bezeichnet. Ferner mögen die Schrumpfdrücke als $p_1$, $p_2$, $p_3 \ldots p_{n-1}$ gekennzeichnet sein. Dies sind die Drücke, die von den Schichten auf die jeweils darunterliegenden Schalenoberflächen ausgeübt werden. Demgemäß bedeuten $p_1$ den Außendruck auf Schicht *1*, der von Schicht *2* ausgeübt wird, und $p_2$ ist der Druck von Schicht *3* auf Schicht *2*. Die äußerste Schicht erzeugt den Druck $p_{n-1}$ auf Schicht ($n$ – *1*).

Eine Verbundwand mit $n$ Schichten hat ($n$ – 1) Schrumpfdrücke. Diese Schrumpfdrücke müssen bekannt sein, wenn man die Spannungsverteilung ermitteln will. Für deren Berechnung geht man von der mittleren Faser einer jeden Schicht aus.

Für die mittlere Faser einer beliebigen Schicht, beispielsweise Schicht $m$, kann die Spannung jeweils als die algebraische Summe einer Reihe von Einzelkomponenten aufgefaßt werden, die sich im einzelnen wie folgt ausdrücken lassen:

a) Der Innendruck $p_i$ erzeugt in der mittleren Faser der Schicht $m$ eine Zugspannung $\sigma'$, die man aus den Lamé-Beziehungen

$$\sigma_{t-\mathrm{el}} = p_i \left[\frac{r_i^2}{r_a^2 - r_i^2}\left(\frac{r_a^2}{r^2} + 1\right)\right]$$

ermittelt zu

$$\sigma'_{\mathrm{el}} = p_i \left[\frac{r_i^2 (r_n^2 + x_m^2)}{x_m^2 (r_n^2 - r_i^2)}\right]. \tag{41}$$

b) Der Schrumpfdruck erzeugt ferner eine Zugspannung, die als Innendruck auf die nächstfolgende größere Schicht wirkt. Folglich ist die Zugspannung in Schicht $m$, erzeugt vom Schrumpfdruck $p_{m-1}$ und als Innendruck wirksam auf Schicht $m$, gemäß der Membranformel für dünnwandige Zylinder

$$\sigma_m = \frac{p_i r_i}{s} = \frac{(p_{m-1})(r_{m-1})}{h}. \tag{42}$$

c) Die Druckeigenspannungen auf die mittlere Faser der Schicht $m$, erzeugt von einer Reihe von Schrumpfdrücken $p_m, p_{m+1}, p_{m+2} \cdots p_{n-1}$, lassen sich aus den Lamé-Beziehungen für Außendruck

$$(\sigma_t)_{p_a} = -p_i \left[\frac{r_a^2}{r_a^2 - r_i^2}\left(1 + \frac{r_i^2}{r^2}\right)\right]$$

ermitteln.

Demnach ergibt sich die erste dieser Spannungen, $\sigma_m$, als Folge der Schrumpfdrücke zu

$$\sigma_m = -\left(1 + \frac{r_i^2}{x_m^2}\right)\left(\frac{p_m r_m^2}{r_m^2 - r_i^2}\right). \tag{43}$$

Die dann nächstfolgende Spannung ist

$$\sigma_{m+1} = -\left(1 + \frac{r_i^2}{x_m^2}\right)\left[\frac{(p_{m+1})(r_{m+1}^2)}{r_m^2 - r_i^2}\right]. \tag{44}$$

Die Gesamtdruckspannung in Umfangsrichtung in drucklosem Zustande, erzeugt durch die Summe aller Einzelschrumpfdrücke in der mittleren Faser von Schicht $m$, ergibt sich zu

$$\sigma_{m\cdots(n-1)} = -\left(1 + \frac{r_i^2}{x_m^2}\right)\sum_{m=m}^{n-1}\left(\frac{p_m r_m^2}{r_m^2 - r_i^2}\right). \tag{45}$$

d) Damit wird die Gesamtspannung am Ende der Überlagerung in Umfangsrichtung in der mittleren Faser der Schicht $m$ bei Innendruck $p_i$:

$$p_i \frac{r_i^2 (r_n^2 + x_m^2)}{x_m^2 (r_n^2 - r_i^2)} + \frac{(p_{m-1})(r_{m-1})}{h} - \left(1 + \frac{r_i^2}{x_m^2}\right)\sum_{m=m}^{n-1}\left(\frac{p_m r_m^2}{r_m^2 - r_i^2}\right) = \sigma_{\mathrm{ges}}. \tag{46}$$

Und dieser Ausdruck in Gl. (46) soll praktisch gesehen den Wert von $\sigma_{v_{zul}}$ erreichen, d.h.

$$\sigma_{ges} = \sigma_{v_{zul}} \tag{47}$$

werden.

Gl. (46) läßt sich in einfacher Weise schrittweise auswerten durch Erfassung jeder Schicht, wobei man mit der äußersten Schicht beginnt. Durch Einbeziehung von jeweils nur einer Schicht bleibt für jeden Berechnungsschritt nur ein unbekannter Schrumpfdruck.

Die Anwendung dieser Methode soll an einem Berechnungsbeispiel veranschaulicht werden, das wieder der englischen Ausgabe entnommen sei.

### b) Berechnungsbeispiel

Es sei ein Verbundzylinder zu konstruieren nach Laminarschalenbauweise mit den Daten:

$$\begin{aligned} r_i &= 3'' , \\ p_i &= 10000\,\text{psi} , \\ h &= 0{,}25'' , \\ \sigma_{v_{zul}} &= 20000\,\text{psi} . \end{aligned}$$

Ermittle für jede Schicht den Schrumpfdruck.

*Lösung*

Gemäß Gl. (40) ist die Verbundwand

$$s = \frac{10000 \cdot 3}{20000} = 1{,}50\,\text{Zoll} \quad \text{dick.}$$

Bei der Wahl von $h = 0{,}25$ Zoll sind

$$n = \frac{s}{h} = 1{,}50/0{,}25 = 6$$

Schichten zur Befriedigung von $\sigma_{v_{zul}}$ erforderlich.

Mit der Außenschicht beginnend werden die einzelnen Schrumpfdrücke:

Gl. (46)

$$\sigma_{v_{zul}} = 20000 = 10 \cdot 10^3 \frac{3^2(4{,}5^2 + 4{,}375^2)}{4{,}375^2(4{,}5^2 - 3^2)} + p_5\left(\frac{4{,}25}{0{,}25}\right)$$

$$p_5 \approx 206\,\text{psi} .$$

Schicht *6* übt als äußerste Schicht einen Schrumpfdruck $p_5$ auf Schicht *5* aus. Der Schrumpfdruck in Schicht *4* ist $p_4$ und wird erzeugt durch Lage *5*. Der Ansatz zur Berechnung von $p_4$ ist wieder Gl. (46), und zwar gilt:

$$\sigma_{v_{zul}} = 10 \cdot 10^3 \frac{3^2(4{,}5^2 + 4{,}125^2)}{4{,}125^2(4{,}5^2 - 3^2)} + p_4\left(\frac{4{,}0}{0{,}25}\right) - \left(1 + \frac{3^2}{4{,}125^2}\right)\left(\frac{206 \cdot 4{,}25^2}{4{,}25^2 - 3^2}\right)$$

$$p_4 \approx 190\,\text{psi} .$$

In Lage *5* bildet sich infolge des Schrumpfdruckes durch Lage *6* die erste Eigenspannung aus.

Schrumpfdruck $p_3$, ausgeübt von Lage *4* auf Lage *3* enthält nun zwei Komponenten an Eigenspannungen:

$$\sigma_{v_{zul}} = 10 \cdot 10^3 \frac{3^2 (4{,}5^2 + 3{,}875^2)}{3{,}875^2 (4{,}5^2 - 8^2)} - p_3 \left(\frac{3{,}75}{0{,}25}\right)$$

$$- \left(1 + \frac{3^2}{3{,}875^2}\right) \left(\frac{169 \cdot 4{,}0^2}{4{,}0^2 - 3^2} + 380\right)$$

$$p_3 \approx 154 \text{ psi}.$$

Nach dem gleichen Verfahren ergeben sich: $p_2 \approx 121$ psi und für $p_1 \approx 54$ psi.

Für den Kernzylinder als Schicht *1* ist der Schrumpfdruck gleich Null, also $p_{m-1} = 0$. Diese Bedingung läßt sich günstig zur Ausführung einer Kontrollrechnung benützen. Es muß nämlich sich ergeben, daß mit den Schrumpfdrücken $p_1$, $p_2$ usw. Gl. (46) zu dem Wert von $\sigma_{v_{zul}}$ führen muß.

Also:

$$\sigma_{v_{zul}} = 20000 = 10^4 \frac{3^2 (4{,}5^2 + 3{,}125^2)}{3{,}125^2 (4{,}5^2 - 3^2)} + 0 \left(\frac{3{,}0}{0{,}25}\right)$$

$$- \left(1 + \frac{3{,}0^2}{3{,}125^2}\right) \left(\frac{54 \cdot 3{,}25^2}{3{,}25^2 - 3^2} + 380 + 401 + 429 + 450\right)$$

$$23750 \to \sim 23300 \text{ psi}.$$

Der Unterschied macht weniger als 2% des Gesamtwertes aus. Berücksichtigt man die Tatsache, daß dieses Rechenbeispiel mit dem Rechenschieber erzielt wurde, kann man von einer sehr guten Übereinstimmung sprechen.

Die Schrumpfspannungen ergeben sich aus Gl. (42) zu:

$$\sigma'_m = \frac{(p_{m-1})(r_{m-1})}{h},$$

$$\sigma'_6 = \frac{p_5 r_5}{0{,}25} = \frac{206 \cdot 4{,}25}{0{,}25} = 3500 \text{ psi},$$

$$\sigma'_5 = \frac{190 \cdot 4{,}00}{0{,}25} = 3040 \text{ psi},$$

$$\sigma'_4 = \frac{154 \cdot 3{,}75}{0{,}25} = 2300 \text{ psi},$$

$$\sigma'_3 = \frac{121 \cdot 3{,}50}{0{,}25} = 1700 \text{ psi},$$

$$\sigma'_2 = \frac{54 \cdot 3{,}25}{0{,}25} = 700 \text{ psi}.$$

### c) Zusammenfassung

Bei der Anwendung des Schrumpfprinzips auf dünnwandige Schalen, die durch Längsschweißung auf ein Kernrohr aufgebracht werden, läßt sich eine Verbundwand erzielen, die theoretisch dem Idealzustand nahekommt. Die resultierende Gesamtspannung ergibt eine Art Sägediagramm mit Spannungsspitzen von der Göße der höchstzulässigen Spannung des Werkstoffes.

Das Prinzip der Erzeugung der Vorspannung beruht darauf, daß für die Schweißnaht ein gegebener Spalt auszufüllen ist, dessen Größe den Wert der transversalen Schrumpfspannung bestimmt. Die Schrumpfspannungen lösen Druckspannungen in der Innenzone und Zugspannungen in der Außenzone der Verbundwand aus. Mit der Wahl des Spaltes und der Größe der Schweißnaht sowie mit der Dicke der Lage hat man die Ausbildung der Spannungsverteilung weitgehendst unter Kontrolle.

# IV. Die Berechnung dickwandiger Wickelbehälter

## A. Einleitung

Der Wickelbehälter hat eine Verbundwand, die sich aus einem Kernrohr und einem Wickelteil zusammensetzt, der auf das Kernrohr nach dem Schrumpfprinzip aufgewickelt ist. Als Wickelelement wird ein profiliertes Stahlband benützt, das schraubenförmig zu einer beliebigen Anzahl von Wickellagen auf das Kernrohr aufgewickelt wird. Die beiderseitigen Enden werden durch Schweißung festgehalten. Da das Band unter Zugspannung und in heißem Zustande aufgewickelt wird, entsteht bei der Abkühlung eine Schrumpfspannung, deren Größe man durch Bandspannung und Temperaturniveau kontrollieren kann. Dadurch erhält die Innenzone Druckeigenspannungen, während die Außenzone mit Zugeigenspannungen versehen wird.

Wie man bereits jetzt schon erkennt, hat der Wickelbehälter gegenüber laminierten Schalenbehältern den Vorteil, daß das Band an jeder Stelle einwandfrei zum Anliegen gebracht werden kann. Es kann also damit gerechnet werden, daß die Schrumpfspannungen sich nahezu hundertprozentig über die ganze Oberfläche hin entwickeln und zur Wirkung kommen. Wird einer konstanten Rotation der Wickelbank Rechnung getragen, so ist die Auflaufgeschwindigkeit des Bandes und damit die Auswirkung konstanter Eigenspannungen kein technisches Problem. Vom werkstatt-technischen Gesichtspunkte aus gesehen, müßte sich eine vollständig gleichmäßige Verteilung der Eigenspannungen erzielen lassen, ohne daß man zu dieser Feststellung auf nähere Einzelheiten einzugehen braucht.

Im Hinblick auf die Art der Spannungsverteilung kann gesagt werden, daß diese sich auf die ganze Wanddicke hinweg in der gleichen Weise ausbildet, wie dies bei der Betrachtung des Laminarzylinders bereits beschrieben wurde. Die Berechnung ist vorteilhaft wieder zu unterteilen in Eigenspannungen, Betriebsspannungen und resultierende Gesamtspannungen.

Trotz der wesentlichen Unterschiede der Konstruktionen des Laminar- und des Wickelbehälters haben beide viele gemeinsame Eigenschaften. Der entscheidenste Faktor ist die Tatsache, daß eine nahezu ideale Spannungsverteilung möglich ist. Was das Wickelverfahren anbetrifft, so wird darauf hingewiesen, daß herstellungstechnische und wirtschaftliche Fragen in Kap. VIII eingehend behandelt werden. In diesem Kapitel sei lediglich soviel erwähnt, als zu einem Verständnis des Berechnungsverfahrens im Zusammenhange mit Festigkeitsfragen notwendig erscheint.

## B. Allgemeine Betrachtungen zur Berechnung von Wickelbehältern

Das Wickelverfahren, das heute allgemein unter dem Namen Schierenbeck-Verfahren bekannt ist und von der Badischen Anilin- & Soda-Fabrik in Ludwigshafen (Rhein) zur Betriebsreife gebracht wurde, zeichnet sich durch die Anwendung von profilierten Stahlbändern aus. Die Profile wirken als Verzahnung und verwirklichen so einen geschlossenen Verband. Die Bänder sind dergestalt profiliert, daß sie drei Erhöhungen und drei gegenüberliegende Vertiefungen im Querschnitt aufweisen, wobei von Lage zu Lage eine Versetzung um ein Drittel der Bandbreite erfolgt. Hierbei wird – gesehen über den axialen Querschnitt durch die Verbundwand – der Spalt zwischen zwei nebeneinanderliegenden Bandquerschnitten der gleichen Lage durch das darüberliegende Band der nächstfolgenden Lage verzahnend überbrückt und die Lücke geschlossen. Ein Verband mit der Verzahnung von dreirilligen Bändern ist in Abb. 10 wiedergegeben. Die Darstellung zeigt außerdem einen vollen Bandquerschnitt mit Dimensionen, die sich in sehr vielen großtechnischen Ausführungen gut bewährt haben. Der gezeigten Profilgestaltung liegt der

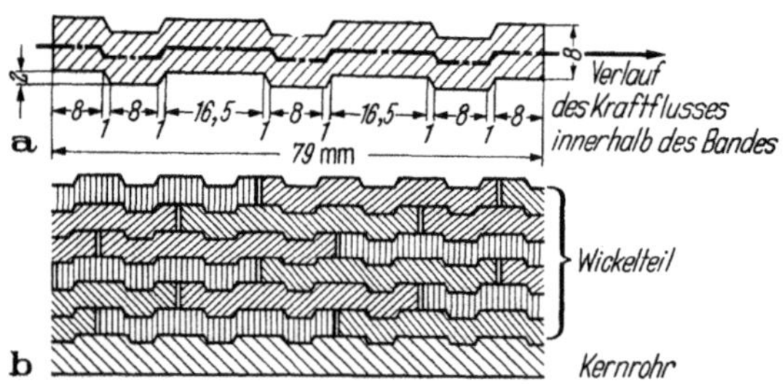


Abb. 10a. Querschnitt eines dreirilligen Wickelbandes mit Dimensionen
Abb. 10b. Querschnitt durch Verbundwand eines Wickelbehälters

Hauptgedanke zugrunde, für den Kraftschluß in Längsrichtung einen größeren Querschnitt zur Verfügung zu haben, als es mit Bändern mit zwei Rillen möglich ist. Es wird damit auch eine Schonung des Kernrohres erzielt.

Im Falle des Versagens durch Bruch wird durch die Verzahnung als Folge einer Stärkung der Längsfestigkeit der Eintritt des Bruches hinausgezögert, wobei sogar noch eine Drucksteigerung möglich wird. Der Wickelkörper ist dem Vollwandkörper neben vielen anderen Punkten besonders in einem Faktor um vieles überlegen, nämlich in der Sicherheit gegen Trennbruch. Beim Vollwandkörper genügen meist kleine Haarrisse in der Oberfläche, um den Trennbruch einzuleiten. Bei der Mehrlagenwand, aus profiliertem Band gewickelt, braucht der Bruch eines einzelnen Bandes noch lange keine Gefahr für den ganzen Zylinder zu bedeuten. Die Wand verhält sich in diesem Falle wie ein Kabel aus hochwertigen Drähten.

Festigkeitsmäßig besteht durch den gegebenen Verband in der Wand bei einer Aufweitung des Hohlkörpers zwischen den Umfangsdehnungen der Einzelschichten ein bestimmtes Verhältnis, wobei man ein Dehngefälle von innen nach außen beobachtet, solange der Behälter unter Innendruck steht. In der Verbundwand verhalten sich die einzelnen Schichten gewissermaßen wie ein Bündel aufeinander geschichteter Zerreißproben, wobei die Formänderungen unter dem Einfluß des Querdruckes vor sich gehen, der an der Innenfaser seinen Größtwert hat und nach außen hin abnimmt.

Die Bemessung der Wanddicke des Kernrohres hängt unter anderem wesentlich davon ab, ob es die gesamte Längskraft aufnehmen soll oder nicht. Überträgt die Wicklung keinerlei Längskräfte, dann bleibt die Aufnahme dieser Kräfte allein dem Kernzylinder überlassen, dessen Wand dann aber auch den notwendigen Querschnitt aufweisen muß, um dieser Aufgabe gerecht zu werden. Infolge der Verzahnung durch Profilbänder wird es möglich, die Verbundwände zum Tragen an den Längsbeanspruchungen heranzuziehen. Dadurch läßt sich die Wanddicke des Kernzylinders nach Maßgabe des Entlastungsanteiles entsprechend vermindern. Dieser Faktor besitzt insofern große praktische Bedeutung, als es hierdurch gelingt, relativ schwache Kernzylinder zu verwenden, die sogar aus einem Blech gerollt sein können und durch Längsschweißung zum Kernzylinder gemacht werden.

Wie man aus Abb. 10 erkennt, stellt die gewickelte Zylinderwand einen kompakten Verband dar, der es ermöglicht, die durch den Innendruck und die Schrumpfung der Bänder in Umfangsrichtung hervorgerufenen radialen Druckspannungen genau so zu übertragen, wie das beim Vollwandkörper der Fall ist. Im Hinblick auf die Umfangsspannungen gilt praktisch das gleiche, da vor allem in Umfangsrichtung keinerlei

Unterbrechungen in der Verbundwand bestehen, und somit der tangentiale Kraftfluß nicht gestört ist. Hinsichtlich der Axialkräfte treten allerdings ziemliche Verwicklungen auf. Dies liegt vor allem darin begründet, daß die Richtung des axialen Kraftflusses sich infolge des Querschnittswechsels stetig ändert über die Vor- und Rücksprünge, so daß mit Sicherheit angenommen werden kann, daß der scheinbare Elastizitätsmodul wesentlich herabgesetzt, zumindest aber nicht konstant ist.

## C. Berechnungsverfahren

Die Berechnung der Spannungsverteilung hinsichtlich der drei Hauptspannungen und der gesamten Anstrengung der Zylinderwand erfolgt nach den gleichen Grundsätzen, wie es bereits für die Zylinder der Schalenbauweise beschrieben wurde. Siebel und Schwaigerer [*4*] entwickelten eine Berechnungsmethode, die zu den gleichen Ergebnissen führt, wie man sie aus dem Seely- und Smith-Verfahren erhält.

### 1. Eigenspannungen infolge der Schrumpfwirkung

Läßt man ein heißes Stahlband, das unter Zugspannung steht, auf einen rotierenden Kernzylinder auflaufen, so entsteht nach Aufbringung der ersten Lage zwischen dem Kernrohr und der Wickellage nach der Abkühlung eine Flächenpressung. Wählt man die Dicke des Bandes wieder mit $h$, den Außenhalbmesser des Kernzylinders mit $r_K$, so folgt aus dem Gleichgewicht der Kräfte für die Flächenpressung $p_F$ die Beziehung

$$p_F = \sigma_{Bd}\left(\frac{h}{r_K}\right) \tag{48}$$

worin $\sigma_{Bd}$ die Bandspannung ist.

Die Flächenpressung wirkt als Außendruck auf die darunterliegende Lage und bewirkt in der Faser mit dem Halbmesser $x$ eine Änderung der Spannung von der Größe $(\varDelta\sigma_t)_x$ in Umfangsrichtung und $(\varDelta\sigma_r)_x$ in radialer Richtung. Die einzelnen Beziehungen lauten dann nach der Außendruckformel von Lamé

in Umfangsrichtung:

$$(\varDelta\sigma_t)_x = -p_F\frac{r_K^2}{r_K^2 - r_i^2}\left(1 + \frac{r_i^2}{x^2}\right); \tag{49}$$

in radialer Richtung:

$$(\varDelta\sigma_r)_x = -p_F\frac{r_K^2}{r_K^2 - r_i^2}\left(1 - \frac{r_i^2}{x^2}\right). \tag{50}$$

Berücksichtigt man den Wert der Flächenpressung aus Gl. (48), so ergeben sich für die Umfangsrichtung:

$$(\varDelta\sigma_t)_x = -\sigma_{\mathrm{Bd}}(h)\frac{r_K}{r_K^2 - r_i^2}\left(1 + \frac{r_i^2}{x^2}\right) = -\sigma_{\mathrm{Bd}}\left(\frac{h}{r_K}\right)\frac{1 + r_i^2/x^2}{1 - r_i^2/r_K^2}; \tag{51}$$

in radialer Richtung:

$$(\Delta\,\sigma_r)_x = -\,\sigma_{\mathrm{Bd}}(h)\,\frac{r_K}{r_K^2 - r_i^2}\left(1 - \frac{r_i^2}{x^2}\right) = -\,\sigma_{\mathrm{Bd}}\left(\frac{h}{r_K}\right)\frac{1 - r_i^2/x^2}{1 - r_i^2/r_K^2}\,. \tag{52}$$

In Längsrichtung sind keine Eigenspannungen zu erwarten, da im drucklosen Zustande Längskräfte nicht bestehen.

Die Vorspannungen ändern sich naturgemäß von Lage zu Lage, und zwar in der Weise, wie es in den Gln. (51, 52) angedeutet ist. Die gesamten Eigenspannungen ergeben sich dann aus der Summe aller Stufenänderungen von Lage zu Lage.

Abb. 11 veranschaulicht die Eigenspannungen als Ergebnis der Schrumpfung infolge der Wicklung, und zwar an der Innenfaser des Kernzylinders in Abhängigkeit vom Halbmesserverhältnis der gesamten Verbundwand $r_a/r_i$. Als Parameter dienen wachsende Halbmesserverhältnisse verschiedener Kernrohre $r_K/r_i$. Die Kurven geben deutlich zu erkennen, daß die Wanddicke des Kernrohres einen starken Einfluß auf die Größe der Eigenspannungen ausübt.

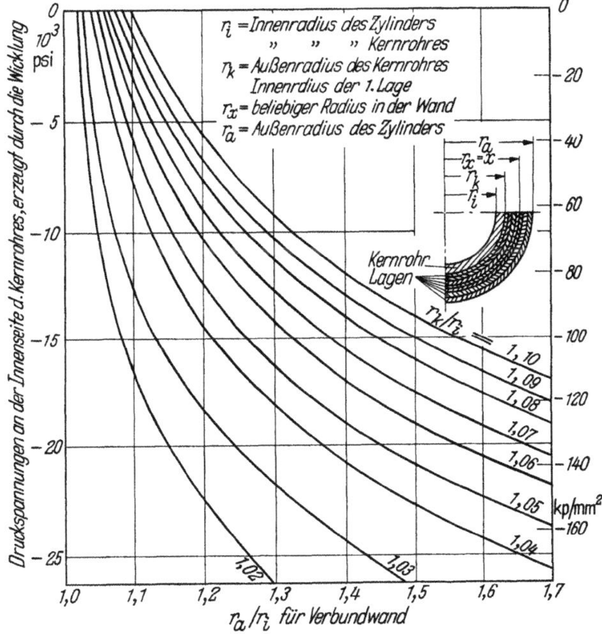


Abb. 11. Eigenspannungen an der Innenfaser des Kernrohres eines Wickelbehälters in Abhängigkeit vom Halbmesserverhältnis $r_a/r_i$, mit $r_K/r_i$ als Parameter

Das Kernrohr wird durch die beim Wickeln auftretenden Schrumpfspannungen unter starke Druckeigenspannungen gesetzt, die lediglich in Umfangsrichtung bedeutend sind. Diese fallen um so größer aus, je größer die gesamte Wanddicke der Verbundwand des Wickelbehälters zur Wanddicke des Kernrohres wird. Nach SIEBEL und SCHWAIGERER muß darauf geachtet werden, daß die maximalen Druckeigenspannungen im Kernrohr den doppelten Betrag der Schrumpfspannung des Wickelbandes nicht überschreitet. Ist dies der Fall, so erreicht man eine Vorspannung, die die günstigste Werkstoffausnützung erwarten läßt. Man erreicht diesen Zustand dadurch, daß die Wanddicke des Kernzylinders so gewählt wird, daß sie etwa 20–25% der Gesamtwanddicke ausmacht. Es soll ferner – nach SIEBEL und SCHWAIGERER – die Minimumwanddicke des Kernrohres den Wert von 10% der Stärke der gesamten Verbundwand nicht unterschreiten.

Neben den Umfangsspannungen treten die radialen Eigenspannungen nicht ins Gewicht. Sie sind praktisch so niedrig, daß sie vom Standpunkte der Sicherheitsforderung in der Festigkeitsrechnung unberücksichtigt bleiben können.

## 2. Betriebsbeanspruchungen bei Innendruck

Hinsichtlich der Berechnung der Spannungsverhältnisse, die in der Wandung herrschen, sobald der Zylinder unter Innendruck gesetzt wird, lassen sich zwei Unterscheidungen treffen. Einmal kann man die reinen Betriebsspannungen betrachten, die sich aus den Lamé-Beziehungen ergeben, wenn man die Verbundwand wie einen Vollwandzylinder behandelt ohne Berücksichtigung der Eigenspannungen. Die resultierenden Gesamtspannungen ergeben sich dann wiederum durch das bekannte Verfahren der Überlagerung der Betriebsspannungen unter $p_i$ und der Eigenspannungen.

Nach SIEBEL und SCHWAIGERER wird ähnlich wie bei SEELY und SMITH eine Zusammenfassung der Betriebsspannungen und der Eigenspannungen vorgenommen. Da die Verbundwand einen Außendruck und einen Innendruck erfährt, läßt sich eine Formel nach LAMÉ für beide Druckarten anwenden. Die Beziehungen lauten für das Kernrohr in Umfangsrichtung:

$$(\sigma_t)_K^{p_i} = p_i \frac{r_K^2/x^2 + 1}{r_K^2/r_i^2 - 1} - p_s \frac{r_K^2/r_i^2 + r_K^2/x^2}{r_K^2/r_i^2 - 1} \,; \tag{53}$$

in Radialrichtung:

$$(\sigma_r)_K^{p_i} = -p_i \frac{r_K^2/x^2 - 1}{r_K^2/r_i^2 - 1} - p_s \frac{r_K^2/r_i^2 - r_K^2/x^2}{r_K^2/r_i^2 - 1} \,; \tag{54}$$

in Achsenrichtung:

$$(\sigma_{ax})_K^{p} = p_i \frac{n}{k^2 - 1} \,. \tag{55}$$

Wie man erkennt, stellt Gl. (55) den $n$-fachen Betrag derjenigen Längsspannung dar, die beim Vollwandzylinder herrscht. Faktor $n$ richtet sich nach der Wickelart und ist stets größer als eins. Für Bänder mit dem Profil der Abb. 10 geben SIEGEL und SCHWAIGERER für $n$ den Wert 2 an.

Entsprechend gilt für den Wickelteil

in Umfangsrichtung:

$$(\sigma_t)_W^{p_i} = p_s \frac{(r_a^2/x^2) + 1}{(r_a^2/r_K^2) - 1}\,; \tag{56}$$

in Radialrichtung:

$$(\sigma_r)_W^{p_i} = p_s \frac{(r_a^2/x^2) - 1}{(r_a^2/r_K^2) - 1}\,; \tag{57}$$

in Achsenrichtung:

$$(\sigma_{ax})_W^{p_i} = p_i \frac{1 - a\,n}{(k^2 - 1)(1 - a)}\,. \tag{58}$$

Hier bezeichnet der Faktor $a$ das Verhältnis der Querschnittsfläche des Kernrohres zu der Gesamtquerschnittsfläche des Verbundzylinders.

Der Schrumpfdruck in der Berührungsebene zwischen Kernrohr und Wicklung, also an der Faser $x = r_K$ läßt sich aus der Gleichgewichtsbedingung herleiten, daß die Dehnungen in Umfangsrichtung in der Berührungsebene gleich sein müssen. Es gilt dabei für den Schrumpfdruck

$$p_s = p_i \frac{2(1 - a) - \mu\, a(n - 1)}{2[1 + a(k^2 - 1)]}\,, \tag{59}$$

wobei $\mu$ = die Poissonsche Zahl oder die Querzahl ist.

Setzt man den Wert der Gl. (59) in die Gl. (53) und (54) ein, so erhält man für die Umfangsrichtung im Kernrohr:

$$\left.\begin{aligned}(\sigma_t)_K^{p_i} = \frac{p_i}{a(k^2 - 1)} \Big[ 1 + \frac{r_i^2}{x^2} \{1 + a(k^2 - 1)\} \\ - \left(1 + \frac{r_i^2}{x^2}\right) \left\{1 - a - \frac{\mu}{2} a(n - 1)\right\}\Big]\,.\end{aligned}\right\} \tag{60}$$

Für die Radialrichtung im Kernrohr:

$$\left.\begin{aligned}(\sigma_r)_K^{p_i} = \frac{p_i}{a(k^2 - 1)} \Big[ 1 - \frac{r_i^2}{x^2} \{1 + a(k^2 - 1)\} \\ - \left(1 - \frac{r_i^2}{x^2}\right) \left\{1 - a - \frac{\mu}{2} a(n - 1)\right\}\Big]\,.\end{aligned}\right\} \tag{61}$$

### 3. Anstrengung der Zylinderwand

Im Gegensatz zu allen übrigen bekannten Berechnungsverfahren für Mehrlagenzylinder geben SIEBEL und SCHWAIGERER für die Berechnung von Wickelbehältern die Anstrengung an, die sich auf eine der bekannten Hauptfestigkeitshypothesen stützt. Obwohl für Vollwandzylinder die Gestaltänderungsenergiehypothese die zuverlässigsten Ergebnisse liefert für die Ermittlung der Fließbedingungen an der Innenfaser, ist diese Hypothese für den Wickelbehälter nicht zu empfehlen, da die Längsspannung nicht für alle Behälter notwendigerweise nicht konstant zu bleiben braucht, sondern bei jedem Behälter von der Güte der Wicklung abhängt. Es ist daher besser, für die Berechnung die Schubspannungshypothese heranzuziehen, bei der die Differenz der maximalen und der minimalen Hauptspannung als Festigkeitskriterium gilt. Für den elastischen Bereich sind diese beiden Spannungen die Umfangsspannung und die Radialspannung, so daß die variable Längsspannung nicht in Betracht kommt. Die Festigkeitsrechnung für den Wickelbehälter liefert nach SIEBEL und SCHWAIGERER für die Anstrengung die Beziehung

$$\sigma_{v_i} = \sigma_{t_i} - \sigma_{r_i}. \tag{62}$$

In Gl. (62) ist die Radialspannung negativ, womit die Differenz zur Summe wird, d.h. die Anstrengung wird größer, als es sich nach der von-Mises-Hypothese ergeben würde. Dies bedeutet aber, daß sich nach der Schubspannungshypothese größere Wanddicken ergeben, womit man auf der konservativen, d.h. sicheren Seite bleibt.

## 4. Grenzbedingungen für den Innendruck

Der Verlauf der Anstrengung in der Wand eines Wickelbehälters, der statischem Innendruck ausgesetzt wird, hängt von der Größe der Schrumpfspannungen ab. Der Verlauf dieser Schrumpfspannungen ist das Ergebnis des Gütegrades der Wicklung, und es ist theoretisch möglich, daß beträchtliche Schwankungen auftreten können. Die Abstellung der Berechnung gegen Erreichen des Fließbeginns an der Innenfaser wäre eine Maßnahme, die in keiner Weise gerechtfertigt ist, da die theoretischen Voraussetzungen sich von Behälter zu Behälter ändern können.

### a) Innendruck zur Erzielung des Fließbeginns an der Innenfaser

Mit der Schwankung der Schrumpfspannungen verändern sich die Anstrengungen, die zum Fließen an der Innenfaser führen. Selbst unter Ausschaltung der wenig konstanten Längsspannung unter Anwendung der Schubspannungshypothese lassen sich über den Fließbeginn keine zuverlässigen Aussagen machen. Solange die Ausbildung des Spannungsverlaufes von der Wickelgüte abhängt, hat es keinen Sinn, eine Beziehung für den Fließbeginn aufzustellen.

### b) Innendruck zur Erzeugung des vollplastischen Zustandes

Sieht man vom Fließbeginn an der Innenfaser ab und läßt den Fließzustand sich über die ganze Verbundwand hinweg ausbreiten, bis der vollplastische Zustand erreicht ist, so ist damit ein Spannungszustand gekennzeichnet, den man beim Wickelzylinder eindeutig definieren kann. Sobald nämlich das Fließen an der Innenfaser beginnt und sich in der Wand zur Zone ausbreitet, bis die Außenfaser erreicht ist, werden mit dem Fortschreiten der Plastizität alle Vorspannungen innerhalb der Fließzone völlig aufgehoben, gleichgültig, nach welchem Verfahren die Vorspannungen erzeugt wurden, sei es durch Schrumpfung, durch Temperaturunterschiede, oder durch zusätzliche Beanspruchungen infolge unrunder Kernrohre. Alle diese Vorspannungen werden zu Null, sobald die ganze Wand plastisch verformt wird, in welchem Falle die Wandanstrengung an jeder Faser die Zugstreckgrenze des Werkstoffes erreicht. Demnach ist der Druck, der den vollplastischen Zustand in einer Wand erzeugt, die unter Vorspannungen steht, wie dies beim Wickelbehälter der Fall ist, der gleiche wie der, der beim entsprechenden Vollwandzylinder aufzuwenden wäre. Gemäß Kap. I lautet diese Beziehung nach GUEST

$$p_{\text{v.pl}} = \sigma_F \ln k . \tag{63}$$

Die beim vollplastischen Zustande herrschende mittlere Wandspannung ist

$$(\sigma_v)_m^{\text{v.pl}} = \frac{p_{\text{v.pl}}}{\ln k} . \tag{64}$$

### c) Bedingungen für das Bersten

Für verfestigungsfähige Werkstoffe ist auf S. 48ff. für den Platzdruck von Vollwandzylindern die Beziehung gegeben

$$p_b = \sigma_B \ln k , \tag{65}$$

worin $\sigma_z$ die Festigkeit des Werkstoffes bedeutet.

Diese Beziehung stimmt relativ gut mit der Formel überein, die Prof. JASPER, USA [5], als Berstdruck für Mehrlagenbehälter in Schalenbauweise empirisch aufgestellt hat von der Form

$$p_b = 2\,\sigma_B \frac{k-1}{k+1} . \tag{66}$$

Inwieweit Gl. (65) mit Gl. (66) übereinstimmt, soll durch Tab. 2 gezeigt werden, in der die Formelwerte für wachsende Werte vom Halbmesserverhältnis $k$ gegenübergestellt werden:

Tabelle 2. *Platzdruckverhältnisse für dickwandige Mehrlagenhohlzylinder*

| | $k$ | 1,5 | 2 | 2,5 | 3 | 3,5 | 4 |
|---|---|---|---|---|---|---|---|
| $\frac{p_b}{\sigma_B}$ | Gl. (65) | 0,4055 | 0,6931 | 0,9163 | 1,0986 | 1,2528 | 1,3863 |
| | Gl. (66) | 0,400 | 0,667 | 0,859 | 1 | 1,110 | 1,20 |
| $\Delta$ = (65)–(68) | | 0,005 | 0,03 | 0,06 | 0,10 | 0,14 | 0,18 |

Die Unterschiede $\Delta$, die die Differenz der Gln. (65, 68) wiedergeben, sind bis $k = 2{,}5$ vernachlässigbar gering. Also bestätigt die Schubspannungshypothese die Jasper-Formel mit ziemlicher Genauigkeit.

Es sei wiederum darauf hingewiesen, daß die Verfestigung des Werkstoffes bei der plastischen Verformung seine Zerreißfestigkeit nicht erhöht. Genauso verhält es sich mit Hohlkörpern, die unter Vorspannung stehen. Die erhöhte Platzsicherheit liegt ausschließlich in der Sprengsicherheit, was daran liegt, daß der gesamte Querschnitt in sehr viele Einzelquerschnitte aufgeteilt ist. Ein Trennbruch steht also praktisch nicht zu erwarten. Sollte ein Band an irgendeiner Stelle zu Bruch gehen, so bleibt der Bruch stets örtlich beschränkt. Beim Vollwandkörper breitet sich eine Fehlstelle rasch auf die Nachbargebiete aus, und die Verformbarkeit des Werkstoffes wird nur zu einem gewissen Teil ausgenützt.

## 5. Zulässige Betriebsbedingungen

Der höchstzulässige Innendruck $(p_i)_{\text{zul}}$ läßt sich aus der 0,2-%-Zugstreckgrenze des Werkstoffes ermitteln, wenn man den Sicherheitsabstand festlegt. Im Hinblick auf die ungewöhnlich hohe Sprengsicherheit des Wickelbehälters läßt sich ein Sicherheitsbeiwert von $S = 1{,}60$ gegen Erreichen des vollplastischen Zustandes rechtfertigen. Dies setzt allerdings voraus, daß für das Band ein Werkstoff mit einer Mindestdehnung von $\delta_5 = 12\%$ und für das Kernrohr eine Mindestdehnung von $\delta_5 = 15\%$ gewählt wird. Damit ergibt sich ein zulässiger Innendruck zu

$$(p_i)_{\text{zul}} = \frac{p_{\text{v.pl}}}{S} = \frac{\sigma_F}{S} \ln k = \frac{\sigma_F}{1{,}6} \ln \frac{r_a}{r_i}\,. \tag{67}$$

Die zulässige Anstrengung ist nach Gl. (62) bekanntlich

$$(\sigma_V)_{\text{zul}} = \sigma_t - \sigma_r\,.$$

Man kann das Verhältnis $\ln \frac{r_a}{r_i}$ etwa ersetzen durch $2\,\frac{r_a - r_i}{r_a + r_i}$. Dieser Ausdruck entspricht aber dem Wert

$$2\,\frac{s}{d + s}\,.$$

Folglich wird Gl. (67) zu

$$(p_i)_{\text{zul}} = \frac{2\,\sigma_F}{S}\left(\frac{s}{d + s}\right) = \frac{2\,\sigma_F}{S}\,\frac{s}{d_{\text{mittel}}} = \frac{\sigma_F}{S} \ln k\,. \tag{68}$$

Ist für einen Behälter der Innendruck $p_i$ und der Innendurchmesser $d_i$ gegeben, so ergibt sich die Wanddicke $s$ zu

$$s = \frac{p_i}{2}\,d_m\,\frac{s}{\sigma_F} = \frac{p_i\,d_i}{2\,\frac{\sigma_F}{S} - p_i}\,. \tag{69}$$

Die vorausgehenden Berechnungen stützen sich auf die Voraussetzung, daß für das Wickelband und für das Kernrohr der gleiche Werkstoff verwendet wird. Trifft dies nicht zu – was meist der Fall sein wird – so muß ein Mittelwert gefunden werden zum Ausgleich der Streckgrenzenunterschiede. Für diesen Fall ergibt sich die mittlere Streckgrenze aus der Beziehung

$$(\sigma_F)_m = \frac{s_K}{s}(\sigma_F)_K + \frac{h}{s}(\sigma_F)_{Bd}\,, \tag{70}$$

wobei $s$ die Dicke der Verbundwand ist.

Gl. (70) berücksichtigt die Wanddickenanteile im Zusammenhange mit den Streckgrenzenunterschieden der beiden Werkstoffe.

## D. Schlußbetrachtungen

Der Wickelbehälter läßt, verglichen mit einem Vollwandbehälter gleicher Wanddicke, als Ergebnis der vorhandenen Druckeigenspannungen an der Innenzone, die aus der Schrumpfwirkung herrühren, wesentlich höhere Innendrücke zu. Platzversuche zeigten, daß Vollwandkörper infolge der höheren Umfangsspannungen aufplatzten, während Wickelkörper in axialer Richtung zu versagen pflegen. Wählt man die Konstruktion des Wickelkörpers so, daß seine axiale Festigkeit gleich der des entsprechenden Vollwandkörpers ist, so kann man erwarten, daß der Wickelbehälter bedeutend höher durch statischen Innendruck belastet werden kann, als man im günstigsten Falle vom entsprechenden Vollwandkörper erwarten kann.

Die axiale Festigkeit läßt sich beim Wickelkörper dadurch erhöhen, daß man einerseits die Anzahl der Bandrillen vergrößert und zum andern das Maß der Bandversetzung zu gleicher Zeit vermindert. Nun bildet natürlich die Vergrößerung der Rillenzahl eine Erschwerung der Konstruktion sowohl wie des Herstellungsverfahrens. Schierenbeck [*6*] hat zahlreche Versuche angestellt, um empirisch zu ermitteln, bei welcher Mindestrillenzahl genügend axiale Festigkeit vorhanden ist, um ein Versagen in Längsrichtung zu verhindern. Schierenbeck kam zu der Schlußfolgerung, daß drei Rillen (Nut und Federn) bei einer Bandversetzung von einem Drittel der Bandbreite ausreichen, um das Versagen ausschließlich auf die Umfangsrichtung allein zu beschränken.

In diesen Berstversuchen, die beweisen sollten, inwieweit der Wickelbehälter höheren Berstdrücken standhält, als es beim Vollwandbehälter möglich ist, hat sich gezeigt, daß die Platzdrücke für Wickelbehälter ganz allgemein ausnahmslos höher gelegen haben, als aus der Berechnung nach der von-Mises-Hypothese zu erwarten stand. Wie bereits früher betont, läßt sich durch die Einführung von Druckeigenspannungen an der höchstbeanspruchten Stelle und durch die zusätzliche Anwendung lokaler Vergütung des heißen Wickelbandes während der Aufwicklung die Festigkeit des Wickelkörpers gegen Platzen nicht erhöhen. Solche Maßnahmen tragen lediglich dazu bei, eine Steigerung des Innendruckes zu ermöglichen, da diese ausschließlich die Lage der Streckgrenze, nicht aber die der Zerreißfestigkeit beeinflussen.

Ferner haben Versuche gezeigt, daß der Wickelkörper, dessen Verbundwand aus dreirilligen Bändern gewickelt ist, eine Wärmeleitfähigkeit besitzt, die größenordnungsmäßig einen Wert von 90–95% derjenigen der Vollwandkörper annimmt.

Bei allen Mehrlagenzylindern, die mit heißem Druckwasserstoff betrieben werden, muß man sich mit der Frage auseinandersetzen, was mit dem Wasserstoff geschehen soll, der zwangsläufig durch die Wandung des Kernrohres hindurch diffundiert. Für diesen Zweck wird beim Laminarzylinder eine poröse Schicht unmittelbar auf das Kernrohr aufgelegt, bevor die erste Lage aufgeschweißt wird. Diese Schicht erleichtert dem Wasserstoff das Entweichen aus der Verbundwand. Der Wickelbehälter bedarf dieser Schicht nicht, da in jeder Schicht ein geringer Abstand als Spalt von Windung zu Windung besteht, wodurch der Wasserstoff schraubenförmig dem Spalt folgen kann, um in axialer Richtung zwischen Kernrohr und erster Lage die Verbundwand zu verlassen.

Über weitere Konstruktionseinzelheiten wird in Kap. VIII im Zusammanhange mit der Herstellung von großen Betriebszylindern verwiesen.

## E. Berechnungsbeispiel

Berechne einen Wickelbehälter mit folgenden Abmessungen:

| | | |
|---|---|---|
| $r_i = 400\,\text{mm}$ | Anzahl der Wickellagen | $z = 16$ |
| $r_K = 432\,\text{mm}$ | Banddicke | $h = 8\,\text{mm}$ |
| $s_K = 32\,\text{mm}$ | Querschnittsverhältnis | $a = 0{,}173$ |
| $r_a = 560\,\text{mm}$ | Längsspannungsverhältnis | $n = 2$ |
| $r_K/r_i = 1{,}08$ | Bandspannung | $\sigma_{\text{Bd}} = 5\,\text{kg/mm}^2$ |
| $r_a/r_i = 1{,}40$ | Innendruck | $p_i = 750\,\text{at}$ |
| $s_{\text{ges}} = 160\,\text{mm}$ | | |

### 1. Berechnung der Spannungen

Der Einfachheit halber seien die Rechenergebnisse graphisch wiedergegeben. Abb. 12 zeigt die Zylindergeometrie mit den erforderlichen Abmessungen. In Abb. 13 findet man die Eigenspannungen für den Kernzylinder und den Wickelteil, und zwar für die Umfangsrichtung als auch in radialer Richtung. In Abb. 14 ist die Spannungsverteilung veranschaulicht, die durch den Innendruck erzeugt wird, verglichen mit den Spannungsverhältnissen des Vollwandzylinders. Und schließlich findet man in

Abb. 15 die Gesamtspannungen nach der Überlagerung der Eigenspannungen mit den Betriebsspannungen. Die Bezeichnungen der einzelnen Kurven sind aus den Abbildungen ersichtlich. Es bleibt zu berücksichtigen, daß der Rechnung die Schubspannungshypothese zugrunde gelegt

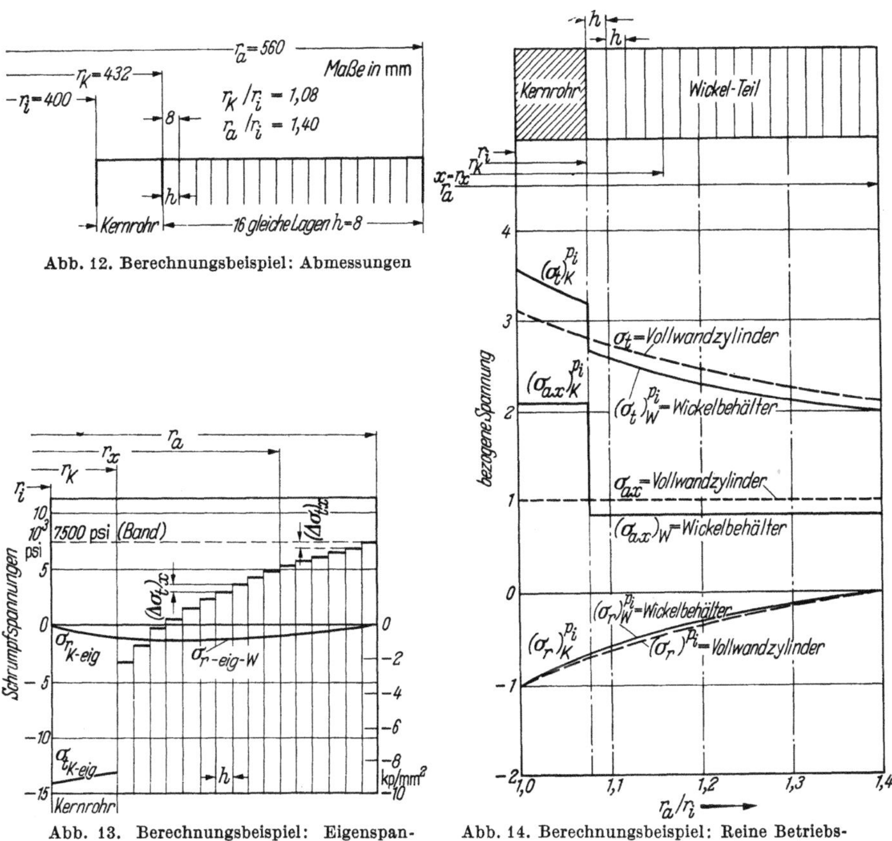


Abb. 12. Berechnungsbeispiel: Abmessungen

Abb. 13. Berechnungsbeispiel: Eigenspannungen in Kernrohr und Wickelteil infolge Schrumpfung des Bandes bei 5 kg/mm² Bandspannung, 16 Wickellagen, drucklos

Abb. 14. Berechnungsbeispiel: Reine Betriebsspannungen ohne Berücksichtigung der Schrumpfung

ist und nicht etwa die Gestaltänderungsenergiehypothese. Wie man erkennt, ist die Anstrengung im Wickelteil verhältnismäßig gleichmäßig über die Wand verteilt. Die Abweichungen von der idealen Linie als horizontale Konstante liegen innerhalb der 5-%-Grenze.

## 2. Ermittlung der Betriebsbedingungen

Für den Zylinder hat die Verbundwand ein Halbmesserverhältnis $k = 1{,}40$. Dann ergibt sich der zulässige Innendruck zu

$$p_{i\text{-zul}} = \frac{\sigma_F}{S} \ln \frac{r_a}{r_i}\,.$$

Mit einem Werkstoff von

$$\begin{aligned} \sigma_F &= \sigma_{0,2\,\%} = 66{,}7\,\text{kg/mm}^2 \\ \sigma_z &= 83{,}5\,\text{kg/mm}^2 \\ \sigma_F/\sigma_z &= 0{,}80 \\ S &= 1{,}60 \end{aligned}$$

gegen vollplastischen Zustand wird

$$p_{i\text{-zul}} = \frac{66{,}7}{1{,}6} \ln 1{,}4 = 1405\,\text{at}\,.$$

Maximal zulässige Spannung:

$$\sigma_{v_{i\text{-zul}}} = \frac{\sigma_F}{1{,}6} = 41{,}8\,\text{kg/mm}^2\,.$$

Tatsächlich wirksame Spannung bei Innendruck:

$$\sigma_{v_i} = p_i \frac{\sqrt{3}\,k^2}{k^2 - 1} = 26{,}5\,\text{kg/mm}^2\,.$$

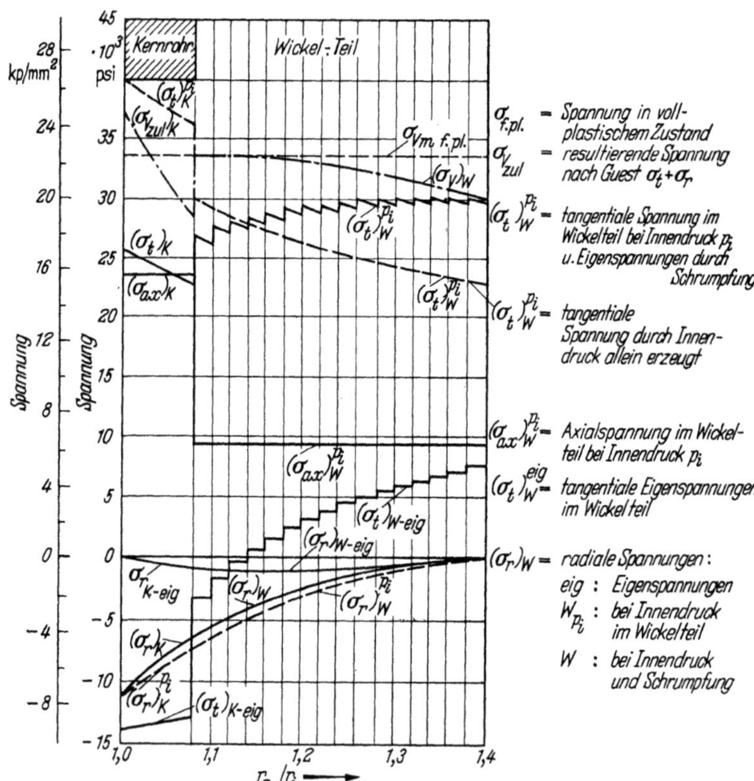


Abb. 15. Berechnungsbeispiel: Überlagerung der Betriebsspannungen über den Eigenspannungen

Mittlere Spannung bei vollplastischem Druck:

$$(\sigma_{v_m})_{\text{v.pl}} = \frac{p_{\text{v.pl}}}{\ln k} = 66{,}7\ \text{kg/mm}^2\,.$$

Platzdruck:

$$p_{b_1} = \sigma_z \ln k = 83{,}5\,(0{,}3365) = 2820\ \text{at}$$

nach Guest-Hypothese,

$$p_{b_2} = 2\,\sigma_z \frac{k-1}{k+1} = 2 \cdot 83{,}5\,\frac{1{,}4-1}{1{,}4+1} = 2780\ \text{at}$$

nach JASPER.

Der Wickelbehälter ist also beim Betriebsdruck von 750 at weitaus überdimensioniert, d. h. er ist weit unterhalb seiner zulässigen Belastungsgrenze beansprucht. Sein Berstdruck ist doppelt so hoch wie der Betriebsdruck, der als Höchstgrenze zugelassen wird.

## V. Schlußfolgerungen

Auf dem Gebiete der Mehrlagenbauweise für dickwandige Hohlzylinder haben sich drei Bauarten für Verbundwände technisch durchgesetzt und werden heute vielfach großtechnisch angewandt, nämlich Schrumpfzylinder, Laminarzylinder und Wickelbehälter. Allen drei Verfahren ist gemeinsam, daß die Wände in der Innenzone mit Druckeigenspannungen und in der Außenzone mit Zugeigenspannungen behaftet werden. Nach der Überlagerung der Betriebsspannungen werden die Spannungsspitzen an der Innenzone nach Maßgabe der Druckeigenspannungen abgebaut und in der Außenzone durch die Zugeigenspannungen erhöht. Die Spannungsverteilung der Hauptspannungen bzw. Beanspruchungen folgt einer Sägelinie mit soviel Zähnen, als der Zylinder Schichtlagen besitzt. Die Gleichmäßigkeit der Spannungsverteilung nähert sich dem Idealzustande einer konstanten Anstrengung über die ganze Wand mit zunehmender Anzahl von Lagen, was besonders bei Laminar- und Wickelbehältern augenscheinlich in Erscheinung tritt.

Bei der Schrumpfkonstruktion mit zwei relativ dickwandigen Einzelzylindern handelt es sich im allgemeinen um Sonderkonstruktionen, bei denen es notwendig erscheint, gerade dieser Bauart aus besonderen Gründen den Vorzug zu geben, auch wenn sie unter Umständen unwirtschaftlich sein sollten. Hinsichtlich der Spannungsverteilung sind sie den übrigen Mehrlagenzylindern wesentlich unterlegen.

In festigkeitsmäßiger Hinsicht haben Laminar- und Wickelbehälter viele gemeinsame Vorteile. Sie erreichen nahezu ideale Spannungsverteilung bei optimaler Werkstoffausnützung. Entscheidende Unterschiede treten lediglich in der Bauart auf.

Beim Wickelbehälter müssen zur Kontrolle der Wicklungsgüte die Umfangsdehnungen an der Außenfaser bei zuverlässiger Übertragung der Radialkräfte gleich denen des gleichwertigen Vollwandzylinders sein. Dieses Verfahren stellt also eine Kontrolle des Gütegrades der Wicklung dar. Nach Maßgabe der Gleichmäßigkeit der tangentialen Dehnungsverteilung verschafft man sich ein Bild über die Zuverlässigkeit der Wicklung bzw. der Schrumpfwirkung. Die Dehnungen kann man einwandfrei mittels Dehnmeßstreifen ermitteln.

Im Falle unvorgesehener Drucksteigerungen im Betriebe ist von Vorteil, daß dem Platzen der Wickelbehälter sehr beachtliche Formänderungen vorausgehen. Ein Versagen der Behälter geschieht erfahrungsgemäß ausschließlich durch Bruch des Kernrohres, wobei der Wickelverband sich aufzulösen versucht, ohne Splitterwirkungen zu veranlassen. Die völlige Sprengsicherheit der Mehrlagenbehälter ist ein charakteristisches Kennzeichen ihrer bevorzugten Anwendung in der Industrie.

## Literatur zu Kapitel IV


[1] Seely, F. B., and T. O. Smith: Advanced Mechanics of Materials. New York: J. Wiley and Sons, Inc. 1957.

[2] Smith, A. O.: Corporation: Werksbulletin 224, Milwaukee 1941.

[3] Spraragen, W., and W. G. Ettinger: Shrinkage Distortion in Welding. Welding Journal (N.Y.) Res. Suppl. 29, S. 323, 1950.

[4] Siebel, E., u. S. Schwaigerer: Beanspruchungsverhältnisse gewickelter Behälter. Chemie-Ing.-Technik, 24 (1952) 4.

[5] Schierenbeck, J.: Wickelverfahren zur Herstellung von Synthese-Hochdruck-Hohlkörpern, Brennstoff-Chemie 375–381 (1951).

[6] Jasper, T. M., and N. I. Scudder: Multilayer Construction of Thick-Wall Pressure Vessels. Milwaukee: Bulletin 224 – A. O. Smith Corp. 1941; AICHE, 37 (1941) 885.

Kapitel V

# Gestaltung und Berechnung von Flanschverbindungen in Rohrleitungen und Zylinderverschlüssen

## I. Einleitung

Der Entwurf und die Berechnung von Flanschverbindungen in der chemischen Hochdrucktechnik ist eine Aufgabe, die dem Konstrukteur unter den meisten Bedingungen große Schwierigkeiten bereitet. Der Schwierigkeitsgrad dieser Angabe läßt sich vor allem daraus erkennen, daß in der einschlägigen Literatur, besonders der des Auslandes, verhältnismäßig wenig übereinstimmende Angaben für eine klare Berechnungsmethode zu finden sind. In den Vereinigten Staaten beispielsweise, sind die Verhältnisse gar so unklar, daß bis zum heutigen Tage noch keine Normen für Flanschverbindungen entwickelt worden sind für Systeme, die unter einem Innendruck von mehr als 200 at stehen. Jeder Hersteller von Hochdruckapparaturen bzw. die Kunden arbeiten nach eigenen Entwürfen, wobei die Technischen Überwachungsvereine – sofern welche bestehen – jeweils von Fall zu Fall entscheiden. Daß ein solcher Zustand als unwirtschaftlich angesehen werden muß, ist offensichtlich und er kennzeichnet damit sehr deutlich die Schwierigkeiten, für Flanschverbindungen eindeutige Berechnungsgrundlagen zu entwickeln, die Anerkennung auf allgemeiner Basis erwarten dürfen. Vom rein technisch-wissenschaftlichen Standpunkte aus gesehen ist die Aufstellung von zuverlässigen Berechnungsverfahren mit den heute zur Verfügung stehenden Hilfsmitteln hervorragender Meßmethoden wie Dehnungsmeßstreifen und andere keine Schwierigkeit mehr. Dehnungsmeßstreifenverfahren sind heutzutage soweit in ihrer Entwicklung fortgeschritten, daß sich hiermit das gesamte Kraftverformungsverhältnis einer selbst komplizierten Flanschverbindung einwandfrei analysieren läßt.

In dem nachfolgenden Kapitel wird der Versuch unternommen, das Problem der Berechnung von Flanschverbindungen bzw. von allgemeinen Schraubenverbindungen und deren Einzelkomponenten ganz allgemein und außerdem grundsätzlich zu behandeln und Wege aufzuzeigen, wie diese Aufgabe in der Praxis bisher befriedigend gelöst wurde. Die Behandlung geschieht in der Weise, das Problem zunächst zu beschreiben unter Berücksichtigung aller wesentlichen Faktoren, die einen entscheidenden Einfluß auf die Gesamtverbindung als geschlossene Einheit ausüben. Wie im folgenden gezeigt werden wird, läßt sich das Problem von zwei Seiten aus lösen, nämlich theoretisch und empirisch. Die theoretischen Lösungsformen gehen von der schrittweisen Analyse des Kraftverformungsverhältnisses aus, während die empirische Seite sich auf Vorschläge stützt, die ausschließlich durch Versuch ermittelt sind.

Die Flanschverbindung wird dann in ihren Einzelkomponenten kritischen Betrachtungen unterzogen mit dem Ziele, die bestmögliche Gestaltung aufzuzeigen im Hinblick auf Wirksamkeit, Wirtschaftlichkeit, Werkstoffausnützung und Einfachheit bei niedrigstem Kraftaufwand und optimaler Betriebssicherheit, sowohl unter statischen als auch dynamischen Betriebsverhältnissen unter Berücksichtigung der Temperaturverhältnisse bei Wärmefluß.

## II. Konstruktionsgrundsätze für die Einzelkomponenten einer Flansch- bzw. Schraubenverbindung

### A. Allgemeine Betrachtungen

Ganz allgemein gesehen setzt sich eine Flanschverbindung aus einer Anzahl von Einzelteilen zusammen. Jede Komponente übernimmt hierbei eine ganz bestimmte Aufgabe, die erfüllt sein muß, wenn die gesamte Einheit ihrer Aufgabe der Erfüllung optimaler Betriebssicherheit zufriedenstellend gerecht werden soll. Obwohl jede Einzelkomponente in ihrer Gestalt sehr einfach ist, und deren Betriebsverhalten aus Theorie und praktischer Erfahrung bekannt ist, ergibt sich jedoch für die Gesamtverbindung als Einheit in ihrer Wirksamkeit ein verhältnismäßig kompliziertes System, dessen Betriebsverhalten von einer ganzen Reihe wichtiger Faktoren bestimmt wird. Als die Meßverfahren mit Dehnungsmeßstreifen noch nicht bekannt waren, war die mathematische Behandlung des Kraftverformungsvorganges mit sehr großen Schwierigkeiten verbunden, die praktisch bis heute noch nicht befriedigend gelöst sind.

Über Schrauben und Schraubenverbindungen sind in der einschlägigen Literatur so viele Veröffentlichungen bekannt geworden, daß es für den einzelnen Konstrukteur sehr schwierig ist, die erforderliche Übersicht ohne ungeheuren Zeitaufwand zu wahren und stets über die neuesten Entwicklungen informiert zu sein. Das vorliegende Kapitel soll vor allem im wesentlichen dem Zweck dienen, dem Konstrukteur diese Aufgabe entscheidend zu erleichtern und zeitlich beträchtlich abzukürzen.

Es wird angestrebt, diejenigen Lösungen aufzuzeigen, die in der praktischen Industrie mit Erfolg angewandt werden. Der Verfasser ist dabei bestrebt, besonders dem Konstrukteur mit weniger Betriebserfahrung durch praktische Lösungen ein Gefühl zu vermitteln, wie solche Aufgaben in der Praxis gelöst wurden und gleichzeitig Richtlinien aufzuzeigen, wie man Flanschverbindungen beurteilt.

Die Berechnung von Schrauben ist solange relativ einfach, als sie durch einachsige Belastung entweder durch Zug oder Druck beansprucht werden. In Flanschverbindungen, wie sie in der chemischen Industrie üblich sind, zeigen sich Belastungsverhältnisse, die nur in den seltensten Fällen als eindeutig angesehen werden können. Sehr oft wechselt die Belastung in Richtung oder Größe, bzw. beides trifft zu. Außerdem treten Stoßbeanspruchungen auf, die im Zusammenhange mit stark pulsierenden Lastwechseln beträchtliche Schwierigkeiten für die mathematische Behandlung bereiten können. In der Industrie muß man ferner damit rechnen, daß infolge mangelhaften Zusammenbaues oder unzureichende Betriebsüberwachung Biegungsbeanspruchungen in den Schraubenschäften erzeugt werden, die zur Ausbildung schädlicher Zusatzspannungen Anlaß geben, die sich den bestehenden Betriebsspannungen oft in der ungünstigsten Form überlagern, so daß die ursprüngliche Berechnungsgrundlage entfällt. Für solche Verhältnisse liegt die Verantwortung weniger beim Konstrukteur. Er muß jedoch gewappnet sein, solche Fälle richtig zu beurteilen und gegebenenfalls Maßnahmen zur deren Abhilfe vorzuschlagen. Man kann daraus ersehen, daß die Behandlung von Flanschverbindungen eine schwierige Aufgabe darstellt, die große Erfahrung für eine sichere Analyse des Kräftespieles voraussetzt, um ein Versagen im Betriebe mit Sicherheit zu verhindern.

Die Form der Schraubenverbindung wird grundsätzlich bestimmt von der Art der Beanspruchung, ob zügig oder Druck oder schwellend, sowie von der Wahl des zu verwendenden Werkstoffes für die Einzelkomponenten. Bei der Analyse der Kraftverformungsverhältnisse spielen mechanische, thermische und korrosive Einflüsse eine entscheidende Rolle. Hierbei ist zu berücksichtigen, daß in einem verwickelten System die wirklich herrschenden Kräfteverhältnisse nur in den wenigsten Fällen eindeutig definiert werden können. Dies führt zwangsläufig dazu, eine Annäherungslösung anzustreben, die ohne Bedenken benützt werden kann, da die Aufgabe ferner noch dadurch erschwert wird, daß die Kräfte durch Kerbeinflüsse in den Gewindegängen zum Teil völlig verwickelt werden.

Auf diese Schwierigkeiten sei besonders deshalb hingewiesen, um die Notwendigkeit grundsätzlicher Erkenntnisse über das Verhalten von Schrauben und Gewinden in Flanschverbindungen zu unterstreichen, zumal man diese Komponenten als die wichtigsten einer Flanschverbindung anzusehen hat. Besonders die Normung von Hochdruckschrauben ist ein wichtiger Schritt zur Erreichung wirtschaftlicher Bauweise und Betriebsunterhaltung. Im Hochdruckwesen ist die allgemeine Normung dieser Bauelemente, besonders für Flanschverbindungen, durchaus noch nicht allgemein verwirklicht.

Um eine zuverlässige Analyse über die Kraftverformungsverhältnisse in Hochdruckflanschverbindungen anzustellen, wird es notwendig sein, die Komplikationen durch vereinfachende Annahmen zu überbrücken, um eine Annäherungslösung anzustreben, die man vom wissenschaftlichen Standpunkte aus auch als zutreffend rechtfertigen und anwenden kann. Zu diesem Zwecke seien folgende Unterscheidungen getroffen:

a) Die Schrauben, Muttern, Unterlegscheiben und Flanschringe seien im folgenden als „spannende Teile" bezeichnet und

b) das Rohrende, das mit der Metalldichtung in Berührung steht und die Metalldichtung selbst mögen als „gespannte Teile" betrachtet werden.

Mit dieser Vereinfachung führt man die Kompliziertheit der Flanschverbindung auf zwei Komponenten zurück. Auf diesem Wege läßt sich mit Hilfe der Elastizitätstheorie der funktionale Zusammenhang zwischen den einzelnen Kräften ermitteln, aus dem man selbst wiederum die sich daraus ergebenden Formänderungen bestimmen kann. Dieses Verfahren hat unter anderem auch den Vorteil, daß man die rechnerischen Ergebnisse in einfacher Weise auch graphisch sehr anschaulich darstellen kann.

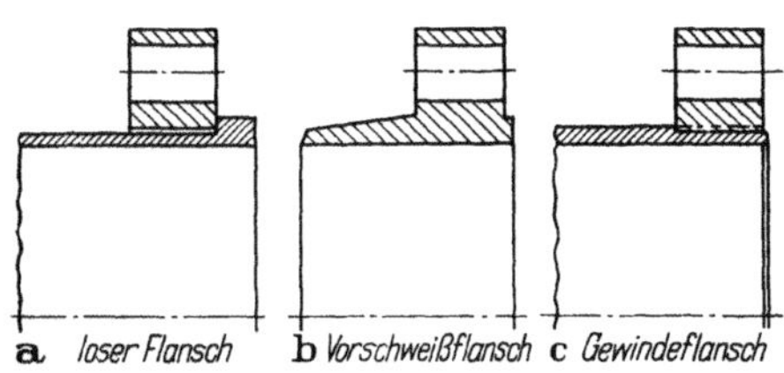


Abb. 1 a–c. Flanschformen, wie sie in der chemischen Industrie üblich sind

Um das Problem von der grundsätzlichen Seite her aufzufassen, seien nicht nur Hochdruckflanschverbindungen in die Betrachtung einbezogen, sondern auch solche Flanschen, wie sie in der chemischen Industrie auch für drucklose Anlagen üblich sind. Von der Betrachtung sei der Einfluß hoher Innendrücke zunächst einmal ganz unberücksichtigt gelassen. Die für die chemische Industrie wichtigsten Flanscharten sind in Abb. 1 dargestellt. Wie man sieht, handelt es sich um lose Flanschen, Vorschweißflanschen und einfache Gewindeflanschen.

Lose Flanschen haben infolge ihrer großen Beweglichkeit sehr viele Anwendungsgebiete. Der lose Kontakt zwischen der Flanschringscheibe und dem Rohrbördel verleiht der Gesamtverbindung große Elastizität als Gesamteinheit, was sich besonders günstig auswirkt in Systemen, wo Wärmefluß in wechselnder Austauschrichtung vorhanden ist. Tritt also Wärmefluß auf, so bilden sich stets Temperaturunterschiede, die Anlaß geben zur Ausbildung von Wärmeeigenspannungen. Die Temperaturunterschiede können nun gleichmäßig verteilt sein, was jedoch in den meisten Fällen nicht der Fall ist. Dies hängt ausschließlich von der Art der Isolierung und der Umgebung ab. Ungleichmäßigkeit in der Temperaturverteilung mit zeitlichen Veränderungen im Zusammenhange mit dem Betriebsablaufe mit starken Schwankungen haben wesentliche Veränderungen des Kräftespieles innerhalb der Flanschverbindung zur Folge. Die freie Beweglichkeit des losen Flanschringes kann diese Schwankungen leichter ausgleichen, als es ein starrer Flansch zu tun vermag. Die teilweise Ausschaltung der Eigenspannungen bei Wärmefluß als Folge der Relativbewegungen des Flanschringes schützt auch die Schrauben vor unzulässigen Verformungen. Wie man aus den Darstellungen ersehen kann, bietet der lose Flanschring die geringsten Flächen für den gegenseitigen Wärmeaustausch vom Rohrende zu den Flanschringscheiben. Die lose Berührung läßt die Möglichkeit unabhängiger Wärmeausdehnungen der Einzelkomponenten der Verbindung zu.

Die Berechnung loser Flanschen mit Hilfe der Theorie loser Platten bereitet mathematisch keine Schwierigkeit und läßt sich jedem einschlägigen Lehrbuch entnehmen, wo die Beziehungen für Durchbiegungen loser Ringplatten zu finden sind. Die Höhe des Innendrucks ist aus verständlichen Gründen relativ niedrig zu halten. Genaue Regeln über die zulässige Grenze sind nicht bekannt, sie hängt von der Erfahrung der Einzelbetriebe ab.

Starre Flanschen, die durch Schweißung starr mit dem Rohr verbunden sind, sind wesentlich steifer. Ihre Berechnung ist bedeutend schwieriger, da die Übergangszone zwischen dem Rohrende und der eigentlichen Flanschringscheibe wegen ihrer geometrischen Form beträchtliche Schwierigkeiten bereitet. Jede Formänderung, der das Rohrende unterliegt, sei es durch mechanische oder thermische Beanspruchung, wird unmittelbar auf den Flansch übertragen. Im Falle von Wärmefluß in Richtung Rohrende zum Flanschring werden merkliche Schrumpfspannungen ausgelöst, die für die mathematische Analyse der Kraftverformungsverhältnisse sehr verwickelte Voraussetzungen schaffen und so die Berechnung erschwert.

Gewindeflanschen sind hinsichtlich Steifigkeit eine Zwischenform zwischen dem losen und dem starren Flansch bei starker Annäherung an den starren Flansch. Die Steifigkeit büßt teilweise ein infolge der Wirksamkeit der Gewindetoleranzen, und zwar hängt diese Beweglichkeit ausschließlich von der Wahl der Gewindetoleranzen ab. Eine genaue mathematische Analyse ist auch für den Gewindeflansch reichlich verwickelt und die vorgeschlagenen Lösungen sind noch heute viel umstritten. Das Verfahren, das in diesem Kapitel vorgeschlagen wird, beruht auf rein empirischer Entwicklung, die aus der Praxis kam, die sich ferner in vielen Jahren technischer Anwendung gut bewährt hat.

## B. Kraftverformungsverhältnisse bei Vorspannung und Betriebslast

Die Hauptaufgabe für die Konstruktion von Flanschverbindungen ist die richtige Ermittlung der erforderlichen Dichtkraft. Nach der Aufgabe der Last, ganz allgemein gesprochen, soll noch genügend Vorspannung im System herrschen, um die Flanschringe bzw. die Dichtflächen im Falle von Innendruck zusammen zu halten. In vielen Fällen sind die Begriffe oft sehr verwickelt, und es bedarf daher einiger Definitionen. Zunächst besteht die Vorspannkraft $V$, die stets so groß sein muß, daß die zwischen den zu verbindenden Teilen wirkende Flächenpressung in keinem Falle von den maximal auftretenden Betriebskräften aufgehoben wird. Diese Forderung muß mit Rücksicht auf die Haltbarkeit der Gesamtverbindung aus zwei wichtigen Gründen aufrechterhalten werden:

Erstens, eine betriebsmäßig vorgespannte Schraubenverbindung verhält sich bei Belastung durch Zugkräfte wie ein Gas, solange die zusammengepreßten Teile bei der Höchstlast fest verbunden bleiben. Als Folge davon entfällt auf die Schraube selbst nur ein Teil der Betriebslast, im wesentlichen etwa 5–20%, entsprechend dem Querschnittsanteil bzw. dem Federanteil der Schraube an der Gesamtverbindung.

Zweitens haben Betriebserfahrung und eine Reihe von Versuchen gezeigt, daß die den Schraubenverbindungen beim Zusammenbau erteilte Vorspannung während einer gewissen Betriebsdauer absinkt und unter Umständen so niedrig werden kann, daß die anfänglich gewählte Vorspannung nicht mehr ausreicht, um ein Lösen der Teile unter der Einwirkung der Höchstspannung zu verhindern. Da die Vorspannung im letzteren Falle – besonders bei Wechselbeanspruchung – rascher abnimmt, als es der Fall ist, wenn die zusammengespannten Teile bei statischer Last fest verbunden bleiben, muß die Forderung erhoben werden, daß die zwischen den zusammengepreßten Teilen wirkende Flächenpressung auch nach längerer Betriebsdauer nicht von den Betriebskräften aufgehoben werden kann.

### 1. Kraftverformungsverhältnisse bei statischer Belastung

Zur Ermittlung der Kräfte, die innerhalb einer Schraubenverbindung zur Wirkung kommen, stelle man sich zur Vereinfachung zunächst zwei Platten als Flanschen vor, die in der nach Abb. 2 gezeigten Weise mittels Durchsteckschraube zusammengehalten werden mögen. Als grundsätzliche Voraussetzung sei angenommen, daß alle Schraubenkräfte so gewählt werden, daß die dadurch ausgelösten Formänderungen innerhalb des elastischen Gebietes bleiben. Aus dieser Voraussetzung ergibt sich eine lineare Abhängigkeit zwischen den Spannungen und den daraus resultierenden Formänderungen, d.h., die Spannungsdehnungsverhältnisse folgen dem Hookeschen Gesetz. Von dieser Gesetzmäßigkeit ist strenggenommen Gußeisen bekanntlich ausgenommen. Man kann aber mit guter Annäherung einen geradlinigen Verlauf als noch vertretbar annehmen.

Die in Schraubenverbindungen auftretenden Kraftverformungsverhältnisse lassen sich in einfacher Weise durch graphische Darstellungen veranschaulichen, und es ist sogar möglich, jede Einzelgröße graphisch zu ermitteln. Dies soll in den folgenden Betrachtungen durch eine Anzahl von Diagrammen gezeigt werden mit dem Zweck, die Vorstellung des an sich komplizierten Kräftespieles zu erleichtern. Eine solche Darstellung hat ferner den Vorteil, diejenigen Komponenten aufzuzeigen, die die Gestaltung einer Flanschverbindung entscheidend beeinflussen. Wie H. VON JÜRGENSONN [1] an einer großen Zahl von Beispielen zeigt, läßt sich jede Einzelgröße einer Flanschverbindung auf diesem Wege nach Größe und Richtung bestimmen, doch sei bemerkt, daß dieses Verfahren sehr umständlich und vor allem zeitraubend ist. Die Diagramme der Formänderungsdreiecke werden in diesem Kapitel angewandt, um den Rechnungsgang verständlich zu machen und dem Konstrukteur zu zeigen, welche Komponenten starr und welche elastisch sein müssen, um eine optimale Wirksamkeit der Gesamtverbindung zu erreichen.

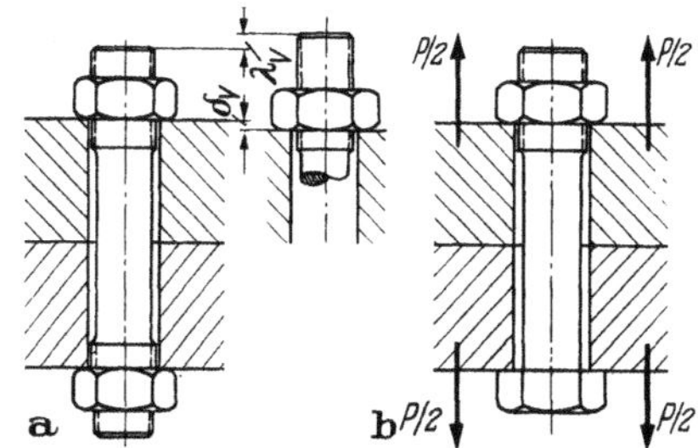

Abb. 2a u. b. Schematische Darstellung des Kraftverformungsspieles einer Schraubenverbindung

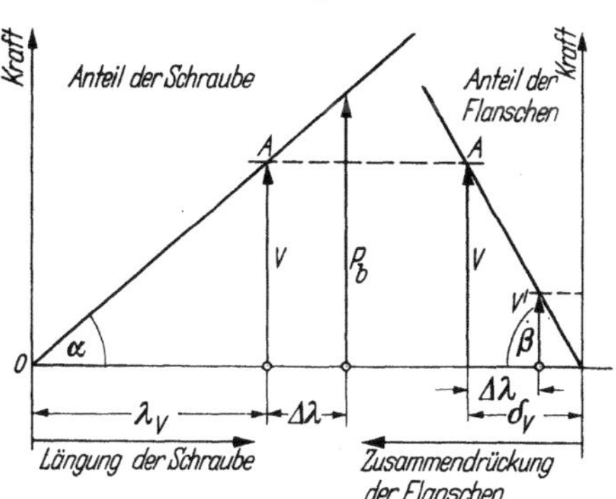

Abb. 3. Formänderungsdreiecke der Verbindung von Abb. 2

Trägt man, wie es in Abb. 3 geschehen ist, über der jeweiligen Kraft die zugehörige Formänderung der betreffenden Komponente auf, so ergibt sich das bekannte Formänderungsdreieck, wie es von RÖTSCHER [2] anschaulich beschrieben ist. Die Mutter der Durchsteckschraube wird so angezogen, daß eine Vorspannkraft von der Größe $V$ entsteht, die mit gleicher Größe sowohl im Schraubenschaft als auch in dem umgebenden Werkstoff des Flanschringes wirksam ist. Unter dem Einfluß der Vorspannkraft $V$ dehnt sich die Schraube innerhalb des elastischen Bereiches um den Betrag $\lambda_v$, während die Umgebung um den Betrag $\delta_v$ zusammengedrückt wird. Diese Angaben reichen bereits aus, das Formänderungsdreieck der Schraubenverbindung zu entwerfen. Es ergibt sich hieraus die Darstellung der Abb. 4. Die durch den Tangens der Winkel $\alpha$ und $\beta$ festgelegten Neigungen der Kraftverformungsgeraden ergeben die Federkonstanten für die Schraube bzw. des umgebenden Werkstoffes. Es gilt also

$$\operatorname{tg}\alpha = C_s = \text{Federwert der Schraube},$$
$$\operatorname{tg}\beta = C_u = \text{Federwert der Umgebung}.$$

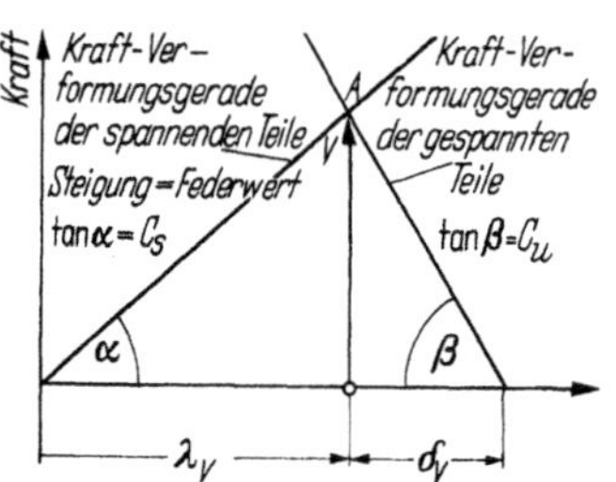

Abb. 4. Kombination der Formänderungsdreiecke mit $\operatorname{tg}\alpha$ und $\operatorname{tg}\beta$

Wirkt jetzt auf die zusammengedrückten Teile die nach außen gerichtete Betriebskraft $P$ ein, so dehnt sich die Schraube weiterhin um den Betrag $\Delta\lambda$, während die ursprünglich zusammengedrückte Umgebung um den gleichen Betrag $\Delta\lambda$ von der Pressung entlastet wird. Dadurch steigt die Schraubenkraft von $V$ auf $P_b$ an, und zwar um den Betrag $P_z$, während in den Teilen der Umgebung die Vorspannkraft auf den Wert $V'$ zurückgeht. Auf diese Weise lassen sich für eine gegebene Betriebskraft $P$ die verschiedenen Anteile genau ablesen, wie man leicht aus der Abbildung erkennen kann. Die Betriebskraft $P$ setzt sich dann zusammen als Summe von $P_u + P_z$. Der Anteil, den die Schraube infolge der Einwirkung von $P$ übernehmen muß, ist nicht die Summe von Vorspannung $V$ und Betriebskraft $P$, sondern nur der Anteil $P_z$, der oben mit 5–20% angegeben wurde. Die gesamte Schraubenkraft $P_b$, die die Schraube in Axialrichtung unter Zugspannung beansprucht, ist also die Summe von $V + P_z = P_b$. Diese Verhältnisse sind anschaulich in Abb. 5 wiedergegeben, aus der man die Veränderungen der Kräfte ablesen kann. Die Lage von $P$ wird gefunden, indem man auf der Kraftverformungsgeraden der Schraube einen beliebigen Punkt $F$ wählt, und zwar außerhalb von $OA$, auf der Senkrechten durch $F$ die Kraft $P$ nach unten abträgt und dann $P$ soweit nach links parallel mit sich selbst verschiebt, bis der Punkt $G$ nach $G'$ auf der Kraftverformungsgeraden der zusammengepreßten Teile zu liegen kommt. $FG$ und $F'G'$ sind parallel und von gleicher Größe. Die Verlängerung von $F'G'$ schneidet die Verformungsachse in $R$. Strecke $G'R$ hat die Größe $V'$ und heißt die theoretische Dichtkraft, die nach dem Einwirken der Betriebskraft $P$ von der Vorspannung $V$ noch verbleibt, um die Verbindung zusammenzuhalten. Die Summe $P + V'$ ergibt wiederum die Schraubenkraft $P_b$. Die theoretische Dichtkraft wird zu Null, wenn die Betriebskraft $P$ den Wert $C'C$ annimmt. Diese Größenverhältnisse sind in Abb. 5a für eine Verbindung mit Durchsteckschraube und in Abb. 5b für eine solche mit Stiftschraube veranschaulicht.

Um die Größenordnungen der Betriebskräfte zu zeigen, sei Abb. 6 herangezogen. Für den Wert $P_1$ bleibt bei gegebenem $V$ eine Dichtkraft $V'$ als positive Kraft. Steigt $P_1$ auf $P_2$ an, so wird Dichtkraft $V'$ zu Null.

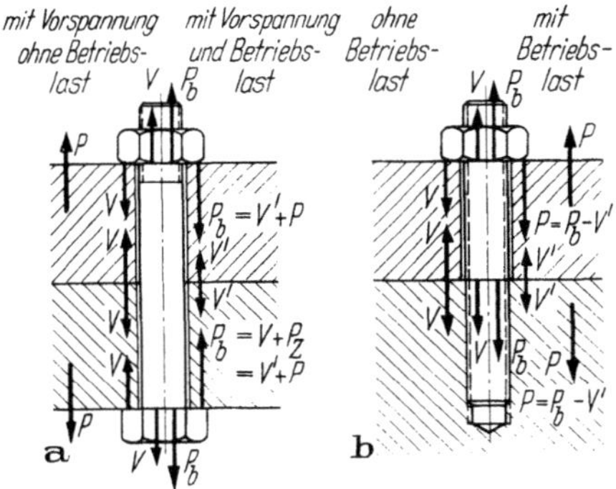


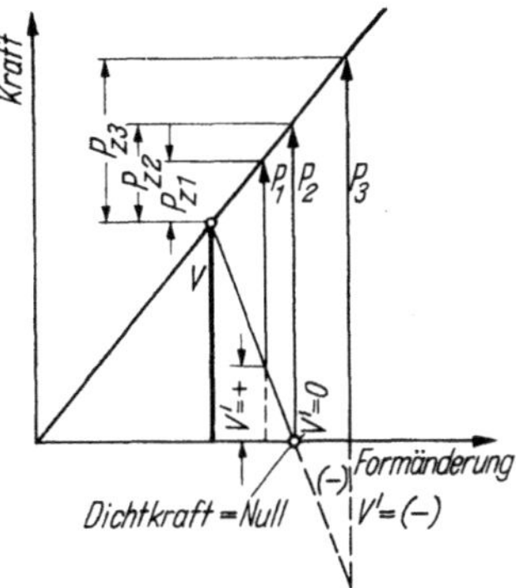


Abb. 6. Einfluß der Betriebskraft auf die Größe der Dichtkraft

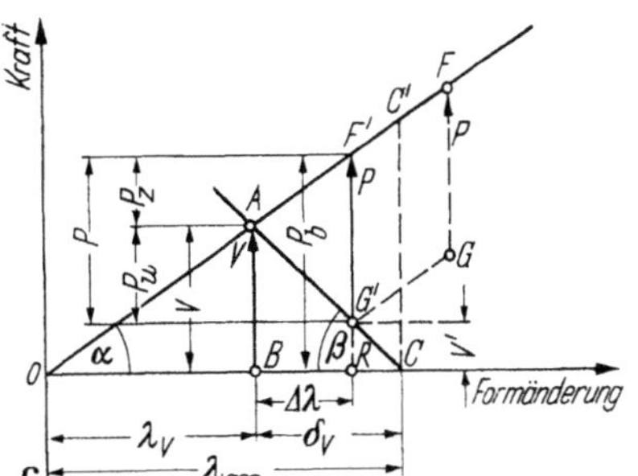


Abb. 5a. Kraftverhältnisse in Flanschverbindung mit Durchsteckschraube

Abb. 5b. Kraftverhältnisse bei Verbindung mit Stiftschraube

Abb. 5c. Kraftformänderungsverhältnisse einer Schraubenverbindung zur Ermittlung des Formänderungsdreieckes

Bei weiterem Anstieg auf $P_3$ wird die Dichtkraft sogar negativ. Man erkennt deutlich, wie die Betriebsanteile $P_{Z_1}$, $P_{Z_2}$, $P_{Z_3}$ entsprechend anwachsen.

Mit Hilfe des Federwertes jeder einzelnen Komponente läßt sich die mathematische Analyse für die Berechnung einer Flanschverbindung bis in alle Einzelheiten durchführen. Die Neigung der Kraftverformungsgeraden der Schraube zur Dehnungsachse wird durch die Tangente des Winkels $\alpha$ in der Form

$$\operatorname{tg} \alpha = \frac{V}{\lambda_v} = C_s$$

ausgedrückt und als Federwert der spannenden Teile bezeichnet. Da $\lambda_v$ eine zusammengesetzte Größe darstellt, erhältlich aus Einzelkomponenten, muß $C_s$ in seine Einzelbestandteile für die numerische Rechnung zerlegt werden. Dies geschieht nach der Beziehung

$$\frac{1}{C_s} = \frac{1}{C_{s_1}} + \frac{1}{C_{s_2}} + \cdots$$

Hierin stellen $S_{s_1} \ldots$ usw. die Federwerte von Schraube, Mutter, Unterlegscheibe usw. dar.

Entsprechend gilt für die Neigung der Kraftverformungsgeraden für die gespannten Teile die Beziehung

$$\operatorname{tg}\beta = \frac{V}{\delta_v} = C_u ,$$

und für $C_u$

$$\frac{1}{C_u} = \frac{1}{C_{u_1}} + \frac{1}{C_{u_2}} + \cdots$$

Für die gesamte Schraubenverbindung ergibt sich eine gesamte Längenänderung aller beanspruchten Teile von

$$\sum \lambda_v = \lambda_v + \delta_v .$$

Unter der Annahme rein elastischer Verhältnisse wird das Verhältnis der aufgewandten Kraft zu der daraus resultierenden Verformung zur Konstanten, die für jede Werkstoffart einen charakteristischen Wert hat. Diese Konstante bezeichnet man als Federwert oder auch Einheitskraft und wird angeschrieben in der Form

$$\frac{\text{Kraft}}{\text{Verformung}} = C \quad (\text{kg/cm}) .$$

Sie stellt diejenige Kraft dar, die aufgewandt werden muß, um eine Verformung von 1 mm zu erzeugen.

Die Federkonstante $C$ beschreibt das elastische Verhalten eines Maschinenteils, wenn es dem Einfluß von äußeren Kräften ausgesetzt ist. Der Federwert ist demnach gut geeignet, ein Kriterium darzustellen für die Beurteilung von Komponenten einer Flanschverbindung.

Für eine rein zylindrische Schraube läßt sich der Federwert bestimmen aus der Beziehung

$$C_s = \frac{f_s E_s}{l} \quad (\text{kg/cm}) ,$$

worin

$f_s$ = Querschnittsfläche des Schraubenschaftes (cm²),
$E_s$ = Elastizitätsmodul des Schraubenwerkstoffes (kg/cm²),
$l$ = wirksame Dehnlänge der Schraube (cm).

Unter wirksamer Dehnlänge der Schraube versteht man diejenige Länge des Schraubenschaftes, die der Längung durch die einwirkenden Zugkräfte unterworfen ist. Im Falle einer Durchsteckschraube, die zwei Platten zusammenzuhalten hat, ist diese wirksame Länge gleich dem Abstande von der Unterkante des Schraubenkopfes bis zur Mutterauflagefläche.

Ändert sich jedoch die Querschnittsform des Schraubenschaftes innerhalb der wirksamen Dehnlänge, so müssen diese Einzelquerschnitte berücksichtigt werden. Betrachtet man die Schraube von Abb. 7 beispielsweise, so ist der Federwert dieser Schraube

$$\frac{1}{C_s} = \frac{1}{E_s}\left(\frac{l_1 + l_3}{F_1} + \frac{l_2}{F_2} + \frac{l_4}{F_4}\right)$$

gemäß der Beziehung

$$\frac{1}{C_s} = \frac{1}{C_1} + \frac{1}{C_2} + \frac{1}{C_3} + \frac{1}{C_4}.$$

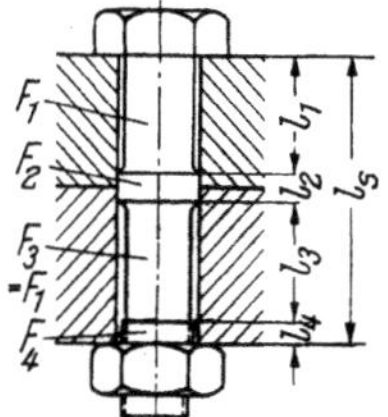

Abb. 7. Abmessungen für die Berechnung des Federwertes einer Schraube in Flanschverbindung

Das Gewindestück des Schraubenschaftes unterhalb der Mutter, das noch der Dehnung unterliegt, berechnet man für den Querschnitt so, daß man den Flankendurchmesser wählt.

DEBUS [3] hat durch Versuche gezeigt, daß die Federwerte für eine Reihe von Schraubenverbindungen gut mit den theoretisch ermittelten Werten übereinstimmten.

Die Formänderungen selbst ergeben sich – beispielsweise Verlängerung des Schraubenschaftes – aus der elastischen Gleichung

$$\lambda_v = \frac{P_b l \alpha_1}{F_1},$$

bzw. die Zusammendrückung der Flanschen ist

$$\delta_v = \frac{P_b l \alpha_2}{F_2},$$

worin

$\alpha_1$ = die Dehnzahl des Schraubenstahles ($cm^2/kg$),
$\alpha_2$ = die Dehnzahl des Flanschwerkstoffes ($cm^2/kg$),
$l$ = wirksame Dehnlänge (cm),
$F_1$ = Schaftquerschnitt der Schraube ($cm^2$),
$F_2$ = Querschnitt des Flanschteiles, der an der Formänderung teilnimmt ($cm^2$).

Für die zusammengedrückten Teile ist die rechnerische Ermittlung der Federkonstanten nicht ganz einfach, da man nicht weiß, wieviel des Flanschringes an der Verformung teilnimmt. Hier gibt RÖTSCHER [2] ein Verfahren an, für dessen Schilderung Abb. 8 benützt werden möge.

Nach RÖTSCHER nimmt beim Anziehen der Mutter einer Flanschverbindung nicht der ganze Flanschring an der Verformung

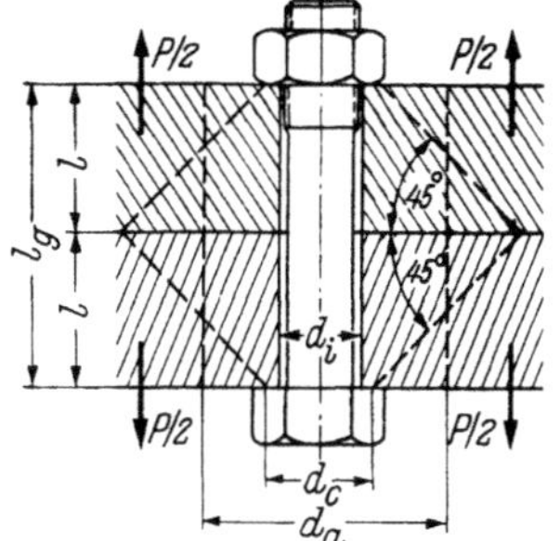


Abb. 8. Vermutliche Einflußkegelbildung von Flanschen beim Anziehen der Schrauben nach F. RÖTSCHER

teil, sondern nur derjenige Werkstoffanteil, der innerhalb zweier Einflußkegel liegt, die eine 45°-Mantellinie aufweisen, wie in Abb. 8 angedeutet. Ersetzt man diesen Einflußkegel durch eine Hülse, deren Axialquerschnitt mit dem des Kegels flächengleich ist, so ergibt sich eine wirksame Fläche von

$$F_2 = \frac{\pi}{4}(d_a^2 + d_i^2).$$

Der Federwert der Hülse als Ersatz für den Einflußkegel ist

$$C_H = \frac{V}{\delta_v} = \frac{E_H F_H}{l_H} = \frac{\pi [d_a^2 - d_i^2] E_H}{4 l_H}.$$

Auch diese Federwerte wurden von DEBUS [*3*] an einer Reihe von Flanschverbindungen durch Versuch ermittelt und mit guter Übereinstimmung bestätigt.

An Hand praktischer Versuche haben A. THUM und F. DEBUS [*4*] gezeigt, daß bei gleicher Vorspannung $V$ der Anteil der Betriebskraft $P_z$, der auf die Schraube entfällt, sich mit der Änderung des Federwertes der spannenden Teile auch der Betriebsanteil $P_z$ verändert wird. Diese Behauptung läßt sich sehr einfach am Formänderungsdiagramm beweisen. Ändert man die Neigung der Kraftverformungsgeraden der Schraube bzw. der spannenden Teile $I_1$ von $\alpha_1$ auf $\alpha_2$, so daß ihre Lage der Geraden $I_2$ in Abb. 9 entspricht, so steigt die Schraubenkraft $P_{b_1}$ auf $P_{b_2}$ an, während $P_{z_1}$ auf $P_{z_2}$ anwächst. In beiden Fällen seien $P$ und $V$ konstant gehalten. Eine Vergrößerung des Federwertes der spannenden Teile ($\text{tg}\,\alpha_1$ auf $\text{tg}\,\alpha_2$) bedeutet aber eine Versteifung der spannenden Teile, d.h., die Schraube und die Flanschen sind steifer geworden, also weniger federnd. Die praktischen Auswirkungen dieser Maßnahme sollen in einem späteren Kapitel behandelt werden.

Umgekehrt wird bei einer Vergrößerung des Federwertes der zusammengedrückten Teile – also $\text{tg}\,\beta$ wird größer bei Konstanthaltung von $\text{tg}\,\alpha$ – der Betriebsanteil verkleinert, und zwar von $P_{z_1}$ auf $P_{z_2}$ bei $V$ und $P$ = konstant. Der Anteil der Dichtkraft geht von $V_1'$ auf $V_2'$ zurück. Die gesamte Schraubenkraft $P_{b_1}$ fällt auf $P_{b_2}$.

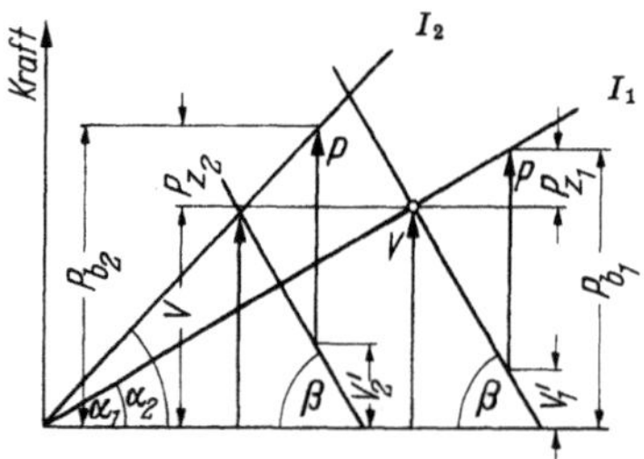


Abb. 9. Formänderungsdreieck für $P, V, \beta$ = konst. und nur $\alpha$ = veränderlich

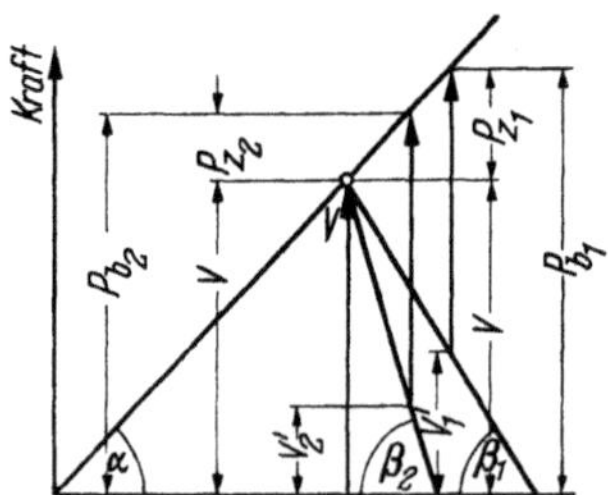


Abb. 10. Formänderungsdreieck, wenn $\beta$ variiert bei $P, V, \alpha$ = konst.

Diese Verhältnisse sind in dem Formänderungsdreieck der Abb. 10 graphisch veranschaulicht. Die Einflüsse der Variation der Federwerte ist aus Abb. 9 und 10 in deutlicher Weise ersichtlich.

## 2. Kraftverformungsverhältnisse bei Wechselbelastung

Ist die Schraubenverbindung Wechselbeanspruchungen ausgesetzt, wie es bei Zylinderköpfen, Kreuzkopfanordnungen usw. der Fall ist, so treten ähnliche Formänderungen auf, die sich wiederum durch Formänderungsdreiecke graphisch darstellen lassen. Die Diagramme pflegt man dann in einer Weise zu veranschaulichen, wie es in Abb. 11a u. b gezeigt ist. Auch hier wirken sich die Veränderungen der Federkonstanten in der gleichen Weise aus, wie es für statische Belastung bereits beschrieben wurde. Eine Verringerung der Einheitskraft der Schraube hat bei Konstanthaltung der Betriebskraft $P$ und der Vorspannung $V$ eine Verminderung von $P_z$ zur Folge, was zu einer Herabsetzung der Gesamtschraubenkraft $P_b$ führt. Eine Verkleinerung von $P_z$ bedeutet aber, daß die Spannungsamplitude wesentlich reduziert wird und damit kleinere Wechselbeanspruchungen auslöst. Bei dynamischen Lastwechselvorgängen in Schraubenverbindungen aller Art spielt also der Einfluß der Federwerte auf die Gestaltung der Größe $P_z$ eine entscheidende Rolle, da ja dieser

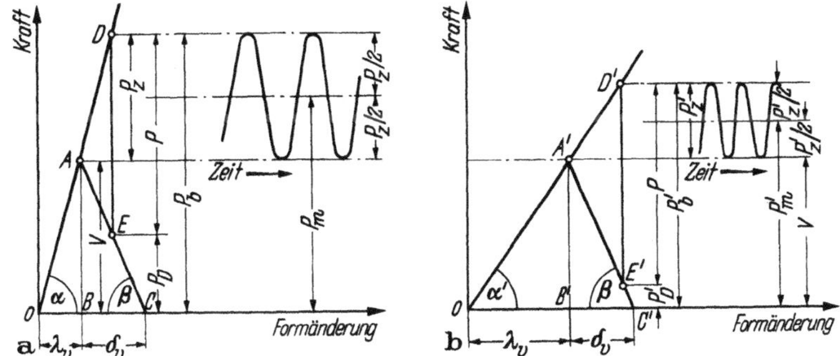


Abb. 11. Kraftverformungsverhältnisse einer Schraubenverbindung mit starrer und elastischer Schraube unter Schwellbeanspruchung

Wert die Schwellbeanspruchung der Schraube darstellt. Man erkennt also ohne weiteres, daß starre Schrauben hohe und elastische Schrauben niedrige Schwellbeanspruchungen erzeugen, auch wenn die übrigen Betriebsgrößen konstant gehalten werden.

Bei dynamischen Belastungen ist die Gefahr des Vorspannungsverlustes durch zeitliches Absinken besonders groß. Durch praktische Erfahrung wurde gefunden, daß die Vorspannungsabnahme um so kleiner ist, je kleiner der von der Schraube aufzunehmende Anteil der Betriebskraft $P$ ist, und je größer die ursprünglich aufgegebene Vorspannung $V$ war. Der Vorspannungsabfall läßt sich klein halten durch Bereitstellung guter Oberflächenbeschaffenheit der dichtenden Flächen, durch Verminderung der Anzahl der zusammengespannten Komponenten und durch die Wahl der geeigneten Schraubengröße und der zugehörigen Werkstoffe. Der kleinste Vorspannungsabfall kann erwartet werden, wenn die Vorspannkraft $V$ so hoch gewählt wird, daß die Dichtkraft $V'$ an keiner Stelle aufgehoben werden kann. Dies setzt voraus, daß $V'$ genügend hoch sein muß, um auch überraschenden Stoßbeanspruchungen gewachsen zu sein.

## C. Kritische Betrachtung zur Gestaltung der Einzelkomponenten

Aus den bisher aufgezeigten Grundsätzen über die Kraftverformungsdreiecke läßt sich schließen, daß man die Wirksamkeit einer Flanschverbindung und deren betriebssicheres Verhalten nach verschiedenen Richtungen hin entscheidend beeinflussen kann. Es kommt stets darauf an, erstens den Anteil $P_z$ der Betriebskraft $P$ auf die Schraubenbeanspruchung möglichst auf ein Minimum zu bringen und zweitens die Vorspannkraft $V$ so zu wählen, daß nach Aufbringung der Betriebskraft $P$ noch genügend Reserven für die Dichtkraft $V'$ verbleiben, um Dichthalten unter allen Umständen zu gewährleisten.

Dieses Ziel läßt sich durch verschiedene Mittel in einfacher Weise erreichen. Für gegebene Größen von $V$ und $P$ werden die Größen $P_z$ und $V'$ von den Federwerten $\operatorname{tg}\alpha$ bzw. $\operatorname{tg}\beta$ bestimmt. Und zwar soll der Federwert der spannenden Teile möglichst niedrig gehalten werden innerhalb gewisser Grenzen, während der Federwert der gespannten bzw. zusammengedrückten Teile ebenfalls einen optimalen Höchstwert nicht überschreiten sollte.

Zur Beeinflussung der Federwerte $C_s$ und $C_u'$ bzw. $\operatorname{tg}\alpha$ und $\operatorname{tg}\beta$ hat man die Wahl zwischen elastischen Schrauben, starren Flanschen, jedoch starre Dichtungen als gedrückte Komponente. Wählt man die verspannten Teile absolut starr mit elastischen Schrauben, so wird der Winkel $\beta$ zu 90°, und die Vorspannung $V$ kann nicht vergrößert werden, solange die Betriebskraft $P$ unterhalb des Wertes der Vorspannung bleibt. Benutzt man andererseits absolut starre Schrauben bei elastischen Flanschen bzw. Dichtungen als zusammengedrückte Teile, so wächst die Kraft $P_z$ auf den Wert der Betriebskraft $P$ an.

Die Größe $P_z$, als Anteil der Betriebskraft in der Belastung der Schraube, wird berechnet nach der Beziehung

$$P_z = \frac{C_s}{C_s + C_u} P .$$

Die Verminderung des Dichtungsdruckes erhält man aus

$$V - V' = P - P_z = \frac{C_u}{C_s + C_u} P .$$

Steigt die Betriebskraft $P$ soweit an, daß die Dichtkraft $V'$ aufgebraucht wird, s. Abb. 6 für $P_2$, so errechnet man $P_2$ aus der Beziehung

$$P_2 = V\left(1 + \frac{C_s}{C_u}\right).$$

Wird $P$ größer als $P_2$, so steigt $P_z$ immer weiter an, da die verspannten Teile nach der Aufhebung der Vorspannkraft keinen Anteil der Betriebskraft mehr übernehmen können, so daß die Gesamtbeanspruchung praktisch den Schrauben allein überlassen bleibt. Daraus ergibt sich die wichtige Forderung, die Vorspannkraft so zu wählen, daß die maximal zu erwartende Betriebskraft $P$ in keinem Falle den Wert $P_2$ erreicht. Diese Forderung trifft besonders bei dynamischen Beanspruchungen zu, d.h. Schraubenverbindungen, die Schwellbeanspruchungen unterliegen.

Die Lösung des Problemes besteht darin, ein Optimum zu finden zwischen der Verkleinerung von $C_s$ und der Vergrößerung von $C_u$. Es bleibt zu beachten, daß die Flanschverbindung bei Verminderung der Vorspannung $V$ um so mehr am Dichthalten gefährdet ist, je höher man den Wert der Federkonstanten $C_s$ wählt. Man versucht also, den Federwert der verspannenden Teile durch Verwendung hochelastischer Schrauben zu vermindern und den Federwert der zusammengedrückten Teile zu erhöhen, bis ein Optimum erreicht ist, bei dem $P_z$ einen Kleinstwert annimmt, ohne daß die Dichtkraft $V'$ unzulässig niedrig wird. Um zu verhindern, daß die Betriebskraft $P$ den Wert $P_2$ erreicht oder gar überschreitet, muß mit gegebener Betriebskraft $P$ die Vorspannung den Mindestwert

$$V_{\min} = \frac{C_u}{C_s + C_u} P$$

haben. In Wirklichkeit wird man eine Vorspannung wählen, die weit über diesen Wert hinausgeht. Die verbleibende Dichtkraft $V'$ ergibt sich dann zu

$$V' = V - P\frac{C_u}{C_s + C_u}.$$

$V'$ stellt jetzt diejenige Kraft dar, die in der Berührungsfläche der Dichtung als Mindestkraft wirksam sein muß. Aus dem Innendruck oder der Last errechnet man die Betriebskraft $P$, wählt dann die theoretische Mindestdichtkraft $V'$ und bestimmt dann die Vorspannung $V$. Wird die Mutter angezogen, so entsteht an deren Auflageflächen und in den Dichtflächen die Vorspannkraft $V$. Wird die Verbindung unter Beanspruchung gesetzt, so versucht die Betriebskraft $P$, die Vorspannung aufzuheben oder zu vermindern, und die Flächenpressung geht auf den Wert $V'$ zurück, soweit es die Dichtflächen betrifft. Gleichzeitig wird aber die Kraft in den Auflageflächen der Muttern und in der Schraubenachse auf den Wert

$$P_b = V + P_z$$

ansteigen.

Diese Größen haben nicht nur theoretischen Wert, denn alle diese Größen lassen sich eindeutig und mit ziemlicher Genauigkeit auch versuchsmäßig ermitteln. Zu diesem Zwecke zieht man die Mutter an, erzeugt die Vorspannung $V$, mißt die zugehörige Längung $\lambda_v$ und bringt dann die Betriebskraft $P$ langsam bis zur Erreichung der gewünschten Höhe auf. Man mißt dabei sorgfältig die erzeugte Dehnung $\Delta\lambda$ der Schraube, die sich über $\lambda_v$ hinaus ergibt. Man sucht nun diejenige Kraft $P_2$ zu finden, bei der die Berührungsflächen der Platten sich abzuheben beginnen. In dieser Lage halten sich Schraubenkraft und Betriebskraft das Gleichgewicht, während Dichtkraft $V'$ Null wird. Trägt man die experimentell bestimmten Kräfte über der elastischen Längung der Schraube auf, erhält man die Versuchskurve von Abb. 12. Die Steigung der Kurve entspricht dem Federwert der Summe von $C_s + C_u$, d.h. $\operatorname{tg}\gamma = C_s + C_u$. Bis zu dem Zeitpunkte, wo die Platten sich abzuheben beginnen, beteiligen sich die spannenden und die gespannten Teile gemeinsam an der Aufnahme der Last. Bei Rohrleitungen oder Behältern würde jetzt ein Undichtwerden eintreten und die Weiterführung des Versuches hätte keinen Sinn.

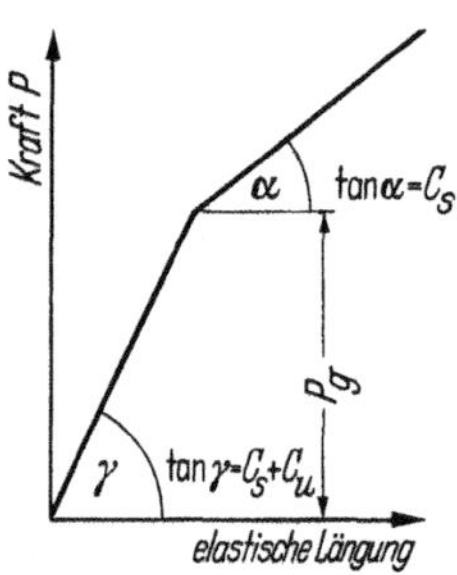

Abb. 12. Experimentelle Ermittlung der Federwerte einer Schraubenverbindung

Betrachtet man aber ganz allgemein eine Schraubenverbindung mit zwei Platten, so läßt sich ein Abheben der Platten durchaus sinnvoll ermöglichen. Tritt beim Versuch nun ein derartiges Abheben ein, so trägt die Schraube die ganze Last allein, und die Kurve macht einen Knick und setzt sich mit veränderter Neigung fort. Dieser Ast der Kurve mit der neuen Neigung $\operatorname{tg}\alpha$ veranschaulicht jetzt den Federwert der Schraube allein. Man wird diesen Kurvenverlauf eindeutig durch Versuch bestätigt finden.

## D. Der Einfluß der Temperatur

Eine Änderung der Betriebstemperatur in einer Flanschverbindung wird eine entsprechende Veränderung der Kraftverformungsverhältnisse zur Folge haben müssen. Mit der Änderung der Temperatur verändert sich auch der Elastizitätsmodul $E$, und damit muß auch zwangsläufig der Federwert beeinflußt werden. Der Elastizitätsmodul $E$, der bekanntlich gleich dem Reziprokwert der Dehnzahl $\alpha$ ist, also $E = 1/\alpha$, verändert sich nach A. Mc. Cutchan und S. Crocker, „Piping Handbook", mit der Temperatur nach der Beziehung

$$E_t = E_0\left[1 - \left(\frac{t}{945}\right)^2\right] \quad (\text{kg/cm}^2)$$

$$= E_{32}\left[1 - \left(\frac{t-32}{1700}\right)^2\right] \quad (\text{psi}),$$

worin

$E_0$ = Elastizitätsmodul bei Raumtemperatur (kg/cm²),
$E_{32}$ = Elastizitätsmodul bei 32 °F (psi),
$E_t$ = Elastizitätsmodul bei der Temperatur $t$ °C (kg/cm²).

Höhere Betriebstemperaturen erzeugen Wärmedehnungen im System, die die ursprünglichen Querschnitte und Längen der Einzelkomponenten beeinflussen. Bleibt die Temperatur zumindest gleichmäßig ohne wesentliche Schwankungen über die einzelnen Teile, so verschiebt sich das Kraftverformungsverhältnis lediglich um das Verhältnis der Federwerte. Die Verminderung des Federwertes infolge Temperatureinflusses errechnet sich mit hinreichender Genauigkeit nach der Beziehung

$$C^* = \frac{E_t}{E_0} C .$$

Bei Flanschen, die sich unter dem Einfluß der Schraubenkraft durchbiegen, tritt an Stelle der Formänderung $\delta_v$ die Flanschdurchbiegung. Der Federwert $C_B$, der sich durch die zusätzliche Durchbiegung durch den Innendruck ändert, erfährt eine Änderung von der Form

$$C_B^* = \frac{E_t}{E_0} \cdot C_B .$$

Es bleibt zu bedenken, daß der Wert $C_B^*$ nur dann gilt, wenn die Schranbenverbindung unter Last steht.

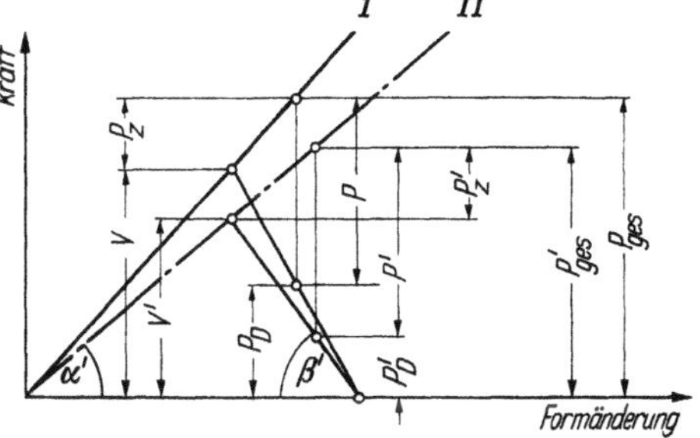


Abb. 13. Einfluß der Temperatur auf die Kraftverformungsverhältnisse

Nach Abb. 13 äußert sich der Temperatureinfluß im Formänderungsdreieck in der folgenden Weise:

Das ursprüngliche Diagramm wird durch die ausgezogenen Linien veranschaulicht, während das Verhältnis bei Temperatureinfluß durch die strichpunktierten Linien wiedergegeben wird. Die Federwerte sinken ab, die Neigung der Geraden *I* wird flacher und nimmt die Lage der Geraden *II* ein. Durch die Verringerung der Neigung fällt der Wert der Vorspannung $V$ ab auf $V'$ im Verhältnis der Temperaturveränderung des Elastizitätsmoduls

$$V' = V \frac{C'}{C} = \frac{E_t}{E_0} .$$

Der auf die Schraube entfallende Anteil $P_z$ der Betriebslast geht von $P_z$ auf $P'_z$. Dadurch sinkt die Schraubenkraft von $P_{ges}$ auf $P'_{ges}$. Wie man aus dem Diagramm entnehmen kann, fällt auch der Dichtungsdruck $P_D$ auf $P'_D$ ab. Der Gang der Rechnung bleibt der gleiche, wie es für Raumtemperatur üblich ist; man muß lediglich die Absinkung des Federwertes der Einzelkomponenten berücksichtigen.

Tritt aber, wie es in der Praxis meist zu finden ist, eine ungleichmäßige Temperaturverteilung auf, so treten verschiedene Temperaturgradienten und damit verschieden starke Wärmedehnungen der Flanschen und der Schrauben auf. Praktisch wirken sich diese Temperaturunterschiede so aus, daß ein Gefälle von den Flanschen zu den Schrauben besteht, was bedeutet, daß die Flanschen meist heißer sind als die zugehörigen Schrauben. Wie man sich leicht vorstellen kann, erzeugt ein Unterschied in der Wärmedehnung eine entsprechende Erhöhung der Vorspannkraft $V$.

Bei der Abkühlung tritt eine Umkehrung der Verhältnisse ein, da durch das Temperaturgefälle von den Schrauben zu den Flanschen der Unterschied in der Wärmedehnung negativ ist, wodurch die Flanschverbindung sich entspannt. Die Vorspannkraft $V$ sinkt ab, ebenfalls die Gesamtschraubenkraft bei gleichzeitiger Herabsetzung der theoretischen Dichtungskraft $V'$. Dies ist die Erklärung für das Versagen verspannter Systeme, die beim Betrieb mit Schwankungen in der Temperaturhöhe und in der Temperaturverteilung oft undicht werden, bis ein gewisser stationärer Zustand sich eingestellt hat, und die Undichtheit wieder verschwindet. Über das praktische Verhalten von Flanschverbindungen, die unter Wärmeeinfluß stehen, liegen zahlreiche Arbeiten mit Versuchsergebnissen vor, vor allem von Salingré [*5*], Marguerre [*6*], Mayer [*7*], Krüger [*8*] und Schwenk [*9*]. Es handelt sich u.a. um Versuche mit Heißdampfleitungen, in denen Temperaturunterschiede zwischen Rohrende und Schrauben in der Höhe von 165 °C bestanden haben.

Rechnerisch sind solche Verhältnisse schwer zu erfassen. Die einfachste Annäherung ist der Versuch. Die einschlägige Literatur besitzt umfangreiche Unterlagen, von denen diese Andeutungen nur einen kleinen aber bedeutenden Aufschluß geben.

## III. Berechnungsregeln aus der industriellen Praxis

Bei der Berechnung von Flanschverbindungen, ganz besonders bei Flanschverbindungen, die mit hohem Innendruck betrieben werden bei Verwendung von Gewindeflanschen und metallischen Dichtungen, ist die wichtigste Voraussetzung die Kenntnis der Gesamtschraubenkraft $P_b$. Die Abmessungen aller Einzelteile der Gesamtverbindung als Einheit leiten sich ausschließlich von der Gesamtschraubenkraft ab. Diese Schraubenkraft wird nun nicht durch mathematische Analyse nach den im vorausgehenden Abschnitt beschriebenen Regeln ermittelt, sondern auf empirischem Wege, wo sie aus Versuchen bestimmt wird.

## A. Berechnungsgrößen, die zu den Abmessungen der Einzelkomponenten führen

Die eigentliche Formgebung der Einzelkomponenten richtet sich nach der Art, Zusammensetzung und Wirkungsweise der wirksamen Betriebsbeanspruchungen. Bei der Berechnung geht man aus von der statischen Vorspannung in zügiger Richtung, mit der man die Gesamtverbindung versieht, deren Größe durch die Form und die elastischen Eigenschaften der zu verbindenden Teile beeinflußt wird. Ganz besonders entscheidend treten jedoch die Betriebsbeanspruchungen in Erscheinung, die man als mechanische, thermische und korrosiv wirkende Größen unterscheidet. Natur und Größe dieser ineinandergreifenden Berechnungseinflüsse gestattet dann erst die maßgebende Wahl des geeigneten Werkstoffes.

### 1. Die Ermittlung der Größe der Schraubenkraft

Im Gegensatz zu dem umständlichen Verfahren der reinen mathematischen Analyse für die Konstruktion der Einzelkomponenten eines Verschlusses irgendwelcher Art, wie es von H. von Jürgensonn für eine vollständige Berechnung dargestellt ist, besteht natürlich auch die Möglichkeit, die Schraubenkraft mit dem gleichen Grad von Genauigkeit auch auf experimentellem Wege zu ermitteln. Zu diesem Zwecke kann man eine Schraubenverbindung wählen, deren Rohrkörper aus kurzen Stücken bestehen und mit jeweils geschlossenem Ende versehen sind. Wählt man als Dichtung beispielsweise eine Linse, so kann man die Verbindung mit Hilfe einer hydraulischen Presse prüfen, wobei der abgelesene hydraulische Druck dann der Schraubenkraft entspricht. Die hydraulische Vorrichtung hat den Vorteil, genaue Ergebnisse zu liefern, da man vom Anziehen einzelner Schrauben unabhängig ist. Setzt man nun die Verbindung in die Presse ein, stellt einen gewissen hydraulischen Anpreßdruck her und setzt die Verbindung unter Innendruck, so kann man einwandfrei denjenigen Anpreßdruck ablesen, bei dem für einen bestimmten Innendruck $p_i$ die Verbindung gerade beginnt, undicht zu werden. Der dann herrschende hydraulische Anpreßdruck gibt dann die theoretische Gesamtschraubenkraft $P_{th}$ für einen Innendruck von der Größe $p_i$. Die theoretische Dichtkraft ist dann

$$P_{th} = F_d p_i \quad \text{(kg)}.$$

Die theoretische Dichtkraft oder theoretische Mindestschraubenkraft $P_{th}$ ergibt sich demnach aus dem Produkt von der Dichtkreisfläche $F_d$ und dem Innendruck. Wie man sieht, ist die Schraubenkraft dem Dichtkreisdurchmesser direkt proportional. Der Dichtkreis sollte daher möglichst klein gehalten werden, wenn die Gesamtschraubenkraft ein Minimum werden soll, was mit der Linsendichtung mit großer Annäherung an den Innendurchmesser auch möglich gemacht wird. Für den Idealzustand bei perfekten Berührungsflächen in den Dichtkreisen wird die theoretische Gesamtschraubenkraft, die an der hydraulischen Presse abzulesen ist, dem Innendruck $p_i$ das volle Gleichgewicht halten, ohne daß Undichtwerden zu befürchten ist. In der praktischen Wirklichkeit sind weder die Oberflächen der Berührungsebenen noch die Schraubengewinde in einem idealen Zustande, und es muß stets mit zusätzlichen äußeren Einflüssen gerechnet werden, die die tatsächliche Wirksamkeit der Verbindung verschlechtern. Außerdem kommen Betriebsschwankungen beim Anfahren hinzu, so daß für den Betriebszustand eine höhere Dichtkraft zur Verfügung stehen muß, als es durch den Idealzustand allein nötig wäre. Diesen Überschuß an Dichtkraft pflegt man durch den sog. Dichtungsfaktor $x$ auszudrücken. Der Proportionalitätsfaktor $x$ sagt also aus, um wieviel höher die tatsächliche Dichtkraft sein muß, um die erforderliche Sicherheit gegenüber dem theoretischen Mindestzustande zu gewähren. Die tatsächliche Schraubenkraft wird dann

$$P_{\text{tats}} = P_b = x F_d \, p_i = x \frac{\pi d_d^2}{4} p_i \quad (\text{kg}),$$

wobei $d_d$ den Dichtkreisdurchmesser bedeutet.

Eigentlich sollte der Dichtungsfaktor $x$ eine vom Innendruck $p_i$ und vom Innendurchmesser $d_i$ unabhängige Größe sein. Aus der praktischen Erfahrung heraus hat sich jedoch gezeigt, daß bei kleinen Nennweiten sich Schrauben ergeben, die leicht überzogen werden, und die Verbindung somit unsicher wird. Man hat daher festgelegt, den kleineren Abmessungen höhere Werte von $x$ zuzuordnen, als sich aus den Versuchsergebnissen ergibt. Daraus folgen dann größere Schraubenkräfte mit stärkeren Schrauben. Um eine Regel für Kleinstabmessungen zu nennen, hat man sich dahingehend in den USA geeinigt – wenigstens die wichtigsten chemischen Firmen – keine Schraube für Hochdruckzwecke zu verwenden, die kleiner ist als 3/4 Zoll.

Die von äußeren Kräften herrührenden Biegemomente werden beim Gewindeflansch in Torsionsmomente umgewandelt und stellen somit für die Verbindung keine besondere Gefahr dar, zumal diese Kräfte infolge der „Werkstoffverwürgung“ in der Dichtungslinie praktisch ausgeglichen werden.

Im Zusammenhang mit den Versuchsergebnissen zur Ermittlung der tatsächlichen Dichtkräfte hat man für den Dichtungsfaktor $x$ eine theoretische Kurve aufgestellt, die sowohl der Theorie als auch der Praxis Rechnung trägt. Die Kurve ist in Abb. 14 veranschaulicht. Von NW 58 an wird die Hauptkurve mit steigendem Innendurchmesser flacher, und zwar im gleichen Maße, wie man die Schrauben größer gestaltet, und weniger

Überziehungsgefahr besteht. Die Kurve für Höchstdrücke, also über 700 atü bis zu 4000 atü unterscheidet sich von der Kurve für 325–700 atü Innendruck lediglich unterhalb der Werte von NW 70. Der parabolische Anstieg dieser Kurve, besonders bei NW 3 bis NW 16 hängt damit zusammen, daß man die Überziehungsgefahr durch absichtliche Steigerung der Dichtkraft unbedingt beseitigen will.

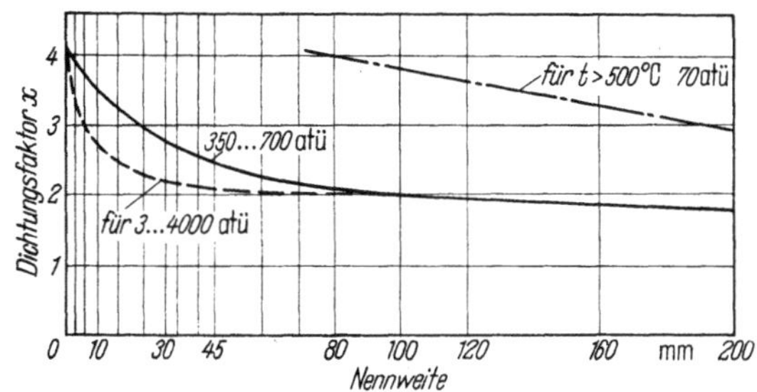


Abb. 14. Dichtungsfaktoren für Hochdruckflanschverbindungen in Abhängigkeit von der Rohrnennweite

Für höhere Temperaturen sind entsprechend höhere Dichtungsbeiwerte zu wählen, wie man aus Abb. 14 ersehen kann, in der Kurve $C$ für einen Temperaturbereich von 250 bis 500 °C bestimmt ist.

## 2. Berechnung des Schraubenbolzens

In einem Deckelverschluß oder in der üblichen Flanschverbindung wird die Schraube im allgemeinen einer zügigen Belastung, und zwar in Richtung der Schraubenachse ausgesetzt. Ist die Schraubenkraft bekannt, so ergibt sich die Beanspruchung im Schaftquerschnitt aus der Beziehung $\sigma = P/F$ zu

$$\sigma_{ax} = \frac{P_b}{F} = \frac{P_b \cdot 4}{\pi d_s^2 z} \quad (\text{kg/cm}^2).$$

Hierin bedeuten:

$P_b$ = Gesamtschraubenkraft in kg,
$d_s$ = Schaftdurchmesser des Schraubenbolzens (cm),
$z$ = Anzahl der Schrauben in der Verbindung.

Diese Formel bezieht sich ausschließlich auf die Festigkeitsforderung für den Schraubenschaft unter der Zugbelastung durch die Schraubenkraft. Über die Größe des Gewindes und die Wahl des Verhältnisses des Kerndurchmessers zum Bolzendurchmesser wird in einem späteren Abschnitt berichtet.

### 3. Berechnung der Spannungen im Gewindeflanschring

Beim Anziehen der Schrauben einer Flanschverbindung wird der Ring eines Gewindeflansches unter Spannung gesetzt, die eine Durchbiegung des Ringes zur Folge hat. Bei dieser Durchbiegung entstehen nach E. SIEBEL ein sog. inneres sowie ein äußeres Moment, die beide für die Dimensionierung der Flanschringplatte maßgebend sind. Unter Zugrundelegung von Abb. 15 sei das innere Moment, das in Richtung der Tangente wirksam ist, mit $(M_t)_i$ bezeichnet, während das äußere Moment, das für die Durchbiegung maßgebend ist, mit $M_a$ bezeichnet werden möge.

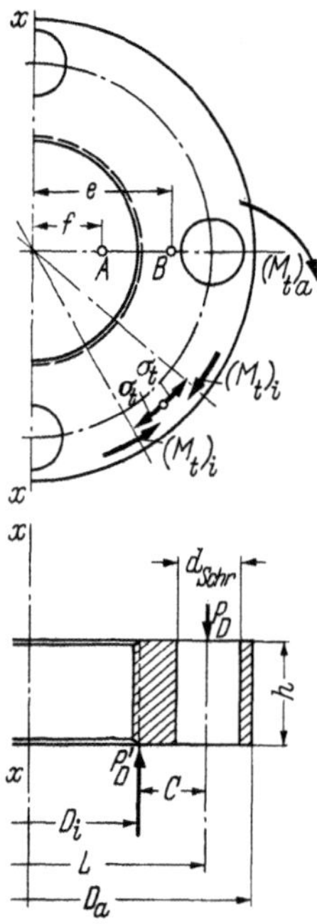

Abb. 15. Angabe der erforderlichen Bezeichnungen und Symbole für Flanschberechnungen

Nach E. SIEBEL läßt sich für das äußere Moment $M_a$ die Beziehung aufstellen

$$(M_t)_a = \frac{P_b c}{2\pi} \quad (\text{cm/kg}).$$

Hierin bedeuten:

$P_b$ = Gesamtschraubenkraft (kg),

$c_c$ = Abstand des Angriffspunktes der Schraubenkraft vom Gewinde als Biegehebelarm der Kraft (cm).

Für das Widerstandsmoment $W_F$ des Flanschringes gilt

$$W_F = \frac{b h^2}{12} = \frac{D_a - D_i - 2d}{2} \frac{h^2}{6} \quad (\text{cm}^3),$$

$b$ bedeutet die längere Seite des Rechteckes aus der halben Flanschquerschnittsfläche, jeweils vermindert um die Summe aller Löcher auf einem Durchmesser, also

$$b = \frac{1}{2}(D_a - D_i - 2d),$$

während unter $h$ die Flanschdicke zu verstehen ist.

Die Spannung, die sich als Folge der Einwirkung des äußeren Momentes im Flanschring ergibt, folgt der Beziehung

$$\sigma_t = \frac{M_a}{W_F} = \frac{P_b c \cdot 6}{2\pi(D_a - D_i - 2d)} \frac{1}{h^2}.$$

Wie man der Abb. 15 entnehmen kann, ist

$$c = \frac{L - D_i}{2}.$$

Also wird die Spannung

$$\sigma_t = \frac{P_b(L - D_i) \cdot 3}{\pi(D_a - D_i - 2d) h^2}.$$

Für das innere Moment kann entsprechend angesetzt werden

$$(M_t)_i = \sigma_t W_F = \sigma_t (D_a - D_i - 2d) \frac{h^2}{12} .$$

Nach SIEBEL sind das innere und das äußere Moment angenähert gleich groß und es gilt für die mittlere Spannung im Flanschring die Beziehung

$$\sigma_{t_m} = \frac{P_b (L - D_i) \cdot 3}{\pi (D_a - D_i - 2d) h^2} .$$

Somit führen beide Momente zu der gleichen Lösung. Die Bezeichnungen sind der Abb. 15 entnommen.

Aus der Formulierung für die mittlere Spannung $\sigma_{t_m}$ läßt sich die Flanschdicke $h$ folgern als

$$h = \sqrt{\frac{P_b (L - D_i) \cdot 3}{\pi (D_a - D_i - 2d)} \frac{1}{\sigma_{t_m}}} .$$

## 4. Sicherheitsbeiwerte

Im Gegensatz zu den Berechnungen für Hochdruckzylinder, die unter statischem Innendruck stehen, muß man für Flanschverbindungen und Schrauben wesentlich höhere Sicherheitsabstände wählen. Wie schon an anderer Stelle ausgeführt, sind die Möglichkeiten der genauen Berechnung von Flanschverbindungen bis auf den heutigen Tag noch nicht auf einen einheitlichen Nenner gebracht, und man ist noch auf eine Reihe von Annahmen angewiesen. Man kann sich jedoch auf die Erfahrung von einigen Jahrzehnten stützen, und hier hat es sich gezeigt, daß der Mindestsicherheitsabstand gegen Erreichen der zugelastischen Streckgrenze größer oder mindestens gleich 2,20 sein soll, also

$$S_{\sigma_{0,2}} = \frac{\sigma_{0,2}}{\sigma_{t_m}} \geqslant 2{,}20$$

unter Zugrundelegung von Bedingungen bei Raumtemperatur.

Bei Betrieb mit Temperaturen, wo die Dauerstandsfestigkeit als Kriterium eingesetzt werden muß, ist der Sicherheitsbeiwert

$$S_{\sigma_{\mathrm{Dst'd}}} = \frac{\sigma_{\mathrm{Dst'd}}}{\sigma_{t_m}} \geqslant 1{,}50 .$$

Diese Sicherheitsabstände gelten sowohl für die Berechnung von Schrauben als auch für die Flanschen, wobei bei Raumtemperatur der Wert von 2,20 nicht unterschritten werden sollte.

## 5. Berechnung von Deckeln bzw. Blindflanschen

Deckel und Blindflanschen werden in ähnlicher Weise behandelt. Hier wird der volle Innendruck wirksam, wie man aus Abb. 16 ersehen kann. Das allgemeine Belastungsschema ist im oberen Teil der Abbildung gezeigt, aus dem auch die zugehörigen Abmessungen für die nachfolgenden Ableitungen zu entnehmen sind. Man teilt demnach den Deckel auf in einen äußeren Flanschringabschnitt und einen inneren Deckelabschnitt, was durch die Schraffierung im unteren Teil der Skizzendarstellung erkenntlich ist.

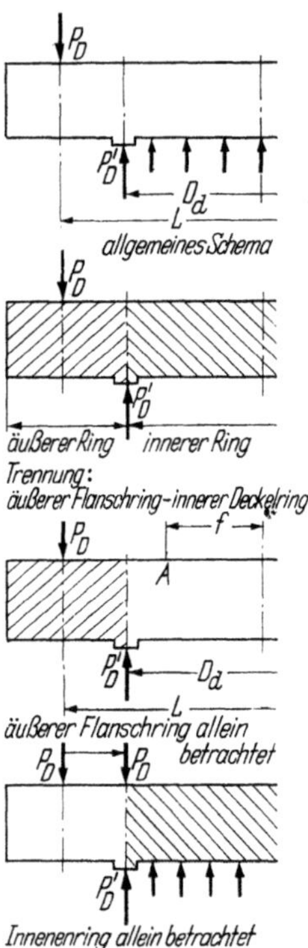


**Abb. 16.** Einzelphasen für die Berechnung von Blindflanschen bzw. Deckeln. Schematische Darstellung

Betrachtet man den äußeren Flanschring, so läßt sich ein Moment $M_1$ ableiten, das sich ausdrücken läßt in der Form.

$$M_1 = \frac{P_b}{2\pi}(L - d_d).$$

Betrachtet man den Deckelabschnitt, der dem Innendruck $p_i$ voll ausgesetzt ist, so lassen sich hier die Momente $M_2$, $M_3$ und $M_4$ erkennen. Verschiebt man zunächst die Schraubenkraft $P_b$ parallel mit sich selbst nach innen, wie aus der Skizze ersichtlich ist, dann wird das Moment

$$M_2 = \frac{P_b}{2} f,$$

worin $f$ den Schwerpunktsabstand der halben Umfangslinie von $L_d$ darstellt, was durch die Beziehung

$$L_d = \frac{d_d}{\pi}$$

ausgedrückt werden kann. Damit wird das Moment $M_2$ zu

$$M_2 = \frac{d_d}{2\pi} P_b.$$

Das Moment $M_3$ läßt sich ausdrücken durch die Beziehung

$$M_3 = \frac{d_d^2}{2} \frac{\pi}{4} p_i x.$$

Hier bedeutet der Wert $x$ den Schwerpunktsabstand der halben Kreisfläche von $L_d = \frac{2\,d_d}{3\pi}$. Also wird

$$M_3 = \frac{d_d^3}{12} p_i.$$

Folglich wird das Gesamtmoment, das infolge des Innendruckes auf den Deckelabschnitt einwirkt und mit $M_4$ bezeichnet werden möge,

$$M_4 = M_2 - M_3 = \frac{P_b d_d}{2\pi} - \frac{d_d^3 p_i}{12}.$$

Mit der theoretischen inneren Druckkraft von der Größe $P_{th} = d_d^3 \frac{\pi}{4} p_i$ gegen den Deckel infolge der Wirksamkeit des Innendruckes wird

$$M_4 = \frac{d_d^3 \pi p_i}{4} \frac{d_d}{2\pi} - \frac{d_d^3 p_i}{12} = \frac{d_d^3 p_i}{8} - \frac{d_d^3 p_i}{12} = \frac{d_d^3 p_i}{24}.$$

Mit den vier Momenten bekannt, ergibt sich die Gesamtbelastung auf den Deckel in Form des Momentes zu

$$M_{\text{ges}} = \frac{P_b(L_d - d_d)}{2\pi} + \frac{d_d^3 p_i}{24}.$$

Mit der Kenntnis des Momentes und des Widerstandsmomentes $W$ läßt sich die gefährliche Spannung im Deckel ermitteln aus der Beziehung $\sigma = M/W$. Da das Widerstandsmoment $W$ für den Flanschring als Rechteck sich wiederum aus der einfachen Beziehung $W = \frac{1}{6}(b h^2)$ ergibt mit $b$ als Außendurchmesser, vermindert um die Summe aller Öffnungen auf einem Durchmesser und $h$ als Dicke des Flansches, wird das Widerstandsmoment

$$W = \frac{(D_a - D_i - 2d) h^2}{6}.$$

Daraus folgt für die Spannung $\sigma_{t_m}$ der Ausdruck

$$\sigma_{t_m} = \frac{M}{W} = \frac{P_b(L_d + d_d) \cdot 3}{\pi(D_a - D_i - 2d) h^2} + \frac{d_d^3 p_i \cdot 3}{4(D_a - D_i - 2d) h^2}.$$

Die Durchbiegung des Flanschringes wird innerhalb des elastischen Gebietes bleiben, solange der Sicherheitsabstand

$$S = \frac{\sigma_{0,2\%}}{\sigma_{t_m}} \geqslant 2{,}0 \quad \text{oder} \quad \geqslant 2{,}20$$

größer oder höchstens gleich 2,0 gewährleistet bleibt. Diese Aussage ist durch viele Tausende von Flanschausführungen praktisch erprobt und bewiesen.

## B. Das Anzugsmoment der Schrauben zur Erzielung der erforderlichen Dichtkraft

Die Zuverlässigkeit von Flanschverbindungen bezüglich ihrer Haltbarkeit im Betriebszustand wird von einer Reihe von wichtigen Faktoren bestimmt. Wie bereits angedeutet, ist die genaue mathematische Analyse der Kräfte für die Ermittlung der richtigen Bemessung der Einzelkomponenten von großer Wichtigkeit, aber oft so kompliziert, daß man sich oft auf Annahmen beschränken muß. Die Beurteilung der Schraubenverbindungen muß außer der zügigen Beanspruchung im Schraubenschaft auch Verdrehbeanspruchungen, Biegebeanspruchungen auch diejenigen Einflüsse berücksichtigen, die als Folge von Wärmedehnungen im System wirksam werden.

## 1. Lastverteilung bei reiner Zugbeanspruchung der Schraube

Bei der Untersuchung der Belastungsverhältnisse von Schrauben in jeder beliebigen Art von Verbindungen mit Kraftschluß wird man zwangsläufig das Gewinde der Schrauben als den Hauptlastaufnehmer in Betracht zu ziehen haben. Es stellt sich nämlich heraus, daß in Schraubengewinden die Beanspruchung sich durchaus nicht gleichmäßig auf alle Gewindegänge verteilt, was auf eine Reihe von Gründen zurückzuführen ist. Zunächst kann man feststellen, daß sich die Mutter nicht um den gleichen Betrag verformt, wie es für den Bolzen der Fall ist. Der Unterschied, der hierbei von Gang zu Gang für Mutter- und Bolzenverformung zustande kommt, muß an Hand der Durchbiegungsverhältnisse ausgeglichen werden. Das hat selbstverständlich zur Folge, daß die Beanspruchungsverhältnisse sich ändern müssen, je nachdem, ob man eine Druckmutter oder eine Zugmutter der Betrachtung zugrunde legt. Bei der Benützung einer sog. Druckmutter ist es so, daß diese beim Anziehen der Schraube auf Druck beansprucht ist, während die Schraube unter Zug steht. Gewöhnlich liegt eine Druckmutter auf ihrer Unterseite auf. Es gibt auch Fälle, bei denen Mutter und Schraube auf Zug beansprucht sind. In diesem Falle ist die Mutter meist mit einer Art Schulterring versehen, wobei Mutter und Schraube praktisch nach unten durchhängen. Ungeachtet der Tatsache, ob der eine oder der andere Grenzfall im Betriebe vorliegt, man wird die Schraube stets in einer Richtung mit genügend hoher Vorspannung versehen müssen, daß auch bei den maximal zu erwartenden Beanspruchungen, z.B. Wechsel der Beanspruchungsrichtung, die Dichtkraft in keinem Falle aufgehoben wird.

Hinsichtlich der Lastverteilung im Gewinde von Schrauben, die unter Belastung stehen, hat MADUSCHKA [*10*] grundlegende Vorarbeiten geliefert. Er hat gefunden und durch Versuche eingehend bestätigt, daß in einer Mutter-Bolzen-Verbindung die beiden ersten Gewindegänge zusammen einen entscheidenden Anteil an der Gesamtlast aufzunehmen haben. Die Versuchsergebnisse einer einzolligen Schraube nach DIN 11 sind in Abb. 17 zusammengestellt, und zwar für eine Schraube mit Druckmutter im linken Teil der Darstellung und für eine Schraube mit Zugmutter in der rechten Hälfte von Abb. 17. Die Abbildung gibt zu erkennen, daß die von sechs Gängen der Mutter aufzunehmende Last ebensogut auch von vier Gängen bewältigt werden könnte. Bei der Druckmutter trägt demnach der erste Gang etwa 35% der Last, auf den zweiten Gang entfallen etwa 23% und auf den dritten Gang schließlich 16% der Totalbeanspruchung. Die Verteilungskurve zeigt, daß für den

Belastungsfall der Druckmutter die ersten drei Gewindegänge der Mutter rund 74% der Last aufnehmen. Bei der Zugmutter ist dieser Anteil rund 60% bei 26% im ersten, 19% im zweiten und 15% im dritten Gang. Man darf daraus schließen, daß es keinen Sinn hat, die Gangzahl wesentlich

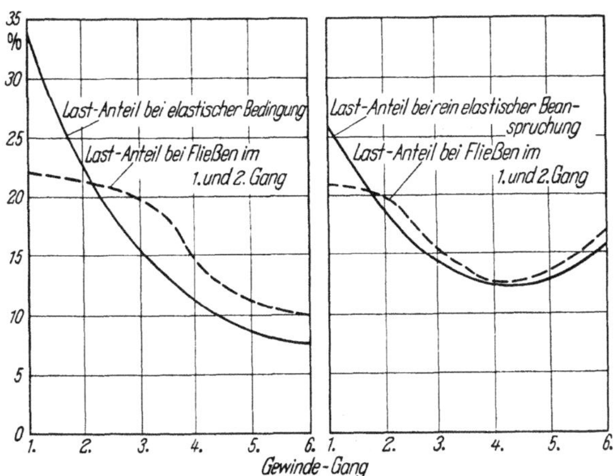


Abb. 17. Verteilung der Schraubenlast auf die einzelnen Gänge bei elastischer Beanspruchung bis zum Beginn plastischer Verformung

links: Schraube mit Druckmutter rechts: Schraube mit Zugmutter

zu erhöhen, wenn man eine günstigere Verteilung bezüglich Gleichmäßigkeit für jeden beteiligten Gewindegang anzustreben wünscht. Selbst die Erhöhung der Gangzahl auf unendlich würde hier keine Verbesserung als ganzes bedeuten.

## 2. Verdrehungsbeanspruchung im Schraubengewinde (Anzugsmoment – Lösemoment)

Beim Anziehen der Mutter einer Schraubenverbindung sind eine Anzahl von Momenten zu überwinden. Bezeichnet man das Anzugsmoment, das auf den Schraubenkopf bzw. die Mutter ausgeübt werden muß, mit $M_a$ und das Moment, das beim Anziehen im Gewinde wirksam wird, mit $M_{g_a}$ sowie das Auflagereibungsmoment mit $M_r$, so gilt die Beziehung

$$M_a = M_{g_a} + M_r .$$

Für das Lösen der Schraubenverbindung gilt sinngemäß

$$M_l = M_{g_l} + M_r .$$

Zur mathematischen Behandlung der Kräfteverhältnisse bei der Ausübung der Anzugs- bzw. Lösemomente stelle man sich eine schiefe Ebene vor, wie sie in Abb. 18 dargestellt ist. Die Längskraft sei mit $P_v$ bezeichnet. Die Kraft senkrecht zur Auflagefläche (Normale) ergibt sich unter Benützung des Steigungswinkels der schiefen Ebene zu $P_v \cos\gamma$, wenn die Neigung der Ebene mit dem Winkel $\gamma$ bezeichnet wird. Das Gewindeanzugsmoment $M_{g_a}$ erzeugt im Schraubenschaft die Längskraft $P_v$. Zu gleicher Zeit wird aber auch eine Verdrehbeanspruchung im Schraubenbolzen bewirkt, die durch die Gewindereibung zwischen Mutter und Bolzen zum Entstehen kommt. Die Horizontalkraft $P_H$ erzeugt das Gewindemoment und ist an einem Hebelarm wirksam, der gleich ist dem halben Flankendurchmesser des Gewindes. Stellt man die Gleichgewichtsbedingung in Bewegungsrichtung auf, so ergibt sich die Beziehung

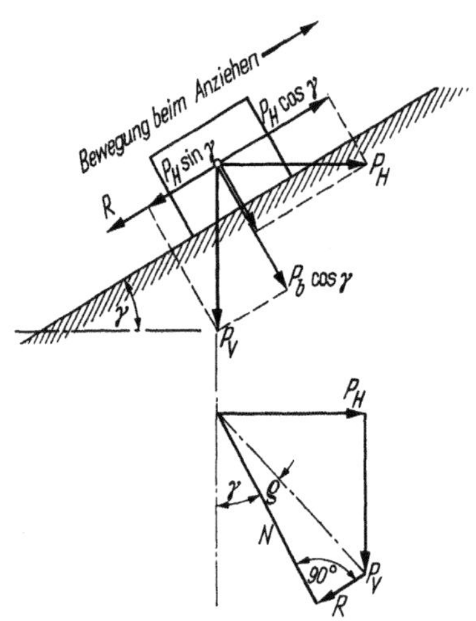


Abb. 18. Kräfteverhältnisse in der Schraube beim Anziehen. Symbolisiert an der schiefen Ebene

$$P_{H_a} = P_v \frac{\operatorname{tg}\gamma \pm \mu'}{1 \mp \mu' \operatorname{tg}\gamma} = P_v \frac{h \pm \mu' \pi d_{fl}}{\pi d_{fl} \mp \mu' h}.$$

Diese Verhältnisse lassen sich auch anschaulich aus dem Kräftepolygon ermitteln. Unter Benützung des Reibungswinkels $\varrho'$, den man aus der Beziehung $\mu' = \operatorname{tg}\varrho'$ erhält, läßt sich die Horizontalkraft auch anschreiben in der Form

$$P_H = P_{H_a} = P_v \operatorname{tg}(\gamma \pm \varrho').$$

Das Pluszeichen gilt für den Fall des Anziehens, das Minuszeichen für den Fall des Lösens der Verbindung.

Mit der Kenntnis der Kraft $P_{H_a}$ läßt sich das Gewindemoment, das zum Anziehen der Schraube aufgebracht werden muß, errechnen nach der Beziehung

$$M_{g_a} = P_{H_a} \frac{d_{fl}}{2} = P_v \frac{d_{fl}}{2} \frac{h + \mu' \pi d_{fl}}{\pi d_{fl} - \mu' h}.$$

Entsprechend gilt für das Lösen der Verbindung

$$M_{g_l} = P_{H_l} \frac{d_{fl}}{2} = P_v \frac{d_{fl}}{2} \frac{h - \mu' \pi d_{fl}}{\pi d_{fl} + \mu' h}$$

In diesen Beziehungen gilt für $h$ die Steigung des Gewindes, die sich aus den einschlägigen Normblättern ergibt. Der Wert $\mu'$ schwankt je nach Maßgabe der Oberflächenbeschaffenheit, dem Werkstoff und der Gewindeschmierung. Die Reibung $\mu'$ ist jedoch bei glatter Oberfläche vom

Flächendruck soviel wie unabhängig. Trotz vielseitig widersprechender Literaturangaben, in denen $\mu'$ schwankt von 0,05 bis zu 0,36, dürfte man – wie auch von BERTHOLD [*11*] vorgeschlagen wird – der Wirklichkeit ziemlich nahekommen, wenn man für die Berechnung einen $\mu'$-Wert von durchschnittlich 0,20 einsetzt.

Das Lösediagramm ist in Abb. 19 veranschaulicht.

Bezüglich des Reibungsmomentes bei der Drehung der Mutter auf der Auflagefläche finden sich im Schrifttum vielseitige Angaben. Nach E. BOCK [*12*] sowie nach BERTHOLD [*11*] beträgt das Auflagereibungsmoment etwa 20–35 % des Anzugsmomentes, wenn man blanke Muttern zugrunde legt, sowie Werte von 30–56 % für schwarze Muttern.

Bei der Verwendung von blanken Schrauben kann man somit durch Annäherung setzen

$$M_{ga} = \frac{2}{3} M_a .$$

Kennt man die Längskraft $P_v$, so läßt sich das aufzuwendende Anzugsmoment ermitteln in der Form

$$M_a = \frac{3}{2} P_v \frac{d_{fl}}{2} \frac{h + \mu' \pi d_{fl}}{\pi d_{fl} - \mu' h} .$$

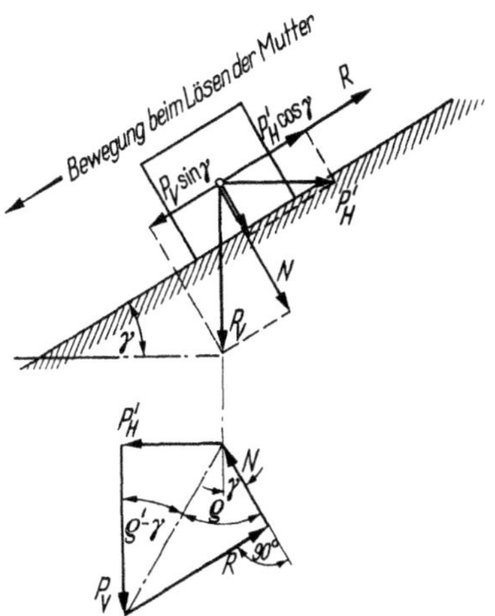


Abb. 19. Kräfteverhältnisse in der Schraube beim Lösen. Dargestellt an der schiefen Ebene

Hinweise aus dem einschlägigen Schrifttum zeigen im Zusammenhange mit zahlreichen Versuchen aus der Praxis des Verfassers, daß diese Beziehung Werte liefert, die mit dem wirklichen Verhalten von Schraubenverbindungen gut übereinstimmen, solange man von gewissen Einflüssen absieht, die das Anzugsmoment beeinträchtigen, was in einem späteren Abschnitt besprochen werden wird.

Bildet man jetzt das Verhältnis aus dem Lösemoment und dem Anzugsmoment, so ergibt sich der sog. Lösewiderstand, dessen Wert in dem Bereich von 0,70–0,98 liegt, solange man Whitworth und Metrisches Gewinde in Betracht zieht. Dieser Lösewiderstand steigt an, wenn man feineres Gewinde wählt und man ferner einen zunehmenden Reibungswiderstand $\mu'$ berücksichtigen muß. Dieser höhere Lösewiderstand bei Feingewinde als Folge der kleinen Steigung, ist im wesentlichen der Grund dafür, daß das Feingewinde so häufig zur Anwendung gelangt. Das Feingewinde ist jedoch nicht vorteilhaft bei Schrauben, die hohen Zugbelastungen ausgesetzt sind, besonders wenn eine bestimmte Mindestgröße überschritten wird.

Aus der Erfahrung ist bekannt, daß die Gewindetoleranzen auf die Größe des Lösewiderstandes keinen Einfluß ausüben. Der Lösewiderstand ist für eine gegebene Verbindungsart kein konstanter Wert, der sich für die Lebensdauer der Verbindung etwa nie ändert. Das gleiche trifft auch zu für das Anzugsmoment. Beide ändern sich nach wiederholtem Anziehen, was in einem späteren Abschnitt noch eingehender behandelt werden wird.

Setzt man jetzt in die Gleichung für das Gewindeanzugsmoment die bekannte Beziehung für die Verdrehspannung ein, so erhält man den Ausdruck

$$M_{g_a} = \frac{\pi\, d_{sh}^3}{16}\, \tau\,.$$

Außerdem hat man die Vertikalkraft

$$P_v = \frac{\pi\, d_{sh}^2}{4}\, \sigma\,.$$

Drückt man jetzt den Flankendurchmesser des Gewindes $d_{fl}$ aus durch den Schaftdurchmesser des Schraubenbolzens in der Form

$$d_{fl} \sim 1{,}1\, d_{sh}\,,$$

so läßt sich das Verhältnis der Verdrehspannung $\tau$ zur Zugnennspannung $\sigma$ bilden, bezogen auf den Schaftdurchmesser, solange er nicht hohl gebohrt ist. Die Beziehung wird dann

$$\frac{\tau}{\sigma} = 2{,}20\, \frac{\operatorname{tg}\gamma + \mu'}{1 - \mu' \operatorname{tg}\gamma}\,.$$

Setzt man jetzt für den Reibungsfaktor $\mu'$ den bekannten Wert 0,20 ein, so erhält man für das Verdrehverhältnis $\tau/\sigma$ einen praktisch konstanten Wert, der für nahezu alle Gewindegrößen im Bereiche von 0,49–0,56 zu liegen kommt, und zwar gelten die niederen Werte für Feingewinde und die höheren Werte für grobe Gewindearten. Dies besagt, daß man beim Anziehen von Schrauben, deren Schäfte nicht mit Längsbohrungen versehen sind, im Kernquerschnitt eine zusätzliche Verdrehbeanspruchung in Kauf nehmen muß, die bis zu 50% der Zugnennbeanspruchung erreicht. Diese Zusatzbeanspruchung läßt sich durch den Einfluß der Schmierung nur wenig vermindern.

### 3. Fließbedingungen im Schraubenschaft

Geht man jetzt, nachdem man die Hauptspannungen kennt, zur Anstrengung über, so läßt sich wiederum die Gestaltänderungsenergiehypothese zur Anwendung bringen. Und zwar ergibt sich nach der –GEH– für die Vergleichspannung der Ausdruck

$$\sigma_v = \sqrt{\sigma^2 + 3\,\tau^2} = \sigma\sqrt{1 + 3\,(0{,}5^2)} = 1{,}32\,\sigma\,.$$

Nun kann man sagen, daß Fließen im Schraubenschaft dann eintreten wird, wenn die Vergleichsspannung $\sigma_v$ den Wert der 0,2-%-Streckgrenze des Schraubenwerkstoffes erreicht. Demnach darf also die Zugnennspannung maximal nur den Wert $\sigma_v/1{,}32$ erreichen. Dieser besagt aber, die Zugnennspannung darf im günstigsten Falle einen Wert erreichen, der um 25% unterhalb der zugelastischen Streckgrenze des Schraubenwerkstoffes liegt. Diese Feststellung ist allgemein durch zahlreiches Versuchsmaterial praktisch bestätigt.

Die zugelastische Nennspannung in axialer Richtung der Schraube ist

$$\sigma_{ax} = \frac{P}{F} = \frac{P_v}{F_{sh}} = \frac{P_v}{\pi \frac{d_{sh}^2}{4}} .$$

Für die Verdrehspannung gilt:

$$\tau = \frac{8 \cdot P_v d_{fl} (\operatorname{tg} \gamma + \mu')}{(1 - \mu' \operatorname{tg} \gamma) \pi d_{sh}^3} .$$

Somit erhält man

$$\frac{\tau}{\sigma} = 2 \frac{\operatorname{tg} \gamma + \mu'}{1 - \mu' \operatorname{tg} \gamma} \frac{d_{fl}}{d_{sh}} .$$

Die Verdrehspannung wird also größer für kleinere Durchmesser. Dies dürfte der Hauptgrund dafür sein, daß man einen Mindestdurchmesser von 3/4 Zoll für Hochdruckschrauben gewählt hat, um Verdrehverwürgung bei noch kleineren Schrauben von vornherein zu verhindern.

## 4. Zusammenfassung

Die Kräfteverhältnisse zur Bestimmung des Anzugs- bzw. Lösemomentes spielen in der Industrie eine wichtige Rolle. Aus der Praxis ist bekannt, daß man für das Anziehen kleiner Schrauben und sehr großer Schrauben in der Handhabung des Schlüssels kein gutes Gefühl hat, ob man die Festigkeit kleiner Gewinde bereits überschritten hat, oder ob bei großen Schrauben überhaupt genügend Vorspannung für den Betrieb erzielt ist. Dieses „Fingerspitzengefühl“ besitzt man nur für einen relativ kleinen Bereich von Schrauben, bei denen man das Anziehen der Muttern mit dem Schlüssel allein ohne Zuhilfenahme weiterer Hilfsmittel aller Art ohne Mühe erreicht, einschließlich Stoß, über den man ohnedies keine Kontrolle hat. Man hat sich daher in der Weise geholfen, Drehmomentenschlüssel zu entwickeln, die die erforderliche Kontrolle ermöglichen sollen.

Solche Meßvorrichtungen an Momentenschlüsseln liefern jedoch nur bedingt Schutz gegen Überziehung bzw. Herstellung des Mindestanzugsmomentes. Einmal schwankt die Reibung $\mu'$ innerhalb eines viel zu großen Bereiches, so daß im Meßinstrument zu große Schwankungen festgestellt werden, die man für genauen Betrieb nicht rechtfertigen darf. Der Momentenschlüssel hat daher nur relativen Kontrollwert, denn man kann bei Konstanthaltung des Anzugsmomentes entweder zuwenig oder zuviel Vorspannung erzielen. Entscheidend ist die Längskraft, die das Anzugsmoment im Schraubenschaft zur Verlängerung der Schraube erzeugt und nicht das Anzugsmoment selbst.

Auf der anderen Seite verändert sich das Verhältnis der Längskraft zum Anzugsmoment, sobald man das Anziehen bzw. Lösen genügend oft wiederholt. Diese Veränderung des Verhältnisses kann sich jedoch nach zwei verschiedenen Richtungen hin auswirken. So hat H. STAUDINGER [*13*] gefunden, daß für eine Schraube von 5/8 Zoll, hergestellt aus Stahl 38-13, bei 30maligem Anziehen und Lösen unter Konstanthaltung des Anzugsmomentes die Längskraft um über 30% ihres anfänglichen Wertes zurückging. Wählt man nämlich einen relativ weichen Werkstoff, der durch die erlittenen Verformungen keine Verfestigung erfährt, so rauhen sich die Flächen des Gewindes auf, die Reibung steigt an und die Längskraft muß abfallen, wenn das Anzugsmoment konstant bleiben soll. Nimmt man dagegen einen Werkstoff hoher Festigkeit, so erfolgt in den Reibungsflächen eine Werkstoffverfestigung, die Flächen werden glatter, die Reibung geht zurück und die Längskraft steigt an mit konstantem Anzugsmoment. Wie man erkennt, sind die Drehmomentenschlüssel zur Verhinderung von Überbeanspruchungen von genau zu kontrollierenden Schraubenverformungen nur bedingt zuverlässig. Als Maßnahme zur Kontrolle der maßgeblichen Längskraft wird man daher zweckmäßig die Längenänderung der Schraube zu beobachten haben.

## C. Maßnahmen zur Kontrolle der Anzugsmomente

Die technisch zuverlässigste Maßnahme, Hochdruckschrauben aller Art vor jeglicher Art von Überlastung während der Montage zu schützen, besteht ohne Zweifel in der Tatsache, daß man die Verformung der Schraube nach Maßgabe des Federwertes berechnet und dann die entsprechenden Längenänderungen des Schraubenschaftes genau mißt. Bekanntlich ist der Federwert als diejenige Einheitskraft definiert, die angewandt werden muß, um eine Verformung von 1 mm herbeizuführen. Der Federwert ist mathematisch definiert, wie man aus den Ausführungen am Beginn dieses Kapitels entnehmen kann, zu

$$C_s = \frac{V}{\lambda_v} = \frac{F_s E_s}{l_s}\,.$$

Wie man sieht, läßt sich die Längung der Schraube für jede Größe von Vorspannung, rechnerisch ermitteln. Die erzielte Längung gibt dann eindeutig Aufschluß darüber, ob die gewünschte Vorspannkraft erreicht wurde. Es könnte nämlich vorkommen, daß Fressungen im Gewinde auftreten, die eine weitere Längung der Schraube unmöglich machen, noch bevor die beabsichtigte Vorspannung aufgebracht ist. Die gewünschte Längung zeigt dann auch eindeutig die Anzugsgrenzen auf, die einzuhalten sind, um jegliche Formänderung garantiert innerhalb der elastischen Belastungsgrenzen zu gewährleisten.

Im folgenden sollen eine Reihe von Längenmeßmöglichkeiten zur Festlegung von Schraubendehnungen im Betriebe beschrieben werden.

## 1. Mikrometermeßmethode

Für die Kontrolle der Schaftverlängerung an Schraubenbolzen während des Anziehens ist es wichtig, zuverlässige Bezugsebenen zu besitzen. Dies läßt sich in einfacher Weise dadurch erreichen, daß man zwei Kugeln benützt, wie es die Darstellung von Abb. 20 zeigt. Die Kugelmethode hat den Vorteil, daß sie bei Verwendung von Mikrometern genaue Ergebnisse liefert, die mit verhältnismäßig geringen Mitteln erzielt werden können. Eine genaue Kontrolle der Vorspannkraft ist damit gewährleistet, was besonders bei Wechselbeanspruchungen genau beachtet werden muß, wenn Dichthalten erzielt werden soll. Die gleichen Voraussetzungen gelten auch bei Schraubenverbindungen, die Wärmedehnungen ausgesetzt sind.

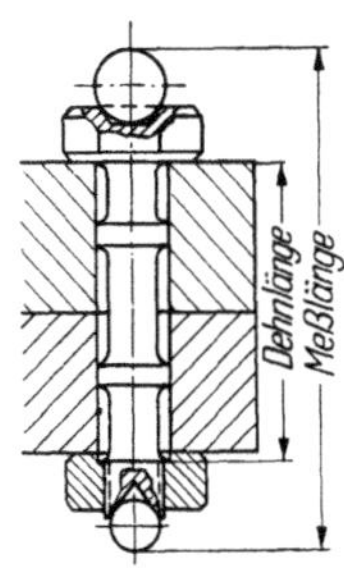

Abb. 20 Messung der Schraubenlängung mittels Meßkugeln

## 2. Meßvorrichtung für Stiftschrauben mit großem Durchmesser

In sehr vielen Fällen ist die Verwendung von zwei Kugeln, wie es in Abb. 20 beschrieben wird, aus konstruktiven Gründen nicht möglich, sei es, daß die Schrauben zu lang sind, oder sei es, daß Stiftschrauben vorliegen, deren eingeschraubtes Ende mit keinem Instrument von außen erreicht werden kann. Hier ist es wichtig, daß man in dem Schraubenbolzen eine zentrale Bohrung anbringt, wie es in Abb. 21 veranschaulicht wird. In die Bohrung wird eine Kugel eingelegt, die so tief zu liegen kommt, daß die oberste Tangente den Nullpunkt der Dehnmeßlänge bilden kann. Es ist dabei wichtig, sich darüber klar zu sein, daß durch die Gegenwart der Bohrung für die Meßkugel die Festigkeit des Schraubenschaftes gegen Verdrehung nicht beeinträchtigt wird.

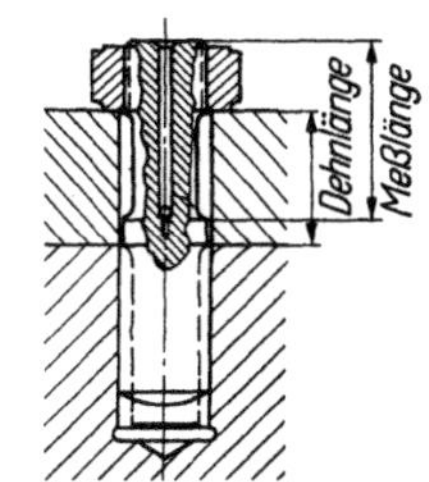

Abb. 21. Messung der Längung der Schraube mit Kugel und Tiefenmesser

### 3. Meßvorrichtung für sehr lange Schrauben mit großem Durchmesser

Die Messung der Längenänderung infolge des Anzugsmomentes, das auf lange Zuganker angewandt wird, deren Meßlänge wesentlich über das gebräuchliche Maß von Meßlängen handelsüblicher Feinkaliber hinausgeht, ist besonders deshalb mit Schwierigkeiten verbunden, als man ohne den Gebrauch von Sondergeräten nicht auskommt. In diesem Zusammenhange sei eine einfache Meßvorrichtung erwähnt, die von der Firma Ehrhardt und Sehmer, Saarbrücken, entwickelt wurde. Diese Vorrichtung eignet sich für jede beliebige Länge von Zugankern und ist besonders für große Gewindedurchmesser von Nutzen. Legt man beispielsweise einen Zuganker zugrunde, wie er in Abb. 22 gezeigt ist, so besteht die Einrichtung kurz beschrieben aus folgenden Bestandteilen:

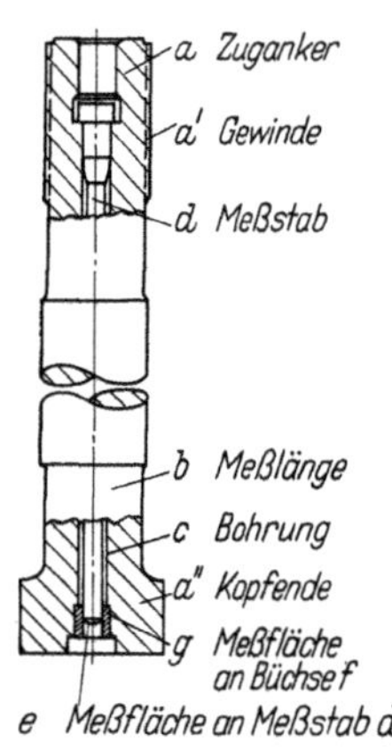


Abb. 22. Vorrichtung zur Messung der Schraubendehnung nach Ehrhardt und Sehmer, Saarbrücken

Der Zuganker ist dargestellt als $a$ mit dem Gewinde $a'$ und mit Kopfende $a''$ am entgegengesetzten Ende. Die Meßlänge, über die sich der Anker beim Anziehen und auch unter Lastbeanspruchung dehnen wird, ist durch $b$ gegeben. Man bringt nun eine zentrale Innenbohrung $C$ an, in die ein Meßstab $d$ eingelegt wird. Dieser Meßstab wird an einem Ende durch einen Bund mit Gegenmutter verankert, in Abb. 22 am oberen Ende des Ankers. Das freie Ende an der unteren Seite des Meßstabes enthält die Meßfläche $e$. Bringt man jetzt eine Büchse $f$ von der unteren Seite des Ankers in die Bohrung ein mit der Stirnfläche $g$, so läßt sich jede Längenänderung des Zugankers durch den Unterschied der Lage der veränderlichen Fläche $e$ zur stationären Fläche $g$ durch Messung genau ermitteln.

## D. Biegebeanspruchungen von Schrauben

Die Beanspruchung der Schrauben in Flanschverbindungen infolge Durchbiegung des Schaftes ist eine Erscheinung, die in nahezu allen Flanschverbindungen mehr oder weniger stark zu beobachten ist. Sehr oft sind die Flanschen nicht parallel eingestellt, was relativ häufig bei Gewindeflanschen mit Linsendichtungen der Fall ist. Es kann vorkommen, daß das Gewinde nicht einwandfrei achsenparallel geschnitten ist, es ist ferner möglich, daß unsaubere Flankenflächen entstehen, oder es mag sein, daß die Bohrungen für die Schrauben im Flanschring schief sind. Die Zusammenwirkung aller dieser Unregelmäßigkeiten führt zur

Ausbildung von Biegespannungen im Schraubenschaft, die im wesentlichen durch elastische Verformung aller verspannten Teile entsteht. Betrachtet man die Abb. 23 und 24, so lassen sich die theoretischen Biegebeanspruchungen des Schraubenschaftes mit zwangsläufiger Verformung berechnen. Geht man von der elastischen Linie aus, für die die Beziehung

$$M_b \varrho = E J$$

gilt, so kann man, wenn man den Radius $\varrho$ aus Abb. 23 kennt, das Biegemoment berechnen zu

$$M_b = \frac{E J \operatorname{arc} \alpha}{l_s} = \frac{E J f}{s l_s} .$$

Mit dem Trägheitsmoment $J$, das sich zu

$$J = \frac{\pi d_s^4}{64}$$

ergibt, sowie dem Widerstandsmoment $W$ zu

$$W = \frac{\pi d_s^3}{32}$$

wird die Biegespannung berechnet aus der Beziehung

$$\sigma_b = E \frac{d_s}{2} \frac{\operatorname{arc} \alpha}{l_s} .$$

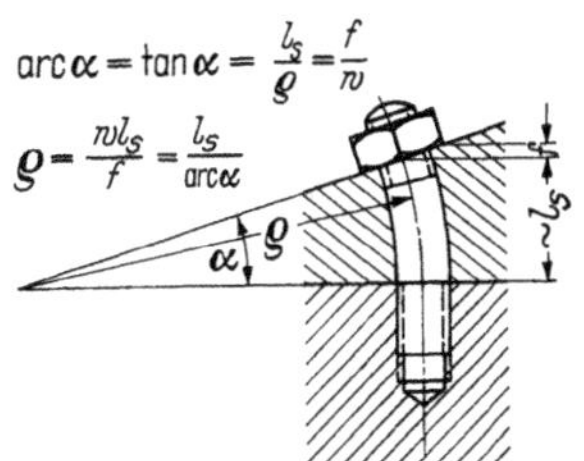


Abb. 23. Schraube unter Biegebeanspruchung

Vergleicht man diese berechneten Biegespannungen mit den Ergebnissen aus entsprechenden Versuchsmessungen, so wird man feststellen, daß die theoretischen Spannungen etwas zu hoch sind. Die praktischen Verhältnisse wirken sich so aus, daß der Neigungswinkel $\alpha$ nicht ganz so groß ist, zumal das Spiel, bezogen auf die Flanke des Bolzengewindes, den Durchbiegungswinkel verkleinert. Außerdem tragen die Verformungen in der Mutter sowie im Auflagewerkstoff und im Gewinde des Bolzens dazu bei, die Durchbiegungseinflüsse abzubauen.

Wenn auch die obige Gleichung für die Biegespannung nicht ganz diejenigen Werte liefert, wie sie sich aus praktischen Messungen ergeben, so kann sie doch elegant dazu benützt werden, diejenigen Faktoren zu kennzeichnen, die die Lösung der Gleichung maßgeblich beeinflussen können. Man sieht demzufolge, daß die Biegespannungen mit zunehmendem Schaftdurchmesser $d_s$ ansteigen. Den gleichen Einfluß übt auch eine Steigerung des Winkels $\alpha$ aus, während $\sigma_b$ mit größer werdender Länge $l_s$ kleiner wird.

Aus Abb. 23 kann man entnehmen, daß die Biegebeanspruchung aufgehoben wird, wenn die Mutter voll auf der Auflagefläche zur Auflage kommt. Um dies zu erzielen, muß die Vorspannung so groß werden, daß beim Anziehen der Mutter eine volle plastische Vorformung erzeugt wird. Tritt diese Verformung aber nicht ein, so ist das Biegemoment bei einseitiger Mutterauflage gleich dem Produkt aus $P_v$ mal dem Wert der halben Schlüsselweite. Solche plastischen Verformungen lassen sich dann erreichen, wenn weiche Werkstoffe verwendet werden, die sich somit gut eignen, einen Ausgleich der Unebenheiten sowie der Schieflage in einfacher Weise herbeizuführen. Bei Werkstoffen mit hoher Festigkeit ist dieser Ausgleich nicht möglich, und die Schraube muß die Biegebeanspruchungen in ihrem vollen Betrage absorbieren. Es ist daher darauf zu achten, daß Montage- und Werkstattfehler auf ein Mindestmaß beschränkt bleiben und daß bei Verbindungen mit extrem hohen Beanspruchungen durch Innendruck Schrauben hoher Festigkeit gewählt werden.

Zur Verringerung der Biegebeanspruchungen, die sich aus Fehlern bei der Werkstattbearbeitung, bei der Montage oder anderen Gründen ergeben, lassen sich folgende Maßnahmen mit Erfolg anwenden:

1. Die Größe des Schraubendurchmessers bzw. der Schlüsselweite sollten möglichst klein gehalten werden. In diesem Zusammenhange ist es ratsam, den Schaftdurchmesser des Schraubenbolzens auf einen Wert zu verjüngen, der kleiner ist als der Kerndurchmesser des Bolzengewindes.

2. Die Schraube sollte mit Rücksicht auf die Größe $l_s$ möglichst lang sein, bezogen auf den Abstand zwischen dem Schraubenkopf und der Mutterauflage als wirksame Dehnlänge. Die elastische Dehnschraube vermag Biegespannungen wesentlich leichter auszugleichen als die starre Schraube. Die Bolzenelastizität erreicht ein Höchstmaß, wenn Länge und Schaftdurchmesser in optimalem Verhältnis zueinander stehen.

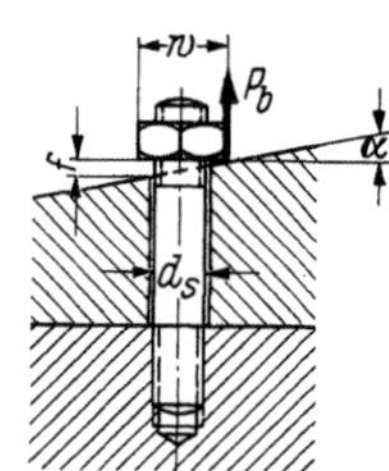

Abb. 24. Biegebeanspruchung der Schraube infolge Schrägauflage der Mutter

3. Da die Durchbiegung der Schrauben selbst bei idealen Montageverhältnissen auf die Durchbiegung der Flanschen zurückzuführen ist, empfiehlt es sich, die Flanschen und die damit zusammenhängenden verspannten Teile möglichst starr zu machen. Die Vergrößerung der Starrheit der verspannten Teile führt zur Verringerung oder Ausschaltung des Winkels $\alpha$, wie man leicht aus Abb. 24 folgern kann.

## E. Einfluß der Temperatur auf die Schraubenverbindung

In Abschn. II. D dieses Kapitels wurde bereits auf den Einfluß der Temperatur auf die Komponenten einer Flanschverbindung hingewiesen. Die entstehenden Veränderungen der Kraftverformungsverhältnisse werden dort an Hand der Formänderungsdreiecke graphisch gezeigt. Betrachtet man eine Flanschverbindung, die zunächst keine Isolierung habe, so leuchtet es ein, daß beim Befahren mit heißen Medien der Innenrand des Flansches, der mit dem Rohr über das Gewinde in direkter Berührung steht, bedeutend wärmer sein muß als der Außenrand. Vor dem Anfahren ist die gesamte Verbindung, einschließlich dem Rohr, auf gleicher Temperatur. Schrauben und Flanschen stehen unter dem Einfluß der Vorspannung, die infolge des Anzugsmomentes beim Anziehen der Mutter in Schraube und Flansch zustande kommt. Die Kraftverformungsverhältnisse im Zusammenhange mit den Flansch- bzw. Schraubenfederungen sind im Gleichgewicht, wie man Abb. 13 entnehmen kann. Sobald nun das System unter Temperatureinfluß gerät, entwickelt sich das bekannte Temperaturgefälle vom Innen- zum Außenrande hin. Diese Temperaturunterschiede erreichen natürlich bei Flanschen ohne Isolierung ihren Höchstwert und können bei geschickter Isolierung soviel wie beseitigt werden. Die größte Gefahr des Undichtwerdens besteht während der Anfahrperiode, bis sich Temperaturgleichgewicht eingestellt hat, wo sich nach praktischen Messungen übereinstimmend Unterschiede bis zu 165 °C bilden können, wie Schwenk [*9*], Marguerre [*6*], Krüger [*8*] und Mayer [*7*] unabhängig voneinander berichten. Diese Temperaturunterschiede wirken sich in unterschiedlichen Wärmedehnungen aus, die sich durch die Summe der Verformungen von Flansch und Schraube ausgleichen müssen. Zufolge der elastischen Schraubendehnung steigt die anfängliche Vorspannkraft an. Dies wirkt sich in einer verstärkten Durchbiegung des Flansches aus, verglichen mit dem Zustand ohne Temperatureinfluß. Es wird sich ein neuer Gleichgewichtszustand zwischen Flansch- und Schraubenfederung einstellen müssen mit veränderter Vorspannkraft. Da außerdem der Elastizitätsmodul $E$ mit zunehmender Temperatur abfällt, wird die Vorspannkraft zusätzlich beeinflußt.

### 1. Allgemeine Betrachtungen

Für eine rechnerische Ermittlung der Temperatureinflüsse auf Flanschverbindungen liegen zahlreiche Vorschläge vor, doch muß man die Feststellung treffen, daß die Ergebnisse ziemlich unbefriedigend sind. Als Zusammenfassung der Ergebnisse von umfangreichem einschlägigem Schrifttum seien die folgenden Gesichtspunkte erwähnt, die zur Gestaltung einer einwandfrei arbeitenden Flanschverbindung unter Temperatureinfluß führen:

a) Wird die Flanschdicke vergrößert, so muß eine höhere Vorspannkraft angewandt werden. Die optimale Flanschdicke wird ausschließlich von der Forderung ausreichender Festigkeit zu bestimmen sein. Demnach sind unter der Wirkung erhöhter Temperatur die Kraftspannungsverhältnisse genau umgekehrt wie bei Gegenwart von Wechselbeanspruchungen. Starre, unelastische und steife Flanschen wirken den Wechselbeanspruchungen in günstigem Sinne entgegen, während diese Eigenschaften bei

Temperatureinflüssen ungünstig sind, zumal sie zur Erhöhung der Vorspannkraft beitragen.

b) Die Verlängerung der dehnbaren Schraubenlänge führt zu einer Verringerung der erforderlichen Vorspannkraft. Es muß jedoch beachtet werden, daß bei zu langer Schraube die mittlere Temperatur niedriger wird, was unter Umständen zu einem Verlust des Längenvorteils führen kann.

c) Eine Herabsetzung des Querschnittes im Schaft unter den Kerndurchmesser macht die Schraube elastisch und vermindert somit die notwendige Vorspannkraft: Die Verlängerung der dehnbaren Länge im Zusammenhange mit der Verminderung des Schaftquerschnittes im gewindefreien Teil hat bei Wärmespannungen, also den gleichen günstigen Einfluß, wie bereits bei Biegespannung als Vorteil angegeben wurde.

Um nun eine zuverlässige Flanschverbindung zu schaffen, die bei Temperaturunterschieden unter Veränderung der Vorspannkraft nicht versagt, ist es erforderlich, die Schrauben bei der Montage besonders fest anzuziehen. Dies macht die Wahl eines Werkstoffes für die Schrauben notwendig, der ein möglichst niedriges Wärmedehnvermögen besitzt.

## 2. Berechnung der Wärmespannungen von Flanschen

Über die numerische Berechnung der Wärmespannungen, die infolge der unvermeidlichen Temperaturunterschiede über den Flanschquerschnitt hinweg auftreten, gibt H. VON JÜRGENSONN [*1*] die im folgenden kurz in ihren Grundzügen aufgezeigte Berechnungsmethode an.

Die Ungleichmäßigkeit in der Temperaturverteilung erzeugt Schrumpfspannungen im Flansch. Zur Vereinfachung der Berechnung dieser Schrumpfspannungen mögen zwei vereinfachende Annahmen gemacht werden, nämlich eine lineare Temperaturverteilung in radialer Richtung oder eine logarithmische Verteilung. Für die lineare Verteilung gilt, daß die Temperatur

$$t = \frac{t_i r_a - t_a r_i}{r_a - r_i} - \frac{t_i - t_a}{r_a - r_i}\, r\,.$$

Für die logarithmische Verteilung gilt:

$$t = \frac{t_i \ln r_a - t_a \ln r_i}{\ln r_a - \ln r_i} - \frac{t_i - t_a}{\ln r_a - \ln r_i}\, \ln r\,.$$

Aus der praktischen Erfahrung hat sich gezeigt, daß der reale Unterschied zwischen diesen beiden Ausdrücken relativ gering ist. Für die Berechnung hat der numerische Unterschied praktisch wenig Bedeutung.

Für die Ermittlung der Spannungen gibt H. VON JÜRGENSONN folgende Beziehungen an:

*Wärmespannungen in radialer Richtung*

$$\sigma_r = E\,\varepsilon\,(t_i - t_a)\,\frac{r^3(r_a + r_i) - r^2(r_a^2 + r_a r_i + r_i^2) + r_a^2 r_i^2}{3(r_a^2 - r_i^2)\,r^2} \quad (\mathrm{kg/cm^2}).$$

*Wärmespannungen in tangentialer Richtung*

$$\sigma_t = E\,\varepsilon\,(t_i - t_a)\,\frac{2r^3(r_a + r_i) - r^2(r_a^2 + r_a r_i + r_i^2) - r_a^2 r_i^2}{3(r_a^2 - r_i^2)\,r^2} \quad (\mathrm{kg/cm^2}).$$

Alle Wärmespannungen in radialer Richtung sind negativ, treten also als Druckspannungen im Flansch auf. Hinsichtlich der Randfasern $r_i$ und $r_a$ sind die Radialwärmespannungen gleich Null, d.h. $\sigma_{r_i} = \sigma_{r_a} = 0$, da ja in den Rändern selbst keine Radialspannungen wirksam sein können. Das Maximum der Radialwärmespannungen tritt an der Stelle mit dem Radius $r$ auf, das den Wert

$$(\sigma_r)_{\max} = E\,\varepsilon\,(t_i - t_a)\,\frac{1{,}89\sqrt{r_a^2 r_i^2 (r_a + r_i)^2} - r_a^2 - r_a r_i - r_i^2}{3(r_a^2 - r^2)},$$

erreicht, wofür sich der Radius $r$ aus der Beziehung

$$r = \sqrt[3]{\frac{2r_a^2 r_i^2}{r_a + r_i}}$$

ermitteln läßt.

Im Vergleich zu den Radialspannungen sind die Tangentialspannungen die einzigen, die in der Berechnung berücksichtigt werden müssen. Ihrer Bedeutungslosigkeit wegen können die Radialspannungen vernachlässigt werden.

Die Tangentialspannung erreicht in den Randfasern folgende Werte, und zwar für den Innenrand mit $r = r_i$

$$\sigma_{t_i} = E\,\varepsilon\,(t_i - t_a)\,\frac{r_i^2 + r_a r_i - 2r_a^2}{3(r_a^2 - r_i^2)} \quad (\mathrm{kg/cm^2}).$$

Entsprechend gilt für den Außenrand mit $r = r_a$

$$\sigma_{t_a} = E\,\varepsilon\,(t_i - t_a)\,\frac{r_a^2 + r_a r_i - 2r_i^2}{3(r_a^2 - r_i^2)} \quad (\mathrm{kg/cm^2}).$$

Die Auswertung zeigt, daß die Umfangsspannungen am Flanschinnenrand negativ, also Druckspannungen sind. Für den Außenrand ergeben sich positive Spannungen, demnach Zugbeanspruchungen.

Der Verlauf der Radial- bzw. der Tangentialwärmespannungen ist in Abb. 25 veranschaulicht, bezogen auf einen losen Flansch. Die Darstellung zeigt, wie unbedeutend die Radialspannungen sind im Vergleich zu den tangentialen Beanspruchungen. Die neutrale Faser, in der die Kurve der Tangentialspannungen von der negativen in die positive Zone übergeht, hat einen Radius, der durch folgende Annäherungsbeziehung

$$r \approx 0{,}522\,r_i + 0{,}4615\,r_a$$

berechnet werden kann. Die gestrichelte Kurve für die Tangentialspannungen, die mit $\sigma_t'$ eingetragen ist, ergibt sich aus der Annahme logarithmischer Temperaturverteilung. Man wird leicht erkennen, daß der Unterschied gegenüber der linearen Verteilung vernachlässigbar klein ist. Bei den Radialspannungen ist dieser Unterschied sogar so klein, daß er in der graphischen Darstellung praktisch nicht in Erscheinung tritt.

Es sei noch darauf hingewiesen, daß sich diese Wärmeeigenspannungen den bereits vorhandenen Betriebsspannungen des Flansches sinngemäß überlagern.

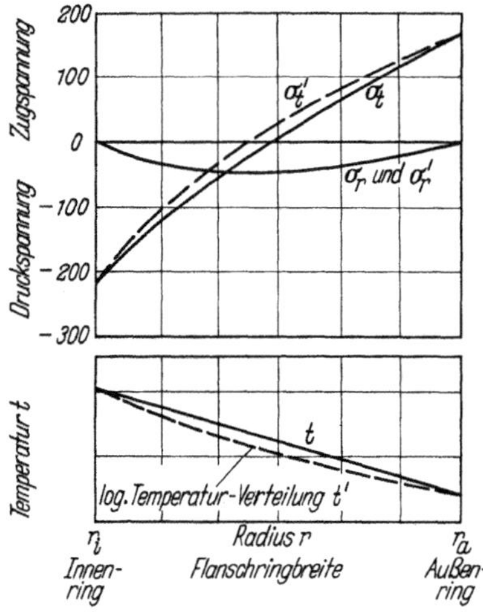


Abb. 25. Verlauf der Eigenspannungen infolge von Temperaturunterschieden im Flansch. Nach H. v. JÜRGENSONN

## 3. Vorschlag von Wiegand und Haas

Als Zusammenfassung von Ergebnissen mathematischer Beziehungen unter Einbeziehung zahlreicher einschlägiger Literatur kommen WIEGAND und HAAS [*14*] zu einem Konstruktionsvorschlag für die konstruktive Gestaltung einer Flanschverbindung für Heißdampfleitungen, wie sie im Werbeblatt der Gesellschaft für Hochdruckleitungen m.b.H., Berlin, als sehr praktisch und für optimale Betriebsverhältnisse als sicher empfohlen wird. Hier wird der Bördelflansch mit losen Flanschringen vorgeschlagen, wie aus Abb. 26 zu ersehen ist. Die Flanschringe sind außerdem nach der Flanschaußenkante hin verjüngt, um dem Flanschring etwas mehr Elastizität zu verleihen. Nach Aussage der Konstrukteure dieses Vorschlages soll diese Verbindung alle Vorteile in sich vereinigen hinsichtlich Bekämpfung der Wärmedehnungseinflüsse, ist aber für eine Verwendung als ausgesprochene Hochdruckflanschverbindung mit höheren Betriebsdrücken nicht zu empfehlen.

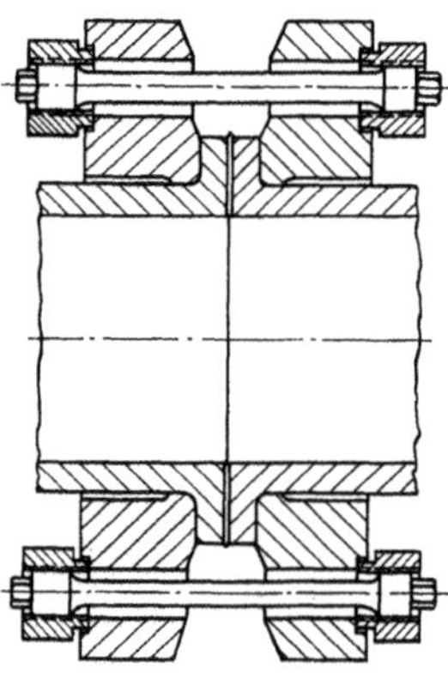

Abb. 26. Flanschverbindung für Heißdampfleitungen nach Vorschlag der Ges. f. Hochdruckanlagen G.m.b.H. Berlin

# IV. Konstruktionsgrundsätze zum Entwurf von Komponenten einer Flanschverbindung für optimale Betriebsbeanspruchungen

Die Berechnung von Hochdruckflanschverbindungen ist, wie man nach den bisher gemachten Ausführungen schließen kann, auf zwei grundsätzliche Arten üblich. Zunächst besteht das Verfahren der theoretischen Ermittlung der Kraftverformungsverhältnisse unter Zuhilfenahme der Federkonstanten oder Einheitskräfte für jedes Einzelteil der Gesamtverbindung. Auf der anderen Seite wird die Betriebsmethode angewandt, die aus der industriellen Praxis heraus entwickelt worden ist. Beide Verfahren liefern durchaus befriedigende Ergebnisse, was man vielseitig aus der umfangreichen einschlägigen Fachliteratur bestätigt finden wird.

Die Konstruktion zuverlässiger Flanschverbindungen für Hochdruckanlagen ist mit der Ermittlung der Festigkeitsverhältnisse der Einzelkomponenten in keiner Weise hinreichend erschöpft. Darüber hinaus gibt es eine große Anzahl wesentlicher und zum Teil entscheidender Konstruktionsrichtlinien, die man zu befolgen hat, wenn man für die Bauteile die optimale Werkstoffausnützung erreichen will. Die Anwendung solcher Konstruktionsregeln aus der praktischen Erfahrung kann sehr wesentlich zur Steigerung der Betriebssicherheit von Anlagen beitragen, obwohl diese Art Regeln bei der Festigkeitsrechnung nicht in Erscheinung treten, da sie durch mathematische Beziehungen meist nicht erfaßbar sind. Da in der chemischen Hochdrucktechnik aktuelle Gefahrenmomente in großer Zahl bestehen, ist jegliche Maßnahme zu begrüßen, durch die eine Verminderung der Betiebsgefahren ermöglicht werden kann.

## A. Das Gewinde zwischen Schraubenbolzen und Mutter

Für die Beurteilung der betrieblichen Haltbarkeit und Zuverlässigkeit der Schraubenverbindungen sind die Form und die Art des Gewindes, seine Herstellung, die Einwirkung der Lastverteilung in Mutter und Bolzen, Dicke und Höhe der Mutter, Form des Bolzenschaftes sowie der Werkstoff dieser Teile wichtige Faktoren, die auf die Betriebssicherheit einen sehr entscheidenden Einfluß auszuüben vermögen.

### 1. Gestaltung des Schraubenbolzens

Im Zusammenhange mit der Erörterung der Kraftverformungsverhältnisse wurde bereits an anderer Stelle dieses Kapitels darauf hingewiesen, daß die Dichtkraft oder die gesamte Schraubenkraft für eine gegebene Betriebslast wesentlich von der Größe der Federkonstanten abhängt. Liegt einmal der Innendruck fest, wenn man beispielsweise ein Rohrsystem betrachten will, so wird die erforderliche Schraubenkraft stets konstant bleiben, doch kommt für die Dichthaltung im Betriebszustande die Frage hinzu, wie groß der bekannte Betriebsanteil $P_z$ wird, oder besser gesagt, ob die Restkraft die Dichtung übernehmen kann. Denn hiervon hängt es ab, ob die Betriebskraft $P$ die Vorspannung aufhebt, oder ob noch genügend Vorspannungsreserven im System wirksam sind. Der Betriebsanteil $P_z$ – ganz allgemein gesehen – ändert sich mit der Größe der Einheitskräfte der drückenden und gedrückten Teile. Betrachtet man die spannenden Teile zunächst für sich, so wird man sich erinnern, daß auf den Steigungswert $\operatorname{tg}\alpha$ der Kraftverformungsgeraden für die spannenden Teile die Elastizität des Schraubenbolzens einen bedeutenden Einfluß ausübt. Bekanntlich läßt sich $P_z$ nach Belieben durch Veränderung von $\alpha$ steigern oder vermindern. Wie ebenfalls früher ausgeführt, ist die Variation von $\alpha$ durch Verjüngung oder Versteifung des Bolzens sowie durch Änderung seiner Dehnlänge möglich. Hochdruckschrauben werden, wie später noch gezeigt werden wird, in Flanschverbindungen meist als Stiftschrauben ausgeführt. Diese lassen sich in einfacher Weise hochelastisch machen, indem man die Gewinde an beiden Enden auf eine Mindestlänge beschränkt, bedingt durch die Mutterhöhe, und den Schaft zwischen den Gewinden glatt und mit entsprechender Verjüngung ausführt.

Es ergibt sich nun die Frage, wie stark man die Einschnürung des glatten Schaftteiles vornehmen soll, verglichen mit dem Kerndurchmesser des Gewindes. Die Beantwortung dieser Frage hängt ausschließlich mit der Belastungsart der Schraube zusammen. Setzt man eine rein zügige Beanspruchung unter statischen Bedingungen voraus, so ist die Veränderung des Federwertes durch Verminderung des Schaftdurchmessers zwar wünschenswert, ist jedoch für die Haltbarkeit der Verbindung durchaus nicht kritisch. Wohl ist jede erzielbare Verminderung der Kräfteverhältnisse anzustreben, wenn sie gleichzeitig von einer Gewichtsverminderung der Bauteile begleitet ist. Im Hinblick auf Haltbarkeit unter Last ist diese Maßnahme keine notwendige Forderung. Ein Bolzen mit durchgehendem Gewinde weist für statische Belastung die gleiche Haltbarkeit auf wie ein glatter und gleichzeitig verjüngter Bolzen. In diesem einzigen Falle nimmt man oft die starre Schraube aus wirtschaftlichen Gründen in Kauf, wenn man auf eine Gewichtsverminderung der Gesamtanlage nicht unbedingt angewiesen ist.

Liegen jedoch Wechselbeanspruchungen und Dauerbelastung vor, so kann man auf die Verminderung der Einheitskräfte, d.h. zumindest aber auf die hochelastische Schraube nicht verzichten. Aus den Abb. 11a u. b dieses Kapitels ersieht man eindeutig, wie die Spannungsamplituden $P_z$ von der Wahl des Federwertes der Schraube beeinflußt werden. Setzt man die Betriebskraft $P$ für beide Abbildungen als gleich groß an, also konstant, so erkennt man, daß für die elastische Schraube der Betriebsanteil $P_z$ nur einen Bruchteil des Anteils der starren Schraube darstellt. Eine ähnliche Wirkung läßt sich auch erzielen, wenn man die Einheitskraft $\operatorname{tg}\beta$ entsprechend verkleinert.

Eine einfache Methode zur Verminderung der Einheitskraft der Schraube ist die Verkleinerung des Schaftdurchmessers im gewindefreien Teil. Aus der praktischen Betriebserfahrung hat sich ergeben, daß als Maß für eine Querschnittsverminderung ein optimales Verhältnis besteht, das sich für $d_s/d_K = 0{,}60$–$0{,}98$ ergibt. Hierbei bedeuten $d_K$ den Kerndurchmesser des Gewindes und $d_s$ den Schaftdurchmesser des gewindefreien Bolzens. Es ist nicht zu empfehlen, diesen Verhältniswert unterhalb 0,60 zu senken, da sonst der Schaftquerschnitt festigkeitsmäßig in seiner Tragfähigkeit vermindert wird, daß er die Vorspannung nicht mehr betriebssicher aufzunehmen vermag.

W. STAEDEL [*15*] hat den Einfluß der Schaftverringerung im Hinblick auf eine Aufnahmefähigkeit von Dauerschlagarbeit eingehend untersucht, die eine Flanschverbindung handelsüblicher Art aufzunehmen vermag. STAEDEL hat gefunden, daß elastische Schrauben mit merklicher Durchmesserverkleinerung des Bolzenschaftes wesentlich größere Dauerschlagarbeiten aufnehmen können, als es für starre Schrauben der Fall ist. Die Versuchsergebnisse beweisen, daß bei Dauerschlagarbeiten die elastische Schraube sich ähnlich verhält wie bei Durchbiegungen. Ihre Dehnbarkeit versetzt die Schraube in die Lage, die Spannungsspitzen gefahrlos abzubauen. Für gleichgroße Belastung durch Schlagarbeit hat die Dehnschraube eine wesentlich kleinere Kraft zu absorbieren. Dies läßt sich eindeutig aus Abb. 27 ablesen. Stellt man nämlich die Schlagarbeit in Form von Formänderungsdreiecken in Abhängigkeit von den Einheitskräften der Schraube dar, so zeigt sich für zwei Schrauben mit unterschiedlichen Federwerten für gleichgroße Dreiecksflächen als Maß gleicher Schlagarbeit, daß die resultierende Schlagkraft (= $y$-Ordinate) aus der Kraftverformungsgeraden *I* für die starre Schraube merklich größer ist als die Schlagkraft der elastischen Schraube mit der Kraftverformungsgeraden *II*.

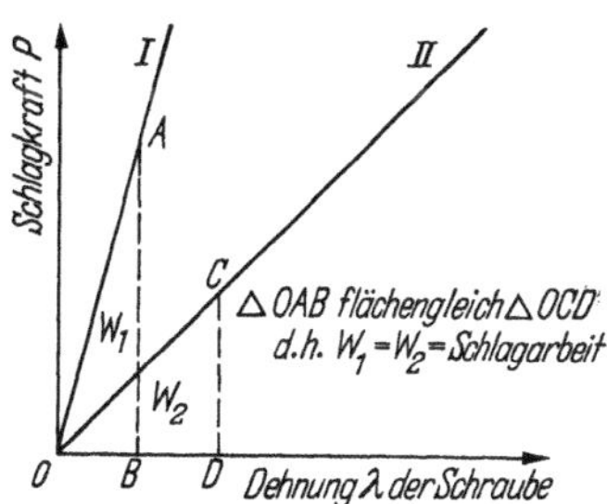

Abb. 27. Änderung der Schlagkraft bei gleicher Schlagarbeit in Abhängigkeit vom Federwert

Aus einer Arbeit von W. BAUTZ [*16*] liegen Ergebnisse vor über den Einfluß des Federwertes auf die ertragbare Wechsellast und auf die ertragbare Schlagarbeit. Den Untersuchungen lagen Schrauben mit $d_s$

$= d_K$, $d_s = 0{,}8\, d_K$ sowie Dehnungshülse zur Verlängerung der Dehnlänge der Schraube zugrunde. Die Ergebnisse zeigen, daß die Dehnschraube mit Hülse gegenüber der starren Schraube die 37,3fache Wechsellast und die 106fache Schlagarbeit aufzunehmen imstande ist.

Als optimales Verhältnis für die Verminderung des Schaftdurchmessers wurde gefunden, daß man die günstigsten Haltbarkeiten erzielt, wenn $d_s/d_K = 0{,}75$–$0{,}80$ gewählt wird. Es ist jedoch stets darauf hinzuweisen, daß dieses optimale Reduktionsverhältnis lediglich für den gewindefreien Schaft gilt, für dessen Festigkeits- und Haltbarkeitsverhalten Proportionalität mit der 0,2-%-Zugstreckgrenze besteht. Für den Gewindeteil des Schraubenbolzens gelten andere Konstruktionsregeln.

## 2. Festigkeit des reduzierten Schaftdurchmessers

Für jede Art von Verringerung des Schaftquerschnittes im gewindefreien Teil zur Erhöhung der Elastizität der Schraube ist es selbstverständlich von großer Bedeutung, eine Nachrechnung auf Erreichen der Streckgrenze bzw. bleibende Verformung vorzunehmen. Für den glatten Teil des Bolzens läßt die Anstrengung, die sich aus der Längsspannung und der Verdrehspannung zusammensetzt, in einfacher Weise ermitteln. Die Zugspannung in Richtung der Bolzenachse bei rein zügiger Beanspruchung ergibt sich zu

$$\sigma_{ax} = \frac{P}{F} = \frac{P_0}{\pi \frac{d_s^2}{4}} = \frac{4\, P_0}{\pi\, d_s^2}\,.$$

worin $P_0$ die Schraubenkraft in der Bolzenachse und $d_s$ der Durchmesser des Bolzens bedeuten.

Die Verdrehspannung, die sich als Beanspruchung durch Anziehen der Mutter auf den glatten Bolzen auswirkt, folgt der Beziehung:

$$\tau = V\, \frac{8\, d_k}{\pi\, d_s^3}\, \frac{\operatorname{tg}\gamma + \mu'}{1 - \mu' \operatorname{tg}\gamma}\,,$$

Damit wird die Anstrengung des Bolzens

$$\sigma_v = \sqrt{\sigma_{ax}^2 + 3\,\tau^2}\,.$$

Als Fließbedingung kann man festlegen, daß im gewindefreien Teil des Schraubenbolzens Fließen dann zu erwarten steht, wenn $\sigma_v$ den Wert der zugelastischen Streckgrenze des Schraubenwerkstoffes erreicht, d.h. wenn $\sigma_v = \sigma_{0,2\,\%}$. Für Aufrechterhaltung einwandfreier Betriebsbedingungen wird man einen genügend großen Sicherheitsabstand wählen müssen, der ferner einen wirtschaftlichen Rahmen nicht überschreiten soll. Als Erfahrungswert hat man festgelegt, daß die maximale Anstrengung

$$(\sigma_v)_{\max} \leqslant 0{,}75\, \sigma_{0,2\,\%}$$

werden darf, um die Verformungsverhältnisse der Schraube mit Sicherheit im elastischen Bereich zu wissen.

Sind verhältnismäßig starke Schrauben mit großem Durchmesser zu verwenden, so kann die Verringerung des Federwertes der Schrauben auch durch Hohlbohren im Schraubenbolzen geschehen. Der Federwert wird besonders dann günstig, wenn die Bohrung sich lediglich auf die Gewindeteile des Bolzens beschränkt. Diese Maßnahme wird im allgemeinen nur dort vorgenommen werden, wo dicke Schraubenbolzen unumgänglich sind. Das kann beispielsweise an Zugankern von Kompressoren, Kreuzköpfen, Kolbenstangen usw. vorteilhaft verwirklicht werden. In Flanschverbindungen aller Art sind mehr kleinere Schrauben einer geringeren Zahl von größeren Schrauben auf alle Fälle vorzuziehen. Im Vergleich zum hohlgebohrten dicken Bolzen hat der massive, aber elastische, im Durchmesser verminderte dünne Schaft bessere Haltbarkeit im Betriebe. Er kann sich ferner viel leichter den Biegebeanspruchungen im Gewinde anpassen bzw. dessen Spannungsspitzen durch elastisches Verhalten abbauen.

## 3. Gestaltung des Gewindes

Die häufigste Art von Gewinden für handelsübliche Schraubenverbindungen ist das Spitzgewinde mit dem $V$-Profil. Flach-, Trapez- und Sägegewinde sind Sonderarten, die hier nicht behandelt werden können, da sie den Rahmen dieses Werkes überschreiten. Wenn daher in diesem Kapitel von Gewinden die Rede ist, so möge stets im Auge behalten werden, daß hierunter das Spitzgewinde mit dem $V$-Profil zu verstehen ist. Im Falle von Sonderausführungen wird ausdrücklich darauf hingewiesen werden.

Versagen die Spitzgewinde durch Bruch, so findet dieser in den allermeisten Fällen seinen Ausgang im Gewindegrund. Solche Brüche sind zu erwarten als Dauerbrüche unter Zugwechselbeanspruchungen. Auffallend ist dabei, daß ein solcher Dauerbruch überwiegend unter dem ersten tragenden Gewindegang stattfindet. Diese Tatsache läßt den einfachen Schluß zu, daß an dieser Stelle die Anstrengung ihr Maximum erreichen muß.

### a) Spannungsverteilung im Gewinde

Unter der Einwirkung der Zugbeanspruchung im Bolzen bildet sich im Kerngrunde des Gewindes ein Spannungszustand aus, der in den drei Hauptspannungsrichtungen zur Wirkung kommt, also axial, radial und tangential. Spannungsmessungen zeigen, daß die Tangential- und die Radialspannungen verhältnismäßig niedrig sind im Vergleich zu den Axialspannungen. Die senkrecht zur Oberfläche wirksame Hauptspannung in radialer Richtung ist direkt an der Oberfläche gleich Null, erreicht aber unmittelbar darunter ihr Maximum, und zwar in der Nähe der Kernrundung. Die Anstrengung als Ergebnis der drei Hauptspannungen löst dann im Gewindegrunde den Dauerbruch aus.

Der Absolutwert der Spannungsspitzen sowie die resultierenden Anstrengung sind von Gewindegang zu Gewindegang unterschiedlich. Dies erklärt sich dadurch, daß die Nachbargänge infolge ihrer Stützung eine Entlastungswirkung auslösen. Im ersten Gang jedoch erreichen sie ihren Größtwert, weil an dieser Stelle, nämlich im Gewindegrunde unter dem ersten Gang, der zugehörige Kernquerschnitt noch die gesamte Zugbelastung der Schraube übernehmen muß. Was den zweiten Gang anbetrifft, so hat dieser lediglich nur noch denjenigen Anteil zu übertragen, der von der Gesamtlast nach Abzug der Aufnahme im ersten Gang noch übrigbleibt. Außerdem steht dem zweiten Gang bereits die Stützwirkung durch den dritten Gang zur Verfügung.

Die hier angeführten Spannungen sind nicht die einzigen Beanspruchungen, die innerhalb der Gewindegänge in Erscheinung treten. Durch den Einfluß der Mutter während des Anziehens treten in jedem Gange Biegespannungen auf, die sich dann den drei Hauptspannungen überlagern. Bei der handelsüblichen Mutterform mit dem genormten Spitzgewinde tritt wieder im ersten Gange die Spannungsspitze auf.

Zur Vergegenwärtigung der Spannungsverteilung zwischen dem Gewinde der Mutter und dem Bolzengewinde sei auf die Arbeit von JEHLE [*17*] hingewiesen, der mit Hilfe eines spannungsoptischen Modells für eine 2zöllige Whitworth-Schraube aus Glas tatsächlich nachgewiesen hat, daß die Konzentration der Spannungslinien im ersten Gewindegang ihr Maximum erreicht.

Zerreißt man einen mit Gewinde versehenen Zugstab durch zügige Beanspruchung, so wird man feststellen, daß der glatte Teil des Zugstabes eher zerreißen wird, bevor der Gewindeteil durch Bruch versagt. Diese Erscheinung ist dadurch zu erklären, daß der Gewindeteil einen höheren Fließwiderstand aufweist als der glatte Schaft. Das kommt wahrscheinlich dadurch zustande, daß im Gewinde als Ergebnis von Art des Gewindes, Herstellungsverfahren, Werkstoff und Werkstoffbehandlung durch die enge Aneinanderreihung von Kerben eine starke Fließbehinderung gebildet wird. Dies mag zunächst erstaunlich wirken, da man eigentlich erwarten sollte, daß gerade eine Anhäufung von scharfen Kerben Anlaß geben muß – zumindest im Übergangsteil zwischen Gewinde zum glatten Schaft – zuerst durch Bruch zu versagen. Die Haltbarkeit des Gewindes ist also größer als die Haltbarkeit des glatten Bolzens. Dies trifft auch zu für glatte Bolzen, deren Außendurchmesser gleich dem Außendurchmesser des Gewindes ist. Als Erfahrungswert hat man gefunden, daß die zügige Haltbarkeit des Gewindes ganz allgemein zwischen 10 bis 15 % über der Zugfestigkeit des Bolzenwerkstoffes liegt, je nach Zusammensetzung, Wärmebehandlung und Herstellungsart. Diese Haltbarkeit nimmt ferner mit der Verfestigungsfähigkeit des Werkstoffes während der plastischen Verformung noch zu. Die Haltbarkeit läßt sich somit durch die Beziehung ausdrücken

$$\sigma_H = (1{,}10 - 1{,}15)\,\sigma_B\,.$$

Die Tragfähigkeit im Gewindebolzen kann gleichgemacht werden der Tragfähigkeit im glatten Teile des Schaftes, wenn der glatte Schaft so bemessen wird, daß er der folgenden Beziehung genügt

$$F_K\,\sigma_H = F_s\,\sigma_B\,.$$

Hierin bedeuten:

$F_K$ = Kernquerschnittsfläche des Gewindes ($cm^2$),
$F_s$ = Querschnittsfläche des glatten Schaftes ($cm^2$),
$\sigma_H$ = zügige Haltbarkeit des Gewindes ($kg/cm^2$),
$\sigma_B$ = Zugfestigkeit des Bolzenwerkstoffes ($kg/cm^2$).

Nimmt man nun an, daß die zügige Haltbarkeit 15% über der Zugfestigkeit der Schraube liegt, so läßt sich die zügige Haltbarkeit definieren als

$$\sigma_H = 1{,}15\,\sigma_B\,,$$

und aus dieser Beziehung leitet sich für die Schaftquerschnitte das Verhältnis ab

$$d_s = 1{,}07\,d_k\,.$$

Man erkennt daraus, daß bei Schraubenbolzen unter Zugbelastung keine aktuelle Gefahr im Gewindeteil besteht, durch plastische Verformung überbeansprucht zu werden, solange man mit elastischen Beanspruchungen im glatten Teil rechnen kann. Wählt man den Sicherheitsabstand gegen bleibende Verformung im glatten Schaft mit 75% der zugelastischen Streckgrenze, so braucht man eine Nachrechnung des Gewindes gegen bleibende Verformung nicht mehr vorzunehmen.

Eine volle Werkstoffausnützung als Ergebnis dieser Tatsache hinsichtlich der zügigen Haltbarkeit läßt sich nur dann erzielen, wenn man die Mutter so auslegt, daß der Bolzen im Gewindeteil im Kernquerschnitt unter der betreffenden Zugbeanspruchung reißen muß. Dies läßt sich dann ausschließlich mit der Formgestaltung der Mutter erreichen. Durch Variation der Mutterhöhe kann dies erfolgen. Wird die Mutter zu hoch gewählt, so wird der Bolzen im Kernquerschnitt innerhalb der Mutter durch Bruch versagen. Wird die Mutterhöhe zu niedrig gewählt, so legen sich die Gewindegänge um, und der Bolzen kann nicht im Kernquerschnitt reißen.

Eine ähnliche Wirkung stellt man auch fest, wenn man die Schlüsselweite verändert, was gleichbedeutend ist mit dem Einfluß der Wanddicke der Mutter. Bei zu geringer Wanddicke weitet sich die Mutter wie ein Hochdruckrohr bei Innendruck. Dadurch sinkt die Bruchlast ab. Beste Werkstoffausnützung ist dann gegeben, wenn Gewinde, Mutter und Schaft für gleiche Festigkeit entworfen werden.

### b) Oberflächenbeschaffenheit des Gewindes

Die Form des Gewindes sowie seine Oberflächenbeschaffenheit sind im Hinblick auf die Haltbarkeit der Schraubenverbindung unter Schwell- bzw. Dauerbeanspruchung von großem Einfluß. Im allgemeinen sind Gewinde, die unter starker Belastung stehen, beträchtlichen Verformungen unterworfen, so daß die Gewindeoberflächen leicht zum Fressen neigen. Da beim Anziehen von Schrauben Gleitbewegungen unter beträchtlichen Flächenpressungen mit hoher Reibung stattfinden, scheint es natürlich, einwandfreie Flankenoberflächen zur Grundbedingung für betriebssicheres Verhalten zu machen. Saubere Ausrundung des Gewindes im Kerngrunde trägt dazu bei, Oberflächenschäden an den höchstbeanspruchten Stellen des Gewindes herabzusetzen oder gar zu verhindern, was zugleich auch die Lebensdauer des Gewindes wesentlich erhöht, zumal hiermit der Abbau der Spannungsspitzen erleichtert wird. Die Gefahr des Festfressens steigert sich mit der Zunahme des Gewindedurchmessers, da große Schrauben beim Anziehen unter Last hohen spezifischen Beanspruchungen ausgesetzt sind. Als Abhilfe bedient man sich verschiedener Mittel. Im Betriebe hilft man sich mit Schmierung mittels Kolloidgraphit oder Molybdänoxyd. In vielen Fällen wird von galvanischem Verkupfern Gebrauch gemacht, womit allerdings die Gefahr des Festfressens zwar vermindert, aber nicht völlig beseitigt wird.

Als einziges Mittel, das Festfressen mit Sicherheit zu verhindern, hat sich das Nitrieren erwiesen. Das Nitrieren bringt eine Gewindeverbesserung in zwei Richtungen. Einmal wird dadurch das Festfressen ausgeschaltet, zum andern trägt es zur Steigerung der Haltbarkeit gegen Dauerbrüche bei. Bei der Nitrierung wird bekanntlich der nitrierten Oberfläche eine Druckeigenspannung überlagert, die den Widerstand gegen Dauerbeanspruchung erhöht. Wichtig hierbei ist, daß das Muttergewinde und nicht das Bolzengewinde nitriert wird. Auf keinen Fall dürfen jedoch beide Gewinde mit Nitrierung versehen werden. Die Belastung der Mutter ist immer niedriger als die des Bolzens. Die Nitrierschicht, die mit dem Grundwerkstoff fest verbunden ist, hat nämlich nicht die Fähigkeit, den Formänderungen des Teiles zu folgen, ohne daß Rißbildung auftritt. Die Nitrierschicht ist sehr spröde, und seine Rißempfindlichkeit wächst mit der Dicke der Nitrierschicht. Da der Bolzen, und hier besonders der erste Gewindegang, bis praktisch an die Streckgrenze beansprucht wird, oft sogar plastische Verformung erfährt, die Nitrierschicht aber immer schon vor dem Erreichen der Streckgrenze des Bolzenwerkstoffes zum Aufreißen kommt, würde Festfressen nicht zu verhindern sein. Die Nitrierschicht wird daher um so weniger durch Bruch oder Rißbildung versagen, je dünner sie ist, und je weniger die Formänderung des Grundwerkstoffes sich äußert. Dies trifft zweifellos für die Mutter zu. In der Praxis hat es sich gezeigt, die Nitrierschicht nicht über 0,1 mm Tiefe gehen zu lassen. Nach dem Nitrieren ist es dann erforderlich, die scharfen Gewindespitzen, wo sich zuviel Nitrierschicht ausgebildet hat, abzuschleifen. Diese würden andernfalls infolge ihrer hohen Sprödigkeit schon bei geringer Beanspruchung zu Bruch gehen und die Mutter zum Festfressen bringen.

Von allen Maßnahmen, die getroffen werden, die zügige Haltbarkeit und die Zugwechselhaltbarkeit zu steigern, hat das Verfahren der Herstellung der Gewinde den bedeutendsten Einfluß. Nach dem Studium umfangreicher Literatur und auf Grund ausgedehnter Betriebserfahrung kann man folgende Schlußfolgerungen ziehen:

a) Gewinde werden geschnitten, geschliffen oder gerollt. Hinsichtlich der Zugwechselhaltbarkeit bestehen kaum Unterschiede zwischen Schrauben, die nach diesen drei Verfahren hergestellt wurden. Gerollte Gewinde können, wenn sie sorgfältig hergestellt sind, den geschnittenen Gewinden festigkeitsmäßig überlegen sein, da sich die beim Rollen überlagernden Druckeigenspannungen als festigkeitssteigernd erweisen.

b) Geschnittene Gewinde dürften den geschliffenen Gewinden ebenfalls leicht überlegen sein aus ähnlichen Gründen, wie unter a) angeführt.

c) Werden Gewinde, die vorprofiliert sind, durch ein Nachrollverfahren behandelt, so ist ein deutlicher Anstieg der Zugwechselhaltbarkeit zu beobachten. Hierbei ist jedoch entscheidend darauf zu achten, daß der Gewindegrund im Kern gleichmäßig gerollt wird. Weniger wichtig ist das Rollen der Flankenflächen als der Gewindegrund. Bei richtiger Behandlung des Gewindegrundes sind Steigerungen der Zugwechselhaltbarkeit um 100% keine Seltenheit.

d) Das Preßpolieren der Oberflächen führt zur Überlagerung von Druckeigenspannungen über den Betriebsspannungen. Da Druckspannungen bekanntlich negativ sind, tragen sie dazu bei, Spannungsspitzen abzubauen und die Lebensdauer des Gewindes zu erhöhen.

e) Eine Wärmebehandlung von Gewinden nach deren Bearbeitung ist immer unvorteilhaft, für gerolltes Gewinde aber schädlich, da es seine Haltbarkeit herabsetzt. Die Schädlichkeit der Wärmebehandlung von Gewinden nach der Herstellung ist darauf zurückzuführen, daß beim Glühen der Spannungszustand der vorhandenen Druckspannungen aufgehoben wird, der durch Schneiden, Walzen, Rollen oder Preßpolieren erzeugt wurde. Der Einfluß der Hitze führt zu einer dünnen Oxydschicht an der Gewindeoberfläche, die hierdurch außerdem noch beträchtlich aufgerauht wird.

Je nach dem Wärmegrad ist es außerdem nicht ausgeschlossen, daß eine Oberflächenentkohlung entsteht, die zu einer merklichen Verminderung der Dauerhaltbarkeit führt.

### c) Werkstoffauswahl für Muttern

Die Mutter verhält sich unter Betriebsbeanspruchung wie ein Hochdruckrohr, das unter Innendruck gesetzt wird. Die Wahl des Mutternwerkstoffes unterliegt daher anderen Gesichtspunkten, als sie für die Wahl der Bolzenwerkstoffe beachtet werden müssen. Es wurde in der Betriebspraxis gefunden, daß die Haltbarkeit der Mutter sich mit dem Elastizitätsmodul des Mutternwerkstoffes ändert. So zeigte es sich beispielsweise, daß Muttern aus Gußeisen mit einem Elastizitätsmodul von $\sim 9000$ kg/mm² bzw. einer Aluminiumlegierung mit $E = 7000$ kg/mm² eine bedeutend höhere Haltbarkeit besaßen als Stahlmuttern, die einen Elastizitätsmodul von $\sim 21\,000$ kg/mm² aufwiesen.

Viel wichtiger als der Werkstoff ist die konstruktive Form der Mutter, hinsichtlich der Unterscheidung als Zug- oder Druckmutter. Man muß lediglich darauf achten, daß bei der Wahl des Werkstoffes berücksichtigt werden muß, den Verlust an Vorspannkraft durch geeignete Mutterhöhe oder Einschraubtiefe auszugleichen. Je weicher die Mutter ist, um so größer sollte die Einschraubtiefe gewählt werden, und es empfiehlt sich, die Tiefe $t$ mit $2d$ zu wählen.

### d) Haltbarkeit des Gewindes unter dem Einfluß höherer Temperaturen

Die erhöhte Verformungsfähigkeit metallischer Werkstoffe im Bereich höherer Temperaturen macht sich natürlich auch ungünstig auf die Schraubenverbindungen geltend bemerkbar. Infolge des Absinkens der zugelastischen Grenze mit steigender Temperatur sind schon relativ niedrige Beanspruchungen ausreichend, plastische Verformungen zu erzeugen, die sog. Kriecherscheinungen. Steigt die Betriebstemperatur über die Rekristallisationstemperatur des Schraubenwerkstoffes, so tritt Kriechen ein, das dadurch charakteristisch ist, daß die Verformung sich bei konstanter Belastung fortsetzt, bis gelegentlich Versagen des Werkstoffs durch Bruch entsteht. Im mehrachsigen Spannungszustand, ganz besonders im Gewinde, können starke Verformungsbehinderungen auftreten, die einen warnungslosen Bruch erzeugen können, sobald die charakteristische Belastungsgrenze erreicht wird. Solche Brucherscheinungen ohne vorherige Warnung durch ausgedehnte plastische Verformung sind besonders in Hochdruckflanschverbindungen mit Wechselbeanspruchungen, wie beispielsweise in Kompressorenleitungen gefährlich.

R. Büchele [*18*] hat eingehende Versuche darüber angestellt, das Dauerstandsverhalten von Schraubenverbindungen in Abhängigkeit von der Werkstoffart zu klären. Aus den vorliegenden Ergebnissen kann geschlossen werden, daß die Verformungsbehinderung einmal durch die Gegenwart der multiplen Kerbwirkung im Gewinde und ferner durch Versprödungserscheinungen im Werkstoff entstanden sein muß; beide zusammen müssen sich überlagert haben, um den verformungslosen Bruch schließlich zu verursachen. Es hat sich gezeigt, daß die Versprödungserscheinungen mit der Werkstoffzusammensetzung zusammenhängen. R. SCHERER und H. KIESSLER [*19*] kamen nach Auswertung umfangreichen Schrifttums zu folgenden Schlußfolgerungen:

a) Das Versagen von Schraubenwerkstoffen als Folge langzeitiger Einwirkung erhöhter Temperatur ist auf die Wirkung von Legierungsbestandteilen zurückzuführen, die durch Wärmeeinfluß verspröden und dann durch interkristallinen Bruch versagen.

b) Eine starke Versprödungstendenz weisen Cr-Ni-, Mn-, Cu-, Ni- und Cr-Si-Stähle auf. Durch die Gegenwart von Molybdän wird die Versprödungsgefahr sichtlich vermindert.

c) Nimmt man Cr-Mo-Stähle oder fügt Vanadium (V) bzw. Wolfram (W) oder beides hinzu, so ist die Warmversprödung soviel wie verhindert.

d) Da Nickel, auch wenn es mit anderen Legierungselementen günstig legiert wird, stets zur Warmversprödung neigt, ist es im Interesse der Sicherheit von Hochdruckanlagen wichtig, keine Stähle für Schrauben zu verwenden, die Ni in der Analyse enthalten.

Bei höheren, d.h. Temperaturen über 300 °C bilden sich Oxydschichten an der Gewindeoberfläche. Zieht man solche Schrauben unter Last an, so steigt der Reibungswert beträchtlich an. In den meisten Fällen wird es sogar praktisch unmöglich sein, die Mutter ohne Zerstörung des Gewindes anzuziehen. Hierbei kann der Reibungskoeffizient bis auf den Wert $\mu' = 1{,}0$ ansteigen.

Wählt man bei diesen Temperaturen Schrauben und Muttern aus dem gleichen Werkstoff, so kann Festfressen unter hoher Beanspruchung nicht verhindert werden. Es ist ganz allgemein ratsam, ungleichartige Werkstoffe zu wählen, ohne Rücksicht auf die herrschende Betriebstemperatur.

Es ist ferner wichtig, daß Mutter und Bolzen einen verschiedenartigen Härtezustand haben. Man vertritt in der industriellen Praxis die Auffassung, daß die Mutter etwas härter sein sollte, da diese ohnedies die geringeren Beanspruchungen erfährt.

Muttern aus austenitischem Cr-Ni-Stahl bilden bei diesen Temperaturen eine Oxydschicht an der Oberfläche, die sehr intensiv in der Oberfläche haftet. Die Gegenwart dieser Oxydschicht hat weniger Tendenzen zum Festfressen.

Mit der Nitrierung von Muttern aus Cr-Mo-Al-Stählen hat man in der Praxis ebenfalls günstige Erfahrungen gemacht hinsichtlich Dauerhaltbarkeit und Zugwechselhaltbarkeit.

Besteht einer der Teile einer Schraubenverbindung aus Messing oder Bronze, der andere Teil aus Stahl, so wird ein Festfressen bei erhöhter Temperatur nicht eintreten. Nach WIEGAND und HAAS [*14*] können Verkupfern, Hartverchromen oder Schmierung der Metalloberflächen mit Kolloidgraphit ein Festfressen bei diesen Temperaturen nicht verhindern. Verbindungen zwischen Cr-Mo-Stahl und Perlitguß sowie Cr-Mo-Stahl auf nietriertem Cr-Mo-Stahl haben trotz wiederholter Verwendung bei mehrfachem Anziehen bzw. Lösen keinerlei Festfressen ergeben. Die Gefahr starken Wachsens von Gußeisen wird erst akut über der 600-°C-Grenze, die man auf keinen Fall mit diesem Werkstoff überschreiten sollte.

Ein sehr wesentlicher Faktor ist das Abschleifen der scharfen Gewindespitzen. Alle Gewinde, die im Betriebe hohen Temperaturen ausgesetzt sind, sollten in den Spitzen abgeschliffen werden. Das Abschleifen soll ein großes Spitzenspiel gewährleisten. Gleichzeitig sollte man ein Flankenspiel ermöglichen, wie es die Natur der Verbindung an Größe nur irgendwie zuläßt. Feingewinde sind für Hochtemperaturbedingungen mit Betriebslast absolut zu vermeiden.

Natürlich muß bei der Wahl der Werkstoffe von Mutter und Bolzen darauf geachtet werden, daß die Unterschiede an Wärmedehnungen nicht groß sind. Weist nämlich die Mutter eine stärkere Dehnung auf als der Bolzen, so löst sie sich unter der Last selbst. Dieser Gefahr kann man lediglich dadurch begegnen, daß man einerseits die Mutter stark anzieht und andererseits Unterlagscheiben verwendet, die eine sehr hohe Wärmedehnung haben. Die Scheiben sind dann in der Lage, die Wärmedehnunterschiede auf einfache Weise auszugleichen.

## B. Entwurfsregeln für Muttern

Wie bereits an anderer Stelle ausgeführt wurde, muß man bei dem Entwurf von Muttern eine Unterscheidung treffen zwischen Druckmutter und Zugmutter. Bekanntlich wird die handelsübliche Mutter, die auf der unteren Fläche ihre Kraftauflage erfährt, bei der also der Bolzen gezogen und die Mutter gedrückt wird, im allgemeinen Schrifttum als Druckmutter bezeichnet. Liegt hingegen die Mutter oben auf, und Schraube und Mutter stehen ausschließlich unter Zugbeanspruchung, so spricht man von einer Zugmutter.

E. LEHR [*20*] hat nachgewiesen, daß eine Steigerung der Dauerhaltbarkeit erzielt wird, wenn die Mutter über das Bolzengewinde so übergreift, wie es in Abb. 28 veranschaulicht ist. Die linke Anordnung der Darstellung zeigt die Mutter in der handelsüblichen Zusammenbauweise ohne Rücksicht auf gegenseitige Gewindeübergriffe. In der Darstellung rechts greift die Mutter über den ersten Gang des Bolzengewindes hinaus, wobei der erste Gang des Bolzengewindes völlig von der Mutter aufgenommen wird. Es wird dadurch erreicht, daß die Biegebeanspruchung im ersten Gang sowie die maximale Zugbeanspruchung im Grunde des ersten Ganges gleich groß sind.

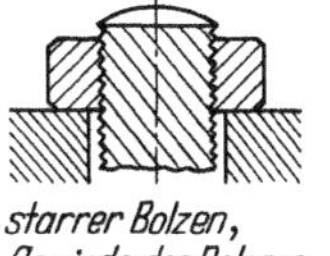

Abb. 28. Handelsübliche Schraubenverbindungen: links: Strarrer Bolzen, Gewinde des Bolzens länger als 1. Gang der Mutter; rechts: 1. Gang des Bolzens in Mutter, die übergreift

Lediglich der große Ausrundungsradius der Schraube im Übergang zum glatten Schaft der Verbindung rechts gegenüber dem kleinen Übergangsradius der Anordnung links trägt zu einer wesentlichen Herabsetzung der Formziffer des Gewindes bei. Dieser Faktor fällt besonders entscheidend ins Gewicht bei Schraubenverbindungen, die hohen Betriebstemperaturen ausgesetzt sind. Dadurch wird ein wesentlicher Abbau der Spannungsspitzen ermöglicht.

Im Vergleich zur Bolzenbeanspruchung ist die Beanspruchung der Mutter sehr gering. Muttern verhalten sich wie dickwandige Hohlzylinder, die unter Innendruck stehen, wenn der Druck sich in Richtung zur Auflagefläche der Mutter hin steigert. Demnach wird die Gefahr der Lösung vom Anzugsmoment bzw. einer Aufweitung mit zunehmender Mutterwanddicke geringer.

Die Zugmutter kann eine wesentliche Entlastung der ersten Gewindegänge herbeiführen, wenn man die Außenform der Mutter so wählt, daß die Dehnungen zwischen Bolzen und Mutter gleich groß werden. Dies läßt sich nach MADUSCHKA [*10*] dadurch erreichen, daß man die Mutter unterhalb der Auflagefläche konisch verjüngt und die restliche Höhe der Mutter auf diese Weise elastisch macht und so einen Belastungsausgleich ermöglicht.

Ein anderes Mittel, die Gänge mehr gleichmäßig zum Tragen der Last heranzuziehen, besteht darin, über die Länge der Mutter die Ganghöhe zu verändern, eine veränderliche Steigung oder auch einen veränderlichen Flankendurchmesser zu wählen. Solche Vorschläge sind natürlich nur bei Ausführungen mit großen Durchmessern möglich. Einfacher und billiger läßt sich der Vorschlag von LEHR [*20*] verwirklichen, den Kerndurchmesser der Mutter nach unten hin konisch zu erweitern.

Als einfache Sicherung von Schraubenverbindungen, die man ebenfalls als eine besondere Art von Muttern bezeichnen könnte, schlägt O. KRÄMER [*21*] die Anwendung von verhältnismäßig niedrigen Doppelmuttern vor. Hier sind allerdings einige Schwierigkeiten zu beachten, die man wissen sollte, bevor man Doppelmuttern anwendet. Beim Anziehen der oberen Mutter heben sich die Gänge der unteren Mutter ab. Dadurch kommen diese erst zur Anlage, wenn die Aufbringung der Belastung erfolgt. Es ist dabei ratsam, die obere Mutter in der Weise anzuziehen, daß nach Wirkung der Last jeder erste Gang die gleiche Teillast erhält. Ganz allgemein erhält die obere Mutter stets die größere Last, bezogen auf den ersten Gang. Man ist beim Anziehen praktisch ohne Kontrolle und daher ausschließlich auf das Gefühl angewiesen. Man muß die obere Mutter grundsätzlich so anziehen, daß eine gute axiale Verspannung in beiden Muttern zu erwarten ist. Man kann sich dadurch helfen, daß man die obere Mutter etwas länger macht, um so eine gleichmäßigere Lastverteilung zu ermöglichen.

Die Tatsache, daß bezüglich der allgemeinen Schraubenverbindung der erste Gang die Hauptlast zu tragen hat, läßt sich symbolisch in einfacher Weise erklären. Der Bolzen ist auf Zug, die Mutter auf Druck beansprucht. Die Verbindung verhält sich also ähnlich, als ob ein Bolzen mit größerer Gewindesteigung mit einer Mutter kleinerer Steigung verschraubt ist. Es trägt praktisch nur ein Gewindegang, in dem beide Gewinde gemeinsam eingreifen.

Eine erhebliche Verbesserung dieses Verhaltens läßt sich erreichen, indem man außer den bereits angeführten Maßnahmen Vorschläge wählt, wie sie in Abb. 29 dargestellt sind. Die Konizität verwandelt die Druckmutter weitgehendst in eine Zugmutter mit höherer Elastizität und wesentlich gleichmäßigerer Lastverteilung. Die zusätzlich angeführte Hülse

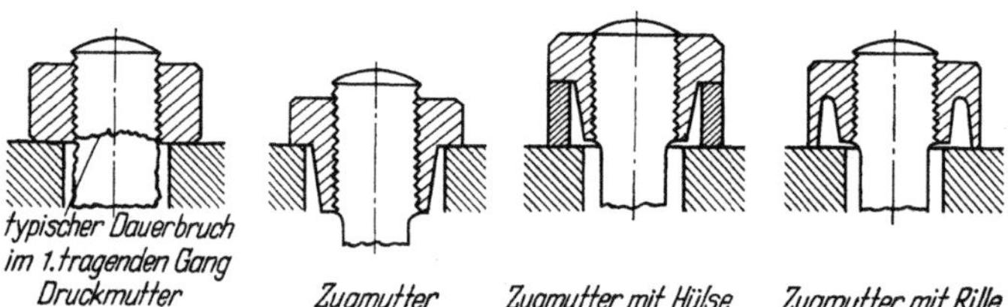


Abb. 29. Vergleich verschiedener Mutterformen: Von links nach rechts zunehmende Steigerung der Verbindung in bezug auf Dauerhaltbarkeit

erhöht die Elastizität ganz beträchtlich. Die Hülse wirkt sich besonders vorteilhaft aus, wenn höhere Betriebstemperaturen herrschen. Wärmeverformungen bedingen ungeheure Kräfte. Sind die Komponenten steif, so können diese nicht nachgeben und gehen zu Bruch. Kurze steife Schrauben werden abgerissen. Dehnbare Schrauben und weiche, federnde Hülsen sind geeignet, ihre Beanspruchung bei Verformung wenig zu ändern, so daß ihre Vorspannung auch bei evtl. Formänderungen erhalten bleibt. Ganz besonders bei kraftschlüssigen Verbindungen ist es von Bedeutung, den Kraftschluß auch bei Formänderungen der Einzelteile zu gewährleisten.

Die Rille, von der Auflagefläche aus in die Mutter eingeschnitten, macht die Druckmutter teilweise zur Zugmutter. Damit gelingt es, die Zugwechselhaltbarkeit der Mutter um 30% zu steigern. Läßt die Wanddicke eine Eindrehung dieser Rille nicht zu, so ist die konische Formgebung bereits ein beträchtlicher Gewinn, denn hiermit kann die Dauerhaltbarkeit der Mutter um 20% verbessert werden.

Hinsichtlich der Höhe der Mutter wählt man die Erfahrungsregel, daß die Höhe mit

$H = 0{,}80\, d_{\mathrm{Gew}}$ für Normal- bis Grobgewinde und

$H \approx 1{,}0\, d_{\mathrm{Gew}}$ für Feingewinde

hinreichend bemessen ist. Außerdem hat auch neben der Art des Gewindes auch die Wanddicke, d.h. bei der Mutter so viel wie die Schlüsselweite, einen wesentlichen Einfluß. Wie schon früher ausgeführt, verlangt eine Verminderung der Wanddicke eine diesbezügliche Verlängerung der Gewindetiefe, d.h. der Mutterhöhe. Eine Vergrößerung der Mutterhöhe über den Wert $H = 0{,}80\, d_{\mathrm{Gew}}$ für handelsübliche Verbindungen ist nicht erforderlich, es kann sogar selbst bei Hochdruckanlagen als unnötig bezeichnet werden.

## C. Gesichtspunkte zur Gewindeherstellung

Im Hinblick auf die Dauerhaltbarkeit des Schraubengewindes spielt der Faktor der Gewindeherstellung eine entscheidende Rolle. Faßt man die wichtigsten Erfahrungen hierüber zusammen, so lassen sich folgende Feststellungen treffen:

1. Gewalztes Gewinde, das nach dem Walzen keinerlei Wärmebehandlung unterzogen werden darf, besitzt im Vergleich zu geschnittenem oder gar geschliffenem Gewinde eine höhere zügige Haltbarkeit. Durch den Einwalzvorgang werden an den Flankenflächen Druckeigenspannungen erzeugt, die den Abnützungswiderstand des Gewindewerkstoffes erhöhen. Wärmebehandlung hebt diese Eigenspannungen wieder auf.

2. Unabhängig von der Herstellungsart des Gewindes wird jegliche Art von Wärmebehandlung eine merkliche Verschlechterung der Haltbarkeit des Gewindes zur Folge haben. Die schädliche Wirkung der Wärmebehandlung besteht darin, daß die Eigenspannungen, die von der Herstellung im Gewinde herstammen, beseitigt werden, was in verstärktem Maße für die gewalzten Gewinde zutrifft.

3. Im Vergleich zu geschliffenen Gewinden besitzen die geschnittenen Gewinde einen erhöhten Widerstand gegen zügige Beanspruchung. Während des Schnittvorganges wird an der Oberfläche infolge der Materialverdichtung ein Zustand von Druckeigenspannungen erzeugt, ähnlich wie beim Walzvorgang. Damit entsteht eine Werkstoffverfestigung an

der Gewindeoberfläche, was sich besonders im Gewindegrund sehr vorteilhaft auswirkt. Die Überlagerung der Druckeigenspannungen äußert sich in einer Verbesserung der Dauerhaltbarkeit des Gewindes.

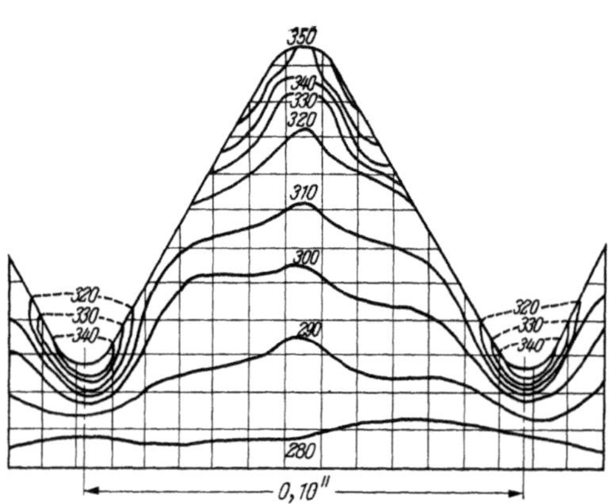

Abb. 30. Verteilung der Härtelinien (Brinell) im Profil eines gewalzten Gewindes. Nach Mat.Prüf.-Amt, Berlin-Dahlem

4. Eine beträchtliche Steigerung der Haltbarkeit des Gewindes läßt sich ferner dadurch erzielen, daß man nach dem Schneiden den Gewindegrund mittels Preßpolieren verstärkt. Eine gleiche Bearbeitung für die Flankenflächen ist sehr schwierig und verspricht wenig gleichmäßige Ausführung. Eine merkliche Verbesserung der Dauerhaltbarkeit und Erhöhung des Ermüdungswiderstandes sind die Folge. Es wird daher empfohlen, den Gewindegrund zu preßpolieren. Durch diesen Walzvorgang läßt sich eine Härteverteilung an der Gewindeoberfläche erreichen, wie sie der Abb. 30 zu entnehmen ist.

## D. Schlußfolgerungen für optimale Flanschverbindungen

Unter Berücksichtigung der Kraftverformungsverhältnisse auf rein rechnungsmäßiger Basis, sowie der Konstruktionsmethode, die nach praktischen Betriebserfahrungen entwickelt wurde, läßt sich im Zusammenhang mit der Auswertung zahlreichen einschlägigen Schrifttums jetzt eine Flanschverbindung ermitteln, die praktisch jeder Betriebsanforderung eingehend gerecht werden kann. Es ist dabei ausdrücklich zu unterscheiden zwischen statischer Belastung, Wechselbelastung, Stoßwechselbelastung und Einfluß erhöhter Betriebstemperatur.

Ohne zunächst auf Einzelheiten der Konstruktion einzugehen, lassen sich folgende grundlegenden Aussagen machen:

1. Für Hochdruckflanschverbindungen, besonders für Dauer- und Wechselbeanspruchungen, sollte der Flanschring möglichst steif und wenig elastisch sein. Die Starrheit wird zunächst vom festigkeitstechnischen Gesichtspunkt bestimmt. Übertriebene Steifigkeit, d.h. über den Rahmen der Festigkeitsforderung hinaus, sollte man aus wirtschaftlichen Erwägungen unterlassen.

2. Die Schrauben müssen dagegen elastisch sein, um ein Minimum des Federwertes zu erreichen. Dadurch wird der Lastanteil $P_z$, gleichgültig,

ob es sich um statische oder dynamische Beanspruchung handelt, einen Kleinstwert erreichen. Von der Größe dieses Betriebsanteils $P_z$ hängt es weitgehend ab, wie groß die Vorspannung gewählt werden muß, um über genügend Reserven im Betriebe zu verfügen.

3. Unterliegt die Flanschverbindung dem Einfluß höherer Temperatur, so muß ein Kompromiß geschlossen werden zwischen der Steifigkeit und der mindestzulässigen Elastizität des Flanschringes. Es ist daher ratsam, für mittlere Drücke lose Flanschen mit abgeschrägten Kanten zu verwenden, während für hohe Drücke die optimale Steifigkeit des Flanschringes nicht herabgesetzt werden soll.

Gute Isolation über die gesamte Flanschverbindung hinweg wird dazu beitragen, die Ungleichheit der Temperaturverteilung auf ein Mindestmaß zu reduzieren und die daraus zu erwartenden schädlichen Eigenspannungen weitgehendst einzuschränken bzw. unter Kontrolle zu haben.

4. Wie aus den Darstellungen mit den Kraftverformungsdreiecken zu schließen ist, sollten möglichst steife Metalldichtungen bei Gegenwart hoher Betriebsdrücke verwendet werden. Über Einzelheiten von Dichtungen aller Art wird in Kap. XI die Rede sein.

## E. Konstruktionsrichtlinien für Hochdruckflanschverbindungen

Bei der Konstruktion und beim Bau von Hochdruckflanschverbindungen sind eine große Zahl wichtiger Gesichtspunkte einzuhalten, wenn die Verbindung für sicheren Betrieb unter Dauerbeanspruchung bzw. Dauerwechselbeanspruchung verwendet werden soll. Es mögen hier nicht alle Faktoren wiederholt werden, die in den vorausgehenden Abschnitten besprochen wurden. Der Einfachheit halber seien in diesem Abschnitt nur die wichtigsten Angaben wiedergegeben, wobei im wesentlichen Flanschverbindungen von Rohrleitungen und Zylinderverschlüssen, die unter hohem Innendruck stehen, der Betrachtung zugrunde gelegt werden.

### 1. Statische und dynamische Beanspruchung bei Raumtemperatur

Liegt der Berechnung eine Anlage zugrunde, die mit statischem Innendruck betrieben wird, so hat die Anwendung elastischer Schrauben usw., also die Berücksichtigung niedriger Einheitskräfte, d.h. Federwerte, nur rein wirtschaftliche Bedeutung. Gibt man der Schraube hinreichende Vorspannung, ohne die Streckgrenze des Werkstoffes zu erreichen oder gar zu überschreiten, so bringt die Verwendung elastischer Komponenten in der Verbindung nur Gewichtsersparnisse, eine Verbesserung in der Haltbarkeit wird nicht erzielt, oder besser gesagt, eine Verbesserung hat wenig Bedeutung.

Da aber die meisten Behälter und besonders Armaturen der chemischen Hochdruckindustrie bei praktisch konstanten Druckverhältnissen betrieben werden, dürfte auf dieses Gebiet die überwiegende Mehrzahl der Flanschverbindungen entfallen.

a) Zunächst bestimmt man an Hand des Innendruckes und der verfahrenstechnischen Bedingungen der Anlage die Größe der Schraubenkraft, die sich aus dem Produkt des Innendruckes und der Dichtkreisfläche sowie dem Dichtungsfaktor ermitteln läßt.

b) Mit der Größe der Schraubenkraft läßt sich die Größe der Schrauben und die Abmessungen des Flanschringes ermitteln, sobald man sich für die Anzahl der Schrauben je Verbindung festgelegt hat.

c) Die Größe der Kraft, die auf jede Schraube als Belastung wirkt, ist ein Maß für den zu bestimmenden Schraubendurchmesser, wobei der glatte Schaft des gewindefreien Bolzens als Grundlage für die Festigkeitsrechnung zu wählen ist. Dieser glatte Schaftdurchmesser darf maximal mit 75% der Zugstreckgrenze des Bolzenwerkstoffes beansprucht werden, wenn plastische Verformung verhindert werden soll. Die Anstrengung setzt sich zusammen aus der Axialspannung durch die Schraubenkraft und der Verdrehspannung infolge des Anzugsmomentes beim Aufbringen der Vorspannung. Ferner soll der Sicherheitsabstand gegen Fließen in axialer Beanspruchung der Forderung $S_F \geq 2{,}0$ genügen.

d) Es muß darauf hingewiesen werden, daß es ratsam ist, die Kraftverformungsverhältnisse nach zwei Verfahren zu ermitteln, einmal auf die theoretische Art mittels der Formänderungsdreiecke sowie auch nach der Betriebsmethode unter Zuhilfenahme des empirisch ermittelten Dichtungsfaktors.

e) In den meisten chemischen Werken ist es üblich, Druckanlagen aller möglichen Druckstufen in Betrieb zu haben. In solchen Betrieben ist die Lagerhaltung für Schrauben kompliziert und vor allem kostspielig. Es wird daher geraten, Vereinheitlichungen anzustreben, und die elastische Schraube auch dort anzuwenden, wo sie nicht unbedingt benützt werden muß. Im Falle von Verwechslungen könnten Schäden auftreten, die mehr kosten als der Aufwand für einheitliche elastische Schrauben.

f) Die Verminderung des Schaftdurchmessers wird durch das Verhältnis $d_s/d_K$ ausgedrückt, das zwischen 0,60 bis 0,90 gewählt werden kann. Werte unterhalb 0,60 sind mit Rücksicht auf die Schwächung des Schaftquerschnitts aus Festigkeitsgründen nicht zulässig. Bei der Wahl des Schaftdurchmessers muß unterschieden werden, ob erhöhte Temperaturen mitbestimmend sind. Liegen solche Temperaturen vor, so soll das Reduktionsverhältnis bei 0,90 gewählt werden. Bei Schwell- bzw. Wechselbeanspruchungen erhält man die optimale Haltbarkeit für $d_K/d_s$-Werte zwischen 0,70 und 0,85.

g) Unabhängig von der Art der Belastung, statisch, schwellend oder Zugwechsel, tragen die beiden ersten Gewindegänge die Hauptlast. Die Flanschverbindung muß daher so dimensioniert werden, daß in diesen beiden Gängen Fließen nicht auftreten kann. Dies kann durch eine Reihe von Maßnahmen erreicht werden, wie beispielsweise Werkstoffauswahl, Veränderung der Mutterhöhe, Verwendung konischer Zugmuttern, Veränderung der Gewindebauart. Die konische Zugmutter kann durch verschiedenartige Konstruktionsabweichungen an den handelsüblichen Druckmuttern in relativ einfacher Weise erreicht werden.

Ein drastischer Abbau der Fließlast läßt sich dadurch erzielen, daß man das Gewinde der Mutter mit dem Bolzengewinde so anordnet, daß der erste tragende Gang des Bolzens in der Mutter aufgenommen wird. Die starke Abrundung im Übergang vom ersten Gang zum gewindefreien Schaft vermindert die mögliche Überbeanspruchung beträchtlich, und ein Dauerbruch des Gewindes im Bolzen wird an dieser Stelle nicht erfolgen.

h) Die Gleichmäßigkeit der Belastung der Mutter läßt sich in weitem Umfange durch geeignete konstruktive Maßnahmen erreichen. Als Hochdruckrohr mit relativ starker Wand läßt sich die Mutter weitaus höher beanspruchen, als ganz allgemein angenommen wird. Für die Mutter sind Werkstoffe höherer Festigkeit nicht erforderlich. Man kann sogar sagen, daß solche hochfesten Stähle für Muttern nicht erwünscht sind. Die Mutter soll der nachgebende Teil einer Flanschenschraubenverbindung sein, ihre Elastizität steht in direkter Beziehung zur Mutterhöhe in der Form: dünne Wand, größere Länge und umgekehrt.

Für handelsübliche Muttern und grobem Gewinde wählt man die Mutterhöhe zu 0,8mal dem Durchmesser des Gewindes. Für feineres Gewinde erhöht man diesen Wert auf den Wert des Durchmessers.

Man macht dagegen die Schlüsselweite zu einem Mindestwert in der Form, daß

$$\frac{H}{S} = 0{,}165\left(\frac{d_{\text{Gew}}}{h}\right)^{0{,}68}$$

wird, wobei

$H =$ Mutterhöhe,
$S =$ Schlüsselweite,
$d_{\text{Gew}} =$ Gewindedurchmesser,
$h =$ Steigung

bedeuten, so ergibt sich eine Verbindung, bei der die Festigkeit im Gewindegrund gleich der Festigkeit des Gewindes selbst wird. Nach dieser Beziehung wird beispielsweise für eine einzöllige Whitworth-Mutter die Höhe $H = 0{,}68\, d$. Demnach wäre selbst für Hochdruck eine Mutterhöhe von $0{,}68\, d$ ausreichend. Die Praxis hat gezeigt, daß eine Mutter dieser Art vollauf den Forderungen des Betriebes genügt, auf der anderen Seite aber eine beträchtliche Gewichtsersparnis bedeutet.

Die Höhe der Mutter handelsüblicher Schrauben, einschließlich solcher für hohen Innendruck, liegt bei $0{,}8\, d_{\text{Gew}}$. Wählt man feineres Gewinde, so pflegt man die Mutterhöhe im allgemeinen mit $H = d$ festzulegen.

i) Eine richtig gestaltete Hochdruckflanschverbindung, die für statischen Innendruck bemessen ist, wird in Abb. 31 dargestellt. Man ersieht daraus, daß Stiftschrauben verwendet werden, deren erster tragender Gewindegang von der Mutter aufgenommen ist. Das gleiche ist auch für das Gewinde der Rohrenden berücksichtigt, in welchem Falle die Flanschringe als Muttern zu betrachten sind. Die Anwendung einer Metallinse als Dichtung ist für die Verbindung als solche ohne Bedeutung. Die Starrheit der Flanschen ist klar erkenntlich, verglichen mit den elastischen Schäften der Stiftschrauben.

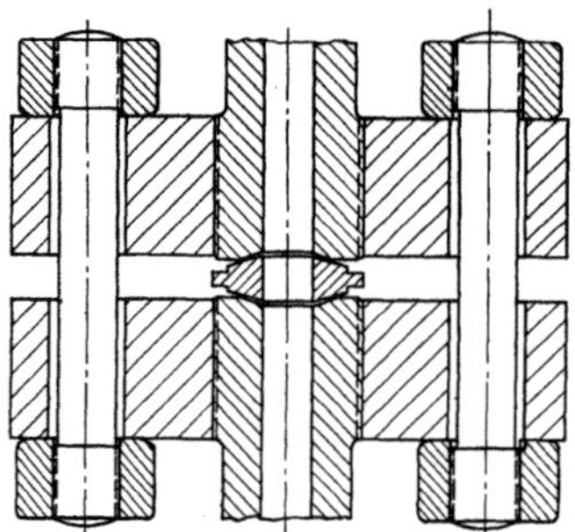

Abb. 31. Hochdruckflanschverbindung, die sich im Betriebe ausgezeichnet bewährt hat (Raumtemperatur), auch bei Wechselbelastung

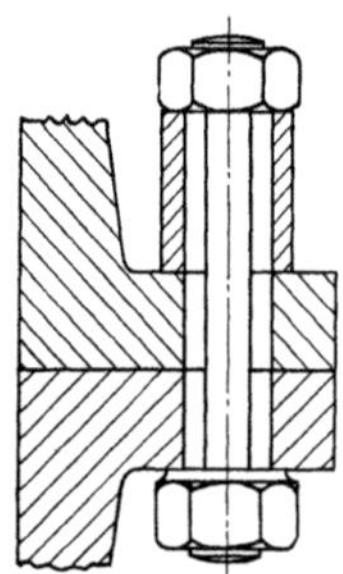

Abb. 32. Schraubenverbindung für Wechselbeanspruchung, Stoß, Schlagarbeit, in Gegenwart erhöhter Temperatur

k) Eine ebenfalls als gut zu bezeichnende Flanschverbindung ist in Abb. 32 wiedergegeben. Diese Verbindung ist für Verwendung in Systemen mit stark schwankenden Beanspruchungen durch wechselnden Innendruck mit stoßartigen Spitzenbelastungen, wie sie bei Heißdampfleitungen häufig auftreten können. Die hochelastische Schraube wirkt in Verbindung mit der Hülse wie eine stark elastische Feder, die in der Lage ist, den Spannungsstoß durch federnde Dämpfung abzufangen und völlig zu absorbieren. Diese Flanschverbindung ist ebenfalls bei Hochtemperaturbeanspruchungen zu empfehlen.

## 2. Einfluß des Gewindes

Das Gewinde der Schrauben einer Flanschverbindung übt auf deren Haltbarkeit im Betriebe einen vielseitigen Einfluß aus. Die Wahl der richtigen Gewindeart, die Vorbehandlung und die Oberflächenbeschaffenheit sind Faktoren, die sich praktisch nicht durch mathematische Beziehungen charakterisieren lassen, ungeachtet ihrer großen Wichtigkeit.

a) Für Schrauben in Flanschverbindungen wählt man, wenn nicht besondere Gründe zu anderen Maßnahmen zwingen, nahezu ausschließlich Stiftschrauben, die mit Spitzgewinde versehen sind. Die Stiftschraube selbst hat zwei Abschnitte mit Gewinden, jeweils an den Enden des Bolzens, während der Schaft zwischen den Gewinden glatt und mit gutem Übergang zum Gewinde versehen ist. Die Anwendung von Flachgewinden für Flanschschrauben ist nicht gebräuchlich.

b) Für Wechsel- und Stoßbeanspruchungen ist es außerordentlich wichtig, den Gewindegrund durch entsprechende Nachbearbeitung zu verfestigen. Diese Maßnahme erhöht die Lebensdauer der Schraube. Die Nachbearbeitung der Flankenflächen ist relativ schwierig und bringt in den meisten Fällen nicht den erwarteten Erfolg.

c) Für spezifisch hohe Beanspruchungen sind Schrauben mit sehr feinem Gewinde wegen der Gefahr des Festfressens wenig geeignet. Die Hauptbeanspruchung des Gewindes liegt bekanntlich in der Durchbiegung des Gewindeprofiles, d.h. der Flankenflächen des $V$-Gewindes. Grobe Gewinde haben hohen Biegewiderstand und erfordern hohe Anzugsmomente. Die beste Art ist mittlere Steigung und Wahl mehrerer kleinerer Schrauben.

d) Die Wahl des Gewindespieles hat große Bedeutung. Die praktische Erfahrung beweist, daß man für Gewinde mit hoher Flächenbelastung das Gewindespiel auf ein Größtmaß bringen soll, wenn man das Festfressen ausschalten will.

e) Aus dem Zusammenhang zwischen Gewindesteigung, Gewindespiel und Flächenpressung kann man erkennen, daß die Gewindebeanspruchung so gewählt werden muß, daß die Formänderungen durch die Flankendurchbiegungen innerhalb des elastischen Gebietes bleiben. Dies führt zwangsläufig zu der Folgerung, viele kleinere an Stelle von wenig größeren Schrauben zu benützen. Für große Schraubendurchmesser wird die Kontrolle des Anzugsmomentes zunehmend schwieriger.

f) Besonders in Hochdruckverbindungen ergibt sich die Forderung, das Anzugsmoment genau zu kontrollieren, um genügende Vorspannung bzw. Dichtkraft zu gewährleisten. Dieser Notwendigkeit muß aus Sicherheitsgründen entsprochen werden. Bekanntlich stellt der Momentenschlüssel kein absolut zuverlässiges Werkzeug dar, um diese Kontrolle in befriedigender Weise auszuüben. Die beste Sicherheit für ein zuverlässiges Anziehen der Schrauben kann dadurch erreicht werden, daß man für die geforderte Vorspannung die sich ergebende Schraubenlängung errechnet und die tatsächliche Formänderung mit genauen Instrumenten mißt.

g) Genauso, wie man zu große Schrauben nicht wählen sollte, hat man die Erfahrung gemacht, daß man für Handhabung im Betriebe die Schrauben nicht zu klein machen darf. Zu kleine Schrauben versagen durch Neigung zum Festfressen. Man hat daher betriebstechnisch festgelegt, im Hochdruckwesen keine Schrauben zum Einsatz zu bringen, die kleiner sind als 3/4 Zoll.

h) Die Herstellungverfahren der Gewinde üben einen starken Einfluß aus auf die Haltbarkeit im Betriebe. Gewalzte Gewinde besitzen die beste Voraussetzung für optimale Haltbarkeit, da in der Gewindeoberfläche wesentliche Druckeigenspannungen vorhanden sind.

Bei geschnittenen Gewinden sind ebenfalls Druckeigenspannungen wirksam, wenn auch nicht mit demselben Betrag, als es für gewalzte Gewinde zutrifft.

In geschliffenen Gewinden sind praktisch keine Druckeigenspannungen vorhanden.

i) Eine Nachbehandlung von Schrauben und Muttern nach der maschinellen Herstellung durch Wärmebelastung irgendwelcher Art ist sehr nachteilig für die Gewinde. Durch nachträglichen Wärmeeinfluß verschwinden die günstig wirkenden Druckeigenspannungen, und die Haltbarkeitsdauer wird dadurch wesentlich herabgesetzt.

### 3. Einfluß der Temperatur

Die Maßnahmen, die bei erhöhten Betriebstemperaturen für die Erzielung hoher Haltbarkeit der Flanschverbindung zu treffen sind, sind kurz folgende:

a) Die erhöhte Temperatur beeinflußt die Federkonstanten sowie die Festigkeitseigenschaften aller Komponenten, die dieser Temperatur unterworfen sind. Die Folgeerscheinungen infolge des Temperatureinflusses sind praktisch die gleichen wie bei Wechselbeanspruchungen.

b) Zur Ausschaltung der negativen Einwirkungen infolge höherer Temperatur führt man die folgenden Gegenmaßnahmen aus:

Glatte Oberfläche im Gewindegrund bei genügend großer Ausrundung – Übergreifen der Mutter über den ersten tragenden Gang des Bolzengewindes – Minimum an zusätzlichen Biegebeanspruchungen – glatter Schaft hinter dem Gewinde mit größtmöglichem Übergangsradius – Verminderung des Durchmessers im gewindefreien Schaft auf ein Maß, das nur wenig unterhalb des Kerndurchmessers liegt. Dies verfolgt den Zweck, die Verformungen auf ein Minimum zu beschränken. In ähnlicher Weise verfährt man auch mit der Schaftlänge, die kürzer ist, als es für Stoßwechselbeanspruchungen üblich ist. Die Beibehaltung der Federung wird durch die Verwendung von Hülsen erreicht.

c) Bei höheren Betriebstemperaturen spielt die Auswahl der Werkstoffe eine sehr große Rolle. Cr-Ni-, Mn-, Cu-, Ni- und Cr-Si-Stähle neigen zu Warmversprödung. Stähle mit Mo sind dagegen wesentlich günstiger. Cr-Mo- und Cr-Mo-V- und Cr-Mo-W-Stähle sind die beste Wahl. Wo immer man es ermöglichen kann, sollte man Stähle, die Ni enthalten, von der Verwendung für Schrauben und Muttern ausschließen. Bei den Hochtemperaturmetallen handelt es sich nicht um Stähle gewöhlicher Definition.

d) Bei höheren Temperaturen pflegt man die Oxydschicht in der Gewindeoberfläche zu zerstören, und die Mutter wird zum Festfressen neigen, was bei Temperaturen über 250 und 350 °C besonders zu beobachten ist. Hierbei kann die Reibung einen Wert von $\mu' > 1{,}0$ annehmen.

e) Gleiche Werkstoffe für Mutter und Bolzen werden unweigerlich mit und ohne Temperatureinfluß zum Festfressen führen, gleichgültig, was die chemische Zusammensetzung der Stähle auch sei. Das gleiche gilt auch für alle Metalle.

Cr-Mo- oder Cr-Mo-Al-Stähle für Muttern sind sehr geeignet das Festfressen zu verhindern.

Messing und Bronze sind hinreichend dafür bekannt, daß sie bei erhöhten Temperaturen nicht zum Festfressen neigen.

Ähnliche Erfahrungen wird man auch mit austenitischen Cr-Ni-Stählen machen, da ihre dünne Oxydschicht sehr hohe Haftfähigkeit besitzt und Fressen nicht entsteht.

f) Nitrieren der Muttergewinde ist ein ausgezeichnetes Mittel, einwandfreie Haltbarkeit der Schraubenverbindung bei erhöhter Temperatur zu gewährleisten. Bei richtiger Durchführung der Nitrierung wird ein Festfressen im Betriebe nicht eintreten. Die Nitriertiefe muß verhältnismäßig gering gehalten werden, da die Schicht von Natur spröde ist, und um so leichter durch Haarrißbildung versagen wird, je dicker sie ist. Nach Beendigung der Nitrierung sind die Gewindespitzen abzuschleifen, da sonst gerne ein Bruch eintreten wird.

Auf keinen Fall dürfen Bolzen und Mutter in der gleichen Schraubenverbindung nitriert sein.

g) In Gegenwart erhöhter Betriebstemperatur sollte man ein möglichst hohes Spitzenspiel wählen. Es wird sich immer als vorteilhaft erweisen, die Spitzen des Gewindeprofiles leicht abzuschleifen.

Auch muß bei diesen Bedingungen das Flankenspiel auf das höchstmögliche Maß gebracht werden.

Zu feines Gewinde ist bei höheren Temperaturen besonders für Festfressen gefährdet.

h) Bestehen zu hohe Unterschiede in den Wärmedehnwerten zwischen Mutter und Bolzen, so kann man dadurch Festfressen vermeiden, daß man relativ große Unterlegscheiben verwendet, die sehr hohe Wärmedehnwerte aufweisen.

i) Wohl der wichtigste Faktor für die Auswahl geeigneter Schraubenwerkstoffe für Hochtemperaturbetrieb ist eine hohe Zugstreckgrenze, die anzustreben ist. Sehr hochfeste Stähle mit gleichzeitig günstiger Dehnung (>14%) gestatten hohe Vorspannkräfte ohne Gefahr des Festfressens oder Abwürgens. Es sollte ferner berücksichtigt werden, daß man solche Schrauben während des Betriebes nachziehen muß. Dies läßt sich nur mit hochfesten Werkstoffen erzielen.

Hohe Festigkeit führt zu kleinen Abmessungen, womit sich leicht und billiger bauen läßt trotz scheinbar höherer Werkstoffkosten.

k) Flanschverbindungen für hohen Innendruck bei hoher Betriebstemperatur bei Wechsellast und Stoßbeanspruchung sollten starre Flanschringe aufweisen unter Verwendung hochelastischer Schrauben, deren Dehnungsvermögen noch durch Hülsen weitgehend unterstützt wird.

## Literatur zu Kapitel V


[*1*] Jürgensonn, A. von: Elastizität und Festigkeit im Rohrleitungsbau. 2. Aufl. Berlin/Göttingen/Heidelberg: Springer 1953.

[*2*] Rötscher, F: Die Maschinenelemente. Berlin: Springer 1927.

[*3*] Debus, F.: Vorspannung und Haltbarkeit von Schraubenverbindungen. Diss. Darmstadt 1937.

[*4*] Thum, A., u. F. Debus: Vorspannung und Dauerhaltbarkeit von Schraubenverbindungen. Mitt. MPA Darmstadt. VDI-Verlag 1936.

[*5*] Salingré: Z. VDI 74 (1930) 1237.

[*6*] Marguerre, F.: Z. VDI 76 (1932) 287.

[*7*] Mayer, E.: Forsch. Ing. Wesen 3 (1932) 221.

[*8*] Krüger, G.: Z. Wärme 57 (1934) 81.

[*9*] Schwenk, G.: Z. Wärme 60 (1937) 150.

[*10*] Maduschka, L.: Forsch. Ing. Wesen 7 (1936) 300.

[*11*] Berthold, W.: Beiträge zur Frage der Tolerierung der Einschraubenden zylindrischer Stiftschrauben. Diss. Dresden 1933.

[*12*] Bock, E.: Das Verhalten der Schraubenverbindung beim Anziehen und Lösen in Abhängigkeit von den Gewindetoleranzen. Diss. Dresden 1933 oder auch Z. VDI 78 (1934) 780.

[*13*] Staudinger, H.: Z. VDI 81 (1937) 607.

[*14*] Wiegand, H., u. B. Haas: Berechnung und Gestaltung von Schraubenverbindungen. 2. Aufl. Berlin/Göttingen/Heidelberg: Springer 1951.

[*15*] Staedel, W.: Dauerfestigkeit von Schrauben, ihre Beeinflussung durch Form, Herstellung und Werkstoff. Diss. Darmstadt 1932.

[*16*] Bautz, W.: Sonderheft Prüfen und Messen. Berlin: VDI Verlag (1937) 162.

[*17*] Jehle, A.: Forsch. Ing. Wesen 7 (1936) 300.

[*18*] Büchele, R.: Z. Wärme 62 (1939) 487.

[*19*] Scherer, R., u. H. Kiessler: Arch. f. Eisenhüttenwesen 12 (1938/39) 381.

[*20*] Lehr, E.: Diskussionsbeitrag zu: R. Kühnel, Glasers Annalen. Bd. 110 (1932) 51.

[*21*] Krämer, O.: Bau und Berechnung von Verbrennungskraftmaschinen. Berlin: Springer 1937.

Kapitel VI

# Die Konstruktion von Hochdruckapparaten für Betrieb und Laboratorium

## I. Einleitung

In den vorausgehenden Kapiteln sind die Berechnungsverfahren sowie die Konstruktionsgrundsätze für den Entwurf dickwandiger zylindrischer Hochdruckhohlkörper dargelegt und eingehend diskutiert. Dabei ist es im Prinzip ohne Bedeutung – vom chemisch-physikalischen Standpunkt aus gesehen –, für welch speziellen Verwendungszweck der betreffende Hochdruckapparat im Laboratorium oder auch im Fabrikationsbetriebe zum Einsatz gelangt, wenn man von einigen hierfür maßgeblichen Grundforderungen absieht. Die Kenntnis und die Beherrschung der Berechnungsverfahren ermöglichen dem Konstrukteur die Festlegung der Zylinderabmessungen und dienen ferner zur Definition der zulässigen Betriebsbedingungen im Hinblick auf die Festigkeit des Hochdruckhohlkörpers. Hierbei wird aber keine Aussage über die spezielle Bauart eines solchen Apparates im einzelnen gemacht. Hierüber soll in diesem Kapitel berichtet werden.

Die Formgebung eines Hochdruckhohlkörpers wird durch die Grundforderung auf gleichmäßige Beanspruchung der Zylinderwandung durch die Wirkung des Innendruckes bestimmt. Sie verlangt daher einen kreisförmigen Beanspruchungsquerschnitt für die drucktragende Zylinderwand. Bei gleichem Radius ist aber der Inhalt eines zylindrischen Apparates größer als derjenige einer Kugel, woraus der Schluß gezogen werden kann, daß man schon aus reinen Festigkeitsgründen die zylindrische Form für einen Hochdruckapparat wählen soll. Bei den im Fließbetrieb arbeitenden Hochdrucksynthesen nähert sich das Druckgefäß mehr und mehr der Röhrenform, zumal die erforderliche Wanddicke in direktem Verhältnis nicht nur zum Innendruck, sondern auch zum Radius des Zylinders steht. Gleichzeitig wirkt sich auch die Röhrenform beim Fließbetrieb günstig auf die Bemessung der Verweilzeit der hindurchströmenden Medien im Reaktionsraume aus. Im Gegensatze hierzu zeigt es sich, daß der Reaktionsraum für niedrige Druckstufen – was man sehr deutlich besonders beim periodisch arbeitenden Reaktionsbetriebe sehen kann – eine mehr gedrungene zylindrische Form aufweist, d.h., das Verhältnis der Höhe des Zylinders bzw. dessen Länge zum Durchmesser des Druckgefäßes ist merklich kleiner, als es für den Fließbetrieb der Fall ist. Für diese Aussage läßt sich sogar die Feststellung treffen, daß die schlanke Röhrenform als Prinzip der Form des Reaktionsbehälters für den Fließbetrieb sich nicht ausschließlich auf das Vorhandensein eines hohen Betriebsdruckes zu beschränken braucht.

Ein ausgesprochen typisches Hochdruckverfahren gibt es nicht. In gleicher Weise gibt es auch keinen sogenannten typischen Hochdruckapparat. Sieht man von den Inneneinbauten ab, die meist nicht den Festigkeitsgesetzen des Hochdruckes zu folgen brauchen, da sie nahezu allseitig von gleichem Druck umgeben sind, so bestehen die meisten Hochdruckbehälter aus zylindrischen Mänteln, die sich, ungeachtet des Werkstoffes, in verhältnismäßig wenig Einzelheiten deutlich unterscheiden. Der einzige Unterschied besteht meist in der Differenzierung der Inneneinbauten, die sich ausschließlich nach dem Verwendungszweck richten. Dieser Unterschied im Verwendungszweck ist es, der jedem Hochdruckhohlkörper sein spezifisches Gepräge gibt. Denn ein Reaktionsapparat beliebiger Konstruktion stellt zwangsläufig einen leeren dickwandigen Zylinder dar, dessen Wandung nach Maßgabe des Betriebsdruckes ermittelt ist. Das gleiche trifft zu für ein Röhrenbündel oder gar ein einzelnes Rohr. Die Charakteristik eines Verfahrens hinsichtlich Druck, Temperatur, Mengenbilanz, Strömungsgeschwindigkeiten und Temperaturverteilung müssen sich in den Konstruktionseinzelheiten des Druckapparates genau so äußern, wie die Wanddicke die Festigkeitsstabilität wiederspiegelt. Man kann daher nicht schlechthin von einem Druckreaktionsapparat sprechen, ohne besonders darauf hinzuweisen, daß es sich um einen Apparat für Hydrierung, Ammoniak- oder Methanolsynthese oder gar Krackverfahren handelt. In jedem dieser Einzelfälle wird der Hochdruckhohlkörper zwar ein dickwandiger Zylinder sein, in seiner Innenausstattung sich jedoch sehr wesentlich hinsichtlich des unterschiedlichen Verwendungszweckes unterscheiden. Dies ist im wesentlichen damit begründet, daß Hochdruckapparate, besonders für hohe Drücke, infolge ihres hohen Einsatzgewichtes sehr teuer sein können. Man muß daher anstreben, eine Höchstzahl von Verfahrensfunktionen in ein und demselben Apparat unterzubringen. Dies führt ganz allgemein zur Anwendung hochkomplizierter Einbauten, deren Konstruktion ausschließlich technologische Verfahrenseinzelheiten der betreffenden Hochdrucksynthese repräsentiert.

Ohne auf technologische Einzelheiten einzugehen, sollen einige Hochdruck-Synthesereaktionsapparate mit ihren wesentlichsten Inneneinbauten beschrieben werden, die für die großtechnisch wichtigsten Verfahren Bedeutung erlangt haben und in der Industrie vielseitig in großem Ausmaße zur Anwendung gelangt sind. Damit soll zugleich erreicht werden, die Schwierigkeiten für den Konstrukteur aufzuzeigen, die sich gerade aus der Berücksichtigung der speziellen technologischen Forderung ergeben. Der Konstrukteur benötigt daher ein tiefes Einfühlungsvermögen für physikalische, chemische und technologische Bedingungen, denen er mechanische Form verleihen muß in der befriedigenden Lösung großtechnischer Probleme.

Jegliche Diskussion des nachfolgenden Stoffes in diesem Kapitel soll aber ausschließlich darauf beschränkt bleiben, die konstruktiven Probleme herauszuschälen, chemisch-physikalische Probleme aber nur insoweit berücksichtigen, als zum Verständnis der jeweiligen Konstruktion erforderlich ist. Der Leser soll nicht in die Lage versetzt werden, daß er eine Ammoniakanlage fahren könnte nach Abschluß der Studien. Wohl aber soll er in der Lage sein, sich an die Konstruktion eines Syntheseofens heranzuwagen, wenn die übrigen ingenieurmäßigen Voraussetzungen für die erfolgreiche Behandlung einer solchen Aufgabe erfüllt sind.

## II. Grundsätzliche Betrachtungen über die Konstruktion von Hochdruckapparaten

Die erfolgreiche Lösung konstruktiver Aufgaben für den Bau von Hochdruckanlagen der chemischen Großindustrie verlangt in großem Ausmaße eine genaue Übersetzung chemisch-physikalischer Verfahren in die Sprache des chemischen Apparatebauers. Er muß die in Frage stehenden Verfahren bis in die kleinsten Einzelheiten hinein kennen, wenn er zur optimalen Verwirklichung der Verfahrenserkenntnisse kommen will. Diese Einzelheiten können oft recht verwickelt sein, wenn es darauf ankommt, die Laboratoriums- oder Technikumserfahrungen sehr genau ins Großtechnische zu übertragen. Um diese Aufgabe zufriedenstellend zu bewältigen, bedarf es oft großer Intuition und Einfühlungsvermögens, denn die beste Idee oder das genialste chemische Verfahren ist wertlos, wenn es dem Ingenieur nicht gelingt, dem Chemiker die zur Verwirklichung des Verfahrens benötigte Apparatur zur Verfügung zu stellen.

Eine Hochdruckanlage für großtechnische Produktion umfaßt im allgemeinen eine große Anzahl von Einzelapparaten, die ihrem Verwendungszweck zufolge in verschiedene Kategorien eingeteilt werden können. Eine derartige Klassifizierung könnte beispielsweise vorgenommen werden in Reaktionsapparate (Hochdrucköfen, Autoklaven, Röhrenreaktoren usw.), Hilfsapparate (Produktabscheider, Flaschen, Waschtürme, Destillierkolonnen, Wärmeaustauscher, Kühler, Kondensatoren usw.), Maschinen und Apparate zur Druckerzeugung (Pumpen, Kompressoren, Multiplikatoren), Armaturen und Rohrleitungen sowie Meßinstrumente. Diese Apparatetypen kommen in allen Hochdruckanlagen der chemischen Industrie vor, unabhängig von der speziellen Art der Verfahren, für die die Apparaturen eingesetzt werden sollen.

## A. Chemische Verfahren zur Charakterisierung von Hochdruckapparaten

Für den weniger erfahrenen Konstrukteur ist es sehr schwierig, sich eine richtige Vorstellung über die Art, den Umfang und die Wirkungsweise von Apparaten einer Hochdruckproduktionsanlage der chemischen Großindustrie zu machen. Die nachfolgenden Ausführungen sollen daher dem Zwecke dienen, an Hand von Anlagenbeschreibungen einen Einblick zu vermitteln, welche Betriebsfunktionen solche Apparate auszuführen haben, was dazu verhelfen soll, die Analysen des Konstrukteurs zu beleuchten.

Als Beispiel sei eine Kohlehydrieranlage gewählt, bei der neben verschiedenartigen Druckstufen nahezu alle Apparatetypen vorkommen, die man in der Hochdruckverfahrenstechnik zu benützen pflegt. Es dürfte kaum ein anderes Verfahren bestehen, bei dem der Umfang einer Großanlage solche Ausmaße annimmt, wie dies bei einer Kohlehydrieranlage zur Herstellung synthetischen Benzins der Fall ist.

### 1. Das Kohlehydrierverfahren zur Herstellung synthetischen Benzins aus Kohle

Wenn an dieser Stelle von Hydrierverfahren gesprochen wird, so sei hierunter ganz allgemein ohne besondere Definition ein Verfahren verstanden zur Anreicherung des Wasserstoffgehaltes, wobei die Art der Bindung der Kohlenstoffatome im Molekül eine Veränderung erfährt, beispielsweise durch Sättigung einer Doppelbindung oder durch Spaltung einer langen Kette unter gleichzeitiger Bildung von kürzeren gesättigten Ketten. Der Vorteil einer solchen Hydrierung besteht darin, daß eine vollständige Umwandlung des verarbeiteten Rohstoffes ohne Bildung von festen Nebenprodukten stattfindet. Zum Unterschiede hierzu steht die Krackdestillation, wo die Menge des herstellbaren Benzins durch gleichzeitige Bildung von Nebenprodukten herabgesetzt wird. Ferner lassen sich durch die Hydrierung sehr hochwertige Schmieröle aus sonst minderwertigen Rohölen gewinnen.

Eine derartige Hydrieranlage sei nun als Beispiel zur Beschreibung einer Hochdruckanlage gewählt. Anlagen dieser Art sind in Deutschland an verschiedenen Stellen in Betrieb. Um nun einen Begriff der Größenordnung zu vermitteln, sei erwähnt, daß man für 1 t Benzin etwa 2500 bis 3000 m$^3$ Wasserstoff benötigt. Benützt man diese Zahl als Basis für eine Anlage, in der 500 × 10$^3$ Jahrestonnen Benzin hergestellt werden sollen, so wird eine solche Großanlage einen Wasserstoffbedarf von 180 × 10$^3$ m$^3$/h aufweisen.

Der Hydrierprozeß zur Herstellung von Benzin aus Steinkohle verläuft in drei Phasen. Ein Gemisch von schwerer und teilweise in Öl gelöster Kohle tritt zusammen mit Wasserstoff in den Reaktionsofen ein. Die anfallenden Reaktionsprodukte sind gasförmig und flüssig. Der Rohstoff Kohle besteht aus hochmolekularen jedoch wasserstoffarmen Substanzen und wird umgewandelt in niedermolekulare Verbindungen mit hohem Wasserstoffgehalt. In der Reaktionszone geschieht eine Spaltung der Produkte bei gleichzeitiger Wasserstoffanreicherung.

In großtechnischen Anlagen wickelt sich dieses Verfahren gewöhnlich in zwei oder drei Stufen ab. In verschiedenen Werken wird sogar zum Zwecke der Benzinaromatisierung noch eine vierte Stufe hinzugefügt.

Die Stufe I ist in der Technik als Sumpfphase bekannt und verläuft bei Drücken von 200–700 atü und Temperaturen von 450–485 °C. Kohle wird feinst vermahlen und dann intensiv mit schwersiedendem Öl zusammen mit dem Katalysator zu einem Brei angerieben, dem sogenannten Kohlebrei, der mittels Spezialpreßpumpen nach Art der Hochdruckflüssigkeitspreßpumpen auf einen Fließdruck von 300 atü gebracht wird. Nach der Vorwärmung unter Druck auf Reaktionstemperatur wird Druckwasserstoff in die Leitung eingeleitet und dieses Gemisch dem Reaktionsofen zugeführt.

In Stufe II wird das Reaktionsprodukt der Stufe I, das als Mittelöl bezeichnet wird, hydriert.

Stufe III wird Benzinierung genannt. Hier wird das Benzin durch Spaltung des Mittelöles der Stufe II gewonnen. Die Reaktionsöfen der Benzinierungsstufe enthalten im Gegensatz zur Stufe II festen Katalysator. Der Reaktionsdruck ist der gleiche wie in der Vorhydrierung von Stufe II.

Stufe IV dient der Aromatisierung zum Zwecke der Erhöhung der Oktanzahl durch katalytische Aromatisierung.

Das Gesamtschema einer Kohlehydrieranlage ist in Abb. 1 wiedergegeben. Darnach wird der Kohlebrei einer Breipresse zugeführt, die die Suspension auf einen Druck von 300 atü drückt, von wo es dann einen Spitzenvorwärmer zugeleitet wird. Vor dem Eintritt in den Spitzenvorheizer wird der Druckwasserstoff zugegeben, der zuvor in einem Gaswärmeaustauscher seine Aufheizung erfahren hat. Innerhalb des Spitzenvorwärmers wird heiße Schlammsuspension eingeleitet. Der Spitzenvorheizer selbst besteht aus einem System von sogenannten Haarnadeln, die mit heißen Wälzgasen mittels Umwälzgebläse auf die erforderliche Temperatur (~450 °C) das Brei-Gas-Gemisch aufzuheizen vermögen. Die eigentliche Hydrierreaktion vollzieht sich dann in den nachfolgenden Reaktionsöfen, von denen in der Regel drei bis vier Öfen hintereinandergeschaltet sind. Diese Reaktionsöfen haben keine inneren Einbauten, da

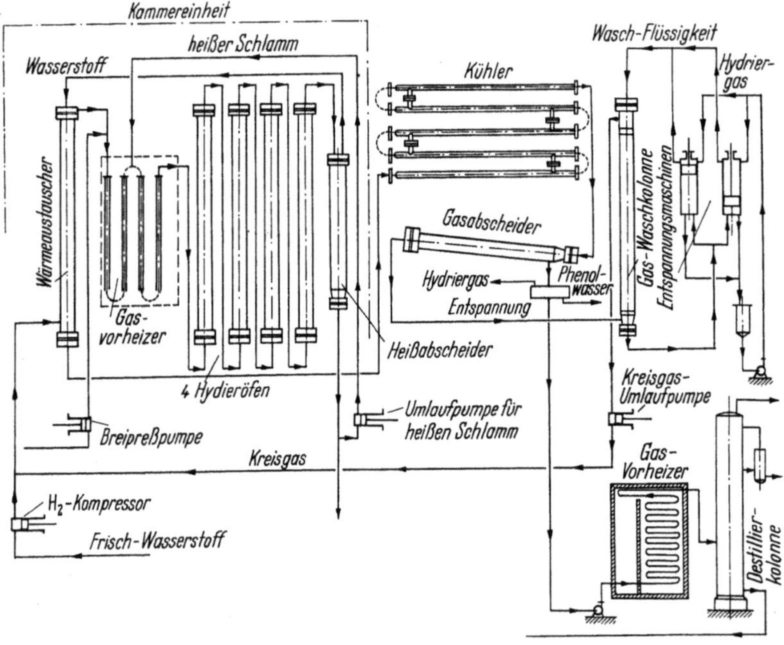


**Abb. 1. Grundsätzliches Fließschema eines Hydrierwerkes zur Erzeugung von synthetischem Benzin aus Kohle. Sumpfphase. Kohlebreiaufbereitung ist nicht gezeigt. Destillation wesentlich schematisiert**

flüssiger Kontakt benützt wird, der mit der Kohlebreisuspension in den Reaktionsofen unter fortlaufendem Fließbetrieb eingefahren wird. Diese Stufe ist auch als Vorhydrierung bekannt. Die Abmessungen der Öfen sind größenordnungsmäßig bei 800–1000 mm Durchmesser, sowie einer Länge von 18–12 m, je nach Durchmesser. Ein solches System innerhalb eines Hydrierwerkes heißt Kammer. Jedes Hydrierwerk besitzt mehrere Kammern dieser Art als geschlossene Einheiten, die in Parallelschaltung zueinander arbeiten.

Die Reaktion dieser Hydrierstufe ist stark exotherm, weshalb die Ofenwände eine Innenauskleidung als Wärmeschutz gegen Überhitzung besitzen. Der Brei wird von unten in die Öfen eingeleitet und benötigt etwa eine Stunde, bis alle vier Öfen durchlaufen sind.

Hinter dem letzten Hydrierofen erfolgt die Trennung des Schlammes von den gasförmigen Bestandteilen in einem sogenannten Heißabscheider. Der Schlamm gelangt zum Teil zum Spitzenvorheizer, um wieder dem Kohlebrei zugemischt zu werden, während der Rest des Schlammes entspannt und dann der besonderen Schlammaufbereitung zugeführt wird. Der Kreislauf des heißen Schlammes verbessert die Kontaktkonzentration für den Hydrierreaktionsofen und dient gleichzeitig dazu, eine Verdünnung des Kohlebreies zu erreichen.

Die gas- und dampfförmigen Bestandteile gehen zum Wärmeaustauscher, wo sie ihren enormen Wärmegehalt abgeben an den Kohlebrei, und strömen dann durch einen Kühler, der mit Wasser betrieben wird, zum Produktgasabstreifer. Das flüssige Kondensat aus dem Abstreifer wird stufenweise von 100 atm auf drucklosen Zustand entspannt unter Ausscheidung gelöster Gase mit entsprechender Weiterverarbeitung, während die flüssigen Anteile über einen weiteren Spitzenvorheizer zur Destillation gelangen.

Das gasförmige Produkt aus dem Produktabstreifer, das sogenannte Hydriergas, wird in dem Skrubber unter Druck gewaschen, wobei mittels Ölberieselung die Kohlenwasserstoffgase entfernt werden. Nach dieser Trennung gehen die verbleibenden Gase mit Hilfe einer Pumpe in den Kreislauf zurück, wo das umgesetzte Gas durch Frischgas aus einem Kompressor ersetzt wird.

Im Zusammenhange mit der Gaswäsche möge schon hier auf eine interessante Vorrichtung hingewiesen werden, die später noch im einzelnen besprochen werden wird, nämlich die Entspannungsmaschine. Das den Berieselungsturm verlassende Waschöl hat einen Druck von 700 atü. Wenn nun das Öl entspannt wird, kann die Entspannungsenergie in eigens hierfür entwickelten Kolbenmaschinen nutzbar gemacht werden, um das Berieselungsöl für die neue Beaufschlagung wieder auf den 700-atü-Waschdruck zu fördern. Im Anschluß an die Entspannungsmaschine erfolgt die Abtrennung der Kohlenwasserstoffe aus dem Öl, das dann wieder in den Kreislauf zurückgeführt wird. Das abgetrennte Mittelöl geht dann zur Gasphasenhydrierung.

Die Dampfphasehydrierung, genannt Gasphase, ist schematisch in Abb. 2 veranschaulicht. Der schematische Fließverlauf für den Verfahrensablauf in dieser Phase ist im wesentlichen wie folgt:

Das aus der Sumpfphase stammende Mittelöl wird von einer Pumpe unter einem Druck von 325 atü über Wärmeaustauscher, die als Regeneratoren bekannt sind, und einen Spitzenvorheizer in die Vorhydrierungsöfen gepumpt. Diese Öfen haben wiederum die Abmessungen von 1000 bis 1200 mm Durchmesser bei 18–12 m Länge und sind an der Innenfläche mit entsprechendem Wärmeisolierschutz ausgestattet. Im Gegensatz zu den Sumpfphaseöfen enthalten diese Reaktionsapparate festen Katalysator, der in Form von Etagen mit entsprechenden Inneneinbauten in die Öfen eingebracht wird. Die Temperaturkontrolle solcher Kontaktöfen geschieht, wie dies auch für die Sumpfphaseöfen vorgenommen wird, durch Einleitung von kaltem Druckwasserstoff, der an verschiedenen Stellen des Ofens eingefahren werden kann.

Im Anschluß an die Reaktionsöfen passiert das Produkt zuerst wiederum einen Wärmeaustauscher sowie einen Kühler und gelangt dann in

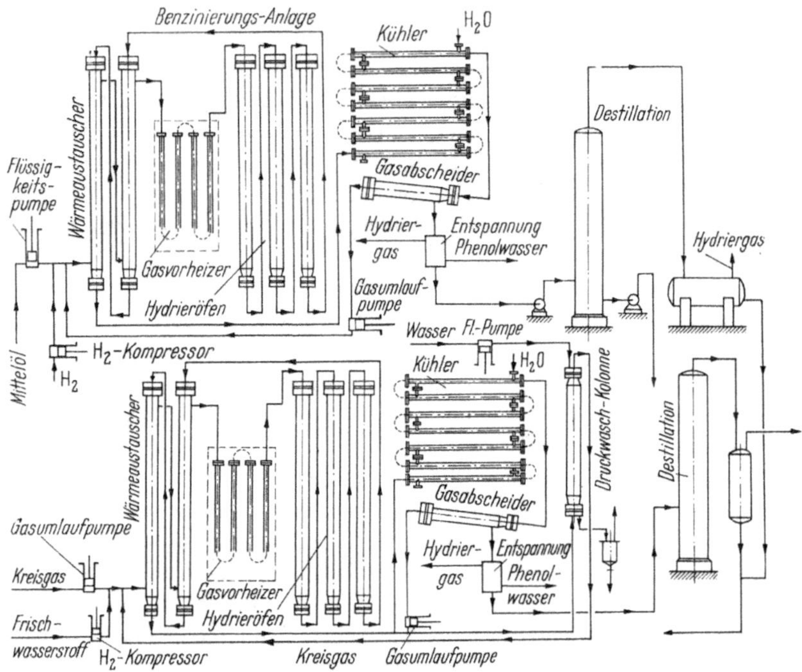


**Abb. 2. Grundsätzliches Fließschema eines Hydrierwerkes zur Erzeugung von Benzin aus Kohle. Gasphase und Benzinierung. Aromatisierung nicht angedeutet. Destillation wesentlich schematisiert**

einen Produktabscheider, wo die Gas-Flüssigkeits-Trennung erfolgt und das Gas wieder, wie in der Sumpfphase, in den Kreislauf zurückkehrt. Das flüssige Produkt wird entspannt und gelangt dann zur Destillation. Hiernach erfolgt die Benzinaromatisierung der Flüssigphase, während das Mittelöl in die Benzinierungsstufe gepumpt wird. Die Benzinierung wird mit einem Betriebsdruck von 325 atü betrieben, wobei die Temperatur Werte von 400–460 °C erreicht. Das genaue Temperaturniveau hängt jeweils vom Alter des Katalysators ab, und zwar gehören die niedrigeren Temperaturen zu frischem Katalysator, während sich mit zunehmendem Alter des Katalysators auch die Betriebstemperatur erhöht. Hierbei ist unter Alter die Benutzungsdauer des aktiven Katalysators im Reaktionsbetriebe zu verstehen.

Die kurze Schilderung der Fließschemas einer Kohlehydrieranlage zur Herstellung synthetischen Benzins zeigt in groben Zügen, welche Art von

Hochdruckapparaten für diese spezielle Reaktion mit ihren Begleiterscheinungen gebraucht werden. Will man sich hierbei auf Apparatetypen beschränken, so hat man es also im wesentlichen mit Kontaktöfen, mit und ohne ständiger Kontaktfüllung, Produktabscheidern, Gasabstreifern, Vorheizern, Kühlern, Wärmeaustauschern bzw. Regeneratoren zu tun. Jeder Apparat hat dabei seine klar definierte Bestimmungsaufgabe zu erfüllen, die während des Reaktionsablaufes unverändert bleibt und die ihm im Rahmen der technologischen Verfahrensbedingungen obliegen. Diese Funktionen müssen jeweils auf das genaueste eingehalten bzw. erfüllt werden, wenn die Produktionsziffern der Anlage erreicht werden sollen. Diese Forderungen sind oft sehr vielseitiger Natur und verlangen darüber hinaus ein hohes Maß an Betriebssicherheit, die vielfach nur unter schwierigsten Bedingungen verwirklicht werden kann.

## 2. Die Ammoniaksynthese

Bei typischen Gasphasereaktionen kommen im allgemeinen fest im Reaktionsraum angeordnete Katalysatormassen zur Verwendung. Dies führt trotz der Schwierigkeiten in den Ofeneinbauten zu einer Vereinfachung des Betriebes gegenüber der flüssigen Phase, in der der Kontakt gemeinsam mit den Reaktionskomponenten in die Reaktionsräume eingebracht wird. Liegen also Reaktionen mit festen Katalysatoranordnungen vor, so muß angestrebt werden, eine optimale Wirkungsdauer bzw. Lebenserwartung des Katalysators zu erzielen. In Hochdruckapparaten ist die Anordnung sowie die Ein- und Austragung der Katalysatormasse äußerst kostspielig, zeitraubend und umständlich, was stets mit merklichen Stillegungszeiten verbunden ist. Eine der Hauptaufgaben des Konstrukteurs und des Chemikers muß es daher sein, alle Vorkehrungen zu treffen, die Kontaktlebensdauer auf einem Optimum zu halten. Dies kann erreicht werden durch äußerste Reinheit aller an der Reaktion teilnehmenden Komponenten. Fremdstoffe in Gasen und Flüssigkeiten, die den Katalysator zu passieren haben, stellen Kontaktgifte dar, selbst in Gegenwart von Spuren, die die Lebensdauer des Kontaktes in jeder Hinsicht wesentlich beeinträchtigen können.

Von den Verfahren der chemischen Großindustrie, bei denen hohe Drücke zur Durchführung chemischer Reaktionen zur Anwendung kommen, um eine Umsetzung von Gasen bei hohen Temperaturen durchzuführen, ist die Ammoniaksynthese das wichtigste. Die Produktion von Ammoniak hat sich heute in allen Ländern der Welt, die wirtschaftliche Bedeutung haben, weit ausgebreitet und ist dort zu einem wichtigen Faktor innerhalb der chemischen Produktion herangewachsen. Die Vielfältigkeit der Möglichkeiten der Wasserstoffgewinnung entweder aus der Elektrolyse des Wassers, der Konvertierung des Wassergases oder der

Verflüssigung der Kokereigase usw. schufen die Voraussetzung, daß die Ammoniaksynthese sich in Ländern der oft unterschiedlichsten wirtschaftlichen Strukturen erfolgreich durchgesetzt hat.

Ohne einem bestimmten Verfahren gegenüber anderen den Vorzug zu geben, möge auch das Haber-Bosch-Verfahren kurz geschildert werden – sofern es die Ammoniaksynthese betrifft – weil diese Synthese praktisch die erste war, die die Ammoniakreaktion als möglich bestätigte und auch großtechnisch als erste Ammoniakproduktion der Welt gilt. Das Bosch-Haber-Verfahren gab außerdem den Anstoß zur Entwicklung von Hochdruckverfahren im großen in der Welt allgemein. Diese Einflechtung sei gestattet, denn der Verfasser will damit die Gelegenheit benützen, dem Schöpfer der modernen Hochdrucktechnik, dem Chemiker KARL BOSCH [*1*] für seine genialen Leistungen auf diesem Gebiete eine kleine Reverenz zu erweisen.

Das Verfahren arbeitet bei einem Betriebsdruck von 200 atü und einer Temperatur des Katalysators, die bei den meisten Verfahren etwa angenähert gleich hoch ist und bei etwa 450–500 °C liegt.

Nach dem Haber-Bosch-Verfahren erfolgt die Vergasung des Brennstoffes durch Wasserdampf und Luft in einem besonderen Generator, worin die Mengen so geregelt werden, daß nach Beendigung der Konvertierung des Kohlenoxyds und der Verbrennung des Kohlendioxyds ein Gasgemisch im Verhältnis $H_2:N_2 = 3:1$ entsteht.

Sobald das heiße Gemisch den Generator verläßt, wird Wärme entzogen. Mitgerissene feste Bestandteile werden durch eine Gasdruckwäsche abgeschieden. Das Gas geht dann in eine Konvertierungsgruppe, bestehend aus einem Wärmeaustauscher und einem Reaktionsturm, der mit festem Kontakt gefüllt ist. Das Gas betritt die Öfen durch den oberen Deckel, durchströmt den Reaktionsraum, wo es unmittelbar beim Eintritt mit der für die Konvertierung erforderlichen Dampfmenge vermischt wird. Das Gas wird dann über einen Kompressor in eine 30-atü-Druckwäsche geleitet. Nach der Abtrennung des Kohlendioxyds wird auf 200 atü verdichtet und in einem besonderen Waschturm vom Kohlenoxyd befreit und zum Konverter geleitet, wo die Umsetzung zu Ammoniak stattfindet. Das gasförmige Reaktionsprodukt gelangt über einen Kühler in den Absorptionsturm, wo die Lösung des Ammoniaks in Wasser stattfindet.

## 3. Die Methanolsynthese

Zu einer der wichtigsten organischen Synthesen, die in der chemischen Industrie in großtechnischem Maßstabe mit anorganischen Ausgangsprodukten ausgeführt werden, gehört ohne Zweifel die Methanolsynthese, bei der aus Kohlenoxyd und Wasserstoff unter hohem Druck der organische Alkohol Methanol gewonnen wird. Die Synthese hat ebenfalls in der Badischen Anilin- & Soda-Fabrik in Ludwigshafen am Rhein bereits im Jahre 1913 ihren praktischen Ausgang genommen und sich bis heute mit mehr oder weniger technischer Vervollkommnung über die Industrieländer der ganzen Welt ausgebreitet. Nach diesem Prinzip werden heute ungeheure Mengen an Methanol in relativ kleinen Anlagen und zu sehr niedrigen Herstellungskosten erzeugt. Die rasche Entwicklung der Methanolsynthese ist ein klassisches Beispiel für die theoretische Einfachheit von Synthesereaktionen unter Benützung von hohem Betriebsdruck.

Apparatemäßig gesehen hat eine Anlage zur Herstellung von Methanol keine besonderen Eigenheiten, wenn man sie mit Anlagen der Kohlehydrierung oder gar der Ammoniakherstellung vergleicht. Eine weitere oder gar tiefer gehende Behandlung der Methanolsynthese erübrigt sich daher und würde über den gesteckten Rahmen dieses Kapitels hinausgehen.

## B. Charakteristische Grundzüge von Anlagen für Hochdrucksynthesen

Vergleicht man die Apparaturen von Produktionsanlagen einer Reihe von katalytischen Hochdruckverfahren, die in der chemischen Großindustrie heute überall zu finden sind und zu einem bedeutenden wirtschaftlichen Faktor sich entwickelt haben, so kommt man zu der Schlußfolgerung, daß es kein typisches Hochdruckverfahren gibt. Es gibt aber mehr oder weniger gemeinsame Kennzeichen in allen Anlagen, die sich in der einen oder anderen Form bei allen Anlagen wiederholen.

Da nahezu alle Hochdruckreaktionen zu Reaktionsgleichgewichten führen, bei denen die Umsetzung der Ausgangskomponenten einen bestimmten Höchstwert erreicht, der nicht überschritten werden kann, der sich aus den Konzentrationsverhältnissen der Reaktionsteilnehmer bei gegebenem Druck und Temperatur ergibt, so läßt sich als besonderes Merkmal für ein solches Verfahren feststellen, daß man eine Trennung der Reaktionsprodukte von den nicht reagierten Gasen vornehmen muß, wobei die gasförmigen Ausgangskomponenten über einen Kreislauf wieder dem Reaktionsapparat zurückgeleitet werden.

Ein weiteres gemeinsames Merkmal ist der sogenannte Gaskreislauf. Dies bedeutet, daß man die an der Reaktion nicht beteiligten Substanzen vom Fertigprodukt befreit, sie reinigt und sie dann wieder erneut der Kontaktzone im Reaktor zuführt, welcher Prozeß sich praktisch ohne Unterbrechung wiederholt. Zu gleicher Zeit wird man aber dem verbrauchten Kreisgasstrom einen bestimmten Mengenprozentsatz entziehen, diesen aus dem Kreis als Abgas entfernen, um ihn mengenmäßig durch Frischgas zu ersetzen. In nahezu allen Fällen der wichtigen Hochdrucksynthesen ist das Volumen des stündlich umlaufenden Kreisgases ein Mehrfaches der Menge des Frischgases, das dem Kreis bei der Reaktion durch die Bildung der Endprodukte entzogen wird. Werden beispielsweise bei einem einzigen Durchgang über den Reaktionsbehälter (Katalysator) 10% des umlaufenden Gases in abtrennbares Produkt umgesetzt, so muß das Volumen des Kreisgases theoretisch mindestens zehnmal so groß sein wie die Menge des zuzuführenden Frischgases, das den Verbrauch ersetzen muß, damit die Menge des sich bildenden Reaktionsproduktes der vollständigen Umsetzung des hinzugeführten Frischgases entspricht.

Nach diesem Arbeitsprinzip lassen sich konstante Reaktionsbedingungen aber nur dann erzielen, wenn die an der Reaktion teilnehmenden Gas-Flüssigkeits-Komponenten einen äußerst hohen Reinheitsgrad besitzen, ohne merkliche Mengen an Inertgasen zu enthalten. Ferner dürfen sich theoretisch keine Sekundärreaktionen bilden, aus denen sich unkondensierbare Gase bilden können, die sich mit dem weiteren Verlauf der Reaktion fortlaufend anreichern und die Wirkung von Inertgasen besitzen. Hierdurch wird nämlich der Partialdruck der an der Reaktion beteiligten Gase herabgesetzt, wobei sich die Gleichgewichtskonzentration ändern muß, was zwangsläufig eine Veränderung des Umsetzungsgrades zur Folge haben wird. Also muß sich die stetige Anreicherung des Inertgasgehaltes als eine fortlaufende Veränderung der Reaktionsbedingungen auswirken. Man kann jedoch den Inertgasgehalt in dem Kreisgas niedrig und zugleich konstant halten, wobei sich nach einem bestimmten Zeitintervall physikalisches Gleichgewicht einstellen wird. Lassen sich die Inertgase durch eventuelle Löslichkeit in den Reaktionsprodukten in dieser einfachen Weise aus dem Kreislaufe entfernen, so besteht für eine Anreicherung und somit für eine Störung des Reaktionsgleichgewichtes keine Gefahr.

Wird jedoch der Inertgasanteil volumenmäßig groß im Verhältnis zur gesamten Kreisgasmenge, so setzt ihre fortlaufende Anreicherung bei jedem Durchgang den Partialdruck des umlaufenden Gases wesentlich herab. Es ergibt sich hieraus die Forderung, nach der Abscheidung der Reaktionsprodukte dem Umlaufstrom eine definierte Gasmenge zu entziehen, was den Mengenanteil des Inertgases als Spiegel konstant beläßt, den man zu erhalten wünscht. Diese notwendige Maßnahme zieht einen Verlust an wertvollen Gasen nach sich, die der Umsetzung für immer entzogen werden und somit den Umsatz herabsetzen. Dies ist einer der vielen Gründe, warum der Reinheitsgrad der Gase von Hochdrucksynthesereaktionen eine so große Bedeutung hat. Bei der Methanolsynthese ist das Inertgas Stickstoff, während es bei der Ammoniakreaktion das Methangas ist. Die Gegenwart der Inertgase verlangsamt den Reaktionsverlauf, und ihr Einfluß ist größer, als sich aus der Berechnung nach dem Massenwirkungsgesetz für die Erniedrigung des Partialdruckes der an der

Reaktion beteiligten Bestandteile ergibt. Dies ist die Folge kinetischer Vorgänge, denn man kann sich leicht vorstellen, daß die Wahrscheinlichkeit für den Zusammenstoß von Gasmolekülen zwischen reaktionsfähigen Komponenten durch die Wahrscheinlichkeit von Zusammenstößen zwischen Inertgasmolekülen sichtlich vermindert wird.

Die Umwälzung des Kreisgases geschieht gewöhnlich mit Hilfe von Kreisgasumwälzpumpen, die den Druckverlust des Gases, den es bei einem Durchgang im Hochdrucksystem erfährt, wie beispielsweise durch Produktabscheider, Gasabstreifer, Kühler, Regeneratoren, Wärmeaustauscher usw. auszugleichen hat. Mit Hilfe der Gasumlaufpumpen läßt sich außerdem die Umlaufgeschwindigkeit erhöhen, da es oft infolge der Alterungserscheinungen des Katalysators erforderlich wird, der Abnahme der Kontaktwirksamkeit durch Steigerung der Umlaufgeschwindigkeit zu begegnen, wenn die Menge des anfallenden Fertigproduktes konstant bleiben soll. Wird infolge des geringeren Anfalles je Volumeneinheit an Umlaufgas durch den niedrigen Produktgehalt im katalysierten Gas die Gesamtausbeute geringer, so muß im Interesse des Gleichgewichtes das Kreisgasvolumen diesbezüglich erhöht werden.

Um nun einen Begriff von der Größenordnung einer Hochdruckproduktionsanlage zu vermitteln, sollen einige konkrete Zahlenwerte wiedergegeben werden hinsichtlich einer Kohlehydrieranlage, die Aufschluß geben sollen über den Bedarf an nutzbarem Hochdruckraum, über den eine solche Anlage verfügt. Legt man eine Jahresproduktionsleistung von $200 \times 10^3$ Tonnen Benzin aus Steinkohle zugrunde, also eine Anlage, wie etliche dieser Art in Deutschland in Betrieb sind, so ergeben sich grob gesehen folgende Zahlenangaben:

*1. Sumpfphase – 700 atü Betriebsdruck:*

| | | |
|---|---|---|
| Kontaktöfen | 180 m³ | warmgehende Behälter |
| Regeneratoren | 20 m³ | |
| Heißabscheider | 45 m³ | |
| Produktabscheider | 20 m³ | kaltgehende Behälter |
| Kreislaufgasabscheider | 25 m³ | |
| Kreislaufgasabscheider | 10 m³ | |
| | ~ 300 m³ Gesamtvolumen | |

*2. Gasphase – 325 atü Betriebsdruck:*

| | | |
|---|---|---|
| Kontaktöfen | 165 m³ | warmgehende Behälter |
| Regeneratoren | 40 m³ | |
| Produktabstreifer | 20 m³ | kaltgehende Behälter |
| Kreislaufgasabstreifer | 15 m³ | |
| | ~ 240 m³ Gesamtdruckraum | |

*3. Wasserstoffreinigung:*

Insgesamt etwa 40 m³ Druckraum als kaltgehende Behälter.

Demnach sind in einer Kohlehydrieranlage für eine Produktionskapazität von etwa $200 \times 10^3$ Jahrestonnen Benzin aus Kohle etwa 580 m³ Hochdruckraum erforderlich. Hierbei muß in Betracht gezogen werden, daß die Stufenabscheider der Gaskompressoren, der Kreisgasumlaufpumpen sowie viele Einzelabscheider innerhalb eines solchen Werkes nicht einbezogen sind. Daraus ergibt sich, welch gewaltige Ausmaße an Hochdruckapparaten in einem solchen Projekt stecken. Hieraus kann man sich nun eine Vorstellung von dem Verantwortungsbereich eines Hochdruckkonstrukteurs machen.

## III. Die betrieblichen Aufgaben von Reaktionsbehältern im Rahmen von Hochdruckanlagen

Es würde den Rahmen dieses Kapitels weit überschreiten, die technologischen Betriebseinzelheiten eines jeden Hochdruckapparates eingehend zu beschreiben. Wenn trotzdem hier auf einige Konstruktionseinzelheiten eingegangen wird, so soll damit gezeigt werden, wie sehr man den Hochdruckraum zur Unterbringung vieler Einzelapparate in einem einzigen Hohlzylinder auszunützen vermag. Dies setzt neben großer Konstruktionserfahrung genaueste Kenntnis des Reaktionsverlaufes voraus. Der Reaktionsbehälter muß so gebaut sein, daß für jede Phase Gleichgewicht hinsichtlich Druck, Temperatur und Stoffaustausch hergestellt und garantiert werden kann, wobei äußerste Rücksicht auf die Kontaktlebensdauer zu nehmen ist.

Um diese Maßnahme verständlich zu machen, mögen einige Verfahrenseinzelheiten gezeigt werden, die notwendig sind, die Wirkungsweise solcher Apparate hinreichend verständlich zu machen.

### A. Reaktionsbehälter für großtechnische Anlagen der Ammoniaksynthese

In der chemischen Großindustrie sind Hochdruckreaktionsapparate praktisch ausnahmslos als Hochdruckhohlkörper von zylindrischer Form ausgebildet mit Deckelverschlüssen entweder an einem oder an beiden Enden. In diesen Zylindern findet die Reaktion technisch wichtiger Synthesen statt, d.h., sie dienen der Wechselwirkung chemischer Stoffe unter genau definierten Verfahrensbedingungen. Da die Mehrzahl der Hochdruckgassynthesen katalytisch verläuft, müssen für die Unterbringung des meist festen Katalysators im Reaktionsraum besondere Einbauvorrichtungen konstruiert werden. Verläuft die Reaktion außerdem unter starker Wärmetönung – und dies trifft für nahezu alle Synthesen dieser Art zu – so benützt man zur Ausnützung der vorhandenen Wärme den Reaktionsraum zur Unterbringung von Wärmeaustauschvorrichtungen. Diese Sonderapparate verfolgen den Zweck, die eintretenden Reaktionskomponenten aufzuheizen, die überschüssige Reaktionswärme abzuführen und die den Ofen verlassenden Produkte entsprechend abzukühlen. Die Unterbringung von Kühlern und Wärmeaustauschern im Reaktionsraum hat den großen Vorteil, daß die Austauschelemente nicht als Hochdruckapparate ausgebildet werden müssen, wobei teuerer Hochdruckraum eingespart wird. Es besteht dafür aber die Schwierigkeit, die Einbauten so zu verbinden, daß keine wesentlichen Undichtheiten entstehen, daß keine merklichen Wärmedehnunterschiede auftreten, die zu einem Versagen führen können, daß die Einbauten günstig eingesetzt und unter einem Minimum von Arbeitsaufwand ausgetauscht werden können.

In Anlagen, bei denen die Reaktion von einer Volumenverminderung begleitet ist, nimmt die Menge des entstehenden Reaktionsproduktes zu mit steigendem Druck bei gleichzeitiger Zunahme der freiwerdenden Wärme. Daraus können sich unter Umständen für die gleiche Synthese völlig verschiedene Gesichtspunkte ergeben für die Auslegung der Konstruktionseinzelheiten. Man versucht, die möglichen Wärmeverluste auszuschalten, was vielfach durch thermische Isolierung des Kontaktraumes nach außen, durch große Wärmeaustauschflächen und durch geschickte Gasführung innerhalb der Reaktionszone verwirklicht werden kann.

Wird mit relativ hohen Drücken gefahren, so kann die auf die Volumeneinheit bezogene Wärmeentwicklung ziemlich beträchtlich werden, so daß eine Rückgewinnung der Wärme praktisch wegfällt. Für diesen Betriebszustand läßt sich die Größe der Katalysatorzone auf ein Minimum beschränken, was beispielsweise auf die Reaktionskammer für Ammoniak nach dem Claude-Verfahren zutrifft. Dies äußert sich dann in einer relativ kleinen Hochdruckapparatur, die keine komplizierte Wärmerückgewinnungsvorrichtung bei kleinem Kontaktraum benötigt.

Nimmt man die Wärmeaustauschvorrichtung aus dem Hochdruckraum heraus, so verkleinert sich der Reaktionsapparat ganz wesentlich. Es ist hierbei jedoch zu berücksichtigen, daß die heißen Rohrleitungen unter sehr hohem Druck und mit erhöhtem Wärmeverlust arbeiten müssen. Ferner wird ein zusätzlicher Hochdruckmantel gebraucht, mitunter können es sogar mehrere Hochdruckmäntel sein.

Ein Reaktionsbehälter, der einer Anzahl verfahrenstechnischer Forderungen Genüge leistet, muß nach den folgenden Grundsätzen konstruiert sein:

a) Er muß der Forderung der Erreichung einer maximalen Leistung gerecht werden, d.h., die Apparatur soll unter den günstigsten Bedingungen gefahren werden können, um hohe Umsetzung ohne übermäßig hohe Drücke zu erreichen. Hohe Drücke verlangen kostspielige Apparaturen bei hohem Energieaufwand.

Hohe Drücke verlangen ferner optimale Ausnutzung von begrenzt zur Verfügung stehendem Volumen zur Unterbringung des Katalysators. Durch zweckmäßige Abstufung der Temperatur des reagierenden Gasgemisches beim Durchströmen des katalytischen Raumes lassen sich optimale Betriebsbedingungen einstellen bzw. dann auch bei Kontrolle aufrechterhalten.

b) Die Anordnung des Katalysators im Kontaktraum ist ein entscheidender Faktor. Mehrere Etagen verteilen das Kontaktgewicht, und die unterste Schicht je Etage erhält eine niedrige Belastung, was sich in einer höheren mechanischen Lebensdauer der Kontaktpillen bemerkbar macht.

c) Der Reinheitsgrad der Gase, die individuelle Gasführung und die Möglichkeit der Zuführung von Kaltgas an gewünschter Ofenstelle sind weitere Faktoren, die zu optimalen Ausbeuteleistungen und Kontaktlebenszeiten führen.

d) Die Ofeneinbauten und die Auswahl der geeigneten Werkstoffe gegen Temperaturangriff und Korrosionswiderstand muß auf optimale Wirkungsdauer abgestellt werden.

e) Die Konstruktion des Ofens sowie der zugehörigen Einbauten muß so einfach gestaltet sein, daß eine Auswechslung irgendwelcher Teile mit einem Minimum an Zeit und Montageaufwand erzielt werden kann.

Abstellen bedeutet Zeitverlust mit Produktionsausfall zusätzlich zu den erforderlichen Unterhaltungskosten. Abstellzeiten lassen sich durch intelligente Konstruktion bedeutend herabsetzen.

Im Hinblick auf diese Richtlinien, die zunächst auf die Ammoniaksynthese abgestellt sind, die sich aber sinngemäß auf alle übrigen Hochdrucksynthesen übertragen lassen, sollen jetzt einige spezielle Hochdruckreaktionsapparate besprochen werden, aus denen diese Grundsätze von der praktischen Seite her abgeleitet sind.

## 1. Reaktionsbehälter für die Ammoniaksynthese: Verfahren Haber-Bosch

Die Behandlung von besonderen Hochdrucksynthese-Reaktionsapparaten, die nachfolgend wiedergegeben wird, ist organisatorisch so gegliedert, daß sie zugleich eine Art geschichtliche Entwicklung dieser Apparate widerspiegelt. Es sei jedoch nochmals darauf verwiesen, daß es nicht Zweck dieses Kapitels ist, chemische oder verfahrenstechnische Einzelheiten zu bringen. Der Zweck dieser Darstellungen besteht ausschließlich darin, die Verfahrensbeschreibung nur so weit einzubeziehen, als es zum Verständnis der Behälterkonstruktion unumgänglich erforderlich ist. Es soll damit angestrebt werden, dem Konstrukteur, der auf diesem Gebiete wenig Erfahrung hat, ein Gefühl zu geben, mit welchen Größenordnungen man in der Hochdrucktechnik gewisser Gassynthesen zu arbeiten pflegt, beziehungsweise wie man großindustriell solche technisch mechanischen Probleme löst.

Einer der ersten Reaktionsapparate, die zur Verwirklichung der Ammoniakproduktion gebaut wurden, ist in Abb. 3 gezeigt. Dieser Apparat weist noch einige charakteristische Konstruktionszüge auf, die ihm von Carl Bosch verliehen worden sind und die es später ermöglicht haben, die Schwierigkeiten der ersten Gasphasedruckreaktionen zu überwinden. Dieser Ofen[1] wurde gebaut mit einem Außendurchmesser von 1100 mm, einer Länge von 12 m und wies in der Form von Abb. 3 ein Gesamtgewicht von etwa 60 t auf. Der Zylindermantel ist in zwei Schüsse unterteilt, die an beiden Enden mit angeschmiedeten Flanschen ausgerüstet sind und mit riesenhaften Durchsteckschrauben zusammengeschraubt werden.

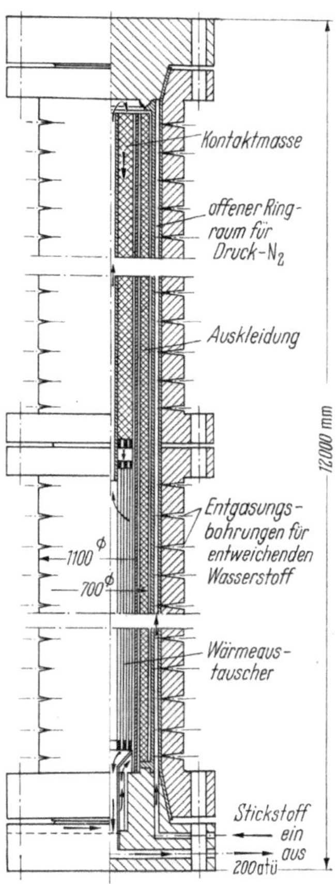

Abb. 3. Alter Ammoniakkonverter der Haber-Bosch-Synthese für Betriebsdruck von 200 atü. Mantel bestehend aus zwei Schüssen mit angeschmiedeten Flanschen

Der drucktragende Zylinder ist ein dickwandiger Hochdruckhohlkörper, der die erforderliche Festigkeit gegenüber dem Innendruck aufzuweisen hat. Die Innenwand des Hohlkörpers ist mit einem Futterrohr ausgekleidet, das nach den Zylinderenden hin konisch aus Gründen der Abdichtung ausläuft. Der eigentliche Inneneinsatz besteht aus einem Käfig mit zwei Stahlrohren von konzentrischer Anordnung, die einen Zwischenraum belassen, der mit Isolation aus Feuersteinen ausgekleidet wird. Der Außendurchmesser dieses Einsatzes ist so ausgelegt, daß noch ein konzentrischer Zwischenraum bis zum Futterrohr verbleibt, durch den der

[1] Es ist in Deutschland üblich, im Zuge der großtechnischen Hochdruckentwicklung Hochdruckreaktionsbehälter dieser Bauart als Hochdrucköfen zu bezeichnen.

Stickstoff geleitet wird, dem die Aufgabe zukommt, das Futterrohr vor den Reaktionsgasen zu schützen. Der Stickstoff tritt durch eine Öffnung am Boden ein, und zwar unter Reaktionsdruck.

Der obere Schuß des Ofens enthält den Katalysator, das sogenannte Kontaktbett, während der untere Schuß bei nahezu gleichem Volumen einen großen Wärmeaustauscher enthält. Das zur Reaktion gebrauchte Wasserstoff-Stickstoff-Gasgemisch wird außerhalb des Reaktionsofens vorgewärmt und strömt in den Ofen durch den unteren Deckel ein, umströmt die Röhre des Wärmeaustauschers im unteren Zylinderschuß und steigt dann durch das zentrale Rohr innerhalb der Kontaktzone bis zum oberen Deckel auf, wo es seine Richtung umkehrt und jetzt von oben nach unten durch den Kontakt selbst geht, wo sich die Umsetzung abspielt. Nach Durchlaufen des Kontaktbettes, also nach Beendigung der Reaktion, tritt das Gemisch durch die Röhre des Wärmeaustauschers und verläßt den Ofen durch die diesbezügliche Öffnung am unteren Deckel.

Ein solcher Ofen weist ein Kontaktvolumen von 750 l auf zur Aufnahme von etwa 2 t festen Katalysators. Die Reaktionstemperatur in der Kontaktzone liegt bei 500–600 °C. Durch die Strömung des Stickstoffes im Zwischenraum vor dem Futterrohr zum Ofenmantel bleibt mit Hilfe der Isolation im Einbau die Temperatur in Grenzen, die den Maximalwert von 350 °C nicht überschreiten. Dadurch lassen sich weniger hochwertige Baustähle zum Einsatz bringen. Nach der beschriebenen Fahrweise vermag dieser Ofen eine Stundenleistung von 20 t Ammoniak aufzubringen.

Zu der Zeit, als Öfen dieser Art entwickelt und auch mit sehr gutem Erfolg viele Jahre betrieben wurden, war von der gefährlichen Wasserstoffkorrosion wenig bekannt. Carl Bosch, der die zerstörende Wirkung des den Stahl versprödenden Wasserstoffes als erster in vollem Umfange erkannte, begegnete dieser Gefahr zunächst dadurch, daß er in gewissen Abständen in der Ofenwand kleine Bohrungen anbringen ließ, die es möglich machten, daß der Wasserstoff, der durch das Futterrohr hindurch diffundierte, in die Außenatmosphäre entweichen konnte, ohne eine Versprödung oder gar Sprengung des Stahles zu veranlassen. Über diese Fragen wird in dem Kapitel Werkstoffauswahl besonders berichtet.

Die Entlastungsbohrungen sind konisch, haben einen Durchmesser von 1 mm an der Innenwand, 5 mm an der Außenwand und wiederholen sich in Abständen von 200 mm. Demnach besitzt ein Schuß nahezu 500 Entlastungsbohrungen, die jedoch die Festigkeit der Zylinderwandung kaum herabgesetzt haben.

Dieser Ofen besitzt einen verhältnismäßig geringen und wenig wirksamen Kontaktraum bei gleichzeitig ungünstiger Temperaturverteilung; er kann praktisch wenig Wärme abführen. Die Steuerung der Reaktion ist sehr schwierig, und das Reaktionsgleichgewicht schwankt daher beträchtlich.

Konstruktiv gesehen ist dieser Hochdruckhohlkörper sehr teuer bei zugleich unwirtschaftlicher Arbeitsweise. Er hat jedoch genügend Unterlagenmaterial dafür geliefert, in welcher Richtung zu gehen ist, um technisch bessere Lösungen zu erzielen, was denn auch in dem bekannten Leuna-Ofen in erheblichem Maße gelungen ist.

## 2. Syntheseofen für Ammoniak – System Leuna

Die zweiteilige Konstruktion des Ofenmantels wurde aufgegeben, zugunsten des einteiligen Hochdruckhohlkörpers und außerdem noch dahingehend verbessert, daß der Ofen mit besserer Temperaturverteilung ausgestattet wurde. Ein solcher Ofen ist beispielsweise schematisch zu sehen in der Abb. 4, der als sog. Leuna-Ofen bekannt ist. Diese Konstruktion unterscheidet sich von den älteren Bauarten vor allem dadurch, daß der Kontakt in Rohren untergebracht ist, die zum Zwecke der Reaktion dann von dem Gasgemisch durchströmt werden. Durch die Kontaktunterbringung läßt sich die Reaktionswärme leicht und unmittelbar an der Stelle der Entstehung erfassen und abführen. In diesem Ofen tritt das Frischgasgemisch durch den oberen Deckel in den Behälter ein, umströmt den Inneneinsatz in dem konzentrischen Ringraum entlang der Innenwand des Ofenmantels nach unten und gelangt so schließlich in den Wärmeaustauscher, dessen Rohre es umströmt in seiner Aufwärtsbewegung. Hier kann es sich bis zu einer Temperatur von 300 °C aufwärmen, umspült dann die mit Kontakt gefüllten Rohre der oberen Zone, tritt dann oben in das zentrale Innenrohr zur Strömung nach unten ein, ändert dann nochmals seine Richtung nach oben im zentralen Rohr, passiert dabei in seiner Aufwärtsbewegung den elektrischen Spitzenvor-

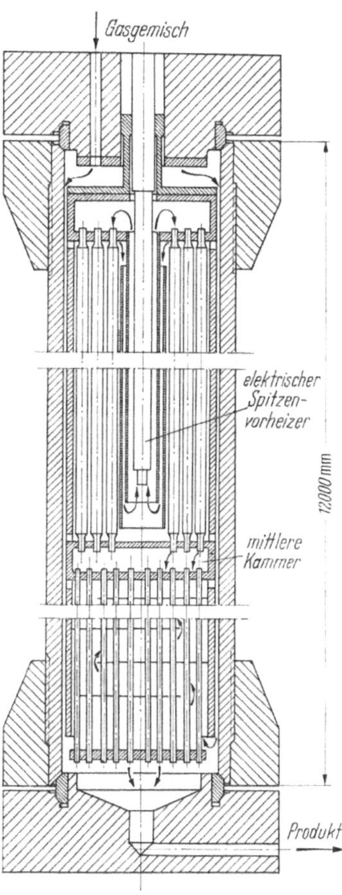


Abb. 4. Ammoniaksyntheseofen, System Leuna, für Betriebsdruck von 220 atü. Kontakt in den Rohren untergebracht

heizer im Zentralrohr, wo es dann am oberen Deckel abermals seine Richtung nach unten wechselt, von wo es dann in die mit Kontakt gefüllten Rohre der Reaktionszone strömt. Nach Beendigung der Reaktion verläßt das gasförmige und zugleich sehr heiße Produkt den Ofen durch die Rohre des Wärmeaustauschers, um über die Öffnung am unteren Boden endgültig den Ofen nach dem Wärmeaustausch zu verlassen.

In dieser Ofenkonstruktion hängt die Temperaturverteilung wesentlich von der Verweilzeit des Gasgemisches im Reaktionsraum und vom Ammoniakgehalt vor dem Eintritt in den Ofen ab. Wie man leicht erkennt, ist das technologische Betriebsschema des Ofens reichlich kompliziert. Der Ingenieur hat, wie schon diese zwei Öfen zeigen, eine ganze Reihe von Möglichkeiten, eine gute Temperaturkontrolle zu erreichen. Die Manteltemperatur des Ofens ist maximal 90 °C, was dadurch ermöglicht wird, daß der Frischgasstrom für eine beträchtliche Kühlung der Wand sorgt, während die heißen Zonen durch geeignete Isolation getrennt liegen.

Insgesamt weist dieser Ofen eine gesamte Wärmeaustauschfläche von rund 220 $m^2$ auf, wovon etwa 140 $m^2$ auf die Kontaktzone und die restlichen 80 $m^2$ auf den eigentlichen Wärmeaustauscher selbst entfallen.

Auch diese verbesserte Ofenkonstruktion besitzt verfahrenstechnische Nachteile. Der Vorteil der Kontaktunterbringung in Rohren bei günstiger Wärmeführung ist zugleich ein Nachteil für geringes Kontaktvolumen im Verhältnis zur Gesamtgröße des Ofens. Außerdem besitzen die relativ kleinen Rohre hohen Strömungswiderstand, so daß der Druckabfall im Gasstrom beträchtliche Ausmaße annehmen kann.

### 3. Ammoniakkonverter für niedrigen Betriebsdruck

Die Ammoniakreaktion kann bei verhältnismäßig vielseitigen Betriebsdrücken gefahren werden. Ein Reaktionsofen, der für verhältnismäßig niedrigen Druck vorgesehen ist, wurde von der Firma Uhde in Dortmund entwickelt und ist in Abb. 5 wiedergegeben. Dieser Apparat wird mit einem sehr hochwertigen Katalysator gefahren, so daß ein niedriger Betriebsdruck bei relativ geringem Temperaturniveau verständlich wird. Allerdings wird die hohe Wirksamkeit des Katalysators leicht durch Verunreinigungen beeinträchtigt, wodurch die Vorbereitung des Gasgemisches zur Beseitigung der Kontaktgifte und Erzielung hohen Reinheitsgrades durch ziemlich hohe Anforderung merklich erschwert wird. Der Ofen ist zylindrisch und besitzt einen teilweise sphärischen Boden, am anderen Ende ist der Zylinder offen und mit einem angeschmiedeten Flansch versehen. Durch den niedrigen Betriebsdruck von kaum 100 atü und somit auch einer niedrigen Reaktionstemperatur kann handelsüblicher Flußstahl als Ofenwerkstoff angesetzt werden, was bei einer Ofenlänge von 7000 mm, einem Innendurchmesser von 1100 mm sowie einem Außendurchmesser von 1430 mm für ein Ofengewicht von rund 55 t ein ganz entscheidender wirtschaftlicher Faktor ist.

Der Ofen vermag in der dargestellten Form eine Gesamtmenge von 5 t Katalysator aufzunehmen, der den Zwischenraum zwischen den Rohren eines Doppelrohrbündels ausfüllt. Das Frischgasgemisch wird vom kugeligen Boden her in den Ofen geleitet, nachdem das Gas bereits außerhalb des Konverters erwärmt wird, ehe es in den Ofen eintritt. Das Gas steigt im Ringraum entlang der Zylinderwand bis zum oberen Deckel hoch, ändert unterhalb des oberen Deckels seine Strömungsrichtung, gelangt innerhalb der Rohre des inneren Wärmeaustauschbündels nach unten, wird dort nochmals nach oben umgelenkt und strömt aus dem vertikalen Doppelrohrsystem in den Kontaktraum außerhalb der Rohre, wo es schließlich zur Reaktion kommt. Die Reaktion findet statt, solange das Gas im Kontaktbett von oben nach unten strömt. Das Reaktionsprodukt mit dem überschüssigen Gas verläßt die Reaktionszone über den unteren Siebboden, wo es in einem zentralen Sammelrohr nach außerhalb des Ofens geleitet wird.

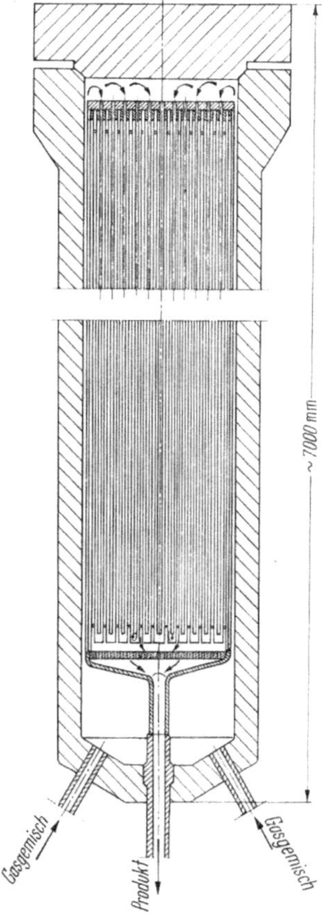


Abb. 5. Ammoniakkonverter für verhältnismäßig niedrigen Druck. Betriebsdruck ~100 atü. System F. Uhde, Dortmund

Diese Gasführung für das den Ofen betretende Frischgasgemisch ermöglicht die Niedrighaltung der Wandtemperatur des Ofenmantels und schützt den Kohlenstoffstahl vor eventuell gefährlicher Überhitzung.

Im Vergleich mit anderen Konvertern hat dieser Ofen einen Wärmeaustauscher und einen Vorwärmer weniger, wodurch dieser Apparat in Konstruktion und Fahrweise einfach wird. Strenggenommen läßt sich dieser Ofen als Typus für eine ganze Reihe anderer Gassynthesen ebenfalls mit Erfolg verwenden.

### 4. Ammoniakofen für hohen Betriebsdruck

Der erste Ammoniakkonverter, der für den relativ hohen Reaktionsdruck von 1000 atü gebaut und auch betrieblich mit großem Erfolg gefahren wird, ist der Syntheseofen des Claude-Verfahrens. Dieser Ofen repräsentiert trotz des hohen Betriebsdruckes zugleich den einfachsten Ofen, der in der Ammoniakherstellung betrieben wird.

Der erhöhte Betriebsdruck hat eine ebenfalls erhöhte Gasumsetzung zur Folge, was zugleich von einer größeren Wärmeerzeugung je Einheit Kontaktraum begleitet ist. Dieser Ofen ist in der Lage, bei 1000 atü Innendruck sowie Temperaturen von 500–650 °C ein Endprodukt zu erzielen, das eine Ammoniakkonzentration von über 25% erreicht, was einer Umsetzung von 40% des Stickstoff-Wasserstoff-Gemisches entspricht, also eine Produktion darstellt, die etwa 15–20mal höher ist je Einheit Kontaktvolumen, als es für den Ofen der Abb. 3, dem ersten Ofen der Ammoniakgeschichte, entspricht.

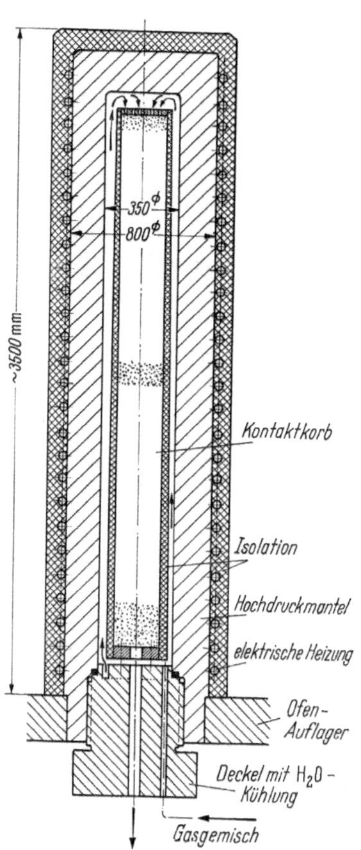


Abb. 6. Syntheseofen für Ammoniak für hohen Betriebsdruck und hohe Temperatur. System Claude. Betriebsdrücke ~1000 atü. Elektrische Außenheizung

Durch Hintereinanderschaltung von vier Öfen dieser Bauart bei Einzelabtrennung des Produktes hinter jedem Ofen lassen sich Leistungen von 5–100 t täglich an flüssigem Ammoniak ermöglichen, je nach Ofenabmessungen. So liefert ein Ofen von 1200 mm Durchmesser und einer Höhe von 3500 mm eine Produktion an Ammoniak bis zu 100 Tagestonnen.

Das technologische Fließschema durch den Claude-Ofen ist verhältnismäßig einfach, wie Abb. 6 zeigt. Das Frischgasgemisch tritt durch den Deckel am Boden in einen Ringkanal, von wo es sich gleichmäßig in den Zwischenraum zwischen Einbaukäfig und Behälterinnenwand verteilen kann, um dann nach oben zu steigen, wo es eine Richtungsänderung erfährt und dann in den Kontaktraum eintritt. Während des Aufsteigens im Zwischenraume wird das Gasgemisch vorgewärmt, um beim Eintritt in die Kontaktzone nahezu auf Reaktionstemperatur zu sein. Die Reaktion findet bei abwärtsströmendem Gas statt, und das Produktgemisch verläßt den Ofen durch die im Deckel angebrachte zentrale Bohrung. Das Rohr in dieser Öffnung muß besonders wärmeisoliert sein, damit der

Deckel vor den heißen Ofengasen vor einer möglichen Überhitzung geschützt wird, zumal die Gase bis zu 650 °C heiß sein können. Diese Temperatur ist deswegen so hoch, weil die Gase nicht gekühlt werden dürfen, um die Kontaktausbeute nicht zu stören bei der Empfindlichkeit der optimalen Temperaturkurve. Diese Maßnahme macht es auch erforderlich, die elektrische Außenheizung für den Ofenmantel anzubringen. Die Aufstellung des Ofens mit dem Deckel nach unten hat den Zweck, den Kontakt durch Öffnen des Deckels wechseln zu können, ohne den Ofen selbst von der Stelle heben zu müssen.

Auch dieser Ofen hat seine technologischen Nachteile, doch sind seine Vorteile gegenüber seinen Vorgängern weitaus größer.

## 5. Veränderter Claude-Ofen mit elektrischer Innenheizung

Eine veränderte Form des Claude-Ofens wird in Abb. 7 veranschaulicht. Für diesen Ofen werden praktisch zwei Gasströme angewandt. Der eine Strom tritt durch den Boden des Ofens ein und wird zur Kühlung der Wand des Ofenmantels benützt. Der zweite Strom tritt durch den oberen Deckel in einen Ringraum zwischen dem Ofenmantel und dem Kontakteinsatzbehälter. Vor Eintritt des Frischgasgemisches in den Ofen wird dieses durch einen besonderen Wärmeaustauscher außerhalb des Syntheseofens auf etwa 300 °C vorgewärmt. Es durchströmt den Ringraum von oben nach unten und betritt den Kontaktraum von unten her, durchströmt den Kontaktraum verikal nach oben, wo es den Ofen durch eine geeignete Öffnung am Deckel verläßt. Der elektrische Vorheizer, der in dem freien Raum unterhalb des Siebbodens am unteren Ofenteil eingebaut ist, wird zum Zwecke des Anfahrens der Reaktion benützt, da zu diesem Zeitpunkte noch keinerlei Reaktionswärme zur Verfügung steht. Der Elektrovorheizer läßt sich ferner für die Nachregelung der Temperatur im Falle von Störungen im Reaktionsablauf bzw. Temperaturgleichgewicht

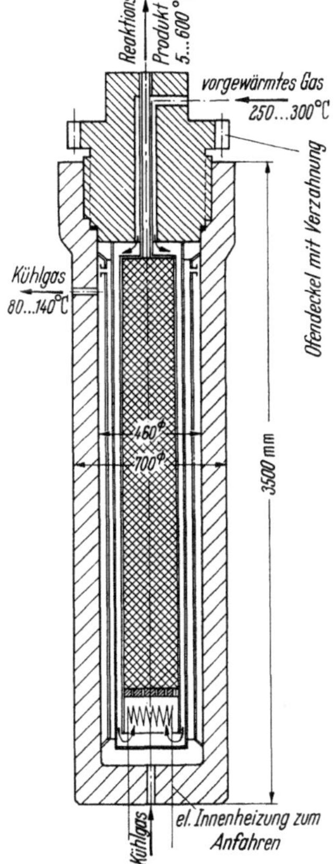


Abb. 7. Syntheseofen für Ammoniak für hohen Betriebsdruck. System Claude. Betriebsdrücke ~ 1000 atü. Elektrische Innenheizung

einsetzen. Die gasförmigen Produkte verlassen den Ofen mit einer Temperatur von etwa 600 °C. Der Kreislauf des Frischgases in seiner Strömungsführung wirkt als Kühlung zum Schutze des Ofenwerkstoffes gegen Überhitzung. Dieses Gas verläßt den Ofen mit einer Temperatur von 140 °C maximal. Damit gelingt es, die Wandtemperatur des Zylindermantels unterhalb der 200-°C-Grenze zu halten. Mit dieser Maßnahme macht die Auswahl des Ofenwerkstoffes keinerlei Schwierigkeiten, da hochwertige Baustähle nicht eingesetzt zu werden brauchen. Lediglich der Deckel unterliegt hohen Temperaturanforderungen, die aber durch geschickte Innenisolation behoben werden können.

Der Ofen hat einen Innendurchmesser von 460 mm, einen Außendurchmesser von 700 mm bei einer Mantellänge von 3500 mm. Der Deckel weist einige Konstruktionssonderheiten auf. Der Ofen besitzt keine Flanschen. Als Verschluß wird der Deckel mit einem Außengewinde versehen und eingeschraubt in die Wand des Mantels. Die Aufwendung des erforderlichen Drehmomentes erfolgt über ein Schneckengetriebe, das mit zwei Schrauben über einen entsprechenden Zahnkranz am oberen Deckelumfang angreift. Das Deckelgewinde hat Unterbrechungen in Form vertikaler Nuten, sogenannte Durchbrechungen, die es möglich machen, den Deckel nach einer 60°-Drehbewegung herauszuheben.

Beide Öfen des Claude-Verfahrens nach Abb. 5 und 6 haben den Nachteil, daß die Regelung des Temperaturverlaufes in der Reaktionszone und damit die Steuerung des Reaktionsgleichgewichtes äußerst schwierig ist. Wie schon jetzt zu erkennen ist, lassen sich große und lange zusammenhängende Kontaktmassen nur schwer in der Temperaturgestaltung regeln.

## 6. Schlußbetrachtung

Die vorausgehende Behandlung der Ammoniaksyntheseöfen und die Beschreibung ihrer verfahrenstechnischen Wirkungsweise haben praktisch gezeigt, daß die Kunst, diese Apparate zu konstruieren, darin besteht, die Inneneinbauten für den betreffenden Hochdruckhohlkörper so zu gestalten, daß der Reaktionsablauf technologisch so ablaufen und zugleich zweckmäßig derart gesteuert werden kann, daß eine optimale Produktionsausbeute bei größtmöglicher Lebensdauer des Katalysators erzielt wird. Dies setzt für den Konstrukteur voraus, daß er den Reaktionsablauf in jeder Phase auf das genaueste kennt unter Beherrschung der Druck-, Temperatur- und Mengenverhältnisse für optimale Reaktionsgeschwindigkeit bei gleichzeitiger Einfachheit der mechanischen Konstruktion.

Auf das Verfahren der Ammoniaksynthese bezogen besteht also das Prinzip des Reaktionsofens darin, den Ofen so in Katalysatorzonen aufzuteilen mit dazwischenliegenden Wärmeaustauschern, daß an jeder beliebigen Stelle des Ofens optimales Reaktionsgleichgewicht besteht. Die exotherme Reaktionswärme muß abgeführt und den zugeführten Frischgasgemischen übermittelt werden. Durch geschickte Aufteilung der Dimensionierung der Größe der Wärmeaustauscherflächen und der Kaltgaszuteilung an der geeigneten Stelle hat man es in der Hand, die abgehenden Reaktionsprodukte auf eine Temperaturstufe abzukühlen, daß eine optimale Reaktionsausbeute in der nächstfolgenden Kontaktbettzone gewährleistet und den Reaktionsverlauf so weit als möglich der günstigsten Umsetzungskurve optimaler Umsetzungsgeschwindigkeit anzupassen.

Wie dies geschieht, soll an dem praktischen Beispiel von Konvertertypen gezeigt und demonstriert werden, die in der industriellen Produktion eingesetzt sind.

Zunächst unterscheidet man Volumenöfen, bei denen der Kontakt ohne besondere Zonenunterteilung in einem einzigen zusammenhängenden Bett im Reaktionsraum untergebracht ist. Den Rest des verbleibenden Hochdruckraumes nimmt dann der Wärmeaustauscher ein. Das Vollraumofenprinzip ist als Schema in der Abb. 8a veranschaulicht.

Ein weiterer Konvertertypus ist der Vollraumofen, der in eine Reihe von Einzelabschnitten unterteilt ist. Hierbei ist es wichtig, daß zwischen den Kontaktzonen Zwischenräume bestehen, in die man gegebenenfalls Kaltgas einblasen kann, das sich mit dem Reaktionsgas vermischt, damit eine Temperatursteuerung erreicht wird. Solche Öfen sind auch unter dem Begriff Blendenöfen bekannt.

Das Prinzipschema eines Blendenofens ist in Abb. 8b gezeigt.

Wird auf das Einblasen von Kaltgas in die Reaktionszonen verzichtet, in die Zwischenräume zwischen den Kontaktbettzonen aber Kühlschlangen mit Wasser als Kühlmedium eingebaut, wobei das Wasser von außen eingeleitet wird, so erhält man das Ofenschema, wie es in Abb. 8c gezeigt wird, womit eigentlich der Vollraumofen hinreichend modifiziert ist.

Neben dem Vollraumofen gibt es noch den Kontaktröhrenofen, bei dem in der Zone, wo beim Vollraumofen der Kontakt ist, ein Röhrenbündel besteht, das zur Kontaktaufnahme dient. Der Kontakt kann hierbei entweder in den Rohren oder um die Rohre angeordnet sein. Dabei muß unterschieden werden, ob die Frischgasführung im Gleichstrom oder im Gegenstrom zum Reaktionsgemisch erfolgt. Diese beiden Typen sind schematisch in den Abb. 8d und 8e veranschaulicht.

Kombiniert man jetzt den Röhrenofen mit dem Vollraumofen, so entsteht eine Konstruktion für einen Ammoniakkonverter, wie es aus dem Schema der Abb. 8f zu entnehmen ist. Hier ist der Röhrenteil für die Kontaktaufnahme im oberen Teil des Ofens untergebracht mit dem Katalysator in den Röhren, während das Frischgas um die Rohre strömt. Im Anschluß an das Röhrenbündel setzt sich die Kontaktanordnung in der

Form der üblichen Kontaktbettanordnung fort. Die Gasbewegung im Röhrenbündel erfolgt unter Anwendung des Gegenstromprinzips.

Es bedarf natürlich keines besonderen Hinweises, daß diese Konvertertypen in vielzähligen zusätzlichen Kombinationen noch weiter variiert

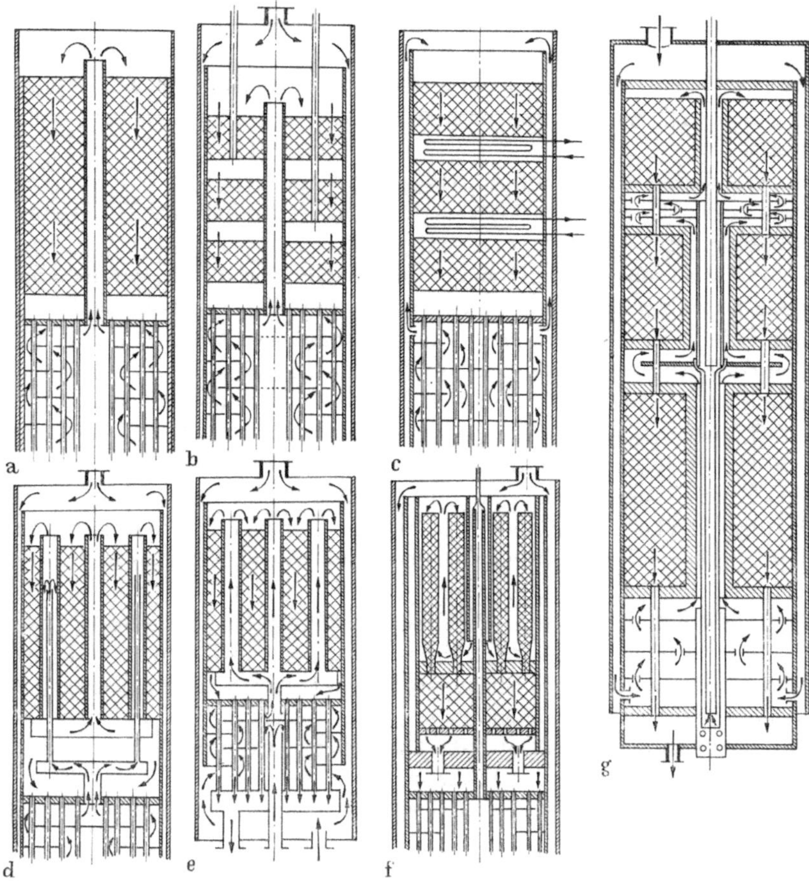


Abb. 8a. Prinzipschema eines Ammoniakvollraumofens. Keine Unterteilung des Kontaktbettes

Abb. 8b. Ammoniakvollraumofen als Prinzip. Kontaktbett in Zonen unterteilt. Kühlung mittels Einblasen von Kaltgas in Hohlräume zwischen den Kontaktzonen

Abb. 8c. Prinzipschema eines Vollraumofens für Ammoniak. Kontaktbett in Etagen unterteilt. Kühlung durch Schlangen für Wasser in Zwischenräumen zwischen den Kontaktetagen.

Abb. 8d. Ammoniakkonverter als Röhrenofen. Kontakt um die Rohre. Frischgas im Gleichstrom durch Kontaktzone

Abb. 8e. Ammoniakkonverter als Röhrenofen. Frischgas unter Gegenstromführung

Abb. 8f. Ammoniakkonverter als Kombination von Bett- und Röhrenofen. Gegenstrom im Röhrenteil

Abb. 8g. Konverterschema für Ammoniak nach Patent der Österreichischen Stickstoffwerke A.G. Linz, Österreich

werden könnten, wobei jede daraus entstehende Bauart ihre Vor- und Nachteile besäße. Für die Beurteilung eines Konverters sind Umsetzung, Ausbeute, Wärmeausnützung, Reaktionsdruck- und Temperaturverteilung, Gasumwälzungsschema, Gasreinheit, Aufteilung des Wärmeaustausch- und Produktionskühlsystemes, Inertgasgehalt und Temperatursteuerung neben den mechanischen Forderungen die Hauptfaktoren, die der Konstrukteur in erster Linie auszuwerten hat.

Schließlich sei noch ein Konvertertyp beschrieben, der von den Österreichischen Stickstoffwerken AG, Linz, in Österreich und einer Reihe anderer Länder zum Patent in neuerer Zeit angemeldet wurde. In diesem Konverter wechseln Kontaktschichten nach dem Vollraumofensystem mit Wärmeaustauschern in den Zwischenbettzonen. Hierdurch wird es möglich, weitgehendst optimale Betriebstemperaturen zu erreichen, während man gleichzeitig die überschüssige Reaktionswärme für die Aufheizung des Frischgasgemisches geschickt ausnützen kann. Die Prinzipskizze dieses Konverters geht aus Abb. 8g hervor.

Nach Mitteilungen der Erfinder hat ein derartiger Konverter mit den Abmessungen 800 mm Innendurchmesser, 12 m Länge und einem Gasdurchsatz von $\sim$70000 Nm³/h unter einem Betriebsdruck von 325 atü eine Produktionskapazität von 156 t täglich. Die maximal auftretenden Temperaturen wurden an diesem Ofen mit 525 °C gemessen.

Für die Anzahl der Kontaktzonen, die als Minimum für notwendig erachtet werden, gibt es keine verallgemeinernde Feststellung; sie muß für jeden Konstruktionsfall im besonderen ausgewertet und bestimmt werden. Rein theoretisch gesehen wird zur Erzielung einer maximalen Ammoniakausbeute eine möglichst große Anzahl von Kontakteinzelzonen anzustreben sein. Nur für diesen theoretischen Fall ist zu erwarten, daß die Betriebstemperaturen der Kurve der optimalen Bildungsgeschwindigkeiten am nächsten kommen. Die Grenze liegt, da es sich um ausgesprochene Hochdruckapparate handelt, natürlich auf rein konstruktivem Gebiet. Das Verhältnis der Wanddicken für die Böden wird in bezug auf den immer kleiner werdenden Kontaktraum ungünstiger. Es hat sich nämlich betrieblich gezeigt, daß eine Aufteilung in vier Zonen für die Kontaktanordnung bereits günstigere Ergebnisse liefert als ein entsprechender Konverter mit fünf Katalysatorzonen.

Wie sich aus diesen Betrachtungen schließen läßt, kann man einen Hochdruckreaktionsapparat nach ganz allgemeinen Grundsätzen konstruktiver Natur allein nicht entwerfen. Die Form des Behälters – wenn man von mechanischen Grundforderungen absieht, die für alle Behälter gelten – und seine speziellen Eigenheiten werden ausschließlich von dem chemisch-technologischen Mechanismus des Verfahrens und der speziellen Art der Reaktionsführung bestimmt. Die mechanischen Beiträge hierzu spielen lediglich eine sekundäre Rolle.

Die Berücksichtigung der mechanischen Grundsätze wird in einem späteren Kapitel besonders besprochen im Zusammenhang mit der Herstellung zylindrischer Hochdruckhohlkörper (Kap. VIII).

## B. Reaktionsbehälter für die Hochdruck-Methanolsynthese

Als Vergleich zu den Konvertern der Ammoniaksynthese und zum Zwecke wissenschaftlicher Vollständigkeit mögen noch Methanolöfen in die Betrachtung mit einbezogen werden. Es sei das Beispiel eines Methanolofens herausgegriffen mit einer Tagesleistung von 120 t an Methanol. Dieser Ofenmantel weist bei einem Durchmesserverhältnis von 1000:800 mm eine Länge von 12 m auf und besitzt ein Fassungsvermögen von 2400 l Katalysator. Die Innenfläche des drucktragenden Ofenmantels ist mit einem Futterrohr ausgekleidet. Der Ofen wird in Abb. 9 dargestellt zum reinen Vergleich des Unterschiedes gegenüber den Ammoniakkonvertern hinsichtlich der Verschiedenartigkeiten der Inneneinbauten bei äußerlich unverändertem Druckmantel, wenn man von den Verschlüssen absieht. Auch der Methanolofen zeigt eindeutig, daß seine Konstruktion ausschließlich von reaktionstechnischer Seite her bestimmt wird.

Das Fließschema des Methanolofens der Abb. 9 ist so, daß das Frischgas, das außerhalb des Druckapparates vorgewärmt wird, durch eine Öffnung im Boden durch ein zentral liegendes Rohr nach oben geleitet wird, wo es eine 180°-Richtungsumlenkung erfährt, um in die Kontaktzone einzuströmen, die es von oben nach unten durchpassieren muß, um nach Beendigung der Reaktion den Ofen durch die zweite Öffnung am Boden zu verlassen. Das Zentralrohr mit seiner lichten Weite von 200 mm Durchmesser enthält einen elektrischen Hochleistungsvorheizer, der zum Anfahren der Reaktion eingeschaltet werden muß. Sobald die Reaktion im Gange und Temperaturstabilität erzielt ist, schaltet sich der Spitzenvorheizer aus, und zwar völlig automatisch. Dieser Elektrovorheizer ist in Abb. 9 nicht eingezeichnet; er verfügt für diesen speziellen Ofen über eine Leistung von 450–500 kW.

Die Inneneinbauten befinden sich in einem Rohr von 600 × 630 mm Durchmesser, das von oben in den Hohlkörper von 820 × 990 mm Durchmesserverhältnis eingelassen wird, und zwar als geschlossene Einheit. Der Zwischenraum zwischen dem Rohr des Kontaktbehälters und dem Futterrohr des Hochdruckmantels ist mit Diatomitsteinen in einer Breite von etwa 80 mm ausgekleidet. Obwohl durch Auskleidung und Isolierung zum Wärmeschutz ein beträchtlicher Anteil des Hochdruckreaktionsraumes dem Kontaktraum entzogen wird, liefert diese Maßnahme dem Mantel den erforderlichen Schutz vor Überhitzung. Dadurch wird es möglich, die Manteltemperatur in erträglichen Grenzen zu halten. Hierbei kann die Temperatur des Mantels Werte von 325–350 °C erreichen, während die

Temperaturen im Kontaktraum zwischen 400 und 450 °C liegen können. Als Temperaturregelung wird wiederum Kaltgas angewandt.

Die Nachteile dieses Ofens bestehen in der Hauptsache darin, daß das zur Reaktion benötigte Frischgas, sobald die Reaktion im Gange ist, außerhalb des Druckbehälters vorgewärmt werden muß. Dadurch wird teurer Hochdruckraum zusätzlich benötigt. Für diese Art von Reaktionsofen besteht außer dem Isolationsschutz kein weiterer Schutz in Form

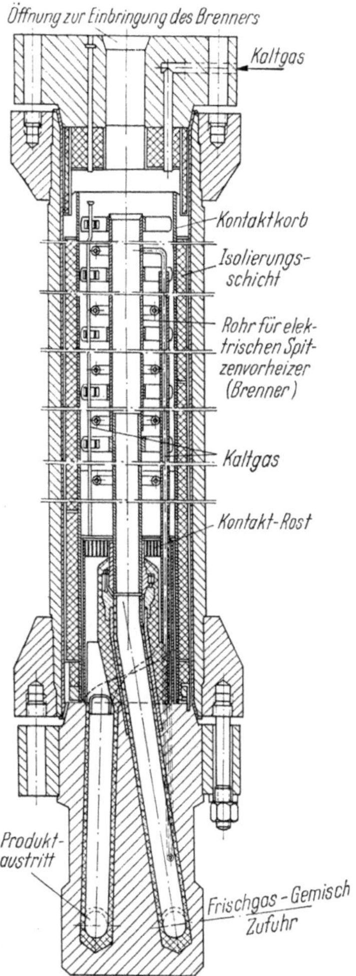


Abb. 9. Ofen für die Methanolsynthese für Betriebsdruck 325 atü, für eine Stundenleistung von 120 t. System Leuna

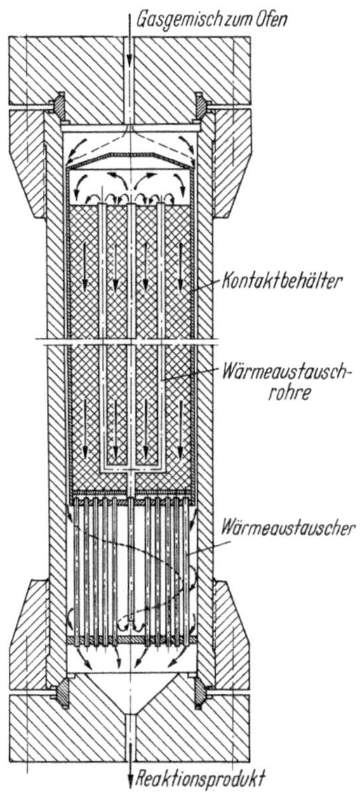


Abb. 10. Syntheseofen für Methanol mit eingebautem Wärmaustauscher. Frischgas zur Kühlung der Zylinderwandung benützt. System Leuna

von Kühlung für die Wand des Ofenmantels, wie dies in so vielseitiger Weise bei den Ammoniaköfen gezeigt ist. Dieser Forderung wird in dem Methanolofen Rechnung getragen, der in Abb. 10 im Schema wiedergegeben ist. Hier ist der benötigte Wärmeaustauscher im Hochdruckmantel untergebracht. Ferner wird das eintretende Frischgas so gelenkt, daß es einmal, solange es noch ungeheizt ist, die Wandung des Druckmantels kühlt, und daß ferner die Reaktionswärme durch geeigneten Austausch mit den abströmenden Reaktionsgemischen vermittelt wird. Dadurch entfällt die Notwendigkeit des elektrischen Spitzenvorwärmers. Die Steuerung der Reaktionstemperatur erfolgt auch hier mittels Kaltgas, das an verschiedenen Stellen des Kontaktraumes eingeführt wird. Zum Anfahren der Reaktion wird heißes Inertgas in den Ofen gefahren, da eine anderweitige Heizenergiequelle nicht zur Verfügung steht.

Als zusammenfassende Schlußbemerkungen ergeben sich demnach für die Konstruktion von Hochdruckreaktionsbehältern folgende Gesichtspunkte:

a) Genaue Kenntnis der chemisch-technologischen Bedingungen des Reaktionsablaufes, hinsichtlich Druck, Temperatur, Durchflußmenge, Wärme- und Massenaustausch bei genauer Auswertung der Reaktorgeometrie. Daraus folgen dann die Abmessungen des Mantels für Länge und Durchmesser sowie die Festlegung der erforderlichen Inneneinbauten für die Kontaktraumaufteilung zur Erzielung optimaler Ausbeuteverhältnisse.

b) Auswahl der geeigneten Konstruktionswerkstoffe bezüglich mechanischer Festigkeit, Korrosionsbeständigkeit und Temperaturhaltbarkeit. Diesem Thema wird später eigens Kap. XII gewidmet werden.

c) Konstruktion der Zylinderverschlüsse mit den bestwirksamen Abdichtungen unter Anwendung der niedrigst möglichen Verschlußkräfte. Auch diesem Thema ist ein Sonderkapitel gewidmet (Kap. XI).

Die hieraus notwendig werdenden Schlußfolgerungen für die Festlegung der Konstruktion müssen dann zusätzlich unter Berücksichtigung wirtschaftlicher Faktoren gezogen werden.

## C. Reaktionsöfen für die Kohlehydrierung

Im Gegensatz zu den Öfen der Ammoniak- und auch der Methanolsynthese zeigen die Reaktionsöfen der Kohlehydrierung, sofern es sich um Kontakt enthaltende Apparate handelt, nun gewisse Konstruktionsunterschiede. Wie eingangs erwähnt, ist der Ofen der Gasphasehydrierstufe von ganz anderer Bauart als der Reaktionsofen der Sumpfphase, zumal der Sumpfphaseofen mit flüssigem Kontakt arbeitet und deshalb keine besonderen Inneneinbauten benötigt. Die Stufe der Gasphasehydrierung verwendet festen Kontakt und ist daher auf Sondereinbauten angewiesen. Abb. 11 gibt das Schema eines Gasphaseofens wieder, und zwar handelt es sich um einen zylindrischen Hohlkörper von 18 m Länge, einem Durchmesser von 1000 mm bei einer Wanddicke von 205 mm. Wie später noch in Einzelheiten gezeigt werden wird, besteht der Zylinder aus einem einzigen Schuß, der aus einem Block geschmiedet ist. Dieser Ofen hat dann nach Fertigstellung einschließlich der Verschlüsse ein Gewicht von 155 t. Der Mantel allein weist ein Fertiggewicht von nahezu 100 t auf. Bei vielen dieser 18-m-Mäntel ist ein Ende konisch auf einen kleineren Durchmesser eingeschmiedet, was zu einer merklichen Gewichtsersparnis führt, da die Flanschen und die Deckel wesentlich in Abmessungen und damit im Gewicht reduziert sind.

Infolge der ungewöhnlich hohen Reaktionstemperaturen sind die Zylinderwände gewaltigen Temperaturspannungen unterworfen, wenn

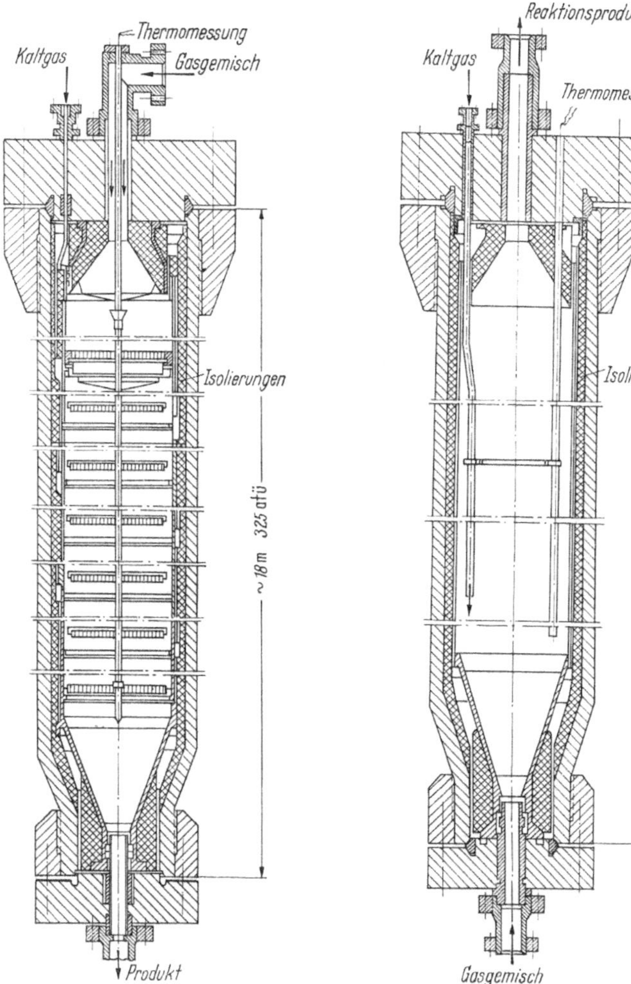


Abb. 11. Reaktionsofen für Kohlehydrierung. Gasphase. Aufteilung des Kontaktraumes in Etagen zur Unterbringung des Kontaktes

Abb. 12. Reaktionsofen für die Kohlehydrierung. Sumpfphase als Vergleich für den Gasphaseofen

keine Isolierung vorgenommen wird. Um das zu verhindern, wird die Innenwand durch Diatomitsteine ausgekleidet, die den erforderlichen Schutz vor Überhitzung bewerkstelligen.

Für die Kontaktunterbringung wird ein Stahlrohrgehäuse verwendet mit relativ dünner Wand, das gegenüber der Mantelisolierung einen Ringspalt beläßt. Der Reaktionsraum ist bezüglich des Kontaktbettes in eine Anzahl Etagen aufgeteilt, und zwar handelt es sich bei der Abb. 11 um sechs Etagen. Jede Etage ist neben der Kontaktanordnung so gestaltet, daß eine Temperatursteuerung durch Einblasen von kaltem Wasserstoff vorgenommen werden kann. Für die Messung der Temperatur in den Etagen dient ein zentrales Rohr, das die Thermohülsen aufnimmt. Aufteilung in Etagen verringert Gewicht und schützt Lebensdauer der Kontaktpillen.

Als Vergleich hierzu gestaltet sich der Flüssigphaseofen, der in Abb. 12 veranschaulicht wird, wesentlich einfacher. Dieser zeigt wiederum, ähnlich dem Gashydrierofen, die Diatomitauskleidung zum Wärmeschutz für die Wand des Ofenmantels. Der Ofen ist stets gefüllt mit durchlaufender Flüssigkeit, die mit dem flüssigen Kontaktbrei intensiv durchmischt ist.

Im übrigen weist der Sumpfphaseofen wenig konstruktive Sondermerkmale auf. Die Abbildung zeigt, daß auch beide Deckelverschlüsse mit Wärmeisolierung versehen sind, um diese vor thermischer Überlastung zu schützen. Die zu sehenden Eintauchrohre, die durch den oberen Deckel in den Zylinderhohlraum eindringen, dienen der Einführung von kaltem Druckwasserstoff zur Steuerung der Reaktion zwecks Aufrechterhaltung optimaler Ausbeutetemperaturen.

## D. Reaktionsöfen für den Laboratoriumsbetrieb

Die chemisch-technologischen Unterlagen für den Entwurf eines Reaktionsbehälters, der für chemische Großproduktion eingesetzt werden soll, müssen zuerst zur Verfügung stehen und genau ausgewertet sein, ehe der Konstrukteur seine Arbeit beginnen kann. Diese Unterlagen sind keineswegs nur theoretischer Natur, sie müssen sorgfältig im Labor entwickelt werden und in vielfachen Wiederholungen auf ihre Richtigkeit geprüft und bestätigt sein. Für diesen Zweck müssen daher im Labor Kleinöfen zur Verfügung stehen. Sie unterscheiden sich ganz wesentlich von den Öfen der großtechnischen Produktion. An diese Kleinöfen werden außerordentlich hohe Anforderungen gestellt, da sie niemals so gestaltet werden können, wie es im Produktofen sein muß, und trotzdem müssen sie diejenigen Unterlagen liefern können, die zur Konstruktion des Großofens erforderlich sind. Stoffbilanzen für komplizierte Reaktionen in kleinen Öfen zu erzielen, ist sehr schwierig, und ihre Auswertung bedarf großen Beurteilungsvermögens mit Intuition und schöpferischer Gestaltung. In den meisten Fällen sind Hochdruckreaktionen von starken Wärmetönungen begleitet, so daß die Öfen mit den geeigneten Heizvorrichtungen versehen sein müssen. Dabei können diese Heizvorrichtungen sehr vielseitiger Bauart sein. Die jeweilige Wahl muß dabei dem Konstrukteur überlassen bleiben.

Große Schwierigkeiten bereiten oft die Zu- und Abgänge im Hinblick auf die kleinen Durchmesser der Kontaktzonen, wenn man berücksichtigt, daß Gase und Flüssigkeiten zu- bzw. abgeführt werden müssen, während gleichzeitig Temperatur- und Druckmeßinstrumente zusätzlich anzuschließen sind. Allerdings bleibt zu erwähnen, daß diese Aufgabe sehr wesentlich dadurch erleichtert wird, daß eine große Zahl von Anschlußkomponenten zur Verfügung steht, die den Zusammenbau auf engem Raume möglich machen, zumal die Abdichtungen solcher Anschlüsse heutzutage keinerlei Probleme mehr bereiten. Problematisch bleibt nach wie vor die Aufgabe, wie man die Erkenntnisse im Laborversuch in die großtechnische Anlage überträgt.

Was die Reaktionsöfen für den Laboratoriums- oder Technikumsversuch anbelangt, so läßt sich feststellen, daß man konstruktionsmäßig weitaus geringere Probleme zu meistern hat, auch haben die Werkstätten meist die gewünschten Stähle stets auf der Hand verfügbar, oder sie lassen sich in diesen geringen Mengen schnell beschaffen.

Ein Beispiel eines Laborofens kleiner Abmessungen für Versuche über die Ammoniaksynthese wird in Abb. 13 gezeigt. Dieser Apparat ist für kontinuierliche Fahrweise gebaut und unterliegt Temperaturbeanspruchungen von rund 600 °C. Über diesen Ofen wird von B. A. KORNDORF [2] berichtet. Der Kontaktraum ist verhältnismäßig klein und wird vom

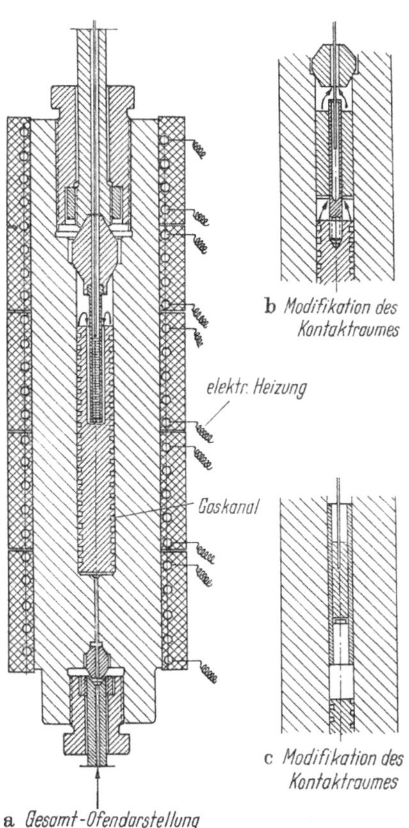


Abb. 13. Syntheseofen für Ammoniakversuche im Laborbetriebe. Ofen und Modifikationen des Kontaktraumes nach B. A. KORNDORF

Kontakt völlig ausgefüllt. Der Korb, der das Kontaktbett bildet, ist an einem Eintauchrohr angebracht, das am Deckel befestigt ist. Der Korb sitzt in einer Vertiefung des zylindrischen Einsatzes, der mit spiralförmigen Nuten an der Außenfläche versehen ist und im Zylinderraum als Wärmeaustauscher benützt wird.

Bei dieser Anordnung wird der Kontakt allseitig vom Gas umspült. Durch mehrfache Umlenkung, wobei es seine Aufwärmung erfährt, erreicht das Frischgas schließlich Reaktionstemperatur im Augenblick seines Eintrittes in den Kontaktraum.

In einer Abänderung des Ofens, wie sie in Abb. 13b gezeigt ist, steht der Kontakt in direkter Berührung mit der Zylinderwandung und zwingt den Konstrukteur zur Anwendung hochwertigen Werkstoffes, der den erforderlichen Korrosionswiderstand besitzt. In Abb. 13c ist eine weitere Abänderung des Reaktors zu sehen, bei der der Kontaktbettkorb in ein besonderes Futterrohr eingeordnet ist. Alle drei Vorschläge sind Entwürfe, die von B. A. Korndorf entwickelt und im Labor betrieben wurden.

Vom technischen Standpunkte aus gesehen ist der ingenieurmäßige Entwurf eines kontinuierlich arbeitenden Syntheseofens für jegliche Art von Reaktionsverwirklichung keine Schwierigkeit. Wie später eingehend gezeigt werden wird, stehen für kleine oder gar Kleinstapparaturen alle Arten von Anschlußmöglichkeiten zur Verfügung. Darüber hinaus ist die werkstattmäßige Anfertigung von Sonderausführungen spezieller Verbindungen, vom Standpunkte der Abdichtung ebenfalls kein Problem. Da es sich hier bei Reaktionsapparaten durchweg um statische Drücke handelt, bestehen für die Bereitstellung wirksamer Abdichtungen praktisch keine Grenzen.

Von der chemisch-technologischen Seite gesehen ist die Lösung dieser Aufgabe sehr viel schwieriger. Oft sind die Druckräume viel zu klein, um den erwünschten Einbauforderungen Genüge zu leisten, wie es an Hand der Gleichgewichtsforderungen zu erwarten wäre. Hier kommt es darauf an, die apparative Zusammendrängung so zu gestalten, daß ein brauchbares Modell entsteht, das sich dann lückenlos ins großtechnische übertragen läßt. Die Aufgabe ist dann befriedigend gelöst, wenn die Laboratoriumsapparatur die Antwort für alle jene Fragen liefert, die der Konstrukteur beantwortet wissen muß, um einwandfrei arbeitende Großanlagen der Produktion zu planen und auch zu bauen. Der Genialität des Konstrukteurs sind somit keine Grenzen gesetzt.

## E. Periodisch arbeitende Reaktionsapparate

In der chemischen Industrie gibt es auf allen Gebieten der Produktion und auch im Laboratorium eine große Zahl Verfahren, die im periodisch betriebenen Chargenbetrieb, also im Absatzbetrieb gefahren werden.

Wird dabei Innendruck erforderlich, so pflegt man diejenigen Apparate, in denen die Druckreaktionen vorgenommen werden, Autoklaven zu nennen. Dies schließt selbstverständlich die Tatsache nicht aus, daß Autoklaven auch für kontinuierliche Reaktionen eingesetzt werden können. Solche Fälle sind nicht allzu häufig, es sei denn, man erweitert den relativ engen Begriff für die Definition des Autoklaven.

Während beim Fließbetrieb der Hochdruckraum stetig von Stoffströmen durchflossen wird, die miteinander zum Reaktionsaustausch kommen, gelangen im Absatzbetrieb jeweils Stoffe zur Reaktion, deren Mengen scharf gegeneinander abgegrenzt sind. In der sogenannten Autoklaventechnik für den ausschließlich absatzweisen Betrieb reagieren im wesentlichen heterogene Reaktionsmassen untereinander mit flüssigen und festen Grenzflächen.

Autoklaven sind dickwandige Hochdruckhohlkörper, die entweder ein oder zwei offene Enden haben mit regulärem Deckel, der durch Schrauben unter Verschluß gehalten wird. In vielen Fällen sind die Autoklaven mit einem Rührwerk versehen und haben geeignete Vorrichtungen zum Heizen bzw. Kühlen des Apparates. Wo eine rotierende Rührbewegung aus mechanischen oder aus technologischen Gründen nicht erwünscht ist, wird der Autoklav oft selbst in rotierende Bewegung versetzt, dabei meist in horizontaler Lage. Vielfach werden Autoklaven auch in Vorrichtungen eingebaut, die für den ganzen Apparat eine mehr oder weniger intensive Schüttelbewegung ausführen, so daß Rotation, Schütteln oder gar Vibration in allen Phasen angewandt werden können. Da die Durchführung physikalisch-chemischer Verfahren in steigendem Maße hohe Drücke und zugleich erhöhte Temperaturen anwendet, hat sich die Autoklaventechnik zu einem bedeutenden Zweig der heutigen chemischen Industrie entwickelt.

Die Heizung von Autoklaven kann sehr vielseitiger Natur sein. Die einfachsten Mittel sind Warmwasser, Dampf in allen Druckstufen bis zu 100 atü, je nachdem, was im Betriebsnetz zur Verfügung steht, heißes Öl usw., Heißgase in Umwälzung oder elektrische Heizung aller Art. Was immer auch die spezielle Heizungsart sei, so muß unbedingt darauf hingewiesen werden, daß Autoklaven dickwandige Hochdruckhohlkörper sind, die eine schnelle Aufheizung nicht ertragen, ohne durch Ausbildung gewaltiger schädlicher Wärmeeigenspannungen schwere Schäden zu erleiden. Aus betrieblicher Erfahrung hat sich erwiesen, daß die Heizung so vorgelegt und betrieben werden soll, daß die Wandung sich um maximal 30 bis 50 °C/h erwärmt.

Die Mischung der Substanzen im Druckraum wird vielfach durch die Einleitung von Reaktions- oder Inertgasen zusätzlich zur bereits vorhandenen Mischvorrichtung unterstützt. In Abb. 14 ist ein Autoklav wiedergegeben, der einen Hochfrequenzvibrator für 60 Perioden/sec besitzt.

Ein zentraler Schaft, am Deckel befestigt, trägt perforierte Metallsonden oder Scheiben mit Bohrungen. Durch geschickte Wahl der Scheiben bezüglich Abstand, Anzahl, Größe und Anordnung der Bohrungen sowie mittels Frequenzänderungen lassen sich hervorragende Mischwirkungen erzielen.

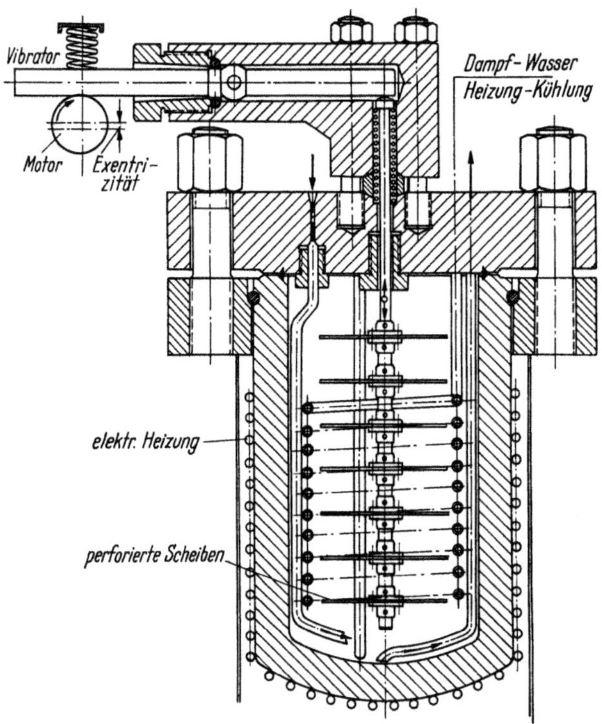


Abb. 14. Hochdruckautoklav mit eingebautem Vibrator für 60 Schwingungen je Sekunde. Elektrische Außenheizung. Dampfschlange innen

Die handelsüblichen Autoklaven sind im einschlägigen Schrifttum so umfangreich und vielseitig beschrieben, daß eine Behandlung in diesem Kapitel nicht mehr notwendig erscheint.

Eine sehr viel benützte Autoklavenart ist die sogenannte Laborbombe. Diese hat prinzipiell keinen Rührer oder andere Einbauten. Diese Bomben sind ganz allgemein Hochdruckhohlkörper zylindrischer Form mit einem oder zwei offenen Enden. Die Verschlüsse sind durchweg als Einschraubmuttern oder als Überwurfmuttern ausgebildet. Die Anschlüsse gehen dabei durch die Muttern, in seltenen Fällen durch die Wandung. Die Dichtkraft wird entweder durch die Mutter oder durch eine Anzahl kleinerer Schrauben übertragen. Diese Schrauben sind der Einzelmutter vorzuziehen, da eine gleichmäßige Übertragung der Schraubenkraft über den ganzen Dichtkreis erreicht wird.

In Abb. 15–18 sind eine Anzahl Ausführungsbeispiele von Autoklavenbomben dargestellt. Für die relativ kleinen Bombendurchmesser ist die Unterbringung der notwendigen Zahl von Anschlüssen schwierig, weshalb man vielfach von dem Zwang der Notwendigkeit Gebrauch macht, die Zylinderwand anzubohren und die Anschlüsse über einen zusätzlichen Ring für die Aufnahme der Verschlußmuttern aufzunehmen.

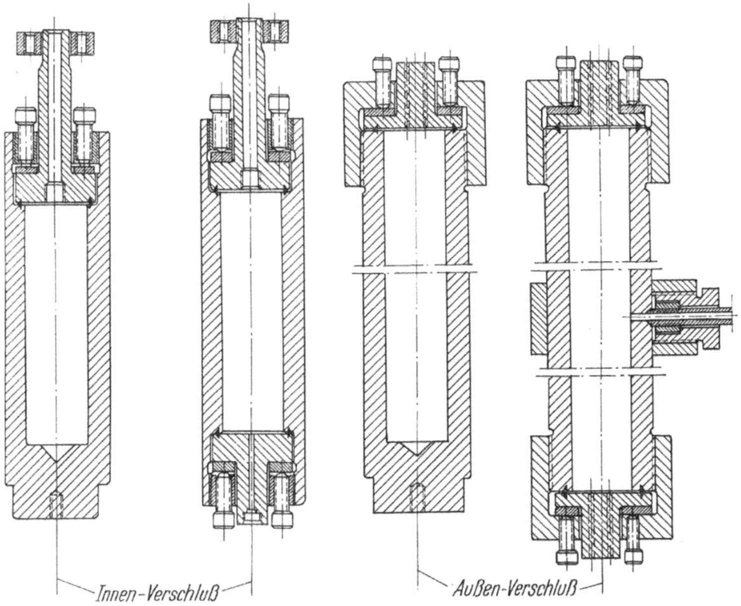


**Abb. 15–18. Laborautoklaven, sog. Hochdruckbomben. Variationen der Verschlüsse**

Wird für Bomben dieser Art ein Rührer erforderlich, so ist ein Vibrator mit perforierten Scheiben und hoher Frequenz vorzuziehen, was sich besonders bewährt für Bomben mit großem $l/d$-Verhältnis. Der Verfasser hat einen Vibrator dieser Art für einen Betriebsdruck von 2000 atü entwickelt und mit gutem Erfolg für eine Reihe von Anwendungen betrieben. Die Durchführung des Schaftes durch den Deckel läßt sich auf vielfache Weise abdichten. Für relativ niedrige Drücke ist der Metallschlauch ein geeignetes Mittel, da man beiderseits den gleich hohen Druck anwenden kann und somit keinerlei Dichtproblem hat. Für seine Vibrationsversuche hat der Verfasser mit ausgezeichnetem Erfolg Gummi, Viton und Kel-F-Elastomer-O-Ringe verwendet.

Große Autoklaven, die für großtechnische Produktionszwecke eingesetzt werden, meist in liegender Anordnung, sind mit Rührer versehen und haben eine geringe Neigung zur Horizontalen, um die Entleerung bzw. den Produktaustrag zu erleichtern. Die Druckgefäße sind durchweg als dickwandige Hochdruckhohlkörper ausgebildet mit entweder angeschmiedeten oder aufgeschraubten Flanschen. Der Zylinder selbst ist lediglich als Druckkörper in Verwendung. Der Korrosion wird grundsätzlich durch Einziehen eines geeigneten Futterrohres begegnet.

Der Nachteil dieser großen Produktionshochdruckautoklaven besteht im wesentlichen darin, daß sie mit ihren schweren Deckeln nach jeder Charge zum Produktaustrag sowie zur gründlichen Reinigung geöffnet werden müssen. Ferner ist die Aufheizung, sofern die Reaktion eine solche erfordert, stets mit gewissen Schwierigkeiten verbunden, da die Aufheizung solcher Stahlgewichte bei einem $\Delta t$-Wert von 30–50 °C/h im Maximum lange Aufheizperioden verlangt und damit die Rentabilität des Verfahrens leicht in Frage stellen kann. Für den Fall der Kühlung stark exothermer Reaktionen bestehen ähnliche Schwierigkeiten.

Was die Bauvorschriften für die Herstellung von Autoklaven sowie deren technische Zulassung in öffentlichen Betrieben angeht, so möge darauf hingewiesen sein, daß hierfür Normvorschriften vorliegen, die befolgt werden müssen. Ihre Behandlung würde weit über den Rahmen dieses Kapitels hinausgehen. In diesem Zusammenhange sei auf das DIN-Blatt 2413 vom Mai 1955 verwiesen, dem alle notwendigen Hinweise entnommen werden können.[1]

## IV. Hilfsapparate im Rahmen einer Hochdruckanlage

Betrachtet man das Fließschema einer Hochdruckanlage für irgendein beliebiges Produktionsverfahren, dessen Reaktion bei hohem Druck und gleichzeitig noch bei erhöhter Temperatur unter starker Wärmetönung abläuft, so wird man eindeutig erkennen, daß der Reaktionsapparat den Kern der gesamten Anlage darstellt. Dem Reaktionsapparat sind alle übrigen Apparate mehr oder weniger zugeordnet, sei es, daß sie den Reaktor mit Komponenten versorgen, oder sei es, daß sie die Produkte, die im Reaktionsapparat entstehen, aufnehmen und sie weiterbehandeln, bis die Produktfertigstufe erreicht ist. Hierbei wird man zu unterscheiden haben zwischen Apparaten, die der Förderung, dem Wärmeaustausch, der Kühlung, der Produkttrennung und vieles andere mehr zu dienen haben. Alles in allem handelt es sich bei den Hilfsapparaten um ein Gebiet, das nahezu die gesamte Hochdrucktechnik als solche umfaßt.

---

[1] Siehe örtlich geltende Kesselbauvorschriften, herausgegeben von den zuständigen Zulassungsbehörden.

Diese Apparate mögen, sofern der Reaktionsapparat von der Betrachtung ausgeschlossen bleibt, in der folgenden Behandlung grundsätzlich als Hilfsapparate im Gesamtrahmen von Hochdruckanlagen bezeichnet werden.

Die Konstruktion gewisser Hilfsapparate begegnet den gleichen Schwierigkeiten, die auch bei Reaktionsapparaten auftreten, da sie sehr oft Mehrzweckapparate sind. Diejenigen Hilfsapparate, die in diesem Abschnitt der Betrachtung zugrunde gelegt werden sollen, setzen sich wiederum aus zylindrischen Hochdruckhohlkörpern zusammen, deren Funktion strenggenommen aus einer ganzen Reihe von physikalischen Vorgängen bestehen kann. Zunächst hat man die Fertigprodukte von den nicht umgesetzten Substanzen zu trennen, wobei man ferner eine Trennung von gasförmigen, flüssigen und nicht zuletzt auch festen Produkten vornehmen muß. Hierbei bedient man sich bestimmter Apparate wie Heißabscheider, Produktabstreifer, Separatoren oder gewöhnlicher Abscheidertypen. Für die thermische Vorbereitung der Komponenten auf Reaktionstemperatur werden Vorheizer, Spitzenvorheizer und Wärmeaustauscher eingesetzt. Die fertigen Reaktionsprodukte sind gewöhnlich sehr heiß und müssen rasch heruntergekühlt werden. Man nützt ihren hohen Wärmegehalt nutzbringend aus, indem man sie durch Wärmeaustauscher leitet, wo man die noch kalten Frischgasgemische oft beträchtlich aufheizt, oder man erzeugt Dampf, den man ins Werksnetz geben kann. Solche Wärmeaustauschapparate können mitunter recht komplizierte Konstruktionsformen erreichen und oft mit beträchtlichem Eigengewicht zum Einsatz kommen. Nachdem der Hauptanteil der frei werdenden Reaktionswärme mittels Wärmeaustauschapparaten nutzbringend verwertet ist, müssen die Produkte noch häufig auf Raumtemperatur heruntergekühlt werden, wozu spezielle Kühler bereitgestellt werden müssen.

In vielen Fällen enthalten die Kreislaufgase nach der Reaktion schädliche Kontaktgifte, die vom Gas entfernt werden müssen, ehe es einen Durchgang durch die Kontaktzone machen darf. Diese Absorption wird in sogenannten Kreislaufgaswaschern vorgenommen, die für alle Druckstufen leicht bereitgestellt werden können.

Die wichtigsten Hilfsapparate, die im Laufe der vielen Jahre praktischer Bewährung im Betriebe sich bei den bedeutendsten Hochdruckverfahren bewährt haben, nämlich in der Benzinhydrierung sowie in der Ammoniak- und Methanolsynthese, werden im folgenden unter Heraushebung ihrer konstruktiven Grundzüge beschrieben. Hierbei sei nach Apparaten der Produkttrennung, des Wärmeaustausches und schließlich der Druckgaswäsche unterschieden. Die Beschreibung wird dabei diejenigen Apparate umfassen, die in den Fließschemen der Abb. 1 und 2 eingezeichnet sind.

## A. Apparate für den Wärmeaustausch

Die Behandlung der Hochdruckreaktionsbehälter hat klar gezeigt, wie wichtig die Lösung der Frage des wirtschaftlichen Wärmeaustausches in modernen Hochdruckanlagen ist. Es wird dort ferner darauf hingewiesen, daß nicht alle Fragen des Wärmeaustausches innerhalb des Hochdruckraumes des Reaktionsapparates selbst gelöst werden können. Man muß daher außerhalb des Reaktionsraumes genügend Möglichkeiten der Rückgewinnung der Reaktionswärme zur Verfügung stellen, wozu man die Wärmeaustauscher einsetzt.

Es sei wiederum eine Unterscheidung getroffen zwischen Wärmeaustauschern, Vorheizern und Kühlern.

### 1. Wärmeaustauscher – Regenerator

Die Verwendung von Hochdruckwärmeaustauschern ganz allgemein dient dem Zweck, die zum Teil enormen Wärmemengen der meist exotherm verlaufenden Reaktionen auf nutzbringende Art zu verwerten oder zumindest von der Kontaktzone abzuführen, um das thermische Gleichgewicht zu erhalten und die Wirksamkeit des Kontaktes im Hinblick auf optimale Lebensdauer zu gewährleisten.

Apparativ und in ihrer Wirkungsweise gleichen Wärmeaustauscher für sehr hohen Druck den Wärmeaustauschern, die für niederen Druck oder gar Atmosphärendruck benützt werden. Der einzige Unterschied besteht praktisch darin, daß der Zylindermantel in dem einen Fall ein Hochdruckhohlkörper ist, im drucklosen Falle aber ein relativ dünnwandiges Rohr sein kann. Die Rohrelemente des Wärmeaustauschbündels werden von beiden Seiten mit gleichem Druck befahren, so daß hierfür keine besonderen Festigkeitsvorkehrungen getroffen werden müssen. Die Hauptschwierigkeiten treten lediglich in der Frage des Einbaues in den Hochdruckmantel auf, wobei gleichzeitig hinsichtlich der Abdichtung besondere Maßnahmen zu berücksichtigen sind.

Für die konstruktive Gestaltung eines Wärmeaustauschers sind ausschließlich wärmetechnische Gesichtspunkte maßgebend, wie beispielsweise Strömungsgeschwindigkeit der Medien um bzw. in den Rohren, Zähigkeit, Druck, zu erreichende Temperaturdifferenz und schließlich die entscheidende Frage, welche der Substanzen durch die Rohre strömen soll und umgekehrt und andere Fragen mehr. Die geometrischen Abmessungen können sehr verschieden sein, und sie schwanken von Werk zu Werk. Natürlich richten sich die Grundabmessungen nach dem Einsatzziel, für das sie in erster Linie gebaut sind. Die in den deutschen Hydrierwerken verwendeten Wärmeaustauscher haben Hochdruckmäntel von 500–800 mm lichtem Durchmesser. Die Innendurchmesser der wärmeaustauschenden Bündelrohre waren ursprünglich mit 6 mm ausgelegt, wurden dann aber wegen der allzugroßen Verstopfungsgefahr auf 14 mm erhöht und liegen heute bei 23 $\times$ 45 mm Innen- bzw. Außendurchmesser. Man hat Wärmeaustauscher für deutsche Hydrierwerke gebaut, die Druckmäntel von 18 m Länge haben bei einem Betriebsgewicht von rund 70 t sowie einer mittleren Regeneratorfläche von nahezu 200 m².

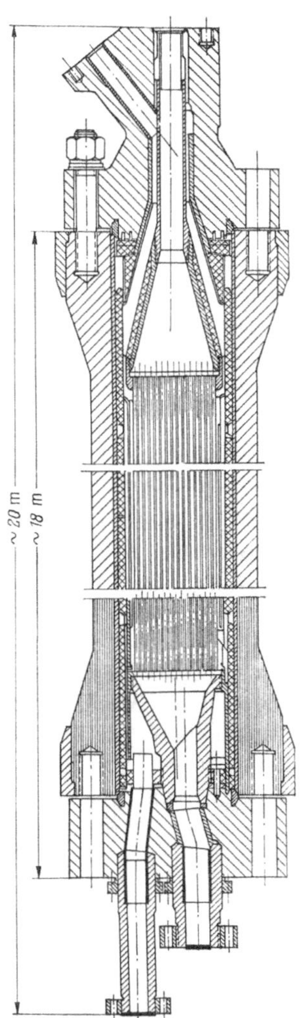

Abb. 19. Schema eines Wärmeaustauschers für die Kohlehydrierung. Austauschfläche 199 m², Betriebsdruck 700 atü

Die Bündelrohre sind in den flachen Rohrböden eingedornt und dann anschließend mit elektrischem Lichtbogen verschweißt. Vor dem Eindornen werden in den Bohrungen im Rohrboden flache Rillen eingedreht. Die Aufrechterhaltung der Parallelität der Rohre über die Bündellänge wird durch Einlegbleche gewährleistet, die zugleich in Wendelfrom angebracht werden, um die Strömungsgeschwindigkeit zu erhöhen bzw. Kreuzströmung zu erzielen. Die Abdichtung der Stopfbüchsen ist eine individuelle Angelegenheit, die von Fall zu Fall entschieden werden muß.

Das Hauptaugenmerk muß der Konstrukteur bei der Konstruktion auf die Beherrschung der Wärmeausdehnung der Bündelrohre legen. Besonders konstruierte Wärmekompensatoren dienen dazu, den auftretenden Dehnungsunterschieden der einzelnen Bauelemente durch entsprechenden Längenausgleich zu begegnen.

Als Isolierung für die Rohrbündel haben sich Schalen aus Diatomitsteinen in vielen Jahren praktischer Betriebserprobung ausgezeichnet bewährt. Für dünnwandige Isolierungen werden meist Asbestschichten mit Blechverkleidungen verwendet. Solche Isolierungen werden außerhalb des Druckmantels auf das Rohrbündel aufgebracht, wonach dann das ganze Bündel als ein geschlossenes Element in den Druckbehälter eingefahren wird.

Ein Bündelwärmeaustauscher, wie er vornehmlich bei der Benzinhydrierung verwendet bzw. hierfür eigens entwickelt und erprobt wurde, ist im Schema in Abb. 19 gezeigt. Solche Apparate wurden in Deutschland in Längen von 12–18 m gebaut und praktisch ausschließlich in Kohlehydrierwerken eingesetzt, und zwar wurden sie entwickelt sowohl für 325 als auch für 700 atü Betriebsdruck. In den Hydrierwerken kommen sie zur Anwendung zum Austausch der Wärme zwischen Produkten, die unmittelbar aus dem Reaktionsofen kommen oder aus dem Heißabscheider und dem Kreislaufgas gegenüber den Gasgemischen, die auf Ofentemperatur aufgeheizt werden sollen. Der Hochdruckmantel des Wärmeaustauschers der Abb. 19 ist übrigens als Wickelbehälter dargestellt und wurde als solcher auch im Betrieb eingesetzt.

## 2. Vorheizer

Die Vorheizer sind in der Hochdrucktechnik, zumindest innerhalb der drei Hauptsynthesen, die bisher beschrieben wurden, grundsätzlich als Röhrenapparate ausgebildet. Sie werden im allgemeinen den Reaktionsöfen vorgeschaltet und dienen hier dazu, die in den Wärmeaustauschern bereits mehr oder weniger vorgewärmten Gasgemische vollends auf die Stufe der Reaktionstemperatur aufzuwärmen. Da bei diesen Vorwärmern – zumindest sofern es die Kohlehydrierung betrifft – die höchsten Temperaturen des gesamten Kreislaufes auftreten, vielfach die eigentliche Reaktionstemperatur erreichend, die in den Kammern herrscht, sind für diese Apparate schwierige Konstruktionsprobleme zu lösen.

Obwohl theoretisch gesehen bei der Kohlehydrierung, der Ammoniaksynthese oder beim Methanolverfahren die exotherme Reaktionswärme ausreicht, die Reaktion stetig im Gange zu halten, so treten bei solchen Großanlagen stets Verluste auf, die von diesen Vorheizern gedeckt werden müssen. Außerdem müssen diese Reaktionen ursprünglich einmal in Gang gebracht werden, wozu dann die volle Kapazität der Vorheizer zur Anwendung gebracht werden muß. Die in diesem Abschnitt behandelten Zusatzapparate der Hochdrucktechnik sind vom Gesichtspunkte der Kohlehydrieranlagen aus zu verstehen, da sie ausschließlich für diese entwickelt wurden. Bei der Ammoniak- und der Methanolsynthese werden weitaus geringere Wärmemengen benötigt, als dies bei der Kohlehydrierung der Fall ist. Außerdem werden auch höhere Drücke und höhere Absoluttemperaturen angewandt.

Man hatte ursprünglich gehofft, daß man die Vorheizer nach Anspringen der Reaktion würde abschalten können und daß die Reaktionswärme ausreicht, die Vorwärmung voll aufzubringen. Dies ist jedoch nicht der Fall, was Anlaß dazu gab, die Vorwärmer auf ihre heutige Stufe technischer Entwicklung zu bringen.

Wenn man wiederum die Kohlehydrierung ins Auge faßt, so unterscheidet man Elektrovorheizer, Gasvorheizer und Schlangenvorheizer. Diese Unterscheidung sei dahingehend getroffen, daß man sich auf das

Medium bezieht, das als Quelle für die Wärmeversorgung benützt wird. Beim Elektrovorheizer wird demnach elektrischer Heizstrom über Widerstandsheizung in Wärme umgesetzt. Im Gasvorheizer wird Brennstoff verbrannt, und die heißen Verbrennungsgase als Wärmequelle benützt. Der Schlangenvorheizer setzt Hochdruckdampf als Wärmemedium ein; oft kommt auch Heizöl in Frage.

### a) Elektrovorheizer für die Kohlehydrierung

Elektrovorheizer wurden ursprünglich für den Zweck der Vorheizung der Gemische für die Gasphaseöfen entwickelt. Man wird sie besonders dort wählen, wo die aufzubringende Wärme noch wirtschaftlich durch elektrische Energie erzeugt werden kann, d.h. also dort, wo es sich nicht um überwältigend große Wärmemengen handelt.

So wurde für die Benzinhydrierung ein Vorheizer von der Form einer Haarnadel entwickelt, deren Heizleistung der jeweiligen Größe der Kammer angepaßt war. Der Innendruck der Haarnadel für den elektrischen Vorheizer wurde auf 325 atü begrenzt.

Der gesamte Vorheizer besteht nun aus einer Reihe von einzelnen Haarnadeln, deren Länge und Anzahl sich nach der Produktionskapazität der Kammer richtet, d.h. der Anzahl der Öfen, die innerhalb einer Kammereinheit untergebracht sind, da sich hiernach die aufzubringende Vorheizkapazität ermitteln läßt. Nimmt man an, daß die Haarnadeln nach oben gerichtet sind, d.h. die freien Schenkel der Haarnadeln nach oben zeigen, so hat jeder Vorheizer eine Anzahl Haarnadeln, denen sich ein paralleles Eingangs- und am Ende des Vorheizers auch ein Ausgangsrohr hinzufügt. Ein solcher Elektrovorheizer kann also aus 8–12 Rohren von 12–15 m Länge bestehen, die für Rohrabmessungen von 90 mm lichtem Durchmesser und 127 mm Außendurchmesser ausgelegt sind, also ein Durchmesserverhältnis von $k = 1{,}41$ aufweisen.

Der Vorheizer verbindet die Haarnadeln zu einer zusammenhängenden Schlange paralleler Rohre, die zu einem kreisförmigen Bündel angeordnet und in einem Blechgehäuse zu einer Einheit eingeordnet sind. Der Zwischenraum zwischen den Vorheizerrohren und dem Blechgehäuse wird mit Schlackenwolle ausgefüllt, um eine größtmögliche Isolierung gegen Wärmeverluste zu bewerkstelligen. Das gesamte Rohrbündel ist oben aufgehängt mit entsprechender elektrischer Isolierung. Das Bündel hängt somit frei nach unten durch und hat also ungestörte Wärmeausdehnungsmöglichkeiten.

Nach L. Raichle [*3*] heizt der Elektrovorheizer auf von etwa 350 °C auf 400 °C, wobei die Rohrwand Temperatur bis zu 450 °C erreichen kann. Die Schaltung wird so vorgenommen, daß für acht Rohre zwei gleiche Transformatoren von je etwa 600 kW eingesetzt sind. Der eine Trafo läuft dabei stets als Betriebstrafo, während der andere nur zum Anfahren dient. Ein solcher Vorheizapparat ist in Abb. 20 dargestellt mit dem elektrischen Schaltschema. Die Schaltung benützt Niederspannung. Die Rohre werden hierbei als Widerstandselemente in Parallelschaltung herangezogen.

Der Vorheizer ist prinzipiell einfach in Konstruktion und Betrieb. In der Benzinhydrierung aber, wo mit dickflüssigen Produkten zu rechnen ist, können leicht Verkrustungen eintreten infolge dann sich bildender lokaler Überhitzung.

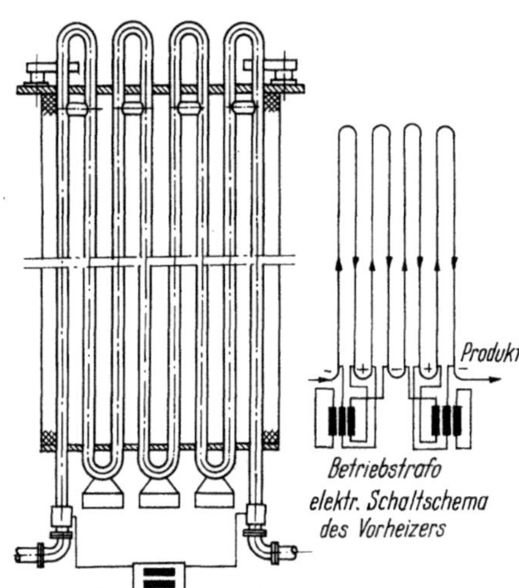


Abb. 20. Schema eines Elektroheizers der Kohlehydrierung (Haarnadeln)

Bei 12 Bündelrohren setzt man drei Transformatoren ein. Der ursprüngliche Grundgedanke für den Einsatz der Elektrovorheizer war der, daß die Kammern praktisch automatisch gefahren werden und nur gelegentlich durch Zuschaltung weiterer Energie verstärkt werden sollen. Dies trifft beispielsweise zu, wenn der Kontakt altert und in seiner Wirksamkeit nachläßt, wodurch mehr Heizleistung aufgebracht werden muß. Der Bedarf höherer Heizenergie kann gleichzeitig als eine Andeutung für die Notwendigkeit baldigen Kontaktwechsels angesehen werden. Der sogenannte Betriebstransformator liegt immer an der Produkteintrittsseite in den Vorheizer, wie man leicht aus Abb. 20 ersehen wird. Der Grund hierzu liegt darin, daß nach diesem Prinzip alle Haarnadeln nahezu gleiche Temperaturen erreichen, solange der Betriebstrafo als Heizquellenregelung benutzt wird, was bei Normalbetrieb stets erreicht wird und auch vollkommen ausreichend ist. An den Enden aller Rohre sind Laschen angeschweißt, die mit der Stromzuleitung bzw. miteinander elektrisch verbunden sind. Dadurch wird verhindert, daß der Strom durch die Dichtungslinsen der Flanschverbindungen für die Doppelbogen gehen muß. Der Mantel sitzt auf einem Untersatz auf.

Die Rohre der Haarnadeln sind nahtlos gewalzte Hochdruckrohre. Die Doppelbogen sind aus einem Stück als 180°-Bogen hergestellt, und zwar durch Gesenkschmieden aus exzentrisch gebohrten Rohstahlstangen. Die fertigen Doppelbogen werden an zwei parallele Hochdruckrohre angeschweißt, und zwar unter Anwendung des elektrischen Abschmelzverfahrens, so daß schließlich eine typische Haarnadelform entsteht. Die Einzelteile der Haarnadel und ihre Herstellung wird in Kap. IX behandelt.

Wie das Schema der Abb. 20 zeigt, erfolgt die Heizung durch direkte Widerstandsheizung, wobei die Rohre selbst Stromleiter und Widerstand bilden, wie oben bereits erwähnt wurde. Die Messung von Stromstärke und Leistung der Heizung erfolgt auf der Niederspannungsseite durch Schienenstromwandler.

Was die Berechnung der Vorheizer betrifft, so ist zu bemerken, daß der Wechselstromwiderstand ziemlich genau ermittelt werden muß. Hierbei spielen Skineffekt, Rohrabstand, magnetische Eigenschaften des Rohrwerkstoffes und die Temperaturverhältnisse eine bedeutende Rolle.

### b) Gasvorheizer in der Kohlehydrierung

Wie bereits an anderer Stelle ausgeführt, ist der Gasvorheizer ein Vorheizapparat, der im Prinzip ebenfalls aus Haarnadeln besteht, der aber seine Heizenergie aus heißen Wälzgasen bezieht, die durch Verbrennung flüssiger Brennstoffe entstehen. Verglichen mit den elektrischen Vorheizern ähnlicher Konstruktion ist der Gasvorheizer in Hydrieranlagen in weitaus größerer Zahl vorhanden. In einer technischen Großanlage besteht ein Gasvorheizer dieser Art nach L. RAICHLE aus folgenden drei Hauptteilen:

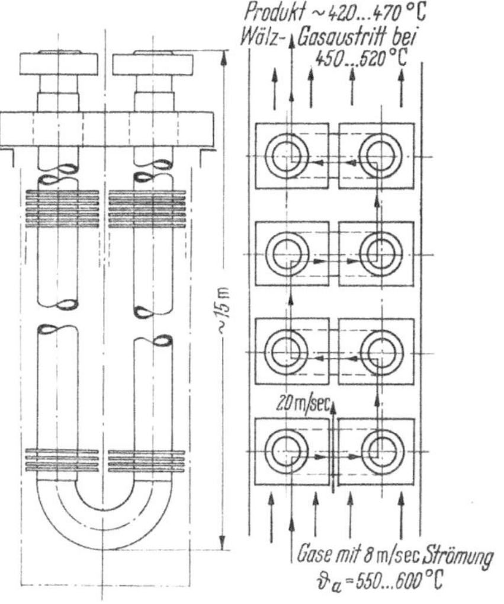


Abb. 21. Schema eines gasbeheizten Vorwärmers der Kohlehydrierung unter Verwendung von Haarnadeln. Rechts: Schema der Haarnadelanordnung in einer Vorheizerkammer

1. Dem feuerungstechnischen Teil, d. h. dem Brenner, Brennkammer und Mauer mit Vorrichtung zur Aufnahme der Haarnadelsysteme,
2. dem maschinentechnischen Teil, d. h. Gasumwälzgebläse mit Antriebsmotor,
3. dem wärmeübertragenden Rohrsystem, also dem Vorheizereinsatz, Haarnadeln und Verbindungsbogen.

Zur Erleichterung der Besprechung sei die schematische Darstellung eines solchen Gasvorheizers herangezogen, wie es der Abb. 21 zu entnehmen ist. Die Vorheizerteile, die außerhalb des Mauerwerkes untergebracht sind, werden als Einsatz bezeichnet. Ein solcher Einsatz setzt sich, je nach der erwarteten Wärmeleistung, aus einer Anzahl von Haarnadeln zusammen, deren Zahl sich zwischen sechs und zwölf bewegen mag. Der lichte Durchmesser der Haarnadelrohre richtet sich ausschließlich nach der stündlichen Durchsatzleistung der Kammereinheit. Die Rohre sind wiederum, wie beim Elektrovorheizer in vertikaler Anordnung. Die Haarnadeln sind konstruktiv die gleichen wie beim Elektrovorheizer. Die Doppelbogen sind wiederum exzentrisch gebohrt. Die Exzentrizität hat den Zweck, daß der Bogen nach Abschluß des Biegeverfahrens gleichmäßige Wandung besitzt. Dies wird dadurch möglich, daß im Biegegesenk das exzentrisch gebohrte Rohr so eingelegt ist, daß der dicke Wandungsteil außen liegt. Bei der Biegung tritt plastische Verformung ein, der äußere Teil wird gedehnt, während der innere Teil gedrückt wird. Somit bleibt Konzentrizität gewahrt.

Es bleibt zu erwähnen, daß für Rohre aus hochwertigen austenitischen Stählen auch die elektrische Lichtbogenschweißung zur Anwendung gebracht wird, was jeweils von der Ausrüstung der Betriebswerkstätten abhängt, wo der Vorheizer zur Aufstellung gelangen soll. Das Maschinen-Stumpfschweißverfahren führt zur Ausbildung starker Wärmedehnungszonen in den an der Schweißung beteiligten Werkstückabschnitten, so daß eine besondere Wärmenachbehandlung als Vergütungsbehandlung nach der Schweißung erforderlich wird. Bei den im Lichtbogen geschweißten Haarnadeln genügt eine lokal angewandte Anlaßbehandlung, da diese Haarnadeln praktisch ausnahmslos aus austenitischen VA-Stählen bestehen.

Zur Ausführung der maschinellen Schweißung werden besondere Elektroschweißmaschinen benützt, die Querschnittsleistungen bis zu $25 \times 10^3$ mm² aufzubringen vermögen.

Da es sich bei der beschriebenen Gasheizung um konvektive Gasheizung mit zwangsläufiger Umwälzung der Verbrennungsgase handelt, muß darauf geachtet werden, einen möglichst hohen Wärmeübergangskoeffizienten zu erzielen.

Man hat daher die Haarnadelrohre mit quadratischen Rippen versehen, die in paralleler Anordnung senkrecht zur Rohrachse im Abstande von 10 mm auf die Rohraußenfläche aufgeschweißt sind unter Anwendung der Lichtbogenschweißung. Durch diese Maßnahme wird die wärmeaufnehmende Oberfläche des Vorwärmers auf das 20fache vergrößert. Nach L. Raichle haben die Rohre eine Innenheizfläche von etwa 10,6 m² und an der Außenfläche eine solche von rund 15 m². Die fertige Haarnadel besitzt dann eine Gesamtübertragungsfläche von 250 m².

Neben der großen Heizfläche trägt die besondere Anordnung der Haarnadeln im Gesamtvorheizer wesentlich dazu bei, die Erreichung einer optimalen Heizleistung zu gewährleisten. Wie man aus Abb. 21 entnehmen kann, strömt das Wälzgas mit 8 m/s Geschwindigkeit in die Rohrgasse ein. Die Gase haben dabei eine Temperatur von 560–600 °C. Infolge der drastischen Querschnittsverengungen in der Gasse wird die Strömung der Wälzgase auf 20 m/s gesteigert infolge der Gegenwart der intensiv berippten Haarnadelrohre. Heiztechnisch erzeugt das sehr vorteilhafte Übertragungseffekte, die sich am besten durch einige Zahlen beleuchten lassen. An der Eintrittsstelle der Wälzgase in die Gasse haben die Gase eine Eigentemperatur von 560–600 °C. An dieser Stelle erreicht das Produkt in den Rohren eine Temperatur von 350 °C. Nach der Passage von fünf parallel gestellten Haarnadeln in einer Strömung senkrecht zu den Haarnadelachsen hat das Wälzgas eine Temperatur von 450–520 °C, während das Produkt in den Rohren dort auf 420–470 °C aufgeheizt ist.

Mit diesen Apparaten können Wärmemengen bis zu 15 Millionen kcal stündlich übertragen werden, wobei es auffallend ist, daß die Temperatur der umgewälzten Heizgase nur etwa 120 °C höher liegt als die Temperatur des vom Gas aufgeheizten Produkts innerhalb der Rohre.

Die einzelnen Haarnadeln sind unter sich mit 180°-Doppelbogen unter Anwendung der üblichen Verschraubung mit Linsendichtungen verbunden.

Die Haarnadeln sind durchweg durch interne Werksnormen genormt, so daß sie auch für den Bau von Elektrovorheizern verwendet werden können. Damit lassen sich die Heizelemente beliebig austauschen, womit größte Wirtschaftlichkeit bei günstigster Lagerhaltung gewährleistet werden kann.

Die Schaltung der Haarnadeln relativ zum Strom des Wälzgases wird so gewählt, daß einmal ein guter Wärmeeffekt bei Gegenstromwärmeaustausch erzielt wird und zum anderen eine möglichst große Schonung der Haarnadelrohre hinsichtlich ihrer maximalen Temperaturbeanspruchung gegeben ist.

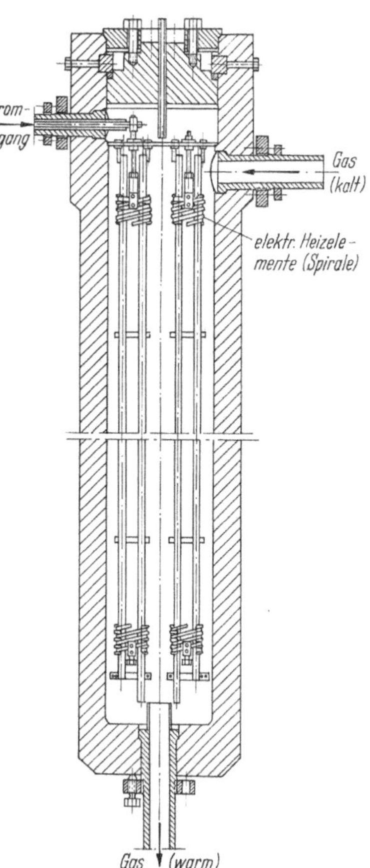


Abb. 22. Elektrischer Vorheizer für die Gase der Methanolsynthese. System F. Uhde, Dortmund

### c) Elektrischer Vorheizer für die Methanolsynthese

Wird bei der Methanolsynthese mit verhältnismäßig niedrigen Temperaturen gefahren, so treten erhebliche Schwierigkeiten auf, die großen Mengen an Frischgasgemischen auf die notwendige Reaktionstemperatur aufzuheizen. In diesen Fällen wird dann nicht genügend Reaktionswärme zurückgewonnen, um die Aufheizung auf Kosten der Abwärme zu bewerkstelligen. In einem solchen Falle ist eine zusätzliche Fremdwärmequelle erforderlich. Ein Apparat dieser Art, der sich für die Methanolsynthese in vielen Jahren des Betriebseinsatzes gut bewährt hat, ist ein elektrischer Vorheizer, der außerhalb des Reaktionsofens aufgestellt wird. Dieser Vorheizer hat sich auch für eine Reihe anderer Hochdruckgassynthesen bewährt. Ein Schema dieses Vorheizers ist in Abb. 22 graphisch veranschaulicht, wie er von der Firma Uhde in Dortmund gebaut wurde. Er besteht aus einem zylindrischen Hochdruckmantel, der an einem Ende offen ist. Im Innern des Druckraumes sind elektrische Heizwiderstände eingebaut, die für sehr große Oberflächen konstruiert sind unter günstiger Raumausnützung. Es ist lediglich dafür Sorge zu tragen, daß die Heizkörper ausreichend isoliert sind gegenüber dem massiven Druckmantel, um elektrischen Kurzschluß zu verhindern. Infolge seiner großen Wirksamkeit in der Praxis hat dieser Apparat eine vielseitige Anwendung gefunden.

### d) Gasbeheizte Vorwärmer für die Ölindustrie

Ein gasbeheizter Vorwärmer mit horizontaler Rohranordnung wird von der amerikanischen Krackindustrie vielfach verwendet. Der Apparat wird mit Wälzgas betrieben, das mit einem Gebläse in der üblichen Weise im Kreislauf mehrfach umgewälzt wird. In den Rohren werden Gas und Öl gemeinsam aufgeheizt, wobei Wandtemperaturen bis zu 600 °C herrschen unter einem Innendruck von etwa 325 atü.

Entscheidend für die Betriebssicherheit unter diesen extremen Bedingungen war, daß die amerikanischen Betriebe frühzeitig zur Verwendung austenitischer Edelstähle übergingen. Mit V 2 A wurde ein Werkstoff gefunden, der den stärksten Anforderungen gegen chemische Angriffe in der Ammoniaksynthese und auch in der Kohlehydrierung standhält und außerdem ungewöhnliche Lebensdauer aufweist.

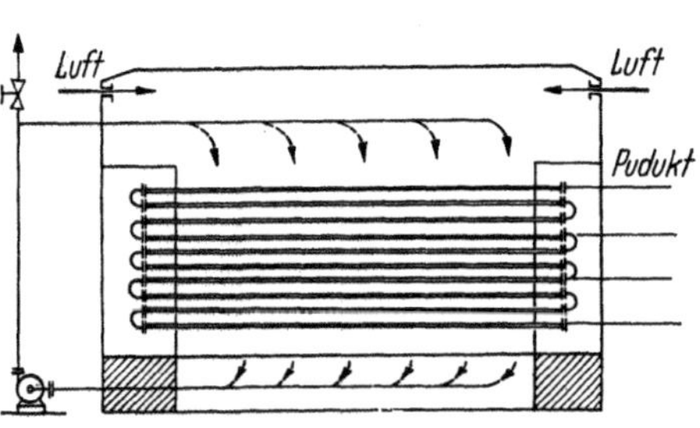

Abb. 23. Schema eines horizontalen Gasvorheizers der amerikanischen Ölindustrie

Die Strömungsverhältnisse in horizontal liegenden Vorheizerrohren sind nicht besonders günstig. Die Wärme wird ausschließlich durch Strahlung übertragen. Der Wärmeübergang ist weitaus geringer als bei der konvektiven Strömung zwischen den vertikalen Haarnadeln. Die Rohre neigen ferner leicht zur Verkrustung und müssen oft durch Ausbohren gereinigt werden, um Koksansätze zu entfernen.

Der Vorheizer ist im Schema in Abb. 23 wiedergegeben.

### e) Dampfbeheizte Schlangenvorheizer

Eine Reihe von Hochdruckverfahren werden mit Temperaturen betrieben, die merklich unterhalb der 500-°C-Grenze liegen. Handelt es sich dabei um Öle, gedacht ist hierbei vornehmlich an Verfahren der Ölindustrie, so kann man dabei an die Verwendung von Hochdruckdampf denken. Steht im Werk ein Bensonkessel mit 200 atü Dampfdruck zur Verfügung, so können Temperaturen bis zu 440 °C ausgenutzt werden. Am besten eignen sich hierfür Doppelschlangenvorheizapparate, in denen der Bensondampf im Kreislauf umgepumpt wird. Der Gefahr der Produktzersetzung bzw. Verkokung begegnet man meist dadurch, daß man den Ölen Wasserstoff beimischt. Diese Maßnahme wird unerläßlich notwendig, sobald für solche Produkte die Temperatur über 350 °C ansteigen muß, um die Reaktion zu befriedigen.

Ein Beispiel für einen Doppelschlangenvorwärmer ist im Prinzip in Abb. 24a, b gezeigt. Der eigentliche Kern des Schlangenkühlers ist ein

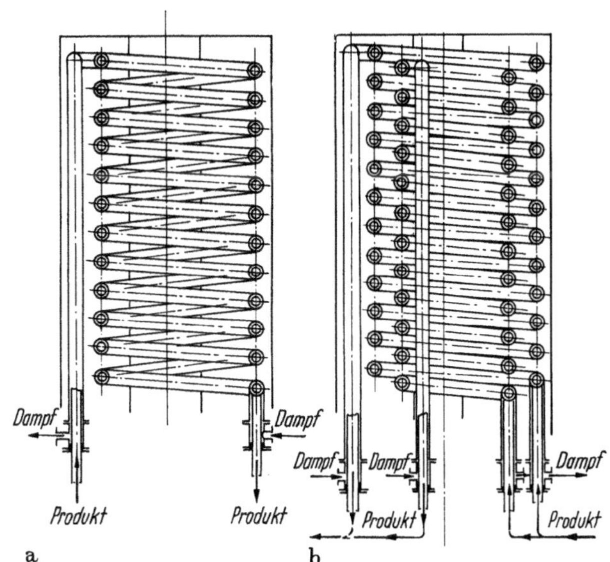


Abb. 24. Schlangenvorwärmer mit einfacher und doppelter Schlangenanordnung

Hochdruckrohr für den erforderlichen Betriebsdruck. Das aufzuheizende Medium strömt also innerhalb der Hochdruckrohre. Über das Hochdruckrohr wird nun ein zweites Rohr gezogen, das den Heizmantel für das

Hochdruckrohr darstellen muß. Beide konzentrischen Rohre werden jetzt gemeinsam in einer Biegemaschine zu einer Doppelschlange gebogen, wobei jeder beliebige Windungsradius hergestellt werden kann. Es ist üblich, diese Vorheizapparate als einfache oder als doppelte Schlange zu wickeln. Für beide Arten zeigt Abb. 24 ein schematisches Beispiel.

Die Verwendung von hochgespanntem Heizdampf bringt günstige Wärmeübertragungsverhältnisse. Die Vorheizer arbeiten daher mit sehr gutem Wirkungsgrad.

Die Schlangenvorwärmer lassen sich ebenso auch als Wärmeaustauscher verwenden, besonders dort, wo es darauf ankommt, daß ein reguläres Regeneratorbündel leicht verstopft werden könnte, was natürlich unerträgliche Betriebsstörungen mit kostspieligen Betriebs- und Produktionsausfällen zur Folge hätte. Dies ist beispielsweise der Fall bei der Abführung der letzten Wärme im Abschlamm einer Kohlehydrieranlage. Die Schlangenwärmeaustauscher sind dann ein verhältnismäßig billiger Apparat, aus dem Abschlamm alle noch verfügbare Wärme billig herauszuholen und zu verwerten, ohne einen zweiten Bündelrohrwärmeaustauscher zur Verfügung haben zu müssen.

Diese Art von Schlangenapparaten nimmt in der Kammereinheit einer Kohlehydrieranlage insofern eine Sonderstellung ein, daß, falls man noch keine Breiregeneration vorgenommen hat, sondern regenerativ nur das in den Reaktor einströmende Gasgemisch auf Reaktionsbedingung aufheizt, sich der Doppelschlangenvorwärmer günstig dafür einsetzen läßt, die überschüssige Wärme auf billige Art abzuführen oder gar noch nutzbringend zu verwerten.

## 3. Kühler – Kondensatoren

Die Gaskühler dienen, um ein praktisches Anwendungsbeispiel aus der Synthese der Kohlehydrierung zu gebrauchen, zur Abkühlung der aus dem oder den Wärmeaustauschern austretenden Kreislaufgasgemische sowie auch zur Kondensation gewisser Komponenten an Produkt, soweit deren Verflüssigung durch Kühlung nicht bereits im vorausgeschalteten Wärmeaustauscher erfolgt ist. In allen Hydrieranlagen bestehen die Produkt- bzw. Gaskühler aus einem Rohrsystem, gebildet aus Standardhochdruckrohren, die in Form von horizontal angeordneten Doppelschlangen gebaut sind und mit kaltem Wasser als Kühlmedium in den Außenmänteln betrieben werden.

In der Hydriertechnik ist es üblich geworden, für die 325-atü-Druckstufe als Innendurchmesser der Druckrohre die Nennweite 70 zu wählen, während für die 700-atü-Druckstufe die Nennweite 58 zur praktischen Norm geworden ist. Alle Rohre sind mit einem Kühlmantel aus regulären Niederdruckrohren ausgerüstet. Die Hochdruckrohre sind zu einem zusammenhängenden Strange mittels 180°-Doppelbogen verbunden unter Benützung von Flanschverbindungen mit Linsendichtungen.

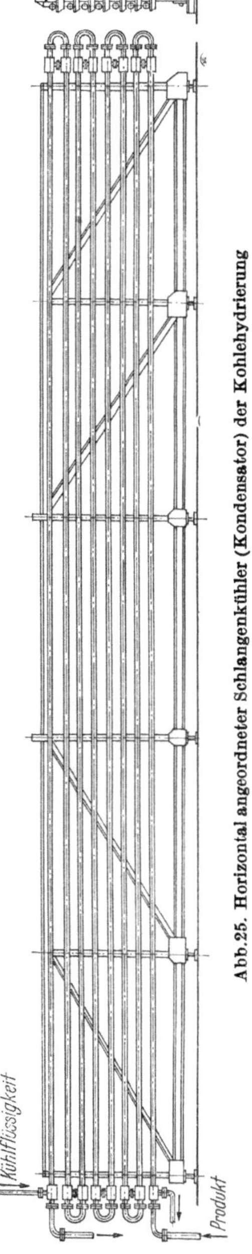


Abb. 25. Horizontal angeordneter Schlangenkühler (Kondensator) der Kohlehydrierung

Kühler dieser Bauart sind sehr einfach in der Gestaltung, Herstellung und Montage. Der Kühler kann aus regulären Hochdruckrohren nach Baukastensystem unter Verwendung von lagerhaltigen Formstücken, Flanschen und Dichtungen zu beliebiger Größe mit gewünschter Austauschfläche schnell zusammengebaut werden.

Das Schema dieses Kühlers ist in der Darstellung der Abb. 25 gezeigt. Das Baugerüst läßt in einfacher Weise die Aufstellung zweier vertikaler Doppelschlangen zu.

Der gleiche Kühlertypus ist auch im Kreislauf der Sumpfphase kurz vor dem Eintritt in den Kreislaufgaswascher eingebaut, siehe Fließschemas der Abb. 1 und 2. Dort haben sie die Aufgabe, die Gase so tief wie möglich herunterzukühlen, denn der Wascheffekt ist um so größer, je niedriger die Temperatur der im Austausch befindlichen Komponenten ist.

Der Außenmantel ist entweder aufgeschweißt oder mittels Stopfbüchsen aufgeschraubt. Schweißung ist billiger, wenn am Kühler keine Veränderungen vorzunehmen sind. Für bauliche Änderungen während des Betriebes ist der Stopfbüchsenkühler die geeignetste Bauart, zumal alle Teile sich ohne Änderung wieder voll verwenden lassen.

Der Kühler ist sehr wirksam, einfach in Herstellung, Montage und Wartung im Betriebe. Er benötigt praktisch keine Unterhaltung. Bei Reinigung können die Doppelbogen abgeschraubt werden, was sich mit geringem Zeitaufwand bewerkstelligen läßt.

## B. Apparate für die Produkttrennung

Nach dem Durchlaufen der Reaktionsöfen müssen die Produkte voneinander getrennt werden. Hierbei bedient man sich der sogenannten Produktabscheider, die auf dem Gesamtgebiete der chemischen Hochdrucktechnik in großer Zahl vorhanden sind und eine wichtige Rolle spielen. Die Bedeutung dieser Apparate liegt weniger darin, daß in ihnen die Produkte nach Maßgabe ihres jeweiligen Phasenzustandes voneinander getrennt werden. Es kommt vielmehr darauf an, unter welcher Bedingung man die Trennung vornimmt, um die weitere Behandlung der Komponenten auf die wirtschaftlichste Art zu ermöglichen.

Die Hochdruckabscheider sind, vom Standpunkte des Hochdrucktechnikers aus gesehen, verhältnismäßig einfache zylindrische Hohlkörper, die nach dem Prinzip der einfachen Zerlegung des Gas- bzw. Flüssigkeitsstromes arbeiten. In sehr vielen Fällen wird auch das Prinzip der Zyklone angewandt.

Das Beispiel der Kohlehydrierung möge wieder angeführt werden, um die vielseitige Verwendung dieser Apparate zu beleuchten, denn hier finden wir den Heißabscheider, Produktabstreifer usw., und diese speziellen Bauarten verkörpern deutlich, was an dieser Stelle behandelt werden soll.

## 1. Heißabscheider

Im Hinblick auf die Hochdruckanlagen der Kohlehydrierung werden die Heißabscheider nur in der Sumpfphase eingesetzt und dienen zur Trennung des den letzten Ofen verlassenden Flüssigkeits-Feststoff-Gemisches vom Gemisch Destillat–Gas. Auf die Sumpfphase bezogen heißt das, daß der Heißabscheider die nichtverdampften Rückstände der Sumpfphase einschließlich der Asche in Schlammform von den dampfförmigen Produkten und dem Kreislaufgas zu trennen hat. Die wesentlichsten Abmessungen bewegen sich größenordnungsmäßig zwischen 800 und 1500 nm lichten Durchmesser bei Längen von 9–12 m für einen Betriebsdruck von 325 atü und 1000–1200 mm Durchmesser bei gleicher Länge für 700 atü Betriebsdruck.

Eine schematische Darstellung eines solchen Heißabscheiders mit verschiedenen Einbauten wird in Abb. 26 gezeigt.

Die Hauptschwierigkeiten, die bei Heißabscheidern auftreten, bestehen in der Verstopfungsgefahr bei steter Neigung zur Verkrustung. Das im unteren Teil des Heißabscheiders vom Kreislaufgas abgetrennte Produkt ist naturgemäß wasserstoffarm. Bei sehr hoher Temperatur besteht die Gefahr zur Verkrackung und damit zur Verstopfung des Apparates.

Um dieser Gefahr zu begegnen, bedient man sich folgender Hilfsmittel:

a) Die Temperatur im Heißabscheider wird absichtlich um eine geringe Stufe niedriger gehalten als die Temperatur im letzten Ofen.

b) Die abgeschiedenen Substanzen sollen so kurz wie möglich im Heißabscheider verbleiben. Dabei entwickelt sich allerdings die Gefahr, daß das Volumen des Flüssigkeitsinhalts zu klein wird, was die Regelung des Flüssigkeitsspiegels schwierig macht.

c) Der „Sumpf“ im Heißabscheider muß – strömungstechnisch gesehen – eine möglichst glatte Form haben, damit „tote Ecken“ sich nicht ausbilden können, was anderweitig ein idealer Herd wird zur Bildung von Verkrustung.

d) Die Wandung wird mittels Kaltgas mit Hilfe von geeigneten Rohrschlangen gekühlt, und zwar im oberen Teil, dem sogenannten Gasraum, als auch im unteren Sumpfraum. Diese Kühlung muß bewirken, daß an der Wandung sich im oberen Teil ein Film des dort kondensierenden leichten Produktes bildet, der die Ausbildung einer harten Verkrustung unmöglich macht.

Die gesamte Innenwand des Druckmantels ist mit Isolierung versehen, die von einem dünnen Stahlgehäuse gestützt wird, das gegen den Bodenauslauf zu in einen Konus zur Querschnittsverminderung ausläuft. Abb. 26 zeigt zwei Heißabscheider, für die hinsichtlich Konstruktion und Isolierung die gleichen Richtlinien zutreffen wie für den Sumpfphaseofen.

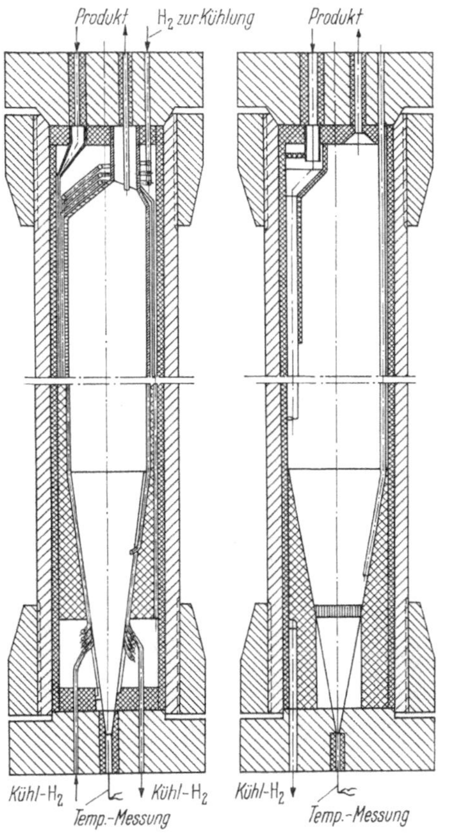


Abb. 26. Heißabscheider für die Kohlehydrierung. Modifikationen der Inneneinbauten

Beim linken Abscheider der Abb. 26 tritt das aus dem Sumpfofen kommende Produkt durch den oberen Deckel in den Abscheider ein, strömt durch einen besonderen Rohrkanal zur Behältermitte, wo es nach dem Zyklonenprinzip tangential in den Abscheiderraum geleitet wird. Diese Maßnahme erleichtert die Trennung, wobei die flüchtigen Produktanteile zum oberen Deckel hin aufsteigen und dort dann den Heißabscheider verlassen, während der Schlamm sich nach dem Schwereprinzip unten ansammelt und über den unteren Deckel entzogen wird. Die erwähnte Kühlschlange mit kaltem Druckwasserstoff liegt außerhalb des Stahlfutters der inneren Wandisolierung. Der Wasserstoff entzieht dem Schlamm beträchtliche Wärmemengen und wird deshalb in heißem Zustande durch den unteren Behälterdeckel abgeleitet.

Der zweite Abscheider der Abb. 26, rechts, führt das Produkt-Gas-Gemisch ebenfalls durch den oberen Deckel ein bis zu einem Stand unterhalb des gewünschten Flüssigkeitsspiegels. Die flüchtigen Bestandteile steigen wiederum zum oberen Deckel auf, während der Schlamm über den Bodenauslauf aus dem Behälter entzogen wird. Druckwasserstoff wird auch hier zur Kühlung benutzt, jedoch wird er direkt eingespritzt in den Sumpf. Er zieht dann mit den gasförmigen Bestandteilen über den oberen Deckel ab, von wo er in den Wärmeaustauscher gelangt.

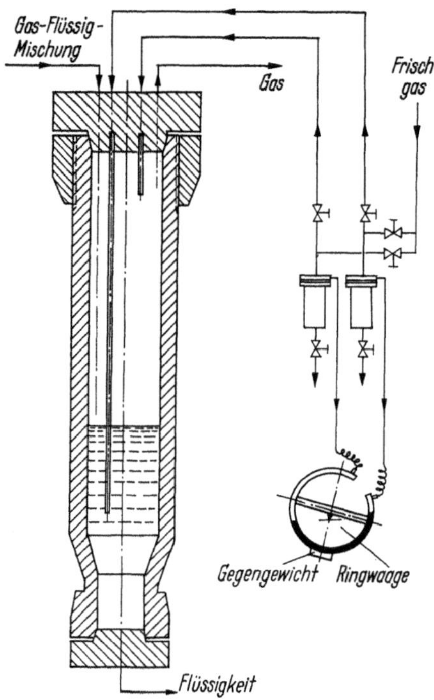

Abb. 27. Schema einer Hochdruckflüssigkeitsstandmessung für HD-Behälter

Für die Stabilisierung einer richtigen Fahrweise wird man erkennen, daß die Einhaltung eines konstanten Flüssigkeitsspiegels von entscheidender Bedeutung ist. Infolge der schlammartigen Beschaffenheit des abgeschiedenen Rückstandes ist eine direkte Beobachtung des Flüssigkeitsstandes über ein Hochdruckschauglas nicht möglich. Man muß sich hier also einer indirekten Meßmethode bedienen, die im folgenden beschrieben werden soll.

Das Schema einer indirekten Standmessung ist in Abb. 27 dargestellt; es arbeitet nach folgendem Prinzip:

Über zwei Meßscheiben werden zwei gleichgroße Gasmengen, die dem Kreislauf entzogen werden, in den Abscheider eingeführt. Die Einleitung geschieht derart, daß eine Leitung, das heißt, der eine Strom in den oberen Gasraum des Abscheiders, der andere Gasstrom aber in den Sumpf geleitet wird, also unterhalb des Spiegels. Damit werden beide Gasströme einen Differenzdruck anzeigen, den man als Maß für die Höhe des herrschenden Flüssigkeitsspiegels verwenden kann. Die Gasmengen eines jeden Einzelstromes werden über eine Standmeßwaage gemessen. Das Verfahren arbeitet sehr zuverlässig und ist in vielen Hochdruckanlagen angewandt.

## 2. Produktabstreifer

Zur Abtrennung der in der Kammer kondensierenden flüssigen Produktanteile aus dem Kreisgas benutzt man in der Kohlehydrierung die sogenannten Produktabstreifer. Im Gegensatz zu den üblichen stehenden Hochdruckabscheidern, die man zur Abtrennung geringer Flüssigkeitsmengen aus dem Kreisgasstrom anwendet, werden hier liegende Hochdruckbehälter gewählt. Es handelt sich hierbei um Hochdruckhohlkörper von der Art der Flaschenform, die für die meisten Hydrierwerke an beiden Enden eingehalst sind. Damit wird mit Rücksicht auf eine beachtliche Reduktion der Durchmesser eine merkliche Gewichtsersparnis erzielt. Die für die deutschen Hydrierwerke üblich gewordenen Abmessungen sind 1000 mm Innendurchmesser bei 6 m Länge für Drücke von 352 und 700 atü.

In Abb. 28 ist solch ein typischer Produktabstreifer mit eingehalsten Enden gezeigt. Zum Zwecke vollständiger Entleerung werden die Flaschen auf Betonsätteln montiert, wobei die Flaschenachse eine geringe Neigung aufweist.

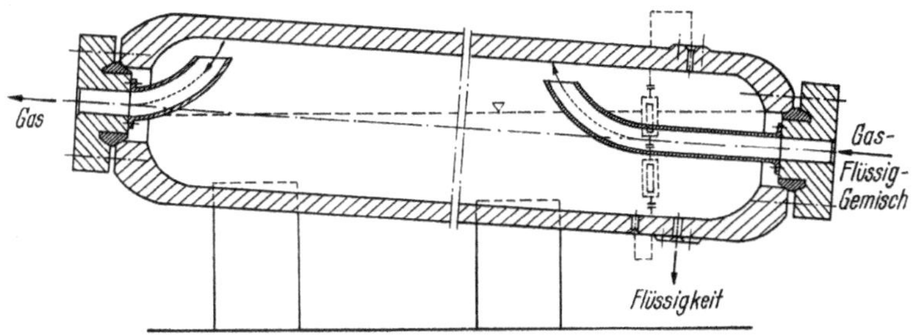


Abb. 28. Produktabstreifer für die Kohlehydrierung. Doppelseitig eingehalste Hochdruckflasche mit Inneneinbauten

Konstruktiv und auch herstellungsmäßig bedeuten die Produktabstreifer keinerlei Problem. Es bleibt lediglich zu bemerken, daß man bestrebt ist, einen gewissen Flüssigkeitsspiegel zu halten. Die Höhe des Spiegels wird über Hochdruckschaugläser beobachtet. Oft wird über dem Flüssigkeitsspiegel ein Rost mit Raschigringen angebracht, um mitgerissene Flüssigkeitsteilchen vom abziehenden Gasstrom besser zu trennen.

## 3. Reguläre Abscheider

Reguläre Abscheider sind für den Hochdrucktechniker Druckkörper, die praktisch jede beliebige Form haben können, solange sie dem einfachen Zwecke der Trennung von Gasen und Flüssigkeiten dienen. Wenn also kein besonderer Zweck für entsprechende Unterscheidung vorliegt, bezeichnet man sie als reguläre Abscheider im Gegensatz zu Heißabscheider oder Produktabstreifer. Der Form nach können sie als reine zylindrische Körper mit flachen Deckelverschlüssen gebaut sein, oder sie können eingehalst sein, und zwar an einem Ende oder gar an beiden Enden. Der reguläre Abscheider ist an keine besondere geometrische Form gebunden.

Reguläre Abscheider sind meist in vertikaler Lage montiert und weisen neben einigen Eintauchrohren für verschiedene Zwecke keine besonderen Einbauten auf. Sie mögen mitunter mit Raschigringen gefüllt sein, die dann auf einer Rostplatte aufgebracht sind.

Als regulärer Abscheider läßt sich praktisch jeder zylindrische Hochdruckmantel verwenden, ungeachtet seiner konstruktiven Gestaltung, so daß sich eine weitere Behandlung dieses Themas erübrigen dürfte, sofern es verfahrenstechnische Einzelheiten betrifft.

Die eingehalsten Abscheiderflaschen mit einem offenen Ende werden grundsätzlich als Abscheiderflaschen bezeichnet. Diese sind in allen Größen in den meisten deutschen Hochdruckanlagen in großer Zahl vorhanden. Die Bezeichnung Hochdruckflasche wird auch noch angewandt für Behälter mit zwei eingehalsten Enden, solange ihr Durchmesser klein genug bleibt im Verhältnis zu ihrer Länge. Als typisches Beispiel mögen hier die Behälter angeführt werden, die früher als Heliumbehälter von den ehemaligen Zeppelinwerken an Hochdruckbetriebe ausgeliehen wurden.

Eine weitere Art von Anwendungszweck dieser Art von Druckbehältern sind die Pufferflaschen. Diese werden vorteilhaft verwendet für die Aufbewahrung von hochkomprimierten Gasen aller Art.

Für Verfahren, wo Flüssigkeiten unter hohem Druck in die Reaktionsbehälter gepumpt werden müssen unter Verwendung von Kolbenpumpen, läßt sich eine gleichmäßige Förderung ohne Druckschwankungen im Rhythmus der Kolbenbewegung nicht erzielen. Für viele Reaktionen ist dies aber eine vitale Forderung. Man kann sich für diesen Fall damit helfen, daß man die Flüssigkeit in einen großen Abscheider pumpt, dort einen gewissen Spiegel hält und über dem Flüssigkeitsvolumen ein Gaspuffer aufrechterhält, und zwar ein Gas, das sich in der Flüssigkeit nicht löst. Damit wird der Einfluß der Stoßbewegungen im Förderstrom nahezu ausgeschaltet, solange der Querschnitt der Förderleitung vernachlässigbar klein ist im Verhältnis zum Abscheiderquerschnitt.

### 4. Ölabscheider und Filter

In Kompressoren, Gasumlaufpumpen, Flüssigkeitspreßpumpen, Breipressen und Multiplikatoren sind hochwertige bewegliche Teile, die zur Aufrechterhaltung eines störungsfreien Betriebes laufend mit Schmierung versehen werden müssen. Hierbei läßt es sich praktisch nicht verhindern, daß die zu fördernden Medien mit dem Schmiermittel in Berührung kommen und oft mit ihm intensiv durchmischt werden. Diese Schmierölanteile sind aber bei hochwertigen Druckreaktionen störend, bilden sehr oft wirksame Kontaktgifte und führen nicht selten zu unerwünschten Nebenreaktionen. Eine strikte Trennung dieser Bestandteile vom Fördermedium ist daher unerläßlich. Hierzu bedient man sich der bekannten Ölabscheider, die für alle Druckstufen und Baugrößen hergestellt werden. Bekanntlich ist hinter jeder Verdichtungsstufe eines jeden Kompressors ein entsprechender Abscheider für das Schmieröl eingebaut, um bei jedem möglichen Zwischendruck ein Optimum an Schmieröl aus dem Gas zu entfernen. Oft werden noch zusätzlich Filter eingebaut, um auch noch kleinste Nebeltröpfchen aus dem Strom abzufangen. Je quantitativer diese Schmierölabtrennung aus dem Fördermedium gelingt, um so bessere Betriebsbedingungen werden für die Reaktion und den Kontakt gewährleistet.

Neben den kleinen Stufenabscheidern sind meist noch große Abscheider eingebaut, die man gleichzeitig noch als Druckpuffer benutzen kann. Die Einfüllung von Koks und feiner Wolle aus besonders vorbereitetem Fasermaterial und mit Spezialchemikalien getränkt, sorgt dann für eine merkliche Steigerung der Absorptionsfähigkeit. Solche Abscheider werden periodisch entleert, gereinigt und wieder gefüllt, nachdem sie intensiv mit Dampf durchgeblasen und getrocknet sind.

Einen bestimmten Abscheidertypus dieser Art gibt es nicht. Jede Aufgabe für Schmieröltrennung vom Gas bedarf besonderer Überlegung unter strenger Berücksichtigung der technologischen Forderungen des betreffenden Verfahrens. Es ist dabei wesentlich, daß im Zusammenhang mit den Strömungsverhältnissen, dem Betriebsdruck, dem Partialdruck der abzuscheidenden Substanzen usw. genügend Volumen bereitgestellt ist, die Einbauten so angeordnet sind, daß keine übertrieben hohen Strömungsgeschwindigkeiten auftreten und daß der Druckabfall auf einem Minimum gehalten wird. Dabei müssen die Einbauteile leicht zugänglich und einfach auswechselbar sein.

## C. Druckwascher – Skrubber

Das Kreislaufgas enthält oft eine oder auch mehrere Komponenten, die für die Reaktion störend sind und demzufolge aus dem Kreis ausgeschlossen werden müssen. Es handelt sich hierbei um Komponenten, die sich nur auf dem Wege der Absorption aus dem Gasgemisch entfernen lassen. Diese Abscheidung erfolgt in Druckwaschkolonnen, die ganz allgemein mit dem englischen Ausdruck Skrubber bezeichnet werden. Diese Apparate unterscheiden sich nicht wesentlich von den Waschkolonnen, die für drucklosen Betrieb benutzt werden. Ihr Zweck ist, die Substanzen aus dem Kreislauf durch chemisch-physikalische Methoden zu absorbieren, um sie dann bei Druckentspannung wieder freizugeben. Als Beispiel möge die Ammoniakreaktion herangezogen werden, wo der Kreislaufwasserstoff gewisse Mengen an Kohlendioxyd aus dem Koksofengas enthält, das sich nur chemisch-physikalisch entfernen läßt. Als flüssiges Absorbens im Falle der Ammoniaksynthese benützt man Wasser. Es ist bekannt, daß die Absorptionsfähigkeit mit steigendem Druck zunimmt. Durch Anwendung von Druck wird also die Löslichkeit von Kohlendioxyd in Wasser erhöht, solange gleichzeitig die Temperatur in niedrigen Grenzen bleibt. In gleicher Weise wirkt auch ammoniakalische Kupferlösung, was zugleich als Vorbereitungsstufe für die Ammoniakreaktion angewandt werden kann.

Der Hauptanteil an Kohlendioxyd wird bei Ammoniakanlagen bei einem Waschdruck von 25 atü entzogen, d.h. absorbiert. Die Ammoniakreaktion ist jedoch äußerst empfindlich gegen Störungen durch die Gegenwart von $CO_2$, so daß die Absorption von $CO_2$ auf den höchstmöglichen Grad der Reinheit gebracht werden muß. Man wendet daher eine weitere Absorptionsstufe an, die unter einem Druck von 200 atü arbeitet, wobei zur Trennung Mono-Äthanolamin als Absorbens angewandt wird. Unmittelbar hiernach strömt das Gasgemisch über einen Skrubber, der mit Kupferformeat betrieben wird, um die letzten Spuren an etwa noch vorhandenem Kohlenoxyd (CO) herauszutrennen.

Man erkennt demnach, daß es sich bei Skrubbern um Hochdruckapparate handelt, die von Gasgemischen unter Druck durchströmt werden, wobei das Gas im Gegenstrom zu einem flüssigen Absorbens zu einem Stoffaustausch gezwungen wird, also muß auch das Absorbens unter dem gleichen Druck zugefahren werden. Dabei werden unerwünschte Substanzen dem Gaskreislauf entzogen, d.h. durch Absorption herausgewaschen. Die Festlegung des erforderlichen Druckniveaus hängt neben den Löslichkeitsdaten noch von dem Reinheitsgrad im Gase ab, den man durch den Waschprozeß zu erreichen anstrebt.

Eine Waschkolonne für 25 atü Absorptionsdruck wird in Abb. 29 im Schema gezeigt. Der Behälter gleicht mit seinen Einbauten einer Glockenbodenkolonne, die für drucklosen Betrieb die gleiche Form hat. Die Kolonne wird so befahren, daß man nach einem Durchgang des Absorbens durch die Kolonne, sobald die Flüssigkeit den Apparat verlassen hat, diese entspannt, damit das absorbierte Gas entweichen kann.

In gewissen Fällen ist es zweckmäßig, die Absorbentien zu erwärmen, sobald die Druckentspannung vorgenommen ist, um die Flüchtigkeit des Gases zu erhöhen.

Ein Konstruktionsbeispiel für einen 200-atü-Absorptionsapparat wird in Abb. 30 beschrieben. Der Hochdruckhohlkörper hat zwei offene Enden für regulären Deckelverschluß an jedem Ende. Zur Erzielung größtmöglicher Gasoberflächen während der Durchströmung hat der Turm eine Raschigringfüllung. Das Gasgemisch gelangt durch den unteren Deckel

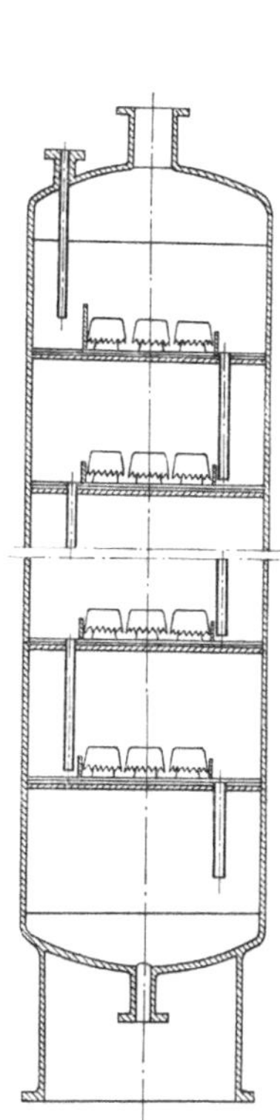

Abb. 29. Schema einer Druckwaschkolonne für niedrigen Betriebsdruck nach Art der bekannten Glockenbodenkolonne

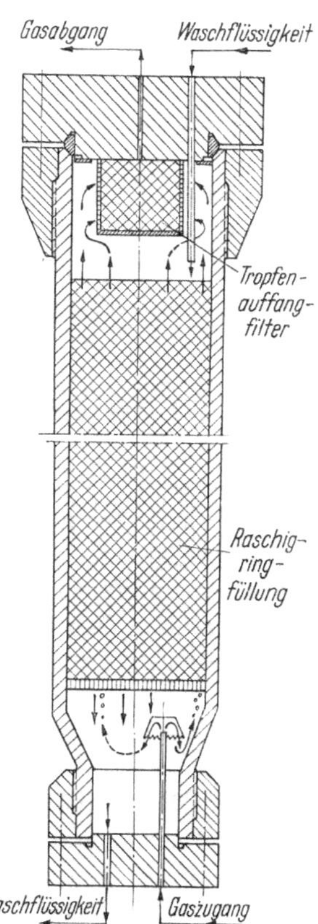


Abb. 30. Schema für eine Hochdruckabsorptionskolonne für die Ammoniaksynthese

in den Absorptionsturm. Das Absorbens fließt im Gegenstrom vom oberen Deckel dem Gas entgegen zum unteren Deckel, wo es den Turm verläßt. Das gereinigte Gas strömt über den oberen Deckel vom Turm ab. Die Raschigringfüllung liegt auf einer Siebplatte, die hoch genug über dem Bodenauslauf liegt, daß dem Absorbens genügend Spielraum bleibt. Das gereinigte Gas strömt nach dem Passieren der Ringfüllung über ein dichtes Filter, das als Tropfenfänger wirksam ist.

Wie man erkennt, ist die Konstruktion von Absorptionskolonnen für Hochdruckverfahren mit flüssigen Absorbentien kein Problem. Sie bestehen aus einem Hochdruckmantel, der jede beliebige handelsübliche Form annehmen kann. Der Stoffaustausch vollzieht sich zwischen Gasen unter Druck und Flüssigkeiten unter gleichem Druck durch Strömung nach dem Gegenstromprinzip. Besondere Einbauten sind nicht erforderlich. Die Anordnung der Raschigringe erfolgt mittels Siebplatte in bekannter Weise.

So, wie es am Beispiel der Ammoniaksynthese gezeigt ist, läßt sich für jedes andere Hochdruckverfahren ein Skrubber entwerfen, falls die Notwendigkeit dazu besteht. Die Frage ist lediglich, daß für das zu absorbierende Gas das geeignete Absorbens gefunden wird. Die übrigen technologischen Forderungen ergeben sich dann aus der Natur des Verfahrens, für das die Absorption bereitzustellen ist.

Die Besprechung der Anlagen zur Erzeugung des Druckes für die Gase und das Absorbens wird Gegenstand des Kap. VII sein.

## D. Zusammenfassende Schlußbetrachtungen

Die graphischen Veranschaulichungen im Zusammenhange mit den zugehörigen Besprechungen von Hochdruckhohlkörpern aller Art, seien es Reaktionsapparate oder Hilfsapparate, haben eindeutig gezeigt, daß ein Apparatetyp nicht existiert. Jeder Hochdruckapparat ist für einen ganz bestimmten Zweck gebaut und kommt in dieser Form nur für diesen Zweck innerhalb einer Anlage für ein definiertes Verfahren zum Einsatz. Die Konstruktion des Apparates wird von den physikalisch-chemischen Forderungen der Reaktion bestimmt, und der Apparat wird dann entsprechend gebaut. Nimmt man die Innenausbauten aus jedem bestehenden Druckbehälter heraus, so bleibt ein Hochdruckhohlzylinder zurück, der sich allenfalls von anderen Zylindern durch den Deckelverschluß oder die Art der Hochdruckdichtung unterscheidet.

Die vorausgegangenen Darstellungen vielseitig verwendeter Hochdruckapparate beschränkt sich auf die wichtigsten Apparate der drei bedeutendsten Hochdrucksyntheseanlagen für Kohlehydrierung, Ammoniak und Methanol. Einige Apparate haben auch in der Krackindustrie große Bedeutung erlangt. Einzelheiten über die Apparate stützen sich auf bekannte Veröffentlichungen neueren Schrifttums, vor allem aber L. Raichle [*3*]. Dieser Informationsquelle seien einige interessanten Angaben entnommen, aus denen die technische Bedeutung dieser Verfahren in der Industrie nach Maßgabe des Apparatevolumens einer Anlage beleuchtet wird.

Bezogen auf eine Jahresproduktion von $200 \times 10^3$ t muß die Benzinsynthese ein Hochdruckvolumen von 580 $m^3$ zur Verfügung haben, bei Stickstoff (Gas aus Koks) sind es 180 $m^3$, bei Methanol (Gas aus Koks) 150 $m^3$ und schließlich bei Autobenzin aus Rohöl sind es 130 $m^3$ Hochdruckraum.

Daraus ersieht man, daß es sich bei der Benzinhydrierung, der Ammoniak- bzw. der Methanolsynthese um Verfahren handelt, die beträchtliche apparative Anlagen benötigen. Ähnlich liegen die Dinge bezüglich der großindustriellen Bedeutung dieser Verfahren im Rahmen der chemischen Industrie selbst. Allein nach dem Haber-Bosch-Verfahren werden 80% des gesamten Weltstickstoffbedarfes hergestellt. Wenn man berücksichtigt, daß heute etwa $5 \times 10^6$ t Stickstoff nach diesem Verfahren produziert werden, so erhält man einen ungefähren Begriff von dem Umfang der Hochdruckanlagen, die hier zur Diskussion stehen. Zur Hydrierung von Ölrückständen gelangen in Westdeutschland rund 1 Million t zur Verarbeitung. Die Methanolproduktion erreicht in Westdeutschland eine Höhe von $150 \times 10^3$ t, während in den USA nahezu $550 \times 10^3$ t an Methanol im Jahre hergestellt werden.

Wenn diese Verfahren mit ihren derzeitigen Produktionskapazitäten hier angeführt werden, so geschieht es ausschließlich für den Zweck, an Hand spezieller Verfahren zu zeigen, welche Bedeutung jeder Einzelapparat im Rahmen des Verfahrens besitzt und daß seine Konstruktion ausschließlich für seine Funktion innerhalb des Verfahrens zugeschnitten ist. Es muß darüber hinaus bemerkt werden, daß es kaum Hochdruckapparate für hier nicht besprochene Verfahren gibt, die nicht mehr oder weniger in den Rahmen dieser Betrachtungen passen.

Damit konzentriert sich also, sobald der Hochdruckbehälter als solcher außer acht gelassen wird, die Konstruktion eines Hochdruckapparates auf die Gestaltung der Inneneinbauten, die dann praktisch ein Kriterium für die Technologie des Verfahrens darstellen.

Die Unterbringung der Wärmeaustauschapparate im Reaktionsbehälter ist ausschließlich eine Frage der Wirtschaftlichkeit. Mit anderen Worten, ein Sumpfphaseofen der Kohlehydrierung kann nicht ohne merkliche konstruktive Veränderungen als Ammoniakkonverter verwendet werden oder umgekehrt. Genausowenig eignet sich ein fertiger Ofen der Methanolsynthese als irgendein Kontaktofen der Benzinhydrierung, ohne daß eine totale Umgestaltung der Inneneinbauten vollzogen wird. Dabei wird jedoch die äußere Form des Druckmantels in keinem Falle berührt.

Ähnlich liegt das Bild bei den besonderen Arten der Hochdruckabscheider. Auch hier bestimmen die Inneneinbauten wiederum die Möglichkeit des Betriebseinsatzes für den in Frage stehenden Hochdruckhilfsapparat.

Im Hinblick auf die Hochdruckvorwärmer ist die Angelegenheit etwas anders. Hier braucht die endgültige geometrische Form nicht ausschließlich vom chemischen Verfahren allein geprägt zu werden. Selbstverständlich sind Wärmeaustauschfläche, Temperaturgrenzen und Strömungsquerschnitte verfahrensbedingt. Der Apparat läßt sich jedoch in den meisten Fällen – vielleicht von der Haarnadel abgesehen – ohne Umänderungen für andere Verfahren einsetzen, die nach grundsätzlich anderen

Bedingungen gefahren werden. Das Hauptaugenmerk ist jedoch auf Produktüberhitzungen und Verkrustungen zu richten, denen man stets mit verfahrenstechnischen Maßnahmen ohne Konstruktionsänderungen begegnen kann. Vorwärmer und Wärmeaustauscher sind also am ehesten von allen Hochdruckapparaten generell verwendungsfähig.

Was die Werkstoffauswahl für den Bau von Hochdruckapparaten betrifft, so wird auf Kap. XII hingewiesen, das diese Fragen eingehend und ausführlich behandelt. Die Werkstofffrage wird besonders im Hinblick auf die Gefahr des Angriffes durch Wasserstoff, Stickstoff, Kohlenoxyd und Schwefelwasserstoff in Gegenwart von Druck und höheren Temperaturen gelöst werden.

Hinsichtlich der Druckwaschapparate muß angeführt werden, daß diese Art von Apparaten sich in der Bauart nicht von den gleichen Apparaten auf dem drucklosen Gebiete unterscheiden. Da die technologischen Funktionen die gleichen sind, die Einbauten aber sich nicht unterscheiden, verbleibt lediglich der Betriebsdruck als entscheidendes Merkmal des Unterschieds.

Nachdem in den Kap. I bis V die Berechnungsgrundlagen für Hochdruckapparate gezeigt werden, hat der Konstrukteur nun mit den Schilderungen dieses Kapitels die Möglichkeit, sich ein umfassendes Bild darüber zu machen, welche grundsätzlichen Apparatetypen in der Hochdrucktechnik der chemischen Großindustrie für Großproduktionsanlagen im Einsatz sind. Es ist dabei versucht worden, die Funktionen jedes Apparates zu schildern, wie sie der Ingenieur in die apparative Sprache umsetzen muß. Zur Abrundung des Gesamtbildes mögen noch einige Zahlenwerte gegeben werden über die Größenordnung der Wärmemengen, die in einer derartigen Großanlage zum Austausch gelangen und die der Hochdrucktechniker einwandfrei ermitteln, austauschen und unter Kontrolle haben muß. Wenn man bedenkt, daß bei der Herstellung von 1 kg Ammoniak 770 kcal, bei 1 kg Polyäthylen 1000 kcal und bei 1 kg Benzin in der Kohlehydrierung 1500 kcal bewältigt werden müssen zur Abführung aus dem Reaktionsraum, so bringt man damit die gewaltigen wärmetechnischen Leistungen einer derartigen Großanlage in den Brennpunkt ingenieurmäßigen Denkens.

Werden derartig riesige Wärmemengen nicht unmittelbar abgeführt, so wird das Temperaturgleichgewicht gestört. Beim Ammoniakverfahren bedeutet das sofortigen Rückgang des Umsatzes unter starker Beeinflussung der Wirksamkeit des Kontaktes. Dauert dieser Wärmeeinfluß auf längere Zeit fort, so setzt dies die Lebensdauer des Kontaktes bedeutend herab. In der Benzinhydrierung sowie in der Methanolsynthese bewirkt Überhitzung die Begünstigung von Nebenreaktionen, die dann wieder auf den Partialdruck der Reaktionskomponenten einwirken und den Umsatz drücken. Ferner bilden sich Koks und Gase.

Man ersieht also aus den vorausgehenden Schilderungen, daß die Konstruktion und der Bau von Hochdruckanlagen für die chemische Großindustrie hohe Anforderungen an das Beurteilungsvermögen sowie die Betriebserfahrungen des Hochdrucktechnikers stellen. Die Kenntnis der Reaktion mit allen Einzelphasen der chemisch-technologischen Vorgänge beim Reaktionsablauf eines gegebenen Verfahrens ist grundsätzliche Voraussetzung für die Lösung aller Fragen zur Erzielung optimaler Umsetzungsverhältnisse.

Natürlich spielen noch eine Reihe anderer Faktoren eine bedeutende Rolle, die bisher noch nicht angedeutet wurden. In diesem Zusammenhange seien auf werkstoffgerechte Konstruktion, Fragen der Herstellung, Wärmebehandlung u. a. m. hingewiesen, die an dieser Stelle nur gestreift werden sollen. Herstellungsgewichte sollen im Rahmen der Herstellung von Hochdruckapparaten berücksichtigt werden.

## Literatur zu Kapitel VI

[1] HOLDERMANN, Karl: Im Banne der Chemie – Carl Bosch. (Bibliographie). Düsseldorf: Econ-Verlag 1953.

[2] KORNDORF, B. A.: Hochdrucktechnik in der Chemie. Berlin: VEB Verlag Technik 1956.

[3] RAICHLE, L.: Die Technik der chemischen Hochdruckverfahren. Chemie-Ingenieur-Technik, Bd. 28 (1956) Nr. 3.

Kapitel VII

# Maschinen und Vorrichtungen zur Erzeugung hoher Drücke

## I. Einleitung

In der chemischen Hochdrucktechnik, wo die Reaktionen unter hohen Drücken gefahren werden, die, wenn man beispielsweise die Äthylenblockpolymerisation betrachtet, bis zur 3000-atm-Grenze reichen können, müssen diese Drücke durch mechanische Hilfseinrichtungen erzeugt und dann kontinuierlich zur Verfügung gestellt werden. Dies bedeutet, daß die Reaktionsteilnehmer, ob gasförmig oder flüssig, auf den Reaktionsdruck gebracht werden müssen, ehe sie in den Reaktionsraum eintreten. Es handelt sich hier in der Hauptsache um Gase wie Wasserstoff, Stickstoff, Kohlenmonoxyd und Kohlendioxyd bzw. deren Mischungen mit Wasserstoff. Die Erzeugung von hohen Drücken durch den Ablauf gewisser chemischer Reaktionen, wie sie in einer Anzahl von periodisch betriebenen Verfahren in Autoklaven ausgenutzt werden, sei hier vorläufig noch nicht mit in die Diskussion einbezogen. Diese spielen in der chemischen Hochdrucktechnik eine weniger bedeutende Rolle. Sie werden am Ende dieses Kapitels berücksichtigt werden.

Neben der Höhe des Druckes besteht für die Großindustrie noch das Problem der Höhe der Förderleistung solcher Einrichtungen. Führt man beispielsweise wieder die Benzinhydrierung als Vergleich heran, in der man für eine Jahresproduktionskapazität von $200 \times 10^3$ t synthetischen Benzins etwa $180 \times 10^3$ m$^3$ Wasserstoff in der Stunde in die Reaktion einführen muß, so erhält man einen Begriff von der Größenordnung der zu erwartenden Maschinen, die hier besprochen werden sollen. Bei der Äthylenpolymerisation, deren Drücke weit über denen der übrigen großtechnischen Verfahren liegen, handelt es sich ebenfalls um Abmessungen, die ins Riesenhafte ansteigen. Genauere Einzelheiten können hier nicht angeführt werden, um die Wahrung der Fabrikationsgeheimnisse nicht zu gefährden.

Die großtechnische Beherrschung von Betriebsdrücken bis zu 700 atü ist dank der bahnbrechenden Pionierarbeiten der deutschen chemischen

Großindustrie kein Problem mehr, und diese Leistungen sind den entsprechenden Industrien in den übrigen Ländern der Welt zugute gekommen. Dank der riesenhaften Entwicklung der Kunststoffindustrie, und hier vor allem des Polyäthylens, sind Verdichteranlagen in Betrieb, bei denen die 3000-atü-Grenze technisch eindeutig beherrscht wird, und zwar in allen Ländern, die maßgeblich an der Entwicklung dieses Verfahrens beteiligt waren, die USA, England und Deutschland.

Mit der Verbesserung bzw. Bereitstellung hochwertiger Baustähle aller Kategorien und der sprunghaften Entwicklung der Abdichtungsmöglichkeiten für bewegliche Maschinenteile gegen sehr hohe Drücke im Zusammenhange mit der Verbesserung der Schmiertechnik kann ohne Übertreibung die Feststellung getroffen werden, daß heute Drücke von 3000 atü in industriell eingesetzten Verdichteranlagen ganz eindeutig beherrscht werden können. Wenn man sich die riesigen Produktionskapazitäten der meisten im Betrieb befindlichen Hochdruckanlagen vergegenwärtigt und dabei in Rücksicht stellt, daß in diesen Verfahren nahezu ausnahmslos mit nur verhältnismäßig niedrigem Umsatz gearbeitet wird, so erhält man ein Bild davon, daß die Verdichter innerhalb solcher Anlagen eigentlich einen beträchtlichen Prozentsatz einer chemischen Hochdruckproduktionsanlage darstellen müssen.

Da hier nur Hochdruckverdichter für Versuch und Produktionsbetriebe besprochen werden sollen, möge in diesem Kapitel für die Bezeichnung als Hochdruck eine untere Grenze von etwa 300 atü als beliebig angenommen werden, so daß alle Verdichtergruppen, die in ihrem Verdichtungsenddruck unterhalb dieser Grenze liegen, von der Betrachtung innerhalb dieses Kapitels ausgeschlossen bleiben sollen. Diese Einschränkung bezieht sich jedoch nur auf die Apparatekategorie der Verdichter. Bezüglich der Gasumlaufpumpen, die zur Vervollständigung des Themas der Hochdrucktechnik in die Erörterung eingeschlossen werden müssen, soll diese Einschränkung des Druckbereiches nicht zutreffen.

Am Ende des Kapitels werden noch chemische Verfahren besprochen, die hohe Reaktionsdrücke erzeugen, ohne sich technischer Hilfsmaschinen zu bedienen. Diese Verfahren stützen sich ausschließlich auf physikalisch-thermodynamische Eigenschaften der Substanzen, wenn sie Phasentransformationen durchlaufen, wobei sie unter dem Einfluß äußerer Wärmeeinwirkung gewaltige Volumenveränderungen erfahren, die dann den Druckanstieg in die Wege leiten.

Bei dem gewaltigen Umfang dieses Stoffes ist es natürlich unmöglich, technische Einzelheiten im besonderen darzubieten. Es wird vorausgesetzt, daß die mechanischen und thermodynamischen Grundlagen beim Leser vorhanden sind, die für das Verständnis der Verdichtungsvorgänge für Gase und Flüssigkeiten vorausgesetzt werden müssen. Unter der Berücksichtigung einiger Grundgesetze als Rekapitulation soll diese Betrachtung auf die Behandlung von konstruktiven Richtlinien für den Bau und den Betrieb von Verdichtern sich konzentrieren unter Berücksichtigung praktischer Erfahrungen, die für den jungen Hochdrucktechniker von großem Wert sein werden. Es sei jedoch darauf hingewiesen, daß die Wiedergabe dieser Erfahrungen allgemeiner Natur ist. Die Darbietungen in diesem Kapitel sollen auf den neuesten Stand der Entwicklungen hinweisen. Daß diese Entwicklungen nicht gezeigt werden können, dürfte verständlich sein. In solchen Entwicklungen stecken ungeheure Investitionen, die man nicht ohne Zustimmung der Hersteller preisgeben kann.

## II. Verdichter zur Erzeugung hoher Drücke

In den meisten großtechnischen Verfahren, wo gasförmige Komponenten sich unter hohem Druck an chemischen Reaktionen beteiligen, wird das Gas oder das Gasgemisch praktisch ausschließlich mit Hilfe von Verdichtern auf den erforderlichen Synthesedruck gebracht. Für Drücke, die die 300-atü-Grenze überschreiten – wenn man von einigen speziellen Labormodellen von Membranverdichtern absieht –, kommen in der Hochdrucktechnik, und hier besonders für den Großbetrieb, als Verdichtungsmaschinen lediglich nur Kolbenkompressoren zur Anwendung.

Um die weitere Behandlung dieses Themas verständlich zu machen, seien einige der fundamentalen Konstruktionsgrundsätze für solche Maschinen kurz gestreift und ins Gedächtnis zurückgerufen.

### A. Grundzüge für die Konstruktion von Hochdruckverdichtern

Leistung und Wirksamkeit von Kolbenverdichtern hängen ab von einer ganzen Reihe wichtiger Faktoren. Der Konstrukteur muß jeden einzelnen Faktor sorgfältig untersuchen und auswerten, bevor er seine endgültige Entscheidung über die Auslegung der Maschine trifft.

#### 1. Allgemeine Gesetze der Thermodynamik für die Verdichtung von Gasen

Thermodynamisch unterscheidet man zwischen idealen und realen Gasen. Diese Unterscheidung ist besonders wichtig für die Konstruktion von Hochdruckverdichtern, als beträchtliche Unterschiede hinsichtlich der Verdichtung zwischen den einzelnen Gasen bestehen, was die Konstruktion der Verdichter natürlich entscheidend beeinflussen muß. Dieser Einfluß macht sich insofern bemerkbar, als sich nach der Abweichung für jede Druckstufe andere Volumenwerte ergeben, als nach dem idealen Gasgesetz zu erwarten wäre.

Nun sind für die allgemeine Verdichtung von Gasen verschiedene Fälle denkbar. Man kann isotherm, adiabatisch oder polytropisch verdichten, solange man theoretisch betrachtet, von Verlusten absieht.

Bei isothermer Verdichtung ergibt sich keine Änderung der Temperatur, d.h. sämtliche Wärme, die zugeführt wird, setzt sich in mechanische Arbeit um. Auf die Verdichtung angewandt heißt das, die gesamte Arbeit, die mechanisch bei der Verdichtung aufgewandt wird, ist in Form von Wärme abzuführen. Theoretisch wird also für die Temperaturerhöhung keine Energie verbraucht. Dieser Zustand ist praktisch nicht möglich.

Die Adiabate trifft zu, wenn Wärme weder zu- noch abgeführt wird. Dies bedeutet, daß $dQ = 0$ ist. Die Adiabate stellt einen sehr wichtigen Sonderfall der Verdichtung dar.

Die praktischen Auswirkungen dieser thermodynamischen Grundgesetze sind dergestalt, daß die Isotherme den geringsten Arbeitsaufwand für die Verdichtung – mechanisch gesehen – darstellt. Umgekehrt gibt die isotherme Expansion die restlose Umsetzung der zugeführten Wärme in mechanische Arbeit. Es zeigt sich jedoch, daß die isotherme Verdichtung sich in der Praxis nicht verwirklichen läßt. Sie wird durchweg als Idealfall als Vergleichsmaßstab in Berechnungen und Betriebsausführungen benützt.

Die Abweichungen praktischer Verdichtung von dem idealen Fall der Isothermen werden um so größer, je höher das Druckverhältnis ansteigt.

In Wirklichkeit folgt die Verdichtung dem Gesetz der Polytrope, die zwischen der Isotherme und der Adiabate liegt, da die Wärmeableitung durch die Zylinderwand nicht ausreicht. Während des Saughubes und zu Beginn der Kompression nimmt das an sich kalte Gas Wärme von der Zylinderwand und vom Verdichtungsraum auf. Infolgedessen verläuft die Verdichtung anfänglich unter Wärmezufuhr, d.h. überadiabatisch. Wird im Gas dann durch die Verdichtung eine Temperatur erreicht, die gleich ist der mittleren Wandtemperatur, so ist sie adiabatisch. Am Ende des Verdichtungshubes, wo die Gastemperatur dann über der mittleren Wandtemperatur liegt, wird die Verdichtung dann unteradiabatisch. Aus Anfangs- und Endzustand der Verdichtung läßt sich dann ein mittlerer Exponent berechnen, der nur wenig kleiner ist als der Exponent der Adiabate $k$. Exponent $k$ geht dann in den Exponenten $n$ der polytropischen Verdichtung über. Die Kühlung der Zylinder und der Zylinderköpfe kann den Exponenten $n$ nicht merklich herabsetzen. Daraus kann gefolgert werden, daß die Maschinenkühlung hauptsächlich dazu dient, das Gas beim Einsaugen nicht zu stark erwärmen zu lassen und die Schmierfähigkeit des Schmieröles zu erhalten.

Für die isotherme Verdichtung lautet die Druck-Volumen-Beziehung $p\, v^n =$ konst., worin Exponent $n = 1$ ist. Für die adiabatische Verdichtung wird $n \to k$, wobei $k$ die Werte von 1,05 bis 1,67 annehmen kann. Die Polytrope, die zwischen diesen beiden Kurven liegt, hat einen Exponenten $n$, wobei $n > 1{,}0$ aber kleiner als $k$ ist.

In Abb. 1 sind die Diagramme dargestellt, die sich aus der Berechnung für die Verdichtung von 1 m³ von 1 auf 15 ata ergeben. Gezeigt sind die Betriebsarbeiten für 1 m³ Luft von 20 °C Ansaugtemperatur bei

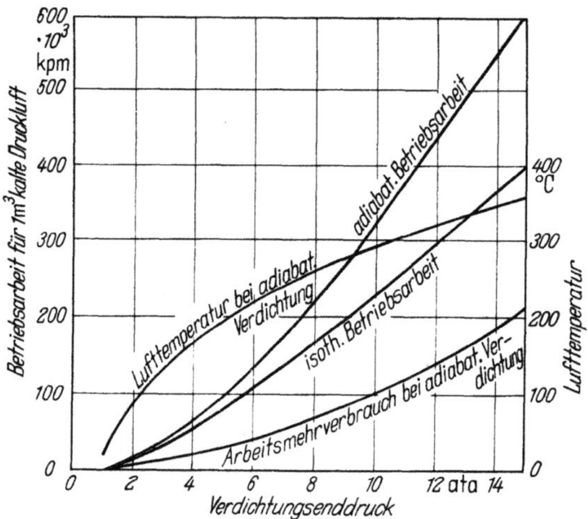


Abb. 1. Druck, Temperatur, Betriebsarbeit bei der Verdichtung von 1 m³ Luft von 1 auf 15 ata bei 20 °C Ansaugtemperatur

isothermer und adiabatischer Verdichtung. Schon bei der 5-ata-Druckgrenze übersteigt bei adiabatischer Verdichtung die Temperatur bereits die 200-°C-Grenze. Der Betrieb wird also hinsichtlich Schmierung und Abdichtung bereits schwierig. Der Arbeitsmehrverbrauch für adiabatische Verdichtung gegenüber der Isotherme erreicht bei 10 ata bereits $100 \times 10^3$ mkg/m³, oder im Wärmemaß 234 kcal/kg. Der Betrieb wird demnach mit zunehmendem Verdichtungsenddruck immer ungünstiger und die Unterschiede immer ausgeprägter. Als Folgerung hieraus ergibt sich nur die eine Lösung, die Verdichtung in eine Anzahl kleinerer Verdichtungszwischenstufen zu unterteilen, wie es in Abb. 2 für zwei Stufen als Prinzip aufgezeichnet ist.

In der ersten Stufe verläuft die Verdichtung nahezu adiabatisch, entlang der Kurve 1 $e$. Der Enddruck der Stufe I sei mit $p_1$ bezeichnet. Wird jetzt das Gas, das die Stufe I verläßt, über einen Zwischenkühler geleitet, wo es auf die Raumtemperatur heruntergekühlt werden möge, so äußert sich diese Stufenkühlung praktisch in der Form, daß durch den Temperaturrückgang das Gasvolumen vom Zustand $e$ auf $e'$ zurückgeht. Theoretisch gesehen entspricht $e'$ dem Volumen, das für diesen Verdichtungsenddruck der Stufe I bei isothermer Verdichtung erreicht worden wäre. Bei isothermer Verdichtung wäre jedoch keine Zwischenstufenkühlung notwendig gewesen.

Setzt jetzt die Verdichtung der Stufe II ein, die nahezu adiabatisch verläuft, so folgt diese Verdichtung dem Kurvenzug $e'C''$. Der Idealfall wäre $e'C'$, wenn man Stufe II allein betrachtet. Ohne Zwischenkühlung nach Stufe I gelangt man nach $c$, entlang Kurvenzug $eC$, mit dem Verdichtungsenddruck $p_2$ der Stufe II. Demnach ergibt sich nach Maßgabe der Einschaltung des Zwischenstufenkühlers eine Einsparung an aufzuwendender mechanischer Arbeit von der Größe der schraffierten Fläche ($e'C''Ce$). Diese Fläche stellt also diejenige mechanische Arbeit dar, die man über den Arbeitsaufwand bei isothermischer Verdichtung hinaus für die zweite Verdichtungsstufe aufwenden muß.

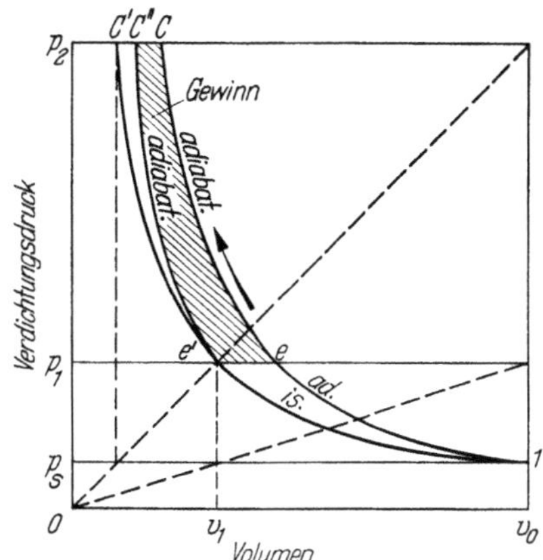


Abb. 2. Darstellung der Unterschiede zwischen ein- und mehrstufiger Verdichtung

Das Maximum an Ersparnis mechanischen Arbeitsaufwandes wird dann erzielt, wenn der mechanische Arbeitsaufwand für jede Verdichtungsstufe so verteilt ist, daß das Verdichtungsverhältnis für alle Stufen das gleiche bleibt. Es muß jedoch vermerkt werden, daß die ideale Verdichtungskurve der Isotherme sich nie ändert, ungeachtet der Stufenzahl. Sie wird im besten Falle höchstens zu Anfang jeder Stufe durch Annäherung erreicht.

Das beste Mittel, die Verdichtung der Gase nahezu ideal, d.h. isotherm zu erreichen, besteht in der Anwendung mehrerer Verdichtungsstufen, wobei nach jeder Stufe die Zwischenkühlung vorgenommen werden muß. Die Anzahl der Stufen wird von wirtschaftlichen Gesichtspunkten für den Bau eines Verdichters bestimmt im Zusammenhang mit der Abweichung des betreffenden Gases von der idealen Gasgleichung, d.h. die Abweichung des Verdichtungsdiagrammes vom idealen Diagramm der verlustfrei arbeitenden Maschine. Die Verluste setzen sich zusammen aus der Abweichung von der Isothermen und den mechanischen Verlusten, die nach Form, Art und Größe sehr vielseitig sich verändern können. Die Summe der Verluste wird dann ein Minimum, wenn man das Druckverhältnis einen Wert zwischen 3 und 4 erreichen läßt, wobei für höhere Drücke der Wert etwas niedriger wird.

Neben diesen thermodynamischen und mechanischen Gesichtspunkten richtet sich das Druckverhältnis für eine gegebene Druckstufe auch noch nach der Temperatur, die in Abhängigkeit vom Druckverhältnis gemäß einer Exponentialkurve anwächst. Man läßt für die Ermittlung des Druckverhältnisses einer Stufe eine bestimmte Maximaltemperatur zu, die man nicht zu überschreiten wünscht, wenn man ein bestimmtes Druckverhältnis erreichen will. Diese Grenze ist einmal dadurch gegeben, daß ein Luft- oder Gasgemisch, wenn es hoch genug verdichtet wird, eine Temperatur erreichen kann, bei der es in Gegenwart des Schmieröles eine explosive Mischung darstellt, die sich selbst entzünden kann. Selbst bei nichtzündenden Gemischen ist diese Temperaturbegrenzung gerechtfertigt, wenn man bedenkt, daß die Schmierfähigkeit des Öles mit steigender Temperatur fällt. Demnach müssen Arbeitsaufwand und Verdichtungsendtemperatur so abgestimmt sein, daß beide ein Optimum erreichen. Dies kann dann erzielt werden, wenn das Druckverhältnis über alle Stufen hinweg gleich groß ist. Dies bedeutet, daß das gewünschte Druckverhältnis sich errechnet nach der Beziehung

$$\varepsilon = \sqrt[n]{p/1}\,.$$

Will man also beispielsweise ein Gas auf 1000 atü in fünf Stufen verdichten, so muß das Druckverhältnis für alle Stufen zwischen 3 und 4 liegen; also

$$\varepsilon = \sqrt[5]{1000/1} = 3{,}98\,.$$

Demnach werden fünf Stufen bei 1000 atü angestrebten Verdichtungsenddruckes ausreichend sein, günstige Verhältnisse für den Verdichter zu schaffen.

Bei der Aufteilung in mehrere Verdichtungsstufen wird neben den oben geschilderten Vorteilen außerdem noch eine Verringerung der Kolbenkräfte erzielt. Hat man beispielsweise zwei Stufen, so sinken die Kolbenkräfte auf die Hälfte, bei vier Stufen gar auf den vierten Teil, vorausgesetzt, daß der schädliche Raum gleich Null ist. Infolge des volumetrischen Wirkungsgrades ist der Unterschied noch weit größer in Abhängigkeit vom Druckverhältnis und dem schädlichen Raum. Mehrstufige Verdichtung benötigt für das Triebwerk wesentlich leichtere Bauart.

## 2. Kompressibilität der Gase

Das ideale Gasgesetz gestattet hinreichend genaue Berechnungen der Druck-Volumen-Temperatur-Verhältnisse – kurz $pVT$-Verhältnisse genannt –, solange die Drücke niedrig genug bleiben, so daß die Volumina je Mol verhältnismäßig groß und die Abstände zwischen den Molekülen groß bleiben, oder wo die Temperaturen relativ hoch sind. Jedoch sind die Fehlerabweichungen unter der Bedingung kleiner Molvolumina bei hohen Drücken bis zu 500%, wenn man ideales Gasverhalten voraussetzt.

Um das Druck-Temperatur-Volumen-, kurz gesagt, das $pVT$-Verhalten der Gase zu beschreiben, sind einige hundert Zustandsgleichungen schon vorgeschlagen worden. Es hat sich jedoch gezeigt, daß es keine einzige Gleichung gibt, die auf viele oder gar alle Substanzen mit gleicher Genauigkeit anwendbar ist. Die meisten Gleichungen treffen meist nur für ein einziges Gas zu und dies nur über eine begrenzte Druck- und Temperaturspanne.

Ganz allgemein läßt sich die Zustandsgleichung der Gase anschreiben zu

$$p V = z n R T,$$

worin $z$ den Kompressibilitätsfaktor darstellt, und zwar als Funktion des Druckes, der Temperatur und der Natur des Gases. Die Kenntnis des Faktors $z$ ist insofern von großer Bedeutung, als man damit in der Lage ist, die Volumina der Verdichterstufen eindeutig festzulegen. Kennt man den Faktor nicht, so wird es erforderlich sein, diesen experimentell zu bestimmen, um Unterlagen für die Berechnung des Verdichters zu erhalten. Bestünde jedoch eine verallgemeinerte Beziehung, so hätte man damit ein Mittel, das Verhalten theoretisch vorauszusagen an Hand der chemischen Zusammensetzung des Gases, ohne Versuche anstellen zu müssen. Diese verallgemeinerte Beziehung besteht angenähert in der Theorie der korrespondierenden Zustände.

Sind für ein Gas die Verdichtungsverhältnisse bekannt, d.h. kennt man den Kompressibilitätsfaktor $z$, dann lassen sich die $pVT$-Verhältnisse aus einfachen Proportionalitäten der Gasgleichung ermitteln. Es wird dann

$$\frac{p_1 V_1}{p_2 V_2} = \frac{z_1 T_1}{z_2 T_2}.$$

Das genaue normale Molvolumen bei 0 °C und 1 atm Druck ist 22,41 l/g Mol, worin $z$ den Kompressibilitätsfaktor unter Normalbedingungen bedeutet. Kennt man den Kompressibilitätsfaktor, dann ist es möglich, das ganze System der Berechnungen auszudehnen, das für das ideale Gasgesetz benützt wird, um sie auf jede beliebige Bedingung von Druck und Temperatur anzuwenden. Für diesen Fall ist dann das ideale Gasgesetz ein Sonderfall, für den der Kompressibilitätsfaktor gleich 1 ist.

Die Art, wie der Kompressibilitätsfaktor mit dem Druck, dem Molvolumen und der Temperatur abweicht, kann aus den Kurven der Abb. 3, 4 und 5 ersehen werden, die an Hand praktischer Versuche er-

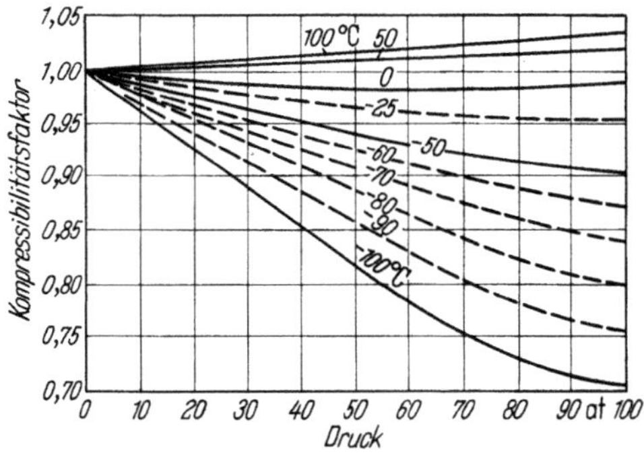


Abb. 3. Kompressibilitätsfaktoren von Stickstoff bei bestimmten Drücken und Temperaturen

mittelt wurden. Innerhalb des Gebietes, das von den Diagrammen der Abbildungen erfaßt wird, läßt sich der Kompressibilitätsfaktor für Stickstoff ermitteln für jede beliebige Bedingung durch Interpolation der gezeigten Kurven. Sind Druck und Temperatur gegeben, so entnimmt man den Wert für $z$ der Abb. 3. Sind Molvolumen und Druck gegeben, so benützt man Abb. 4 bzw. Abb. 5. Selbstverständlich treffen diese Kurven nur für Stickstoff zu.

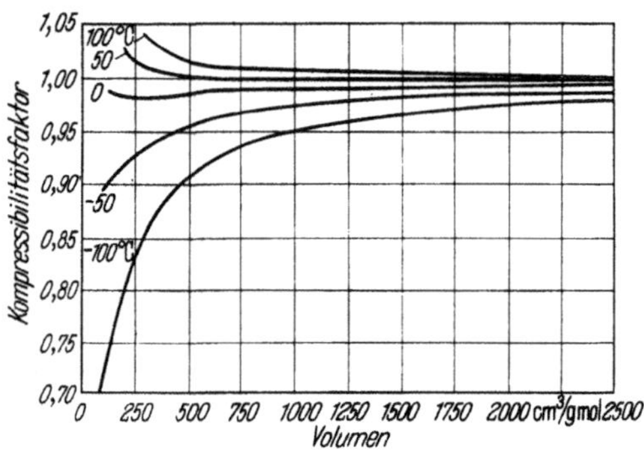


Abb. 4. Kompressibilitätsfaktoren von Stickstoff bei bestimmten Mol-Volumen und Temperaturen

Allgemein findet man Kompressibilitätswerte in Form von Tabellen oder Kurven vor, wobei das Produkt $pV$ für verschiedene Werte von $p$ und konstante Werte von $T$ angegeben ist mit dem Wert $pV = 1{,}0$ bei 1 atm Druck und 0 °C Temperatur. Diese Angaben werden gemacht, um die isotherme Veränderung des Produktes $pV$ mit dem Druck anzudeuten.

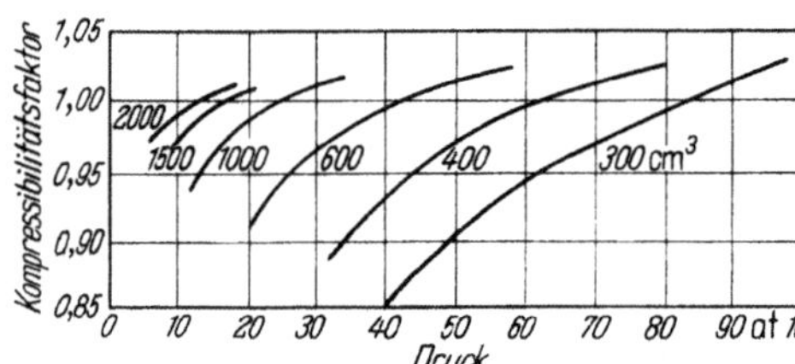


Abb. 5. Kompressibilitätsfaktoren von Stickstoff bei bestimmten Drucken und Mol-Volumen

Ist beispielsweise der Kompressibilitätsfaktor eines Gases gegeben bei 0 °C und 1 atm Druck, dann läßt sich der Kompressibilitätsfaktor für jede beliebige andere Bedingung errechnen nach der Beziehung

$$z = z_s (p\,V) \frac{273}{T}\,.$$

Für allgemeine Gase ist der Wert von $z_s$ nahezu 1. Der Faktor läßt sich ziemlich genau aus Dichtemessungen bestimmen, die man bei Normalbedingungen nach der Beziehung erhält

$$z_s = \frac{M}{\varrho_s \cdot 22{,}41}\,.$$

Hierin bedeuten $M$ das Molekulargewicht und $\varrho_s$ die Dichte in g/l, bei 0 °C und 1 atm Druck.

Der Kompressibilitätsfaktor ist für nahezu alle Gase gleich 1, sobald der Druck gleich 0 wird. Man kann daher $z_s$ auch ermitteln, indem man $pV$-Werte über $p$ aufträgt, bei 0 °C und extrapoliert die Kurve für $p = 0$.

Dann wird

$$z_s = \frac{p_s V_s}{p_0 V_0},$$

Worin $p_0 V_0$ den extrapolierten Wert von $pV$ bei $p = 0$ bedeutet.

Bildet man jetzt die Verhältniswerte $T/T_k$ sowie $p/p_k$ und $v/v_k$, worin der Index $k$ den kritischen Zustand der betreffenden Größe zum Ausdruck bringt, und bezeichnet die Verhältnisse dann entsprechend mit $T_r$, $p_r$ und $v_r$, also die sogenannten reduzierten Größen, so bringt man diese Größen in Beziehung zu ihrem kritischen Zustande.

Vergleicht man jetzt gewisse physikalische Eigenschaften gewisser Substanzen, so findet man, daß ein ähnliches Verhältnis untereinander gefunden wird für gleiche Werte der reduzierten Temperatur, des reduzierten Druckes oder des reduzierten Volumens. Diese Ähnlichkeit im Verhalten von Substanzen gleicher reduzierter Eigenschaftswerte bezeichnet man als korrespondierenden Zustand, der sich günstig dazu benützen läßt, die Kompressibilität von Gasen zu beschreiben bzw. zu berechnen.

Strenggenommen müßte es möglich sein, mit Hilfe der Theorie der korrespondierenden Zustände eine einzige Zustandsgleichung, für alle Gase geltend, aufzustellen unter Benützung der reduzierten Größen an Stelle der absoluten. In Abb. 6 ist daher der Kompressibilitätsfaktor in Abhängigkeit der reduzierten Temperaturen und der reduzierten Drücke aufgetragen. Die Kurven stellen Mittelwerte dar über das Verdichtungsverhalten von Substanzen wie Wasserstoff, Stickstoff, Methan, Kohlendioxyd, Ammoniak, Propan und Pentan. Es muß hier betont werden, daß die Kurven mit keiner der genannten Substanzen genau übereinstimmen. Im Hinblick auf die Tatsache, daß die Theorie der korrespondierenden Zustände nur eine Annäherung ist und einen gemeinsamen Ausdruck für mehrere Substanzen zu gleicher Zeit darstellt, muß festgestellt werden, daß die Unterschiede verschwindend gering sind, d.h., die Theorie beschreibt das Verhalten einer Anzahl Gase mit ziemlicher Übereinstimmung, womit Abb. 6 für eine ganze Anzahl in der Hochdruckchemie gebräuchlicher Substanzen anwendbar ist. Es stellt somit ein bequemes Verfahren dar, das $pVT$-Verhalten einer gasförmigen Substanz auf einfache Weise zu ermitteln, wenn die kritischen Eigenschaften dieser Substanz bekannt sind.

Die Kurven zeigen die Abweichungen vom idealen Gasgesetz in deutlicher Form. Man erkennt, daß – umgerechnet – für Drücke bis zu 300 atü die Gase wesentlich kleinere Volumina einnehmen, als man eigentlich erwarten müßte. Über der 300-atü-Grenze nähern sie sich wieder dem normalen Verhalten, um bei Drücken in der Umgebung von 800 atü nahezu einen gemeinsamen Schnittpunkt aufzuweisen. Über der 800-atü-Grenze werden die Verdichtungsvolumina wieder kleiner und nähern sich mit weiter ansteigendem Druck praktisch einer Flüssigkeit. Dies bedeutet, daß die Verdichtungsstufen für diesen Druckbereich im Volumen relativ größer ausgelegt werden müssen. Die Theorie der korrespondierenden Zustände läßt sich demnach verwenden, die Volumina für die Stufenauftei-

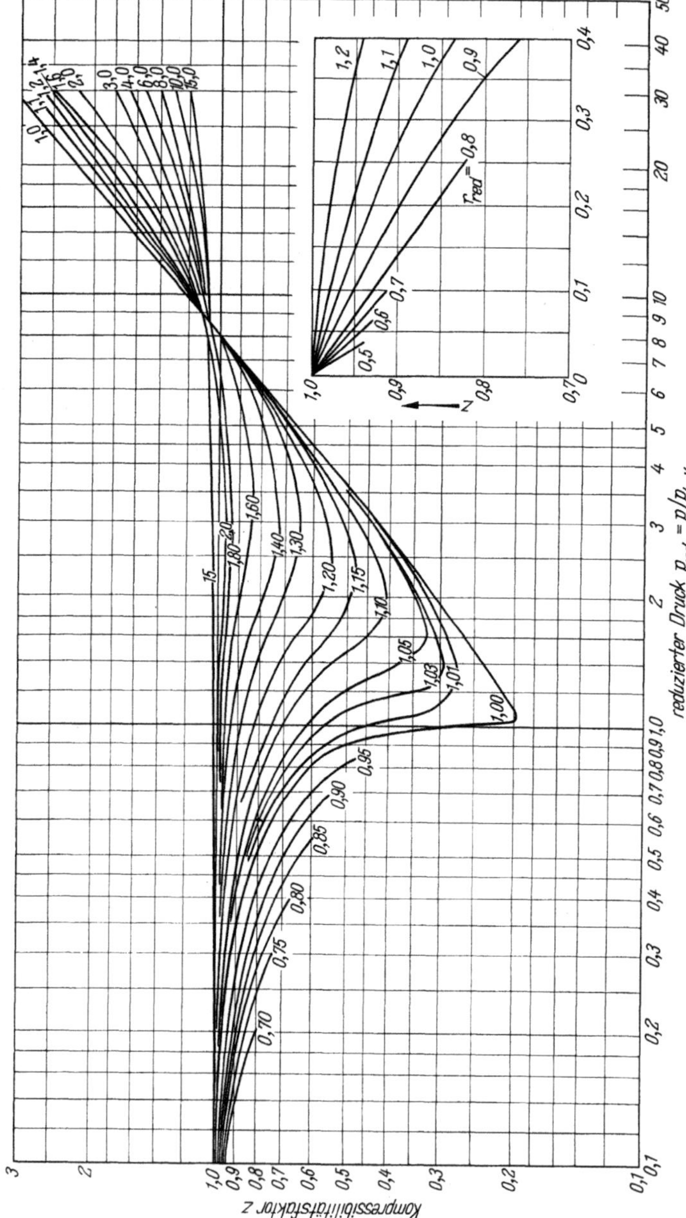


Abb. 6. Kompressibilität von Gasen und Dämpfen in Abhängigkeit vom reduzierten Druck (nach Hougen and Watson)

lung zu berechnen. Dies ist zugleich eine beträchtliche Vereinfachung, wonach die experimentelle Bestimmung der Kompressibilität entfällt.

### 3. Praktische Ausführung der Stufenanordnung

Sobald die Anzahl der Verdichtungsstufen thermodynamisch festgelegt ist, wird die Anordnung der Zylinder und der Antriebsorgane eine reine Konstruktionsangelegenheit. Die einstufige Maschine ist meist liegend, wobei eine oder gar zwei Kurbeln vorgesehen werden. Bei stehenden Verdichtern können bis zu vier Zylinder nebeneinander angeordnet sein.

Bei der Auslegung der Stufenanordnung ist der Konstrukteur an keine zwingenden Vorschriften gebunden. Um einen Überblick zu ver-

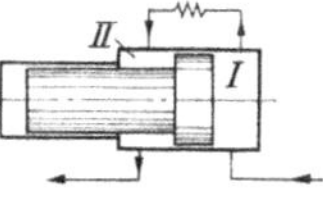


Abb. 7. Zweistufig mit Einzylinderverbundbauart

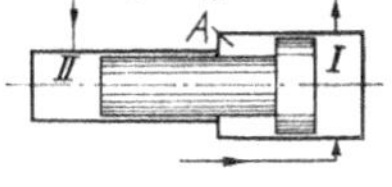


Abb. 8. Zweistufig mit Dreiraumbauart

mitteln, welche Stufenanordnungen im praktischen Kompressorenbau üblich sind, wird auf die Abb. 7–22 verwiesen. Diese Darstellungen sprechen für sich selbst und bedürfen keiner weiteren Erläuterungen. Abb. 7,

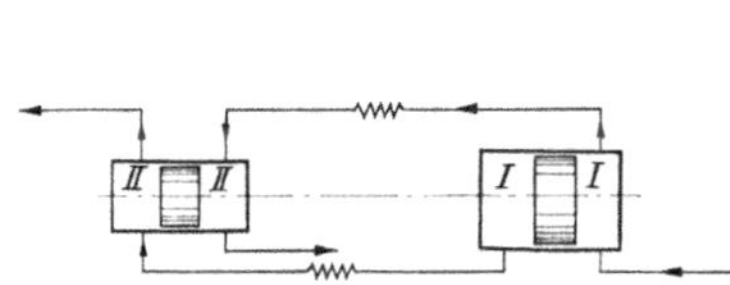


Abb. 9. Zweistufig mit Tandemverbundanordnung

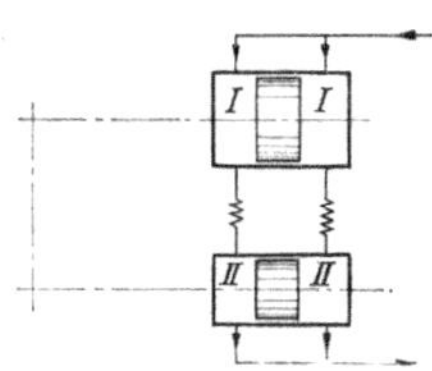


Abb. 10. Zweistufig – Zweikurbelverbundbauart

8, 9 und 10 stellen Modifikationen dar für zweistufige Verdichtungen, teilweise Tandemart, teilweise zweikurbelig. Dreistufige Verdichterschemas sind in Abb. 11, 12, 13 und 14 wiedergegeben. Stufenanordnun-

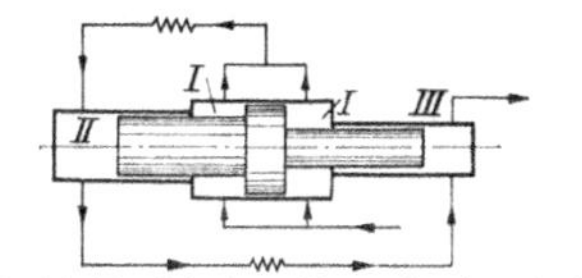


Abb. 11. Dreistufig – Doppelt abgestufter Zylinder

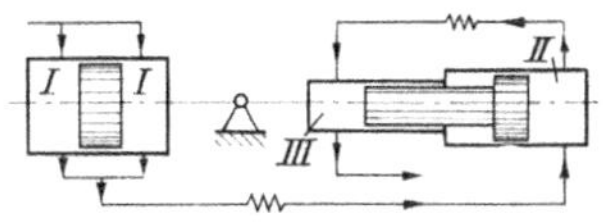


Abb. 12. Dreistufig mit doppelt wirkendem und einem Dreiraumzylinder

gen für vierstufige Maschinen ergeben sich aus den Abb. 15–17. Verdichter mit fünf Stufen sind aus den Schemas der Abb. 18, 19, 20 und 21 zu ersehen, während ein Schema für sechsstufige Anordnung in Abb. 22 angedeutet ist.

Diese Abbildungen sind keineswegs erschöpfend, noch soll damit zum Ausdruck gebracht werden, daß es sich hier um die einzigen Stufenanordnungen handelt, die in der Industrie zu finden sind. Die Zahl der Modifikationen erhöht sich mit steigender Stufenzahl, und es bleibt dem Konstrukteur überlassen, seine Entscheidung nach Maßgabe der wirtschaftlich-technologischen Gründe zu treffen.

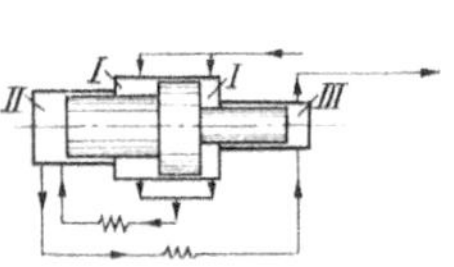

Abb. 13. Dreistufig – Doppelt abgestufter Zylinder

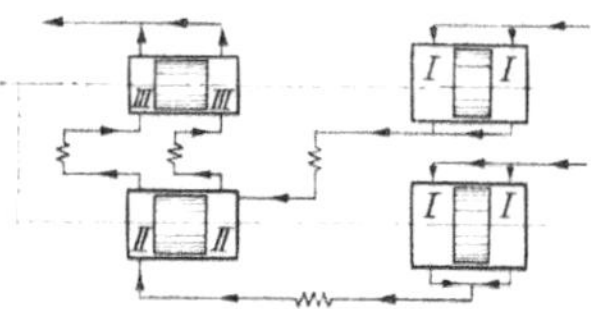

Abb. 14. Vierstufig – Zweikurbelverdichter mit gleicher Leistung an beiden Kurbeln

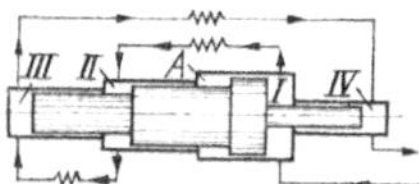

Abb. 15. Vierstufig – Mehrfach abgesetzter Zylinder

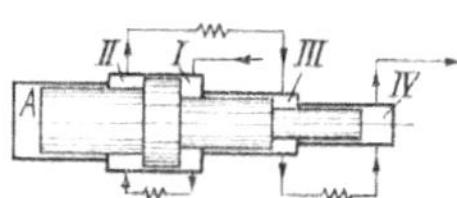

Abb. 16. Vierstufig – Mehrfach abgestufter Zylinder

Mehrstufenverdichter sind in zahlreichen Arten von Modifikationen in der Industrie zu finden, wobei Modelle mit sieben Stufen in einer Maschine keine Seltenheit sind. Der Gesamtleistungsbedarf für den Antrieb ist unabhängig von der Größe des Ausgleichsvolumens $A$. Ferner ist der volumetrische Liefergrad der ersten Stufe praktisch gleichbedeutend mit dem volumetrischen Liefergrad des gesamten Verdichters.

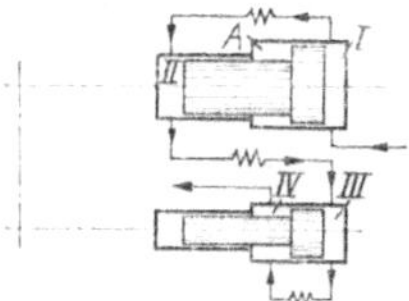

Abb. 17. Vierstufenzweikurbelkompressor

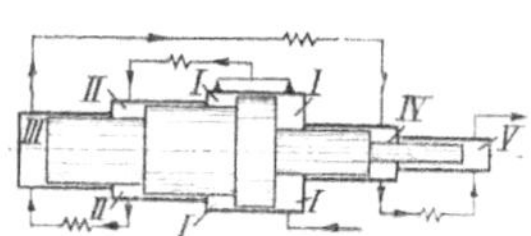

Abb. 18. Fünfstufeneinkurbelverdichter

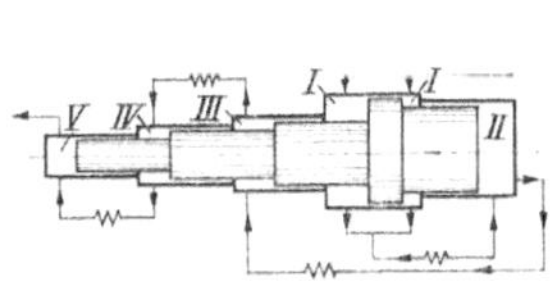

Abb. 19. Fünfstufeneinkurbelverdichter

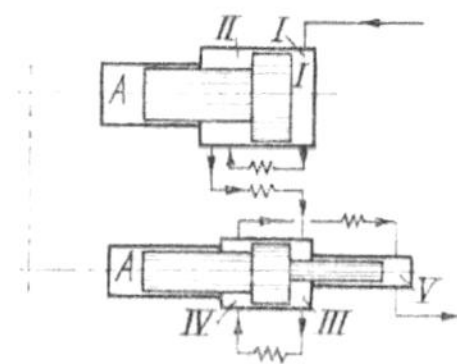

Abb. 20. Fünfstufenzweikurbelverdichter

Verdichter kleinerer Leistung werden meist liegend mit Einkurbelanordnung ausgeführt, wobei die Anzahl der Stufen keinen Einfluß hat. Verdichter von mittlerer bis zu großer Leistung legt man vorteilhaft mit Zweikurbelanordnung aus.

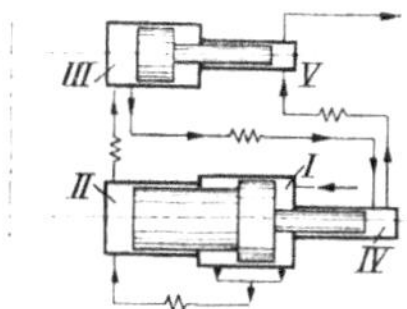

Abb. 21. Fünfstufenzweikurbelverdichter

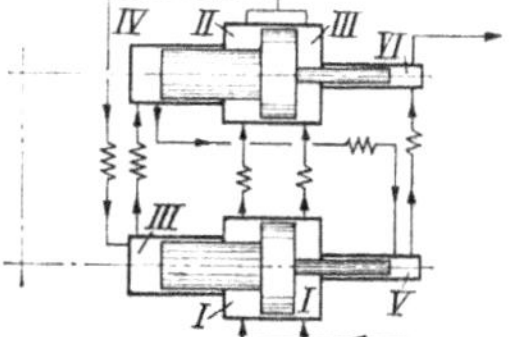

Abb. 22. Sechsstufenzweikurbelverdichter

Mit steigendem Verdichtungsenddruck wird die Verteilung des mechanischen Arbeitsaufwandes auf die einzelnen Stufen für gleichen Anteil immer schwieriger, je weiter die zu verdichtenden Gase vom idealen Gasgesetz abweichen. Außerdem machen sich auch die anderen Faktoren in steigendem Maße störend bemerkbar, was auf die zunehmenden Widerstände in den Ventilen und Rohrleitungen zurückzuführen ist als Folgeerscheinung der wachsenden Dichte des Fördermediums mit zunehmendem Druck. Dadurch werden die Ventile besonders in den Dichtflächen verstärkten Belastungen ausgesetzt, die sich noch durch den Einfluß der Erosion infolge des Schmieröles bei steigender Strömungsgeschwindigkeit erhöhen. Kleine Ventile weisen dabei hohe spezifische Flächenbelastungen auf. Werden aber die Strömungsquerschnitte erhöht, um die Durchflußgeschwindigkeiten herabzusetzen, so werden die Spannungseinflüsse in den Zylinderköpfen durch den Innendruck stärker bemerkbar und bedeuten von dieser Seite her eine Gefahr. Wie später noch ausgeführt werden wird, ist der Zylinderkopf infolge seiner besonderen Geometrie Gegenstand erhöhter Spannungskonzentrationen, so daß jede Erweiterung von Bohrungen für Strömungsquerschnitte erhöhte Bruchgefahr bedeutet, zumindest aber die Lebensdauer bei Spannungssteigerung beträchtlich herabsetzen muß.

Es ist eine unerläßliche Notwendigkeit, die $pVT$-Verhältnisse des zu verdichtenden Gases genau zu berechnen. Hiervon hängt einmal die Festlegung der Zylinder- bzw. Stufenabmessungen ab. Außerdem kann bei falscher Beurteilung der Verdichtungsverhältnisse gefährliche Retrogradkondensation im Zylinderinneren sich ereignen, die hinsichtlich eines möglichen Flüssigkeitsschlages durch den Plunger erhebliche Folgen nach sich ziehen kann. Mit Rücksicht auf die relativ hohe Drehzahl, für die die heutigen Großverdichter gebaut sind, wäre ein Flüssigkeitsschlag des Plungers mit einer Zerstörung wesentlicher Teile der Maschine verbunden, die den Betrieb der Maschine zum Erliegen bringen müßte. Es empfiehlt sich daher, die Kondensationslinien des Fördermediums mit größter Vorsicht zu ermitteln, was an Hand der Beattie-Bridgeman-Gleichung gut bewerkstelligt werden kann. Diese Gleichung gestattet die Berechnung kritischer Phänomene von Gasgemischen.

## 4. Antrieb von Verdichtern

Das Gesamtgebiet der Kolbenverdichter innerhalb der chemischen Industrie ist sehr umfangreich und zugleich vielseitig. In der Hochdrucktechnik sind in den letzten 20 Jahren in steigendem Maße Hochdruckverfahren entwickelt und in Betrieb genommen worden. Wie bereits früher ausgeführt, werden die Verdichtereinheiten von Jahr zu Jahr größer, sowohl an Förderleistung als auch im Verdichtungsenddruck. Dadurch werden die Anforderungen an die Antriebsaggregate der Verdichter in zunehmendem Maße schwieriger.

Hinsichtlich des Antriebes bestehen eine ganze Reihe von Möglichkeiten, wie beispielsweise die Dampfmaschine oder der Gasmotor, die dann direkt mit dem Verdichter zu einer geschlossenen Einheit kompakt verbunden sind. Außerdem werden auch Elektromotoren angewandt, die entweder direkt auf die Kurbelwelle antreiben oder ein Getriebe bzw. einen Riementrieb als Zwischenglied einsetzen.

Die direkte Kupplung unter Benützung einer Gasmaschine nützt den Vorteil aus, Umformungsverluste von mechanischer Arbeit in elektrische Energie und dann wieder umgekehrt auszuschalten, was gleichzeitig auch mit einer sehr wirtschaftlichen Methode der Regulierung der Förderleistung verbunden ist. Trotz der Vorteile der direkten Kupplung mit Kraftmaschinen wird für eine große Zahl von Kompressoren der Elektromotor vorgezogen. Bei kleineren Maschinen ist die Anwendung von Treibriemen vorherrschend, wobei man hochtourige Motoren benützt und der Riementrieb als Umsetzungselement dient.

Bei direkt gekuppelten Elektromotoren, die unmittelbar auf der Kurbelwelle des Verdichters sitzen, spielt allerdings die Überwindung des Anfahrmomentes eine sehr wesentliche Rolle. In gewissen Fällen ist das Anfahren aus dem Stillstand möglich, da das Anfahrmoment meist nicht über 20% des Betriebsvollastmomentes hinausgeht. Für große Maschinen jedoch hilft man sich bei direkter Kupplung mit Elektromotoren oder Gasmotoren dadurch, daß man den Verdichter so lange entlastet, bis die volle Betriebsdrehzahl erreicht ist.

Was den Ungleichförmigkeitsgrad betrifft, so sollen gewisse Erfahrungsgrenzwerte nicht überschritten werden. Man muß stets berücksichtigen, daß man große Schwungmassen braucht, denn der Ungleichförmigkeitsgrad verschlechtert sich mit dem Quadrate der herrschenden Betriebsdrehzahl.

Der Elektroantrieb hat im Vergleich zu allen übrigen Antriebsarten den Vorteil, daß der Motor praktisch keine Wartung braucht und stets sauberen Betrieb gewährt. Verhältnismäßig hohe Energiekonzentration läßt sich auf sehr kleinem Raum unterbringen. Er arbeitet mit hohem Wirkungsgrad, während die Energie schnell überall zur Verfügung steht.

## 5. Antriebsleistung

Bei der Berechnung der erforderlichen Antriebsleistung kommt es darauf an, die richtigen Voraussetzungen zu treffen. Man kennt die Abweichung vom idealen Gasgesetz, man ermittelt die Verdichtungsräume und legt die Anzahl der notwendigen Stufen fest. Nun weiß man, daß die Verdichtung dem Gesetz der Polytropen folgt, doch ist es sehr schwierig, den Wert des Polytropenexponenten zu ermitteln. Man bleibt stets auf Schätzung angewiesen.

Man geht zunächst von der Isotherme aus, d.h. von der Kurve für ideale Verdichtung. Dann nimmt man die Schätzung vor, um wieviel der wirkliche Exponent $n$ größer sein soll als 1. Bei der Abschätzung kommt die Erfahrung zu Hilfe, die es ermöglicht, einen Schätzwert zu ermitteln, der der Wirklichkeit am nächsten kommt.

Es ist angenommen, daß dem Leser die mathematischen Beziehungen für die Berechnung der Antriebsleistung bekannt sind, andernfalls können sie leicht dem diesbezüglichen Schrifttum entnommen werden. An dieser Stelle sei lediglich auf eine Näherungsformel hingewiesen, aus der sich die isotherme Verdichtungsleistung schnell, einfach und mit guter Annäherung bestimmt. B. LINNARTZ [*1*] gibt als Annäherung für isotherme Verdichtung die Beziehung:

$$L_{is} = 0{,}0627\, p_a V_a \lg \frac{p_e}{p_a} \quad (\mathrm{kW}).$$

Hierin bedeuten:

$p_a$ = Ansaugdruck,
$p_e$ = Verdichtungsenddruck,
$V_a$ = Anfangsvolumen.

Mit diesem Ausdruck läßt sich die tatsächliche Antriebsleistung berechnen, und zwar die Leistung, die an der Kupplung der Maschine aufgebracht werden muß, $L_K$, indem man $L_{is}$ durch den isothermen effektiven Wirkungsgrad dividiert. Nimmt man aber der Einfachheit halber für $\eta_{is\text{-}eff}$ den Wert von 62,7% an und führt das Ansaugvolumen $V_a$ auf den Normalzustand, also $V_N$ in Nm³/h zurück, so ergibt sich für die Kupplungsleistung für den Verdichterantrieb der Ausdruck

$$L_K = \left(\frac{V_N}{10} \lg \frac{p_e}{p_a}\right) \quad (\mathrm{kW}).$$

Es muß darauf hingewiesen werden, daß hier keine theoretischen Ableitungen von bekannten Beziehungen dargeboten werden sollen. Es wird lediglich der Versuch gemacht, dem Hochdrucktechniker einfache Formeln zu vermitteln, die für rasche Orientierung gedacht sind und daher völlig ausreichen.

Bei Hochdruckverdichtern, besonders bei Nachschaltverdichtern, die vielfach von 325 auf 700, 1500 oder 2500 atü zu verdichten haben, muß eine Korrektur vorgenommen werden, die natürlich von der Art des Gases, seiner Kompressibilität und dem Druckverhältnis abhängt. LINNARTZ gibt an, daß dieser Faktor mit Annäherung den Wert 0,04 bis 0,05 je 100 atm, die die 200-atü-Grenze überschreiten, annimmt, den man dann als Zuschlag zum Wert des Logarithmus des Druckverhältnisses hinzufügen muß.

Für das Hubvolumen läßt sich ebenfalls eine Faustformel anwenden. Ist zum Beispiel das Ansaugvolumen $V_N$ ($Nm^3/h$) bekannt, so ergibt sich das Hubvolumen näherungsweise zu

$$V_H = (1{,}4 - 1{,}5)\, V_N\,.$$

Mit der Festlegung des Hubvolumens lassen sich dann die wichtigsten Abmessungen des Verdichters nach den bekannten Verfahren ermitteln.

## 6. Regulierung der Förderleistung

In den wichtigsten Verfahren der chemischen Hochdrucktechnik sind die Förderleistungen der Verdichter den Verbraucherfordernissen der Anlagen ziemlich genau angepaßt. Es ist daher in den allerwenigsten Fällen notwendig, eine Regulierung der Förderleistung anzustreben. Ist der Verbrauch dieser Förderleistung nicht angepaßt, so muß der Druck in der Leitung steigen, d.h. die Förderleistung der Maschine muß geregelt werden. Eine automatische Regelung, die die Förderleistung bei fallendem Druck erhöht und bei steigendem Druck absenkt, wird für keinen Verdichter praktisch angewandt. Es ist außerdem absolut unwirtschaftlich, ja, mitunter betriebsgefährlich, den jeweiligen Drucküberschuß über ein Sicherheitsventil über Dach zu entspannen.

Zur Regelung der Förderleistung an Hochdruckverdichtern besteht eine große Anzahl von Möglichkeiten, so beispielsweise Veränderung der Drehzahl, zeitweilige Stillsetzung der Maschine, Leerlauf ohne Förderung, stufenweise Änderung der Förderung, oder schließlich stete Änderung der Förderleistung bei konstanter Drehzahl durch eine Reihe anderer Maßnahmen.

Das wirtschaftlichste Verfahren zur Regelung der Förderleistung eines Hochdruckverdichters ist die Veränderung seiner Drehzahl. Hierbei soll berücksichtigt werden, daß die benützte Antriebsmaschine diese Änderung auch mit wirtschaftlichen Mitteln zuläßt. Für Kraftmaschinen ist eine solche Drehzahländerung nur bedingt zulässig. Es ist ferner zu beachten, daß mit der Herabsetzung der Drehzahl die Masse des Schwungrades größer werden muß, da das erforderliche Schwungmoment sich mit dem Quadrat der Drehzahl ändert. Für Elektromotoren als Antriebsmaschinen ist diese Regelungsmethode ungünstig, da man energiewirtschaftlich nichts gewinnt.

Bei den übrigen Verfahren wird die Förderung ganz oder in mehreren Stufen herabgesetzt. Hier bestehen eine große Anzahl Methoden, die hier in Einzelheiten nicht wiedergegeben werden können, da sie weit über den Rahmen dieses Kapitels hinausgehen. Wirtschaftlich einwandfrei ist die Veränderung des schädlichen Raumes, indem man in einer mit dem Zylinder in Verbindung stehenden Bohrung einen Verdrängerkolben verschiebt, mit dem man die Größe des Zuschaltraumes beliebig verändern kann. Für Einzelheiten muß auf das entsprechende Schrifttum verwiesen werden.

## B. Tatsächliche Ausführungen von Hochdruckverdichtern für Labor und Betrieb

Die in Abschn. A gemachten Ausführungen bieten eine Reihe von Richtlinien, die für den Hochdrucktechniker im Betriebe wichtig sind. Es möge nun an Hand einiger praktischer Beispiele gezeigt werden, wie die Hochdruckverdichter tatsächlich aussehen und im Betrieb wirken, wie sie in der chemischen Industrie üblich sind. Es ist dabei unbedeutend, wie alt die besprochenen Modelle wirklich sind. Entscheidend ist ausschließlich die Tatsache, mit der Diskussion wichtige Konstruktionsgrundsätze zu vermitteln, die zeigen sollen, worauf es bei gut arbeitenden Maschinen ankommt, um optimale Wirkung zu erzielen.

### 1. Laboratoriumshochdruckverdichter

Das Laboratorium ist eines der wichtigsten Versuchsgebiete, über das die Industrie verfügt. Hier werden Verfahren ausgelegt und auf ihre technische Verwendbarkeit erprobt. Demzufolge müssen auch Verdichter für alle Gase und Druckstufen zur Verfügung stehen. Daß man sich auch anderer Mittel der Druckerzeugung bedienen kann, ist bekannt, doch soll es für die folgende Behandlung nicht in Betracht gezogen werden.

Im Labor ist es ganz allgemein so, daß man nicht für jedes Gas den geeigneten Verdichter zur Verfügung hat. Auch wird in den allerwenigsten Fällen ein Laborverdichter wochenlang ohne Unterbrechung zu laufen gezwungen sein. Der Laborverdichter ist daher zwangsläufig nach anderen Grundsätzen zu bauen, als es für Kompressoren zutrifft, die mitunter wochenlang ohne Unterbrechung unter extremen Bedingungen laufen.

Laborverdichter sind allgemein – von Sonderfällen abgesehen – als allgemeine Verdichter ausgelegt zur Verdichtung zwei- und dreiatomiger Gase ohne Rücksicht auf ihre Abweichung vom idealen Gasgesetz, also mit einem Durchschnittswert für den Polytropenexponenten. Daraus läßt sich folgern, daß ein solcher Verdichter für eine ganze Reihe von Gasen anwendbar ist, also diejenigen Gase, die im Labor am häufigsten für Hochdruckverfahren verwendet werden. Kompromisse müssen im Laborbetrieb ohnedies gemacht werden, so daß geringfügige technische Unzulänglichkeiten übersehen werden können. Auf dem Gebiet des Verdichterbaues für Laboratoriumsbetrieb zur Verdichtung von Gasen aller Art bis zu sehr hohen Drücken hat die Firma A. Hofer in Mühlheim (Ruhr) bahnbrechend gewirkt und hat dabei Weltruf erlangt. Diese Verdichter zeichnen sich durch Einfachheit und besonders durch hohe Zuverlässigkeit aus. Wenn einige Ausführungsbeispiele von Hochdruckverdichtern dieser Herstellerfirma an dieser Stelle beschrieben werden, so geschieht dies ausschließlich aus dem Grunde, daß der Verfasser diese Verdichter kennt und mit einer Reihe von Baumodellen jahrelange Betriebserfahrungen gesammelt, darunter viele Jahre in den USA.

Die Verdichter werden in verschiedenen Größen hinsichtlich Förderleistung und Verdichtungsenddruck gebaut, entweder in einer Reihe von Einzelverdichtern mit den Enddrücken von 200–1000–2000 und 4000 atü, oder auch in Modellen, die 1000 atü über fünf Stufen in einem Verdichter erreichen.

Ein 1000-atü-Verdichter, der den Enddruck in fünf Verdichtungsstufen erzielt, ist in Abb. 23 im Schnitt gezeigt. Die Förderleistung ist auf 8 Nm$^3$/h ausgelegt, wenn mit einer Drehzahl von 250/min gefahren wird. Wird die Drehzahl auf 300/min gesteigert, so erhöht sich die Förderleistung auf 10 Nm$^3$/h. Diese Drehzahlen sind nicht übertrieben hoch, dank der guten Kühlleistung der Maschine. Wie die Abb. 23 erkennen läßt, ist die Stufenanordnung in der Reihenfolge II, I, III, IV, V, wenn man von der Schwungradseite her die Zählung beginnt. Alle fünf Plunger wirken in der gleichen Achse.

Bemerkenswert ist, daß die doppelt wirkende Stufe I keine Ventile, sondern Schlitzöffnungen in der Zylinderwand hat, ähnlich den Schlitzen bei Zweitaktmotoren. Öffnungen für Einlaß und Auslaß werden jeweils durch die Kolbenbewegungen freigegeben bzw. geschlossen. Alle Zylinder haben Mantelkühlung. Die Verdichtungsgase werden nach Verlassen jeder Stufe durch Interstufenkühler gekühlt, bevor sie zur nächsten Stufe geleitet werden. Die Zwischenkühler bestehen aus Kupferrohren, die in der gemeinsamen Kühlwasserwanne für alle fünf Stufen eingezogen sind.

Die Plunger der einzelnen Stufen werden durch Gußeisenkolbenringe abgedichtet, und zwar sind die ersten vier Stufen mit diesen Ringen versehen. Mit Rücksicht auf den Verdichtungsenddruck von 1000 atü hat

Stufe V eine Stopfbüchse mit Packungen und keine Kolbenringe. Als Ventile werden Plattenventile benützt, die sich infolge ihrer besonderen Bauart sowohl als Saug- wie auch als Druckventile verwenden lassen. Das gesamte Verdichtergehäuse ist eine an sich abgeschlossene Einheit, die

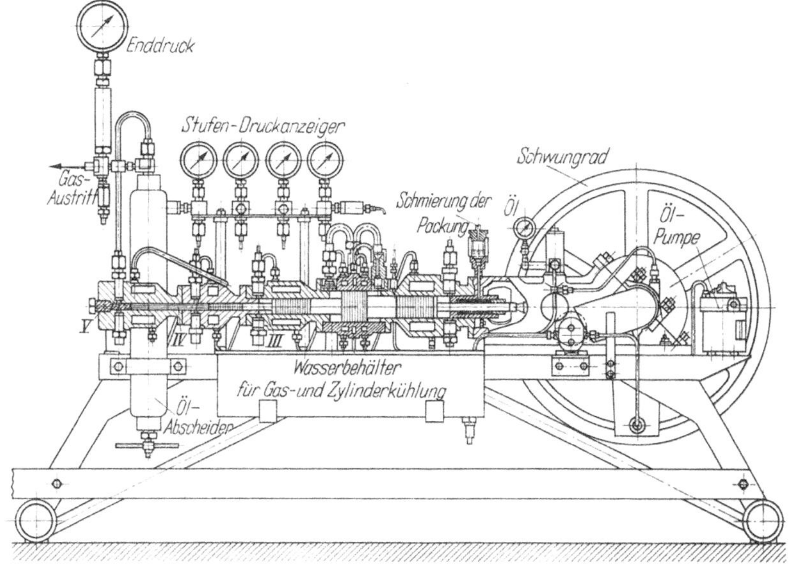


Abb. 23. Labor-Hofer-Kompressor für 1000 atü Verdichtungsdruck. Fünf Stufen

nur von der Stopfbüchse der Stufe II durchbrochen wird. Stufe II wurde deshalb an diese Stelle gelegt, daß die einzige Stopfbüchse, die mit der Außenatmosphäre in Verbindung steht, höherem Druck ausgesetzt ist als die Außenatmosphäre selbst. Sollte die Stopfbüchse undicht werden, so bläst sie höchstens ab, saugt aber niemals von der Außenatmosphäre in den Zylinder.

Neben der Zwischenstufenkühlung besitzt der Verdichter auch den erforderlichen Ölabscheider, der hier als typische Hochdruckabscheiderflasche ausgebildet ist. Nachdem das verdichtete Gas die Endstufe V durchlaufen hat, wird es durch die Ölabscheiderflasche geleitet, wo man das überschüssige, bzw. das vom Gas mitgerissene Schmieröl trennt. Die Flasche besitzt ein ausreichend großes Volumen, so daß sie gleichzeitig auch als Pufferflasche benutzt werden kann zum Ausgleich der Kolbenbewegung in der Gasdruckleitung.

Die praktische Auswirkung der Stufenunterteilung ist dergestalt, daß Stufe I auf 3,5–4 atü verdichtet. Die nachfolgenden Stufenverdichtungen sind 10–15 atü für Stufe II, 60–75 atü für Stufe III, 250–275 atü in Stufe IV und schließlich 1000 atü in Endstufe V. Das durchschnittliche

Verdichtungsverhältnis aller Stufen schwankt also zwischen 3,75 und 4,0, so daß in keiner Stufe die früher angedeuteten Grenzen der Verdichtungsverhältnisse für alle Stufen überschritten werden.

Die Firma A. Hofer hat außerdem weitere Modelle im Bauprogramm mit wechselnder Größe für 1000 atü Verdichtungsenddruck. Ihre Konstruktion unterscheidet sich lediglich in geringfügigen mechanischen Einzelheiten. Es ist mitunter möglich, daß Modelle für 1000 atü in vier Stufen gebaut werden.

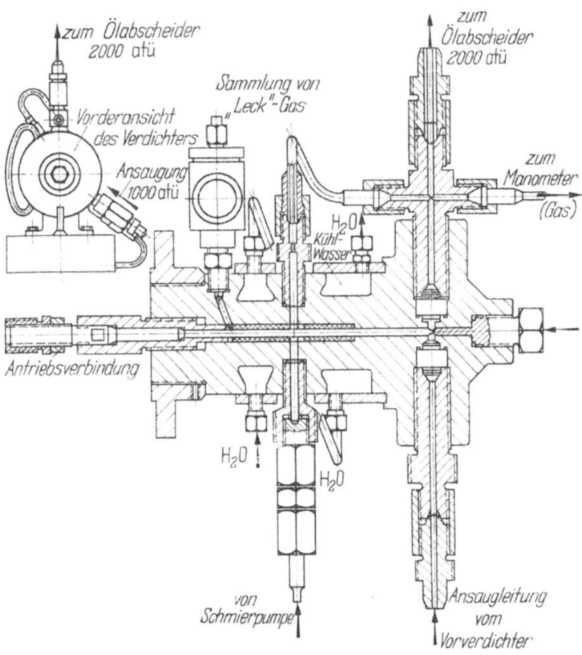


Abb. 24. Nachschaltverdichter, System Hofer, 35 l/h Fördermenge von 1000 auf 2000 atü.

In Abb. 24 wird ein Zusatzverdichter im Schnitt gezeigt, der von 1000 atü auf 2000 atü verdichtet. Diese Maschine weist eine Förderleistung von 35 l/h auf bei einer Drehzahl von 160/min.

Ein weiteres Aggregat, das wiederum als Zusatzverdichter für den Verdichter der Abb. 24 gebaut wurde, ist in Abb. 25 im Schnitt dargestellt. Der Verdichtungsenddruck ist für 4000 atü ausgelegt, um die gleiche Fördermenge zu verdichten, die der 2000-atü-Verdichter bewältigt. Beide Verdichter sind einstufig, und die Zylinder sind aus dem Vollen geschmiedet, mit Zylinderkühlung an der Außenfläche. Beide Zylinder weisen große Ähnlichkeit auf und unterscheiden sich praktisch nur in den Bohrungen für die Plunger. Die Stopfbüchsenpackungen sind ebenfalls ähnlich, mit drei Laternen, wobei die Schmierölzuführung in die Mitte der Packung eingeleitet wird. Eine zweite Bohrung durch die Zylinderwand führt die Gase ab, die über die Stopfbüchse hindurch entlang des Plungers entweichen und auf der Niederdruckseite mit der Schmierölabfuhr aus dem Zylinder geleitet werden. Die Schmierpumpe ist eine besondere Hochdruckpumpe.

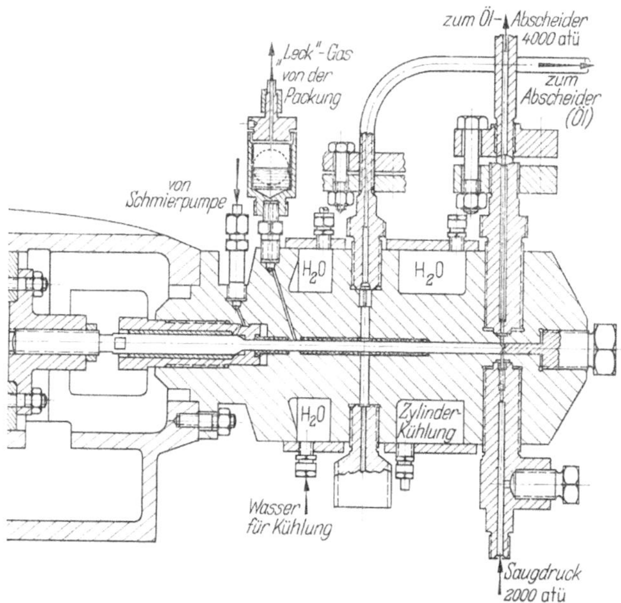


Abb. 25. Nachschaltverdichter, System Hofer, 35 l/h Fördermenge von 2000 auf 4000 atü

Der Verfasser hat in seiner praktischen Tätigkeit als Hochdruckfachmann jahrelange Erfahrungen mit Hofer-Kompressoren gesammelt. Die Verdichter haben stets mit zuverlässigen Betriebsleistungen aufgewartet, solange die Betriebsvorschriften eingehalten wurden. Obwohl alle Verdichter viele Jahre in Betrieb waren, so muß erwähnt werden, daß keine einzige Maschine wirklich ernsthaften Dauerleistungen unterworfen war. Wie sich aber bei großen Betriebskompressoren gezeigt hat, treten wirkliche Schwierigkeiten erst nach 1000–2000 Betriebsstunden kontinuierlichen Laufes auf. Man kann, was Betriebstüchtigkeit derartiger Maschinen anbelangt, ein Urteil nur an tatsächlichen „Langläufern“ fällen, die oft große Probleme aufwerfen.

## 2. Verdichter für Technikumsbetrieb

Für die wirkliche Betriebserprobung von Verdichtern für hohe Enddrücke, die im Rahmen der Verfahrensentwicklung für die Herstellung von Polyäthylen sich vollzogen hat, hatte der Verfasser Gelegenheit. einen Verdichter zu erproben, der einige bemerkenswerte Konstruktionsmerkmale besaß. Dieser Verdichter wurde von der Maschinenfabrik Eßlingen konstruiert, gebaut und geliefert und schließlich gemeinsam mit dem chemischen Betrieb entwickelt. Ein Querschnitt des Verdichters durch die Stufenanordnung ist aus Abb. 26 zu ersehen. Bei dieser Maschine handelt es sich um einen Nachschaltverdichter, der praktisch nur

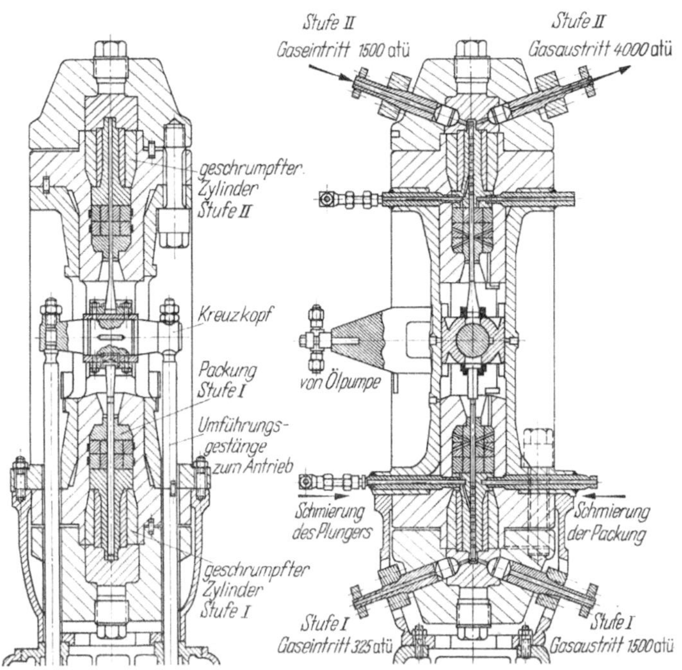


**Abb. 26. Zweistufennachschaltverdichter, System Masch.-Fabrik Eßlingen, 350 Nm³/h $N_2$ – 325/1500/4000 atü**

zwei Verdichtungsstufen aufweist. Die Maschine wurde ursprünglich für die Verdichtung von Stickstoff entworfen. Von betrieblicher Seite hatte man gehofft, die Maschine für die Polyäthylenentwicklung zum Einsatz zu bringen und sie schließlich für den vollen theoretischen Enddruck von 4000 atü zu benützen. Man hatte zu jener Zeit nur eine vage Vorstellung von den optimalen Reaktionsdrücken für Polymerisation von Äthylen. Es kommt ferner die Tatsache hinzu, daß zu dem Zeitpunkte, als die Maschine in Auftrag gegeben wurde, das $pVT$-Verhalten von Äthylen unbekannt war unter dem Einfluß extremer Drücke. Es konnte zu jener Zeit nicht ohne Versuchsunterlagen vorausgesehen werden, daß das Äthylen ein derart eigentümliches Kompressibilitätsverhalten besitzt.

Zum Betrieb des Verdichters muß das Gas auf einen Druck von 350 atü vorverdichtet werden. Der Ansaugdruck für Stufe I für relativ kaltes Gas ist also 350 atü. Der Verdichter sollte dann auf 1500 atü in der ersten Nachschaltstufe verdichten. Nach Kühlung des Gases im Zwischenkühler übernimmt Stufe II das Gas mit einem Saugdruck von 1500 atü und komprimiert auf 4000 atü.

Der Verdichter war ausgelegt für eine Förderleistung von 500 $Nm^3/h$ für die Verdichtung von Stickstoff in zwei Stufen mit vertikaler Stufenanordnung. Zwischen den beiden Stufen ist der Kreuzkopf angeordnet, der mit Traversen versehen ist, in die das Umführungsgestänge eingreift, das seinerseits mit dem Triebwerk in direkter Verbindung steht.

Der Kreuzkopf trägt die Plunger beider Stufen, und zwar Stufe I vertikal nach unten, Stufe II vertikal nach oben, symmetrisch zum Kreuzkopf.

Die Zylinderlaufbüchsen und die zugehörigen Plungerpackungen sind jeweils in einen massiven Stahlblock eingebettet mit Präzisionsausrichtung für die Plungerbewegung. Beide Laufbüchsen sind ölgekühlt. Sie bestehen aus Doppelschrumpfkonstruktionen, um die extremen Belastungen infolge des Innendruckes durch künstlich erzwungene Eigenspannungen infolge der Schrumpfung entsprechend abzubauen.

Der Zylinderkopf ist ein Sonderwerkstück, dem infolge der Ventil- und Plungerbohrungen besondere Beachtung geschenkt werden muß. Die Ventile sind wiederum umkehrbar.

Die Packungen bestehen aus drei ringförmigen Segmenten, von denen zwei wiederum Schrumpfsegmente darstellen. Die Dichtung wird von entsprechenden Weißmetallringen dargestellt, deren Bauart und Wirkungsweise in Kap. XI beschrieben wird. Als Schmiermittel wurde Glyzerin als günstigstes Schmiermedium entdeckt, nachdem alle hochwertigen Mineralöle und deren Kombinationen sich als ungünstig erwiesen. Diese Öle gingen Nebenreaktionen mit den Reaktionskomponenten ein, und das gewünschte Polyäthylen konnte nicht erzielt werden.

Die Plunger sind mit einer Anzahl paralleler Rillen versehen, die in die Plungeroberfläche senkrecht zur Plungerachse eingeschnitten sind, in die sich das Schmieröl einfügt und den Plunger über den verhältnismäßig langen Hub die berührenden Gleitflächen mit einem zusammenhängenden Film des Schmiermittels versieht. Die Oberflächen der Plunger sind mit einer Nitrierschicht von 0,5–0,8 mm Tiefe versehen, um eine glasharte Oberfläche mit großer Härte zu bilden, die großen Widerstand gegen Verformung zu bieten vermag dank der Druckeigenspannungen an der Oberfläche als Ergebnis der Nitrierung.

Da die Plungerdurchmesser mit 28 mm in Stufe I gegen 18 mm in Stufe II nicht in Anpassung an die Kompressibilität des Äthylens abgestuft sind, konnte die Stufe II nicht als Verdichtungsstufe für Äthylen bei diesen Abmessungen benützt werden. Es kommt ferner hinzu, daß im Hinblick auf die Nachkriegsverhältnisse das Röhrensystem des Hochdruckreaktors in der Polymerisationszone nicht für den Druck zugelassen wurde, für den es ausgelegt war. Da die Revisionsbehörde im Einverständnis mit dem Konstruktionsbüro den Zulassungsdruck auf 1300 atü festlegte, ist es verständlich, warum der Verdichter eigentlich nie über einen Verdichtungsenddruck von 1300 atü hinaus erprobt wurde. Die Anlage sollte dann zumindest so lange mit 1300 atü gefahren werden, bis neue Polymerisationssysteme mit höherem Zulassungsdruck zur Verfügung standen.

In der Zwischenzeit aber wurden so viele Schwierigkeiten an der Maschine entdeckt, daß es zweckmäßig erschien, erst die Maschine arbeitsfähig zu machen, ehe an die Erneuerung des Polymerisationssystem mit höherem Druck gedacht werden konnte. Um aber die Maschine trotzdem verwenden zu können, wurde Stufe II gegen eine gleichwertige Stufe I ausgetauscht, so daß schließlich ein Verdichter mit zwei gleichen Stufen gegeben war, die in Phase mit der Kreuzkopfbewegung arbeiten und auf 1300 atü das Äthylen verdichten konnten.

Die intensiven Versuchsarbeiten, die mit dieser Maschine abgeleistet wurden, ermöglichten die Sammlung wertvoller Betriebserfahrungen, die schließlich den Anlaß gaben, die Maschine völlig neu zu konstruieren und diese dann unter durchweg neuen Gesichtspunkten zu bauen.

Diese Erfahrungen sollen in ihren Grundzügen kurz geschildert und in ihren Einzelheiten wiedergegeben werden.

Diese Erfahrungen lassen sich etwa wie folgt zusammenfassen:

a) Die vertikale Anordnung des Verdichters mit zwei Stufen für sehr hohen Verdichtungsenddruck, bei dem beide Stufen praktisch auf die gleiche Achse wirken, ist denkbar ungünstig. Dies trifft auch zu bei kleineren Ausmaßen als bei der vorliegenden Maschine, solange lebenswichtige Teile wie Packungen usw. öfters ausgewechselt werden müssen. Die Erfahrung zeigt, daß im Falle von Undichtheiten im Zusammenbau der Laufbüchsen und der Packungen stets die untere Büchse gewechselt oder geprüft und somit ausgebaut werden muß. Bei dieser Art von Konstruktion aber kann die untere Stufe nicht abgehoben werden, ohne die obere Stufe ebenfalls zu entfernen. Eine getrennte Behandlung beider Stufen ist nicht möglich.

b) Die Auswechslung eines Plungers oder einer Packung läßt sich nicht bewerkstelligen, ohne die betreffende Laufbüchse ebenfalls abzunehmen. Damit ist jeweils ein beträchtlicher Arbeitsaufwand erforderlich, selbst wenn man von dem zeitraubenden Vorgang der genauen Ausrichtung für Präzisionsmontage absieht.

c) Im Falle eines Festfressens eines Plungers, ganz besonders aber beim Plunger der oberen Stufe, besteht die Gefahr der Zerstörung des

Kreuzkopfes. Der Plunger ist mit dem Kreuzkopf über einen Ovalflansch mit zwei Stiftschrauben verbunden. Die zwei Stiftschrauben besitzen eine Reißkerbe, die so dimensioniert ist, daß sie bei geringfügiger Überlastung abreißen. Bleibt nun der obere Plunger stecken, sei es infolge Versagens der Schmierung, so wird beim Saughub eine derartige Zugkraft im Ovalflansch auftreten, daß die Stiftschrauben abreißen, da sie derartigen Beanspruchungen nicht gewachsen sind. Beim Abriß wird der Flansch von seiner Soll-Lage frei und fällt zwischen Kreuzkopf und Plungerkopf. Bei Umkehrung der Kreuzkopfbewegung zum Druckhub stößt der Kreuzkopf den Flansch mit voller Kraft des Triebwerkes gegen das freie Plungerende, und beträchtlicher Schaden aller betroffenen Teile kann die Folge sein.

Ein derartiger Fall ist eingetreten, als der Verfasser diese Maschine in der Erprobung hatte.

Als Ergebnis dieser wichtigen Erfahrungen wurde dann in Gemeinschaftsarbeit mit dem Hersteller ein neuer Verdichter entwickelt, der nach den folgenden Grundsätzen gebaut war.

a) Liegende Anordnung, also horizontale Zylinderlage, geschweißtes Gehäuse, zwei Zylinder in gleicher Ebene 180° gegenüberliegend. Diese Bauart ließ die Auswechslung von Laufbüchsen, Plungern oder Packung zu, ohne die Teile der anderen Stufe zu berühren. Diese Maßnahme bringt eine bedeutende Erleichterung der Montagearbeiten und ist geeignet zur Gewährleistung gewünschter Präzision beim Zusammenbau.

b) Bei horizontaler Anordnung der Zylinderbüchsen ist ein einwandfreier Ausgleich der Triebwerkskräfte gegeben. Sollte sich hier ein Festfressen eines Plungers ergeben, so wird der freiwerdende Ovalflansch nach Abriß der Stiftschrauben infolge seiner Schwerewirkung nach unten fallen und sich nie zwischen Kreuzkopf und Plunger legen. Es steht dabei zu erwarten, daß außer dem Versagen des Plungers kein zusätzlicher Schaden mehr angerichtet wird.

c) Die Kreuzkopfschmierung wird wesentlich einfacher innerhalb eines geschlossenen Gehäuses. Hier lassen sich dann alle langjährigen Erfahrungen von allen liegenden Maschinen verwirklichen.

d) Die Zylinderlaufbüchsen brauchen nicht mehr doppelt geschrumpft sein. Wie auf S. 97ff. gezeigt ist, wäre eine einfache Schrumpfung unter optimalen Wanddickenverhältnissen wirksamer gewesen. Schrumpfung im Zusammenhange mit geeigneten Werkstoffen – wie später noch gezeigt wird – liefert günstige Lösungen für hohe Lebenserwartung, selbst bei extremen Beanspruchungen.

e) Hinsichtlich der Wahl der Packungen zur Abdichtung des Plungers gegen hohe Drücke wird in Kap. XI berichtet.

Es muß in diesem Zusammenhange darauf hingewiesen werden, daß über weitere Einzelheiten hinsichtlich genauer Konstruktion, Stufenabmessungen, Enddruck, Zylinderkopfausführung, Packung und Schmierung keine weitere Auskunft gegeben werden kann, um Betriebsgeheimnisse im Sinne des Urheberrechtes zu wahren.

### 3. Großverdichter für Produktionsanlagen

Verdichter, deren Leistungen über den Technikumsmaßstab hinausgehen, fallen in die Kategorie der Großverdichter. Diese werden ausschließlich nur für Produktionszwecke in Großanlagen zum Einsatz gebracht. Daraus ergibt sich wiederum die Folgerung, daß diese Verdichter nur für ein bestimmtes Gas oder Gasgemisch gebaut sind unter Anpassung an die Betriebsbedingungen des in Frage stehenden Produktionsverfahrens. Dies bedeutet, daß alle Teile des Kompressors, deren Abmessungen aus thermodynamischen Gesetzen abgeleitet werden müssen, von Fall zu Fall berechnet, gebaut und nach Maßgabe der technologischen Forderungen zum Einsatz gebracht werden müssen. Man wird also von einem Wasserstoff-, Chlor-, Methan- oder Propylenkompressor sprechen müssen unter Angabe aller diesbezüglichen technischen Daten, die den Reaktionsverlauf widerspiegeln, was einer der wichtigen Gründe ist, warum der Verfasser mit der Bekanntgabe technischer Daten Zurückhaltung üben muß.

Die rasche Entwicklung von Kompressoren dieser Abmaße wurde deutlich beeinflußt durch den gewaltigen Aufstieg der chemischen Industrie, und hier speziell der Hochdrucktechnik im Zusammenhange mit der Entwicklung der Gassynthesen für Ammoniak, Methanol und vor allem synthetisches Benzin. Durch den riesenhaften Anstieg der Verbrauchsziffern für Stickstoff, Methanol und der Ölindustrie sind die Fabrikationsanlagen derart gewachsen, daß Verdichter für Drücke bis zu 3000 atm selbst mit riesigen Förderleistungen zu Standardausführungen innerhalb der chemischen Hochdrucktechnik geworden sind. Die Entwicklung der Großgasverdichter ist den Weg gegangen, für Maschinen in der Großproduktion eine Unterteilung in der Weise vorzunehmen, daß Vorverdichter bis zu 350 atü betrieben werden, was bei den meisten Bauarten in vier Stufen erreicht wird. Jede weitere Drucksteigerung wird dann in entsprechenden Nachschaltverdichtern vorgenommen. Zur Vorverdichtung ist es üblich geworden, Maschinen mit einer Förderleistung bis zu 500 $Nm^3/h$ Gas als mittlere Maschine zu bezeichnen. Die meisten Verdichterherstellerfirmen sind dazu übergegangen, diese Art Verdichter vielfach in vertikaler Ausführung zu bauen, mit zwei Kurbeln, also $2 \times 2$ Zylinder, wobei alle vier Zylinder in einer gemeinsamen Kühlwanne untergebracht sind, in der gleichzeitig die Schlangen der Zwischenstufenkühler eingebaut sind. Die Verwendung von Hochdruckschlangenkühlern zur Rückkühlung der verdichteten Gase nach jeder Stufe ist vom wärmeübergangstechnischen Standpunkte sehr vorteilhaft, wie bereits in Kapitel VI für Vorwärmer gezeigt ist. Sie arbeiten mit hohem Wärmeübergangseffekt und lassen hohe Gasgeschwindigkeiten zu, was zur Verbesserung des Wärmeaustausches führt, wodurch auch der Druckabfall durch den ganzen Kühler auf ein Minimum herabgesetzt wird. Niedriger Druckabfall ist natürlich für die Einhaltung des Druckniveaus unter geringstem Stufenaufwand ein entscheidender Konstruktionsfaktor des Verdichters.

Wird die Stufenkühlung wirksam ausgeführt, so ist es möglich, die Temperatur des Gases beim Verlassen der Endstufe so herunterzukühlen, daß sie höchstens 10–15 °C über der Eintrittstemperatur der Stufe I liegt. Trotz Mehrkosten ist es ratsam, die Interstufenkühler getrennt von der Maschine aufzustellen. Dadurch wird erreicht, daß die Kühlschlangen von den Schwingungen des Kompressors nicht beeinflußt werden. Solche Schwingungen können leicht Ermüdungsbrücke an Schweißstellen verursachen, wenn ihre Aufhängung und Unterstützung nicht zur Dämpfung der Schwingungen führt. Es empfiehlt sich ferner, Schaugläser zur Beobachtung anzubringen. Wird die Temperatur im Zwischenkühler für das Wasser auf 35–40 °C gehalten, so wird damit eine Feststoffablagerung an der Rohrinnenwand verhindert. Diese Ablagerungen vermindern sich mit steigender Temperatur.

Ist wegen der Länge der Schlange eine Schweißung erforderlich, so sollte man Wert darauf legen, daß die Schweißstelle nicht an die Übergangsstelle von der geraden Länge zur Krümmung der ersten Windung zu liegen kommt, meist unmittelbar hinter dem Austritt aus der letzten Stufe liegend. Diese Stelle unterliegt gewöhnlich erhöhter Beanspruchung und neigt daher zu Ermüdungsbruch.

Die Anordnung von Stufenabscheidern nach jedem Zwischenkühler ist eine unerläßliche Forderung. Es erleichtert die Trennung des Schmieröles vom Gasstrom und ermöglicht die Entfernung kondensierender Anteile von Flüssigkeiten im Gasstrom. Wird das Abscheidervolumen genügend groß gewählt, so benötigen die Abscheider keine besonderen Inneneinbauten. Vielfach reicht eine einfache Richtungsänderung des Gasstromes schon aus, die Abtrennung befriedigend zu machen, vorausgesetzt natürlich, daß die Entleerung der Abscheider oft genug vorgenommen wird.

Hinsichtlich der Werkstoffe für Zylinderbüchsen in Verdichtern mittlerer Leistung – um die eingangs getroffene Definition zu benützen – hat sich Gußeisen sehr gut bewährt. Es ermöglicht hervorragende Gleitflächen für Plunger bzw. Kolbenringe mit ausgezeichneten Laufeigenschaften. In Gegenwart korrodierender Medien muß Gußeisen durch besondere Stahlbüchsen ersetzt werden.

Die Ventile sind meist selbstwirkend mit Federbelastung. Es muß auf gute Austauschbarkeit geachtet werden, da sie meist gern versagen, sei es infolge von Verunreinigungen im Gasstrom, sei es infolge schlechter Wahl des Federwertes des Werkstoffes.

Verdichter mit Enddrücken über 350 atü im Produktionsbetrieb mit hoher Förderleistung sind durchweg von liegender Bauart. Sie arbeiten ausschließlich als Nachschaltverdichter als geschlossene Maschineneinheiten, die den gleichen Konstruktionsregeln unterliegen wie komplette Vielstufenverdichter ohne Unterteilung. Hier machen sich besonders die Konstruktionseigenarten des Zylinderkopfes, der Querschnittsunterteilung in den Laufbüchsen und der Packungen für die Gasabdichtung stark bemerkbar.

Zur Schmierung von Nachschaltverdichtern werden besondere Hochdruckpumpen eingesetzt. Es ist dabei wichtig, daß diese Schmierölpumpen durch einen eigenen Motor angetrieben werden, der unabhängig vom Verdichter ein- und abschaltbar sein muß. Es zeigt sich nämlich, daß solche Kompressoren einen vollen Schmieröldurchlauf gewährleisten müssen, ehe das Triebwerk eingeschaltet werden darf. Dadurch wird vermieden, daß der Verdichter ohne Schmierung ist, wenn immer die beweglichen Teile in Gang gesetzt werden. Es könnte auch der Fall eintreten, daß der Verdichtermotor durch Versagen ausfällt, während welcher Zeit die Schmierung unterhalten bleiben muß.

Zur Regelung von Nachschaltverdichtern ist zu sagen, daß eine solche durchweg mit Hilfe der Strömungsregulierung auf der Saugseite vorgenommen wird. Diese Regelung hat den Vorteil, daß ein besserer Ausgleich erzielt werden kann durch Zuschaltung von entsprechenden Ausgleichsräumen, ohne daß hierzu Ventile notwendig sind. Solche Ausgleichsräume sind auch vielfach in Verbindung mit mehreren Stufenzylindern, um eine eindeutige Regelung mittels Überströmventilen und dergleichen zu gewährleisten. Hierbei muß die Kompressibilität des Fördermediums genau einberechnet werden. Eingehendere Einzelheiten im Zusammenhange mit Sonderkonstruktionen dieser Art würden den Rahmen dieses Kapitels überschreiten.

## 4. Praktische Erfahrungsrichtlinien beim Betrieb mit Hochdruckverdichtern

Beim Entwurf von Hoch- und Höchstdruckverdichtern ist man auf eine Anzahl von Erfahrungen angewiesen, auf die man beim Verdichterbau nicht verzichten kann. Ganz besonders treten Momente auf, die sich durch Rechnung oder ähnliche Überlegungen in keiner Weise erfassen lassen. Da es sich bei Laufbüchsen und Zylinderköpfen nicht mehr um rein geometrische dickwandige Hohlzylinder handelt, sondern um Körper sehr komplizierter Form mit verwickelten Bohrungen aller Art, die zugleich extremen Belastungen ausgesetzt sind, wird eine zufriedenstellende Lösung von Konstruktionsproblemen nur zu erwarten sein, wenn jeder einzelne Schritt aus der praktischen Erfahrung abgeleitet ist. Man hat es hier mit pulsierenden Spannungen mit großen Schwankungen sowie sehr hohen spezifischen Belastungen zu tun, für die man verhältnismäßig wenig Anleitungen besitzt. Bei Maschinen dieser Größe mit derart extremen Beanspruchungen sind Kapitalinvestierungen verknüpft, die den Konstrukteur zur Auswertung aller erdenklichen Faktoren zwingen, die zur Verbesserung der Wirtschaftlichkeit einer solchen Anlage führen.

*Die wichtigsten Richtlinien lassen sich kurz wie folgt zusammenfassen:*

a) Ein sehr wesentlicher Faktor für die Konstruktion ist die Festlegung der Drehzahl, die von der Bauart und der Größe der Maschine abhängt. Es muß dabei in Rechnung gestellt werden, daß die Drehzahl um so kleiner gewählt werden muß, je größer die Massen sind. Nach Maßgabe der Leistung, die an die Welle zu übertragen ist und mit $N_W$ bezeichnet sei, besteht die Annäherungsbeziehung

$$N_W n^2 = 36 \cdot 10^6$$

$$n^2 = \frac{36 \cdot 10^6}{N_W}$$

$$n = 10^3 \sqrt{\frac{36}{N_W}}\,.$$

Die Wahl der Drehzahl hängt von der mittleren Kolbengeschwindigkeit $c_m$ ab, für die man als Erfahrungswert für Hochdruckverdichter 4,5 m/sec zuläßt. Bei niedriger Drehzahl sind die Auswirkungen an der Maschine infolge des Ungleichförmigkeitsgrades geringer, was sich in geringeren Wartungskosten während des Betriebes auf lange Sicht äußern wird. Steigert man die Drehzahl, so kann man Gefahr laufen, daß die Reparaturanfälligkeit schnell größer wird. Schnellaufende Maschinen haben ferner größeren Verschleiß der Kolbenringe bzw. der Dichtungspackungen zur Folge, was besonders in den höheren Verdichtungsstufen der Fall ist, wo sich die Abnützung infolge der gesteigerten Anpreßdrücke maßgeblich erhöht. Kolbengeschwindigkeit und Drehzahl müssen aufeinander abgestimmt sein, damit die Ventilgröße innerhalb Grenzen bleibt, die es gestatten, die notwendigen Strömungsquerschnitte im Zylinderkopf unterzubringen.

b) Die Hauptgefahr für eine Laufbüchse, die extremen Innendrücken ausgesetzt ist, besteht in der evtl. übermäßigen Dehnung. Dem kann man durch eine Reihe von Maßnahmen begegnen, nämlich von der Werkstoffseite her durch die Wahl hochfester Werkstoffe oder durch die Anwendung von Schrumpfkonstruktionen mit Verwendung einfacher oder eine Kombination von einfachen mit sogenannten „exotischen" Werkstoffen aller Art.

c) Übermäßige Dehnung und Verschleiß durch Gleitbewegungen lassen sich durch ein gemeinsames Hilfsmittel merklich reduzieren, nämlich durch die Gegenwart von Druckeigenspannungen. Wie dabei die Druckeigenspannungen zustande gekommen sind, ist in jedem Falle für den Grad der Wirksamkeit ohne Bedeutung. Diese Frage tritt lediglich bei der wirtschaftlichen Auswertung in Erscheinung.

Die Druckeigenspannungen können bekanntlich durch Autofrettagen, Schrumpfung, Nitrierung oder Einsatzhärtung erzeugt werden. In allen Fällen läßt sich eine bedeutende Steigerung der zugelastischen Fließgrenze erzielen.

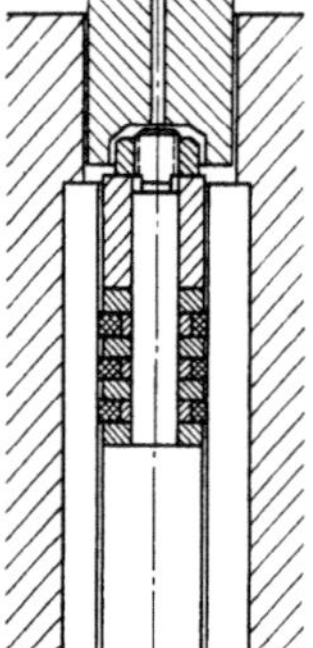

Abb. 27. Zylinderbüchse und Plunger eines ICI-Verdichters (Engl. Patent) mit eingeschrumpfter Hartmetallbüchse – Betriebsdruck 2000 atü.

d) Ein interessantes und zugleich sehr wirksames Verfahren ist die Schrumpfung von zwei Zylindern, wobei der Innenzylinder in der Lauffläche für den Plunger nitriert ist.

e) Ein sogenannter „exotischer“ Werkstoff wird in den Britischen Patenten 731271 bis 731274 von 1955 der Imperial Chemical Ind., Ltd., England (ICI) angewandt. Der ICI-Entwurf ist schematisch in Abb. 27 wiedergegeben und veranschaulicht eine Hartmetallaufbüchse, die in einen dickwandigen Hohlzylinder eingeschrumpft ist. Zur Schrumpfung wird der dickwandige Zylinder auf 300 °C erwärmt, wonach man die Hartmetallbüchse eindrückt. Beim Erkalten bilden sich die vorteilhaften Druckeigenspannungen aus.

Diese Konstruktion hat den besonderen Vorteil, neben den Druckeigenspannungen noch besonders günstig niedrigen Gleit- bzw. Reibwiderstand für den Plunger aufzuweisen. Nach Berichten in der Literatur ist ein Zusatzverdichter, der mit solchen Büchsen ausgerüstet war, bei einer Verdichtung von 1000 auf 2000 atü ein ganzes Jahr ununterbrochen gelaufen ohne jegliche Störung.

Nach H. Tongue [*2*] gleitet der Plunger mit hinreichendem Spiel in der Bohrung der Laufbüchse. Die Packung bzw. Abdichtung gegen den Verdichtungsraum wird auf das Plungerende aufgeschraubt und führt mit dem Plunger die ganzen Gleitbewegungen aus.

f) Einer der entscheidendsten Faktoren für hohe Lebensdauer der Laufbüchse bei extremen Innendruckbeanspruchungen ist die Anwendung einer durchgehenden Bohrung ohne Änderung des Querschnittes über die ganze Länge der Laufbüchse im Hochdruckbereich. Diese Maßnahme ist klar zu sehen in der Laufbüchse der Hartmetallbüchse der Abb. 27. Querschnittsübergänge jeglicher Art, besonders drastische Übergänge, in Zonen, wo die höchste Verdichtung stattfindet, müssen unter allen Umständen vermieden werden. Diese Übergänge führen zum Versagen der Zylinder infolge Ermüdung, weil sich bei der Inhomogenität der Wandung Spannungskonzentrationen bilden, die zu Haarrissen führen, die sich schließlich zum soliden Bruch erweitern. Diese Haarrißbildung wird um so stärker und gefährlicher, je größer die Spannungsausschläge zwischen dem Saug- und dem Druckhub sind.

Lassen sich aber Querschnittsveränderungen mit krassen Übergängen nicht vermeiden, so sollte man diese dort anbringen, wo niedrige Anstrengungen in der Wand herrschen. Dies trifft für diejenigen Zonen der Laufbüchse zu, wo die Packungen zur Plungerabdichtung eingebaut sind.

Eine einfache Lösung dieses Problems kann damit erreicht werden, daß sich die unvermeidlichen Übergänge auf mehrere Einzelteile verteilen, von denen jedes einen einzigen Querschnitt aufweist. Man muß lediglich darauf bedacht sein, daß die Teile leicht ausgebaut und einfach ersetzt werden können, was ebenfalls der Abb. 27 entnommen werden kann.

g) Das am meisten gefährdete Maschinenteil ist der Zylinderkopf, weil dieser bei hohen Spannungsamplituden einmal die gemeinsame zentrale Bohrung für den Plungerauslauf und außerdem die Bohrungen für Ansaugung und Druckleitung enthalten muß mit den erforderlichen Ventilanordnungen am Ende. Der Zylinderkopf erfährt damit die ungünstigsten Anforderungen für die gesamte Maschine. Die praktische Erfahrung hat bewiesen, daß dieser Teil praktisch am meisten versagt hat.

Dies soll am besten an einigen Beispielen erläutert werden:

Die ungünstigste Form ist dann gegeben, wenn Laufbüchse und Zylinderkopf bei sehr hohen Verdichtungsenddrücken aus einem einzigen Stück bestehen, wie es z. B. in der Darstellung der Abb. 28a gezeigt wird. Dieser Zylinder weist eine ganze Anzahl krasser Querschnittsübergänge auf mit

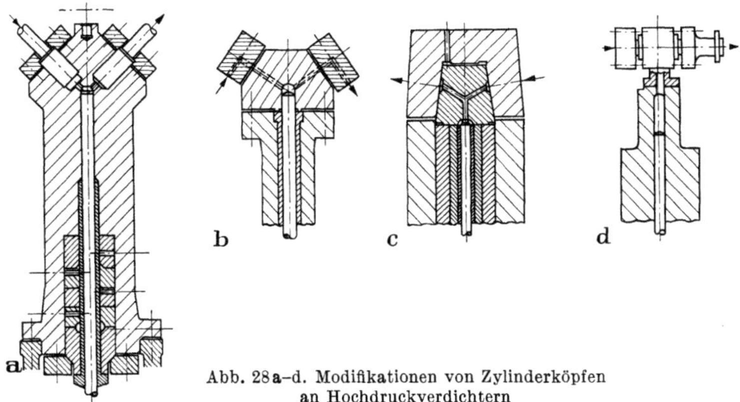

Abb. 28a–d. Modifikationen von Zylinderköpfen an Hochdruckverdichtern

Verbindungen zur Saug- und Druckseite sowie den Bohrungen für die Stiftschrauben für die Flanschen der Verbindungsleitungen.

Diese Geometrie enthält eine Fülle von Zentren für Spannungskonzentrationen, und ein Versagen wird um so früher zu erwarten sein, je größer die Druckunterschiede zwischen der Saug- und der Druckseite sind. Sieht man davon ab, daß im Falle einer Notwendigkeit der Bearbeitung der Plungergleitflächen mit der Laufbüchse die ganze Maschine zerlegt werden muß, besteht die Tatsache, daß beim Versagen des Zylinderkopfes durch Ermüdungsbruch im Bereich der Ventilbohrungen praktisch die gesamte Maschine erneuert werden muß.

In Abb. 28b ist diese Trennung zwischen Laufbüchse und Zylinderkopf vollzogen. Die Gefahrenzone ist in einzelne Abschnitte aufgeteilt, die man dann im Versagensfalle auf einfache Weise auswechseln kann. Die Konstruktion ist bereits wesentlich vereinfacht und gestattet leichte Zugänglichkeit aller Teile. Die Blöcke im Zylinderkopf zur Unterbringung der Verbindungsleitungen der Ventilanschlüsse dagegen sind ungünstig.

Eine Trennung des Zylinderkopfes von den direkten Ventilsitzen und deren Anschlußleitungen, wie es in Abb. 28c erfolgt ist, bringt gegenüber Abb. 28b eine weitere Verbesserung. Dieser Vorschlag weist aber den Nachteil eines ziemlich massiven Kopfstückes auf, das sich nur über ein großes Formstück schmieden läßt.

In Abb. 28d dürfte der beste Vorschlag zu sehen sein in der Form eines relativ einfachen T-Stückes, das koaxial zum Zylinder angeordnet, ohne große Kosten hergestellt und im Falle eines Versagens auch rasch erneuert werden kann.

Die Spannungen in Gegenwart mehrerer Konzentrationszentren lassen sich auf rechnerischem Wege für derartige komplizierte Formstücke nicht ermitteln. Es empfiehlt sich daher, zu deren Ermittlung die bekannten Verfahren der Spannungsoptik anzuwenden, die hier wichtige Anhaltspunkte zur Aufstellung einer so dringend benötigten Rechnungsmethode liefern dürfte zur Voraussage möglicher Ermüdungsbrüche an Hand der Zylindergeometrie und der Wandungsanstrengungen.

h) Die Befestigung des Plungers im Kreuzkopf ist dann einwandfrei, wenn der Plungerkopf mit einer Kugelfläche versehen wird, wie aus Abb. 29 hervorgeht. Damit wird erreicht, daß der Plunger „flotierend“ angeordnet ist und genügend Spielraum hat, innerhalb seiner pulsierenden Bewegungen der geradlinigen Ausrichtung der Zylinderbüchsen zu gehorchen, selbst im Falle geringfügiger Abweichungen in der Präzision der Kreuzkopfgleitbahnen. Wie die Pfeile andeuten, drückt eine Komponente stets in axialer Richtung, wenn die Kugelfläche an der richtigen Stelle angebracht ist. Die Lebensdauer von Plunger und Packung werden zu einem wesentlichen Teil von der geradlinigen Ausrichtung des Plungers in der Gleitrichtung beeinflußt. Die „schwimmende“ Selbstausrichtung des Plungers, wie es in Abb. 29 angedeutet ist, gibt die beste Möglichkeit, den Plunger einwandfrei ohne Querbeanspruchung in der Laufbüchse zu bewegen.

i) Bei den extremen Druckbeanspruchungen bei hoher Verdichtung entstehen Kräfte auf den Plunger, die ihn zu knicken versuchen. Es ist daher von entscheidender Bedeutung, welcher Konstruktionswerkstoff für die Herstellung des Plungers gewählt wird. Man hat neuerdings Versuche mit Hartmetallplungern von der Betriebsseite her gemacht. Diesem Versuch liegt die Idee zugrunde, den hohen Elastizitätsmodul von Hartmetall auszunützen, der ein Mehrfaches des E-Moduls von Stahl beträgt.

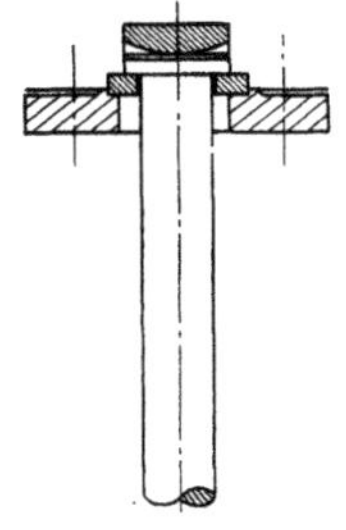

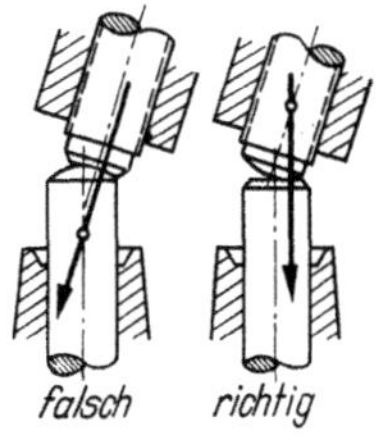


Abb. 29. Anordnung des Plungers im Kreuzkopf. Richtige Anordnung gewährleistet einwandfreie axiale Beanspruchung

Hartmetall besitzt zwar einen enormen Knickwiderstand, ist aber gegen Biegung oder Zug sehr bruchempfindlich. Entscheidend ist hier allein die Frage der Wirtschaftlichkeit. Weitaus besser ist die umgekehrte Lösung mit Hartmetallbüchsen, zu der man jetzt allgemein überzugehen scheint.

Es besteht kein Zweifel, daß ein Plunger mit nitrierter Oberfläche hervorragende Laufeigenschaften besitzt, zumal die Oberfläche glashart gemacht werden kann, mit Druckeigenspannungen versehen, die ideale Voraussetzungen für hohen Gleitwiderstand bieten. Bei optimaler Nitriertiefe von maximal 0,4–0,5 mm bleibt die Schicht elastisch genug, eventuellen Verformungen des Plungers zu folgen, ohne durch Haarrißbildung schadhaft zu werden. Dabei besteht kein Verhältnis zwischen der Gefahr der Rißbildung in der Nitrierschicht zur Bruchempfindlichkeit des Hartmetallplungers bei Biegung oder Zug, wenn man vom Anschaffungspreis ganz abzusehen geneigt ist.

Plunger mit Hartmetalloberfläche, die durch das Flammspritzverfahren auf den Stahluntergrund aufgebracht ist, haben sich gut bewährt. Die Schicht, die maximal 0,002 Zoll (0,05 mm) beträgt, verhält sich ähnlich wie eine hauchdünne Nitrierschicht, doch steht der Preis in keinem Verhältnis zu dem einfachen und billigen Nitrierplunger.

k) Bei großen und schweren Laufbüchsen bereitet die Ausrichtung für geradlinige Führung des Plungers beträchtliche Schwierigkeiten. Hier kann man sich mit genauen Meßmethoden mittels Dehnungsmeßstreifen für die Befestigungsschrauben helfen, um gleichmäßiges Anziehen für alle Schrauben der Büchse zu erreichen.

l) Bezüglich der Packung und der Schmierölversorgung der Plunger wird auf ein späteres Kapitel verwiesen. Man hat jedoch darauf zu achten, daß die Anordnung der Packungselemente so geschieht, daß sie für den Plunger als flotierendes Zwischenlager dienen können. Damit wird die Knickgefahr bei hohem Schlankheitsgrad des Plungers wesentlich herabgesetzt.

m) Der Wirkungsgrad des Verdichters spielt eine weitaus entscheidendere Rolle, als es auf den ersten Blick erscheinen mag. Um diesen Einfluß näher zu erläutern, möge ein Beispiel gewählt werden.

Es sei ein Verdichter gewählt, für dessen Antrieb ein 1000-kW-Motor gebraucht wird. Setzt man die durchschnittliche Arbeitszeit für die Produktion mit 8000 Stunden im Jahr an und nimmt einen Preis von 0,05 DM je kW für Stromverbrauch an, so fallen für den Betrieb des Verdichters allein an Stromkosten $1000 \times 8000 \times 0{,}05 = 400000$ DM an, die aufgebracht werden müssen, um den Kompressor zu betreiben. Nimmt man einen Anschaffungspreis von 250–300 DM/kW an, so wird man erkennen, daß die Stromkosten für den Antrieb den Anschaffungspreis des Verdichters allein in spätestens 8 Monaten überschreitet. In weniger als $1^1/_2$ Jahren wird auf diese Weise der Gesamtpreis der Anlage mit Motor, Fundament und Montage überschritten.

Wenn man diese Zahlen näher betrachtet, so wird man erkennen, wie offensichtlich der Kraftbedarf vom Wirkungsgrad abhängt. Es wird außerdem augenscheinlich, daß der Konstrukteur jeden erdenklichen Weg beschreiten muß, die letzte mögliche Maßnahme zu ergreifen, die Energiekosten der Maschine zu senken. Dies aber kann entscheidend durch Verbesserung des Wirkungsgrades erreicht werden.

n) Die Dimensionierung der Ventile steht in engem Zusammenhange mit dem sog. $C_v$-Faktor, der den funktionalen Zusammenhang zwischen der Reynoldsschen Zahl, der Strömungsgeschwindigkeit und der kinematischen Zähigkeit angibt. Die Pumpen- und Verdichterhersteller sowie die Hersteller von Armaturen können $C_v$-Werte als maßgebende Größe für Strömungswiderstände angeben.

Der Widerstandsbeiwert der Ventile ändert sich mit dem Druck und der Temperatur, wie sich aus ihrem Funktionszusammenhang ableiten läßt. Hier läßt sich die Bedeutung der Kenntnis der $pVT$-Verhältnisse der zu fördernden Medien erkennen, um den optimalen Liefergrad zu ermitteln. Die strömungsgerechte Dimensionierung der Durchflußquerschnitte trägt wesentlich zur Beeinflussung des Liefergrades bei.

o) Ähnliche Betrachtungen müssen auch für die Rohrleitungen zwischen den Stufen und den Zwischenstufenkühlern angestellt werden hinsichtlich der Erfassung der möglichen Strömungsverluste. Diese Einzelsysteme zwischen den jeweiligen Stufen müssen so ausgelegt werden, daß Mindestdruckverluste erwartet werden können, da ja der Druckverlust einen entscheidenden Einfluß auf den Liefergrad ausübt. Es kommt ferner hinzu, daß die Gasmengen in diesen Einzelsystemen beim Öffnen der Ventile jedesmal beschleunigt werden müssen, und die Beschleunigungskräfte auf Kosten der Strömungsenergie bereitgestellt werden müssen. was ebenfalls nur durch Verluste im Liefergrad möglich wird.

p) Das $pVT$-Verhalten spielt auch bei der Behandlung der Sicherheitsventile eine bedeutende Rolle, da sie bei falscher Berechnung der $pVT$-Einflüsse entweder zu früh oder zu spät ansprechen können. Diese Unsicherheit läßt sich durch Bereitstellung geeigneter Zuschalträume beseitigen.

### 5. Zusammenfassung

Von der Vielzahl der Konstruktionsrichtlinien, die für den Entwurf von Hochdruckverdichtern von entscheidender Bedeutung sind, seien nachfolgend zur Betonung die wichtigsten Punkte noch einmal zusammengefaßt:

a) Die Verdichter in Syntheseverfahren der chemischen Hochdrucktechnik sind individuelle Konstruktionen, die in Gaszusammensetzung, Förderleistung und Verdichtungsenddruck auf ein ganz bestimmtes Verfahren mit vorgegebener Produktionskapazität abgestimmt sind. Es ist üblich, eher die Produktionskapazität auf den Verdichter abzustimmen als umgekehrt.

b) Die Einhaltung sämtlicher Konstruktionsrichtlinien ist von großer Wichtigkeit. Abweichungen können Liefergrad, Verdichtungsenddruck und Lebensdauer so beeinflussen, daß das Produktionsziel nicht erreicht wird. Bei der Höhe des wirtschaftlichen Wertes, der hier auf dem Spiele steht, kann sich der Hochdrucktechniker nur wenig Spielraum für Variationen einräumen.

c) Bezüglich der Größe eines Projektes spielt der Wirkungsgrad vielleicht die bedeutendste Rolle, da Verbesserungen von 1–2 % bereits den Anschaffungspreis der Anlage innerhalb kurzer Zeiträume bedeuten kann.

d) Von der Konstruktionsseite her bedarf die Geometrie der Bohrung der Hochdruckzylinder großer Beachtung. Bohrungen ohne Querschnittsänderungen gewährleisten optimale Lebensdauer. Beste Erfahrungen werden mit geschrumpften Hartmetallbüchsen gemacht.

Unterteilungen des Zylinderkopfes sind unumgänglich für lange Lebensdauer.

e) Koaxiale Anordnung der Ventile im Zylinderkopf ist ein lebenswichtiger Faktor im Interesse optimaler Lebensdauer. Schrumpfkonstruktionen haben sich bestens bewährt, auch für Zylinderköpfe.

Bei Berücksichtigung aller erforderlichen Konstruktions- und Betriebsregeln ist es möglich geworden, daß heute Verdichter bis zu 3000 atü mit enormen Förderleistungen hergestellt und im Produktionsbetrieb mit

Erfolg eingesetzt werden. Man kann ohne Übertreibung die Feststellung treffen, daß Verdichter für solche Leistungen keine technischen Probleme mehr bedeuten.

Hinsichtlich Abdichtung und Schmierung gegen sehr hohen Verdichtungsenddruck wird in einem späteren Kapitel berichtet.

## III. Multiplikatoren - Intensifiers

In Abschn. II wird gezeigt, daß Kompressoren schlechthin für die Verdichtung von Gasen oder Gasgemischen verwendet werden. Es wird ferner gezeigt, daß bei der Verdichtung von Gasen thermodynamische Gesetze befolgt werden müssen, wenn man wirtschaftlich arbeiten will. An Hand dieser wichtigsten Grundregeln ist es vorteilhaft, die Verdichtung stufenweise vorzunehmen, wobei die Stufenzahl vom $pVT$-Verhalten des Fördermediums bestimmt wird, und die Endtemperatur die letztlich bestimmende Größe ist. Es wird auch darauf hingewiesen, daß die meisten Gase der Industrie vom idealen Zustand abweichen, so daß bei Drücken über 800 atü diese Gase mit zunehmendem Druck sich mehr einer Flüssigkeit nähern. Deshalb kann die Erzeugung des gewünschten Enddruckes für die meisten Gase ohne Schwierigkeit in einer Stufe erfolgen. Dies stellt dann die technische Grenze dar, wo man nicht mehr von Kompressoren, sondern von Intensifiern spricht, wobei der international geläufige Ausdruck für Multiplikatoren entschuldigt werden möge.

### A. Wirkungsweise der Multiplikatoren

Multiplikatoren arbeiten nach dem Prinzip von Flüssigkeitspreßpumpen bei der Verdichtung von sog. „Flüssiggasen" wenn man den in der Literatur oft gebrauchten englischen Ausdruck für fluid übersetzen will. Das $pVT$-Verhalten der Flüssiggase macht die Anwendung von Zwischenstufen mit den zugehörigen Zwischenkühlern überflüssig.

Mechanisch-technologisch besteht aber ein bedeutender Unterschied zwischen Verdichtern und Multiplikatoren. Letztere haben als Antrieb einen hydraulischen Niederdruckzylinder mit großer Kolbenfläche. Beide Seiten des Kolbens arbeiten über ein Gestänge auf Kreuzkopfführungen an denen die Plunger der Multiplikatoren befestigt sind. Das Schema der Abb. 30 veranschaulicht das Prinzip der Anordnung. Ein Kolben großer

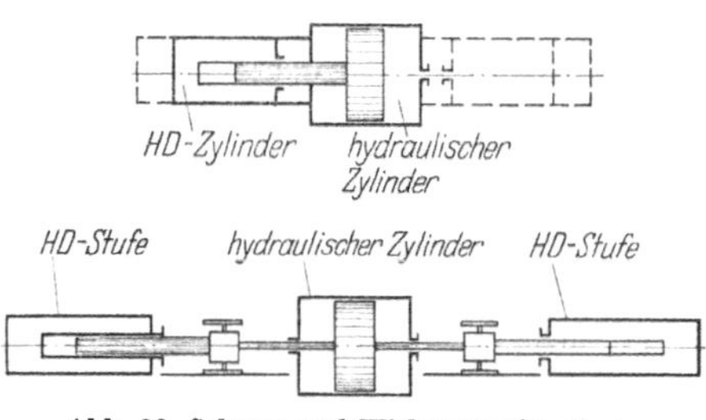

Abb. 30. Schema und Wirkungsweise eines Multiplikators

Oberfläche wird von hydraulischer Flüssigkeit (meist Öl) mittleren Drukkes angetrieben. Die entwickelte Antriebskraft wird auf einen Plunger von kleinem Durchmesser übertragen, und zwar so, daß das algebraische Produkt aus der Fläche des Niederdruckkolbens und der Maßzahl des Öldruckes gleich sein muß dem Produkt: Plungerfläche × Plungerdruck. Hieraus erklärt sich der Ausdruck Multiplikator, und es wird leicht verständlich, daß man mit dieser Maschine enorme Verdichtungsenddrücke erreichen kann.

Wie aus Abb. 30 zu ersehen ist, lassen sich viele Schaltschemas für einen Multiplikator verwirklichen. Eine Reihe von Anordnungen ist durch den Text angedeutet. Die ölhydraulische Kraft wird gewöhnlich von handelsüblichen Pumpen erzeugt, die in einem an sich geschlossenen Steuerungssystem arbeiten, was in Abb. 30 jedoch nicht zu sehen ist. Die Steuerung selbst erfolgt mittels beliebig einstellbarer Steuerventile. Multiplikatoren sind praktisch genommen diejenigen Verdichtungseinrichtungen, die man einsetzen muß, um zu extremen Drücken zu gelangen, wofür man im allgemeinen normale Kompressoren nicht verwendet, zumindest nicht innerhalb wirtschaftlicher Grenzen. In vielen Fällen ist es schwer, klare Unterscheidungen zu treffen, zumal es sich in diesen Grenzgebieten um Flüssigkeiten handelt, die man ohnedies mit Kompressoren nicht verdichten kann. Dies ist einer der Gründe, warum für Laboratoriumsbetriebe für Versuche auf dem Höchstdruckgebiete ausschließlich nur Multiplikatoren in Gebrauch sind.

Die Konstruktion von Multiplikatoren ist verhältnismäßig einfach. Für Laufbüchsen und Plunger gelten die gleichen Konstruktionsregeln wie für Höchstdruckverdichter, lediglich noch in erhöhtem Maße.

Ein entscheidender Unterschied besteht in der beträchtlich verringerten Plungergeschwindigkeit im Vergleich zu Gasverdichtern. Man baut solche Multiplikatoren mit 6–10 Hüben/min. Demzufolge erhöht sich die Lebensdauer der lebenswichtigen Teile entsprechend, bezogen auf Zylinder gleichen Innendurchmessers und gleichem Verdichtungsenddruck des Verdichters.

Der Antrieb solcher Systeme besteht aus handelsüblichen Druckpumpen. Für den Entwurf geht man von der Pumpenleistung mit Enddruck und Fördermenge aus und bestimmt dann den erforderlichen Durchmesser des Antriebskolbens auf der Niederdruckseite. Da schmierfähige hydraulische Flüssigkeiten für den Antrieb gewählt werden können, treten Probleme weder bei der Konstruktion noch beim Betriebe auf.

## B. Ausführungsbeispiele von Multiplikatoren

Multiplikatoren sind in allen Größen und Druckstufen in der chemischen Hochdrucktechnik vorhanden. Sie stellen in kleineren Ausführungen ein ideales Werkzeug zur Druckprüfung von Hochdruckapparaten, Rohrleitungen und Armaturen dar, die vor dem industriellen Einsatz auf Festigkeit, Dichtheit und Lebensdauer geprüft werden. Maschinen dieses Typs bestehen in vielgestaltigen Ausführungen für Enddrücke bis zu 15000 atü und darüber. Der Verfasser hat mit solchen Testmaschinen ganze Serien von Armaturen und Formstücken für Hochdruckanlagen geprüft, um die bekannte Wöhler-Kurve für Belastung als Funktion der Lastspiele zu ermitteln. Bei den erwähnten Versuchen handelte es sich um Drücke von 2500 bis zu 3000 atü mit 30–60 Wechseln/min.

Der Multiplikator, über den W. Raeithel [*3*] berichtet, wurde vom Verfasser zur Dichteprüfung von Hochdruckarmaturen gefahren. Der mittlere Betriebsdruck war auf 5000 atü ausgelegt. Zum Antrieb wurden Handpreßpumpen benützt. Die Maschine ist im Querschnitt in Abb. 31 wiedergegeben. Der Zylinder ist ein Schrumpfkörper. Als hydraulische Flüssigkeit diente Mineralöl. Die Maschine arbeitete sehr befriedigend.

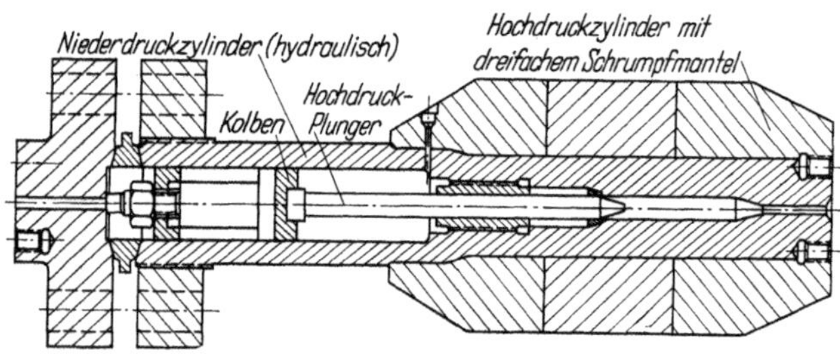


Abb. 31. Multiplikator für Versuchszwecke zum Abpressen von Apparaten bei 4000 atü. (Nach Raeithel)

Ein klassisches Beispiel für einen Multiplikator großen Stiles ist in der Kohlebreipresse der Benzinhydrierung gegeben. Die Maschine ist in vielen Ausführungen in allen deutschen Hydrierwerken in Betrieb und hat sich in jahrzehntelanger Betriebsarbeit ausgezeichnet bewährt. Einzelheiten über das Arbeitsprinzip werden von B. A. Korndorf [*4*] beschrieben.

Ausschnitte über einen Querschnitt eines Multiplikators, der für 4000 atü vom Verfasser gebaut und betrieben wurde, werden in Abb. 32 gezeigt.

Für die Verdichtung von Medien, die auf einen Druck von über 5000 atü gebracht werden sollen, dürfte kaum eine andere Maschine in Frage kommen als der Multiplikator. Auf dem Gebiete der Forschung ganz allgemein, wo die Drücke nach oben praktisch keine Grenze haben, kommen ausschließlich nur Multiplikatoren zur Anwendung. Für die Konstruktion der Laufbüchsen und der Plunger gelten dieselben Richtlinien, wie für Kompressoren angedeutet ist.

Im Zusammenhange mit Multiplikatoren sei noch auf eine elegante Methode der Druckerzeugung hingewiesen, deren sich der Verfasser stets gerne bediente, wenn es sich um sehr hohe Drücke handelte, für deren Erzeugung die Anschaffung eines Kompressors oder Intensifiers zu kostspielig war. Im Rahmen von Versuchsarbeiten kommt es gelegentlich vor, daß man kurzfristig hohe Drücke braucht, sei es für eine Reaktion selbst oder

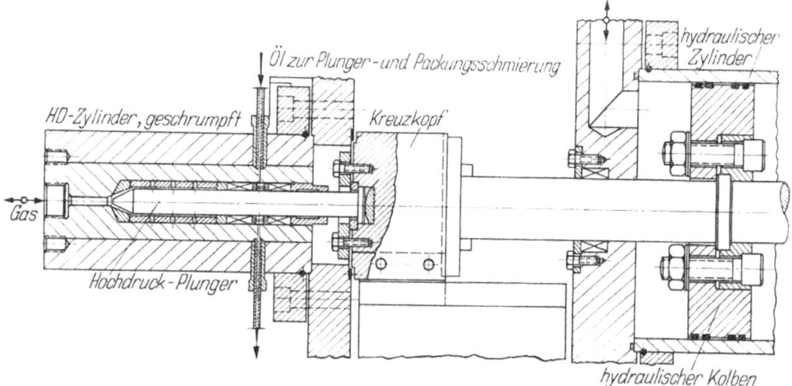


Abb. 32. Teilansicht eines Multiplikators für Flüssiggase für 4000 atü Verdichtungsdruck

sei es zur Dichte- und Festigkeitsprüfung der betreffenden Apparatur. Zur Dichteprüfung sollten Gase verwendet werden, gleichgültig wie hoch das Druckniveau auch sein soll. Zur Festigkeitsprüfung genügt Wasser, oder geeignete hydraulische Flüssigkeiten.

In Ermangelung eines Kompressors benützt man einen Testmultiplikator für hydraulische Druckprüfungen, über den ein gut ausgerüstetes Hochdrucklabor verfügen müßte. Außer dem Testmultiplikator muß ein bestimmter Hochdruckraum in Form eines HD-Rohres oder eines Reaktors zur Verfügung stehen, der zumindest für den Druck zugelassen sein muß, den man zu erzielen wünscht. Man füllt nun den Hochdruckhohlkörper mit einem oder dem Gas, das man benützen bzw. auf hohen Duck bringen will. Wünscht man beispielsweise, eine vorhandene Apparatur mit 6000 atü abzupressen und hat einen Multiplikator für 10000 atü verfügbar, so füllt man den besagten Druckraum mit Flaschenstickstoff, den man auf etwa 150 atü ohne Schwierigkeit zu bringen vermag. Nun preßt man die hydraulische Multiplikatorflüssigkeit gegen den Stickstoff, dessen Druck dabei stetig ansteigt nach Maßgabe des Pumpvorganges durch den Multiplikator. Voraussetzung ist natürlich, daß der Stickstoff sich nicht in der hydraulischen Flüssigkeit übermäßig mit steigendem Druck löst.

Wird das verdichtete Gas für Reaktionen gebraucht, so verfährt man in ähnlicher Weise unter Berücksichtigung der Gaslöslichkeit.

Das Schema dieses Verfahrens ist in Abb. 33 gezeigt für die Anwendung von Stickstoff für Abnahmeprüfungen unter extremen Drücken. Die Apparatur wurde in der gezeigten Anordnung vom Verfasser für Teste bei 6000–7000 atü eingesetzt, wobei sehr gute Erfahrungen gemacht wurden.

Multiplikatoren sind in Gebrauch, die Drücke bis zu 1 Million atü erzeugen können. Solche Drücke werden nur einmalig und nicht kontinuierlich erzielt. Eine Nachbearbeitung der maßgeblichen Maschinenteile wird hierbei jedesmal erforderlich.

Was die technische Entwicklung von Multiplikatoren angeht, so möge an dieser Stelle besonders darauf hingewiesen werden, daß P W. Bridgman [5] entscheidende Beiträge zu deren Verbesserung geleistet hat. Die Hochdrucktechnik verdankt seiner schöpferischen Tätigkeit viele grundlegende Erkenntnisse. Im Zusammenhange mit Multiplikatoren sei ein Bridgman-Vorschlag beschrieben, mit dessen Hilfe es möglich war, einen Zylinder mit 20000 atü zu belasten, ohne daß Schaden eingetreten war. Der Gedankengang geht aus der schematischen Darstellung von Abb. 32 hervor. Unter Verwendung konventioneller Mittel kann ein Vollwandzylinder mit solchen Innendrücken nicht belastet werden. Bridgman verwendet eine starke Platte und bohrt ein konisches Loch, in welches der Zylinder eingepaßt wird. Der Zylinder hat somit keine Möglichkeit, sich auszudehnen, ohne die Platte mit zu verformen. Bridgman erzielte mit dieser Vorrichtung 50000 atü Innendruck, ohne daß der Zylinder zu Bruch ging.

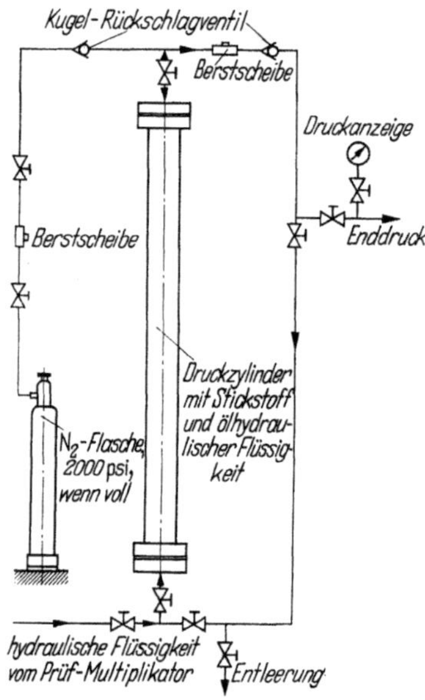


Abb. 33. Schema einer Anlage zur Verdichtung von Gasen auf hohe Drücke mittels Multiplikator

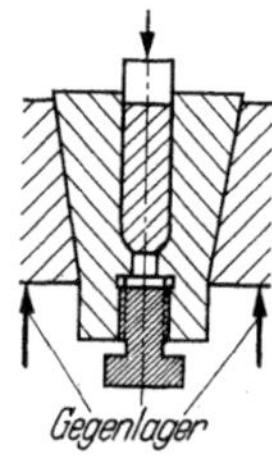


Abb. 33a. Schema eines Versuchszylinders nach Bridgman zur Erzeugung eines Druckes von 20000 atü

## C. Praktische Anwendungsmöglichkeiten für extreme Innendrücke

Man begegnet oft der Frage, was mit exotischen Druckaufwendungen praktisch erreicht werden kann. Hierzu ist zu sagen, daß zunächst allgemein wissenschaftliches Interesse im Rahmen der Forschung besteht. Die Wissenschaft ist immer bestrebt, die Grenzen des Möglichen zu erweitern. Auf der anderen Seite aber werden vielfach physikalische Eigenschaften unter extremen Bedingungen benötigt, die meist nicht zur Verfügung stehen. Man ist bestrebt, die physikalisch-chemischen Konstanten zu bestimmen unter dem Einfluß hoher Drücke, überkritische Eigenschaften, $pVT$-Verhalten, Kompressibilität, Viskosität, Wärmeübergang, Wärmeleitfähigkeit, Verflüssigung und Verfestigung in Abhängigkeit vom Druck, um die wichtigsten anzuführen.

Extreme Drücke verursachen Verformungen der Atome und Moleküle der Materie, die zu beträchtlichen Veränderungen ihrer ursprünglichen Eigenschaften führen können. So ist es z. B. möglich, Moleküle bei Raumtemperatur zu deformieren unter Drücken, die kaum über 5000 atü liegen. Mit 6500 atü gelingt es bereits, Moleküle organischer Flüssigkeiten zu verformen. Die infolge der Druckanwendung entstehenden Veränderungen der Stoffeigenschaften eröffnet ein vollkommen neues Feld technologischen Interesses für Wissenschaft und Industrie zugleich.

Bei einem Druck von 12000 atü und einer Temperatur von 200 °C verwandelt sich weißer in schwarzen Phosphor, wobei sich seine Dichte um 45 % steigert. In dieser Form ist Phosphor nahezu metallisch, während weißer Phosphor typisch metalloid bleibt. Man erzielt die gleiche Veränderung bei Raumtemperatur und $36 \times 10^3$ atü Druck.

Durch geeignete Drucksteigerung ist es sogar möglich, die Ammoniaksynthese ohne Katalysator in Gang zu bringen unter Erzielung merklicher Umsätze, wenn man den Reaktionsdruck auf 5000 atü steigert.

Viele Substanzen unterliegen reversiblen Phasenveränderungen, wenn sie unter hohen Druck gesetzt werden, wie beispielsweise Quecksilber, Kalzium, Barium u.a.m.

Setzt man Quecksilber bei 0 °C unter einen Druck von 7500 atü, so verfestigt es sich. Bei einem Druck von 11300 atü und 25 °C bildet Wasser die interessante Form Eis VI. Dieser Vorgang ist bei sehr vielen Mineralölen der Grund, daß sie unter extremen Druckeinflüssen ihre Schmierfähigkeit einbüßen. Steigert man den Druck auf $15 \times 10^3$ atü und erhöht die Temperatur auf 45 °C, so stellt sich die gleiche Wirkung ein. Aus Erfahrung kann man allgemein feststellen, daß der Druck von 15000 atü die oberste Grenze für Vollwandzylinder bezüglich Innendruck darstellt. Für höhere Drücke muß Mehrlagenbauart angewandt werden unter Benützung besonderer Werkstoffe. Hinsichtlich der Plunger kann man sagen, daß die höchste Belastungsgrenze bei $20 \times 10^3$ atü liegen dürfte. Belastungen über 20000 atü lassen sich nur noch mit Hartmetallplungern erreichen.

Setzt man Methanol bei 25 °C unter 50000 atü Druck, so wird es fest. Diesen Druck kann man allgemein als obere Grenze dafür ansehen, wo noch Flüssig-Phasen-Phänomene untersucht werden können. Nahezu alle Flüssigkeiten verfestigen sich schon unterhalb dieser Druckgrenze.

Diamanten lassen sich bei 2500 °C unter einem Reaktionsdruck von 85000 atü herstellen.

Für die Mikrobiologie eröffnen sich mit hohen Drücken, besonders oberhalb 6000 atü völlig neue Gebiete. Die meisten Bakterien gehen bei 6000 atü Druck zugrunde. Bei diesem Druck ließe sich beispielsweise die Konservierung von Lebensmitteln vornehmen, ohne daß hierbei der Geschmack beeinflußt wird.

Diese wenigen Beispiele haben gezeigt, welche Möglichkeiten der Forschung geöffnet werden durch die Anwendung hoher Drücke. Die Erfahrungen, die bei solchen Versuchen gemacht werden, sind oft richtungsweisend für neue Wege der Forschung.

In der heutigen Zeit sind Drücke von 3000 atü in technischen Produktionsanlagen durchaus beherrschbar. Anlagen für Drücke über 3000 atü stehen noch im Stadium der Entwicklung, auch dann, wenn verschiedentlich die Grenze merklich überschritten wird. Leider ist dieses Gebiet der chemischen Technologie noch immer die Sphäre einiger weniger Spezialisten.

## IV. Gasumwälzsysteme für Reaktionen mit Kreislauf

Die Umwälzung des Kreisgases von Synthesereaktionen, die fast durchweg mit niedrigem Umsatz verlaufen, geschieht in den meisten Fällen durch mechanische Pumpen. Im Grunde genommen ist es gleichgültig, nach welchem Prinzip die Umwälzung des Kreisgases vorgenommen wird, solange die technologischen Voraussetzungen für den Reaktionsablauf gewahrt bleiben. Die Wahl des Umwälzsystems ist dann lediglich eine Frage wirtschaftlicher Erwägungen.

Das Prinzip der Gasumwälzung besteht darin, die nichtumgesetzten Gasmengen, die den Reaktionsraum verlassen und in den Hochdruckabscheidern vom Reaktionsprodukt getrennt werden, wieder dem Reaktionsraum zuzuführen. Während des Durchlaufens der verschiedenen Trennungsorgane sowie Reinigungssysteme erleidet das Gas einen unvermeidlichen Druckabfall, der je nach Verfahren und Anlage bzw. Fahrweise, bis zu 50 atm Druckunterschied erreichen kann. Dieser Unterschied muß durch mechanische Hilfsmittel überwunden werden, um das Druckniveau für den Reaktionsbehälter wiederherzustellen.

Man hat nun zwei Wege, das Gas zum Reaktionsraum zurückzubringen. Der eine Weg besteht darin, eine Gasumlaufpumpe einzusetzen, während die zweite Methode darin bestehen könnte, das Gas zur Trennung vom Reaktionsprodukt völlig oder stufenweise zu entspannen, um dann durch einen Verdichter auf die Höhe des Reaktionsdruckes gebracht zu werden. Die Wahl des Verfahrens wird aussschließlich von wirtschaftlichen Erwägungen bestimmt. Es besteht jedoch kein Zweifel darüber, daß der Weg über die Gasumlaufpumpe der billigere ist.

Als Umwälzvorrichtung bedient man sich in den meisten Fällen der Kolbenpumpen. Weniger gebräuchlich sind die Turbogebläse. Beim Casale-Verfahren der Ammoniaksynthese benützt man sogar einen Injektor, der nach dem Düsenprinzip die Gasumwälzung bewerkstelligt. Die Wahl des geeigneten Verfahrens für die Gasumwälzung hängt ab vom absoluten Druckspiegel und von der zu überwindenden Druckdifferenz.

## A. Kolbenpumpen

In den meisten Hochdrucksyntheseanlagen wird zur Umwälzung der Kreisgasmengen die Kolbenpumpe eingesetzt. Man versteht grundsätzlich unter Kreisgasumwälzpumpe eigentlich einen Verdichter, der in einer Verdichtungsstufe eine verhältnismäßig niedrige Druckdifferenz überwinden muß, im allgemeinen aber für sehr große Förderleistungen gebaut wird.

Die Konstruktion der Gasumlaufpumpe nach dem Kolbenprinzip ist verhältnismäßig einfach im Vergleich zum Höchstdruckverdichter. Sie bereitet, technologisch gesehen, keine Schwierigkeiten. Die Pumpen werden meist mit Dampfmaschinen oder Synchronmotoren angetrieben. Die Regelung solcher Maschinen kann nicht durch Veränderung des toten Raumes vorgenommen werden, denn das Verhältnis zwischen Ansaugdruck und Verdichtungsenddruck ist nahezu gleich eins. Die Lieferung läßt sich somit nicht von der Größe des schädlichen Raumes beeinflussen. Man verwendet daher das Verfahren der Drehzahlregulierung, die beim Synchronmotor mit Phasenrotor durch einen Widerstand erfolgt, der in den Rotorstromkreis eingeschaltet wird. Es werden sehr oft Motoren verwendet, die auf verschiedenen Geschwindigkeitsstufen arbeiten können.

In Hochdruckanlagen der chemischen Industrie sind Gasumlaufpumpen nach dem Kolbenprinzip in allen Größen und Leistungen in Betrieb. In einigen deutschen Syntheseanlagen sind Pumpen mit 40000 $Nm^3/h$ Förderleistung für eine Druckdifferenz von 50 atm bei einem Ansaugdruck von 750–800 atü als Kreisgaspumpen im Einsatz. Die Pumpen arbeiten mit veränderlicher Drehzahl, die von 37 auf 125/min geregelt werden kann. Die Regulierung der Fördermenge geschieht durch Umgang von der Druckseite zur Saugseite. Die Ventile sind automatisch gesteuert. Die erreichbare Druckdifferenz läßt sich von wenigen Atmosphären auf 200 atm steigern.

Hier bleibt zu bemerken, daß die Förderleistung deswegen so groß sein muß, weil das gesamte Kreisgas über die Umlaufpumpe gefördert wird, während die Frischgasmenge, die über den Verdichter geliefert wird, nur einen geringen Anteil der Kreismenge ausmacht. Wie früher schon erwähnt, deckt der Kompressor den Verbrauch für Produkt und Abgas. Er braucht daher nur klein zu sein im Verhältnis zur Förderleistung der Kreisgaspumpe, solange der Umsatz verhältnismäßig niedrig ist, und ein Verfahren vorliegt, bei dem eine Entspannung des Kreisgases nicht vorgenommen wird. Damit hat die Kreisgaspumpe ein Vielfaches der Verdichterleistung zu bewältigen.

Mit Rücksicht auf ihre gewaltige stündliche Förderleistung werden Kreisgaskolbenpumpen durchweg in horizontaler Bauart geliefert.

## B. Kreiselpumpen für Kreisgasumwälzungen

Kreiselpumpen für die Förderung von Gasen, oder auch unter dem Begriff Turbogebläse bekannt, beruhen in ihrer Förderwirkung auf dem Prinzip der Fliehkraftausnützung, die das zirkulierende Gas in den schnellumlaufenden Schaufelrädern erfährt. Infolge des Fliehkrafteinflusses werden Geschwindigkeit und Druck des Gases erhöht. Beim Verlassen des Schaufelrades wird in einem Leitrad die hohe Austrittsgeschwindigkeit ebenfalls größtenteils in Druck umgesetzt. Da die Maschine mit Rücksicht auf das leichte Fördermedium mehrstufig sein muß, so wird das Gas durch Umlenkkanäle zur Nabe des anschließenden Laufrades gelenkt. Entsprechend den allgemein bekannten Gesetzen der Verdichtung der Gase bewirkt die Druckerhöhung eine entsprechende Erhöhung der Gastemperatur. Für diese Erhöhung der Temperatur gilt wiederum nach den Regeln der Verdichtung eine bestimmte zulässige oberste Temperaturgrenze, bei deren Überschreitung entweder das Gehäuse gekühlt werden muß, oder aber man leitet das Gas nach 3–4 Stufen über einen Zwischenstufenkühler, um eine Annäherung an den idealen Fall des isothermen Verdichtungsprozesses in wirtschaftlicher Weise zu erzielen, was zugleich auch unzulässige Wärmedehnungen im Gehäuse und den beweglichen Teilen der Maschine vermeidet.

Die Größe der zu erzielenden Fliehkraft hängt vom spezifischen Gewicht des Gases ab. Da aber die Gase der in der Hochdrucktechnik verwendeten Synthesen nur geringe spezifische Gewichte aufweisen, kann in einer einzigen Stufe nur ein verhältnismäßig niedriges Verdichtungsverhältnis erreicht werden. Dieses Druckverhältnis ist beispielsweise bei Luft als Fördermedium 1,3–1,4 je Stufe.

Was die Berechnungsverfahren von Turbogebläsen betrifft, so muß auf das einschlägige Schrifttum verwiesen werden. Eine eingehendere Behandlung würde den Rahmen dieses Kapitels überschreiten. Es sei lediglich darauf hingewiesen, daß große Ähnlichkeit mit dem Verfahren für Kreiselpumpen besteht.

Die theoretische Arbeit zur Verdichtung von 1 m$^3$ Gas bzw. der Energiebedarf je m$^3$/min gefördertes Gas ist nach den allgemeinen Gesetzen abhängig vom Anfangs- und Enddruck, jedoch unabhängig vom spezifischen Gewicht. Die chemische Zusammensetzung hat nur dann einen Einfluß, wenn der Exponent für polytropische Verdichtung hierdurch verändert werden sollte.

Während bei Kolbenkompressoren die Fördermenge proportional der Drehzahl und dem Ansaugdruck, aber vom Enddruck nur insofern abhängt, als hierdurch der volumetrische Wirkungsgrad sich verändert, tritt bei Turboverdichtern ein ganz bestimmtes Verhältnis zwischen $P$, $V$ und $n$ auf, das durch die charakteristische Kennlinie, die sog. Druckvolumenkurve veranschaulicht wird. Diese Kennlinien sind in der Theorie – also bei der verlustlosen Maschine – gerade Linien, deren Neigung durch den Schaufelwinkel $\beta_2$ bestimmt wird. Durch den Einfluß der Verluste werden aber aus den Geraden Parabeln als Pumpenkennlinien. Man erhält sie allgemein auf experimentellem Wege oder auch graphisch, wie es bei den Kreiselpumpen der Fall ist. Hierbei gibt der Schnittpunkt der Kennlinie mit der Ordinatenlinie den Druck bei geschlossenem Ventil im Druckstutzen an.

Für Mehrstufenverdichter sind die Kurven der einzelnen Stufen nach gleichem Gasgewicht einander zuzuordnen, woraus man die resultierende Kennlinie erhält.

Turbokompressoren sind immer mehrstufig und arbeiten mit einem relativ niedrigen Druckgefälle. Die Vorzüge gegenüber den Kolbenverdichtern lassen sich darstellen bei Maschinen gleicher Leistung als geringer Platzbedarf, billige Fundamente einschließlich der Antriebsmaschine, geringe Anlagekosten für Gebäude- und Kraneinrichtungen. Da keine Schmierung der Schaufelräder erforderlich ist, kann das Gas durch Schmierung nicht verunreinigt werden. Auch können die Wärmeaustauschflächen der Zwischenstufenkühler wesentlich kleiner bemessen werden zufolge größerer Wirksamkeit, zumal kein Ölfilm den Wärmeübergang stört. Ferner ist die Förderung gleichmäßig.

In bezug auf die Verwendung von Turboverdichtern in Hochdruckanlagen an Stelle von Gasumlaufpumpen begegnet man jedoch gewissen Schwierigkeiten, da dies von der Höhe des Druckniveaus abhängt, in dem der Verdichtungsvorgang sich abspielt. Wenn auch Druckdifferenzen von 25 atü zwischen der Saug- und der Druckseite entstehen, so bleibt doch zu berücksichtigen, daß für hohe Drücke als Ansaugniveau der Turboverdichter in ein Druckgehäuse eingebaut werden muß, was unter Umständen sehr umständlich und kostspielig sein kann.

## C. Casale-Injektor als Umlaufeinrichtung für Kreisgas

Im Zusammenhang mit der Ammoniaksynthese hat die Ammonia Casale, Italien, eine Vorrichtung entwickelt, die an Stelle einer Kreisgasumlaufpumpe die Umwälzung des Kreisgases bewerkstelligt. Das Prinzip der Wirkungsweise kann der Darstellung von Abb. 34 entnommen werden. Der Injektor hat die Aufgabe, das gereinigte Kreisgas, nachdem es vom Reaktionsprodukt abgetrennt ist, dem Reaktionsapparat wieder zuzuleiten. Als Antriebskraft dient das Frischgas, das von dem Frischgaskompressor der Anlage geliefert wird. Der Verdichter hat den Verdichtungsdruck zu bewältigen, der notwendig ist, das Kreisgas nach Abzug der Entspannungsenergie im Injektor und der Strömungsverluste unter Reaktionsdruck dem Reaktor zuführen zu können. Das Frischgas strömt zunächst durch die Düse ein, deren Durchflußquerschnitt mittels einer konischen Reguliernadel für die gewünschte Förderleistung einstellbar ist. Nach Verlassen der Düse tritt das Frischgas in die Diffusoröffnung ein, wo der Gasdruck abfällt und sich in Geschwindigkeitsenergie umsetzt. Diese Geschwindigkeitsenergie erzeugt ein Saugmoment an der Diffusoröffnung, die mit dem System des Kreisgases in Verbindung steht und so den Gasumlauf bewirkt.

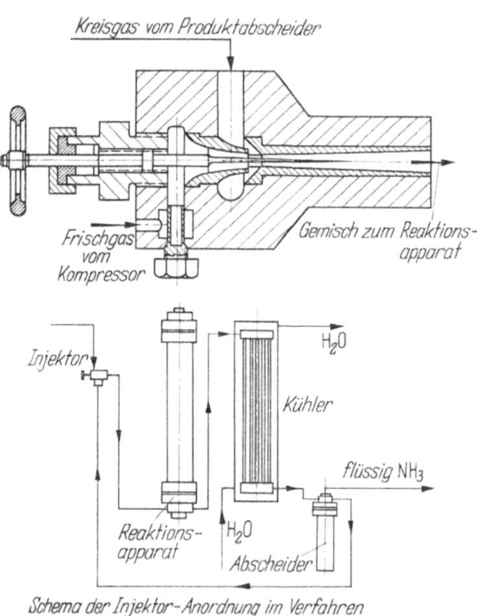


**Abb. 34. Anordnung und Betriebsschema eines Casale-Injektors zur Erzeugung von Kreisgasumwälzung**

Wie man erkennt, hat der Injektor außer der verstellbaren Düsennadel praktisch keine beweglichen Teile, er braucht keine Schmierung und keine besonderen Antriebsaggregate. Eine Verunreinigung des Gasstromes durch Schmieröl kann also nicht eintreten.

Allerdings weist das Injektorprinzip wesentliche Nachteile auf. Zunächst besitzt er einen relativ niedrigen Wirkungsgrad, der sich in einem hohen Verlust an Strömungsenergie äußert. Dieser Verlust macht sich dann sehr nachteilig bemerkbar, wenn die Anlage große Druckwiderstände überwinden muß und die Frischgasmenge klein und etwa unter niedrigem Druck steht. Dieses Verfahren wird um so nachteiliger, je geringer der Umsatz wird, so daß bei dadurch verursachter reduzierter Frischgasmenge größere Kreisgasmengen umgewälzt werden müssen, die der kleiner werdende Frischgasstrom nicht bewältigen kann.

# V. Pumpen zur Förderung von Flüssigkeiten unter hohem Druck

In Hochdrucksynthesen kommt es häufig vor, daß Flüssigkeiten in den Reaktionsraum unter Reaktionsbedingungen eingebracht werden müssen. Diese Förderung wird mit mechanischen Hilfsmitteln erzeugt, wobei die Förderleistung oft beträchtlich von Verfahren zu Verfahren schwanken kann.

Für die Flüssigkeitsförderung unter hohem Druck werden meist Kolbenpumpen bevorzugt, die in solchen Fällen als Hochdruckplungerpumpen bezeichnet werden, die oft für relativ kleine Förderleistungen aber hohe Enddrücke gebraucht werden.

Kreiselpumpen sind hier auch im Einsatz, werden jedoch für relativ niedrige Druckspiegel angewandt. Für größere Leistungen werden sie kaum verwendet, weil die Druckbegrenzung ein enormes mechanisches Hindernis darstellt.

Neuerdings setzen sich Membranpumpen immer mehr durch, weil man gelernt hat, durch geeignete Konstruktion und geschickte Werkstoffausnützung verhältnismäßig hohe Druckniveaus zu beherrschen.

## A. Hochdruckplungerpumpen

Flüssigkeitspreßpumpen, die in der Hochdrucktechnik als Hochdruckplungerpumpen bezeichnet werden, haben einen hohen Wirkungsgrad und können zur Förderung von Flüssigkeiten aller Art und verschiedener Zähigkeiten verwendet werden. Allerdings pflegen sie nur für Förderleistungen mittlerer Größe gebaut zu werden.

Bei der Erzeugung hoher Enddrücke mit Fördermedien flüssigen Zustandes muß die Kompressibilität dieser Flüssigkeit sehr genau berücksichtigt werden. Es ist nämlich bekannt, daß die Kompressibilität von Flüssigkeiten nur für niedrige Drücke geringfügig und oft vernachlässigbar bleibt, und daß die Verminderung des Volumens bei Verdichtung mit zunehmendem Verdichtungsdruck ansteigt. Diese Volumenverminderung kann Werte bis zu 30–50% des ursprünglichen Volumens annehmen, sobald der Verdichtungsdruck auf 3000–5000 atü hochgeht. Diese enorme Wirkung der Kompressibilität schränkt die Regulierungsmöglichkeit durch den schädlichen Raum beträchtlich ein, zumal der schädliche Raum einen bedeutenden Einfluß auszuüben vermag. Die Volumenänderung unter dem Einfluß des Verdichtungsdruckes macht es erforderlich, den schädlichen Raum auf ein Minimum zu reduzieren. Wird dieser Volumeneinfluß des schädlichen Raumes nicht berücksichtigt, so ergeben sich wesentlich niedrigere Förderleistungen, als dem Verdrängungsvolumen entspricht. Treten jetzt noch Schwankungen im Gegendruck auf, so ist die Förderleistung nicht nur bei hohem Druck merklich vermindert, sondern weist dazu noch große Schwankungen auf, die sich innerhalb weiter Grenzen bewegen können. Da die Förderleistung von Plungerpumpen nahezu ausschließlich durch den Ausgleichsraum geregelt zu werden pflegt, zeigt sich die Kompressibilität des Fördermediums als ein entscheidender Faktor für die Konstruktion einer solchen Pumpe.

R. L. SCHMOYER [6] untersuchte den Einfluß der Kompressibilität verschiedener Flüssigkeiten bei Drücken von 10000–30000 psi (700 bis 2000 atü). Die Ergebnisse sind in Abb. 35 veranschaulicht. Die Abbildung

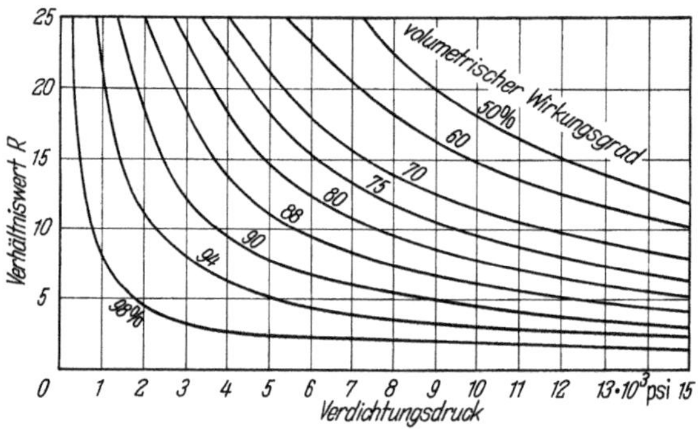


Abb. 35. Einfluß des Verhältnisses $R$ auf den volumetrischen Liefergrad in Abhängigkeit vom Verdichtungsenddruck von Flüssigkeiten nach SCHMOYER

zeigt den Einfluß des Verhältnisses $R$ in Abhängigkeit vom Verdichtungsdruck. $R$ stellt nämlich das Verhältnis zwischen dem gesamten inneren Flüssigkeitsvolumen am Ende des Plungerhubes zum Kolbenhub dar. Die Kurven der Abb. 35 sind ermittelt nach der Beziehung

$$\eta_{\text{theor}} = 100 - \beta(R - 1)p\,.$$

Hierin bedeuten

$\eta_{\text{theor}}$ = theoretischer volumetrischer Wirkungsgrad (Liefergrad) als Funktion von $R$, dem Verdichtungsdruck $p$ und dem Kompressibilitätsfaktor $\beta$.

Der theoretische volumetrische Liefergrad fällt also mit steigendem Druck wesentlich ab. Die Berechnung muß daher das gesamte Flüssigkeitsvolumen in der Pumpe am Ende des Verdichtungshubes erfassen, einschließlich das Volumen im Ausgleichsraum, im schädlichen Raum, in den Bohrungskanälen des Zylinderkopfes und in den Ventilen. Bei allen Versuchen ist der Kompressibilitätsfaktor von Wasser bei konstanter Temperatur als $4{,}3 \times 10^{-5}$ für alle Kurven der Abb. 35 berücksichtigt.

Aus diesen Kurven läßt sich die Folgerung schließen, daß beispielsweise für ein Verhältnis $R = 13$ bei einem Verdichtungsdruck von 1000 atü der theoretische volumetrische Liefergrad nur noch etwa 50%

beträgt. Dies zeigt an, daß bei der Förderung von Wasser der Plunger nur noch 50% des verdichteten Volumens aus dem Zylinder fördert, während die anderen 50% durch Verdichtung geschrumpft sind. Man erkennt daraus den bedeutenden Einfluß der Kompressibilität auf die Förderleistung der Plungerpumpe.

Der Bericht von SCHMOYER beweist außerdem, daß man für hohe Drücke die Kompressibilitätskurven des Fördermediums zur Verfügung haben muß, und es ist somit einleuchtend, daß eine Regulierung der Fördermenge über den schädlichen Raum ohne Erfolg ist. Das erforderliche Ausgleichsvolumen muß daher äußerst knapp bemessen und auf die Förderflüssigkeit abgestimmt sein, um zuverlässige Förderleistungen zu gewährleisten.

Die Regulierung solcher Pumpen erfolgt entweder durch Veränderung der Drehzahl oder durch Verstellung des Plungerhubes, manchmal aber auch durch verspätetes Schließen des Saugventils oder durch Rückströmung von der Druck- zur Saugseite. Obgleich die Methode der Rückentspannung von der Druckseite nicht wirtschaftlich günstig ist, also eine Verschwendung mechanischer Energie darstellt, erscheint sie dennoch wirtschaftlicher als die Verwendung von Elektromotoren mit veränderlicher Drehzahl oder der Einsatz von kostspieligen und zum Teil betriebsempfindlichen Getrieben.

Plungerpumpen eignen sich für eine Verwendung unter verschiedenen Betriebsbedingungen mit wechselnder Fördermenge, Verdichtungsenddruck, oder aber auch konstanter Fördermenge bei starker Schwankung des Gegendruckes.

Ist die Reaktion gegen Druckschwankungen empfindlich, so kann man sich durch Mehrplungerpumpen helfen. Läßt man ferner eine Mehrplungerpumpe oder gar mehrere Pumpen auf einen Abscheider als Pufferraum mit Gaspolster wirken, so lassen sich die Förderpulsationen ausscheiden und konstanter Förderdruck im System erzielen. Für sehr kleine Förderleistungen benützt man vornehmlich Nockenpumpen, die dann meist mit einem verstellbaren Plungerhub ausgestattet sind. Sie dienen dann vielfach als Kontakteinspritzpumpen oder auch als Pumpen zur Schmiermittelförderung für Kompressoren und Multiplikatoren. Abb. 36 zeigt eine solche Nockenpumpe, die als Schmierpumpe für den Nachschaltverdichter für die Verdichtung von Stickstoff auf 4000 atü gebaut wurde. Der Verdichter selbst ist in Abb. 26 wiedergegeben. Die Nockenpumpe besitzt vier Zylinder, die für die zwei Verdichtungsstufen des Verdichters gedacht sind. Die Pumpe wurde von der Fa. Robert Bosch, Stuttgart, gebaut und sollte einen Verdichtungsdruck von 4000 atü gewährleisten.

Die vier Zylinder sind mit Präzisionsplungern ausgestattet, die in die Zylinderbohrung eingeläppt sind, ähnlich wie es von den Dieseleinspritzpumpen bei 700 atü Einspritzdruck der Fall ist. Die Zylinder sind völlig in das Fördermedium horizontal eingetaucht und besitzen an der Unterseite eine Bohrung, durch die das Schmieröl in die Zylinderbohrung gelangt, je nach der Plungerstellung. Der Plungerhub ist verstellbar. Diese

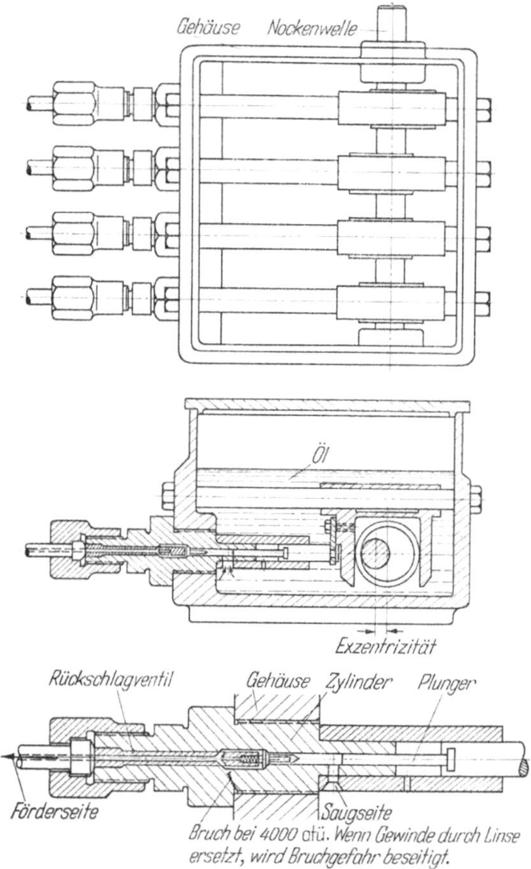


**Abb. 36. Bosch-Nockenpumpe zur Schmierung des Zusatzverdichters der Abb. 26 mit 4000 atü Enddruck**

Bohrungsanordnung hat den Vorteil, daß keine Saugventile erforderlich sind. Der Zylinder ist aber bei Dauerbeanspruchung mit höchsten Drükken bruchgefährdet.

Der Plunger war mit einem Spiel von 0,001 mm ausgestattet und lief mehrere tausend Stunden – allerdings nicht im Dauerbetrieb – sehr zufriedenstellend.

## B. Zentrifugalpumpen für hohen Flüssigkeitsdruck

Im Gegensatz zu den Turboverdichtern für Gasumwälzung haben die Zentrifugalpumpen zur Förderung von Flüssigkeiten innerhalb von Hochdruckanlagen Eingang in der chemischen Hochdruckindustrie gefunden. Mehrstufige Kreiselpumpen sind für Hydrieranlagen und in einigen Betrieben der Krackindustrie in Betrieb. Einige dieser Pumpen arbeiten sogar mit Druckdifferenzen bis zu 300 atm zwischen Saug- und Druckseite. Solche Turbopumpen wurden ursprünglich als Speisepumpen für Kraftwerksanlagen entwickelt und wurden dann im Zuge weiterer Entwicklung in der chemischen Industrie eingesetzt, wo sie sich gut bewährt haben.

Konstruktiv gesehen besitzen die Hochdruckkreiselpumpen die gleiche Ausführung, wie sie für handelsübliche Niederdruckpumpen gebräuchlich ist. Sie unterscheiden sich lediglich dadurch, daß sie innerhalb eines entsprechenden Hochdruckzylinders eingebaut sind, der im Hohlraum um die Pumpe den gleichen Druck aufweist, den die Pumpe der Förderflüssigkeit erteilt. Ist der Druckspiegel jedoch hoch, so ist der Druck um die Pumpe dem Kreisgasdruck gewöhnlich gleich. Bis zum heutigen Tage sind mehrstufige Hochdruckkreiselpumpen für die chemische Hochdrucktechnik auf wenige Sonderfälle beschränkt geblieben. Eine eingehende Diskussion dürfte sich daher erübrigen.

Wenn auch die Kreiselpumpe gegenüber der Plungerpumpe einige Vorteile aufweist, so ist es ihr trotzdem nicht gelungen, die Plungerpumpe in ihrer souveränen Stellung auch nur im geringsten zu gefährden.

## C. Membranpumpen

Neuerdings kommt die Membranpumpe mehr und mehr zur Geltung im Rahmen der chemischen Hochdrucktechnik. Die Membranpumpe stellt in gewisser Hinsicht eine ideale Fördereinrichtung dar, mit der es gelingt, die Förderflüssigkeit zu pumpen, ohne sie mit dem Schmiermittel in Berührung zu bringen bzw. zu verunreinigen.

Das Arbeitsprinzip der Membranpumpe besteht darin, daß eine normale Kolbenpumpe hydraulische Flüssigkeit gegen eine Membran drückt, die sich dann durchbiegt und entsprechend der Durchbiegung eine zu fördernde Flüssigkeit verdrängt. Die Förderung erfolgt im Rhythmus der Kolbenpumpe. Je nach der Zahl der Kolbenhübe, dem Membrandurchmesser und der Membrandurchbiegung sowie dem Werkstoff der Membrane selbst können solche Pumpen bis zu beachtlichen Förderleistungen und hohem Verdichtungsdruck gebracht werden. Sie haben den wichtigen Vorteil, daß das Fördermedium vom Schmiermittel unbehelligt bleibt.

Die Fa. Andreas Hofer, Mühlheim (Ruhr), baut Membranverdichter für Gase bis zu Drücken über 1000 atü. Die US-Firma „Pressure Products Industries Inc.“ baut Verdichter nach dem Membranprinzip für Drücke bis zu 3000 atü, bei beachtlichen Förderleistungen. Nach Berichten der Literatur sind solche Verdichter bis zu 2000 Stunden im Dauerbetrieb ohne Störung gelaufen und sind bestens erprobt.

Membranpumpen sind leicht und mannigfaltig regelbar, und zwar innerhalb weiter Grenzen. Nimmt man als hydraulische Flüssigkeit ein Schmieröl, so gibt es für die Kolbenpumpe keinerlei Reibungsprobleme, da alle beweglichen Teile im Schmiermittel laufen, und keinerlei Abdichtung im hydraulischen System erforderlich ist.

Für das Fördermedium sind außer der Membranscheibe nur Rückschlagventile erforderlich, die meist Kugelrückschlagventile sind.

## VI. Chemisch-physikalische Verfahren zur Erzeugung hoher Drücke

Das Gebiet der mechanischen Druckerzeugung durch äußere Kräfte, wie es in Verdichtern, Multiplikatoren und Pumpen oder durch Ausnützung kinetischer Energie der Fall ist, soll nicht abgeschlossen werden, ohne kurz noch einige Methoden zu beschreiben, die es möglich machen, Drücke noch mit anderen Methoden zu erzeugen. Denkt man beispielsweise an die Veränderung des Aggregatzustandes einer Substanz, so lassen sich drei Methoden beschreiben, nämlich die Umwandlung von Flüssigkeit in Dampf oder Gas, das Einfrieren von Substanzen und schließlich die Verflüssigung von Stoffen in geschlossenen Gefäßen. Gewisse Bedeutung haben auch Verfahren erlangt, bei denen gekühlte Stoffe Druck erzeugen, nachdem sie auf eine gewisse Temperatur wieder aufgeheizt werden. Und schließlich ist noch das Gebiet der chemischen Reaktionen bekannt, bei denen Druck infolge der bekannten Volumenvergrößerung zustande kommt.

### A. Methode der Hochdruckgaserzeugung durch thermische Verdampfung

Das Verfahren der Druckerzeugung durch Flüssigkeitsverdampfung wird in großtechnischem Maßstabe bei Dampfkraftwerken ausgenützt. Das Prinzip wird angewandt zur Auffüllung von Druckflaschen mit gasförmigem Sauerstoff, wobei durch Verdampfung flüssigen Sauerstoffes, der aus Linde-Anlagen zur Verfügung steht, in den Sauerstoffflaschen ein Gasdruck von 150–165 atm erzeugt werden kann, ohne daß man sich dabei eines Verdichters bedient.

Nach diesem Verfahren lassen sich nahezu alle technischen Gase behandeln, solange ihre Verflüssigungstemperatur tief genug liegt. Diese Gase werden zuerst verflüssigt unter Zuhilfenahme der bekannten Linde-Anlagen und dann durch Wärmezugabe vergast und dann in die Transportflaschen aufgefüllt. Der Druck in den fertigen Sauerstoffflaschen wird also durch reine Verdampfung ohne Zuhilfenahme des mechanisch arbeitenden Kompressors erzeugt.

## B. Druckerzeugung durch thermische Verdichtung

Bei der thermischen Verdichtung wird Wärme angewandt, um hohe Drücke zu erzeugen. Man kann hierzu Stoffe verwenden, die man beispielsweise bei konstantem Volumen erwärmt, nachdem sie zuvor in flüssigen Zustand übergeführt worden waren. Auf der andern Seite lassen sich auch Drücke hoher Größenanordnung erzeugen durch Abkühlung von Flüssigkeiten, die die besondere Eigenschaft besitzen, ihr Volumen zu vergrößern, wenn sie in den Erstarrungszustand übergehen. Dies soll an einigen Beispielen gezeigt werden:

Äthylalkohol gefriert bei einer Temperatur von $-117$ °C. Während des Unterkühlungsvorganges auf diese Temperatur wird das ursprüngliche Volumen um 15,5% verkleinert. Beim eigentlichen Gefrieren tritt eine weitere Schrumpfung des Volumens um 3,5% ein, so daß also der erstarrte Alkohol nur noch ein Volumen besitzt, das noch 81% des Ausgangsvolumens darstellt, das bei 20 °C vorhanden war. Erwärmt man jetzt den gefrorenen Alkohol in einem abgeschlossenen Gefäß auf nur 20 °C, so entwickelt sich im Gefäßinnern ein Druck von rund 6000 atü.

Ähnliche Phänomene kann man bei Einfrierversuchen und Erwärmung von einer ganzen Reihe von Substanzen beobachten, vor allem, wenn man Versuche unter Druck macht unter Anwendung sehr niedriger Temperaturen, besonders dann, wenn die Substanz weder flüssig noch gasförmig ist. Füllt man z.B. einen Autoklaven mit einer Substanz wie etwa Wasser, senkt die Temperatur, dann verfestigt sich das Wasser durch Gefrieren. Da aber der Verfestigungsvorgang mit einer Volumenzunahme verbunden ist, für die Ausdehnung des Eises aber kein Volumen zur Verfügung steht, muß eine Drucksteigerung sich ausbilden. Auf diese Weise lassen sich Drücke bis zu 3000 atü im Wasser erzielen.

## C. Druckbildung durch chemische Reaktionen

Es ist allgemein bekannt, daß eine große Anzahl periodisch ablaufender chemischer Reaktionen sich unter Steigerung des Innendruckes abwickeln. Diese Drucksteigerung kann entweder die Folgeerscheinung einer von außen zugeführten Wärmemenge sein, oder sie ist eine Folge der Steigerung der Dampfspannung, die ein oder mehrere Reaktionsteilnehmer erfahren. Schließlich ist es noch möglich, daß sich gasförmige Produktkomponenten bilden, auf deren Gegenwart die Drucksteigerung zurückzuführen ist.

Solche Verfahren sind dem Chemiker bekannt und bedürfen lediglich der Anwendung in Druckapparaten. Für den Hochdrucktechniker aber bereiten sie keinerlei Schwierigkeiten, zumal sie in jedem Druckapparat mehr oder weniger ausgeführt werden können. Ihre Erwähnung an dieser Stelle hat daher nur statistisches Interesse und erfolgte ferner zum Zwecke der Vollständigkeit.

## VII. Zusammenfassung

In einer großen Zahl chemischer Verfahren spielt der Druck eine bedeutende Rolle. Gewisse Reaktionen sind unter Druck überhaupt nur möglich, andere werden wesentlich beschleunigt und wieder andere zeigen wesentlich höhere Umsätze, wenn sie bei Druck gefahren werden.

Die Maschinen, die innerhalb von Hochdruckanlagen die erforderlichen Drücke erzeugen, stellen einen wichtigen Faktor dar im Rahmen der chemischen Hochdrucktechnik. Auch kapitalmäßig sind die Druckerzeugungsanlagen mit einem hohen Prozentsatz innerhalb der Gesamtinvestierung einer Hochdruckproduktionsanlage beteiligt.

Für die Verdichtung von Gasen, die sich an den Reaktionen beteiligen, werden nahezu ausschließlich Kompressoren verwendet, die nach dem Kolbenprinzip arbeiten. Kleine und mittlere Kompressoren enthalten alle Verdichtungsstufen in der gleichen Maschine. Für extreme Drücke ist eine Unterteilung in Vor- und Nachschaltverdichter zu empfehlen.

Für Flüssiggase wird an Stelle des Verdichters der Multiplikator empfohlen. In diesem Falle nähert sich das Fördermedium in seinem $pVT$-Verhalten dem Verhalten einer Flüssigkeit. Für höchste Drücke im Labor werden ausschließlich Multiplikatoren eingesetzt.

Die Umwälzung des Kreisgases wird in sog. Kreisgaspumpen vorgenommen. Die meisten Anlagen benützen Kolbenumlaufpumpen, wenn auch in gewissen Fällen Turbogebläse für hohes Druckniveau zur Anwendung kommen.

Zur Eintragung von Flüssigkeiten in den Reaktionsraum unter Druck wird wiederum die Kolbenpumpe bevorzugt. Mehrstufige Kreiselpumpen bleiben immerhin noch auf eine Anzahl von Sonderfällen beschränkt.

Neuerdings setzt sich die Membranpumpe auch für hohe Verdichtung immer mehr in der chemischen Industrie durch. Hiermit wird es möglich, das Fördermedium absolut frei von Verschmutzung durch Schmiermittel zu halten.

Außer den rein mechanischen Mitteln stehen noch chemisch-physikalische Verfahren zur Verfügung, um hohe bis höchste Drücke zu erzeugen. Bei diesen Verfahren wird von den chemisch-physikalischen Stoffeigenschaften der verwendeten Substanzen Gebrauch gemacht, indem man Phasenveränderungen unter Temperatureinfluß erzeugt.

Drücke bis zu 3000 atü können heute selbst für großtechnische Produktionsanlagen einwandfrei erzielt und für längere Betriebsdauer beherrscht werden. Anlagen, die sich höherer Verdichtungsdrücke bedienen, stehen auch heute noch in der Phase der großtechnischen Entwicklung.

## Literatur zu Kapitel VII

[*1*] Linnartz, B.: Praktische Erfahrungen bei der Auswahl von Hochdruckverdichtern. Chemie-Ingenieur-Technik, Bd. 34 (1962) Nr. 3.

[*2*] Tongue, A.: The Design and Construction of High Pressure Chemical Plant. 2nd Edition. Princeton, New Jersey: D. van Norstrand Company INC 1959.

[*3*] Raeithel, W.: Fortschritte der Verfahrenstechnik, 1952/53. Weinheim: Verlag Chemie, GmbH 1954.

[*4*] Korndorf, B. A.: Hochdrucktechnik in der Chemie. Berlin: VEB Verlag Technik 1956.

[*5*] Bridgman, P. W.: Die Physik der höchsten Drücke. Berlin: Vereinigung wissenschaftlich-technischer Verlage 1935.

[*6*] Schmoyer, R. L.: Machine Design, Bd. 19 (1947) 134–137.

Kapitel VIII

# Die Herstellung von Hochdruckapparaten für Betrieb und Laboratorium

## I. Einleitung

Die Beschreibung der Herstellungsmethoden für Hochdruckhohlkörper für Laboratorium und Produktionsanlagen der chemischen Industrie kann am besten damit eingeleitet werden, daß ein geschichtlicher Überblick der Hochdruckkörper gegeben werden möge. Dieser Überblick soll zeigen, daß die Techniker sich ernsthaft bemüht haben, zu brauchbaren Lösungen zu kommen, die die Anwendung extrem hoher Drücke für handelsübliche Druckgefäße bei optimaler Werkstoffausnützung gestatten.

In der ersten Phase der Entwicklung hat der Vollwandkörper eindeutig das Feld beherrscht, wobei die Gründe dafür weniger eine Rolle spielen. Jedenfalls wurde das Bereich der Vollwandzylinder bis zur Grenze alles technisch möglichen gründlich ausgenutzt, sofern es die wirtschaftliche Ausnützung der mechanischen Werkstoffeigenschaften betrifft. Zunächst lag für die Anwendung höherer Drücke für Produktionsverfahren größter Ausmaße kein vertretbarer Zwang vor. Erst als in den USA das Mehrlagenverfahren mit laminierten Blechen sich durchsetzte (1931), und in Deutschland im Zuge der Entwicklung der bedeutenden Hochdrucksynthesen die Kapazität der Walz- und Schmiedewerke nicht mehr ausreichte, die Auftragsflut zu bewältigen, trat die Forderung auf Ausweichmöglichkeiten für die schnelle Befriedigung für Hochdruckraum immer dringender in Erscheinung.

Bei der Betrachtung der Berechnungsverfahren in Kap. IV wird gezeigt, daß der Mehrlagenkörper hinsichtlich der Werkstoffausnützung dem Vollwandzylinder eindeutig überlegen ist. Es wird dort ferner ausgeführt, daß die Betriebssicherheit weitaus höher ist als die des Vollwandapparates, besonders im Hinblick auf Sprengsicherheit.

In diesem Kapitel sollen nun die Herstellungsverfahren der einzelnen Bauarten von Hochdruckhohlkörpern beschrieben werden, was durch die Schilderung der geschichtlichen Entwicklung dieser Apparate wesentlich erleichtert werden dürfte.

Der Betrieb von modernen Hochdruckanlagen für Syntheseverfahren der heutigen Hochdruckchemie ist nach Maßgabe der Natur der darin behandelten Stoffe mit großen Gefahrenmomenten verbunden. Dieses Gefahrenmoment zwingt zu enger Koordinierung zwischen Planung, Werkstätte und Produktionsbetrieb, was mit äußerster Gewissenhaftigkeit ausgeführt und gegenseitig abgestellt sein muß. Optimale Betriebssicherheit läßt sich nur auf diesem Wege erzielen.

Zur Befriedigung der geforderten Druckbedingungen hat man sich in den Anfangsjahrzehnten der Entwicklung der Hochdrucktechnik sich des Vollwandbehälters bedient und diesen dann auch bis zur Grenze der Leistungsfähigkeit der Stahl- und Walzwerke entwickelt bzw. vorangetrieben. Stahlblöcke als Ausgangsmaterial für die Hohlkörper erreichten Gewichte bis zu 300 t, wovon Hohlzylinder bis zu 18 m Länge und 205 mm Wanddicke aus einem Stück geschmiedet wurden für Drücke bis zu 700 atü. Die ersten Hochdruckhohlkörper waren zuerst aus einem Stück gefertigt, wurden dann aber im Zuge fortschreitender technischer Entwicklung auf dem Hochdruckgebiete in Einzelschüsse unterteilt. Diese Maßnahme trug zu einer wesentlichen Vereinfachung der Herstellung nach vielerlei Richtungen hin bei, sei es durch Verminderung des Gewichtes für den ursprünglichen Gußblock, Vereinfachung des Schmiedevorganges und Reduktion der Transportschwierigkeiten, um nur einige der wichtigsten Faktoren zu nennen.

Die Herstellung von Vollwandzylindern aus Schmiedeblöcken war für sehr lange Zeit das einzige Herstellungsverfahren für dickwandige Hochdruckhohlkörper. Dabei wurden die Zylinder entweder durch Ausbohren eines massiven zylindrischen Blockes oder nach dem Hohlschmiedeverfahren hergestellt. Als dann das Hohlschmieden mehr an Bedeutung gewann, wurde schließlich bei ganz großen Blöcken der heiße Kern warm herausgepumpt. Dieses Verfahren führte zu einer Verbilligung mit merklicher Abkürzung der Schmiedezeit. Im Zusammenhange mit der Einsparung bzw. Verkürzung der Herstellungszeit verminderte sich auch die Gefahr der Rißbildung auf der Oberfläche, womit für den Zylinder eine größere Betriebssicherheit erreicht wurde.

Für Hochdruckhohlkörper mit kleineren Abmessungen wird meist das Zieh-Preß- und Walz-Verfahren angewandt, wobei das Roeckner-Radialwalzverfahren eine technisch beachtliche Ergänzung gebracht hat. Große Behälter werden nach wie vor nach dem Hohlschmiedeverfahren hergestellt, das bis zum heutigen Tage noch nicht übertroffen werden konnte. Durch geschickte Kopplung von Walzwerk und Schmiedepreßwerk war es in Deutschland möglich geworden, große Gußblöcke in warmem Zustande unmittelbar dem Preßwerk zuzuführen. Diese Möglichkeit, nach der Schmiedeblöcke bis zu 300 t Ausgangsgewicht verarbeitet werden konnten, besteht in Deutschland seit Kriegsende nicht mehr.

Bei der Verwendung des Ziehverfahrens bleiben die Blockgrößen auf Gewichte bis zu 20 t beschränkt. Man muß daher für die Herstellung von Behältern mit großen Durchmessern und hohen Wanddicken die Zylinderlänge entsprechend herabsetzen.

In den anfänglichen Jahren wurden die zylindrischen Hohlkörper so gefertigt, daß man an den Enden der Schüsse die Flanschen direkt angeschmiedet hat. Daß dies zu einer Erschwerung der Herstellung beigetragen hat, läßt sich in einfacher Weise erklären. Man ging daher bald dazu über, die Flanschen für die Verbindung der einzelnen Schüsse und für die Endverschlüsse gesondert anzufertigen. Die Art der Endverschlüsse wird im Zusammenhange mit den Abdichtungen in Kap. XI behandelt.

Mit der wachsenden Ausbreitung der Hochdrucktechnik in der chemischen Industrie, die ganz besonders mit der Steigerung der Betriebsdrücke ihren markanten Ausdruck fand, wurde es notwendig, zur Mehrlagenbauart überzugehen. Diese Entwicklung wurde in den Vereinigten Staaten mit der Erfindung von Prof. Jasper eingeleitet und dann mit der Ausarbeitung eines technischen Verfahrens durch die A. O. Smith Corporation zu seiner heutigen Bedeutung geführt.

Einige Jahre später griff Schierenbeck von der damaligen IG-Farbenindustrie in Ludwigshafen die Idee auf und entwickelte die Mehrlagenbauart, die auf dem Prinzip der spiralförmigen Bandaufwicklung auf gegebene Zylinder beruht.

Festigkeitsmäßig gesehen, besonders aber im Hinblick auf die Gleichmäßigkeit der Anstrengungsverteilung über den Wandquerschnitt, können beide Verfahren als gleichwertig angesehen werden. In beiden Fällen läßt sich die Anstrengung anläßlich eines wirkenden Innendruckes so gestalten, daß ihr Wert gleich dem Wert der maximal zulässigen Anstrengung des Wandwerkstoffes wird und einen konstanten Wert erreicht von der Innenfaser bis zur Außenfaser, wenn man den Mittelwert des Sägediagrammes der Betrachtung zugrunde legt.

## II. Vollwandzylinder

Einer früher angeführten Definition zufolge seien als Vollwandzylinder alle diejenigen dickwandigen Hohlzylinder bezeichnet, deren Wandung aus homogenem Werkstoff besteht, wobei der Hohlkörper entweder gegossen, gepreßt, gezogen oder geschmiedet sein kann unter Zuhilfenahme eines ursprünglichen Gußblockes als Ausgangsmaterial. Vollwandzylinder können also nach einer Anzahl verschiedener Verfahren hergestellt sein. So gibt es beispielsweise gegossene, nahtlos gezogene, geschmiedete, gewalzte und geschweißte dickwandige Hochdruckhohlkörper.

Mit der enormen Entwicklung der Schweißtechnik in dem letzten Jahrzehnt und im Zusammenhange mit dem Fortschritt der Verfahren für zerstörungsfreie Werkstoffprüfung, entweder röntgenographisch, mittels Ultraschall oder auf dem Wege radioaktiver Strahlung, ist die Herstellung längs geschweißter, starkwandiger Hohlkörper als Druckapparate der chemischen Industrie etwas populärer geworden. Besonders in US-amerikanischen Werken – vornehmlich in Atomkraftwerken – sind dickwandige Hohlzylinder bis zu 130 mm Wanddicke mit Längsschweißung gebaut worden. Hier besteht die Schwierigkeit besonders darin, daß die Schüsse schweißgerecht präpariert werden unter Berücksichtigung von Werkstoffen, die beim Schweißen nicht verspröden.

## A. Gegossene Druckbehälter

Die Herstellung von Hochdruckhohlkörpern nach dem Stahlgußverfahren beschränkt sich heute auf verhältnismäßig wenig Ausführungen. Hier handelt es sich meist um Autoklaven kleineren Ausmaßes, die für bestimmte Zwecke zum Einsatz kommen. Die Herstellung von Stahlgußbehältern ist nur wirtschaftlich, wenn es sich um größere Stückzahlen handelt.

Autoklaven solcher Art findet man in der Industrie für Betriebsdrücke bis zu 150–200 atü bei Temperaturen von 300–350 °C, wobei Rauminhalte bis zu 3 m³ vorkommen.

## B. Nahtlos gezogene Vollwandbehälter

Nahtlose Hochdruckhohlkörper pflegt man nach dem Zieh-Preß-Verfahren herzustellen. Nach diesem Verfahren benützt man einen Stahlblock, der den Querschnitt eines Quadrates oder Vieleckes besitzt. Der Stahlblock wird in eine Matrize eingelegt und dann mittels Lochdorn, der von oben eingedrückt wird, gelocht. Abb. 1 veranschaulicht das hier geschilderte Herstellungsprinzip des Zieh-Preß-Verfahrens. Das vom Lochdorn bei seinem Eindringen in den Stahlblock verdrängte Blockvolumen weicht aus und kann den runden Hohlraum der Matrize füllen. Dadurch verringert sich auch der Kraftbedarf

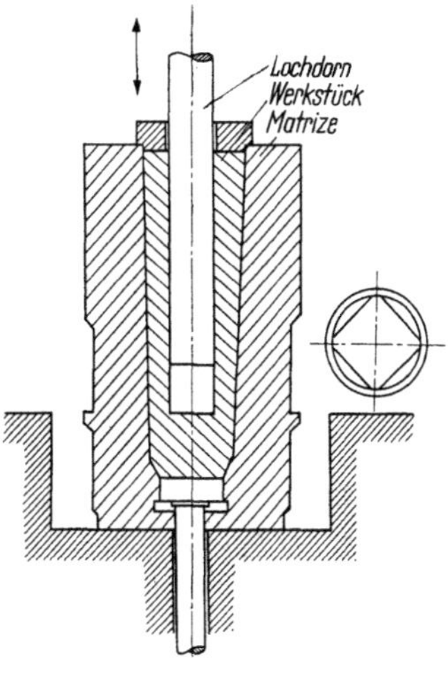

Abb. 1. Schematische Darstellung über das Lochverfahren eines Gußblockes zur Herstellung eines nahtlosen dickwandigen Hohlzylinders. Verfahren nach Reisholz

für das Eindringen des Lochdornes. Der Hohlraum der Matrize ist so ausgelegt, daß nach Beendigung der Zieh-Pressung der Block eine konische Außenfläche aufweist. Diese Konizität wird dann mit Hilfe eines Ziehverfahrens, das schematisch in Abb. 2 wiedergegeben wird, beseitigt, so daß ein Hochdruckhohlkörper entsteht, der eine zylindrische Außenwand besitzt. Das eine Ende ist offen, während das andere mit einem geschlossenen Boden versehen ist. Der Außendurchmesser wird durch Austausch mehrerer Ziehringe auf das gewünschte Maß gebracht. Für jeden nachfolgenden Ziehvorgang wird der Durchmesser des Ziehringes kleiner gewählt.

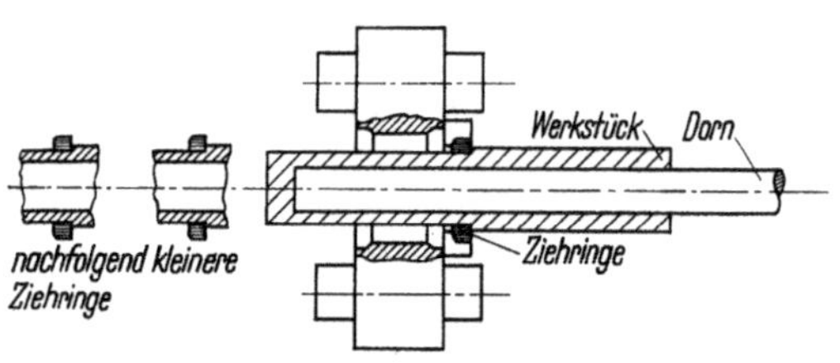


Abb. 2. Schematisches Ziehverfahren mit Hilfe eines Dornes über Ziehsteine zur Herstellung eines dickwandigen Hohlkörpers

Nach diesem Verfahren werden Hohlkörper hergestellt, die einen Außendurchmesser bis zu 850 mm aufweisen. Die praktische Ziehlänge der Hohlkörper liegt bei 6–7 m. Die Rauminhalte betragen bis zu drei Kubikmetern. Auf derartigen Ziehpressen lassen sich Blöcke bis zu 20 t Gewicht einsetzen. Das Roeckner-Radialwalzwerk, das Deutschland infolge der Demontage nach dem zweiten Weltkriege verloren hat, gestattete die Herstellung von Hohlkörpern bis zu 1600 mm Durchmesser mit Blockeinsatzgewichten bis zu 70 t.

## C. Geschmiedete Vollwandbehälter

Die Hochdruckhohlkörper, die in Kap. VI im Zusammenhange mit den Hochdrucksynthesen beschrieben sind, wurden größtenteils nach dem Hohlschmiedeverfahren hergestellt, besonders seit man gelernt hatte, daß die Hohlkörper nach dem Ausbohren mit anschließender Wärmebehandlung stets Rißbildung zeigten und daher viel Ausschuß aufwiesen.

Mit den Erfahrungen von heute ist beim Hohlschmieden die Gefahr der Rißbildung weitgehendst vermindert oder gar völlig beseitigt, wodurch die Betriebssicherheit wesentlich gesteigert wird. Allerdings muß dieser Vorteil durch ein sehr hohes Stahleinsatzgewicht für den ursprünglichen Gußblock erkauft werden. So ergibt sich z.B. für einen Hohlkörper, dessen Fertiggewicht 70 t sein möge, ein Gußblockgewicht von 150 bis 170 t, der vom Stahlwerk angeliefert werden muß.

Die Herstellung eines Hochdruckhohlkörpers nach dem Hohlschmiedeverfahren ist ein reichlich komplizierter Vorgang. Es kann oft vorkommen, daß für einen gewissen Gußblock eine Anzahl von Chargen aus mehreren Öfen zusammengelegt werden müssen, um das geforderte Blockgewicht bereitstellen zu können. Dabei ist es für die Güte des Blockes von Bedeutung, daß die Gießtemperatur, die Gießzeit, die Gießgeschwindigkeit und die Kokillentemperatur genau den Herstellungsvorschriften entsprechen.

Die Vorbereitung des Gußblockes zur Erreichung der Schmiedetemperatur ist ein ziemlich verwickeltes Verfahren und kann im einzelnen hier nicht behandelt werden. Hierfür wird auf die diesbezügliche Fachliteratur verwiesen.

Nach Erreichen der Schmiedetemperatur wird der Block zur Schmiedepresse befördert, wo zunächst das tote Kopfende mit den Lunkerbildungen und Verunreinigungen abgestochen wird. Nach dieser Abtrennung wird der Block durch wiederholtes Stauchen und Strecken nach allen Richtungen vorgeschmiedet. Im Anschluß hieran wird der Rohling mit dem Hohldorn gelocht.

Inzwischen kann der Block sich soweit abgekühlt haben, daß eine Wiedererwärmung erforderlich wird. Bei diesem Vorgang wird der Dorn in die Bohrung eingeführt, um später das Durchschmieden der Wandung des Hohlkörpers zu ermöglichen. Diese Verschmiedung ist naturgemäß mit einer Aufweitung des Innendurchmessers des Hohlkörpers verbunden.

Da das Werkstück sich während des Schmiedevorganges merklich abkühlt, bleibt für die Erzielung der gewünschten Bedingungen nur eine verhältnismäßig kurze Zeitspanne zur Verfügung. Es ist daher verständlich, daß zur vollen Ausnützung des schmiedbaren Zustandes des Blockes sehr schnell gearbeitet werden muß. Dies läßt sich nur mit gewaltigen Kran- und Hebeanlagen durchführen.

Vom Standpunkt der Festigkeit gesehen ist die Erzielung eines homogenen Verschmiedungsgrades und die Gewährleistung gleicher Wanddicke eine entscheidende Voraussetzung für die Beurteilung der Brauchbarkeit und die Betriebssicherheit des Hohlkörpers. Die nachfolgende, oft recht verwickelte Wärmebehandlung kann nur Homogenität in der Verteilung der Werkstoffeigenschaften erreichen, wenn gleiche Wanddicken vorliegen.

Man wird erkennen, daß das Hohlschmiedeverfahren ein kompliziertes Herstellungsverfahren verkörpert, wofür ein Stab erfahrener Kräfte zur Verfügung stehen muß, soll die Herstellung einigermaßen wirtschaftlich bleiben. Je schwerer das fertige Werkstück werden soll, um so schwieriger und komplizierter werden Vorgang und Werkstatteinrichtungen werden müssen. Mit der Größe und dem Gewicht wachsen aber auch die Schwierigkeiten zur Erreichung homogener Werkstoffeigenschaften.

## D. Geschweißte Hochdruckvollwandbehälter

Wie bereits in der Einleitung dieses Kapitels angedeutet, bereitet die Schweißung dickwandiger Behälter heute keine unüberwindlichen Schwierigkeiten mehr. Man hat in jüngster Zeit gelernt, zuverlässige Werkstoffe zur Verfügung zu stellen, die sich gut verschweißen lassen. Ferner ist mit der zerstörungsfreien Werkstoffprüfung ein Verfahren vorhanden, die Güte der Schweißung zu prüfen, wodurch die Festigkeit oder die Geometrie des Behälters keine Einbuße erleiden. Im Zusammenhange mit den Apparaturen der heutigen Atomreaktoren sind Behälter mit 150 mm Wanddicke einwandfrei verschweißt worden, wobei Betriebsdrücke bis zu 200 atü angewandt werden als zulässiger Betriebsdruck für den fertigen Behälter.

Das Schweißen von dickwandigen Hohlkörpern wird heutzutage für Klein- und Großbehälter in großem Umfange angewandt. Sehr vorteilhaft ist die Schweißung von Lagerbehältern für Gase und Flüssigkeiten. Behälter in der Größenordnung von 50–60 m$^3$ sind in größerer Anzahl bereits im Betrieb. A. F. Maier [*1*] berichtet über einen Propangasbehälter von 3700 mm Durchmesser und 8,50 m Länge mit einem Fertiggewicht von 33 t. Solche Behälter müssen nach der Schweißung spannungsfrei geglüht werden, wofür allerdings die erforderlichen wärmetechnischen Einrichtungen zur Verfügung stehen müssen. Im Falle der Verwendung von besonderen Legierungsstählen sind besondere Richtlinien hinsichtlich der Elektrodenwahl und der anschließenden Wärmebehandlung zu befolgen.

Im Hinblick auf die Verbesserung metallurgischer Voraussetzungen in bezug auf die Schweißbarkeit von Baustählen und deren Wärmenachbehandlung kann man sagen, daß heute Bleche bis zu 150 mm Dicke einwandfrei zu Hohlkörpern zusammengeschweißt werden können. Allerdings scheint dies die technisch praktische Grenze der Leistungsfähigkeit für Druckbehälter darzustellen, besonders mit Rücksicht auf eine zuverlässige Prüfung der Schweißnaht durch radiographische Methoden, durch Röntgenstrahlen handelsüblicher Geräte, es sei denn, man arbeitet mit Spannungen von 2 Millionen Volt, wobei sich Bleche bis zu 12″ Dicke verschweißen lassen.

Für die Vorbereitung der Bleche für die Schweißung und die Wärmenachbehandlung seien kurz einige Richtlinien gegeben, wie sie in den Renfrew-Werken von Babcock and Wilcox Ltd. erfolgreich angewandt werden, wie von T. B. Webb [*2*] berichtet wird.

### 1. Ausgangswerkstoffe für die Bleche

Grundsätzliche Voraussetzung für die Anwendung von Schweißung zur Herstellung von Druckbehältern ist die Bereitstellung von leicht schweißbaren Blechen, die bei der anschließenden Wärmenachbehandlung für spannungsfreies Glühen keine Versprödung aufweisen. Babcock and Wilcox haben gute Erfahrungen mit Werkstoffen folgender Zusammensetzung gemacht:

0,20–0,25 C (0,28 C max.) und 0,50–0,85 Mn.

Für Behälter mit höheren Drücken kann der Mangangehalt auf 1,50% erhöht werden. Ausgezeichnete Festigkeit erzielt man mit Stählen, die etwa 0,50% Mo und zwischen 1 und (1,50) und 2,0% Cr enthalten.

Außer den üblichen Versuchsproben für Streckgrenze, Zugfestigkeit und Kerbschlagzähigkeit ist es wichtig, die Bleche auf Homogenität, Hohlstellen, Fremdeinschlüsse und Strukturfehler durch Ultraschall und magnetische Fluchtung zu prüfen.

### 2. Das Walzen der Bleche

Je nach der Größe des Zylinderdurchmessers kann der Mantel aus einem oder einer Anzahl von Blechen hergestellt werden. Es ist dann zweckmäßig, die einzelnen Bleche so zusammenzuschweißen, daß praktisch zwei Halbschalen entstehen, die man dann zu einem zylindrischen Hohlmantel durch Schweißen verbindet. Für Blechstärken bis zu 3″ (~ 75 mm) ist das Kaltwalzen noch zulässig. Im allgemeinen jedoch wird eine Aufheizung der Bleche vor dem Walzen vorgezogen, bezogen dann auf alle Bleche, deren Dicke 2″ (~ 50 mm) oder größer ist. Bei Anwendung einer Vorwärmung der Bleche wird es erforderlich, die gebildete Oxydschicht an der Blechoberfläche durch Sandstrahlen zu beseitigen.

Der Zylinder kann also aus mehreren Blechen beliebiger Länge bestehen. Die Länge des Zylinders selbst wird lediglich von den vorhandenen Werkstatt- und Transporteinrichtungen begrenzt. Hinzu kommt dann noch die Einschränkung durch die Wärmeöfen.

### 3. Die Schweißung

Nach dem Walzen werden die Schweißnahtkanten für die Schweißung vorbereitet. Der Spalt ist genau festgelegt, abhängig von der Wanddicke und den Werkstoffeigenschaften. Schweißspannungen in Umfangsrichtung müssen nämlich zur Erzielung der Wandhomogenität vermieden werden.

Für die Schweißung müssen die Halbschalen sorgfältig zusammengefügt werden. Die Versuchsproben, die von der Schweißung zu nehmen sind, erhält man dadurch, daß man sie in axialer Richtung als direkte Fortsetzung der Schweißnaht anbringt, und zwar an den Zylinderenden. Die tatsächliche Schweißung wird dann über die Zylinderenden hinaus in die Probestücke fortgesetzt. Sie stellen dann somit eine wahre Probe von Zylinderwerkstoff und Schweißnaht dar. Nach Beendigung der

Schweißung werden diese Schweißproben abgetrennt, ohne daß dadurch die Zylinderkonstruktion selbst beeinflußt wird.

Die Schweißnähte werden mit Hilfe von Schweißmaschinen erzeugt, so daß eine kontinuierliche Schweißnaht ohne jegliche Unterbrechung erreicht werden kann. Eine Sondervorrichtung im Schweißkopf der Maschine gestattet die Auswechselbarkeit der Elektroden für garantierte Kontinuität der Naht. An der Schweißoberfläche wird ein Gasstrom von Kohlenwasserstoffgasen vorgesehen, um den Behälterwerkstoff vor Oxydation während der Schweißung zu schützen. Der Spalt wird durch eine Anzahl von Schweißschichten überbrückt, bis die endgültige Dicke der Wandung erreicht ist. Die Schweißhitze jeder nachfolgenden Auflage trägt dazu bei, die Kornstruktur der darunterliegenden Schicht zu verfeinern. Die erste Auftragsschicht wird auf Unterlagsstreifen aufgebracht, die durch Nachbearbeitung nach der Schweißung wieder entfernt werden. Dadurch wird die von Metalloxyden angereicherte Schweißwurzel beseitigt, und nur einwandfreies Metall bleibt in der Schweißfuge zurück. Der eventuell notwendig werdende Ausgleich der Wanddicke, die durch Bearbeitung verlorengeht, wird durch nachträgliche Handauftragsschweißung in der Fuge hergestellt. Nach dieser Maßnahme wird der Hohlkörper fertig bearbeitet und für die Röntgenprüfung vorbereitet.

Nach Abschluß der Schweißung und der Schweißnahtprüfung wird der Zylinder mit den entsprechenden Endverschlüssen versehen, wonach die Festigkeits- und Dichteprüfung vollzogen werden können.

### 4. Wärmenachbehandlung der Schweißnähte

Bekanntlich treten im Zusammenhange mit der Schweißung gewaltige Schrumpfspannungen in Umfangrichtung auf. Beim Vollwandkörper sind diese Eigenspannungen nicht erwünscht und müssen beseitigt werden. Dies läßt sich durch geeignete Wärmebehandlung ermöglichen. Die Richtlinien für spannungsfreies Glühen hängen natürlich vom Werkstoff ab und müssen vom Stahlwerk bereitgestellt werden. Es muß darauf hingewiesen werden, daß die verschiedenen Stähle in dieser Beziehung wesentliche Verhaltensunterschiede aufweisen können, so daß eine Konsultation mit dem Metallurgen des Stahlwerkes unerläßlich ist. In vielen Fällen wird es ratsam sein, die Wärmebehandlung unmittelbar nach Fertigstellung der Schweißung zu veranlassen bzw. zu beginnen.

In Fällen, wo die Schweißung am Aufstellungsort des Behälters gemacht wird, aber kein Wärmebehandlungsofen zur Verfügung steht, wird eine lokale Wärmebehandlung gemacht werden müssen. Dies läßt sich dadurch ermöglichen, daß man mit Hilfe von Ringbrennern die Hitze auf die Schweißnähte einwirken läßt. Häufig wird auch elektrische Induktionsheizung für diesen Zweck zur Anwendung gebracht.

### 5. Prüfung und Kontrolle der Schweißnähte

Geschweißte, dickwandige Hochdruckhohlkörper unterliegen den gleichen Druckprüfbedingungen wie die geschmiedeten oder gezogenen Zylinder. Darüber hinaus muß aber noch die Gesamtheit der Schweißnähte einer intensiven Prüfung auf Homogenität, Oberflächenrisse, Fremdpartikeleinschlüsse und Gasblasen bzw. Porösität unterzogen werden. Das geschieht im allgemeinen durch Röntgenprüfung im Zusammenhange mit Ultraschalluntersuchung.

Die Proben für die Schweißnahtprüfung, die der gleichen Wärmebehandlung ausgesetzt werden wie die Nähte des Behälters, müssen auf Zug, Druck, Härte, Biegung, Falzen und Kerbschlag geprüft werden. Parallel hierzu gehen die Gefügeuntersuchungen, die Aufschluß über metallurgische Fragen hinsichtlich der Schweißnaht beantworten müssen.

Nach Abschluß dieser Teste kann die Festigkeits- und Dichteprüfung vorgenommen werden. Für die Festigkeitsprobe wird der Behälter unter hydraulischen Innendruck gesetzt, dessen Wert dem 1,3fachen Betriebsdruck entspricht. Für die Gasdichtheitsprobe füllt man den Zylinder mit Stickstoff, der unter dem Druck steht, mit dem der Behälter betrieben werden soll. Der Betriebsdruck wird zum Zwecke der Dichteprüfung um 10% überschritten. Der Behälter bleibt dann für 8–10 Stunden diesem Probedruck ausgesetzt. Wenn innerhalb dieser Belastungsdauer der Innendruck nicht mehr als um 1–2% abfällt, wobei die Temperaturkorrektur berücksichtigt werden muß, wird der Behälter für den Betrieb freigegeben.

### 6. Praktische Anwendung von geschweißten dickwandigen Behältern

Nach Berichten von H. Tongue [*3*] hat Babcock and Wilcox Ltd. geschweißte Behälter für Druckanwendung bis zu einem Gewicht von 100 t gebaut. Der Innendruck betrug bis zu 125 atü. In diesem Druckbereich bestehen innerhalb der chemischen Industrie zahlreiche Möglichkeiten für solche Behälter. Das Hauptanwendungsgebiet dürfte jedoch bei der Atomindustrie vorliegen, wo ein steigender Bedarf an wirtschaftlichem Druckraum besteht.

## III. Mehrlagenbehälter

Unter dem Begriff Mehrlagenbehälter seien in diesem Abschnitt alle dickwandigen Hohlkörper verstanden, deren Wände – ganz im Gegensatz zum Vollwandbehälter – nicht aus einem massiven und homogenen Werkstoff bestehen, sondern aus zwei oder mehreren voneinander unabhängigen Schichten zusammengesetzt sind. Die Schichten werden entweder durch Schweißen, Schrumpfen oder eine Kombination von beiden gebildet. Je nach der Bauart und der Übertragung der Eigenspannungen spricht man von Schrumpfzylindern, Laminarzylindern oder Wickelbehältern.

Wie die Entwicklung der Hochdrucktechnik zeigt, hat es an zahlreichen Bauarten für Mehrlagenbehälter nicht gefehlt. Die Entwicklungsgeschichte dieser Behälter bis zur heutigen Form ist sehr aufschlußreich und wird in einer Arbeit von J. Class und A. F. Maier [*4*] umfassend geschildert. Die Behandlung in diesem Kapitel sei daher lediglich auf Behälter beschränkt, die heute in der Industrie in großem Maßstabe zur Anwendung kommen, und von denen feststeht, daß sie auch in Zukunft noch gebaut werden.

Für die weitere Betrachtung in diesem Kapitel sei folgende Unterscheidung getroffen: Schrumpfbehälter – Laminarbehälter – Wickelbehälter.

## A. Schrumpfbehälter

Bei der Behandlung der Berechnungsverfahren für dickwandige Hochdruckhohlkörper wird in Kap. IV von Schrumpfkonstruktionen gesprochen. Wie man dort ersehen kann, handelt es sich dabei um Druckbehälter, die praktisch aus zwei dickwandigen Einzelzylindern bestehen, die übereinander geschrumpft werden. Diese Feststellung wird deswegen getroffen bzw. ist notwendig, weil alle hier besprochenen Mehrlagenzylinder zur Erzeugung der Eigenspannungen das Schrumpfprinzip anwenden. Beim dickwandigen Schrumpfzylinder wird nur Schrumpfung angewandt, während beim Laminarzylinder die Schrumpfspannung ein Ergebnis der Schweißung ist, und beim Wickelbehälter die Eigenspannungen sich aus der Bandspannung und der Schrumpfspannung zusammensetzen. Wählt man Schrumpfung mit dickwandigen Zylindern, so erhält man optimale Verhältnisse mit zwei Wandschichten. Dies ist der Grund, warum der Begriff des reinen Schrumpfzylinders hier benützt wird.

Die dickwandigen Schrumpfbehälter, bei denen der Innenzylinder und der Schrumpfmantel etwa gleiche Wandstärke haben, sind einfach für die Berechnung, da der Schrumpfmantel keinerlei Längskräfte aufzunehmen hat. Bekanntlich wird eine Zylinderkonstruktion stets so ausgelegt, daß die Längskräfte aufgenommen werden können.

Der Schrumpfzylinder ist dem Vollwandzylinder überlegen, gleiche Bedingungen und Werkstoffe vorausgesetzt. Infolge der Gegenwart der Eigenspannungen kann entweder der Betriebsdruck erhöht werden bei gleicher Wanddicke, oder für gleichen Innendruck ist eine kleinere Wanddicke erforderlich.

Die praktische Erfahrung beweist aber, daß die Anwendung dieser Zylinderbauart auf Hohlkörper kleinerer Längen mit relativ kleinen Durchmessern beschränkt bleiben muß. Es ist werkstatt-technisch schwierig – vor allem aber sehr kostspielig – große Zylinder mit hohem Einsatzgewicht bei großen Längen für die Erreichung der engen Schrumpftoleranzen zu bearbeiten. Werden nämlich die Maßtoleranzen nicht eingehalten, so bilden sich Schrumpfspannungen aus, die von der Berechnung abweichen, und die Konstruktion hat ihren Zweck verfehlt, da man keine Garantie für eine homogene Spannungsverteilung hat. Man muß dabei in Rücksicht stellen, daß der Schrumpfmantel dazu noch aufgeheizt werden muß, um die Schrumpfung zu gewährleisten.

Man wird die Schrumpfkonstruktion lediglich für solche Fälle zur Anwendung bringen, wo kleinere Abmessungen in Frage kommen, bei denen sich die A.-O.-Smith-Methode oder das Wickelverfahren nicht lohnen.

## B. Schalenbauweise – Laminarzylinder

Die Schalenbauweise verwendet verhältnismäßig dünne Blechschichten, die durch Schweißen praktisch übereinander geschrumpft werden. Das Verfahren wurde von der A.-O.-Smith-Corporation entwickelt und auf seinen heutigen Stand gebracht. Diese Bauart hat heute einen Grad von Vervollkommnung erreicht, der es ermöglicht, eine eindeutige Berechnung für die Spannungsverteilung zu gewährleisten und dann auch diese Spannungsverteilung im fertigen Behälter weitgehendst zu verwirklichen. Gemäß H. Tongue [3] sind von der A.-O.-Smith-Corporation bisher weit über 8000 Druckbehälter aller Art nach diesem Verfahren hergestellt worden. Hiervon sind 85% für einen Betriebsdruck von über 200 atü bestimmt. Der bisher größte Behälter, den diese Firma gebaut hat, besitzt ein Gewicht von ~770 t. Der höchste Innendruck, bezogen auf das Berichtsdatum nach H. Tongue vom November 1955 war in der Größenordnung von 1700 atü.

Für die Herstellung von laminierten Hohlzylindern werden Bleche benützt mit einer Dicke von 6–8 mm. Die Bleche werden zu Halbschalen gewalzt und dann in den beiden Längsnähten elektrisch verschweißt. Der unterste dünnwandige Körper wird dann als Kernrohr benützt, über das dann jede beliebige Anzahl weiterer Schichten überlagert werden kann. Die Bleche werden so gewalzt, daß sie eng auf der darunter sich befindlichen Schicht aufliegen. Durch geeignete Bemessung des Spaltes für die Schweißnaht kontrolliert man den Betrag der erwarteten Schrumpfeigenspannungen nach der Kühlung der Schweißnaht.

Jede Schweißnaht wird an der Oberfläche sauber bearbeitet, um ein einwandfreies Aufliegen der nächstfolgenden Schicht zu gewährleisten. Auf diese Weise wird die Voraussetzung geschaffen, daß sich die Druckeigenspannungen gleichmäßig auf die Unterlage als Außendruck übertragen.

Bei Gegenwart von Druckwasserstoff im Behälterinneren muß damit gerechnet werden, daß der Wasserstoff durch die Wandung des Kernrohres hindurch diffundiert. Um der Wirkung dieses Wasserstoffdruckes in der Berührungsfläche zu begegnen, legt man feine Siebbleche ein, wodurch der Wasserstoff entweichen kann.

Der Mehrlagenzylinder läßt sich in jeder Länge und für beliebige Wanddicken und Innendurchmesser herstellen. Es muß lediglich darauf geachtet werden, daß das Kernrohr nicht zu dünn gewählt wird. Die Schrumpfspannungen können nämlich Werte erreichen, bei denen das Kernrohr plastisch unter dem Einfluß der Schrumpfdruckeigenspannungen verformt wird.

Bezüglich der Werkstoffauswahl kann gesagt werden, daß alle schweißbaren Bleche verwendet werden können. Es kommen also Bleche in Frage, die nach der Abkühlung der Schweißnaht keine Versprödung zeigen. Werden korrosionsfeste Werkstoffe gefordert, so braucht lediglich das Kernrohr diesen Forderungen zu genügen. Es muß dann lediglich Sorge dafür getragen werden, daß durch Einlage der Siebbleche dem Wasserstoff ein Weg zur Ableitung geboten wird.

Eine Wärmenachbehandlung des Behälters ist nicht erforderlich. Die Erfahrung zeigt nämlich, daß eine solche Wärmebehandlung sich nachteilig für die Schrumpfspannungen erweisen würde und daher besser unterbleiben sollte.

Eine große Serie von Berstversuchen mit solchen Zylindern hat bewiesen, daß bei der Wahl geeigneter Werkstoffe (hohe Dehnung) eine Splittergefahr nicht besteht. Die Zylinder reißen auf. Bei verformungsfähigen Werkstoffen tritt eine Aufbauchung ein, was stets ein günstiges Warnzeichen bedeutet.

## C. Wickelbehälter

Das Wickelverfahren liefert Hochdruckhohlkörper, deren Wände aus Schichten bestehen, die durch spiralförmige Aufwicklung eines Bandes entstehen, wobei das Band mit einem ganz bestimmten Profil versehen ist. Die erste Schicht wird wiederum auf ein Kernrohr aufgewickelt, das entweder nahtlos ist, oder gewalzt und mit einer Längsnaht verschweißt sein kann. Das Kernrohr besitzt an der Außenfläche das Profil des Wickelbandes, das darauf aufgewickelt werden soll. Das Verfahren wurde in der Badischen Anilin- & Soda-Fabrik in Ludwigshafen am Rhein entwickelt und 1938 patentiert. Es ist heute in der Literatur ganz allgemein nach seinem Erfinder als das Schierenbeck-Verfahren der BASF bekannt.

## 1. Aufbau des Wickelbehälters

Die Anwendung eines Bandes zur Herstellung der Wickellagen für die Wandung des Druckbehälters weicht ganz grundsätzlich von der Schalenbauweise mit Blechen ab. Das Band hat eine ganze Reihe von Vorzügen, die auch wirtschaftlich bedeutend ins Gewicht fallen. Das Band läßt sich beliebig lang machen, so daß es – zumindest für eine Schicht – kontinuierlich aufgewickelt werden kann. Das Band läßt sich aufheizen, es kann unter Zugspannung gesetzt werden, es läßt sich gegen die Unterlage unter Kontrolle andrücken, mit Hilfe der Luftanblasung vergüten bei eindeutiger Kontrolle der Homogenität des gesamten Bandes über die ganze Wickellänge. Durch die Verzahnung der Schichten ineinander wird ein homogener Zusammenhang in axialer Richtung hergestellt, was dann die Aufnahme der Axialspannungen durch die Verbundwand gestattet, wodurch das Kernrohr dünner gewählt werden kann. Durch die Wahl des Profils als Nut und Feder läßt sich ein kompakter Wandverband bewerkstelligen, der einen kontinuierlichen axialen Kraftfluß ermöglicht. Dieser Kraftfluß wird einmal durch die Schrumpfspannung und zum anderen durch die Verzahnung gewährleistet.

### a) Das Kernrohr

Im allgemeinen kann das Kernrohr ein verhältnismäßig dünnwandiges Rohr sein, dem die Aufgabe zufällt, die Dichtheit des Druckbehälters, als Ganzes gesehen, herzustellen. Da das Kernrohr beim Wickelbehälter keine Axialkräfte zu übernehmen hat, kann es verhältnismäßig dünnwandig gehalten werden. Dies hat insofern große praktische Bedeutung, als man infolgedessen Kernrohre benützen kann, die aus einem Blech gewalzt und dann längsnahtgeschweißt sind.

Mit Rücksicht auf die hohen Forderungen, die Hochdrucksynthesen im allgemeinen an die Werkstoffe der Apparate stellen, wobei der Wasserstoff als Hauptangriffsmedium vorherrscht, erscheint es zweckmäßig, das Kernrohr aus einem Werkstoff herzustellen, der zumindest heißem Druckwasserstoff standhält. Das Kernrohr übernimmt dann die Dichthaltung sowie den Korrosionsschutz bei hohen Temperaturen, während die Wikkelwand die Druck- und Zugkräfte zu übernehmen hat.

Geschweißte Kernrohre stellen keine Probleme dar, zumal im Hinblick auf die verhältnismäßig dünne Wand die Prüfung der Schweißnaht ohne weiteres durchgeführt und auch zuverlässig ausgewertet werden kann. Man wird vor allem die Schweißung bei großen Durchmessern vorziehen.

Die Wanddicke des Kernrohres braucht theoretisch nur so groß zu sein, daß die Torsions- und Schrumpfspannungen aufgenommen werden können, ohne daß dadurch das Kernrohr eine plastische Verformung erfährt. Das heißt, alle Anstrengungen dürfen nur so hoch gewählt werden, daß die Eigenspannungen die Streckgrenze des Kernwerkstoffes nicht erreichen oder gar überschreiten. An Hand der vielen Behälterausführungen, die bis heute vorliegen, hat es sich als praktisch erwiesen, die Wanddicke des Kernrohres mit 10% der Wand des Wickelkörpers festzulegen, wenn ein Außenverschluß vorgesehen ist. Soll dagegen aber ein Innenverschluß angebracht werden, so macht man die Wanddicke des Kernrohres vorteilhaft zu 15% der Gesamtwanddicke des Hohlkörpers.

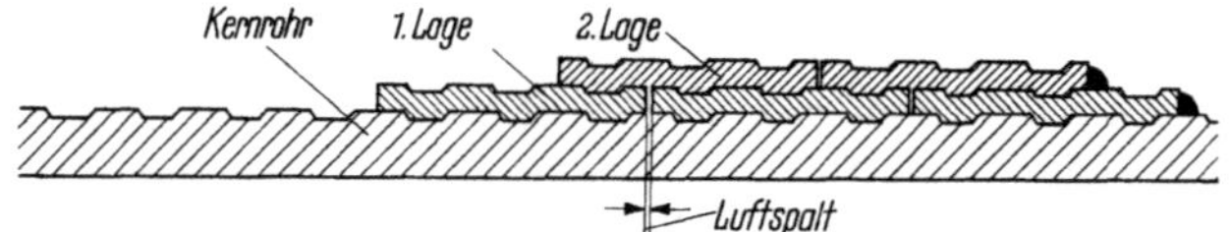


Abb. 3. Abschnitt eines Kernrohres mit Teilen der ersten und zweiten Bandauflage

Ein Kernrohrabschnitt mit einem Segment der ersten Wicklungsschicht ist im Schema der Abb. 3 wiedergegeben.

### b) Das Wickelband

Das Wickelband hat ein genau definiertes geometrisches Profil und wird nach dem Walzverfahren hergestellt. Die Toleranz des Profiles ist in der Größenordnung von 0,2%. Aus der Erfahrung von etwa 20 Jahren haben sich zwei Bandprofile bewährt, die heute praktisch ausschließlich hergestellt und angewandt werden. Es hat sich nämlich gezeigt, daß man für kleinere Behälter auch kleinere Bänder benützen sollte. Und zwar hat sich für Behälter, die von der BASF geliefert werden, die Regel entwickelt, daß bei Innendurchmessern bis zu 300 mm die Bandbreite 50 mm ist mit einer Dicke von 5 mm, während für alle Zylinder über 300 mm Durchmesser eine Bandbreite von 80 mm bei 8 mm Dicke üblich geworden ist.

Die Länge der Wickelbänder ist beliebig und hängt von der Größe der Behälter ab. Im Lieferzustande vom Walzwerk handelt es sich im allgemeinen um Längen von 50–80 m, je nach Blockgröße, die das Walzwerk zum Einsatz bringt. Das anlaufende Band wird schon vom Walzwerk aufgespult und so geliefert. Zur Bereitstellung der erforderlichen Bandlänge für eine komplette Lage werden verschiedene Bänder an den Stirnenden zusammengeschweißt mit nachfolgender Bearbeitung der Schweißnaht, um einen glatten Querschnittsübergang für die darauffolgende Lage möglich zu machen.

Hinsichtlich der Auswahl des Bandwerkstoffes mit Rücksicht auf seine Festigkeitseigenschaften steht ein sehr weiter Spielraum offen. Die Anforderungen an den Bandwerkstoff sind ausschließlich dadurch gekennzeichnet, daß sich der Werkstoff zur Herstellung von Bändern mit dem gewünschten Profil eignet, wobei Aufspulen, Umspulen, Abwickeln in einfacher Weise möglich sein müssen. Der Stahl muß sich in Luft vergüten lassen und im Fertigzustande eine Dehnung von mindestens 15% besitzen. Hinsichtlich der Streckgrenzenwerte bestehen nach oben keine Einschränkungen, solange die Dehnungen oberhalb der besagten Mindestgrenze von 15% bleiben. Stähle mit über 100 kg/mm² Zugfestigkeit sind mit gutem Erfolg verwendet worden. Wichtig sind also Stähle, die sich bei plastischer Verformung verfestigen und außerdem gut schweißbar sind ohne Neigung zu Versprödung.

Zur Kennzeichnung der Eignung reicht im allgemeinen neben den Festigkeitsangaben die Bezeichnung der Schmelzanalyse aus.

Ein entscheidender Faktor für gute Wickelauflage ist die einwandfreie Profilierung des Bandes im Zusammenhange mit den beim Wickeln angewandten Kontrollmaßnahmen zur Gewährleistung gleichmäßiger Auflagebedingungen.

### c) Die Flanschen der Wickelbehälter

Der Wickelkörper kann mit zwei grundsätzlichen Arten von Flanschen ausgestattet sein. Einmal ist es möglich, aus dem Vollen geschmiedete Flanschringe anzubringen, oder man kann einen sogenannten Wickelflansch herstellen.

Der geschmiedete Ringflansch wird an der Innenseite mit dem Profil der obersten Lage an der Zylinderwand versehen. Dieses Profil wirkt dann als Schraubengewinde. Der Ring wird dann erwärmt und aufgeschraubt. Beim Abkühlen entstehen Schrumpfspannungen, die ein Lösen des Flanschringes verhindern.

Bei Wickelbehältern ist es in der Praxis üblich geworden, den Flanschteil gleich an den Zylinder aufzuwickeln. Somit wird der Flansch ein fester Bestandteil des Druckmantels infolge direkter Fortsetzung der Wicklung. Beide hier besprochenen Flanscharten sind in Abb. 4 dar-

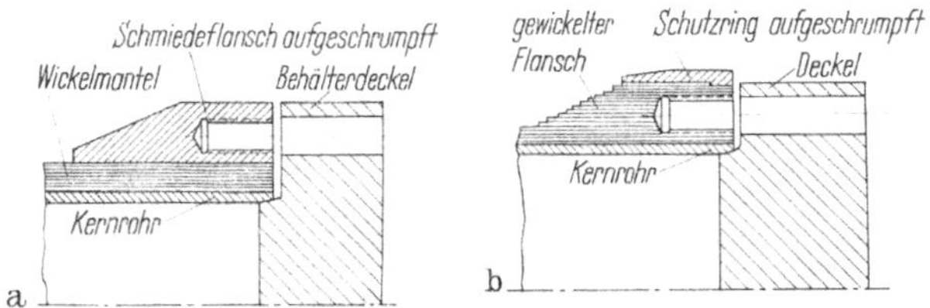


Abb. 4a u. b. Deckelverschlüsse von Wickelkörpern
a) mit geschmiedetem Flansch; b) mit gewickeltem Flanschteil

gestellt. Die Darstellung zeigt, daß beim geschmiedeten Flansch die Ausführung so gewählt ist, daß die Stiftschrauben ausschließlich im geschmiedeten Flansch verankert sind. Dies braucht zwar nicht notwendigerweise der Fall zu sein. Beim gewickelten Flansch wird jedes Kopfende des zylindrischen Körpers treppenförmig verstärkt gewickelt, um zu dem Flanschvolumen zu gelangen. Hierbei kommen dann die Stiftschrauben nur im gewickelten Teil zur Verankerung. Der außen angebrachte Schrumpfring dient lediglich als Schutzring für die Enden der Wicklung an der Abschlußkante, festigkeitsmäßig hat er jedoch keinerlei Bedeutung.

Bei der Wicklung des Flanschteiles ist man praktisch an keinerlei starren Regeln gebunden. Man hat somit volle Freiheit für die Gestaltung der Flanschgeometrie. Man wird sich hier fast ausschließlich nach wirtschaftlichen Gesichtspunkten zu richten haben. So richtet sich die Länge des Flansches praktischerweise nach der Größe und Länge der Stiftschrauben. Die Methode des Wickelflansches hat sich in vielen Jahren praktischer Betriebserprobung bestens bewährt. Als Richtlinie hat man festgelegt, die Tiefe der Bohrung für die Stiftschrauben im Wickelteil 1,80mal dem Wert des Gewindedurchmessers zu machen. Für die Betriebssicherheit gilt der Grundsatz, daß die Einschraubtiefe im Minimum 75% des Gewindedurchmessers zu betragen hat.

Man wird eindeutig erkennen, daß im Vergleich mit anderen Flanscharten im Hochdruckbau der Wickelflansch die kleinsten Abmessungen für den ganzen Verschluß zuläßt. Daraus ergeben sich weniger Schrauben, kleinere Wanddicken, kleinere Schrauben. Die Möglichkeiten der Kosteneinsparung durch geringeren Werkstoffaufwand, sowie beträchtliche Verminderung der Bearbeitungskosten und Werkstatteinrichtungen sind augenscheinlich.

Bei der Wicklung der Flanschen lassen sich auch Möglichkeiten zur Verwendung von Stiftschrauben verwirklichen. Wie aus Abb. 5a–e zu

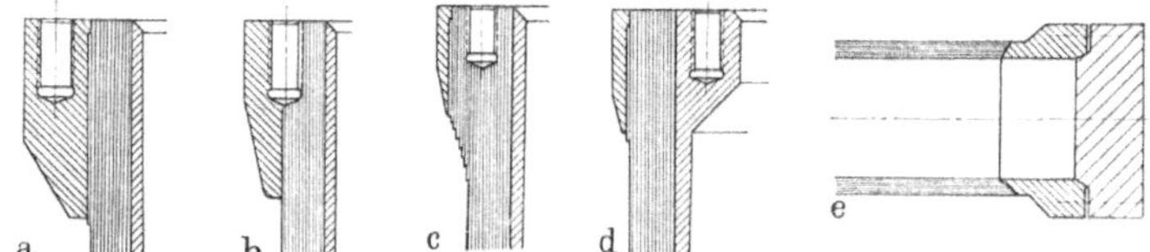


Abb. 5a–e. Möglichkeiten von Flanschanordnungen in Wickelkörpern

a) Geschmiedeter Flanschring aufgeschrumpft. Schrauben im Flanschring; b) geschmiedeter Flanschring aufgeschrumpft. Schrauben teilweise in Ring und Wicklung; c) gewickelter Flanschteil. Schrauben nur im Wickelteil; d) geschmiedeter Flanschring an Kernrohr angeschweißt. Schrauben im geschmiedeten inneren Flanschring; e) geschmiedeter Flanschring, angeschweißt an laminierte Mehrlagenwand

ersehen ist, ist der Konstrukteur für die Anordnung der Verschlußschrauben an keine starren Regeln gebunden. So zeigt Abb. 5a den aufgeschraubten Vollwandflansch nach dem Schmiedeverfahren, über den Wickelteil aufgeschraubt. In der Ausführung der Abb. 5b sind die Stiftschrauben zur Hälfte im Wickelteil und zur anderen Hälfte im Vollwandflansch verankert. Durch diese Maßnahme läßt sich die Größe des Schmiedeflansches merklich vermindern. Ein vollständig gewickelter Flansch wird in Abb. 5c gezeigt, wobei die Stiftschrauben nur im Wickelteil untergebracht sind. Und schließlich sei noch auf eine Konstruktionsform hingewiesen, die in Abb. 5d veranschaulicht wird. Hier ist das Kernrohr so eingehalst, daß der Verschlußflansch ausgeschmiedet ist. Das Schmiedestück wird an den zylindrischen Teil des Kernrohres angeschweißt und ist so gestaltet, daß es die Stiftschrauben vollständig aufzunehmen vermag. In dieser Ausführungsform ist die optimale Werkstoffeinsparung erreichbar.

Der Vollständigkeit halber sei noch auf Abb. 5e hingewiesen, die eine Verschlußart wiedergibt, wie sie bei Halbschalenzylindern der Laminarbauweise üblich ist. Wie man erkennt, ist der Flansch ebenfalls ein Schmiedestück, das an das Ende der Verbundwand aufgeschweißt wird.

### d) Der Wickelvorgang

Die Aufwicklung des profilierten Metallbandes wird auf einer Art Drehbank vollzogen, die in der Industrie unter dem Namen Wickelbank sich eingeführt hat. Das Kernrohr wird wie auf einer normalen Drehbank aufgespannt. Darauf werden die Profile des Bandes in die Kernrohroberfläche eingedreht. Das Schema einer Wickelanlage kann der Abb. 6 entnommen werden. Parallel zur Achse der Wickelbank läuft ein Transportwagen, der die Bandspule mit der Heizvorrichtung trägt. Die Vorwärtsbewegung des Transportwagens erfolgt nach Maßgabe des notwendigen Vorschubes beim Wickeln.

Das Kernrohr besitzt an beiden Enden ein totes Stück, das für den Wickelbeginn sowie für den Bandauslauf erforderlich ist, das aber später, nach Beendigung des Wickelvorganges, wieder abgestochen wird. Der Bandanfang muß zuerst auf das tote Ende aufgeschweißt werden, wobei es gleichgültig ist, an welcher Stelle die Schweißung vorgenommen wird. Die Schweißung wird bei Stillstand der Wickelbank ausgeführt. Das auflaufende Band läuft durch einen elektrischen Widerstandvorwärmer, wo es auf Vergütungstemperatur gebracht wird. Ein Geschwindigkeitsregler mit Druckknopfsteuerung an der Bank dient dazu, die Bandauflauftemperatur innerhalb gewünschter Grenzen zu halten. Diese Temperatur kann, je nach Bandwerkstoff, zwischen 575 und 750 °C liegen. Der Bedarf an Heizstrom liegt bei 4000–6000 A mit 30–40 V Spannung.

Die Führungsrollen werden als Verbindungsstellen des Heizstromes benützt. Beim Auflauf des Bandes auf die Kernrohroberfläche – solange man von der ersten Wickellage spricht – drücken zwei hydraulisch betriebene Profilwalzen das Band in das Gegenprofil der Kernrohroberfläche. Diametral gegenüber liegen Gegendruckwalzen, um das rotierende System unter Kräftegleichgewicht zu halten. Weitere Einzelheiten zum Wickelvorgang sind aus Abb. 6 zu ersehen.

Nach wenigen Umdrehungen hat das Band seine genaue Einpassung in das Profil der Unterlage erfahren, und dann wird es von besonderen

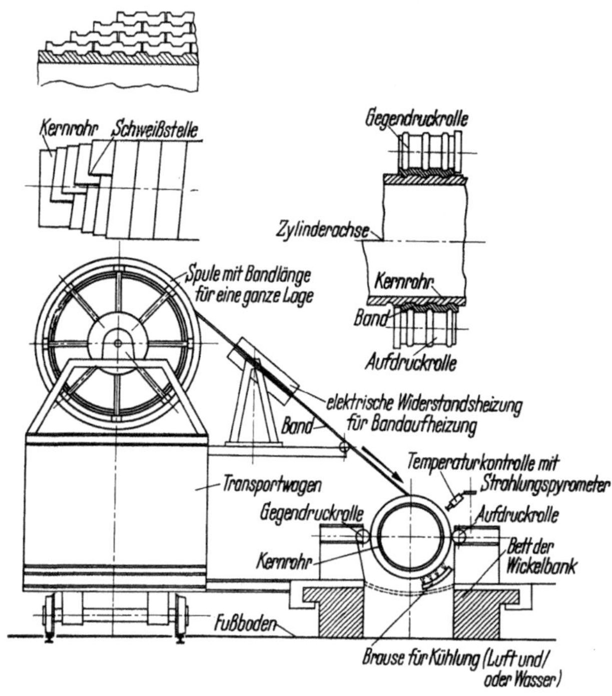


Abb. 6. Schema einer Wickelbank für profiliertes Band. Einzelheiten für die Bandwicklung

Luftdüsen angeblasen. Dadurch wird das Band gekühlt, was mitunter noch durch Aufspritzen von kaltem Wasser auf der Innenseite verstärkt wird. Diese Luftabschreckung ist ein bewußter Bestandteil der Bandvergütung durch Luft. Außerdem erzeugt die Luftabschreckung die Ausbildung von Schrumpfspannungen, die sich in Form von Druckeigenspannungen äußern.

Das Band läuft mit einer Geschwindigkeit von etwa 4,50–5,0 m/min auf das Kernrohr auf. Diese Wickelgeschwindigkeit wird während des ganzen Wickelvorganges als konstant beibehalten.

Sobald die Auflage der ersten Schicht beendet ist, wird die Drehung der Trommel angehalten, und das Band wird mit der Unterlage am Profilauslauf verschweißt, damit es sich nicht zurückspulen kann, ehe die volle Schrumpfspannung zur Ausbildung kam. Man macht dabei die Schweißnaht lang genug, um ein Abreißen der Schweißung zu verhindern.

Die zweite Schicht wird aufgewickelt, indem zunächst das Band auf die darunterliegende Schicht aufgetragen wird. Der Beginn ist wieder der gleiche wie für Schicht eins, nämlich Anschweißen. Die Einsetzung in das Profil der Unterlage geschieht derart, daß die zweite Schicht um ein Drittel der Bandbreite versetzt ist. Im übrigen ist der Wickelvorgang für jede nachfolgende Schichtauflage im Prinzip der gleiche wie bei der vorausgegangenen Unterlage, wobei man fortlaufend die Versetzung um ein Drittel der Bandbreite beibehält. Nach drei Auflagen wiederholt sich beim Profilband mit drei Nuten bzw. Federn die geometrische Lage der ersten Schicht.

Sobald die gewünschte Wanddicke der Verbundwand erreicht ist, werden die Schutzringe für die äußerste Schicht aufgezogen, und die toten Enden des Kernrohres abgestochen, um die beabsichtigte Baulänge zu erreichen. Nach dem Abstich der toten Enden enthält der fertige Wickelkörper praktisch keine Schweißstellen mehr. Der Wickelverband wird ausschließlich von den Schrumpfspannungen gehalten.

Das Abschrecken nach dem Wickelvorgang wird über eine Luftbrause gesteuert mit Kontrolle der Strömungsgeschwindigkeit, um eine gleichmäßige Vergütung des Bandwerkstoffes zu gewährleisten. Der gleichzeitig damit verbundene Schrumpfvorgang sorgt für die Bildung gleichmäßig verteilter Druckeigenspannung innerhalb jeder Schicht. Messungen an abgeschnittenen Probelängen haben bewiesen, daß die Spannungsverteilung tatsächlich sehr gleichmäßig ist. Im Kernrohr können die Druckeigenspannungen Werte bis zu 15 kg/mm$^2$ erreichen. Bei Innendruck wird das Kernrohr bis zu einem gewissen Grade spannungsfrei, während der Verband die Last aufnimmt.

## 2. Anwendungsmöglichkeiten für Wickelbehälter

Die Einfachheit der Konstruktion und die Art seines Aufbaues bringen es mit sich, daß dem Wickelbehälter praktisch keine Grenzen hinsichtlich seiner Anwendung in Hochdruckanlagen der chemischen Industrie gesetzt sind. Ein Überblick für Hochdruckhohlkörper, die in Industriebetrieben bisher Verwendung gefunden haben, zeigt, daß Behälter mit Innendurchmessern bis zu 1200 mm und Längen bis zu 18–20 m nach dem Wickelverfahren hergestellt und für Produktionsanlagen zum Einsatz gekommen sind. Für das „Bureau of Mines“ in den USA wurde ein Wickelofen gebaut mit einer Länge von 20 m und einem Innendurchmesser von 1420 mm. Der Apparat ist als Konverter in Betrieb. Länge und Durchmesser hängen lediglich von den vorhandenen Werkstatteinrichtungen ab. Hierbei handelt es sich lediglich um rein mechanische Einrichtungen, wie Wickelbank, Transportanlagen usw. Eine Wärmebehandlung von Wickelbehältern wird nicht durchgeführt. Die Hochdrucktechnik im Rahmen der chemischen Industrie dürfte – von wenigen Ausnahmen abgesehen – das Hauptanwendungsgebiet für Wickelbehälter darstellen. Neuerdings tritt die Atomwirtschaft auch in das Blickfeld wichtiger Anwendungen für Wickelkörper.

Eine gewisse Einschränkung für die Anwendung von Wickelbehältern liegt in dem Zwang, eine obere höchstzulässige Temperaturgrenze nicht zu überschreiten. Es muß nämlich unter allen Umständen verhindert werden, daß diejenige Temperatur erreicht wird, bei der die Schrumpfspannungen infolge der Wärmedehnungen aufgehoben werden.

Der Anwendung von Wickelbehältern ist oft auch dadurch eine Grenze gesetzt, daß es bisher schwierig war, den Behälter in der vorliegenden Form zu beheizen oder zu kühlen. O. KONRAD [5] beschreibt eine Lösung dieser Frage, die in Ludwigshafen entwickelt und mit Erfolg angewandt wurde. In dieser Bauart wird während des Wickelns ein reguläres Profilband zu einem Hohlkörper geformt, der von außen gesehen einem Halbrohr gleicht. Diese Halbschale wird jetzt auf ein extra für diesen Zweck aufgewickeltes Normalband aufgewickelt und nach der Wicklung mit der Unterlage verschweißt. Dadurch wird die eigentliche drucktragende Wand nicht beeinflußt oder in ihrem Festigkeitsverhalten gestört bzw. durch Überhitzung beschädigt. Es kommt lediglich darauf an, daß die Aufwicklung der Halbschale und des darunterliegenden Bandes, das mit der Halbschale nach der Verschweißung den Heizkörper bildet, bei einer Temperatur erfolgt, die hoch genug ist, um nach der Inbetriebnahme der Heizung noch genügend Schrumpfspannung wirksam zu belassen. Durch die Aufschrumpfung des Heizelementes ist ein enger Kontakt mit der Unterlage hergestellt, der nach Maßgabe der Berührungsfläche eine günstige Wärmeübertragung zur Verfügung stellt. Die Vorrichtung läßt die Verwendung von Dampf bzw. auch Kühlwasser zu. In Ludwigshafen sind nach KONRAD Apparate dieser Art gebaut worden, bei denen abwechselnd Zonen zur Beheizung als auch für Kühlung vorgesehen sind. KONRAD berichtet, daß solche Halbschalen nach der Verschweißung auf dem Apparat mit Probedrücken bis zu 400 atü abgepreßt wurden.

## IV. Vergleich der wichtigsten Bauarten nach technischen und wirtschaftlichen Gesichtspunkten

Der Vergleich zur Beurteilung von Hochdruckhohlkörpern verschiedener Bauarten sei lediglich auf Zylinder beschränkt, die nach dem heutigen Stand der Werkstattechnik sowohl für die Produktion als auch im Laboratorium gebraucht und dort auch als wirtschaftlich angesehen werden. Sonderbauarten können aus begreiflichen Gründen in diese Betrachtung nicht einbezogen werden. Nach dieser einfachen Einschränkung bleiben folgende drei Hauptbauarten zu betrachten: Vollwandbehälter, Laminierte Behälter und Wickelbehälter. Es sei darauf hingewiesen, daß der Schrumpfbehälter, bestehend aus zwei verhältnismäßig dickwandigen Einzelzylindern, sich in der Industrie nicht durchgesetzt hat und auf Sonderkonstruktionen beschränkt bleibt.

## A. Technische Gesichtspunkte

Bei der Beurteilung der einzelnen Behälterbauarten sei streng zwischen technischen und wirtschaftlichen Gesichtspunkten unterschieden. Diese Unterscheidung ist insofern wichtig, weil es vorkommen könnte, daß die eine Bauart wesentlich billiger aber vielleicht technisch nicht realisierbar sein dürfte.

### 1. Vollwandzylinder

Wie bereits in Kap. I zum Ausdruck gebracht wird, hat der unter Innendruck stehende Vollwandzylinder die ungünstigste Werkstoffausnützung von allen in die Betrachtung einbezogenen Hochdruckhohlkörpern. Neben der Beschränkung der Lieferkapazität der Stahl- und Walzwerke war die Spannungsverteilung und die dadurch erzeugte Druckbegrenzung einer der wichtigsten Gründe, der die Hochdrucktechniker zwang, nach neuen Möglichkeiten Ausschau zu halten. Außerdem ist die Wärmebehandlung dickwandiger Druckapparate zur Erzeugung homogener Werkstoffeigenschaften sehr schwierig. Ferner ist die Festigkeitskontrolle dicker Wände nahezu unmöglich, wenn man streng wirtschaftlich arbeiten will.

### 2. Der laminierte Mehrlagenzylinder

In festigkeitstechnischer Hinsicht und im Hinblick auf die Gleichmäßigkeit der Spannungsverteilung im Wandquerschnitt unter Innendruck ist der Mehrlagenzylinder, dessen Wand aus einer Anzahl dünner Walzbleche besteht, die unter Ausnutzung des Schrumpfprinzips aufgetragen sind, dem einfachen Vollwandzylinder wesentlich überlegen. Die Anstrengungsverteilung nach Maßgabe des Sägediagrammes mit seiner Vielzahl von Stufenunterteilungen entsprechend der Anzahl der Wandschichten ist so viel wie gleichmäßig, also unabhängig von der Wanddicke, d.h., die Anstrengung an der Innenfaser ist gleich der Anstrengung an der Außenfaser, und beide sind gleich der höchstzulässigen Anstrengung, mit der der Werkstoff belastet werden darf. Die Spannungsspitzen an der maximal beanspruchten Innenfaser sind abgebaut um den Betrag der Druckeigenspannungen, während die niedrig beanspruchte Außenfaser durch die Zugeigenspannungen stärker zum Tragen herangezogen wird, wodurch die bessere Werkstoffausnutzung zustande kommt.

### 3. Der Wickelbehälter

Im Hinblick auf die Fragen der Festigkeit und der Spannungsverteilung gelten für den Wickelbehälter die gleichen Gesichtspunkte, wie sie für den laminierten Mehrlagenzylinder angeführt sind. Die Gleichmäßigkeit der Spannungsverteilung beruht einmal auf der Ausbildung gleichmäßiger Schrumpfspannungen beim kontrollierbaren Wickelvorgang, zum anderen aber auf der hochelastischen Eigenschaft des Wickelverbandes als solchem. Der Einfluß der Elastizität der Wicklung ist durch Versuch bestätigt, worüber SCHIERENBECK [6], der Erfinder des Wickelverfahrens, berichtet. Nach SCHIERENBECK hat bereits schon ein leichtes Verschweißen der Bänder am Rande der äußersten Lage genügt, um ein völliges Aufreißen sämtlicher Wickellagen zu veranlassen. Diese Entdeckung wurde bei Platzversuchen mit Wickelbehältern gemacht. Sobald der Platzdruck erreicht wird, reißen lediglich die ersten zwei oder drei Wickellagen auf, während die übrigen sich aufbauchen. Der Wickelverband bleibt im wesentlichen erhalten, und die Sprengsicherheit ist gewährleistet.

Die Bandvergütung während der Aufwicklung kann so gesteuert werden, daß eine Verdopplung der Festigkeitseigenschaften des Bandwerkstoffes erzielt werden kann, ohne daß die Härte wesentlich ansteigt oder gar eine Versprödung eintritt. Diese erzielbare Verbesserung der Festigkeit des Bandwerkstoffes infolge der Luftvergütung beim Wickeln hat nach SCHIERENBECK nachweislich gemessene Werte von bis zu 42% gezeigt. Gleichzeitig wird die Sprengsicherheit praktisch auf 100% gesteigert, weil die individuelle Kontrolle des auflaufenden Bandes vollkommen beherrschbar ist. Dadurch kann die Rechnung auf den vollplastischen Zustand abgestellt werden.

Werden bei Berstversuchen Vollwandzylinder zum Platzen gebracht, dann zeigt sich der gefährliche Längsriß, der bekanntlich zu der gefürchteten Splitterwirkung Anlaß gibt. Der Laminierzylinder baucht sich auf und reißt dann quer. Hier ist keine Splittergefahr vorhanden, da es sich um verhältnismäßig sehr dünne Einzelbleche handelt. Beim Wickelbehälter versagen die Bänder ebenfalls quer zur Längsrichtung, wobei die Wicklung sich auflöst, bevor irgendeine Splitterwirkung sich ausbilden kann. Das Versagen geht vom Bruch des Kernrohres aus, das quer zur Behälterachse infolge unzulässiger Längskräfte versagen wird. Von da aus sucht der Druck sich auszubreiten, was zur Aufbauchung der Wicklung und schließlich zur Auflösung des Wickelverbandes führt. Der Druck wird also eher eine Entspannungsmöglichkeit finden, bevor der ganze Effekt des Behälterinhaltes voll zur Auswirkung kommen kann, um die Wand durch Splitterwirkung zum Versagen zu bringen. Von den vielen Berstversuchen mit Wickelbehältern kann die Folgerung gezogen werden, daß der Berstdruck im Mittel etwa dem fünffachen Betriebsdruck gleichkommt.

Das Betriebsverhalten von Wickelbehältern gegenüber Lastwechselbeanspruchungen mit hohen Spannungsunterschieden ist bislang im internationalen Schrifttum noch nirgends behandelt worden.

Der Wickelbehälter stellt, ganz generell gesprochen, eine hochwertige Form von Hochdruckhohlkörper dar, der sich jedem erdenklichen Bedarfsfall leicht anzupassen vermag. Durchmesser, Länge, Druck und selbst Temperaturbedingungen können innerhalb weiter Grenzen schwanken.

Hinsichtlich der Wärmeleitfähigkeit hat J. Schierenbeck [7] Versuche angestellt und gefunden, daß die Wanddicke eine Wärmeleitfähigkeit besitzt, die 85–95% derjenigen der Vollwand erreichen kann.

Der geringe Spalt, der absichtlich zwischen zwei Bandprofilen innerhalb der gleichen Bandlage besteht und sich spiralförmig über den Umfang der jeweiligen Schicht über die ganze Länge der Schicht erstreckt, hat die Aufgabe, alle diffundierenden Gase abzuführen, die eventuell durch das Kernrohr diffundieren und so in die erste Lage gelangen sollten. Beim Laminarzylinder sind für diesen Zweck kleine Bohrungen und Siebblecheinlagen vorgesehen. Schierenbecks Versuche zeigen, daß eine solche Gasdiffusion, vornehmlich Wasserstoff unter hohem Druck, schon bei einem Druck von 5 atü beginnt.

Die Druckbelastbarkeit des Wickelkörpers gegenüber dem Vollwandkörper nimmt mit steigendem Innendruck zu. Infolge der Bandvergütung beim Wickeln sind für den Wickelkörper Innendrücke möglich, für die ein Vollwandkörper nicht in Frage kommen wird. Schierenbeck berichtet von Platzversuchen, die zeigten, daß gewisse Wickelkörper erst bei 6000 atü zerplatzten, d.h. aufrissen, während der gleichstarke Vollwandzylinder schon bei 1000 atü durch Platzen versagte.

Die Wärmebehandlung sehr dickwandiger Vollwandhohlkörper mit großer Länge ist sehr schwierig, wenn Gleichmäßigkeit der mechanischen Festigkeitseigenschaften angestrebt werden muß. Dies trifft ganz besonders zu für höher legierte Werkstoffe. Die Zylinder sind oft nach der Wärmebehandlung nicht frei von unkontrollierbaren Spannungen. So berichtet Schierenbeck [7], daß bei Versuchen ein am Boden liegender Vollwandzylinder unter der Aufprallwirkung eines anderen Vollwandkörpers in sehr viele Stücke zersprang, als der fallende Zylinder aus einer Höhe von 15 m vom Kran für den Fall ausgelöst wurde. Der Flansch des stürzenden Körpers traf den am Boden liegenden Mantel in der Mantelfläche, worauf dieser in Stücke zerbrach. Im Gegensatz hierzu ließ man einen Wickelbehälter aus der gleichen Höhe in der gleichen Versuchsserie auf ein Eisenbahngleis fallen, wobei der fallende Körper die Schiene mit der Mantelaußenfläche traf. Als Ergebnis stellte man den Bruch einiger Windungen fest, was man durch einfaches Zusammenschweißen wieder einwandfrei beheben konnte.

Etwa auftretende mechanische Beschädigungen in der Wicklung können durch Auswechseln des Bandes bzw. der betreffenden Schicht beseitigt werden. Ferner kann, falls der Behälter für höhere Drücke eingesetzt werden sollte, eine nachträgliche Auftragung zusätzlicher Schichten vorgenommen werden, um eine Wandverstärkung zu erzielen.

## B. Wirtschaftliche Gesichtspunkte

Von der wirtschaftlichen Seite gesehen ist die Überlegenheit der Mehrlagenbehälter im Vergleich zu den Vollwandzylindern noch überzeugender. Die wichtigsten Gesichtspunkte lassen sich wie folgt zusammenfassen:

1. Die Aufbringung von Druckeigenspannungen läßt neben höherem Innendruck auch gleichzeitig geringere Wanddicken zu. Mit der Verringerung der Wanddicke fällt das Einsatzgewicht, wodurch sich der Werkstoffpreis und die Bearbeitungskosten vermindern. Dies wiederum hat zur Folge, daß für Transport, Aufstellung und Betriebsunterhaltung niedrigere Kosten anfallen.

2. Die Aufbringung gewickelter Flanschen führt zu einem Minimum von Werkstoffaufwand für die Endverschlüsse des Hohlkörpers. Im Zusammenhang damit wird der Schraubenkreisdurchmesser sehr merklich verkleinert, woraus sich kleinere Stiftschrauben und schwächere Behälterdeckel ergeben. Diese Einsparungen wirken sich deutlich aus auf eine Verminderung des Kostenaufwandes an Werkstoff, Werkstattarbeit, Transport und Krananlagen usw.

3. Nach einem Bericht von Donovan, Josenhans und Markovits [*8*] ist der Werkstoffverlust infolge Werkstattbearbeitung bis zur endgültigen Fertigstellung nur etwa ein Sechstel dessen, was bei Vollwandzylindern anfällt, unter Zugrundelegung des Schmiedeverfahrens.

4. Nach Donovan, Josenhans und Markovits [*8*] sind zur Herstellung von Mehrlagenkörpern wesentlich weniger Arbeitskräfte erforderlich. Die Zahl der Arbeitskräfte beträgt weniger als ein Fünftel derjenigen, die beim Schmiedeverfahren normalerweise üblich sind.

5. Die laminierten und gewickelten Hochdruckhohlkörper können praktisch genommen an der Stelle gebaut werden, wo sie zum Einsatz kommen sollen. Wenn man von der Wickelbank absieht, so sind keine übertrieben großen Werkstatteinrichtungen erforderlich.

6. Die Größe der Wickelbehälter oder Laminarzylinder unterliegt von der Werkstattseite her keiner Einschränkung. Gußblöcke, Schmiedepressen und Wärmebehandlungseinrichtungen werden nicht gebraucht. Die einzige einschränkende Bedingung besteht in der Forderung nach ausreichenden Krananlagen für die Fertigung und Aufstellung.

7. Für Reaktionsverfahren, die die Anwendung hochwertiger legierter Werkstoffe erfordern, ist der Vollwandkörper am unwirtschaftlichsten, es sei denn, man wählt eine entsprechend starke Auskleidung. Die Auskleidung stellt zwar keine ideale Lösung dar, führt jedoch zu einer beträchtlichen Kostensenkung gegenüber der vollen Wand. Beim Mehrlagenzylinder übernimmt das Kernrohr den Korrosionsschutz, während die Verbundwand der drucktragende Teil ist und daher aus weniger kostspieligen Werkstoffen bestehen kann.

Außerdem ist die Bereitstellung von Bändern oder Blechen billiger als hochkomplizierte Stahlgußblöcke.

8. Nach Erfahrungswerten von SCHIERENBECK [*7*] ist der Wickelbehälter – selbst für gleiche Wanddicke – billiger in der Anschaffung als der Vollwandkörper.

9. Ein genauer Vergleich über die Herstellungskosten ist insofern sehr schwierig, da alle drei in die Betrachtung eingeschlossenen Behälterarten nicht in allen Ländern gebaut werden. Man kann heute feststellen, daß lediglich der Vollwandbehälter eine universell gebräuchliche Bauart ist. Der Laminarbehälter wird nahezu ausschließlich in den USA hergestellt. Der Wickelbehälter dagegen geht fast ausschließlich auf Herstellung in Deutschland zurück. Neuerdings kommen auch Wickelbehälter der Firma Vickers-Armstrong in London auf den Markt. Man kann also keinen Vergleich ziehen, da praktisch an keiner Stelle alle drei Behältertypen zu gleicher Zeit gebaut werden. Man ist für die Auswertung mehr oder weniger auf die Angaben der Herstellerfirmen angewiesen.

B. A. KORNDORF [*9*] gibt einige Angaben: Ausgehend von einem Zylinder mit 1200 mm lichtem Durchmesser und einer Länge von 18 m für einen Betriebsdruck von 325 atü verteilen sich die Herstellungskosten – wenn man den Vollwandzylinder zu 100% wählt – wie folgt:

| | |
|---|---|
| Geschmiedeter Vollwandzylinder: | 100% |
| Wickelbehälter: | |
| Unter Benützung von Werkstoffen mit $\sigma_F = 35$ kg/mm² bei 350 °C | 82% |
| Unter Benützung von Werkstoffen mit $\sigma_F = 60$ kg/mm² bei 350 °C | 59% |

Diese Angaben stützen sich auf eine relativ kleine Anzahl von Zylindern, die in dieser Größe für diese Bedingungen hergestellt wurden. Mit steigender Stückzahl wird das Verhältnis zunehmend besser zugunsten des Wickelbehälters.

10. Nach A. I. MAIER [*1*] ist die Herstellung von Vollwandbehältern bis zu Durchmessern von 350–400 mm durchaus wirtschaftlich. Die erforderlichen Schmiede- und Werkstatteinrichtungen sind noch angängig und keineswegs enorm. Außerdem sind bis zu diesen gängigen Größen

meist genügend erfahrene Facharbeiter zur Verfügung in den Herstellerwerken.

Natürlich schwanken auch die Preise innerhalb der verschiedenen Werke für den gleichen Behälter, was ebenfalls in die preisliche Auswertung einbezogen werden muß.

Geht die Größe über einen Durchmesser von 400 mm NW hinaus, so treten die Unterschiede besonders deutlich in Erscheinung, und zwar kann man feststellen: Mehrlagenbehälter werden um so wirtschaftlicher, je höher der betriebliche Innendruck sein muß. Als praktische Grenze läßt sich bereits eine Linie bei 300 atm ziehen. Dies bedeutet, daß Wickelbehälter bereits wirtschaftlich hergestellt werden können für Betriebsdrücke von 300 atü an aufwärts. Ganz allgemein läßt sich auch sagen, daß Behälter, die ein Fertig-Einsatzgewicht von 20 t überschreiten, in Mehrlagenbauweise ausgeführt werden sollten.

Trotz aller technisch-wirtschaftlich-wissenschaftlicher Betrachtungen sollte man stets in Rücksicht stellen, daß die Betriebserfahrung des Personals beim Herstellerwerk eine ausschlaggebende Rolle spielen kann.

## Literatur zu Kapitel VIII

[1] Maier, A. F.: Die Herstellung der Hochdruckapparate. Chemie-Ingenieur-Technik, Bd. 29 (1957) Nr. 5.

[2] Webb, T. B.: Journal Inst. Pet. Bd. 40 (1954) 233.

[3] Tongue, H.: The Design and Construction of High Pressure Chemical Plant. Princeton N. J.: D. van Norstrand Co, INC. 1959.

[4] Class, J., u. A. F. Maier: Bauarten von Hochdruckhohlkörpern und Mehrteil-insbesondere Mehrlagen-Konstruktion. Chemie-Ingenieur-Technik, Bd. 24 (1954) Nr. 4.

[5] Konrad, O.: Die Konstruktionselemente des Wickelhohlkörpers. Z. VDI, Bd. 96 (1954) Nr. 36.

[6] Schierenbeck, J.: Kritische Betrachtungen zur Herstellung von Hochdruckhohlkörpern in Mehrteilbauart für Hochdrucksynthesen. Brennstoff-Chemie, Bd. 36, Nr. 14/15 (1955) 239–244.

[7] Schierenbeck, J.: Wickelverfahren zur Herstellung von Synthese-Hochdruckhohlkörpern. Brennstoff-Chemie, Bd. 31, Nr. 23/24 (1950) 375–380.

[8] Donovan, J. T., M. Josenhans and J. A. Markovits: High Pressure Vessels in Coal Hydrogenation Service. Trans. of the ASME, Paper No. 49-PET-6.

[9] Korndorf, B. A.: Hochdrucktechnik in der Chemie. Berlin: VEB Verlag Technik 1956.

Kapitel IX

# Zubehörteile von Hochdruckanlagen; Rohre, Formstücke, Ventile

## I. Einleitung

In einer modernen Fabrikationsanlage der chemischen Industrie nehmen die Zubehörteile sowohl apparativ als auch kapitalmäßig einen sehr bedeutenden Raum ein. Je größer und umfassender eine Anlage ist, um so stärker fällt dieser Faktor in technischer als auch in wirtschaftlicher Hinsicht ins Gewicht. Diese Tatsache tritt bei Hochdruckanlagen ganz besonders in Erscheinung, wo jedes Einzelteil mit hohem Einsatzgewicht in Rechnung gestellt werden muß. Allein für Rohre und Formstücke kann der Kostenanteil für eine bestimmte Hochdruckproduktionsanlage zwischen 30 und 40% des Gesamtanschaffungspreises der Anlage betragen. Man ersieht daraus, daß der Hochdrucktechniker diesen Bauelementen seine besondere Aufmerksamkeit schenken muß.

Sobald die Dimensionierung der Apparate und Maschinen einer Produktionsanlage unter hohem Druck festliegen, werden die Kosten der Gesamtanlage dann weitgehend davon abhängen, inwieweit die Rohrleitungen und Armaturen genormt sind. Bei Anlagen, die unter atmosphärischen Bedingungen oder bei nur geringem Betriebsdruck arbeiten, bereitet die Frage der Normung keine wesentlichen Probleme. Dies sieht man allein schon daran, daß in fast allen Ländern, die über eine bedeutende chemische Industrie verfügen, die Rohrleitungen praktisch ausnahmslos genormt sind. Alle Hersteller von Rohrleitungen richten sich nach den bestehenden Normrichtlinien und legen ihr Fabrikationsprogramm entsprechend aus.

Im Falle von hohem Betriebsdruck liegen die Verhältnisse in den meisten Ländern durchweg anders. Normung setzt Festlegung von Druckstufen voraus. Im Hinblick auf die Montage und auf die technische Auslegung sollten möglichst viele Druckstufen bestehen. Mit Rücksicht auf die Lagerhaltung wäre diese Maßnahme absolut unwirtschaftlich und damit unhaltbar. Außerdem ist bei der Vielzahl der bestehenden Werkstoffe mit dem weiten Bereich der Variierbarkeit ihrer Festigkeitseigenschaften die Normung in engen Grenzen praktisch unmöglich. Die Folge davon ist, daß in vielen Ländern die Normung dieser Teile noch in ihren Anfängen steckt. So ist es nicht sonderlich verwunderlich, daß beispielsweise in den Vereinigten Staaten die Normung im Hochdruckrohrwesen noch nicht über die 200-atm-Druckgrenzen hinausgegangen ist. Jede Bestellung fußt mehr oder weniger auf der Erfahrung des Bestellers bzw. auf individuellen Werksnormen, die selbst innerhalb großer Konzerne beträchtlich schwanken können. Hier spielt allerdings auch die wirtschaftliche und organisatorische Struktur der industriellen Verwaltung eine bedeutende Rolle, auf die an dieser Stelle nicht näher eingegangen werden kann. Ähnliche Überlegungen treffen für die Festlegung der Formstücke zu, da deren konstruktive Gestaltung sich ausschließlich auf die Größe der Rohrabmessungen stützen muß, für die sie hergestellt und im Betrieb zum Einsatz gelangen sollen. Neben einer einwandfreien technologischen Anpassung an das bestehende Rohrleitungssystem spielt natürlich die Frage der Lagerhaltung solcher Baukomponenten für rationelle Gestaltung eine bedeutende Rolle. Hier liegt also für den Hochdruckkonstrukteur ein weites Feld lohnender Betätigung für künftige Entwicklungsaufgaben. Im Rahmen zweckmäßiger Bauweise und optimaler Werkstoffausnützung müssen diese Aufgaben gelöst werden.

Man ersieht daraus, daß die Festlegung von Normen und Anwendungsrichtlinien für den Hochdruckrohrleitungsbau die Voraussetzung für die Erreichung optimaler Betriebswirtschaft ist. Von der Festlegung sinnvoller Rohrleitungsnormen hängt die Bemessung aller zugehörigen Armaturen und Zubehörteile ab. Ferner kommt hinzu, daß mit Hilfe von innerbetrieblichen Werksnormen die Vorbehandlung, Vorbereitung, Nachbearbeitung und der Betriebseinsatz von Rohren, Formstücken und Armaturen, einschließlich ihrer Zulassungsprüfungen festgelegt sein sollte, um ein Optimum an Ausnützung und Betriebssicherheit zu gewährleisten.

Hochdruckrohre und Formstücke sind Hochdruckhohlkörper, die ähnlichen Gesetzen der Festigkeit unterliegen, wie sie in Kap. I–IV eingehend behandelt sind. Darüber hinaus treten noch eine ganze Anzahl weiterer Forderungen auf, die bei den normalen Zylindern keine Bedeutung haben, die der Konstrukteur bzw. der Besteller durchweg beherrschen sollte. Es ist daher der Sinn dieses Kapitels, den weniger erfahrenen Hochdrucktechniker mit diesen Faktoren vertraut zu machen, zumal sie so viel wie gar nicht in der einschlägigen Literatur zu finden sind.

In engem Zusammenhange mit den Rohrleitungen und Hochdruckformstücken steht die Konstruktion von Hochdruckventilen. Über dieses Thema ist sowohl im inländischen wie auch im ausländischen Schrifttum spärlich wenig zu finden. Der Konstrukteur ist daher ausschließlich auf seine eigene Betriebserfahrung angewiesen. Es soll in diesem Kapitel daher gezeigt werden, wie die Ventile aussehen, die bisher im Hochdruckbau mit Erfolg verwendet wurden. An Hand einer geschichtlichen Entwicklung wird gezeigt, wie man den steigenden Forderungen begegnete, um auch Armaturen für extreme Betriebsbedingungen zu bauen, die bei hohem Druck und hohen Temperaturen in Gegenwart stark korrodierender Medien optimale Betriebssicherheit bei größter Zuverlässigkeit gewährleisten.

## II. Hochdruckrohrleitungen

Im chemischen Betriebe fällt, ganz allgemein gesehen, den Rohrleitungen die bedeutende Aufgabe zu, die Einzelapparate und Maschinen miteinander so zu verbinden, daß sie zu einer funktionellen Einheit werden, die man als eine Anlage im Rahmen eines bestimmten Verfahrens ansprechen kann. Infolge ihres beträchtlichen Volumens und im Hinblick auf die Wichtigkeit im Produktionsprogramm bilden die Rohrleitungen im Zusammenhange mit den Formstücken und Armaturen einen entscheidenden Faktor in der Planung eines chemischen Gesamtwerkes, dem hier besondere Beachtung geschenkt werden muß.

Beim intensiven Studium einer Hochdruckanlage wird man zu dem Schluß kommen, daß die Planung vom Kernpunkte der Normung der Hochdruckrohre ausgehen muß. Es gibt praktisch kein Bauelement, bei dem die Wirtschaftlichkeit einer sachlichen Lagerhaltung so entscheidend von einer sinnvollen Normung abhängt, wie das bei den Hochdruckrohrleitungen der Fall ist.

Hochdruckrohrleitungen besitzen allgemein ein hohes Einsatzgewicht und sind auf einen beträchtlichen Werkstoffaufwand angewiesen, der preislich um so stärker ins Gewicht fällt, je hochwertiger der Werkstoff nach Zusammensetzung und Wärmebehandlung wird. Dies ist einer der wesentlichen Gründe, die den Planungsfachmann zwingen, mit einer Mindestzahl an Druckstufen auskommen zu müssen. Stellt man in Rücksicht, daß man auf mehrere Berechnungsverfahren hinsichtlich Druck, Temperatur und Werkstoffzusammensetzung angewiesen ist, die im Hinblick auf die Gestaltänderungsenergiehypothese um $\pm 15\%$ schwanken können, so wird man ohnedies erkennen, daß eine Theorie für die Vorausbestimmung des Festigkeitsverhaltens für einen gewählten Werkstoff nur Anhaltswerte liefert, die nicht genau auf eine Kurve, sondern auf einen Kurvenbereich zutreffen. Demzufolge wäre eine zu enge Normabstufung nur von theoretischer Natur, im Hinblick auf die daraus sich ergebende Lagerhaltung aber zu kostspielig.

Um ein Beispiel anzuführen, mögen etwa die Druckstufen 325–700 bis 1500 atü in Betracht gezogen werden. Hierzu ist festzustellen, daß die Einführung von Zwischenstufen keine Anlageverbilligung nach sich zöge.

Sollten etwa 1300 atü benötigt werden, so wäre die Verwendung von ND-1500 billiger als die Zulegung einer gesonderten Stufe an zusätzlichem Werkstoffaufwand erfordern würde.

## A. Herstellung der Hochdruckrohre

Eine Beschreibung der Verfahren zur Herstellung von Hochdruckrohren in bezug auf technische Einzelheiten würde den Rahmen dieses Werkes wesentlich überschreiten. Demzufolge möge die Betrachtung solcher Verfahren auf Hinweise beschränkt bleiben, um dem Leser einen Begriff zu vermitteln, wie Hochdruckrohre – zumindest im Prinzip geschildert – hergestellt werden.

Hinsichtlich der Ausgangstemperatur unterscheidet man zwei Möglichkeiten, Walzen oder Ziehen im Kaltzustande, oder auch Herstellung im Warmzustande. Eine Methode, die weder Walzen noch Ziehen berücksichtigt, stützt sich auf das Hohlbohren von geschmiedeten Stangen, was aber lediglich auf begrenzte Längen beschränkt bleibt.

Beim Ziehen oder Walzen geht man von einem Block als Rohmaterial aus, das so vorbereitet ist, daß die Erzielung hochwertiger Rohre gewährleistet ist. Hierzu gehört besondere Kontrolle des Blockes auf Fehlerfreiheit im Innern. Die Blöcke können dabei massiv oder hohl sein. Im letzteren Falle sind sie vorgebohrt, werden dann überdreht, vorgeschmiedet bzw. vorgewalzt. Die Blöcke laufen dann durch die Schrägwalze und werden anschließend ausgepilgert. Im Anschluß hieran erfolgt gewöhnlich eine Reihe besonderer Arbeitsvorgänge wie Kalibrieren auf Maßwalzwerken, oder Kratzen und Ziehen u.a.m.

Für Rohre, die durch Bohren aus dem vollen Stabe hergestellt sind, werden Walz- oder Schmiedestangen als Form des Ausgangswerkstoffes benutzt. Der Ausgangsblock wird so gewählt, daß neben günstigen metallurgischen Voraussetzungen ein gewählter Mindestverschmiedungsgrad erzielt werden kann. Der Verschmiedungsgrad ist eine Maßzahl, die der Forderung Rechnung trägt, daß höchstzulässige Werkstoffeigenschaften in Richtung quer zur Längsachse der Stange zustande kommen. Zur Beseitigung von Fehlstellen müssen die Blöcke bzw. Schmiedestangen an den Kopf- bzw. Fußenden hinreichend zurückgekürzt werden. Die Maße der notwendigen Verkürzung sind werkstoffabhängig und ergeben sich aus der Erfahrung beim Walzwerk.

Die mögliche Länge der Rohre ist teilweise werkstoffseitig begrenzt, teilweise aber auch durch die Länge der Bohrwerke. Für große Abmessungen liegt die Beschränkung des Herstellerwerkes in der Größenordnung von 20 m, solange es der Werkstoff zuläßt.

Ein Vergleich von gebohrten bzw. gewalzten Rohren liefert etwa folgende Erfahrungsmerkmale:

a) Mit Rücksicht auf die geometrische Form des Hohlkörpers ist das gebohrte Rohr dem gewalzten Rohr überlegen. Bei gewalzten Rohren ist es sehr wichtig, die Blöcke entsprechend vorzubohren. Unter Umständen ist es möglich, gewalzte Rohre auf größere Genauigkeit aufzubohren. Damit läßt sich eine einwandfreie Oberflächenkontrolle der Innenfaser erreichen.

b) Durch das Aufbohren werden evtl. fehlerhafte Stellen des Walzstabes festgestellt bzw. werden durch den Bohrvorgang entfernt. Dies ist von großem Vorteil, auch dann, wenn durch das Bohren mehr Werkstoff herausgenommen wird, als metallurgisch für die ursprüngliche Beseitigung der Fehlstellen erforderlich wäre. Zur Erzielung besserer Kontrollmöglichkeiten trägt auch das Vorbohren der Blöcke als Vorbereitung für den Walzvorgang bei. Hierdurch werden entweder Fehler aufgedeckt oder völlig beseitigt. Die Vermeidung grober Fehler bei gebohrten Rohren hängt weitgehend von der Kontrolle der Oberfläche der Güsse ab.

Es bleibt zu betonen, daß auch bei gebohrten Rohren durchaus grobe Fehler im Werkstoff noch vorhanden sein können. Dies hängt damit zusammen, daß beim Bohren der Werkstoff weitaus geringeren Belastungen unterliegt, als es beim Walzen der Fall ist. Es kann daher vorkommen und hat sich auch in der Praxis mehrfach gezeigt, daß eine gewisse Charge, die in ihrer chemischen Zusammensetzung durchaus den gestellten Bedingungen genügt, beim Walzen versagt, während sie beim Bohrvorgange als einwandfrei erscheint und daher keine Beanstandung erfährt.

c) Das gewalzte Rohr ist in festigkeitstechnischer Hinsicht dem gebohrten Rohr weitaus überlegen. Es weist eine allseitig starke und gleichmäßige Werkstoffdurcharbeitung über die ganze Länge auf. Bei gebohrten Rohren ist dieser Zustand nur beschränkt erzielbar und hängt ausschließlich vom Verschmiedungsgrad ab. Je kleiner der Rohrdurchmesser ist, um so eher wird bei Einhalten des gewünschten Verschmiedungsgrades bzw. Verwalzungsgrades eine Beschränkung der Rohrlänge eintreten. Beim praktisch unlegierten Kohlenstoffstahl sind Verschmiedungsgrade von 3 bis 4,5 möglich. Bei Stählen hohen Reinheitsgrades, wie er beim Elektrostahl gewöhnlich anzutreffen ist, können höhere Verschmiedungsgrade zugelassen werden.

d) Die Preisverhältnisse zwischen gebohrten und gewalzten Rohren hängen ausschließlich von den Werkstoffen und den entsprechenden Lieferabmessungen ab. Außerdem müssen noch beachtliche Unterschiede zwischen den Lieferwerken selbst in Rücksicht gestellt werden. Zusammenfassend kann festgestellt werden, daß das Schmieden von Stäben, die dann aus dem Vollen durch Bohren und Überdrehen der Außenflächen zu Hochdruckrohren verarbeitet werden, stellt ein Minimum an Bearbeitungsbeanspruchung dar. Ein Preis- und Gütevergleich zwischen beiden Herstellungsverfahren ist unvorteilhaft, da hier zu viele Faktoren aus verschiedenen Ebenen ausgewertet und verglichen werden müssen. Eine solche Arbeit geht weit über den Rahmen dieses Kapitels hinaus. Es läßt sich jedenfalls soviel sagen, daß gebohrte Rohre sich in allen deutschen Anlagen gut bewährt haben. Allerdings wird mit ansteigendem Innendurchmesser der Werkstoffverlust beim Bohren immer größer. Es muß jedoch erwähnt werden, daß in diesem Vergleich die kleinen Innendurchmesser bis NW-16 nicht einbegriffen sind.

## B. Oberflächenbeschaffenheit der Rohre

Unabhängig vom Herstellungsverfahren muß das Hochdruckrohr der Forderung genügen, eine glatte und völlig schadensfreie innere und äußere Oberfläche aufzuweisen. Dreh- bzw. Bohrriefen, auch sichtbare Ziehriefen, können Anlaß zu Haarrißbildung geben und somit die Ausbildung von Ermüdungsbrüchen veranlassen bzw. begünstigen. Es muß daher eine sorgfältige Oberflächenkontrolle vorgenommen werden. Außerdem ist es wichtig, daß beim Drehen der Oberflächen der Werkstoffspan ununterbrochen beobachtet wird. Diese Kontrolle läßt Schlüsse zu über die Art bzw. den Grad der Werkstoffvergütung. Bei Stählen, die ihren Beanspruchungswiderstand ausschließlich auf die Qualität der Vergütungsbehandlung begründen, sollte der Span beim Drehen nicht abreißen. Tritt eine öftere Spanunterbrechung ein, so hat der Werkstoff nicht die Eigenschaften, die er bei normgerechter Vergütung aufweisen sollte. Eine sofortige Nachkontrolle muß angeordnet werden, da der Werkstoff in diesem Zustande nicht verwendet werden darf.

Bei hohen Beanspruchungen durch Druck und Temperatur ist eine glatte Oberfläche an der Innenfaser eine zwangsläufige Forderung zur Sicherstellung des Betriebes. Es ist maßgebend, mit dem Lieferwerk genaue Vereinbarungen über Oberflächenbeschaffenheit innen und außen zu treffen, die bei der Abnahmeprüfung zu bestätigen sind.

Maßabweichungen werden für den Querschnitt meist auf den Außendurchmesser, in Sonderfällen, besonders bei der Notwendigkeit von Innengewinden, auch auf den Innendurchmesser bezogen. Der Grad der zulässigen Exzentrizität der Bohrung wird bei der Maßabweichung eingeschlossen. Die Exzentrizität darf in keinem Falle die Mindestwanddicke gefährden. Dies ist der Grund für die hohe $\pm 15$-%-Toleranz, die für Hochdruckrohre ganz allgemein anerkannt werden.

Die Festlegung der maximalen Längen der Einzelrohre ist sehr oft von Interesse für den Besteller unter Berücksichtigung seiner besonderen Verhältnisse. Bei gebohrten Rohren sind die Maßabweichungen, besonders bezüglich der Wanddicken, wesentlich geringer als bei nahtlos gewalzten Hochdruckrohren.

Beim Bohren der Rohre sollte möglichst nur von einer Seite her gebohrt werden, da die Bildung von Absätzen im Rohrinnern bei Umkehrung der Bohrrichtung sich praktisch nie vermeiden läßt.

Solange keine besonderen Vereinbarungen getroffen werden, genügt es, daß die Rohre als gerade angesehen werden können, solange sie nach dem Augenmaß hinreichend gerade erscheinen. Dies gilt ganz besonders für den Fall, daß die Wärmebehandlung erst nach dem Fertigbearbeiten vorgenommen wird. Etwaige kurze Knicke dürfen auf keinen Fall in kaltem Zustande beseitigt werden.

Für niedriglegierte Stähle ist es empfehlenswert, die äußere Rohroberfläche mit Sandstrahlen zu behandeln. Dadurch lassen sich auf einfache Methode Oberflächenschäden im Rohrwerkstoff ermitteln. Die Feststellung solcher Schäden ist von entscheidender Bedeutung, da sie gewöhnlich im Zusammenhange mit der Wärmebehandlung auftreten.

Das Fertigdrehen an der Außenfläche der Rohre ist so durchzuführen, daß mit Sicherheit die Bildung ungleicher Wanddicken vermieden wird. Im Zusammenhange damit muß dafür Sorge getragen werden, daß die Stirnflächen der Rohre winkelgerecht zur Längsachse angedreht werden. Dies läßt jede Möglichkeit offen, beliebige Dichtungsflächen anzubringen.

## C. Prüfung und Kontrolle

Rohre müssen den gleichen Prüfungs- und Kontrollbedingungen unterworfen werden, wie sie sinngemäß für alle übrigen Druckgefäße gelten. Nun stellt aber eine moderne Hochdruckanlage für große Produktionskapazitäten eine sehr komplizierte Einheit dar, in der verschiedenartigste Werkstoffe unter sehr vielseitigen Betriebsbedingungen zur Anwendung kommen. Nach Maßgabe des speziellen Verwendungszweckes müssen besondere Unterscheidungen getroffen werden, die sehr streng einzuhalten sind.

Eine Hochdruckanlage kann lebenswichtige Teile besitzen, die nur hohem Druck ausgesetzt werden, andere Teile unterliegen hohem Druck bei gleichzeitig hoher Temperatur. Außerdem müssen eine Reihe von Komponenten aus Werkstoffen bestehen, die gegen Druck, Temperatur und schädliche Gaskorrosion widerstandsfähig sein müssen. Mit anderen Worten, jede dieser Betriebsbedingungen verlangt verschiedenartige Werkstoffeigenschaften, und es wäre unwirtschaftlich, alle Anlageteile aus dem gleichen hochwertigen Werkstoff herzustellen. Wenn aber schon verschiedenartige Werkstoffe innerhalb der gleichen Anlage zur Anwendung kommen müssen, wird es zur unabdingbaren Forderung, alle Maßnahmen zu treffen, daß keine Werkstoffverwechslungen auftreten können.

### 1. Kennzeichnung der Rohre

Eine scharfe Kontrolle aller Werkstoffe, aus denen die Rohre einer Hochdruckproduktionsanlage hergestellt sein können, ist die erste Voraussetzung für die Betriebssicherheit einer Fabrikationsanlage. Als

Grundforderung wird ein Werk, das Hochdruck für Großanlagen betreibt, eine gut ausgebaute Normabteilung besitzen, die die Richtlinien festlegt, nach denen Hochdruckrohre zum Einbau im Betriebe freigegeben werden. Man wird zweckmäßigerweise jedem Werkstoff ein kennzeichnendes Symbol geben, das den Hersteller, chemische Legierungsgruppe, Temperaturzulässigkeit u.a.m. charakterisiert, wobei jede dieser Eigenschaften durch ein besonderes Symbol festgelegt sein kann. Natürlich kann im einzelnen das Kennzeichnungssystem nicht erläutert werden, zumal es individuell verschieden interpretiert werden kann. Diese Symbole wird man dann an geeigneter Stelle in der Nähe der Rohrenden in die Rohre einstempeln. Werden Rohre gekürzt, so sind die Symbole erneut zu übertragen, so daß an jedem Rohrstück alle Kennzeichnungsstempel zweimal erscheinen. Man kann somit in einer fertig montierten Anlage alle Rohre, Flanschen, Hochdruckformstücke usw. an den Stempeln nach Werkstoff und Betriebszulässigkeit identifizieren.

Die Werkstoffanalyse wird am besten so verschlüsselt, daß man entweder nach Cr, Mo oder Ni Mindestgrenzen festlegt, um nicht die ganze Richtanalyse einstempeln zu müssen. Das Symbol Cr oder Mo oder Ni gibt dann den Hinweis darauf, welcher Werkstoff vorliegt. Man kann ferner die Werkstoffe in Gruppen unterteilen, denen man bestimmte Farben zuordnet, so daß man nach Farbengruppe erkennt, welcher Werkstoff vorliegt. Die Zuhilfenahme von Farben ist lediglich eine Hilfsmaßnahme für die Lagerhaltung, die Stempelung muß trotzdem angebracht werden, um grobe Irrtümer in jedem Falle auszuschließen.

Neben den Stempeln zur Kennzeichnung der Analyse, des Herstellers, der Druckstufe usw. sollte man noch die Symbole der Abnahme und der Zulassung sowie das Symbol der Kontrollbeamten einfügen, womit jedes Werkstück seine ganze Vorgeschichte symbolhaft und verschlüsselt mit sich trägt. Diese Kennzeichnung erleichtert die Kontrolle der Anlage nach Fertigstellung der Montage, ohne die Werksatteste der Einzelteile zu Hilfe nehmen zu müssen.

Bei den Schrauben, Muttern und auch Flanschen wird oft durch besondere Formgebung dieser Teile nach besonderen Werkstoffen unterschieden. Man erkennt beispielsweise an der Gestaltung der Enden an Stiftschrauben, für welchen Temperaturbereich sie auf Grund ihrer Werkstoffeigenschaften zugelassen werden können.

## 2. Werksabnahmeprüfungen

Hochdruckrohre werden in der Praxis im allgemeinen zweierlei Prüfungen unterzogen, nämlich der Prüfung beim Lieferwerk und außerdem einer Werksprüfung beim Abnehmerwerk. Die praktische Erfahrung deutet dahin, daß Abnahmeprüfungen beim Lieferwerk meistens durch Beamte des Bestellerwerkes vorgenommen werden. Diese Prüfung besteht im wesentlichen aus der Wasserdruckprobe zum Zwecke des Festigkeitsnachweises. Durch Werksattest werden ferner die Werte der mechanischen Eigenschaften wie Streckgrenze, Zerreißfestigkeit, Dehnung, Kerbschlagzähigkeit und Härte für jede Charge bestätigt, sowie die Aufdorn- bzw. Quetschprobe vorgenommen.

Die Zerreiß- bzw. Kerbschlagproben geben Aufschluß über die Festigkeitseigenschaften des Werkstoffes, wie sie nach Maßgabe der Werkstoffzusammensetzung und der Wärmebehandlung erwartet werden können. Die Aufdorn- bzw. Quetschprobe sagt aus, wie homogen die Vergütung ausgeführt wurde. Sie geben außerdem Unterlagen dafür, ob die stärkste Stelle für höchstzulässige Belastung auch wirklich in Umfangsrichtung vorhanden ist. Dabei ist es ratsam, die Zerreißproben in axialer als auch transversaler Richtung vorzunehmen. Der Werkstoff kann dann für zulässig freigegeben werden, wenn die geforderten Eigenschaften in axialer Richtung vom Werkstoff erreicht werden. Die axialen Festigkeitswerte dürfen von den in transversaler Richtung geprüften oder gefundenen Werten um nicht mehr als 30% abweichen. Die Proben sind so aus der Rohrwand herauszuschneiden, daß sie sowohl in axialer als auch transversaler Richtung mit dem Kreis der Innenfaser (Innenrand) tangieren.

Es dürfte selbstverständlich sein, daß alle Proben nur von solchen Rohren genommen werden dürfen, die sich im Lieferzustande befinden. Dies bringt zum Ausdruck, daß die Rohre vom Lieferwerk bereits freigegeben sind, so daß sie für den Einsatz im Betriebe des Bestellerwerkes verwendet werden könnten. Der Verbraucher führt dann seinerseits die von ihm gewünschten Kontrollprüfungen durch, um die Ergebnisse des Lieferwerkes bestätigt zu finden bzw. um weitere Kontrollmaßnahmen zu treffen, damit jede Möglichkeit von Verwechslung nach menschlichem Ermessen ausgeschlossen bleibt.

Die Aufdorn- bzw. Quetschprobe wird angewandt zu dem Zwecke, eine Bestätigung dafür zu erhalten, daß der Werkstoff des Rohres das erwartete Verformungsvermögen auch tatsächlich besitzt. Praktisch genommen ist mit der Ringprobe, wie diese Proben auch oft bezeichnet werden – der Nachweis zu erbringen auf Fehlerfreiheit im Wandgefüge des Werkstoffes sowie auf die Verteilung des Vergütungszustandes über die ganze Rohrlänge hinweg.

Die Quetsch- bzw. Aufdornproben werden an Ringen vorgenommen, die an beiden Enden jeder Rohrlänge abgetrennt werden. Um Verwechslungen absolut zu vermeiden, werden die Rohre so eingestochen, daß der Ring noch haften bleibt während des Transports. Die endgültige Abtrennung erfolgt erst beim Abnehmerwerk. Unter Benützung der Darstellung von Abb. 1 sägt man bis auf Tiefe $D$ ein. Der Einschnitt wird vorteilhaft so gemacht, daß man beide Schnitte um 90° versetzt, um die Eigenschaften in zwei zueinander senkrechten Richtungen zu prüfen. Dadurch werden verschiedene Muster der Wandfaserung erfaßt und der Prüfung unterzogen. Man erhält damit ein besseres Bild über den Grad der Werkstoffhomogenität.

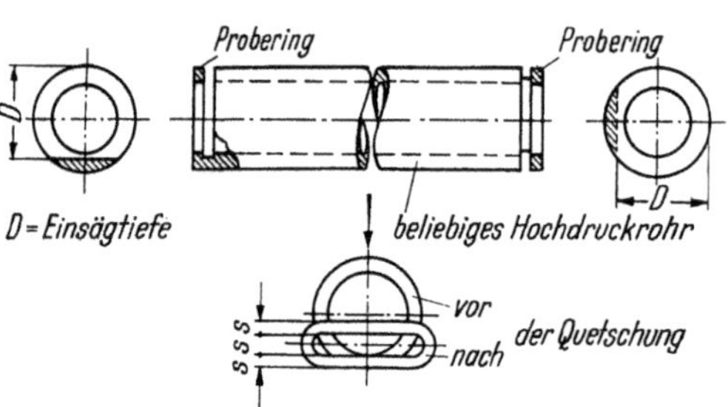


Abb. 1. Vorbereitung eines Rohres zur Bereitstellung von Aufdorn- bzw. Quetschproben

Nach der Abtrennung wird der Probering von der Dicke $a$ unter eine Presse gelegt bzw. senkrecht gestellt und zusammengedrückt. Sobald die Quetschung bis zu einem Grad durchgeführt ist, daß die Seitenwände parallel werden, dürfen die Ringe keinerlei Oberflächenbeschädigung aufweisen, also keine Anrisse zeigen. Trifft dies also zu, dann ist der Werkstoff einwandfrei und kann ohne Bedenken zugelassen werden. Wird die Quetschung so weit getrieben, daß die Innenflächen zur Berührung kommen, ohne einen Anriß zu zeigen, muß der Werkstoff als hervorragend bezeichnet werden. Als Maß für die Werkstoffzulassung wird festgelegt bzw. zu legen sein, daß die Zusammendrückung zumindest den Grad erreicht, daß der Spalt zwischen den Innenflächen der Rohrwanddicke entspricht. Die Probe muß diese Prüfung ohne Oberflächenschaden aushalten.

Die Aufdornprobe wird in der Weise durchgeführt, daß ein leicht konischer Dorn in die Bohrung des Ringes gedrückt wird. Gute Aufdornproben bleiben auch hier frei von Anrissen, zeigen eine gleichmäßige Aufdornung ohne Aufschichtung oder starke Einschnürung, wenn die Probe bis zum Bruch belastet wird.

Alle Rohre werden erst dann zum Einbau im Betriebe freigegeben, wenn eine vollständige Abnahme aller Prüfungen gemäß festgelegter Abmachungen nach Maßgabe der Normrichtlinien vollzogen ist, die für die verschiedenen Einbauzwecke gelten mögen. Diese Richtlinien können von Werk zu Werk voneinander abweichen.

Falls Hochdruckrohre im Herstellerwerk selbst verarbeitet werden, was beispielsweise beim Schweißen zu Rohrsträngen oder beim Einschneiden von Flanschgewinden der Fall ist, muß eine vollständige Serie aller erforderlichen Abnahmeprüfungen vor dem Beginn dieser Arbeiten vorgenommen werden. Das gleiche trifft zu, wenn ganze Apparateteile hergestellt werden, die zum Besteller abgeliefert werden müssen.

## D. Das Biegen von Rohren

Die Herstellung von gebogenen Hochdruckrohren ist ein Vorgang, dessen Wichtigkeit in den Betrieben oft nicht richtig eingeschätzt wird.

Bei niedrig legierten Stählen sollten Hochdruckrohre nur nach den Richtlinien des Metallurgen gebogen werden. Der Biegeradius solcher Rohre sollte mindestens das fünffache des Rohraußendurchmessers betragen. Bei VA-Stählen liegen die Dinge wesentlich anders, da diese ein sehr hohes Verformungsvermögen besitzen und in den meisten Fällen ohne Gefahr kalt gebogen werden können. Diese Regel gilt für Rohre aus VA-Werkstoffen bis zu Durchmessern von 58 mm lichte Weite. Bei den bekannten N-Stählen sollten alle Rohre über NW-6 warm gebogen werden.

Für die systematische Werkstattherstellung von Rohrbogen benützt man mechanische Vorrichtungen verschiedener Art. Im wesentlichen wird man für den Betrieb drei Hauptverfahren anwenden, nach denen Hochdruckrohrbogen serienmäßig hergestellt zu werden pflegen. Diese drei Methoden sind Kaltbiegen über eine entsprechend profilierte Rolle, das Biegen auf einer Presse mit entsprechenden Gesenken im Warmzustande und schließlich das Verfahren, wonach hohlgebohrte Rohlinge über ein hornartiges Gesenkwerkzeug geschoben werden, wobei der Rohling mit Gasbeheizung in den Warmzustand gebracht wird.

Man unterscheidet bei eigentlichen Hochdruckrohrbogen als Hochdruckformstücke sogenannte Hamburger Bogen und Normalbogen. Die Hamburger Bogen unterscheiden sich von den Normalbogen zunächst dadurch, daß sie eine stärkere Krümmung mit zugleich kürzeren Laufschenkeln aufweisen. Bei den 90°-Bogen erfolgt die Herstellung derart, daß der konzentrisch gebohrte, geschmiedete Rohling in einer gasbeheizten Kammer mit einer Presse über ein Biegehorn gedrückt wird. Das Biegehorn ist wassergekühlt. Die hier gebogenen Rohlinge besitzen nahezu gleichmäßige Wanddicken.

Doppelbogen mit 180°-Schenkelöffnungen werden nach dem Hamburger Verfahren über drei Profilrollen gebogen, wobei die Mittelrolle stationär ist. Auch dieses Verfahren liefert nahezu gleichmäßige Wanddicken über die ganze Bogenlänge.

Ein anderes Verfahren zur Herstellung von 180°-Doppelbogen geht von der Verwendung exzentrisch gebohrter Rohlinge aus, die heiß in einem entsprechenden Gesenk gebogen werden. Die Rohlinge sind mit feinem Sand gefüllt, solange der Biegevorgang stattfindet. Die Rohlinge werden in die Gesenke so eingelegt, daß die dickere Wand so zu liegen kommt, daß sie beim Biegevorgang die Außenwand des Bogens bildet. Beim Biegen wird die Außenwand gestreckt und die Innenwand gedrückt, so daß sich schließlich für den fertigen Doppelbogen eine gleichmäßige Wanddicke über die ganze Bogenlänge ergibt.

Bogen, die nach diesem Gesenkverfahren hergestellt sind, werden nach der Fertigstellung einer Wärmebehandlung für spannungsfreies Glühen unterzogen.

## E. Bearbeitung der Rohrenden

Die Bearbeitung der Rohrenden hängt ausschließlich davon ab, welche Art von Rohrverbindung mit dem betreffenden Rohr vorgenommen werden soll, nämlich Flanschverbindung bzw. Schweißung. Wenn keine besondere Vereinbarung getroffen wird, ist es die Regel, die Stirnflächen der Rohrenden senkrecht zur Längsachse des Rohres zu bearbeiten. Daraus läßt sich für jede gewünschte Verbindungsart die erforderliche Weiterverarbeitung in einfacher Weise ableiten. Wird die Schweißung nicht angewandt, so richtet sich die Bearbeitung der Rohrstirnflächen nach der Art der metallischen Dichtung, die zur Anwendung kommen soll.

Hinsichtlich der zu verwendenden Dichtung ist es im deutschen Hochdruckbau üblich geworden, ausschließlich die Dichtungslinse zu benützen. Sie wurde hier entwickelt und hat sich in einigen Jahrzehnten technischen Einsatzes in der chemischen Großindustrie gut bewährt und sich als wichtigste Dichtungsart behauptet. Über die Wesensart dieser Dichtung wird in Kap. XI unter dem Titel Abdichtungen berichtet. In den folgenden Ausführungen wird daher ausschließlich die Linse als Dichtungselement für Hochdruckflanschverbindungen zugrunde gelegt, sofern nicht ausdrücklich anderweitig definiert wird.

Das Rohrende muß gemäß Wanddicke und Oberfläche so beschaffen sein, daß das Gewinde für die Flanschen normgerecht eingeschnitten werden kann, ohne die Rohrfestigkeit zu beeinflussen. Die Gewinde sind dem Rohraußendurchmesser angepaßt und müssen so bearbeitet sein, daß sie genügend Spiel aufweisen. Enger Gewindesitz ist, besonders bei Temperaturbeanspruchung, unter allen Umständen zu vermeiden. Beste Gewähr für die Art der Gewindesitze ist dann gegeben, wenn man den Flansch nach dem Einschrauben in die volle Länge unter Zugrundelegung einer Mindestlänge von 25–30 mm noch relativ gegen das Rohr bewegen kann.

Wie in Kap. V ausgeführt ist, ist es wichtig, die Gewindelänge am Rohr als Funktion der Flanschdicke festzulegen. Bei statischem Innendruck hat die Gewindelänge am Rohrende keinen Einfluß auf die Lebenserwartung der Flanschverbindung. Bei Lastwechselvorgängen mit hohen Spannungsunterschieden, bei denen Dauerermüdungserscheinungen zu erwarten stehen, wird höchste Lebensdauer dann erreicht, wenn die Gewindelänge am Rohr die Dicke des Flansches nicht übersteigt, wobei der erste tragende Gewindegang innerhalb des Flansches liegen soll. In diesem Falle kann der Flansch als Mutter bezeichnet werden. Außerdem ist darauf Wert zu legen, daß der Gewindeauslauf gegenüber dem freien Rohr mit dem größtmöglichen Radius erfolgt, um eine mögliche Kerbwirkung weitgehendst auszuschalten. Die genauen Gewindeabmessungen im Zusammenhange mit den Rohrabmessungen und der Flanschgeometrie sollte in Werksnormen individuell festgelegt sein.

## F. Das Schweißen von Rohren

Hochdruckrohre werden oft zu Anlagen zusammengebaut, wo das Schweißen unumgänglich wird. Bei der heutigen Kenntnis der Werkstoffe und der Möglichkeit, schweißbare Werkstoffe bereitzustellen, ist die Anwendung der Schweißung für dickwandige Rohre kein Problem mehr. Die Zusammenschweißung kann überall dort, wo die Montage es erlaubt, sehr wirtschaftlich sein, da die Schweißung durch den Fortfall der Flanschen und Schrauben mit einer beträchtlichen Gewichtseinsparung verbunden sein kann. Bei aller Wirtschaftlichkeit muß man jedoch in Rücksicht stellen, daß man nur solche Rohrleitungen schweißen sollte, für die eine Demontage auf lange Sicht nicht zu erwarten steht.

Für die Schweißung von Hochdruckrohren sind drei Schweißverfahren von Bedeutung, die in der Industrie zur Anwendung gelangen, nämlich die elektrische Lichtbogenschweißung, die elektrische Stumpfschweißung und die Gasschweißung mit Sauerstoff-Azethylen-Gasgemischen. Welche Art der Schweißung in den verschiedenen Bedarfsfällen zur Anwendung kommen soll, hängt von den internen Betriebsfragen ab und muß von Werk zu Werk und für jeden Einzelfall besonders entschieden werden.

Bei der Schweißung steht, gleichgültig, welches Schweißverfahren in Betracht gezogen wird, die Werkstofffrage im Vordergrunde. Es dürfen nur schweißfähige Werkstoffe zur Anwendung kommen, was besagt, daß die Werkstoffe sich schweißen lassen, ohne daß sie verspröden und metallurgische Veränderungen nach sich ziehen, die zu einem Versagen als Druckgefäß führen können. Hierbei muß die Schweißwurzel besonders im Auge behalten werden, da sie im allgemeinen poröse Stellen enthält oder enthalten kann, die für Druckbehälter nicht zugelassen werden können. Die Erfahrung hat gezeigt, daß die beste Schweißung dann gegeben ist, wenn mit Schutzgasen wie Helium und Argon geschweißt wird.

Die Inertgase verhindern während des Flüssigkeitszustandes des Werkstoffes im Schweißbereich den Zutritt von Luftsauerstoff, was in Oxydbildung sich äußert. Oxydschichten dieser Art sind stets porös und spröde und damit für Hochdruck unbrauchbar. Als zusätzliche Sicherheitsmaßnahme trifft man außerdem besondere Vorkehrungen, die Wurzelnaht durch Bearbeitung entweder weitgehendst zu entfernen oder in ihrer Wirkung zu beeinträchtigen.

### 1. Elektrische Widerstandsschweißung

Die elektrische Widerstandsschweißung stellt ein Verfahren dar, das für besonders dicke Hochdruckrohre anwendbar ist. Man benutzt dabei eine eigens hierzu entwickelte Schweißmaschine. Das Arbeitsprinzip der Schweißmaschine ist in Abb. 2 schematisch gezeigt. Die Rohre werden derart in die Schweißmaschine eingelegt, daß das eine Rohrende von der

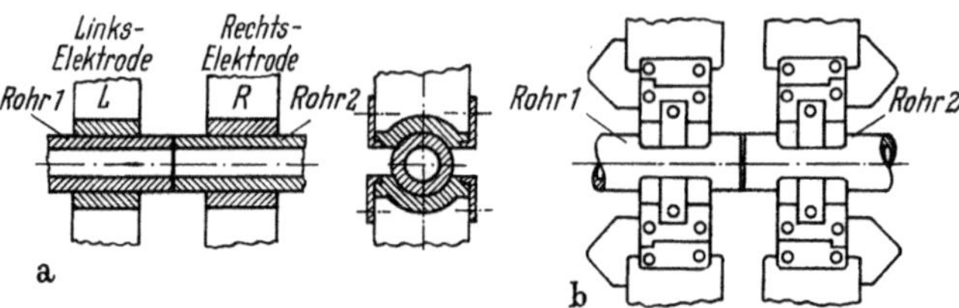


**Abb. 2a u. b. Schematische Anordnung der HD-Rohre in den Elektroden der Stumpfschweißmaschine**

a) Anordnung der Rohre unmittelbar vor der Schweißung; b) Frontansicht der Schweißelektroden der Maschine vor dem Schweißbeginn

einen Elektrode $L$ und das andere Rohrende von der zweiten Elektrode $R$ umfaßt wird. Die Stirnflächen der Rohrenden sind parallel und berühren sich. Während des Schweißvorganges sorgen zwei Elektromotoren dafür, daß die beiden Rohrenden gegeneinander gepreßt werden, um ein Ineinanderfließen des flüssigen Werkstoffes zu bewirken. Wird der Strom für die Schweißung eingeschaltet, so treten die Elektromotoren dergestalt in Funktion, daß sie die Rohrenden gegeneinander zu Anpressung bringen. Die eingeschlossene Luft wird heiß und versucht, nach außen zu entweichen. Da diese Entspannung spontan erfolgt, werden Teilchen des flüssigen Werkstoffes mitgerissen, die wie Feuerfunken in die Luft fliegen. Nach wenigen Sekunden wird der Drehsinn der Elektromotoren gewechselt, wodurch die Rohrenden wieder leicht auseinander gehen. Nach weiteren Sekunden wird der Vorgang wieder zum Zusammendrücken der Rohrenden geändert. Dieser Zyklus wird so viele Male wiederholt, bis beim Zusammendrücken keine Funken mehr entstehen. Dies kann so gewertet werden, daß keine Luft mehr eingeschlossen ist, und die Schweißstelle als homogen mit dem übrigen Werkstoff angesehen werden kann.

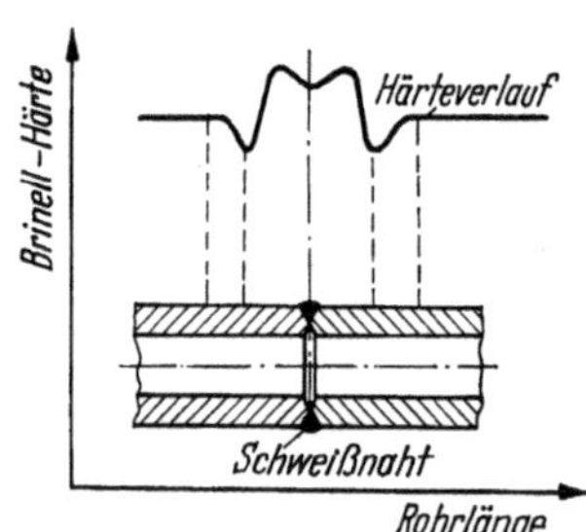


Abb. 3. Querschnitt des Rohres in der Schweißnaht. Das darüber liegende Diagramm gibt Aufschluß über die Härteverteilung als Folge der Schweißung

Abb. 2a zeigt dic Rohranordnung in den Elektroden der Schweißmaschine. Aus Abb. 2b kann das Prinzipschema der Schweißmaschine mit der Elektrodenanordnung entnommen werden. Das fertig geschweißte Rohr wird im Querschnitt der Abb. 3 wiedergegeben. Das Diagramm, das über dem Rohrquerschnitt angedeutet ist, gibt einen Einblick in die

Härteverteilung als Einfluß des Schweißvorganges. Wie man erkennt, fällt die Brinellhärte in unmittelbarer Nähe der Schweißnaht zunächst etwas ab, um dann in der Schweißnaht selbst merklich über den Mittelwert der Rohrenden anzusteigen. Diesem an sich unerwünschten lokalen Härteanstieg muß durch lokale Wärmebehandlung begegnet werden.

Eine besondere Vorbereitung der Rohrstirnflächen für den Einsatz in der Stumpfschweißmaschine ist nicht erforderlich.

## 2. Elektrische Lichtbogenschweißung

Für die Anwendung der elektrischen Lichtbogenschweißung ist die Vorbereitung der Stirnflächen der Rohre zur Ermöglichung einwandfreier Schweißung eine unablässige Forderung. Hier kommt es sehr wesentlich darauf an, die Stirnflächen so zu bearbeiten, daß die Schweißnaht genügend Hohlraum erhält, der dann von dem flüssigen Werkstoff ausgefüllt werden muß. Dabei ist es entscheidend, die Bearbeitung und die nachfolgende Schweißung so auszuführen, daß die Schweißwurzel so ausgebildet wird, daß sie bei einer entsprechenden Nachbearbeitung in Wegfall kommt. Dies läßt sich beispielsweise dadurch erreichen, daß man schrittweise so vorgeht, wie es schematisch in Abb. 4 gezeigt ist. Zuerst

Abb. 4. Elektrische Lichtbogenschweißung von dickwandigen Hochdruckrohren. Darstellung der einzelnen Arbeitsstufen bis zur Beendigung der Schweißung

dreht man die Stirnfläche mit einem gewissen Winkel ab unter Belassung eines relativ dünnen Absatzes, der dann mittels Sonderwerkzeug in das Rohrinnere gedrückt wird, wie aus Abb. 4 ersichtlich wird. Wird jetzt die Schweißung ausgeführt, so kommt die Schweißwurzel völlig innerhalb des Rohrhohlraumes zu liegen. Dadurch läßt sich die Schweißnaht durch Nachbearbeitung von der porösen Wurzel einwandfrei befreien, und zurück bleibt eine Wandung mit einer Schweißung, die keinerlei Gefahr für das Rohr zu bieten braucht, solange die Schweißung einwandfrei ausgeführt ist.

## 3. Gasschweißung

Die Gasschweißung mit Hilfe eines Azetylen-Sauerstoff-Gasgemisches bleibt auch heute noch auf relativ wenig Einzelfälle beschränkt und hier nur begrenzt auf Rohrabmessungen mit kleineren Durchmessern bzw. Wanddicken. Werden lange Rohrstücke zusammengeschweißt, die relativ kleine Durchmesser bei geringen Wanddicken aufweisen, so ist ein Nachbearbeiten zur Entfernung der Wurzel sehr schwierig wenn nicht vielleicht unmöglich. Um die Schweißung trotzdem zufriedenstellend betriebssicher zu gestalten, benützt man vielfach ringartige Inneneinlagen, wie in Abb. 5 veranschaulicht ist. Durch geschickte Anordnung der Ringeinlagen läßt sich die Wurzel nahezu ganz ausschalten, und eine homogene Verbindung kann erzielt werden. Durch die Ringeinlagen kann die

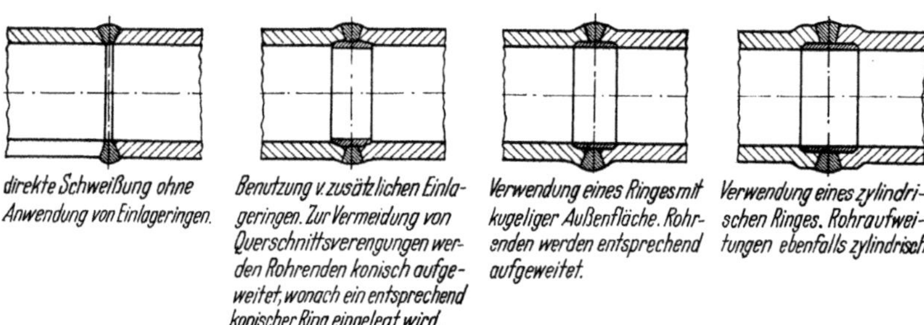


**Abb. 5. Schweißung verhältnismäßig dünnwandiger HD-Rohre mittels Gasschweißung. Verschiedenartige Ausführungsmöglichkeiten**

Nachbearbeitung der Schweißnaht überflüssig gemacht werden. Allerdings ist die Vorbereitung der Einzelteile für die Schweißung von Bedeutung. Sie muß das Ineinanderpassen der Ringe mit den Rohrenden ohne Schwierigkeit ermöglichen. Die beste Verbindung dieser Art ist dann gegeben, wenn keine Unterbrechung des Innendurchmessers durch die Ringeinlage erfolgt. Dies läßt sich aber nur dadurch erzielen, daß die Rohrenden entsprechend verformt werden unter Anwendung von Maßnahmen, wie sie in Abb. 5 wiedergegeben sind.

### 4. Nachbehandlung geschweißter Rohre

Alle Hochdruckrohre, die einer Schweißung irgendwelcher Art unterworfen werden, sollten nach der Schweißung einer Wärmebehandlung unterzogen werden. Der Grad der Wärmebehandlung ist natürlich abhängig von der Art des verwendeten Werkstoffes und dessen chemischer Zusammensetzung. Die einzelnen Richtlinien der Nachbehandlung müssen vom Werksmetallurgen festgelegt werden. Bei jeder Schweißung bleiben Wärmeeigenspannungen zurück, die sich den Betriebsspannungen überlagern und dadurch gefährlich werden können. Eigenspannungen in Schweißnähten oder deren unmittelbarer Umgebung sind nicht erwünscht und müssen durch Spannungsfreiglühen wieder ausgeschieden werden. Dabei ist es im allgemeinen völlig gleichgültig, nach welchem Schweißverfahren die Eigenspannungen im System zustande gekommen sind.

Sind die zusammengeschweißten Teile zu lange oder zu umständlich für ein gegebenes Ofensystem, so muß die Wärmebehandlung lokal ausgeführt werden. Dies kann dadurch erreicht werden, daß man einen Ringbrenner anwendet, der 360° um die Schweißnaht liegt, diese also von allen Seiten erwärmen kann. Die Abkühlung muß dann in der umgebenden Atmosphäre erfolgen. Einzelheiten für diese Lokalbehandlung müssen vom Werksmetallurgen festgelegt werden.

Nach jeder Wärmebehandlung zum Zwecke der Beseitigung von Eigenspannungen ist zu empfehlen, Härteproben zu nehmen, um das Ergebnis der Wärmebehandlung zu prüfen. An dem Härteprofil über die Rohroberfläche läßt sich der Erfolg der Wärmebehandlung sehr eindeutig nachweisen. Bei unbefriedigender Härteverteilung muß der Glühvorgang wiederholt werden.

## G. Zusammenfassung

Rohre stellen einen wichtigen Faktor einer Hochdruckanlage dar. Der wirtschaftliche Bau von Hochdruckanlagen wird zu einem bedeutenden Anteil davon abhängen, wieweit es gelingt, die Normung von Hochdruckrohrleitungen, Formstücken und Armaturen festzulegen und sinngemäß zu unterteilen. Selbstverständlich kann man, um wirtschaftlich zu bleiben, d.h. um die Lagerhaltung in tragbaren Grenzen zu halten, nicht zu viele Druckstufen festlegen. Man wird die Druckstufungen so vornehmen müssen, daß die Unterschiede im Werkstoffaufwand nicht maßgeblich ins Gewicht fallen. Es ist dabei denkbar, daß man mit wenig Druckstufen eine optimale Werkstoffausnutzung erreichen kann, wobei gleichzeitig vorherrschende Werksverhältnisse berücksichtigt werden können. Die Herstellung von Hochdruckrohren erfolgt entweder durch Walzen oder Bohren. Die größere Genauigkeit für die Einhaltung der Rohrabmessungen ist von den gebohrten Rohren zu erwarten. Festigkeitstechnisch dürfte man den gewalzten bzw. gezogenen Rohren den Vorzug geben müssen. In der Praxis der Rohrherstellung hat es sich erwiesen, daß man die Abmessungstoleranzen mit $\pm 15\%$ für die gewalzten Rohre in Kauf nehmen muß. Rohre, die größere Streuungen aufweisen, sollten für den Einsatz verworfen werden.

Hinsichtlich der Rohroberfläche muß sowohl für die Innen- als auch für die Außenfläche ein strenger Maßstab angelegt werden. Die Rohre müssen glatt sein und dürfen keine Ziehriefen oder Bohrspuren aufweisen. Solche Stellen können leicht Anlaß zu Ermüdungsbrüchen bei Dauerwechselbeanspruchung geben.

Bevor die Rohre für den Betrieb freigegeben werden, müssen eine Reihe von strengen Kontrollprüfungen passiert werden. Man unterscheidet zwischen Abnahme beim Lieferwerk und Freigabe im Werke des

Kunden. Die positive Bestehung der Prüfstufen sollte durch Stempeln der Prüfstücke entsprechend bestätigt werden. Dies schaltet Werkstoffverwechslungen nahezu völlig aus, was anderweitig unter Umständen zu katastrophalen Folgen führen könnte.

Das Biegen von Rohren kann kalt oder warm vorgenommen werden, je nach der Art des Rohrwerkstoffes im Zusammenhange mit den erwarteten Betriebsbedingungen. Hochlegierte Werkstoffe lassen sich bis zu gewissen Grenzabmessungen ohne weiteres kalt biegen, während hochfeste aber niedrig legierte Werkstoffe stets warm gebogen werden sollten mit anschließender Wärmebehandlung zur Beseitigung der Eigenspannungen.

Die Bearbeitung der Rohrenden richtet sich nach der Art der zu verwendenden Dichtung. Bei Einsatz von Dichtungslinsen ist eine konische Eindrehung der Stirnflächen mit einer Neigung von 20° zur Rohrachse erforderlich. Hinsichtlich der Außenflächen der Rohrenden im zylindrischen Teil werden Gewinde vorgesehen, die den Flansch aufnehmen. Die Länge der Gewinde wird sich nach der Belastungsart richten, wobei der Flansch als Mutter für den Bolzen des Gewindes angesehen wird. Liegt eine Schwellbelastung mit schnell wechselnden Kräften vor, so sollte die Gewindelänge des Rohres die Flanschdicke nicht überschreiten, wobei dann der erste tragende Gang im Flansch liegen sollte. Bei statischer Beanspruchung der Rohrverbindung hat die Länge des Gewindes im Rohr praktisch keinen Einfluß auf die Lebensdauer der Verbindung.

Wo eine Flanschverbindung nicht unbedingt gefordert werden muß, sollten die Rohre verschweißt werden, wobei der Ausführung der Wurzel besondere Beachtung geschenkt werden muß. Wo eine Nachbearbeitung der Schweißung nicht möglich ist, können Einlegringe helfen, die Gefahren der Wurzel merklich zu dämmen oder zu beseitigen. Als Schweißelektroden dienen Werkstoffe, die sich einwandfrei mit dem Gefüge des Rohrwerkstoffes verbinden, ohne eine Versprödung herbeizuführen. Die Anwendung von Schutzgasen He und Ar ist unerläßlich, unabhängig davon, ob Einlegringe verwendet werden oder nicht. Die V-Naht hat zweckmäßig eine Neigung von 70°, damit der Schweißer ohne Behinderung arbeiten kann, auch bei kleinsten Abmessungen.

Zur Herstellung von Rohrleitungssträngen in der Werkstatt ist es besser, die Maschinenschweißung anzuwenden, bei der kein Zusatzmaterial mittels Elektroden benützt wird. Diese Schweißungsart liefert einwandfreie Rohrverbindungen. Die Anwärmung der Schweißzone kann durch Widerstandsheizung oder mit Hilfe von Ringbrennern erzielt werden. Dreht man die Rohrenden nach innen kegelig, so ist es möglich, die Schweißung unter Verwendung von Schutzgasen so zu gestalten, daß die Bildung eines Innengrates vermieden wird.

Geschweißte Rohre müssen, ungeachtet des Schweißverfahrens, nach der Fertigstellung der Schweißung wärmebehandelt werden zum Zwecke der Beseitigung schädlicher Wärmeeigenspannungen. Die Gleichmäßigkeit der Härteverteilung nach der Schweißung wird durch Brinellproben geprüft. Die Schweißnähte selbst werden durch Magnaflux magnetisch oder nach dem Röntgenverfahren oder mittels Ultraschall auf Zuverlässigkeit geprüft.

Sicherheit und Zuverlässigkeit im Dauerbetriebe werden ausschließlich davon abhängen, inwiefern die Mannigfaltigkeit der verschiedenen Kontrollnaßnahmen in der Lage ist, etwa vorhandene Werkstoffehler oder andere Unzulässigkeit zu entdecken bzw. aufzuzeigen nach Wert und Größe. Herstellung, Bearbeitung und Prüfung für jede Einzelkomponente einer Hochdruckanlage müssen genauestens überwacht und in ihrem Ablauf verfolgt werden zur Gewährleistung optimaler Betriebsunterhaltung. Man sollte stets im Auge behalten, daß keine Großanlage zuverlässiger ist als das schwächste Glied, das sie enthält.

## III. Hochdruckrohrformstücke

Zur Vereinfachung der Rohrleitungsführung in Hochdruckanlagen stehen Hochdruckrohrformstücke zur Verfügung. Diese Komponenten liefern dem Hochdrucktechniker die Grundlage für vielseitige Bewegungsfreiheit für den Bau von Großanlagen. Da die Formstücke grundsätzlich aus Schmiedestücken hergestellt werden, ist es selbstverständlich, daß man sie dann wirtschaftlich wird herstellen können, wenn ihre Form einfach und die Wanddicke überall gleichmäßig ausgebildet ist. Stärkere Übergänge zu Querschnittsveränderungen müssen vermieden werden, da sie sowohl vom Gesichtspunkt der Festigkeit als auch der Wärmebehandlung eine Gefahr für das Werkstück selbst darstellen können.

Die wichtigsten Hochdruckformstücke, die sich in den vielen Jahren der Industriepraxis für Großanlagen bewährt und behauptet haben, sind in den Abb. 6a–g zusammengestellt.

### A. Zwischenstücke

Die einfachste Form von Hochdruckformstücken ist durch die sog. Zwischenstücke dargestellt, die ein Rohrstück von definierter kurzer Länge widerspiegeln. Das Zwischenstück hat ausschließlich den Zweck, an der Stelle eingesetzt zu werden, wo ein Formstück auszutauschen ist und der Rohrleitungsfluß geändert wird, das alte Formstück aber nicht mehr belassen werden kann. Zwischenstücke ermöglichen dann den geringsten Aufwand an Leitungsveränderungen.

Die einfachste Form eines Zwischenstückes kommt dadurch zustande, daß man von einem gewöhnlichen Hochdruckrohr die Länge des Zwischenstückes abtrennt und die Enden mit Gewinde und Dichtflächen ver-

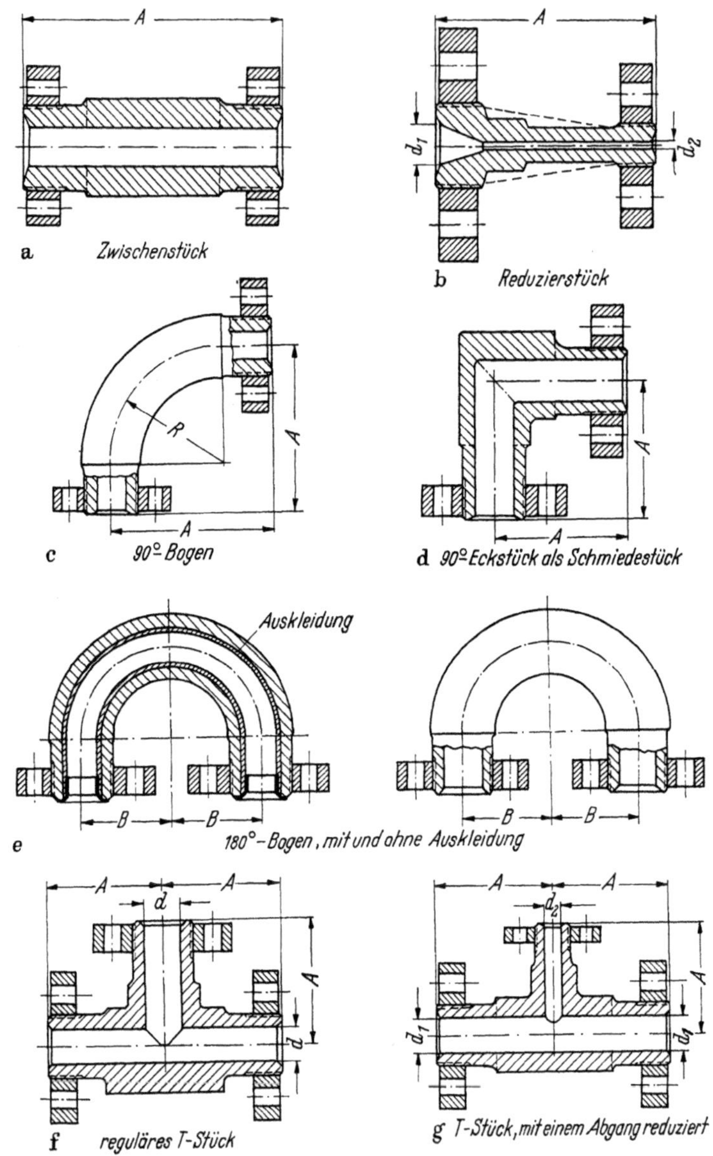


**Abb. 6a–g. Handelsübliche HD-Formstücke**

**a) Zwischenstück; b) Reduzierstück; c) 90°-Bogen; d) 90°-Eckstück; e) 180°-Bogen; f) normales T-Stück; g) Reduzier-T-Stück**

sieht. Das Zwischenstück braucht nicht notwendigerweise ein Schmiedestück zu sein; es ist das Normalrohr vorzuziehen aus wirtschaftlichen Gründen. Werden jedoch geschmiedete Formstücke zu Zwischenstücken vorgesehen, dann ist im Hinblick auf eine leichtere Verschmiedung der quadratische Querschnitt der vorteilhaftere.

Ein geschmiedetes Zwischenstück ist in Abb. 6a gezeigt. Die Darstellung veranschaulicht gleichzeitig die Gestaltung der Stirnflächen zur Anwendung der Metallinse als Dichtungskörper, mit der Verwendung von Gewindeflanschen an den Rohrenden. Für die Gestaltung des Gewindes gelten die gleichen Ausführungen, wie sie für die Rohre selbst zutreffen. Legt man die Längen der Formstücke innerhalb einer Durchmesserserie fest in der Weise, daß sie mit den Längen gleich großer Armaturen, Ventile usw. übereinstimmen, so hat man ein Bauelement, das universelle Einsatzmöglichkeiten hat, was die Montage bedeutend erleichtert.

## B. Reduzierstücke

Reduzierstücke unterscheiden sich von den Zwischenstücken dadurch, daß sie verschieden große Strömungsquerschnitte zwischen Eintritt und Austritt besitzen. Sie werden in der Hauptsache für Instrumentenleitungen verwendet. Es ist dabei gleichgültig, in welchen Stufenabständen nach unten reduziert wird. Wie dabei die Reduktion der Wanddicke bzw. des Innendurchmessers vorgenommen wird, richtet sich nach den Erfahrungen des Werkes. Jedenfalls bestehen in dieser Hinsicht keinerlei besonderen Begrenzungen.

Die reduzierende Abzweigung kann aber auch über ein T-Stück erfolgen, was ganz dem Konstrukteur überlassen bleibt. Die Länge muß wiederum nach den Richtlinien der übrigen Formstücke festgelegt werden.

Abb. 6b veranschaulicht ein Reduzierstück, wie es in der Praxis zum Einsatz kommt. Die Normlänge ist angedeutet.

## C. 90°-Bogen

Der 90°-Bogen stellt ein Hochdruckbauelement dar, von dem im allgemeinen Hochdruckbau sehr viel Gebrauch gemacht wird. Wo man auf die Flanschverbindung anstatt der Schweißung angewiesen bleibt, ist der 90°-Bogen ein unerläßliches Bauteil. Bei geeigneter Werkstoffauswahl können Bogen mit gleichmäßiger Wanddicke hergestellt werden, was besonders für die V-Stähle zutrifft, die ein hohes Verformungsvermögen besitzen bei gleichzeitiger Verfestigung.

Ein regulärer 90°-Bogen ist in Abb. 6c gezeigt. Der Bogenradius ist so auszurichten, daß er etwa dem fünffachen Innendurchmesser des Rohres als Mindestwert gleichkommt. Die Länge muß mit dem Bogenradius so in Einklang gebracht werden, daß jeder Schenkel noch genügend geradlinige Auslaufstrecke besitzt, daß hierin die notwendige Gewindelänge für die Flanschengewinde untergebracht werden kann. Die Länge wird als der Abstand der Stirnfläche zur Mittellinie des anderen Schenkels bezeichnet.

## D. Eckstücke – 90°

Der handelsübliche 90°-Bogen läßt sich ohne Schaden nur bis zu einer gewissen Mindestgröße biegen. Werden daher Bogen gebraucht, die diese Grenze überschreiten, so kann man sich mit den Eckstücken helfen, wie in Abb. 6d veranschaulicht. Formstücke dieser Art werden grundsätzlich geschmiedet und erhalten ihre Endform durch ein Gesenk. Solche Bogenstücke sind sehr geeignet zur Unterbringung von Thermoelementen, was beim üblichen 90°-Bogen nicht möglich ist. Das Formstück selbst hat wiederum quadratischen Querschnitt, ganz allgemein eine Folge des Gesenkschmiedens, das einen minimalen Verschmiedungsgrad aufweisen sollte.

## E. Doppelbogen mit 180°

In nahezu allen Fällen wird in der Hochdrucktechnik der Doppelbogen als 180°-Bogen ausgeführt. Er stellt ein Bauelement dar, von dem im Hochdruckrohrleitungsbau sehr viel Gebrauch gemacht wird. Er eignet sich besonders für Kühler, Vorheizer, Regeneratoren usw. in Haarnadelform, wie sie auf S. 270ff. beschrieben sind. Neuerdings wird der Doppelbogen in steigendem Maße in Ofenanlagen der Atomindustrie eingesetzt. Für die Herstellung gelten die gleichen Regeln, wie sie für 90°-Bogen angedeutet sind.

Ausführungsarten von Doppelbogen sind in Abb. 6e aufgezeichnet. Der Abstand der Mittellinien für die auslaufenden Schenkel ist, ganz allgemein gesprochen, kleiner als die doppelte Länge des zugehörigen 90°-Bogens. Dieser Abstand wird grunsätzlich von der Flanschgröße bestimmt im Zusammenhang mit der Möglichkeit der Montage in bezug auf die Handhabung der Schrauben und Muttern bzw. der Schlüssel.

Es bleibt zu erwähnen, daß die geradlinige Auslauflänge der freien Bogenschenkel durch drei Faktoren bestimmt wird, nämlich die Gewindelänge, der Platzbedarf für Kennzeichnungsstempelung und schließlich die Flanschabmessungen.

Die Darstellung der Abb. 6e veranschaulicht zwei Doppelbogen. Der Bogen auf der linken Seite ist ausgekleidet, während der Bogen rechts ein Normalbogen ohne Auskleidung ist.

Die Doppelbogen, die in Vorheizerhaarnadelsysteme eingebaut werden, sind mit den geradlinigen Rohrsträngen verschweißt. Für eine Flanschverbindung sind die Temperaturen zu hoch.

## F. T-Stücke

Das T-Stück ist ein Hochdruckformstück, das eine große Vielseitigkeit in seiner Anwendung zuläßt, wodurch die Montage von Hochdruckanlagen sehr wesentlich erleichtert wird. Das T-Stück wird wiederum zweckmäßig als Schmiedestück mit anschließendem Gesenkschmieden hergestellt. Die Abmessungen werden so festgelegt, daß der Abstand der Stirnflächen im geraden Durchlaufschenkel der doppelten Normlänge entspricht. Der hierzu in der Mittelsenkrechten liegende Schenkel hat die Länge des Normstückes selbst, vorausgesetzt, daß für alle drei Schenkel der gleiche Innendurchmesser vorliegt.

Aus Abb. 6f geht hervor, daß die Länge davon abhängig sein wird, daß man den Zusammenbau der Flanschen mit den Stiftschrauben sowie das Anziehen der Muttern ohne Schwierigkeiten bewerkstelligen kann.

Es ist oft notwendig, von den Hauptleitungen kleinere Abzweigungen vorzunehmen, was vornehmlich für den Anschluß von Instrumentenleitungen zutrifft. Dies kann in einfacher Weise dadurch erreicht werden, daß man die T-Stücke so gestaltet, daß entweder ein oder zwei Schenkel im Innendurchmesser reduziert werden. In diesem Falle wird das Norm-T-Stück zum Reduzier-T-Stück, wobei der Innendurchmesser auf jede beliebige Stufe herab reduzierbar ist. Man muß lediglich darauf achten, daß bei der Wahl des reduzierten Schenkels eine Normstufe ausgesucht wird. Ein Reduzier-T-Stück wird in Abb. 6g dargestellt.

## G. Linsenanschlüsse

Bei Labor- und Technikumsapparaturen ist es vielfach wünschenswert, zusätzliche Anschlüsse im Rohrsystem anzubringen. Einer der wichtigsten Gründe ist oft darin gegeben, daß man seitliche Bohrungen in Reaktionsrohren kleineren Durchmessers vermeiden will. Diese Schwierigkeit läßt sich mit Hilfe des Linsenanschlusses überwinden. Auf diese Weise kann man Thermomessungen

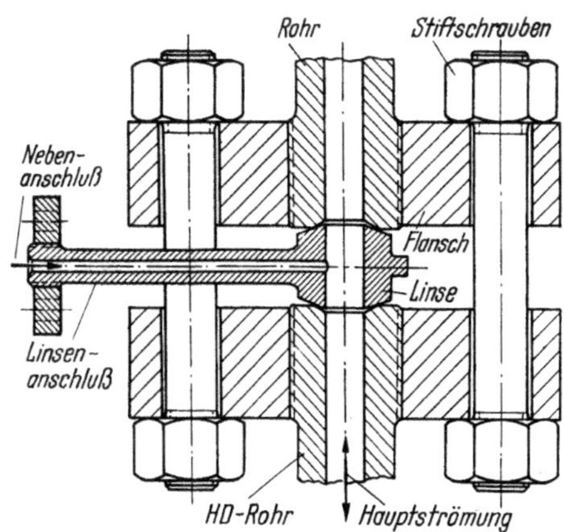

Abb. 7. Linsenanschluß, zusammengebaut innerhalb einer Flanschverbindung

ausführen, Kaltgas einleiten, Proben nehmen oder Druckmeßleitungen anbringen, ohne ein Rohr beschädigen zu müssen, oder ohne auf komplizierte Formstücke angewiesen zu sein.

Der Linsenanschluß besteht aus einer Dichtungslinse, die mit ein oder mehreren seitlichen Bohrungen versehen wird. Die zugehörigen Anschlußleitungen werden in die Bohrungen an der Linse eingeschweißt. Man muß darauf achten, diese Leitungen nicht mit zuviel freier Biegungslänge zu versehen, um die Schweißstelle nicht zu gefährden. Ein Linsenanschluß ist in Abb. 7 veranschaulicht.

## H. Thermohülsenanschlüsse

Die Vornahme von Temperaturmessungen geschieht im Hochdruckbau grundsätzlich unter Zuhilfenahme von Thermoelementen. Hier kommt es darauf an, die Masse klein zu halten, damit der Meßpunkt Temperaturen anzeigt, die der Wirklichkeit am ehesten entsprechen. Um dies für hohe Drücke einwandfrei bewerkstelligen zu können, ist es notwendig, Sonderkonstruktionen anzuwenden, damit die feinen Meßrohre den hohen Druck aushalten können. Einige der gebräuchlichsten Formen von Ther-

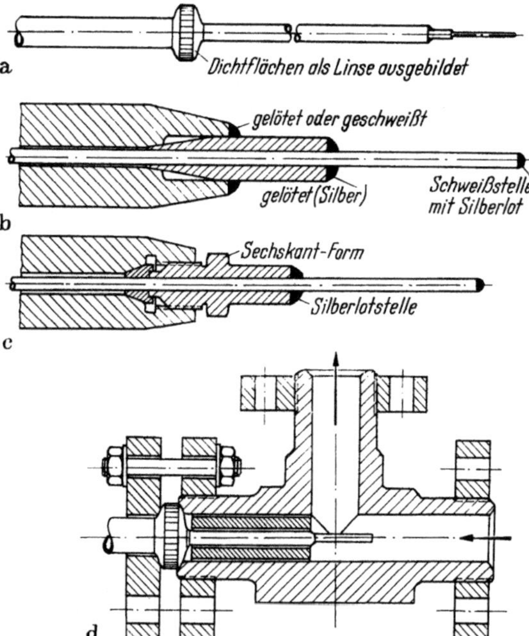


Abb. 8a–d. Hochdruckthermohülsen mit Abwandlungen
a) Thermohülse mit Dichtlinse, entweder aus einem Stück oder geschweißt; b) Spitze der Thermohülse – Stabile Verbindung, geschweißt; c) Spitze der Thermohülse, auseinandernehmbar; d) Thermohülse in T-Stück für HD-Rohrsystem eingebaut

mohülsen der Hochdrucktechnik sind in Abb. 8 zu sehen. Die Kapillarröhrchen sind relativ dünnwandig und sind innen mit einer feinen keramischen Isoliermasse gefüllt, fein genug, um den Hohlraum zwischen den Fühlerdrähten optimal auszufüllen, um einen Einbruch zu verhindern. Die Konstruktion muß leichte Auswechselbarkeit ermöglichen.

Für genaue Messung mit einem gegebenen Element ist es wichtig, den Einbau hochdruckgerecht zu gestalten. Es kommt darauf an, daß das Fühlerrohr mit der Kontaktstelle tief genug in den Flüssigkeits- oder Gasstrom eintaucht, ohne den Strömungsquerschnitt zu verengen. Eine Einbauhülse ist in Abb. 8d zu sehen, wo die Hülse in ein normales T-Stück eingesetzt wird. An Stelle des Verdrängers ließe sich auch ein Reduzier-T-Stück anwenden.

## IV. Rohrverbindungen für Laboratoriumseinrichtungen

Im Laboratorium spielt die Herstellung von Rohrverbindungen zwischen Apparaten und Instrumenten eine sehr wichtige Rolle. Hier kommt es darauf an, eine Verbindung schnell und einfach herzustellen, die auch ebenso schnell wieder gelöst werden kann, ohne dabei einen wesentlichen Werkstoffaufwand an Rohrleitungen und Verbindungskomponenten zu verursachen. Da die Labor- und die Technikumsapparaturen möglichst vielseitig ausgelegt zu werden pflegen, müssen Bauelemente zur Verfügung stehen, die diese Vielseitigkeit erst ermöglichen, ohne dabei teuer zu sein. Oft spielt auch der Faktor Zeit eine wesentliche Rolle, eine Anlage schnell verändern zu können, wobei die Teile wieder verwendbar sein sollten, wenn auch die Rohrleitungsführung eine andere wird. Bei kleinen Leitungen sind Flanschverbindungen nicht angebracht, ja sogar hinderlich und unwirtschaftlich. Schweißung kann viel helfen, doch ist nicht die Hauptlösung dieser Frage.

Es soll in diesem Zusammenhange lediglich von Rohrverbindungen im Labor bzw. Technikum die Rede sein, also ausschließlich kleintechnischer Maßstab. Die Apparateanschlüsse großen Stiles werden in einem späteren Kapitel gesondert besprochen werden.

In den Vereinigten Staaten hat es sich beispielsweise in den letzten zwanzig Jahren als sehr praktisch erwiesen, für Labor und Technikum Leitungen in den Größen 1/8–1/4–3/8″ Durchmesser (3–6–10 mm) ausschließlich aus V 2 A zu verwenden mit Wanddicken für grundsätzlich zwei Druckstufen. Diese Rohre sind sehr handlich, lassen sich elegant bis auf kleinste Radien biegen, ohne Wärmebehandlung anwenden zu müssen. Die höhere Druckstufe ist für 4000 atü zulässig, und die Rohre können eindeutig ohne Schaden kalt gebogen werden.

Für das Abschneiden der Rohre auf gewünschte Längen wurde in den Staaten eine sehr einfache Vorrichtung entwickelt, die sich sehr gut bewährt hat. Das Gerät ist in Abb. 9 im Prinzip dargestellt. Als Schneidwerkzeug dient eine dünne Hartmetallscheibe, die bei der Rotation des Gerätes um das zu schneidende Rohr wie eine Rasierklinge unter dem

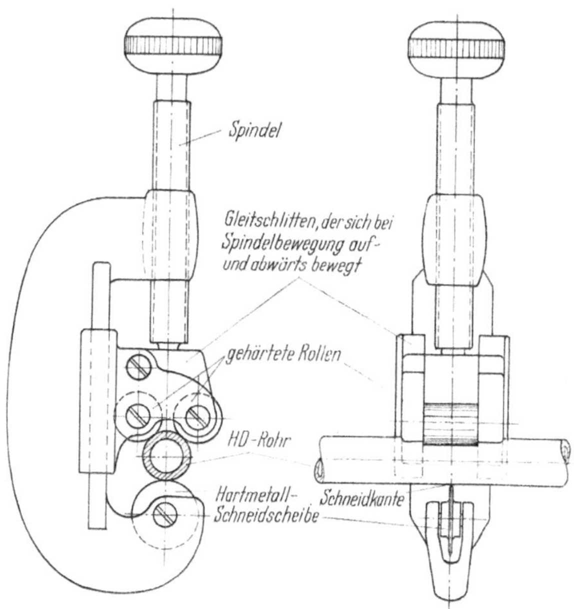


Abb. 9. Schneidgerät für VA-HD-Rohre. Unterschiedliche Größen für Rohre von $^1/_8$–$^1/_4$″ ∅, von $^3/_8$–$^1/_2$″ ∅ mit Wanddickenverhältnissen bis zu 2 : 1

Druck der Stellschraube in die Rohrwand eindringt. Nach je zwei bis drei Umdrehungen wird die Stellschraube leicht nachgezogen und das Nachziehen so lange wiederholt, bis das Rohr abgetrennt ist. Die Schneidfähigkeit bleibt monatelang erhalten. Der Vorgang kann in weniger als einer halben Minute ausgeführt werden. Irgendwelche Späne treten nicht auf. Das scharfkantige Profilblech von dreieckiger Form kann dazu benützt werden, etwa auftretenden Krat zu beseitigen. Selbst 3/8″-∅-4000-atü-Rohre können auf diese Weise von Hand und ohne Schraubstock oder sonstige Einspannvorrichtung geschnitten werden, zumal das Rohr ohne Schwierigkeit in der einen Hand gehalten werden kann, während die andere Hand das Schneidwerkzeug einstellt bzw. dreht.

Das Biegen dieser Rohre, das wie erwähnt im Kaltzustande durchgeführt wird, läßt sich ebenfalls sehr einfach von Hand erreichen, wenn man eine Biegevorrichtung benützt, die in Abb. 10 beschrieben und ebenfalls seit vielen Jahren in Gebrauch ist. Die Vorrichtung ermöglicht Rohrbogen von optimalem Mindestradius bei gleichbleibender Wanddicke über den ganzen Bogen.

Hinsichtlich der Verbindungskomponenten dieser Hochdruckrohre seien im besonderen zwei Typen hervorgehoben, die sich in den letzten Jahren als eine Art Normtypen herausgestellt und gleichzeitig sehr gut praktisch bewährt haben. Es handelt sich um die Typen Aminco-Fittings und Swagelok-Fittings, die ihre Namen von den Herstellerfirmen übernommen haben. Beide Arten sind für hohen Druck, beruhen aber auf grundsätzlich verschiedenen wirkenden Verschlußprinzipien. Beide Typen lassen sich auch für drucklose Rohre anwenden, sofern – was das Aminco-Fitting betrifft – ausreichende Wanddicke für die Gewindebüchse vorhanden ist. Beim Aminco-Fitting liegt die obere Anwendungsgrenze für den Betriebsdruck wesentlich höher als bei Swagelok. Dies ist darauf zurückzuführen, daß Swagelok-Fittings mit Absicht wesentlich leichter gebaut sind, um auch das drucklose Arbeitsgebiet ohne wesentlichen Werkstoffaufwand decken zu können.

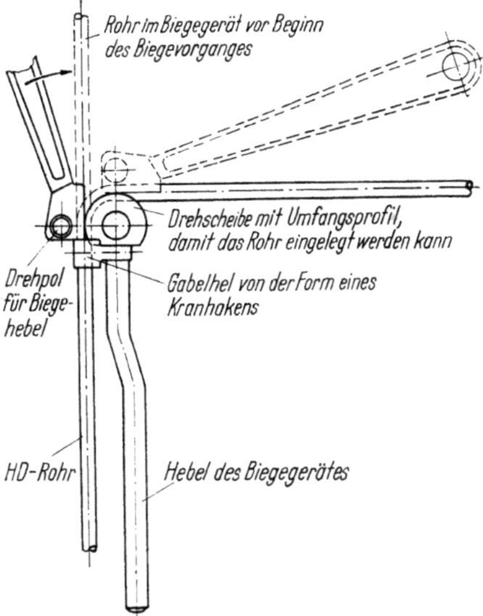


**Abb. 10. Handbiegevorrichtung für kleinere Hochdruckrohre aus VA-Stahl, womit Rohre kalt bis zu 180° gebogen werden können**

Aus der Tatsache heraus, daß sie auch für niedere Drücke brauchbar sein sollen, sind eine große Anzahl von Anwendungsmöglichkeiten entwickelt worden. Sie stehen in einer Vielseitigkeit zur Verfügung, daß nahezu alle erdenklichen Kombinationsmöglichkeiten verwirklicht werden können. Das Wirkungsprinzip (Abb. 11a) besteht darin, daß das Formstück zunächst eine Bohrung aufweist, die das Einführen des glatten

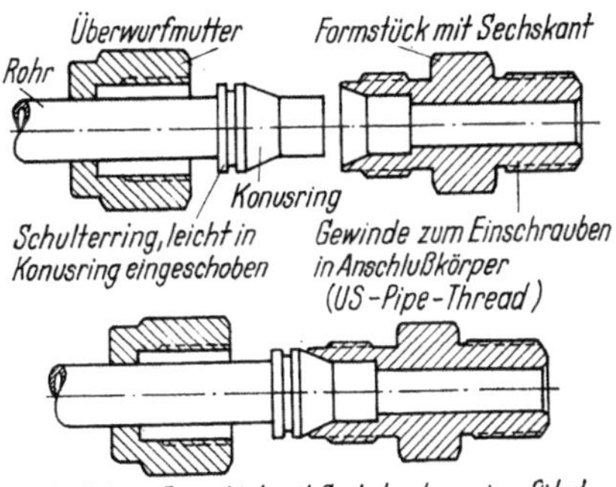


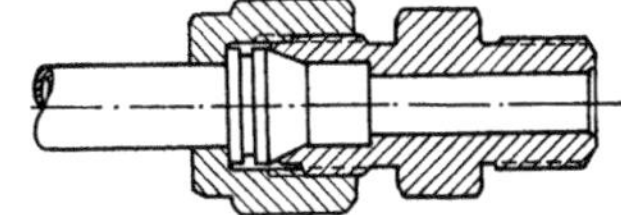


**Abb. 11a. Einzelteile der Swagelok-Verbindung von HD-Rohren für kleine Durchmesser. Grundelemente der Swagelok-Verbindung**

Rohrendes möglich macht. Bei einer definierten Eindringtiefe des Rohres wird am Formstück eine Verengungsschulter angebracht, damit die Rohrposition begrenzt wird. Die Bohrung im Formstück läuft konisch aus, um speziell geformte Dichtringe, die über den Außenumfang des Roh-

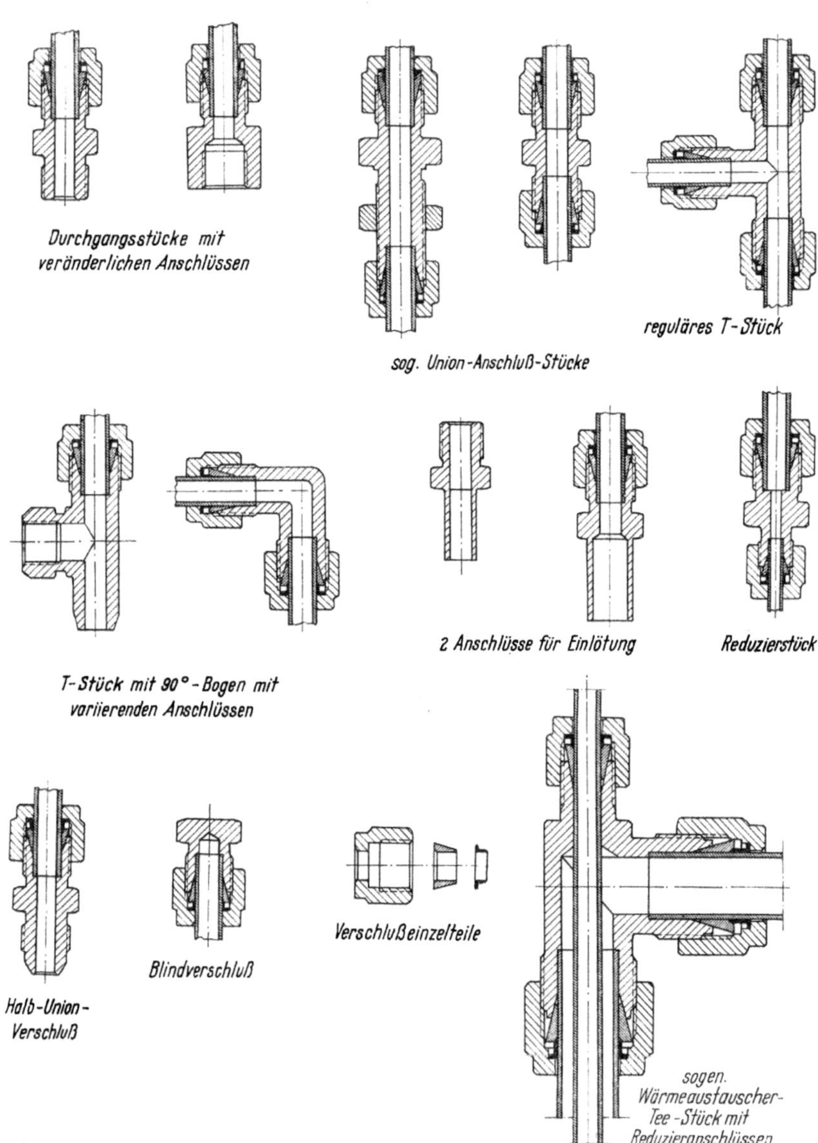


Abb. 11b. Einige Grundverbindungen mit Swagelok-Formstücken

res mit leichtem Spiel eingeführt werden, aufzunehmen. Wird jetzt eine Überwurfmutter auf das Außengewinde des Formstückes aufgeschraubt, so werden die konischen Dichtringe infolge der Konusfläche des Formstückes gegen die Rohroberfläche gepreßt. Bei weiterem Anziehen verformen sich die Ringe zunehmend, fressen sich dabei in die Rohroberfläche ein und stellen so die Dichtwirkung her. Die Dichtung ist zuverlässig und sehr wirksam. Eine Lösung der Dichtringe ist ohne Gewalt bzw. eine Zerstörung des Rohres nicht möglich. Man muß lediglich darauf achten, das Anzugsmoment so zu begrenzen, daß die Muttergewinde nicht plastisch verformt werden, andernfalls kann die Verbindung nicht gelöst oder gar wiederverwendet werden. Voraussetzung für zuverlässiges Arbeiten der Formstücke ist, daß man die Gewinde frei hält von Verunreinigungen. Es kommt für gute Bewährung des Gewindes wesentlich darauf an, daß die beiden Rohrebenen bzw. Achsen der Rohre, die zu verbinden sind, in der gleichen Richtung ausgerichtet sind. Ist das nicht der Fall, so ist die Dichtung nicht erzielt, und eine Verformung des Gewindes wird zu erwarten sein. Formstückachse und Rohrachsen sollten genau übereinstimmen. Dies ist um so wichtiger, je kleiner der Rohrdurchmesser wird, beispielsweise 1/8″ oder 1/16″, entsprechend 3 mm bzw. 1,5 mm.

Eine Serie der wichtigsten Swagelock-Fittings ist in Abb. 11 b dargestellt, und zwar für eine bestimmte lichte Weite für den Durchflußquerschnitt. Außer den gezeigten Möglichkeiten gibt es natürlich noch zahlreiche Modifikationen hierzu, wenn man die Durchmesserreduktionen und die Übergänge zum „Pipesystem“ in Betracht zieht. Es bleibt zu erwähnen, daß in den Vereinigten Staaten ein deutlicher Unterschied zwischen „Tubing“ und „Pipes“ gemacht wird. Bei Tubing sind alle Gewinde in den Endverbindungen zylindrisch. Für ihre Abdichtung ist also eine besondere Dichtung erforderlich. Beim Pipe ist das Gewinde konisch und die Abdichtung erfolgt im Gewinde selbst. Man hilft sich, um die Dichtung perfekt zu machen, damit, daß man das Außengewinde mit Teflonband für einige Schichten umwickelt, und dann in das Gegenstück einschraubt. Diese Verbindung erreicht absolute Dichtheit und läßt sich auch beliebig wieder lösen.

Eine andere ebenfalls elegante Hochdruckverbindung für relativ kleine Rohre läßt sich mittels Amincoformstücken erzielen, die in Abb. 12 zu sehen sind. Aminco ist die Abkürzung von American Instrument Co. Das Arbeitsprinzip besteht darin, daß das Rohrende auf 60° zugeschnitten wird, was dann als Dichtkonus dient. Die Außenfläche des Rohres wird mit einem feinen Linksgewinde versehen zur Aufnahme einer kleinen zylindrischen Büchse. Eine Überwurfmutter drückt dann beim Abdichtungsvorgang das Rohr mittels der Gewindebüchse in die konische Gegenbohrung, wodurch metallische Abdichtung gewährleistet wird. Wird der

Konuswinkel in den beiden Berührungsflächen um 1° unterschiedlich gemacht, so ist die Dichtung leicht herstellbar.

Die Anwendung von Aminco-Fittings läßt unbegrenzt hohe Betriebsdrücke zu, läßt sich leicht wieder bearbeiten im Falle von Abnützung und kann beliebig oft eingesetzt werden, ohne etwa Nachbearbeitung vornehmen zu müssen.

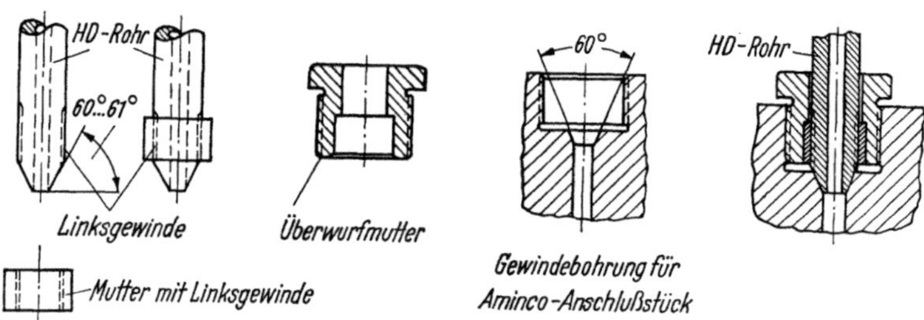


Abb. 12. Hochdruckrohrverbindungen kleinerer Durchmesser mittels Aminco-Formstücken bei Verwendung von VA-Hochdruckrohren. Jedoch nicht auf VA-Rohre allein anwendbar

Außer den typischen Hochdruckverschlüssen ist im Laborversuchswesen noch eine Verbindungsart üblich, die sowohl für Hochvakuum als auch für Druck anwendbar ist. Diese Verbindung ist unter der Bezeichnung Schnellverschluß bekannt und kommt aus der Hochvakuumtechnik. Die einzige Anwendungsbegrenzung ist durch die Temperatur festgelegt, da die Verschlußart sich der Anwendung von O-Ringen bedient, was ein Vakuum bis zu $10^{-6}$ mm Hg Druck zuläßt.

Unter Schnellverschluß versteht man in diesem Falle eine Verschlußart, die man von Hand abzudichten vermag, wenn man ein Hochvakuum erzielen will. Der aufzuwendende Dichtdruck braucht nur so hoch zu sein, daß die vorschriftsmäßige Vorverdichtung des O-Ringes erreicht wird, was bei allen kleineren Leitungen von Hand möglich ist. Hierbei ist es gleichgültig, wo der O-Ring untergebracht ist.

An Schnellverschlüssen für Rohrleitungen sind grundsätzlich wiederum zwei Typen handelsüblich geworden, die den Namen ihrer Hersteller tragen, nämlich die Veeco- und die Cajon-Verbindungen. Beide Verbindungsarten sind in Abb. 13 und 14 aufgezeichnet. Wie man erkennt, benutzt der Veeco-Verschluß einen besonderen Einlegering für die Unterbringung des O-Ringes, der dann an der Rohraußenfläche dichtet, wenn der Dichtdruck zur Anwendung kommt. Beim Cajon-Verschluß, ein Formstück der Swagelock-Firma, wird der O-Ring in die Stirnfläche eingelassen und dichtet somit unabhängig von der Rohrfläche. In beiden Fällen wird eine Überwurfmutter als erzeugendes Druckelement benützt.

Ganz allgemein kann man sagen, daß der Konus von allen metallischen Dichtungskomponenten die idealste Abdichtungsart darstellt, die sich für Labor- und Technikumsanlagen im Laufe vieler Entwicklungsjahre herausgeschält und praktisch sehr gut bewährt hat. Der Konus ist in vielen Modifikationsarten vorhanden. Beim Aminco-Fittung wird der Konus vom Rohrende selbst gebildet. Diese Lösung läßt sich solange mit

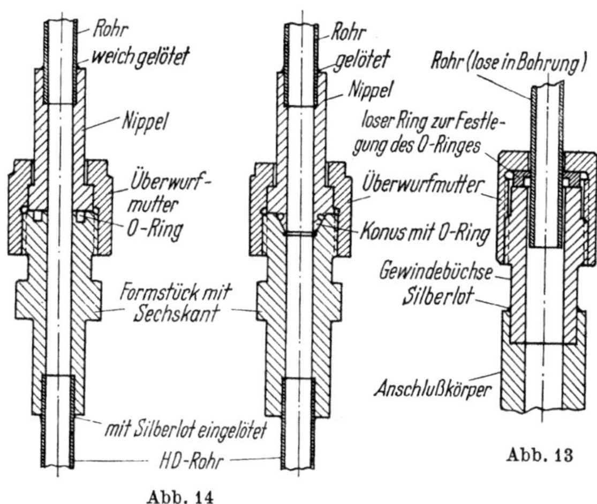


Abb. 13. HD-Rohrverschlüsse – System Veeco. Kann von Hand gedichtet werden. Schnellverschluß

Abb. 14. HD-Rohrverschlüsse – System Cajon. Schnellverschlüsse, die sich von Hand anziehen lassen

Erfolg anwenden, als der Rohrwerkstoff verformungsfähig bleibt bzw. zu Anbeginn ist. Wählt man die Winkelunterschiede in den berührenden Dichtflächen geschickt aus, so läßt sich mit niedrigem Anpreßdruck stets ein Dichtwerden erzielen, wobei die Verbindung ohne Schwierigkeiten wieder gelöst werden kann, ohne daß die Berührungsflächen beschädigt sind.

Wie in Kap. XI gezeigt werden wird, ist es bei metallischen Dichtungen von Hochdruckapparaten und Rohrleitungen eine notwendige Forderung, daß der Werkstoff in den Berührungsflächen plastisch verformt wird. Beim Konus mit unterschiedlichen Winkeln wird die Dichtfläche theoretisch zur Linie, und der Dichtdruck bleibt niedrig. Diese Voraussetzung wird beim steilen Konus weitgehendst erreicht. Man muß allerdings berücksichtigen, daß der Konuswinkel nicht zu steil werden darf, da sonst ein Lösen der Verbindung infolge Selbsthemmung unmöglich werden kann.

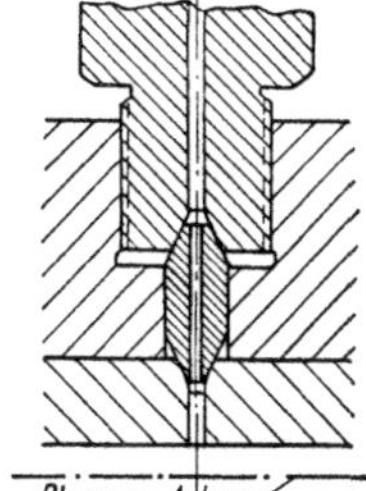


Abb. 15. Dichtungskonus für Laboratoriumsanschlüsse von Hochdruckrohren

Wird die Wanddicke im Verhältnis zum Strömungsdurchmesser zu groß, und besteht ferner das Rohr aus einem Werkstoff mit hohem Verformungswiderstand, so ist es notwendig, einen Extrakonus als Dichtung einzusetzen, wie es in Abb. 15 gezeigt ist. Es bleibt jedoch zu bemerken, daß solche Konusdichtungen auf kleine Leitungsdurchmesser beschränkt

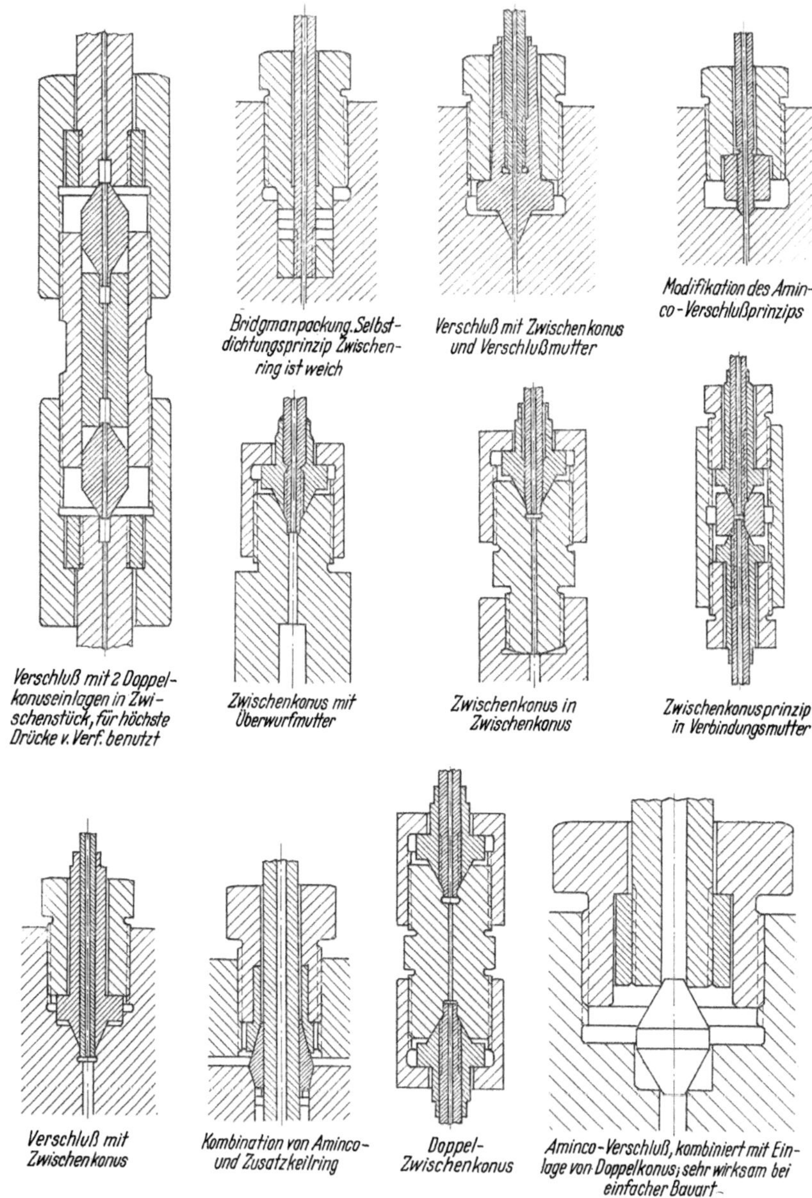


Abb. 15 a. Modifikationen von Labor-Hochdruckanschlüssen unter Anwendung des Konusprinzips

bleiben, zumal die Dichtkraft von einer einzigen Überwurfmutter aufgebracht werden muß. Wird diese Dichtkraft zu hoch, so kann sie über eine einzige Mutter nicht mehr ohne Schaden für das Gewinde übertragen werden.

Zum Abschluß sei noch auf eine Zusammenstellung von Verschlüssen hingewiesen, die in Abb. 15 a dargestellt ist. Diese Verschlüsse sind mehr oder weniger im Labor gebräuchlich und geben die Vielseitigkeit von Labor-HD-Anschlüssen zu erkennen.

## V. Ventile

In der Hochdrucktechnik haben die Ventile als Absperr-, Regel- oder als Sicherheitsorgane die gleiche Art von Aufgaben zu erfüllen, wie sie in der Niederdrucktechnik oder im drucklosen Zustande bestehen, lediglich die betrieblichen Forderungen liegen weitaus höher. In erster Linie müssen sie den Festigkeitsforderungen genügen. Darüber hinaus muß der hydraulische Widerstand auf ein Minimum beschränkt bleiben, ohne die Dichtheitsforderungen an der Stopfbüchse zu vernachlässigen. Schließlich müssen die Einflüsse von Druck, Temperatur und chemischem Angriff durch die Reaktionsteilnehmer bei der Konstruktion in Rücksicht gestellt werden. Demzufolge müssen verschiedene Arten von Bedingungen angestrebt werden, da nicht erwartet werden kann, daß eine einzige Ventilart allen Forderungen auf technologischer Grundlage genügen kann.

### A. Absperrventile

Absperrventile, die in der Sprache des Hochdrucktechnikers auch als Blockventile bezeichnet werden, haben die Aufgabe, den Durchfluß einer Strömung im System entweder zu blockieren oder ungehindert freizugeben. Eine Zwischenstellung zwischen „offen“ und „geschlossen“ ist bei Blockventilen soviel wie nicht vorhanden, zumindest nicht wünschenswert. Eine Regelungs- bzw. Drosselungsaufgabe fällt den Absperrventilen normalerweise nicht zu. Sie müssen daher so gestaltet sein, daß sie der Durchflußströmung den geringstmöglichen Widerstand entgegensetzen im vollgeöffneten Zustand. Beim Öffnen muß der volle Querschnitt schnell freigegeben werden. Im Absperrzustand haben sie ferner die Aufgabe, die Strömung vollständig zu unterbinden, ohne viel Instandhaltungskosten zu verursachen. Die Dichthalteforderung bezieht sich sowohl auf die Ventilspindel als auch auf den Ventilsitz.

Ungeachtet der besonderen Verwendungsart ist die Konstruktion der Ventile ganz allgemein so, daß die Spindelbewegung beim Schließvorgang entgegen der Strömungsrichtung erfolgt. Für die Fortsetzung der Strömung hinter dem Ventilsitz ergibt sich daraus zwangsläufig eine Richtungsänderung, die meist senkrecht zur Spindelachse liegt. Daraus erklärt sich das Eckventil für Hochdruckbauart, das dann stets eine Veränderung der Rohrleitungsführung zur Folge hat. Die Baulänge in bezug auf die Stirnflächen mit den Anschlußflanschen ist mit den Längen der entsprechenden Hochdruckformstücke gleichen Durchmessers identisch.

Gemäß der Bauart der heutigen Hochdruckventile unterscheidet man drei Hauptgruppen, nämlich handbetätigte Ventile, hydraulisch angetriebene Ventile und schließlich Ventile, die mit einem mechanischen Übersetzungsgetriebe ausgestattet sind mit Hand- oder automatischem Kraftantrieb.

## 1. Handbetätigte Absperrventile

Ein Hochdruckabsperrventil für den Einsatz in einer Produktionsanlage beliebiger Art stellt eine verhältnismäßig komplizierte Armatur dar, die je nach Druckhöhe, Durchflußquerschnitt und Fördermedium eine beachtliche Anzahl von Einzelbauteilen aufweisen kann. Für eine volle Darstellung der wichtigsten Einzelfunktionen dürfte es zweckmäßig sein, kurz eine Beschreibung der geschichtlichen Entwicklung wiederzugeben, wie sie sich in der Industrie tatsächlich vollzogen hat.

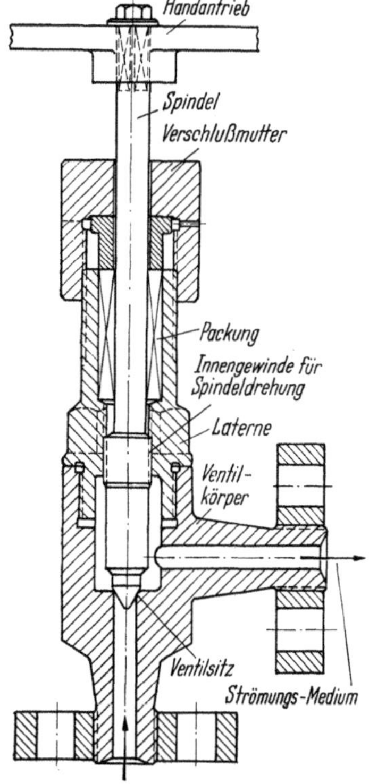


Abb. 16. Absperrventil in der Anfangsstufe der Hochdruckentwicklung, ~700 atü Betriebsdruck

Für ein besseres Verständnis der Schilderung sei das Ventil der Abb. 16 einer näheren Betrachtung unterzogen, die eine der ersten Ventilbauarten wiedergibt, die in der deutschen Hochdrucktechnik gebaut wurden. Die Erfahrungen, die man im Betriebe mit diesem Ventil gemacht hat, sind so umfangreich, daß man hierbei schrittweise die spätere Entwicklung in einfacher Weise ableiten und demonstrieren kann.

### a) Grundzüge einer HD-Ventilkonstruktion

Ein Ventil besteht grundsätzlich aus dem Gehäuse, der Spindel und dem Antriebsmechanismus für die Spindel. Die Spindel ist dabei derart im

Gehäuse angeordnet, daß sie sich in Richtung der Strömung des Durchflußmediums hin- und herbewegen kann. Als Bewegungsbauelement benutzt man ein Gewinde. Für die vorliegende Betrachtung der Grundzüge einer Ventilkonstruktion sei die Art des Gewindes noch als Faktor ohne technischen Einfluß zunächst außer acht gelassen.

Die Spindel soll den Durchflußquerschnitt entweder freigeben oder versperren. Sie muß dabei in der Lage sein, ihre Position durch Selbsthemmung in der Verschluß- oder jeder anderen Stellung zu halten. Die Spindelpackung darf keine Strömungsverluste zulassen, ohne dadurch unerträgliche Reibungsverluste für die Spindelbewegung zu verursachen.

### b) Betriebserfahrungen mit den ursprünglichen Ventilbauarten

An Hand der Abb.16 läßt sich ersehen, daß das Gewinde, das für die Spindeldrehung verantwortlich ist, innen zu liegen kommt, was bedeutet, daß das Spindelgewinde dem Durchflußmedium näher liegt als die Spindelpackung. Das Spindelgewinde ist daher dem Einfluß des Strömungsmediums ausgesetzt und wird infolge der dauernden Berührung leicht verschmutzt bzw. in seiner Beweglichkeit entsprechend beeinflußt. Zumindest ist es möglich, daß im Gewinde Tendenzen für Filmbildung und Verkrustung entstehen, die seine freie Beweglichkeit bedeutend beeinflussen können. Beim Abstellen des Verfahrens, wobei die Anlage sich auf Raumtemperatur abkühlt, kann es sich ereignen, daß die Spindel festfrißt und eine spätere Drehung ausgeschlossen ist. Ferner muß beachtet werden, daß die Spindel bei dieser Bauart nicht geschmiert werden kann, solange das Produkt eine Verunreinigung durch Schmiermittel nicht verträgt. Die Gegenwart des Innengewindes ist daher in jeder Beziehung ein schwerwiegender Nachteil, der um so entscheidender ins Gewicht fällt, je weniger schmierfähig das Durchflußmedium sich verhält, wodurch ein Dauerbetrieb des Ventils ausgeschlossen ist.

Ein weiterer Faktor ist die Tatsache, daß die Spindel aus einem Stück besteht, und zwar vom Handgriff aus gerechnet bis zum Dichtungskonus. Beim Schließen des Ventils muß die Spindel eine Drehbewegung ausführen. Im Augenblick, wo die Spindel den Ventilsitz berührt, wird durch die Drehbewegung bei hohem Schließmoment eine ungeheure Torsionskraft auf die Dichtflächen ausgeübt, die sich früher oder später in einer völligen Zerstörung der Dichtflächen äußern muß. Hierdurch wird die Lebenserwartung des Ventils ganz entscheidend herabgesetzt.

Ein weiterer entscheidender Faktor für die Lebensdauer des Ventils ist die Beschaffenheit des Ventilsitzes selbst. Dichtflächen beim Ventil sind ungewöhnlich hohen spezifischen Belastungen ausgesetzt und müssen infolgedessen öfters erneuert werden. Die Abdichtung am Ventilsitz wird neben anderen Faktoren von der Genauigkeit seiner Bearbeitung abhängen. Genauigkeit ist wirtschaftlich nur dort anwendbar, wo das zu bearbeitende Teil zugänglich ist. Dies führt zu der logischen Forderung, das Ventil so zu bauen, daß der Sitz leicht ausgebaut werden kann, ohne das ganze Ventil auseinandernehmen zu müssen. Der direkte Sitz sollte in bezug auf Verschleißfestigkeit andere Werkstoffeigenschaften aufweisen, als sie der Ventilkörper haben muß. Hohe Verschleißfestigkeit ist meist auch eine Funktion großer Härte. Da aber der Ventilkörper ein Druckbehälter ist, dürfte hohe Härte nicht besonders erwünscht sein, da er anderen Festigkeitsgesetzen folgt, als es von dem Ventilsitz gefordert wird.

Ähnliche Überlegungen treffen für den Spindelkonus zu, der mit dem Ventilsitz gemeinsame Berührungsflächen besitzt und in diesem Gebiet hohe Abriebfestigkeit besitzen muß. Es hat sich in der Praxis als günstig erwiesen, den Spindelkonus härter als den Ventilsitz zu machen. Muß die Spindel nachbearbeitet werden, so muß das ganze Ventil auseinandergenommen werden. Bei erforderlicher Spindelnachbearbeitung wird diese kürzer. Diese Kürzung muß auf ein Mindestmaß beschränkt bleiben, wenn man die Erneuerung der Spindel in häufigen Intervallen vermeiden will.

### c) Praktische Schlußfolgerungen für zuverlässige Ventilkonstruktionen

An Hand der vorausgehenden Schilderungen ist zu erkennen, daß in erster Linie das Spindelgewinde nach außen verlegt werden muß, damit es durch die Packung vom Durchflußmedium getrennt wird. Abb. 17 gibt die logische Entwicklung schrittweise wieder. Abb. 17a zeigt die alte An-

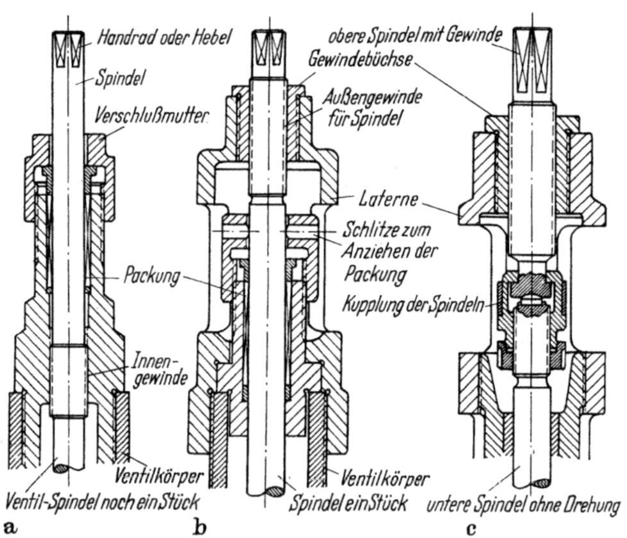


**Abb. 17a–c. Entwicklungsstufen für das Hochdruckventil**

a) Spindel mit Innengewinde; b) Spindel mit Außengewinde; c) Unterteilung der Spindel und Einführung der Kupplung

ordnung mit Innengewinde und Verschlußmutter am Kopfende der Laterne, die mit Außengewinde für die Aufnahme der Verschlußmutter ausgerüstet ist. Beim Anziehen der Verschlußmutter wird die Packung für die Spindelabdichtung angezogen. Die Laterne wird in den Ventilkörper eingeschraubt. Durch Verlängerung der Laterne und Verbindung mit der Verschlußmutter läßt sich das Innengewinde herausverlegen und zum Außengewinde verwandeln. Dazu wird es erforderlich, einen besonderen Stopfbüchsenkörper einzusetzen, der von der Laterne beim Einschrauben in den Ventilkörper gegen diesen angedrückt wird.

Eine weitere Verbesserung wird erkenntlich, indem der Ventilkörper ein Außengewinde erhält zum Einschrauben der Laterne. Damit wird verhindert, daß keinerlei Gewinde mit dem Strömungsmedium in Berührung kommt. Um ein Anziehen der Packung zu ermöglichen, wird die Laterne mit seitlichen Schlitzen versehen. Es ist ratsam, für die Spindelführung durch die Laterne eine besondere Gewindebüchse aus Sonderbronze einzusetzen, um die Lebensdauer zu erhöhen. Die Büchse läßt sich mit der Spindel ausbauen, ohne die Laterne abschrauben zu müssen.

Abb. 17c zeigt einen weiteren Schritt der Entwicklung von entscheidender Bedeutung, nämlich eine Unterteilung der Spindel. Die Öffnungs- und Schließbewegung über das Gewinde kann nur durch Rotation erfolgen. Der Konus aber sollte zur Gewährleistung der Abdichtung nur translatorische Bewegungen ausführen. Dies kann aber nur sinnvoll durch Anwendung einer geeigneten Spindelunterteilung erreicht werden, wodurch beiden Forderungen genügt wird. Die obere Spindel rotiert nach Maßgabe des Spindelgewindes, während die untere Spindel sich geradlinig auf- und abbewegt. Das Verbindungsglied wird durch eine geeignete Kupplung dargestellt, die der Verschiedenartigkeit der Bewegungsaufgaben Rechnung trägt.

Zur Verankerung des Stopfbüchsenkörpers im Ventilkörper können Modifikationen angewandt werden, wie sie in Abb. 18 aufgezeigt sind. Hier sind beispielsweise dreierlei Möglichkeiten dargestellt, den Stopfbüchsenkörper mit dem Ventilkörper zu verbinden. In Abb. 18a sitzt der Stopfbüchsenkörper lose in der zugehörigen Bohrung des Hauptventilkörpers. Die Anpressung erfolgt über eine entsprechende Schulter in der Laterne, sobald diese auf den Ventilkörper aufgeschraubt wird. In Abb. 18b ist der Stopfbüchsenkörper in den Ventilkörper eingeschraubt, weist aber noch eine Schulterfläche auf für den Laternenkörper. Der Stopfbüchsenkörper in Abb. 18c wird ebenfalls eingeschraubt, die Schulter ist aber in Fortfall gekommen.

Die Anordnung des Stopfbüchsenkörpers ist von großer Wichtigkeit. Die günstigste Lösung ist durch das direkte Einschrauben gegeben, da hier die beste Gewähr für Zentrierung gegenüber der Ventilspindel möglich ist. Die optimale Lebensdauer für die Packung kann dann erwartet werden, wenn alle Teile genau zentrisch ausgerichtet sind, was am einfachsten bei eingeschraubten Teilen erreicht wird.

Die Befestigung der Laterne mit dem Ventilkörper hängt ausschließlich von der Ventilgröße ab. Die Einschraubung von Laternen in den

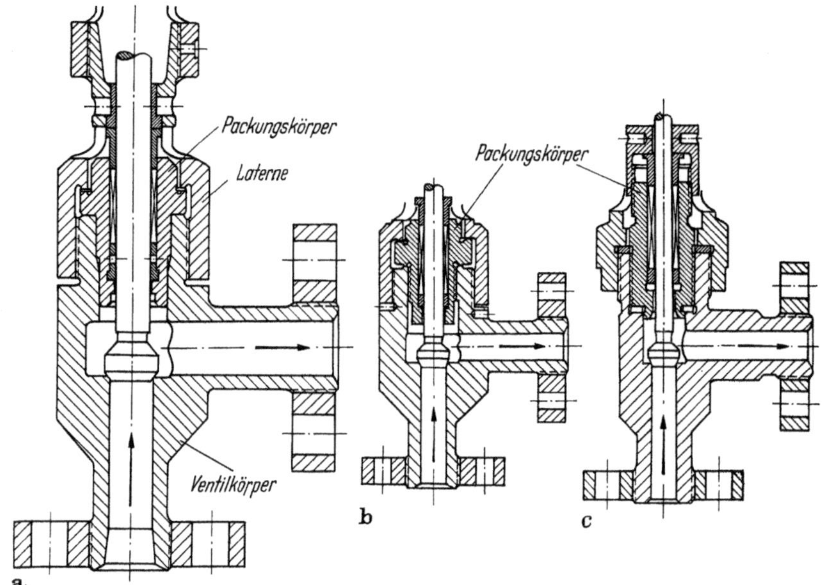


Abb. 18a–c. Veränderungen in der Art der Befestigung des Packungskörpers innerhalb des Ventiles
a) Packungskörper nur von Laternenschulter gehalten; b) Packungskörper mit Schulterring, aber noch eingeschraubt; c) Packungskörper nur eingeschraubt

Ventilkörper wird mit Zunahme des Gewindedurchmessers zunehmend schwieriger. Wenn man berücksichtigt, daß mit der Aufschraubung auch noch vielfach eine Dichtheit der Anordnung erzielt werden muß, so wird leicht verständlich, daß für Gewindegrößen über 3″ Durchmesser eine Aufschraubung bei gleichzeitiger Erzielung von Dichtheit nahezu erfolglos sein muß. Diese Frage gewinnt immer mehr an Bedeutung, je häufiger das Ventil für Reparaturzwecke auseinandergebaut werden muß. Wie in Kap. V ausgeführt, kann eine Erreichung von Gasdichtheit über eine Verschraubung von großem Durchmesser nicht mehr gleichmäßig gewährleistet werden, wenn das Gewinde die 2″-Grenze überschreitet. Man wird daher einen Flansch mit vielen Schrauben anwenden müssen, wie im Prinzip durch Abb. 19 dargestellt ist. Im Falle der Abb. 19a sind Laterne und Ventilkörper mit besonderen Flanschen versehen. In Abb. 19b hat nur der Ventilkörper einen besonderen Flansch, während die Laterne eine Schulter besitzt, die als Flansch benützt werden kann. Die Anwendung der Flanschen ist wirtschaftlich, wie aus der Darstellung abgeleitet werden kann. Eine absolute Dichtheit bei gleichmäßiger Verteilung der Dichtkraft ist hier außer Zweifel. Gleichzeitig wird damit auch eine einfache Zentrierung der Einzelbauteile erreicht, was mit Rücksicht auf die Lebensdauer von Spindel, Packung und Ventilsitz von großer Wichtigkeit ist.

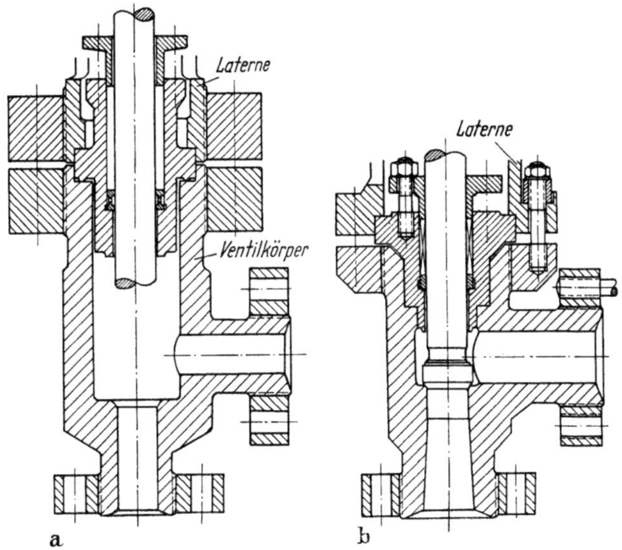


Abb. 19a u. b. Weitere Modifikationen der Ventilkonstruktionen, hinsichtlich Laternenbefestigung a) Laterne mit Gewindeflanschen, angeschraubt an Ventilkörper (Stiftschrauben); b) Laterne mit angeschmiedeten Flanschen, angeschraubt an Ventilkörper mit Schrauben

Hinsichtlich des Sitzes zur Absperrung des Durchflusses durch den Spindelkonus sind eine große Anzahl von Ausführungen entwickelt worden und sind auch heute noch vielseitig in Gebrauch. Selbstverständlich spielt die technologische Funktion des Ventiles im Rahmen der Anlage eine bedeutende Rolle. Bei extremen Drücken in großen Querschnitten ist es leicht verständlich, daß die Dichtkraft riesige Werte annehmen kann. Man muß daher anstreben, die Verschlußkraft durch geeignete Maßnahmen auf ein Minimum zu bringen.

Bei einem zuverlässig gebauten Ventil wird die Verschlußkraft theoretisch etwa 50% über der Betriebskraft liegen, der die Spindel infolge des Innendruckes ausgesetzt wird. Für die Festigkeitsrechnung und für die Festlegung des Antriebsmomentes muß der Antrieb so ausgelegt werden, daß die erzielbare Schließkraft dreimal so groß ist wie die Gegenkraft durch den Betriebsdruck auf die Spindel.

Die Oberflächen des Ventilsitzes und des Konusteiles der Spindel müssen einwandfrei rund, konzentrisch und poliert sein. Unregelmäßigkeiten jeglicher Art führen zu Undichtheiten, wodurch örtlich hohe Überbeanspruchungen verursacht werden können. Es muß daher der geeignete Härteunterschied in den Berührungsflächen gewährleistet sein, wie er für Dichtungslinsen anzustreben ist. Hierbei ist es entscheidend, das geeignete Härteverhältnis für den Sitz zu wählen. In der Praxis hat sich die Erfahrungsregel bewährt, denjenigen Bauteil weicher zu belassen, der am leichtesten ersetzt werden kann. Dies trifft beim Ventil für den Sitz zu, solange die Konstruktion so gestaltet ist, daß der Sitz einfach austauschbar ist. Eine Anzahl von praktischen Ventilsitzkonstruktionen sind in Abb. 20 aufgezeigt.

Nach Maßgabe der extremen Aufgaben, die er zu erfüllen hat, muß der Ventilsitz aus einem Werkstoff bestehen, der weitaus andere Eigenschaften besitzen muß, als sie vom Ventilkörper selbst gefordert werden müssen. Der Sitz unterliegt hohen örtlichen Flächenpressungen und sollte daher aus einem hochfesten Werkstoff bestehen, der unter Verformung sich verfestigt, wobei ein hoher Verfestigungsgrad anzustreben ist.

In den Abb. 20a–d dienen eingezogene Büchsen als Ventilsitze aus Sonderwerkstoffen, die entweder eingeschraubt oder eingepreßt werden. In Abb. 20a ist der Sitz eingelegt mit guter Passung und wird in dieser

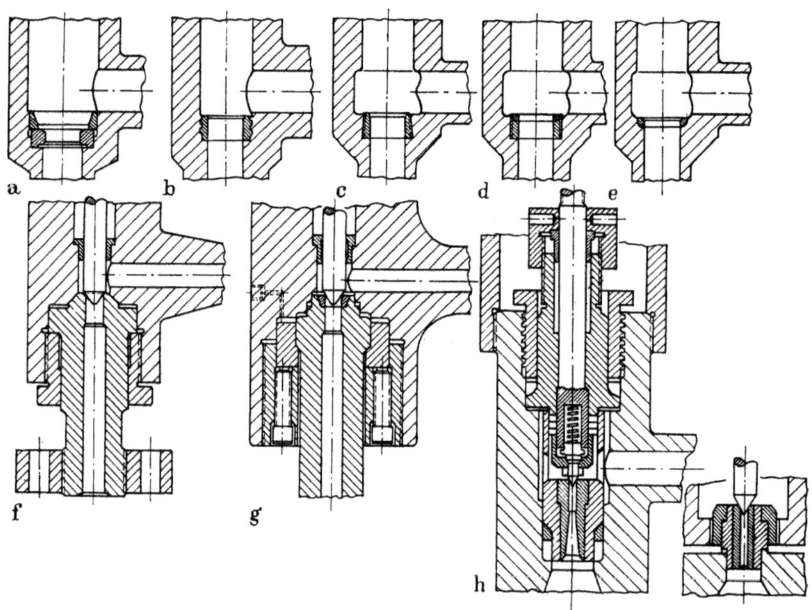


Abb. 20a–h. Entwicklungsstufen für Ventilsitze von Hochdruckventilen

a) Einlegesitz mit Verschlußmutter; b) Sitz eingepreßt; c) Sitz eingepreßt; d) Sitz eingepreßt und Dichtfläche geschweißt; e) Sitzfläche völlig geschweißt; f) Sitzkörper auswechselbar; g) Sitzkörper mit Anzahl von Schrauben gleichmäßig festgeschraubt; h) Feinsitzventil, auswechselbar

Position durch eine Stellmutter festgehalten. Für die Ausführungen der Abb. 20b und c sind Büchsen verwendet, die verschiedene Einpreßprofile aufweisen. Die Büchse der Abb. 20d ist an der Sitzfläche noch zusätzlich mit Auftragsschweißung versehen. Alle Ausführungen mit Einlegbüchsen erfordern besondere maschinelle Vorrichtungen zur Einpressung der Büchsen in den Ventilkörper. Bei dieser Einpressung werden die Büchsen plastisch verformt, wobei sie gleichzeitig gegen den Ventilkörper abdichten. Ein Austausch kann nur durch Zerstörung auf maschinellem Wege erfolgen.

Die Ausführung der Abb. 20e stellt einen Ventilsitz dar, der vollständig durch Auftragsschweißung gebildet wird. Diese Sitzart hat sich im Betriebe für viele Jahre sehr gut bewährt. Eine wesentliche Verbesserung wird dadurch erzielt, daß man die Sitzschweißung nicht im Ventilkörper selbst, sondern in einem gesonderten Werkstück unterbringt, das man in den Ventilkörper einsetzen kann. Solche Ausführungen sind in Abb. 20f–h angegeben. Dieser Körper kann sogar mit zwei Sitzflächen oben und unten versehen werden, so daß man sie nur um 180° zu drehen braucht, um die Lebenserwartung zu verdoppeln.

Wird der Konus der Ventilspindel aus Hartmetall wie beispielsweise Widia oder Stellite hergestellt, so lassen sich hervorragende Standzeiten mit der Spindel erzielen. Diese Feststellung kann der Verfasser auch aus Erfahrungen seiner eigenen Betriebe bestätigen. In diesem Falle besteht der Ventilsitz aus einem Werkstoff, der hohe Zähigkeit besitzt, sich aber bei der plastischen Verformung durch den Spindelkonus verfestigt. Durch geeignete Konstruktion läßt sich der Sitz so gestalten, daß er sehr leicht im Betriebe ausgebaut werden kann, versehen mit zwei Sitzflächen, die durch 180°-Drehung doppelte Lebenserwartung aufweisen. Es erweist sich dabei als vorteilhaft, den Sitzkörper klein zu halten und ihn in eine Büchse einzulegen, die durch eine Anzahl kleinerer Schrauben in den Ventilkörper eingeschraubt wird. Damit läßt sich eine gleichmäßigere Dichtwirkung erzielen, als wenn man die Büchse mit Außengewinde versieht und dann diese in den Ventilkörper einschraubt.

Wie man erkennt, läßt sich das Problem des austauschbaren Ventilsitzes auf vielerlei Arten lösen, die hier nicht alle angeführt werden können.

Aus der Natur der Ventilkonstruktion ergibt sich, daß die untere Spindel mit der Packung stets in Berührung steht. Zur Erzielung günstiger Reibungsverhältnisse zwischen den sich bei der Bewegung berührenden Teile und um eine hohe Lebensdauer der Packung selbst zu ermöglichen, ist es zweckmäßig, die untere Spindel aus Nitrierstahl, beispielsweise Nritrolloy-Stahl herzustellen. Diese Stähle lassen sich gleichzeitig auch gut lösen, was zur Aufbringung des Dichtungskonus von großer Bedeutung ist, solange dieser aus Hartmetall besteht. Der Verfasser hat Ventile gebaut, die nach 1500–2000 Lastspielen unter Beanspruchungen bis zu 250 t je Spindel und Lastspiel für einen Ventilsitz von 24 mm an der Dichtfläche keinerlei Oberflächenschäden aufwiesen. Die Sitzflächen haben sich zunehmend verbessert und wiesen polierte Spiegelflächen auf, wobei die Aufweitung infolge der Spindelbelastung kaum merklich war.

Die Gestaltung der Kupplung, die die beiden Spindeln zu verbinden hat, ist ausschließlich eine Frage der Beanspruchung. Die Kupplung soll möglichst geringes Spiel belassen und sollte ihrer Funktion mit einem Minimum an Reibung gerecht werden, damit eine Verdrehbeanspruchung der Spindel vermieden wird. Es ist zu empfehlen, daß die Berührungsflächen der Spindelteile, die den Verschlußdruck übertragen, kugelig ausgeführt werden. Bei der Übertragung hoher Anzugsmomente ist es von Vorteil, den Axialdruck über Kugellager aufzunehmen, die man auf Scheiben mit Kugelflächen aufsetzt, damit eine automatische Ausrichtung durch das Lager selbst erfolgen kann. Mit dieser Art Konstruktion läßt sich erreichen, daß eine Kraftkomponente stets in Richtung der Spindelachse wirksam wird.

Die Größe eines Ventils, das sich noch von Hand betätigen läßt, wird durch die Höhe des Innendruckes bestimmt, wenn man von einem gegebenen Strömungsquerschnitt an der Sitzfläche ausgeht. Bekanntlich läßt sich die Kraft, die zum Dichten über die Spindel auf den Ventilsitz übertragen wird, berechnen, wenn der mittlere Dichtkreisdurchmesser am Sitz und der Druck des Strömungsmediums bekannt sind. Das theoretische Anzugsmoment läßt sich über die Spindelreibung im Außengewinde nach den Verfahren ermitteln, die in Kap. V beschrieben sind. Das Anzugsmoment gibt aber nur einen Anhaltspunkt, da außer dem Kraftaufwand zur Überwindung der Spindelreibung im Außengewinde noch der Widerstand in der Abdichtungspackung hinzugerechnet werden muß. Ferner hat die Oberflächenbeschaffenheit der Berührungsflächen in den Dichtungsebenen einen maßgeblichen Einfluß. Eine gute Ventilkonstruktion wird daher folgende Hauptfaktoren verwirklichen:

1. Kleinstmöglicher Spindeldurchmesser, der ein Optimum an Knicksicherheit gewährt. Es bleibt zu berücksichtigen, daß die Reibung in den Gewinden und in der Packung mit wachsendem Durchmesser der Spindel ansteigt.

2. Die Reibungsverhältnisse in beiden Spindeln unterscheiden sich sehr wesentlich in Reibung für rotierende Bewegung im Gewinde und Reibung durch lineare Bewegung durch die Dichtpackung hindurch. Hinzu kommen noch die Dichtbedingungen im Ventilsitz mit dem Konus der unteren Spindel. Für jede Reibungsart gelten völlig verschiedene Voraussetzungen.

3. Die Berührungsflächen der Spindeln in der Kupplung sind vorteilhaft kugelig; dies trifft vor allem zu, wenn ein Kugellager dazwischen eingebaut ist.

4. Die Oberfläche der unteren Spindel, die mit der Packung in Berührung ist, wird vorzugsweise mit Nitrierhärtung versehen. Nitrolloystähle sind hierzu bestens geeignet. Nitrierte Laufflächen ergeben günstigste Reibungswerte und damit Optimum Packungs-Lebenserwartung.

5. Die Berührungsflächen der Ventilsitze mit dem Konus der Spindel sollten möglichst klein gehalten werden. Die Mindestgrenze wird durch den ertragbaren Anpreßdruck der Spindel bestimmt. Bei zu kleiner Sitzfläche kann der spezifische Flächendruck so hoch werden, daß der Sitz zu schnell verformt wird. Verwendet man Hartmetalle für den Spindelkonus, so sollte die Oberflächenhärte mindestens $R_c \sim 70$–80 aufweisen. Damit ergibt sich für die Härte des Ventilsitzes, die erfahrungsgemäß wesentlich niedriger liegen sollte, ein Wert von der Größenordnung von $R_c \sim 42$–46. Bei diesem Härteverhältnis sind günstigste Widerstandsverhältnisse und Lebensdauer der beteiligten Teile zu erwarten. Vorausgesetzt wird dabei, daß der Werkstoff des Ventilsitzes unter Verfestigung verformt. Mit diesen Verhältniswerten hat der Verfasser die besten Erfahrungen hinsichtlich Lebensdauer gemacht.

6. Auswechselbarkeit der Ventilsitze, ohne das Ventil aus dem Einbausystem herausnehmen zu müssen, ist eine der wichtigsten Forderungen in wirtschaftlicher Beziehung. Abb. 21 zeigt ein Beispiel. Einer-

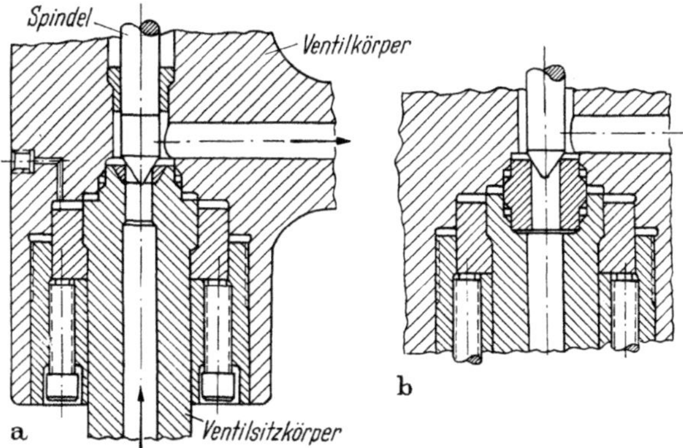


21 a. Ventilkörper mit austauschbarem Sitz. Dichtfläche geschweißt

Abb. 21 b. Ventilsitzkörper austauschbar. Innerhalb des Ventilsitzkörpers der Teil mit dem Ventilsitz ist nochmals austauschbar, bei gleichzeitiger Umkehrbarkeit

seits ist eine Lösung dargestellt, in der der Ventilsitz in den auswechselbaren Teil eingeschweißt ist mittels Auftragschweißung. In der weiteren Ausführung ist der Sitz getrennt und kann extra in das Rohrformstück eingelegt werden. Mit dieser Bauart wird der Sitz umkehrbar. Eine Auftragsschweißung ist nicht erforderlich, zumal der Austauschkörper leicht ersetzbar ist und durch geeignete Werkstoffe sehr widerstandsfähig gemacht werden kann. Hier wird außerdem das Selbstdichtungsprinzip angewandt, auf das in Kapitel „Dichtungen" näher eingegangen werden wird. Auch hier ist die leichte Austauschbarkeit gewährleistet.

## 2. Handbetätigte Ventile mit Getrieben

Mit zunehmender Größe des Durchflußquerschnittes und des Druckes des Strömungsmediums wird schließlich der Punkt erreicht, wo die Betätigung von Hand nicht mehr ausreicht. Um trotzdem noch eine Handbetätigung trotz hohen Schließmomentes bewerkstelligen zu können, kann man ein Getriebe verwenden, das zwischen Handrad und der oberen Spindel eingebaut werden kann. Im Hinblick auf die Art des Ventiles und die erforderlichen Schließzeiten sind verschiedene Arten von Getrieben notwendig.

Von den vielen Einbaumöglichkeiten zur Anwendung praktischer Antriebe haben sich zwei Bauarten im wesentlichen eingeführt, und zwar ein relativ großes Zahnrad mit einem kleinen Ritzel sowie das Planetengetriebe.

### a) Ventile mit Stirnradgetrieben

Beim gewöhnlichen und konstruktiv einfachen Stirnradgetriebe wird die Antriebskraft über das Ritzel auf das große Rad eingeleitet unter Benützung eines geeigneten Übersetzungsverhältnisses. Wird ein solch einfacher Getriebemechanismus auf einen Ventilantrieb angewandt, so setzt man das Ritzel auf die Welle des Handrades, während das große Rad auf der Verlängerung der oberen Spindel sitzt.

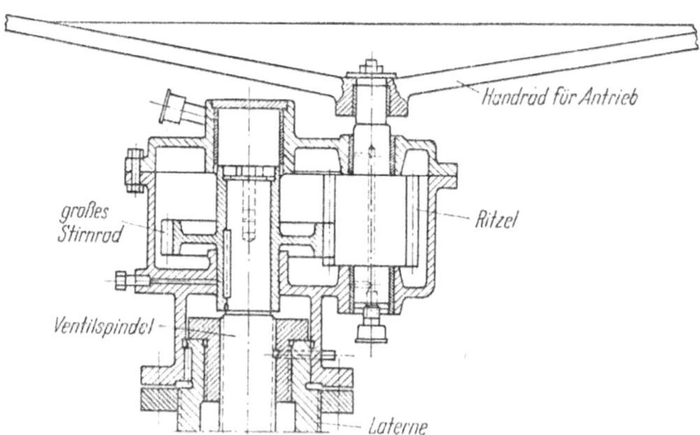


Abb. 22. Hochdruckventil, das über ein Stirnradgetriebe von Hand betätigt werden kann

Das Übersetzungsverhältnis ergibt sich nach Maßgabe der Größe des Anzugsmomentes zur Übertragung der Dichtkraft auf den Spindelkonus. Die Austragbewegung wird so abgestimmt, daß die Schließzeit dem gewünschten Hub entspricht, der in der erforderlichen Zeit überwunden werden muß. Das Aufbauprinzip ist in der Abb. 22 wiedergegeben. Das Getriebe wird in einem besonderen Gehäuse eingebaut und auf den oberen Teil der Ventillaterne aufgeschraubt. Für den Einbau ist genaue Ausrichtung von großer Wichtigkeit, um die Spindelbewegung nicht zu beeinflussen. Der grundsätzliche Nachteil dieser Anordnung von Stirnradgetrieben ist die Notwendigkeit einer zweiten Achse zur Einleitung der Antriebskraft. Verspannungen sind vielfach nicht zu vermeiden, die sich aus der Vernachlässigung der Montage oder der Schmierung ergeben können. Ungenauigkeiten beim Getriebeeinbau müssen unter allen Umständen vermieden werden.

### b) Planetengetriebe

Bei der Anwendung von Planetengetrieben zur Erleichterung des manuellen Antriebes von Hochdruckventilen lassen sich wesentliche Schwierigkeiten vermeiden, die sonst bei Stirnradgetrieben auftreten. Exzentrizität besteht nicht und die Antriebsachse fällt konzentrisch in die Lage der Ventilspindel.

Das Schema eines handbetriebenen Hochdruckventils unter Benützung eines Planetengetriebes ist aus Abb. 23 zu ersehen. Wie man aus dem Grundriß erkennt, benützt man zwei kleine Zwischenräder, die auf dem gleichgroßen Durchmesser liegen, zur Übertragung der Antriebskraft vom Antriebsrad *C* zum Planetenrad *d*. Mit dieser Konstruktion erfährt die Spindel den gleichen Drehsinn wie das Handrad für den Antrieb. Das Kopfende der Spindel ist wiederum kugelig ausgeführt und besitzt eine nitrierte Oberfläche im Kugelabschnitt. Wird die hiermit in Berührung stehende Gegenfläche ebenfalls kugelig gedreht und mit dem geeigneten Härtegrad versehen, so ist Gewähr für Minimumreibung bei günstiger Kraftübertragung gegeben.

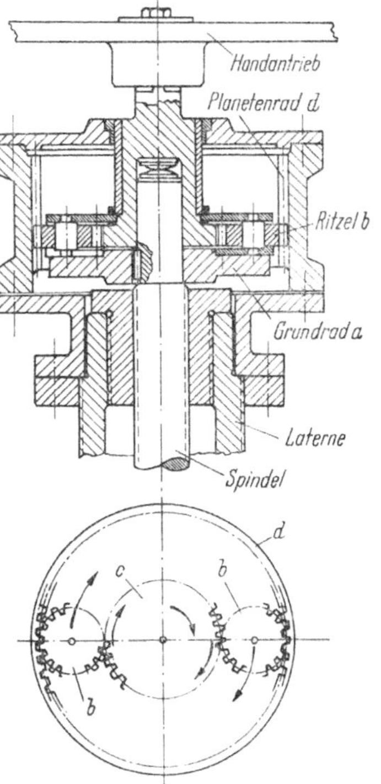


Abb. 23. Hochdruckventil für Handbetätigung, versehen mit Planetengetriebe

Mit der Anwendung des Planetengetriebes lassen sich wesentlich höhere Dichtkräfte erzielen bei günstigerer Radkastenanordnung. Dies hat zur Folge, daß Durchflußquerschnitte von über 2″ für hohe Drücke von Hand bewältigt werden können. Die oft höheren Anschaffungskosten gleichen sich durch Zuverlässigkeit und erhöhte Betriebssicherheit wieder aus.

### c) Ventilmodifikationen

Die im folgenden beschriebenen Ventilkonstruktionen brauchen nicht notwendigerweise auf Ventile beschränkt zu bleiben, die mittels Getrieben betätigt werden, sie lassen sich grundsätzlich auf jede Ventilart anwenden.

Eine Verbesserungsmöglichkeit besteht z. B. in der Anwendung von sich selbst ausrichtenden Radiaxkugellagern, die die axiale Schließkraft aufnehmen. Eine solche Möglichkeit ist in Abb. 24 angedeutet.

Ein wesentlicher Fortschritt in der Entwicklung von Ventilen mit Handbetätigung war die Verwendung einer Hohlspindel, die im IG-Farben-Patent als entlastete Spindel bezeichnet wird.

Hiermit lassen sich relativ große Durchflußquerschnitte unter hohen Innendrücken noch gut von Hand beherrschen, was bei gleicher Bauart aber ohne Spindelentlastung nicht möglich wäre. Ein derartiges Ventil

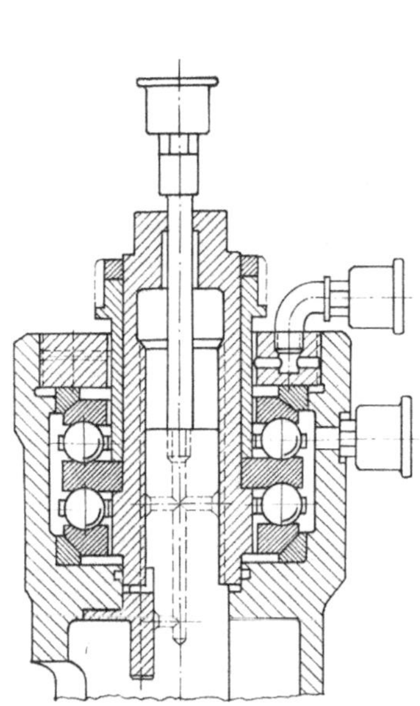

Abb. 24. Hochdruckventil mit doppeltem Drucklager zur Erleichterung der Spindeldrehung

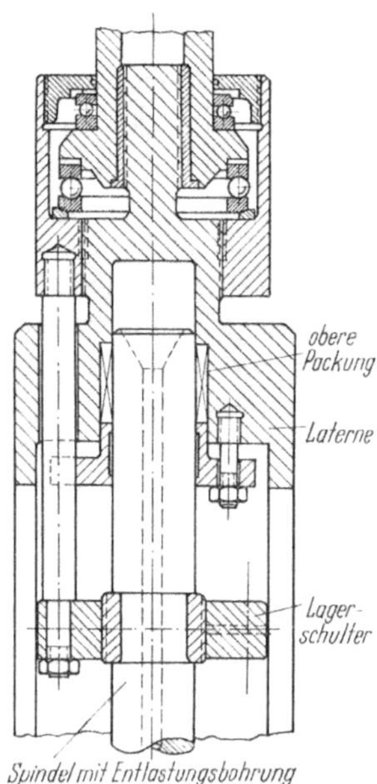


Abb. 25. Ventil mit Doppeldrucklager für die Spindel und Hohlbohren der Spindel zur Entlastung des Schließmomentes

ist in Abb. 25 veranschaulicht. Wie man erkennt, wirkt sich der Innendruck gegen eine wesentlich verkleinerte Spindelfläche aus, wodurch das Anzugsmoment beträchtlich vermindert wird. Allerdings wird dabei eine zusätzliche Packung erforderlich. Die Erfahrungen mit solchen Ausführungsarten haben bewiesen, daß diese Packung weder in der Anordnung noch in der betrieblichen Handhabung irgendwelche Schwierigkeiten bereitet.

Die Kombination von Kugellagern und Spindelentlastung gibt vielerlei Möglichkeiten, die Handbetätigung von Hochdruckventilen bis zur Grenze der überhaupt möglichen Belastbarkeit hinsichtlich Anzugsmoment auszunutzen. So sind viele Ventile dieser Bauart schon viele Jahre in Betrieb für Durchflußquerschnitte von 120 mm Durchmesser und Drücke bis zu 350 atü, die sich einwandfrei von Hand betätigen lassen. Messungen haben ergeben, daß für gleiche Anzugsmomente jedoch ohne Spindelentlastung der Durchflußquerschnitt mit 36 mm Durchmesser unter gleichem Innendruck sich ergeben würde.

### 3. Ventile mit hydraulischem Antrieb

Für alle diejenigen Betriebsbedingungen, bei denen die Handbetätigung von Ventilen nicht mehr ausreicht, muß ein automatischer Antrieb gewährleistet werden. Ein solcher Antrieb kann auf zweierlei Weise angestrebt werden, entweder auf hydraulischem Wege, oder man kann ein mechanisches Getriebe vorsehen, das über einen geeigneten Elektromotor in Betrieb gesetzt wird. In beiden Fällen sind in der Industrie Anlagen mit automatischer Fernsteuerung seit vielen Jahren üblich, was für Großanlagen eine zwangsläufige Notwendigkeit ist.

In den nachfolgenden Ausführungen ist es verständlicherweise nicht möglich, auf Einzelheiten einzugehen. Die Betrachtungen werden sich daher auf charakteristische Züge der Konstruktion und die damit verbundenen Probleme beschränken müssen, um auf diese Weise Einblick in die wichtigsten Fragen dieser Bauart zu gewähren.

Als hydraulische Flüssigkeiten werden meistens Öle bestimmter Eigenschaften verwendet, die neben ihrer Schmierfähigkeit günstige Fließeigenschaften besitzen, ohne zugleich korrosiv gegen die Bauteile zu sein.

Es ist oft üblich, den Betriebsdruck über eine Pumpe zu erzeugen, die das Antriebsmittel im geschlossenen Umlaufsystem umpumpt. Die Ventilspindel steht dabei in direkter Verbindung mit einem hydraulischen Kolben, der im allgemeinen doppelseitig beaufschlagt wird. Die Wirkungsweise ist ähnlich wie bei den Multiplikatoren.

Die Größe des hydraulischen Kolbens wird von drei Faktoren bestimmt, von der Größe des Strömungsquerschnittes am Ventilsitz, dem Druck des Durchflußmediums, also dem Betriebsdruck und schließlich von dem Druck, der von der hydraulischen Pumpe zur Kolbenbetätigung aufgebracht werden muß.

Für das geschlossene hydraulische System muß stets ein bestimmter Mindestdruck im Kreislauf bestehen, damit eine Betätigung zu jeder Zeit garantiert ist. Die Zuverlässigkeit des hydraulisch betriebenen Ventiles hängt ausschließlich davon ab, inwieweit die Konstanz bzw. die Variation des jeweiligen Druckniveaus reproduzierbar wiederhergestellt werden kann.

Nützt man den vorhandenen Druck des Strömungsmediums in der Anlage aus und benützt dieses selbst als hydraulische Flüssigkeit, so lassen sich ganze Ventilbatterien unabhängig voneinander steuern. Ist das Strömungsmedium ein Gas, so kann man auf einen indirekten Antrieb übergehen insofern, als man den Gasdruck in ein Flüssigkeitssystem einleitet und dieses unter Druck setzt, um die Spindel dann in Gang zu versetzen, wie es beim direkten hydraulischen Antrieb der Fall ist.

Ist aber das Strömungsmedium in der Anlage eine Flüssigkeit, so ist die Steuerung des Ventils einfacher, d.h. der hydraulische Teil des Ventils erreicht damit seine konstruktiv kleinste Form.

Die Auslegung für den Antriebsmechanismus zur Schließbetätigung eines Ventiles unter Anwendung mechanischer Hilfsmittel aller Art sollte so vorgenommen werden, daß der maximale Anpreßdruck in der Spindel nicht über den dreifachen Wert der theoretisch notwendigen Dichtkraft hinausgeht. Dieser Wert kann als zuverlässiger Erfahrungswert angesehen werden, der sich aus vielen Jahren Praxis aus der Hochdruckindustrie herausgeschält hat. Der empirische Dichtfaktor schwankt zwischen 2 und 3. Faktor 2 trifft zu für einen Spindelkonus aus Hartmetall, Härte 71–75 $R_c$, mit hochglanzpolierter Dichtfläche im Konusteil. Der Ventilsitz weist dann im Verhältnis hierzu einer Härte von $R_c \sim 44$–$46$ auf. Dicht-Faktor 3 trifft für Ventilbauarten zu, die mit gehärteter Spindel ausgerüstet sind. Der Unterschied im Dichtungsfaktor (2 oder 3) hängt von den Härteverhältnissen zwischen Konus und Ventilsitz ab sowie der Oberflächengüte der sich berührenden Dichtungsflächen. Für ein ideal arbeitendes Ventil mit reinen Durchflußmedien dürfte der Dichtungsfaktor etwa 30% über dem theoretischen Wert liegen, vorausgesetzt, daß eine Drehung im Konus nicht stattfindet und die gleichen Flächen stets in Berührung stehen, bezogen auf mehrere Tausend Lastwechsel.

Bauarten von hydraulisch betätigten Ventilen sind in Abb. 26 zusammengestellt. Abb. 26a zeigt beispielsweise den hydraulischen Zylinder eines hydraulisch angetriebenen Ventiles, für dessen Antrieb Öl als Medium gewählt ist. Der hydraulische Zylinder wird auf die obere Ventillaterne aufgeschraubt. Abb. 26b gibt eine Bauart wieder, bei der der hydraulische Zylinder wesentlich kleinere Abmessungen aufweist als bei Abb. 26a. Die Konstruktion enthält keine Flanschen. Der hydraulische Kopf ist mit Innengewinde versehen und auf den Laternenkopf aufgeschraubt. Abb. 26c stellt ein Ventil dar, das von O. KONRAD [1] beschrieben wird. Es handelt sich hierbei um eine Bauart, die den Druck des Durchflußmediums benutzt zur Betätigung der Schließbewegung für die Spindel. Nach KONRAD sind Ventile dieser Bauart für 325 und 700 atü

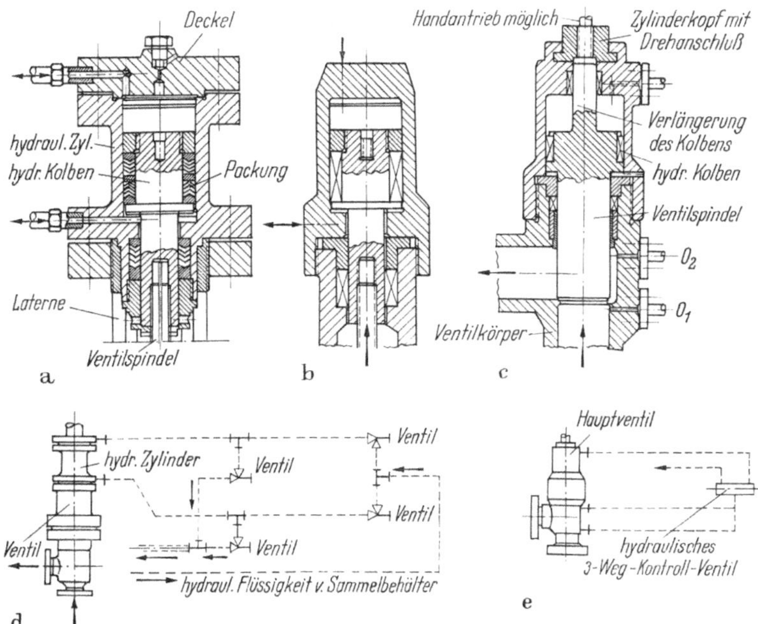


**Abb. 26a–e. Konstruktionsmöglichkeiten hydraulisch betätigter HD-Ventile mit Schaltungsweisen**
**a) Ursprünglich übliche Bauart; b) Abänderung des hydraulischen Zylinders; c) Neue Bauart – Strömungsmedium als hydraulischer Antrieb; d) Fließschema der Hydraulik für alte Bauart; e) Fließschama der Hydraulik für neue Bauart**

bei der BASF in Ludwigshafen für Durchflußquerschnitte bis zu NW 120 in Betrieb. Nach KONRAD war es möglich, für diese Konstruktion das Ventilgewicht auf einen Wert zu vermindern, der weniger als ein Fünftel der alten Bauart beträgt. Außerdem ist die Möglichkeit vorgesehen, dieses Ventil im Bedarfsfall auch von Hand betätigen zu können. Das Strömungsmedium für die Anlage ist zugleich Antrieb für den hydraulischen Kolben. Das Medium strömt über Bohrungen $O_1$ und $O_2$ und wird über $O_3$ zum hydraulischen Zylinder geleitet. Als Kontrollgerät dient eine Steuerungsanordnung, wie sie für hydraulische Steuerkolben an Intensifiern üblich ist. Das Fließschema der hydraulischen Anordnung geht aus Abb. 26d und e hervor.

Weitere Vereinfachungen dieser Bauart können dem Konrad-Bericht entnommen werden, so daß sich eine Betrachtung weiterer Konstruktionseinzelheiten an dieser Stelle erübrigt.

## 4. Ventile mit elektromechanischem Antrieb

Elektromechanisch betätigte Hochdruckventile gleichen in ihrem Aufbau den Ventilen mit mechanischer Handbetätigung über Zwischengetriebe. Baut man an das Getriebe einen Elektromotor an, so erhält man das sog. Elektrohochdruckventil, wie es in der Industrie üblicherweise bezeichnet wird. Das Hauptventilgetriebegehäuse wird an die Ventillaterne angeflanscht. Der Elektromotor wird so eingebaut, daß gleichzeitig noch im Notfalle eine Handbetätigung möglich bleibt. Hierzu bedarf es einer Kupplung, wie es in Abb. 27 zu sehen ist, in der rechten Hälfte der Darstellung. Das Arbeitsprinzip ist deutlich zu erkennen. Die linke Hälfte der Abbildung zeigt einen Querschnitt über den Getriebeaufbau. Aus der rechten Hälfte ersieht man die Proportionalitätsverhältnisse der einzelnen Bauteile.

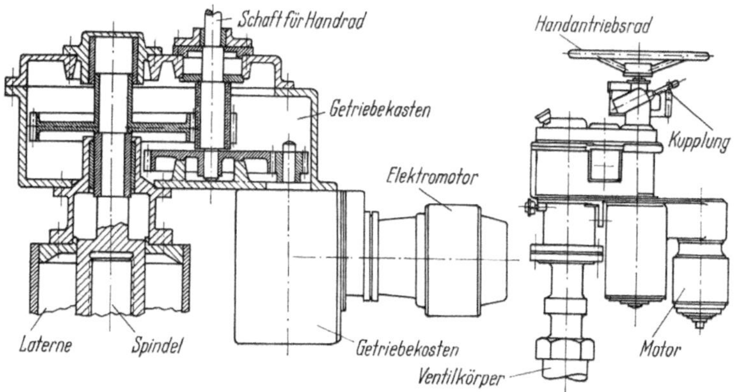


**Abb. 27. Elektrisch betriebenes Hochdruckventil. Über Kupplung besteht noch Möglichkeit des Handantriebes im Falle eines Versagens der Stromzuführung**

Eine Behandlung der elektrischen Schaltung im Hinblick auf die Fernsteuerung von mechanisch betriebenen Hochdruckventilen kann aus verständlichen Gründen an dieser Stelle nicht gebracht werden. Die Schaltung ist nicht sonderlich kompliziert und kann mit den heutigen Mitteln elektronischer Steuerung in einfacher Weise beherrscht werden.

Das Elektroventil hat sich in langen Jahren betrieblicher Anwendung gut bewährt. Besonders die Möglichkeit einer etwaigen Handbetätigung, die sich beim hydraulischen Ventil nicht anwenden läßt, ist ein Konstruktionsmerkmal, das sehr große Vorteile besitzt. Es sind praktisch keine Ausfälle zu verzeichnen. Zusatzsysteme mit komplizierten Steuerkolben, Leitungen und Sonderinstrumente sind dabei nicht erforderlich. Drähte im Vergleich zu hydraulischen Leitungen fallen nicht ins Gewicht. Es bedarf nur verhältnismäßig geringer Veränderungen, um ein normales

Ventil mit Getriebe auf Elektroantrieb umzustellen. Die Wirtschaftlichkeit kann natürlich nur im Zusammenhange mit der Anzahl der Ventile in Betracht gezogen werden, die zur Anwendung kommen sollen. Werden ganze Ventilserien benötigt, kann es sich ereignen, daß das ölhydraulische Ventil günstiger ist, solange man mit einem einzigen hydraulischen System auskommt, das von einer einzigen Pumpe unter Druck gesetzt werden kann.

Ganz allgemein gesprochen sind Wirtschaftlichkeitsvergleiche ziemlich schwierig anzustellen, zumal sehr viele Faktoren berücksichtigt werden müssen, die sich nur schwer auf einen gemeinsam vergleichbaren Nenner bringen lassen.

## B. Regulierventile

Regulierventile sind Ventile, die eine Regelung der Durchflußmenge bewältigen. Sie unterscheiden sich daher von den Absperrventilen lediglich dadurch, daß die beweglichen Teile einschließlich dem Ventilsitz anders gestaltet sein müssen. Im übrigen ist das Prinzip des Ventils praktisch das gleiche, wenn man von Spindel und Hub absieht. In Regulierventilen beeinflußt man die Strömung durch die Form und die Bewegung der Ventilspindel. Die Form im Spindelkonus muß dem besonderen Zweck der Regelanforderungen angepaßt werden. Die Bearbeitung muß dann so erfolgen, daß die Durchflußmenge für jede Position beliebig reproduzierbar ist.

Ganz allgemein gesprochen sind Regelventile kleiner als Absperrventile. In den meisten Fällen wird eine volle Öffnung des Strömungsquerschnittes nur selten gefordert. Dadurch kann die Durchschnittsströmung für kleinere Querschnitte ausgelegt werden. Die Betätigung von Regulierventilen ist außerordentlich vielseitig und richtet sich ausschließlich nach der Art des Verfahrens und den Produkteigenschaften, die in weiten Grenzen schwanken können. Für Einzelheiten muß daher auf das umfangreiche einschlägige Schrifttum verwiesen werden. Es sei nochmals darauf hingewiesen, daß in diesem Kapitel lediglich die Konstruktionsgrundsätze für Ventile beschrieben werden. Sonderheiten über Spezialkonstruktionen müssen daher in einer besonderen Behandlung betrachtet werden, wie es im Schrifttum über Instrumente und Regelvorgänge ausreichend geschieht.

## C. Entspannungsventile

Alle Produkte, ob gasförmig, flüssig oder fest in Suspension, die in Hochdruckverfahren hergestellt werden, müssen an irgendeiner Stelle innerhalb der Anlage auf atmosphärische Bedingung gebracht werden, um sie aus dem Produktionssystem herausnehmen zu können. Für die Entspannung vom Reaktionsdruck auf den Druck der Außenatmosphäre sind sogenannte Entspannungsventile erforderlich, die je nach der Art der Produkte und der Betriebsbedingungen grundsätzlich verschiedene Formen annehmen können. Geschwindigkeit des Strömungsmediums, seine Zusammensetzung, sein Aggregatzustand und seine physikalischen Bedingungen werden also für die Auswahl geeigneter Werkstoffe entscheidende Faktoren.

In Gegenwart sehr hoher Drücke des Strömungsmediums ist es ratsam, das Ventil automatisch zu betätigen. Zu diesem Zwecke bedient man sich vielfach eines hydraulisch oder pneumatisch betriebenen Steuerkolbens.

Die Überwindung sehr hoher Druckdifferenzen bei der Entspannung resultiert oft in sehr hohen Strömungsgeschwindigkeiten, die den Ventilsitzen und dem Spindelkonus gefährlich werden können. Es hat sich nämlich gezeigt, daß Flüssigkeitsteilchen im Gasstrom gewaltige Erosionskräfte erzeugen, die in wenigen Minuten Spindel und Ventilsitz zerstören können. Dem kann man dadurch begegnen, daß für Sitz und Spindelkonus geeignete Werkstoffe ausgewählt werden, die man zu einem Optimum an Lebenserwartung bringen kann, wenn man das richtige Härteverhältnis in den berührenden Oberflächen anwendet.

Beste Erfahrungen liegen vor mit Hartmetallkonus und Ventilsitze aus sehr zähem Werkstoff. Hier gelten wiederum die gleichen Richtlinien, wie sie an früherer Stelle für die Gestaltung der Spindel und des Ventilsitzes angegeben sind.

## D. Rückschlagventile

Rückschlagventile dienen ganz allgemein als Sicherheitsorgane, um Rückströmungen in vorhandenen Leitungs- und Apparatesystemen zu verhindern. Sie sind im wesentlichen so gebaut, daß sie für jede beliebige Strömungsrichtung benützbar sind. Durch einfache Umdrehungen der beweglichen Komponenten läßt sich die Strömung oft in umgekehrter Richtung anwenden. Rückschlagventile sind üblich für Gase und Flüssigkeiten sowie deren Gemische. Suspensionen können so lange durch Leitungen mit Rückschlagventilen geleitet werden, solange eine Unbrauchbarmachung der Sitzflächen dadurch nicht hervorgerufen wird.

Die überwältigende Mehrzahl der in Hochdruckanlagen verwendeten Rückschlagventile benützt die Kugel als Abdichtungsorgan. Die Kugel ist dabei frei im Ventilkörper beweglich untergebracht, wobei sie grundsätzlich durch eine Feder betätigt wird, sobald der Flüssigkeitsstrom in Strömungsrichtung unterbrochen wird. Die Kugel hat den Vorteil, daß sie in jeder Position praktisch auf dem Sitz aufliegt, solange keine Oberflächenverschmutzung, Beschädigung oder gar Fremdkörper vorliegen. Der Federwert muß dabei so gewählt werden, daß der Strömungsdruck die Steifigkeit der Feder ohne zu hohen Widerstand überwindet.

Neben der Kugel und der Druckfeder besitzt das übliche Rückschlagventil keine weiteren beweglichen Teile. Der zu erwartende Verschleiß ist daher denkbar gering, zumal die Kugel selbst wenig Spielraum und keine genaue Ausrichtung im Einbau erfordert. Das Kugelrückschlagventil hat sich in Hochdruckanlagen aller Art bestens bewährt und nimmt unter allen Bauarten unbestritten den ersten Platz ein.

## E. Überströmventile

Während Rückschlagventile stets offen sind, d.h. durch den Druck des Strömungsmediums in Öffnungsstellung verbleiben, solange eine Strömung vorhanden ist und nur schließen, sobald die Strömung unterbleibt, sind die Überströmventile so gebaut, daß sie immer geschlossen bleiben und nur im Notfalle öffnen. Das Rückschlagventil, ob mit oder ohne Spiralfeder, liegt immer im Hauptstrom. Das Überströmventil liegt dagegen stets im Nebenstrom. Es dient als eine Art Sicherheitsventil, das für bestimmte Druckbedingungen eingestellt wird. Das Rückschlagventil hat die Feder nur, wenn der Strömungsdruck nicht ausreichend erscheint. Das Überströmventil aber muß die Feder stets haben, um den Verschluß unter normalen Betriebsbedingungen zu gewährleisten. Überströmventile werden beispielsweise vornehmlich an Verdichtern eingebaut, und zwar hinter den einzelnen Verdichtungsstufen. Sie werden so eingestellt, daß sie bei Erreichen eines zulässigen Höchstdruckes öffnen und den Gasstrom entweder in die vorhergehende Druckstufe oder in die Saugleitung des Verdichters zurückführen. Mit dieser Einrichtung läßt sich ein beliebiger Stufendruck einstellen zur Regelung bzw. Abstufung des Verdichtungsverhältnisses je Stufe, um dem thermodynamischen Verhalten des Verdichtungsmediums in wirtschaftlicher Hinsicht gerecht zu werden.

Die Anwendungsmöglichkeiten der Überströmventile bleiben natürlich nicht auf Verdichter allein beschränkt. Man findet sie an Behältern und Reaktionsapparaten in Produktionsanlagen aller Art. Für ihre Konstruktion gelten etwa folgende grundsätzliche Richtlinien:

1. Der Verschluß muß für den Normalbetrieb unter allen Umständen dicht bleiben ohne Rücksicht auf Druck- und Temperaturschwankungen im Hinblick auf die Festlegung der Anpreßbedingungen für die Ventilfeder.

2. Die beweglichen Teile müssen so gebaut und zusammengefügt sein, daß ein wiederholtes Öffnen und Schließen mit gleicher Zuverlässigkeit gewährleistet ist. Hierzu bedarf es einer geeigneten Führung der beweglichen Teile, die mit einem entsprechend aufeinander abgestimmten

Härteverhältnis versehen sein müssen. Große Sorgfalt ist geboten für die Reinheit des Fördermediums, um Ablagerungen in den Berührungs- und Gleitflächen zu vermeiden. Nitrierte Flächen für die beweglichen Teile geben sichere Gewähr für hohe Lebensdauer.

3. Die beweglichen Teile sollen leicht sein und eine sichere Bewegung durch Führung gewährleisten. Für den relativ geringen Hub muß ein hoher Strömungsquerschnitt zur Verfügung stehen.

4. Eine häufige Kontrolle der Ventildichtflächen ist um so notwendiger, je öfter die Ventile ansprechen müssen. Damit lassen sich lästige Betriebsstörungen zumindest wesentlich einschränken.

Praktische Ausführungsbeispiele von Überströmventilen verschiedener Bauarten, die sich in der Industrie bewährt haben, sind in Abb. 28a–d aufgezeigt. Alle Darstellungen weisen rohrähnliche Ventilkörper auf, die vielfach konisch sind und mit Flanschen zusammengeschraubt werden. Der Ventilsitz wird gewöhnlich zwischen die Dichtflächen der Flanschen eingelegt, um die Flanschdichtkraft gleichzeitig auszunützen.

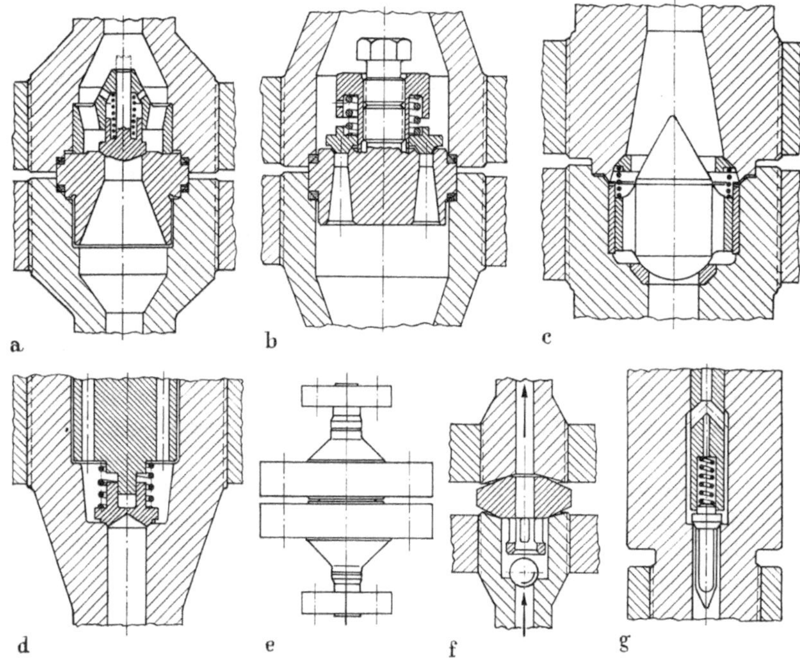


**Abb. 28a–g. Hochdrucküberström- und Rückschlagventile**

**a) Ventil mit Federbelastung. Ventilsitz zwischen Flanschen gepreßt; b) Federbelastetes Rückschlagventil. Strömungsquerschnitt aufgeteilt; c) Rückschlagventil mit kugelförmiger Dichtfläche, die durch Auftragschweißung eingebracht ist; d) Ähnliche Ausführung wie Konstruktion Abb. 28a; e) Außenansicht eines HD-Überströmventiles im zusammengebauten Zustande; f) Frei fließendes Rückschlagventil, wobei Kugel ohne Spiralfeder arbeitet; g) Sonderbauart eines Hochdruckrückschlagventiles, das für 5000-atü-Schmierölpumpe im Einsatz war**

In Abb. 28a besteht der Ventilsitz aus einer Art Ringplatte, die zwischen den Stirnflächen der konischen Rohrenden eingeschraubt wird. Der Abdichtungskonus wird von einer Spiralfeder auf den Ventilsitz aufgedrückt. Dieser Konus kann sich in einer zentrisch angeordneten Führung axial bewegen.

Die Abb. 28b gibt ein Anwendungsbeispiel, bei dem der Strömungsquerschnitt auf mehrere Bohrungen aufgeteilt wird, die über eine Ringplatte mit konischen Warzen abgedichtet werden. Die Ringplatte wird wiederum mittels einer Spiralfeder angedrückt. Diese Ausführung ist nicht nur kostspielig, sondern stellt das Abdichten vor ein schwieriges Problem.

Bei dem Ventil der Abb. 28c hat der schwimmende Konus eine kugelige Dichtfläche. Die Führungslaschen am Dichtkonus gleiten entlang einer eingefügten Büchse mit nitrierten Gleitflächen. Als Anpreßorgan für den Dichtungskegel wird wiederum eine Spiralfeder verwendet.

Die Ausführung der Abb. 28d gleicht im Prinzip der Bauart, die in Abb. 28a schon angedeutet ist. Wie man erkennt, sind diese Arten von Rückschlagventilen für ziemlich kleinen Ventilhub gebaut. Eine Außenansicht eines solchen Überströmventils ist in Abb. 28e dargestellt, während ein Rückschlagventil ohne Spiralfederanpressung in Abb. 28f veranschaulicht wird. Ein Spezialrückschlagventil, das für eine Schmierölpumpe mit sehr hohem Enddruck verwendet wurde, ist im Prinzip in Abb. 28g zu sehen.

Die Darstellungen zeigen, daß Rückschlag- bzw. Überströmventile in vielerlei Bauarten hergestellt und in der Industrie angewandt werden. Eine genaue Konstruktionsregel gibt es nicht. Die günstigste Bauweise muß von Fall zu Fall festgelegt werden. Die letzte Entscheidung wird schließlich durch die Natur des Strömungsmediums und die einzuhaltenden Betriebsbedingungen bestimmt.

## F. Sicherheitsventile

Das Sicherheitsventil ist ein Kontrollorgan, dem die wichtige Aufgabe zufällt, den Druck innerhalb der Anlage abzulassen, sobald die gewünschte oder für die Anlage ertragbare oberste Druckgrenze erreicht wird. Im Prinzip sind Sicherheitsventile mit Überströmventilen gleichzusetzen, da ihnen die gleiche Funktion des Ansprechens zukommt. Der eigentliche Unterschied ist unwesentlich und dürfte vielleicht darin begründet sein, daß die Druckgrenzen für die Einstellung der Sicherheitsventile oft wesentlich höher gelegt werden, als es dem Niveau des durchschnittlichen Betriebsdruckes entspricht. Diese Grenze wird mit Rücksicht auf die Betriebs- bzw. Anlagensicherheit festgesetzt auf der Grundlage des Werkstoffverhaltens in der Apparatur hinsichtlich der höchstzulässigen

Druckbelastbarkeit. Bei Überströmventilen liegt der Schwerpunkt der oberen Druckgrenze allein auf verfahrenstechnischen Faktoren. Dies bedeutet, daß man diese Grenze aus Rücksicht gegen den Ablauf des Verfahrens und nicht aus Gründen der Sicherheit festlegt. Beim Überströmventil legt man die Schwankungsbreite sehr eng, wobei das Ventil vielleicht relativ oft zum Ansprechen kommt. Beim Sicherheitsventil ist die Schwankungsbreite (Abstand vom zulässigen Betriebsdruck) groß, und das Ventil soll nur im Notfall ansprechen.

Sicherheitsventile verfolgen praktisch den gleichen Zweck wie Reiß- bzw. Berstscheiben. Neben der konstruktiven Ausführung besteht der grundsätzliche Unterschied darin, daß nach Ansprechen der Berstscheibe die Querschnittsöffnung bestehen bleibt, die Anlage sich also entspannen bzw. sich völlig entleeren kann, während das Ventil nur so lange entspannt, bis der Druck auf das Niveau unterhalb der Federeinstellung absinkt, wobei das Ventil wieder selbsttätig schließt. Die Reaktion kann also in den meisten Fällen fortgesetzt werden. Bei der Berstscheibe ist die Fortführung der Reaktion nach dem Bersten der Scheibe unmöglich.

Der Abblasedruck ist genau einstellbar. Die Beschaffung zuverlässiger Betriebsfedern ist heute kein Problem mehr.

Der konstruktive Aufbau von federbelasteten Sicherheitsventilen ist relativ einfach. Der Dichtungskegel ist im allgemeinen ein zylindrischer Körper mit konischen Dichtflächen. Der zylindrische Teil wird grundsätzlich für Führungszwecke benützt, der genauer Abmessungen bedarf. Die Dichtkraft wird von der Feder erzielt. Abb. 29 gibt ein Sicherheitsventil wieder, wie es häufig in Hochdruckanlagen zum Einsatz kommt. Die Darstellung zeigt, daß die Ventilteile sich aus sehr einfachen Komponenten zusammensetzen.

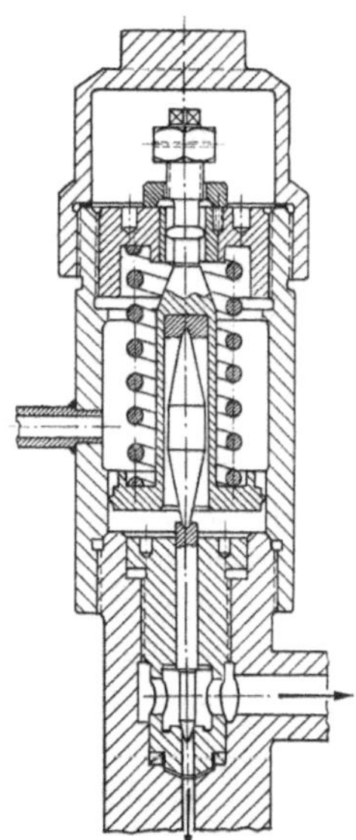

Abb. 29. Sicherheitsventil mit flotierender Spindel und auswechselbarem Sitz

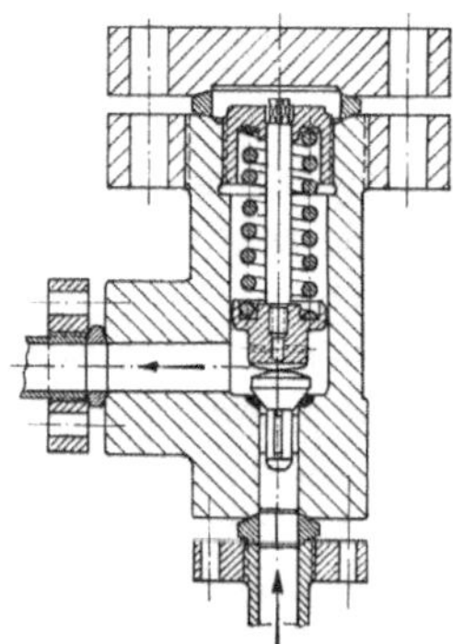

Abb. 30. Sicherheitsventil mit geschmiedetem Ventilkörper

Eine weitere Bauart ist in Abb. 30 zu ersehen, bei der der Dichtkonus eine besondere Form aufweist. Der Schaft besteht aus gehärtetem oder nitriertem Stahl, während der Konus vorzugsweise aus Hartmetall hergestellt wird. Der Sitz ist entweder eingeschweißt oder kann ein besonderer Einsatzkörper sein, den man wiederum mit zwei Sitzflächen versieht, so daß eine Austauschbarkeit mit doppelter Lebensdauer angewandt werden kann.

Wichtigste Bedingung für das einwandfreie Arbeiten von Sicherheitsventilen ist neben der werkstatt-technischen Güte das Vorhandensein reiner Durchflußmedien. Die Ablagerung von Schlamm oder harten Feststoffen an den Sitzflächen macht ein Abdichten sehr schwierig, wenn nicht gar unmöglich. Sich verhärtende Verkrustungen sind absolut unzulässig, wenn Betriebszuverlässigkeit für genaues Ansprechen gewährleistet werden soll.

Um der Feder eine gewisse Reaktionsfreiheit hinsichtlich ihrer Beweglichkeit zu verleihen, ist es zweckmäßig, die Feder möglichst lang zu machen. Hieraus erklärt sich die relativ große Baulänge der gezeigten Anwendungsbeispiele, ganz besonders aber die Länge der konischen Zwischenspindel, die den Federdruck auf den Abdichtungskonus zu übertragen hat. Mit einer langen Federbaulänge lassen sich Nebenwirkungen der Federkräfte beheben, was vielfach die Ursache unliebsamer Betriebsstörungen darstellt.

Im ganzen gesehen folgt die Konstruktion von Sicherheitsventilen in Hochdruckanlagen den üblichen Richtlinien, die für den Bau von normalen Ventilen maßgebend sind. Lediglich die Verschlußkomponenten sind wesentlich verschieden. Die Strömungsquerschnitte lassen sich bedeutend kleiner halten, als dies für Absperr- oder Regelventile erforderlich ist. Dies hat seinen Grund darin, daß zuverlässige Ventile leicht auf den Einstelldruck ansprechen, so daß die Überschreitung der Druckgrenze nur sehr klein ist. Bei hohen Drücken bedarf es ferner nur geringer Querschnitte, um ein relativ niedriges Druckgefälle abzusenken, was vornehmlich bei Flüssigkeiten der Fall ist.

Handelt es sich um Sicherheitsventile für Gase, so müssen die Strömungsquerschnitte etwas größer gehalten werden. Man muß lediglich beachten, daß genügend große Abströmleitungen sich an das Ventil anschließen, um den Druckabfall zu beschleunigen, und die Gasexpansion abzufangen, damit die Strömung nicht kritisch wird. Kleine Querschnitte verursachen hohe Strömungsgeschwindigkeiten. Hohe Gasgeschwindigkeiten aber haben Erosionen zur Folge an Sitz und Dichtkonus, wenn Flüssigkeitsteilchen im Gasstrom enthalten sind (Öl, Kondensat usw.). Hohe Gasgeschwindigkeiten erzeugen aber auch statische Elektrizität, die zu einer großen Gefahr werden kann, wenn das Sicherheitsventil Gase über Dach entspannt, die ein Explosionsgemisch mit der Luft der Atmosphäre bilden können.

In Abb. 31 ist ein Sicherheitsventil dargestellt, das von den anderen Bauarten wesentlich abweicht. Der Körper, der den Ventilsitz enthält, ist leicht austauschbar, der Sitz selbst ist geschweißt. Spindel und Dichtkonus bestehen aus einem Stück mit doppelter Lagerung. Die Hauptventilkomponenten sind sehr einfach, daher billig in Herstellung und zuverlässig im Betrieb. Ventile dieser Bauart sind in vielen deutschen Hochdruckanlagen in Gebrauch und haben sich in vielen Jahren industrieller Praxis gut und umfassend bewährt.

Die Feder kann auch durch einen Elektromagneten ersetzt werden. Ihre Bauart wird jedoch im Vergleich zu den Federventilen wesentlich komplizierter und teurer, ohne dabei zuverlässiger zu sein. Zu bemerken ist ferner, daß im Falle von Stromausfall das Ventil nicht anspricht, was eine große Gefahr bedeuten kann.

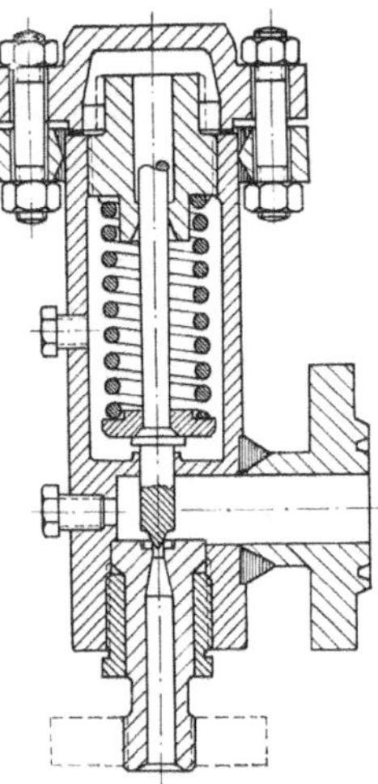

Abb. 31. Sicherheitsventil mit Austauschkörper für den Ventilsitz

## G. Hochdruckschieber

In der Hochdrucktechnik ist der Bau von Durchflußschiebern wesentlich schwieriger, als es beim Niederdruckschieber der Fall ist. Zwar wird der Hochdruckschieber gebaut an verschiedenen Stellen, wobei die gleichen Prinzipien gelten wie in der Niederdrucktechnik. Allerdings bereiten die Abdichtungen der beweglichen Teile wegen der Größe der Abmessungen im Zusammenhange mit den Betriebsdrücken erhebliche Schwierigkeiten.

Strömungstechnisch hat der Schieber gegenüber dem Eckventil den unbestreitbaren Vorteil, daß die Strömungsverluste bei voller Öffnung beim Schieber praktisch gleich Null sind. Bei voll geöffnetem Schieber erfährt die Strömung im Schieber keine Ablenkung, also keine hydraulischen Verluste, wenn man von der Wandreibung absieht. Allerdings wiegen die Kosten sowie die Konstruktionsschwierigkeiten diesen Vorteil wieder auf.

Beim Schieber ist das Verschlußprinzip ein anderes als beim Eckventil. Das Verschlußorgan bewegt sich in einer Ebene senkrecht zur Strömungsrichtung, während sich beim Eckventil die Spindel beim Schließvorgang in Richtung gegen die Strömung bewegen muß. Beim Schließen des Schiebers sind weniger Flüssigkeitsstöße zu erwarten, als es für das Ventil zutrifft. Beim Schieber kann die Strömungsrichtung um 180° verändert werden, was beim Ventil nur in wenigen Ausnahmen möglich ist.

Allerdings hat der Schieber auch Nachteile, die sein Anwendungsgebiet beträchtlich einschränken. Wenn auch die Durchflußlänge durch den Schieber im Vergleich zum Ventil kürzer ist, so ist der Bau des Schiebers wesentlich komplizierter und daher teuerer in der Anschaffung. Die Eigenart des Arbeitsprinzips verlangt, daß das Gehäuse mindestens doppelt so hoch wird, als dem Strömungsdurchmesser entspricht. Für die Bearbeitung kommen daher keine einfachen Drehkörper in Frage. Dies wirkt sich im Hinblick auf die Festigkeitsrechnung ungünstig aus.

Die Dichtungswirkung kann durch Anbringung konischer Dichtflächen verbessert werden, wobei der Konuswinkel bei 5–10° liegt. Der größere Winkel bezieht sich auf Schieber, die mit hohen Temperaturen betrieben werden. Der Temperatureinfluß ist ein wesentlicher Faktor in der Praxis, der für viele Betriebsstörungen infolge Undichtheit verantwortlich ist. Dies kommt daher, daß die Vielzahl der Einzelteile großen Temperaturschwankungen unterliegt, die bei der Verwickeltheit der Werkstoffdehnungen zu Diskrepanzen und damit zu Undichtheiten führen müssen.

## H. Schrägsitzhochdruckventil

Der verhältnismäßig hohe Strömungsverlust in Eckventilen von Hochdruckanlagen hat immer wieder Anlaß dazu gegeben, Schrägsitzventile zu entwickeln. Trotz vieler Versuche von verschiedenen Seiten der Industrie sind bis heute keine Vorschläge oder gar tatsächliche Bauarten solcher Ventile bekannt geworden, die sich in der Praxis durchgesetzt hätten. Die Gründe hierfür liegen wohl darin, daß der Ventilkörper reichlich kompliziert wird, so daß einfaches Gesenkschmieden kaum angewandt werden kann. Ferner ist zu berücksichtigen, daß die Anwendung von Schweißen vielerseits auf berechtigte Widerstände stößt. Es bleibt ferner fraglich, ob das Schrägsitzventil bei sehr hohen Drücken strömungstechnisch Vorteile besitzt, die einen erhöhten Bauaufwand gegenüber dem Eckventil rechtfertigen. Allerdings ist die einfachere Leitungsführung mit Schrägsitzventilen ein Vorteil, der nicht unterschätzt werden sollte.

## I. Laboratoriumshochdruckventile

Im Laboratorium und im Technikumsbetrieb besteht innerhalb der Hochdrucktechnik ein großer Bedarf an geeigneten Hochdruckventilen aller Art. Es ist daher nicht besonders verwunderlich, daß eine große Anzahl von verschiedenen Bauarten entwickelt wurden, die heute allgemein bekannt sind. Auch hier gelten wieder die gleichen Konstruktionsgrundsätze, wie sie für den Betrieb allgemein üblich sind. Im Hinblick auf die Größe des Objektes kann man jedoch mit wesentlich einfacheren Bauweisen auskommen, da man im Falle von Bruch oder Abnützung die einzelnen Komponenten leicht ausbauen, reparieren oder gar ersetzen kann. Selbst ganze Ventile können einfacher gewechselt werden, da der Anschaffungspreis verhältnismäßig niedrig gehalten werden kann.

Im Gegensatz zu den Ventilen in Hochdruckproduktionsanlagen wird die Bauart des Laboratoriumsventiles von der Art der Anschlußmöglichkeiten bestimmt. Beim Betriebsventil werden die Anschlüsse nahezu ausschließlich über Flanschverbindungen hergestellt. Bei kleinen Leitungen können die umständlichen Flanschverbindungen durch einfache Verbindungen ersetzt werden, wie auf S. 400ff. dieses Kapitels eingehend gezeigt wird. Diese einfachen Rohrverbindungen, die in großer Vielfältigkeit bestehen, erleichtern dem Konstrukteur die Aufgabe ganz erheblich. Damit ist es möglich geworden, für den Bau von Hochdruckventilen für den Laborbetrieb Ausgangswerkstoffe in Formen zu verwenden, die als allgemeiner Handelsartikel dem Walzprogramm der meisten Stahlwerke als handelsüblich entnommen werden können.

Eine sehr einfache Art von Laboratoriumshochdruckventilen, die als sog. Blockventile bekannt geworden sind, wird in Abb. 32 dargestellt.

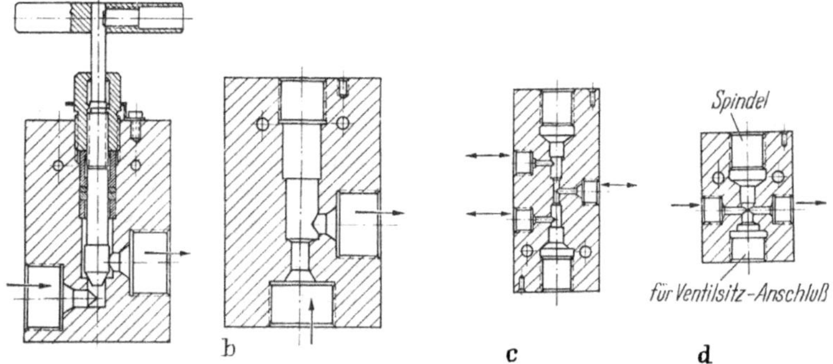


Abb. 32a–d. Laboratoriumsabsperrventile aus handelsüblichen VA-Stangenmaterial. Modifikationen gelten alle für gleiche Bohrungen

a) Direkter Durchfluß; b) 90°-Umlenkung; c) Zweiwegdurchfluß und Doppelspindel; d) Direkter Durchfluß und austauschbarer Sitz

Hier handelt es sich um Ventile, deren Körper aus (18-8)-VA-Stahl besteht. Man kann diese Ventile aus sehr einfachen Walzprofilen herstellen, so daß der Herstellungspreis sehr niedrig gehalten werden kann. Gesenkschmieden oder andere komplizierten Vorgänge kommen dabei in Wegfall. Die Darstellungen der Abb. 32 zeigen, daß die Bauart vielfach modifiziert werden kann und sich nicht allein auf die angeführten Ausführungen zu beschränken braucht, ohne dabei von der Einfachheit des Arbeitsprinzips abweichen zu müssen.

Diese Ventilart hat sich ganz besonders in den Vereinigten Staaten durchgesetzt, selbst für Drücke bis zu 6000 atü und darüber. Die Bearbeitung ist sehr einfach. Der Blockkörper ermöglicht die Herstellung von nahezu direktem Durchfluß, so daß die Leitungsführung einfach wird. Die Einfachheit des Blockkörpers läßt eine Vielzahl von Leitungsanschlüssen aller Art zu. Auf eine Kupplung der Spindel kann man bei der Einfachheit der Bauart verzichten, da eine neue Spindel mit Bearbeitung des Sitzes billiger ist als eine Kupplung für diese Größe. Die Durchflußquerschnitte liegen in der Größenordnung von 1/16″–1/8″–3/16″ als Durchmesser.

Die Ventilart, wie sie den Abb. 32 zu entnehmen ist, beschränkt sich nahezu ausschließlich auf Blockventile, das heißt in diesem Falle Absperrventile.

Für den Entwurf von Regulier- oder Drosselventilen müssen Sitz und Spindel abgeändert werden. Bei diesen Abmessungen hinsichtlich Spindel und Sitz wird die Genauigkeit der Bearbeitung für die Regelung der Strömung sehr kritisch, denn geringfügige Unregelmäßigkeiten in den Kontrolloberflächen können das Ventil für den gewünschten Zweck unbrauchbar machen. Hier ist es von Vorteil, auf Gesenkschmieden überzugehen, wobei man darauf achten muß, daß der Körper des Sitzes austauschbar ist.

Im übrigen bereitet die Konstruktion von Laboratoriumshochdruckventilen keine besonderen Schwierigkeiten. Für Regulierventile ist neben der Genauigkeit der Bearbeitung der wichtigen Kontrollkomponenten der Zusammenbau mit Betonung der Geradführung der Spindel entscheidend. Hier kommt es darauf an, daß das Ventil bezüglich der Spindelstellung wiederholbare Ergebnisse liefert. Feinregulierventile werden zu diesem Zwecke mit Mikrometerschraube versehen. Ein solches Ventil kann dann als zuverlässig angesprochen werden, wenn es bei wiederholter Bedienung für eine definierte Spindelstellung Durchflußmengen ergeben wird, die im Maximum nicht mehr als $\pm 0{,}5\%$ vom Sollwert abweichen.

## K. Zusammenfassung

Für den Bau von Hochdruckventilen aller Art gibt es keine einheitlichen Konstruktionsrichtlinien. Die Arbeitsprinzipien sind für die meisten Bauarten zwar mehr oder weniger die gleichen, doch müssen von Fall zu Fall Änderungen gemacht werden, die den verfahrenstechnischen Forderungen der Produktionsanlage Rechnung tragen, für die sie zum Einsatz gelangen. Hierbei spielen die Höhe des Betriebsdruckes, die Strömungsgeschwindigkeit, die Zusammensetzung des Strömungsmediums sowie das Temperaturniveau eine entscheidende Rolle.

Ganz allgemein lassen sich die wichtigsten Konstruktionsforderungen für Hochdruckventile in folgenden Punkten zusammenfassen:

1. Sieht man von der besonderen Eigenart des Arbeitsprinzips des Ventils im einzelnen ab, so muß in erster Linie darauf geachtet werden, das Ventil so zu bauen, daß es im Öffnungszustande mit einem Minimum an hydraulischem Durchflußwiderstand arbeitet.

2. Die Verschlußorgane müssen so ausgelegt werden, daß im Schließzustande absolute Dichtheit gewährleistet ist. Dieses Dichtvermögen muß auch für vielfach wiederholten Betrieb gelten, ohne daß hierdurch das erforderliche Schließmoment größer wird. Dies läßt sich durch geeignete Wahl des Härteverhältnisses in den Berührungsflächen der Verschlußkomponenten und durch zuverlässige Konstruktion der Spindelpackung bewerkstelligen.

3. Die Konstruktion muß einfach gehalten sein und so ausgelegt werden, daß alle beweglichen Teile leicht zugänglich und austauschbar sind. Der Ventilkörper muß sich durch Gesenkschmieden ohne verwickelte Gesenke herstellen lassen können. Bei Ventilen für Produktionsanlagen kommt es entscheidend darauf an, lebenswichtige Teile im Betriebe austauschen zu können, ohne das ganze Ventil abbauen zu müssen.

4. Bei extrem hohen Drücken kann das Schließmoment so groß werden, daß eine Handbetätigung der Spindel nicht mehr möglich wird. Hier kann durch Einbau von Kugellagern, Verwendung von mechanischen Antrieben oder durch Anwendung des Prinzips der Spindelentlastung bzw. einer Kombination dieser Maßnahmen Abhilfe geschaffen werden.

5. Werden trotzdem die Schließmomente so hoch, daß ein mechanischer Antrieb erforderlich wird, so kann der Antrieb entweder auf hydraulischem oder auf rein elektromechanischem Wege erfolgen. Die Auswahl ist rein individuell und hängt von Erwägungen ab, die nur im Zusammenhange mit den geltenden Betriebsverhältnissen von Fall zu Fall entschieden werden können.

Die Grundzüge für die Auslegung einer Ventilkonstruktion ergeben sich neben den mechanischen Bedingungen aus den verfahrenstechnischen Forderungen einer Anlage. Hierzu bedarf es einer gründlichen Auswertung aller technologischen Unterlagen und Verfahrensbedingungen.

## Literatur zu Kapitel IX

[*1*] Konrad, O.: Neuentwicklungen von Ventilen für Hochdruckanlagen. Chemie Ing. Technik, Bd. 33, No. 3 (1961) 195.

Kapitel X

# Zusatzgeräte für Betriebskontrolle und Sicherheit von Hochdruckanlagen

## I. Einleitung

In den vorausgehenden Kapiteln dieses Werkes werden die Konstruktion, die Berechnung und die Herstellung von Hochdruckapparaten als solche in entsprechenden Einzelheiten dargestellt. Die Beschreibungen und wissenschaftlichen Abhandlungen beschäftigen sich im wesentlichen mit der Aufgabe, dem Konstrukteur und dem Betriebsingenieur die Grundlagen zu liefern, die er beherrschen muß für eine erfolgreiche Tätigkeit im Rahmen der chemischen Hochdrucktechnik. Der behandelte Stoff ist so gegliedert und dargeboten, daß der einzelne Apparat als solcher gesehen und behandelt wird, um den Hochdrucktechniker, je nach seiner Erfahrung, in die Lage zu versetzen, solche Apparate selbst zu konstruieren und wenn erforderlich, auch zu bauen.

Nun setzt sich eine Anlage aus einer großen Zahl von Einzelapparaten zusammen, die durch Rohrleitungen und Armaturen zu einem logischen System verbunden sind. Dieses System wird durch das Vorhandensein von Meß- und Kontrollgeräten zur Anlageeinheit und damit zu einer funktionsfähigen Betriebsanlage belebt. Hierzu gehören im wesentlichen die wichtigen Meßgeräte für die Druckmessung, die Mengenmessung und die Temperaturmessung, um nur die bedeutendsten Gruppen herauszugreifen. Außerhalb dieser Hauptgruppen gibt es noch eine große Anzahl kleinerer Gruppen, deren Existenz wichtige Funktionen in Hochdruckanlagen übernimmt, hier aber im einzelnen nicht aufgeführt werden können.

Mit Rücksicht auf den Stand der heutigen Hochdrucktechnologie, insbesondere unter Einbeziehung der Anlagen für Kern- und Atomphysik im allgemeinen und im Zusammenhang mit der stets weiterschreitenden Automatisierung im besonderen ist es unmöglich, im Rahmen dieses Buches auch auf das Gebiet der Meßtechnik und Betriebskontrolle einzugehen. Das zuständige Schrifttum ist so umfangreich, daß selbst ein Band in Abstraktform hierüber zustande käme.

Obwohl in einem gut organisierten Betriebe von heute die Meß- und Betriebskontrolle von einer Spezialabteilung behandelt und betreut wird, kann der Konstrukteur und der Betriebstechniker von heute nicht umhin, die wichtigsten Grundsätze und Zusammenhänge zu verstehen und weitgehend zu beherrschen. Diese Anlageteile stellen mehr oder weniger das Herz und das Gehirn der Gesamtanlage dar, und der Konstrukteur kann nur erfolgreich sein, wenn er die Gesamtanlage in ihrem funktionalen Zusammenwirken versteht.

Trotz aller Spezialisierung mögen hier einige Vorrichtungen behandelt werden, deren Aufbau mehr oder weniger rein mechanisch ist. Ihr Einbau in die Anlagen selbst unterliegt nahezu ausschließlich der Verantwortung der mechanischen Betriebswerkstätten. Es handelt sich nämlich um Schauglaseinrichtungen und Flüssigkeitsanzeiger verschiedener Bauarten.

Im Zusammenhange mit der Meßtechnik tritt die entscheidende Frage auf, wie man elektrische Leitungen für elektrische Geräte, Heizungen oder Motoren in den Druckraum einführt, ohne die Sicherheit der Apparate zu gefährden oder die Zuverlässigkeit der Instrumentenanzeige zu beeinflussen.

Im Zusammenhange mit der Sicherheit von Hochdruckanlagen ist in diesem Kapitel den Berstscheiben ein breiter Raum gewidmet. Berstscheiben sind in modernen Produktions- und Versuchsanlagen der chemischen Industrie zu einem Bestandteil geworden, auf den der Ingenieur nicht mehr verzichten kann. Sie werden sowohl für Hochdruck- als auch für Niederdruckanlagen gebraucht und sollen daher in diesem Kapitel ohne Rücksicht auf die Höhe der Druckstufe als Gegenstand allgemeinen Interesses behandelt werden.

Obwohl das Thema der Berstscheiben eigentlich im Zusammenhange mit den Sicherheitsventilen behandelt werden müßte – was die reine Gliederung dieses Werkes betrifft, so möge darauf hingewiesen werden, daß das Kapitel IX über Ventile damit zu umfangreich geworden wäre. Als Sicherheitsorgan im Rahmen der Betriebskontrolle haben die Berstscheiben auch in diesem Kapitel einen logisch gerechtfertigten Platz gefunden.

## II. Besondere Zusatzgeräte im Rahmen der Betriebskontrolle

Die Grundlagen der Meßtechnik in Hochdruckanlagen hinsichtlich Druck, Temperatur und Durchflußmenge werden als bekannt vorausgesetzt, oder es muß hierfür auf das einschlägige Schrifttum verwiesen werden.

Zur betrieblichen Steuerung von Hochdruckverfahren spielt die Feststellung der Flüssigkeitsspiegel in Apparaten aller Art eine sehr bedeutende Rolle. Bei der Höhe des Druckes, der in den allermeisten Fällen noch von erhöhten Temperaturen begleitet ist, lassen sich die konventionellen Schauglaseinrichtungen von Niederdruckanlagen nicht zur Anwendung bringen.

Nun kann der Flüssigkeitsspiegel in Hochdruckgefäßen entweder durch direkte Sichtbarmachung mit Hilfe von Schaugläsern festgestellt werden oder man benutzt indirekte Ablesemethoden, die es ermöglichen, den Stand des Flüssigkeitsspiegels mit zuverlässiger Genauigkeit zu ermitteln.

## A. Flüssigkeitsstandanzeiger

Die Kenntnis des Flüssigkeitsstandes in Hochdruckgefäßen aller Art hat rein verfahrenstechnische Bedeutung. Sie dient vielfach dem Zwecke der Mengenmessung, Steuerung, Betriebskontrolle und auch wirtschaftlichen Zwecken und nicht zuletzt Sicherheitszwecken für die gesamte Anlage. Die Art der konstruktiven Gestaltung der Apparate, an denen die Standmessung vorgenommen wird, spielt vom Standpunkt der Meßtechnik gesehen, keine Rolle.

Nach Maßgabe der Meßvorrichtungen, die man für die Hochdruckstandmessung anwendet, unterscheidet man zwischen direkter und indirekter Messung des Flüssigkeitsspiegels.

### 1. Direkte Standmessung – Schaugläser

Die wichtigste Methode der direkten Standmessung beruht auf der Anwendung des Schauglases, mit Hilfe dessen das Auge den wahren Spiegel direkt zu beobachten vermag. Hierbei kann das durchsichtige Element entweder Glas oder Glimmer sein. Die Verwendung transparenter Kunststoffe bleibt heute noch auf relativ niedrige Druckstufen begrenzt. Wie man erkennt, bestimmt der Werkstoff sowohl die Höhe des zulässigen Innendruckes sowie die höchstzulässige Temperaturgrenze des Produktes, dessen Standhöhe ermittelt werden soll.

Die wohl größte Zahl von Flüssigkeitsstandgläsern dürfte sehr wahrscheinlich im Hochdruckkesselbau zu finden sein. Hier hat es sich gezeigt, daß besonders im Dampfraum die Gläser sehr leicht angegriffen und vielfach rasch zerstört werden, oder sie werden anderweitig in sehr kurzer Zeit unbrauchbar. Man hilft sich dann damit, die Schaugläser mehr in denjenigen Teilen der Kesselanlage unterzubringen, wo die Flüssigkeitstemperaturen verhältnismäßig niedrig sind.

Oft besteht der transparente Teil der Schauglasvorrichtung aus Glimmer oder unter Umständen aus einer Kombination von Glas in

Verbindung mit Glimmer. Im letzteren Falle legt man dünne Glimmerplättchen zum Schutze des Glases ein, wobei dann der Glimmer mit dem Wasser bzw. dem Strömungsmedium in Berührung steht. Dies stellt mehr oder weniger eine Behelfslösung dar, da oft Störungen eintreten, die zum Verluste des Glases führen. Die Ursache dieser Störungen liegen vornehmlich in unzulässigen Temperaturschwankungen, die sich zwischen dem Metallgehäuse des Schauglaskörpers, dem Wasser, dem Dampf und schließlich der Luft bilden. Den Anlaß für die schließliche Zerstörung gibt dann meist das Durchblasen des Schauglasgerätes mittels Dampf, da hierbei die größten Temperaturunterschiede auftreten, wie sich durch Erfahrung aus der Praxis nachweisen läßt.

Verwendet man nur Glimmer und verzichtet völlig auf die Verwendung von Glas, so muß man mehrere Scheiben aus Glimmer nehmen und sie parallel aufeinanderlegen. Dadurch läßt sich eine relativ hohe Stabilität erzielen, da Glimmer in seiner Zerreißfestigkeit dem Gußeisen gleichkommt. Die Gefahr dieser Anordnung besteht jedoch darin, daß es einmal sehr schwierig ist, Glimmerplatten von gleichmäßiger Dicke in dieser Größe einwandfrei herzustellen ohne Beeinflussung der Durchsicht. Bei Abmessungen der Größenordnung, wie sie in Hochdruckschaugläsern wünschenswert sind, ist der Glimmer nie oder selten ohne Flecken, Risse oder Verkrümmungen, also Faktoren, die die Durchsicht ganz erheblich beeinträchtigen. Bei Gegenwart feinster Haarrisse, auch mikroskopischer Art, steht die Verwendung zum Zwecke von Schaugläsern außer Frage.

Auf der Grundlage von Schaugläsern, wie sie im deutschen Kesselbau üblich sind, handelt es sich um Schaugläser mit den Abmessungen für die Glimmerplatten, die sich zwischen 100 und 400 mm in Länge sowie 20 und 60 mm in der Breite bewegen mit einer Glimmerschichtdicke von 0,20–0,40 mm. Werden mehrere Schichten zu einer Platte vereinigt, so geschieht dies bis zu einer Gesamtdicke von 1,50 mm. Dicken, die maximal 1,50 mm überschreiten, sind ausgeschlossen, da solche Schichten keine Durchsichtigkeit des Glimmers mehr gewährleisten, gleichgültig, um welche Art von Flüssigkeiten es sich auch handelt.

Es muß darauf hingewiesen werden, daß bei Schaugläsern, die Glimmer als einzigen transparenten Stoff benutzen, es mitunter sehr schwierig ist, die exakte Oberfläche des Flüssigkeitsspiegels gegenüber dem darüberstehenden Dampf von außen sehen zu können. Dies hat eine ganze Reihe von Ursachen. Die Hauptschwierigkeit zeigt sich meist darin, daß Glimmer die auftretenden Lichtstrahlen zerlegt und dann streut, wodurch die Grenzschicht zwischen Dampf und Flüssigkeit nicht mehr deutlich genug zu unterscheiden ist.

Dieser Schwierigkeit der Sichtbarmachung der Oberfläche des Flüssigkeitsstandes kann man dadurch begegnen, daß man hinter dem Schauglas eine geeignete Lichtquelle anbringt, die dann Strahlen durch die Masse der Flüssigkeit hindurchschickt. Liegt die Flüssigkeitsoberfläche unterhalb der Lichtquelle, so erscheint die reflektierende, also die Spiegeloberfläche als ein heller Fleck für das Auge des Beobachters. Fällt das Licht aber von oben ein, d.h. die Lichtquelle liegt höher als der Flüssigkeitsspiegel, so erscheint die wirkliche Oberfläche als dunkler Fleck auf hellem Untergrunde. Auf alle Fälle stellt die Lampe ein Werkzeug dar, das es ermöglicht, den Dispersionseffekt des Glimmers wesentlich zu reduzieren und den Flüssigkeitsspiegel über Schaugläser mit reinem Glimmer trotz aller Schwierigkeiten möglich zu machen.

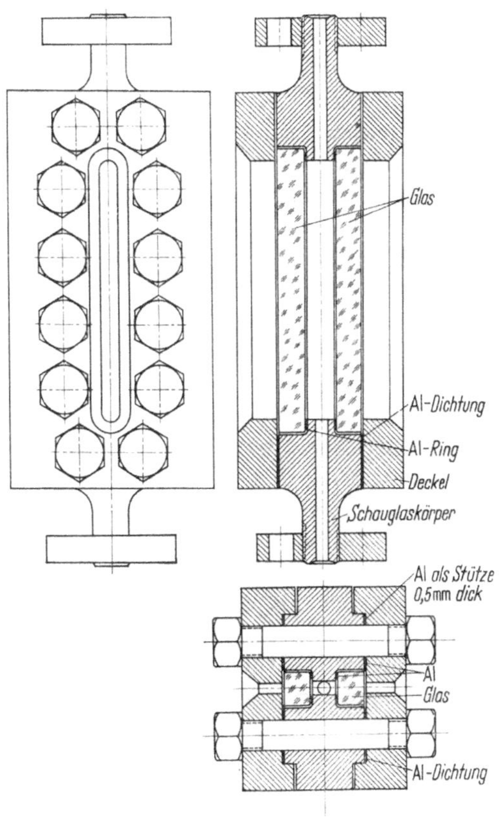


Abb. 1. Hochdruckschauglas für einen Betriebsdruck von 700 atü mit Glas als Transparentwerkstoff

In den deutschen Kohlehydrieranlagen sind für die 350- und 700-atü-Druckstufen besondere Schauglasausführungen in Betrieb, die seit vielen Jahren intensiver Beanspruchung arbeiten und sich sehr gut praktisch bewährt haben. Eine derartige Ausführung wird in Abb. 1 wiedergegeben. Diese Art von Konstruktionen als Flüssigkeitsstandsanzeiger für Betriebsdrücke bis zu 700 atü benützen als durchsichtigen Werkstoff Glas, das in einer Dicke von etwa 25 mm eingebaut wird. Auf der Flüssigkeitsseite sind keine Glimmerplatten. Es wird allerdings Sorge dafür getragen, daß die maximale Betriebstemperatur die Höhe von 200 °C an keiner Stelle überschreitet. Die stabile Bauart des Gehäuses wird durch den hohen Betriebsdruck bedingt, zumal das Gehäuse als Druckgefäß aufgefaßt werden muß.

Als Dichtungswerkstoff benutzt man in den Hydrierwerken Aluminium von 0,5 mm Dicke, und zwar ausschließlich nur an den Außenflächen des Glases, wie aus der Abb. 1 zu erkennen ist. Beim Anpressen des Deckels, als Folge der Anziehung der Deckelschrauben, wird der Aluminiumstreifen hinter dem Glas verformt. Dadurch wird das Glas vor Berührung mit dem Metallgehäuse geschützt und vor einer möglichen Splittergefahr bewahrt. Wird der Innendruck wirksam, so preßt dieser das Glas gegen den Deckel, jedoch liegt als Zwischenlage ein 0,4 mm dicker Aluminiumstreifen.

Die Art von Schaugläsern hat den harten Betriebsbedingungen in vielen Jahren standgehalten. Brüche erfolgen – wie die Erfahrung zeigt – infolge unsachgemäßer Behandlung rein technologischer Art, daß die Entspannung entweder zu rasch ist, oder aber, daß die gesamte Druckstufe, über die entspannt wird, für einen Schritt zu hoch ist. Man kann diesen Mangel dadurch beseitigen, daß im Falle einer Reparatur der Anlage, oder im Falle einer Reinigung des betreffenden Apparates die Leitung mit dem Schauglas unter Druck belassen bleibt, ohne Rücksicht darauf, wie gering die Druckstufe auch sein mag. Die Lebensdauer der Schaugläser hängt entscheidend von den möglichen Entspannungsvorgängen ab.

Es muß auf alle Fälle verhindert werden, daß beim Zusammenbau der Einzelteile das Glas mit den Metallteilen des Deckels und des Gehäuses durch Druck in Berührung kommt. Die Aluminiumeinlagen gewährleisten nicht nur den Dichtungsabschluß gegen den Innendruck, sondern dämpfen außerdem die Berührung zwischen Glas und Metall beim notwendigen Anzug der Deckelschrauben. Wo die Temperaturen der Flüssigkeit es zulassen, läßt sich als einfachstes Dichtungselement der O-Ring anwenden, der mit Viton oder Kel-F-Elastomer schon den meisten Bedingungen genügen sollte.

Teflon als Dichtungswerkstoff an Stelle von Aluminium ist trotz der hohen Temperaturbeständigkeit nicht zu empfehlen. Der stetige Innendruck veranlaßt eine fortschreitende plastische Verformung infolge des kalten Flusses, so daß Undichtigkeit nach verhältnismäßig kurzer Zeit eintreten wird.

Ein Schauglas moderner Bauart, das von der US-Firma Union Carbide & Carbon entwickelt wurde, wird in den Darstellungen der Abb. 2 veranschaulicht. Der Verfasser hat selbst Gläser dieses Typs verwendet und mit einem Innendruck von 35000 psi (~ 2400 atü) geprüft unter Benützung von Öl als hydraulisches Prüfmedium. Trotz der Höhe des Prüfdruckes, der ohne weiteres auch als dauernder Betriebsdruck in dieser Höhe zulässig ist, hat der Verfasser noch keinen Bruch eines Glases weder selbst gesehen noch davon aus anderer Quelle in Erfahrung bringen können.

Die Wirkungsweise dieser Schaugläser ist etwa folgende (Abb. 2):

An Stelle einer einzigen Glasscheibe werden zwei Scheiben gleicher Größe und Beschaffenheit eingebaut. Nach der Druckseite hin wird eine dritte, etwas dünnere Scheibe vorgesetzt, der die Aufgabe zufällt, die eigentlichen Schaugläser vor dem chemischen Medium sowohl als auch vor direkter Temperaturbeaufschlagung zu schützen. Damit ist eine evtl. Trübung zwischen Glas *1* und *2* praktisch ausgeschlossen. Jedes der beiden Hauptschaugläser wäre stabil genug, allein mit dem Schutzglas dem Innendruck standzuhalten. Damit liegt eine 100%ige Betriebssicherheit vor, trotz der verblüffenden Einfachheit der Konstruktion.

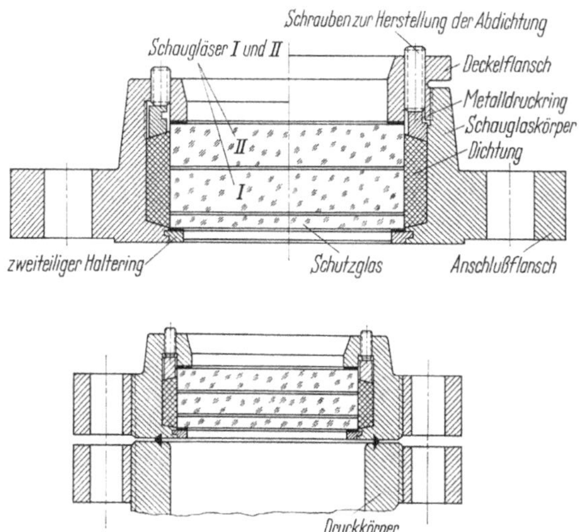


Abb. 2. Modifikationen für Hochdruckschaugläser für Innendrücke von 35000 psi (~2600 atü)

Eine metallische Berührung aller Gläser mit dem Gehäuseflansch wird oben und unten mit elastischen Dichtringen verhindert. Der elastische Werkstoff muß allerdings so gewählt werden, daß ein Fließen unter dem Betriebsdruck ausgeschlossen bleibt. Im allgemeinen genügt schon gepreßter Asbest oder dergleichen. Es lassen sich auch weich geglühtes Kupfer, Aluminium bzw. Silber verwenden, soweit diese Werkstoffe mit dem Strömungsmedium verträglich sind.

Wichtig ist, daß die ganze Konstruktion eine elastische Befestigung der Schaugläser vorsieht. Dies läßt sich dadurch erreichen, daß die seitlichen Dichtungsringe zweiteilig und aus Teflon gemacht werden mit etwa 1° Winkelunterschied in den Differentialwinkeln. Die Teflonringe sitzen oben und unten auf elastischen Viton- oder Buna-O-Ringen, so daß jegliche elastische Nachfederung in jeder Lage gewährleistet ist.

Die ursprüngliche Abdichtung wird über eine Anzahl kleiner Schrauben im Flansch erzielt, die über einen Druckring die Dichtung unter Spannung setzen. Der Differentialwinkel der Teflonringe veranlaßt eine Radialspannung der Gläser, die damit stabil werden neben der ursprünglichen Dichtwirkung der Winkelspitzen. Die O-Ringe stellen die Druckabdichtung her gegen Gehäuse und Gläser zu gleicher Zeit und gestatten ebenfalls eine Nachfederung im Falle von Druckschwankungen. Dadurch wird für die Gläser jede metallische Berührung ausgeschlossen unter Verbleib einer völlig elastischen Einbettung aller im System vorhandenen Gläser.

Diese Konstruktion stellt eine völlige Einheit dar, die man mit dem Druckbehälter zusammenschrauben oder abbauen kann, ohne daß mit der Betätigung der Flanschenschrauben die Dichtung der Gläser als solche berührt wird. Dies setzt natürlich voraus, daß der Schauglaskörper stabil genug ist und beim Aufschrauben auf den Druckbehälter keine Flanschdurchbiegung entsteht, die sich negativ auf die Gläserpackung auswirken würde.

Die Vertriebsfirma (nicht Union Carbide & Carbon) berichtet, daß Schaugläser dieser Bauart an Versuchsanlagen mit etlichen Tausend Atmosphären Innendruck erfolgreich in Betrieb sind.

Bei Drücken, die in der Größenordnung einiger Tausend Atmosphären liegen, muß allerdings in Rücksicht gestellt werden, daß eine Gefahr der Zerstörung des Glases dadurch zustande kommt, daß von einer bestimmten Druckgrenze an das Flüssigkeitsmedium in die Oberflächenstruktur der Schaugläser einsickert. Dieser Vorgang bleibt so lange gefahrlos, als eine Entspannung des Systems nicht vorgenommen wird. Wird aber entspannt, so entspannt sich gleichzeitig das Flüssigkeitsmedium in der Gasoberfläche, wodurch diese zerstört werden kann.

## 2. Indirekte Methoden der Flüssigkeitsstandmessung

Als eine Folge der Schwierigkeiten, die mit der Beherrschung für Druck, Temperatur und Abdichtungswerkstoffen beim Bau von Schauglaseinrichtungen verbunden sind, wird es verständlich, daß die überwiegende Anzahl von Standmessungen für Hochdruckbehälter auf indirektem Wege vorgenommen wird. Man bedient sich dabei der bekannten Meßeinrichtungen wie Flüssigkeitswaage für Hochdruck, Schwimmergeräten, hydrostatischer Messungen und neuerdings auch der Elektronik auf dem Gebiet der Ultraschalltechnik. Die Arbeitsprinzipien sind sehr unterschiedlich, dementsprechend auch die Genauigkeit der zu erwartenden Messungen.

### a) Flüssigkeitsstandmessung mit Hilfe der Hochdruckringwaage

In Kap. VI wird mit der Abb. 27 ein Hochdruckabscheider gezeigt, dessen Flüssigkeitsspiegel mit Hilfe der bekannten Hochdruckringwaage gemessen werden soll. Es möge daher ganz kurz das Funktionsprinzip der Hochdruckringwaage beschrieben werden, auf dem die eigentliche Standmessung beruht.

Zu diesem Zwecke sei nochmals auf Abb. 27, Kap. VI, zurückgegriffen, um es der folgenden Betrachtung zugrunde zu legen. Die Ringwaage selbst sei mit ihrem Schaltschema in Abb. 3 dargestellt. Demnach handelt es sich bei der Hochdruckringwaage um ein Meßgerät, das als Differentialmanometer eingesetzt wird. Das Kernstück der Ringwaage besteht

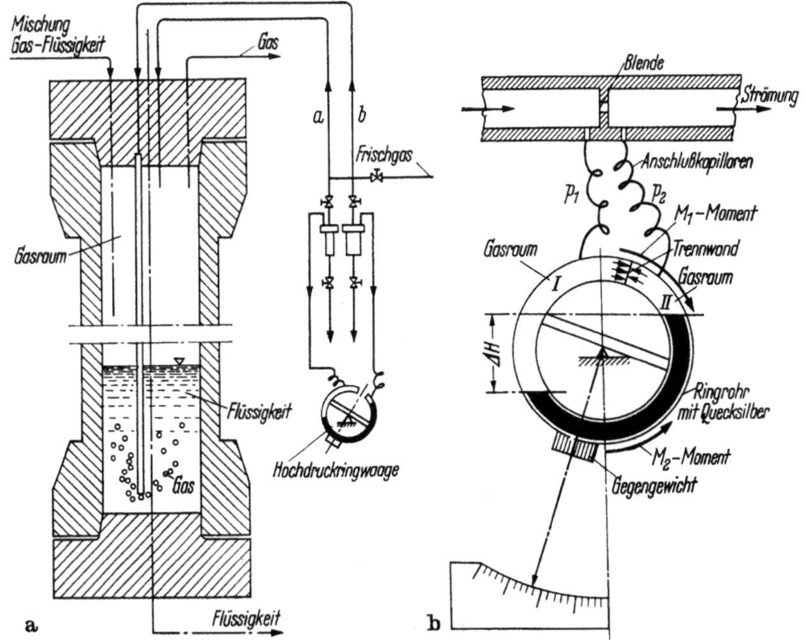


Abb. 3a. Flüssigkeitsstandmessung mittels Hochdruckringwaage
Abb. 3b. Arbeitsprinzip und Aufbau der Hochdruckringwaage

aus einem Kreisring-HD-Rohr, das etwa zu 50% mit Quecksilber gefüllt wird. Im Innern des Rohres ist eine Trennwand angebracht, die so angeordnet sei, daß über jedem der beiden Flüssigkeitsspiegel je ein Dampfraum bleibt. Innerhalb des Ringes besteht eine stabile Diagonalverbindung mit einem Prisma in der Mitte, das so angebracht ist, daß das Ringrohr mit Hilfe des Prismas mit großem Winkelausschlag nach beiden Seiten pendeln kann. Ein Zeiger am Ringdurchmesser überträgt die Ringschwingungen auf eine Skala, die proportional zur Druckdifferenz aufgebaut ist. Das Instrument verwandelt eine quadratische Skala in eine lineare.

In unmittelbarer Nähe der Trennwand innerhalb des Hochdruckrohres sind die Dampfräume über den Quecksilberspiegeln mit Kapillarrohren versehen, die zu den Meßstellen im Rohr für das Strömungsmedium führen. Dieses Rohr enthält also die bekannte Meßblende, die in der Strömung den Differenzdruck erzeugt, der als Grundlage für die Mengenmessung dient. Der gebildete Differenzdruck ist dann ein Maß für die Durchflußmenge. Nach Maßgabe des Druckunterschiedes verändern sich die Quecksilberspiegel innerhalb des Ringrohres unter Bildung der Differenzhöhe $\Delta H$. Gemäß der Natur der Strömung ist der Druck im Raum *I* höher als der in Raum *II*. Hierdurch entsteht das Drehmoment $M_1$ im Uhrzeigersinn, das das Rohr im gleichen Drehsinn in rotierende Bewegung versetzt, was durch die Skala nach Größe angezeigt wird.

Die Bewegung des Drehmomentes $M_1$ bleibt so lange bestehen, bis das Gegenmoment $M_2$, das durch das Gegengewicht am Ringrohr gebildet wird, so groß geworden ist, um mit dem Moment ein Gleichgewicht zu bilden. Im Hinblick auf die Quecksilbersäule im Rohrinnern kann der Flüssigkeitsdruck selbst kein Drehmoment erzeugen, da die Flüssigkeitssäule im Ringraum frei schwingen kann, sozusagen ein frei bewegliches Pufferelement darstellt.

Die Hochdruckringwaage wird in Produktionsanlagen der Hochdrucktechnik sehr häufig benützt, besonders in solchen Anlageteilen, wo verhältnismäßig geringe Druckdifferenzen, meist nicht über 200 mm Hg bei Betriebsdrücken bis zu 1000 atü vorliegen.

Bei der Anwendung der Hochdruckringwaage zum Zwecke der Flüssigkeitsstandmessung braucht man keine Meßblende im Sinne der Strömung. Hier genügt die Gegenwart der Druckdifferenz, die ja bei Vorhandensein einer flüssigen und gasförmigen Phase stets gegeben sein wird. Nach Maßgabe der Abb. 27, Kap. VI, wird man die Schaltung und deren Wirkungsweise ohne Schwierigkeit verstehen können. Der höhere Druck besteht auf der Gasseite des Behälters, wie es auch von der Ringwaage angedeutet wird.

Bei der Ringwaage sind keinerlei Stopfbüchsabdichtungen zu tätigen, die Anlage ist daher einfach im Aufbau. Die Arbeitsweise ist allerdings empfindlich gegen Montagefehler, zumal noch die Widerstände infolge der Steifigkeit der Kapillarröhrchen zu berücksichtigen sind. Dieser letzte Einfluß ist um so eher von Nachteil, als die Kapillaren mit zunehmendem Betriebsdruck steifer werden müssen. Dadurch wird die Meßgenauigkeit empfindlich beeinträchtigt.

Der Übergang von einem Meßbereich zum anderen läßt sich durch Verstellen des Gegengewichtes bewerkstelligen.

Außerdem beeinflußt die Pendelbewegung der Quecksilbersäule die Genauigkeit der Meßergebnisse, zumal langwierig über die Pendelung über die Nullstellung eingespielt werden muß.

### b) Flüssigkeitsstandmessung – Indirekt mittels Ultraschallgeräten

Von den vielerlei Bauarten an Standmeßvorrichtungen, die heute in der Industrie zu finden sind, haben sich diejenigen am besten bewährt bzw. durchgesetzt, die nach dem Prinzip des Ultraschalls arbeiten. Dieses Meßprinzip besitzt vor allem deswegen große Vorzüge, als es in allen Flüssigkeiten arbeitet, ohne Rücksicht auf die Verschiedenartigkeit der bestehenden Produkteigenschaften. Das Ultraschallinstrument hat vor

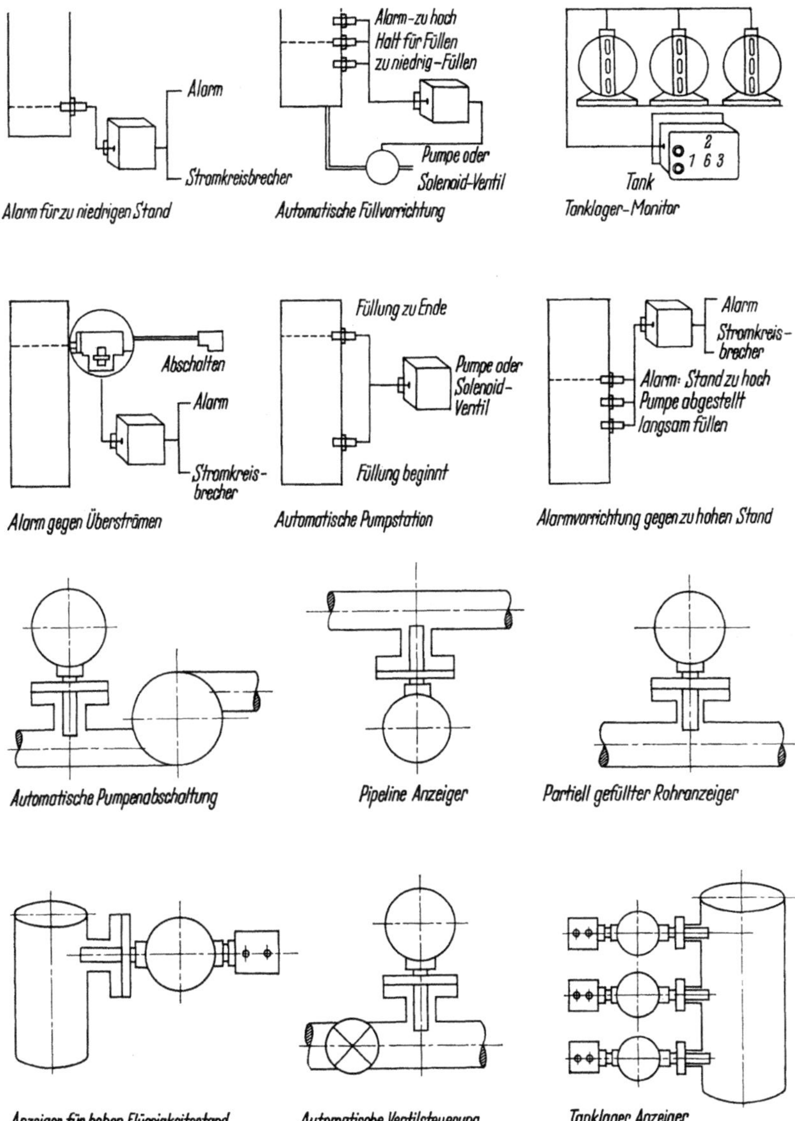


Abb. 4. Flüssigkeitsstandmessung durch indirekte Anzeige mittels Ultraschallmeßgerät. Anwendungsmöglichkeiten des Meßgerätes

allem keine beweglichen Teile und arbeitet mit hoher Zuverlässigkeit. Es kann insbesondere vom hydrostatischen Druck der zu messenden Flüssigkeit nicht in seiner Anzeigegenauigkeit beeinflußt werden.

Das Gerät läßt sich gleichermaßen verwenden für Behälter mit ruhender Flüssigkeit als auch für solche Behälter, in denen trotz Zustroms ein konstanter Spiegel gehalten werden muß. Die eventuelle Strömung der Flüssigkeit hat also keinen Einfluß.

Dieses Gerät beruht in seiner Wirkungsweise darauf, daß im Kontrollapparat eine bestimmte Probe mit gegebenen Abmessungen elektrisch erregt wird, und zwar mit einer Frequenz von 40 kHz/sec, also oberhalb des Hörgebietes ein Signal ausstrahlt, das die Probe in Schwingungen versetzt, sobald diese mit einem komprimierbaren Medium wie Gase, Luft, Schaum usw. in Berührung steht. In dem Augenblick, wo eine inkompressible Flüssigkeit in den Schwingungsbereich der Probe gelangt, tritt eine merkliche Dämpfung des Signals ein. Diese Reaktion des Gerätes wird dazu benützt, die Flüssigkeit anzuzeigen.

Die Art und Weise, wie solche Meßgeräte in der chemischen Industrie zum Einsatz gelangen, wird in einigen Anwendungsbeispielen der Abb. 4 schematisch dargestellt. Wie man erkennt, kann man das Gerät in Verbindung mit Pumpen für Tanklager benützen, wozu die Abbildungen hinreichende Anregungen bieten. Diese Standmeßvorrichtungen haben sich in der Industrie bestens bewährt. Sie arbeiten mit reproduzierbarer Ansprechgenauigkeit auf Bruchteile von Zentimetern oder auch Millimetern genau und lassen sich in jeder Lage einbauen. Der Kraftbedarf liegt in der Größenordnung von Milliwatt. Sie sind korrosionsbeständig herzustellen und bedürfen keiner Wartung, selbst bei Verschmutzung nicht, sobald sie einmal eingebaut sind. Die Geräte sind ferner explosionssicher und lassen sich selbst in Benzintanks ohne jegliche Gefahr zum Einsatz bringen.

Die Nützlichkeit des Ultraschallgerätes zur Messung von Flüssigkeitsspiegeln in Hochdruckapparaten aller Art läßt sich in vielseitiger Weise auswerten bzw. anwenden. In Verbindung mit Alarm- bzw. Warngeräten, Pumpen, Überströmeinrichtungen usw. stehen dem Betriebe mit diesem Geräte vielseitige Möglichkeiten der Vollautomatisierung offen, die nicht nur auf das Hochdruckgebiet beschränkt zu bleiben brauchen.

## B. Sonstige Meßeinrichtungen

Wie bereits ausgeführt, ist eine eingehendere Behandlung von Meßeinrichtungen im Rahmen dieses Kapitels nicht möglich.

## III. Elektrische Stromdurchführungen

In den Ausführungen von Kap. VI über die Konstruktion von Hochdruckapparaten wird geschildert, daß Reaktionsbehälter, Abscheider und Vorheizer aller Art oft mit elektrischen Innenheizungen versehen sind. Dies bedeutet, daß die Leitungen zur Speisung der Heizungen mit elektrischer Energie in den Hochdruckraum durch drucktragende Wände eingeleitet werden müssen.

Ausführungsbeispiele in dieser Richtung sind Reaktionsöfen für Methanol sowie für Ammoniak. Das gleiche trifft zu für Abscheider mit eingebauten Maulwurfpumpen, die mit elektrischen Motoren innerhalb des Hochdruckraumes versehen sind.

Bei ganz neuzeitlichen Reaktionen, die zum Teil mit extrem hohen Temperaturen im Reaktionsraum betrieben werden, also mit Innenwandisolierungen versehen werden müssen, wird es mehr und mehr notwendig, daß komplizierte elektrische Heizsysteme im Reaktionsraum eingebaut werden müssen, zumal keine andere Energiequelle solche Temperaturen und Wärmemengen auf so einfache und wirtschaftlich rationelle Art aufzubringen vermag.

Diese Apparate machen also Stromeinführungen in den Druckraum zur unablässigen Forderung. Die konstruktive Lösung der Stromdurchführungen ist oft sehr vielseitig, läßt sich aber mit verhältnismäßig einfachen technischen Hilfsmitteln ohne Schwierigkeiten bewerkstelligen.

Neben den energiespendenden Kraftversorgungsleitungen für Heizungen und Motoren sind noch die Schwachstromleitungen zu berücksichtigen, die zur Steuerung der Betriebskontrolle zu den Meßinstrumenten aller Art vom Reaktions- bzw. Druckraum ausgehend, abgeleitet werden müssen.

### A. Stromdurchführungen für Kraftleitungen

Die Durchführung von stromführenden Leitungen in den Hochdruckraum macht die Durchbrechung der drucktragenden Wand erforderlich. Dies geschieht entweder durch die Wand selbst oder durch die vorhandenen Verschlüsse im Boden, Deckel oder seitlichen Öffnungen. Diese Stromdurchführungen müssen der Bedingung genügen, einen elektrischen Kontakt mit dem Metallbehälter unter allen Umständen unmöglich zu machen und darüber hinaus die Bohrungen für die Leitungen absolut druckdicht gegen die Außenatmosphäre zu halten. Da diese Forderungen von Fall zu Fall verschieden sind, besteht eine große Zahl von Lösungsmöglichkeiten, diesem Problem mit Erfolg zu begegnen.

Im Zusammenhange mit der Beschreibung der Thermoelemente in Kap. IX wird angedeutet, wie unter Zuhilfenahme eines Kapillarrohres, in welchem die Meßdrähte untergebracht sind, die Elektrizität ein- oder ausgeleitet werden kann. Nach dem gleichen Prinzip lassen sich auch Kraftleitungen in den Hochdruckraum ein- bzw. ausführen.

## 1. Stromdurchführungen mit einfachem Metallkonus

Da für nahezu alle Stromdurchführungen die Abdichtung mittels eines konusartigen Dichtungselementes die wichtigste, wirkungsvollste und zugleich einfachste Konstruktion darstellt, erscheint es angebracht, das Konstruktionsprinzip an einem einfachen Ausführungsbeispiel zu erläutern. Unter Zugrundelegung der Abb. 5 wird der Stromleiter mit einem metallischen Konus mit Schweißung oder Silberlot zu einem einzigen Stück vereinigt. Beide Teile können ebenso auch aus einem einzigen Stück eines homogenen Werkstoffes bestehen. Als Dielektrika lassen sich Gummi, Viton, Kel-F, Teflon, Lawa, Meerschaumstein, Elfenbein usw. verwenden. Wichtig ist hohe Isolierfähigkeit bei günstigem tg$\delta$-Wert. Bei hohem Druck ist darauf zu achten, daß der Isolierstoff in seiner Verformung begrenzt bleibt und nicht herausgequetscht wird. Zur Abdichtung kann, wenn die Temperatur es zuläßt, ein elastischer O-Ring benutzt werden, den man vorteilhaft unter Anwendung des Selbstdichtungsprinzips einbaut.

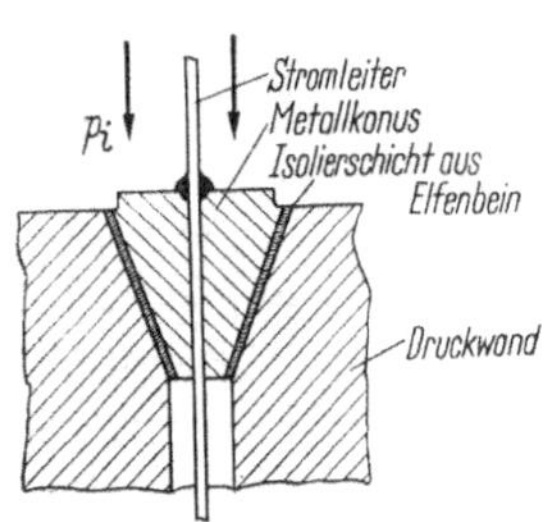


Abb. 5. Stromdurchführung mit Metallkonus

## 2. Stromdurchführungen für hohe Heizleistungen

Die Einführung elektrischer Energieleitungen in den Hochdruckraum braucht in keiner Weise auf die Anwendung von Drähten allein beschränkt zu sein. Es gibt auch zahlreiche Apparaturen, bei denen Elektroden mit relativ großen Abmessungen zur Stromdurchführung benutzt werden. Hier müssen besondere Vorkehrungen hinsichtlich Elektrizität als auch Druckabdichtung getroffen werden. So zeigt die Abb. 6 in den Einzeldarstellungen *a*, *b* und *c* eine Anzahl von Dichtungsmöglichkeiten, die für Elektroden entwickelt wurden, bei deren Speisung Temperaturen im Reaktionsraum über geeignete Heizelemente bis zu 1300 °C entwickelt wurden. Die Elektroden selbst führen interne Wasserkühlung und weisen eine Kombination von Silber und Kupfer auf, wobei die Einzelteile durch Silberlot zu einer Einheit verbunden sind.

In Abb. 6a wird eine Durchführung gezeigt, die in monatelanger Erprobung im Betriebe sich glänzend bewährt hat. Selbst Vakuum von $10^{-6}$ mm Hg wurde damit erzielt. Als Isolierstoff sind die Differentialringe aus Teflon eingesetzt, die in dieser Form nicht nur äußerste Stabilität für die Elektroden in radialer Richtung gewährleisten, sondern für absolute Abdichtung schon ausreichend wären. Um Eventualitäten bei der Montage vorzubeugen, sind noch Viton-O-Ringe eingesetzt, die die Dichtung 100%ig garantieren. Dies war vor allem deswegen angewandt worden, da schon wenige ppm Sauerstoff während der Reaktion das Produkt für seine weitere Verwendung unbrauchbar gemacht hätten.

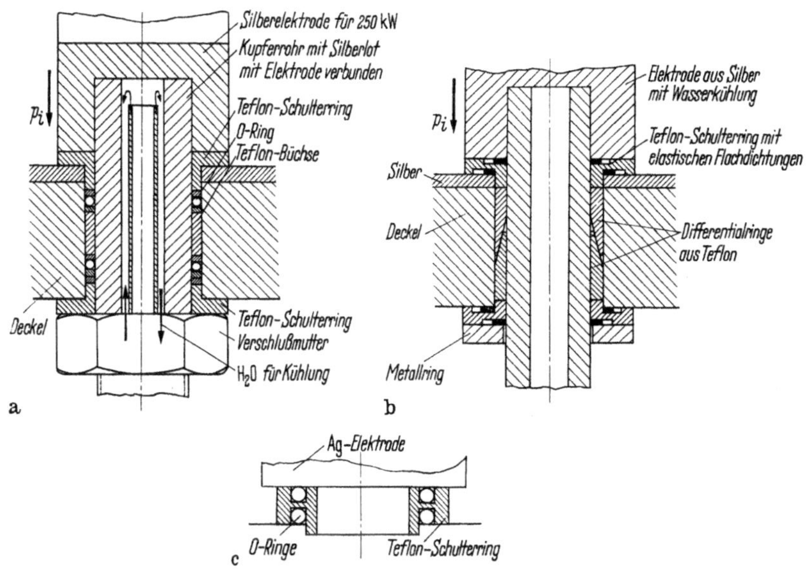


**Abb. 6a–c Stromdurchführungen für Starkstromelektroden**
**b) Modifikation der Dichtungen von Stromdurchführung der Abb. 6a, c) Elektrode von Abb. 6a mit O-Ringen zur alleinigen Druckabdichting**

In Abb. 6b wird eine Abwandlung dargestellt, bei der der Schulterring zwei Vertiefungen aufweist, in die flache elastische Dichtringe aus Kel-F-Elastomer eingelegt werden. Die Verwendung von O-Ringen in die Bohrung wird damit hinfällig.

An Stelle der flachen Dichtringe können auch normale O-Ringe in den Schulterring aus Teflon eingefügt werden, wie in Abb. 6c gezeigt wird. Auch diese Ausführung hat sich im Dauerbetrieb trotz vielfach wiederholter Montagen unter extremen Bedingungen ausgezeichnet bewährt.

In allen Ausführungen der Abb. 6a–c ist die Stabilität des Elektrodenschaftes bezüglich Unbeweglichkeit während des Betriebes eine kritische Forderung. Dies wird vollauf erreicht durch die Teflonbüchsen, die mit spitzen Winkeln mit 1–2° Steigungsunterschied gegeneinander versehen sind. Beim Anziehen zum Zwecke der Befestigung mit gleichzeitiger Abdichtung sowie unter der zusätzlichen Einwirkung des Innendruckes werden diese Ringe ineinander gepreßt, wodurch zunehmend Selbstdichtung zur Wirkung kommt. Bei Beschränkung des Teflonvolumens kann kalter Fluß nicht entstehen. Der Werkstoff kann nach keiner Richtung hin ausweichen. Mit zunehmendem Innendruck wird durch die Radialpressung die Stabilität der Elektroden größer.

Die O-Ringe übernehmen die Dichtung und sorgen für eventuell erforderlichen elastischen Bewegungsausgleich der Dichtungselemente. Die Anfangsdichtkraft braucht kaum höher zu liegen, als für eine geringe Verformung der O-Ringe in axialer Richtung angebracht erscheint.

## 3. Stromdurchführungen mit Festkörpern

Nehmen die Stromleiter die Form von Stäben beliebiger geometrischer Form an, also keine Drähte, so mögen sie hier der Einfachheit halber als Festkörper bezeichnet werden. Bei der Anwendung solcher Festkörper zur Stromeinführung in Hochdruckräume benutzt man vielfach den Doppelkonus, wie aus Abb. 7 hervorgeht. Man versieht den Doppelkonus wiederum mit Differentialwinkeln von $59 \times 60°$ gegenüber den Dichtungsflächen der Bohrung, womit das Selbstdichtungsprinzip erleichtert wird. Der Doppelkonus kann aus Metallen, Kunststoffen oder geeigneten Kombinationen bestehen. Durch Anwendung von Schulterringen und anderen Isolierelementen muß der elektrische Kontakt mit der Wand unterbunden werden. In der Konstruktion der Abb. 7 besteht der Doppelkonus aus einem Nichtleiter.

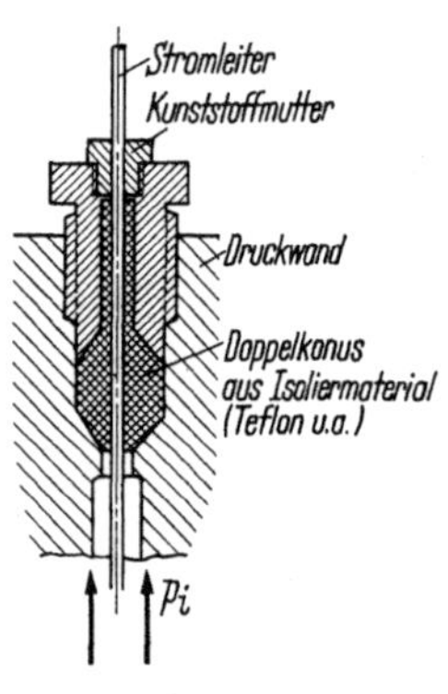


Abb. 7. Stromdurchführung mit Doppelkonus und massiven Stäben

Kann die Stelle der Leiterdurchführung durch die Wand mit einfachen Mitteln gekühlt werden, so läßt sich Teflon als Konus anwenden. Man muß lediglich darauf achten, daß der kalte Fluß nicht zur Wirkung kommt, oder der Werkstoff durch übermäßigen Innendruck herausgequetscht werden kann. Dabei kann man den Doppelkonus in zwei Einzelkonusringe auflösen, die in der Berührungsfläche wieder Differentialwinkel aufweisen, wodurch eine sehr stabile Verbindung erzielt werden kann.

Ganz allgemein gesprochen, sind viele Möglichkeiten durch Modifikation des Konusgedankens möglich. Grundsätzlich bereitet die Stromdurchführung keine Schwierigkeiten sowohl hinsichtlich der Isolation als auch der Druckabdichtung. Selbst für Kunststoffe lassen sich Kühlmöglichkeiten finden, wodurch eine große Werkstoffauswahl möglich wird.

### 4. Stromdurchführungen für einen Ammoniaksyntheseofen

Zur Demonstration eines Beispiels aus der historischen Praxis der Hochdrucktechnik sei auf Abb. 8 hingewiesen, wo die Stromdurchführung für einen Ammoniaksyntheseofen wiedergegeben ist, die in vielen Ammoniaköfen der Großindustrie schon seit vielen Jahren in Betrieb ist. Als Stromleiter dient ein Stab mit einem Konus auf der Druckseite, um die Vorrichtung befestigen und abdichten zu können. Der Stromleiter ist gegen die Wandung mit einer Glimmerschicht isoliert. Dann wird das Ganze mit Asbestschnur umwickelt.

Die Vorrichtung der Darstellung von Abb. 8 läßt sich mit einfachen Mitteln noch wesentlich verbessern, indem man Teflon, Viton oder Kel-F mit entsprechenden O-Ringen aus elastischen Werkstoffen benutzt. Dadurch läßt sich die Schwierigkeit mit Glimmer und der Asbestschnur umgehen.

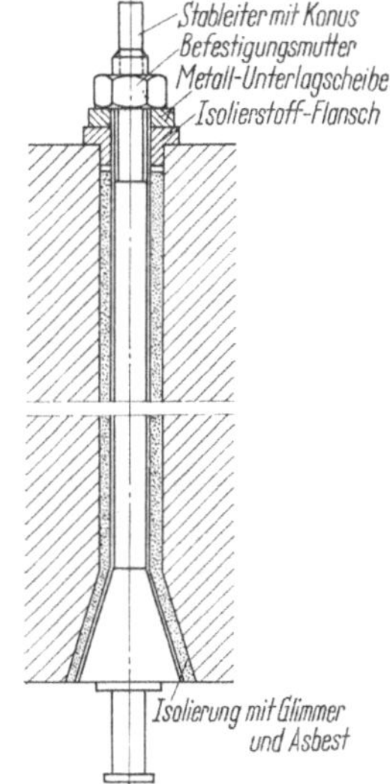


Abb. 8. Typische Stromdurchführung bei Ofen der Ammoniaksynthese

## B. Stromdurchführungen für Thermoelemente

Einige Möglichkeiten der Stromdurchführungen für Thermoelemente sind bereits auf S. 396ff. im Zusammenhang mit den Formstücken beschrieben. Die dort gezeigten Lösungen beruhen grundsätzlich auf der Anwendung von Hochdruckkapillaren, bei denen der Zwischenraum zwischen den Drähten mit einem Füllstoff ausgefüllt ist, um das Zusammendrücken durch den Innendruck zu verhindern oder zumindest zu erschweren. Da es sich allgemein um sehr niedrige Ströme handelt, können winzige Drahtabmessungen gewählt werden, so daß sich Kleinstgrößen für Kapillaren ergeben, deren spezifische Belastung praktisch niedrig gehalten werden kann.

## C. Zusammenfassung

Ganz allgemein läßt sich für Stromdurchführungen aller Art, sei es für Kraftstrom oder Schwachstrom für Instrumente, aussagen, daß technologisch gesehen, eine Durchbrechung der Behälterwand keinen Schwierigkeiten begegnet. Mit Werkstoffen wie Teflon, Kel-F, Viton, Gummi,

Buna-N, Meerschaumstein, Lawa und deren unzählige Kombinationen in Verbindung mit elastischen O-Ringen stehen dem Konstrukteur alle Wege offen, beliebige Lösungen für jedes Problem dieser Art selbst für extreme Bedingungen zu finden.

Druck, Temperatur und Korrosion lassen sich hier innerhalb weitreichender Grenzen mit relativ einfachen Mitteln beherrschen. Die Frage ist lediglich die, daß der Konstrukteur werkstoffgerecht konstruiert unter Ausnutzung aller bestehenden Möglichkeiten.

In Verbindung mit elastischen O-Ringen kann die Aufgabe einfach in zwei Teile zerlegt werden, nämlich in elektrische Isolation und Druckabdichtung. Der O-Ring kann überall und ohne Bedenken für nahezu jedes Dichtungsproblem benützt werden. Solange Teflon und Kel-F nur die elektrische Isolation zu übernehmen brauchen, hat die Frage des kalten Flusses keine Bedeutung mehr.

Die Aufgabe der Druckabdichtung wird in Kap. XI mit hinreichender Ausführlichkeit behandelt, so daß für Stromdurchführungen auf jene Stelle verwiesen wird.

Die Form der Isolierelemente muß so gewählt werden, daß der Werkstoff weder verdichtet noch herausgequetscht werden kann. Da Teflon und Kel-F inkompressibel sind, liegt es lediglich am Konstrukteur, die technisch günstigste und elektrisch zugleich wirksamste Form zur Verfügung zu stellen.

Kleine Drähte lassen sich meist in Edelstahlrohre packen, die mit Swagelok-Fittings sehr einfach druckdicht befestigt werden können. Für Festkörper als Stromleiter läßt sich die Swagelok-Fitting mit gleichem Erfolg zum Einsatz bringen.

Wird der O-Ring als Dichtungselement gewählt, so sollte er zweckmäßig so angeordnet sein, daß er mit der Strömung des Produktes nicht in Berührung steht. Damit lassen sich Erosions- und Korrosionseinflüsse erheblich in ihrer zerstörenden Wirkung eindämmen, was die Lebensdauer der Vorrichtung merklich steigert.

## IV. Herstellung und Berechnung von Berstscheiben zum Schutze von Hochdruckapparaten

In der chemischen Industrie stellt die Berstscheibe eine Sicherheitsvorrichtung dar, die die Apparate und damit ganze Anlagen vor übermäßigen Druckbeanspruchungen, denen sie gemäß Zulassungsvorschrift nicht gewachsen sind, zu schützen. Die Berstscheibe wird hauptsächlich dort angeordnet, wo sie mit dem Drucksystem in direkter Berührung steht, meist in einer Über-Dach-Leitung oder an jeder beliebigen Stelle innerhalb des Anlagensystems.

Während des Betriebes soll die Berstscheibe dann ansprechen, wenn der für die Scheibe vorgeschriebene Berstdruck in der Apparatur erreicht wird, gegen den also die Anlage geschützt werden soll. Beim Ansprechen der Scheibe wird der Scheibenquerschnitt für die Strömung freigegeben, und der Druck kann sich entspannen. Auf die Einstellung des nach dem Bersten der Scheibe sich ereignenden Systemdruckes hat die Scheibe keinen Einfluß mehr. Gewöhnlich geht, wenn nicht besondere Vorkehrungen getroffen sind, der Inhalt des sich entspannenden Gefäßes restlos verloren.

Im Gegensatz zum Sicherheitsventil kann also die Leitung nach Ansprechen der Berstscheibe nicht unmittelbar geschlossen werden, wenn der Betriebsdruck seine gewünschte Stufe wieder erreicht hat. Wo Produktverluste nicht in Kauf genommen werden können, oder der Kesselinhalt lebensgefährlich für die Belegschaft sein kann, verbindet man die Leitung hinter der Berstscheibe mit einem Sicherheitsventil und entlüftet in einen großen Behälter, solange technisch hierüber keine Bedenken hinsichtlich einer möglichen Explosion vorliegen.

## A. Konstruktionsrichtlinien für Berstscheiben

Im Vergleich zum Sicherheitsventil kann die Berstscheibe sofort mit vollem Querschnitt ansprechen, da sie trägheitslos ist. Der Berstscheibenquerschnitt wird in jedem Falle außerdem erheblich größer sein als der Strömungsquerschnitt des für den gleichen Druck konventionell verwendeten Sicherheitsventiles.

### 1. Berstscheibe im Vergleich zum Sicherheitsventil

Trotz aller wichtigen Vorzüge, die die Berstscheibe besitzt, die vom Sicherheitsventil nie erreicht werden können, wie beispielsweise Einfachheit, Billigkeit, Trägheitslosigkeit und größtmöglicher Strömungsquerschnitt, wird das Sicherheitsventil in europäischen Ländern der Berstscheibe in Hochdruckanlagen von den Überwachungsbehörden noch vorgezogen. Dies dürfte wahrscheinlich seinen Grund darin haben, daß das Ventil beim Ansprechen keine Störung auslöst und daher beliebig oft bei gleicher Operation in Tätigkeit treten kann. Vor dem Einsatz in die Apparatur läßt sich das Ventil beliebig oft prüfen, während die Berstscheibe nach jeder Prüfung verloren ist. Der Ansprechdruck der eingebauten Berstscheibe muß aus dem Mittelwert einer Anzahl Vergleichsscheiben aus dem gleichen Werkstoffstück geschlossen werden, also praktisch theoretisch festgelegt werden aus dem Prüfverhalten von Testscheiben aus gleicher Herstellungscharge.

Berstscheiben, die im System eingebaut sind, werden nicht undicht, was von den wenigsten Sicherheitsventilen behauptet werden kann. Spricht die Berstscheibe auf den Solldruck an, so kann der Betrieb erst wieder aufgenommen werden, nachdem die Scheibe ersetzt ist, und die ganze Reaktion vielfach völlig neu wieder in Gang gesetzt wird mit den üblichen negativen Begleiterscheinungen.

## 2. Die Wahl der geeigneten Scheibengröße

Die Berstscheibe muß unter allen Umständen der Forderung genügen, einen Öffnungsquerschnitt freizugeben, der groß genug ist, die restlose Gefahr in der Apparatur zu beseitigen, die in erster Linie zu dem Ansprechen der Scheibe geführt hat. Dies hängt ausschließlich von der Natur der Reaktion und der daran beteiligten Komponenten ab. Es kann sich dabei um einen einfachen Druckanstieg, um die Möglichkeit einer aufkommenden Explosion oder gar eine Detonation handeln. Diese Fragen müssen für jeden Einzelfall von Reaktionen mittels Energiebilanzen und thermochemischen Berechnungen gesondert betrachtet werden, in welcher Richtung dann auch die nachfolgend erwähnten Literaturangaben zu sehen sind. Eine eingehende Behandlung dieser Veröffentlichungen ist im Rahmen dieses Kapitels nicht möglich. Das Studium dieser Abhandlungen wird jedoch für den Konstrukteur dringend empfohlen.

Wo behördliche Sicherheitsvorschriften es nicht anderweitig verlangen, lassen sich die nachfolgend angegebenen Formeln anwenden, wie sie von R. L. Solter et al. [*1*] vorgeschlagen werden. Die Formeln ermöglichen die Ermittlung des Berstscheibenquerschnittes unter Berücksichtigung variierender Betriebsbedingungen. Diese Formeln wurden seit über 25 Jahren mit Erfolg verwendet und stützen sich auf folgende grundsätzlichen Überlegungen:

a) Die Berstscheibe stellt eine Art Düse bzw. Durchflußblende dar, die eine Entspannung des Behälterinhaltes auf Atmosphärendruck in relativ kurzer Zeit gewährleisten muß.

b) Es wird vorausgesetzt, daß adiabatische Bedingungen ohne Reibung, also isentrop, bestehen, wobei die äußere Arbeit gleich Null ist.

c) Der Strömungsquerschnitt ist klein im Verhältnis zur Behältergröße, aus dem die Druckentspannung erfolgen muß.

d) Es müssen kritische Strömungsbedingungen herrschen. Diese liegen bekanntlich dann vor, wenn der Zuströmdruck zur Düse größer bzw. mindestens doppelt so groß ist wie der Druck hinter der Düse (Abströmdruck).

e) Der Überdruck in dem zu schützenden Behälter soll von einem allmählich sich bildenden Druckanstieg herrühren, also keine Explosion oder gar Detonation.

Unter diesen Voraussetzungen läßt sich für die Berechnung des Ausströmquerschnittes, damit also die Fläche der Berstscheibe, folgende Beziehung angeben:

Für Flüssigkeiten:

$$a = \frac{L\sqrt{SG}}{23{,}1\sqrt{p}} = (\text{inch}^2) \quad \text{an Entspannungsfläche}.$$

Für Gase:

$$a = \frac{Q_{sa}}{11{,}4\,P_1}\sqrt{\left(\frac{520}{460+t}\right)\left(\frac{t}{SG}\right)} \quad (\text{inch}^2).$$

Ursprünglich überhitzter Dampf:

$$(P_m = 0{,}55\,P_1).$$

GOUDIES empirische Gleichung:

$$W = (0{,}62)(0{,}3155)\,a\sqrt{\frac{P_1}{V_1}} = \text{Ausströmgewicht (lbs/sec)}.$$

Die entsprechende Gleichung nach NAPIER lautet:

$$W(1 + 0{,}00065\,D) = \frac{0{,}62}{70}\,a\,P_1 \quad (\text{lbs/sec}).$$

Für trocken gesättigten Dampf gelten
nach NAPIERS empirischer Gleichung:

$$W = \frac{0{,}62}{70}\,a\,P_1 \quad \text{Ausströmgewicht (lbs/sec)};$$

nach GRASHOF (empirisch):

$$W = (0{,}62)(0{,}0165)\,a\,P_1^{0{,}97} \quad (\text{lbs/sec}).$$

Für ursprünglich nassen Dampf:

$$(P_m = 0{,}58 \cdot P_1).$$

NAPIERS empirische Gleichung:

$$W(1 - 0{,}012\,M) = \frac{0{,}62}{70}\,a\,P_1.$$

In diesen Gleichungen haben die Symbole folgende Bedeutung:

$a$ = erforderlicher Strömungsquerschnitt in inch²,
$L$ = erforderliche Flüssigkeitsströmung in Gallonen/min,
$M$ = 100 – Dampfeigenschaft,
$P_1$ = Berstansprechdruck für Berstscheibe in lbs/inch² absolut,
$p$ = Berstansprechdruck für Berstscheibe in Überdruck, Anzeigedruck,
$Q$ = Strömungsmenge in Kubikfuß/min,
$Q_{sa}$ = Strömungsmenge in Normalkubikfuß Luft/min (14,7 psi–62 °F),
$SG$ = spez. Dichte (Wasser = 1,0, Luft = 1,0),
$t$ = Temperatur des Strömungsmediums bei Berstdruck in °F,
$v_1$ = spez. Volumen im Zustrom (vor Düse),
$W$ = Abflußmenge in lbs/sec (hinter Düse).

J. G. LOWENSTEIN [2] macht einen Vorschlag zur Ermittlung des Berstscheibenquerschnittes für den Fall, daß Explosionsgefahr infolge brennbarer Gemische vorliegt. Dieser Vorschlag ist insofern von Wichtigkeit, als die überwiegende Mehrheit von Fällen zur Ermittlung von Berstscheiben nach diesem Prinzip ausgelegt werden muß. LOWENSTEIN berücksichtigt den Chemismus der Komponenten und kommt so zu den natürlichen Voraussetzungen, die den Überdruck verursachen. Er benützt ein Diagramm für Explosionsgemische, das nach dem Verfahren von LALANNE entwickelt ist, somit also $pv$-Zustände in Rechnung stellt. Hiernach läßt sich die Natur des erwarteten Druckanstieges berechnen. Berechnungsbeispiele zeigen den vorgeschlagenen Rechnungsgang.

In ähnlicher Richtung liegt ein Berechnungsvorschlag von E. DISS, H. KARAM und C. JONES [3], der ein Verfahren mit Berechnungsbeispielen aufzeigt, das notwendig ist, einen Berstscheibenquerschnitt für den Fall zu errechnen, daß Feuergefahr besteht und der Behälterinhalt rasch entspannt werden muß. Das Verfahren beruht auf thermochemischen Grundlagen.

## 3. Über die Wahl der Berstscheibenwerkstoffe

Hinsichtlich der Berstscheiben, ihre Berechnung, Herstellung und Werkstoffe bestehen in der einschlägigen Literatur relativ viele sich widersprechende Gegensätze. Es wurde daher der Versuch gemacht, die Veröffentlichungen über ein Symposium auszuwerten, das über das Thema Berstscheiben stattgefunden hat, worüber eine Reihe von Publikationen erfolgt sind, deren Inhalte diesem Kapitel zugrunde liegen.

Wie aus der Gleichung von LAKE und INGLIS [5] über die Bestimmung des Berstdruckes

$$\frac{p\,d}{t_0} = (2{,}6)\,\sigma_b$$

zu ersehen ist, ergibt sich für einen gewählten Scheibenwerkstoff bei bekanntem Berstdruck ein konstantes $d/t_0$-Verhältnis, worin $p$ den Druck auf die Scheibe (psi), $d$ den Scheibendurchmesser (inch) und $t_0$ die Scheibendicke bezeichnen. Hierin müssen $d$ und $t_0$ naturgemäß klein gewählt werden.

Diese Betrachtung führt zu dem Schluß, Werkstoffe wie Nickel von der Wahl für Berstscheiben auszuschließen, obwohl gerade dieser Werkstoff eine Dauerbeanspruchung infolge wechselnder Durchbiegung unter dauernd sich änderndem Innendruck aushalten würde. LAKE und INGLIS geben für das Verhältnis $p/t_0$ einen Wert von 200000 an, was für einen Berstdruck von 300 lbs/inch$^2$ und einen Berstscheibendurchmesser von 1/2 Zoll zu einer Scheibendicke von 0,00075 inch führen würde. Müßte diese Dicke mit einer Toleranz von $\pm 5\%$ gewalzt werden, so müßte eine absolute Toleranz von 0,00004 Zoll gehalten werden, um die Scheibe mit Zuverlässigkeit einsetzen zu können. Eine solche Maßnahme aber wäre absolut unpraktisch.

Man hat daher versucht, Werkstoffe mit niedriger Streckgrenze zu benutzen, wobei allerdings Aluminium und Kupfer wegen ihrer Tendenz der Verfestigung während der plastischen Verformung weniger geeignet sind. Weitere Überlegungen auf diesem Wege führen dann zwangsläufig zu den Edelmetallen.

G. R. PRESCOTT *[6]* weist in einem aufschlußreichen Artikel auf die großen Schwierigkeiten hin, die sich bei der Herstellung von Berstscheiben ergeben hinsichtlich der Forderung zur Einhaltung genauer Toleranzgrenzen bei besonders dünnen Scheiben unter Benützung verformungsempfindlicher Werkstoffe. An Hand zahlreichen Versuchsmaterials wird eine wertvolle Auswertung gezeigt, die die Wichtigkeit der Einhaltung enger Toleranzgrenzen bestätigt.

An Hand der Symposiumsberichte kann zusammenfassend gesagt werden, daß die Angabe der Berstbedingungen innerhalb enger Grenzen sehr schwierig ist, solange die Dicke der Scheibe sehr klein sein muß, wodurch völlig unwirtschaftliche Herstellungsverfahren angewandt werden müssen. Diese Frage fällt weniger ins Gewicht bei Berstscheiben für sehr hohe Drücke, da hier die Dicke der Scheibe im Verhältnis zur Herstellungstoleranz weitaus günstiger wird.

FRED D. MARTON *[7]* gibt einen aufschlußreichen Bericht über Firmen, die als Lieferanten zuverlässiger Berstscheiben in den USA bekannt geworden sind. Größe, Charakteristik und Werkstoffauswahl werden beschrieben.

Neuerdings sind auch Berstscheiben aus gasundurchlässigem Graphit in den Handel gekommen, wie G. SARVADI *[8]* eingehend berichtet. Innerhalb niedriger Druckgrenzen bestehen für die Verwendung dieses Graphits für Berstscheiben sehr günstige Möglichkeiten, da Graphit keine Ermüdungserscheinungen bei Wechselbeanspruchung zeigt, ferner immun bleibt gegen thermische Schockwirkungen. Berstdruckansprechgenauigkeit der Scheibe bleibt durch Temperatureinfluß unberührt. Schließlich zeigt Graphit hohe Korrosionsfestigkeit gegen fast alle korrodierenden Medien mit Ausnahme einiger oxydierender Agenzien. Graphitscheiben sollen im Dauerbetrieb allerdings in keinem Falle höher als 75% der Berstbeanspruchung belastet werden.

## 4. Über die Form der Berstscheibe

Unabhängig von der Wahl des Berstscheibenwerkstoffes werden die Scheiben in verschiedenen Formen hergestellt und in der Industrie zum

Einsatz gebracht. Vier Typen sind bisher generell bekannt geworden, sofern es die US-Industrie betrifft, und nur ein Typ hat sich auf breiter Ebene durchgesetzt. Dieser Typ ist bekannt geworden als „Blumen-Reißer", weil die Scheibe so vorbereitet ist, daß das Bersten vom Mittelpunkt ausgeht und sich dann strahlenförmig in radialer Richtung bis zum Einspannrande ausbreitet. Das Bruchbild gleicht dann einer aufgegangenen Blume. Von diesem Typ werden sowohl flache als auch gewölbte Scheiben angewandt.

Die flachen und die vorgewölbten Scheiben haben beide ihre Vor- und Nachteile. Die gewölbte Scheibe hat Eigenspannungen und weist daher nicht so leicht Ermüdungserscheinungen gegen Wechselbeanspruchungen auf wie die flache Scheibe, die infolge ihrer dauernden Beanspruchung unterhalb der elastischen Grenze eine laufende Verformungsverfestigung erfährt im Betriebe. Auf der andern Seite hat die gewölbte Scheibe den Nachteil, im Betriebe laufend Spannungen zu absorbieren, während die flache Scheibe einem dreidimensionalen Spannungssystem gleichmäßig ausgesetzt ist.

Berstscheiben aus Metallen sind praktisch alle gewölbt, während Scheiben aus Glas, Graphit oder Folien immer als flache Scheiben benützt werden. Die heute handelsüblichen Werkstoffe sind die Edelmetalle wie Gold, Silber und Platin, auch Tantal oder Titan werden oft angewandt. Die Metalle müssen in weichem, spannungsfreiem Zustand sein. Die handelsüblichen Dicken bewegen sich zwischen 0,002 und 0,060 Zoll. Als Durchmesser können 1/2–24 Zoll genannt werden. Die Abstufungen sind praktisch auf die jeweils geltenden Rohr- und Flanschnormen abgestimmt.

## 5. Allgemeine Einbaurichtlinien

Der Einbau von Berstscheiben unterliegt gewissen Vorschriften, die in Deutschland von den Technischen Überwachungsvereinen, in den USA entweder einzelstaatlich oder generell über den ASME herausgegeben und überwacht werden. An Hand dieser Vorschriften können Berstscheiben allein, in Gruppen oder in Verbindung mit Sicherheitsventilen benutzt werden. Mit der Angleichung an bestehende Rohr- und Flanschnormung wird die beliebige Auswechselbarkeit gewährleistet.

Hinsichtlich der Frage, an welcher Stelle innerhalb einer bestehenden Anlage eine Berstscheibe oder ein Sicherheitsventil eingebaut werden muß, gibt es keine bindenden Vorschriften. Diese Entscheidung muß von der Betriebsseite gelöst werden. Sie hängt ausschließlich ab von der Natur der Reaktion, der Art der Montage und schließlich von den baulichen Verhältnissen selbst. Ein langsamer Druckanstieg in gewissen Grenzen kann in einfacher Weise mittels Sicherheitsventil abgefangen werden. Stehen aber Explosion oder gar Detonation zu erwarten, scheidet das Sicherheitsventil aus jeglicher Diskussion aus. Beide Ereignisse sind chemischen Ursprungs und laufen mit erheblichen Druck- und Volumensteigerungen ab.

Die Explosion erzeugt eine Druckwelle, die sich vor der gebildeten Flammenfront mit einer Geschwindigkeit fortpflanzt, die stets unterhalb der Schallgrenze liegt. Die der Flammfront vorauseilende Druckwelle kann abgefangen werden. Werden außerdem im Leitungssystem noch Rohrelemente mit Kapillarbohrungen oder Einsätze mit eng gewickeltem Drahtnetz eingebaut, so läßt sich auch die Flammfront an der Fortpflanzung hindern, da die stark vergrößerte Rohrinnenfläche soviel Kühlung bietet, daß die Flammfront zum Halten kommen muß.

Anders liegen die Verhältnisse bei der Detonation. Diese verläuft überall im Behälter mit Überschallgeschwindigkeit. Demzufolge gibt es gegen Detonation keine praktische Hilfe mittels Entspannung, während unter Umständen sich die Explosion über eine Berstscheibe gefahrlos machen läßt. Man wird also die Berstscheibe für solche Anlagen vorsehen, bei denen ein rascher Druckanstieg auf der Grundlage von Feuer bzw. Explosion abgefangen werden muß, um die Anlage vor Zerstörung zu schützen.

Sicherheitsventile sind nicht garantiert dicht, was in der Natur der Konstruktion bzw. ihrer Arbeitsweise begründet liegt. Bis zum ersten Ansprechen sind sie zuverlässig abdichtbar. Nach wiederholter Betätigung muß man geringfügige Undichtheiten mehr oder weniger in Kauf nehmen. Werden jetzt giftige Stoffe in der Apparatur gefahren, so können derartige Undichtheiten eine Lebensbedrohung der Belegschaft darstellen, so daß in solchen Fällen nur die Berstscheibe volle Gewähr für absolute Dichtheit leisten kann. Die gleiche Maßnahme wird man treffen, wenn das Produkt sehr wertvoll ist, wo sog. schleichende Verluste nicht in Kauf genommen werden können.

Vielfach ist es ratsam, die Berstscheibe in Verbindung mit einem Sicherheitsventil anzuwenden. Ist beispielsweise mit einem wilden Reaktionsverlauf mit gewissen Unsicherheiten zu rechnen, so ist parallel dazu das Sicherheitsventil angebracht. In diesem Falle wird man den Berstdruck für die Scheibe höher zu wählen haben, als den Ansprechdruck des Sicherheitsventils.

Hat das Druckmedium keinen hohen Verkaufswert, wie beispielsweise bei Leitungsdampf, so wird man die Berstscheibe erst hinter das Ventil schalten. Es könnte der Fall eintreten, daß das Sicherheitsventil aus mechanischen Gründen nicht anspricht. Hierbei dient die Scheibe als Sicherheitsorgan für das Sicherheitsventil.

Es besteht eine ganze Reihe von Fällen, wo es zweckmäßig ist, die Berstscheibe in der Strömungsrichtung vor das Sicherheitsventil zu setzen, und zwar in Serie geschaltet. Hat man sehr kostspielige Medien im System, so ist es wirtschaftlich, eine dichtschließende Berstscheibe vor dem Sicherheitsventil zu haben. Die Berstscheibe dient damit als zuverlässige Dichtung, während das Sicherheitsventil den Behälterschutz übernimmt.

Wird im System ein Produkt hoher Zähigkeit gefahren, oder das Produkt hat große Neigung zur Polymerisation und damit zur Verkrustung, so leistet die dem Sicherheitsventil in Serie vorgeschaltete Berstscheibe gute Dienste.

Arbeitet man in der Anlage mit stark korrodierenden Stoffen, so ist die Berstscheibe unbedingt vorzuziehen, wenn sie wieder dem Sicherheitsventil in Serie vorgeschaltet ist. Die Scheibe schützt das Ventil dauernd vor chemischem Angriff, so daß es im Bedarfsfall ohne vorausgehende Korrosionsschädigung seine Funktion übernehmen kann. Gleichzeitig wird dem Ventil die Möglichkeit gegeben, nach dem Ansprechen der Scheibe seine Trägheit zu überwinden. Wird jetzt der normale Betriebsdruck infolge der Entspannung wieder erreicht, wird das Sicherheitsventil schließen. Die Anlage kann in Betrieb bleiben. Ferner wird weiterer Produktverlust vermieden.

Bei Reaktionen mit stark korrodierenden Medien ist der Einbau von zwei hintereinandergeschalteten Berstscheiben sehr vorteilhaft. Hierzu ist es jedoch erforderlich, zwischen die zwei Berstscheiben eine Druckanzeige einzubauen mit einem der zweiten Scheibe nachgeschalteten Sicherheitsventil. Die im Strömungsbereich zuerst angesprochene Scheibe übernimmt den Korrosionsschutz. Spricht sie gegen Überdruck an, nachdem sie infolge der korrodierenden Wirkung verfrüht zur Wirkung kommt, so zeigt das Zwischendruckmanometer die Notwendigkeit an, diese Scheibe zu ersetzen. Die Doppelscheibe bietet demnach hinreichenden Schutz für die Anlage und das Sicherheitssystem zugleich, es sei denn, ein explosionsartiger Druckanstieg macht beide Scheiben zu gleicher Zeit unbrauchbar. Es bleibt zu erwähnen, daß außer der Druckanzeige zwischen den Berstscheiben noch ein Entlüftungsventil einzubauen ist, um jeglichen Zwischendruck zu vermeiden. Scheiben mit Gegendruck hinter der Membrane führen zu irritierendem Verhalten, wobei der Ansprechdruck nicht mehr mit dem Solldruck identisch bleibt. Das gleiche gilt für die Schaltweise Berstscheibe mit nachgeschaltetem Sicherheitsventil.

Eine Berstscheibe hinter dem Sicherheitsventil ist dort angebracht, wo man den Produktverlust durch ein undichtes Sicherheitsventil auf ein Minimum bringen will, während die Berstscheibe vor dem Sicherheitsventil für diesen Betriebsfall entweder unwirtschaftlich, unpraktisch oder gar unmöglich wäre.

### 6. Der Einfluß der Betriebsbedingungen

Die Auswahl der Berstscheiben muß nach Maßgabe der zu erwartenden Betriebsbedingungen getroffen werden. Hier handelt es sich im wesentlichen um den Berstdruck, den Überdruck oder Vakuum, die Temperatur in der Umgebung der Berstscheibe, den Inhalt des Behälters bzw. im ganzen System, der mit der Scheibe in direkter Berührung steht für die Berücksichtigung der Korrosion, chemischen Verhaltens und vieles andere mehr.

*Betriebsdruck*

Zur Erzielung optimaler Lebensdauer der Berstscheibe muß unbedingt darauf geachtet werden, daß sie so eingebaut ist, daß eine gleichmäßige Beanspruchung zu erwarten steht. Lokale Verformungen dürfen an keiner Stelle vorhanden sein. Dies könnte zu Dickenunterschieden Anlaß geben, wodurch sich der Ansprechdruck ändert. Erfahrung hat gezeigt, daß die Lebensdauer der Scheibe um so kürzer ist, je näher der dauernde Betriebsdruck an die Größe des Berstdruckes herankommt. Man hat die Erfahrungsregel festgelegt, eine Berstscheibe nicht höher als mit 70% des Wertes ihres Berstdruckes im Dauerbetrieb zu beanspruchen.

*Einfluß von Vakuum*

Aus der Praxis heraus hat sich die wichtige Erfahrungsregel entwikkelt, daß Wechselwirkungen von Überdruck und Vakuum die Lebensdauer der Berstscheibe beträchtlich herabsetzen. Es sind vor allem solche Scheiben gefährdet, die dünn genug sind, daß sie einem totalen Vakuum nicht standhalten. Um einem frühzeitigen Bruch vorzubeugen, unterlegt man der Berstscheibe eine Art Vakuumstütze, die darin besteht, daß man auf die Vakuumseite eine perforierte Scheibe einsetzt, die die Berstscheibe bei Vakuum am Bruch verhindert. Die Kombination muß natürlich so ausgelegt sein, daß die Verstärkung nicht dazu führt, den Berstdruck der Scheibe zu erhöhen.

Es kann ferner der Fall eintreten, daß die Scheibe aus sehr dünner Metallfolie besteht, oft nur einige Tausendstel Zoll dick. Der Einbau solcher Scheiben ist ohne Verdrehung oder auch Verspannung sehr schwierig, zumal sie leicht einreißen. Zum Schutz gegen Vakuum benutzt man wieder eine perforierte Verstärkung, legt die Folienscheibe darüber und klemmt eine Art Spannring darüber.

Grundsätzlich sei noch darauf hingewiesen, daß die Betrachtungen über Berstscheiben innerhalb dieses Kapitels nicht auf Anwendung für hohe Betriebsdrücke beschränkt ist. Die Berstscheibe hat eine solch generelle Bedeutung, und das einschlägige Schrifttum ist nicht sehr umfassend, so daß eine Einbeziehung des Niederdruckgebietes durchaus gerechtfertigt ist.

## B. Betrachtungen über eine Berstscheibe hoher Ansprechgenauigkeit

Aus den vorausgehenden Darstellungen wird ersichtlich, daß die Sicherheit bzw. die Zuverlässigkeit der Berstscheiben nahezu ausschließlich eine Frage des Werkstoffes und des geeigneten Herstellungsverfahrens ist. J. NITSCHKE [*9*] beschreibt ein Verfahren, bei dem nicht die Scheiben allein, sondern auch das Herstellungsverfahren weitgehend schrittweise geprüft bzw. überwacht wird. Aus dieser Auswahl ergeben sich Berstscheiben, deren Zuverlässigkeit für den chemischen Betrieb erheblich gesteigert wird.

Die Ansprechgenauigkeit kann durch Faktoren wie Druck- und Temperaturschwankungen und Korrosion empfindlich beeinflußt werden. Schlechter Einbau, Vernachlässigung in der Herstellung, Mißgriff in den Toleranzen und ungeeigneter Werkstoff tragen ihren Teil dazu bei, die bestkonstruierte Berstscheibe unbrauchbar zu machen.

Das von NITSCHKE beschriebene Verfahren geht darauf hinaus, alle bisher bekannten Vorteile anzustreben, und die negativen Eigenschaften nach Möglichkeit auszuschalten. Durch sorgfältige Überwachung des Herstellungsvorganges, vom Originalblech ausgehend, bis zur fertigen Berstscheibe läßt sich jeder Fehler schon sehr frühzeitig feststellen, so daß korrigierende Maßnahmen an Ort und Stelle zum sofortigen Ausgleich getroffen werden können.

Zur Herstellung der Berstscheibe wird eine Vorrichtung benützt, die im Schema in Abb. 9 dargestellt ist. Die Scheibe wird zunächst als flaches Blech mit einem Meßstift versehen, der vom Mittelpunkt der Scheibe, in horizontaler Einbaulage der Scheibe, senkrecht angeordnet ist. Man schraubt die Scheibe zwischen ein Flanschpaar, so daß keinerlei Verschiebung möglich ist. Der Teil der Apparatur unterhalb der Scheibe ist mit einer hydraulischen Pumpflüssigkeit gefüllt. Pumpt man jetzt weitere Flüssigkeit hinzu, so wird sich die Scheibe verformen und nach oben wölben. Dadurch hebt sich der zentrale Meßstift, über ein Lager an einer Skala entlanggeführt, nach oben an. Die Skala gibt das genaue Maß der Durchbiegung der Scheibe an. Wird der gewünschte

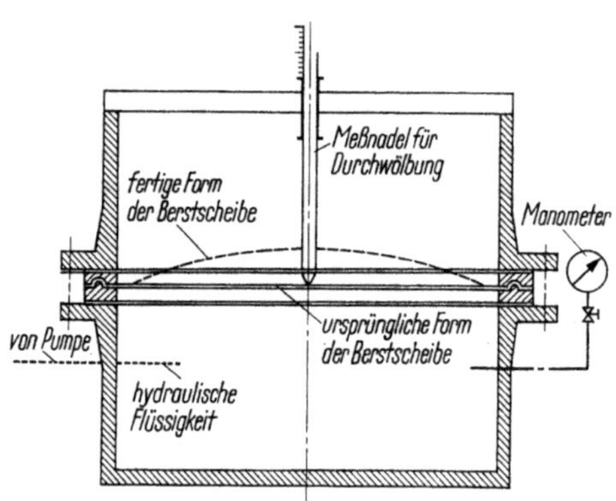

Abb. 9. Vorrichtung zur Durchbiegung der Berstscheiben für den Einbau

Hub $h$ erreicht, der einer definierten Belastung entsprechen muß, so ist die Scheibe fertig und kann zur Prüfung herausgenommen werden.

Da die Scheibe nur eine von vielen aus der gleichen Herstellungscharge ist bei gleichen Werkstoffvoraussetzungen, so besteht eine Vergleichsscheibe, der sie in Druck, Form, Dicke, Krümmung und Kurvenähnlichkeit absolut identisch sein muß.

Die Durchbiegung muß also für identische Voraussetzung ebenfalls gleich groß sein, was auch auf alle übrigen Forderungen zutrifft. Treten aber Abweichungen von der Vergleichsscheibe auf, so ist das eine Andeutung, daß ein Fehler vorliegen muß, wodurch die Scheibe vom praktischen Einsatz ausgeschlossen wird. Blechdicke und Verarbeitungsgrad lassen sich in einfacher Weise durch Meßlehren bestimmen. Ebenso liegt eine Lehre für die Krümmungsform vor.

Die zugelassenen Fertigscheiben werden dann von ihrem Einspannrande befreit, der während der Wölbungsverformung in die Flanschen eingeklemmt war. Es bleibt dann eine Berstscheibe übrig, die eine Form aufweist, wie sie in Abb. 10 angedeutet ist. Es verbleibt demnach eine Scheibe mit einem Rand, der in die Richtung der Scheibenwölbung gebördelt ist.

Man legt nun die Scheibe in einen Schulterring ein, und zwar in eine Vertiefung dergestallt, wie es in Abb. 10 veranschaulicht wird. Dies bedeutet, daß man die Scheibe entweder verkitten, verlöten oder verschweißen muß, um Schulterring und Scheibe zu einer stabilen Einheit zu

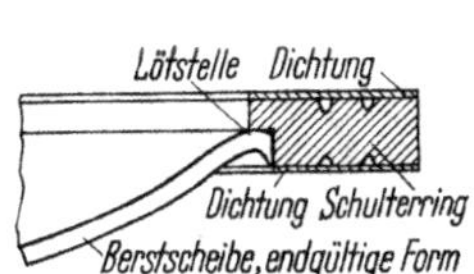


Abb. 10. Fertige Berstscheibe, wie sie im Rohrsystem eingebaut wird

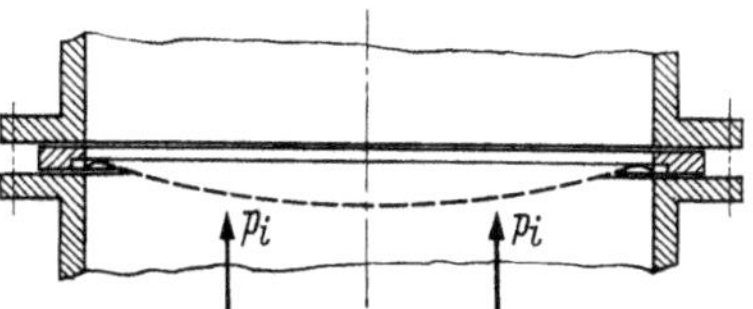


Abb. 11. Fertige Berstscheibe in Flanschverbindung eingebaut

machen. Diese Einheit wird dann über den Schulterring in das Apparatesystem eingebaut, wie es in Abb. 11 erfolgt ist. Man erkennt, daß die Wölbung dem Druck entgegensteht und nicht in Richtung des Druckes, wie es sonst in der Industriepraxis üblich ist. Man erkennt ferner, daß beim Einschrauben des Schulterringes mit der Scheibe zwischen ein Flanschenpaar die Verbindung der Scheibe im Schulterring beim Anziehen der Flanschenschrauben in keiner Weise berührt wird. Dieser Einbau kann also die Wirksamkeit der Berstscheibe nicht beeinflussen.

Setzt man nun den Behälter unter Innendruck, so wird die Berstscheibe gegen die Vertiefung des Schulterringes gedrückt. Steigt dieser Druck bis zum Wert des erwarteten Berstdruckes der Scheibe an, so löst sich die Scheibe aus ihrer starren Verbindung mit dem Schulterring. Die Scheibe schlägt um, so daß die Wölbung um 180° umschlägt und die Dichtung eliminiert. Die Scheibe wird weggeblasen, und die Entspannung setzt ein.

Diese Scheibenanordnung gibt also den gesamten Strömungsquerschnitt frei, und zwar ohne jegliche Einschränkung. Eine Splitterwirkung tritt nicht auf. Es bleibt lediglich die Aufgabe, eine Möglichkeit in die Entspannungsleitung einzubauen, die ein wildes Herumfliegen der gelösten Scheibe verhindert.

### 1. Ermittlung des Berstdruckes

Für Berstscheiben, die nach dem Nitschke-Verfahren hergestellt, geprüft und auch eingebaut werden, kann die Höhe des Ansprechdruckes nur auf rein empirischem Wege ermittelt werden. Nach diesem Verfahren ist es möglich, die Scheibe auf verschiedene Berstwerte abzustellen. Das Maß der plastischen Verformung für die Durchwölbung der Scheibe ist eine Funktion des Verformungsdruckes, der von der hydraulischen Flüssigkeit auf die Scheibe ausgeübt wurde. Mit zunehmender Durchwölbung erhält die Scheibe eine höhere Formfestigkeit. Für Scheiben mit geringerer Wölbung ist eine kleinere Formfestigkeit vorhanden, und die Scheibe wird bei einem niedrigeren Innendruck zum Bersten ansprechen. Die obere Belastungsgrenze ist demnach dann gegeben, wenn der Werkstoff seine Zerreißgrenze erreicht. Die untere Belastungsgrenze liegt dann vor, wenn die Scheibe nicht genügend Wölbung besitzt, um das Dichtungsmaterial sofort zu lösen.

### 2. Verhalten der Berstscheibe gegen Vakuum

Tritt in dem Behälter, der durch eine Nitschke-Berstscheibe mechanisch geschützt werden soll, ein Vakuum auf, das sich infolge Kondensation von Dämpfen leicht bilden kann, so ist die Scheibe nicht gefährdet. Diese Tatsache läßt sich dadurch erklären, daß bei der Herstellung der Scheibe die gleiche Druckrichtung für die Wölbungsverformung angewandt wird, in der nach dem Einbau das Vakuum wirkt. Nun ist aber für die Erzeugung der Scheibenwölbung bei der Herstellung die Flächenpressung in den meisten Fällen wesentlich höher als dem Druck von einer Atmosphäre gleichkommt. Eine Verfestigung als Stütze gegen Vakuumbeanspruchung ist daher nicht erforderlich. Nach NITSCHKE wird für Scheiben mit einem Berstdruck von 2 atü und darüber die Lötung so stark ausgeführt, daß ein einfaches Vakuum ein Aufreißen praktisch nicht bewirkt. Allerdings besteht für solche Scheiben, die bei 2 atü oder darunter ansprechen sollen, kein Schutz gegen Auftreten von Vakuum. Man kann sich allerdings wiederum mit der perforierten Stützscheibe helfen, die allerdings den Nachteil hat, daß sie den Ausströmquerschnitt im Falle des betrieblichen Ansprechens erheblich vermindern kann, was dem Vorteil der Berstscheibe wieder entgegenwirkt.

### 3. Einbaumaßnahmen und Schutzvorrichtungen

Der Einbau großer Berstscheiben in chemischen Produktionsanlagen ist vielfach mit dem Nachteil verbunden, daß die Scheiben beim Einbau im Betriebe oft beschädigt werden, wodurch die Ansprechgenauigkeit beeinflußt wird. NITSCHKE schlägt daher vor, die Scheibe zwischen zwei Rohrstücken in der Werkstatt zusammenzubauen und das Ganze dann als eine Einheit zu transportieren und am Bedarfsort zu montieren. In der Werkstätte kann der Scheibe und ihrem Schutze viel größere Aufmerksamkeit zuerteilt werden, als es im Betriebe der Fall ist. Ein Beispiel ist in Abb. 12 gezeigt. Das angedeutete perforierte Blech unterhalb der Scheibe und das dünne Schutzblech über der Scheibe dienen dem Zwecke, die Berstscheibe während des Zusammenbaues, Lagerung, Transport und beim Einbau gegen einfallende Gegenstände zu schützen. Spricht die Scheibe bei Berstdruck an, so soll die umgebende Apparatur und die Belegschaft vor der Flugscheibe durch den Einbau von in der Flugrichtung angeordneten Querbalken geschützt werden. Die Balken stehen im rechten Winkel zueinander im Abstande vom Radius der Querschnittsöffnung der Ausblaseströmung

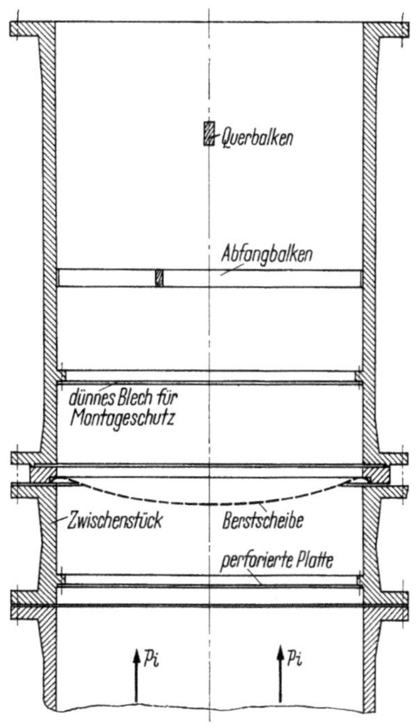

Abb. 12. Endgültiger Einbau der Berstscheibe mit Schutzvorrichtung im Rohrsystem

Hinsichtlich der Dauerbelastbarkeit der Nitschke-Berstscheiben liegen noch keine Werte vor. NITSCHKE selbst berichtet 1959 über dreijährige Erfahrungen mit zufriedenstellenden Ergebnissen. In der Zwischenzeit sind weitere Erfahrungswerte nicht bekannt geworden. BREEZE [*10*] hat vorgeschlagen, zur Steigerung der Dauerbelastbarkeit die Scheibenbeanspruchung höchstens zu 70–75% ihres Berstwertes zu wählen, besonders mit Rücksicht auf stark pulsierende Drücke, wie es besonders in Kompressorenleitungen zutrifft. Da die Berstscheiben nicht im Fließbereich beansprucht werden, sondern direkt und ohne Verzögerung bei Erreichen des Berstdruckes ansprechen, ohne vorher eine plastische Verformung zu durchlaufen, dürfte die wahre Dauerbelastbarkeit doch wesentlich über der 75-%-Grenze liegen.

## 4. Verhalten bei Korrosion

Ähnlich zahlreichen US-Vorschlägen gibt auch NITSCHKE zwei Berstscheiben als empfehlenswert an mit geeigneter Zwischenentlüftung, sobald starker Angriff durch Korrosion zu erwarten steht. Gute Zwischenentlüftung zwischen zwei Berstscheiben ist schon deshalb eine zwingende Forderung, als infolge möglichen doppelseitigen Scheibendruckes die Ansprechgenauigkeit der Scheibe vollständig verfälscht werden dürfte.

Zusammenfassend läßt sich über Berstscheiben aussagen, daß sie im Betriebe zuverlässig arbeiten, zumal das Fließen des Werkstoffes nicht angewandt werden muß, um die Scheibe ansprechen zu lassen. Die Scheibe klappt um, ohne durch Splitterwirkung zerstört zu werden. Sie gibt nach dem Umklappen den vollen Strömungsquerschnitt der Düse frei ohne jegliche Einschränkung.

Durch geeignete Maßnahmen mit Multi-Scheibenanordnung über Ventile, Schieber und deren Kombinationen kann der Verlust von Produkt nach dem Bersten der Scheibe verhindert werden.

Die Auswahl geeigneter Werkstoffe muß nach Maßgabe der zu erfüllenden Betriebsbedingungen getroffen werden. Allgemein anwendbare Richtlinien bestehen nicht. Jede einzelne Scheibe stellt somit eine individuelle Konstruktion dar und gilt nur nach Maßgabe der Verfahrenstechnologie als zuverlässig.

Für korrodierende Atmosphären hilft man sich durch die Anwendung von Berstscheiben aus Edelmetallen, auch hier in Multianordnung. Eine Ansprechgenauigkeit für Scheiben aus Edelmetallen von $\pm 5\%$ ist heute allgemein übliche Betriebspraxis.

Berstscheibe oder Sicherheitsventil ist eine Fragenstellung, die nicht einfach gelöst werden kann. Vielfach ist die praktischste Lösung eine Kombination von beiden.

## Literatur zu Kapitel X

[1] SOLTER, R. L., L. L. FIKE and F. A. HANSEN: Selektion and Sizing of Rupture Units. J. Instruments and Control Systems, Sept. 1964, Vol. 31, 131.

[2] LOWENSTEIN, I. G.: Calculate Adequate Rupture Disc Size. Chemical Engg. 13. Jan. 1958, 157.

[3] DISS, E., H. KARAM and C. JONES: Practical Way to Size Safety Disks. Chemical Engg. 18. Sept. 1961, 187.

[4] Symposium on Bursting Disks. Trans. INSTN. Chem. Engrs, Vol. 31 (1953).
[5] LAKE, G. F., and N. P. INGLIS: Proc. Inst. mech. Engrs., 1940, 142 (4), 365.
[6] PRESCOTT, G. R.: Rupture Disk Design Evaluation and Bursting Tests. ASME, Paper No. 52. IIRD-8, 19. Juni 1952.
[7] MARTON, F. D.: Rupture Discs. Instruments and Control Systems. Vol. 37 (1965) 128.
[8] SARVADI, G.: Impervious Graphite Rupture Discs. Instruments and Control Systems. Vol. 37 (1965) 135.
[9] NITSCHKE, J.: Entwicklung einer Berstscheibe hoher Ansprechgenauigkeit. Chemie Ing. Technik 31 (1959) Nr. 8, 511.

Kapitel XI

# Die Abdichtungen in Hochdruckanlagen

## I. Einleitung

In Hochdruckanlagen tritt das Problem der Abdichtungen in sehr vielseitigen Formen auf. Die wohl häufigste Art der Abdichtung tritt ohne Zweifel auf in umfassendem Zusammenhang mit Apparateverschlüssen, Anschlüssen, Rohrleitungen und Maschinen, wo die bereits behandelte Flanschverbindung einen ausschlaggebenden Platz einnimmt.

Nun besitzen Hochdruckapparate häufig neben den üblichen Anschlüssen Durchbohrungen im Deckel oder im Boden, vielfach auch durch die drucktragende Wandung, die eigens dem Zweck dienen, die Wellen von Rührwerken, Vibratoren und andere Maschinenteile wie Plunger oder Kolbenstangen von der Außenatmosphäre in den Druckraum einzuführen. Berücksichtigt man ferner noch Instrumentenleitungen, die in das Apparateinnere vordringen, dabei aber häufig ihre Position ändern, wie es bei Temperaturmessungen an Hülsen oft angewandt wird, so stellt man dabei fest, wie außerordentlich vielseitig die Abdichtungsprobleme in der Praxis auftreten können.

Zur technischen Unterscheidung der Abdichtungsmöglichkeiten trifft man zweckmäßig eine Einteilung der Abdichtungen nach Maßgabe ihres Verwendungszweckes, und zwar in statische und dynamische Abdichtungen. Unter statischen Abdichtungen versteht man grundsätzlich alle Abdichtungen, bei denen nach Abschluß der Montage, also nach Aufgabe der Vorspannung und Wirkung des Innendruckes keine beweglichen Teile mehr vorhanden sind, die die Dichtung direkt oder indirekt beeinflussen können. Dies trifft also zu für Behälterverschlüsse und Rohrleitungen aller Art. Hier wird ferner die Verbindung nicht oder verhältnismäßig selten gelöst, wenn man von Versuchs- bzw. Laboranlagen absieht.

Bei nichtlösbaren statischen Verbindungen bevorzugt man in zunehmenden Maße die Schweißung, die als die zuverlässigste Lösung angesprochem werden muß, solange eine Schweißung technisch möglich und auch angebracht ist.

Bei den lösbaren Verbindungen wird man sich besonderer Dichtungen bedienen müssen, die entweder metallisch oder auch nichtmetallisch sein können. In jedem Falle ist es nötig, die Verbindung einwandfrei zu öffnen und die Hauptteile wieder verwenden zu können. In den meisten Fällen läßt sich sogar die Dichtung wiederholt zum Einsatz bringen. Diese Frage hängt ausschlaggebend ab von der Höhe des Betriebsdruckes, der Betriebstemperatur, der Korrosion durch das Druckmedium in Verbindung mit den eigentlichen Abmessungen der Dichtung selbst. Vielfach genügt sogar eine einfache Nacharbeitung der Dichtung allein, um sie für wiederholten Einsatz verwenden zu können.

Bei den dynamischen Abdichtungen handelt es sich um Dichtungsaufgaben, bei denen Dichtungen im Spiele sind, in denen Teile an der Dichtung nicht stationär sind, sondern sich relativ zur Dichtung unter Innendruck bewegen. Und zwar kann diese Bewegung entweder rotierend oder oszillierend sein. In jedem dieser Fälle ist das Prinzip der Dichtung ein anderes. In beiden Fällen ist das bewegliche Element ein Schaft, eine Welle oder eine Kolbenstange.

Beim oszillierenden Schaft ist die Bewegung rein geradlinig, wobei sich die Bewegungsrichtung um 180° stets wechselnd verändert.

Beim rotierenden Element, gewöhnlich als Welle bezeichnet, findet eine kontinuierliche Drehbewegung statt, bei der die Richtung der Welle sich nicht ändert.

Eine dritte Art von Bewegung sei gekennzeichnet durch die Art, wie sie für Ventilsitzabdichtungen charakteristisch ist. Die Abdichtung ist wiederum grundsätzlich verschieden und zwingt den Konstrukteur zu völlig neuen Lösungen.

Ganz allgemein gesehen kommt der Frage der Abdichtungen in der Hochdrucktechnik eine ganz entscheidende Rolle zu, denn man muß berücksichtigen, daß bei hohen Druckgebieten die geringste Undichtigkeit schwere Folgen nach sich ziehen kann, je nachdem, ob das Druckmedium giftig, brennbar oder beides ist. Selbst wenn das Druckmittel ungefährlich ist, kann vom rein wirtschaftlichen Standpunkte aus eine Undichtigkeit bei hohem Druckniveau nicht toleriert werden.

Trotz der kritischen Bedeutung, die der Konstruktion von Dichtungen in Hochdruckanlagen zukommt, kann in diesem Kapitel eine umfassende Behandlung dieser Probleme nicht vorgenommen werden. Der Stoff ist in die drei Hauptgebiete statische, oszillierende und rotierende Dichtungen aufgeteilt und so gewählt, daß der Leser mit den wichtigsten Lösungen bekanntgemacht wird, die heute in der praktischen Industrie als zuverlässig bekannt sind.

Es sei an dieser Stelle besonders darauf hingewiesen, daß das heute so wichtige Gebiet der Gleitringabdichtungen für rotierende Wellen in Maschinen der chemischen und Verfahrensindustrie, wie beispielsweise an

Kreiselpumpen, Turboverdichtern, Rührwerken, Mischern, Rührautoklaven usw. für Drücke bis zu 200 atü in diesem Kapitel nicht behandelt wird. In den letzten 15 Jahren hat diese Art Abdichtung rotierender Wellen besonders in der Anglo-Amerikanischen Industrie, und hier besonders in der Petroleumindustrie zunehmend an Bedeutung gewonnen und wird in ganz umfassendem Maße zu Anwendung gebracht. Die technisch wissenschaftliche Behandlung dieses Themas nach Maßgabe seiner gegenwärtigen Bedeutung würde den Rahmen dieses Kapitels überschreiten. Der Verfasser arbeitet an einem Werk für Gleitringdichtungen, das dieses Thema umfassend behandelt und seiner industriellen Bedeutung Rechnung tragen wird.

## II. Statische Abdichtungen in Hochdruckapparaten

Bei den vielfach sehr hohen Innendrücken im Zusammenhang mit heißen Druckmedien spielt die Zuverlässigkeit der Abdichtung gegen die Außenatmosphäre eine ausschlaggebende Rolle. Obwohl die absolut zuverlässigste Verbindung die Schweißung ist, soll diese Art von Hochdruckdichtung in diesem Kapitel nicht betrachtet werden. Hinweise hierfür sind in S. 385 gegeben im Zusammenhang mit den Rohrleitungen. Schweißungen werden im Kapitel für Hochdruckwerkstoffe berücksichtigt, zumal bei dickwandigen Behältern die Schweißbarkeit des Werkstoffes eine entscheidende Rolle spielt.

Ehe jedoch eine Betrachtung über die Konstruktion von Dichtungen und den Entwurf von Hochdruckverschlüssen angestellt wird, ist es zweckmäßig, einige grundsätzliche Ausführungen über die Wirkungsweise von Dichtungen unter dem Einfluß der Verschlußkräfte zu machen.

### A. Das Abdichtungsprinzip der statischen Abdichtung

In Kap. V wird im Zusammenhange mit der Berechnung von Flanschverbindungen gezeigt, daß die Größe der Schraubenkraft zur Erzielung der erforderlichen Abdichtung entscheidend von der Dimensionierung des Dichtkreisdurchmessers, also von der eigentlichen Konstruktion der Metalldichtung selbst abhängt. Die Geometrie der Dichtung wiederum beeinflußt die Form des Verschlusses, und es erscheint wichtig, einmal das Dichtungsprinzip als solches näher zu betrachten.

Bei der Abdichtung handelt es sich grundsätzlich um den sicheren Abschluß eines bestimmten Druckraumes gegen die Außenatmosphäre. Man preßt hierzu Dichtflächen gegeneinander unter Benutzung von Schrauben zur Übertragung der Dichtkraft. Die Dichtheit wird um so sicherer erzielt, je mehr es gelingt, den Spalt zwischen den Dichtflächen zu schließen bzw. auf den Wert Null zu bringen. Hierbei spielt natürlich die Oberflächenbeschaffenheit der Dichtflächen im Zusammenhange mit der Härte der Werkstoffe eine entscheidende Rolle. Mikroskopisch gesehen wird die Oberfläche stets wie ein Gebirge aussehen, und man wird erkennen, daß der Dichtspalt nur durch plastische Verformung geschlossen werden kann. Die Verformungsarbeit wird um so niedriger sein, je weicher der zu verformende Werkstoff ist. Bei der elastischen Dichtung als Zwischenlage erreicht die Verformungsarbeit ihren Mindestwert.

Zur Klärung der Frage über die Größe der erforderlichen Dichtkraft im Vergleich zum herrschenden Innendruck haben SCHWAIGERER und SEUFERT [1] grundsätzliche Untersuchungen angestellt, deren Ergebnisse wesentlich zum Verständnis des Dichtungsproblems beigetragen haben. Die Aufgabenstellung ist kurz die, daß die Dichtungsflächen eines Behälters als Dichtleisten ausgebildet sind, unter Anwendung verschiedener Formen, *ohne eine metallische Dichtung zu verwenden.* Nach Aufgabe des Innendruckes wird die Dichtfähigkeit der Oberflächen der Dichtleisten geprüft. Dichtungseinlagen elastischer oder metallischer Natur sind also nicht vorhanden. Die Form dieser Dichtleisten, wie sie beim Versuch benützt wurden, ist schematisch in Abb. 1 wiedergegeben. Es handelt sich also um Dichtflächen, die Bestandteile des Behälters und aus diesem herausgearbeitet sind, also flache und profilierte Dichtungsflächen.

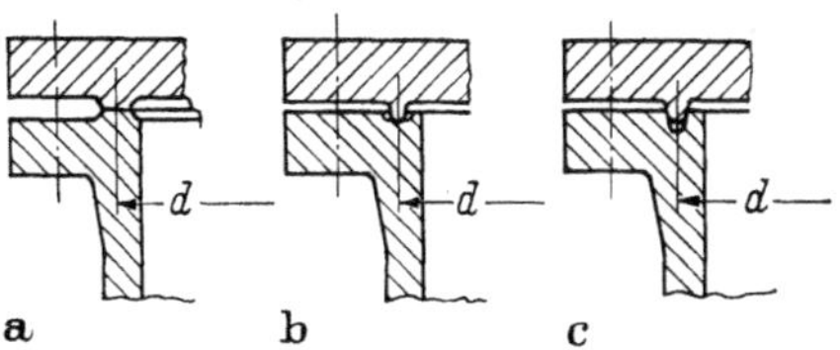

Abb. 1a–c. Flanschverbindungen für Innendruck, mit Dichtungsleisten anstelle von metallischen Dichtungen. Nach (SCHWAIGERER und SEUFERT) a) Flache Leiste; b) u. c) Profilierte Leisten

Als Versuchskörper diente eine Art Blindlinse, die aus zwei Hälften bestand mit relativ kleinem Zwischenraum, der als Druckraum dient. Die Berührungsflächen hatten die Form der zu untersuchenden Dichtleisten. Die beiden Hälften des Versuchskörpers wurden mit einer hydraulischen Presse zur Erzeugung der Dichtkraft zusammengepreßt. Als Druckmittel wurden Wasser, Luft und zähes Öl benützt. Die Vorrichtung enthält Möglichkeiten, die Dichtkraft, den Innendruck und die geringste Undichtheit genau zu ermitteln.

Die Versuche werden so durchgeführt, daß mit der hydraulischen Presse eine gewisse Dichtkraft vorgelegt und dann konstant gelassen wird. Nach Stabilisierung wird der Innendruck aufgegeben, und zwar von Null beginnend so lange gesteigert, bis Undichtheit eintritt. Der Versuch wird an der gleichen Dichtung mit erhöhter Belastung mehrfach wiederholt, so daß sich ein Dichtungsschaubild ergibt, das numerisch Aufschluß gibt über die Dichtkraft als Funktion des zu dichtenden Innendruckes.

Unter Annahme eines mittleren Dichtkreisdurchmessers $d_D$, einer von der hydraulischen Presse zu liefernden Dichtkraft $P_0$, eines Innendruckes $p_i$ und $P_1$ als die auf die Innenfläche wirkende Kraft als Folge des Innendruckes gibt sich die Beziehung

$$P_1 = \frac{\pi}{4} d_D^2 p_i \quad \text{(kg)}$$

für die Innendruckkraft. Da die Kraft $P_1$ der Dichtkraft entgegenwirkt, sie also zu entlasten sucht, errechnet sich die auf die Dichtleiste wirkende Kraft $P_D$ aus der Beziehung

$$P_D = P_0 - P_1 = P_0 - \frac{\pi}{4} d_D^2 p_i \quad \text{(kg)}.$$

Um für verschiedene Abmessungen von Dichtleisten vergleichbare Werte zu erhalten, ist es zweckmäßig, bei flachen Dichtleisten von der Dichtbreite $b_D$ die Dichtkraft auf die Flächeneinheit der Dichtflächen zu beziehen. Die bezogene Dichtkraft wird somit zur Dichtflächenpressung und ergibt sich aus den obigen Formeln zu

$$p_D = \frac{P_D}{\pi d_D b_D} \quad \text{(kg/cm}^2\text{)}.$$

Bei profilierten Dichtleisten ist die Größe $b_D$ als Dichtbreite nur sehr schwer festzustellen. In diesem Falle bezieht man die Dichtkraft auf die Längeneinheit des mittleren Dichtkreises und erhält die Beziehung

$$p_D' = \frac{P_D}{\pi d_D} \quad \text{(kg/cm Länge)}.$$

Die Versuchsergebnisse von SCHWAIGERER und SEUFERT seien in folgenden Punkten zusammengefaßt wiedergegeben:

1. Eine völlige Dichtheit läßt sich bei Vorlage von Flächendichtungen durch eine elastische Verformung der Dichtflächen nicht erzielen. Selbst bei feinster Bearbeitung der Berührungsflächen treten noch Unebenheiten auf, die mit Kräften im elastischen Bereich nicht abgedichtet werden können. Metallische Berührungsflächen sind ausschließlich vorausgesetzt.

2. Mit zunehmender Verformung der metallischen Dichtflächen wird der Spalt kleiner. Bei einer bestimmten Mindestspaltgröße lassen sich Gase abdichten, wenn man die Dichtflächen mit zähem Öl bestreicht. Der zähe Ölfilm kann den Spalt schließen und dem Gas den Durchtritt verwehren, ohne daß eine höhere Dichtkraft aufgewandt werden muß.

3. Tritt Undichtwerden einmal auf, so hilft stärkeres Nachziehen nicht. Man kann eher die Schrauben unzulässig verformen, ehe man befriedigende Dichtheit erzielt. Man nimmt die Verbindung zur Nachbearbeitung der Dichtflächen zuerst auseinander, ehe man erneut auf Dichtheit prüft.

4. Völlige Dichtheit gegen Gasinnendruck wird erst dann ermöglicht, wenn der Werkstoff der Dichtflächen weit über seine Streckgrenze hinaus plastisch verformt wird. Und zwar wird vollkommene Gasdichtheit zuverlässig erzielt, wenn die Dichtungsflächen so plastisch verformt sind, wozu eine Flächenpressung erforderlich ist, die bei flachen Dichtleisten etwa den doppelten Betrag der Streckgrenze $\sigma_F$ des Leistenwerkstoffes erlangt. Bei balligen Dichtleisten ist eine Kraft je Umfangseinheit erforderlich, die dem Wert $\sigma_F$ (0,15 cm) entspricht.

5. Diese kritischen Werte erweisen sich als unabhängig von der ursprünglichen Beschaffenheit der Berührungsflächen. Es ist außerdem dann auch gleichgültig, ob die Leisten sowohl gegen Gas, Wasser oder zähflüssiges Öl abdichten müssen.

6. Sobald die Dichtungsflächen so zusammengedrückt werden, daß die Flächenpressung den doppelten Wert der Streckgrenze des Flächenwerkstoffes erreicht hat, liegen alle Punkte der Dichtkraft, also der Vorspannung auf einer Geraden, deren Rückwärtsverlängerung durch den Koordinatenursprung geht. Dies bedeutet, daß mit zunehmender Dichtkraft über den Wert $2\,\sigma_F$ diese dann proportional dem Innendruck wird, vorausgesetzt, daß die vorausgehende Flächenpressung den Mindestwert $2\,\sigma_F$ tatsächlich auch erreicht hat.

Mit diesen Ergebnissen liegen Werte vor, die eine genaue Beurteilung von Metalldichtungen ermöglichen. Weichen die Flächenpressungen noch stark von der Proportionalitätsgeraden ab, ist es ein Zeichen dafür, daß die plastische Verformung zum Ausgleich der Oberflächenunregelmäßigkeiten noch nicht beendet ist. Bei Dichtungen mit Linienberührung nach dem Keilprinzip ist die Dichtkraft mit (0,15 cm) $\cdot\,\sigma_F$, kg/cm bedeutend niedriger anzusetzen. Nach den Ergebnissen von Schwaigerer und Seufert lassen sich die Berechnungen von Dichtungen metallischer Oberflächen auf eine relativ sichere Grundlage stellen.

## B. Die Aufgabe der Dichtungen

Die Ergebnisse der Dichtversuche von Schwaigerer und Seufert zeigen offentlich, daß es zweckmäßig ist, zur Abdichtung von Hochdruckapparaten und Flanschverbindungen, keine Dichtleisten, sondern metallische Dichtungen zu verwenden. Jede Dichtung, ob metallisch oder nichtmetallisch, muß zur Gewährleistung zuverlässiger Abdichtung ziemlich weitgehend plastisch verformt werden. Für eine Wiederverwendung müssen daher die Dichtflächen nachgearbeitet sein, um die Voraussetzung für einwandfreien Einsatz sicherzustellen. Vom praktischen und vom wirtschaftlichen Standpunkte aus gesehen ist es angebracht, eine extra Dichtung zu verwenden, anstatt Dichtleisten aus dem Apparat herauszuarbeiten. Damit wird es zur Forderung, die Dichtung einfach in der Form zu gestalten, sie muß leicht auswechselbar sein, muß ein Minimum an Bearbeitungskosten verursachen für die Nachbearbeitung und soll schließlich noch einen kleinstmöglichen Dichtkreisdurchmesser aufweisen. Sie hat dabei den Vorteil, daß man die Dichtflächen mit anderen Härtegraden versehen kann, als sie für die Gegenberührungsflächen des Apparates zutreffen. Damit läßt sich die Lebensdauer der Dichtung selbst beeinflussen. Mit der Wahl einer größeren Härte für die Dichtflächen am Apparat kann man erreichen, daß eine Nachbearbeitung dieser Flächen unter Umständen völlig vermieden wird.

Die Versuche lassen ferner erkennen, daß es nahe liegt, die Berührungsflächen nach Möglichkeit auf Linienberührung hin anzustreben, wie es bei der Profilleiste gezeigt ist. Damit wird die Schraubenkraft ein Minimum. Da die Schraubengröße ein gewisses Maximum nie überschreiten kann, ist auch die maximale Schraubenkraft nach oben begrenzt.

Die Aufgabe der Abdichtung kann ferner noch dadurch erleichtert werden, daß man die Dichtung so konstruiert, daß die Dichtkraft nicht vermindert, sondern mit zunehmendem Innendruck verbessert wird.

## C. Die Abdichtungsarten in Hochdruckapparaten

Die Beurteilung der Güte eines Hochdruckverschlusses hängt neben der Einfachheit der Geometrie, dem Mindestaufwand an Werkstattbearbeitung und der Behandlungsweise beim Ein- bzw. Ausbau besonders auch davon ab, welch ursprüngliche Dichtkraft aufzuwenden ist, um ein Dichtwerden der Apparatur zu gewährleisten. Hier wird man wiederum unterscheiden müssen zwischen selbstdichtenden und solchen Verschlüssen, bei denen der zunehmende Innendruck eine Verminderung der Dichtwirkung bewirkt.

### 1. Verschlüsse mit Dichtungen ohne Selbstdichtungswirkung

Im Hochdruckbau wird man ohne die Dichtung, bei der das Selbstdichtungsprinzip nicht zur Anwendung kommt, nicht auskommen können. Man muß dann in Betracht ziehen, daß die Vorspannung stets so hoch bleibt, daß unter allen möglichen Betriebszuständen ein Undichtwerden nicht eintreten kann. Die Flachdichtung ist beispielsweise eine Dichtungsart, bei der das Selbstdichtungsprinzip nicht zutrifft. Sie hat ferner keine Linienberührung und benötigt einen sehr hohen Dichtungsfaktor. Sie kann aus beliebigen Werkstoffen bestehen, solange diese vom Dichtungsmedium nicht angegriffen werden. Die starke Abweichung von der Linienberührung macht es zunehmend schwieriger, den Verschluß mit steigender Breite dicht zu bekommen. Zunehmende Dichtungsbreite verlangt höhere Gütegrade der Oberflächen der Berührungsebenen, weshalb man in steigendem Maße von der Verwendung von Flachdichtungen in der Hochdrucktechnik absieht. Es muß besonders dafür Sorge getragen werden, daß die Dichtung nie herausgeblasen werden kann.

Einige Anwendungsbeispiele von Autoklavenverschlüssen, wobei Flachmetalldichtungen eingesetzt sind, werden in den Darstellungen der Abb. 2 gezeigt.

Große Ähnlichkeit mit der Flachdichtung weist die Verschlußart mit Nut und Feder auf. Die Dichtwirkung sowohl der Nut als auch der Feder

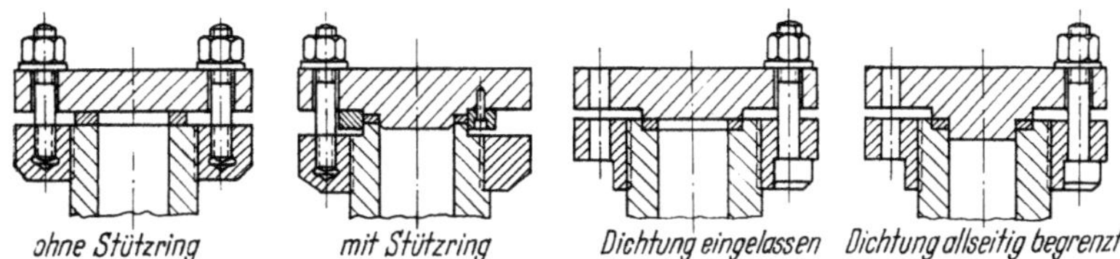


Abb. 2. Verschlüsse mit Flachdichtungen aus Metall ohne Stützring – mit Stützring – Dichtung eingelassen – Dichtung allseitig begrenzt

kann durch Einschnitt von Profilrillen verschiedenartiger Form verstärkt werden. Gegebenenfalls läßt sich auch ein Drahtring aus Kupfer, Aluminium oder Silber anwenden, was wieder auf die Liniendichtung zurückführt. Der Nachteil von Nut und Feder ist mäßiger Druck und hohe Bearbeitungskosten.

Einige Dichtungsarten für Nut- und Federdichtungen mit eingedrehten Rillen sind in Abb. 3 wiedergegeben. Anwendungsbeispiele für typische Dichtleisten mit Profilen sind in Abb. 4 zu erkennen. Diese Art nähert

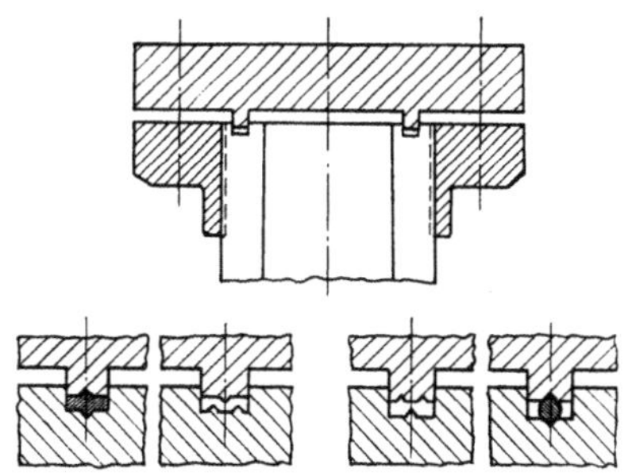

Abb. 3. Dichtungsverschluß mit Nut und Feder mit Möglichkeiten der Variatonen von Feder und Nut

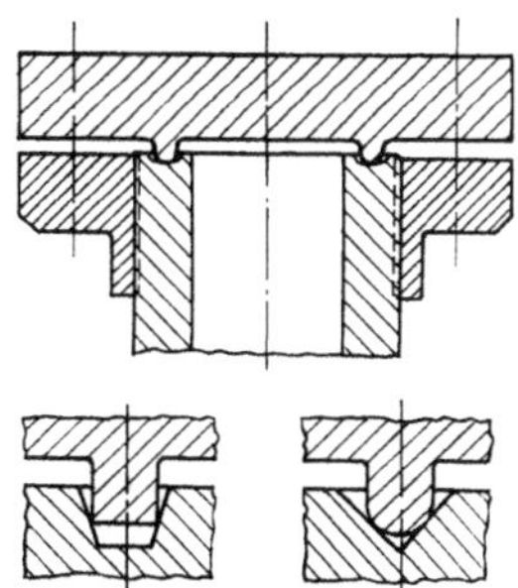

Abb. 4. Dichtungsverschluß mit profilierten Dichtleisten

sich der Liniendichtung, die wiederum einen relativ niedrigen Dichtungsfaktor erfordert. Hinsichtlich der Durchblasegefahr bestehen die gleichen Beschränkungen des Innendruckes, wie sie für Nut und Feder schon angedeutet sind.

Die gleiche Wirkung wie bei der profilierten Dichtleiste läßt sich mit einem massiven Metallring erzielen, wie in Abb. 5 angedeutet wird. Man muß lediglich darauf achten, daß man eine Form für die Nut vorsieht,

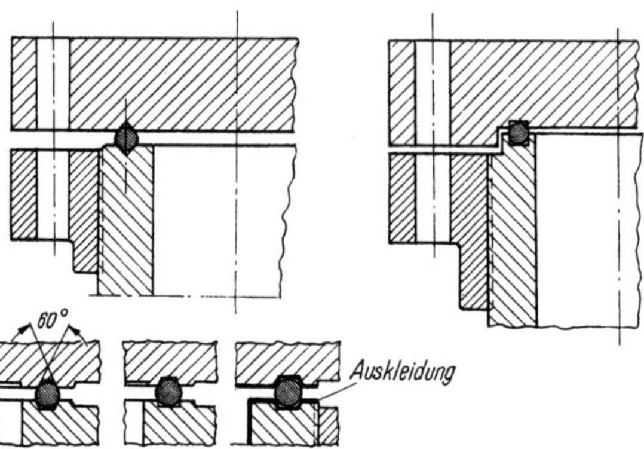


Abb. 5. Verwendung eines Drahtringes als Metalldichtung mit Modifikationen der Einlageanordnung

daß der Ring nicht herausgeblasen werden kann, falls der Innendruck zu hoch werden sollte. Abwandlungen der Abb. 5 deuten an, wie man die Dichtwirkung unter gleichzeitiger Herabsetzung des Dichtungsfaktors verbessern kann.

## 2. Dichtungen, die den Innendruck zur Selbstdichtung ausnützen

Dichtungsverschlüsse arbeiten dann nach dem Selbstdichtungsprinzip, wenn sie die Abdichtung mit zunehmendem Innendruck verbessern, ohne dabei die Vorspannung zu beeinflussen. Man wird also die Vorspannung auf ein Minimum beschränken können.

Benützt man rein elastische Dichtungen, so bereitet die Anwendung des Selbstdichtungseffektes keine Schwierigkeit. Man muß lediglich den Grenzwert wissen, bis zu welchem Innendruck die Dichtung tatsächlich elastisch bleibt. Dies dürfte bei Werkstoffen wie Gummi, Buna, Viton und Kel-F-Elastomer nach Angabe der Hersteller bei einem Druck von etwa 25000 psi (~1500–1700 atü) der Fall sein. Wird diese Grenze überschritten, so kann der Werkstoff so stark verdichtet werden, daß er seine Elastizität und damit seine Dichtfähigkeit verliert, weil er spöde wird und somit den Variationen des Dichtspaltes nicht mehr folgen kann.

Bei metallischen Dichtungen, die nach dem Selbstdichtungsprinzip arbeiten, liegt eine verschiedenartige Wirkungsweise vor, die von der Elastizität des Dichtungswerkstoffes keinen direkten Gebrauch macht. Hier wird entweder die Keilwirkung angewandt werden müssen, oder aber man wendet mehrteilige Dichtungselemente an, die dann nach dem

Keilprinzip ineinandergleiten und somit die Dichtungsforderung gewährleisten.

An metallischen Dichtungen, die das Selbstdichtungsprinzip verwirklichen, sind sehr viele Möglichkeiten bekannt. Es sollen im folgenden diejenigen beschrieben werden, die sich in der Hochdruckindustrie bewährt und durchgesetzt haben.

### a) Die Dichtungslinse

Die Linsenform hat für die Herstellung metallischer Dichtungen in der gesamten Hochdrucktechnik eine viel gebräuchliche Anwendung gefunden. Dabei wird die Linse in zwei grundsätzlichen Formen benutzt, einmal mit kugeliger Dichtfläche, wobei die Mantellinie ein Kreis ist. Zum andern erscheint die Dichtlinse auch mit kegeliger Berührungsfläche, mit einer Geraden als Mantellinie. In beiden Fällen wird angestrebt, die Gegenfläche so zu gestalten, daß die Berührungsebene theoretisch zum Kreis als Linie zusammenschrumpft. Für beide Linsenformen muß immer eine der Berührungsebenen eine flache Ebene sein, soll die gemeinsame Berührungsebene zum Kreis werden.

Die Dichtlinse mit kugeliger Berührungsfläche wird in Abb. 6 in verschiedenen Formen gezeigt. Die Krümmung der Berührungsfläche wird

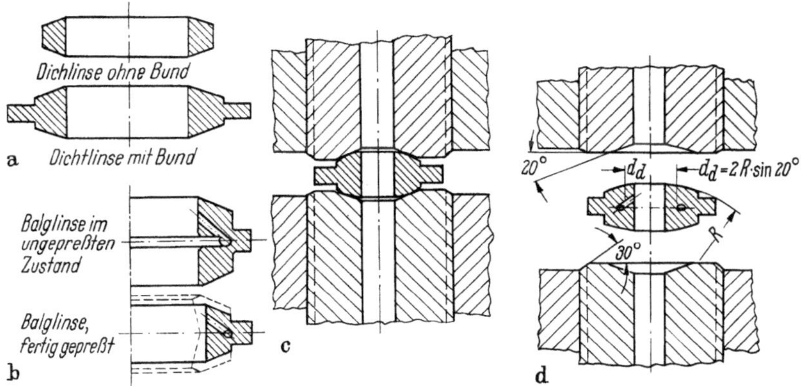


Abb. 6a–d. Dichtlinsen mit kugeliger Dichtfläche und Abwandlungen mit Einbau. Dichtlinse ohne Bund – mit Bund – Balglinse im ungepreßten Zustande – Balglinse fertig gepreßt – Linsendichtung, kugelig, Abmessungen der Dichtflächen

so ausgeführt, daß der Dichtkreis nach dem Zusammenbau in günstige Nähe des Innendurchmessers rückt. Dies wird möglich, wenn einmal die Gegenfläche zur Linse eine Neigung von 20° erhält, und außerdem der Krümmungsradius $R$ der Linse in Beziehung zum Sinus des 20°-Winkels gebracht wird.

Die Linse dichtet ab unter Anwendung des Selbstdichtungsprinzips. Die Balglinse, die einen Spalt besitzt, wendet dieses Prinzip in noch verstärkterem Maße an. Die Balglinse ist besonders günstig für hohe Betriebstemperaturen. Der Innendruck kann in den Spalt eindringen, wodurch er die Flächenpressung in den Berührungsebenen erhöht und damit den Dichtungseffekt verstärkt. Beide Linsenarten können praktisch nicht herausgeblasen werden.

Die Linse mit kegeliger Abdichtungsfläche ist im Anwendungsbeispiel der Abb. 7 dargestellt. Diese Form, die besonders in den USA als Ventilsitz bevorzugt verwendet wird, hat den Nachteil, daß der Strömungsquerschnitt sich merklich verengt. Die Linse mit kugeliger Dichtfläche weist die Durchmesserverringerung nicht auf.

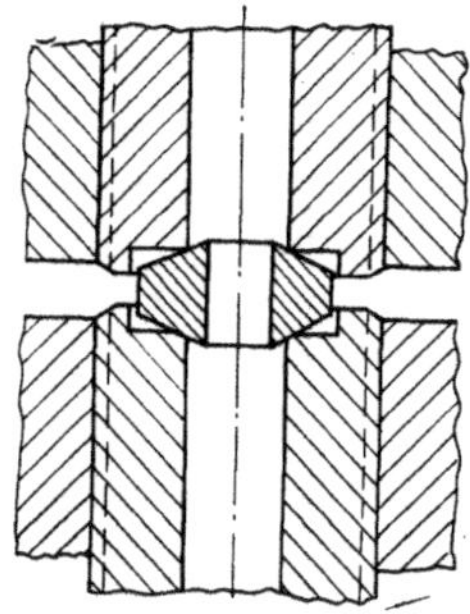
Abb. 7. Dichtlinse mit kegeliger Dichtfläche

Die kugelige Dichtlinse kann wiederholt zur Anwendung gebracht werden, ehe eine Nachbearbeitung der Dichtflächen erforderlich wird. Diese Nachbearbeitung wird dann notwendig, wenn die Fläche der plastischen Verformung durch das Anziehen der Schrauben zu groß wird. Als eine Faustregel kann man sagen, daß die Berührungsfläche nicht breiter als 2 mm werden sollte, bezogen auf mittlere Linsengrößen.

Es ist zu empfehlen, das Anzugsmoment der Dichtschrauben zu kontrollieren, am besten durch Nachprüfung der Schraubenlängung. Die Anwendung von Vorschlaghämmern zur Erzielung eines letzten Stoßes auf den Schlüssel kann zu merklichen Verformungen der Linse führen, die sich in einer Verkleinerung des Innendurchmessers der Linse äußern wird.

Bei der Kegeldichtfläche ist die Gegenfläche praktisch genommen eine Kante. Ihre Verformung wird sich daher weniger als Fläche äußern. Eine Nut wird sich als Einprägeform ergeben, so daß die Nacharbeit zur Herstellung einer neuen Dichtfläche mit einem größeren Werkstoffverlust verbunden sein wird.

### b) Der Deltaring

Für Laboratoriumsapparate, kleine Autoklaven und Verbindungen mit verhältnismäßig kleinen Abmessungen stellt der sog. Deltaring eine Dichtungsart dar, die sich für sehr hohe Drücke in Gegenwart erhöhter Temperaturen in vielen Jahren Betriebspraxis sehr gut bewährt hat. Das Dichtungsprinzip ist in Abb. 8 unter verschiedenen Betriebszuständen wiedergegeben. Unter Ausnützung des Selbstdichtungseffektes hat der Ring die Fähigkeit, selbst bei unerwarteten Drucksteigerungen noch dicht zu halten, wie es in den Darstellungen der Abb. 8 zu sehen ist. Angenommen, der Innendruck steigt plötzlich an, so daß $p_{i_2} > p_{i_1}$, so vermag $p_{i_2}$ den Deckel zu heben. Das Druckmedium wird den Ring nach außen drücken, eine Deformation tritt ein, und der Dichtungseffekt wird noch erhöht.

Die Deltaringdichtung ist nicht einfach in der Herstellung. Sowohl in der Werkstatt als auch in der Montage müssen der Ring und die Nutzflächen sehr sorgsam behandelt werden. Seine Entwicklung geht auf

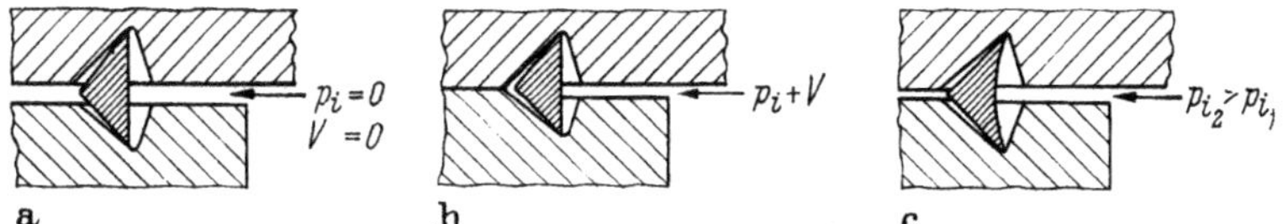


Abb. 8a–c. Darstellungen des Deltaringes im Zusammenhange mit den Berührungsflächen a) Deltaring lose eingelegt, Vorspannung gleich Null; b) Deltaring mit Vorspannung und Innendruck; c) Darstellung, wenn Innendruck die Vorspannung teilweise aufhebt

W. Coopey [2] in den USA zurück. Eine praktische Anwendung dieser Dichtung an einem Autoklavenverschluß wird in Abb. 9 dargestellt.

Der Einbau des Ringes erfolgt so, daß der Scheitelpunkt des Dreiecks der Querschnittsfläche nach außen, also dem Innendruck abgewandt, zu liegen kommt. Dadurch stellt sich die Grundlinie dieses Dreiecks senkrecht, und diese Fläche wird dann dem Druckmedium ausgesetzt. Die Nut wird in die Flächen so eingeschnitten, daß die so beschriebene Lage des Dreiecks möglich wird. Berührung des Ringes mit der Nut findet also nur in den Ecken statt, die auf der vertikalen Ebene liegen. Werden jetzt die Schrauben zum Dichten angezogen, so pressen sich die beiden Ecken scharf in die Ecken der Nuten ein und stellen damit Abdichtung her. Wird jetzt Innendruck aufgegeben, so kann sich der Deltaring um die beiden eingespannten Ecken (in Wirklichkeit aber Kanten) federnd bewegen, sozusagen pendeln. Hierdurch entsteht dann die angedeutete Krümmung der dem Druck zugewandten Stirnfläche, wie aus Abb. 8 ersichtlich ist.

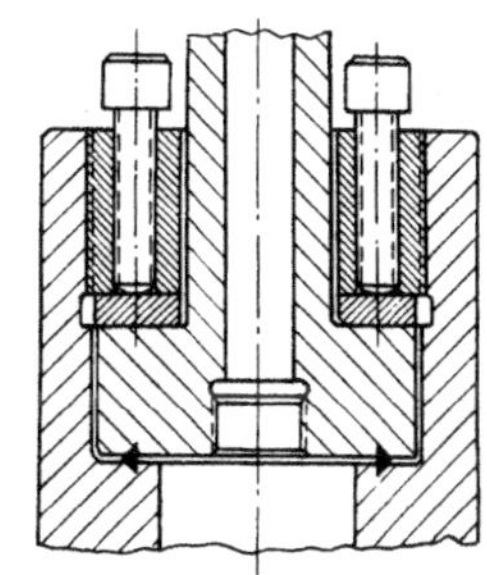

Abb. 9. Anwendungsbeispiel für Deltaringdichtung an HD-Laborautoklav

Abb. 8 zeigt deutlich, wie mit zunehmendem Innendruck der Selbstdichtungseffekt der Deltaringdichtung gesteigert wird.

Der Deltaring ist für extreme Druckbeanspruchung geeignet, selbst unter Berücksichtigung von Lastwechselvorgängen.

### c) Die Keilringdichtung

Eine Dichtungsart, die sich besonders in den USA großer Beliebtheit erfreut, ist die sog. Keilringdichtung. Diese Metalldichtung, die nach dem Selbstdichtungsprinzip arbeitet, eignet sich für extreme Betriebsbedingungen mit starken Druckschwankungen und erhöhten Temperaturen. Die Dichtung ist als Wedge-Ringdichtung im Handel bekannt und wird vornehmlich für Apparate mit kleineren Abmessungen angewandt. Die Form der Keilringe kann stark schwanken, ohne daß damit der Dichtungseffekt beeinflußt wird. Die Konstruktion des Keilringes führt auf Liniendichtung zurück mit Dichtungsfaktoren, wie sie für die profilierten Dichtleisten auftreten. Das Prinzip des Keilringes ist in Abb. 10a–c veranschaulicht, worin einige Autoklavenverschlüsse als wesentliche Anwendungsbeispiele angeführt sind.

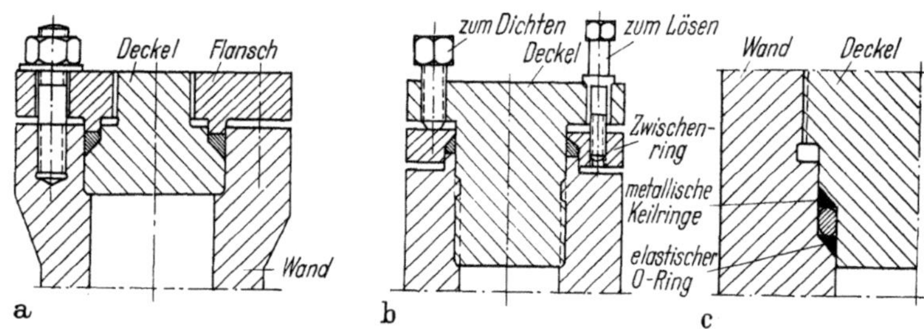


Abb. 10. Autoklavenverschlüsse mit Keilringen als metallische Dichtung

In Abb. 10a wird der Dichtungsdruck von den Verschlußschrauben des Deckels ausgeübt. Abb. 10b zeigt eine Ausführung, wo der Deckel in den Autoklavenkörper eingeschraubt wird. Die Dichtkraft wird durch besondere Schrauben im Deckel auf einen Zwischenring übertragen, der dann auf den Keilring drückt und so Abdichtung herstellt. Eine sehr beliebte Dichtart ist der Verschluß einer Laborbombe, wie sie in Abb. 10c zu sehen ist. Der Verschlußdeckel wird in den Autoklavenkörper eingeschraubt. Zwei Keilringe werden zur Erzielung der Dichtwirkung gegeneinander versetzt. Die Dichtwirkung wird noch durch den dazwischengeschalteten elastischen O-Ring verstärkt. Der O-Ring hat den Zweck, den Selbstdichtungseffekt auszunutzen, so daß die ursprüngliche Dichtkraft, die über den Deckelverschluß mittels Gewinde eingeführt werden muß,

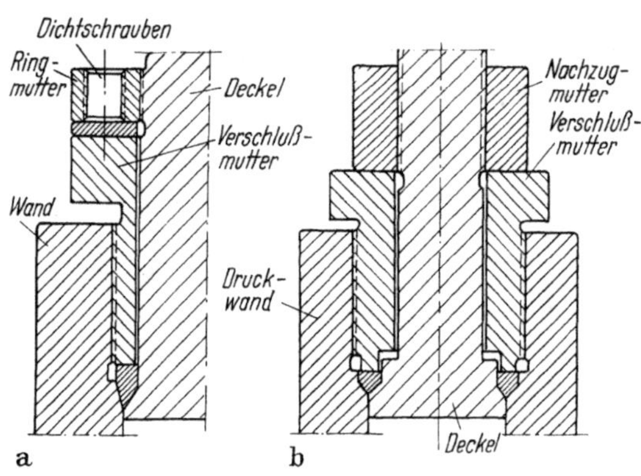


Abb. 11a u. b. Abarten der Keilringdichtungen für HD-Autoklavenverschlüsse

a) Dichtung über Anzahl von Schrauben; b) Dichtung mit jeweils einer Mutter

ein Minimum sein kann. Lange Gewinde in Apparaten für hohe Drücke sind sehr ungünstig, und das Anzugsmoment ist immer sehr schwer kontrollierbar. Jede Erleichterung zur Gewährleistung eines zuverlässigen Dichtvermögens muß daher in jedem möglichen Falle angestrebt werden.

Eine andere Art von Keilringdichtung wird in Abb. 11a, b gezeigt. Die Anordnung der Skizze a) ist der von Darstellung b) weit überlegen, zumal die Verwendung einer Ringmutter mit mehreren Schrauben die Konstruktion mit einer einzigen Mutter bedeutend übertrifft.

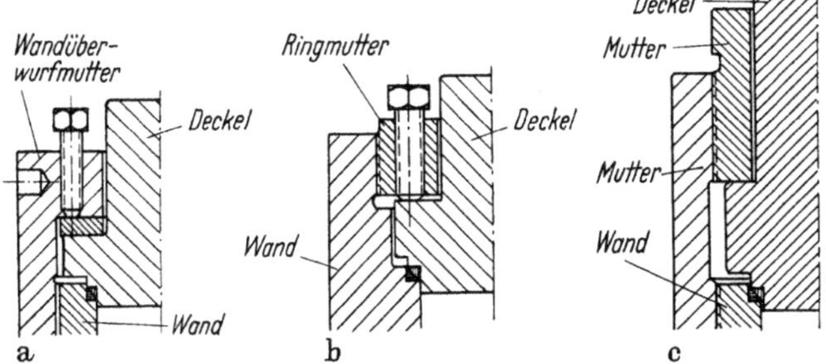


Abb. 12. Doppelkeilringe als Abdichtungsprinzip von Autoklavenverschlüssen.

Eine dritte Art von Keilring wird sehr oft dadurch erreicht, daß man zwei Keilringe ineinandertreibt, was in Abb. 12a–c angedeutet ist. Der Doppelkeilring erzielt absolutes Dichtvermögen und wird in seiner Wirkung noch erhöht, wenn das Selbstdichtungsprinzip angewandt wird.

Mit dem Keilring läßt sich praktisch jedes statische Dichtproblem lösen. Durch Motivierung des Neigungswinkels hat man es in der Hand, die Dichtkraft auf ein Minimum zu beschränken.

### d) Graylog-Dichtung

Eine Hochdruckdichtung, die sich besonders für Rohrleitungen eignet, wurde innerhalb des Arbeitsbereiches des Verfassers auf dem Prüfstand auf ihre Verwendbarkeit geprüft. Ganz allgemein ist diese Verbindungsart als die Graylog-Verbindung bekannt und wird von einer Firma in Texas, die unter diesem Namen

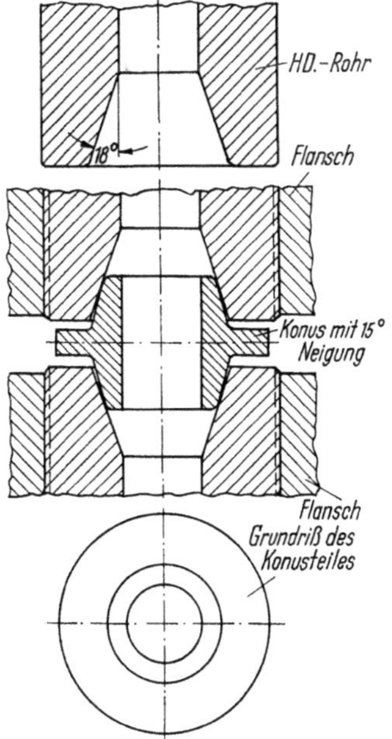


Abb. 13. Sonderflanschverbindung mit Konuseinsatz, System Graylog, Texas (USA)

besteht, in den Handel gebracht. Die Verbindung arbeitet nach dem Keilprinzip, wie aus der Darstellung der Abb. 13 hervorgeht. Die Differentialwinkel zwischen den sich berührenden Dichtungsflächen geben Gewähr für sicheres Abdichten, selbst unter dynamischen Belastungen.

Diese Flanschverbindung wurde unter kontinuierlichen Lastwechselvorgängen mit hohen Spannungsamplituden unter extremen Bedingungen im Dauerversuch belastet, wo sie sich ausgezeichnet und ohne Versagen gut bewährt hat. Im Vergleich zu den konventionell bekannten Rohrverbindungsarten hat die Graylog-Verbindung den Vorteil, daß man mit einer wesentlich geringeren Anzahl von Schrauben für die Dichtkraft auskommt. Das Gewicht der Gesamtverbindung als Einheit kann damit wesentlich niedriger gehalten werden, wodurch die Handhabung einfacher und der Preis niedriger gehalten werden.

### 3. Die O-Ring-Abdichtung als statische Dichtungsart

Der O-Ring stellt eine Dichtungsart dar, die heute in allen erdenklichen Möglichkeiten von Hochdruckabdichtungen zum Einsatz gelangt. Besonders für die Lösung von Dichtproblemen statischer Natur ist der O-Ring, und hier vor allem der elastische O-Ring, zu einem der wichtigsten Dichtungselemente geworden. Wenn die Temperatur und die Korrosionsforderung es zulassen, ist der O-Ring auf elastischer Grundlage das universelle Dichtungselement, das selbst für sehr hohe Drücke absolut befriedigend eingesetzt werden kann.

#### a) Der elastische O-Ring

Die Dichtwirkung des elastischen O-Ringes kommt dadurch zustande, daß er in eine Nut eingelegt wird, die eigens auf seine Abmessungen und seine Eigenschaften zugeschnitten ist. Für den kreisförmigen Querschnitt des Ringes muß eine Nut vorgegeben werden, die rechteckig ist, wobei die kürzere Seite des Rechteckes als Tiefe der Nut kleiner sein muß, als dem Durchmesser des Ringquerschnittes entspricht. Die Breite des Rechteckes aber muß größer sein als der Querschnittsdurchmesser des Ringes.

Wird jetzt der Ring in die Nut eingelegt, die Flanschen aufgebracht und die Dichtungsschrauben angezogen, bis die Berührungsflächen zur gegenseitigen Auflage kommen, so wird der Ring entsprechend zusammengedrückt. Da bei der Verdichtung sich sein Querschnittsvolumen nicht ändert, geht der Ring in die Breite, also in einen ovalen Querschnitt über. Die Linienberührung wird zur Flächenauflage an zwei parallelen Flächen. Die Elastizität des Ringwerkstoffes trägt nun dazu bei, den Dichtspalt auf beiden Auflageflächen vollständig auszufüllen. Bei der Lösung der Verbindung nimmt der Ring seine ursprüngliche Form mit kreisförmigem Querschnitt wieder ein. Bei Druckschwankungen ermöglicht die Elastizität des Ringwerkstoffes ein Anpassen an die Druckverhältnisse.

Die aufzugebende Vorspannung braucht also nur wenig über der theoretischen Mindestvorspannung zu liegen, da nur die Verdichtung des elastischen Ringwerkstoffes als Zusatzkraft eingeleitet werden muß. Die Praxis hat gezeigt, daß die tatsächliche Dichtkraft nur 10–15% über der theoretischen Dichtkraft zu liegen braucht.

Im fertig montierten Zustand bei Verwendung konventioneller Flanschen mit elastischem O-Ring als Dichtung kommt der O-Ring mit dem

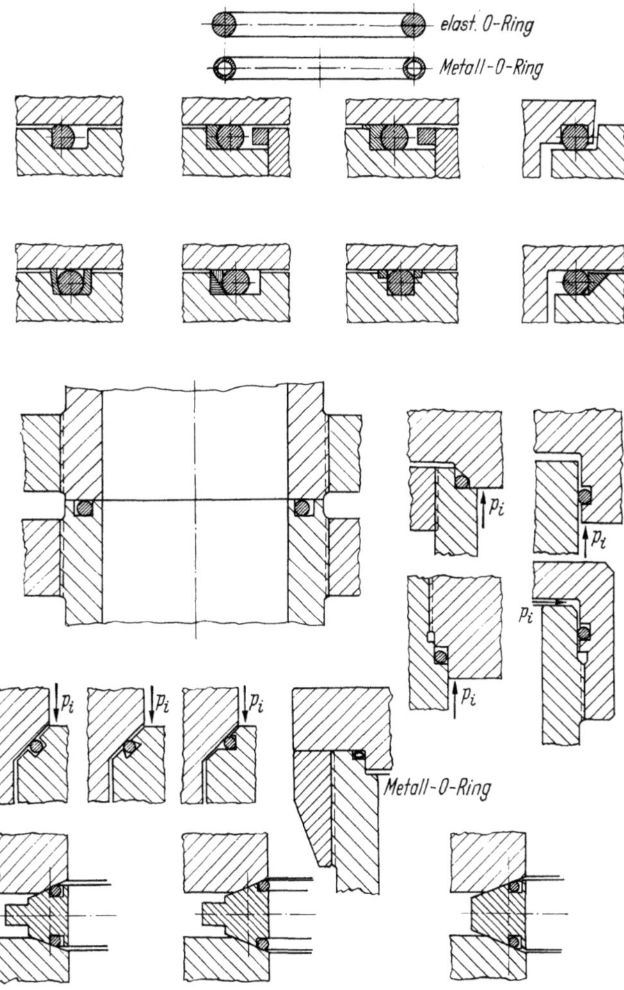


Abb. 14. Anwendungsmöglichkeiten für den elastischen O-Ring, als Ring allein und in Verbindung mit der Linse

Druckmedium soviel wie nicht in Berührung. Er kann daher im allgemeinen wiederholt zum Einsatz gebracht werden, ehe ein Angriff durch das Druckmedium seine Dichtfähigkeit herabsetzt und damit eine Wiederverwendung ausschließt.

Die Abmessungen der O-Ringe sind weitgehend genormt. Die Festlegung der Nutabmessungen und der erforderlichen Toleranzen sind ebenfalls in den Normen einbegriffen.

In Abb. 14 sind eine Anzahl von Einbauvorschlägen für elastische O-Ringe zum Zwecke statischer Abdichtung gegen Innendruck aufgezeichnet. Die Darstellungen bedürfen kaum irgendwelcher Erläuterungen. In den unteren Skizzen der Abb. 14 wird der O-Ring mit der metallischen Dichtlinse kombiniert. Damit läßt sich für zahlreiche Anwendungen eine sehr günstige Dichtungsart herstellen, die den Dichtungsfaktor des elastischen Werkstoffes aufweist, die maschinelle Bearbeitung aber auf ein Mindestmaß beschränkt, da die Linse sich einfach und ohne viel Aufwand ein- und ausbauen sowie einfach bearbeiten läßt.

Die große Beliebtheit des elastischen O-Ringes als statisches und zugleich universelles Dichtungselement ist besonders auch darauf zurückzuführen, daß er in ein umfangreiches Normensystem eingebaut ist, das in sehr kleinen Abstufungen von den kleinsten bis zu größten Abmessungen bereitgestellt wird in vielen Querschnittsvariationen. Dies macht es möglich, selbst kleinste Bohrungen für Schrauben, Niete und Stifte mit Erfolg abzudichten.

### b) Der metallische O-Ring

Der metallische O-Ring als Dichtungselement für Hochdruckverschlüsse besitzt Eigenschaften, die beim elastischen O-Ring nicht bekannt sind. So müssen beispielsweise unter sehr hohem Innendruck, besonders bei selbstdichtenden Anordnungen, die Toleranzen der Apparateteile sehr eng gehalten werden, soll ein Durchblasen durch den bestehenden Spalt, aber zumindest eine Beschädigung des Ringes vermieden werden. Der Metallring hat auch keine Einschränkungen hinsichtlich einer oberen Temperaturgrenze aufzuweisen, wie dies beim elastischen O-Ring in ziemlich nachteiliger Weise der Fall ist. Und schließlich sei noch ein Gebiet erwähnt, das zwar nicht in den Rahmen dieses Buches gehört, dafür aber sehr großes aktuelles Interesse besitzt, nämlich die Hochvakuumtechnik. Für Apparate, in denen Ultravakuum herrschen soll, ist der elastische O-Ring nicht geeignet, da er praktisch nie aufhört zu entgasen, solange das Vakuum besteht. Diese Entgasung ist hoch genug, das Vakuum empfindlich zu stören.

In der Verfahrenstechnik ist der metallische O-Ring ein hohler Ring, der aus mehr oder weniger dünnem Rohrwerkstoff hergestellt ist. Er ist also ein zu einem Kreisring geschlossenes Ringrohr, das entweder Luft enthält und ein geschlossenes Ringrohr darstellt, oder es hat gegen die Druckseite hin kleine Bohrungen, die dem Druckmedium den Eintritt in das Ringinnere ermöglichen. In gewissen Fällen füllt man aber auch das Ringinnere mit einem Druckgas, das besonderen Zwecken dient. Alle drei Arten für metallische O-Ringe sind in Abb. 15 dargestellt.

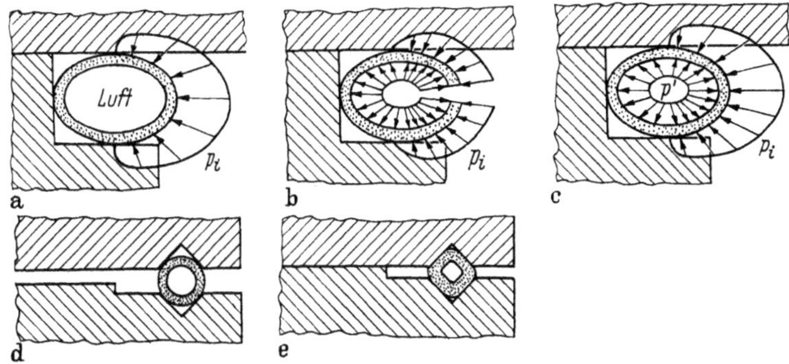


**Abb. 15a–c. Möglichkeiten von Metall-O-Ringdichtungen. Anzeige der Druckdiagramme bei teilweise begrenzter O-Ringanordnung**

**a) Geschlossener Ring mit Luft im Innenraum; b) Geschlossener Ring mit Bohrungen zum Druckraum; c) Geschlossener Ring mit Druckgas im Innenraum**

**Abb. 15 d u. e. O-Ring aus Metall, völlig begrenzte Einlage**

**a) Lose zusammengebaut; b) Montiert, mit Vorspannung gegen Betriebsdruck**

Der Metallring wird gewöhnlich aus feinen Metallrohren verschiedener Wanddicke hergestellt, die zum Ring gebogen und verschweißt werden. Die Auftragungen durch die Schweißnaht werden durch entsprechende Nachbearbeitung wieder entfernt. Die Nut, in die der Ring eingelegt wird, ist wiederum ein Rechteck, das entweder im Montagezustand völlig geschlossen oder an einer Seite auch offen sein kann. Man unterscheidet also demnach zwei Arten von Ringen hinsichtlich ihres Einbaues. Ist das Nutrechteck völlig geschlossen, so spricht man von einem eingeschlossenen Ring. Ist aber eine Seite offen, so spricht man von einem teilweise eingeschlossenen Ring, wie er in Abb. 15a–c veranschaulicht ist. Für beide Ringarten muß darauf geachtet werden, daß beim Zusammenschrauben der Flanschen die vorgeschriebene Zusammenpressung des Ringes erreicht wird, also eine plastische Verformung gewünschten Grades stattfindet. Auf dieser plastischen Verformung beruht das Dichtungsprinzip des metallischen O-Ringes. Der Werkstoff verformt sich nach dem sog. kalten Fluß.

Beim teilweise eingeschlossenen Ring, der übrigens von den metallischen O-Ringen am meisten angewandt wird, entsteht eine plastische Verformung des Ringes nur in einer Ebene. Die Nut ist so geformt, daß beim Festziehen der Schrauben der Metallring zum Oval durch die beiden parallelen Berührungsflächen verformt wird. Der Ring kann also zum

Innern des Druckraumes hin ausweichen. Dabei entsteht die Dichtwirkung an den Parallelflächen, über die die Zusammendrückung erfolgt, zwischen denen der Ring abgeflacht wird.

Abb. 15a zeigt den metallischen O-Ring mit teilweisem Einschluß. Dieser O-Ring enthält praktisch nur Luft im Innern des Ringrohres. Für diese Ringart ist die Druck- und Temperaturbelastbarkeit niedriger, als wenn der Ring völlig eingeschlossen wäre.

Der Ring, der mit den seitlichen Bohrungen versehen und ebenfalls in teilweise geschlossener Form montiert ist, wie Abb. 15b andeutet, gestattet dem Innendruck im Behälter, in das Innere des O-Ringes einzudringen und mit zunehmendem Druck den Dichteffekt zu verbessern. Die Druckdiagramme bringen den Dichtvorgang anschaulich zum Ausdruck.

Der ebenfalls geschlossene Metall-O-Ring der Abb. 15c ist mit einem Gas gefüllt, das bei Raumtemperatur unter einem Druck von etwa 40 atü (~600 psi) steht. Dieser Ring wirkt in elastischer Form gegen Druckschwankungen und verhält sich mit steigender Temperatur im Hinblick auf die Dichtwirkung günstiger. Bei höherer Temperatur steigt der Gasdruck im O-Ring, womit die Verformung, also die Anpressung an die Dichtflächen größer werden muß.

Ein Metall-O-Ring, der nach dem Prinzip des völligen Einschlusses montiert ist, wird in Abb. 15d angedeutet. Als Nut werden in beiden Flanschen vorteilhafterweise V-ähnliche Vertiefungen eingeschnitten, die besonders auch zur Einlage massiver Dichtringe geeignet sind. Das Volumen der Nuten ist dem O-Ringvolumen angeglichen. Beim Zusammenschrauben des Verschlusses verformt sich der O-Ring in der quadratischen Form nach Maßgabe der Abb. 15e. Wird diese Verbindung nach der Druckentspannung geöffnet, so bleibt der O-Ring plastisch verformt, eine Wiederverwendung ist ausgeschlossen, was übrigens für alle metallischen O-Ringe der Fall ist.

Die Anordnung des geschlossen montierten Metall-O-Ringes gemäß Abb. 15d stellt hohe Anforderungen an Konzentrizität, was unter Umständen ziemlich teuer werden kann.

## 4. Besondere Abdichtungsarten

Trotz der großen Zuverlässigkeit, mit der die konventionell üblichen statischen Abdichtungsarten arbeiten, findet man eine sehr große Zahl von Sonderbauarten, von denen einige besprochen werden mögen.

Eine in den USA sehr beliebte Dichtungsart ist der Ovalring und auch der Oktagonalring, deren grundsätzliche Formen in Abb. 16 schematisch wiedergegeben sind. Diese Dichtungsart wird vornehmlich in Rohrverbindungen im Zusammenhang mit angeschweißten Flanschen angewandt. Bei beiden Ringarten wird vom Keilprinzip mit Linienberührung Gebrauch gemacht.

In Anlehnung an die Graylog-Verbindung sei auf eine Bauart hingewiesen, die in Abb. 17 veranschaulicht wird. Diese Konstruktion ist wesentlich komplizierter in Herstellung und Handhabung, als es die

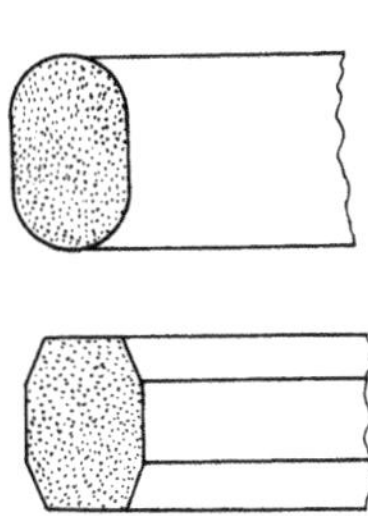

Abb. 16. Metalldichtringe als Oval- und Oktagonalring

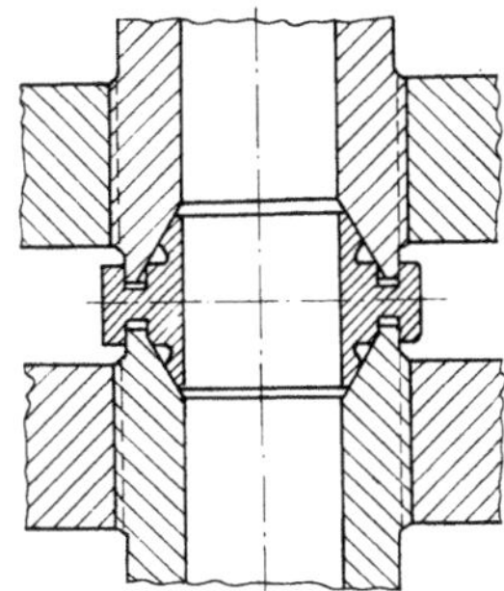

Abb. 17. Sonderverschlußkonstruktion mit Selbstdichtungswirkung

Graylog-Verbindung ist. Sie nützt ebenfalls das Selbstdichtungsprinzip bei steigendem Innendruck aus. Die Bearbeitung der Teilung verlangt große Sorgfalt, weshalb diese Verbindungsart lediglich für kleinere Rohrabmessungen in Frage kommt.

Eine wichtige Dichtungsart, besonders für kleinere und mittlere Abmessungen ist die sog. Verschlußbauweise nach Bridgman, auf die in Abb. 18 hingewiesen wird. Diese Dichtung wird angewandt in Apparaten, Autoklaven, Laborgeräten und Rohrleitungen für Betriebsbedingungen, die hinsichtlich Druck und Temperatur als extrem angesprochen werden können. Wie man erkennt, arbeitet auch dieser Verschluß nach dem Selbstdichtungsprinzip bei steigendem Innendruck. Diese Dichtung ist so angebracht, daß der Innendruck eine Kraft ausübt, die die Selbstdichtung bewirkt, die höher ist als die Innendruckkraft. Die Bearbeitung und der Einbau dieser Dichtung bedürfen ziemlicher Sorgfalt.

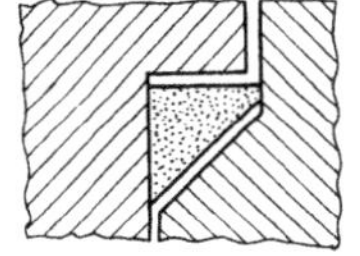

Abb. 18. Spezialdichtung, System Bridgman

Neuerdings sind im Zusammenhange mit Verbrennungsmaschinen für Weltraumfahrt und Düsenflugzeugen eine ganze Reihe von Dichtungen auf den Markt gekommen, die für extreme Drücke und Temperaturen zur Anwendung kommen. Viele ähnliche Bauarten werden auch für Atomreaktoren angepriesen. Von der Vielzahl der Vorschläge können im Rahmen dieses Kapitels nur Erwähnungen gemacht werden, um auf deren Existenz hinzuweisen. So ist beispielsweise in Abb. 19a eine Dichtung gezeigt, die von der US-Firma Cook als „Big Edge" in den Handel gebracht wird. Das Dichtungsprinzip beruht darauf, daß der Innendruck die Dichtlippen an die Dichtflächen andrückt. Nach Angabe des Herstellers soll diese Dichtung für Drücke bis 2000 atü und Temperaturen von 2000 °F erprobt worden sein.

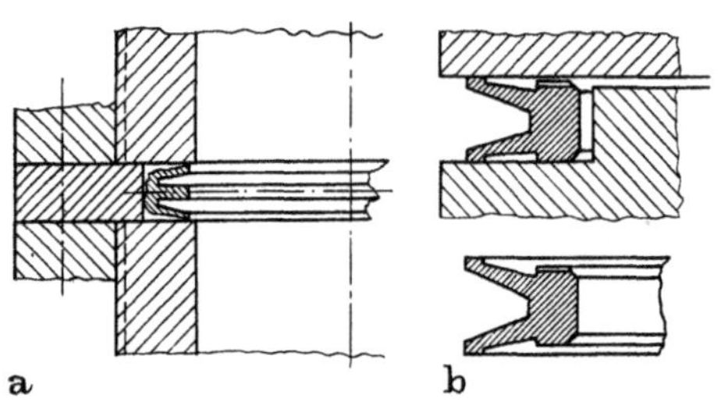


Abb. 19a u. b. Sonderbauarten von Metalldichtungen für hohe Drücke und Temperaturen
a) System der Firma Cook, USA; b) System der Firma Haskel, USA

In Abb. 19b ist eine Dichtung dargestellt, die mit der Dichtung von Abb. 19a in Form und Wirkungsweise starke Ähnlichkeit aufweist. Diese Dichtung wird von der Firma Haske hergestellt.

Für beide Dichtungen gelten etwa gleiche Grundsätze. Beide stellen hohe Anforderungen an Herstellungsgenauigkeit bei hohen Toleranzforderungen. Versuchsdaten über das Dichtverhalten bei extremen Bedingungen liegen in der Literatur nicht vor.

## D. Konusverschlüsse für große Apparate

Die bisherige Diskussion für statische Dichtungsarten an Hochdruckapparaten und Rohrleitungen hat gezeigt, daß die Abdichtung für kleine Abmessungen im allgemeinen kein Problem darstellt. Diese Sachlage ändert sich jedoch mit zunehmenden Behälterabmessungen, wo die Behältergewichte immer größer und die Behälter selbst unhandlicher werden. Man hat sich daher, vom niedrigen Dichtungsfaktor ausgehend, mit dem Konusprinzip geholfen, das in zwei verschiedenen Formen zur Anwendung kommt, als Einfachkonus oder als Doppelkonus.

### 1. Der Einfachkonus

Die statische Abdichtung mittels Einfachkonus stützt sich auf das Prinzip des Keilringes, um Linienberührung in den Dichtflächen und damit einen niedrigen Dichtungsfaktor zu erreichen. Zur Erläuterung sei auf die Schemadarstellungen der Abb. 20a–c verwiesen. Die Darstellungen von Abb. 20a und 20c unterscheiden sich lediglich dadurch, daß für das Aufschrauben der Deckel auf den Behälter verschiedene Gewindearten benutzt werden. Der Autoklav der Abb. 20b ist mit Auskleidung versehen, die aus Edelstahl besteht. In allen drei Ausführungen ist der Konus ein Bestandteil des Deckels, also direkt angeschmiedet. Der Konuswinkel ist etwa 70°. Es ist darauf zu achten, daß der Neigungsunterschied zwischen Sitz und Kegel etwa 2° beträgt, was aus der Darstellung nicht zu ersehen ist. Durch diesen Winkelunterschied wird die Dichtung erleichtert und die erforderliche Dichtkraft beträchtlich herabgesetzt. Gleiche Konuswinkel für beide Berührungsflächen ist unpraktisch, da die Dichtflächen viel zu groß sind, daher also geschliffen werden müßten, um zuverlässige Abdichtung zu erzielen. Eine Feinstbearbeitung derartiger Oberflächen im Hinblick auf die enormen Apparategewichte wäre absolut unwirtschaftlich.

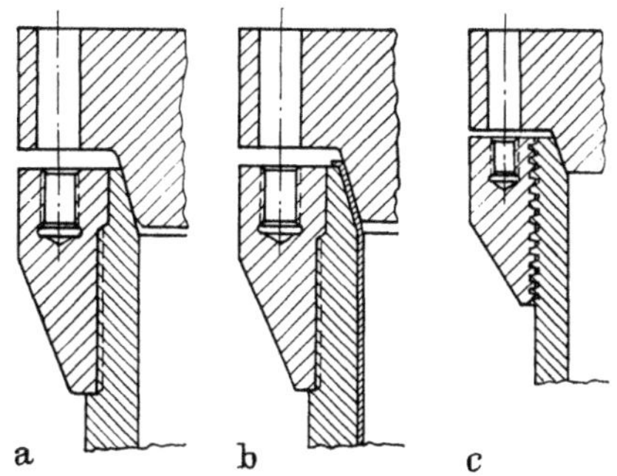


Abb. 20a–c. Behälterverschlüsse mit Einfachkonusdichtung
a) Normalgewinde; b) Auskleidung; c) Sägegewinde

Dichtungen dieser Bauart lassen sich bei geeignetem Differenzwinkel mehrfach ohne Nachbearbeitung wieder verwenden. Im Falle Auftretens unvorhergesehener Schwierigkeiten sei auf ein Hilfsmittel hingewiesen, das der Verfasser vielfach mit sehr gutem Erfolge in zahlreichen Variationen angewandt hat. Wird die Ausrichtung schwierig oder sei es, daß die Berührungsflächen leichte Oberflächenfehler aufweisen, man aber keine Zeit verlieren möchte durch die Nachbearbeitung, so kann man sich dadurch helfen, daß man dünne Metallfolien aus Kupfer, Aluminium, Silber oder Edelstahl von der Dicke von ~1/1000 Zoll zwischen die Dichtflächen legt und dann die Dichtungsschrauben anzieht. Die plastische Verformung der dünnen Folie, die allerdings ohne Falten aufliegen muß, gibt absolute Gewähr zur Schließung des Dichtungsspaltes. Die Auswahl des Folienwerkstoffes richtet sich nach der Verträglichkeit mit dem Druckmedium. Je dünner die Folie ist, um so einfacher läßt sich Abdichtung erzielen.

Einige Abwandlungen des Dichtungsprinzips mittels Einfachkonus sind in Abb. 21 a, b angegeben. Die letztere Darstellung zeigt einen einfacheren Deckel, wobei der Einfachkonus als besondere Dichtungseinlage ausgeführt ist.

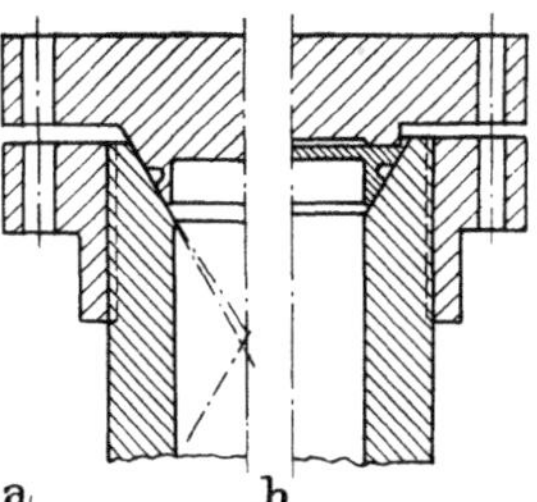


Abb. 21. Sonderverschlüsse unter Anwendung des Konusprinzips ohne Dichtungseinlage

Es sei noch darauf hingewiesen, daß die Wahl des Differentialwinkels bzw. der Unterschied der Neigung nicht kritisch ist. Winkelpaare wie 58/60°, 65/70° oder 68/70° haben sich alle gleichmäßig gut bewährt. Der steilere Winkel benötigt geringere Dichtkraft für ursprüngliches Anziehen. Man muß lediglich darauf achten, daß es auf den Winkelunterschied ankommt, und besonders darauf, daß die Berührungslinie möglichst nahe an den Innenrand des Behälters herankommt. Die geeignete Wahl des Winkels ist ausschlaggebend, ob die Verbindung beim Anziehen festfrißt, und wie leicht eine Lösung zum Öffnen des Apparates erzielt werden kann. Beim Winkelpaar 58/60° sind dem Verfasser in vielen Jahren praktischer Tätigkeit mit großen Autoklavenverschlüssen keine Fälle von Festfressen bekannt geworden.

## 2. Der Doppelkonus

Trotz der guten Erfahrungen mit dem Einfachkonus ist die Entwicklung zum Doppelkonus weitergedrungen. Zum Verständnis der Doppelkonusdichtung ist es vorteilhaft, einige Betrachtungen über die Kraftverhältnisse im Verschlußzustand anzustellen.

### a) Die Kraftverhältnisse beim Einfachkonus

In Kap. V wird im Zusammenhange mit den Dichtverhältnissen von Flanschverbindungen von Hochdruckanlagen und Rohrleitungen auf die Wichtigkeit des Dichtungsfaktors hingewiesen. Der Dichtungsfaktor ist ein praktisches Werkzeug für die Gütebeurteilung einer Dichtungsart, da die Abmessungen des Verschlusses und der Verbindungen aus der Größe der Schraubenkraft errechnet werden. Der Dichtungsfaktor aber bestimmt die Größe der Schraubenkraft aus dem Innendruck.

Von der idealen Seite her gesehen versucht man einen Verschluß so zu gestalten, daß der Dichtungsfaktor praktisch sich so weit wie möglich dem Grenzwert 1,0 nähert. Wirtschaftliche Gründe weisen darauf hin, daß ein günstiger Mindestwert außer von dem elastischen O-Ring von keiner andern Dichtungsart erreicht werden kann. Elastische Dichtungen seien jedoch aus gewissen Gründen von den Betrachtungen an dieser Stelle ausgeschlossen. Den nachfolgenden Ausführungen mögen nur metallische Dichtungen zugrunde gelegt werden.

Bei bekannten Abmessungen des Verschlusses ergibt sich die theoretische Schraubenkraft für einen gewählten Innendruck zu

$$P_{th} = x F_D p_i \quad \text{(kg)},$$

$$F_D = \frac{\pi}{4} d_D^2 \quad (\text{cm}^2).$$

Hierin bedeuten:

$P_{th}$ = die theoretische Dichtkraft beim Innendruck (kg),
$x$ = Dichtungsfaktor,
$F_D$ = Dichtkreisfläche (cm²),
$p_i$ = Innendruck (kg/cm²),
$d_D$ = Dichtkreisdurchmesser (cm).

Führt man für die Betrachtung des Kräftegleichgewichtes am Einfachkonus eine schematische Darstellung ein, wie sie der Abb. 22 zugrunde liegt, so muß man die Kraft $P$ aufwenden, um den Keil senkrecht nach unten zu bewegen. Bei der Bewegung erzeugt diese Kraft $P$ eine Einheitskraft $p$ auf jedem Zentimeter Länge am Umfang des Keiles – der hier als Konus betrachtet werden soll – von

$$p = \frac{P}{\pi d_D} \quad (\mathrm{kg/cm}). \tag{1}$$

Die Gegenkraft in der Berührungsfläche des Zylinders, die mit $q$ bezeichnet sei, wird definiert zu

$$q = \frac{p}{\operatorname{tg}(\alpha + \varrho)}. \tag{2}$$

Wird der Wert $p$ aus Gl. (1) eingesetzt, so wird

$$q = \frac{P}{\pi d_D \cdot \operatorname{tg}(\alpha + \varrho)}. \tag{3}$$

Führt man jetzt die Konushöhe $h$ ein, so gilt

$$q = \frac{P}{\pi d_D h \cdot \operatorname{tg}(\alpha + \varrho)}. \tag{4}$$

Mit der Beziehung

$$h = w \cos\alpha \tag{5}$$

ergibt sich

$$q = \frac{P}{\pi d_D w \cdot \cos\alpha \operatorname{tg}(\alpha + \varrho)}. \tag{6}$$

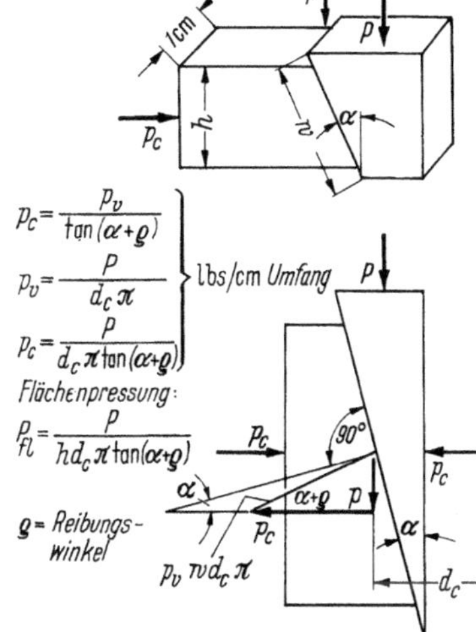

Abb. 22. Kräftespiel – schematisch – beim Einfachkonusverschluß

Aus diesen Kräfteverhältnissen lassen sich dann die daraus resultierenden Beanspruchungen ermitteln.

Zur Berechnung der Spannungen sei wiederum die Gestaltänderungs-Energiehypothese nach VON MISES angewandt. Es ergeben sich danach für die Hauptspannungen

Tangential:

$$\sigma_t = \frac{1}{k^2 - 1}\left[1 + \left(\frac{d_D}{d_x}\right)^2\right] q. \tag{7}$$

Radial:

$$\sigma_r = \frac{1}{k^2 - 1}\left[1 - \left(\frac{d_D}{d_x}\right)^2\right] q. \tag{8}$$

Für die gesamte Anstrengung gilt die von-Mises-Beziehung

$$\sigma_{\text{eff}} = \sigma_v = \frac{1}{2}\left[(\sigma_t - \sigma_r)^2 + (\sigma_r - \sigma_{ax})^2 + (\sigma_{ax} - \sigma_t)^2\right]^{1/2}. \tag{9}$$

### b) Kraftverhältnisse beim Doppelkonus

Der Betrachtung der Kraftverhältnisse beim Doppelkonus möge das Schema der Abb. 23 zugrunde gelegt werden. Daraus ergeben sich folgende Kräfte:

$p_v$ = als Folge der Vorspannung $V$,
$P_r$ = als eine Folge des radialen Druckes gegen die Konuswand,
$P_{ax}$ = als eine Folge des axialen Druckes gegen den Deckel.

Beim Innendruck von 0 atü übt die Vorspannung senkrecht zu $w$ einen Druck je Zentimeter Umfangslänge von

$$p_v = x\,p_i \tag{10}$$

aus, worin der Faktor $x$ zu 2 angenommen werden kann.

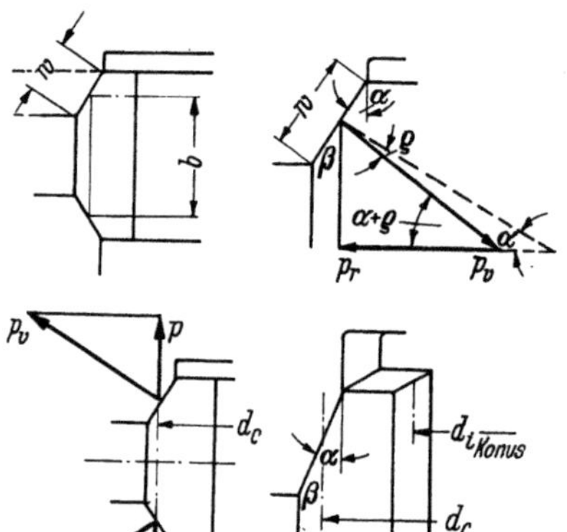


Abb. 23. Kräftespiel – schematisch – beim Doppelkonusverschluß

Über die ganze Länge der Dichtung gilt dann

$$p_v w \cdot d_D \pi = x\,p_i w \cdot d_D \pi\,. \tag{11}$$

Unter Benützung des Reibungswinkels $\varrho$ gilt

$$p_v = x\,d_D \pi \cdot w\,p_i \sin(\alpha + \varrho)\,. \tag{12}$$

Für die Komponente, die sich in radialer Richtung aus dem Gasdruck ergibt, möge die Neigung mit $\beta$ bezeichnet werden. Außerdem wird für $p$ aus Gl. (1) der Wert $\left(p_i \frac{H}{2}\right)$ eingesetzt.

Für die Komponente senkrecht zur Konusneigung gilt für 1 cm Umfangslänge die Beziehung

$$\frac{p}{\operatorname{tg}(\beta+\varrho)} = \frac{p_i H}{2\operatorname{tg}(\beta+\varrho)}\,. \tag{13}$$

Also gilt für die ganze Umfangslänge der Steigung mit $d_D$

$$P_r = \frac{p_i H (d_i)_{\text{Kon}}\,\pi}{2\operatorname{tg}(\beta+\varrho)}\,, \tag{14}$$

$$\frac{1}{\operatorname{tg}(\beta+\varrho)} = \operatorname{tg}(\alpha-\varrho)\,, \tag{15}$$

folglich

$$P_r = p_i \frac{H}{2} (d_i)_{\text{Konus}} [\operatorname{tg}(\alpha-\varrho)]\,. \tag{16}$$

Entsprechend ist für die Axialkomponente gegen den Deckel

$$P_{ax} = \frac{\pi}{4} d_D^2 p_i . \tag{17}$$

Dementsprechend wird die Vorspannung für den Doppelkonus

$$p_v = x p_i w \cdot d_D \pi \sin(\alpha + \varrho) . \tag{12}$$

Durch Austausch aus Gl. (6), wo $P$ durch $p_v$ ersetzbar ist, wird

$$q = \frac{x p_i w \cdot d_D \pi \sin(\alpha + \varrho)}{\pi w d_D \cdot \cos\alpha \operatorname{tg}(\alpha + \varrho)} = \frac{x p_i \sin(\alpha + \varrho)}{\cos\alpha \operatorname{tg}(\alpha + \varrho)} . \tag{18}$$

Mit

$$\frac{\sin(\alpha + \varrho)}{\cos(\alpha + \varrho)} = \operatorname{tg}(\alpha + \varrho)$$

wird

$$q = \frac{x p_i \cos(\alpha + \varrho)}{\cos\alpha} . \tag{19}$$

Man erkennt daraus, daß unter Innendruck die Vorspannung nahezu aufgehoben wird. Der Innendruck übt entlang der Göße $H/2$ eine Kraft aus, die über die Breite $h$ für 1 cm Länge gleich wird zu

$$p_D = p_i \frac{H}{2h} = p_i \frac{H}{2 w \cos\alpha} . \tag{20}$$

Legt man jetzt wieder die Gestaltänderungs-Energiehypothese zugrunde, so lassen sich Spannungen in den Hauptrichtungen sowie die Anstrengung in ähnlicher Weise ermitteln, wie es für Gln. (7–9) gezeigt ist.

## E. Vorspannungsverhältnisse für statisch beanspruchte Dichtungsarten

In Kap. V wird für die Ermittlung der Vorspannkräfte bzw. der Gesamtschraubenkraft eine Kurve angegeben, aus der der Dichtungsfaktor für Dichtlinsen abzulesen ist. Nachdem nun eine große Anzahl statischer Dichtungsarten behandelt und besprochen ist, dürfte es angebracht erscheinen, die Dichtungsfaktoren dieser Dichtungen mit denen der Kurve von Abb. 14, S. 183 für Linsen zu vergleichen. Bekanntlich ist diese Kurve ein praktischer Vorschlag zur direkten Berechnung der Schraubenkraft. Die Kurve schließt also Unregelmäßigkeiten und Unzulänglichkeiten seitens der Montage ein.

In Abb. 24 wird ein Schaubild gezeigt, in welchem die theoretischen Dichtungsverhältnisse dargestellt werden für Metalldichtungen unter statischen Belastungen, und zwar für die Vorspannung beim Innendruck Null als Ordinatenachse, für den Betriebsdruck $p_i$, für den Probedruck $p_{pr}$ sowie für den Druck, bei dem Undichtheit entsteht, der als Abblasedruck bezeichnet werden möge. Die Ordinaten zeigen die Werte von theoretischen Dichtungsfaktoren an als Funktion von den möglichen Betriebszuständen, wie sie durch die verschiedenen Vertikalen angedeutet sind.

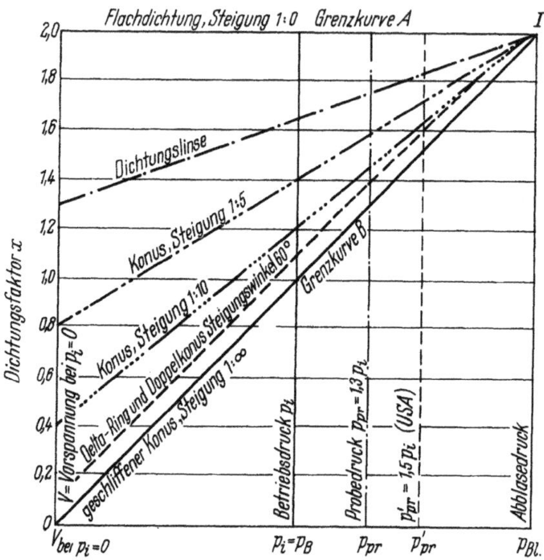


Abb. 24. Theoretisches Diagramm für verschiedene Metalldichtungen im Vergleich zum Konusprinzip hinsichtlich des Dichtungsfaktors bei verschiedenen Betriebszuständen

Nimmt man jetzt eine perfekt geschliffene Konusdichtung an, so läßt sich aussagen, daß der Dichtungsfaktor gleich 1,0 ist. Also hat die eine Grenzkurve eine 45°-Neigung durch den Koordinatenursprung und weist die Steigung 1 : ∞ auf. In Abb. 24 ist diese Kurve als Grenzkurve *B* bezeichnet. Nimmt man jetzt eine Flachdichtung, die die Neigung 1 : 0 aufweist und den theoretischen Dichtungsfaktor $x = 2$ haben möge, so ergibt sich für Flachdichtungen gemäß ihrer Neigung eine Horizontale, die infolge des Dichtungsfaktors durch den Ordinatenpunkt *2* geht. Da die Flachdichtung bekanntlich die ungünstigste unter den statischen Metalldichtungen ist, sei diese Kurve mit der Neigung 1 : 0 als Grenzkurve *A* festgelegt. Der Schnittpunkt *I* der Grenzkurven *A* und *B* gibt die Abszisse des Druckes an, bei dem die Verbindung undicht wird. Die Kurven aller Metalldichtungen liegen nun zwischen den Grenzkurven *A* und *B* und haben den Schnittpunkt *I* gemeinsam.

Nun kennt man für die konventionellen Metalldichtungen den theoretischen Dichtungsfaktor als Erfahrungswert, bezogen auf den Innendruck Null. Für die Linse ist $x$ beispielsweise 1,30 und für den Konus mit Neigung 1 : 5 etwa 0,80. Der Konus 1 : 10 hat $x = 0{,}40$ und für den Doppelkonus mit 60° Neigung gilt sogar der Wert von 0,1. Verbindet man die Ordinatenpunkte dieser $x$-Werte für $p_i = 0$ mit Schnittpunkt $I$, so ergeben sich die Dichtungswerte unter Betriebs- und Probedruckbedingungen, wie in Abb. 24 gezeigt ist.

Die Kurven der Abb. 24 zeigen eindeutig, daß die Konusdichtungen, besonders aber der Doppelkonus mit Neigungen von 60° die günstigsten Kräfteverhältnisse aufweisen. Je steiler der Winkel für die Konusneigung ist, um so niedriger kann der Dichtungsfaktor sein. Die Linsendichtung ist wesentlich ungünstiger als jegliche Konusart, sie bleibt daher auch nur auf kleine bis mittlere Abmessungen beschränkt. Man erkennt ferner, daß die flache Metalldichtung mit Abstand die ungünstigsten Verhältnisse liefert.

Die Kurven für die Dichtungsfaktoren aller statisch verwendeten Dichtungen liegen zwischen den Grenzkurven $A$ und $B$, vorausgesetzt, daß sie aus Metall bestehen. In diesen Betrachtungen sind lediglich die Schraubenkräfte zum ersten Anziehen der Verschlüsse berücksichtigt. Die Einflüsse des Selbstdichtungseffektes sind nicht inbegriffen.

## F. Die Form der Doppelkonusdichtung

Die metallische Doppelkonusdichtung wird in einer Form in Hochdruckanlagen verwendet, wie in Abb. 25 dargestellt wird. Ein Querschnitt für einen kompletten Verschluß wird in den Darstellungen der Abb. 26a–c gezeigt. Besonders Abb. 26 zeigt deutlich, wie durch die Einordnung der Doppelkonusdichtung im Deckel die Höhe dieses Deckels gegenüber dem Einfachkonus wesentlich gekürzt werden kann. Eine weitere merkliche Herabsetzung der Deckelhöhe wird infolge des günstigen Dichtungsfaktors $x$ möglich. Durch die Form des Deckels wird auch der Schrauben-

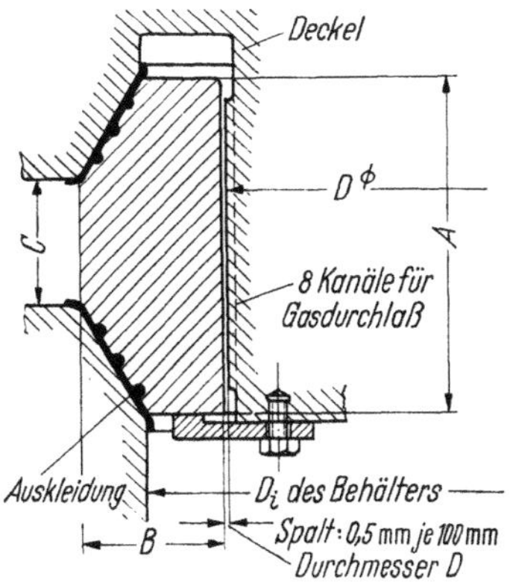


Abb. 25. Abmessungen der Doppelkonusdichtung für HD-Behälter

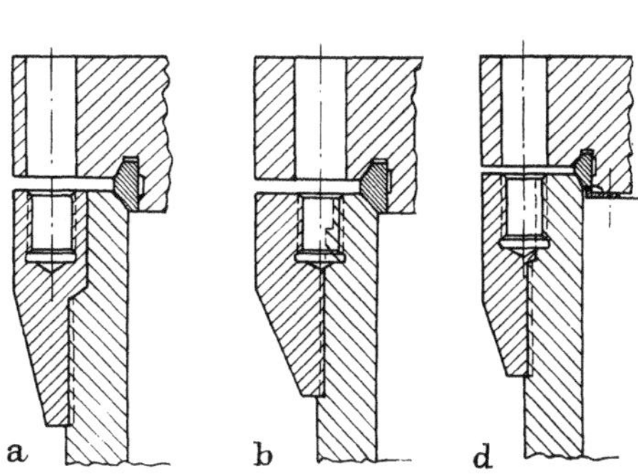


Abb. 26. Apparateverschlußarten mit Doppelkonusdichtungen

kreisdurchmesser beeinflußt, was mit einer weiteren Herabsetzung von Größe und Gewicht des Deckels verbunden ist. Es sei jedoch bemerkt, daß die Größe des Schraubenkreisdurchmessers auch noch von anderen Faktoren abhängig ist.

Um einen Begriff über die tatsächliche Größe der Doppelkonusdichtungen zu vermitteln, seien einige Abmessungen wiedergegeben, die von Korndorf [3] angegeben sind.

Tabelle 1

| $D_i$ des Behälters | Druck | Abmessungen mm | | | |
|---|---|---|---|---|---|
| mm | atü | *A* | *B* | *C* | *D* |
| 500 | 325 | 100 | 38 | 40 | 459 |
| 500 | 325 | 80 | 30 | 24 | 466 |
| 600 | 325 | 80 | 32 | 25 | 566 |
| 800 | 325 | 120 | 45 | 46 | 755 |
| 800 | 325 | 100 | 39 | 30 | 760 |
| 1200 | 325 | 135 | 55 | 52 | 1137 |
| 500 | 700 | 100 | 50 | 40 | 435 |
| 500 | 700 | 80 | 35 | 26 | 463 |
| 600 | 700 | 100 | 60 | 40 | 535 |
| 600 | 700 | 80 | 35 | 26 | 563 |
| 800 | 700 | 100 | 65 | 46 | 715 |
| 900 | 700 | 145 | 75 | 48 | 806 |

In dieser Tabelle handelt es sich um Abmessungen, wie sie an industriellen Hochdruckbehältern zur Anwendung kamen.

Die Bezeichnungen stützen sich auf die Angaben der Abb. 25.

Zur Vermeidung übertriebener Verformungen des Doppelkonusringes beim Anziehen wird das Spiel zwischen der Innenfläche des Konusringes und der Deckelwand auf maximal 0,05 mm für je 100 mm Durchmesser des Druckbehälters festgelegt. Diese Maßnahme führt dazu, daß der Ring bei einer bestimmten Grenzverformung an den Deckel heranrückt und mit dem Deckel ein gemeinsames Stück bildet. Ferner wird dabei erreicht, daß die Ringverformung die elastische Zone praktisch nicht überschreitet.

Um die Wirkung des Innendruckes zum Zwecke der Erhöhung der Selbstdichtungswirkung auszunützen, ist der Deckel in achsenparalleler Richtung mit Nuten versehen, damit das Druckmedium auch in den Druckraum oberhalb der Doppelkonusdichtung im Deckel gelangen kann.

In diesen Formen und Größenordnungen im Vergleich zu den übrigen Behälterabmessungen benötigt der Doppelkonus etwa 25% geringere Schraubenkraft, als es für den Einfachkonus ähnlicher Größenordnung erforderlich ist.

Die Anbringung von Auskleidungen an den Dichtflächen des Deckels und des Druckbehälters ist nicht für alle Behälter erforderlich. Sie wird angewandt, wo Gründe zu der Annahme bestehen, daß bei der Montage Dichtungsschwierigkeiten entstehen können. Die Auskleidung fließt dann infolge Verformung in die bereitstehenden Nuten und schließt den Spalt. Eine bessere Lösung ist – wie bereits angedeutet, die Einlage feiner Metallfolie ohne Falte, womit absolute Dichtheit erreicht wird.

## G. Einfluß der Dichtung auf die konstruktive Gestaltung des Verschlusses

Beim Entwurf der Flanschverbindung und dem Verschluß von Hochdruckbehältern spielt die genaue Ermittlung der Schraubenkraft eine ausschlaggebende Rolle.

Der zweite ausschlaggebende Faktor ist bekanntlich der Schraubenkreisdurchmesser. Da der Schraubenkreisdurchmesser merklich größer sein muß als der Außendurchmesser der Metalldichtung, wird die Wichtigkeit der Formgestaltung der Metalldichtung erst richtig betont.

Die Metalldichtung muß einer Reihe von Hauptforderungen genügen, wenn Dichtheit und zugleich wirtschaftliche Bauweise mit Mindestgewicht des ganzen Verschlusses bei einfacher Handhabung erreicht werden sollen. Diese sind im wesentlichen:

1. Es muß angestrebt werden, den Dichtkreisdurchmesser so nahe wie möglich an den Innendurchmesser des Behälters heranzubringen.
2. Der Entwurf der Dichtung muß darauf abzielen, daß der Dichtungsfaktor ein Minimum wird. Wo das Konusprinzip nicht möglich ist, muß versucht werden, die Verformungsfläche klein zu halten, d.h. für die theoretische Dichtung eine Linienberührung anzustreben.
3. Die Verformung der Dichtung darf nicht soweit getrieben werden, daß die Dichtung den Strömungsquerschnitt verengt.
4. Die Dichtung muß mindestens so stabil sein, daß sie beim Anziehen nicht zerquetscht wird. Sie wird zweckmäßig so gestaltet, daß wiederholte Nachbearbeitungen geometrisch und festigkeitsmäßig zulässig sind.
5. Die Dichtung soll eine Form haben, daß sie vom Innendruck nie herausgeblasen werden kann.
6. Nach Möglichkeit soll die Dichtung so gestaltet sein, daß sie mit steigendem Innendruck vom Selbstdichtungsprinzip Gebrauch macht.
7. Der Außendurchmesser soll so gehalten sein, daß der Dichtkreisdurchmesser ein Minimum wird. Dasselbe soll auch für den Schraubenkreisdurchmesser angestrebt werden.

Im Vergleich zum Doppelkonus ist die Dichtlinse weitaus ungünstiger. Bei der Linse ist der Dichtungsfaktor nahezu doppelt so groß, der Dichtkreisdurchmesser weicht merklich vom Innendurchmesser ab, der Außendurchmesser ist sehr ungünstig. Eine Begrenzung des Innendurchmessers bei unzulässigem Anzug der Dichtschrauben kann bei der Linse ebenfalls nicht vorgenommen werden.

Somit kann der Doppelkonus als eine optimale Dichtungsart angesehen werden, die sich besonders für sehr große Behälterdurchmesser eignet. Der Außendurchmesser des Ringes ist stets kleiner als der Außendurchmesser der Behälterwand. Damit läßt sich der Flansch sehr günstig ausbilden.

Behälter mit angeschmiedeten Flanschen sind unwirtschaftlich und werden nicht mehr gebaut. Aus der Praxis hat sich gezeigt, daß sich wirtschaftlich bauen läßt, wenn man Gewindeflanschen benützt, die man heiß aufzieht, um eine Schrumpfwirkung bei der Abkühlung zu erzielen. Damit wird erreicht, daß die Flanschen sich nicht von selbst lösen.

Mit der Gestaltung der Flanschen läßt sich die Anordnung der Stiftschrauben für einen günstigen Schraubenkreisdurchmesser ausschlaggebend beeinflussen. Diese Möglichkeit läßt sich am besten an Hand von Abb. 26 beschreiben. Nach der Darstellung von Abb. 26a hat der Flansch hinsichtlich seiner Höhe zwei Abschnitte. Der eine Abschnitt ist mit Gewinde versehen, der andere Abschnitt hat einen Absatz mit einem Durchmesser, der kleiner ist, als dem Gewindedurchmesser entspricht. Mit Hilfe dieser Unterteilung wird Raum für die Unterbringung der Stiftschrauben geschaffen im Flansch. Demnach ist also die Stiftschraube mit dem vollen Gewindequerschnitt im Flansch untergebracht.

Gemäß Abb. 26b wird die Stiftschraube so in dem Verschluß angeordnet, daß sie teilweise im Flansch und teilweise sogar in der Behälterwand steckt. Hinsichtlich der Lochtiefe für die Stiftschraube ist zu erkennen, daß die Schraube merklich in das Flanschgewinde übergreift.

In Abb. 26c ist eine Änderung dahingehend getroffen, daß die Stiftschraube nicht in das Flanschgewinde, sondern in die Schrumpfflächen zwischen Flansch und Behälter übergreift. In beiden Fällen (Abb. 26b u. c) steckt die Stiftschraube zu etwa zwei Drittel im Flansch und zu einem Drittel im Behälter. Beide Anordnungen sind in der Hochdruckindustrie zu finden, wo sie sich sehr gut bewährt haben.

Es sei darauf hingewiesen, daß sich derart günstige Lösungen für einen Minimumwert des Schraubenkreisdurchmessers nur durch die Anwendung von Stiftschrauben ermöglichen lassen. Eine Schwächung der Festigkeit durch die Eingriffe der Stiftschrauben in das Flanschgewinde ist an keiner Stelle beobachtet worden. An Behältern, die infolge Veraltern aus dem Betrieb gezogen wurden, sind Versuche ausgeführt worden, die Stiftschrauben aus dem Verband gewaltsam zu lösen. In allen Versuchen versagten zuerst die Bolzen der Schrauben durch Zugbruch, ehe eine Beschädigung des Flanschbehälterverbandes festgestellt werden konnte.

## H. Zusammenfassung

Für die Abdichtung von Apparaten und Rohrleitungen in Hochdruckanlagen unter statischen Beanspruchungen gegen Innendruck stehen, solange statische Verhältnisse gewährleistet bleiben, eine große Anzahl von wirksamen und zuverlässigen Abdichtungsarten zur Verfügung. Ausschlaggebend für Zuverlässigkeit und Wirtschaftlichkeit ist ein niedriger Dichtungsfaktor und die Verwirklichung des Selbstdichtungsprinzips.

Von den gewöhnlichen Arten von Metalldichtungen hat die Flachdichtung den höchsten Wert als Dichtungsfaktor. Der niedrigste Dichtungsfaktor besteht für den Doppelkonus, gefolgt vom Einfachkonus, wobei der Doppelkonus dem Idealfall am nächsten kommt.

Im statischen Beanspruchungsbereich wird die Frage der metallischen oder elastischen Dichtung von der Höhe der Betriebstemperatur und teilweise auch von der Korrosionsatmosphäre entschieden. Unter den nichtmetallischen Dichtungen wird zwischen elastischen und unelastischen Dichtungen unterschieden.

Für elastische Dichtungen ist der optimal niedrigste Dichtungsfaktor erreichbar. Solange O-Ringe verwendet werden können, braucht der zusätzliche Dichtungsdruck nur so hoch zu sein, als für die vorgeschriebene Verdichtung des O-Ringwerkstoffes aufgebracht werden muß. Allerdings muß der höchste im System auftretende Innendruck der Rechnung zugrunde gelegt werden, um ein Ausblasen des Ringes zu verhindern.

Für unelastische Dichtungen auf nichtmetallischer Basis kommen im wesentlichen Teflon und Kel-F in Frage. Für diese Werkstoffe hat die Konstruktion von Dichtungen nach dem Wedge-Ringprinzip, also Keilringe mit Differentialwinkeln einen Dichtungsfaktor aufzuweisen, der dem für den elastischen O-Ring erforderlichen Wert nahezu gleichkommt. Es kommt allerdings darauf an, die Konstruktion so zu gestalten, daß der kalte Fluß im Dichtungswerkstoff nicht zur Wirkung kommen kann. Dies läßt sich dadurch erzielen, daß nach dem Anziehen der Werkstoff so im Volumen eingeschlossen ist, daß eine weitere Volumenkontraktion nicht eintreten kann. Hinweise dieser Art für solche Dichtungen sind auf S. 449ff. im Zusammenhang mit Stromdurchführungen behandelt.

Bei metallischen Dichtungen kommt es darauf an, daß man eine Keilwirkung mit Steilwinkel für Linienberührung anstrebt. Wo dies nicht möglich ist, muß eine Dichtung angestrebt werden, bei der zwar Linienberührung besteht, der Dichtungsfaktor aber höher ist, wie dies für den Linsendichtungsring zutrifft. Muß die Dichtung plastisch verformt werden, so ist die Form der Linienberührung unerläßlich, da sonst die Dichtkraft zur plastischen Verformung der Dichtung zu hoch wird. Wo das Keilprinzip mit steilem Keilwinkel nicht besteht, und die Dichtung plastisch verformt werden muß, wie das bei der Dichtlinse zutrifft, so muß eine Flächenpressung aufgebracht werden, die doppelt so groß ist wie die Streckgrenze des Dichtungswerkstoffes.

Beim Keilprinzip besteht zwar Linienberührung, doch geht die plastische Verformung nicht zur Fläche über. Dies ist die Erklärung für den niedrigen Dichtungsfaktor, solange es sich beim Keil oder Konus um einen Steilwinkel handelt. Infolge der Linienberührung bei niedriger Schraubenkraft bleibt die Verformung so niedrig, daß die Dichtung wiederholt verwendet werden kann.

Zur Erzielung höchster Zuverlässigkeit des Dichtverhaltens während des Betriebes muß das Selbstdichtungsprinzip angewandt werden, wo immer eine Möglichkeit dazu geboten ist. Innerhalb dieser Kategorie ist die elastische Dichtung die wirtschaftlichste. Wenn Temperaturgrenzen dies unmöglich machen, wird das Wedge-Ringprinzip anzuwenden sein. Allerdings bleibt zu berücksichtigen, daß die Konstruktion darauf abgestellt werden muß, die Verbindung wieder lösen zu können.

Die Form der Dichtung beeinflußt die Konstruktion des ganzen Verschlusses in ausschlaggebender Weise. Der Dichtkreisdurchmesser und der Schraubenkreisdurchmesser müssen für Minimumwerte konstruiert werden. Daraus lassen sich Mindestwerte für alle Einzelelemente des ganzen Verschlusses ermöglichen.

Mit dem Doppelkonusring als Dichtung für Hochdruckbehälter in Produktionsanlagen ermöglicht man Gewindeflanschen, die optimale Abmessungen aufweisen. Allerdings läßt sich die optimale Form nur mit Stiftschrauben erzielen. Die Unterbringung der Stiftschraubenlöcher kann auf verschiedene Arten erreicht werden. Die günstigste Lösung ist dann gegeben, wenn die Stiftschrauben im Flansch und teilweise in der Behälterwand stecken. Diese gleichzeitige Zugehörigkeit der Stiftschraube zu zwei Behälterelementen mit Durchschneiden eines gemeinsamen Gewindes zwischen diesen Elementen hat auf die Zuverlässigkeit des Dichtverhaltens des ganzen Verschlusses während des Betriebes keinen Einfluß. Die Verbindung zwischen Flansch und Behälterwand ist geschrumpft. Eine Schrumpfverbindung dieser Art wird durch eine Gewindeunterbrechung nicht gestört.

## III. Dynamische Abdichtung an Schäften mit rotierender Bewegung

Sowohl in Hochdruckproduktionsanlagen als auch in Laboratoriumseinrichtungen tritt die Abdichtung beweglicher Teile gegen hohen Innendruck häufig auf. Es bedarf nach den Ausführungen über statische Dichtungen kaum eines besonderen Hinweises dafür, daß die Abdichtung beweglicher Teile weitaus schwieriger ist als die Abdichtung unter rein statischen Bedingungen. Die beiden Hauptarten von Bewegungen, die der Konstrukteur im Hochdruckgebiet zu meistern hat, sind die rotierende Bewegung von Wellen und Schäften an Pumpen und Autoklaven sowie die translatorische Bewegung von Kolben, Kolbenstangen und Plungern. Wenn auch viele Schwierigkeiten bei der Abdichtung dieser Maschinenteile beider Bewegungsarten die gleichen sind, so treten dennoch für jede noch eine Reihe von Problemen in Erscheinung, die sich von denen der jeweils anderen Dichtungsaufgabe ganz grundsätzlich unterscheiden.

Im folgenden werden die Abdichtungsmöglichkeiten gegen rotierende Maschinenteile besprochen. Diese Frage tritt vor allem auf bei Hochdruckrührautoklaven und bei Rotationspumpen unter hohem Förderdruck. Um einen etwas umfassenderen Überblick über die Problemstellung zu gewähren, seien in diese Betrachtung auch Betriebsbedingungen mit niedrigen Drücken einbezogen. Dadurch lassen sich die Konstruktionsprobleme am deutlichsten definieren. Mit der Lösung allgemeiner Dichtungsprobleme auf dynamischer Basis wird das Grundsätzliche aller Dichtungsschwierigkeiten erkenntlich, zumal sich die eigentlichen Dichtungselemente nicht sehr wesentlich voneinander unterscheiden.

## A. Abdichtung gegen verhältnismäßig niedrigen Innendruck

Bei Apparaten, die entweder drucklos oder mit geringem Innendruck betrieben werden, ist der Zweck der Abdichtung von Wellen oft vielseitiger Natur. Einmal ist die Abdichtung notwendig, um Gase oder Dämpfe aus dem Behälter nicht in die Außenatmosphäre gelangen zu lassen. Auf der andern Seite kann sie dem Zweck dienen, das Produkt im Innern des Apparates vor schädlichen Einflüssen von außen zu schützen. Hier kann es sich um Festteilchen, Flüssigkeiten oder Suspensionen handeln, die vom Innern ferngehalten werden müssen. Ein Beispiel hierfür ist die Schmierung der Welle im Lager, wenn unter allen Umständen ein Eindringen von Öl oder Fett verhindert werden muß.

### 1. Abdichtung mit Filzringen

Die Abdichtung von rotierenden Wellen mit Hilfe von Filzringkonstruktionen wird in der chemischen Großindustrie und anderen Zweigen der Maschinenindustrie in sehr großem Maßstabe angewandt. Filz ist ein Werkstoff, der aus Fasern besteht, die unter Aufwendung mechanischer und chemischer Verfahren zu einem festen Werkstoff unter Benutzung von Feuchtigkeit und Wärme vereinigt werden, ohne daß ein Spinn-, Web- oder Wirkverfahren angesetzt werden muß.

Filz besitzt eine Reihe vorteilhafter Eigenschaften, die ihn zu einem idealen Werkstoff für Abdichtungszwecke stempeln. Zunächst kann Filz bis zu 78% seines Normalvolumens zum Einsaugen von Öl herangezogen werden, dient also damit zugleich als Schmiermittelreservoir. Seine hohen Kapillarfähigkeiten gewährleisten stets gute Schmierung, auch dann noch, wenn ein längerer Stillstand der Anlage vorausgegangen ist. Hierbei dient Wollefilz zu 99–100% als Aktivfilter, das wirkungsvoll Festteilchen bis zu 0,7 $\mu$ Teilchengröße zu absorbieren vermag. Sobald der Filz hinreichend durchtränkt ist, behält er auf lange Zeit seine mechanische Beweglichkeit, trotz Abnützung, Spiel und vielfach exzentrischem Lauf der Welle auf Grund mechanischer Einbaufehler.

Trockener Filz hat gegen Stahl einen durchschnittlichen Reibungsfaktor von etwa 0,22. Nach der Tränkung mit Öl ist der mittlere Reibungsfaktor noch in der Größenordnung von 0,15. Nimmt der Filz etwa harte Festteilchen auf, so dringen diese in den Filz ein, ordnen sich leicht und tragen eher dazu bei, die Oberfläche der Welle zu polieren, anstatt sie zu schädigen. Die Grenzen der Temperaturbelastbarkeit von Filz liegen zwischen $-50$ °C und $+120$ °C. Filz aus synthetischer Faser läßt sich bis zu 200 °C Temperatur noch ohne Schaden anwenden, ohne an Festigkeit und chemischer Widerstandsfähigkeit einzubüßen.

Filz aus Wolle ist beständig gegen verdünnte Mineralsäuren und deren Lösungen. Alkali greifen den Filz merklich an. Unbehandelt ist der Filz gegen Öle, Fette, Wachse und eine große Zahl von Lösungsmitteln beständig. Der mechanisch bearbeitete Filz auf synthetischer Basis vermag gegen Angriffe von stärkeren Säuren und Basen standzuhalten, bleibt beständig in Wasser, Kraftstoffen und Schmiermitteln sowie hydraulischen Flüssigkeiten und Lösungsmitteln.

Hinsichtlich der Drehgeschwindigkeit von Wellen sind Umlaufgeschwindigkeiten bis zu 12 m/sec zulässig. Ist die Oberfläche glatt und hart genug, so kann diese Geschwindigkeitsbelastung bis auf 20 m/sec gesteigert werden.

Einige Anwendungsbeispiele für Wellenabdichtungen mit Filzringen werden in Abb. 27 a–f gezeigt. In Darstellung *a* wird der Filzring in eine Nut eingelegt, die eine Steigung von 4° aufweist. Der Metallring, der dem Filzring als Gehäuse dient, hat in der Bohrung für die Welle ein Spiel von 0,5–1 mm mit Rücksicht auf den Schaftaußendurchmesser. Das Laufspiel soll sich zwischen 0,4 und 0,8 mm bewegen. Eine Regulierung des Ringes ist nicht möglich. Muß der Filzring wegen Abnutzung ausgewechselt werden, so muß die Welle entfernt werden.

Darstellung *b* zeigt die gewöhnliche Art von Ringen mit Öl- bzw. Fettschmierung. Der Ring hat nur auf einer Seite eine Neigung und wird von einer Stirnplatte in der gewünschten Lage gehalten. Die einseitige Neigung trägt dazu bei, daß sich die Fasern nach innen neigen, entlang der

Wellenoberfläche, wodurch die Kapillarwirkung des Filzes den Rücklauf des Öls vom Filz her in das Gehäuse erleichtert wird. Der Spalt zwischen Gehäuse und Schaft sollte möglichst klein gehalten werden. Der Austausch des Filzringes ist einfach und ohne Ausbau der Welle möglich.

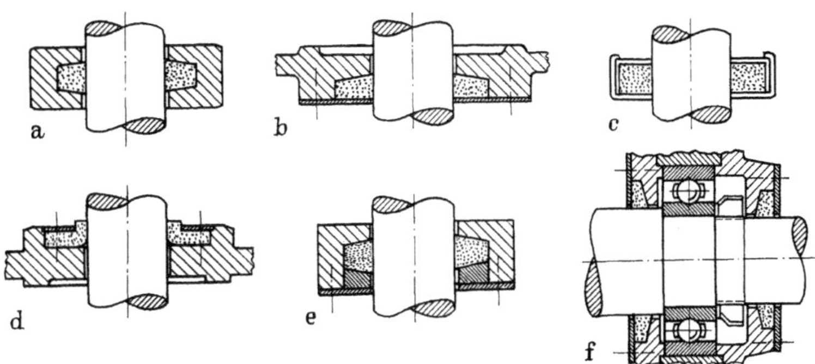


Abb. 27. Möglichkeiten für Filzringanordnungen

In Abb. 27c ist eine Konstruktion angegeben, die als geschlossene Einheit angefertigt und so über den Schaft gezogen wird. Die Anwendung ist für Wellen mit nur geringen Umlaufgeschwindigkeiten, wo also keine hohen Forderungen an das Dichthalten gestellt werden. Im Falle von Platzmangel läßt sich diese Bauart günstig anwenden.

Bei der Darstellung *d* handelt es sich um eine Ringanordnung, die einen besonders geformten Filzring besitzt. Bei dieser Bauart ist der Innendurchmesser des Filzringes kleiner als der Außendurchmesser des Wellenschaftes. Diese Form läßt sich anwenden, wenn man den Filzring vor dem Aufziehen in Öl oder heißem Fett tränkt.

Die Abdichtung der Abb. 27e gleicht prinzipiell derjenigen von Abb. 27a. Der Unterschied besteht in einer Verschiedenheit der Ringsteigung von 8° und der Möglichkeit der Austauschbarkeit, ohne die Welle herausnehmen zu müssen. Diese Bauart wird vorteilhaft im Zusammenhange mit Kugellagern benützt. In diesem Falle ist es sogar zulässig, den Filzring zweiteilig zu machen. Sind ausschließlich nur Kugellagerwellen abzudichten, so eignet sich eine Anordnung, wie sie in der Darstellung *f* gezeigt wird.

Filzringdichtungen sind sehr wirksam, einfach in Form und Bauart sowie wirtschaftlich im Gebrauch. Die Elastizität und die mechanische Beweglichkeit des Filzringes gewährleisten engen Kontakt mit der Lauffläche, ohne sich in unzulässigen Flächendruck auszuwirken.

### 2. Abdichtung mit positivem Radialkontakt

Der Ausdruck positiver Radialkontakt ist dem amerikanischen Sprachgebrauch entliehen, weil diese Abdichtungsart in der US-chemischen Industrie sehr weit verbreitet ist und in der gesamten Industrie eine wichtige Rolle spielt. Man versteht darunter eine Abdichtungsart, deren Dichtungselement aus einem elastischen Werkstoff besteht, dessen Form so gestaltet ist, daß ein steter zwangsläufiger Kontakt mit der Umlaufwelle gegeben ist, und zwar unabhängig vom Betriebsdruck. Diese Dichtungsart ist überwiegend im Gebrauch für Abdichtung rotierender Wellen, doch kann sie ebenfalls für Plunger mit translatorischer Bewegung angewandt werden.

Das Dichtungsprinzip dieser Bauart besteht darin, daß ein Dichtring aus elastischem Werkstoff eine Art Lippe aufweist, die mit dem rotierenden Schaft in zwangsläufiger Berührung steht. Von dieser Dichtungsart bestehen infolge ihres einfachen Dichtungseffektes sehr viele Modifikationen, die heute in den USA weitgehend genormt sind und sich großer Beliebtheit erfreuen.

Der Dichtungsring selbst ist vielfach Gummi von meist synthetischer Zusammensetzung, der mit einem Präzisionsmetallgehäuse eine volle Einheit bildet. Vielfach werden auch zwei oder mehr Ringe in einem Gehäuse untergebracht, wobei die Lippen in ihrer Dichtwirkung nach verschiedenen Richtungen hin wirken können. Die Dichtwirkung kann außerdem noch durch die Einwirkung einer Feder auf die Lippe unterstützt werden.

Der Abdichtungseffekt besteht in einem genauen Verhältnis der Berührung zwischen Welle und Lippe des Dichtringes, wobei Reibungserscheinungen mit Wärmeentwicklungen möglichst vermieden werden müssen. Grundvoraussetzung für das Zustandekommen einer wirksamen Abdichtung mit diesem Element ist die Gegenwart ausreichender Schmierung.

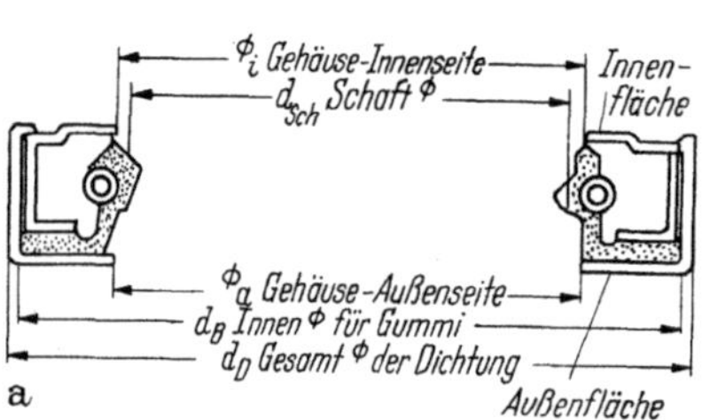


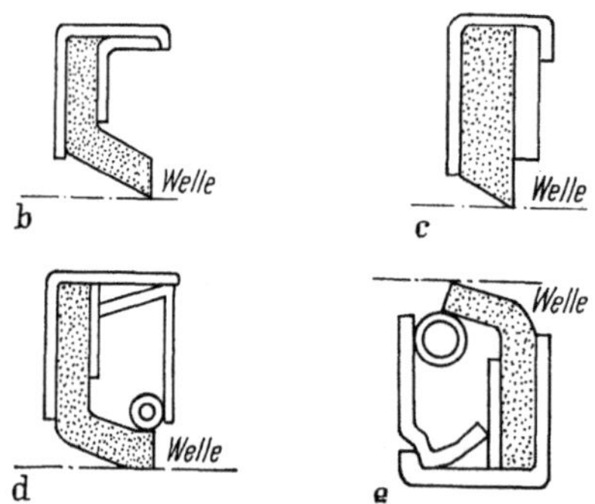


Abb. 28. Dichtungsringe mit Präzisionsgehäuse aus Metall

Die wichtigsten Dichtungsbauarten nach diesem Arbeitsprinzip sind schematisch in den Abb. 28 bis 30 aufgezeichnet. In Abb. 28 sieht man die Möglichkeiten für die Ringanordnung mit Präzisionsgehäuse. In Darstellung *a* wird die Dichtung als geschlossene Einheit mit den maßgebenden Bezeichnungen der wichtigen Abmessungen gezeigt. Abb. 28b u. c spiegeln Abarten wider, die sich für das Abfangen von Verunreinigungen wie Staub, Fett oder Festteilchen eignen. Für die Abdichtung von Ölen niedriger Viskosität sind diese Abdichtungen wenig brauchbar. Sie lassen sich aber dort anwenden, wo niedrige Reibung eine maßgebende Forderung ist, die Anwendung einer Feder aber nicht angebracht ist.

Die Abdichtungsbauarten der Abb. 28d und e setzen Federn ein, um den Berührungsdruck der Lippen zu vergrößern und stete Berührung auch nach gewisser Abnützung noch zu gewährleisten.

Bei den Konstruktionen, wie sie durch Abb. 29 wiedergegeben werden, handelt es sich um Dichtungsringe, die mit dem Metallgehäuse starr verbunden sind, vielfach durch Vulkanisation od. dgl. Die gezeigten Ringe weisen Lippen auf, die mit relativ scharfer Kante mit der Welle in Berührung stehen. In allen vier Darstellungen variiert die Form des Metallgehäuses. Alle Bauarten werden sowohl mit als auch ohne Federn verwendet.

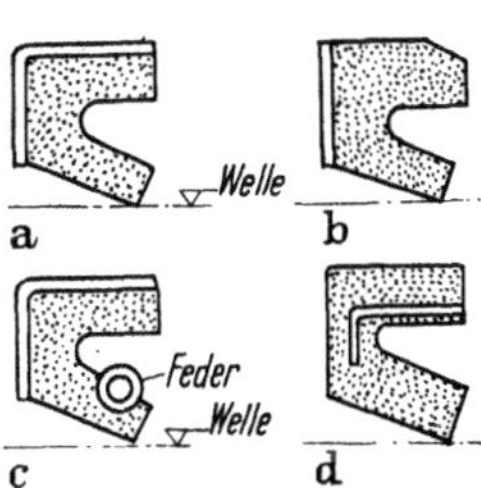


Abb. 29. Dichtungsringe, die mit dem Gehäuse durch besondere Verfahren zu einer Einheit verbunden sind

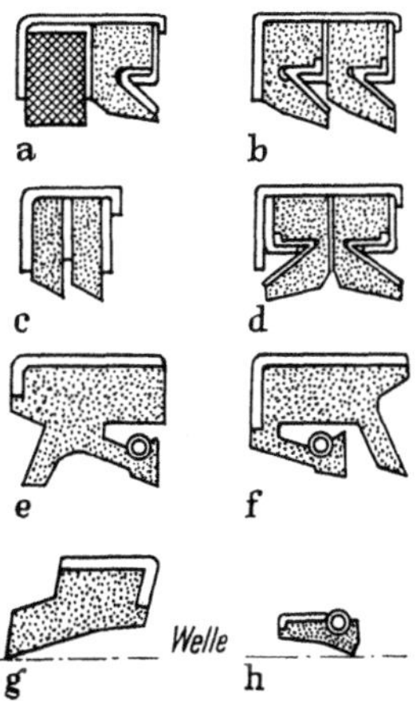


Abb. 30. Abdichtungen mit kombinierten Anordnungen der Dichtungsringe

In Fällen, bei denen der einfache Lippenring als Dichtungselement nicht mehr ausreicht, wird oft der Doppelring verwendet. Hier handelt es sich um eine Forderung aus der Praxis, wo Flüssigkeiten zu beiden Seiten auftreten, die nicht miteinander in Berührung kommen sollen. Ausführungsbeispiele mit Doppelringen werden in Abb. 30 dargestellt. Abb. 30a zeigt eine Kombination zwischen Filzring und dem Lippenring. Darstellung *b* schaltet zwei gleichartige Ringe hintereinander, wobei beide Ringe im gleichen Gehäuse untergebracht sind. Abb. 30c gibt das Tandemsystem wieder, wobei die Ringe einfache Scheibenform haben. Abb. 30d ist eine Wiederholung von Darstellung *b* mit umgekehrten Vorzeichen. Diese Bauart eignet sich vorteilhaft für Flüssigkeit auf beiden Seiten des Gehäuses. Die Wirkung der Dichtung in Abb. 30e ist so zu denken, daß die federbelastete Lippe zur Dichtung gegen die Flüssigkeit dient, während die rein elastische Lippe zur Abhaltung von Staub usw.

angesetzt werden kann. In Abb. 30f wirken beide Lippen in der gleichen Richtung, also zur Abdichtung gegen dasselbe Druckmedium. Diese Anordnung wird sehr häufig bei Druckschmierung verwendet. Eine Ringdichtung, die sich gegen Drücke mittlerer Höhe (10–20 atü) bei Umfangsgeschwindigkeiten bis zu 30 m/sec bewährt hat, ist in Abb. 30g aufgezeichnet. Der Ring kann mit und ohne Federbelastung verwendet werden. In beiden Anordnungen wird der Lippenring nahezu ausschließlich vom Metallgehäuse gestützt gegen den einwirkenden Dichtungsdruck. Damit lassen sich günstige Belastungen erzielen.

Hinsichtlich der Lippenringdichtungen mit positiver Berührung lassen sich ganz allgemein folgende Schlußfolgerungen für ihre Auswahl ziehen:

Die zulässige Reibungsgeschwindigkeit hängt ab von der Temperatur des Druckmediums, dem Werkstoff des Ringes, seiner Bauart und schließlich von der Höhe des Innendruckes. Einbautoleranzen, Oberflächengüte, Exzentrizität der Welle und Rotationsspiel werden kritischer mit steigender Umlaufgeschwindigkeit.

Synthetische Werkstoffe für Dichtungsringe lassen bei geeigneten Toleranzen und Betriebsbedingungen Umlaufgeschwindigkeiten bis zu 20 m/sec ohne weiteres zu, je nach der Höhe des Betriebsdruckes, dem sie unterliegen.

Dichtungsringe der dargestellten Bauart sind im allgemeinen für drucklose Betriebsbedingungen, insbesondere zur Abdichtung von Flüssigkeiten. Lediglich Bauarten von der Form der Abb. 30g lassen mäßige Innendrücke bei mittleren Umfangsgeschwindigkeiten zu.

Hinsichtlich der Temperaturbelastung sind unter Berücksichtigung von Reibungsgeschwindigkeiten der vorerwähnten Größenordnung Temperaturen von – 40 °C bis zu etwa 120 °C zulässig, solange es sich um synthetische Kunststoffe für die Ringe handelt. Ringe aus Leder sollten nicht über die 100-°C-Grenze hinaus beansprucht werden.

In bezug auf die Oberflächenbeschaffenheit des Schaftes bzw. der Welle muß berücksichtigt werden, daß Gütegrad und Härte eine entscheidende Rolle spielen. Die Erfahrung hat gezeigt, daß eine Oberflächenhärte von $R_c \sim 35$ Einheiten als Mindesthärte angesehen werden müssen. Maximale Lebensdauer kann dann erwartet werden, wenn eine Oberflächengüte von 5–10 $\mu$ (Mikron) gewährleistet ist. Höhere Forderungen als 5 $\mu$ trägt kaum zu einer Steigerung der Lebensdauer bei. Dies muß darauf zurückgeführt werden, daß eine gewisse Mindestrauhigkeit noch vorhanden sein sollte, um dem Schmierfilm eine Haftung zu gewährleisten. Diese Haftung scheint dann verlorenzugehen, wenn die Oberflächengüte besser als 5 $\mu$ wird.

Als Werkstoff für den Lippenring wird Leder, Gummi, synthetische Fasern, besonders Nitrilverbindungen angewandt. Mit Silicon-Elastonieren hat man gute Erfahrungen gemacht. In ähnlicher Weise bewähren sich Polyacrylate- und Butylacrylate-Elastomere. Viton und Teflon sind Werkstoffe, die sich besonders für Temperaturen bis zu 200 °C verwenden lassen.

Der Dichtungsring muß so gebaut sein, daß er eine Lippe bildet, die mit der Oberfläche der Welle in einer Linie Berührung hat. Jede Maßnahme, die zu einer schnellen Abnützung dieser Lippe führen kann, vermindert die radiale Dichtkraft durch gleichzeitige Verbreiterung der Berührung von der Linie zur Fläche. Dieser Vorgang wird beschleunigt durch Unregelmäßigkeiten in der Wellenfläche, fehlerhafte Schmierung, Vergrößerung der Reibungswärme unter Benützung zu weicher Werkstoffe. Zur Vermeidung dieser Faktoren ist es wichtig, das Gehäuse mit der Bohrung genauestens zu bearbeiten, um exzentrischen Lauf der Welle in bezug auf die Bohrung zu verhindern.

Dabei wird man zwischen zwei Arten von Exzentrizitäten zu unterscheiden haben, nämlich die statische und die dynamische Exzentrizität. Die statische stellt denjenigen Wert dar, um den im Fertigmontagezustand bei Stillstand der Welle, die nichtkonzentrisch ist mit der Gehäusebohrung. Die dynamische Exzentrizität ist derjenige Betrag, um den der Schaft nicht um den wahren Mittelpunkt rotiert. Da nun jede Bauart mehr oder weniger exzentrisch ist, hängt die Lebensdauer von Abdichtungen dieser Art in starkem Maße davon ab, wie sich die Dichtungen diesen Abweichungen anpassen.

Allerdings spielt der Wärmeeinfluß eine wichtige Rolle. Es muß daher stets darauf geachtet werden, daß die Spielabmessungen nicht durch unzulässige Wärmedehnungen gestört oder gar völlig aufgehoben werden.

### 3. Schutzabdichtungen

Für eine Reihe von chemischen Apparaten wird es oft erforderlich, bewegliche Maschinenteile sowie Lager und Reaktionsraum vor eindringenden Fremdkörpern zu schützen. Diese Schutzmaßnahmen sind vielfach notwendig, da solche Fremdkörper das Schmieröl verunreinigen und zugleich auch in die Lager sich einbetten können, was zur Beschädigung der Oberflächen der Wellen beitragen wird. Die Arten von Apparateabdichtungen, die für solche Zwecke entwickelt wurden, lassen sich zweiseitig verwenden, d.h. zur Abdichtung von außen nach innen als auch in umgekehrtem Sinne.

Man unterscheidet im wesentlichen vier Gruppen von Schutzabdichtungen, nämlich sog. Wischer, Abstreifer, Axialringe und Sonderausführungen. Alle vier Arten werden sowohl für rotierende als auch translatorische Bewegungen angewandt.

### a) Wischer

Elastische Abdichtungen, die infolge lippenartiger Berührungsflächen über die beweglichen Teile abdichten und aus Leder, synthetischem Gummi oder aus synthetischen Kombinationswerkstoffen hergestellt sind, werden ganz allgemein als Wischer bezeichnet. Sie werden für Dreh- und Längsbewegung eingesetzt. In überwiegendem Maße sieht man sie an Plungern für hin- und hergehende Bewegung vor.

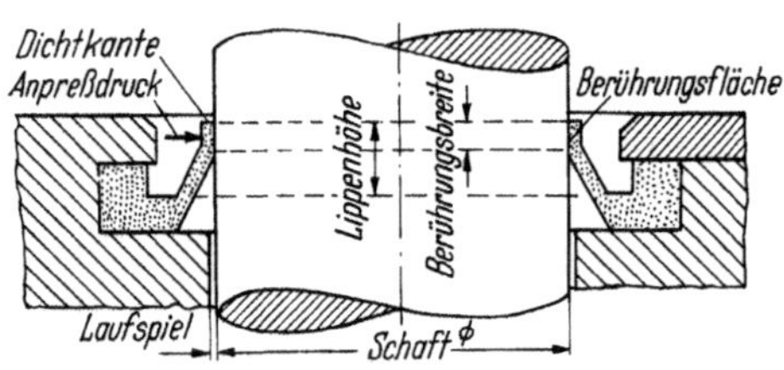


Abb. 31. Prinzipskizze für einen typischen Wischer, dessen Anpressung auf elastischer Wirkung beruht

Das Prinzip des Wischers für Dichtungszwecke wird an Hand von Abb. 31 verständlich. Wie man erkennt, liegt die Berührungslippe über dem Ringkörper, der im Metallgehäuse untergebracht ist. Der erforderliche Anpreßdruck wird gewährleistet durch die Hebelarmwirkung der elastischen Lippe, die gegebenenfalls wiederum mit einer Feder verstärkt werden kann. Ist die Lippenbreite größer als die Lippenhöhe, so sollte dem Schaft genügend Spielraum für seitliche Bewegungen zur Verfügung gestellt werden.

Während bei der positiven Radialdichtung die Bildung eines dünnen Filmes für das Schmiermittel zwischen Lippenkante und Schaft gewährleistet sein sollte, muß beim Wischer ein Durchlaß unterbunden werden. Der Wischer muß schädliche Festteilchen vom Durchtritt fernhalten. Die Lippe muß daher eine feste Berührung zwischen Lippe und Schaft gewährleisten, die auch bei seitlichen Abweichungen noch erhalten bleiben muß.

Für die Konstruktion von Wischern ist es wichtig, daß der Innendurchmesser der Lippenfläche kleiner ist als der Schaftdurchmesser, mit dem die Abstreifberührung bestehen muß. Bei dieser Berührung wird die Lippe radial beansprucht, wodurch der dichtende Anpreßdruck zustande

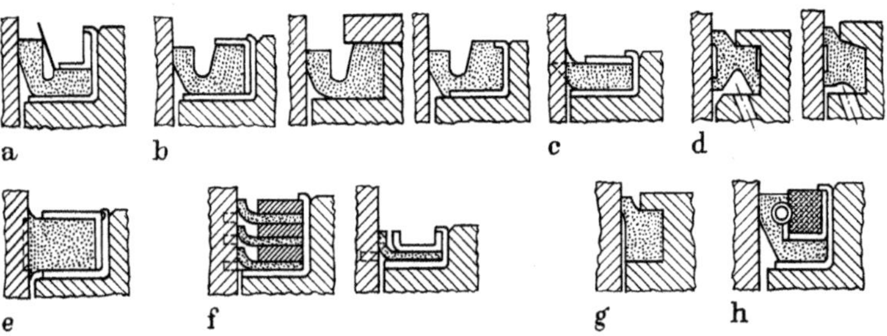


Abb. 32. Möglichkeiten der gebräuchlichsten Wischeranordnungen für rotierende Schäfte

kommt. Einbaubeispiele für Wischer sind in Abb. 32 gezeigt. Bei der Multi-Ringanordnung muß für die Gegenwart von ausreichendem Schmiermittel gesorgt werden.

### b) Abstreifer

Unter Abstreifern seien ganz allgemein Dichtungselemente verstanden, die nach dem Lippenprinzip arbeiten, wobei die Lippe aber aus Metall besteht. Diese werden grundsätzlich für schwere und vielfach zähe Stoffe verwendet, die verhältnismäßig intensiv an der Wellenoberfläche haften bleiben. In Fällen, wo die Abstreifung besonders ungünstig ist, wird man vorteilhaft dem metallischen Abstreifer einen Wischerring nachschalten. Die Konstruktion muß darauf abzielen, die Abstreiferlippe elastisch bzw. federnd zu gestalten. Zur Unterstützung des Anpreßdruckes benutzt man zusätzlich eine Feder. Beispiele solcher Abstreiferringe sind in Abb. 33 wiedergegeben. Man sieht, daß der konische Abstreifer eine scharfe Abstreifkante gegen die Welle aufweist, während der Wischerring meist mit einer kleinen Fläche in der Berührung arbeitet.

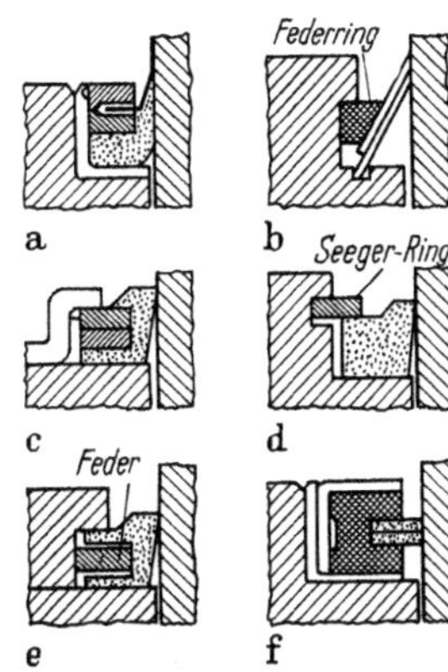


Abb. 33. Modifikationen von Abstreiferringen für Wellenschutzdichtungen

Die Axialringe und andere Spezialausführungen seien lediglich der Vollständigkeit halber angeführt. Eine eingehende Betrachtung ist jedoch im Rahmen des vorliegenden Kapitels nicht möglich.

## 4. Labyrinthdichtungen

Labyrinthdichtungen gehören zu jener Kategorie von Dichtungen, die den Ringspalt zwischen Schaft und Gehäuse regulieren. Sie können für Dreh- und Längsbewegungen verwendet werden. Diese Dichtungsart wird dann angewandt, wenn kleine Undichtheiten im System zugelassen sind. Sie eignen sich ganz besonders für schnellaufende Wellen. Labyrinthdichtungen sind im Prinzip in Abb. 34 zu sehen.

Die Festlegung der Größe des Ringspaltes hängt nun ab von einer Anzahl von Faktoren wie Lagerspiel, Schaftschwingungsweiten sowie der Differentialausdehnung der beteiligten Einzelteile. Die Abdichtungs-

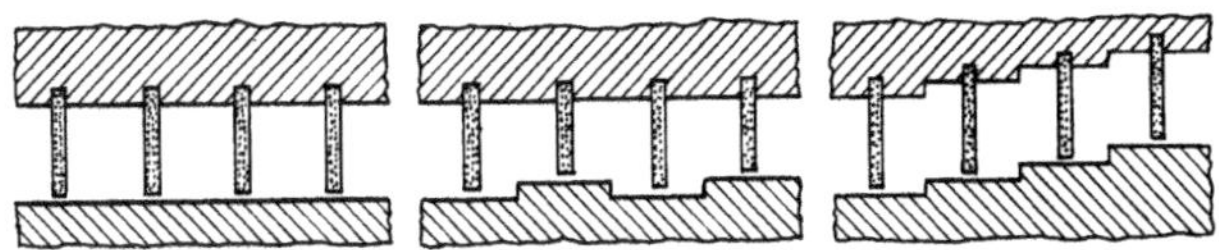

Abb. 34. Schematische Darstellung von Labyrinthdichtungen mit und ohne wechselnde Abstufungen des Spielraumes

wirkung kommt dadurch zustande, daß der durch den Spalt entweichende Dampf, Flüssigkeit oder Gas nach dem Durchtritt durch den Spalt in der jeweils nachfolgenden Kammer sich ausdehnt, wodurch die Geschwindigkeit unter Richtungsänderung um einen dem Energieverlust entsprechenden Betrag geringer wird. Dieser Vorgang wiederholt sich von Kammer zu Kammer, bis Entspannung auf den Außendruck eingetreten ist. Eine direkte Berührung zwischen rotierenden Teilen und dem stationären Gehäuse findet an keiner Stelle statt. Die Labyrinthwirkung läßt sich durch die Abstufung der Kammern noch verstärken. Allerdings ist man an eine theoretische Mindestgrenze der Abmessung gebunden.

Die theoretische Undichtheit einer Labyrinthdichtung ist eine Funktion des bestehenden Spaltes sowie des Entspannungskoeffizienten, der von Stufe zu Stufe herrscht, wie von Egli [*4*] nachgewiesen wird. Und zwar ist der Spielraum direkt dem Abstande in radialer Richtung proportional. Dieses Spiel sollte daher möglichst klein gehalten werden, soweit es die theoretische Mindestgrenze zuläßt.

Werkstoffmäßig bietet die Labyrinthdichtung ein weites Feld vielseitiger Anwendungsmöglichkeiten. Da keinerlei Reibungsberührung stattfindet, spielen Festigkeit und Abnützung nur eine geringere Rolle. Die ganze Aufmerksamkeit muß der Temperaturdehnung und der Korrosion zugelenkt werden, zumal eine Schmierung der Teile ebenfalls nicht besteht.

Für Hochdruckanlagen sind Labyrinthdichtungen trotz ihrer Einfachheit weniger in Gebrauch. Für niedrige oder mittlere Drücke, wo Einfachheit der Abdichtungsart entscheidend ist, kann die Labyrinthdichtung mit Vorteil eingesetzt werden.

## 5. Gleitringdichtungen

Gleitringdichtungen nehmen in der verfahrenstechnischen Industrie der Vereinigten Staaten einen bedeutenden Raum ein. Im englischen Sprachgebrauch sind sie unter dem Begriff „Mechanical Seals“ bekannt und werden ausschließlich zur Abdichtung rotierender Wellen angewandt. Es gibt heute bereits Firmen, die ihren gesamten Bestand an Kreiselpumpen mit Gleitringdichtungen versehen haben. In zunehmendem Maße kann man die Feststellung treffen, daß die konventionellen Packungen durch Gleitringabdichtungen aller Art ersetzt werden. Gestützt auf die guten Erfahrungen, die man in der Entwicklung dieser Abdichtungen gemacht hat, geht die betriebliche Praxis immer mehr dazu über, Gleitringdichtungen anstelle der üblichen Packungen an allen den Stellen zu verwenden, wo man glaubt, ein Undichtwerden nicht tolerieren zu können, sei es aus Gründen der Gefährdung von Menschenleben oder Anlagen oder auch aus rein wirtschaftlichen Erwägungen heraus.

Schematisch gesehen bestehen Gleitringdichtungen im Prinzip aus zwei Ringen von im wesentlichen zylindrischer Grundform, die konzentrisch zur Welle angeordnet sind. Der eine Ring ist fest mit der Welle verbunden und rotiert mit dieser, während der zweite Ring stationär im Gehäuse eingebaut ist. Die Anordnung der Ringe erfolgt derart, daß zwei Stirnflächen sich berühren, wobei die Berührungsflächen, die infolge der Konzentrizität der Anordnung senkrecht zur Wellenachse liegen, als Dichtflächen dienen.

Die Güte der optischen Ebenheit sowie die Erzielung guter Parallelität die beiden Dichtflächen beim Einbau sind ein Maß für die Beurteilung der Zuverlässigkeit einer solchen Abdichtungsbauart.

Die Gleitringe, die mittels sekundären Dichtungskomponenten wie O-Ringe, Keilringe, V- oder U-Manschettenringe, gegen Welle und Gehäuse abgedichtet werden, übernehmen die Abdichtung der Primärelemente gegen das Undichtwerden zur Außenatmosphäre.

Mit Rücksicht auf den Raummangel muß hinsichtlich weiterer Einzelheiten auf das einschlägige Schrifttum verwiesen werden. Wie bereits in der Einleitung zu diesem Kapitel erwähnt wird, arbeitet der Verfasser an einem umfassenden Werk über Gleitringdichtungen, um der Bedeutung dieser Abdichtungsarten gerecht zu werden.

## B. Abdichtungen gegen hohen Betriebsdruck

Die Betrachtungen der Abdichtungen beweglicher Maschinenteile gegen geringen Druck haben gezeigt, daß man das Abdichtungsproblem je nach der Forderung in vielseitiger Weise lösen kann. Das gleiche trifft zu für Betriebsverhältnisse mit mittlerem oder gar hohem Innendruck.

Für Hochdruckapparate im üblichen Sinne erweist es sich, daß die Abdichtungsfragen weitaus komplizierter und damit wesentlich schwieriger zu lösen sind. Es zeigt sich aber, daß die Abdichtungselemente in Form und Wirkungsweise die gleichen sind, nämlich in überwiegender Zahl der Lippenring. Allerdings benützt man bei rotierenden Wellen die Multiringanordnung, wobei man durch differentiale Abstufung das gleiche Dichtungsprinzip ausnützt, das bei der Labyrinthdichtung herrscht, nämlich die Entspannung in Abstufungen, allerdings bei direkter Berührung der Dichtungselemente mit der rotierenden Welle.

Diejenige Konstruktion, die sich in der Praxis der Hochdrucktechnik am häufigsten durchgesetzt hat, ist die Packung unter Benützung von Packungsringen, die aus weichen, und zwar elastischen oder plastischen Werkstoffen bestehen. Die Packung hat den großen Vorteil, daß sie auch für Betrieb ohne Druck oder auch niedrige Druckstufen mit absoluter Zuverlässigkeit arbeitet.

Ganz grundsätzlich gesehen, kann man die Abdichtung beweglicher Hochdruckteile, speziell die Abdichtung von rotierenden Wellen nach zwei Richtungen hin lösen, einmal unter Anwendung starrer Dichtungselemente, die sehr enges Laufspiel mit der Welle besitzen, oder man setzt elastische Dichtungselemente ein, die sich den Unregelmäßigkeiten des Laufes anpassen und dadurch eine Dichtheit erzielen. Eine weitere Möglichkeit ist noch durch die geeignete Kombination der beiden Grundmethoden zu erreichen.

Bei der Verwendung starrer Elemente zur Abdichtung ist es entscheidend, daß alle Teile, die für die Abdichtung verantwortlich sind, hinsichtlich ihrer Abmessungen genauestens aufeinander abgestimmt sind. Hierbei spielen Oberflächengüte bei einer zu fordernden Mindesthärte eine bedeutende Rolle. Es versteht sich von selbst, daß die Schwierigkeiten sich mit wachsendem Innendruck steigern. Dies ist darauf zurückzuführen, daß mit steigendem Druck die Belastungen der Teile höher werden, sie müssen also Verformungen erfahren, die die Abdichtung erschweren, selbst wenn die Formänderungen sich innerhalb der elastischen Zone bewegen. Da vielfach noch die Wirkung der Temperatur hinzukommt, die noch von Korrosionserscheinungen überlagert wird, liegt es auf der Hand, daß nur die genaue Kenntnis dieser Einflußfaktoren Gewähr für zuverlässige Lösungen bietet.

Die Schwierigkeiten der Konstruktion werden insbesondere in allen denjenigen Fällen erhöht, wo das Druckmedium keine Schmiereigenschaften besitzt. Wird für solche Betriebsbedingungen die starre Bauart mit geringem Laufspiel gewählt, so läßt sich eine zuverlässige Abdichtung nur erreichen, wenn ein Schmiermittel zugeführt wird. Dabei muß das Schmiermittel mit dem gleichen Druck zugeführt werden, gegen den die Vorrichtung abdichten soll, d.h. der Schmierdruck muß mindestens die Höhe des Innendruckes erreichen.

In diesem Zusammenhange sind folgende Schwierigkeiten zu bewältigen:

1. Der hohe Innendruck verlangt einen Spielraum, der nur mit Aufwand einer äußersten Präzision von Abmessungen und Zusammenbau erreicht werden kann. Das Laufspiel muß so eng gewählt und auch erhalten werden, daß die molekularen Adhäsionskräfte ausgenützt werden können. Diese werden dann so hoch, daß der Innendruck nicht mehr ausreicht, den Film von dem Spalt herauszublasen.

2. Dieses Spiel muß sich auf den Laufzustand beziehen, der sich wesentlich von dem Zustand im Stillstand unterscheiden kann.

3. Das Laufspiel muß die Temperaturschwankungen unter allen Umständen in Rechnung stellen, sofern es die Werkstoffausdehnungen betrifft.

4. Temperatureinflüsse verändern ferner die Viskosität des Schmiermittels, das unter Umständen seine Schmierfähigkeit völlig einbüßen kann. In solchen Fällen muß Stopfbüchsenkühlung vorgesehen sein.

5. Die Wahl des Schmiermittels muß außerdem auch dahingehend getroffen werden, daß eine Verunreinigung der Reaktionsteilnehmer bzw. des Katalysators ausgeschlossen bleibt.

Diese Schwierigkeiten verlangen die Gewährleistung der beiden Grundforderungen, nämlich die Zuführung des Schmiermittels unter Betriebsdruck sowie die Schaffung eines Druckausgleiches zwischen den einzelnen Dichtungsringen. Der Schmierdruck kann mittels einer Pumpe erzielt werden, oder man benützt einen besonderen Behälter, dessen Gasraum mit dem Innern des Druckbehälters in Verbindung steht.

W. Coopey [*5 a*] beschreibt eine Konstruktion mit Metallpackungsringen in Kombination mit einem O-Ring unter Verwendung des Druckausgleiches zwischen der Nieder- und der Hochdruckseite. Das Prinzip der Dichtung ist in Abb. 35 a dargestellt. Zwei Ringmetallkörper enthalten das obere und das untere Packungselement, das aus einem Antifriktionswerkstoff bestehen soll, wie beispielsweise Silber, Kupfer, Bronze oder entsprechende Legierungen. Jedes beliebige Metall mit bekannten günstigen Reibungseigenschaften kann dabei verwendet werden, selbst Teflon, zumal über die Länge des Elementes ein sehr niedriger Differentialdruck herrscht.

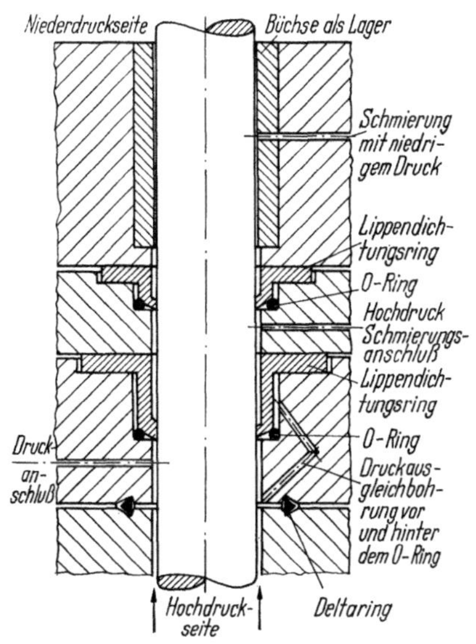

Abb. 35a. Schaftdichtung gegen hohen Druck mit Schmierung von der Höhe des Innendruckes (Rotation). (Nach W. Coopey)

Für beide Dichtungsringe wird zusätzlich ein O-Ring benützt, der für die Herstellung einer Lippenberührung zwischen dem Packungselement und der Welle verantwortlich ist. Wird die Lippe so ausgelegt, daß eine Linienberührung mit dem Schaft gewährleistet bleibt, dürfte mit vernachlässigbarer Reibung zu rechnen sein. Wichtig ist jedoch, daß in dem Gehäuse, das den Packungsring enthält, eine Bohrung so angelegt wird, daß der Schmierdruck vor und hinter dem O-Ring ausgeglichen bleibt. Wirkt der Schmierdruck von beiden Seiten auf den O-Ring, so kann dieser seine elastischen Eigenschaften aufrechterhalten und den Druckveränderungen folgen, wobei er stets die Dichtungslippe in Kontakt mit dem Schaft hält.

Der nach Abb. 35 a oben liegende Packungsring wirkt nach dem bekannten Bridgman-Prinzip der sog. ungestützten Fläche. Nach diesem Prinzip wirkt der Druck, gegen den die Packung dichten soll, auf die

Packung über eine Fläche, die größer ist als die Fläche der Packung selbst. Demzufolge ist der Druck, der in der Packung entwickelt wird, stets größer als der Betriebsdruck selbst, was das sichere Dichthalten bewirkt.

Der O-Ring im oberen Packungselement stellt die ursprüngliche Berührung zwischen dem Schaft und der Packungslippe her. Sobald das Schmiermittel unter Druck auf den O-Ring einwirkt, wird der Berührungsdruck aufrechterhalten durch die ungestützte Fläche bzw. den Druckausgleichseffekt. Das Spiel des oberen Packungsringes mit dem Gehäusering hinter dem O-Ring darf nur sehr klein sein, da sonst der Packungsring sich verformen kann unter Auffüllung oder Verminderung des Raumspieles, wodurch ein wesentlicher Anteil der Dichtwirkung verlorengeht. Die Elastizität des O-Ringes ist hierbei ein entscheidender Teil des Dichthaltevermögens dieser Konstruktion.

Wird für den O-Ring keine besondere Kühlungsmaßnahme getroffen, so bestimmt der Werkstoff des O-Ringes die obere Temperaturgrenze, bis zu der die Packung betrieben werden kann. Der Einbau einer Kühlung für diese Art von Packung bereitet jedoch im allgemeinen weder konstruktive noch verfahrensmäßige Schwierigkeiten.

Die Büchse oberhalb der Packung dient als Lager, das zur genauen Ausrichtung der Welle in der Montage benützt werden kann. Die Schmierung dieser Lagerbüchse erfolgt über eine Schmierpumpe von der Niederdruckseite.

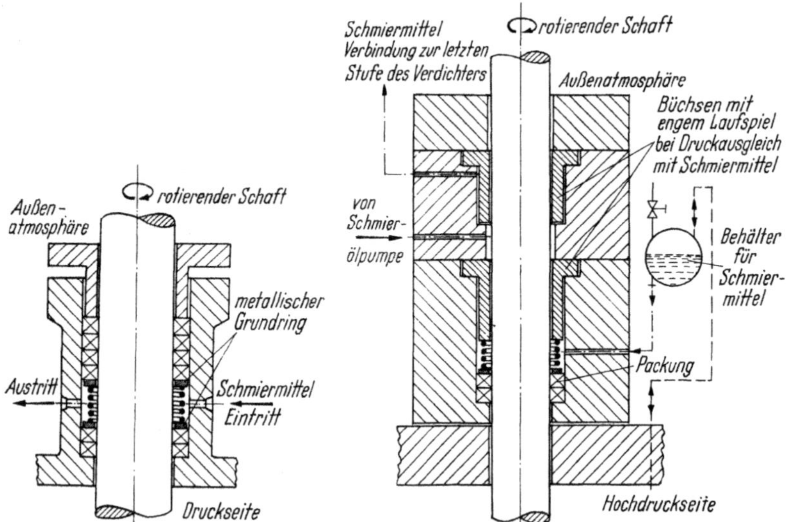


**Abb. 35 b.** Abdichtung rotierender Wellen gegen Außenatmosphäre unter Benützung federbelasteter Packungsringe. Nach W. COOPEY, (5 b)

**Abb. 35 c.** Neue Möglichkeit der Abdichtung rotierender Wellen gegen höchste Drücke. Federbelastete Packungsringe am Boden der Stopfbüchsenbohrung verhindern Leck in den Druckraum. Stufenweiser Druckabfall zur Außenatmosphäre. Nach W. COOPEY, (5 c)

Diese Packungsart läßt sich noch vielseitig variieren, beispielsweise unter Verwendung von V- und U-Ringen aus elastischen oder plastischen Werkstoffen. Da diese Dichtungselemente aber in großem Umfang für hin- und hergehende Bewegungen eingesetzt werden, mögen diese in jenem Sektor behandelt werden. Diese Modifikationen haben sich bewährt bei hohen Drücken und zugleich relativ hohen Umlaufgeschwindigkeiten.

Zum Abschluß sei noch auf Konstrutionen hingewiesen, die von W. Coopey für mittlere Drücke bis zu 200 atü [5b] als auch für höchste Drücke [5c] entwickelt und mit Erfolg im Betriebe angewandt wurden. Der Coopey-Vorschlag für Abdichtungen rotierender Wellen gegen mittlere Drücke ist in Abb. 35b schematisch gezeigt. Die Coopey-Packung gegen extreme Drücke ist in Abb. 35c veranschaulicht. Beide Packungsarten haben sich in der Praxis gut bewährt.

## IV. Dynamische Abdichtungen für Teile mit hin- und hergehender Bewegung

Die Abdichtung hin- und hergehender Maschinenteile in der Hochdrucktechnik spielt eine bedeutende Rolle, die besonders bei Pumpen, Kompressoren und Multiplikatoren ihren deutlichen Ausdruck findet. In sehr vielen Fällen, besonders überall dort, wo es sich um rein mechanische Druckerzeugung nach dem Kolbenprinzip handelt, steht und fällt der erreichbare Verdichtungsenddruck mit der Zuverlässigkeit der Plungerabdichtung. Im Vergleich zu den Abdichtungsmaßnahmen bei rotierenden Wellen tritt bei der Längsbewegung der Plunger noch die Schwierigkeit auf, daß der Schmiermittelverlust durch den Dichtspalt hindurch größer ist, da das Öl durch die Plungerbewegung aus dem Packungsraum heraus mitgerissen wird.

### A. Der Kolbenring als Dichtungselement

Bei Maschinen, die nach dem Kolbenprinzip arbeiten, ist der Kolbenring eines der wichtigsten Abdichtungselemente. Er wird für eine große Anzahl von Abdichtungsmöglichkeiten zum Einsatz gebracht. Er beherrscht das weite Feld der Verbrennungsmaschinen, sowohl nach dem Otto- als auch Dieselverfahren, Heißgasmaschinen, Kompressoren, Flüssigkeitspreßpumpen und oft auch Multiplikatoren, einschließlich des großen Gebietes hydraulicher Antriebsanlagen.

Der Kolbenring ist ein federndes Element, das im Herstellungszustande im Durchmesser größer ist als der Zylinderdurchmesser, in dem er nach der Montage laufen soll. Der Ring ist an einer Stelle aufgeschnitten, wobei eine sog. Stoßstelle auftritt. Der Schnittspalt muß so ausgelegt sein, daß die Stoßenden im eingebauten Zustande, wo der Ring eng an der Zylinderlauffläche anliegt, selbst bei Temperaturausdehnung nicht gegeneinandergepreßt werden. Eine solche Stoßendenpressung müßte eine Schädigung von Ring und Laufbüchse verursachen. Der Ring läßt also eine undichte Stelle während des Betriebszustandes zurück, deren ungünstigen Einfluß man durch verschiedene Formgebung der Stoßstellen unter Versetzung der Stoßstellen für jeden nachfolgenden Ring zu vermeiden sucht.

## 1. Bauarten von Kolbenringen

Die Vielseitigkeit der Verwendungsmöglichkeiten von Kolbenringen hat es mit sich gebracht, daß der Ring als solcher in einer Reihe von Formen zur Anwendung kommt. Der Querschnitt des Ringes kann entweder quadratischer oder rechteckiger Form folgen. Die abdichtende Wirksamkeit der Ringe läßt sich durch die Art der Stoßstelle merklich beeinflus-

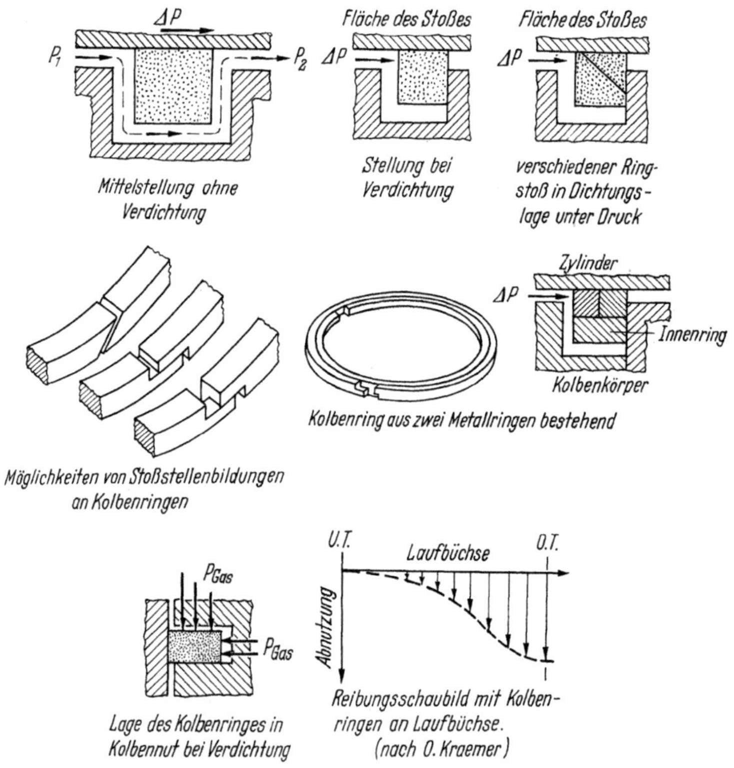


Abb. 36. Kolbenringe als Abdichtungselement für Plungerbewegungen. Stoßstellen, Kräftediagramme, Reibungsschaubild. Möglichkeiten von Stoßstellenbildungen an Kolbenringen; Mittelstellung ohne Verdichtung; Stellung bei Verdichtung; verschiedener Ringstoß in Dichtungslage unter Druck; Kolbenring aus zwei Metallringen bestehend

sen. In der Abb. 36 sind die wichtigsten Formen von Kolbenringen mit ihren Stoßstellen dargestellt. Die einfachste Art der Stoßausbildung ist der gerade Schnitt, der am billigsten herzustellen ist. Dieser Ring kann nur dort angewandt werden, wo nur Gleiteigenschaften gefordert sind, die Abdichtung aber keine praktische Bedeutung hat. Bessere Abdichtungen liefern überlappte Stoßstellen, wie aus der Abbildung erkenntlich ist. Diese Ringe sind in der Lage, auf der Stirnfläche des Ringes als auch entlang einer geschlossenen Umfangslinie abzudichten. Es muß jedoch darauf hingewiesen werden, daß diese Art von Kolbenringen nur in einer Bewegungsrichtung abzudichten vermag. Die Abdichtung in beiden Bewegungsrichtungen läßt sich durch Kolbenringe erzielen, die aus zwei oder gar drei Ringen als eine Einheit bestehen, wie aus der Abbildung zu ersehen ist. Hier hat der Stoß flache Oberflächen aufzuweisen.

Bei der Multiringanordnung übernimmt der innere Ring die Dichtung in radialer Richtung. Allerdings müssen die Berührungsflächen zwischen dem inneren und äußeren Ring in ihrer Kreiskrümmung sehr genau übereinstimmen. Die Abdichtungswirkung der Ringe ist derart, daß etwa auftretende merkliche Undichtheiten lediglich nur durch die Stoßstelle hindurch auftreten. Voraussetzung ist natürlich, daß es sich um zulässigen Innendruck handelt, bei dem der Ring seine Elastizität bewahrt.

## 2. Die Abdichtungswirkung von Kolbenringen

Für den Einbau in den Kolben wird der Ring gespreizt und über den größeren Außendurchmesser des Kolbens gezogen, um in die entsprechende Nut eingefügt werden zu können. Hier erfährt der Ring seine schädlichste mechanische Beanspruchung. Zur Vermeidung unzulässiger Belastungen sollte die radiale Stärke des Ringes nicht größer sein als 1/27 des Außendurchmessers, wie O. Kraemer [*6*] vorschlägt.

Wie aus den Kräftediagrammen der Abb. 36 zu ersehen ist, muß der Ring in der Nut hinreichend Spiel haben, damit er sich beim Richtungswechsel frei bewegen kann. Der Gasdruck in Verdichtern oder der hydraulische Druck bei flüssigen Medien gelangt von oben her über und hinter den Ring, wie in dem Diagramm durch die Pfeile angedeutet wird. Der von oben auf den Ring ausgeübte Druck preßt den Ring gegen die untere Nutfläche. Zu gleicher Zeit bewirkt der gleiche Druck eine Anpressung des Ringes in horizontaler Richtung gegen die Lauffläche der Zylinderbüchse. Mit zunehmendem Verdichtungsdruck muß also die Anpressung größer werden. Die Beweglichkeit des Ringes, sich der Lauffläche und der Nut anzupassen, wird zunehmend eingeschränkt, und der Rückfederungseffekt des Ringes wird vermindert. Der Ring läßt dabei in dem Augenblick, wo er seine höchste Federwirkung haben sollte, diese Eigenschaft vermissen, was von der Höhe des Verdichtungsenddruckes abhängt, und der Ring wird undicht. Aus diesem Grunde wendet man mehrere Ringe hintereinander an.

Die Anpressung der Kolbenringe an die Lauffläche ist mit starker Reibung begleitet, die bis zu 10% der Maschinenleistung betragen kann. Deshalb muß für entsprechende Ringschmierung Sorge getragen werden. Diese Schmierung muß sowohl die Reibung an der Zylinderfläche als auch die Gleitbewegungen in der Nut unterstützen bzw. erleichtern.

Der Einfluß der horizontalen Gaskraft innerhalb der Nut, die den Kolbenring an die Zylinderlauffläche andrückt, und zwar als eine Funktion des zunehmenden Gasdruckes ist in dem Diagramm der Abb. 37 nach O. Kraemer veranschaulicht. Die Anpressung der Ringe nach Maßgabe

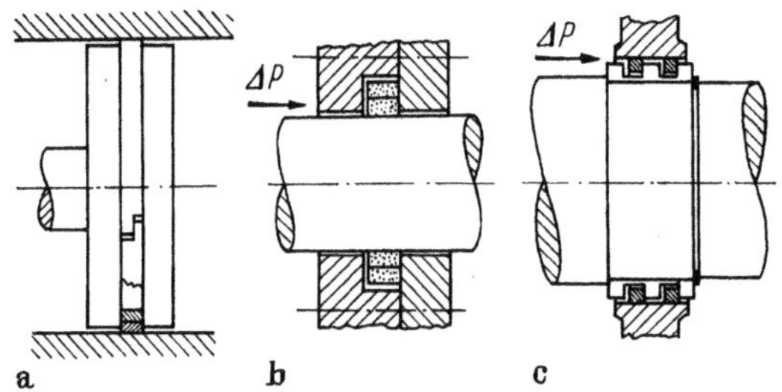


Abb. 37a–c. Einbaumöglichkeiten von Spezialkolbenringen an Verdichtungsmaschinen
a) Typischer Kolben mit Doppelringanordnung am Kolbenkopf; b) Kolbenring im Gehäuse angeordnet (Kontraktion); c) Kolbenringanordnung für rotierende Welle

ihrer Eigenrückfederung wird von dem zunehmenden Gasdruck bald erreicht und beträchtlich überschritten. Dieser Vorgang wird hinreichend durch die Abnützung der Zylinderflächen bestätigt. Er äußert sich dabei zugleich auch in der Notwendigkeit der Auswechslung der Kolbenringe.

### 3. Wichtige Grundsätze zur Konstruktion von Kolbenringen

Die große Bedeutung des Kolbenringes zur Abdichtung hin- und hergehender Maschinenteile gegen hohen Innendruck beruht auf seiner Eigenschaft als hochelastische Feder. Diese Elastizität bis zum höchstmöglichen Grade auszunützen, muß daher das Ziel des Konstrukteurs sein. Er wird sich daher auf folgende Gesichtspunkte stützen:

a) Die Praxis hat gezeigt, daß Kolbenringe für Verdichtungsenddrücke bis zu 400 atü mit Erfolg verwendet werden können. Entscheidend ist dabei die Frage, gegen welchen Differenzdruck die Abdichtung je Ring erfolgen muß. Je höher der Druck ansteigt, um so kleiner sollte die entscheidende Druckdifferenz sein, damit die Elastizität des Ringes nicht verlorengeht. Andernfalls wird die Anzahl der Kolbenringe, die die Dichtung zu übernehmen haben, unzulässig hoch werden. Es bleibt dabei zu berücksichtigen, daß der stärkste Druckabfall in den ersten Ringen stattfindet, so daß die Ringzahl hiernach vermindert werden kann.

b) Die Konstruktion der Kolbenringe wird nach Maßgabe des spezifischen Druckes des Ringes auf die Zylinderfläche ausgelegt. Für niedrigen bzw. mittleren Verdichtungsdruck pflegt man den spezifischen Druck des Ringes mit 0,3–0,7 kg/cm² zuzulassen. In den Hochdruckstufen geht man bisweilen auf Drücke von 0,7–1,5 kg/cm² Flächenbelastung, was dazu führt, die Anzahl der Ringe herabzusetzen.

c) Die ursprüngliche Abdichtungswirkung entsteht durch die elastische Federung des Ringes. Diese Elastizität sollte nach Möglichkeit durch die Konstruktion gefördert werden, d.h. man muß die Dicke des Ringes klein halten, zumal nämlich mit der Vergrößerung der Stirnfläche des Ringes die Reibungskraft proportional zunimmt. Die Elastizität des Ringes läßt sich steigern durch Variation der Ringbreite. – Die günstigste Form der Abdichtung wird jedoch durch den kombinierten Doppelring erreicht, wobei der innere Stahlring den äußeren Gußring in der Federbewegung zur Aufweitung unterstützt. Bei Doppelringen kann der spezifische Druck auf die Zylinderfläche einen Wert von 5–6 kg/cm² erreichen. Diese Abdichtung läßt sich in beiden Bewegungsrichtungen verwenden. Die spezifische Dichtungswirkung ist besser als beim einfachen Kolbenring.

Zur Begünstigung der Reibungsverhältnisse sollte man anstreben, daß die axiale Beanspruchung der Ringe gleich der in radialer Richtung wird.

e) Bei relativ niedrigen Verdichtungsdrücken ist es möglich, manchmal sogar vorteilhaft, Kolbenstangen mit Kolbenringen für Abdichtungszwecke zu versehen. Dabei ist es möglich, daß ein Teil der Ringe in der Stange, also innen, ein Teil der Ringe im Gehäuse und damit außen angebracht ist. Anwendungsbeispiele für diese Bauart sind in Abb. 37a–c angeführt. Eine Modifikation hiervon, die zusätzlich noch Spiralfedern in Verbindung mit Umfangsfedern benützt, ist in Abb. 38a–b dargestellt.

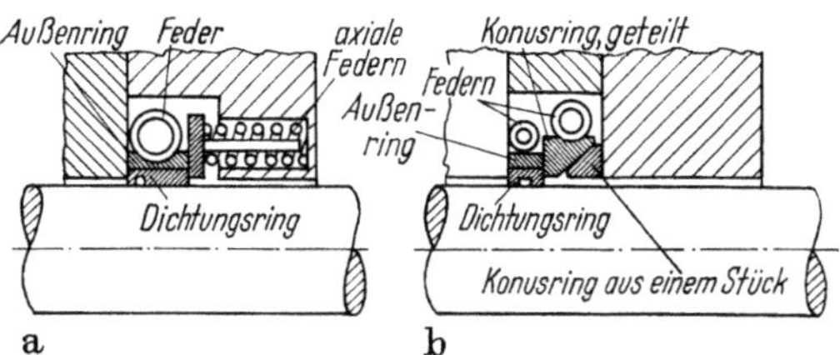


Abb. 38a u. b. Modifikationen von Kolbenringabdichtungen für rotierende Wellen

a) Zweiteilringanordnung mit zusätzlichen Federn; b) Zweiteilringanordnung mit Variationen

Als Werkstoffe für Kolbenringe kommen überwiegend besondere Arten von Gußeisen in Betracht. Es handelt sich um GE perlitischer Struktur, das günstigste Reibungseigenschaften besitzt. Die Härte der Ringe wird gewählt zwischen Brinell 175 und 250. In diesem Zustande entwickeln perlitische Gußeisen sehr gute Laufcharakteristiken im Hinblick auf Abnützungswiderstand und gleichzeitiger mechanischer Festigkeit.

Bei hohen Verdichtungsenddrücken werden vielfach auch Bronzeringe verwendet, die sich nach Berichten des einschlägigen Schrifttums gut bewähren.

Kolbenringe aus besonderen Graphitarten erfreuen sich zunehmender Beliebtheit. B. A. KORNDORF [7] berichtet über persönliche Erfahrungen mit solchen Ringen bei verschiedenen Anwendungszwecken.

## B. Die Verdichtungspackung

Die Verdichtungspackung möge als eine Packungsart definiert werden, die ihre Dichtwirkung durch Zusammendrücken ihrer Packungselemente erreicht. Diese Elemente bestehen generell aus weichen, schnurartig gewobenen Werkstoffen kombinierter Struktur und Zusammensetzung, die über eine Druckmutter oder Stopfbüchsenbrille unter Druck gesetzt werden. Unter dem Einfluß der Pressung weichen die Ringe nach der Seite aus, womit sie gegen den Schaft und das Gehäuse in enge Berührung kommen, wodurch Abdichtung erzielt wird. Ein öfteres Nachziehen ist erforderlich, um den Verlust durch Abnutzung und Volumeneinbuße auszugleichen.

Die Beseitigung von Undichtheiten zwischen Gehäuse und den beweglichen Teilen hängt ab von der Umfangsgeschwindigkeit, der Oberflächenbeschaffenheit hinsichtlich Härte und Gütegrad, dem Betriebsdruck, der Temperatur und den chemischen Eigenschaften des Druckmediums. Diese Schwierigkeiten werden noch erhöht durch den Einfluß mechanischer Faktoren wie Laufspiel, Exzentrizität und Massenausgleich.

Von einer Packung wird im allgemeinen erwartet, daß sie hinreichend beweglich oder plastisch ist, um sich den Unregelmäßigkeiten der Schaftbewegung anzupassen, auch dann noch, wenn sie unter dem Einfluß der Anzugskräfte zur erstmaligen Abdichtung steht. Sie muß ferner stabil genug sein, dem Schmierdruck standzuhalten. Sie darf keine Bestandteile erhalten, die vom Schmiermittel oder dem Druckmedium angegriffen werden können. Eine Packung darf nicht anschwellen unter dem Einfluß von Umgebungsflüssigkeiten und muß auch im Naßzustande nach dem Stopfbüchsenanzug genügend Spielraum für die Plungerbewegung belassen. Der Plunger darf bei starkem Anzug nicht an der Oberfläche im Packungsbereich beschädigt werden. Die Packung kann dann als zuverlässig bezeichnet werden, wenn Betriebszeiten von über 1000 Stunden ohne Störung erreicht werden.

Die Verdichtungspackung ist im allgemeinen eine Art Packungsschnur, die in quadratischem oder rechteckigem Querschnitt hergestellt wird. Die Schnüre bestehen meist aus mehrschichtigen Stoffen, die sehr oft mit Metallen kombiniert sind, vielfach aber auch selbst Metallkombinationen darstellen.

Die Kompressibilität der Packung läßt sich merklich durch geeignete Formgebung beeinflussen, was man durch Einbeziehung formelastischer Komponenten ermöglicht. Die Wirksamkeit der Verdichtungspackung wird durch Kombination einer Reihe von Faktoren erreicht, mit Hilfe deren beim Anzug eine Volumenänderung der Dichtungselemente möglich ist.

Solange Packungsschnüre beliebiger Form bzw. Querschnittes für Packungsdichtungen verwendet werden, schneidet man sie auf Ringlänge zu mit schrägem Stoß. Im Einbauzustande sind dann die Stoßstellen jeweils um 90° versetzt. Mit dem Schrägschnitt der Stoßstelle bleibt die Beweglichkeit des Ringes erhalten. Es ist aber auch üblich, einen sog. geraden Stoß anzuwenden. In diesem Falle sollte man die Länge der Ringe von der Lieferfirma genau auf Maß zuschneiden lassen.

In einer zuverlässig montierten Packung besteht zwischen dem Innendurchmesser der Ringe und dem Schaft genügend Spielraum für den Schmierfilm. Wird die Packung zu stark angezogen, so wird Dichtung zwar erzielt, jedoch wird die Lebensdauer der Packung gefährdet. Der zu hohe Anpreßdruck quetscht das Schmiermittel aus der Schnur heraus, die dann trocken läuft und umgehend unzulässige Reibungswärme erzeugt. Das Schmiermittel wird heiß, läuft aus, und die Packung muß infolge der Volumeneinbuße nachgezogen werden. Nun wird die Packung zu kurz und Undichtheit ist die Folge.

Die Wirkungsweise der Abdichtung kann unterstützt werden durch die Form der Packungsschnur, die in drei Grundformen angewandt werden kann, wie die schematischen Darstellungen der Abb. 39a–c zeigen, nämlich die reine Keilform (Wedge), die Doppelkeilform und die konische Anordnung gemäß Darstellungsschema c.

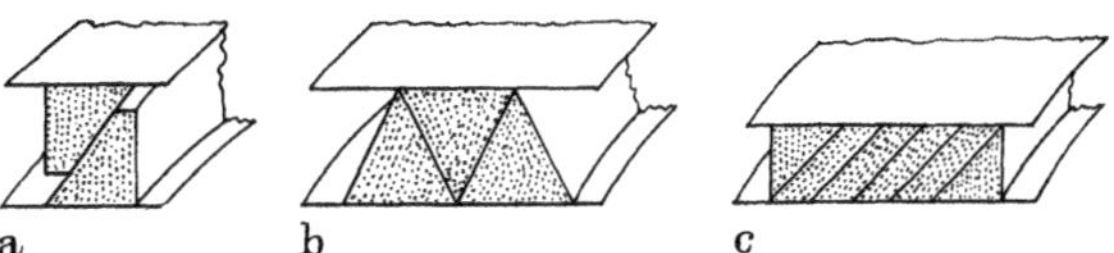


Abb. 39a–c. Typen für Möglichkeiten der Konstruktion von Verdichtungspackungen
a) Keilanordnung; b) Doppelkeildichtung; c) Anordnung von Konusringen

Wie man erkennt, trägt die Form bzw. der Querschnitt der Packungsschnur wesentlich zur Zuverlässigkeit der Dichtung bei. Ferner ist die Form der Bohrung für den Packungsraum im Gehäuse von wesentlichem Einfluß auf die Ausbildung bzw. Übertragung der Dichtkraft, was aus Abb. 40 ersehen werden kann. Schrägausführung des ersten und letzten Ringes sind vorteilhafter als rechtwinklige Anordnung. Die Neigung des Büchsengrundes ermöglicht eine Änderung der Richtung der Dichtkraft, die von der Anzugsmutter in die Packung eingeleitet wird. Die Richtungsänderung verursacht Anpressung der Packungsringe an Schaft und

Gehäuse bei gleichzeitiger axialer Verdichtung aller Ringe. Als günstige Neigung hat sich ein Winkel von 30° in der Praxis ergeben.

Vielfach reicht die Schmierung bei einfacher Tränkung der Packung bzw. Eigenschmierung des Druckmediums nicht aus, und Fremdschmierung von außen muß vorgesehen werden. Hierbei erweist es sich als zweckmäßig, die Länge der Packung in zwei Hälften aufzuteilen und in der Mitte einen Schmierring einzufügen, über den die Schmierung der Packung zugeleitet werden kann. Dabei sollte der Schmierdruck um 1–2 atü über dem Druck des Mediums liegen, gegen das abgedichtet werden soll.

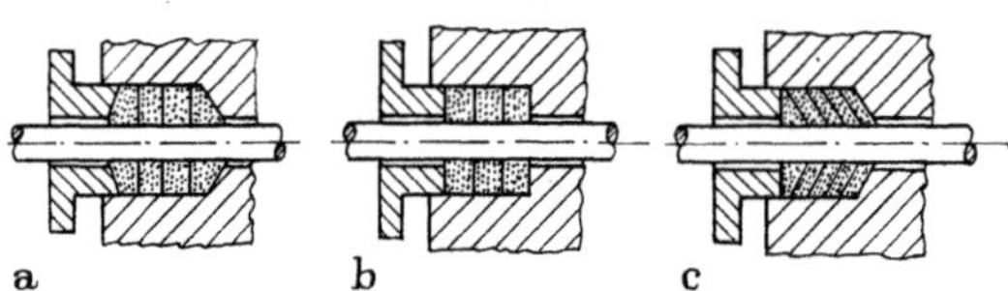


Abb. 40a–c. Variationen des Stopfbüchsenraumes
a) Beide Enden schräg, aber entgegengesetzt; b) Beide Enden flach; c) Beide Enden schräg, gleichsinnig

Hinsichtlich der Oberflächenbeschaffenheit ist zu bemerken, daß die Lebensdauer der Packung von der Güte der Gleitfläche abhängt. Diese sollte in der Größenordnung von 10–5 μ liegen. Bei geringerer Güte, d.h. größerer Rauhigkeit, wird die Packung ziemlich rasch abgenützt. Gegenüber dem Gehäuse, wo die Packung nur statisch zu dichten hat, braucht kein hoher Gütegrad gefordert zu werden. Eine Rauhigkeit von 63–75 μ ist ausreichend. Überschreitet die Rauhigkeit den oberen Grenzwert, so kann der Fall eintreten, daß zur Haftung des Filmes unzulässige Dichtungskräfte aufgebracht werden müssen. Dabei werden die Packungsverformungen zu hoch, und die Lebensdauer wird wesentlich herabgesetzt. Hinzu kommt noch der Einfluß möglicher Korrosion, die sich auf die Dauer in einer Änderung der Oberflächengüte auswirken wird.

Die Härte des Schaftes spielt neben der Oberflächengüte eine sehr wichtige Rolle. Die Härte muß darauf abzielen, daß Festteilchen sich im Schaft nie festsetzen können. Je härter der Schaft ist, um so höher kann die Lebensdauer der Packung erwartet werden.

Die Tab. 2 möge einen Begriff über die Abmessungen der gebräuchlichsten Packungsabmessungen vermitteln:

Tabelle 9

| Schaftdurchmesser | | Breite der Packung | |
|---|---|---|---|
| Zoll | mm | Zoll | mm |
| $^1/_2$–$^5/_8$ | 12– 15 | $^5/_{16}$ | ~ 8 |
| $^{11}/_{16}$–$1^1/_2$ | > 15– 40 | $^3/_8$ | ~10 |
| $1^9/_{16}$–2 | > 40– 50 | $^7/_{16}$ | ~11 |
| $2^1/_{16}$–$2^1/_2$ | > 50– 65 | $^1/_2$ | ~12 |
| $2^9/_{16}$–3 | > 65– 75 | $^9/_{16}$ | ~14 |
| $3^1/_{16}$–4 | > 75–100 | $^5/_8$ | ~15 |

Der Packungsquerschnitt steht in einer Beziehung zum Plungerdurchmesser. Zur Füllung des Packungsraumes müssen geeignete Abmessungen gewählt werden, da hiervon die Größe der Anzugskraft zum ursprünglichen Dichten abhängt. Die Dichtkraft beeinflußt die Verdichtung der Packung und damit ihre Saugfähigkeit für das Schmiermittel. Bei zu kleiner Packung wird die Vorverdichtung zu hoch, zu große Packung muß zu viel gequetscht werden, wodurch ebenfalls zu hohe Pressung entsteht. Für extreme Betriebsbedingungen empfiehlt sich eine Kombination verschiedener Packungsarten hinsichtlich Zusammensetzung der Einsatzringe, womit sich günstige Kompensationsmöglichkeiten ergeben.

Bei steigendem Innendruck werden mehr Packungsringe zum Dichthalten erforderlich. Es kommt hierbei darauf an, die weicheren Ringe mehr durch härtere Werkstoffe zu ersetzen. Es wird ferner notwendig, für eine bestimmte Anzahl von Packungsringen sog. Stützringe einzulegen, denen wiederum die Aufgabe zufällt, die Dichtringe vor dem Herausquetschen zu bewahren. Man muß der Tatsache Rechnung tragen, daß mehrere Ringe nicht notwendigerweise eine bessere Abdichtung ergeben müssen. Entscheidend ist die Kenntnis, daß zwei bis drei Ringe den überwiegenden Teil der Dichtung übernehmen. Der Rest folgt einer asymptotischen Kurve. Aus dieser Überlegung ergibt sich die Anordnung der Stützringe.

Als Werkstoffe für die Packungen kommen viele Möglichkeiten in Betracht. Ein Universalwerkstoff besteht nicht, der allen Anforderungen Genüge leisten könnte. Die Auswahl muß sowohl chemische, physikalische und mechanische Faktoren berücksichtigen. Die Reihe der Werkstoffe umfaßt Leder, Gummi, Viton, Fasern, Teflon und alle erdenklichen Kombinationen in Verbindungen mit Metallen aller Art.

## C. Manschettenpackungen

Als Manschetten seien alle diejenigen Packungselemente bezeichnet, die ihre fertige Form durch Spritzen, Gießen oder andere mechanische Bearbeitungsverfahren erhalten. Sie werden als fertige Ringelemente in die Packungsräume eingefügt. Sie werden häufig auch automatische oder hydraulische Packungen genannt. Ihre Hauptvorzüge bestehen in der geringen Baulänge bei niedrigen Reibungsverhältnissen.

Manschetten haben sich gegen höhere Betriebsforderungen bewährt und sind in verschiedenartigen Konstruktionsformen in Gebrauch. Sie sind generell bekannt als V-Ringe, Tellerringe, Flanschringe und U-ringe, um die Vielzahl auf wenige Grundformen zu beschränken. Diese Grundformen werden auch für rotierende Wellen als Dichtungselemente verwendet. Da aber die Mehrzahl der Anwendungen dieser Abdichtungsarten für hin- und hergehende Plungerbewegungen in Frage kommen, seien die nachfolgenden Betrachtungen ausschließlich auf dieses Dichtungsprinzip abgestellt.

## 1. Allgemeine Betrachtungen

Für nahezu alle dynamischen Dichtungsaufgaben ergibt sich die Feststellung, daß sie mehr oder weniger nach dem gleichen Prinzip arbeiten, wenn man von speziellen Konstruktionseinzelheiten absieht. Bei der Manschette kommt es darauf an, daß die Lippen der Ringe sich frei bewegen können, was in beiden Bewegungsrichtungen, also Verdichtungshub und Saughub, gleichmäßig gewährleistet sein muß.

Die Packung muß atmen können, was im Rhythmus der Plungerbewegung erfolgt. Die Dichtungswirkung wird hergestellt durch das Druckmedium, gegen das abgedichtet werden soll. Die auftretenden Reibungskräfte wechseln mit der Höhe des Innendruckes. Sobald die Packung atmet, kann der Druck beim Rückwärtsgang des Plungers vernachlässigt werden. In diesem Punkte also liegt der wesentliche Unterschied zwischen der Verdichtungspackung und der Manschettenpakkung. Damit wird auch verständlich, warum die Verdichtungspackung laufend nachgezogen werden muß, während die Manschettenpackung ein Nachziehen überflüssig macht.

Die Manschettenpackung wird nur beim Einbau angezogen, damit Dichtheit auch gegen niedrigen Innendruck gewährleistet ist. Es ist jedoch darauf zu achten, daß die Beanspruchung hierbei verhältnismäßig niedrig bleibt. Zu starkes Anziehen ist schädlich, solange kein Innendruck herrscht. Damit werden Reibung und Abnutzung der Berührungsflächen zu hoch, und die Lebensdauer der Packung wird stark herabgesetzt.

Wird jetzt der Innendruck aufgegeben und auf die Packung wirksam, so folgt die Packung der Form der Stützringe, die für die eigentliche Erhaltung der Geometrie der Packung verantwortlich ist. Da die Packung ihre stärkste Abnützung in der Umgebung der Schulter erfährt, muß das Hauptaugenmerk der Konstruktion der sachgerechten Gestaltung der Schulter gewidmet werden. Unter Schulter sei der Teil des Manschettenringes verstanden, der eigentlich den Boden des Manschettenringes bildet, bzw. die Kante, die der Boden gegen die Welle oder den Plunger bildet. Hat die Manschettenschulter gegen den Plunger zu großes Spiel, so wird der Betriebsdruck die Schulter durch den Zwischenraum hindurchzudrücken versuchen. Je größer also dieses Spiel ist, um so eher besteht die Tendenz des Durchquetschens.

Ohne zunächst auf Einzelheiten einzugehen, seien zwei Anwendungsbeispiele über Packungen einfacher Bauart gezeigt, um das Prinzip der Packung selbst zu illustrieren. Zunächst spricht man von sog. Innenpackungen und Außenpackungen. Der Unterschied dieser Definitionen wird aus den Darstellungen der Abb. 41 erkenntlich. Bei der Innenpackung sind die Dichtungsringe ein Bestandteil des Plungers und bewegen sich demnach mit demselben. Die Außenpackung wird im Gehäuse untergebracht, so daß der Plunger durch sie hindurchlaufen muß.

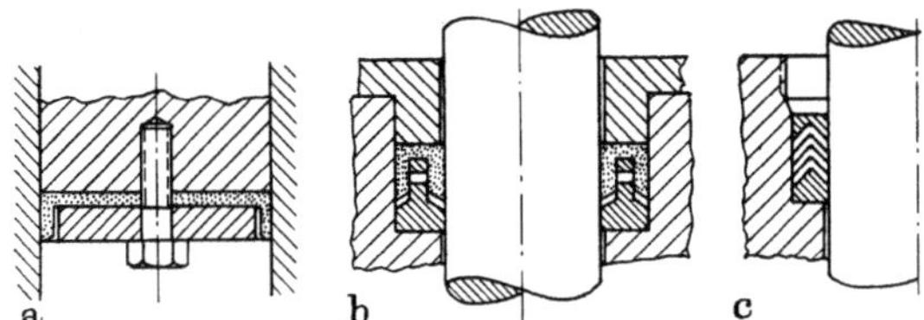


Abb. 41a–c. Anordnungen von sog. Innen- und Außenpackungen
a) Innenpackung; b) Außenpackung mit U-Ring; c) Außenpackung mit V-Ringen

Der innere Stützring muß der Packung den Halt geben, sollte daher genügend Spiel haben, um das Atmen der Packung zu gewährleisten. Man muß ferner für hinreichende Abrundungen der Stützringe Sorge tragen, damit die Kanten keine Beschädigung der Manschettenschulter hervorrufen. Dieses Spiel ist notwendig, da praktisch alle Packungen anquellen und somit Volumenänderungen aufweisen, denen Rechnung durch geeignetes Spiel getragen werden soll, was von Werkstoff zu Werkstoff verschieden ist. Dieser Spielraum muß am größten sein für Lederpackungen, da diese erfahrungsgemäß ziemlich stark anschwellen. Die Konstruktionsregel ist, daß dieser Spielraum – je nach Werkstoff – bis zu einem Drittel der Packungsdicke ausmachen kann. Dies setzt natürlich gute Kenntnis des Schwellverhaltens der gebräuchlichen Packungswerkstoffe voraus.

Im Hinblick auf den Werkstoff des Plungers und dessen Oberflächenbeschaffenheit muß betont werden, daß diese beiden Faktoren die Wirksamkeit der Packung und ihre Lebensdauer entscheidend beeinflussen. Ein feinkörniger Stahl mit großer Härte wird für eine Oberflächenbeschaffenheit bearbeitet werden können, die im polierten Zustande Optimumswerte an Lebenserwartung und Dichtverhalten erwarten lassen. Weiche Stahloberflächen werden zu hohen Reibungswerten für die Packung führen, gleichgültig, wie hoch der Gütegrad der Oberfläche ist.

Die Packung oder irgendeine Komponente derselben, dürfen unter keinen Umständen als Lager benützt werden. Sie muß so konstruiert sein, daß sie frei beweglich bleibt und in der Lage ist, den etwa auftretenden Seitenbewegungen des Plungers zu folgen. Allerdings sollte die Lageranordnung so getroffen werden, daß exzentrische Plungerbewegungen nicht auftreten oder auf ein Minimum beschränkt bleiben, von dem aus eine Beeinflussung der Packung nicht zu befürchten steht. Manschetten sind ganz generell empfindlich gegen seitliche Plungerbewegungen.

Eine zuverlässig arbeitende Manschettendichtung kann nicht erwartet werden, solange Schaft und Lager nicht einwandfrei konzentrisch sind. Ferner ist von Bedeutung, daß das System frei gehalten wird von Verunreinigungen aller Art, wobei die chemischen Verunreinigungen des Schmiermittels die entscheidende Rolle spielen.

Hinsichtlich der Auswahl der Manschettenart gibt es keine Vorzugsregel. Es gibt keine Universalpackung. Dies trifft auch für jede Anordnung zu, ob Innen- oder Außenpackung. Die Auswahl bleibt also ausschließlich dem Konstrukteur bzw. dem Betriebstechniker überlassen, da man praktisch jede Art von Manschette zuverlässig als Packung einsetzen kann, solange man die erforderliche Betriebserfahrung besitzt.

Bei der Innenanordnung sitzt die Packung stets an der Nähe der Stirnfläche des Plungers, dessen rhythmische Bewegung sie mitmacht. Hier sind Tellerform, U-Ring und V-Ring in gleicher Weise gebräuchlich. In der Außenanordnung ist die Flanschform auch zu finden. Neben dem Flanschring treten auch U- und V-Ringe sehr häufig auf. Keine der erwähnten Manschettenformen ist den anderen Formen an Wirksamkeit oder Lebensdauer überlegen. Flansch- und Tellerring haben keinen Druckausgleich, während V- und U-Ring, wie schon früher betont, wieder Druckausgleich haben. Eine Packung hat dann Druckausgleich, wenn der Dichtring mit seinen Lippen sowohl unter Druck an der Plungerfläche wie auch im Gehäuse anliegt und dort entsprechend Dichtheit herstellt.

## 2. Der V-Ring als Dichtungselement

Zur Vereinfachung der Betrachtungen über Manschettendichtungen sei auf die Abb. 42 verwiesen, die die wichtigsten Ringformen wiedergibt, die in der Industrie gebräuchlich sind. Von allen Formen, die bisher in

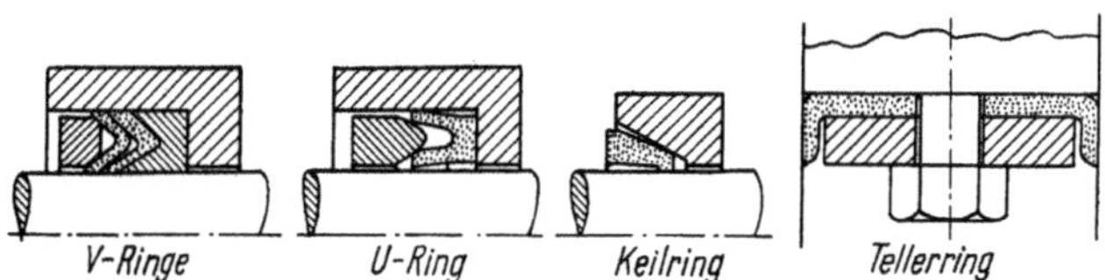


Abb. 42. Schematische Darstellung der wesentlichsten Dichtringtypen: V-Ringe, U-Ring, Keilring, Tellerring

der Praxis zur Anwendung gekommen sind, dürfte der V-Ring wohl das Dichtungselement sein, das am meisten für Wellen- und Plungerabdichtungen eingesetzt wird, sowohl für niedrige als auch sehr hohe Betriebsdrücke. V-Ringe werden vornehmlich in Außenpackungen angewandt, während der U-Ring überwiegend für Innenpackungen gewählt wird. Aus der praktischen Erfahrung hat sich ergeben, daß der V-Ring die beliebteste Form von Dichtungselement darstellt, wenn man von Manschettenabdichtungen generell spricht.

Der V-Ring wird nie als Einzelring, sondern immer nur in Serie angewandt. Aus diesem Grunde wird ein Stirnring und ein Grundring erforderlich, deren wesentlichste Formen in Abb. 43 wiedergegeben sind. Die Ausrundung der Lippenform gestattet dem Druck ein leichtes Eindringen, wodurch der Ring gegen Druckschwankungen elastisch ansprechen kann. Die Fortsetzung der Krümmung gegen das Innere des Ringes gewährleistet Linienberührung mit dem darunterliegenden Ring, der eine gerade Außenfläche mit 45° Neigung besitzt. Dadurch bleibt die freie Beweglichkeit des Ringes mit günstigen Reibungsverhältnissen erhalten. Die Anzahl der Ringe für eine Packung hängt ab von der Höhe des Innendruckes, gegen den die Packung abdichten soll im Zusammenhang mit dem Ringwerkstoff. Nimmt man Leder als Werkstoff, so möge Tab. 3 als Richtlinie gelten:

Tabelle 3

| Innendruck | | Leder als Ringwerkstoff |
|---|---|---|
| atü | psi | Anzahl der Ringe |
| bis zu 35 | bis zu 500 | 3 |
| 35–100 | 500– 1500 | 4 |
| 100–200 | 1500– 3000 | 4 |
| 200–350 | 3000– 5000 | 4 |
| 350–700 | 5000–10000 | 5 |
| $>700$ | $>10000$ | 6 |

Diese Angaben gelten als Erfahrungswerte, die in der chemischen Praxis gesammelt wurden. Sie spiegeln außerdem die Ergebnisse aus der einschlägigen Literatur wider.

Es ist auch möglich, den V-Ring wie beim Kolbenring aufzuschneiden. Dies sollte jedoch nur als eine Zwangslösung vorgenommen werden.

Die Stirn- und Grundringe müssen mit ihren Abschrägungen bzw. Vertiefungen den Neigungen der V-Schenkel genau angepaßt sein. Der

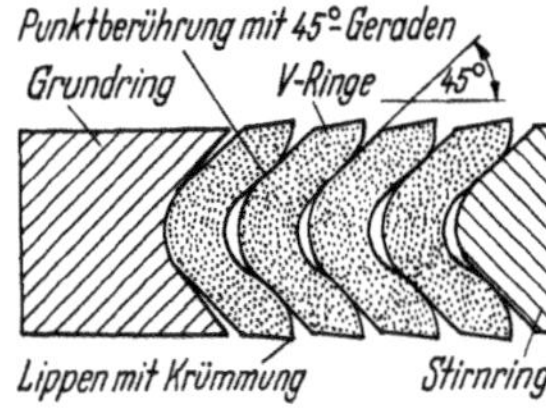


Abb. 43. Packung mit V-Ringen. Veranschaulichung der Berührungsverhältnisse

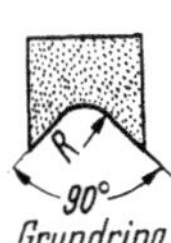


Abb. 44. Veranschaulichung der Bauarten von Stirn- und Grundring

Grundring stützt die Manschettenanordnung und sollte daher die V-Form genau und ohne Zwang aufnehmen können. Packungsringe sind meist genormt, wobei die überwiegende Mehrzahl für die Schenkelöffnung den 90°-Winkel benützt. Die gleiche Schrägung muß auch der Stirnring aufweisen, wie man aus der Abb. 44 ersehen kann. In gewissen Sonderausführungen ist auch der V-Winkel von 60° Öffnung anzutreffen.

Die Grund- und Stirnringe sind meist aus Metallen hergestellt. Man findet aber ebenso Ringe aus Leder, Phenolharzen, Gummi und alle Arten von geeigneten Kunststoffen. Jeder dieser Werkstoffe hat seine eigenen Anwendungsgrenzen. Da der Grundring der gesamten Packung die wichtige Stützung bietet, ist seiner Konstruktion besonderes Augenmerk zu schenken. Von seiner Form, dem Werkstoff, seinem Einbau und seinem Spielraum mit Reibungsverhältnissen hängt die Zuverlässigkeit und die Lebensdauer der ganzen Packung ab.

Dem Grundring fällt die Aufgabe zu, die Serie der Packungsringe vor dem Durchquetschen durch den Laufspalt zu bewahren. Er muß das Bewegungsspiel zwischen Plunger und Lippe der V-Ringe nach Maßgabe des Innendruckes überbrücken. Ein Grundring aus Metall wird nicht durch den Spalt gequetscht. Metall gibt aber Veranlassung, daß die Reibung des auf dem Grundring aufliegenden V-Ringes ziemlich hoch werden kann. Versagt dann der V-Ring, so überträgt sich dieses Versagen allmählich auf den nächstfolgenden V-Ring, bis die gesamte Packung durchlaufen ist. Besteht aber der Grundring aus Leder oder gar Hartgummi bzw. eine Kombination von Werkstoffen, so wird man feststellen, daß diese Werkstoffe mehr oder weniger ihr Volumen verändern können. Damit bleibt der Packung die Möglichkeit der Atmung bewahrt. Ist diese Atmungsfreiheit sichergestellt, erfährt der V-Ring normale Reibungsbeanspruchung und ergibt eine größere Lebensdauer. Diese Art von Werkstoffen für die Grundringe sind daher im Hinblick auf die Lebenserwartung der Packung den Metallen überlegen. Es muß hier bemerkt werden, daß synthetische Stoffe wie Phenolharze od. dgl. ähnlich wie Metalle wirken, da sie keine elastische Flexibilität besitzen. Sie verhalten sich metallisch und werden bei hohen Drücken sehr spröde, was ihre Bruchgefahr wesentlich erhöht.

Ist aber der Grundring aus sehr weichen aber hochelastischen Stoffen, so kann der V-Ring am Herausquetschen durch den Laufspalt nicht gehindert werden. Man kann daher die Folgerung schließen, daß für die Werkstoffauswahl für den Grundring ein Kompromiß geschlossen werden muß zwischen einem harten nichtkompressiblen und einem weichen elastischen Werkstoff. Dieser ist dann geeignet, wenn er eine Atmung der Packung zuläßt, ohne selbst eine merkliche Volumenänderung zu erfahren.

Man kann daher die Schlußfolgerung ziehen, daß bei hohem Betriebsdruck die Lebensdauer der Packung in entscheidenderem Maße von der

Fähigkeit des Grundringes beeinflußt wird, dem Herausquetschen des V-Ringes genügend Widerstand zu leisten, sowie dem Werkstoff des V-Ringes selbst.

Die meisten V-Ringe sind gegen die Lippe zu mit einem Neigungswinkel versehen. Wird die Packung eingebaut und angezogen, so entsteht infolge dieser Neigungsanordnung eine gewisse Vorbeanspruchung auf die Packung. Es ist daher nur wenig Ausrichtung erforderlich. V-Ringe aus Leder haben diesen Neigungswinkel nicht. Ihre Montage muß daher mit etwas mehr Vorsicht vorgenommen werden, um diese Vorspannung zu erzielen. Diese Vorspannung sollte so sein, daß nicht zuviel Anziehung über die Anzugsmutter erforderlich wird. Als Grundregel sollte gelten, daß beim Anziehen der Packung keine hohe Anspannung auf die Packung ausgeübt wird. Hierin liegt der Vorteil der selbstanliegenden V-Ringe mit entsprechender Neigungsebene der Lippen. Diese Packungen sind sehr empfindlich gegen Druckänderungen und sollten für den ersten Anzug nur leicht vorbelastet werden.

Ganz allgemein wird für V-Lippenringe mit Neigungswinkeln eine Toleranz von $\pm 0{,}010$ Zoll für die Ringhöhe in jedem Ring vorgesehen. Demnach wird für eine Packung mit vier Ringen unter Einbeziehung des Grund- und Stirnringes eine Abweichung von $\pm 0{,}060$ Zoll als zulässig angesehen, was etwa 1,5 mm entspricht. Für den Entwurf der Grund- und Stirnringe sollten diese Abweichungen entsprechend berücksichtigt werden.

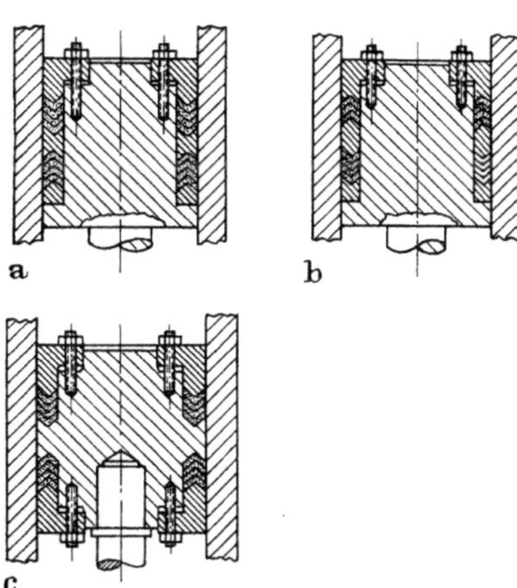


Abb. 45a–c. Doppeltwirkende Zylinder mit V-Ringmanschettenanordnung

a) Unrichtig: Bei Beanspruchung mit Innendruck wird die Belastung von einer Packung zur andern übertragen; b) Unrichtig: Der maximale Druck wird zwischen den beiden Packungssätzen gefangen. Ergibt maximale Packungsabnützung; c) Richtig: Packungen Rücken an Rücken gegen feststehenden Grundring. Kein Druckaustausch zwischen den Packungen

Beim Einbau der Manschettenringe ist es wesentlich, daß jegliche Gewindeanordnung so vorgenommen wird, daß die Dichtringe beim Durchziehen nicht von den scharfen Gewindespitzen beschädigt werden. Lösungen für den Gewindeauslauf sind in Abb. 45 angedeutet. Auf die Querschnittsübergänge ist besonderes Augenmerk zu richten. Ein 30°-Abschrägwinkel dürfte als vorteilhaft erachtet werden.

Läßt sich ein Gewinde nicht umgehen, so muß darauf geachtet werden, daß die Packung nicht über diese Gewindemutter, die mit dem Grundring ein Stück bildet, angezogen wird. In diesem Falle empfiehlt es sich, den Grundring von der Mutter zu trennen, da die Gewindedrehbewegung für die Ausrichtung der Packung schädlich ist, wenn der Grundring die Drehbewegung der Überwurfmutter mitmacht.

Wird die Vorspannung der Stopfbüchse unter Anwendung von Einzelschrauben vorgenommen, so kann der Stirnring mit dem Brillenflansch aus einem Stück bestehen, da der Ring bei der Anpressung stationär bleibt und keine Drehbewegung erfährt. Wie in diesem Falle die Packungsanordnung zweckmäßig vorgenommen wird, soll in Abb. 45 gezeigt werden, worin die möglichen Grundfehler beim Einbau angedeutet sind. Darstellungen *a* und *b* zeigen Anordnungen, wie sie in der Praxis vermieden werden sollen. Darstellung *c* zeigt die zuverlässige Betriebsanordnung.

Die V-Ringe stehen ineinandergereiht gegen einen festen Grundring, der im Falle der Abb. 45c vom Kolben gebildet wird. Damit kann jede Packung für sich unabhängig von der andern arbeiten. Weitere Abwandlungsmöglichkeiten sind in Abb. 46 gezeigt, bei denen der Brillenflansch

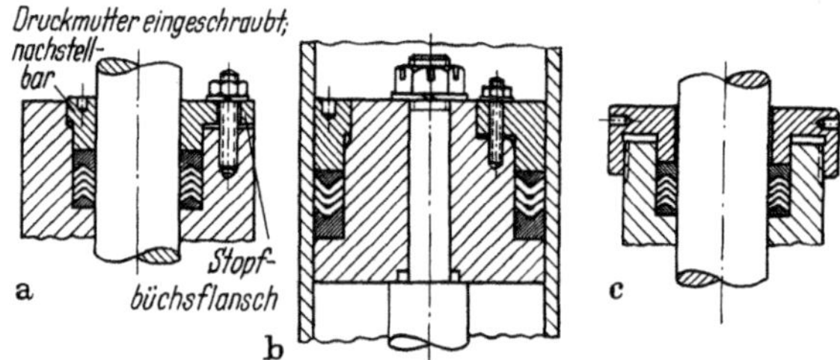


Abb. 46a–c. Anordnungsarten für Packungsanzug bei Innen- und Außenpackungen
a) Außenpackung; b) Innenpackung; c) Innenpackung mit Überwurfmutter angezogen

nachziehbar ist. Diese Anordnung wird für große Abmessungen empfohlen, während die Verwendung von Konstruktionen mit Gewinde nur für kleine Abmessungen benützt werden sollten. Die Mindestanzahl der Schrauben sollte in keinem Falle weniger sein als vier. Abb. 46c gibt eine Überwurfmutter zum Anziehen der Packung. Die Höhe der Verschlußmutter muß so ausgelegt sein, daß im Endzustand, wo eine weitere Anpressung mechanisch nicht mehr stattfinden kann, die Packung in einem Zustande ist, daß theoretisch eine zusätzliche Anpressung noch möglich wäre.

Für doppelseitig wirkende Abdichtung mit gleichem Druck auf beiden Seiten hat sich eine Packung in der Praxis bewährt, wie sie in Abb. 47a dargestellt ist. Durch den Anzug einer einzigen Mutter werden beide Packungen vorbelastet. Eine entsprechende Modifikation ist in Abb. 47b wiedergegeben. Es kommt in jedem Falle darauf an, daß der Grundring eine stabile Unterstützung für die gesamte Packungsanordnung gewährleistet.

Es kann oft von Vorteil sein, daß die Werkstoffe innerhalb einer Packung wechseln, beispielsweise zwei Lederringe wechseln mit Gummi od. dgl. Die Lederringe sind dann so angeordnet, daß sie die Ringe aus homogenem Werkstoff unterstützen, ähnlich dem Stützringprinzip.

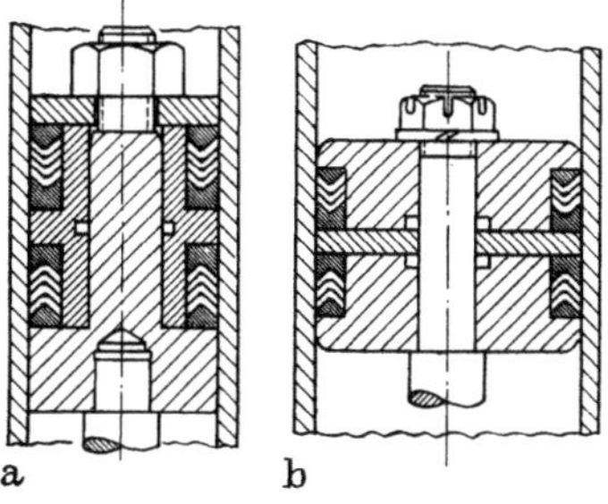

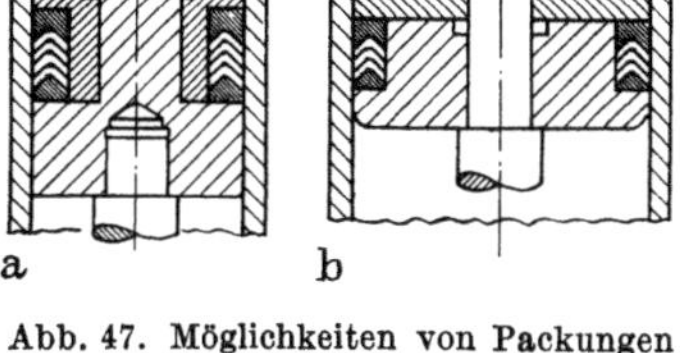
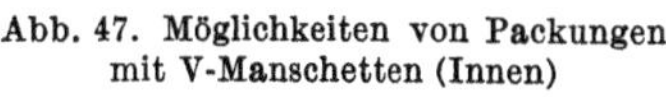

Abb. 47. Möglichkeiten von Packungen mit V-Manschetten (Innen)

a) u. b) Modifikation der Innenpackung

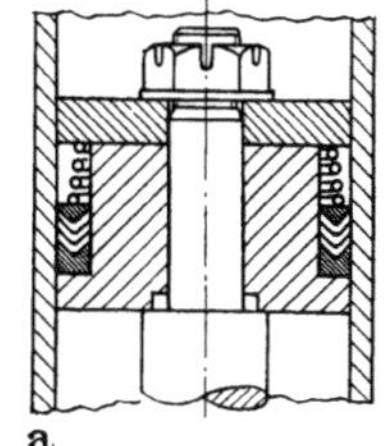

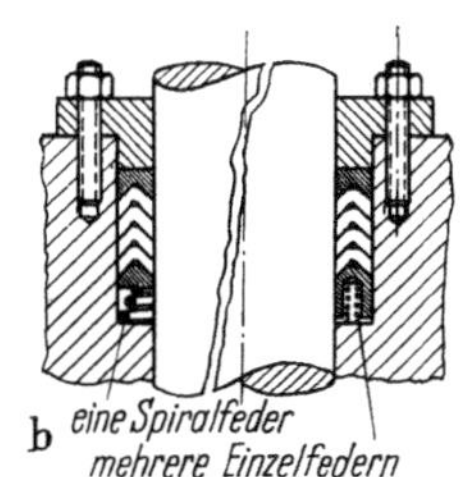


Abb. 48a u. b. Möglichkeiten der Vorbelastung von Packungen mittels Federn

a) Vorbelastung der Manschettenpackung mittels Spiralfeder; b) Modifikation der Spiralfederanordnung für Packungsvorbelastung

Eine gewisse Anzahl von Packungen wird des öfteren mit Spiralfedern versehen. Damit wird stete Berührung bzw. Vorlast gewährleistet. Anwendungsbeispiele für Federn sind in Abb. 48 dargestellt. Packungen mit Federn sind im allgemeinen für kleinere Plungerabmessungen. Die Mehrfederanordnung eignet sich besser für größere Abmessungen. Die Feder hat lediglich die Aufgabe, das Nachziehen der Verschlußmutter von Hand auszuschalten. Die Packung paßt sich somit den Druckverhältnissen automatisch an.

### 3. Der Tellerring als Dichtungselement

Zur Vermeidung möglicher Verwechslung sei der Tellerring als ein Dichtungsring definiert, der zwar nach dem Lippenprinzip abdichtet, zur Herstellung des Dichtungseffektes aber nur eine Lippe besitzt. Zur besseren Veranschaulichung dieser Definition sei auf Abb. 49a–e verwiesen. Diese Form dynamischer Abdichtung ist wahrscheinlich die älteste Art von Dichtringen, die auch heute noch in verhältnismäßig großer Zahl vielseitiger Werkstoffe ausgeführt und eingesetzt werden. Man macht diese Ringe aus Leder, Kunststoffen mit aller Art eingebauten Verstärkungen sowie aus homogenem Material, Teflon, Kel-F, Viton und Gummi.

Wie an anderer Stelle bereits erwähnt, handelt es sich beim Tellerring um eine Dichtungsart, bei der kein Druckausgleich herrscht. Beim Anziehen muß daher wesentlich darauf geachtet werden, daß der Druckring den Boden des Tellers nicht zu stark verformt, so daß keine Schädigung in festigkeitstechnischer Hinsicht erzeugt wird. Bei einer solchen Verformung würde die Lippe von ihrer eigentlichen Dichtungsaufgabe abgelenkt und nach innen gezogen werden, also entfernt vom Plunger. Dabei müßte die Schulterkante gegen den Plunger zu stark verformen, wodurch erhöhte Reibung und somit kurze Lebensdauer hervorgerufen wird. Der Teller muß an der Schulterkante ebenfalls atmen können.

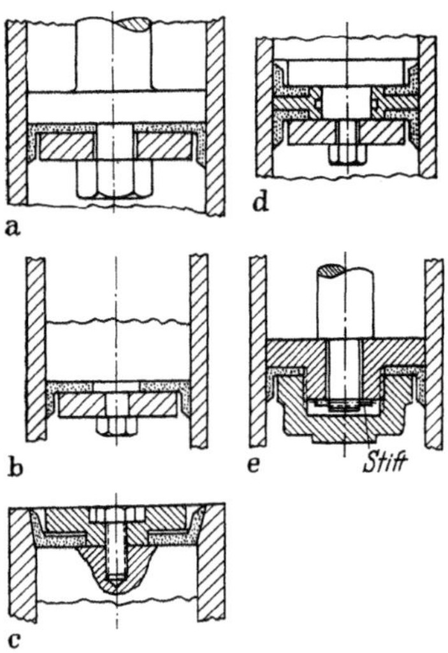


Abb. 49a–e. Darstellung von Packungen mit Hilfe von Tellerringen als Dichtungselement

a) Packung wird ohne Kontrollmöglichkeit angezogen; b) Schulter im Plunger begrenzt maximalen Anzug des Dichtringes; c) Anzugsbegrenzung und Pufferzone mit O-Ring; d) Doppeltwirkender Tellerring mit Büchse, die Lastübergang durch O-Ring verhindert; e) Rotierende sowie hin- und hergehende Bewegung

Beim Tellerring ist nicht die Lippe, sondern die Kante der Schulter des Bodens entscheidend für das Zustandekommen einer zuverlässigen Dichtwirkung. Der Innendruck bewirkt eine Verdichtung des Tellerbodens, wobei der Fußdurchmesser sich dehnt, bis der Zylinderdurchmesser erreicht wird. Hieraus ergibt sich dann die Dichtwirkung gegen die stationäre Lauffläche, während die Lippe nur wenig Dichtwirkung übernimmt. Bei der Umkehrung der Bewegung des Plungers muß der Fuß infolge des Druckabfalles sich wieder zurückdehnen können, wodurch die Atmung zustande kommt. Hieraus erklärt sich die Ursache des Versagens, wenn falsch angezogen wird. Die Dehnung des Fußes muß sich als eine Funktion des Verdichtungsdruckes ergeben, sie darf nicht schon erschöpft werden durch unzulässigen Anzug. Als Laufspiel für den Tellerring gilt wiederum die Erfahrungsregel, daß es bis zu einem Drittel der Dicke des Tellers gehen kann, womit man den etwa erforderlichen Spielraum für das Aufquellen einbezogen hat.

In Abb. 49a ist eine Begrenzung der Verdichtung des Tellerbodens nicht möglich. Die Einpassung des Tellers gemäß Abb. 49b begrenzt den maximal möglichen Anzug. Mit dieser Verformungsgrenze ist eine Schädigung des Tellerbodens nicht zu erwarten. In der Darstellung *c* wird die Beweglichkeit des Tellerfußes durch einen Zwischenraum mit elastischem O-Ring noch wesentlich gesteigert. Für doppelt wirkende Verdichtung ist die Anordnung *d* geeignet, bei der eine Zusatzbüchse mit O-Ring vorgesehen wird. Die Ausführung der Abb. 49e ist günstig für rotierende sowie hin- und hergehende Bewegung zugleich.

Als Werkstoffe für Tellerringe sind elastische Werkstoffe den steifen überlegen, solange es sich um relativ niedrige Innendrücke handelt. Wird der Druck aber sehr hoch, so muß in Rücksicht gestellt werden, daß der Teller nicht zerquetscht wird. Vielfach kann man sich durch entsprechende Kombination mit Leder und Kunststoffen helfen. Die Neigungswinkel der Lippe liegen in der Größenordnung von 15 und 30°. Ein zu steiler Winkel ist nicht ratsam, da hierdurch die Flexibilität des Ringes nicht gesteigert wird, außerdem hätte das auch wenig Einfluß auf eine Steigerung der Lebensdauer der Packung.

## 4. Die Flanschringpackung

Die Flanschringpackung sei lediglich der Vollständigkeit halber hier angeführt, da diese Abdichtungsart nicht allzu häufig angewandt wird. Wenn sie zur Anwendung gelangt, handelt es sich grundsätzlich um relativ niedrige Drücke bei mäßigen Laufgeschwindigkeiten. Die Flanschringpackung hat ebenfalls keinen Druckausgleich, da sie nur mit einer Lippe arbeitet, sie dichtet nur gegen den Innendurchmesser, zumal sie ausschließlich nur für Außenpackungen verwendet wird. Dies trifft meist auf Fälle zu, bei denen weder für U-Ringe noch für V-Ringpackungen genügend Platz vorhanden ist. Der Flanschring läßt sich für rotierende als auch translatorische Bewegung als Dichtungselement anwenden.

Einbaubeispiele für Flanschringpackungen sind in Abb. 50a–c dargestellt. Die Verschlußmutter wird meist mit Gewinde versehen und in den Stopfbüchsenkörper eingeschraubt. Die Verwendung einer Überwurfmutter als Verschlußart hat den gleichen Erfolg, zumal es sich um durchweg niedrige Innendrücke handelt.

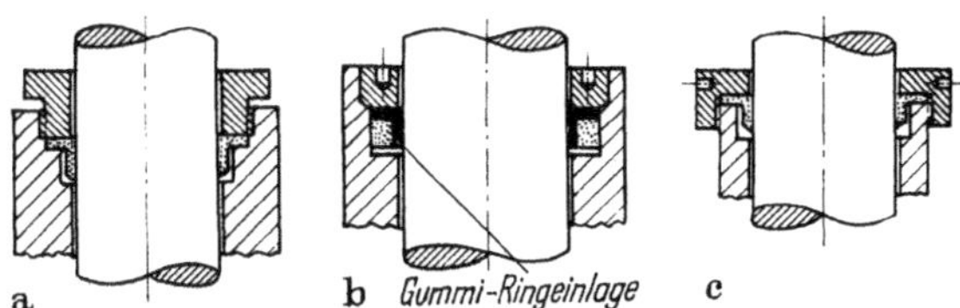


Abb. 50a–c. Typische Flanschringpackungsanordnungen
a) Verschlußmutter in Flanschform; b) Verschlußmutter eingeschraubt; c) Anzug mittels Überwurfmutter

Die Abdichtungswirkung des Flanschringes beruht auf der mechanischen Verdichtung des Ringes beim Anziehen. Beim Festziehen wird der Flanschring verformt. Die Verformung wirkt sich an der Schulterkante für die Abdichtung aus, indem der Innendurchmesser der Schulter sich dem Plungerdurchmesser nähert. Der Packungsraum muß wiederum groß genug sein, um der Schwellung des Ringes Rechnung zu tragen, damit dem Plunger noch hinreichend Bewegungsfreiheit gewährleistet bleibt.

Bei der Einlage eines Gummiringes mittlerer Härte in den Zwischenraum, s. Abb. 50b, bewirkt der Betriebsdruck eine Verdichtung dieses elastischen Einlageringes. Dadurch wird die Lippe des Flanschringes an den Plunger gepreßt, wodurch die Dichtwirkung sich steigern läßt. Diese Maßnahme gewährleistet zuverlässigen Betrieb mit relativ niedrigen Reibungsverhältnissen.

Man pflegt die Flanschringe aus Leder herzustellen. Sie haben sich im Betrieb für Größen bis zu 150 mm Lippendurchmesser durchaus günstig bewährt.

### 5. Die U-Ringmanschette

Die U-Ringmanschette gehört zur Kategorie von Dichtringen, die Druckausgleich haben. Nach Maßgabe ihrer geometrischen Gestalt dichten sie nämlich mit der Innenlippe als auch mit der Außenlippe.

Die U-Ringmanschette arbeitet, ähnlich dem V-Dichtungsring, völlig automatisch und zeichnet sich durch günstige Reibungscharakteristiken aus. Sie wird vielfach als Einzelring und weniger in Serienanordnung als Dichtungselement eingesetzt.

Das Dichtungsprinzip des U-Ringes möge an Hand von Einbaubeispielen der Abb. 51a–e erläutert werden. Beim U-Dichtring kommt es sehr wesentlich darauf an, wie der Ring an seiner Basis abgestützt wird. Darstellung *a* zeigt einen Ring mit runder Schulterbasis, wobei der Befestigungsflansch der Form der Schulterbasis völlig angeglichen wird. Man muß darauf achten, daß die Grundstützung ausreichend gewählt wird. Die Länge der Lippen unterliegt der Gefahr, daß sie durch die Druckwirkung des Innendruckes in den Hohlraum ausweicht. Dies läßt sich durch zweckmäßige Ringeinlagen vermeiden. Die Hohlseite des U-Raumes sollte so ausgefüllt sein, daß zwar ein Zusammenklappen verhindert, eine freie Beweglichkeit innerhalb definierbarer Grenzen aber gewährleistet bleibt. Die Füllringe können dabei elastisch oder starr sein. Hinreichendes Spiel muß gefordert werden, um dem Aufquellen Spielraum zu belassen.

Wie man erkennt, kommt der konstruktiven Gestaltung der Füllringe wesentliche Bedeutung zu. Für hinreichende Abrundungen ist Sorge zu tragen. Die Schultern des Füllringes sollten die Stirnflächen der Lippen nicht berühren. Die Lippen müssen ihre Flexibilität bewahren und müssen auf den Gegendruck ansprechen können.

Für höhere Drücke empfiehlt sich die Einlage von besonderen Unterlagsringen unter den U-Dichtungselementen. Solche Einlageringe können mehreren Zwecken dienen. Einmal können sie so gestaltet sein, daß sie den U-Ring am Herausquetschen hindern; ferner können sie dazu dienen, dem U-Ring durch geeignete Werkstoffauswahl das Atmen zu erleichtern. Die Art, wie solche Einsatzringe zu denken sind, ergibt sich aus der Abb. 51e.

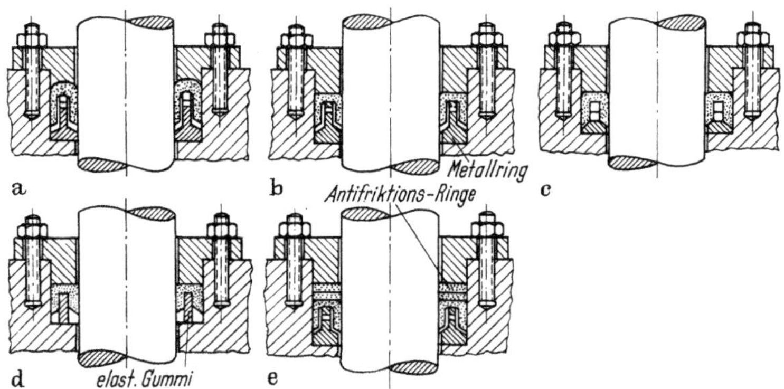


Abb. 51a–e. Möglichkeiten der Anordnung von Manschetten mit U-Ringen als Dichtungselemente
a) U-Ring mit runder U-Ringschulterbasisbefestigungsflansch der Ringkrümmung angepaßt; b) Lippenbewegung des U-Ringes durch Metallring abgestützt (und begrenzt). Bohrung in Metallring für Druckausgleich; c) Hohlraum zwischen Lippen mit elastischem Werkstoff ausgefüllt. Angewandt, wenn für Metallring nicht genügend Platz zur Verfügung steht; d) Elastische Gummieinlage kann zur Anwendung von Druckausübung auf Dichtungsring benützt werden; e) Zur Abstützung der U-Ringe läßt sich die Anordnung von ein oder zwei Stützringen aus Antifriktionswerkstoff mit Erfolg anwenden

Die U-Ringmanschette ist nicht ausschließlich als Außenpackung im Einsatz. Beispiele für Innenpackungen mit U-Ringen werden in Abb. 52a–c gezeigt.

Obwohl aus der Industrie bekannt ist, daß U-Ringmanschetten als Dichtungselement für mittlere Innendrücke, meist nicht über 100 atü

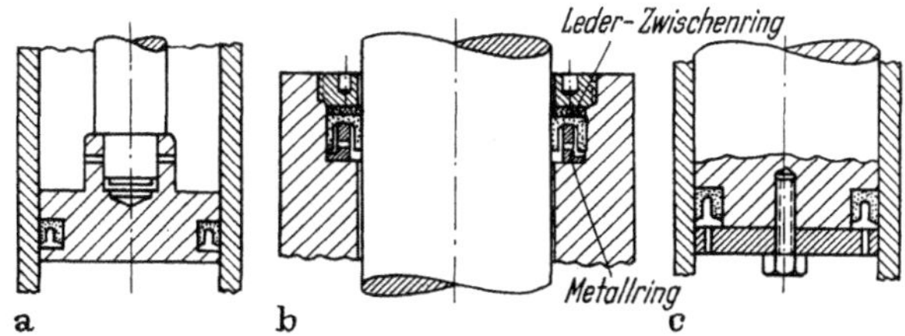


Abb. 52a–c. Anwendung von U-Ringmanschetten, die höhere Drücke aushalten
a) Innenpackung am laufenden Plunger. Ring schwierig ohne Gefahr der Beschädigung einzubauen; b) Außenpackung mit Ledereinsatzring. Verschlußmutter eingeschraubt; c) Zwischenring am Kolbenkopf erleichtert Ein- und Ausbau des U-Ringes

verwendet werden, bleibt zu bemerken, daß sich die Drücke noch wesentlich steigern lassen. Wie bei den anderen Dichtungsarten kommt es auch bei der U-Ringmanschette entscheidend darauf an, daß Werkstoffauswahl, Laufspiel, Plungerbeschaffenheit, Laufgeschwindigkeit und Betriebsmontage geschickt auf die Betriebsbedingungen abgestellt werden. Neben den wichtigsten Grundregeln der Konstruktion liegt es in der Hand des Betriebstechnikers, seine Erfahrung einzusetzen, um noch wesentlich höhere Betriebsdrücke bewältigen zu können.

## D. Metallpackungen

Wenn man von Metallpackungen spricht, so versteht man ganz allgemein Abdichtungsarten, die in allen ihren zugehörigen Komponenten aus Metallen bestehen. Dabei ist es zunächst gleichgültig, ob es sich dabei um harte oder weiche Metalle handelt. In Hochdruckmaschinen zur Erzeugung von Flüssigkeits- oder Gasdrücken ist die Anwendung von Metallpackungen als Abdichtung der Plunger relativ häufig anzutreffen, und zwar tritt die Metallpackung in vielseitigen Modifikationen auf. Man muß dabei grundsätzlich zwischen Hartpackungen und Weichpackungen unterscheiden, da von der Härte der Werkstoffe der Dichtungselemente die Konstruktionsart und ihr Dichtungsverhalten abhängt.

Es liegt in der Natur der Werkstoffe begründet, daß Metallpackungen allgemein starr sind und wenig elastisches Verhalten erwarten lassen. Da bei starren Metallen nicht viel oder gar kein ausnutzbarer elastischer Spielraum gegeben ist, muß die Elastizität durch Flexibilität der Einzelkomponenten gegeneinander ersetzt werden. Weiche Metalle lassen eine gewisse Beweglichkeit zu, die ausreicht, um die sog. „Atmungsbewegungen" beim Hin- und Hergang des Plungers zu ermöglichen. Aus diesem Grunde weisen die Dichtungsringe der Weichmetallpackungen nahezu grundsätzlich die Form der Manschettenringe auf, die für Leder, Gummi oder synthetische Werkstoffe üblich ist. Diese Weichmetallmanschetten werden dann auch als U-Ringmanschetten hergestellt mit ausgeprägter Lippe, die für niedrige bis mittlere Kolbengeschwindigkeiten zugelassen werden, wie sie für Pumpen und Multiplikatoren in der Praxis in Frage kommen. Unter dem Begriff Weichmetalle werden hier Legierungen verstanden, die größenordnungsmäßig mit weiten Abweichungen der Grundzusammensetzung 50% Pb–50% Sn entsprechen, die sich in der Industrie in sehr großem Maßstabe in vielen Jahren bestens bewährt haben.

Vielfach wird es erforderlich, die Weichmetallringe mit Stahlringen vielseitiger Formgebung zu kombinieren. Zwei Ausführungsbeispiele solcher Packungen werden in Abb. 53a u. b dargestellt. In Darstellung a findet man Weichmetallringe mit ausgeprägter U-Form mit typischen Lippen. Der Stirnring ist ein Federring aus Stahl, der geteilt ist, damit er den Atmungsbewegungen der U-Ringe zu folgen vermag. Es bleibt darauf hinzuweisen, daß die Packung als Einheit so angeordnet ist, daß zwei Hälften symmetrisch um eine Laterne gruppiert sind, also nach zwei Seiten hin die Abdichtung wahrnehmen kann. In der Darstellung b wird eine Modifikation der Weichmetallringe vorgenommen, denen wiederum Stirnringe aus Stahl zugeordnet sind, die hier nur Stützwirkung verleihen, im übrigen aber nicht geteilt sind.

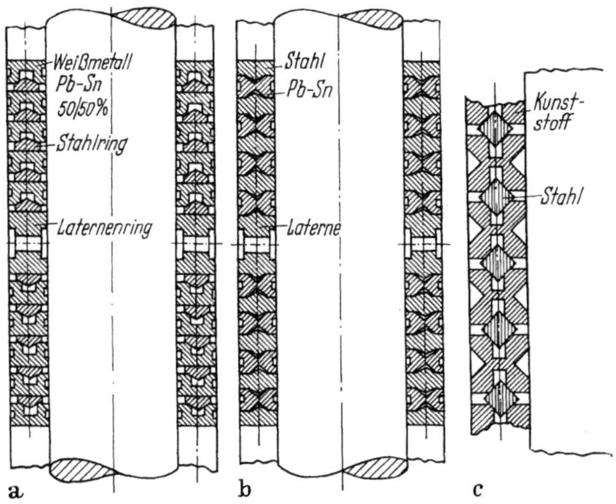


Abb. 53a. Weichmetallringe mit ausgeprägter U-Ringmanschette und Druckring aus Stahl

Abb. 53b. Packung mit Weichmetallringen, ebenfalls nach Lippenprinzip. Modifikation von Abb. 53a

Abb. 53c. Packung der US-Stickstofflaboratorien

Die beiden Darstellungen a und b zeigen die Plunger in etwa natürlicher Größe. Die Packung von Abb. 53a war übrigens in dem Nachschaltverdichter eingebaut, der auf S. 312 (Abb. 26) aufgezeigt wird.

Das US-staatliche Stickstofflaboratorium entwickelte eine Abdichtung, die sich gut bewährt hat, und deren Grundform in Abb. 53c veranschaulicht ist. Die Weißmetallringe sind mit Schlitzen versehen, und zwar in axialer Richtung. In diese Schlitze wird ein Stahlring eingelegt, der alle Querschnittsformen annehmen kann, die dazu beitragen, die Dichtungslippen auseinanderzuspreizen. Damit werden die Lippen gegen Plunger und Gehäuse angedrückt, was dann die Abdichtung zustande bringt.

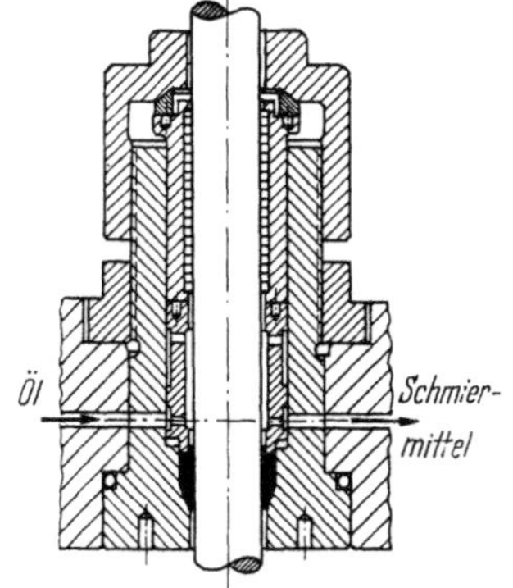


Abb. 54. Weichmetallabdichtung einer Gasumlaufpumpe für 300 atü Betriebsdruck

In Abb. 54 ist die Abdichtung für eine Gasumlaufpumpe dargestellt, die für einen Betriebsdruck von 300 atü verwendet wird. Ein einziger Weißmetallkonusring übernimmt die Abdichtung des Plungers. Eine Überwurfmutter dient dazu, die Packung anzuziehen, und zwar wird die Packung für den Betrieb angezogen, für Leerlauf oder Stillstand aber wieder entlastet. Pumpen dieser Bauart arbeiten sehr zuverlässig. In deutschen Stickstoffwerken, wo diese Pumpen seit Jahren in Betrieb sind, hat man Laufzeiten von 2000–3000 Stunden als normal festgestellt. Die Herstellung solcher Ringe ist einfach. Die Plungeroberfläche bedarf keiner außergewöhnlichen Bearbeitung. Der Aus- bzw. Einbau kann in einfacher Weise vorgenommen werden. Die laufende Regulierung der Stopfbüchse ist Routinearbeit und bereitet keine Schwierigkeiten.

Für große Plunger, die im allgemeinen auch mit höheren Kolbengeschwindigkeiten betrieben werden, ist die Anwendung von Weichmetallpackungen nicht mehr zu empfehlen. In solchen Fällen geht man zu rein, harten Ringen über, die meist aus Antifriktionswerkstoffen hergestellt sind. Bei diesen Ringen besteht keinerlei Elastizität mehr im Sinne der bekannten Atmungsbewegungen der Lippenringe von Manschettenabdichtungen. Die harten Metallringe dichten ausschließlich durch die Art ihrer Bauweise und Oberflächenbeschaffenheit. Die Ringe werden gegeneinander und zum Plunger hin mit geläppten Oberflächen versehen, die auf ein äußerst geringes Laufspiel abzielen.

Die Frage der Konstruktion von Packungsringen aus härteren Metallen läßt sich auf verschiedenartige Weise lösen. In den nachfolgenden Betrachtungen seien solche Ganzmetallpackungen beschrieben, die dem Verfasser als zuverlässige Abdichtungen gegen hohe Betriebsdrücke bekannt sind. Die Darstellungen erheben keinerlei Anspruch auf Vollständigkeit. Auch muß darauf hingewiesen werden, daß mit Rücksicht auf patentrechtlichen Schutz detaillierte Angaben nicht gemacht werden können. Dies trifft vor allem für solche Packungen zu, die noch im Stadium der technischen Weiterentwicklung sind und auf dem Markt nicht ohne weiteres zur Verfügung stehen. Hier sei besonders empfohlen, sich mit den bekannten Herstellerfirmen für Packungen in Verbindung zu setzen.

Ganz allgemein wird bei Packungen mit harten Abdichtungselementen die notwendige Elastizizät der Einzelkomponenten dadurch erzielt, daß die Ringe grundsätzlich aus mehreren Einzelteilen bestehen, sich also frei gegeneinander bewegen können. Sie werden im Falle des Zusammenbaues durch eine endlose Spiralfeder zu einer Ringeinheit zusammengehalten. Ihre Berührungsflächen sind auf Ebenheit mit einer Genauigkeit von einem Lichtband (1 $\mu$) bearbeitet.

Der Dichtring ist also in der Lage, bei Abnützung durch Reibung einen Ausgleich in den Dimensionen zu ermöglichen, d.h., die Ringsegmente können stets an der Plungeroberfläche gehalten werden, ohne das Laufspiel zu erweitern. Ferner werden immer zwei Ringe zu einem Satz vereinigt und so in die Maschine eingesetzt. Die wichtigsten Typen solcher Segmentringe sind in Abb. 55 gezeigt, wie sie von der bekannten US-Firma Cook, Airtomic in Louisville in Kentucky hergestellt werden. Abb. 56 veranschaulicht, wie diese Ringsätze zu einer Packung in der Maschine angewandt werden.

Die Verwendung von Segmentringen für Packungen eignet sich besonders für Gase mit hoher Verdichtung. Zwei Ringe bilden einen Satz, und jeder Satz wird in einem gesonderten Druckring untergebracht, der gewöhnlich infolge der hohen Wechselbeanspruchung als Schrumpfkonstruktion ausgeführt ist. Aus Abb. 56 erkennt man, daß jeweils zwei Druckringe mit zwei Sätzen von Segmentringen zwischen zwei Schmierstellen angeordnet sind. Diese Maßnahme ist entscheidend für die Erzielung einer zuverlässigen Abdichtung. Die Anzahl der Druckringe bzw. der Ringsätze oder auch der Segmentringe selbst richtet sich nach der Höhe des erreichbaren Verdichtungsdruckes. Als Richtlinie hat die praktische Erfahrung gezeigt, daß mit 8 Ringen ein Druck von 1500 atü ohne weiteres erzielt werden kann.

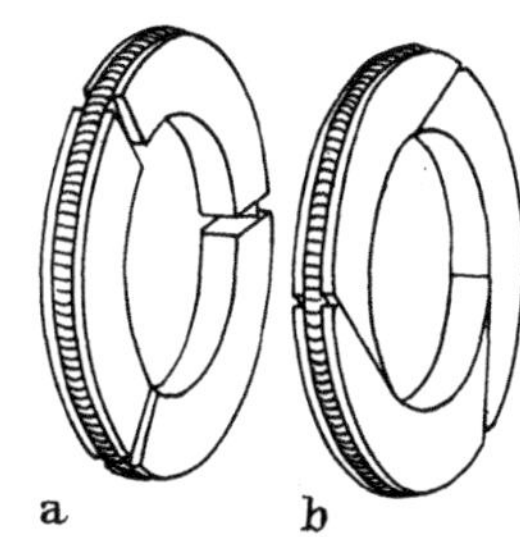


Abb. 55a u. b. Segmentdichtringe für Ganzmetallpackungen, System Cook, Louisville, Ky. a) Radialer Stoß; b) Tangentialer Stoß

Entscheidend ist die Wahl des Ringwerkstoffes. Die besten Laufverhältnisse in bezug auf niedrige Reibung und Abnützung ergeben sich bei

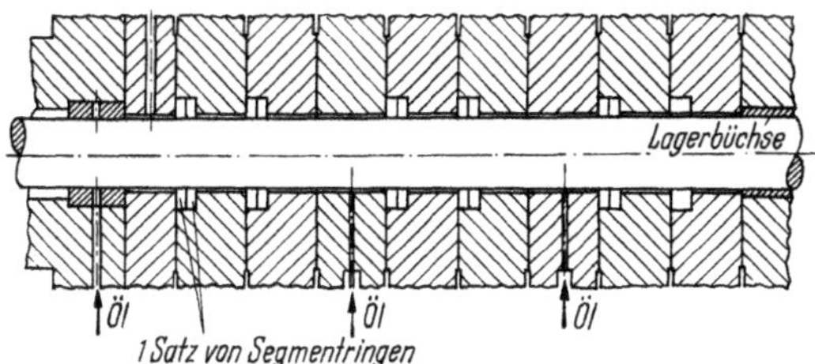


Abb. 56. Hochdruckganzmetallpackung mit Schrumpfringen, die je einen Satz aus zwei Segmentringen enthalten

der Wahl von Antifriktionswerkstoffen wie Bronzen aller Art. Auch haben sich spezielle Gußeisensorten als günstig bewährt. Die Ringstirnflächen, die miteinander sowie mit den Schrumpfringen in Berührung stehen, müssen hochglanzpoliert und geläppt sein. Die sicherste Gewähr wird dann erreicht, wenn alle Teile zur Packung zusammengefaßt und als Einheit geläppt werden. Die Einläppung des Plungers in dieser Einheit ist eine unerläßliche Forderung. Es muß jedoch dafür Sorge getragen werden, daß der Plunger genauestens konzentrisch mit der gesamten

Packungseinheit ausgerichtet ist, und diese Lage während des ganzen Läppvorganges absolut gewährleistet bleibt. Man muß darauf achten, daß der Plunger nicht starr mit dem Kreuzkopf verbunden sondern schwimmend gelagert ist, worauf in Kap. VII bereits hingewiesen ist. Die Geradführung des Plungers wird dadurch erleichtert, daß man Lagerbüchsen an beiden Enden der Packung vorsieht, wie auch in Abb. 56 angedeutet ist.

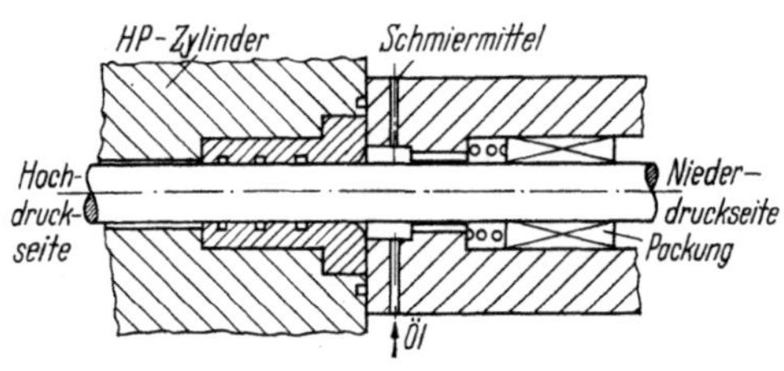


Abb. 57. Packungsvorschlag für hydrodynamische Schmierung. (Nach W. COOPEY, USA)

Für die Ausbildung der Molekularkräfte im Ölfilm auf der Plungeroberfläche schlägt W. COOPEY [*8*] eine Packung vor, wie sie in Abb. 57 veranschaulicht ist. Hier wird die Zuverlässigkeit der Packung durch die hydrodynamische Wirkung der Schmierung erreicht. Der außerordentlich dünne Film des Schmiermittels entwickelt Molekularkräfte der Adhäsion, die dem Innendruck entgegenwirken. Bei geeigneter Bemessung des Spaltes werden die Molekularkräfte so hoch, daß man das Schmiermittel mit Außenatmosphäre zuführen kann und trotzdem eine Abdichtung erzielt, die Innendrücken über 1000 atü standhält. Allerdings ist die Anwendung gewisser Schmierdrücke doch von Vorteil. Die Ausbildung einer Einlaufdüse für den Schmiermitteleintritt leitet die Dünnfilmausbildung ein. Diese Konstruktion entspricht dem US-Patent 2369883.

Die Anwendung des Keilprinzips für den Schmiermitteleintritt in die Packung wirkt sich für die Ausbildung der Molekularkräfte im Ölfilm derart günstig aus, daß diese den Innendruck in vielen Fällen beträchtlich übersteigen können.

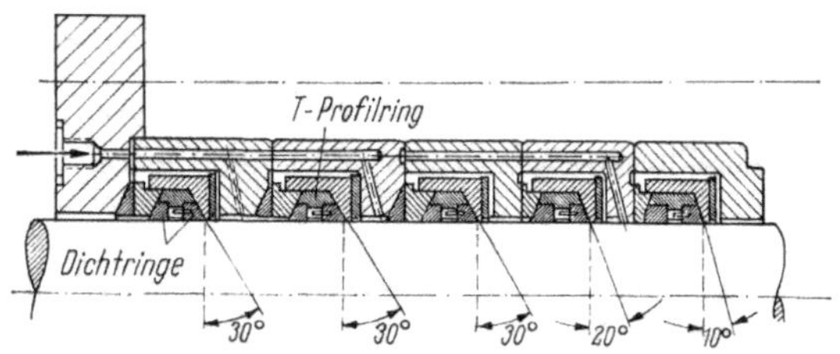


Abb. 58. Hochdruckganzmetallpackung, System Kranz, Ludwigshafen

Eine andere Bauart einer Ganzmetallpackung wird in Abb. 58 dargestellt, die in der Industrie als die Kranz-Packung eingeführt ist und von der Firma Kranz in Ludwigshafen am Rhein hergestellt wird. Wie man erkennt, ist diese Bauart ziemlich kompliziert und damit kostspielig in

Anschaffung und Unterhaltung. Es handelt sich grundsätzlich um die Anwendung von Profil- und Segmentringen, die sich gegeneinander bewegen können und damit eine Dichtwirkung erzielen.

Zusammenfassend möge nochmals auf die wichtigsten Punkte hingewiesen werden, auf die es ankommt bzw. die als Voraussetzung erfüllt sein müssen, wenn eine Metallpackung zuverlässig arbeiten soll. Diese sind: Präzisionsausrichtung der Geradführung des Plungers, Genauigkeit der Position der Lagerbüchsen bei zuverlässiger Konzentrizität, Oberflächengüte der gleitenden Teile, genaue Erfassung des Schmierprinzips und konsequente Übertragung desselben auf die Packungsbauart.

1. Die genaue Ausrichtung der beweglichen Maschinenteile für konzentrischen Lauf im Verhältnis zu Bohrung bzw. Lagerbüchsen im stationären Gehäuse kann durch zwei Möglichkeiten erreicht werden, nämlich durch absolut starre Konstruktion unter Anwendung der hierzu erforderlichen Präzision der Einzelteile oder durch bewegliche Anordnung, die einen Ausgleich herstellen für unvermeidliche Abweichungen durch Bearbeitung und Zusammenbau.

2. Die Wahl der Werkstoffe muß im Hinblick auf Druck, Temperatur, Korrosion und Verschleiß vorgenommen werden. Solange die Korrosion die Werkstoffauswahl nicht anderweitig einschränkt, muß man für die Plunger auf Stähle zurückgreifen, die für sehr hohe Oberflächenhärten behandelt werden können. Je höher die Oberflächenhärte des Plungers ist, um so bessere Laufzeiten können erzielt werden. Die günstigsten Laufeigenschaften lassen sich mit Stählen für Einsatzhärtung, Nitrierung oder mit Hartmetallplungern direkt erzielen.

3. Hinsichtlich der Oberflächenbeschaffenheit sollte eine Oberflächengüte zwischen 5 und 10 $\mu$ angestrebt werden. Geringere Gütezustände ergeben zu hohe Abnützungswerte der Packungslemente. Gütewerte, die besser als 5 $\mu$ liegen, bringen keinen Vorteil mehr. Dies ist nicht zu empfehlen, da der Fall eintreten wird, daß der Ölfilm keine Haftfähigkeit mehr zur Plungeroberfläche besitzt. Entscheidend ist jedoch, daß Pakkungselemente und Plunger absolut konform zueinander sich bewegen.

4. Keine Packung, gleichgültig, welcher Bauart sie auch sein mag, kann ausdauernd und zuverlässig arbeiten, wenn nicht geeignete Schmierung aller beweglichen Teile besteht. Man unterscheidet ganz allgemein drei verschiedene Arten von Schmierung, die hydrodynamische, die Grenzschichtschmierung sowie die Filmschmierung. Bei der hydrodynamischen Schmierung besteht ein Ölfilm zwischen den Laufflächen, dessen physikalische Eigenschaften durch die Dicke des Filmes in keiner Weise beeinträchtigt werden. Bei der Grenzschichtschmierung besteht ein tatsächlicher Kontakt zwischen den beweglichen Berührungsflächen. Dies bedeutet, daß die Eigenschaften des Schmiermittels von größter Wichtigkeit auf die Zuverlässigkeit der Abdichtung sind. Bei der hydrodyna-

mischen Abdichtung tritt die ganze Reibung eigentlich nur im Filmmedium auf, wobei die Viskosität ein wichtiger Faktor wird. Bei der Filmschmierung mit ausgeprägt dünnem Schmierfilm liegen die Verhältnisse so, daß diese Art Schmierung praktisch zwischen der hydrodynamischen und der Grenzschichtschmierung liegt. In diesem Falle muß das Schmiermittel den Forderungen beider Schmierarten genügen.

5. Obwohl keine allgemein anwendbare Formel für die Auswahl geeigneter Packungen besteht, kann man sagen, daß harte Metallpackungen grundsätzlich nur für große Plungerabmessungen bei hohen Laufgeschwindigkeiten und Drücken zur Abdichtung von Gasen angewandt werden. Weiche Packungen, einschließlich Weichpackungen synthetischer Natur, werden nahezu ausschließlich bei Flüssigkeiten, kleineren Plungerdurchmessern und relativ niedrigen Laufgeschwindigkeiten zum Einsatz gebracht. Kompressoren mit hohen Verdichtungsenddrücken weisen also harte Metallpackungen auf. Pumpen u. dgl. für Flüssigkeitsförderung unter Druck sind meist mit Weichpackungen entweder rein plastischer oder auch kombinierter Bauart ausgerüstet.

## E. Kombinierte Packungen

Die Vielseitigkeit der Abdichtungsmöglichkeiten auf dem Hochdruckgebiet zur Abdichtung beweglicher Teile zwischen Druckraum und Außenatmosphäre bringt es mit sich, daß eine große Anzahl von Packungssystemen entwickelt wurden, von denen die weitaus größte Zahl zuverlässig arbeitet. In der Lösung von Abdichtungsproblemen sind

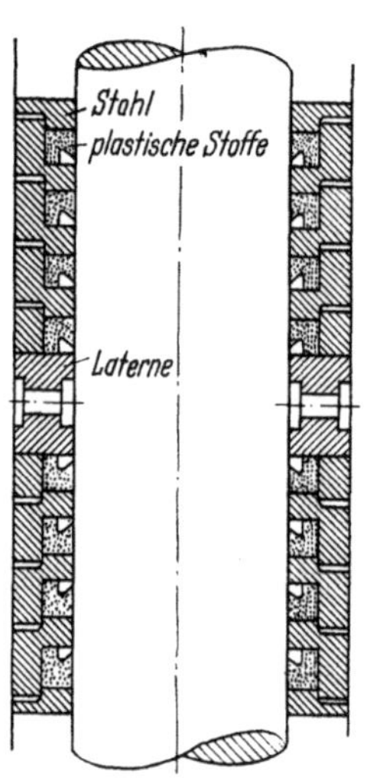


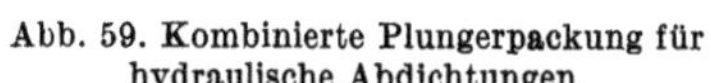
Abb. 59. Kombinierte Plungerpackung für hydraulische Abdichtungen

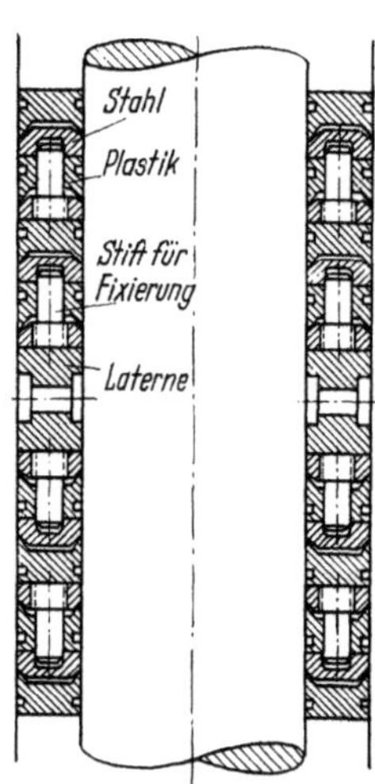


Abb. 60. Modifikation einer hochwertigen Plungerabdichtung gegen Öl hohen Druckes. (Leichtöl für Druckzwecke)

sicherlich keine Einschränkungen gegeben, und es bleibt dem Konstrukteur oder Betriebstechniker überlassen, seiner Erfahrung freien Spielraum zu lassen. Entscheidend ist die Tatsache, daß man das Schmierproblem erkennt und dementsprechende Maßnahmen trifft.

In diesem Zusammenhange möge noch auf zwei Abdichtungsarten hingewiesen werden, die der Verfasser an Plungern gegen einen Innendruck von über 2000 atü mit Erfolg erprobt hat. Beide Packungsarten stellen eine Kombination von Metallen und Kunstoffen dar, wobei die Metalle zwischen Stahl und Weißmetall wechseln. Diese beiden Packungen sind in Abb. 59 u. 60 wiedergegeben.

Die Laternen ergeben eine zentrale Zuführung der Schmierung und teilen die Packung in zwei symmetrisch angeordnete Hälften. Die Länge der Packungen ergibt sich aus dem herrschenden Verdichtungsenddruck. Als synthetische Werkstoffe werden Nylon, Perlon, Polyäthylen und Teflon verwendet. Bei der Wahl von Nylon und Polyäthylen bleibt zu berücksichtigen, daß diese Werkstoffe in Berührung mit Flüssigkeiten ihr Volumen vergrößern.

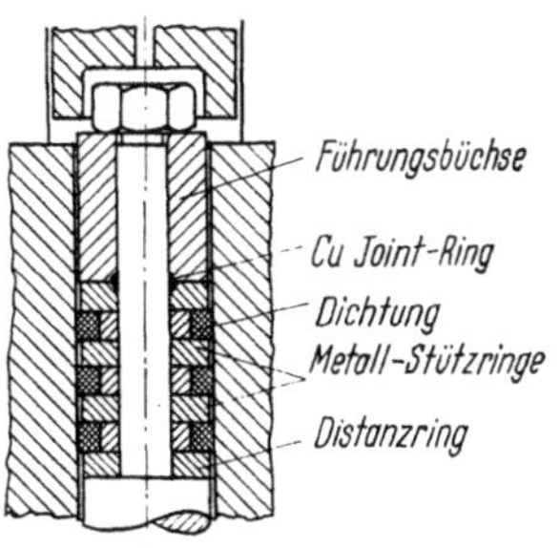


Abb. 61. Bridgman-Plungerpackung für Kompressor mit geschrumpfter Hartmetallaufbüchse. Gebaut für ICI-London. (Nach H. TONGUE)

Die eigentliche Einschränkung der Anwendungsbreite von synthetischen Werkstoffen aller Art liegt in ihrem relativ niedrigen Wärmewiderstand begründet. Bei höheren Temperaturen büßen diese Werkstoffe ihre mechanischen Festigkeitseigenschaften ein, so daß man für die technisch wichtigsten Stoffe im Zusammenhang mit Abdichtungsfragen maximal zulässige Temperaturgrenzen in Kauf nehmen muß. Erfahrungsgemäß sollte man die nachstehend angegebenen Temperaturwerte als oberste Grenze ansehen, bis zu der die folgenden Werkstoffe noch mit Zuverlässigkeit belastet werden können:

| | |
|---|---|
| Industrieleder | ~40 °C, |
| Chromleder | ~70 °C, empfindlich gegen Mineralöle, |
| PVC | ~60 °C, |
| Polyäthylen | ~60 °C, |
| Nylon und Perlon | 80–90 °C, |
| Gummi und Kombinationen | 80–110 °C, |
| Teflon | 160–180 °C, |
| Kel-F | 110–120 °C, |
| Viton | 120–150 °C. |

Eine typisch kombinierte Packung, die schon in Kap. VII im Zusammenhange mit Hochdruckzylindern beschrieben ist (Abb. 27, S. 320), stellt die klassische Bridgman-Packung dar. Die Art des Packungsaufbaues wird in Abb. 61 nochmals gezeigt, um die Einzelkomponenten aufzuzeigen. Wie H. Tongue [9] berichtet, ist diese Maschine bei der ICI in London in Betrieb. Laufzeiten von 2000 Stunden und mehr im Dauerbetrieb bei Betriebsdrücken von 2000 atü sind normale Erscheinung.

Die Liste der Packungsausführungen ließe sich noch vielseitig und beliebig erweitern. Eine weitere Detaillierung ist jedoch im Rahmen dieses Kapitels nicht möglich.

## F. Zusammenfassung

Die Abdichtung von Hochdruckplungern, die ausschließlich hin- und hergehende Bewegungen ausführen, unterliegt im wesentlichen den gleichen Dichtungsprinzipien wie die Abdichtung von rotierenden Wellen. Ein großer Teil der konventionell bekannten Abdichtungsarten läßt sich für beide Bewegungsarten zur Anwendung bringen, wenn auch mehr oder weniger konstruktive Änderungen vorgenommen werden, da es die allgemein anwendbare Packung praktisch nicht gibt. Jede Packungskonstruktion ist individuell und muß von Fall zu Fall nach den technologischen Betriebsbedingungen festgelegt werden.

Grundsätzlich kann man die Unterscheidung treffen, daß Metallpackungen mit harten Dichtungselementen für Gase bei hohen Drücken angewandt werden, während die weichen und kombinierten Packungen überwiegend bei Maschinen mit Flüssigkeitsförderung zu finden sind. Plungerdurchmesser, Strömungsmedium und Plungergeschwindigkeit sind die wichtigsten Faktoren für die Auswahl der Abdichtungsbauart, sobald Druckniveau und Temperatur nach Maßgabe der Betriebsverhältnisse bekannt sind.

Zusammenbau, konzentrischer Lauf, Oberflächengüte, Gleitflächenhärte und Schmiermittelanordnung bei gegebener Viskosität sowie Laufspiel sind die wichtigsten Faktoren, die mit Rücksicht auf die Natur des Betriebsverfahrens ausgewertet werden müssen, ehe eine Entscheidung über die Auswahl der Abdichtungsbauart getroffen werden kann.

Ganz allgemein läßt sich die Feststellung treffen, daß bei der Bereitstellung einer zuverlässigen Betriebswerkstätte mit erfahrenem Personal die Abdichtung beweglicher Teile von Hochdruckmaschinen aller Art gegen Betriebsdrücke bis zu 3000 atü – und vielfach noch wesentlich höhere Drücke – für Produktionsanlagen heute keine unlösbaren Schwierigkeiten mehr bereitet.

## Literatur zu Kapitel XI

[1] Schwaigerer, S., u. W. Seufert: Untersuchungen über das Dichtvermögen von Dichtungsleisten. Z. BWK Bd. 3, Nr. 5, Mai 1951, 144.

[2] Coopey, W.: Leitartikel. Titel: High Pressure. Chemical Engineering, 56 (1949) 8, 118.

[3] KORNDORF, B. A.: Hochdrucktechnik in der Chemie. Berlin: VEB Verlag Technik 1956.
[4] EGLI, A.: The Leakage of Steam through Labyrinth Seals. ASME, Paper (1935) No. FSP 57, 5.
[5a] COOPEY, W.: How to Seal Rotarary Schafts against High Pressures. Chemical Engineering, July 1951, 116.
[5b] COOPEY, W.: How to Solve Soft Packing Problems. Chemical Engineering, January 27, 1958, S. 151–134.
[5c] COOPEY, W.: New Seal for Super Pressure Shafts Chemical Engineering, September 27, 1965, S. 153–154.
[6] KRAEMER, O.: Bau und Berechnung der Verbrennungskraftmaschinen. Berlin: Springer 1937.
[7] KORNDORF, B. A.: Hochdrucktechnik in der Chemie. Berlin: VEB Verlag Technik 1956.
[8] COOPEY, W.: How to Pack Reciprocating Rods against High Pressures. Chemical Engineering, Nov. 1951, 164.
[9] TONGUE, H.: The Design and Construction of High Pressure Chemical Plant. Princeton, N. J.: D. van Norstrand Co. INC. 1959.

Kapitel XII

# Die Auswahl der wichtigsten Werkstoffe für den Bau von Hochdruckanlagen

## I. Einleitung

Die verwirrende Anzahl von Werkstoffen, die heute zum Bau chemischer Apparaturen und hier speziell zur Herstellung von Hochdruckanlagen zur Verfügung stehen, die weitgehenden Möglichkeiten, ihre Eigenschaften zu beeinflussen und die bei der Variation dieser Werkstoffe anwendbaren Methoden verlangen vom Konstrukteur und dem Betriebstechniker eine reichlich umfassende Urteilsbefähigung. Die Wahl des Bauwerkstoffes, die Konstruktionshypothesen und die vielseitigen Verarbeitungsverfahren und Herstellungsmethoden sind weitgehend voneinander abhängig. Nicht nur die Anzahl der von den Stahlwerken verfügbaren Baustähle, sondern darüber hinaus noch die Vielgestaltigkeit in ihren handelsüblichen Erscheinungsformen machen die Aufgabe der geeigneten Werkstoffauswahl nur noch schwieriger.

Wenn man bedenkt, daß der Konstrukteur von chemischen Anlagen die Fähigkeit besitzen muß, außer der Festlegung der chemisch-technologischen Verfahrensbedingungen noch die werkstoffgerechte Konstruktion zu beherrschen, so erhält man einen Begriff davon, welch umfassende Verantwortung mit der Auswahl zuverlässiger Werkstoffe verbunden ist. Dieser Faktor ist nicht nur vom Standpunkte der Betriebssicherheit, sondern darüber hinaus noch von der wirtschaftlichen Seite her von großer Bedeutung. Diese Bedeutung wird besonders noch durch den Leitsatz von Max Buchner im Achema-Jahrbuch 1931 unterstrichen, daß kein chemisches Verfahren, wäre es auch aus größter schöpferischer Intuition und mit noch so großem wirtschaftlichem Weitblick erfaßt, ohne den geeigneten Werkstoff durchführbar sei, denn durch den passenden Werkstoff erwacht es erst zum wirklichen Leben.

Eine umfassende Kenntnis der Grundgesetze über das Zustandekommen der mechanisch-physikalischen Werkstoffeigenschaften und die Möglichkeit ihrer weitreichenden Beeinflussung durch verschiedenartige Verfahren ist eine wesentliche Voraussetzung, wenn man die Auswahl von Werkstoffen und die Richtlinien für ihre Verarbeitung zu Apparaturen der chemischen Hochdrucktechnik erfolgreich beherrschen will. Die Fähigkeit der Werkstoffbeurteilung im Zusammenhang mit dem eigenschaftsgerechten Einsatz in der Industrie sind der Schlüssel allen technischen Fortschrittes. Denn vielfach sind endgültige Entscheidungen verwickelter Konstruktionsfragen nur durch Kompromiß möglich.

Hinsichtlich der organisatorischen Zusammenstellung dieses Kapitels ist es unumgänglich, die wichtigsten Grundzüge werkstoffkundlicher Richtlinien und Prinzipien zu behandeln, wenn man die Sprache des Metallurgen verstehen will, von der in den Betrachtungen Gebrauch gemacht wird.

Hochdruckverfahren werden meist unter Druck in Gegenwart höherer Temperatur unter dem Einfluß korrodierender Medien betrieben. Der Konstrukteur muß daher in der Lage sein, die Einsatzfähigkeit der Werkstoffe nach Druck, Druck und Temperatur sowie Druck, Temperatur und Korrosion unterscheiden zu können, zumal für jede dieser erwähnten Beanspruchungen unterschiedliche Werkstoffe in Betracht kommen.

Mit der Beherrschung der Werkstoffeigenschaften, wie sie durch chemische Zusammensetzung zustande kommen und durch Wärmebehandlung verändert und schließlich durch werkstoffgerechte Bearbeitung erhalten werden, besitzt man die Grundlage für die Beurteilung der wichtigsten Faktoren, die als Voraussetzung für eine gute Konstruktion gelten.

Hinsichtlich der Korrosion werden die Betrachtungen beschränkt auf die schädigenden Einwirkungen von Wasserstoff, Stickstoff, Kohlenoxyd und Schwefelwasserstoff unter dem Einfluß von Druck bei erhöhter Betriebstemperatur. Bei den wichtigsten Hochdrucksynthesen wie Benzinhydrierung, Öl- und Krackindustrie, Methanol, Ammoniak usw. treten diese Gase als Reaktionskomponenten oder als Beiprodukte auf.

Die schädigenden Einwirkungen dieser Gase auf das Festigkeitsverhalten werden beschrieben unter Berücksichtigung der Maßnahmen, die zu ihrer Bekämpfung oder Verhütung führen. Da die Hochtemperaturreaktionen immer mehr an Bedeutung gewinnen, ist auch die Oxydation als Korrosionsform in die Betrachtungen einbezogen worden.

Es wurde der Versuch gemacht, die Beschreibung der Werkstoffe hinsichtlich ihrer Bezeichnung möglichst allgemein zu behandeln. Da die normgerechte Bezeichnung noch nicht allgemein bekannt ist, also die Umstellung noch in vollem Zuge ist, wurde von den genauen Normbezeichnungen gemäß DIN 17006 kein Gebrauch gemacht.

Die US-Stähle, die vor allem für die Hochtemperaturtechnik der Atom- und Raketenindustrie in den jüngsten Jahren herausgebracht wurden, stehen heute in großer Auswahl zur Verfügung. Der Verfasser hat daher diese Gelegenheit benützt, der Einheitlichkeit halber die US-

Stahl- bzw. Legierungsbezeichnungen anzuwenden. Mit der Angabe der Richtanalysen dieser Werkstoffe dürfte eine Reorientierung nach DIN 17006 keine allzu großen Schwierigkeiten bereiten.

## II. Die gewünschten mechanischen Festigkeitseigenschaften

### A. Allgemeine Betrachtungen

Die große Familie der Stähle, die im Gesamtbild der chemischen Industrie zur Verwendung kommen, teilt man in zwei wesentliche Hauptgruppen ein, nämlich die Kategorie der Kohlenstoffstähle und die Kategorie der legierten Stähle. Diese Aufteilung erfolgt in einfacher Weise auf der Grundlage ihrer chemischen Zusammensetzung.

Um sich eine bildliche Vorstellung von der Größenordnung zu machen, in welchem Verhältnis diese beiden Gruppen mengenmäßig zueinander stehen, möge eine Feststellung getroffen werden, die besagt, daß 90% der Produkte aller Stahlwerke der Welt Kohlenstoffstähle in mehr oder weniger unterschiedlicher Form sind.

Stahl ist bekanntlich eine Eisenlegierung, die ohne Nachbehandlung schmiedbar ist. Man spricht von Flußstahl, weil er im flüssigen Zustand gewonnen wird, während Schweißstahl im teigigen Zustand hergestellt wird. Nach dem Herstellungsverfahren unterscheidet man Bessemer-Stahl, Thomas-Stahl, Siemens-Martin-Stahl, Tiegelstahl und Elektrostahl. Die Hochdruckindustrie bevorzugt überwiegend Elektrostahl.

Unter Kohlenstoffstählen versteht man grundsätzlich Stähle, die ohne Zusatz besonderer Legierungselemente hergestellt sind. Sie unterscheiden sich im wesentlichen durch ihren Kohlenstoffgehalt. C-Stähle mit niedrigem C-Gehalt besitzen weniger als 0,30% Kohlenstoff. Mit einem Gehalt von 0,30–0,85% Kohlenstoff benützt man die Bezeichnung mittlere C-Stähle mit weniger als 1% Mangan, Silizium u.a. Stähle mit hohem C-Gehalt besitzen den Kohlenstoff in Mengen von 0,85–1,50%. Diese Stähle enthalten ferner dann weniger als 0,40% Mangan infolge des additiven Charakters von C und Mn. Unter diesen drei Gruppen ist die überwiegende Zahl der normalen Baustähle zu suchen.

Legierte Stähle sind dagegen Stähle, die verbesserte Festigkeits- oder andere Eigenheiten aufweisen, die als Folge von Zusätzen von einem oder mehreren Legierungselementen zustande kommen.

Die erwarteten Festigkeitseigenschaften der Stähle lassen sich durch die Wahl der chemischen Zusammensetzung, Wärmebehandlung und schließlich durch mechanische Durcharbeitung erzielen. Ehe jedoch auf die Methoden eingegangen werden kann, die eine Veränderung der Eigenschaften bewirken, sollen diejenigen mechanischen Eigenschaften besprochen werden, die als wesentlich für den Bau von Hochdruckapparaten in Frage kommen.

## B. Mechanische Festigkeit bei statischen Beanspruchungen

Jede werkstoffgerechte Konstruktion von Apparaten und Maschinen muß darauf abzielen, für den Bau solche Werkstoffe einzusetzen, die nach Maßgabe der bestehenden Betriebsbedingungen eine optimale Werkstoffausnutzung zulassen. Sieht man vom Kriechgebiet der Werkstoffbeanspruchung ab, so benützt man für den Bau von Hochdruckapparaten als grundlegende mechanische Werkstoffeigenschaft die Reiß- bzw. die Streckgrenze, also die Zugfestigkeitswerte und die Dehnung als Folge dieser Beanspruchung. Im Zusammenhang mit der Verformbarkeit tritt noch die Kerbzähigkeit als wichtiger Faktor in die Festigkeitsrechnung für Hochdruckapparate ein.

Für die konstruktive Auslegung der Behälter und Anlagenteile für statische Beanspruchungsverhältnisse liegt das Hauptgewicht der Aufgabe auf der Möglichkeit, eine optimale Kombination der Belastbarkeit, der Steifigkeit, des Gewichtes und der niedrigsten Kosten anzustreben. Wählt man Stähle von sehr hoher zügiger Festigkeit, so kann man die Querschnitte vermindern, was zu einer Gewichtsherabsetzung führt. Dies ist aber bei Knickbeanspruchungen infolge des Steifigkeitsverlustes von Nachteil. Die Steifigkeit ist unabhängig von den zügigen Widerstandseigenschaften. Da der Elastizitätsmodul fast aller Stähle gleich groß ist, wird die Steifigkeit des Werkstückes nahezu ausschließlich durch die Wahl des Trägheits- und Widerstandsmomentes bestimmt. Wo also Steifigkeit mit geringster Knick- oder Durchbiegungsgefahr angestrebt wird, muß darauf geachtet werden, das Werkstück mit ausreichendem Trägheitsmoment zu versehen.

Ein weiterer Faktor wird ferner insofern auftreten, als der Konstrukteur sich entscheiden muß, ob er die Walzwerkserzeugnisse so weiterverarbeitet, wie sie vom Lieferwerk kommen, oder ob eine besondere Wärmebehandlung zum Zwecke günstigerer Härteverhältnisse vorgenommen werden muß. Die Entscheidung über diese Frage wird meist durch wirtschaftliche Faktoren bestimmt.

### 1. Die Zugfestigkeit

Die statischen Festigkeitseigenschaften eines Stahles werden bekanntlich mit prismatischen Proben bei einachsiger zügiger Beanspruchung und gleichmäßiger Verteilung der Spannung ermittelt. Der während der aufgezwungenen Formänderung bis zum Bruch der Probe geleistete Widerstand wird als Kraftverlängerungsschaubild nach der Funktion $P/F_0 = f_1(\Delta l)$ festgelegt. In dem Kraftverformungsschaubild nach $P/F_0 = f_2\,(F/F_0)$ bedeutet die Steigung der Anfangsgeraden den Elastizitätsmodul nach der Gleichung $E = \Delta\sigma/\Delta\varepsilon$.

Im plastischen Teil dagegen bedeutet die Steigung der Kurve den Verfestigungsmodul von der Form $V = \Delta\sigma/\Delta\varphi$, vorausgesetzt, daß der plastische Teil der Verformung die Verfestigungscharakteristik überhaupt aufweist. Der Scheitelwert der Formänderungskurve, der der maximalen Zugkraft $P_{max}$ entspricht, gibt die Zugfestigkeit des Werkstoffes wieder in der Beziehung $\sigma_B = K_Z = P_{max}/F_0$ als mittleren Formänderungswiderstand. Die auf den Bruchquerschnitt bezogene Bruchlast veranschaulicht den Reißwiderstand gemäß $\sigma_B = P_B/F_B$ beim Wert $\psi$ der Formänderung $\varphi$ als wirklichen Grenzwert des Formänderungsvermögens bis zum Bruch im Gegensatz zum längenabhängigen Grenzwert $\delta$ der Dehnung $\varepsilon$. Die Symbole finden ihre Erklärung in der folgenden Gleichung:

$$\sigma = \frac{P}{F} = f_1(\varepsilon) = f_1\left(\frac{\Delta l}{l_0}\right) = f_1\left(\frac{l - l_0}{l_0}\right) = f_2(\varphi) = f_2\left(\frac{-\Delta F}{F_0}\right)$$

$$= f_2\left(\frac{F - F_0}{F_0}\right); \quad \text{kg/mm}^2 .$$

Die Zugfestigkeit wird dazu benutzt, das Grenzverformungsvermögen des Werkstoffes zu bestimmen, wie man aus der obigen Gleichung herauslesen kann. Bekanntlich wählt man für den Bau von Hochdruckanlagen nur Werkstoffe, deren plastische Verformung von einer Werkstoffverfestigung begleitet ist. Die mit der Kaltverformung verknüpfte Verfestigung hat je nach der Art des Werkstoffes ein verschieden hohes Verfestigungsmaß, das durch die Steilheit der Formänderungskurve im plastischen Teil ihren Ausdruck findet. Das Verfestigungsmaß ist relativ niedrig für Aluminium, etwas höher für Kupfer, hoch für Baustähle und sehr hoch für Ni- und austenitische Cr-Ni-Stähle. Diese Rangordnung bleibt unabhängig vom Legierungs- und Vergütungszustand, der mit der Fließgrenze zwar die Höhenlage nicht aber die Steilheit der Fließkurve bestimmt. Die Fläche unterhalb der Verformungskurve, die durch die Parallele zur $\varepsilon$-Achse durch den Punkt der Streckgrenze und die Kurve selbst gebildet wird, bedeutet ein Maß für das Absorptionsvermögen an Verformungsenergie des Werkstoffes. Werkstoffe mit Verformungskurven, bei denen diese Fläche möglichst groß ist, sind für Hochdruckwerkstoffe besonders geeignet.

## 2. Die Streckgrenze

Die zügige Streckgrenze wird ganz allgemein als Grundlage für die Berechnung unter Berücksichtigung des erforderlichen Sicherheitsabstandes für die Hochdrucktechnik benützt. Die Zulässigkeit der Betriebsbeanspruchungen wird aus dem Verhältnis dieser Werte zur Streckgrenze festgelegt. Alle Belastungen sollten im elastischen Bereich erfolgen, dürfen daher die Streckgrenze nicht erreichen oder gar überschreiten, wenn man von der bewußt angestrebten Autofrettage absieht.

Im Kriechgebiet gilt entsprechend die Zeitstandfestigkeit bzw. die Zeitdehngrenze, bezogen auf eine Belastungsspanne von $10^4$ oder $10^5$ Stunden.

### 3. Elastizität und Steifigkeit

Der Elastizitätsmodul hat für nahezu alle Stähle ungefähr den gleichen Wert. Elastizitätsmodul und Trägheitsmoment stellen die entscheidenden Faktoren dar für die Konstruktion von Teilen, die auf Steifigkeit berechnet werden müssen. Steifigkeit wird durch Widerstandsmoment und Querschnittsfestlegung ermöglicht, sobald der Elastizitätsmodul als Konstante festliegt. Diese Betrachtung ist wichtig bei der Ermittlung der Abmessungen von Hochdruckplungern, die der Knickgefahr ausgesetzt sind, wenn der zulässige Schlankheitsgrad unterschritten wird.

### 4. Dehnungsvermögen

Das Dehnungsvermögen von Stählen ist eine der Grundvoraussetzungen für ihre Verwendbarkeit in der Hochdrucktechnik. Hohes Dehnungsvermögen ist die Grundlage für die gewünschte Zähigkeit zur Überwindung der Kerbempfindlichkeit. Eine Bearbeitbarkeit, wie sie heute für viele Herstellungsverfahren erforderlich ist, wäre ohne hohe Dehnbarkeit nicht möglich. Diese Eigenschaft ist die Erklärung für das Absorptionsvermögen, für Formänderungsenergie, die von Hochdruckstählen gefordert werden muß.

## C. Betrachtungen über Dauerbeanspruchungen und Versagen durch Ermüdungsbrüche

Konstruktionsteile an Hochdruckmaschinen, die starken Belastungsschwankungen ausgesetzt sind, erfahren Oberflächenbeanspruchungen, die im Laufe einer definierbaren Belastungsdauer zu Ermüdungsbrüchen führen. Diese Brüche äußern sich vielfach in spröder Form, auch dann, wenn es sich um einen Werkstoff handelt, der sich ursprünglich durch hohes Dehnungsvermögen auszeichnete. In den meisten Fällen liegen die Bruchbeanspruchungen unterhalb des Streckgrenzenwertes des Werkstoffes für zügig statische Belastung. Teile, die solchen Lastwechselvorgängen unterliegen, können nicht nach Maßgabe der Zugstreckgrenze als Festigkeitskriterium berechnet werden. Für diese Beanspruchungen benötigt man Dauerfestigkeitswerte, die Aussagen ermöglichen, welche Lastwechselunterschiede der Werkstoff zu ertragen vermag, ohne jemals bei dieser Last durch Bruch zu versagen ohne Rücksicht auf die Belastungsdauer. Diese Werte faßt man dann zu einer Kurve zusammen, die als die sog. Wöhler-Kurve bekannt ist.

Zugspannungen, die im Laufe der Beanspruchung zu Ermüdungsbrüchen führen können, werden vielfach in ihrer Wirkung noch durch schroffe und unstetige Querschnittsübergänge verstärkt. Der Konstrukteur muß daher diesen Stellen besondere Beachtung schenken und Kerbwirkungen infolge schlechter Ausrundungen oder Bohrungen vermeiden. Es muß beachtet werden, daß gewisse Stähle mit hoher Festigkeit und Härte oft erhöhte Kerbempfindlichkeit besitzen können. Diese Eigenschaft muß für den betreffenden Stahl dem Konstrukteur bekannt sein. Der Formänderungswiderstand des Stahles gegen Ermüdungs- oder Dauerbruch steht in direkter Beziehung zu seiner Festigkeit oder Härte an seiner Oberfläche.

## 1. Die Kerbempfindlichkeit – Kerbzähigkeit

Spannungskonzentrationen treten vornehmlich an Teilen auf unter Last, besonders in der Umgebung scharfer Kehlen, Bohrungen und schroffen Querschnittsübergängen, aber auch an bereits beschädigten Oberflächen, die bei der Bearbeitung oder beim Abschrecken während der Wärmebehandlung entstanden sein können. Keilnuten, Ölzuführungsbohrungen und vieles andere sind typische Quellen dafür, wo solche Spannungsspitzen sich bevorzugt bilden.

Allgemein läßt sich aussagen, daß Stähle mit großer Oberflächenhärte erhöhte Empfindlichkeit gegen Kerbeinflüsse zeigen. Hier läßt sich eine Herabsetzung dieser Empfindlichkeit nur durch Änderung der Geometrie des Werkstückes im Zusammenhang mit der Oberflächengüte erzielen.

Was die Kerbzähigkeit betrifft, so ist man nach dem heutigen Stande der Erfahrungen noch nicht in der Lage, zahlenmäßige Angaben darüber zu machen, wie hoch diese Werte sein sollen, wenn der Stahl für gegebene Beanspruchung nicht zu Bruch gehen soll. Man weiß, daß Stähle mit sonst gleicher Festigkeit aber höherer Kerbschlagzähigkeit weniger durch Ermüdungs- oder Dauerbrüche bzw. Stoß versagen.

J. Class [*1*] macht interessante Vorschläge in dieser Richtung. Es wäre zu wünschen, daß diese Arbeit Anregung zu umfassenden Diskussionen gibt, die bald zu brauchbaren Schlußfolgerungen führen. Man weiß, daß die konventionellen Festigkeitswerte nicht völlig befriedigen. Man weiß auch, daß hohe Zähigkeitswerte erstrebenswert sind. Wo aber die Grenze liegt, unterhalb deren man einen Werkstoff ablehnen soll, ist leider noch nicht eindeutig definiert.

## 2. Dauerfestigkeit

Als Dauerfestigkeit, oft auch dynamische Festigkeit genannt, bezeichnet man diejenige Höchstbeanspruchung, die ein Werkstoff erträgt, ohne zu Bruch zu gehen, wenn diese Beanspruchung dauernd zwischen einem oberen Grenzwert, der als Normalbeanspruchung angesehen werden kann, und einem unteren Grenzwert schwankt. In diesem Zusammenhang spricht man auch oft von der Schwing- und der Wechselfestigkeit. Das Arbeitsvermögen für stoßweiße Dauerbeanspruchung ist die größte Energie des Einzelschlages, die das Werkstück ohne Versagen dauernd erträgt.

Die Dauerfestigkeit bildet die Grundlage für die Aufrechterhaltung der zulässigen Beanspruchung des Werkstoffes. Der zerstörende Einfluß, den örtlich erhöhte Spannungen ausüben, ist besonders zu beachten. Sie lassen sich durch starke Ausrundungen an Querschnittsübergängen herabsetzen. In der gleichen Richtung wirken auch die Verfeinerungen der Werkstückoberflächen.

Wird ein Werkstück bei wiederholter Beanspruchung in einer bestimmten Richtung durch äußere Wechselbeanspruchungen überlagert, so fällt bei Umkehr der Belastungsrichtung die Höhe der elastischen Grenze merklich ab, was man als den sog. „Bauschinger Effekt" bezeichnet. Die ursprüngliche Wechsel-Spannungs-Dehnungsgerade wird zu einer Schleife erweitert, die die hierbei verbrauchte Verformungsarbeit kennzeichnet. Diese durch die Wechselverformung hervorgerufene Schwächung des Festigkeitsverhaltens des Werkstoffes kann in einem verfestigungsfähigen Werkstoff noch rechtzeitig aufgefangen werden. Voraussetzung hierbei ist, daß der Werkstoff eine hinreichend hohe Rekristallisationstemperatur besitzt und die Spannungsamplituden der Wechselbeanspruchung nicht zu hoch liegen. Übersteigt aber die strukturelle Zerrüttung den Grad der Verformungsverfestigung, so bildet sich ein Dauerbruch aus, dessen Charakteristik der Wöhler-Kurve entspricht. Das Versagen des Werkstoffes bei Dauerbeanspruchung tritt um so eher ein, je größer die Unterschiede zwischen der oberen und unteren Belastungsgrenze sind. Die Form der Wöhler-Kurve wird bestimmt durch die Höhe des Formänderungswiderstandes sowie durch das Wechselspiel zwischen Werkstoffverfestigung und strukturem Zerfall.

Die Schwingfestigkeit eines Stahles ist um so höher, je höher der elastisch-plastische Verformungswiderstand ist. Dabei werden die Stähle diese Werte um so eher behalten, je glatter und einwandfreier die Werkstückoberflächen sind.

Die Dauerschwingfestigkeit eines Stahles läßt sich durch die Aufbringung von Eigenspannungen in der Oberfläche beträchtlich erhöhen. Dieser Einfluß der Vorspannungen ist darauf zurückzuführen, daß auf der einen Seite ein fehlerfreier Werkstoff bei mehrachsigem und vor allem bei allseitigem Druck nicht zerstört wird. Auf der andern Seite kommt hinzu, daß eine der Konstruktionsspannung entgegengerichtete Vorspannung mit vorverdichtetem Atomverband größere periodische Gitteraufweitungen ohne Lockerungs- oder Trenngefahr für den Werkstoff zuläßt. M. Pfender [*2*] weist auf diese Tatsache besonders hin.

Diese Feststellung wird von Versuchen bestätigt, die MORRISON, CROSSLAND und PARRY [3] ausgeführt haben, um das Dauerverhalten von Rohren zu studieren, die Wechselbelastungen ausgesetzt waren. Danach sind Ermüdung und Dauerbruch durch Eigenspannungen zu vermindern oder gar zu beseitigen. Die Eigenspannungen können dabei durch Kaltbearbeiten, Autofrettage oder Nitrieren eingetragen worden sein. Ähnlich wirken Reiben, Polieren, Prägepolieren, Sand- oder Kugelstrahlen, Hämmern, Walzen und Pressen, um die Oberfläche schwingbeanspruchter Teile höher belasten zu können.

### 3. Die Zähigkeit

Wie bereits früher ausgeführt, ist für die Auslegung der Hochdruckapparate die Kenntnis der Kerbschlagzähigkeit von großer Bedeutung. Diese Eigenschaft läßt sich nicht aus den übrigen mechanischen Festigkeitswerten noch von der Dehnbarkeit funktionell ableiten. Die Abhilfe durch Maßnahmen über den Sicherheitsabstand sind unbefriedigend.

Die Zähigkeit der Stähle hat vor allem deswegen in der Hochdrucktechnik ihre große Bedeutung, als es möglich und durch Versuch sowie Erfahrung nachgewiesen ist, daß an sich hochdehnbare Stähle durch Sprödbruch plötzlich und ohne vorherige Warnung versagen können, wenn sie bei mehrachsiger Beanspruchung an ihrem üblichen Formänderungsvermögen behindert sind. Nach HODGSON und BOYD [4] müssen spröde Brüche erwartet werden, wenn folgende Bedingungen vorliegen:

a) Die Anstrengung muß hoch genug sein, um eine wesentliche Schädigung veranlassen zu können.

b) Die Konstruktion muß infolge ihrer Querschnittsverhältnisse die Möglichkeit der Ausbildung von Spannungskonzentrationen bieten, oder die vorhandene Spannungskonzentration muß durch einen Bearbeitungs- oder einen Oberflächenfehler veranlaßt worden sein.

c) Der Werkstoff weist bei der betreffenden Betriebstemperatur eine von vornherein zu niedrige Kerbschlagzähigkeit auf.

In ähnlicher Weise führt M. PFENDER [5] das Auftreten von Sprödbrüchen an verformungsfähigen Stählen auf die wichtige Tatsache zurück, daß die Schädigung des Festigkeitsverhaltens durch Fehler in Gefüge, Zustand der Oberfläche oder Einfluß durch Korrosion entscheidend beeinflußt oder gar beschleunigt wird.

### 4. Der Abnutzungswiderstand

Hinsichtlich der Definition des Abnutzungswiderstandes bei hohen Oberflächenbeanspruchungen bestehen berechtigte Schwierigkeiten, eine zuverlässige Voraussage über das zu erwartende Verhalten des Werkstoffes zu treffen.

Nach der DIN-Definition versteht man unter Verschleiß die durch mechanischen Angriff, insbesondere Reibung, erfolgte unbeabsichtigte, allmählich stattfindende Beseitigung bzw. Abtragung einer Oberfläche eines festen Körpers. Der Abnutzungswiderstand ist demnach der Widerstand, den der feste Körper einem derartigen Angriff entgegensetzt. Je nach der Art der Oberflächenbeschaffenheit in Verbindung mit der Möglichkeit der Abführung des Abriebes, Geschwindigkeit, Aggregatzustand der Zwischenschichten, ob Gas oder Flüssigkeit sowie Temperatur kann der Verschleißwiderstand eines Körpers in weiten Grenzen schwanken.

Auf alle Fälle ist es wichtig, alle beweglichen Teile durch geeignete Maßnahmen vor Verschleiß zu schützen, was durch Schmierung, Oberflächenschutz und andere Möglichkeiten erreicht werden kann.

Von den z.Z. konventionellen Baustählen der chemischen Industrie lassen gehärtete Kohlenstoffstähle, niedriglegierte und hochfeste Baustähle, Hochtemperaturstähle und Nitrier- und Einsatzstähle die besten Abriebfestigkeiten erzielen. Sehr günstige Widerstandswerte werden mit besonders legierten Nickelstählen erzielt, die man durch spezielle Alterungsverfahren auf hohe Verschleißfestigkeiten züchten kann.

## III. Die Festigkeitseigenschaften von Baustählen als Ergebnis ihrer chemischen Zusammensetzung

Metalle zeigen vielfach in reiner Form ganz allgemein verhältnismäßig niedrige Werte an Formänderungswiderstand. Zur Steigerung der Tragfähigkeit der Maschinenteile können die Werkstoffeigenschaften wesentlich in die Höhe getrieben werden, wenn man diese Metalle durch Beimischung geeigneter Legierungselemente veredelt. Hierbei genügen beim Eisen schon verhältnismäßig geringe Mengen an Zugaben von üblichen Elementen wie Mangan, Silizium und in besonderem Maße Kohlenstoff, um schon eine beträchtliche Steigerung an Festigkeitseigenschaften zu ermöglichen. Durch die Einlagerung von Fremdatomen in das Gitter werden die an sich regulären Gitteranordnungen der Atome gestört und über den ganzen Aufbau hinweg gewaltsam verzerrt. Diese Verzerrungen bilden dann eine starre Verriegelung. Dies hat einen Anstieg der Festigkeitseigenschaften zur Folge, da jetzt größere Kräfte aufgebracht werden müssen, um plastische Formänderungen zu veranlassen, als es für das unverriegelte Gitter der Fall wäre. Diese Erscheinung äußert sich in einer Steigerung der Zugfestigkeit der betreffenden Metalle.

### A. Die Kristallstruktur von Metallen

Bekanntlich wird ein Metall als ein chemisches Element definiert, das charakteristische Eigenschaften aufweist wie beispielsweise elektrische bzw. thermische Leitfähigkeit, metallischen Glanz, die Fähigkeit, sich plastisch verformen zu lassen und schließlich ein Element mit Kristallstruktur in festem Zustand. Der Temperaturkoeffizient des elektrischen Widerstandes ist wahrscheinlich die ausgeprägteste Eigenschaft, die den metallischen Charakter eines Elementes zum Ausdruck bringt, zumal Metalle strenggenommen charakterisiert werden können durch ihren elektrischen Widerstand, der mit steigender Temperatur zunimmt.

Beim Übergang der Schmelze in den festen Zustand infolge Abkühlung ordnen sich die Atome bei der Kristallisation mit definierten Atomabständen zu einem regelmäßigen Gitter an. Diese Gitteranordnung ist für jedes Metall charakteristisch.

Innerhalb des Gitters oszillieren die Atome um gegebene Fixpunkte und stehen in dynamischem Gleichgewicht untereinander. Die Atombindungskräfte innerhalb des Metallgitters liefern die Grundlage, auf der sich die Festigkeit des betreffenden Metalles aufbaut. Jegliche Störung mit den interatomaren Bindungskräften sucht das dynamische Gleichgewicht zu beeinflussen, was sich in einer Änderung der inneren Energie äußert. Die Kraft, die erforderlich ist, diese Störung zustande zu bringen, ist ein Maß für die Widerstandsfähigkeit bzw. die Festigkeit der Gitterstruktur.

Die wichtigsten Metalle kristallieren nach den kubischen, tetragonalen, hexagonalen und rhomboedrischen Gittertypen, die wie z.B. beim Eisen noch flächen- oder raumzentrierte Abwandlungen aufweisen können. Wegen der vom Atomabstand abhängigen Bindungskräfte, die sich mit dem $10^5$–$10^7$fachen ihres Abstandes ändern, ist der Grad der vor allem elastischen Anisotropie bei verschiedenen Metallen auch innerhalb desselben Kristallsystems sehr verschieden. Aus dieser Feststellung läßt sich schließen, daß ein ideales Gitter auch bei homogener Belastung durch äußere Kräfte niemals homogen beansprucht wird, woraus sich die inneren Spannungen erklären.

## B. Das Metallgefüge

Bei der Zusammenmischung mehrerer Legierungselemente, die verschiedene Metallstruktur haben, treten verschiedene Atomdurchmesser mit unterschiedlichen Atomabständen zusammen, um ein entsprechendes Gitter zu bilden. Es kann daher nicht erwartet werden, daß das Gitter der Gesamtlegierung die Regelmäßigkeit der Einzelelemente gewähren kann. Die Unterschiede in Größe, Durchmesser und Abstand müssen bei der Kristallausbildung Unregelmäßigkeiten zur Folge haben. Die Grenzflächen, in denen die an sich regelmäßigen Einzelgruppen aneinanderstoßen, heißen in der Sprache des Metallurgen Korngrenzen. Wie man sich die Bildung der Korngrenzen vorstellen kann, wird schematisch in der Abb. 1 veranschaulicht.

Die Darstellung läßt erkennen, daß die Korngrenzen stark mit Unregelmäßigkeiten angehäuft sind, zumal eine klare Koordinierung der Einzelgruppen nicht möglich ist. Zu diesen Unregelmäßigkeiten treten noch Fehlstellen im Gitter, die beweisen, daß bei der Ausbildung des Gitters im Zuge der Kristallisation die Regelmäßigkeit durch fehlende Atome unterbrochen wird, wie aus Abb. 2 hervorgeht. Nach Mitteilungen aus dem einschlägigen Schrifttum scheint das Vorhandensein von Fehlstellen mit zu den Gleichgewichtsbedingungen der Gefügestruktur zu gehören.

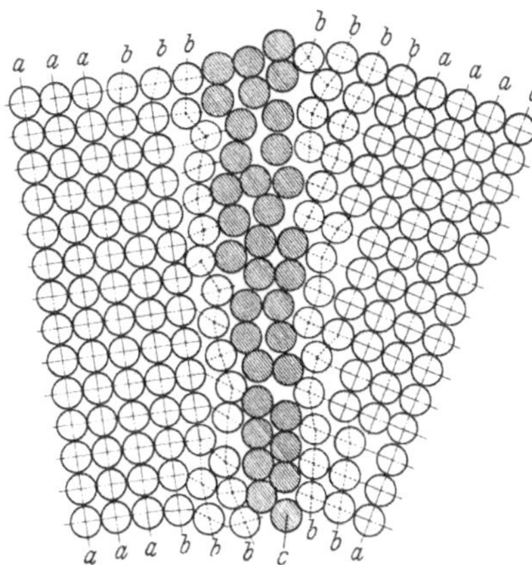


Abb. 1. Schematische Darstellung zur Erklärung der Entstehung der Korngrenzen im Gefüge des Stahles
*a* parallele Mittellinien der Atomanordnungen des Elementes bzw. verschiedener Komponenten; *b* verzerrte Mittellinien durch Formierung der Korngrenzen; *c* Komponenten in der Korngrenze selbst

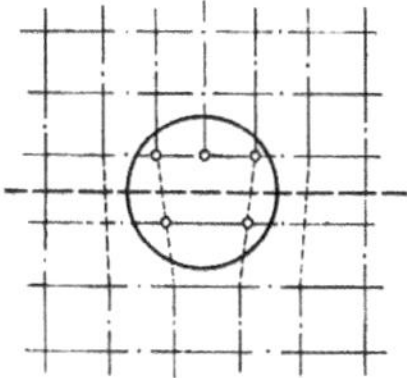

Abb. 2. Schema einer Gitterverzerrung durch Gegenwart von Atomfehlstellen im sonst regelmäßigen Gitter

Korngrenzen und atomare Fehlstellen im Metallgitter sind Gefügestörungen, die die Kontinuität der Gitteranordnung unterbrechen, wodurch die Verzerrungen entstehen. Diese sind keinesfalls nachteilig im Hinblick auf die Festigkeitseigenschaften des Metalles, wie später noch gezeigt werden wird.

Aus der Erfahrung ist bekannt, daß die Verzerrungen im Metallgitter vielfach einen stärkeren Einfluß auf die Festigkeitseigenschaften der Stähle ausüben, als es durch die Maßnahme ihrer chemischen Zusammensetzung möglich ist. Der isotrope Charakter des Metallgitters hängt letztlich von der relativen Verteilung der Störungen im Gesamtgefüge ab.

Ganz allgemein stellen die Fehlstellen und Unregelmäßigkeiten offensichtliche Schwächezonen in der Gefügestruktur dar. Die Materialprüfung kann nachweisen, daß das Versagen der Werkstoffe von solchen Fehlstellen seinen Ausgang nimmt. Hieraus läßt sich auch die Tatsache erklären, daß Versagen durch Bruch in den meisten Fällen unter Beanspruchungen erfolgt, die um ein Vielfaches unterhalb derjenigen Beanspruchung liegen, die aufzubringen ist, die interatomare Bindungskraft zu lösen, die bei einem reinen Kristall mit Gitteranordnungen ohne Verzerrung durchweg vorhanden wäre.

## C. Der Einfluß der chemischen Zusammensetzung – Legieren

Die Werkstoffeigenschaften der Stähle, besonders aber die mechanischen Festigkeiten, lassen sich in einer gewünschten Richtung durch Beimischung bestimmter Legierungselemente beeinflussen. Es muß jedoch darauf hingewiesen werden, daß die Gegenwart der üblichen Stahlbegleiter wie Silizium, Mangan und Kohlenstoff, solange sie unterhalb einer durch Normung festgelegten Mindestgrenze bleiben, den Stahl nicht als legierten Stahl kennzeichnet. Bekanntlich sind einfache Stähle charakterisiert, daß sie ohne besondere Zusätze an Legierungselementen hergestellt sind, sich also untereinander nur durch den Kohlenstoffgehalt unterscheiden. Das Verhältnis von Kohlenstoff zu den übrigen Legierungselementen ist immer ein ganz bestimmtes in bezug auf eine bestimmte erwünschte Festigkeitsstufe.

### 1. Das Legieren des Stahles

Wenn auch Stahl eine Legierung, metallurgisch gesehen, darstellt, deren Hauptzusatzkomponente der Kohlenstoff ist, so spricht man in diesem Zusammenhang nicht von einer Legierung. In reiner Form ist Eisen für industrielle Zwecke als Werkstoff nicht geeignet. Legierte Stähle haben mehr Legierungselemente gelöst als der gewöhnliche Stahl. Man spricht jedoch auch schon von legiert, wenn die Silizium- und Mangananteile über das übliche Maß des Kohlenstoffstahles hinausgehen.

Ganz allgemein trifft für den Stahl die Regel zu, daß seine Festigkeit vom Kohlenstoffgehalt abhängt. Besonders Streckgrenze und Zugfestigkeit steigen im C-Stahl linear mit dem Kohlenstoffgehalt an. Nach Maßgabe der Phasengesetze der Kristallographie ist jedoch die Höhe des C-Gehaltes nach oben begrenzt, wenn man Stähle für industrielle Verwendungszwecke erzielen will. Im allgemeinen dürfte die oberste Grenze des C-Gehaltes eines Stahles bei 1,50% liegen.

Zur Herstellung legierter Stähle werden folgende Elemente als Legierungskomponenten verwendet: Al – B – Cr – Co – Mn – Mo – V – Ni – W – Ti – Si – Cb – Ta – P – Zr. In neuerer Zeit traten zu dieser Gruppe noch Stickstoff und Wasserstoff hinzu.

Jedes dieser Elemente übt einen spezifischen Einfluß zur Erzielung bestimmter Eigenschaften des Stahles aus. Durch Kombination kann dieser Einfluß variiert werden, der Endeffekt wird jedoch durch die Phasengesetze der Kristallographie bestimmt. Man muß auch in Betracht ziehen, daß die Wirkung der Elemente im Fertigprodukt bei Gegenwart mehrerer Komponenten nicht additiv sein muß.

Ohne auf Einzelheiten einzugehen, läßt sich aussagen, daß die Hinzufügung der Legierungselemente die Eigenschaften der Stähle in mechanischer, chemischer und physikalischer Hinsicht verändert. Diese Einflüsse können wie folgt zusammengefaßt werden:

*Mechanisch*

| | |
|---|---|
| Verbesserung | der Festigkeitseigenschaften (Zugfestigkeit, Streckgrenze, Kerbschlagzähigkeit, Dauerfestigkeit, Verschleißfestigkeit). |
| Steigerung | der Härtbarkeit, des Durchhärtungsvermögens, des Dehnungsvermögens, der Zähigkeit, Schmiedbarkeit und Bearbeitbarkeit. |
| Herabsetzung | der Empfindlichkeit gegen Wärmebehandlung hinsichtlich Größe und Masseneffekt. |
| Verminderung | der Kerbempfindlichkeit, Verwerfung, Schrumpfung, Oberflächenrißbildung und Anlaßversprödung. |
| Erhöhung | der Tendenz der Kornverfeinerung, notwendig zur Festigkeitssteigerung. |

*Chemisch*

| | |
|---|---|
| Verbesserung | der Widerstandsfähigkeit gegen allgemeine chemische Korrosionseinflüsse. |
| Steigerung | der Warm- und Kriech- oder Zeitstandfestigkeiten. |
| Herabsetzung | der Empfindlichkeit gegen Oxydation, atmosphärische Einflüsse, insbesondere der korrodierenden Gasatmosphären. |

*Physikalisch*

| | |
|---|---|
| Verbesserung | oder Beeinflussung der elektrischen und thermodynamischen Eigenschaften. |

Man kann die Einflüsse der Legierungselemente nach vielen Richtungen hin verfolgen, um zu mehr oder weniger spezifischen Eigenschaften zu gelangen. Das Gebiet ist so vielseitig, daß es im Rahmen dieser Betrachtungen nicht erschöpfend behandelt werden kann. Es muß daher auf die Angaben der Tab. 1 verwiesen werden, in der die wichtigsten Funktionen der Einflüsse der Legierungselemente in Kurzform festgehalten sind.

Die Legierungselemente als bekannte Stahlbegleiter können in zwei Gruppen zusammengefaßt werden. Gruppe I enthält Nickel, Kobalt, Silizium, Aluminium, also solche Elemente, die nur in Ferrit oder Eisen löslich sind. Gruppe II umfaßt solche Elemente, die sich mit dem Kohlenstoff zu Karbiden verbinden. Sie bestehen aus Chrom, Molybdän, Vanadium, Mangan, Wolfram, Titan, Tantal, Columbium (Niob) und Zirkonium.

Tabelle 1

| Element | Veränderungen |
|---|---|
| Aluminium (Al) | Starkes Entoxydationsmittel – Starkes Mittel zur Kontrolle des Kornwachstums – Verbessert Widerstand gegen Oxydation und Verzunderung – Vermindert Tendenz der Bildung von Gefügeverzerrungen beim Abschrecken – Erhöht Verschmiedbarkeit in C-Stählen mit stärkerer Wirkung in legierten Stählen – Verbessert Hitzebeständigkeit unter $O_2$-Einfluß ohne Beeinträchtigung der mechanischen Festigkeitseigenschaften – Vermindert Empfindlichkeit gegen starke Temperaturschwankungen – Erhöht magnetischen und elektrischen Widerstand – Hauptelement zur Erzielung der Nitrierfähigkeit – Vermindert Dehnbarkeit mit steigendem Al-Gehalt. |
| Bor (B) | Steigert Zugfestigkeit, Streckgrenzezeitstandfestigkeit und Dauerfestigkeit in legierten Stählen – Steigert Dehnbarkeit und Verarbeitbarkeit – Vermindert Plastizität geringfügig – Verbessert Härtbarkeit sehr merklich – Beeinflußt Korngröße in austenitischen nichtrostenden Stählen – Steigert Hochtemperaturfestigkeit – Verschlechtert alle Eigenschaften, wenn beigegeben in Mengen oberhalb einer maximalen Grenze. |
| Chrom (Cr) | Mechanische Festigkeitseigenschaften werden bei Raumtemperatur wenig, bei erhöhten Temperaturen jedoch beträchtlich verbessert zusammen mit Dehnbarkeit und Zähigkeit – Hauptkomponente zur Steigerung des Widerstandes gegen Korrosion und Oxydation – Steigert Durchhärtbarkeit – Verringert den Masseneinfluß ohne Kornwachstum zu beeinflussen – Verbessert Lufthärtbarkeit – Erhöht Abriebfestigkeit und Verschleißwiderstand für Stähle höheren C-Gehaltes – Steigert Widerstand gegen Wasserstoffversprödung – Hauptkomponente zur Legierung von austenitischen Edelstählen und hochfesten Hochtemperaturmetallen für Druck, Temperatur und Gaskorrosion, besonders in Verbindung mit Mo und Ni-Karbidbildner W $>$ Cr $>$ Mn. |
| Kobalt (Co) | Mechanische Festigkeiten werden bedeutend gesteigert – Plastizität nur wenig beeinträchtigt – Merkliche Verbesserung der Härtbarkeit durch feste Lösung – Erhöht Schneidfähigkeit von Werkzeugstählen bei (1–12% Co) – Karbidbildung ähnlich dem Eisen – Steigerung der Härte- und Anlaßtemperaturen – Steigert Anlaßstabilität von Restaustenit und Martensit. |
| Mangan (Mn) | In Mengen bis zu 1% Mn wird Schmiedbarkeit verbessert, mit bis zu 7% Mn-Zusatz werden die Festigkeitseigenschaften und besonders Kerbzähigkeit gesteigert – Vermindert Versprödung, besonders mit Schwefel im Gefüge – Deutlicher Anstieg der Durchhärtung – Tendiert zu Kornwachstum, wenn lange auf hohen Temperaturen gehalten wird – Wird mit Mn-Gehalt von 12% bei 0,90% C austenitisch mit hoher Zähigkeit und Abriebfestigkeit als Folge der Kalthärtbarkeit – Tendenz für Karbidbildung in der Folge Cr $>$ Mn $>$ Fe. |

Tabelle 1. (Fortsetzung)

| Element | Veränderungen |
|---|---|
| Molybdän (Mo) | Verbessert Festigkeit ähnlich wie Cr – Sehr deutliche Steigerung der Festigkeit bei erhöhter Temperatur – Plastizität wird kaum beeinträchtigt – Erzeugt Verzögerung der Phasenübergänge und wirkt der Erweichung entgegen bei der Vergütung als Folge erhöhter Rekristallisationstemperatur – Beträchtliche Erhöhung der Einhärtetiefe, und zwar wesentlich stärker als Cr – Trägt zum Korrosionswiderstand in nichtrostenden Stählen bei – Zusammen mit Cr und Ni verbessert Korrosionsbeständigkeit gegen HCl und $H_2SO_4$ – Mit Cr Verbesserung der Zunderbeständigkeit – Starker Karbidbildner Mo $\gg$ Cr – Verbessert Verschleißwiderstand. |
| Vanadium (V) | Erhöht Abschrecktemperatur und führt so zu besseren Festigkeiten auch bei erhöhten Temperaturen, hängt aber wesentlich vom V-Gehalt ab – Dehnung und Einschnürung nicht beeinträchtigt – Erzeugt Kornverfeinerung und steigert Grenztemperatur für Kornwachstum in Austenit – Härtetiefe stark, wenn in Lösung, weniger, wenn in fester Lösung – Verbessert Anlaßstabilität in breiten Temperaturgebieten und setzt Empfindlichkeit gegen Überhitzung herab – In Verbindung mit Cr-Mo und Ni deutliche Steigerung der Eigenschaften im mechanischen Gebiet – Starker Karbidbildner (Ti–Cb) $>$ V $>$ Cr und Mo. |
| Nickel (Ni) | Steigert Zugfestigkeit, Streckgrenze und Kerbzähigkeit, beeinflußt Dehnbarkeit nur wenig – Kritische Abkühlungsgeschwindigkeit fällt stark ab und verhindert dabei Kornwachstum – Verbessert Härtbarkeit (Ölhärtung) – Hauptbestandteil zur Bildung von Austenit mit hohem Cr-Gehalt – Steigerung der Tieftemperaturfestigkeit, besonders in ferritischen Stählen (auch bei perlitischen) – Reduziert Verwerfungsneigung und Rißbildung beim Abschrecken – Mit Cr und Mo deutliche Verbesserung der Einhärtung und Herabsetzung des Masseneffektes – Kein Karbidbildner (Graphitierung). |
| Wolfram (W) | Hebt Zugfestigkeit, Streckgrenze, Kerbzähigkeit bei Raumtemperatur und verbessert im Beisein von Cr diese Eigenschaften auch im Gebiet erhöhter Temperaturen – Dehnbarkeit nur wenig beeinflußt – Geringe Zusätze an W erzeugen bereits merkliche Verbesserung an Härtbarkeit bei Steigerung des Durchhärtevermögens, was von Kornverfeinerung begleitet ist – Steigert Verschleißfestigkeit – Mit Cr Verbesserung der Temperaturbelastbarkeit – Bietet Möglichkeiten durch Alterung in W–Fe-Stählen – Starker Karbidbildner zur Steigerung der $H_2$-Beständigkeit. |
| Titan (Ti) | Zugfestigkeit und Streckgrenze verbessert, Dehnung jedoch nur wenig beeinträchtigt – Im Lösungszustand starke Zunahme der Härtbarkeit – Starker Karbidbildner (2% Ti macht Stähle mit 0,5% C schon unhärtbar – Karbidbildung |

Tabelle 1. (Fortsetzung)

| Element | Veränderungen |
|---|---|
| | reduziert Härtbarkeit – Beeinträchtigt Härtbarkeit in mittleren Cr-Stählen und verhindert Austenitbildung in hohen Cr-Gehalten – Verhindert Cr-Ausscheidung in Austenitedelstählen während langer Aufheizperioden – Vermittelt Neigung zur Alterungshärtung in Ti-Fe-Stählen. |
| Silizium (Si) | Zugfestigkeit und Streckgrenze steigen an, während Dehnbarkeit bis zu 2% Si-Gehalt nur leicht beeinflußt wird – Härtet mit Verlust an Plastizität Mn < Si – bis zu 2% Si Kaltverarbeitung möglich – <br>In Stählen ohne Graphitierungselemente steigert sich das Härtevermögen (Ni < Si < Mn). <br>Gutes Entoxydierungsmittel, Graphitierung, Karbidbildung nicht möglich – Verbessert Oxydationsbeständigkeit – Neigung zu Kornwachstum – Mit wachsendem Si-Gehalt fällt Rekristallisationstemperatur. |
| Phosphor (P) | Bis zu 0,2% P-Gehalt wird in C-Stählen Festigkeit bei Raum- und erhöhten Temperaturen gesteigert – Zunehmender P-Gehalt führt zu Versprödung – Steigert Härtevermögen ähnlich wie Mn – Korrosionsbeständigkeit wird gesteigert – Verbessert Bearbeitbarkeit – Erhöht die Gießbarkeit für kleine komplizierte Teile – Kein Karbidbildner. |
| Schwefel (S) | Hat keinen Einfluß auf mechanische Festigkeit – Verbessert Bearbeitbarkeit – Ohne Mn erhöht sich Rotversprödung. |
| Columbium (Cb) = Niob in Deutschland | Steigert Hochtemperatureigenschaften – Sehr starke Affinität zu Kohlenstoff, daher Bildung sehr stabiler Cb-Karbide – Verhindert intergranulare Korrosion in (18–8) Cr-Ni-Edelstählen – Verbessert Oxydationsbeständigkeit in. Cr-Stählen. |
| Zirkon (Zr) | Steigert Temperaturfestigkeiten im Zusammenhang mit Karbidbildung – Gutes Entoxydationsmittel mit Neigung, die Wirkungen von $O_2$ und $N_2$ auszuschalten – Bindet nichtmetallische Einschlüsse in Stählen (0,05–0,10%) – Mit 0,10–0,15% Zr Bildung von Zr-Nitriden – Mit Zr-Gehalten >0,15% bildet sich infolge Reaktion mit dem Schwefel die Neigung, beim Walzen glatte Oberflächen entstehen zu lassen, ohne daß Metall aufreißt. |

Der Einfluß der komplexen Karbide wird später in Abschn. VII behandelt, besonders im Zusammenhange mit den Schädigungen infolge Druckwasserstoffkorrosion.

## 2. Die kennzeichnende Wirkung der Legierungselemente

Die gegenseitigen Beziehungen zwischen den Legierungselementen und den erreichbaren Stahleigenschaften sind ziemlich verwickelt. Auch wird mit jedem zusätzlichen Element die Voraussage der möglichen Eigenschaften immer schwieriger.

Im Prinzip seien die Legierungseinflüsse nur kurz definiert als:

a) Die Legierungselemente verschieben die Haltepunkte, was sich in einer Erhöhung der Glühtemperatur, der Härte- und Anlaßtemperaturen äußert. Die entsprechend legierten Stähle erweitern damit den Anlaßbereich und erleichtern das Erreichen bestimmter Stahleigenschaften.

b) Die Größe der kritischen Abkühlungsgeschwindigkeiten werden merklich beeinflußt. Von der kritischen Abkühlungsgeschwindigkeit hängt die Bildung gewisser Gefügeformierungen ab. So erhält man martensitische Gefüge, wenn die kritische Abkühlungsgeschwindigkeit so niedrig ist, daß sie schon durch Abkühlung an der Luft erreicht wird, wodurch Lufthärtung möglich ist. Bei austenitischen Stählen wird der $Ar_1''$-Punkt sogar unter Raumtemperatur erniedrigt. Die kritische Abkühlungsgeschwindigkeit wird durch die Legierungselemente in der Reihenfolge Nickel (Maximal) – Chrom – Molybdän – Wolfram herabgesetzt.

c) Die kritische Abkühlungsgeschwindigkeit bewirkt eine bedeutende Änderung der Einhärtungstiefe, was man als Durchhärtung bezeichnet.

Im einzelnen lassen sich über die Legierungseinflüsse kurz folgende Aussagen treffen zur Charakterisierung der Festigkeitseigenschaften:

**Kohlenstoff.** Erhöht im Walzzustand die Zugfestigkeit um etwa 9 kg je mm² und die Streckgrenze um etwa 4–5 kg/mm², wobei die Dehnung um etwa 5% je 10 kg/mm² Festigkeitssteigerung absinkt. Starkes Kornwachstum tritt schon bei relativ niedrigen Temperaturen ein.

**Mangan.** Zugfestigkeit und Streckgrenze steigen um etwa 10 kg/mm² für je 1% Mn bis zu etwa 7% Mn. Die Dehnung fällt nur wenig ab. Mit Mn-Gehalten bis zu 15% und Kohlenstoff bis zu 0,90% werden Manganstähle austenitisch und entwickeln hohe Zähigkeit, wodurch ihre Verschleißfestigkeit in die Höhe getrieben wird.

**Silizium.** Steigert Zugfestigkeit um etwa 10 kg/mm² je 1% Si, in ähnlichem Maße geht auch die Streckgrenze in die Höhe. Dehnung wird nur unwesentlich beeinflußt. Steigert Durchhärtungstiefe. In Gegenwart von Chrom und Aluminium wird bei hohem Si-Gehalt Zunderbeständigkeit wesentlich verbessert.

**Nickel.** Zugabe von 1% steigert Zugfestigkeit um etwa 4 kg/mm², während die Dehnung nur wenig zurückgeht. Auch die Streckgrenze wird merklich gesteigert. Setzt Kornwachstum stark herab, steigert Einhärtungstiefe erheblich, da die kritische Abkühlungsgeschwindigkeit beträchtlich vermindert wird.

**Chrom.** Mit 1% Chromzugabe wird die Zugfestigkeit um 8–11 kg/mm² verbessert, die Dehnung aber nur schwach beeinflußt. Die Einhärtungstiefe wird stark erhöht, so daß Cr-Stähle schon bei relativ niedrigem Cr-Gehalt bereits lufthärtend sind. In Werkzeugstählen wirkt Chrom in

Richtung Karbidbildung bei gleichzeitiger Kornverfeinerung. Mit Cr-Gehalten von 12% an aufwärts in Gegenwart niedriger C-Gehalte tritt eine beträchtliche Steigerung der Korrosionsbeständigkeit ein. Chrom trägt zur Steigerung der Warmfestigkeit und Zunderbeständigkeit bei. Chrom steigert die Warmfestigkeit ganz beträchtlich.

Bei ferritischen Cr-Stählen, also über 18% Cr, tritt bei längeren Erwärmungszeiten auf höhere Temperaturen Grobkornbildung ein, die jedoch durch nachträgliche Wärmebehandlung nicht mehr aufgehoben werden kann.

**Molybdän.** Zugfestigkeit und Streckgrenze lassen sich durch Mo-Zugabe erhöhen, doch ist das Maß der Steigerung geringer als bei Chrom. Dagegen werden die Warmfestigkeit zusammen mit der Anlaßbeständigkeit, Einhärtetiefe und Durchhärtungsvermögen wesentlich verbessert. Entscheidend ist der Beitrag von Mo zur Steigerung der Hochtemperaturbeständigkeit. Vor allem in Verbindung mit Ni–Cr steigert Mo den Korrosionswiderstand von Stählen vor allem gegen Salzsäure und Schwefelsäure. Allerdings wirkt Mo hemmend im Sinne der Schmiedbarkeit. Für typische Cr-Ni-Stähle wirken schon geringe Zusätze von Mo günstig zur Verhinderung der Anlaßversprödung.

**Mn – Si – V – W.** Diese Elemente stellen wichtige Faktoren zur Steigerung der Festigkeit dar. Ihre Gegenwart steigert Dehnbarkeit, Bearbeitbarkeit und Kerbfestigkeit nur unwesentlich.

**Ti – Ta – Cb.** Beeinflussen die Zugfestigkeitswerte in nur geringem Maße. Ihre Bedeutung liegt in ihrer Neigung zur Bildung stabiler Komplexkarbide und werden damit zu bedeutenden Elementen der austenitischen Gruppe rostfreier Stähle im Sinne einer Verbesserung ihrer Druckwasserstoffbeständigkeit. Durch ihre Gegenwart ist eine Voraussetzung gegeben zur Verhinderung der gefährlichen Karbidausscheidung unter dem Dauereinfluß höherer Temperaturen.

**Stickstoff.** Stickstoffzusätze führen zur Verbesserung der bisher bekannten austenitischen Cr-Ni-Stähle, was auf einer günstigen Kombination der Eigenschaften beruht. Höhere Festigkeitseigenschaften unter Aufrechterhaltung der Korrosionsbeständigkeit ohne interkristalline Korrosion mit guten Verarbeitungsmöglichkeiten bei guter Schweißbarkeit (s. J. Class [*6*]).

### 3. Einfluß der Legierungsbestandteile zur Steigerung der Temperaturbeständigkeit

In der Entwicklung der Verfahren der Öl- und Petroleumindustrie und auch auf anderen Sektoren der chemischen Industrie wird die Notwendigkeit der Bereitstellung hochtemperaturbeständiger Stähle eine wachsende Forderung. Diese Stähle treten auch bei der Atom- und Raketentechnik sowie im Zusammenhang mit Düsenmotoren immer stärker in den Vordergrund. Ihre anwendungsgerechte Auswahl wird daher immer schwieriger.

Die Technologie der Hochtemperaturstähle hat im Zusammenhange mit der Atom- und Raketenindustrie in den letzten 5–10 Jahren gewaltige Fortschritte zu verzeichnen, so daß heute schon eine große Anzahl verwendbarer Stähle zur Verfügung steht. Unter erhöhter Temperatur sei hier derjenige Temperaturbereich verstanden, in dem die Festigkeitseigenschaften zeitabhängig werden. Gemäß der Definitionen der Kriecheigenschaften von Kap. II sei das Kriechgebiet definiert für alle Temperaturen, die oberhalb der 350–400-°C-Grenzzone liegen. Unterhalb dieser Grenze gelten die Warmfestigkeitswerte. Oberhalb dieser Zone treten Zeitdehngrenze und Zeitstandfestigkeit in die Festigkeitsrechnung ein.

Für die Stabilität der Hochdruckstähle im Gebiet erhöhter Temperaturen sind Chrom und Molybdän die wichtigsten Legierungsbestandteile. Vor allem trägt Mo dazu bei, die Phasenbeständigkeit bei diesen Temperaturen zu steigern, was für ferritische und austenitische Stähle zutrifft. Und zwar haben Gußteile dieser Stähle eine höhere Zeitstandfestigkeit aufzuweisen als die geschmiedeten Teile, lassen sich aber nur für begrenzte Fälle anwenden, bezogen auf die chemische Industrie.

Es sei darauf hingewiesen, daß die Betrachtungen in diesem Abschnitt ausschließlich auf Stähle abgestellt sind, die hohen Temperaturbelastungen unterliegen. Dabei tritt die Ausbildung einer Oxydationsatmosphäre in den Vordergrund, die die Stahloberfläche der Verzunderungsgefahr aussetzt.

Der Einfluß von Chrom, der Verzunderung entgegenzuwirken besteht darin, daß es den Korrosionswiderstand des Stahles erhöht. Die Widerstandsfähigkeit des Stahles wächst mit steigendem Cr-Gehalt. Das Chrom diffundiert bei diesen Temperaturbedingungen rasch an die Oberfläche und bildet einen stabilen Oxydfilm, der den weiteren Oxydationsvorgang wesentlich verzögert. 2–3% Cr-Zusatz erhöht die Widerstandsfähigkeit des Stahles schon ganz wesentlich. Ein bedeutender Anstieg ergibt sich durch Zusätze von 4–6% Cr, was die Temperaturbelastbarkeit schon auf 620–630 °C steigert. Zusätze von 9–12% Cr läßt die Grenzzone auf 725–750 °C anwachsen. Mit 14–18% Cr erfolgt ein Anstieg auf 800 °C. Bei Hoch-Cr-Stählen mit 27–30% Cr-Gehalt kann man Temperaturen von 1100 °C ohne Gefahr zulassen.

Zeitstandfestigkeit und Oxydationsbeständigkeit hängen entscheidend von der chemischen Zusammensetzung der Stähle ab. Es zeigt sich, daß die ferritischen Cr-Stähle weniger Festigkeit aufweisen als die austenitischen. Einen allgemeinen Überblick über die Beanspruchbarkeit der wichtigsten Stahlgruppen gibt Abb. 3. Die Darstellung gibt die Abhängigkeit der Zeitstandswerte für verschiedene Temperaturen wieder.

Vielleicht die bedeutendste Eigenschaft der Hochtemperaturstähle ist ihre Gefügestabilität, wenn sie zeitlich diesen Temperaturen ausgesetzt werden. Hierunter sei diejenige Stabilität verstanden, daß während der Temperaturbelastung keine Phasenveränderungen eintreten, noch Ausscheidungen irgendwelcher Bestandteile stattfinden können.

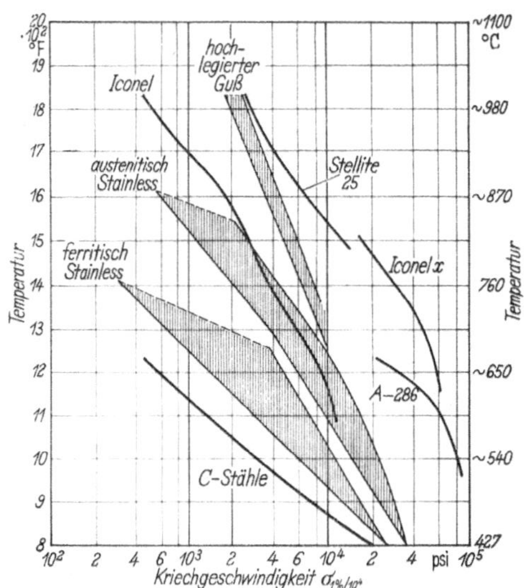


Abb. 3. Zeitdehngrenze $\sigma_{1\%\cdot 10^4\,h}$ für die wichtigsten Baustähle in Abhängigkeit von der Temperatur

Eine Veränderung der strukturellen Stabilität ist beispielsweise bei der intergranularen Korrosion gegeben. Bekanntlich scheiden hochlegierte Edelstähle Karbide in den Korngrenzen aus, was eine Verminderung der Cr-Konzentration zur Folge hat, was zum Verlust der Korrosionsbeständigkeit führen kann. Andere hitzebeständigen Stähle auf Basis Eisen mögen verspröden, indem sie die bekannte Sigma-Phase bilden. Hieraus erklärt sich auch die bekannte Empfindlichkeit gegen Schweißversprödung durch Graphitbildung. Diesem Umstande begegnet man durch niedrigen C-Gehalt im Zusammenhange mit einer Ti- oder Cb-Zugabe sensitierter Edelstähle zu ihrer Stabilisierung. Man kann auch den Gehalt an C, $N_2$ oder Ni variieren, um die Sigma-Phase zu verhindern. Schließlich kann man die Graphitbildung durch Erhöhung der Cr-Konzentration um etwa 1 % vermeiden.

Die erhöhte Temperatur beeinträchtigt vor allem die mechanischen Festigkeitseigenschaften der Baustähle. Dies äußert sich besonders in der Zeitdehngrenze und in der Zeitstandfestigkeit, Kerbschlagzähigkeit, Dauerfestigkeit und Dehnvermögen. Besonders bei temperaturbeanspruchten Druckgefäßen ist die Zeitdehngrenze als Kriechgrenze das maßgebende Festigkeitskriterium, bei der angenommen werden muß, daß der Stahl eine plastische Verformung von 1 % in einem Zeitraum von $10^4$ oder $10^5$ Betriebsstunden bei der definierten Dauertemperatur nicht überschreitet.

Neben den Festigkeitswerten erlangen auch die physikalischen Eigenschaften erhöhte Bedeutung, wie beispielsweise die Leitfähigkeit für

Wärme. Wärmedehnung und elektrische Widerstandswerte sind weitere Faktoren, die man bei der Berechnung von Hochdruckapparaten im Hochtemperaturgebiet berücksichtigen muß. Der Einfluß der Temperatur auf die Ausdehnungsverhältnisse der wichtigsten Stahlgruppen, die im Hochdruckbau üblich sind, wird durch Abb. 4 veranschaulicht. Besonders deutlich ist der Unterschied zwischen den C-Stählen und den nichtrostenden austenitischen Stählen. Diese Frage erlangt besondere Bedeutung bei der Berechnung von Flanschen, Schrauben und Apparate-Einbauteilen mit genauer Maßhaltung als Konstruktionsforderung.

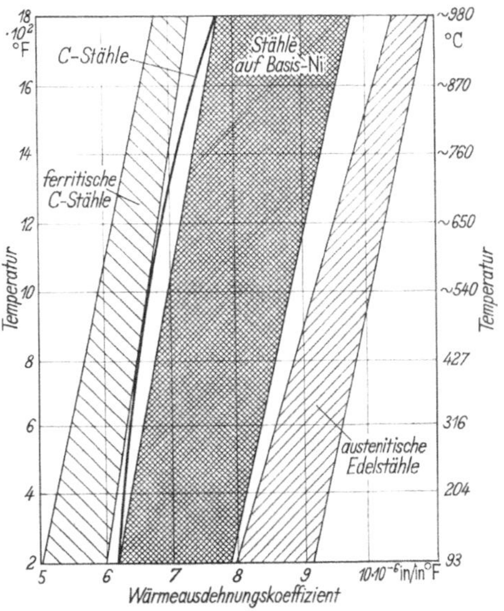


Abb. 4. Mittlerer Wärmeausdehnungskoeffizient der wichtigsten Baustähle in Abhängigkeit von der Temperatur

Reine Metalle weisen die höchsten Werte für Leitfähigkeiten auf. Mit zunehmendem Legierungsgrad fallen diese Leitwerte jedoch ab. Die Werte der niedriglegierten hochfesten Baustähle sind noch relativ hoch und fallen über die ferritischen Cr-Stähle zu den austenitischen Edelstählen und den Hochtemperaturmetallen sehr stark ab.

Im Zusammenhang mit der Korrosionsbeständigkeit gegen Oxydationseinwirkungen sei noch auf die Verbesserungswirkung von Silizium und Aluminium hingewiesen. In Gegenwart von Cr im Metallgefüge verbessert die Zugabe von Silizium die Oxydationsbeständigkeit ganz beträchtlich. Bei niedrigem Cr-Gehalt ist die Beimischung von 0,75–2,0% Si wirksamer als das Chrom selbst, bezogen auf das Gewicht. Der Einfluß von Si und Al zur Herabsetzung des Oxydationseinflusses an Stählen geht aus Abb. 5a u. b hervor, wie von Eisenstein und Skinner [7] nachgewiesen wird.

Die austenitischen Cr-Ni-Stähle mit 15–28% Cr und Ni > 8% weisen zusätzlich zu ihrer bekannten Korrosionsbeständigkeit auch noch hohe Widerstandsfähigkeit gegen Oxydation auf. Der Grad der Beständigkeit beruht auf dem Cr-Gehalt, ähnlich wie bei den hoch-Cr-legierten Stählen, jedoch hat die Erfahrung bewiesen, daß der wesentlichste Schutz, der bei einem gegebenen Cr-Gehalt besteht, mit wachsendem Nickelgehalt zunimmt. Diese Tatsache macht sich besonders günstig bemerkbar, wenn das Werkstück einem Temperaturzyklus warm–kalt mit großem $\Delta t$ wiederholt unterworfen wird.

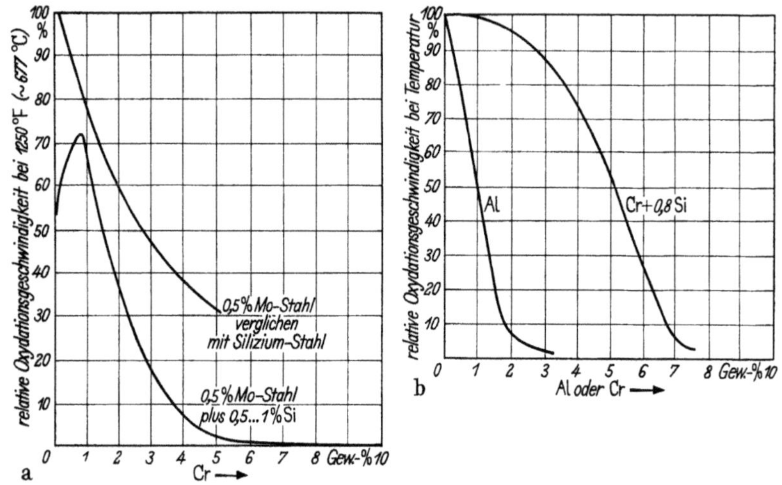


Abb. 5a. Einfluß von Silizium zur Förderung der Oxydationsbeständigkeit

Abb. 5b. Einfluß von Cr und/oder Al zur Steigerung der Oxydationsbeständigkeit von Stählen

Bei Betrieb mit hohen Temperaturschwankungen muß darauf geachtet werden, daß bei Stählen mit relativ niedrigem Nickelgehalt die Tendenz der Verzunderung beachtet wird.

## IV. Mechanische Verfahren zur Beeinflussung der Festigkeitseigenschaften

Die allgemeine Fähigkeit, plastische Verformungen in z.T. großem Maße zu ertragen, ist vielleicht die ausgeprägteste Eigenschaft hochwertiger Stähle im Vergleich zu andern Konstruktionswerkstoffen aller Art. Von dieser Fähigkeit wird in großem Stile Gebrauch gemacht, um für eine große Anzahl von Stählen die gewünschten Festigkeitseigenschaften in die Höhe zu treiben, da sie sich für solche Stähle auf keinem anderen Wege erzielen lassen. Diese Tatsache trifft besonders zu für die nichthärtbaren, nichtrostenden austenitischen Stähle der 300-Serie. Sie erhalten ihre Festigkeit über den Walzzustand hinaus ausschließlich auf dem Wege der Verformungsverfestigung, und zwar über die sog. Kaltverformung.

Durch die Kaltverformung erfahren die Stähle eine wichtige Gefügeveränderung, die eine Steigerung der Streckgrenze mit zunehmendem

Verformungsgrad zur Folge hat. Aus der praktischen Erfahrung weiß man, daß die Verfestigung durch Kaltverformung nicht über ein für den betreffenden Stahl definiertes Grenzmaß hinausgetrieben werden soll. Im allgemeinen liegt diese Grenze der maximalen Kaltverformung nicht über 25–30%. Allerdings geht der Festigkeitsanstieg wie bei der Härtung durch Wärmebehandlung auf Kosten der Dehnbarkeit des Werkstoffes.

## A. Mechanismus der plastischen Verformung

In der Gefügestruktur von Metallen bestehen parallele Ebenen von hoher Atomdichte und entsprechend weiter Anordnung. Jegliche Bewegung innerhalb dieses Kristalles findet statt entweder entlang dieser Ebenen oder in Ebenen parallel hierzu.

Beansprucht man ein Metall innerhalb des elastischen Gebietes, so ist die Formänderung zu beobachten, die durch diese Belastung entsteht. Nach der Entlastung geht der Körper in seine alte Lage zurück und nimmt seine ursprünglichen Abmessungen wieder an. Treibt man die Beanspruchung so weit, daß die daraus resultierende Formänderung die elastische Grenze übersteigt, also plastisch wird, so geht der Körper nicht mehr in seine Ausgangslage zurück, und eine dauernde Formänderung wird beobachtet.

Diese Vorgänge seien nun an Hand der Kraftverformungsdiagramme veranschaulicht, wie in Abb. 6a–g gezeigt. Die elastische Formänderung erfolgt entlang der Hookeschen Geraden, deren Steigung den Elastizitätsmodul nach der Beziehung $E = \Delta\sigma/\Delta\varepsilon$ ergibt. Überschreitet man die elastische Grenze bei $a'$ Abb. 6b – verfestigungsfähiger Stahl vorausgesetzt – so nimmt die Verformungskurve den Verlauf von $a'$ nach $b'$. Bei Entspannung entlang $b'$–$b''$ läuft diese Linie parallel zur Hookeschen Geraden und hinterläßt auf der Dehnungsachse die bleibende Formänderung der Probe von der Größe 0–$b''$. Wird jetzt eine neue Belastung aufgegeben, so folgt die Verformungslinie dem Kurvenzug $b''$–$b'$ mit der Steigung des $E$-Moduls. Dies bedeutet, daß der Werkstoff von $b''$–$b'$ elastisch ist und seine neue elastische Grenze bei $b'$ zu liegen kommt. Wird jetzt wieder ein Kraftzuwachs für zusätzliche plastische Verformungen aufgegeben, so findet diese nach der Kurve $b'$, $c$ statt, wie Darstellung $c$ zeigt. Führt man die Verformung fort bis zum Bruch, so entstehen die Kurven gemäß Abb. 6d u. e. Die schraffierte Fläche ist ein Maß für die aufgebrachte Bruchenergie. Hätte man die Verformung schrittweise vorgenommen bis zum Bruch, so wäre Diagramm 6f entstanden. Hierzu ist zu bemerken, daß man die Form der Deformationskurve immer erzielt, gleichgültig, ob der Bruch in einer oder in vielen Zwischenstufen angestrebt wird. Die Tendenzen der Hysteresenbildung bei jedem Schritt sind angedeutet.

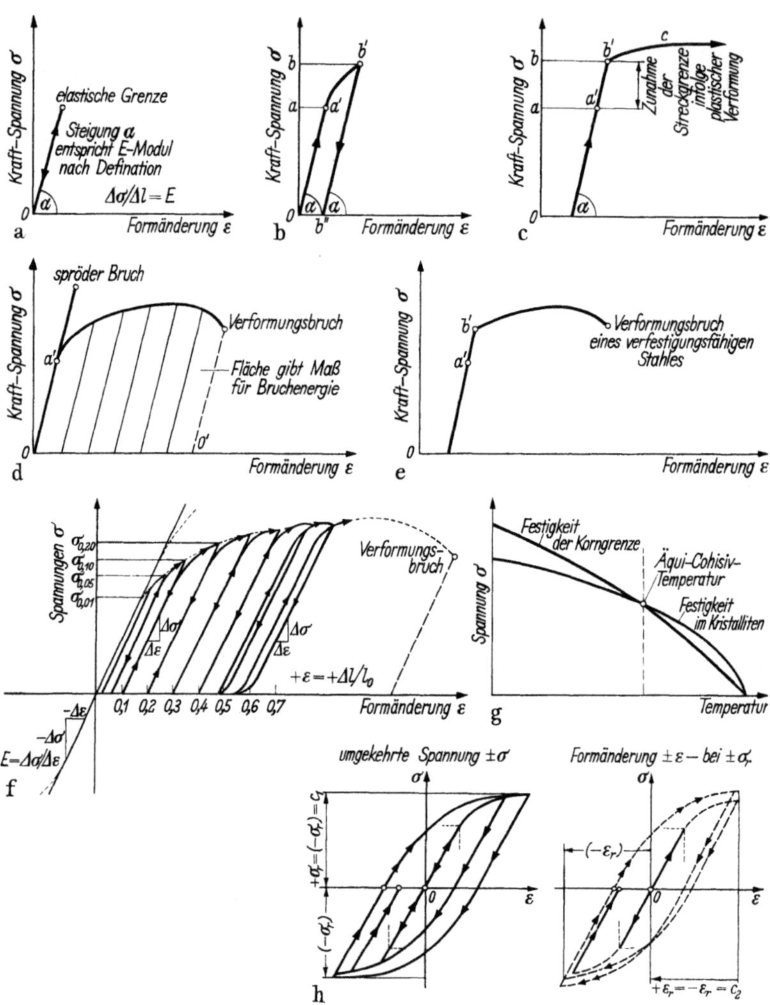


Abb. 6a. Beanspruchung innerhalb der elastischen Grenze

Abb. 6b. Elastische und plastische Formänderung

Abb. 6c. Schematische Darstellung der Verformungsverfestigung

Abb. 6d. Vergleich zwischen Sprödbruch und Verformungsbruch

Abb. 6e. Wiederbelastung nach anfänglicher Kaltverformung bis zum Bruch

Abb. 6f. Schema für den Ablauf eines Zerreißversuches mit Stufenentspannungen zur Demonstration der Elastizität an einem weichvergüteten Stahl. (Nach M. PFENDER)

Abb. 6g. Verhältnisse der Festigkeitsänderungen zwischen Korngrenzen und Kristalliten in Abhängigkeit von der Temperatur

Abb. 6h. Schematische Darstellung der Wechselbeanspruchung einer Probe im elastischen und überelastischen Bereich. (Nach M. PFENDER)

Hinsichtlich der Erklärung der inneren Gefügevorgänge während der plastischen Verformung lassen sich zwei Feststellungen treffen. Einmal sind die elastischen Eigenschaften, wie der Elastizitätsmodul, im wesentlichen durch den Grundwerkstoff gegeben. Zum andern aber sind die plastischen Eigenschaften, beispielsweise die Grenze, an der das elastische Verhalten sein Ende findet, also die Vorgänge der plastischen Verformung sowie die vielfach mit der Verformung auftretende Werkstoffverfestigung, die Zerreißgrenze usw. auf das engste mit der Vorgeschichte des Werkstoffes verbunden. Dieser grundsätzliche Unterschied bedeutet also offenbar, daß bei den elastischen Vorgängen der Werkstoff als ein Ganzes erfaßt wird, während bei der endgültigen plastischen Formänderung atomare Einzelvorgänge im Spiele sein müssen. Das Gleiten der Kristallkörner, auf dem die plastische Verformung im wesentlichen beruht, besteht darin, daß Verschiebungen von ganzen Atomketten gegeneinander in bevorzugten Gleitebenen, die durch den Werkstoff hindurchlaufen, die sog. Versetzungen, stattfinden. Die sich lösenden Kristallblöcke rutschen während des Gleitens ineinander, wodurch eine mit der Verformung zunehmende Verriegelung entsteht. Diese Verriegelung ist die Erklärung dafür, daß die Streckgrenze von $a'$ nach $b'$ in Abb. 6b ansteigt. Dies bedeutet, daß bei Wiederholung der Kraft für die Fortsetzung der Gleitbewegung wegen der gesteigerten Verriegelung eine größere Kraft aufgewandt werden muß als beim Schritt zuvor. Ohne höhere Kraft ist eine weitere plastische Verformung nicht möglich.

Mit zunehmender Verriegelung wächst aber auch der Grad der Versprödung, die auf Kosten der Dehnbarkeit zunimmt und den Spalt zwischen Streckgrenze und Zugfestigkeit zunehmend einengt. Die maximal mögliche Verriegelung ist dann erreicht, wenn die Zugfestigkeit des Werkstoffes eingestellt ist, so daß der Werkstoff mit anhaltender Verformung durch Bruch versagt.

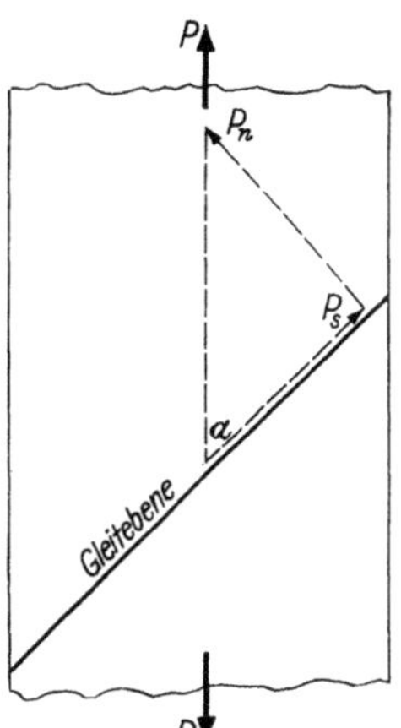

Abb. 7. Auflösung einer Zugkraft entlang einer Gleitebene in Einzelkomponenten (Scherkraft)

Aus dem Studium der Orientierung der Gleitebenen in bezug auf die angewandte Beanspruchung weiß man, daß dieses Gleiten die einfache Folge von Scherbeanspruchungen, also von Schubspannungen sind. Die plastische Verformung wird sich also in einer Weise vollziehen, daß die resultierende Schubspannung ein Maximum wird. Diese Bedingung ist dann erfüllt, wenn die Gleitebenen in einem Winkel von 45° zu der Ebene geneigt sind, in der die Beanspruchung erfolgt. Es sei in diesem Zusammenhang auf die bekannten Zerreißbilder von Hochdruckrohren hingewiesen (s. auch FAUPEL S. 50), die oft in Lehrbüchern zu finden sind. Bekanntlich wird beim Zerreißen von HD-Rohren infolge Innendruckes der Bruch stets in einem 45°-Winkel durch die Wand hindurchlaufen.

Die Auflösung einer Zugkraft in die entsprechende Scherkraft bzw. Scher- oder Schubspannungen soll in Abb. 7 gezeigt werden. Kraft $P$ läßt sich in zwei Komponenten zerlegen, nämlich in Beanspruchung $P_s$ von der Größe $P_s = P \cos\alpha$ entlang der Gleitebene sowie eine Zugbeanspruchung $P_n$ von der Größe $P_n = R \sin\alpha$ in Richtung der Normalen zu $P_s$. Die Fläche der Gleitebene sei $A/\sin\alpha$. Damit ergeben sich die gesuchten Spannungen

$$\text{Schubspannung} \quad \tau_s = \frac{P \cos\alpha}{A/\sin\alpha} = \frac{P}{A} \sin\alpha \cdot \cos\alpha = \frac{P}{2A} \sin 2\alpha .$$

$$\text{Zugspannung} \quad \sigma_Z = \frac{P \sin\alpha}{A/\sin\alpha} = \frac{P}{A} \sin^2\alpha .$$

Demnach wird die Schubspannung ein Maximum, wenn der Winkel $\alpha$ den Wert von 45° erreicht.

## 1. Die Kaltbearbeitung von Stählen

Die Kaltbearbeitung ist eines der wichtigsten Verfahren zur Erzielung gewünschter Festigkeitseigenschaften von gewissen Stählen. Strukturell wird durch die Anwendung mechanischer Bearbeitungsverfahren das Metallgefüge durch gewaltsame Verformung verändert, wodurch die bekannten Gitterverzerrungen herbeigeführt werden, die von einer entsprechenden Werkstoffverfestigung begleitet sind. Unter Anwendung des geeigneten Verfahrens und des zulässigen Verformungsgrades ist die Kaltverformung wirksam dazu geeignet, eine beachtliche Steigerung der Dauerfestigkeit herbeizuführen. Die Verfestigung kann durch eine ganze Reihe von mechanischen Verfahren erzielt werden, beispielsweise Rollen, Walzen, Hämmern, Preßpolieren, Stauchen, Strecken u.v.a.m. Hierbei wird die Oberfläche der Werkstücke unter der plastischen Verformung verdichtet, wodurch sich günstige Druckeigenspannungen ausbilden, während der Kern elastisch bleibt. Die Oberfläche weist Druckspannungen und der Kern Zugspannungen auf.

Die mechanische Bearbeitung durch Kaltverformung ist für eine ganze Reihe von Edelstählen die einzige Möglichkeit, die Festigkeitswerte über die des Walzzustandes zu steigern, da sie nichthärtbar sind unter Anwendung von üblichen Wärmebehandlungsverfahren. Tab. 2 gibt einen Überblick, welche Stähle in Frage kommen.

Alle Stähle, deren Festigkeitseigenschaften maßgeblich auf ihrer Gefügestruktur beruhen, werden durch die Kaltverformung beeinflußt. Zugfestigkeit und Streckgrenze steigen an, während Zähigkeit, Dehnung und Verformbarkeit abfallen. Da die Streckgrenze während der Kaltverfor-

Tabelle 2

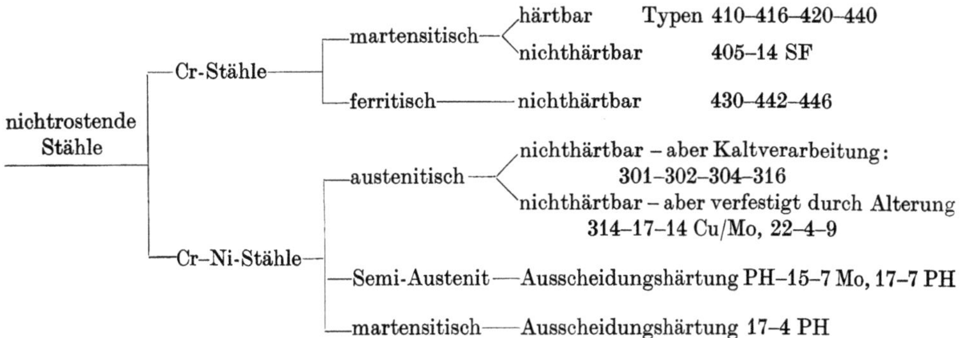


mung meist stärker ansteigt als die Zugfestigkeit, so verringert sich die Fläche zwischen diesen beiden Kurven mit wachsendem Verformungsgrad. Das Streckgrenzenverhältnis $\sigma_F/\sigma_B$ wird dabei immer ungünstiger. Das Streckgrenzenverhältnis kann daher als Maß für die Festlegung des höchstzulässigen Verformungsgrades gewählt werden. Gemäß S. 65ff. soll das wünschenswerte Streckgrenzenverhältnis für Hochdruckstähle etwa bei $\sigma_F/\sigma_B = 0{,}72$–$0{,}85$ liegen bei einer Dehnung von $\varepsilon = 14$–$20\%$. Als maximal zulässiges Streckgrenzenverhältnis kann ein Wert von 0,90 angesehen werden, vorausgesetzt, daß die Dehnung nicht unter 10% absinkt. Für höhere Werte von $\sigma_F/\sigma_B > 0{,}90$ wird die Kontrolle der Formänderung zu schwierig und ein Sprödbruch kann eintreten. Die gewünschten Streckgrenzenwerte kann man erwarten, wenn der Grad der Kaltverformung zwischen 20 und 30% liegt.

Durch die Kaltverformung lassen sich zwei Hauptvorteile erzielen. Einmal können die kaltverformten Stücke so bearbeitet werden, daß das Fertigstück mit engen Toleranzen hergestellt wird unter Erzielung eines hohen Grades an Oberflächengüte. Auf der anderen Seite wird bei dem Verfahren eine Kornverfeinerung der Werkstücke erreicht, die auf nahezu jeden wünschenswerten Grad abgestellt werden kann.

Die Abwicklung der Kaltverformungsverfahren ist nicht ganz so einfach, wie es durch diese Beschreibung erscheinen mag. Es muß dringend geraten werden, alle Kaltverformungsprobleme zum Zwecke der Festigkeitssteigerung mit dem Stahllieferwerk zu besprechen. Bei unsachgemäßer Behandlung können Sprödbrüche erzeugt werden, die aus folgenden Ursachen gebildet werden können.

a) Mit Versprödung ist zu rechnen, wenn die Verformung ein Streckgrenzenverhältnis von über 0,90 zur Folge hat.

b) Der Verfestigungsgrad durch Kaltverformung wird durch nachfolgende Alterungsverfahren oder durch freie Alterung im Zusammenhang mit Wärmebehandlung beeinträchtigt.

c) In komplexen Systemen mit mehrachsigen Spannungszuständen bei komplizierten Querschnittsübergängen muß mit Spannungsbehinde-

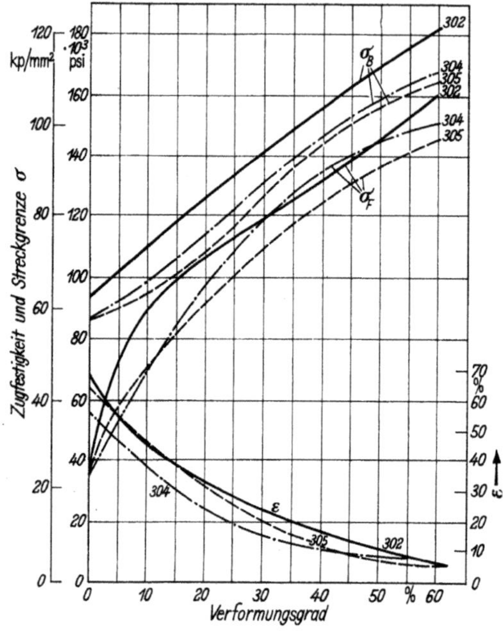


Abb. 8. Einfluß der **Kaltverarbeitung** auf Festigkeit, Streckgrenze und Dehnung für die Edelstähle 302–304–305

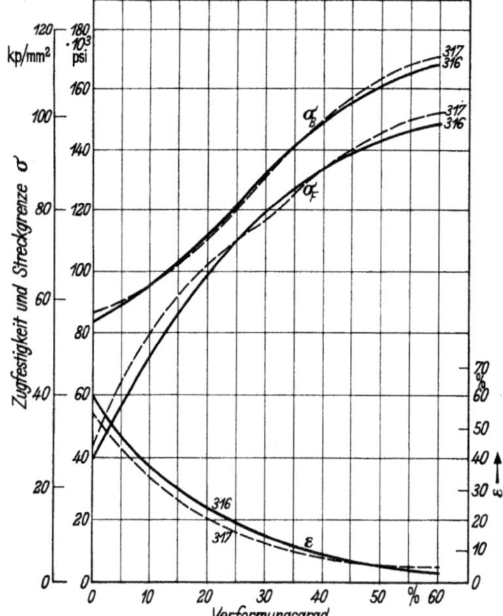


Abb. 9. Einfluß der **Kaltverarbeitung** auf Festigkeit, Streckgrenze und Dehnung für die Edelstähle 316 und 317

rung gerechnet werden, so daß die Ausbildung der geeigneten Schubspannung infolge eines zu hohen Verfestigungsgrades verhindert wird. Hierbei tritt die Möglichkeit ein, daß die maximale Zughauptspannung

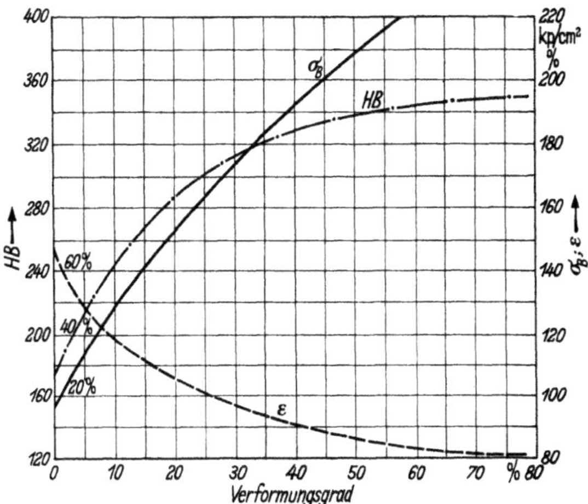


Abb. 10. Einfluß der Kaltverarbeitung auf Festigkeit, Härte und Dehnung bei einem (18-8) austenitischen Edelstahl

einen kritischen Wert erreicht, der die Höhe der kohäsiven Bindungskräfte des Werkstoffes überschreitet, was einen Bruch herbeiführen muß, der noch durch örtlich unisotrope Strukturversetzungen begünstigt wird.

d) Die Gefahr der unsteten Querschnittsübergänge kann bei kaltverformten Werkstücken noch erhöht werden durch unzulässig hohen C-Gehalt des Werkstoffes.

e) Die Gegenwart von Silizium und anderen Elementen, die eine Versprödung begünstigen, muß auf engen Grenzen gehalten werden. Die optimale Vorbehandlung solcher Werkstoffe sollte mit dem Stahlwerk besprochen werden.

Solche Beeinträchtigungen werden noch durch Strukturdefekte, intergranulare Korrosion, Einschlüsse von Verunreinigungen sowie molekulare Rißbildung in den Korngrenzen als auch durch die Gegenwart korrodierender Gase wie Wasserstoff, Stickstoff, Kohlenoxyd und Schwefelwasserstoff noch beträchtlich gesteigert werden.

Aus Tab. 2 kann entnommen werden, welche Edelstähle der Serie 300 ihre Festigkeitswerte durch Kaltverformung erhalten. Der Grund der Nichthärtbarkeit dieser Stähle liegt darin, daß ihre Korngröße durch Wärmebehandlungsverfahren nicht beeinflußt werden kann.

Einige Beispiele für den Anstieg der Festigkeitswerte als Folge der Kaltverformung werden in Abb. 8–10 veranschaulicht. Es handelt sich in diesen Darstellungen um Stähle der austenitischen Gruppe der Serie 300. Man erkennt deutlich, daß die Verformung einen Grad von 30% maximal nicht überschreiten sollte.

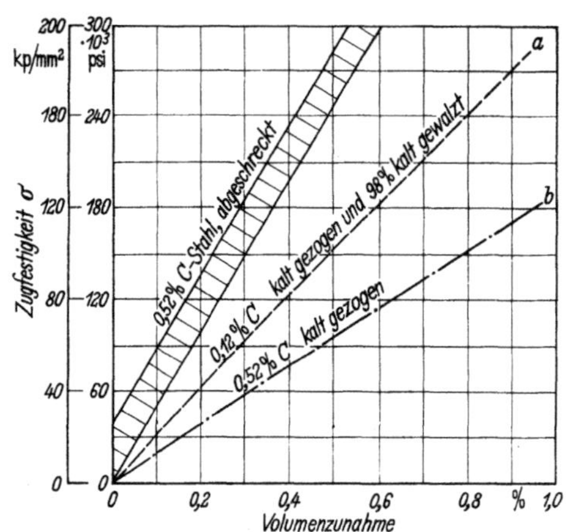


Abb. 11. Einfluß der Volumenzunahme auf die Zugfestigkeit während der Kaltverarbeitung (MAURER-HOUDREMONT-BÜRKLIN)

*a* Stahl zu 98% kalt verformt durch Walzen; *b* Stahl kalt gezogen

Die Kaltverformung zur Steigerung der Festigkeit hat eine Volumenvergrößerung zur Folge. Wie die Erhöhung des Formänderungswiderstandes mit der Volumenveränderung zusammenhängt, ist in Abb. 11 gezeigt. Diese Darstellung ist der Arbeit von MAURER, HOUDREMONT und BÜRKLIN [*8*] entnommen.

## 2. Zweck der Kaltverformung

Wenn auch mit der Kaltverformung im allgemeinen Glüh- und Vergütungsbehandlungen verbunden sind, so handelt es sich hier strenggenommen um Vorgänge, die sich unterhalb der Rekristallisationstemperatur abspielen. Diese Wärmebehandlungen haben entweder den Zweck, den Werkstoff in einen für die anschließende Kaltverformung geeigneten Zustand zu versetzen, oder auch um gewisse Wirkungen einer vorausgegangenen Kaltverformung wieder aufzuheben oder zu verändern, damit die Verformung weiter fortgesetzt werden kann.

Als Zweck der Kaltverformung kann man folgende Gesichtspunkte ansehen:

a) Man wünscht Abmessungen zu erzielen, die sich durch eine reguläre Warmverformung nicht erreichen lassen. (Beispiel: Drähte $< 5$ mm Durchmesser, Bänder unter 1 mm Dicke oder Rohre mit Wanddicke unter 2,5 mm).

b) Wenn man eine glatte Oberfläche erzielen will, die zu einer weiteren Veredelung als Voraussetzung herangezogen wird. Anwendungsbeispiel: Verzinnen, Vernickeln usw.

c) Man wünscht höhere Festigkeitsgrade zu erzielen, als es durch den Liefer-(Walz-)Zustand möglich ist.

d) In Einzelfällen will man eine bestimmte Textur erreichen, wie sie beispielsweise bei magnetischen Eigenschaften mit bevorzugter Orientierung gewünscht wird.

### B. Einfluß der Warmbearbeitung

Obwohl die Warmbearbeitung im allgemeinen nicht zum Zwecke der Festigkeitssteigerung von Stählen herangezogen wird, stellt sie trotzdem ein Verfahren dar, das praktisch für alle Stahlblöcke angewandt wird, nahezu gleichgültig, welchem späteren Verwendungszweck diese auch zugeführt werden mögen. Es handelt sich um Gußblöcke, die ein ziemlich verzerrtes Gefüge haben mit Fehlstellen aller Art, durch und durch.

Werden diese Blöcke warm verarbeitet, so erfolgt dies in Temperaturgebieten weit oberhalb der Rekristallisationstemperatur. Mit der Warmverarbeitung erfährt der Block eine völlige Neuorientierung der Kristalle im Zuge einer Homogenisierung des Gefüges zur Erzielung eines feinen Kornes. Dieser Vorgang bewirkt zugleich auch eine günstigere Verteilung der im Block angehäuften unvermeidlichen Verunreinigungen, Fehlstellen und Fremdeinschlüsse. Es vermindert ferner intergranulare Porosität und führt schließlich zu einer Art Homogenisierung des ganzen Blocks. Die Warmverarbeitung dämmt die Gefahr der intergranularen Rißbildung in erheblichem Maße. Es wird vielfach beobachtet, daß die Schrumpfungsporosität völlig ausgeschaltet wird, was diesem Vorgang den Namen einer intergranularen Druckschweißung gegeben hat.

Keines der bekannten Warmverarbeitungsverfahren erzielt als direktes Ergebnis eine merkliche Steigerung der Festigkeitseigenschaften, wenn man von den positiven Einflüssen der Homogenisierung absieht.

Ganz allgemein hat die Warmverarbeitung den Zweck, das Werkstück in einen Zustand größter Formbarkeit zu bringen mit einem Mindestaufwand an Formänderungsarbeit. Die Nützlichkeit dieses Verfahrens leitet sich ab von dem Grad der möglichen Homogenisierung.

## V. Wärmetechnische Verfahren zur Verbesserung bzw. Änderung der Stahleigenschaften

Bei der Wärmebehandlung erfährt der Stahl hauptsächlich Änderungen der Temperatur oder des Temperaturablaufes bei einer Reihe von Verfahren. Gewisse Werkstücke werden einer Oberflächenbehandlung unterworfen, bei anderen wiederum will man den ganzen Querschnitt nach Möglichkeit gleichmäßig erfassen.

Wärmebehandlung von Stählen veranlaßt Gefügeveränderungen, verbunden mit einer grundlegenden Veränderung der Festigkeitseigenschaften. Wird die Wärmebehandlung angewandt, um die Festigkeit zu steigern, so spricht man von Härtung des Stahles. Wird nach der Härtung eine weitere Wärmebehandlung angewandt, um den Verarbeitungsgrad und die Zähigkeit bzw. Dehnbarkeit zu verbessern, so spricht man von

Vergüten. Und wendet man schließlich noch Wärmeverfahren an, um gewisse unerwünschte Eigenspannungen zu beseitigen, so spricht man von Spannungsfreiglühen.

## A. Härten und Vergüten des Stahles

Nach der DIN-Definition versteht man unter Härten eine Wärmebehandlung des Stahles mit nachfolgender Abschreckung aus dem Zustand der festen Lösung in einem Abschreckmittel, wodurch der sehr harte Gefügebestandteil Martensit gebildet wird. Der Vorgang des Härtens beruht ausschließlich auf Gefügeveränderungen des Stahles, die sogleich Veränderungen der mechanischen Eigenschaften des Werkstoffes bewirken.

### 1. Mechanismus der Stahlhärtung

Bei der Erwärmung des Stahles wird die interatomare Beweglichkeit im Metallgefüge erhöht. Kühlt man – ideale Bedingungen angenommen – den Stahl sehr langsam ab, so bildet sich eine Gefügestruktur aus, die sich nach Maßgabe der chemischen Zusammensetzung des Stahles aus den bekannten Phasengesetzen der Kristallisation ergeben muß, wobei Gleichgewichtsbedingungen zwischen den Einzelphasen bestehen. Kühlt man aber den Stahl nicht auf natürliche Weise, sondern schreckt plötzlich ab unter Benützung bekannter Abschreckmittel (Wasser, Öl, Luft), so wird die Phasenumwandlung in natürlichen Ferrit oder Perlit gewaltsam unterbunden unter Störung des Phasengleichgewichtes. Der Phasenzustand ist ein künstlicher und ist weit entfernt von dem natürlichen. Das Gefüge erstarrt plötzlich unter Zwang und zeigt Ergebnisse, die unter natürlichen Kristallisationsbedingungen nicht erreicht werden.

Das Gefüge wird angefüllt mit Gitterverzerrungen aller Art. Diese Verzerrungen hängen ab von der Aufheizungstemperatur, der Heizgeschwindigkeit, der Haltezeit, dem Abschreckmittel, den Abschreckstufen usw. Der ganze Zyklus der Wärmebehandlung läßt sich kontrollieren in jeder Einzelphase. Er kann beliebig wiederholt bzw. wieder aufgehoben werden. Man hat also jeden Grad der gewünschten Stufen beliebig in der Hand.

### 2. Grundbegriffe der Wärmebehandlung

Für die Vielzahl der Behandlungsverfahren bedient man sich gewisser Einzelverfahren, die man wie folgt definiert:

**Anlassen.** Anlassen folgt gewöhnlich einer vorausgegangenen Wärmebehandlung und bedeutet eine Aufwärmung in die Nähe der kritischen Temperatur ($Ac_1$) mit nachfolgender kontrollierter Abkühlung, um den Stahl für weitere Verarbeitung weicher zu machen.

**Glühen.** Glühen ist das Erhitzen des Stahles im festen Zustand auf eine definierte Temperatur mit nachfolgender langsamer Abkühlung.

**Abschrecken.** Abschrecken ist drastische Abkühlung nach einer oder mehreren Erhitzungsstufen oberhalb des kritischen Temperaturgebietes. Es ist begleitet von einer Veränderung der inneren Struktur mit Verbesserung von Festigkeit und Härte. Dehnbarkeit wird dabei geringer.

**Normalisieren.** Erwärmen auf eine Temperatur oberhalb der kritischen Zone mit nachfolgender Kühlung in Luft zur Verfeinerung der Korngröße und Erzielung homogenen Gefüges.

**Härten.** Abkühlen auf Temperaturen über $A_1$ (meist über $A_3$) mit einer Geschwindigkeit, daß Härtung durch Martensitbildung entsteht.

**Vergüten.** Vereinigung von Härten und anschließendem Anlassen auf so hohe Temperaturen, daß eine wesentliche Steigerung der Zähigkeit erreicht wird. Die kritische Temperaturzone darf dabei weder erreicht noch überschritten werden.

**Kritische Abkühlungsgeschwindigkeit.** Der Vorgang des Härtens im engeren Sinne besteht in der Abkühlung aus dem Temperaturgebiet der festen Lösung mit solcher Geschwindigkeit, daß die Umwandlung in der Perlitzwischenstufe unterdrückt wird und Martensit entsteht. Die niedrigste Abkühlungsgeschwindigkeit, die zur vollständigen Unterdrückung der Perlitumwandlung ausreicht, heißt kritische Umwandlungsgeschwindigkeit.

## 3. Durchhärtung

Die Möglichkeit, im Innern eines Werkstückes die kritische Abkühlungsgeschwindigkeit zu erreichen oder gar zu überschreiten, hängt bei gleicher Härtetemperatur und gleichem Kühlmittel von den Abmessungen des Härtegutes ab. Es steht zu erwarten, daß die Geschwindigkeit, mit der die einzelnen Stellen eines Körpers beim Abkühlungsvorgang wirklich herunterkühlen, nimmt von der Außenfläche nach innen zu ab. Schwere Stücke mit großer Masse im Verhältnis zur Oberfläche können im Innern nur wesentlich langsamer abkühlen, als es an der Außenseite möglich ist. Die Einhärtung tritt aber nur dort auf, wo die kritische Abkühlungsgeschwindigkeit nicht unterschritten wird. Dies bedeutet, daß neben der härteren Außenzone ein weicher Kern entstehen kann. Man versteht daher unter der Durchhärtung das Vermögen der Härteannahme bis in den Kern des Härtegutes.

Durch geeignete Legierungszusätze läßt sich das Maß der Durchhärtung begünstigen und auf Abmessungen übertragen, die man als groß bezeichnen muß, selbst für Öl oder Luft als Abschreckmittel. Härten von hoher Temperatur erniedrigt die kritische Abkühlungsgeschwindigkeit und begünstigt die Durchhärtung, wenn es auch auf Kosten der Zähigkeit erkauft werden muß.

### 4. Durchvergütung

Für die Durchhärtung muß im ganzen Querschnitt die kritische Abkühlungsgeschwindigkeit erreicht werden. Für die Durchvergütung bis in den Kern des Werkstückes muß das nicht unbedingt der Fall sein.

Im übrigen gelten für die Durchvergütung praktisch die gleichen Grundsätze wie für die Durchhärtung.

## B. Spannungsfreiglühen

Die Wärmebehandlung von kaltverformtem Stahl hat den Zweck, daß die durch die kalte Verformung verzerrten Kristallite und die hierbei erzielte Härte durch Rekristallisation wieder beseitigt wird. Dabei wird auch die Kaltverfestigung aufgehoben und die Möglichkeit geschaffen, die Kaltverformung wieder aufzunehmen oder fortzusetzen. Durch diese Art Glühbehandlung können alle im Werkstoff vorhandenen Eigenspannungen aufgehoben werden. Dieser Vorgang ist darauf zurückzuführen, daß eine erhöhte interatomare Beweglichkeit durch die Glühbehandlung entsteht, die die verschiedenen Orientierungen der Kristalle von ihren Verzerrungen befreit und ihnen die Möglichkeit verleiht, ihre ursprüngliche Lage zurückzugewinnen. Die Mikrostruktur des Stahles wird dabei nicht berührt.

Unter idealen Bedingungen besitzt ein Metall seinen niedrigsten Energiezustand in der Form eines Einkristalles. Dies kann als die treibende Kraft für das Kornwachstum angesehen werden. Dieser Kraft entgegen wirkt die Steifigkeit des Gitters. Sobald die Temperatur ansteigt, fällt die Steifigkeit des Metallgitters ab und das Kornwachstum erfolgt mit größerer Geschwindigkeit.

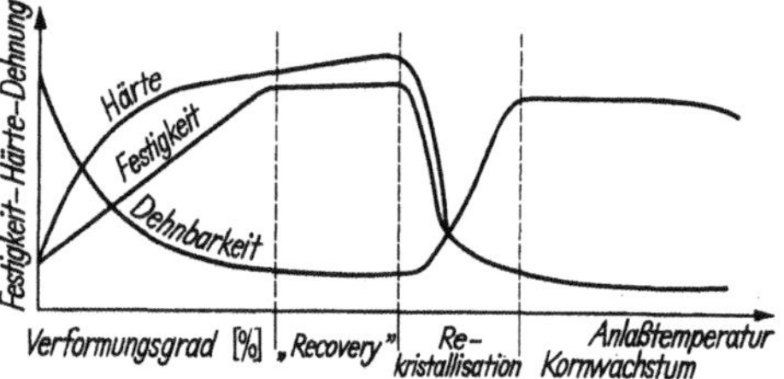


Abb. 12. Einfluß der Kaltverarbeitung und der Anlaßtemperatur auf Festigkeit, Härte und Dehnbarkeit von Stählen

Da das Spannungsfreiglühen die ursprüngliche Form des Gitters mit einem Minimum an Verzerrungen wieder herstellt, kann dieser Vorgang als ein Erweichungsverfahren angesehen werden. Die Eigenschaftsänderungen als Folge plastischer Verformung werden beseitigt, und der Werkstoff erhält seine Ausgangsform zurück. Bei dieser Behandlung werden Festigkeit und Härte abgebaut, und die Dehnbarkeit wird erhöht. Diese Vorgänge sind in dem Diagramm der Abb. 12 schematisch veranschaulicht.

## C. Zusammenfassung

Wärmebehandlungen stellen eine Kombination von Verfahren dar zum Zwecke der Erzielung gewünschter Werkstoffeigenschaften für Stähle mit definierter chemischer Zusammensetzung. Die Stähle werden nach einem kontrollierten Verfahren erwärmt, auf gewissen Temperaturstufen für bestimmte Zeitspannen gehalten und nach einem von Fall zu Fall verschiedenen Abkühlungsschema mit festgelegten Temperaturstufen wieder abgekühlt. Die wichtigsten Ergebnisse von Wärmebehandlungen lassen sich kurz zusammenfassen:

1. Steigerung der Härte unter Verbesserung der Festigkeit des Werkstoffes. Erzielung von Eigenschaften, die vor der Behandlung nicht vorhanden sind und ohne diese auch nicht erreicht werden können.

2. Aufhebung und Wiederherstellung eines gewünschten Härtezustandes, Veränderung der Dehnbarkeit, Zähigkeit, Bereitstellung gewisser typischer physikalischer Eigenschaften.

3. Beseitigung von Eigenspannungen und unerwünschter Härte, die entweder aus vorausgegangenen Wärmebehandlungen oder durch Kaltverformung entstanden sind. Dadurch wird der Werkstoff wieder anderen Verformungsverfahren zugänglich gemacht. Gleichzeitig lassen sich damit intergranulare Rißbildung und andere Beeinträchtigungen beseitigen.

4. Erzielung optimaler Homogenität und Isotropie in allen Querschnitten des Werkstückes.

5. Veränderung der Mikro- und Makrostruktur zur Verbesserung der Bearbeitbarkeit, der Korrosionsbeständigkeit und der intergranularen Ermüdung.

6. Beseitigung schädlicher Gase und anderer Einschlüsse, die die Festigkeitseigenschaften beeinträchtigen.

Wärmebehandlungsverfahren stützen sich auf die beabsichtigte Unterdrückung bestimmter Phasen und Herstellung erzwungener Phasen in der Gefügestruktur. Es ergeben sich stark verzerrte Metallgitter mit überwiegend Martensitbildung. Die Bildung von Martensit ist von einem Härteanstieg begleitet mit mäßigem Einfluß auf die Dehnbarkeit des Werkstoffes. Dehnbarkeit ist nahezu ausschließlich das Ziel der Vergütungsbehandlungen. Durch geeignete Wahl der Aufwärmung, Halteperioden, Härtestufen, Kühlungsvorgänge und Nachbehandlung läßt sich nahezu jegliche Unterdrückung der Ausscheidung von Phasen erzielen.

Die Wärmebehandlungsverfahren sind reversibel und können in jeder Stufe reproduziert werden, ohne dabei den Werkstoff zu schädigen. Das Endziel ist kontrollierbare Korngröße als Voraussetzung gewünschter Festigkeitseigenschaften bei Freiheit oder zumindest einem Minimum von Gitterfehlern.

Die erzielbare Härte durch Wärmebehandlung von C-Stählen und legierten Stählen hängt weitgehend vom C-Gehalt ab. Umfang und Tiefe der Härtung sowie erforderliche Kühlgeschwindigkeit hängen ab von

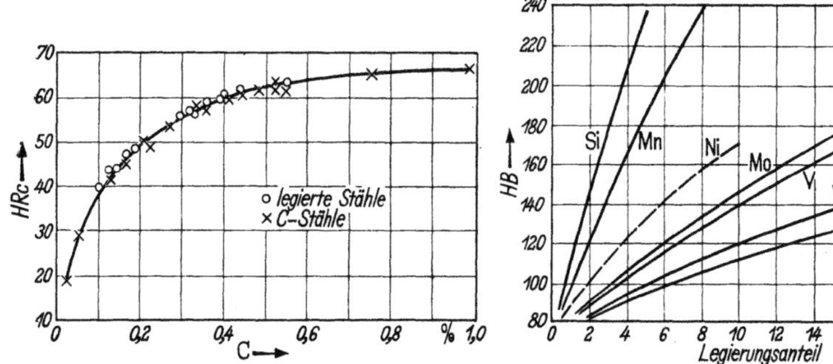


**Abb. 13. Erreichbare Härte durch Wärmebehandlung in C- und legierten Stählen als Funktion des C-Gehaltes**

**Abb. 14. Wahrscheinliche Härteeffekte verschiedener Legierungselemente im Stahl (Am. Soc. for Metals)**

chemischer Zusammensetzung und austenitischer Korngröße, s. Abb. 12. Der Einfluß der Legierungselemente auf die Härtewirkung wird in Abb. 13 gezeigt.

Die Vergütungsverhältnisse an Stählen sind in Abb. 14 u. 15 veranschaulicht. Der Vergütungseinfluß ist eindeutig.

Die Wirkung von Chrom auf die Erreichung der Dehnbarkeit (Erweichung) durch Vergütung geht aus Abb. 16 hervor.

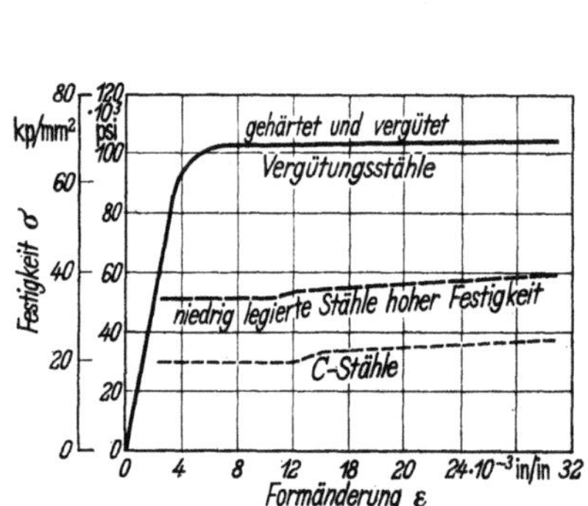


**Abb. 15. Relative Festigkeitsstufen von Baustählen durch Wärmebehandlung**

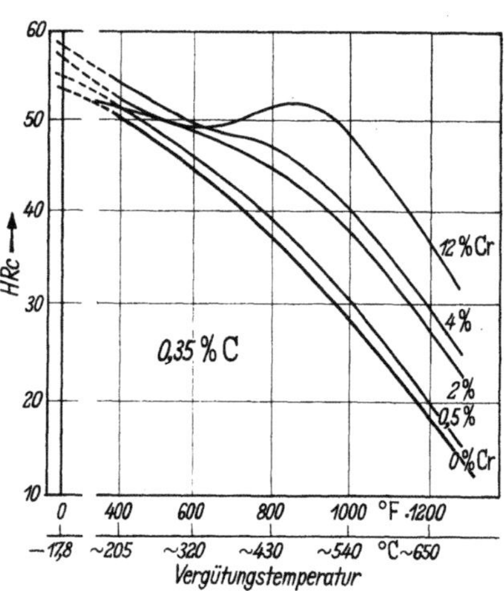


**Abb. 16. Einfluß von Cr auf die Erweichung mit zunehemender Vergütungstemperatur eines abgeschreckten Vergütungsstahles mit 0,36 % C-Gehalt (Am. Soc. for Metals)**

# VI. Verfahren zur Erzielung von Oberflächenhärte

Im Rahmen der Herstellung von chemischen Apparaten und Maschinen ergeben sich sehr viele Notwendigkeiten, wo Werkstücke mit besonderer Oberflächenhärte versehen sein müssen, während der Kern diesen Härtegrad nicht aufzuweisen braucht. Hier sei beispielsweise auf die Plunger von Verdichtern, Multiplikatoren und Flüssigkeitspreßpumpen verwiesen, um zu zeigen, daß solche Teile ein relativ bedeutendes Volumen in der Gesamtherstellung einnehmen können. Es handelt sich meist um feste Teile, die vielfach noch eine Bewegung ausführen, wo sie einer Reibungsabnützung unterliegen. Treten zu dieser Bewegung noch Lastwechselbeanspruchungen, so wird man die Wichtigkeit solcher Teile erkennen.

Es ergibt sich aus der Erfahrung, daß diejenigen Oberflächen, die hohen Spannungskonzentrationen ausgesetzt sind, mit geeigneter Härte an der Oberfläche versehen sein müssen, wenn sie diesen oft extremen Beanspruchungen gewachsen sein sollen. Solche Oberflächenhärten können an Hand einer Reihe von Verfahren erzielt werden.

## A. Härteverfahren ohne Veränderung der chemischen Zusammensetzung der Oberfläche

Von den vielen Verfahren zur Herstellung von Werkstücken, die eine harte und verschleißfeste Oberfläche besitzen, mögen in diesem Zusammenhang lediglich die technisch wichtigsten in Betracht gezogen werden. Man kann Verfahren unterscheiden, die eine Härtung der Oberfläche auf rein wärmetechnischem Wege erzielen und Verfahren, die im Zusammenhange mit Wärme eine Veränderung der chemischen Zusammensetzung des Werkstückes bewirken.

### 1. Flammhärten

Beim Flammhärten wird die zu härtende Oberfläche durch eine Brenngas-Sauerstoff-Flamme rasch erhitzt und unmittelbar danach mit Wasser oder einem Wasser-Öl-Emulsionsgemisch abgeschreckt. Als Brenngas dienen Azetylen, Wasserstoff, Propan oder Leuchtgas.

Man unterscheidet technisch zwischen Vorschub- und Standhärtung. Bei der Vorschubhärtung bewegt sich der Brenner entlang der zu härtenden Fläche, die entweder eben oder auch rund gewölbt sein kann. Bei der Bewegung folgt dem Brenner unmittelbar die Abschreckbrause. Bei runden Werkstücken (Schäfte, Rohre) haben Brenner und Brause die Form eines Ringbrenners. Damit läßt sich eine lückenlose Härtezone an der Oberfläche erzielen.

Beim Standhärten wird nach örtlicher Erhitzung durch den Brenner dieser zurückgenommen und an seine Stelle eine Wasserabschreckbrause gesetzt. Ähnlich wie beim Vorschubhärten sind auch beim Standhärten die Brenner und die Brausen der Werkstückoberfläche jeweils angepaßt. Zur Abkürzung der Anwärmdauer und damit zur Verringerung der Härteeindringtiefe wird oft eine Anzahl von Brennern angesetzt.

### 2. Tauchhärten

Das Tauchhärten ist dadurch gekennzeichnet, daß das Werkstück gar nicht oder nur leicht vorgewärmt wird. Es wird in ein Salz- oder Metallbad eingetaucht und anschließend sofort in Wasser, Öl, Salzbad oder Luft abgeschreckt. Es handelt sich hier nur um die Härtung dünner Randzonen.

Die Tauchbadtemperatur pflegt mindestens um 100 °C oder wesentlich über der Härtetemperatur des Stahles zu liegen. Das etwa vorhandene Vergütungsgefüge bleibt im Kern erhalten. Die erzielbare Eindringtiefe der Härtezone ist um so kleiner, je niedriger die Werkstücktemperatur, je höher die Badtemperatur und je kürzer die Eintauchzeit ist.

Die Bäder können bestehen aus $BaCl_2$ + KCl (bei ~1100 °C), SnBz (bei ~1100 °C) oder Gußeisen (~1250 °C). Da Metallbäder eine bessere Leitfähigkeit haben, kann man bei diesen mit kürzeren Eintauchzeiten auskommen.

Die Heizung erfolgt induktiv, wodurch eine sehr gute Durchwirbelung des Bades gewährleistet wird.

### 3. Induktionshärten

Die Induktionshärtung benützt in der Primärspule HF-Strom, wodurch ein sekundärer Wirbelstrom erzeugt, d.h. induziert wird, der nach Maßgabe des Joulschen Widerstandes in Sekunden (30 sec – 0,001 sec) das Werkstück auf Härtetemperatur bringt, ohne die Wärmeleitfähigkeit des Stahles in Anspruch nehmen zu müssen. Sobald die Härtetemperatur erreicht ist, wird das Werkstück in einem Abschreckmittel gekühlt. Ist das Werkstück dünn genug, so kann man es unter Umständen durch Wärmeleitung in den kaltgebliebenen Kern hinein abkühlen lassen.

### 4. Elektrohärten

Das Verfahren der Elektrohärtung besteht in der Erhitzung der Oberfläche durch elektrische Funkenentladung zwischen der „Verfestigungselektrode", die gewöhnlich aus Hartmetall besteht und dem zu härtenden Werkstück. Als Folge dieser Erwärmung entsteht ein Aufschmelzen einer dünnen Schicht unter Aufnahme von Kohlenstoff aus der behandelten Elektrode unter Bildung von Nitrid aus dem Stickstoff der gegenwärtigen Atmosphäre der Umgebung.

## B. Härteverfahren mit Veränderung der chemischen Zusammensetzung der Oberfläche

Die Beschreibung der Härteverfahren, die eine Oberflächenhärtung anstreben unter Veränderung der chemischen Zusammensetzung derselben, sei beschränkt auf die Betrachtung der Einsatzhärtung und der Nitrierung.

### 1. Einsatzhärtung

Unter Einsatzhärtung versteht man Verfahren, bei denen das Werkstück in einem flüssigen Bad erhitzt wird, wobei das Bad ein Eindringen von Kohlenstoff oder auch anderen Legierungselementen durch Diffusion in den Stahl, und zwar in die Randschichten bewirkt. Es handelt sich also im Falle einer Kohlenstoffdiffusion um einen Aufkohlungsvorgang mit anschließender Härtung infolge des Kühlvorganges.

Die Einsatzhärtung wird angewandt, wo es gilt, eine sehr harte und verschleißfeste Oberflächenschicht zu schaffen. Dabei bleibt der Kern im wesentlichen sowohl in Struktur als auch in der chemischen Zusammensetzung unbeeinflußt. Er bleibt somit weich und bewahrt seine Zähigkeit.

Zur Einsatzhärtung eignen sich sowohl Kohlenstoffstähle als auch legierte Stähle, wie beispielsweise

Ni-Stähle,
Cr-Stähle,
Cr-Mo-Stähle und
Cr-Ni-Stähle.

Letztere auch mit Zusätzen von Mo und W. Auch leicht zerspanbare Stähle mit hohem S-Gehalt sind für Einsatzhärtung geeignet. Man verwendet meist Stähle mit 0,25% C maximal.

Die Wahl der Werkstoffe richtet sich nach der gewünschten Kernfestigkeit, Kernzähigkeit, Werkstoffabmessungen und Abkühlungsart, um bei Abschreckung in Öl, Wasser oder Luft einen möglichst geringen Verzug zu erhalten.

Die Einsatzmittel sind fest, flüssig oder auch gasförmig. Bei festen Einsatzmitteln handelt es sich um Holzkohle, Koks und Braunkohle mit oxydierenden Zusätzen von Bariumkarbonat und Kalk. Die flüssigen Einsatzmittel enthalten als wirksame Bestandteile NaCN und KCN. Beim gasförmigen Einsatzmittel wird meist Leuchtgas benützt.

## 2. Nitrierhärtung

Bei der Nitrierhärtung gibt es das Gasnitrieren sowie das Badnitrieren. Das Nitrieren besteht darin, daß man Stickstoff in statu nascendi als Diffusionsmittel verwendet. Man setzt Ammoniakgas ein, das sich dann durch thermischen Zerfall in seine Einzelkomponenten $H_2$ und $N_2$ zerlegt, wobei der Stickstoff in atomarer Form zur Verfügung steht. Der durch Diffusion in die Stahloberfläche unter dem Einfluß der Temperatur eindringende Stickstoff bildet mit dem Stahl einen Film aus harten Karbiden, die eine zusammenhängende Härteschicht bilden, während der Kern unverändert bleibt. Diese Nitrierschicht stellt die härteste Metalloberfläche dar, die bei jedweder Diffusionshärtung auf Stahloberflächen erzielt wird.

Das Verfahren der Diffusion von Stickstoff in die Stahloberfläche arbeitet mit einer Betriebstemperatur von 500–550 °C, bei welcher optimale Diffusionsbedingungen herrschen. Es ist dabei wichtig, daß die Nitriertemperatur niedriger liegt, als die zuvor angewandte Vergütungstemperatur des Stahles war. Da die Nitrierung nicht von einer nachträglichen Verwerfung in den Dimensionen des Werkstoffes begleitet ist, können die Werkstücke auf hohe Präzision gearbeitet in die Nitrierung eingetragen werden. In den meisten Fällen wird nicht einmal eine Nachbearbeitung der Werkstücke nach der Nitrierung vorgenommen.

Bei optimalen Nitrierbedingungen dringt die Schicht etwa 0,10 mm in 10 Stunden ein. Die höchste Schichtdicke, die maximal als praktisch angesehen werden kann, ist 0,5 mm. Größere Schichtdicken sind nicht zu empfehlen, da diese nicht mehr den elastischen Bewegungen des Kerns folgen können. Solange diese Möglichkeit erhalten bleibt, besteht für die Härteschicht keine Gefahr einer Rißbildung. Die erreichbaren Spitzenhärten liegen bei $\sim R_c$ – 72–73.

Nitrierte Flächen sind widerstandsfähig gegen Temperaturen bis zu mäßigen Höhen (~200 °C), solange die Nitriertemperaturen selbst nicht erreicht werden. Die Nitrierschicht zeichnet sich aus durch hohen Verschleißwiderstand beim Lauf gegen eine große Anzahl von legierten Stählen. Enthalten die Stähle Molybdän, so kann die Belastungstemperatur der nitrierten Flächen noch wesentlich gesteigert werden. Die Nitrierschicht erzeugt Druckeigenspannungen in der Oberfläche, was zur Erhöhung der Bruchsicherheit gegen Ermüdungsbruch beiträgt.

Von den üblichen Legierungselementen übt Aluminium den stärksten Einfluß aus für die Erzielung der Nitrierfähigkeit von Stählen. Zusätze von Cr, V, W, Mo und Mangan fördern ebenfalls die Bildung von Nitriden.

Typische Nitrierstähle haben folgende Legierungszusätze:

| | | | | |
|---|---|---|---|---|
| 0,25–0,30 C | 0–0,7 Mn | 0–0,2 Mo | 0,2 V | 1,0 Ni |
| 1,0–2,5 Cr | ~1,0 Al | | | |

Nickel erhöht die Festigkeit und härtet den Kern, wodurch die harte Oberfläche eine bessere Stütze erfährt. Im Zusammenhange mit dem Al-Gehalt wird die Dispersionshärtung begünstigt, wodurch der Stahl höhere Kernfestigkeit erhält mit der Fähigkeit, daß die Härteschicht den elastischen Formänderungen des Kernes folgen kann, ohne einzubrechen und damit ihre Stabilität zu verlieren.

### 3. Flammplattieren mit Wolframkarbiden

An Stelle von Thermodiffusion auf chemischer Grundlage kann die Oberfläche auch mit einer Mischung von Wolframkarbid-Kobalt-Teilchen beschossen werden. Dieses Verfahren ist unter dem Namen Flammplatieren bekannt. Es besteht darin, daß Wolframkarbidpulver mit Kobalt als Träger unter hoher Geschwindigkeit auf die zu plattierende Oberfläche aufgeschossen werden. Genau bestimmte Ladungen von Wolframkarbid-Kobalt-Mischungen werden aus einer Brennkammer, in der durch geeignete Verbrennung von $O_2$–$C_2H_2$ eine Detonation erzeugt wird, deren Druckwelle sich mit vielfacher Schallgeschwindigkeit fortpflanzt. Die Kammer hat einen definierten Abstand vom Werkstück, das zu plattieren ist. An die Detonationskammer schließt sich ein Rohr an von der Form eines Gewehrlaufes in Richtung auf das Werkstück. Da die Detonationswelle mit 10facher Schallgeschwindigkeit wandert, fliegen die Teilchen mit dieser Welle als Antrieb auf die Werkstückoberfläche auf, wo sie eindringen und einen kompakten Film bilden. Die Grundlage des Filmes bildet Kobalt, in das die Wolframteilchen eingebettet werden. Die Filmschicht wird bis zu einer Dicke von 0,002 Zoll aufgetragen. Er ist infolge des Kobaltbettes sehr elastisch, während die Wolframkarbidteilchen eine Oberflächenhärte bis zu $R_c \sim 70$ entwickeln. Das Werkstück kann Verformungen innerhalb der elastischen Grenze unterworfen sein, und der Oberflächenfilm kann diesen Formänderungen folgen, ohne aufzubrechen und seine Kontinuität zu verlieren, so daß also der Härtecharakter der Karbidschicht erhalten bleibt.

Der Verfasser untersuchte ein flammplattiertes Werkstück unter sehr drastischen Prüfbedingungen. Es handelte sich um den Konus einer Ventilspindel für ein Blockventil mit 5/8 Zoll Strömungsquerschnitt ($\sim$ 16 mm Durchmesser), das für einen Druck von 4000 atü zu prüfen war. Die Spindel war flammplattiert und wies an der Oberfläche eine Härte von $R_c \sim 70$ auf.

Die Konusfläche wurde gegen einen homogenen Metallsitz von 60° Neigung gepreßt und dabei sehr schroffen Lastwechseln unterworfen. Der Gegendruck gegen die Spindel stieg bis zu 5000 atü an. Die Spindel wurde hydraulisch zur Erzielung der Dichtung angedrückt, wobei der Anpreßdruck absichtlich für Prüfzwecke auf 50 t gebracht wurde. Nach etwa 2000 Lastwechseln aller Art mit abwechselnd hohen und niedrigen Gegendrücken war der Ventilsitz merklich aufgeweitet. Die Konusfläche der Spindel aber, die diese Aufweitung bewirkte, blieb ohne jegliche Spur von sichtbarem Einfluß.

Als Grundwerkstoff für diese Art von Flammplattieren ist jegliche Art von härtbarem Stahl geeignet ohne Rücksicht auf seine chemische Zusammensetzung. Der Verwendungszweck muß die Wahl bestimmen, wobei diese wiederum die Kernfestigkeit berücksichtigen muß.

Das Betriebsverhalten des harten Filmes ist ausgezeichnet. Die Frage der Anwendbarkeit wird ausschließlich von wirtschaftlichen Faktoren beantwortet werden. Die oben beschriebene Versuchsspindel war etwa 3–4mal teuerer als die Spindel, die später in das Ventil eingesetzt und dem Betrieb überlassen wurde.

Flammplattierungsverfahren zum Zwecke des Oberflächenschutzes gegen Oxydation unter Benützung von Aluminium und anderen Metallen für Hochtemperaturbeanspruchungen mit Zunderungsgefahr sind heute in der Industrie weit verbreitet. Die Technik dieser Verfahren weicht allerdings wesentlich von dem Verfahren der Wolframkarbidplattierung ab.

## VII. Der schädigende Einfluß korrodierender Gasatmosphären unter Druck und Temperatur

Bei der Entwicklung der Ammoniaksynthese hat man entdeckt, daß Wasserstoff den Werkstoff der Apparate und Maschinen angriff, sobald ein bestimmter Druck bei einer definierten Temperaturstufe erreicht wurde. Ähnliche Erfahrungen hat man mit der Methanolsynthese gemacht, wo der Stahl durch die Berührung mit Kohlenoxyd unter Druck und Temperatur zerstört wurde. In der Benzinsynthese sowie in der Ölindustrie und Krackindustrie ist es der Schwefelwasserstoff, der die Anlagen durch starken Angriff der Metalloberflächen gefährdet. Schließlich tritt auch noch der Angriff durch Druckstickstoff in der Ammoniaksynthese auf, wo die Oberflächen durch Bildung einer Nitrierschicht versprödet werden können.

Im folgenden werden die schädigenden Wirkungen dieser Gase unter ihren Reaktionsbedingungen beschrieben. Sodann werden die Möglichkeiten aufgezeigt, die diesen Angriffen wirksam begegnen.

### A. Druckwasserstoff als Korrosionsmedium

In molekularer Form stellt Wasserstoff ein Gas dar, das bei Raumtemperatur unter mäßigem Druck sich gegen den Behälterwerkstoff als ein Inertgas verhält. Wird aber der Druck auf einige hunderttausend

Atmosphären gesteigert, so diffundiert das Gas durch die Stahlwandung hindurch, ohne irgendwelche strukturellen Schädigungen im Werkstoff zu hinterlassen. Wasserstoff kann auf einen sehr hohen Enddruck verdichtet werden, in welchem Zustande er dann zum guten Wärmeüberträger werden kann.

## 1. Mechanismus des Angriffes durch Druckwasserstoff

Tritt zu dem Verdichtungsdruck noch Temperatur hinzu, so wird oberhalb einer gewissen Grenze der Wasserstoff zu einem gefährlichen Angriffsmedium durch Korrosion. Der Wasserstoffangriff äußert sich an der Behälterwand als eine Schädigung, die von Druck, Temperatur und Belastungsdauer abhängt. Nach O. VAN ROSSUM [*9*] spielt sich der Wasserstoffangriff bei geeigneten Bedingungen in zwei völlig voneinander verschiedenen Phasen ab.

1. Der Wasserstoff dringt durch Diffusion in das Metallgefüge ein mit einer Geschwindigkeit, die in den Korngrenzen höher ist als in den Kristalliten. Hier liegen stets Karbide vor, d.h. C-Atome, die als erste vom heißen Druckwasserstoff angegriffen werden. Der Angriff besteht darin, daß die atomaren Bindungskräfte in den einfachen Karbiden niedrig sind, wodurch die C-Atome mit dem Wasserstoff eine Reaktion zur Bildung von Methan eingehen können. Die Methanmoleküle sind verhältnismäßig groß und können daher nicht mehr nach außen diffundieren. So findet in den Korngrenzen eine Methananreicherung statt, wobei die Moleküle stetig ihren Partialdruck ändern.

Diese Methanreaktion in den Korngrenzen findet – rein relativ gesehen – in kurzer Zeit statt. Der Grad der Einwirkung des Druckwasserstoffes nach dieser Reaktion hängt von dem C-Gehalt ab, den der Wasserstoff in den Korngrenzen vorfindet. Diese Tatsache bildet auch die Erklärung für den meßbaren Anteil einer Verschlechterung der mechanischen Werkstoffeigenschaften durch den Wasserstoffangriff. Diese Stufe des Angriffes bewirkt also eine Entkohlung, begleitet von der Tendenz des Methans, das geschädigte Metallgefüge zu sprengen. Ist daher die Wanddicke eng bemessen, so kann somit schon ein Festigkeitsverlust eintreten, zumindest aber wird die Kerbzähigkeit beeinträchtigt.

2. Die zweite Stufe der Korrosion durch heißen Druckwasserstoff ist eine ausgesprochene Zeitreaktion. Sie besteht darin, daß die Karbide und Sonderkarbide, die im Metallgitter eingebaut sind und sich in überwiegendem Maße in den Kristalliten befinden, in den Bereich des Wasserstoffangriffes gelangen. Neben den Karbiden befinden sich auch noch C-Atome in den Kristalliten gelöst. Ist nun in den Korngrenzen der ganze C-Gehalt infolge der Methanbildung herausgelöst (völlige Entkohlung der Korngrenzen), so bildet sich ein kleines Gefälle in der Konzentration

zwischen den Korngrenzen und den Kristalliten. Dies verursacht eine Tendenz, daß der Kohlenstoff aus den Kristalliten in die Korngrenze herausdiffundiert, wodurch die Grundsubstanz der Kristallite ihr Gleichgewicht verliert. Um dieses Gleichgewicht wiederherzustellen, muß der verlorengegangene C-Gehalt aus den Karbiden in die Grundsubstanz der Kristallite nachgeliefert werden, von wo er weiter zu den Korngrenzen gelangen kann. Die Korngrenzen erhalten somit laufend, wenn auch mit sehr niedriger Transportgeschwindigkeit, Kohlenstoff zugeleitet, womit die Methanreaktion im Gang gehalten wird. Im Laufe einer ausreichenden Zeitspanne muß also der Kohlenstoffverlust, mit C als Stütze der mechanischen Festigkeit des Stahles, zu einer fühlbaren Schädigung der Behälter, Maschinen und Armaturen führen, bis schließlich ein Versagen durch Bruch zustande kommt. Da diese Diffusionsvorgänge sich bei Betriebstemperaturen abspielen, die für Diffusionen im allgemeinen relativ niedrig sind, brauchen die zerstörenden Schädigungen eine reichlich lange Zeit, woraus sich erklärt, daß in den anfänglichen Entwicklungen Versuchsrohre oft erst nach 4000–5000 Stunden zu Bruch gingen.

Proben aus den Rohrleitungen von Anlagen weisen eindeutig den Druckwasserstoffangriff auf, wie er durch die zweite Stufe der Entkohlung entsteht, und man kann diese Tatsache in sehr einfacher Weise nachprüfen. Man schneidet eine Rohrprobe, wie sie für die Quetschprobe in Kap. IX beschrieben wird, aus einem Betriebsrohr ab. Die mikroskopische Untersuchung gibt Aufschluß über den Fortschritt des $H_2$-Angriffes. Ist die Feinrißbildung noch nicht erkennbar, so unterwirft man das Probestück der Quetschprobe, die im Prinzip in Abb. 17 wiedergegeben

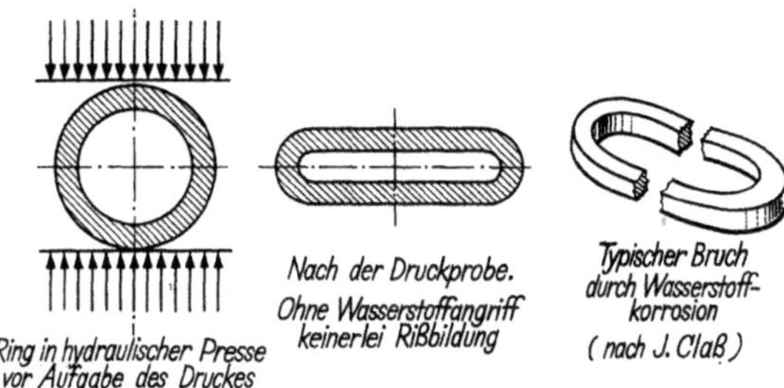


**Abb. 17. Quetschprobe zur Prüfung der Korrosion durch heißen Druckwasserstoff**

ist. Eine hydraulische Presse drückt den Ring zusammen, bis die Innenseiten parallel zueinander zu liegen kommen. Sind Schädigungen durch den Korrosionsangriff vorhanden, so wird der Ring in der angedeuteten Weise brechen. Bleibt der gequetschte Ring aber an der Innenfläche unbeschädigt, so besteht noch keine unmittelbare Reißgefahr. Eine geeignete Wärmebehandlung durch Anlassen aller dem heißen Druckwasserstoff ausgesetzten Rohre oder Teile wird die etwa bestehenden Korrosionsschäden beseitigen und die ursprüngliche Belastbarkeit des Werkstoffes wiederherstellen.

Werden aber mikroskopische Oberflächenrisse sichtbar, und zeigen ferner angestellte Zerreiß- und Kerbschlagproben einen Abfall der ursprünglichen Festigkeitswerte an, so ist der Werkstoff bereits merklich

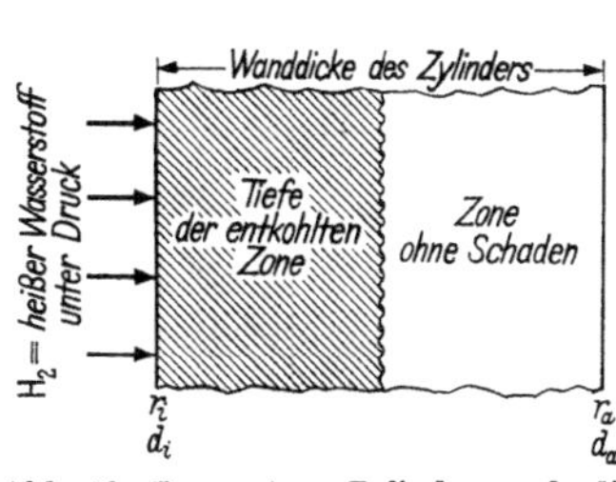


Abb. 18. Zone einer Zylinderwand, die heißem Druckwasserstoff ausgesetzt war. (Nach J. CLASS)

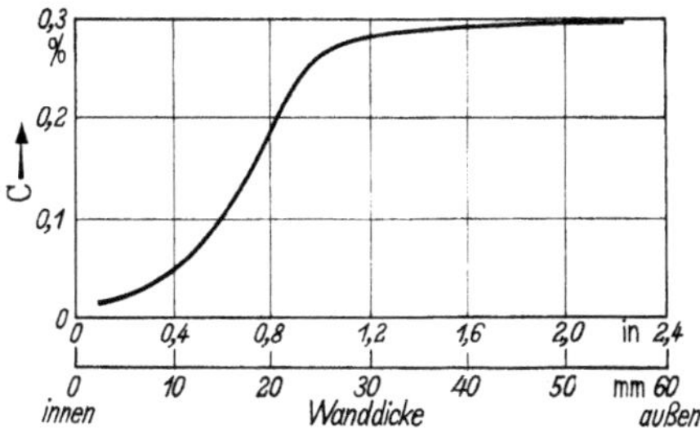


Abb. 19. Entkohlungswirkung infolge Wasserstoffdiffussion. (Nach J. CLASS)

geschädigt. Hier wird die Quetschprobe zeigen müssen, ob das Rohr abgelehnt werden muß für weiteren Einsatz im Betrieb, da eine Anlaßbehandlung keine Besserung des Schädigungszustandes bringt.

Prüfungsproben der zweiten Phase der Korrosion werden immer zeigen, daß die mechanischen Festigkeitseigenschaften auf unzulässige Werte abgefallen sind. Von hier an sind die Prüfungen öfters vorzunehmen, um den Grad der Entkohlung laufend zu überwachen. Die Festigkeitsproben sind den drei Hauptrichtungen des Rohres zu entnehmen, da Haarrisse meist quer zur Rohrachse auftreten, so daß auch die niedrigste Festigkeit in radialer Richtung ermittelt wird.

Nach J. CLASS [*10*] sieht die Schädigung in der Wand eines Hochdruckzylinders, der heißem Druckwasserstoff ausgesetzt war, etwa so aus, wie es in Abb. 18 gezeigt wird. Die Entkohlung dringt bis zu einer gewissen Tiefe vor. Außerhalb der Entkohlungszone ist kein Wasserstoffangriff festzustellen. Zahlenwerte für Größen-

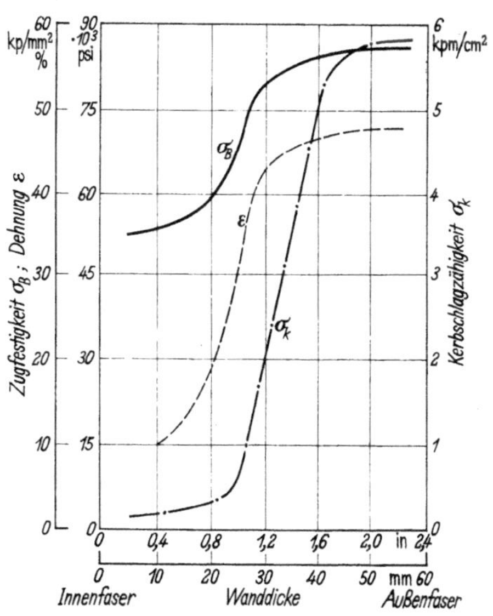


Abb. 20. Festigkeitsabfall als Folge des eindiffundierenden heißen Druckwasserstoffes. (Nach J. CLASS)

ordnung der Entkohlung an Proben kann man der Abb. 19 entnehmen. In Abb. 20 sind die Festigkeitsverhältnisse gezeigt, wie sie durch den Wasserstoffangriff beeinflußt werden. Diesen Untersuchungen von CLASS ist deswegen besondere Beachtung zu schenken, als im allgemeinen die Korrosionswirkung des Wasserstoffes an der Oberfläche nicht ohne weiteres zu erkennen ist. Druckwasserstoff erzeugt festigkeitsmindernde Schäden in der Wand schon in einem Temperaturgebiet, in dem man normalerweise mit einer Zeitabhängigkeit der Kennwerte noch nicht rechnet.

## 2. Maßnahmen zur Beseitigung des Wasserstoffangriffes

Die Ergebnisse zur Bekämpfung der bekannten Korrosion durch Druckwasserstoff lassen sich zusammenfassen in folgenden Richtlinien:

a) Nach VAN ROSSUM steht eindeutig fest, daß die Diffusionsgeschwindigkeit des Kohlenstoffes sowohl im Ferrit als auch im Eisenkarbid und in den Sonderkarbiden um so niedriger ist, je mehr Karbidbildner darin gelöst sind. Demnach besitzt derjenige Stahl die größere Wasserstoffbeständigkeit, der die meisten karbidbildenden Legierungselemente enthält. Darüber hinaus ist derjenige Perlitstahl am widerstandsfähigsten, der die niedrigste Menge instabiler Karbide in den Korngrenzen besitzt und dessen Ferrit am wenigsten Kohlenstoffatome zu lösen vermag. Je stärker die Affinität des verwendeten Karbidbildners ist, um so geringer wird die Menge an gelösten C-Atomen sein. Demnach hat ein Stahl absolute Beständigkeit gegen heißen Druckwasserstoff, wenn die Lösungsfähigkeit des Ferrites für Kohlenstoff zu Null wird.

b) Da eine absolute Beständigkeit gegen heißen Druckwasserstoff für niedriglegierte Stähle praktisch nicht besteht, hat man die Wasserstoffzeitstandfestigkeit eingeführt, die diejenige Zeitdauer angibt, bei deren Ablauf das Werkstück infolge Wasserstoffkorrosion zu Bruch geht.

c) Ein normaler Kohlenstoffstahl hat bei einem Druck von 250 bis 300 atü nach Versuchen von NAUMANN [*11*] ausreichende Beständigkeit, solange der Stahl in einwandfreiem Glühzustand ist, und die Betriebstemperatur nicht über 200 °C hinausgeht. Der Glühzustand des C-Stahles ist insofern von Bedeutung, als sich das Verhalten ändert, wenn das Werkstück unter Belastung steht. Ist dies der Fall, so ist seine Wasserstoffzeitstandfestigkeit entsprechend niedriger. Es ist daher zu empfehlen, Kohlenstoffstähle für Druckwasserstoff nicht höher als 300 atü zu beanspruchen bei einer maximal zulässigen Temperatur von 200 °C. Unterhalb dieser Belastungsgrenzen ist mit einem Wasserstoffangriff nicht zu rechnen.

d) In dem Temperaturbereich von 200–300 °C findet eine mäßige Entkohlung statt unter Berücksichtigung eines Druckes bis zu 300 atü. Nach NELSON [*12*] ist für C-Stähle das Gebiet zwischen 200 und 300 °C bedingt für Drücke bis zu 300 atü zulässig. Nach dem Diagramm der Abb. 21 sollte für diesen Druckbereich die Höchsttemperatur den Wert von 350 °C in keinem Falle überschreiten.

e) Dem Angriff durch heißen Druckwasserstoff kann durch Änderung der chemischen Zusammensetzung des Stahles begegnet werden. Hier übt das Legierungselemet Cr den stärksten Einfluß aus. Es genügen schon

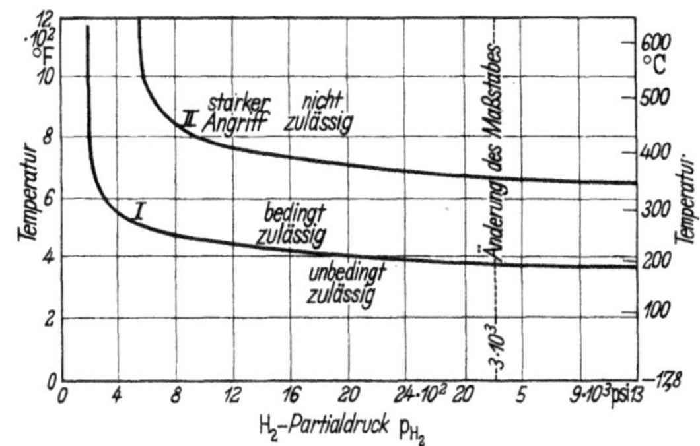


Abb. 21. Angriff von heißem Druckwasserstoff auf gewöhnlichen C-Stahl. (Nach NELSON) *I* Langzeiteinwirkung (NAUMANN); *II* Kurzzeiteinwirkung (100 Stunden)

2,5% Chrom, um den Stahl schon für 400 °C beständig gegen Druckwasserstoff zu machen. Durch Zugabe weiterer Elemente wie Molybdän oder Vanadium mit Spuren von Wolfram steigt die Beständigkeit weiterhin merklich an. Von den Elementen Mo, W, V hat Vanadium den stärksten Einfluß, da es sehr stabile Karbide zu bilden vermag. Solange ferritisch-perlitische Stähle angewandt werden, sollte man für Drücke bis zu 700 atü die maximal zulässige Temperatur nicht über 500–510 °C zulassen.

f) Die Zugabe starker Karbidbildner wie Titan, Tantal, Niob, Zirkon, Wolfram und Vanadium zu Stählen mit niedrigem Mo- und Cr-Gehalt wird sich in einer günstigen Erhöhung der Wasserstoffbeständigkeit auswirken. Diese Elemente binden den Kohlenstoff in den Korngrenzen durch Bildung starker Komplexkarbide, so daß die Methanreaktion des Wasserstoffes nahezu unterbunden wird.

g) Als Richtlinie für die Mischungsverhältnisse hinsichtlich der Karbidbildner seien folgende Zahlenwerte gegeben:

| | | |
|---|---|---|
| Mo/C-Verhältnis | $\sim 30:1$ | solange es sich um Einzelelemente handelt. |
| V/C-Verhältnis | $\sim 6:1$ | |
| Ti/C-Verhältnis | $\sim 4:1$ | |

(Mo + Va + Ti + Cb + Zr + V)/C-Verhältnis $\sim (60 \to 30)/1$ als Mischung.

h) Einen Einblick in diese Zusammenhänge gewährt das Diagramm der Abb. 22, das von NAUMANN [*11*] veröffentlicht wurde.

i) Eine entscheidende Verbesserung der Druckwasserstoffbeständigkeit läßt sich aber nur durch die Verwendung nichtrostender austenitischer Stähle erzielen, wobei sich ganz besonders die Stähle der 300-Serie

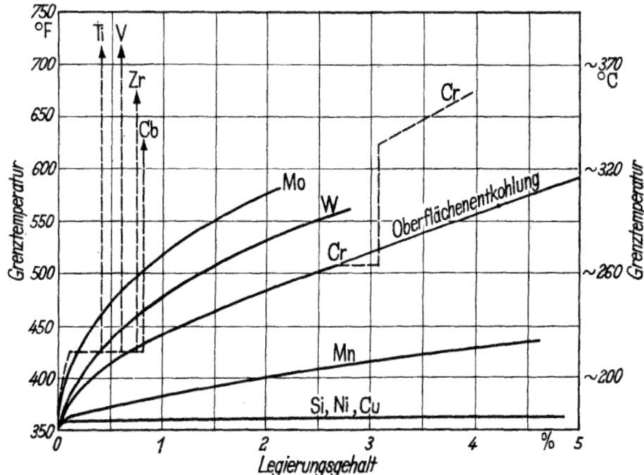


Abb. 22. Einfluß der Legierungselemente auf die Wasserstoffbeständigkeit von Stählen (NAUMANN) (0,1 % C-Stahl bei 300 atü $H_2$-Druck und 100 Stunden)

auszeichnen. Mit diesen Stählen läßt sich die Temperaturgrenze weit über 500 °C steigern. Diese Stähle unterdrücken die Karbidausscheidung in den Korngrenzen, wodurch die C-Diffusion unterbunden wird, womit der intergranularen Korrosion und dem Korngrenzenzerfall entgegengewirkt wird. Diese Karbide sind besonders stabil und unterliegen keiner Phasenveränderung unter Einfluß der hohen Temperatur. Sie verhindern ferner eine Verminderung des Cr-Gehaltes aus den Kristalliten in die Korngrenzen hinein. Entscheidend ist hierbei allerdings, daß der Kohlenstoffgehalt in sehr niedrigen Grenzen bleibt, worunter unterhalb 0,10% C verstanden wird.

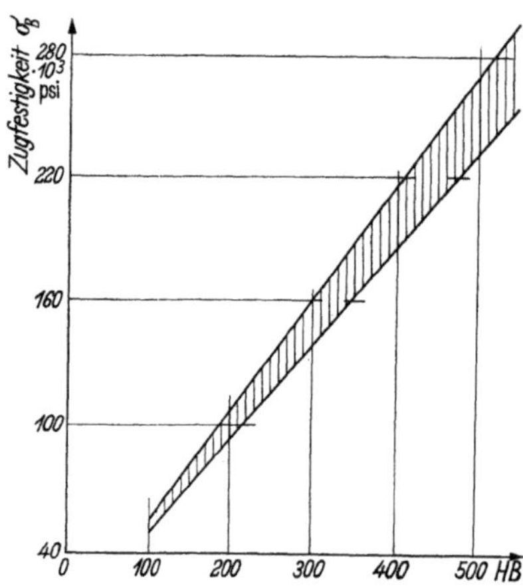


Abb. 23. Ungefährer Zusammenhang zwischen Zugfestigkeit und Härte eines Stahles

j) Die Kenntnis der Analyse des Stahles allein ist nicht ausreichend, endgü tige Schlüsse auf die Wasserstoffbeständigkeit zuziehen. Wichtig sind darüber hinaus noch die mechanischen Festigkeitswerte des Werkstoffes, die sich auch als Funktion seiner Härte ausdrücken lassen. Es kann die Feststellung getroffen werden, daß die Wasserstoffzeitstandfestigkeit um so höher ist, je höher die Brinellhärte des Werkstoffes liegt. Die maximal zulässige Härte wird natürlich wieder von der Dehnbarkeit des Stahles bei diesem Härtegrad bestimmt.

Das Diagramm der Abb. 23 zeigt den Zusammenhang zwischen Festigkeit und Brinellhärte auf.

Bei der Festlegung der Wasserstoffzeitstandfestigkeit muß der gesamte Innendruck sowie der Wasserstoffpartialdruck in Betracht gezogen werden. Die Wasserstoffzeitstandfestigkeit fällt erwartungsgemäß mit zunehmendem Innendruck ab.

## B. Druckstickstoff als Korrosionsmedium

In der Ammoniaksynthese tritt als zweite Komponente neben dem Wasserstoff auch noch der Stickstoff als Korrosionsmedium auf. In der Betrachtung der Möglichkeiten der Oberflächenhärtung in Abschn. VI dieses Kapitels sind die Verhältnisse beschrieben, die der heiße Druckstickstoff in der Oberfläche der Apparate hervorrufen kann, was man als Nitrierung bezeichnet. Bei der Ammoniaksynthese sind nahezu die gleichen Temperaturvoraussetzungen gegeben, die man bei der Nitrierhärtung anwendet.

Nun ist die Reaktionstemperatur bei der Ammoniaksynthese praktisch so hoch wie die Optimaltemperatur bei der Nitrierhärtung. Stickstoff ist ebenfalls in atomarer Form verfügbar. Damit sind alle Voraussetzungen einer Nitrierhärtung erfüllt.

Der Werkstoff wird also der Kombinationswirkung von Wasserstoff, Stickstoff und sehr hoher Temperatur bei hohen Drücken unterworfen. Somit wird die Werkstoffauswahl besonders vorsichtig getroffen werden müssen.

### 1. Mechanismus des Angriffes bei Einwirkung von heißem Stickstoff auf Stähle

Wie in der Nitrierhärtung bereits beschrieben, zeigt der atomare Stickstoff, bei der Temperatur von 400 °C beginnend, mit steigender Temperatur bis zum Optimum von 500–550 °C, große Affinität zur Bildung eines Nitridfilmes an der Metalloberfläche. Bekanntlich ist der Nitrierfilm äußerst hart und spröde. Infolge der Volumenänderung während der Bildung des Nitridfilmes, beginnend schon bei 400 °C, besteht die Neigung der Haarrißbildung an der Metalloberfläche, die besonders bei Rohren mit pulsierenden Innendrücken in ihrer Wirkung ausgeweitet werden kann, wenn die elastischen Bewegungen bei der Formänderung des Rohres so groß werden, daß der spröde Film nicht folgen kann.

Bei dicken Behälterwandungen ist der dünne Nitridfilm nicht sonderlich gefährlich für das Festigkeitsverhalten, so daß die Zähigkeit des Werkstoffes im Hinblick auf die Kerbempfindlichkeit kaum beinträchtigt wird. Gefährlich wird der dünne Film unter Umständen bei Wärmeaustauschern mit kleinen Rohrdurchmessern, bei Regeneratoren der Benzinsynthese oder kleinen Sonderwerkstücken in Behältereinbauten. Der Wahl der Werkstoffe ist daher in dieser Hinsicht besondere Beachtung zu schenken.

Nach J. Class [*13*] kann gesagt werden, daß Stähle von der Zusammensetzung C–Mn–Si eine Entkohlung erfahren, die von Rißbildung über den ganzen Querschnitt der Proben begleitet sind. Nach zahlreichen Versuchen von Class war der Stahl mit 1% Chrom zwar ebenfalls entkohlt und zeigt Risse noch über den ganzen Querschnitt der Proben. Die Anzahl der Risse war jedoch weitaus geringer als die des C-Mn-Si-Stahles. Der Stahl mit 3% Cr wies keine Entkohlung auf, war aber über die ganze Randzone noch mit Rissen versetzt.

Der austenitische Cr-Ni-Stahl (18,8) der Serie 300 wies eine relativ harte Oberfläche auf in Form einer zusammenhängenden Haut, zeigte jedoch weder Rißbildung noch Entkohlung. In Übereinstimmung mit den Erfahrungen in deutschen und amerikanischen Ammoniakwerken hat sich gezeigt, daß Cr-legierte aber nichtaustenitische Stähle eine mehr oder weniger starke Aufhärtung in Randzonen erfahren. Diese Stähle sind unter gewissen Bedingungen für den Einbau geeignet.

Übereinstimmend in der Literatur und mit den Erfahrungen der Industrie gilt die Tatsache, daß die austenitischen rostfreien Stähle der Serie 300 trotz der Randhärtung die bestgeeigneten Stähle für durch Wasserstoff und Stickstoff beanspruchte Apparaturen darstellen. Eine relativ dünne Randzone wird nitriert, die Nitrierschicht bleibt ohne Rißbildung als zusammenhängende Haut bestehen. Die Eindringtiefe geht über wenige Zehntel nicht hinaus, wobei dann die Nitrierung zum völligen Stillstand kommt.

### 2. Maßnahmen zur Bekämpfung des Stickstoffangriffes

Die Art des Stickstoffangriffes auf die Oberflächen, mit denen er in steter Berührung steht, unterscheidet sich ganz wesentlich von der Korrosion durch heißen Druckwasserstoff. Druckwasserstoffbeständige Stähle brauchen daher nicht zwangsläufig beständig zu sein gegen heißen Druckstickstoff. Man kann jedoch sagen, daß mit zunehmendem Legierungsgehalt die Empfindlichkeit gegen Stickstoff abfällt. Die allgemein beobachtete Nitrierempfindlichkeit gewisser Cr-Stähle hängt damit zusammen, daß das Element Chrom, das in den wichtigsten Legierungsstählen den Hauptbestandteil für die Erzielung der Druckwasserstoffbeständigkeit darstellt, die Härteannahme durch Nitridbildung begünstigt.

In nichtrostenden austenitischen Stählen wird die Versprödung der Randzonen durch die Nitridbildung bei einer maximalen Eindringtiefe von wenigen Zehnteln zum Stillstand gebracht. Die gebildete harte Oberflächenhaut bleibt bestehen und übt praktisch keinerlei schädigenden Einfluß aus. Hohe Gehalte an Nickel sind von günstiger Wirkung, den Stickstoffeinfluß zu neutralisieren. Hoher Cr-Gehalt allein ist keine Gewähr zur Vermeidung der spröden Nitridschicht. Wird aber das Cr durch zunehmenden Nickelgehalt gebunden, so fällt die Stickstoffempfindlichkeit nahezu völlig ab.

Die Stähle der Serie 300 austenitischen Gefüges weisen die beste Beständigkeit gegen heißen Druckstickstoff auf.

## C. Der Korrosionseinfluß von Kohlenoxyd auf Stähle

Die Verfahren zur Herstellung von Methanol und Isobutylalkohol benützen Kohlenoxyd und Wasserstoff als Ausgangsprodukte. Die Wahl der Werkstoffe muß also auf die Beständigkeit gegen Druckwasserstoff und Kohlenoxyd achten. Die Natur des Kohlenoxydangriffes auf den Stahl unterscheidet sich wiederum ganz grundsätzlich von der Wirkung von Stickstoff bzw. Wasserstoff.

### 1. Mechanismus des Kohlenoxydangriffes

In Reaktionen mit Kohlenoxyd beginnt der Korrosionsangriff bereits bei relativ niedrigen Temperaturen. Der Angriff äußert sich darin, daß sich Eisenpentacarbonyl bildet, wobei die Geschwindigkeit dieser Bildung sehr wesentlich von Druck und Temperatur abhängt. Das Eisenkarbonyl ist bei niedriger Temperatur flüssig; bei hoher Temperatur wird es flüchtig. Für die Wahl der Werkstoffe muß daher im Hinblick auf die hohe Temperatur mit der Gefahr einer Aufkohlung im Zusammenhang mit der exothermen Reaktion gerechnet werden. In den Anfangsjahren der Entwicklung der Methanolsynthese hat man Kupferauskleidungen für die Reaktionsapparate benützt. Später ging man auf Mangan-legiertes Kupfer über, das allerdings mit der Wasserstoffkrankheit behaftet sein kann. Die Beimischung von Mangan zu Kupfer in Höhe von 1,5–2,0% dient dem Zwecke der Festigkeitssteigerung. Dabei muß das Kupfer völlig frei sein von Sauerstoff. Enthält nämlich das Kupfer zuviel Cu(I)-Oxydeinschlüsse, so werden diese beim Hindurchdiffundieren des Wasserstoffs unter Freiwerden von Wasserdampf zu metallischem Kupfer umgesetzt, gemäß der Gleichung

$$Cu_2O + H_2 \longrightarrow 2\,Cu + H_2O\text{-Dampf}.$$

Der Wasserdampf dringt in die Korngrenzen ein und versucht diese aufzubrechen, ähnlich wie es der Wasserstoff bei der Methanreaktion in den

Korngrenzen tut. Diesen Vorgang kennt man in der chemischen Technik als die sog. Wasserstoffkrankheit. Es ist daher äußerst wichtig, daß die Schweißnähte der Apparate absolut einwandfrei sind, um diese Gefahr zu verhindern.

NELSON [*12*] und VAN ROSSUM [*9*] berichten von kurzzeitigen Versuchen, die den Korrosionseinfluß von Kohlenoxyd auf eine Anzahl der bekanntesten Baustähle der chemischen Industrie zum Ziele hatten.

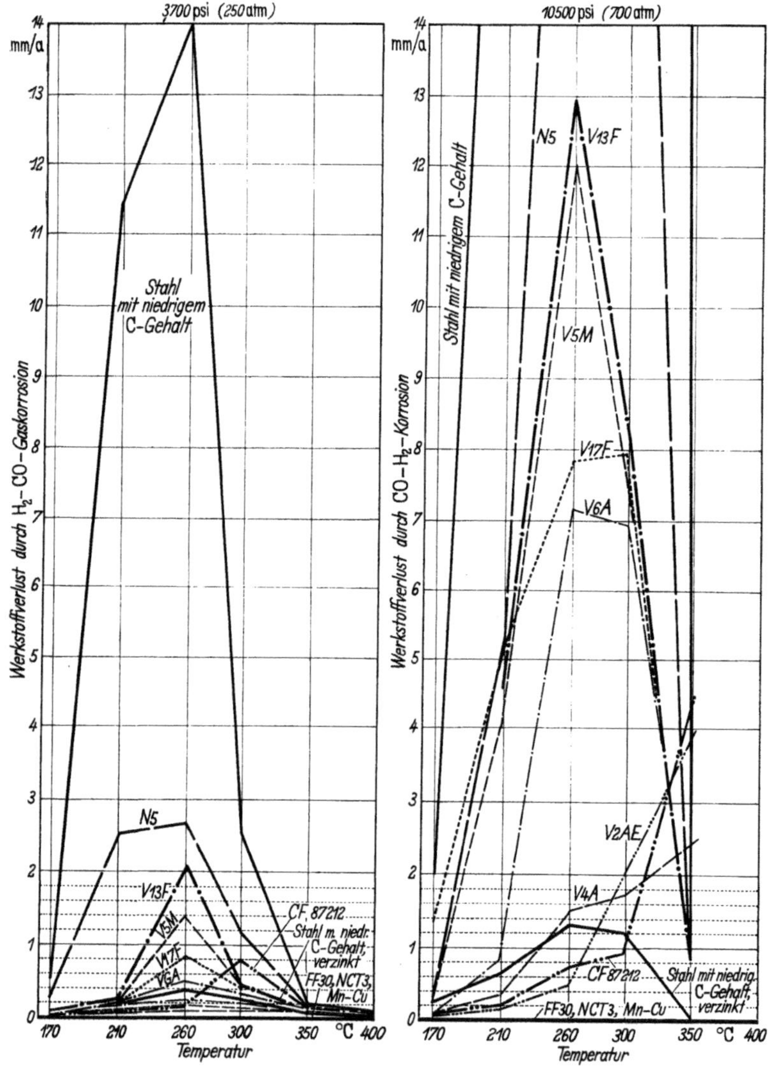


Abb. 24. Einfluß von CO-$H_2$-Gasgemischen (1 : 1) auf Stahl und Legierungen in Abhängigkeit von Druck und Temperatur. Gasmenge: 5 $m^3$/h für 72 Stunden (O. VAN ROSSUM)

Allerdings lag den Versuchen eine Gasmischung von 50 : 50 aus Kohlenoxyd und Wasserstoff zugrunde. Zwei Druckstufen wurden angewandt, 250 und 700 atü. Bei den bekannten Hochdrucksynthesen tritt ein Gasgemisch mit diesem Zusammensetzungsverhältnis jedoch nie auf. Die Ergebnisse sind in Abb. 24 wiedergegeben. Sie zeigen deutlich, innerhalb welcher Temperaturgrenzen der Angriff stattfindet.

Bei niedrigem Druck (250 atü) liegt die Spitze der Korrosion bei 260 °C. Beim Druck von 700 atü verschiebt sich diese Spitze auf 300 °C.

In beiden Druckgebieten ist unterhalb einer Temperatur von 170 °C mit keinem Angriff zu rechnen. In diesem Gebiet (20–160 °C) ist also jeder Stahl als Werkstoff geeignet. Hinsichtlich der oberen Temperaturgrenze gilt für die niedrige Druckstufe von 250 atü für alle Stähle der Wert von 350 °C. Oberhalb dieser Temperatur ist also wiederum jeder der untersuchten Stähle brauchbar. Bei der 700-atü-Druckstufe gilt die gleiche obere Temperaturgrenze. Jedoch steigt die Korrosion von V2A-E und V4A weiterhin an, während die andern Stähle wieder benutzt werden können.

NCT-3, Cu–Mn und FF-30 zeigen, unbeeinflußt durch Temperatur, überhaupt keinerlei Angriff, sowohl bei 250 atü als auch bei 700 atü.

## 2. Maßnahmen zur Verhütung der Korrosion durch Kohlenoxyd

Nach den Diagrammen der Abb. 24 ist für das Temperaturgebiet unterhalb von 160 °C und oberhalb der 400-°C-Grenze für die Stähle, die diesen Versuchen zugrunde gelegt wurden, keine Korrosion durch Kohlenoxyd zu befürchten. Bei 250-atü-Betriebsdruck sind die austenitischen rostfreien Stähle relativ beständig. Bei der 700-atü-Druckstufe ist die Korrosion an der oberen Temperaturgrenze einem Höhepunkt nahe, doch immer noch im Steigen begriffen.

Was die Methanolsynthese betrifft, so lassen sich beim Druck von 250 bis 300 atü alle im Diagramm angedeuteten legierten Stähle verwenden, da beim Methanolverfahren die Reaktionstemperaturen über der 350-°C-Zone liegen. Die Zone der gefährlichen Angriffstemperaturen wird lediglich beim Anfahren und Abstellen kurzzeitig durchfahren, so daß mit einem Angriff nicht zu rechnen ist.

O. van Rossum schlägt als Werkstoff noch dampfverzinkte Stähle vor. Bei diesem Verfahren handelt es sich um eine Verzinkung in der Gasphase, bei der eine Schicht von Fe-Zn-Kristallen gebildet wird.

V2A-extra, Kupfer/Mangan, NCT-3 und FF-30 sind sehr gut geeignet. FF-30 ist nur als Probe perfekt zulässig. Infolge seiner Sprödigkeit läßt es sich nicht für chemische Apparate verwenden. Rossum schlägt außerdem noch den Mn-legierten Chromstahl mit 9–12% Cr-Gehalt vor bei einem Mangangehalt von 18%.

J. Class [*13*] empfiehlt die austenitischen rostfreien Stähle der Serie 300. Bei diesen verläuft der CO-Angriff selektiv und spielt sich in der Form ab, daß infolge der Verarmung der Oberfläche an Nickel eine Cr-reichere Schicht zurückbleibt, die dem Angriff besser gewachsen ist.

Bei der Oxo-Synthese, wo Kohlenoxyd und Wasserstoff in Gegenwart von Olefinen zum Einsatz gelangen, haben sich austenitische Cr-Ni-Stähle der 300-Serie in allen Phasen bisher bestens bewährt.

## D. Die Korrosion durch Schwefelwasserstoff

In Hochdrucksynthesen spielt die Gegenwart von Schwefelwasserstoff eine sehr bedeutende Rolle. Die meisten Verfahren der Ölindustrie sowie die Benzinhydrierung enthalten Schwefelwasserstoff in mehr oder weniger großen Mengen. Das Schwefelwasserstoffgas kommt mit den heißen Behälterwänden in Berührung und geht eine Reaktion mit dem Eisen der Oberfläche ein.

### 1. Mechanismus der Schwefelwasserstoffkorrosion

In den Hochdrucksynthesen zur Herstellung von Treibstoffen, Schmierölen, Paraffinen usw. treten Schwefelverbindungen auf, die mit dem Werkstoff der Apparaturen Verbindungen nach folgendem Schema eingehen unter Bildung von Eisensulfid:

$$Fe + H_2S \longrightarrow FeS + H_2 + 18100\,kcal\,.$$

Der Reaktionsablauf ist also stark exotherm und besonders temperaturabhängig. Diese Temperaturabhängigkeit ist nicht für alle Reaktionen mit Schwefel gleich, sondern variiert, wobei es darauf ankommt, ob die Gemische aus $H_2S$–$H_2$ oder $H_2S$–$N_2$ vorliegen, wie von Baukloh-Spezeler [*14*] beschrieben wird.

Die Bildung von Schwefeleisen in Hochdruckapparaten hat den Nachteil, daß das Schwefeleisen ein größeres Volumen einnimmt als das Eisen selbst. Wird es in den engen Regeneratorrohren gebildet, ergeben sich sehr ungünstige Verhältnisse, weil bei durchschnittlich 14 mm lichtem Durchmesser der Regeneratorrohre wenig Spielraum bleibt für Volumenverengung im Strömungsquerschnitt. Die gebildete Sulfidschicht ist sehr hart und spröde bei großer Oberflächenrauhigkeit. Schließlich bricht die spröde Schicht zusammen und führt bei engen Querschnitten in Wärmeaustauschflächen leicht zu unliebsamen Betriebsstörungen infolge Verstopfungen. Gleichzeitig tritt mit dem Verlust der Oberflächenschichten eine laufende Querschnittsverminderung der drucktragenden Wände ein, womit ein Festigkeitsabfall begleitet ist.

### 2. Maßnahmen zur Bekämpfung der Schwefelwasserstoffkorrosion

Der Angriff des Schwefels gegen die Behälteroberflächen ist eine Funktion der Betriebstemperatur sowie der Konzentration. Von allen Legierungselementen spielt Chrom die wichtigste Rolle.

In der Kohlehydrierung und anderen Hochdruckhydrieranlagen ist der Schwefelgehalt relativ niedrig. Für diese Anlagen ist die Verwendung von 3%igen Cr-Stählen geeignet, eine relativ erträgliche Beständigkeit zu erreichen. In der Erdölindustrie, wo die Schwefelgehalte wesentlich höher liegen, ist ein 3%iger Cr-Stahl nicht mehr ausreichend. Man hat sich in der Hydriertechnik vielfach damit geholfen, daß, wie O. VAN ROSSUM [*9*] berichtet, eine Dampfverzinkung angewandt wird, die nach dem Diffusionsverfahren eine Schicht aus Eisen-Zink-Mischkristallen erzeugt von einer Schichtdicke von ~0,2 mm, die mit dem Grundwerkstoff durch gute chemische Bindung im Zusammenhang steht.

Stähle mit 4–6% Cr-Gehalt weisen eine merklich bessere Beständigkeit auf als die oben geschilderten 3%-Cr-Stähle. Sie werden vielfach in der Ölindustrie mit Erfolg benützt. Allerdings läßt sich störungsfreier Betrieb nur erreichen durch Stähle, deren Cr-Gehalt größer gehalten wird als 12%.

Die beste Korrosionsbeständigkeit gegen Schwefelwasserstoff wird von den austenitischen nichtrostenden Stählen gewährleistet, vornehmlich von den Stählen der 300-Serie, worin der Cr-Gehalt wiederum der entscheidende Faktor ist. Obwohl reines Nickel in Schwefelwasserstoffatmosphäre sehr stark angegriffen wird, ist die Gegenwart von Nickel in den Stählen der 300-Serie vielleicht der wichtigste Faktor für ihre Beständigkeit. Es ist bekannt, daß die Stähle der 300-Serie auf Basis 18,8/Cr–Ni weitaus bessere Beständigkeit aufweisen als Stähle mit einem Cr-Gehalt von 18–30%.

## VIII. Die schädlichen Einflüsse infolge erhöhter Temperatureinwirkung

In Kap. II wird beschrieben, wie die mechanischen Festigkeitseigenschaften mit der Temperatur abnehmen. Von einer bestimmten Temperaturgrenze an aufwärts kann man die Temperaturabhängigkeit der Festigkeitseigenschaften nicht mehr übersehen. Man hat also dann dreierlei Temperaturstufen zu unterscheiden, nämlich kalte, warme und heiße Behälter.

Für den Temperaturbereich von 20–150 °C ist der Festigkeitsabfall als Funktion der Temperatur unbedeutend, so daß man Behälter, die in dieser Zone betrieben werden, als kalt bezeichnen kann. Als Festigkeitskriterien dienen die Kaltstreckgrenze bei Raumtemperatur und die übliche Zerreißfestigkeit.

In dem Bereich von 150–350 °C ist der Temperatureinfluß schon bedeutend. Die Festigkeitsrechnung muß sich dann derjenigen Werte bedienen, die bei diesen Temperaturen maßgebend sind, nämlich die Warmstreckgrenze und die Warmfestigkeit, die in den meisten Fällen von den Stahlwerken oder aus dem Schrifttum vorliegen.

Von 350 °C an aufwärts sind alle Festigkeitswerte zeitabhängig und unterscheiden sich merklich von den Warmfestigkeitswerten. Man bezeichnet diese Zone als das Kriechgebiet und die zugehörigen Festigkeitskriterien sind entsprechend die Zeitdehngrenze und die Zeitstandfestigkeit, jeweils bezogen auf eine genau definierte Temperatur. Die Zeitdehngrenze stellt dann diejenige Belastung dar, bei der der Werkstoff eine 1-%-Dehnung erfährt in einem Beanspruchungszeitraum von $10^4$ oder $10^5$ Stunden, bezogen auf eine gegebene Temperatur. Die Zeitstandfestigkeit gibt die Belastungen an, bei denen das Werkstück unter sonst gleichen Bedingungen zu Bruch geht.

Kurzzeitwerte sind irreführend und haben bei diesen Betriebstemperaturen für die allgemeine Festigkeitsrechnung keine praktische Bedeutung.

## A. Beeinflussung der Werkstoffe durch die Temperatur allein

Zur Vereinfachung der Betrachtungen sei eine Festlegung getroffen, die sowohl einen sprachlichen als auch technisch-sachlichen Unterschied zwischen Stählen zum Ausdruck bringen soll. Es möge zwischen Stählen unterschieden werden, die nur der Temperatur ausgesetzt sein sollen, ohne daß sie durch Innendruck belastet sind, sowie Stählen, die bei der hohen Temperatur noch eine bestimmte Mindestfestigkeit besitzen müssen, wenn sie dem Innendruck standhalten wollen. Im ersten Falle handelt es sich um die hitze- und zunderbeständigen Stähle, während die zweite Gruppe Stähle umfaßt, die bei hoher Temperatur auch hohe Zeitstandfestigkeiten entwickeln. In dem folgenden Abschnitt wird von hitze- und zunderbeständigen Stählen die Rede sein.

Stähle, die hohen Temperaturen im Dauerbetrieb ausgesetzt werden, unterliegen der Gefahr der Oxydation durch die Atmosphäre und neigen daher zur Verzunderung. Es ist dabei möglich, daß im Metallgefüge Struktur- und Phasenveränderungen vor sich gehen, die die Festigkeitseigenschaften der Werkstoffe merklich beeinflussen können. Ausscheidungen ganzer Gefügekomplexe können die Folge sein, die sich in einem Verlust der Kerbzähigkeit und Dehnbarkeit äußern. Verschiedene Arten von Versprödungen können sich ergeben, verbunden mit einer Herabsetzung der Festigkeitseigenschaften.

## 1. Betriebstemperatur

An Hand der Definition der Werkstoffmerkblätter umfaßt das Kriechgebiet alle Temperaturen oberhalb 425–450 °C. Aus Gründen der Vorsicht im Hinblick auf betriebliche Zuverlässigkeit ist es jedoch ratsam, die Zeitabhängigkeit schon bei 350 °C beginnen zu lassen. Diese Maßnahme wird in den USA praktisch überall anerkannt, zumal dort die Dauerstandfestigkeit nach DVM nicht besteht bzw. nicht benutzt wird.

Die bestimmende Größe für die Festlegung der Grenztemperatur, bis zu der ein Werkstoff zuverlässig eingesetzt werden darf, ist seine Widerstandsfähigkeit gegen Verzunderung in der Luftatmosphäre durch den alleinigen Einfluß der Betriebstemperatur. Hier sei ausdrücklich die Beständigkeit in oxydierender Luftatmosphäre betont, da die Belastbarkeit der Stähle unter hohen Temperaturen in Gegenwart anderer korrodierender Gase wie $H_2$, $N_2$, CO und $H_2S$ von anderen Voraussetzungen abhängt.

Wenn im folgenden von Korrosion die Rede sein wird, so möge diese ausschließlich auf Luftoxydationseinflüsse bezogen sein. Wenn andere Faktoren im Spiele sind, wird ausdrücklich darauf hingewiesen werden.

## 2. Lebenserwartung

Bei der Betrachtung der Zunderbeständigkeit der Werkstoffe kommt die Wahl von Stählen hoher Zeitstandswerte nicht in Betracht. Die bestimmende Größe ist hier ausschließlich die Lebensdauer nach Maßgabe eines zulässigen Verzunderungsgrades. Meist werden solche Apparate drucklos betrieben, so daß die Schädigung der Wanddicke durch Verzunderung mehr eine Frage der Temperatur bei einer bestimmten Betriebsdauer als eine Frage der mechanischen Beanspruchung darstellt.

## 3. Die wichtigsten Stähle gegen Beanspruchung durch Verzunderung

Hitze- und zunderbeständige Stähle lassen sich strenggenommen in drei Gruppen aufteilen, wenn man ihre chemische Zusammensetzung zugrunde legt. Und zwar unterscheidet man

martensitische und ferritische Cr-Stähle,
austenitische Cr-Mn-Stähle und
austenitische Cr-Ni-Stähle.

Diese Gruppen weisen im wesentlichen folgende Grundzusammensetzungen auf:

*a) Martensitische und ferritische Cr-Stähle*

Der C-Gehalt beider Gruppen liegt zwischen 0,10 und 0,20%,
Cr-Gehalt schwankt von 1,5–3–6% und 13–18%,
Si-Gehalt variiert zwischen 0,25 und 2,5%,
Al-Gehalt bzw. V-Gehalt kann sich von 0–1.5 (3,5)% bewegen.

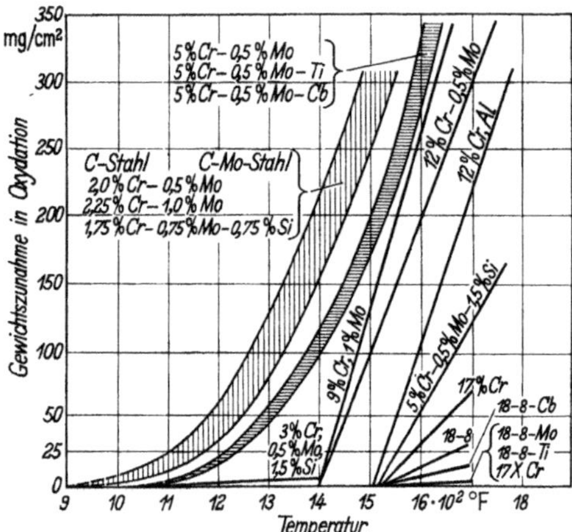


Abb. 25. Empfindlichkeit von Stählen gegen Verzunderung (Oxydation) in Abhängigkeit von der Temperatur

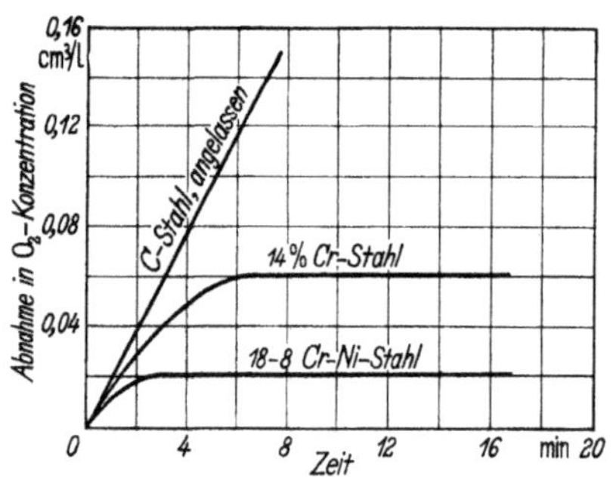


Abb. 26. Einfluß von Cr und Cr–Ni auf die Korrosionsgeschwindigkeit in Edelstählen (Forrest, Roetheli und Brown)

*b) Austenitische Cr-Mn-Stähle*

Die wichtigsten Legierungselemente sind:

0,10–0,20 C; 1,0–3,5 Si; 9–12 Cr; 14–18 Mn und 0–1% Ni.

*c) Austenitische Cr-Ni-Stähle*

Die wichtigste Gruppe zunderbeständiger Stähle hat folgende Hauptkomponenten:

0,10–0,30 C; 0–2 Si; 16–28 Cr; 9–78 Ni (0–2) Mo.

In diesem Zusammenhang sei nochmals auf den Einfluß von Silizium und Aluminium zur Erhöhung der Oxydationsbeständigkeit (Abb. 5a, b) dieses Kapitels hingewiesen.

Abb. 25 zeigt die wichtigsten Stähle in einem Überblicksdiagramm. Abb. 26 vergleicht den Einfluß von Cr und Ni in hochlegierten Stählen im Verhältnis zu C-Stählen niedrigen C-Gehaltes.

## B. Beeinflussung der Stähle durch Druck und erhöhte Temperaturen

Bei erhöhten Temperaturen, besonders aber im Kriechgebiet, entsteht eine erhöhte Beweglichkeit der Atome im Metallgitter. Dabei wird die Dehnbarkeit gesteigert bei gleichzeitiger Herabsetzung der Festigkeit. Die Verriegelungswirkung der Korngrenzen geht mit ansteigender Temperatur verloren, bis eine Grenze erreicht wird, bei der Korngrenze und Kristallite gleiche Festigkeit aufweisen. Diese Temperaturgrenze nennt man die Äquikohäsivtemperatur und ist in der schematischen Darstellung der Abb. 6g angedeutet.

Die Steigerung der Wärmeschwingung der Atome bewirkt eine zunehmende Tendenz, ihre alte Bindungsfähigkeit schon bei relativ geringen Störungen zu lösen. Inwieweit neue Bindungen eingegangen werden, d.h. ob eine Verformung ohne Festigkeitsverlust oder ohne permanente Trennung zustande kommt, hängt lediglich von den atomaren Bindekräften ab.

Da es keinen Stahl ohne Bindefehler gibt bzw. ohne Zwangsverriegelung in der atomaren Gitterstruktur, ist mit steigender Temperatur bei äußerer Beanspruchung mit einer zeitabhängigen Veränderung der Gitterstruktur und damit auch der entsprechenden Festigkeitseigenschaften zu rechnen.

Unterhalb der Äquikohäsivtemperatur wird der Stahl bei Bruch durch den Kristalliten versagen, während bei Temperaturen oberhalb dieser Grenze der Bruch durch die Kongrenze erwartet werden muß.

Die Hauptgefahr, die den Stählen im erhöhten Temperaturbereich droht, ist die Möglichkeit einer Phasenverschiebung, die eine Veränderung der Festigkeitseigenschaften zur Folge hat. Es kann der Fall eintreten, daß der Werkstoff entweder durch Versprödung erhärtet, er kann aber auch weicher werden. Es besteht ferner die Möglichkeit einer Kristallisation, wodurch der Werkstoff auf die Festigkeitswerte des Glühzustandes abfällt. Bei Stählen mit Ausscheidungshärtung kann sich der Härteprozeß fortsetzen, wodurch diese Gruppe von Stählen bei erhöhten Temperaturen sogar eine Härtung, also eine Verfestigung erfahren können.

Die Gefahr der Phasenverschiebung kann sich in intergranularer Korrosion, besonders in den Korngrenzen äußern. Dadurch kann sich einer der gefährlichsten Zustände ausbilden, die dem Stahl im Kriechgebiet zustoßen können.

## 1. Maßgebliche Festigkeitskriterien für Hochtemperaturbeanspruchungen

Als Grundlage für die Festigkeitsrechnung bei Beanspruchungen im Kriechgebiet dienen, wie in Kap. II definiert, die Zeitdehngrenze und die Zeitstandfestigkeit. Dabei muß die Forderung erhoben werden, daß die Zeitdehngrenze zunächst hoch ist und ferner, daß die Zeitstandfestigkeit weit genug über der 1-%-Zeitdehngrenze liegt, um genügend großen Sicherheitsabstand von einem möglichen Bruch zu haben. Ferner muß der Stahl die Voraussetzung gewährleisten, daß bei der gewünschten Betriebstemperatur seine Phasenstabilität erhalten bleibt. Dies dürfte wohl zu erwarten sein, wenn die 1-%-Zeitdehngrenzenwerte und die zugehörigen Zeitstandfestigkeiten vom Stahlwerk garantiert sind.

Der Konstrukteur benötigt also als wichtigste Unterlagen für die Festigkeitsrechnung die Zeitdehngrenzen- und Zeitstandsfestigkeitswerte, die im allgemeinen als Funktion der Temperatur in Kurvenform beim Stahlwerk vorliegen. Ein Beispiel dieser Art ist in Abb. 27 veranschaulicht für einen Stahl, dessen Bruchfestigkeit bei Raumtemperatur ~ 100 kg/mm² beträgt. Die Kurven zeigen die Kurzzeitwerte für $\sigma_B$, $\sigma_F$ als Funktion der Betriebstemperatur. An Zeitstandfestigkeiten sind die Beanspruchungen als Kurven wiedergegeben, die in 10–10²–10³ und 10⁴ Stunden den Bruch erzeugen. Als Zeitdehngrenze ist die 0,1 %–10³- bzw. 1 %–10⁴-Stundengrenze als Kurven gegeben. Dieser Stahl dürfte mit etwa 2,7 kg/mm² bei 1000 °F (~ 540 °C) beansprucht werden, um in 10⁴ Stunden eine bleibende Dehnung von 1 % zu erfahren.

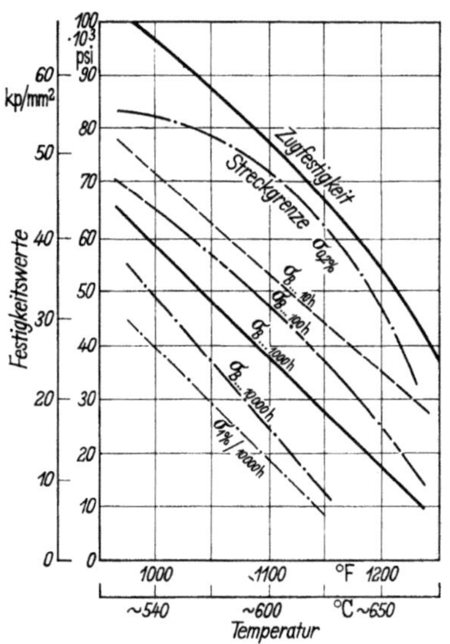

Abb. 27. Typische Kriecheigenschaften eines Stahles, der bei Raumtemperatur eine Zugfestigkeit von 100 kg/mm² besitzt

## 2. Stähle mit hohen Zeitstandswerten

Strenggenommen ist die Forderung hoher Temperaturbeständigkeit von Hochdruckwerkstoffen nicht ganz so einfach, zumal die meisten Reaktionen noch in Gegenwart stark korrodierender Gasatmosphären betrieben werden. Zur Erreichung hoher Zeitstandfestigkeiten lassen sich in erster Linie geeignete Legierungselemente anwenden, die neben den zugehörigen Wärmebehandlungen der daraus sich ergebenden Stähle die Hauptgrundlage für die hohen Festigkeiten bilden. Zur Erzielung geeigneter Phasenstabilität für die hohen Temperaturen eignen sich besonders die Karbidbildner. Die entscheidenden Legierungselemente sind Cr, Mo, Ni, die vielfach von V, Mn und W sowie den Karbidbildnern Ti, Ta, Zr und Cb begleitet sind. Der Einfluß

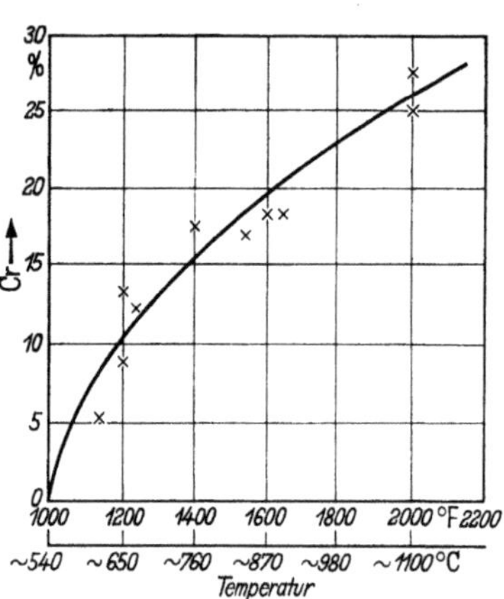

Abb. 28. Einfluß des Cr-Gehaltes auf die Temperaturbelastbarkeit

von Cr auf die Steigerung der Temperaturbelastbarkeit legierter Stähle geht aus Abb. 28 hervor.

Einen Überblick über die Zulässigkeit der wichtigsten Stähle in bezug auf hohe Zeitstandwerte als Funktion der Beanspruchungstemperatur gibt Abb. 29 auf der Basis einer Beanspruchungsdauer von $10^4$ Stunden.

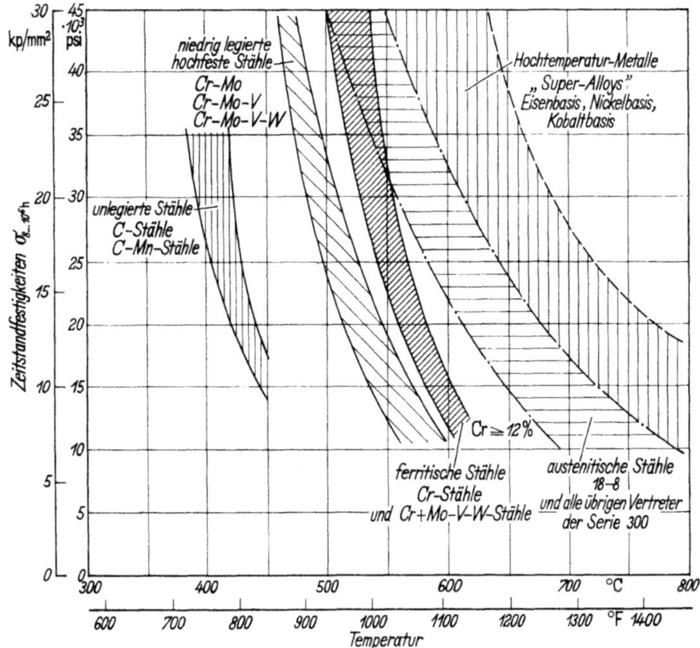


Abb. 29. Zeitstandfestigkeiten der wichtigsten Baustähle in Abhängigkeit von der Temperatur für Bruch in $10^4$ Stunden

Es handelt sich um Stähle, die in der Hochdrucktechnik weit verbreitete Verwendung finden. In diesem Zusammenhange sei auf das Schrifttum [*15, 16, 17*] verwiesen.

## IX. Das Verhalten der Stähle im Tieftemperaturgebiet

In der Tieftemperaturtechnik weicht das Verhalten der Baustähle gegen hohe Beanspruchungen etwas ab von dem Verhalten, das sie üblicherweise bei Raumtemperatur oder gar im Hochtemperaturgebiet zeigen. Der wichtigste Unterschied besteht aber darin, daß Streckgrenzen und Zerreißfestigkeit nicht mehr das primäre Kriterium der Festigkeitsrechnung bilden.

Im Tieftemperaturgebiet tritt die Frage der möglichen Werkstoffversprödung in den Vordergrund. Versagen durch Sprödbruch kann auch schon bei niedrigen Belastungen eintreten. Die Gefahr besteht aber darin, daß dem Versagen durch Bruch keinerlei Warnung durch vorherige merkliche Verformung vorausgeht, wie das bei den übrigen Beanspruchungen der Fall ist. Die erste Aufgabe besteht also darin, einen Werkstoff zu finden, dessen Phasenübergangstemperatur wesentlich niedriger ist als die erwartete Betriebstemperatur. Ungünstige Spannungspitzen, verursacht durch Kerbwirkung bzw. hohe Beanspruchungsstöße oder sonstige drastische Lastwechselvorgänge, haben die gleiche Wirkung in Tieftemperatur wie die Verwendung von Stählen, die bei Raumtemperatur durch Sprödbruch versagen. Die zweite Aufgabe besteht also darin, solche Faktoren zu umgehen oder Werkstoffe mit hohen Zähigkeitswerten bei diesen Temperaturen bereitzustellen. Die dritte Aufgabe liegt darin, thermische Einflüsse wie schroffe Temperaturschwankungen unter allen Umständen zu vermeiden. Temperaturschwankungen haben Schwankungen in der Wärmedehnung und damit der Abmessungen zur Folge, die sich sehr bald in einem Ermüdungsbruch äußern können. Und schließlich bleibt noch eine vierte Aufgabe zu berücksichtigen, die einen möglichen Verlust an Dehnbarkeit durch schroffe Kerben bewirken kann, die durch Bearbeitungsverfahren oder durch unsachgemäße Schweißung hervorgerufen werden können.

## A. Allgemeine Betrachtungen

Nimmt die Betriebstemperatur einen mäßigen Wert von $\sim -50$ °C an, oder bewegt sich auch nur gelegentlich in diesem Gebiet, und sind die Lastwechselunterschiede nicht gerade gefährlich hoch, so kann Kohlenstoffstahl oder niedriglegierter Baustahl ohne weiteres verwendet werden, wenngleich auch die Phasenübergangstemperatur eine Spanne von $-55$ °C bis $-5$ °C umfaßt. Für Druckbehälter, Rohre, Armaturen usw. spielt die Bruchenergie eine bedeutende Rolle. Stähle, die sich im üblichen Temperaturbereich als dehnbar erweisen, können unter gewissen Umständen im Tieftemperaturgebiet durch spröden Bruch versagen. Zu einem gewissen Teil läßt sich dieses Verhalten aus dem Metallgitter erklären. Im allgemeinen haben Metalle, die kubisch-flächenzentriert sind, wie dies bei Kupfer, Aluminium, beispielsweise zutrifft, im Tieftemperaturgebiet keine Einbuße an Kerbschlagzähigkeit. Metalle mit kubischraumzentrierten Kristallen, wie bei Eisen und das Hexagonalsystem mit Titan als Vertreter, zeigen eine ausgeprägte Tendenz zur Versprödung im Temperaturbereich unterhalb einer gewissen Phasenübergangstemperatur, was deutlich in Tab. 3 zum Ausdruck kommt (nach PARKER and SULLIVAN [*18*]):

Tabelle 3

| Metall | Gitterstruktur (Zentrierung) | Kerbschlagzähigkeit (ft-lbs) + 70 °F ≈ 20 °C | Kerbschlagzähigkeit (ft-lbs) – 320 °F ≈ 200 °C |
|---|---|---|---|
| Austenitischer Stahl (300-Serie) | kubisch-flächenzentriert | 43 | 50 |
| Aluminium | kubisch-flächenzentriert | 19 | 27 |
| Kupfer | kubisch-flächenzentriert | 43 | 50 |
| Nickel | kubisch-flächenzentriert | 89 | 99 |
| Eisen | kubisch-raumzentriert | 78 | 1,5 |
| Titan | hexagonal | 14,5 | 6,6 |
| Mangan | hexagonal | 4 | 3 (– 150 °F; – 75 °F) |

Austenitische Stähle mit ihrer kubisch-flächenzentrierten Struktur haben keine kritische Phasenübergangstemperatur. In anderen eisenhaltigen Legierungen wird die Phasenübergangstemperatur erniedrigt durch Herabsetzung des C-Gehaltes oder durch Steigerung des Ni-Gehaltes. Verbesserungen lassen sich erzielen durch Entoxydation mit Silizium und Aluminium. Hierzu sind Elektrostahl und Regenerativstahl in gleicher Weise geeignet.

Eine weitere Erniedrigung der Phasenübergangstemperatur in Kohlenstoff- und legierten Stählen für Beanspruchung im Tieftemperaturgebiet läßt sich auch erzielen durch Kornverfeinerung, was man durch eine Normalisierungsbehandlung erreichen wird unter Beimischung selektiver Elemente. Solche Stähle werden dann in vergüteter oder sonstwie wärmebehandelter Form geliefert. Vergütungsbehandlung läßt die besten Werte an Kerbschlagzähigkeit bei niedrigsten Phasenübergangstemperaturen erwarten.

## B. Einfluß tiefer Temperaturen auf die Festigkeitseigenschaften

Während höhere Temperaturen die mechanischen Festigkeitseigenschaften der Stähle herabsetzen, wirkt der Einfluß tiefer Temperaturen im Sinne einer Festigkeitssteigerung mit sinkender Temperatur. Zugfestigkeit und Streckgrenze nehmen zu, doch wird oft beobachtet, daß die Zugfestigkeit in stärkerem Maße zunimmt als die Streckgrenze. Es gibt allerdings auch Stähle, bei denen unter den sonst gleichen Bedingungen die Zugfestigkeit abnimmt, während die Streckgrenze ansteigt. Solche Fälle stellen besondere Ausnahmen dar.

Ein Beispiel, wie die Festigkeitswerte sich mit absinkender Temperatur verändern, wird in Abb. 30 dargestellt.

Obwohl die zügigen Festigkeitswerte und der Elastizitätsmodul einen Anstieg erfahren, ist es ratsam, von dieser Verbesserung in der Festigkeitsrechnung keinen praktischen Gebrauch zu machen. In der Konstruktionspraxis sollte man die Werte bei Raumtemperatur wählen, womit man den Sicherheitsabstand vergrößert. Eine Ausnahme wird im Falle der Ermüdungsfestigkeit gemacht. Die Dehnbarkeit läßt nach, ist aber für dieses Temperaturgebiet nicht entscheidend. Wichtig ist die Kerbempfindlichkeit, auf die schließlich die Festigkeitsrechnung fundiert sein muß.

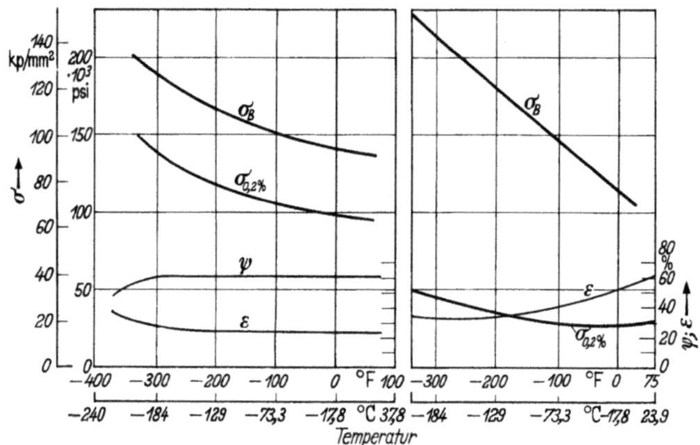


Abb. 30. Typische Änderungen der mechanischen Festigkeitseigenschaften unter dem Einfluß tiefer Temperatur

Die Ermüdungsfestigkeit gewinnt an Bedeutung, wenn die Betriebstemperatur zwischen Raumtemperatur und sehr tiefen Temperaturen schwankt, vor allem dann, wenn der Werkstoff zudem noch Lastwechseln unterliegt. Für Behälter der Tieftemperaturtechnik stellt man daher die Wöhler-Kurve auf 10000–20000 Lastspiele ab, anstatt der üblichen $10 \times 10^6$ Lastwechsel bei Raumtemperatur. Allerdings sind derartige Unterlagen z. Z. schwer verfügbar. Man hilft sich demzufolge als Annäherung mit den Wöhler-Werten für Raumtemperatur. Auch hier liegt ein gewisser Sicherheitsfaktor, zumal die Ermüdungsfestigkeit mit sinkender Temperatur ebenfalls ansteigt.

Die Wärmeleitfähigkeit eines Metalles im Tieftemperaturgebiet hat einen bedeutenden Einfluß wirtschaftlicher Natur. Beim Bau von Tieftemperaturanlagen spielt besonders das Verhältnis Festigkeit/Wärmeleitfähigkeit eine Rolle als Faktor für die Beurteilung der Verwendbarkeit von Stählen. Es besteht die Regel, daß der Werkstoff um so geeigneter ist, je höher dieses Verhältnis wird. Hohe Wärmeleitfähigkeit steigert nämlich die Isolierungskosten und erhöht die Verluste von Gasen, die dadurch leicht flüchtig zu werden suchen. Kohlenstoffstähle und legierte Stähle weisen hohe Festigkeit auf bei relativ niedriger Wärmeleitfähigkeit. Austenitische Stähle der 300-Serie weisen auch hier infolge ihrer geringen Wärmeleitfähigkeit besondere Eignung auf.

Im Tieftemperaturgebiet spielt die Korrosionsbeständigkeit der Stähle eine unbedeutende Rolle. Die Methanreaktion mit Wasserstoff, die Nitridbildung mit Stickstoff, die Karbonylbildung mit Kohlenoxyd und die Sulfidbildung mit Schwefelwasserstoff können nur weit oberhalb des Tieftemperaturgebietes zustande kommen. Andere Korrosionsmedien lassen sich leicht durch Stähle der austenitischen Serie 300 beherrschen.

Physikalische Eigenschaften wie linearer und kubischer Ausdehnungskoeffizient und $E$-Modul werden genau so beachtet wie bei den üblichen Konstruktionsverfahren. Obwohl der $E$-Modul wächst, macht man keinen Gebrauch und benutzt Werte bei Raumtemperatur. Den niedrigsten Wärmedehnungskoeffizienten weist 9-%-Nickel auf, ein Werkstoff, der am Ende dieses Abschnittes beschrieben wird.

Werte der Wärmeleitfähigkeit von Stählen für Tieftemperaturverhältnisse sind in Tab. 4 zusammen mit anderen Eigenschaften gemäß [*20*] zusammengestellt.

Im Tieftemperaturgebiet ist die Schweißbarkeit der Werkstoffe von ganz entscheidender Bedeutung. Schweißen stellt hier die häufigste Art der Werkstoffverbindung dar. Es werden oft auch Teile durch Löten verbunden. Da aber normale Lote in diesen Temperaturbereichen spröde werden, sollten zur Herstellung von Lötverbindungen nur Silberlötungen vorgenommen werden.

Bei sehr tiefen Temperaturen pflegen die Schweißstellen gern spröde zu sein, was zum Teil auch für gewisse austenitische Stähle zutrifft. Entscheidend sind hier die Wahl der Elektroden im Zusammenhang mit der Inertgasatmosphäre, doch wird auch hier das Stahllieferwerk die zuverlässige Auskunft geben können.

## C. Stähle für Apparate der Tieftemperaturtechnik

Nach Berichten aus Literatur und Industrie verwendet man für den Bau von Apparaturen, die im Tieftemperaturgebiet betrieben werden, mit Erfolg die Stähle wie in Tab. 4 beschrieben.

### 1. Kohlenstoffstähle

Von den C-Stählen kommen ganz allgemein – unter Anwendung der ASTM-Klassifizierung – die Stähle A-53, A-106, A-201, A-212 und A-333 in Betracht. Diese sind nahezu durchweg für Temperaturen bis zu – 50 °C zulässig. Sie werden industriell häufig verwendet für Teile, bei denen Gewicht und hohe Festigkeit in erster Linie entscheidend sind. Man findet diese Stähle vorzugsweise in Anlagen der Luft- und Gasverflüssigung, Behälter für die Atomenergie, Komponenten für Kälteanlagen aller Art und für Transportbehälter.

Tabelle 4. *Typische physikalische Eigenschaften von Stählen im Tieftemperaturgebiet*

| Stahlart | Wärmeleitfähigkeit (Btu/h · ft² · °F) | Wärmeausdehnungskoeffizient (in./in., °F) | Verhältnis von Wärmeleitung : Festigkeit | Spezifische Wärme (Btu/lb, °F) |
|---|---|---|---|---|
| C-Stahl A-201<br>C-Stahl A-212 | 27 bei 212 °F | 8,4 ($10^{-6}$)<br>Raumtemp. → + 1200 °F | 0,49 ($10^{-3}$) bis<br>0,318 ($10^{-3}$) | 0,105 |
| Abgeschreckt und vergütet nach spezieller Vorschrift | | 6,5 ($10^{-6}$)<br>(Raumtemperatur) | | |
| ASTM A-203<br>$2^1/_4$% Nickel | 248 bei ~ − 50 °C<br>280 bei ~ + 100 °C | 6,2 ($10^{-6}$) bei 0 → 100 °C<br>Durchschnitt | 3,68 ($10^{-3}$) | 0,0798 (− 100 → + 30 °C) |
| ASTM A-293<br>$3^1/_2$% Nickel | 214 bei ~ − 100 °C<br>270 bei ~ + 100 °C | 6,2 ($10^{-6}$) bei 0 → 100 °C<br>Durchschnitt | 3,17 ($10^{-3}$) | 0,147 (~30 °C → ~550 °C |
| ASTM A-353<br>9% Nickel<br>ASME-Vorschrift | 91,3 bei ~ − 200 °C<br>209 bei ~ + 100 °C | 4,0 ($10^{-6}$) bei ~ − 200 °C<br>5,8 ($10^{-6}$) bei ~ + 20 °C | 0,913 ($10^{-3}$) | 0,0878 (− 200 → ~30 °C)<br>0,119 (+ 30 → ~370 °C) |
| A-204<br>Type 304 Austen.<br>Type 304 L Austen. | 56,4 bei ~ − 200 °C<br>120 bei ~ + 320 °C | 7,4 ($10^{-6}$) bei − 200 °C<br>bis ~20 °C | 0,663 ($10^{-3}$) | 0,037 bei − 200 °C<br>0,120 bei ~ + 30 °C |

Die Stähle sind vor ihrem Einsatz auf Kerbempfindlichkeit zu prüfen und sollten bei −50 °C eine Kerbschlagzähigkeit von 15 ft-lbs aufweisen. Die Bleche werden gewöhnlich in warmbehandeltem Zustande angeliefert. Für Tieftemperatureinsatz wird Spannungsfreiglühen empfohlen, wenn große Wanddicken vorliegen.

Die Stähle sind im allgemeinen gut schweißbar.

## 2. Niedriglegierte hochfeste Baustähle

Die niedriglegierten hochfesten Baustähle in vergütetem Zustande weisen bei −50 °C im allgemeinen eine Kerbschlagzähigkeit von 15 ft-lbs auf. Sie lassen sich durchweg gut schweißen, zeigen nicht die gefürchtete Schweißstellenversprödung. Es handelt sich um die Stähle mit 60 bis 65 kg/mm² Zugstreckgrenze bei einem C-Gehalt von 0,10–0,20%. Ihre chemische Zusammensetzung enthält allgemein Legierungselemente im Gesamtwerte von weniger als 5% insgesamt, doch können im einzelnen Schwankungen nach Maßgabe der verschiedenen Herstellerwerke auftreten. Die Phasenübergangstemperaturen dieser Stähle liegen bei −60 bis −70 °C. Bezeichnend ist ihre Fähigkeit für Kaltbearbeitung ohne Steigerung der Kerbempfindlichkeit. Die Schweißung muß mit Schutzelektroden unter Inertgas vorgenommen werden.

## 3. Ferritische Stähle

Bei den ferritischen Stählen eignen sich besonders die Nickelstähle mit Ni-Gehalten in Höhe von $2^1/_4$, $3^1/_2$, 5 und 9%. Nickel verleiht den Stählen hohe Dehnbarkeit bei hoher Kerbschlagzähigkeit. Bei einer Temperatur von −150 bis −170 °C zeigen diese Stähle beim Charpy-Test noch 20–25 ft-lbs Kerbschlagzähigkeit.

**$2^1/_4$-%-Nickelstahl.** Hat niedrigen C-Gehalt, besonders für Lagerbehälter, Druckapparate und Rohrleitungen. Häufig eingesetzt für Propananlagen (∼ −40 °C), auch für Anlagen verwendet, die bis zu −70 °C betrieben werden.

**$3^1/_2$-%-Nickelstahl.** Hat niedrigen C-Gehalt, oft verwendet zur Lagerung von Flüssiggasen bei Temperaturen bis zu −120 °C. Druckbehälter, Rohrleitungen, Armaturen, Tanks. Meist für Propan, Kohlendioxyd, Azetylen und Äthan. Ausgezeichnete Tieftemperatureigenschaften. Oft für flüssiges Äthylen eingesetzt.

**5-%-Nickelstahl.** Niedriger C-Gehalt. Verwendung ähnlich wie für $3^1/_2$-%-Ni-Stahl. Temperaturbelastbarkeit bis zu −120 °C.

**9-%-Nickelstahl.** Auch sehr niedrigen C-Gehalt. Temperaturbelastbarkeit bis −200 °C. Meist verwendet für Anlagen mit flüssigem Sauerstoff. Gute Schweißbarkeit und kann sogar ohne Wärmevorbehandlung mit Azetylenflamme geschnitten werden. Schweißung ist mit Schutzatmosphäre zu empfehlen mit Elektroden auf Ni-Cr-Fe-Basis unter Beimischungen von Mo, Cb, Mn oder Mn und Ti.

Kerbschlagzähigkeit bei – 200 °C noch 15 ft-lbs.

### 4. Austenitische rostfreie Stähle Serie 300

Die austenitischen Stähle der 18,8-Gruppe sowie 25 Cr–12 Ni und 25 Cr–20 Ni lassen Temperaturen bis zu – 270 °C zu, wie sie praktisch bei der Heliumverflüssigung vorkommen. Diesen Stählen kommt überragende Bedeutung zu, da sie billiger sind als die ferritischen Stähle und beispielsweise Stahl 304 überall erhältlich ist und leicht bearbeitet werden kann. Diese Stähle sind ideale Werkstoffe, wo hohe Produktreinheit gefordert werden muß, wie dies bei den Raketensystemen der Fall ist. Die Oberflächen sind stets leicht glatt und sauber zu halten. Die Stähle haben keinerlei Spuren von Verzunderung, weisen gute Strömungscharakteristiken auf und sind gegen die meisten Chemikalien praktisch neutral.

### 5. Maraging-Stähle

In der neueren Entwicklung sind eine Reihe von Nickelstählen auf den Markt gekommen, die hervorragende Eigenschaften mitunter auch für das Tieftemperaturgebiet haben. Sie sind in den USA als die „Maraging Steels“ im Handel und weisen bereits ein weit entwickeltes Anwendungsgebiet auf.

Es handelt sich um Nickelstähle von der Zusammensetzung:

25 Ni–1,5 Ti,
20 Ni–1,5 Ti,
18 Ni–8 Co–5 Mo–0,4 Ti.

Sie entwickeln Streckgrenzenwerte bei Raumtemperatur im Werte von bis zu 200 kg/mm$^2$ mit Zugfestigkeiten bis zu 260 kg/mm$^2$ bei hoher Bruchzähigkeit bis zu Temperaturen von – 200 °C. Die Stähle wurden im Zusammenhang mit der Raketentechnik entwickelt. Für Tieftemperaturzwecke sind jedoch die ferritischen Ni-Stähle oder 304 weitaus wirtschaftlicher. Solange hohe Festigkeitsforderungen nicht zu solchen Anwendungen zwingen, sind die austenitischen Vertreter der Serie 300 weitaus überlegen.

### 6. Nichteisenmetalle

Der Vollständigkeit halber seien noch die Temperaturbelastbarkeiten einiger wichtiger Nichteisenmetalle angegeben. Folgende Metalle lassen sich für Anlagen der Tieftemperaturtechnik bis zu – 200 °C einsetzen: Messing – Kupfer – Aluminium (– 200 °C).

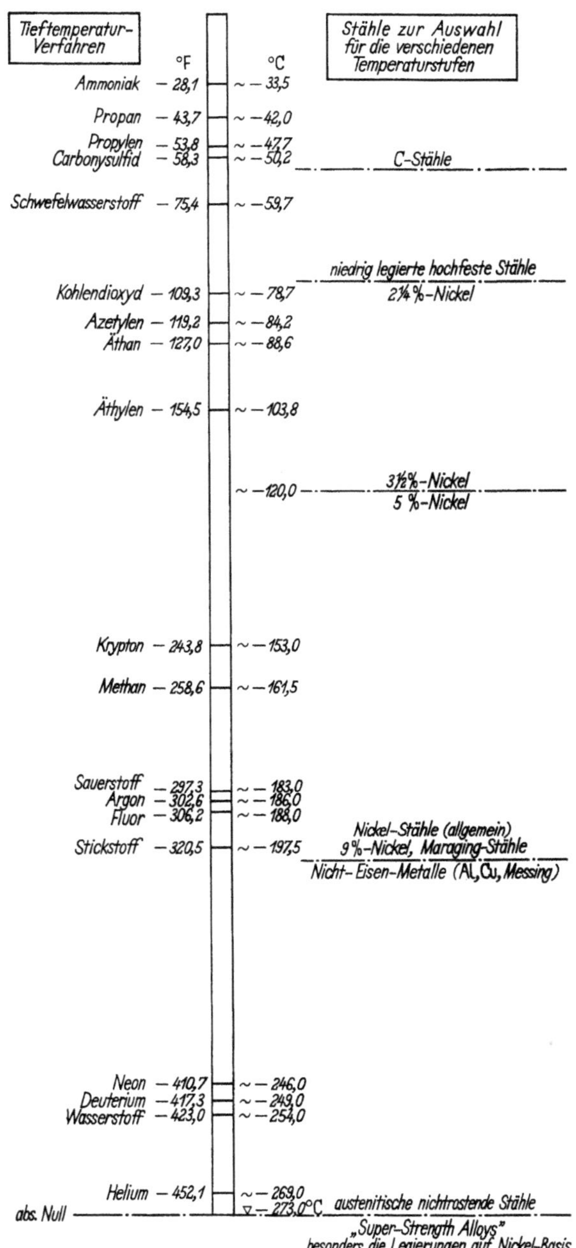


Abb. 31. Diagramm zur Auswahl von Stählen für Anlagen im Tieftemperaturgebiet

### D. Zusammenfassung

Die Auswahl der Werkstoffe für Anlagen der Tieftemperaturtechnik muß sich auf Erfahrungswerte stützen können, die über sie vorliegen. Auf diesem Gebiet ist leider wenig bekannt, doch zumindest sind nicht viele Arbeiten im Schrifttum bekannt geworden.

Anfänglich war es der Stahl, der das Feld der Tieftemperaturtechnik beherrschte, mit Anwendungen bis zu Temperaturen von – 100 °C. Mit der Erschwerung der Forderungen, besonders im Zusammenhang mit der Luftverflüssigung mit Temperaturen bis zu – 200 °C, kam sogar Aluminium als starker Wettbeweber gegen den Stahl auf. Dies liegt kaum acht Jahre zurück.

Für die Weiterentwicklung zu Temperaturen bis zur Heliumverflüssigung nahe am absoluten Nullpunkt trat der Stahl wieder in den Vordergrund. Hier sind es vor allem die austenitischen rostfreien Stähle der Serie 300 im Hinblick auf ihre Zähigkeit, keine kritische Phasenübergangstemperatur, Korrosionsbeständigkeit, Sauberkeit in der Verarbeitung und im Einsatz sowie gute Schweißbarkeit.

Wenn auch die Festigkeitswerte mit sinkenden Temperaturen sich verbessern, sollte man davon keinen Gebrauch machen und die Eigenschaften bei Raumtemperatur in die Berechnung einsetzen.

Das entscheidende Festigkeitskriterium, auf das die Berechnung abgestellt werden muß, ist die Kerbschlagzähigkeit, die möglichst hoch sein sollte.

Zusammenfassend lassen sich die Stähle nach Maßgabe ihres Tieftemperaturverhaltens mit abfallender Temperatur in folgender Reihenfolge zuverlässig verwenden:

| | |
|---|---|
| – 50 °C max. | C-Stähle, |
| – 70 °C | Niedriglegierte, hochfeste Baustähle, |
| – 170 °C | Nickelstähle, |
| – 200 °C | Maraging-Stähle, |
| – 270 °C | Austenitische Stähle. |

Eine Übersicht über die Einsatzfähigkeit der erwähnten Werkstoffe im Zusammenhang mit den Produkttemperaturen, bei denen die Apparate betrieben werden, ist in Abb. 31 veranschaulicht.

## X. Hochtemperaturmetalle hoher Festigkeit

Die Entwicklung der Hochtemperaturmetalle mit gleichzeitig hoher Festigkeit bei sehr hohen Temperaturen geht zurück auf die Entwicklung der Düsenmotoren und Raketenantriebe für Weltraumsatelliten. Sie stehen heute in sehr großer Zahl zur Verfügung, so daß eine selbst nur nominelle Anführung einen Band für sich anfüllen würde. Sie stehen in allen Lieferzuständen zur Verfügung als Schmiedestücke, Gußblöcke, Stangen, Bleche, Drähte, Streifen sowie als Rohre. Für jede Lieferform liegen genaue Richtlinien fest, die man bei der Bestellung nur anzugeben braucht, um die erwarteten Festigkeitseigenschaften gewährleistet zu erhalten.

Der chemischen Zusammensetzung nach unterscheidet man Hochtemperaturmetalle auf Eisenbasis, Chrombasis, Nickelbasis und Kobaltbasis. Ihre zum Teil ungewöhnlichen Festigkeitseigenschaften stützen sich neben der chemischen Zusammensetzung auf oft äußerst verwickelte Wärmebehandlungsverfahren. Man kann diese Metalle eigentlich nicht mehr Stähle nennen, wenn man von der Definition ausgeht, daß man als Stähle solche Legierungen ansieht, deren Gehalt an Eisen mindestens 40–50 % beträgt. In den USA führen diese Legierungen die Bezeichnungen „High Temperature Metals“ oder „Super Strength Alloys“, was die gebräuchlichere Bezeichnung ist.

Die Entwicklung dieser Werkstoffe ist darauf abgestellt, Zeitstandfestigkeit und Zeitdehngrenze immer mehr in die Höhe zu treiben bei gleichzeitiger Steigerung der Temperaturbelastbarkeit. Die entsprechen-

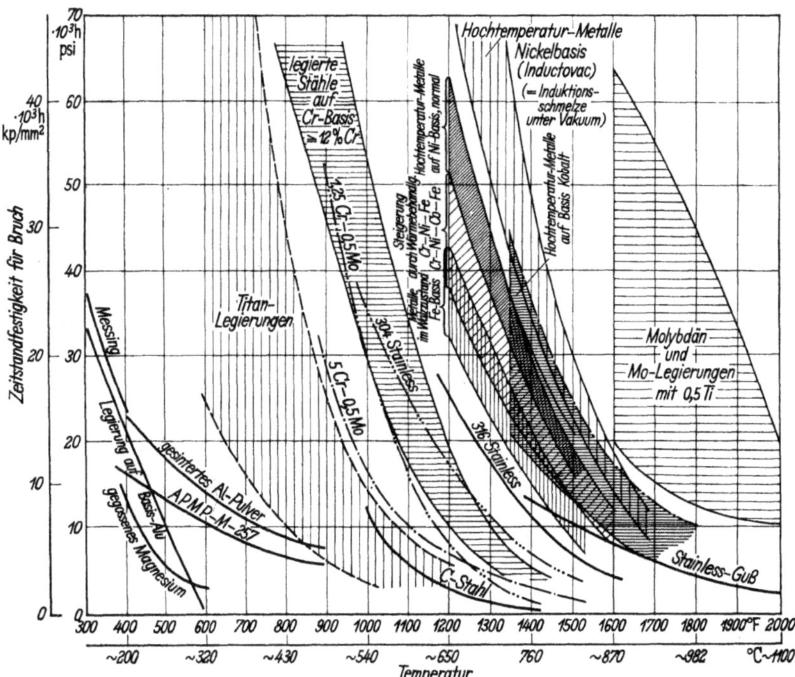


Abb. 32. Zeitstandfestigkeiten für Bruch in 1000 Stunden in Abhängigkeit von der Temperatur. Vergleich der wichtigsten Gruppen

den Kurven werden für die in der Industrie bekanntesten Hochtemperaturmetalle wiedergegeben.

Als Gesamtbild gesehen zeichnen sich die Zeitstandfestigkeiten der einzelnen Gruppen so ab, wie es in dem Übersichtsdiagramm der Abb. 32 wiedergegeben ist. Hier werden die Beanspruchungen gezeigt, die den Werkstoff durch Bruch in 1000 Stunden zum Versagen bringen in Abhängigkeit von der Betriebstemperatur. Man erkennt deutlich die Gruppen Eisen-Cr-Ni- und Kobaltbasis. Auffallend ist die hohe Temperaturbelastbarkeit der relativ neuen Mo-Legierungen.

Die Kurven der Abb. 32 stellen die $10^3$-Stunden-Zeitstandfestigkeiten dar von Metallen im Walzzustand bzw. Lieferzustand. Zur äußersten Linken liegen Messing, Aluminium und Magnesium. Titanlegierungen nehmen als Gruppe einen breiten Raum mit höherer Festigkeit und Temperaturbelastbarkeit ein.

Als nächste Gruppe erkennt man die hochlegierten Stähle auf Cr-Basis, die sich im niedrigeren Temperaturgebiet mit den austenitischen Gruppen überdecken. In der höheren Temperaturzone fallen die Cr-Stähle gegenüber den Stählen der Serie 300 allerdings wieder merklich ab.

Die Metalle auf Basis Eisen entwickeln noch erträgliche Festigkeiten bis zu 800 °C. Durch besondere Wärmebehandlung läßt sich die ganze Gruppe nach höheren Festigkeiten hin verschieben, wie die Schraffierung zu erkennen gibt.

Die Gruppe Nickelbasis ist unterteilt in reguläre Metalle auf Basis Nickel und solche, die nach dem Inductovac-Schmelzverfahren hergestellt wird. Die Stahlwerke betonen den außerordentlichen Einfluß der Vakuumschmelzverfahren wie Duomelt, Duovac, Inductovac, von denen jedes Verfahren zu anderen Eigenschaften der Metalle führt. Die Metalle auf Nickelbasis sind bis 900–930 °C noch unter Last beanspruchbar.

Die Werkstoffe auf Kobaltbasis bringen eine weitere Verschiebung der Temperaturgrenze auf 1000 °C zustande. Die Zone umfaßt große Spannen mit z.T beachtlichen Festigkeitswerten.

## A. Metalle auf Basis Eisen

Diese Kategorie, zu der auch die Cr-Legierungen einbezogen werden sollen, läßt sich in zwei Gruppen unterteilen, nämlich in Gruppe I mit Cr-Ni-Fe-Legierungen sowie in Gruppe II mit Cr-Ni-Co-Fe-Legierungen.

Die chemische Zusammensetzung dieser Metalle gibt Tab. 13 u. 14 wieder.

Für einige der Metalle liegen Zeitstandskurven vor, die in Abb. 33 u. 34 wiedergegeben sind.

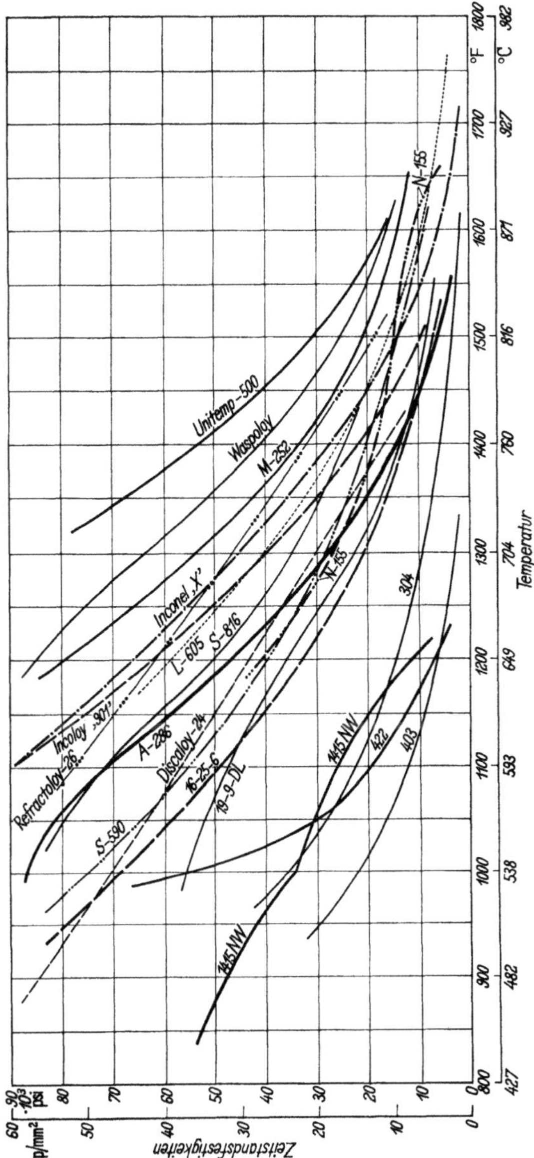


Abb. 33. Hochtemperaturmetalle (Super-Strength-Alloys). Zeitstandfestigkeiten für 1000 Stunden Belastung in Abhängigkeit von der Temperatur

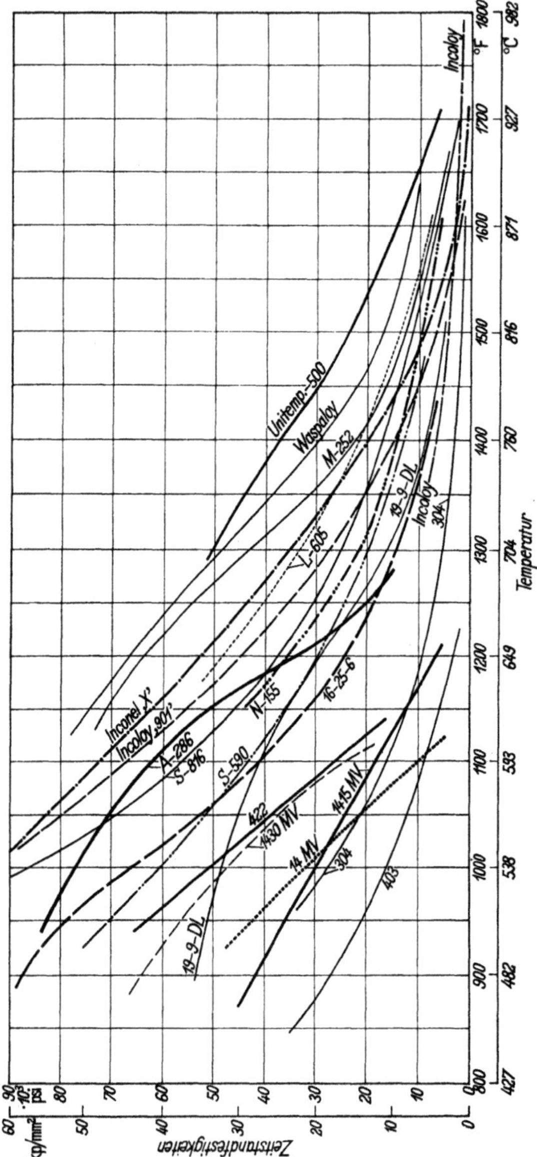


Abb. 34. Hochtemperaturmetalle (Super-Strength-Alloys). Zeitstandfestigkeiten für $10^4$ Stundenbelastung in Abhängigkeit von der Temperatur

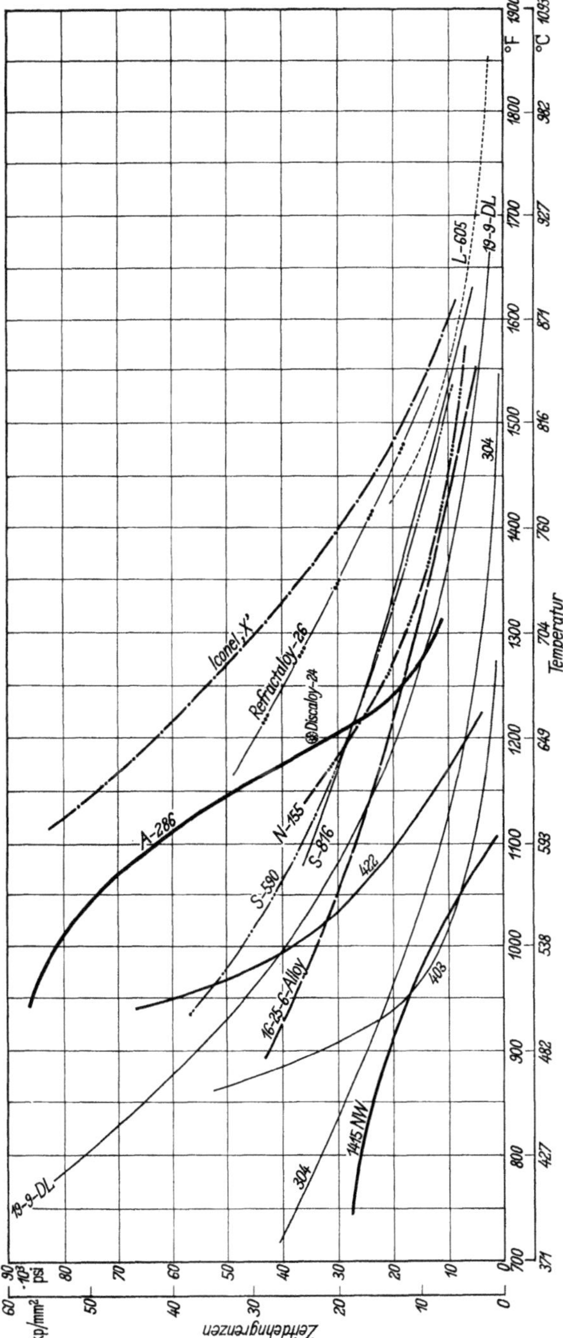


Abb. 35. Hochtemperaturmetalle (Super-Strength-Alloys). Zeitdehngrenzen für 1 % Dehnung in $10^4$ Stunden in Abhängigkeit von der Temperatur

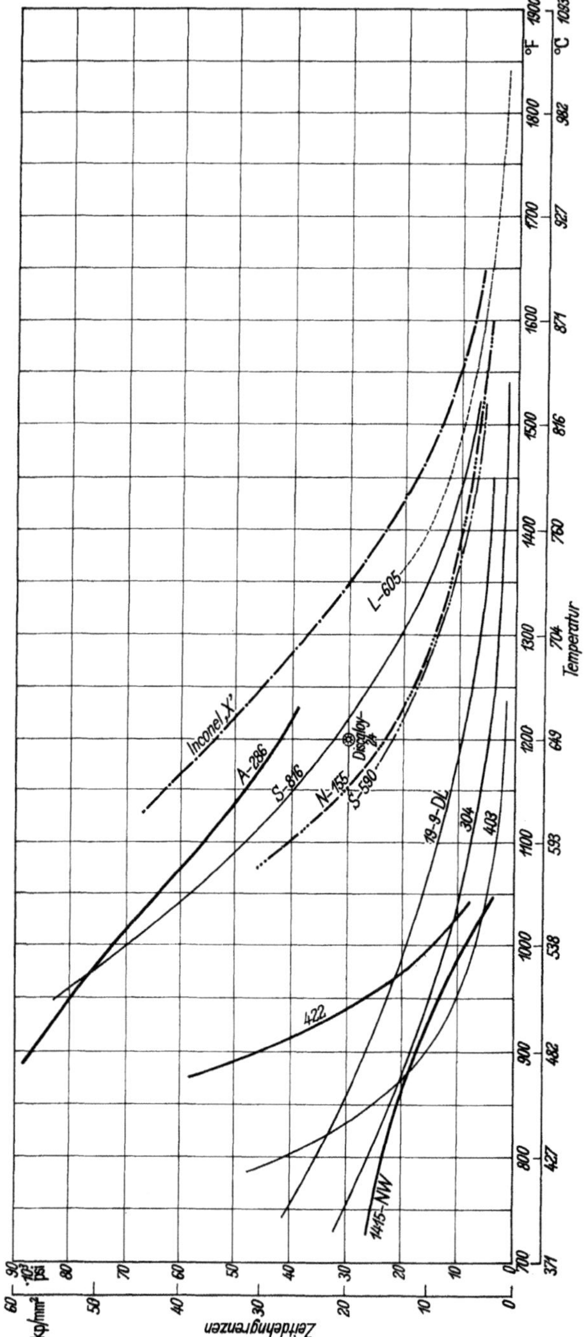


Abb. 36. Hochtemperaturmetalle (Super-Strength-Alloys). Zeitdehngrenzen für 1 % Dehnung in $10^5$ Stunden in Abhängigkeit von der Temperatur

## B. Metalle auf Basis Nickel

Für die Metalle der Basis Nickel treten besonders die Vertreter der Inconel-Familie und der Hastelloy-Familie in Erscheinung. Mit etlichen Metallen beider Familien hat der Verfasser ausgezeichnete Erfahrungen gesammelt über das betriebliche Verhalten dieser Werkstoffe bei extremen Betriebsbedingungen hinsichtlich Druck, Temperatur und Korrosion.

Die chemische Zusammensetzung der Metalle auf Basis Nickel ist in Tab. 15 aufgezeichnet.

Festigkeiten und Temperaturbelastbarkeiten sind in Abb. 33 u. 34 für einige Vertreter dieser Gruppe dargestellt. Abb. 35 u. 36 zeigen Kurven für die entsprechenden Zeitdehngrenzen dieser Metalle, und zwar bezogen auf $10^4$ und $10^5$ Stunden.

## C. Metalle auf Basis Kobalt

Die Vertreter dieser Gruppe sind mit ihrer chemischen Zusammensetzung ebenfalls in Tab. 16 angedeutet. Tab. 13–17 ist dem Bericht Nr. 160 des ASTM [*20*] entnommen.

Der Vertreter L-605 dieser Gruppe ist ebenfalls in die Abb. 35 u. 36 für Zeitstandswerte eingezeichnet.

## D. Vergleich mit deutschen, britischen und russischen Werkstoffen

Tab. 17 gibt einen Vergleich zwischen deutschen, britischen und russischen Hochtemperaturmetallen hinsichtlich ihrer Zusammensetzung gemäß ASTM [*20*].

## E. Festigkeit der Hochtemperaturwerkstoffe

Im Rahmen dieses Kapitels ist es unmöglich, die Zeitstandskurven aller in den Tabellen angeführten Werkstoffe darzustellen. Der Verfasser hat einige typische Vertreter jeder Gruppe herausgegriffen, die leicht verfügbar waren. Die Diagramme sind in Abschn. XI zu finden.

# XI. Tabellen zur Auswahl der Stähle

Die umfangreiche Bereitstellung hochwertiger Hochtemperaturmetalle mit hervorragenden Zeitstandfestigkeiten macht es unmöglich, auf die Einzelheiten einzugehen, die eigentlich bei der Auswahl von Werkstoffen für den Bau chemischer Hochdruckapparaturen erforderlich wären. Die Darstellung sei daher auf Tabellen begrenzt, die den Vorteil haben, zugleich eine Übersicht zu bieten zur raschen Orientierung.

Tabelle 5. *Stähle für Anlagen unter Innendruck*
Beanspruchung nur durch Innendruck

| Statischer Innendruck | Dynamischer Innendruck |
|---|---|
| *1. C-Stähle*<br>*a) Einfache C-Stähle*<br>SAE-1000–1050<br>$C_{max} = 0{,}45–0{,}50\%$<br>Masseneffekt, Wärmebehandlung und Einschränkungen bei der Kaltverarbeitung sind besonders zu berücksichtigen.<br>*b) C-Mn-(Si-)Stähle verschiedener Kombination*<br>Perlitische Stähle der Serie 1300<br>0,3 C–(0,5–0,9) Mn, 0,4 > Si<br>(0,15–0,25) C–0,5 Mn, 0,4 > Si<br>0,25 C–0,9 Mn–0,3 Si<br>S, P-Gehalte ⩽ 0,05% je oder 0,10% total.<br>Bedingungen:<br>Gute Oberflächen, Reinheit, Homogenität in Struktur und Eigenschaften.<br>$\sigma_{0,2\%} \geqslant 35$ kg/mm² min oder<br>$\sigma_F/\sigma_B \leqslant 0{,}80$ [höher<br>Dehnung ⩾ 15–20%<br>*2. Legierte Stähle*<br>Alle härtbaren und vergütbaren, niedriglegierten und hochfesten Stähle mit hoher Streckgrenze, Dehnung, Kerbschlagzähigkeit kommen in Betracht.<br>Rücksprache mit Stahlwerk wichtig, da für diese Gruppe von Stählen die Wärmebehandlung wichtiger sein kann als die chemische Zusammensetzung.<br>Geeignet sind:<br>u. Zylinder: Stähle der Serien SAE-<br>2*** – 3*** – 4*** – 5***<br>für feste Teile: Stähle der Serien<br>6***<br>7*** – 7****<br>9*** | *1. Einfache C-Stähle*<br>Hier sind besonders die Größenwirkungen bei der Wärmebehandlung zu beachten, wenn man für Zylinder C-Stähle wählt.<br>Für feste Teile besteht kaum eine Einschränkung.<br>*2. Legierte Stähle*<br>*a) Niedriglegierte Stähle*<br>SAE-2000–2100-Serie (Tab. 20)<br>Wähle hohe Kerbschlagzähigkeit und Dehnung bei optimaler Festigkeit. Wärmebehandlund wichtig.<br>*b) Cr-Stähle mit niedrigem Cr*<br>SAE-5100-Serie<br>Dauer- und Abriebfestigkeit steuerbar durch Wärmebehandlung.<br>*c) Cr-Ni-Stähle* niedriglegiert<br>SAE-3100-Serie<br>Verschleiß- u. Dauerfestigkeit nach Wärmebehandlung kontrollierbar.<br>*d) Mo-Stähle niedriger Mo-Gehalt*<br>SAE-4100–4300–4600–4800-Serien<br>Wärmebehandlung kann zu ausgezeichneten mechanischen Festigkeitseigenschaften führen.<br>*e) Cr-V-Stähle*<br>SAE-6100-Serie<br>Besonders für Plunger, Spindeln, Schrauben geeignet. Lassen sich durch Wärmebehandlung wesentlich steigern.<br>*Für Zylinder besonders geeignet!*<br>SAE-4100–4300–4800–6100–6200-Serien mit Wärmebehandlung.<br>*3. Hochlegierte Stähle*<br>Hochlegierte Stähle sind den niedriglegierten an Festigkeit nicht überlegen. Die niedriglegierten Vergütungsstähle sind vorzuziehen, solange Korrosion und Temperatur keine Rolle spielen. |

Die Auswahl derjenigen Stähle, die ihre Festigkeitseigenschaften nahezu ausschließlich der Wärmebehandlung und Vergütung verdanken, sollte in Übereinstimmung mit dem Stahlwerk getroffen werden.

## A. Stähle für Druckbeanspruchungen

Für die Auswahl von Stählen für reine Druckbeanspruchungen benütze man Tab. 5, die nach statischem und dynamischem Druck unterscheidet. Die SAE-Bezeichnungen sind hinsichtlich der chemischen Zusammensetzung der Stähle aus der Tab. 20 im Anhang zu entnehmen.

## B. Stähle für Beanspruchungen durch Druck und Temperatur

Für die Erfassung des gesamten Temperaturgebietes muß wiederum eine Unterteilung getroffen werden zwischen Tieftemperaturgebiet und den erhöhten Temperaturen, wobei das Hochtemperaturgebiet wieder aufgeteilt wird in die Zone bis zu 650 °C und die Zone über der 560-°C-Grenze.

Für das Tieftemperaturgebiet kann in erster Annäherung die Abb. 31 günstig herangezogen werden. Im Einzelfall werden die Stähle für diese Beanspruchungen in Tab. 6 aufgezeigt.

Für die Zone von Raumtemperatur bis zu 650 °C ist die Tab. 7a zur Auswahl zu benutzen, gekennzeichnet in Unterteilung a). Diese Unterscheidung ist deshalb gewählt worden, weil es sich hier um Stähle handelt, die sich hauptsächlich auf die typischen Hochdrucksynthesen der chemischen Industrie beziehen. Mit der neueren Entwicklung der Hochtemperaturmetalle bzw. der „Super Strength Alloys“ läßt sich die zweite Zone für Temperaturen über 650 °C definieren, deren Werkstoffe in Teil b) der Tab. 7b aufgeführt sind.

Im Hinblick auf Oxydation und zunderbeständige Stähle kann Tab. 8 S. 628–629, herangezogen werden. Hier ist zwischen zunderbeständigen Stählen und Metallen unterschieden, deren Oberflächen durch Metallisierungsverfahren geschützt werden. Damit lassen sich Temperaturen bis zu 1100 °C beherrschen, solange Druckbeständigkeit nicht gleichzeitig gefordert wird.

## C. Stähle für Beanspruchung durch Druck, Temperatur und Gaskorrosion

Dem Text in Abschn. VII folgend wird in den Werkstofftabellen unterschieden zwischen Beständigkeit gegen Wasserstoff, Stickstoff, Kohlenoxyd und Schwefelwasserstoff.

### 1. Stähle gegen heißen Druckwasserstoff

Zur Auswahl der Stähle, die für Anlagen gegen heißen Druckwasserstoff zum Einsatz benutzt werden können, dient Tab. 9. Zur einfachen Orientierung kann Abb. 37 angewandt werden, die die Druck- und Temperaturbereiche von Stählen aufzeigt in Abhängigkeit von den Legierungselementen, auf die sich die $H_2$-Immunität stützt. Dieses Diagramm ist von NELSON [12] entwickelt und im Laufe der Zeit seither mehrfach revidiert worden. Die Angaben haben sich in vielen Jahren als absolut zuverlässig erwiesen.

Tabelle 6. *Stähle für Anlagen unter Innendruck*

Beanspruchung durch Druck und tiefe Temperaturen

| Stähle | Type | Niedrigste zulässige Temperatur °F | °C |
|---|---|---|---|
| *C-Stähle* | | | |
| | A-53 Gr. A | −20 | −30 |
| | A-116 Gr. A | −40 | −40 |
| | A-333 Gr. C | −50 | −50 |
| *Niedriglegierte Stähle* | | | |
| Alle Nickel enthaltenden Stähle | SAE-20–2500-Serien | −150 | −100 |
| | 31–3400-Serien | −100 bis −150 | −73 bis −100 |
| | 43–4800-Serien | −100 bis −150 | −73 bis −100 |
| $2^1/_4$-%-Ni | | −100 bis −150 | −73 bis −100 |
| *Ferritische Cr-Stähle* | | | |
| Cr-Stähle | | −100 | −73 |
| Cr-Stähle mit 3,5% Ni | A-333 Gr. 3 | −150 | −100 |
| 5,0% Ni | A-333 Gr. 5 | −150 bis 200 | −100 bis −150 |
| 9,0% Ni | bis A-333 | −320 | −200 |
| *Maraging-Stähle* | 25–20–18 Ni | −320 | −200 |
| *Austenitische Edelstähle* | | | |
| 18–8 Cr–Ni<br>25–12 Cr–Ni<br>25–20 Cr–Ni | Serie 300 | −320 bis −459 | −200 bis −273 |
| *Hochtemperaturmetalle* | | | |
| Fe-Basis Austen. Gr.<br>Ni-Basis Austen. Gr.<br>Co-Basis | | −420 bis −459 | −200 bis −273 |

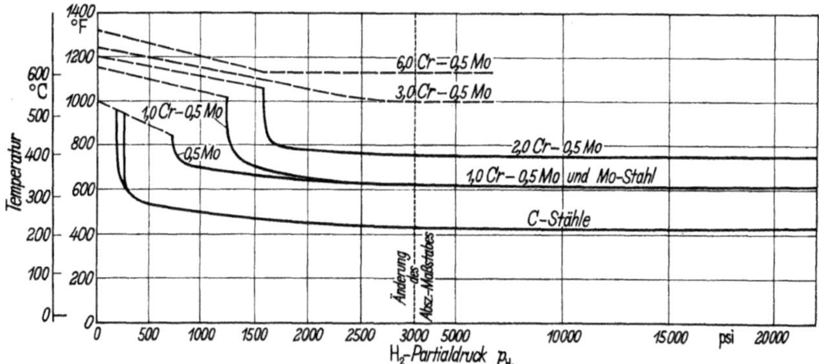


Abb. 37. Betriebstemperaturgrenzen für C-Stähle und niedriglegierte Stähle für Anlagen, die mit heißem Druckwasserstoff betrieben werden. (Nach G. A. NELSON)

Tabelle 7. *Stähle für Anlagen unter Innendruck. Beanspruchung durch Druck bei erhöhten Temperaturen*

a) Maximaltemperatur ≤ 650 °C

| Stähle | Höchstzulässige Temperatur °F | °C | Bemerkungen |
|---|---|---|---|
| *C-Stähle* | | | |
| Einfache C-Stähle | 700–750 | 370–400 | Für mäßige Abmessungen der Apparate |
| C-Mn-Stähle | 750–800 | 400–430 | |
| *Niedriglegierte hochfeste Stähle* | | | |
| 31–41–4300-Serien<br>5100–6100-Serien | 1000–1050 | 540–570 | Höchsttemperatur wird gegeben durch zulässige Zeitstandsfestigkeiten bzw. Zeitdehngrenze |
| *Ferritische perlitische Cr-Stähle* | | | |
| 403–410–422–430–445-Serien | 1050–1100 | 540–600 | Grenze durch Zeitstandswerte festgelegt |
| *Austenitische nichtrostende Stähle* | | | |
| 18–8 18–10 Ti 18–11 Cb<br>18–12 Mo<br>24–12 25–20 15–35 | >1100 | >600 | Stähle, deren Kristalle flächenzentriert kubisch sind, entwickeln höhere Kriecheigenschaften als solche mit kubisch-raumzentriert |
| *PH-Armco-Stähle* | | | |
| 17–7 PH 17–4 PH<br>17–10 P<br>17–10 Cu–Mo<br>14–17 Mo | >1100 | >600 | |

b) Maximaltemperatur ≥ 1200 °F

| Metalle | Höchstzulässige Temperatur °F | °C | Bemerkungen |
|---|---|---|---|
| *Hochtemperaturmetalle* | | | |
| „Super Strength Alloys“ | | | |
| Basis Eisen Austenitische Gruppe | 1200–1500 | 650– 820 | Auswahl streng nach Zeitstandfestigkeitswerten vorzunehmen |
| Basis Nickel | 1200–1600 | 650– 870 | |
| Basis Kobalt | 1400–1800 | 760– 980 | |
| Mo- und Mo-Ti-Metalle | 1600–2000 | 870–1100 | |

Tabelle 8. *Stähle gegen Oxydation und Verzunderung*

| Stähle | Höchstzulässige Dauertemperatur[1] °F | Höchstzulässige Dauertemperatur[1] °C | Bemerkung |
|---|---|---|---|
| *C-Stähle* | | | |
| Reine C-Stähle | 900 maximal | ~500 | |
| C-Stähle mit Aluminium | 950–1000 | ~500–550 | |
| *Niedriglegierte hochfeste Baustähle* | | | |
| Cr bis zu 3% | bis zu 1050 | bis zu 570 | |
| Cr bis zu 3% plus Al | bis zu 1050 | bis zu 510 | Jedoch stabiler |
| *Cr-Stähle* | | | |
| 9–12% Cr | 1300–1400 | 700–760 | |
| bis zu 18% Cr | 1400–1500 | 760–820 | |
| bis zu 22% Cr | >1600 | >870 | |
| *Cr-Eisen* | | | |
| Min. Cr 22–24% | bis zu 2000 | bis zu 1100 | |
| Cr > 24% | bis zu 2000 | bis zu 1100 | |
| *Austenitische nichtrostende Stähle* | | | |
| 18–8 und Kombinationen | 1600–2000 | 870–1100 | Ziemlich gut |
| 25–12 Cr–Ni<br>25–20 Cr–Ni<br>15–35 Cr–Ni | bis zu 2000 | bis zu 1100 | Gut beständig |
| *Hochtemperaturmetalle* | | | |
| Fe-Basis Austenitische Gruppe<br>Ni-Basis<br>Co-Basis | alle über 2000 | alle über 1100 | Ausgezeichnet beständig selbst gegen starke Betriebsschwankungen mit hohen Temperaturunterschieden: warm – kalt |
| Mo- und Mo-Ti-Legierungen | | | |

Tabelle 8 (Fortsetzung). *Oberflächenschutz von Metallen durch Metalle*

| | | | |
|---|---|---|---|
| *Flammplattieren* | | | |
| Mit W-Karbiden auf Kobalt auf Stahl | bis zu 1000 | bis zu 500 | Vielzahl von Möglichkeiten zulässig |
| Mit Cr-Karbiden und Cr–Ni auf Stahl | bis zu 1800 | bis zu ~1000 | |
| *Metallisieren* | | | |
| mit Al | 1600 | ~ 870 | Unbegrenzte Zahl von Modifikationen möglich |
| mit Ni-Cr-Legierung } auf Stahl | 1800 | ~1000 | |
| mit Ni-Cr-Leg. auf Al-Schicht } auf Stahl | 2100 | ~1150 | |
| *Diffusionsverfahren* | | | |
| Cr, Al, Si (18–8) usw. auf Stahl | 1600–2000 | ~870–1100 | Unbegrenzte Anwendungsmöglichkeiten zulässig |

[1] Kurzzeitbelastungen mit Schwankungen sind für den Werkstoff gefährlicher als konstante Höhe mit Dauerbelastung.

Tabelle 9. *Stähle für Anlagen, betrieben mit heißem Druckwasserstoff*

| Korrosionswirkung | Beschaffenheit der gewählten Stähle bzw. Betriebskontrollmaßnahmen | Stähle für heißen Druckwasserstoff |
|---|---|---|
| 1. Versprödung infolge Einwirkung von heißem Druckwasserstoff, der durch die Kristallstruktur eindiffundiert und in den Korngrenzen die erste Stufe des Wasserstoffangriffes erzeugt.<br>2. Zersetzung des Gefüges, dessen Zerfall in ursprünglich defekten Zonen beginnt.<br>3. Auslösung von kathodischer intergranularer Korrosion.<br>4. Entkohlung in den Zonen, die mit dem Wasserstoff in Berührung stehen.<br>5. Entkohlung ist auf die Methanreaktion zurückzuführen, die mit $H_2$ und dem C im Metallgefüge zustande kommt. Methanmoleküle sprengen Gitter und machen somit größere Flächen dem Angriff zugänglich.<br>6. Mit zunehmender Betriebsdauer werden auch Kristalliten entkohlt, was dem Schritt zwei des $H_2$-Angriffes entspricht. | Für die höchste Beanspruchung, die dem Werkstoff durch Druck, Temperatur u. Korrosion zuteil werden kann, muß die Prüfung hohe Forderungen stellen:<br>1. Höchstmögliche Reinheit der Schmelze ohne Fehlstellen.<br>2. Gleichmäßigkeit der Gefügeausbildung u. der mechanischen Festigkeitseigenschaften.<br>3. Hohe Zeitstandfestigkeit b. genügendem Abstand von der Zeitdehngrenze, hohe Kerbschlagzähigkeit, Minimum an Porosität.<br>4. Erschmolzen im Elektroverfahren.<br>5. Genaue Oberflächen- und Gefügeprüfungen möglichst mittels Ultraschallgerät, magnetisch, Röntgenstrahlen und chemisch für Zusammensetzung.<br>6. Dauernde Prüfungen während des Betriebes unerläßlich. | *C-Stähle*<br>Maximal zulässiger Druck 300–350 atü, solange die Temperatur die obere Grenze von 200 °C nicht überschreitet. Unterhalb dieser Grenzbedingungen hat die Zeitdauer keinen Einfluß auf die Beständigkeit.<br>*Niedriglegierte aber hochfeste Baustähle*<br>Enthält der Stahl mindestens 2,5% Cr, so ist der Druck weniger schädlich, lediglich die Temperatur wirkt korrodierend.<br>Man kann folgende Richtlinien ins Auge fassen:<br>$\leqslant$2,5% Cr maximal zulässige Temperatur ≈ 400 °C ∼ 750 °F<br>$\leqslant$3,0% Cr maximal zulässige Temperatur ≈ 510 °C ∼ 950 °F<br>$\leqslant$5,0% Cr maximal zulässige Temperatur ≈ 570 °C ∼ 1050 °F<br>$>$5,0% Cr maximal zulässige Temperatur ≈ 600 °C ∼ 1100 °F<br>*Ferritische Cr-Stähle*<br>Mit Cr-Gehalten über 12% bis zu ∼600 °C zulässig.<br>*Austenitische nichtrostende Stähle*<br>18–8 Cr–Ni<br>18–8–2 Kombinationen<br>25–12 Cr–Ni<br>25–20 Cr–Ni<br>15–35 Cr–Ni<br>} Praktisch kein Angriff. Stähle sind immun[1].<br>*PH-Armco-Stähle*<br>Ähnliches Verhalten wie austenitische Gruppe. Zulässige Temperatur $>$600 °C.<br>*Hochtemperaturmetalle*<br>Fe-Basis Austenitische Gruppe<br>Ni-Basis<br>Co-Basis<br>} Metalle völlig immun gegen $H_2$-Angriff[1]. |

[1] Hier wird die Temperaturgrenze nach oben lediglich von den Zeitstandsfestigkeitswerten bestimmt.

## 2. Stähle gegen heißen Druckstickstoff

Da in Stickstoffsynthesen der Wasserstoff auch ein Reaktionsbegleiter ist, der mit relativ hohem Partialdruck auftritt, muß die Werkstoffauswahl für Stickstoffanlagen stets auch im Zusammenhange mit Druckwasserstoff gesehen und entsprechend gelöst werden. Der Vorsicht halber wird man $H_2$-beständige Stähle wählen, die keine Neigung zur Oberflächennitrierung haben. Dazu kann die Tab. 10 angewandt werden.

## 3. Stähle gegen Kohlenoxyd

Bei dem Angriff durch Kohlenoxyd tritt das Problem auf, daß die Korrosion sich auf eine genau definierte Temperaturzone beschränkt, und zwar für das Gebiet mit der unteren Grenze von 170 °C und der oberen Grenze von 350 °C. Außerhalb der Grenztemperaturen steht ein Angriff durch CO nicht zu erwarten, wobei auch der Druck keinen Einfluß hat. Innerhalb der Korrosionszone sind nur wenige Werkstoffe gegen den Angriff immun. Selbst die sonst überragenden austenitischen nichtrostenden Stähle sind nur bedingt zulässig. Man greift zu Sonderlegierungen, die man vornehmlich für Auskleidungen und Innenausbauten einsetzt. Bei Kupfer–Mangan muß bei Schweißstellen auf die Wasserstoffkrankheit geachtet werden.

Die Werkstoffe für Anlagen, in denen CO-Angriff auftritt, sind in der Tab. 11 zu finden.

## 4. Stähle gegen Schwefelwasserstoff

Für die Auswahl von Stählen, die in Druckanlagen mit heißem Schwefelwasserstoff in Berührung kommen, gibt Tab. 12 Aufschluß. Wie man sieht, handelt es sich im wesentlichen um Cr-Stähle, deren Beständigkeit sich mit steigendem Cr-Gehalt verbessert. Völlige Immunität ergibt sich aus der Kombination Cr–Ni und ebenfalls für die Hochtemperaturmetalle besonders für diejenigen auf Basis Cr–Ni bzw. Nickel, im Zusammenhange mit dem Element Chrom.

Tabelle 10. *Stähle für Anlagen, betrieben mit Stickstoff-Wasserstoff-Gemischen unter Druck und erhöhter Temperatur*

$N_2 + H_2$

| Korrosionswirkung | Beschaffenheit der Stähle bzw. Betriebskontrollmaßnahmen | Stähle für Gemisch $N_2$–$H_2$ bei Druck und höherer Temperatur |
|---|---|---|
| 1. Stickstoff geht mit Metalloberfläche Reaktion ein zur Bildung von Nitriden, die eine harte Oberflächenschicht bilden.<br>2. Zusammen mit der Nitrierung erfolgt der Wasserstoffangriff. Der $H_2$-Angriff geschieht aber zeitlich langsamer, so daß Nitrierung zuerst wirksam wird.<br>3. Nitridbildung kann zu Oberflächenhaarrissen führen, die äußerst gefährliche Schäden nach sich ziehen können.<br>4. Nitrierschicht von wenigen Zehnteln ist ungefährlich, da sie den elastischen Bewegungen des Grundwerkstoffes zu folgen vermag, ohne als ganze Substanz einzubrechen.<br>5. Gasmischungen, wie $H_2$–$N_2$ sind vielfach in ihrer Korrosionswirkung schädlicher als die Einzelkomponenten selbst. | Für die Kontroll- und Prüfmaßnahmen sowie für die Bedingungen der Stahlzusammensetzung gelten die gleichen Voraussetzungen, wie für Stähle für $H_2$-Betrieb angedeutet.<br>Stickstoff-Korrosionsangriff allein ließe sich verhältnismäßig einfach beherrschen.<br>Wichtig wäre, daß Stahl kein Al enthält. | *C-Stähle*<br>Wenn eine Entkohlung durch $H_2$ geduldet werden kann, sind C-Stähle bedingt zulässig für maximal 350 atü und 200 °C Temperatur.<br>*Niedriglegierte hochfeste Baustähle*<br>Diese Stähle nur für mäßige Drucke zulässig unter Tolerierung leichter Entkohlung durch $H_2$. Temperatur jedoch nicht über 400 °C. Al-Gehalt muß jedoch niedrig sein.<br>(Cr–Mo–V–W $\approx$ 3,5–0,8–0,9–0,5) etwaige Zusammensetzung.<br>*Ferritische Cr-Stähle*<br>Solange C-Gehalt nicht über 0,10% steigt, zeigen Stähle mit 12% Cr und darüber gute Beständigkeit mit relativ geringem Angriff. Maximale Temperatur nicht über 550 °C.<br>*Austenitische nichtrostende Stähle*<br>Alle üblichen Austenitstähle praktisch immun.<br>Temperaturgrenze lediglich nach Höhe der Zeitstandfestigkeit ermittelt.<br>Nitrierung nach wenigen Zehntelmillimeter Tiefe beendet, bleibt jedoch ungefährlich.<br>*PH-Armco-Stähle*<br>Zeigen ähnliches Verhalten wie austenitische Gruppe.<br>*Hochtemperaturmetalle*<br>Fe-Basis Austenitische Gruppe }<br>Ni-Basis } alle völlig immun.<br>Co-Basis }<br>Zeitstandswerte begrenzen höchstzulässige Temperatur.<br>Immunität wird erreicht durch folgende Legierungsverhältnisse:<br>Mo : C $\geqslant$ 30 : 1 Ti : C $\geqslant$ 4 : 1<br>V : C $\geqslant$ 6 : 1 $\Sigma$(Mo–V–Ti–Ta–Cb–Zr) : C<br>zwischen (30 : 1) und (60 : 1) zu wählen. |

Tabelle 11. *Stähle für Anlagen, betrieben mit Kohlenoxyd-Wasserstoff-Gemischen unter Druck und erhöhter Temperatur*

$CO + H_2$

| Korrosionswirkung | Beschaffenheit der Stähle bzw. Betriebskontrollmaßnahmen | Stähle für Gemisch $CO-H_2$ bei Druck und höherer Temperatur |
|---|---|---|
| Gefährliche Zone der Temperatur, innerhalb deren die Korrosion stattfindet, liegt zwischen der unteren Grenze von 170 °C und der oberen Grenze von 350 °C.<br>Der CO-Angriff vollzieht sich nach folgenden Stufen:<br>1. Oberfläche wird angegriffen durch Zustandekommen einer Reaktion, bei der Metallkarbonyle gebildet werden.<br>2. CO zerfällt, wobei eine Aufkohlung der Oberfläche entsteht, was zu einer Versprödung der Oberfläche führt.<br>3. Wasserstoffkorrosion tritt als sekundäre Reaktion auf.<br>4. $H_2$-CO-Gemisch ist in seiner Angriffswirkung gefährlicher als der Angriff jeder Einzelkomponente allein.<br>5. Wand bröckelt ab und wird schwächer. | Für die höchste Beanspruchung, die dem Werkstoff durch Druck, Temperatur u. Korrosion zuteil werden kann, muß die Prüfung hohe Forderungen stellen:<br>1. Höchstmögliche Reinheit der Schmelze ohne Fehlstellen.<br>2. Gleichmäßigkeit der Gefügeausbildung und der mechanischen Festigkeitseigenschaften.<br>3. Hohe Zeitstandfestigkeit b. genügendem Abstand von der Zeitdehngrenze, hohe Kerbschlagzähigkeit, Minimum an Porosität.<br>4. Erschmolzen nach dem Elektroverfahren.<br>5. Genaue Oberflächen- und Gefügeprüfungen möglichst mittels Ultraschallgerät, magnetisch, Röntgenstrahlen und chemisch für Zusammensetzung.<br>6. Dauernde Prüfungen während des Betriebes unerläßlich. | 1. *Drücke unterhalb 350 atü*<br>*C-Stähle* und *niedriglegierte Stähle* } starker Angriff<br>*3-%-Cr-Stahl*: geschützt durch Dampfverzinkung mit Diffusion } Angriff, der u. U. geduldet werden kann<br>*Ferritische Cr-Stähle*<br>Cr $\geqslant$ 12% — relativ tragbare Korrosion<br>*Austenitische Edelstähle*<br>(18-8) und andere — nicht völlig immun, jedoch ist Korrosion erträglich<br>*Sonderlegierungen*<br>NCT-3 — völlig immun<br>FF-30 — völlig immun, aber zu spröde<br>Cu–Mn (95 : 5) — immun, aber nur für Einbauten bzw. Auskleidungen<br>2. *Drücke bis zu 700 atü*<br>Alle C-Stähle, niedriglegierten Stähle, Cr-Stähle usw. — stark angegriffen<br>*Austenitische Stähle* — nur bedingt zulässig<br>*Sonderlegierungen*<br>NCT-3 und FF-30, Cu-Mn } völlig immun |

Tabelle 12. *Stähle für Anlagen, betrieben mit Schwefelwasserstoff-Wasserstoff-Gemischen unter Druck und erhöhter Temperatur*

$H_2S + H_2$

| Korrosionswirkung | Beschaffenheit der Stähle bzw. Betriebskontrollmaßnahmen | Stähle für $H_2S$-$H_2$-Gemische bei Druck und erhöhter Temperatur |
|---|---|---|
| 1. Die Korrosion besteht darin, daß das $H_2S$-Gas eine Reaktion mit der Metalloberfläche eingeht, wobei das feste Metallsulfid gebildet wird. Metallsulfid ist spröde und nimmt bei der Reaktion an Volumen zu. Es bröckelt daher ab und führt zu einer Schwächung der Wand.<br>2. Der Schwefelangriff führt ferner zu gefährlichen Spannungsrißkorrosionen.<br>3. Als Begleiterscheinung ist der Wasserstoffangriff zu beachten, gemäß dem $H_2$-Partialdruck. | Für die höchste Beanspruchung, die dem Werkstoff durch Druck, Temperatur u. Korrosion zuteil werden kann, muß die Prüfung hohe Forderungen stellen:<br>1. Höchstmögliche Reinheit der Schmelze ohne Fehlstellen.<br>2. Gleichmäßigkeit der Gefügeausbildung und der mechanischen Festigkeitseigenschaften.<br>3. Hohe Zeitstandfestigkeit b. genügendem Abstand von der Zeitdehngrenze, hohe Kerbschlagzähigkeit, Minimum an Porosität.<br>4. Erschmolzen nach dem Elektroverfahren.<br>5. Genaue Oberflächen- und Gefügeprüfungen möglichst mittels Ultraschallgerät, magnetisch, Röntgenstrahlen und chemisch für Zusammensetzung.<br>6. Dauernde Prüfungen während des Betriebes unerläßlich. | *1. Niedriglegierte Stähle*<br>1–3% Cr — wenig beständig<br>1–3% Cr plus Zn-Dampf Diffusion der Oberfläche — zufriedenstellend in Kohlehydrierung, aber in Ölindustrie weniger befriedigend.<br>*2. Ferritische Cr-Stähle*<br>unter 20% Cr — befriedigend<br>über 20% Cr — zunehmend besser mit steigendem Cr-Gehalt<br>*3. Austenitische Stähle*<br>Alle Stähle dieser Gruppe praktisch immun. Immunität steigt mit wachsendem Ni-Gehalt.<br>Ni-Gehalt über 8% — absolut immun<br>*4. Hochtemperaturmetalle*<br>Fe-Basis, Ni-Basis, Co-Basis — Austenitische Gruppe — praktisch alle immun, besonders mit zunehmendem Ni-Gehalt |

## D. Anhang

Dieser Abschnitt des Kapitels soll dafür benutzt werden, einige Kurven und Tabellen zur Ergänzung des vorausgehenden Textes zu veranschaulichen, wodurch in mehreren Fällen der Überblick erleichtert wird.

Abb. 38 liefert im Zusammenhange mit den Zeitstandswerten die Kriecheigenschaften der Edelstähle der Serie 300 und der Serie 400. Die chemische Zusammensetzung dieser Stähle wird in Tab. 18 gezeigt.

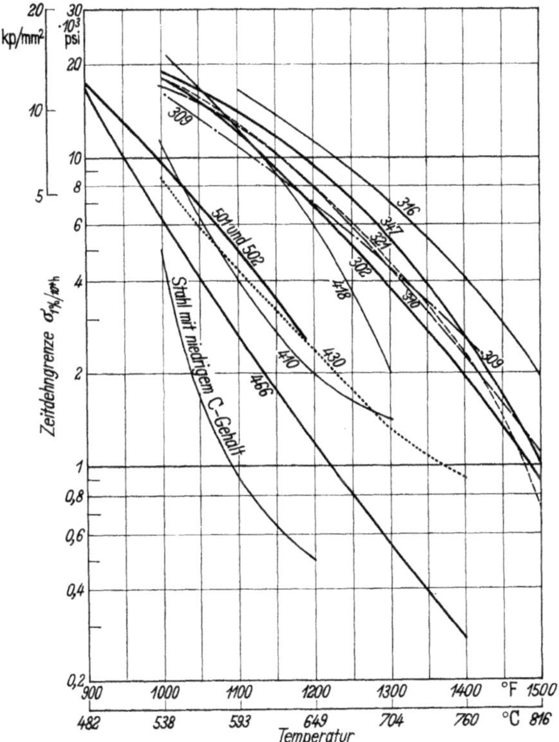


Abb. 38. **Zeitdehngrenzen für 1 % bleibende Verformung in 10000 Stunden als Funktion der Temperatur für die nichtrostenden Edelstähle der Serien 300 und 400 im geglühten Zustand (ohne Kaltverformung). (Nach ALLEGHENY LUDLUM STEEL-BOOK)**

Analog zeigen Abb. 39a u. b die Zeitstandfestigkeiten für 1000 Stunden für die wichtigsten Vertreter der Inco-Familie in Abhängigkeit von der Temperatur. Entsprechend bieten Abb. 40a u. b Zeitstandfestigkeiten für 1000 Stunden der wichtigsten Stähle der Hastelloy-Alloy-Familie. Beide Kategorien von Werkstoffen nehmen in der USA-chemischen Großindustrie einen hervorragenden Platz ein.

Kurven für Kurzzeitfestigkeiten der Werkstoffe, deren Zeitstandskurven in Abb. 33–36 gezeigt werden, sind in Abb. 41 u. 42 veranschaulicht in Abhängigkeit von der Temperatur. Vertreter der Inco- und

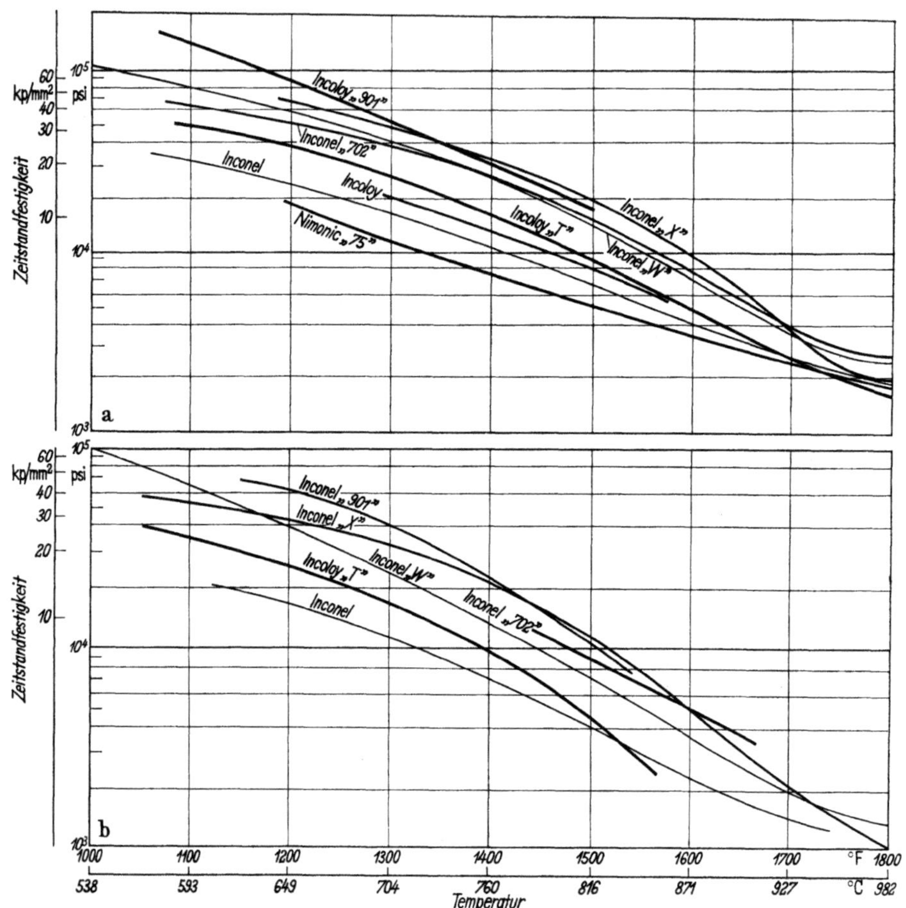


Abb. 39a. Zeitstandfestigkeiten für Bruch in 100 Stunden an Legierungen der INCO-Familie, bezogen auf gewalzte Bleche als Funktion der Temperatur

Abb. 39b. Zeitstandfestigkeiten für Bruch in 1000 Stunden an Legierungen der INCO-Familie, bezogen auf gewalzte Bleche als Funktion der Temperatur

Hastelloy-Familien sind inbegriffen. Eine Gegenüberstellung der Kurzzeitstreckgrenzen und der Zerreißfestigkeiten in Abhängigkeit von der Temperatur wird für diese Werkstoffe in Abb. 43 u. 44 angeboten. Die Analysen einiger Hochtemperaturmetalle, die in Abb. 43 u. 44 sowie früher erwähnt sind, sind in Tab. 19 aufgezeigt.

Abb. 45 veranschaulicht die Härtewerte der verschiedenen Hochtemperaturmetalle in Abhängigkeit von ihrer Betriebstemperatur.

Tab. 20 u. 21 bieten die SAE-Klassifikation der Baustähle mit Bezeichnung, Gliederung und ungefähre Richtanalyse.

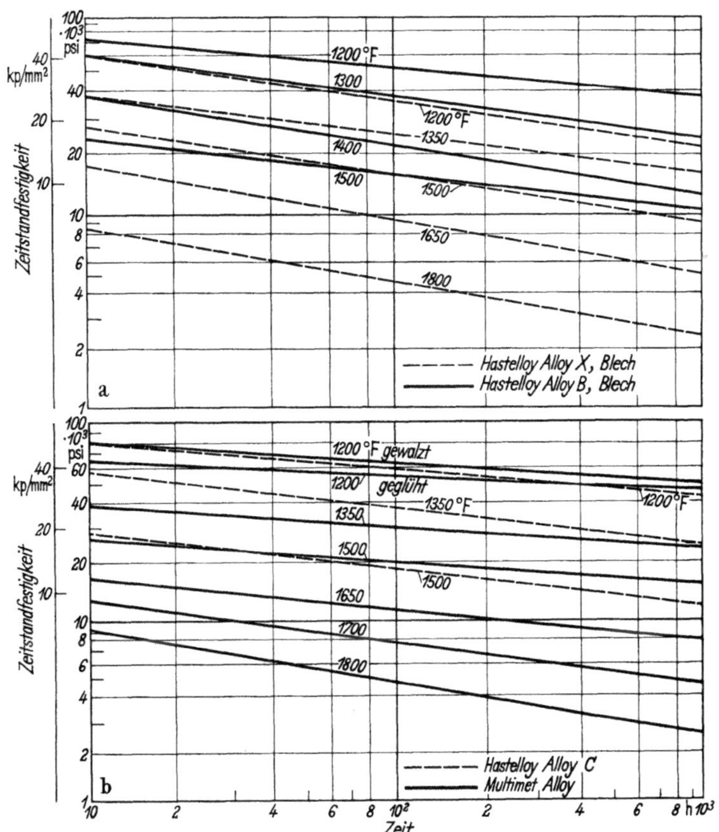


Abb. 40. Zeitstandfestigkeiten für 1000 Stunden in Abhängigkeit von der Temperatur für einige Vertreter der Hastelloy-Alloy-Familie, die neben der Festigkeit noch hervorragende Oxydationsbeständigkeit aufweisen

Die gerade in jüngster Zeit bekannt gewordenen „Maraging-Stähle", bekannt geworden als Almar 18–20 und Almar 25 sind wegen ihrer ungewöhnlichen Festigkeitscharakteristik besonders in den Vordergrund getreten. Sie erhalten ihre hohen Festigkeitseigenschaften durch Kaltverarbeitung und besondere Wärmebehandlung. Wie diese Verfahren die Eigenschaften beeinflussen, wird in den Abb. 46, 47, 48 u. 49 gezeigt.

Angeführte Tabellen für Temperatur- und Härtewerte erleichtern die Betrachtung aller Kurven.

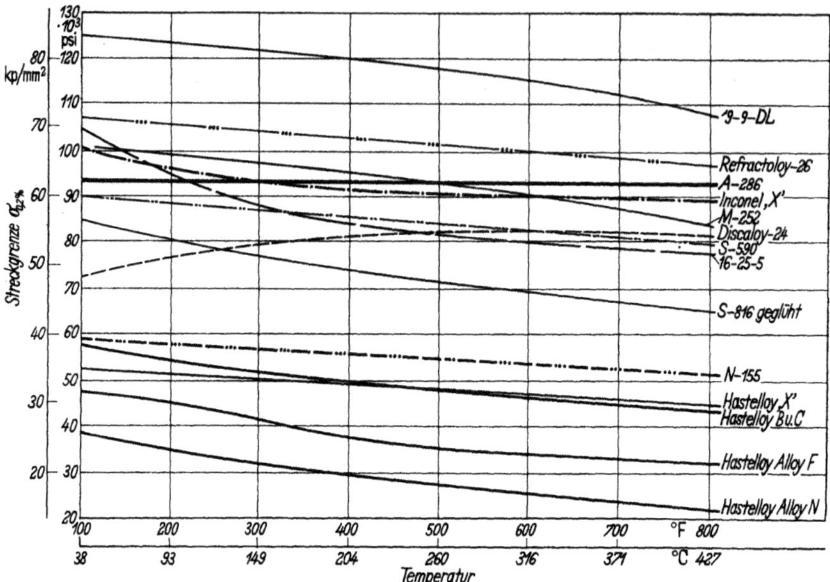


Abb. 41. Kurzzeitstreckgrenzenwerte in Abhängigkeit von der Temperatur für einige Hochtemperaturmetalle (Super-Strength-Alloys)

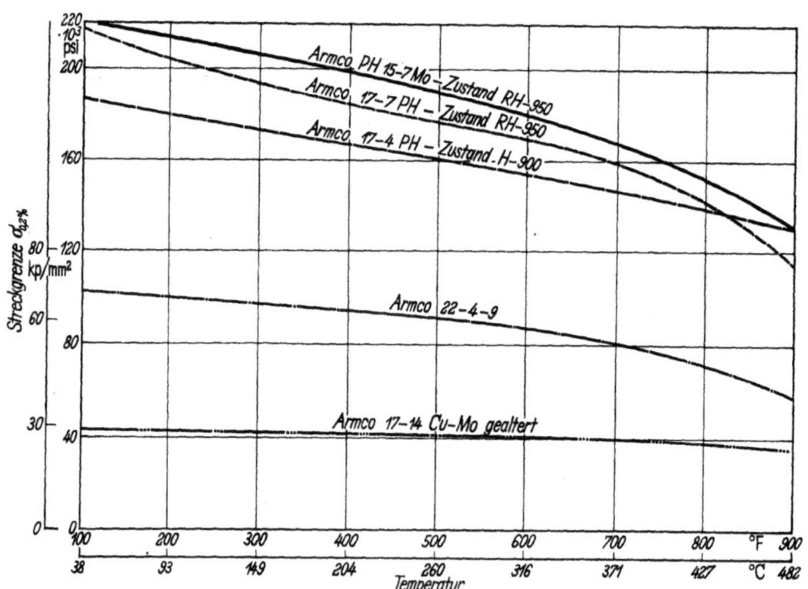


Abb. 42. Kurzzeitstreckgrenzenwerte in Abhängigkeit von der Temperatur für die Klasse der Armco-PH-Edelstähle

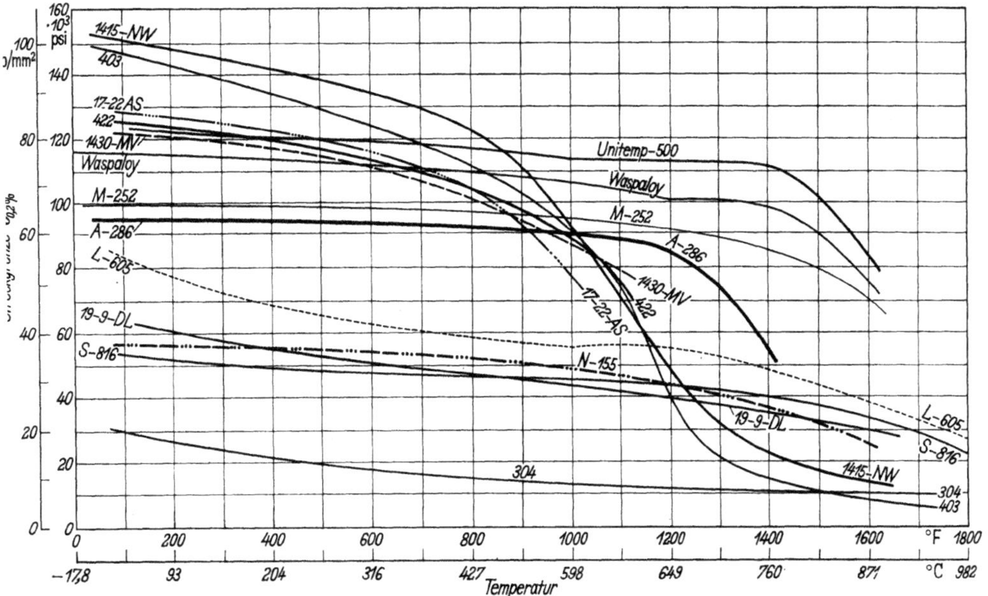


Abb. 43. Kurzzeitstreckgrenzenwerte der bekanntesten Hochtemperaturmetalle in Abhängigkeit von der Temperatur

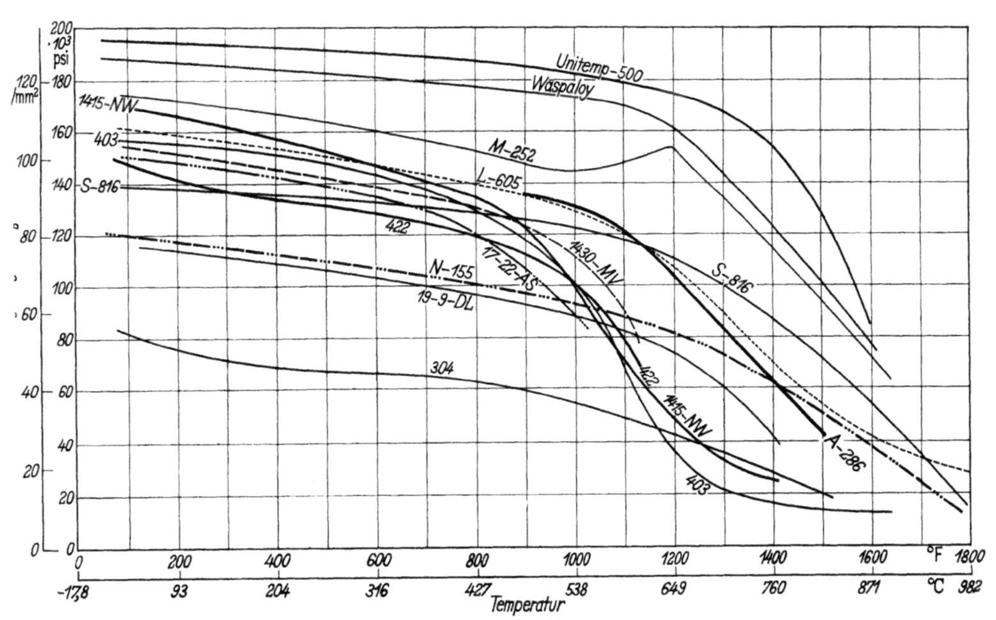


Abb. 44. Kurzzeitzerreißfestigkeitswerte der bekanntesten Hochtemperaturmetalle in Abhängigkeit von der Temperatur

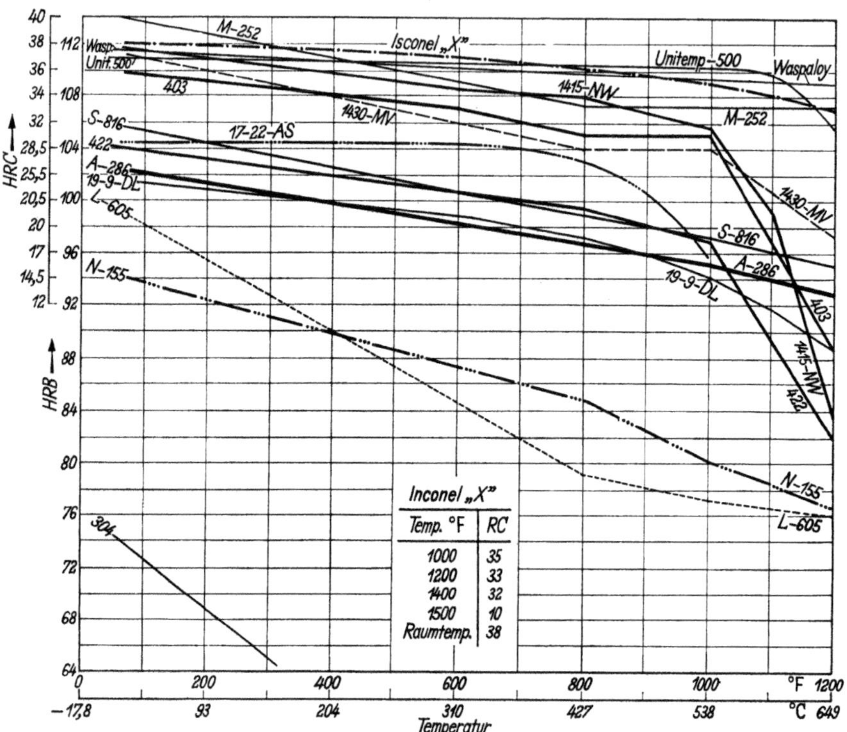


Abb. 45. Härte der Hochtemperaturmetalle in Abhängigkeit von der Betriebstemperatur

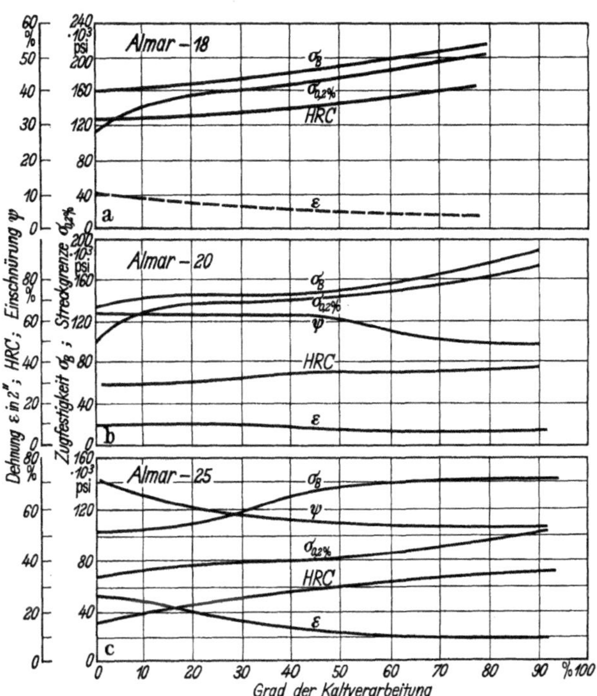


**Abb. 46.** Einfluß der Kaltbearbeitung allein auf die Festigkeitseigenschaften der Maragingstähle Almar 18-20-25

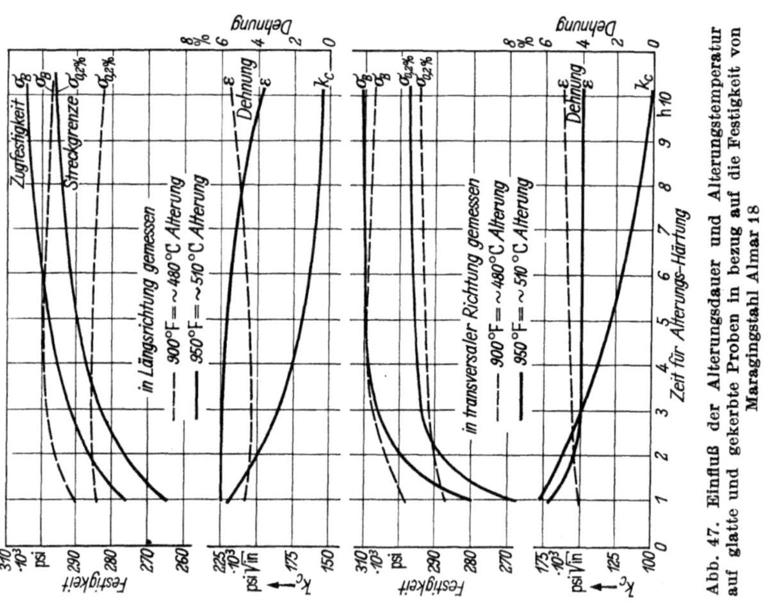


Abb. 47. Einfluß der Alterungsdauer und Alterungstemperatur auf glatte und gekerbte Proben in bezug auf die Festigkeit von Maragingstahl Almar 18

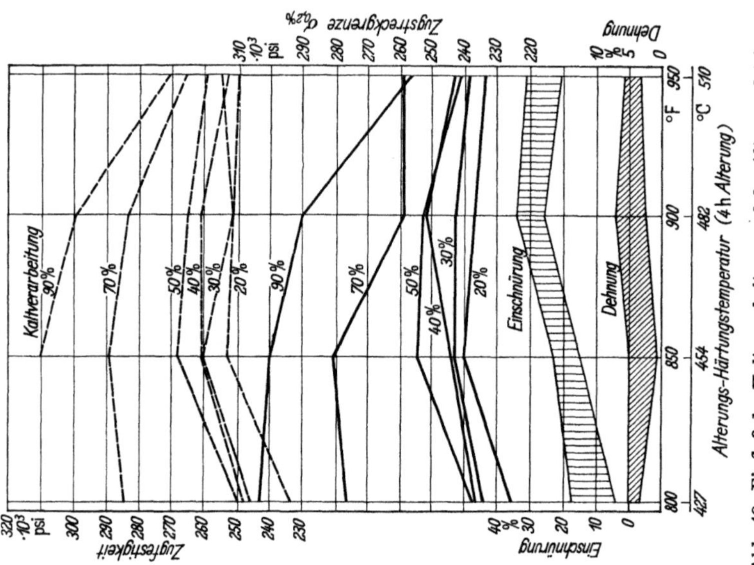


Abb. 48. Einfluß der Kaltverarbeitung und der Alterungshärtungstemperatur an Maragingstahl Almar 20 (mit 1,27 % Ti)

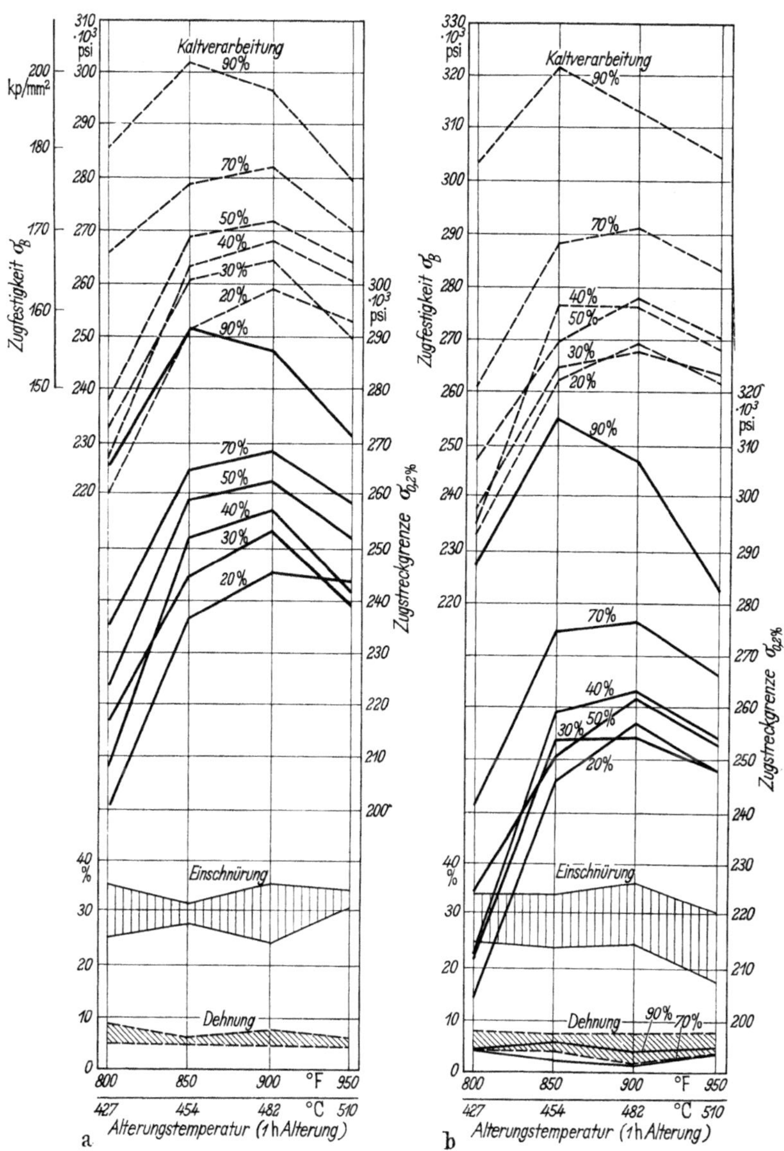


Abb. 49. Einfluß der **Kaltverarbeitung** und der Alterungshärtungstemperatur an Maragingstahl Almar 25 (mit 1,37 % Ti)

Abb. 49a. Geprüft an Längsproben

Abb. 49b. Geprüft an Querproben

Tabelle 13. *Hochfeste Hochtemperaturmetalle (Super Strength Alloys)*[1]

Gruppe I. Cr-Ni-Fe-Metalle. Basis Cr–Fe

| Metall | C | Mn | Si | Cr | Ni | Co | Mo | W | Cb | Ti | Al | Fe | sonstige |
|---|---|---|---|---|---|---|---|---|---|---|---|---|---|
| 19-9W Mo | 0,10 | 0,50 | 0,60 | 19,0 | 9,0 | — | 0,40 | 1,3 | 0,44 | 0,40 | — | 68 | — |
| 19-9 DL | 0,30 | 1,10 | 0,60 | 19,0 | 9,0 | — | 1,25 | 1,2 | 0,40 | 0,30 | — | 66 | — |
| 19-9 DX | 0,30 | 1,00 | 0,55 | 19,2 | 9,0 | — | 1.50 | 1,2 | — | 0,55 | — | 66 | — |
| 19-9W X | 0,11 | — | — | 20,5 | 8,5 | — | 0,50 | 1,5 | 1,30 | 0,20 | — | — | — |
| Inco 425 | 0,05 | 1,2 | 0,7 | 5,3 | 25 | — | — | — | — | 2,3 | 0,7 | 65 | — |
| Croloy 15-15 N | 0,15* | 2,0* | 0,75* | 16 | 15 | — | 1,55 | 1,40 | 1,05 | — | — | — | 0,15 N* |
| 17-14 Cu Mo | 0,12 | 0,75 | 0,50 | 15,9 | 14,1 | — | 2,5 | — | 0,45 | 0,25 | — | Balance | 3,0 Cu |
| Timken 16-25-6 | 0,10 | 1,35 | 0,70 | 16,0 | 25,0 | — | 6,0 | — | — | — | — | 50 | 0,15 N |
| Discaloy 24 | 0,04 | 1,38 | 1,00 | 13,5 | 26,2 | — | 3,9 | — | — | 1,61 | 0,11 | Balance | — |
| HS-88 | 0,07 | 1,50 | 0,50 | 12,5 | 15,0 | — | 2,0 | 0,6 | — | 0,6 | — | Balance | 0,15 B |
| A-286 | 0,05 | 1,35 | 0,95 | 15,0 | 26,0 | — | 1,25 | — | — | 2,00 | 0,20 | Balance | 0,3 V |
| S-495 | 0,40 | 1,0 | 1,0 | 14 | 20 | — | 4,0 | 4,0 | 4,0 | — | — | 51 | — |
| S-588 | 0,42 | 1,5 | 0,8 | 18,4 | 20 | — | 4,0 | 4,0 | 4,0 | — | — | Balance | — |
| CSA | 0,25 | 4,0 | 0,4 | 18 | 5 | — | 1,3 | 1,3 | 1,0 | — | — | 68 | — |
| EME | 0,10 | 0,5 | 0,7 | 19 | 12 | — | — | 3,2 | 1,2 | — | — | 63 | 0,15 N |
| Incoloy | 0,10 | 1,0 | 0,6 | 20,5 | 32 | — | — | — | — | — | — | Balance | — |
| Incoloy T | 0,10 | 1,0 | 0,4 | 20,5 | 32 | — | — | — | — | 1,0 | — | Balance | — |
| ATV-3 | 0,35 | 1,36 | 1,17 | 14,9 | 27,4 | — | — | 4,0 | — | — | — | Balance | — |
| Gamma Columbium | 0,40 | 0,54 | 0,62 | 15,2 | 24,6 | — | 4,1 | — | 2,2 | — | — | Balance | — |
| Turbaloy 13 | 0,13 | 1,68 | 0,75 | 17,8 | 23,6 | — | 2,5 | 1,0 | — | 1,4 | 1,4 | Balance | — |
| M-813 | 0,08 | — | — | 18 | 35 | — | 4,0 | — | — | 2,25 | 1,4 | Balance | — |

* Maximum
– (C) = Guß
– Cb + Ta-Gehalte unter Cb angegeben

[1] Entnommen dem ASTM-Report Nr. 160, 1954.

Tabelle 14[1]

Gruppe II. Cr-Ni-Co-Fe-Metalle

| Metall | C | Mn | Si | Cr | Ni | Co | Mo | W | Cb | Ti | Al | Fe | sonstige |
|---|---|---|---|---|---|---|---|---|---|---|---|---|---|
| N-153 | 0,32 | 1,5 | 0,5 | 17 | 15 | 12 | 3,0 | 2,0 | 1,0 | — | — | Balance | — |
| N-154 | 0,32 | 1,5 | 0,5 | 17 | 24 | 21 | 3,0 | 2,0 | 1,0 | — | — | Balance | — |
| N-155, HS-95 | 0,15 | 1,5 | 0,5 | 21 | 20 | 20 | 3,0 | 2,5 | 1,0 | — | — | Balance | 0,15 N |
| HS-96 | 0,10 | 1,5 | 0,5 | 20 | 20 | 20 | 3,0 | 2,0 | — | — | — | Balance | — |
| N-156 | 0,33 | 1,5 | 0,5 | 17 | 33 | 24 | 3,0 | 2,0 | 1,0 | — | — | Balance | — |
| S-497 | 0,42 | 0,47 | 0,61 | 14 | 19,5 | 19 | 4,0 | 4,0 | 4,0 | — | — | Balance | — |
| S-590 | 0,40 | 1,5 | 0,7 | 20 | 20 | 20 | 4,0 | 4,0 | 4,0 | — | — | 24 | — |
| S-816 | 0,38 | 1,5 | 0,7 | 20 | 20 | 43 | 4,0 | 4,0 | 4,0 | — | — | 3 | — |
| V-36 | 0,31 | 0,9 | 0,5 | 25 | 20 | 42 | 4,0 | 2,0 | 2,2 | — | — | 3 | — |
| K-42-B | 0,05 | 0,7 | 0,7 | 18 | 43 | 22 | — | — | — | 2,5 | 0,2 | 13 | — |
| Refractaloy 26 | 0,05 | 0,7 | 0,7 | 18 | 37 | 20 | 3,0 | — | — | 2,8 | 0,2 | 18 | — |
| Refractaloy 70 | 0,05 | 2,0 | 0,2 | 20 | 20 | 30 | 8,0 | 4,0 | — | — | — | 15 | — |
| Refractaloy 80 | 0,10 | 0,6 | 0,7 | 20 | 20 | 30 | 10,0 | 5,0 | — | — | — | 14 | — |
| Haynes No. 99 | 0,10 | 1,5 | 0,7 | 21 | 18 | 12 | 4,0 | 2,5 | — | — | — | Balance | 0,05 B |
| Timken X | 0,13 | 1,44 | 0,75 | 16,8 | 28,6 | 30,7 | 10,5 | — | — | — | — | Balance | 0,10 N |
| Ticonium | 0,01 | 0,80 | 0,27 | 23 | 35 | 31 | 6 | — | — | — | — | Balance | — |
| M-203 | 0,07 | — | — | 19,5 | 24,5 | 36,5 | — | 12 | 1,5 | 2,15 | 0,75 | 1,6 | — |
| M-204 | 0,07 | — | — | 18,5 | 24,5 | 40,5 | — | 12 | 1,2 | — | — | 1,6 | 0,22 B |
| M-205 | 0,07 | — | — | 18,5 | 24,5 | 37,5 | — | 12 | 1,2 | — | 2,75 | 1,6 | 0,22 B |
| 25 Ni | 0,17 | — | — | 19 | 24,5 | 42,5 | — | 10 | 1,5 | — | — | 1,0 | — |

* Maximum
– (C) = Guß
– Cb + Ta-Gehalte unter Cb angegeben

[1] Entnommen dem ASTM-Report Nr. 160, 1954.

Tabelle 15. *Hochfeste Hochtemperaturmetalle (Super Strength Alloys)*[1]
Gruppe III. Metalle auf Nickelbasis

| Metall | C | Mn | Si | Cr | Ni | Co | Mo | W | Cb | Ti | Al | Fe | sonstige |
|---|---|---|---|---|---|---|---|---|---|---|---|---|---|
| Inconel | 0,04 | 0,35 | 0,20 | 15,5 | 76 | — | — | — | — | — | — | 7 | — |
| Inconel W | 0,04 | 0.60 | 0,25 | 15 | 75 | — | — | — | — | 2,5 | 0,6 | 7 | — |
| Inconel „X“ | 0,04 | 0,7 | 0,3 | 15 | 73 | — | — | — | 0,9 | 2,5 | 0,09 | 7 | — |
| Inconel „X“ Type 550 | 0,04 | 0,7 | 0 4 | 15 | 73 | — | — | — | 0,9 | 2,3 | 1,2 | 7 | — |
| Hastelloy A | 0,10 | 2,0 | 0,7 | — | 59 | — | 20 | — | — | — | — | 20 | — |
| Hastelloy B(C) | 0,10 | 0,8 | 0,7 | 1,0 | 65 | — | 28 | — | — | — | — | 5 | — |
| Hastelloy C(C) | 0,10 | 0,8 | 0,7 | 16 | 57 | — | 17 | 4 | — | — | — | 5 | — |
| Hastelloy D(C) | 0,10 | 1,0 | 10,0 | — | 85 | — | — | — | — | — | — | 1 | 4,0 Cu |
| Hastelloy X | 0,15 | — | — | 22 | 45 | — | 9 | — | — | — | — | Balance | — |
| Waspaloy | 0,05 | 0,7 | 0,4 | 19 | 58 | 14 | 3 | — | — | 2,5 | 1,2 | 2 | — |
| Thetalloy (C) | — | 2,5 | — | 25 | Balance | 12,5 | 3 | 7 | — | — | — | — | — |
| M-252 | 0,10 | 1,0 | 0,7 | 19 | 54 | 10 | 10 | — | — | 2,5 | 0,75 | 2 | — |
| GE-B-129 (C) | 0,60 | 0,40 | 0,40 | 5 | 65 | — | 15 | — | 2 | — | 6,0 | 4 | 0,5 B |
| M-600 | 0,08 | — | — | 19 | 55,5 | — | 7 | — | — | 2,3 | 1,1 | 13 | — |
| I-1360 (C) | 0,10 | — | — | 10 | 70,5 | — | 5 | — | 2 | — | 6 | 4,5 | 0,3 B |
| Hastelloy R | 0,10 | 0,25 | 0,6 | 15 | 66 | 2,5 | 5 | — | — | 2,5 | 2,25 | 7 | — |
| Inco 546 | 0,03 | — | — | 16 | 71,5 | — | — | — | — | 3,0 | — | 7 | — |
| Inco 739 | 0,07 | 0,5 | 0,15 | 15,5 | 77 | — | — | — | — | 1,7 | 2,7 | 0,5 | — |
| Kinsalloy | — | — | — | — | 70 | — | 22 | — | — | — | 8 | — | — |

* Maximum
– (C) = Guß
– Cb + Ta-Gehalte unter Cb angegeben

[1] Entnommen dem ASTM-Report Nr. 160, 1954.

Tabelle 16[1]

Gruppe IV. Metalle auf Kobaltbasis

| Metall | C | Mn | Si | Cr | Ni | Co | Mo | W | Cb | Ti | Al | Fe | sonstige |
|---|---|---|---|---|---|---|---|---|---|---|---|---|---|
| HS-21, Vitallium (C) | 0,25 | 0,60 | 0,60 | 27 | 3 | 62 | 5 | — | — | — | — | 1 | — |
| HS-23, 61 (C) | 0,40 | 0,30 | 0,60 | 24 | 2 | 66 | — | 6 | — | — | — | 1 | — |
| HS-25, L 605 | 0,12 | 1,50 | 1,0 | 20 | 10 | 51 | — | 15 | — | — | — | 1 | — |
| HS-27, 6059 (C) | 0,40 | 0,30 | 0,60 | 25 | 32 | 34 | 6 | — | — | — | — | 1 | — |
| HS-30, 422-19 (C) | 0,40 | 0,60 | 0,60 | 24 | 16 | 51 | 6 | — | — | — | — | 1 | — |
| HS-31, X-40 (C) | 0,40 | 0,60 | 0,60 | 25 | 10 | 55 | — | 8 | — | — | — | 1 | — |
| HS-36, L 251 (C) | 0,40 | 1,2 | 0,50 | 19 | 10 | 54 | — | 14,5 | — | — | — | 1 | 0,03 B |
| X-50 (C) | 0,76 | 0,60 | 0,50 | 22,5 | 20 | 40 | — | 12 | — | — | — | 2,5 | — |
| X-63 (C) | 0,40 | — | — | 23 | 10 | 58 | 6 | — | — | — | — | 1 | — |
| WF-31 | 0,15 | 1,42 | 0,42 | 20,3 | 9,9 | Balance | 2,6 | 10,7 | — | 1,0 | — | 4 | — |
| I-336 | 0,19 | — | — | 19,2 | 15,5 | 50 | — | 12 | 0,9 | — | — | 1,8 | — |
| HE-1049 (C) | 0,40 | 0,8 | 0,8 | 26 | 10 | Balance | — | 15 | — | — | — | 3,0* | 0,40 B |

* Maximum
– (C) = Guß
– Cb + Ta-Gehalte unter Cb angegeben

[1] Entnommen dem ASTM-Report Nr. 160, 1954.

Tabelle 17. *Hochfeste Hochtemperaturmetalle (Super Strength Alloys)*[1]

| Metalle | C | Mn | Si | Cr | Ni | Co | Mo | W | Cb | Ti | Al | Fe | sonstige |
|---|---|---|---|---|---|---|---|---|---|---|---|---|---|
| *a) Britischen Ursprungs* | | | | | | | | | | | | | |
| Rex 78 | 0,01 | 0,8 | 0,7 | 14 | 18 | — | 4,0 | — | — | 0,6 | — | Balance | 4,0 Cu |
| 326 | 0,25 | 3,8 | — | 17 | 17 | 7,0 | 2,5 | — | 1,8 | — | — | Balance | — |
| 337 | 0,20 | — | — | 17 | 17 | 7,0 | 3,0 | — | — | 0,8 | — | Balance | 3,0 Cu |
| Rex 326 D | 0,43 | 0,90 | 1,25 | 14,3 | 14,6 | 9,5 | 2,0 | 2,0 | 2,8 | — | — | Balance | — |
| Rex 400 | 0,09 | 0,12 | 0,62 | 19,2 | 76,0 | — | — | — | — | 2,1 | 0,6 | Balance | — |
| Rex 467 | 0,20 | — | — | 14 | 10 | — | 2,0 | — | — | 0,8 | — | Balance | 2,5 Cu |
| F. C. B. (T) | 0,12 | — | — | 17,5 | 12 | — | — | — | 1,0 | — | — | Balance | — |
| H. R. Crown max | 0,23 | 0,65 | 1,16 | 23,2 | 12,3 | — | — | 3,0 | — | — | — | Balance | — |
| R-20 | 0,15 | 0,8 | 0,3 | 19 | 14 | — | — | — | 1,7 | — | — | Balance | — |
| R-22 | 0,25 | 1,0 | 1,0 | 23 | 14 | — | — | 2,5 | — | — | — | Balance | — |
| G-21 | 0,4 | 0,9 | 1,4 | 13 | 13 | — | — | 2,3 | 0,9 | — | — | Balance | — |
| G-18 B | 0,4 | 0,8 | 1,0 | 13 | 13 | 10 | 2,0 | 2,5 | 3,0 | — | — | Balance | — |
| G-32 | 0,27 | 0,8 | 0,5 | 19 | 10,5 | 46,6 | 2,2 | — | 1,4 | — | — | Balance | 3,0 V |
| Multi-Alloy | 0,25 | 1,6 | 1,0 | 20,5 | 46,5 | 3,3 | 2,7 | 3,5 | 2,9 | 1,2 | — | Balance | — |
| Red Fox 33 | 0,08 | 0,7 | 0,8 | 20 | 30 | — | — | — | — | 1,5 | — | Balance | — |
| Nimonic 75 | 0,12 | 0,4 | 0,6 | 20 | 76 | — | — | — | — | 0,4 | 0,06 | 2,4 | — |
| Nimonic 80 | 0,05 | 0,70 | 0,50 | 20 | 76 | — | — | — | — | 2,3 | 1,0 | 0,5 | — |
| Nimonic 80 A | 0,05 | 0,70 | 0,50 | 20 | 76 | — | — | — | — | 2,3 | 1,0 | 0,5 | — |
| Nimonic 90 | 0,08 | 0,50 | 0,40 | 20 | 58 | 16 | — | — | — | 2,3 | 1,4 | 0,5 | — |
| Nimonic 95 | 0,08 | 0,50 | 0,40 | 20 | 58 | 16 | — | — | — | 2,5 | 1,6 | 0,5 | — |

Tabelle 17. (Fortsetzung)

| Metalle | C | Mn | Si | Cr | Ni | Co | Mo | W | Cb | Ti | Al | Fe | sonstige |
|---|---|---|---|---|---|---|---|---|---|---|---|---|---|
| *b) Deutschen Ursprungs* | | | | | | | | | | | | | |
| WF 100 D | 0,38 | 0,52 | 1,84 | 14,8 | 12,9 | — | 0,28 | 2,5 | — | — | — | Balance | — |
| Tinidur | 0,04 | 1,00 | 0,73 | 14,7 | 26,1 | — | — | — | — | 2,26 | 0,15 | Balance | — |
| a) | 0,1 | — | 1,0 | 17 | 15 | — | 2,0 | — | — | — | — | Balance | 0,15 N |
| b) | — | — | — | 18 | 10 | — | — | 0,5 | 1,3 | — | — | Balance | — |
| c) | 0,1 | 0,5 | 0,5 | 18 | 9 | — | — | 1,0 | — | 0,4 | — | Balancc | — |
| d) | 0,1 | 18,0 | 0,7 | 12 | — | — | — | — | — | — | — | Balance | —<br>0,7 V<br>0,2 N |
| e) | — | — | — | 18 | 10 | — | — | — | — | 0,6 | — | Balance | 1,0 V |
| f) | 0,1 | 0,9 | 0,6 | 18 | 8 | — | — | — | — | 1,0 | — | Balance | — |
| *c) Russischen Ursprungs* | | | | | | | | | | | | | |
| EI-72 | 0,25–0,35 | < 0,6 | 2–3,0 | 11,5–14 | 6,5–7,5 | — | — | — | — | — | — | Balance | — |
| EI-211 | < 0,20 | 0,7–1,2 | 2–3,0 | 18–20 | 13–15 | — | — | — | — | — | — | Balance | — |
| EI-332 | < 0,25 | 2,0 | < 1,0 | 24–27 | 19–22 | — | — | — | — | — | — | Balance | — |
| EYa-3 S | 0,30–0,40 | 2,0 | 2–3,0 | 16–20 | 23–27 | — | — | — | — | — | — | Balance | — |
| EI-69 | 0,40–0,50 | < 0,7 | 0,3–0,8 | 13–15 | 13–15 | — | 0,25–0,40 | 2,0–2,8 | — | — | — | Balance | — |
| EI-240 | 0,40–0,50 | < 0,7 | 2,7–3,3 | 13–15 | 13–15 | — | < 0,5 | 2,0–2,8 | — | — | — | Balance | — |
| EI-203 | 0,35–0,45 | 3–5 | 1,4–1,8 | 13–15 | — | — | — | 2,0–2,8 | — | — | — | Balance | — |
| EI-310 | 0,35–0,45 | 4–6 | 1,0–1,6 | 17–20 | 3,0–7,0 | — | — | 0,8–1,0 | — | — | — | Balance | — |
| EI-312 | 0,35–0,45 | 3–5 | 1,4–2,2 | 17–20 | 5,0–7,0 | — | — | — | — | — | — | Balance | — |

[1] Entnommen dem ASTM-Report Nr. 160, 1954.

Tabelle 18. *Chemische Zusammensetzung der Edelstähle Serie 300 und Serie 400 mit Typenbezeichnungen*

Serie 300 Austenitische nichtrostende Stähle – nichthärtbar
Serie 400 Nichtrostende Stähle – härtbar

| Type Nr. | C | Mn max | P max | S max | Si max | Cr | Ni | Mo | Zr | Se | Ti | Cb-Ta | Ta | Al | N |
|---|---|---|---|---|---|---|---|---|---|---|---|---|---|---|---|
| 301 | 1,15 max | 2,00 | 0,045 | 0,030 | 1,00 | 16,00/ 18,00 | 6,00/ 8,00 | — | — | — | — | — | — | — | — |
| 302 | 0,15 max | 2,00 | 0,045 | 0,030 | 1,00 | 17,00/ 19,00 | 8,00/ 10,00 | — | — | — | — | — | — | — | — |
| 302 B | 0,15 max | 2,00 | 0,045 | 0,030 | 2,00/ 3,00 | 17,00/ 19,00 | 8,00/ 10,00 | — | — | — | — | — | — | — | — |
| 303 | 0,15 max | 2,00 | 0,20 | 0,15 min | 1,00 | 17,00/ 19,00 | 8,00/ 10,00 | 0,60 max | 0,60 max | — | — | — | — | — | — |
| 303 Se | 0,15 max | 2,00 | 0,20 | 0,06 | 1,00 | 17,00/ 19,00 | 8,00/ 10,00 | — | — | 0,15 min | — | — | — | — | — |
| 304 | 0,08 max | 2,00 | 0,045 | 0,030 | 1,00 | 18,00/ 20,00 | 8,00/ 12,00 | — | — | — | — | — | — | — | — |
| 304 L | 0,03 max | 2,00 | 0,045 | 0,030 | 1,00 | 18,00/ 20,00 | 8,00/ 12,00 | — | — | — | — | — | — | — | — |
| 305 | 0,12 max | 2,00 | 0,045 | 0,030 | 1,00 | 17,00/ 19,00 | 10,00/ 13,00 | — | — | — | — | — | — | — | — |
| 308 | 0,08 max | 2,00 | 0,045 | 0,030 | 1,00 | 19,00/ 21,00 | 10,00/ 12,00 | — | — | — | — | — | — | — | — |
| 309 | 0,20 max | 2,00 | 0,045 | 0,030 | 1,00 | 22,00/ 24,00 | 12,00/ 15,00 | — | — | — | — | — | — | — | — |
| 309 S | 0,08 max | 2,00 | 0,045 | 0,030 | 1,00 | 22,00/ 24,00 | 12,00/ 15,00 | — | — | — | — | — | — | — | — |
| 310 | 0,25 max | 2,00 | 0,045 | 0,030 | 1,50 | 24,00/ 26,00 | 19,00/ 22,00 | — | — | — | — | — | — | — | — |
| 310 S | 0,08 max | 2,00 | 0,045 | 0,030 | 1,50 | 24,00/ 26,00 | 19,00/ 22,00 | — | — | — | — | — | — | — | — |
| 314 | 0,25 max | 2,00 | 0,045 | 0,030 | 1,50/ 3,00 | 23,00/ 26,00 | 19,00/ 22,00 | — | — | — | — | — | — | — | — |
| 316 | 0,08 max | 2,00 | 0,045 | 0,030 | 1,00 | 16,00/ 18,00 | 10,00/ 14,00 | 2,00/ 3,00 | — | — | — | — | — | — | — |
| 316 L | 0,03 max | 2,00 | 0,045 | 0,030 | 1,00 | 16,00/ 18,00 | 10,00/ 14,00 | 2,00/ 3,00 | — | — | — | — | — | — | — |
| 317 | 0,08 max | 2,00 | 0,045 | 0,030 | 1,00 | 18,00/ 20,00 | 11,00/ 15,00 | 3,00/ 4,00 | — | — | — | — | — | — | — |

| | | | | | | | | | | | | | | | |
|---|---|---|---|---|---|---|---|---|---|---|---|---|---|---|---|
| 321 | 0,08 max | 2,00 | 0,045 | 0,030 | 1,00 | 17,00/ 19,00 | 9,00/ 12,00 | — | — | — | 5×C min | — | — | — | — |
| 347 | 0,08 max | 2,00 | 0,045 | 0,030 | 1,00 | 17,00/ 19,00 | 9,00/ 13,00 | — | — | — | — | 10×C min | — | — | — |
| 201 | 0,15 | 5,5/7,5 | 0,060 | 0,030 | 1,00 | 16,0/18,0 | 3,5/5,5 | — | — | — | — | — | — | — | 0,25 |
| 202 | 0,15 | 7,5/10,5 | 0,060 | 0,030 | 1,00 | 17,0/19,0 | 4,0/6,0 | — | — | — | — | — | — | — | 0,25 |
| 318 (316 Cb) | 0,08 | 2,50 | 0,045 | 0,030 | 1,00 | 17,00/ 19,00 | 13,00/ 15,00 | 2,00/ 2,75 | — | — | — | 10×C min | — | — | — |
| 348 | 0,08 max | 2,00 | 0,045 | 0,030 | 1,00 | 17,00/ 19,00 | 9,00/ 13,00 | — | — | — | — | 10×C min | 0,10 max | — | — |
| 403 | 0,15 max | 1,00 | 0,040 | 0,030 | 0,50 | 11,50/ 13,00 | — | — | — | — | — | — | — | — | — |
| 405 | 0,08 max | 1,00 | 0,040 | 0,030 | 1,00 | 11,50/ 14,50 | — | — | — | — | — | — | — | 0,10/ 0,30 | — |
| 410 | 0,15 max | 1,00 | 0,040 | 0,030 | 1,00 | 11,50/ 13,50 | — | — | — | — | — | — | — | — | — |
| 414 | 0,15 max | 1,00 | 0,040 | 0,030 | 1,00 | 11,50/ 13,50 | 1,25/ 2,50 | — | — | — | — | — | — | — | — |
| 416 | 0,15 max | 1,25 | 0,06 | 0,15 min | 1,00 | 12,00/ 14,00 | — | 0,60 max | 0,60 max | — | — | — | — | — | — |
| 416 Se | 0,15 max | 1,25 | 0,06 | 0,06 | 1,00 | 12,00/ 14,00 | — | — | — | 0,15 min | — | — | — | — | — |
| 420 | Over 0,15 | 1,00 | 0,040 | 0,030 | 1,00 | 12,00/ 14,00 | — | — | — | — | — | — | — | — | — |
| 430 | 0,12 max | 1,00 | 0,040 | 0,030 | 1,00 | 14,00/ 18,00 | — | — | — | — | — | — | — | — | — |
| 430 F | 0,12 max | 1,25 | 0,06 | 0,15 min | 1,00 | 14,00/ 18,00 | — | 0,60 max | 0,60 max | — | — | — | — | — | — |
| 430 F Se | 0,12 max | 1,25 | 0,06 | 0,06 | 1,00 | 14,00/ 18,00 | — | — | — | 0,15 min | — | — | — | — | — |
| 431 | 0,20 max | 1,00 | 0,040 | 0,030 | 1,00 | 15,00/ 17,00 | 1,25/ 2,50 | — | — | — | — | — | — | — | — |
| 440 A | 0,60/ 0,75 | 1,00 | 0,040 | 0,030 | 1,00 | 16,00/ 18,00 | — | 0,75 max | — | — | — | — | — | — | — |
| 440 B | 0,75/ 0,95 | 1,00 | 0,040 | 0,030 | 1,00 | 16,00/ 18,00 | — | 0,75 max | — | — | — | — | — | — | — |
| 440 C | 0,95/ 1,20 | 1,00 | 0,040 | 0,030 | 1,00 | 16,00/ 18,00 | — | 0,75 max | — | — | — | — | — | — | — |
| 446 | 0,20 max | 1,50 | 0,040 | 0,030 | 1,00 | 23,00/ 27,00 | — | — | — | — | — | — | — | — | 0,25 max |

Tabelle 19.

*Chemische Zusammensetzung von Hochtemperaturmetallen (noch Stähle), deren Zeitstandskurven in Abb. 33–36 vertreten sind*

| Werkstoff allgemeine Bezeichnung | Bezeichnung der Fa. Universal Cyclops | Wesentlichste (Typische) Bestandteile | | | | | | | | | | | |
|---|---|---|---|---|---|---|---|---|---|---|---|---|---|
| | | C | Mn | Si | S | P | Cr | Mo | Ni | W | V | Cu | Eisen |
| 17-22 AS | Uniloy 14 MV | 0,28 bis 0,33 | 0,45 bis 0,65 | 0,55 bis 0,75 | 0,040 max | 0,040 max | 1,00 bis 1,50 | 0,40 bis 0,60 | — | — | 0,20 bis 0,30 | — | Rest |
| AISI-403 | Uniloy 1409 TB | 0,06 bis 0,15 | 0,25 bis 0,80 | 0,50 max | 0,03 max | 0,03 max | 11,50 bis 13,00 | 0,50 max | 0,50 max | — | — | — | Rest |
| Greek Alloy | Uniloy 1415 NW | 0,15 bis 0,20 | 0,50 max | 0,50 max | 0,03 max | 0,03 max | 12.00 bis 14,00 | 0,50 max | 1,80 bis 2,20 | 2,50 bis 3,50 | — | 0,05 max | Rest |
| Type 422 | Uniloy 1420 WM | 0,18 bis 0,25 | 1,00 max | 1,00 max | 0,03 max | 0,04 max | 11,5 bis 14,00 | 0,75 bis 1,25 | 0,50 bis 1,00 | 0,75 bis 1,25 | 0,15 bis 0,40 | — | Rest |
| Lapelloy | Uniloy 1430 MV | 0,25 bis 0,35 | 0,95 bis 1,25 | 0,50 max | 0,03 max | 0,03 max | 11,00 bis 12,00 | 2,50 bis 3,00 | 0,50 max | — | 0,20 bis 0,30 | — | Rest |

Tabelle 20.
*Die grundsätzlichen Bezeichnungen der USA-Stähle gemäß SAE-Klassifikation*

| Stahlgruppen | | Nummernbezeichnung | |
|---|---|---|---|
| *C-Stähle* | | 1... | immer |
| Gewöhnliche C-Stähle | | 10.. | mindestens |
| Frei-Schnitt-Stähle | | 11.. | vierstellig! |
| Frei-Schnitt-Stähle (Mangan) | | X-13.. | |
| *Stähle mit hohem Mangangehalt* | | T-13.. | |
| *Nickelstähle* | | 2... | |
| 0,50% Nickel | | 20.. | |
| 1,50% Nickel | | 21.. | |
| 3,50% Nickel | | 23.. | |
| 5,00% Nickel | | 25.. | |
| *Nickel-Chrom-Stähle* | | 3... | |
| 1,25% Nickel | 0,60% Chrom | 31.. | |
| 1,75% Nickel | 1,00% Chrom | 32.. | Korrosions- und |
| 3,50% Nickel | 1,50% Chrom | 33.. | hitzebeständige |
| 3,00% Nickel | 0,80% Chrom | 34.. | Stähle |
| | | 35... | |
| *Molybdänstähle* | mit den Zusätzen: | 4... | |
| Chrom | (0,5–1,10) | 41.. | |
| Chrom-Nickel | (0,40–0,90)-(1,50–3,75) | 43.. | |
| Nickel | (1,50–3,75) | 46.. | und 48. |
| *Chromstähle* | | 5... | |
| Niedriger Cr-Gehalt | | 51.. | Korrosions- und |
| Mittlerer Cr-Gehalt | | 52... | hitzebeständige |
| | | 51... | Stähle |
| *Chrom-Vanadium-Stähle* | | 6... | |
| *Wolframstähle* | | 7... | und 7.... |
| *Silizium-Mangan-Stähle* | | 9... | |

„X" bedeutet veränderlicher Gehalt an Mn, $S_2$ oder Sr.
„T" wird in Verbindung mit Mn benutzt.

Tabelle 21. *Schwankungsbereiche der Legierungselemente für die Stähle der SAE-Klassifikation*

| Stahlbezeichnung | Kohlenstoff | Mangan | Nickel | Chrom | Molybdän | Vanadium |
|---|---|---|---|---|---|---|
| *C-Stähle* | | | | | | |
| 1010–1015–X 1015<br>1020–X 1020 | 0,10–0,25 | 0,30–0,60<br>(X-Stähle<br>etwas höher) | — | — | — | — |
| 1115-1120 | 0,10–0,25 | 0,60–1,00 | — | — | — | — |
| X 1314–1315 | 0,10–0,20 | 1,00–1,30 | — | — | — | — |
| *Ni-Stähle* | | | | | | |
| 2015–2115–2315<br>2390–2515–2512 | 0,10–0,50 | 0,30–0,80 | 0,40–5,25 | — | — | — |
| *Cr-Ni-Stähle* | | | | | | |
| 3115–3120–3215<br>3220–3915 | 0,10–0,55 | 0,30–0,90 | 1,00–3,75 | 0,45–1,75 | — | — |
| *Cr-Mo-Ni*-Stähle | | | | | | |
| 4130–4620<br>4815–4820 | 0,15–0,55 | 0,40–0,90 | (0)–1,50–3,75 | (0)–0,30–1,00 | 0,15–0,40 | — |
| *Niedriger Cr-Gehalt* | | | | | | |
| 5120–5150<br>52100 | 0,15–1,10 | 0,20–0,90 | — | 0,60–1,50 | — | — |
| *Cr-V-Stähle* | | | | | | |
| 6115–6150<br>6195 (C) | 0,10–1,05 | 0,20–0,90 | — | 0,80–1,10 | — | 0,15–0,18 |

Tabelle 22. *Temperaturumrechnungstabelle* (Albert Sauveur)

| − 110 bis 190 | | | 200 bis 590 | | | 600 bis 990 | | |
|---|---|---|---|---|---|---|---|---|
| °C | | °F | °C | | °F | °C | | °F |
| − 79 | − 110 | − 166 | 93 | 200 | 392 | 315 | 600 | 1112 |
| − 73 | − 100 | − 148 | 99 | 210 | 410 | 321 | 610 | 1130 |
| − 68 | − 90 | − 130 | 104 | 220 | 428 | 326 | 620 | 1148 |
| − 62 | − 80 | − 112 | 110 | 230 | 446 | 332 | 630 | 1166 |
| − 57 | − 70 | − 94 | 115 | 240 | 464 | 338 | 640 | 1184 |
| − 51 | − 60 | − 76 | 121 | 250 | 482 | 343 | 650 | 1202 |
| − 46 | − 50 | − 58 | 127 | 260 | 500 | 349 | 660 | 1220 |
| − 40 | − 40 | − 40 | 132 | 270 | 518 | 354 | 670 | 1238 |
| − 34 | − 30 | − 22 | 138 | 280 | 536 | 360 | 680 | 1256 |
| − 29 | − 20 | − 4 | 143 | 290 | 554 | 365 | 690 | 1274 |
| − 23 | − 10 | 14 | 149 | 300 | 572 | 371 | 700 | 1292 |
| − 17,7 | 0 | 32 | 154 | 310 | 590 | 376 | 710 | 1310 |
| − 17,2 | 1 | 33,8 | 160 | 320 | 608 | 382 | 720 | 1328 |
| − 16,6 | 2 | 35,6 | 165 | 330 | 626 | 387 | 730 | 1346 |
| − 16,1 | 3 | 34,9 | 171 | 340 | 644 | 393 | 740 | 1364 |
| − 15,5 | 4 | 39,2 | 177 | 350 | 662 | 399 | 750 | 1382 |
| − 15,0 | 5 | 41,0 | 182 | 360 | 680 | 404 | 760 | 1400 |
| − 14,4 | 6 | 42,8 | 188 | 370 | 698 | 410 | 770 | 1418 |
| − 13,9 | 7 | 44,6 | 193 | 380 | 716 | 415 | 780 | 1436 |
| − 13,3 | 8 | 46,4 | 199 | 390 | 734 | 421 | 790 | 1454 |
| − 12,7 | 9 | 48,2 | 204 | 400 | 752 | 426 | 800 | 1472 |
| − 12,2 | 10 | 50,0 | 210 | 410 | 770 | 432 | 810 | 1490 |
| − 6,6 | 20 | 68,0 | 215 | 420 | 788 | 438 | 820 | 1508 |
| − 1,1 | 30 | 86,0 | 221 | 430 | 806 | 443 | 830 | 1526 |
| 4,4 | 40 | 104,0 | 226 | 440 | 824 | 449 | 840 | 1544 |
| 9,9 | 50 | 122,0 | 232 | 450 | 842 | 454 | 850 | 1562 |
| 15,6 | 60 | 140,0 | 238 | 460 | 860 | 460 | 860 | 1580 |
| 21,0 | 70 | 158,0 | 243 | 470 | 878 | 465 | 870 | 1598 |
| 26,8 | 80 | 176,0 | 249 | 480 | 896 | 471 | 880 | 1616 |
| 32,1 | 90 | 194,0 | 254 | 490 | 914 | 476 | 890 | 1634 |
| 37,7 | 100 | 212,0 | 260 | 500 | 932 | 482 | 900 | 1652 |
| 43 | 110 | 230 | 265 | 510 | 950 | 487 | 910 | 1670 |
| 49 | 120 | 248 | 271 | 520 | 968 | 493 | 920 | 1688 |
| 54 | 130 | 266 | 276 | 530 | 986 | 498 | 930 | 1706 |
| 60 | 140 | 284 | 282 | 540 | 1004 | 504 | 940 | 1724 |
| 65 | 150 | 302 | 288 | 550 | 1022 | 510 | 950 | 1742 |
| 71 | 160 | 320 | 293 | 560 | 1040 | 515 | 960 | 1760 |
| 76 | 170 | 338 | 299 | 570 | 1058 | 520 | 970 | 1778 |
| 83 | 180 | 356 | 304 | 580 | 1076 | 526 | 980 | 1796 |
| 88 | 190 | 374 | 310 | 590 | 1094 | 532 | 990 | 1814 |

Tabelle 22. (Fortsetzung)

| 1000 bis 1340 | | | 1350 bis 1690 | | | 1700 bis 2040 | | |
|---|---|---|---|---|---|---|---|---|
| °C | | °F | °C | | °F | °C | | °F |
| 538 | 1000 | 1832 | 734 | 1350 | 2462 | 926 | 1700 | 3092 |
| 543 | 1010 | 1850 | 737 | 1360 | 2480 | 931 | 1710 | 3110 |
| 549 | 1020 | 1868 | 741 | 1370 | 2498 | 937 | 1720 | 3128 |
| 554 | 1030 | 1886 | 748 | 1380 | 2516 | 942 | 1730 | 3146 |
| 560 | 1040 | 1904 | 752 | 1390 | 2534 | 948 | 1740 | 3164 |
| 565 | 1050 | 1922 | 760 | 1400 | 2552 | 953 | 1750 | 3182 |
| 571 | 1060 | 1940 | 765 | 1410 | 2570 | 959 | 1760 | 3200 |
| 576 | 1070 | 1958 | 771 | 1420 | 2588 | 964 | 1770 | 3218 |
| 582 | 1080 | 1967 | 776 | 1430 | 2606 | 970 | 1780 | 3236 |
| 587 | 1090 | 1994 | 782 | 1440 | 2624 | 975 | 1790 | 3254 |
| 593 | 1100 | 2012 | 787 | 1450 | 2642 | 981 | 1800 | 3272 |
| 598 | 1110 | 2030 | 793 | 1460 | 2660 | 986 | 1810 | 3290 |
| 604 | 1120 | 2048 | 798 | 1470 | 2678 | 992 | 1820 | 3308 |
| 609 | 1130 | 2066 | 804 | 1480 | 2696 | 997 | 1830 | 3326 |
| 615 | 1140 | 2084 | 809 | 1490 | 2714 | 1003 | 1840 | 3344 |
| 620 | 1150 | 2102 | 815 | 1500 | 2732 | 1008 | 1850 | 3362 |
| 626 | 1160 | 2120 | 820 | 1510 | 2750 | 1014 | 1860 | 3380 |
| 631 | 1170 | 2138 | 827 | 1520 | 2768 | 1019 | 1870 | 3398 |
| 637 | 1180 | 2156 | 831 | 1530 | 2786 | 1025 | 1880 | 3416 |
| 642 | 1190 | 2174 | 838 | 1540 | 2804 | 1030 | 1890 | 3434 |
| 648 | 1200 | 2192 | 842 | 1550 | 2822 | 1036 | 1900 | 3452 |
| 653 | 1210 | 2210 | 849 | 1560 | 2840 | 1041 | 1910 | 3470 |
| 659 | 1220 | 2228 | 853 | 1570 | 2858 | 1047 | 1920 | 3488 |
| 664 | 1230 | 2246 | 860 | 1580 | 2876 | 1052 | 1930 | 3506 |
| 670 | 1240 | 2264 | 864 | 1590 | 2894 | 1058 | 1940 | 3524 |
| 675 | 1250 | 2282 | 871 | 1600 | 2912 | 1063 | 1950 | 3542 |
| 681 | 1260 | 2300 | 876 | 1610 | 2930 | 1069 | 1960 | 3560 |
| 686 | 1270 | 2318 | 882 | 1620 | 2948 | 1074 | 1970 | 3578 |
| 692 | 1280 | 2336 | 887 | 1630 | 2966 | 1080 | 1980 | 3596 |
| 697 | 1290 | 2354 | 893 | 1640 | 2984 | 1085 | 1990 | 3614 |
| 704 | 1300 | 2372 | 898 | 1650 | 3002 | 1093 | 2000 | 3632 |
| 708 | 1310 | 2390 | 904 | 1660 | 3020 | 1098 | 2010 | 3650 |
| 715 | 1320 | 2408 | 909 | 1670 | 3038 | 1104 | 2020 | 3668 |
| 719 | 1330 | 2426 | 915 | 1680 | 3056 | 1109 | 2030 | 3686 |
| 726 | 1340 | 2444 | 920 | 1690 | 3074 | 1115 | 2040 | 3704 |

Tabelle 23. *Umrechnungstabelle für verschiedene Härteskalen*

| Brinell-Härte | | Vickers- oder Firth-Diamant-Härte | Rockwell-Härte | | Shore Skleroskop-Härte | ~ Zug-festigkeit |
|---|---|---|---|---|---|---|
| Ø in mm 3000 kg Belastung 10 mm Kugel | Härtegrad (Einheiten) | Nr. | $R_C$ 105 kg Last 120° Diamant-konus | $R_B$ 100 kg Last 1/16″ Ø Kugel | Nr. | × 1000 psi |
| 2,05 | 898 | — | — | — | — | 440 |
| 2,10 | 857 | — | — | — | — | 420 |
| 2,15 | 817 | — | — | — | — | 401 |
| 2,20 | 780 | 1150 | 70 | — | 106 | 384 |
| 2,25 | 745 | 1050 | 68 | — | 100 | 368 |
| 2,30 | 712 | 960 | 66 | — | 95 | 352 |
| 2,35 | 682 | 885 | 64 | — | 91 | 337 |
| 2,40 | 653 | 820 | 62 | — | 87 | 324 |
| 2,45 | 627 | 765 | 60 | — | 84 | 311 |
| 2,50 | 601 | 717 | 58 | — | 81 | 298 |
| 2,55 | 578 | 675 | 57 | — | 78 | 287 |
| 2,60 | 555 | 633 | 55 | 120 | 75 | 276 |
| 2,65 | 534 | 598 | 53 | 119 | 72 | 266 |
| 2,70 | 514 | 567 | 52 | 119 | 70 | 256 |
| 2,75 | 495 | 540 | 50 | 117 | 67 | 247 |
| 2,80 | 477 | 515 | 49 | 117 | 65 | 238 |
| 2,85 | 461 | 494 | 47 | 116 | 63 | 229 |
| 2,90 | 444 | 472 | 46 | 115 | 61 | 220 |
| 2,95 | 429 | 454 | 45 | 115 | 59 | 212 |
| 3,00 | 415 | 437 | 44 | 114 | 57 | 204 |
| 3,05 | 401 | 420 | 42 | 113 | 55 | 196 |
| 3,10 | 388 | 404 | 41 | 112 | 54 | 189 |
| 3,15 | 375 | 389 | 40 | 112 | 52 | 182 |
| 3,20 | 363 | 375 | 38 | 110 | 51 | 176 |
| 3,25 | 352 | 363 | 37 | 110 | 49 | 170 |
| 3,30 | 341 | 350 | 36 | 109 | 48 | 165 |
| 3,35 | 331 | 339 | 35 | 109 | 46 | 160 |
| 3,40 | 321 | 327 | 34 | 108 | 45 | 155 |
| 3,45 | 311 | 316 | 33 | 108 | 44 | 150 |
| 3,50 | 302 | 305 | 32 | 107 | 43 | 146 |
| 3,55 | 293 | 296 | 31 | 106 | 42 | 142 |
| 3,60 | 285 | 287 | 30 | 105 | 40 | 138 |
| 3,65 | 277 | 279 | 29 | 104 | 39 | 134 |
| 3,70 | 269 | 270 | 28 | 104 | 38 | 131 |
| 3,75 | 262 | 263 | 26 | 103 | 37 | 128 |
| 3,80 | 255 | 256 | 25 | 102 | 37 | 125 |
| 3,85 | 248 | 248 | 24 | 102 | 36 | 122 |
| 3,90 | 241 | 241 | 23 | 100 | 35 | 119 |
| 3,95 | 235 | 235 | 22 | 99 | 34 | 116 |
| 4,00 | 229 | 229 | 21 | 98 | 33 | 113 |

Tabelle 23. (Fortsetzung)

| Brinell-Härte | | Vickers- oder Firth-Diamant-Härte | Rockwell-Härte | | Shore Skleroskop-Härte | ~ Zug-festigkeit |
|---|---|---|---|---|---|---|
| ∅ in mm 3000 kg Belastung 10 mm Kugel | Härtegrad (Einheiten) | Nr. | $R_C$ 105 kg Last 120° Diamant-konus | $R_B$ 100 kg Last $^1/_{16}''$ ∅-Kugel | Nr. | × 1000 psi |
| 4,05 | 223 | 223 | 20 | 97 | 32 | 110 |
| 4,10 | 217 | 217 | 18 | 96 | 31 | 107 |
| 4,15 | 212 | 212 | 17 | 96 | 31 | 104 |
| 4,20 | 207 | 207 | 16 | 94 | 30 | 101 |
| 4,25 | 202 | 202 | 15 | 94 | 30 | 99 |
| 4,30 | 197 | 197 | 13 | 93 | 29 | 97 |
| 4,35 | 192 | 192 | 12 | 92 | 28 | 95 |
| 4,40 | 187 | 187 | 10 | 91 | 28 | 93 |
| 4,45 | 183 | 183 | 9 | 90 | 27 | 91 |
| 4,50 | 179 | 179 | 8 | 89 | 27 | 89 |
| 4,55 | 174 | 174 | 7 | 88 | 26 | 87 |
| 4,60 | 170 | 170 | 6 | 87 | 26 | 85 |
| 4,65 | 166 | 166 | 4 | 86 | 25 | 83 |
| 4,70 | 163 | 163 | 3 | 85 | 25 | 82 |
| 4,75 | 159 | 159 | 2 | 84 | 24 | 80 |
| 4,80 | 156 | 156 | 1 | 83 | 24 | 78 |
| 4,85 | 153 | 153 | — | 82 | 23 | 76 |
| 4,90 | 149 | 149 | — | 81 | 23 | 75 |
| 4,95 | 146 | 146 | — | 80 | 22 | 74 |
| 5,00 | 143 | 143 | — | 79 | 22 | 72 |
| 5,05 | 140 | 140 | — | 78 | 21 | 71 |
| 5,10 | 137 | 137 | — | 77 | 21 | 70 |
| 5,15 | 134 | 134 | — | 76 | 21 | 68 |
| 5,20 | 131 | 131 | — | 74 | 20 | 66 |
| 5,25 | 128 | 128 | — | 73 | 20 | 65 |
| 5,30 | 126 | 126 | — | 72 | — | 64 |
| 5,35 | 124 | 124 | — | 71 | — | 63 |
| 5,40 | 121 | 121 | — | 70 | — | 62 |
| 5 45 | 118 | 118 | — | 69 | — | 61 |
| 5,50 | 116 | 116 | — | 68 | — | 60 |
| 5,55 | 114 | 114 | — | 67 | — | 59 |
| 5,60 | 112 | 112 | — | 66 | — | 58 |
| 5,65 | 109 | 109 | — | 65 | — | 56 |
| 5,70 | 107 | 107 | — | 64 | — | 55 |
| 5,75 | 105 | 105 | — | 62 | — | 54 |
| 5,80 | 103 | 103 | — | 61 | — | 53 |
| 5,85 | 101 | 101 | — | 60 | — | 52 |
| 5,90 | 99 | 99 | — | 59 | — | 51 |
| 5,95 | 97 | 97 | — | 57 | — | 50 |
| 6,00 | 95 | 95 | — | 56 | — | 49 |

## Literatur zu Kapitel XII[1]


[1] CLASS, J.: Die Berücksichtigung der Zähigkeit bei der Festigkeitsbewertung und Werkstoffauswahl vor allem bei Druckgefäßen. Chem. Ing. Technik, 35. Jahrgang Nr. 2 (1963): 81.

[2] PFENDER, M.: Werkstoffbeurteilung bei mechanischer Beanspruchung. Z. Konstruktion 5 (1953) H. 12.

[3] MORRISON, J. L. M., B. CROSSLAND and J. S. C. PARRY: The Strength of Thick Cylinders Subjected to Repeated Internal Pressure. Trans. ASME, Series B, May 1960.

[4] HODGSON, J., and G. M. BOYD: Trans. Inst. Naval Architects 100 (1958) 141–180.

[5] PFENDER, M.: Fragen der Werkstoffbeurteilung und Entwicklungstendenzen der Werkstoffprüfung. Z. Konstruktion 4 (1951) 129–137.

[6] CLASS, J., u. H. JESPER: Verbesserte nichtrostende austenitische Stähle für die chemische Industrie. Chemie Ing. Technik, 36. Jahrgang (1964) Nr. 5, 546.

[7] EISELSTEIN, H. E., u. E. N. SKINNER: The Effect of Composition on Scaling of Fe-Cr-Ni-Alloys, Subjected to Cyclic Temperature Conditions. ASME-Special Technical Publication No. 165 (1954) 162.

[8] MAURER-HOUDREMONT-BÜRKLIN: Werkstoff-Handbuch. Düsseldorf: Stahl und Eisen 1954.

[9] ROSSUM, O. VAN: Werkstoff-Fragen bei Hochdrucksynthesen. Chemie-Ing.-Technik, 25. Jahrgang (1953) Nr. 8/9, 468

[10] CLASS, J.: Materialfragen bei Hochdruckapparaten der chemischen Industrie. Z. VDI 97 (1955) 33.

[11] NAUMANN, F. K.: Einwirkung von Wasserstoff unter hohem Druck auf unlegierten Stahl. Stahl und Eisen 57 (1947) 889.

[12] NELSON, G. A.: Metals for high pressure hydrogenation plants. J. Petroleum Refiner 29 Nr. 9, 140 u. Trans. ASME, Paper Nr. 50 SA 3, 1950).

[13] CLASS, J.: Entwicklung und Anwendung der Hochdruckstähle. Chemie-Ing.-Technik. 29. Jahrgang (1957) Nr. 6, 372.

[14] BAUKLOH, W., u. E. SPETZELER: Über den Einfluß schwefelwasserstoffhaltiger Gase auf Eisen und Eisenlegierungen. Z. Korrosion und Metallschutz 16 (1940) 116.

[15] CLASS, J.: Stähle für Hochdruckanlagen der chemischen Industrie. Z. Werkstoff und Korrosion, Nr. 5 (1954) 281–285.

[16] KÜNTSCHER, W., H. KILGER u. H. BIEGLER: Hilfsnachschlagebuch Technischer Baustähle, Eigenschaften, Behandlung, Verwendung, Prüfung. Halle/Saale 1952.

[17] WYSZOMIRSKI, A.: Werkstoffprobleme im VEB Leuna-Werk. Neue Hütte 1 (1955) 22–34.

[18] PARKER, C. M., and J. W. W. SULLIVAN: How to select Low Temperature Steels Machine Design., Jan. 2 (1964) 100.

[19] ROCHE, J. P.: Design Supplement – Wrought Metals. A Cahners Publication 1963 (Okt.).

[20] ASTM-Special Report Nr. 160: Report on the elevated temperature properties of selected Super-Strength-Alloys. Special ASTM-Publication 1954.
Extra-Bericht W. F. SIMMONS, M. C. METZGER: Compilation of Chemical Compositions and Rupture. Strengths of Super-Strength-Alloys. ASTM-Special Technical Publication Nr. 170 B 1961.


[1] Außerdem wurde sehr viel Material zahlreichen Prospekten und Bulletins amerikanischer Stahlwerke entnommen, die einzeln nicht angeführt werden können.

# Namenverzeichnis

# Sachverzeichnis

721/41/66

GPSR Compliance

*The European Union's (EU) General Product Safety Regulation (GPSR) is a set of rules that requires consumer products to be safe and our obligations to ensure this.*

*If you have any concerns about our products, you can contact us on ProductSafety@springernature.com*

In case Publisher is established outside the EU, the EU authorized representative is:

Springer Nature Customer Service Center GmbH
Europaplatz 3
69115 Heidelberg, Germany

**Batch number: 09078855**

Printed by Printforce, the Netherlands